TRAITÉ

DE

CINÉMATIQUE

THÉORIQUE ET PRATIQUE

OU

THÉORIE DES MÉCANISMES

PAR

Ch. LABOULAYE

TROISIÈME ÉDITION REVUE ET COMPLÉTÉE

PARIS

LIBRAIRIE DU DICTIONNAIRE DES ARTS ET MANUFACTURES

60, RUE MADAME, 60

1878

Propriété et traduction réservées

.TRAITÉ

DE

CINÉMATIQUE

THÉORIQUE ET PRATIQUE

Paris. — Imp. E. Capiomont et V. Renault, rue des Poitevins, 6.

PRÉFACE

En 1849, lorsque le premier en France j'osai publier un *Traité de Cinématique*, et essayai de formuler la science nouvelle indiquée par Ampère, m'avançant dans une voie où n'existait que l'*Essai sur la Composition des Machines* publié en 1810 par Lantz et Bétancourt, simple tableau des mouvements mécaniques inspiré par une idée de génie de Monge, je n'espérais pas voir jamais mon œuvre devenir aussi complète que celle que je publie aujourd'hui.

Les progrès récemment accomplis sont considérables; ceux de la théorie des centres instantanés de rotation, grâce à Poinsot et Chasles, ont fourni une base admirable pour l'analyse des mouvements; les travaux de Tchébycheff, Philips, Peaucellier ont fait progresser la théorie des systèmes articulés; enfin des recherches de plusieurs savants ont élucidé les mouvements de diverses combinaisons d'organes, sans parler de Willis, dont les derniers travaux ont le même caractère de lucidité, de perfection que tant de pages excellentes de ses *Principles of Mechanism* que j'ai révélées au public français dans ma première édition.

La science des mécanismes, complétée grâce au concours de savants éminents et d'habiles ingénieurs, fournit maintenant à l'inventeur d'abondantes ressources pour faire progresser les industries mécaniques, et la théorie est en mesure de guider sûrement l'art de la construction des machines, qui est une des gloires de notre époque. Nous sommes heureux d'avoir pu contribuer à atteindre ce but.

Nous signalerons principalement à l'attention du lecteur les nouveaux développements donnés, dans cette édition, à la question du tracé des courbes à l'aide de la règle et du compas, à l'analyse des machines à calculer, des tours composés donnant les épicycloïdes doubles, triples, etc.

Nous ne doutons pas que la richesse des matériaux, contenus dans cette troisième édition, ne la fasse rechercher par les constructeurs; car bon nombre d'entre eux ont bien voulu nous témoigner souvent, pour nos travaux antérieurs, une reronnaissance qui est la récompense de nos efforts pour constituer et vulgariser la science des mécanismes.

INTRODUCTION

LEÇON FAITE EN 1848 A L'OUVERTURE
d'un cours de Cinématique à l'Association Polytechnique
interrompu par les émeutes.

La mécanique est généralement définie : *la science du mouvement et des causes du mouvement.* Fondée sur la notion du
mouvement, aussi simple, aussi claire pour notre esprit que
celle de quantité sur laquelle reposent les sciences de calcul,
et celle d'étendue figurée, base de la géométrie; s'appliquant
également à tous les corps indépendamment de leur nature
propre, la mécanique pure dite souvent mécanique rationnelle,
est une des trois sciences mathématiques, c'est-à-dire sciences
par excellence. C'est parce que ces sciences reposent sur des
notions parfaitement claires dans notre esprit, qu'un phénomène est expliqué pour nous quand il est entièrement soumis
à l'une d'elles. Ainsi le son qui frappe notre oreille est un
phénomène obscur pour nous tant qu'il ne nous représente
qu'une sensation perçue; il est expliqué, lorsqu'il est soumis
aux lois de la mécanique, lorsque l'on démontre qu'il est
causé par des vibrations d'un corps, communiqué au tympan
de l'oreille par les ondulations de l'air en contact avec ce corps,
et qu'on a établi la loi de leur propagation.

La mécanique, d'après sa définition même, peut se diviser

en deux parties : l'une qui étudie les causes du mouvement,
l'autre le mouvement en lui-même. La première partie est la
mécanique proprement dite, qui remontant des mouvements
aux forces qui les produisent, traite de la grandeur de ces
forces, des effets obtenus par leur action sur les corps, établit,
en un mot, les *lois générales du mouvement* d'après lesquelles
des mouvements étant connus, on calcule les forces capables
de les produire, ou au contraire on détermine les mouvements
quand on connaît les forces. La seconde partie est la Cinématique (du grec κινημα, *mouvement*) qui s'occupe surtout des
mouvements quant aux vitesses et aux trajectoires, sans remonter aux causes du mouvement, laissant à la mécanique
proprement dite ce qui a rapport aux grandeurs des forces
qui le produisent. La Cinématique est donc, par la nature des
questions qu'elle traite, une science géométrique, tandis que
la mécanique, qui évalue surtout des quantités, est essentiellement algébrique; et comme, en réalité, ce ne sont que des
divisions d'une même science, chacune d'elles est l'étude des
phénomènes produits par les grandeurs appelées forces, l'une
au point de vue du *nombre*, c'est-à-dire surtout à l'aide du calcul, l'autre au point de vue de la *forme*, c'est-à-dire naturellement avec le secours de la géométrie.

Pour bien comprendre toute l'importance de l'étude de la
troisième science mathématique, de la mécanique à l'aide des
deux autres, de l'analyse et de la géométrie, il faut remonter
à l'admirable conception du grand Descartes, sur laquelle il
fonda la géométrie analytique, établit un rapport intime entre
les sciences du calcul et celles de l'étendue, entre les deux
premières sciences mathématiques. La grandeur géométrique,
considérée jusqu'à lui au point de vue de la forme, il l'envi-
sagea au point de vue du nombre par lequel il montra qu'on
pouvait la représenter, il indiqua comment les relations de
quantité pouvaient être substituées à des relations de qualité.
Ce fut grâce à cette vue féconde que tous les progrès des
sciences de calcul vinrent s'appliquer aux recherches de la
géométrie, et donner à cette science une impulsion admirable.

Grâce au génie de Descartes, la science des grandeurs et la science de l'étendue étant venues se confondre et se prêter un mutuel appui, une loi peut se traduire par une courbe, ou réciproquement une courbe représenter une relation entre des quantités.

Ce qui a lieu pour la géométrie et le calcul devait évidemment avoir lieu également pour la mécanique, et cette science s'est singulièrement développée par une étude faite au point de vue de chacune des deux autres sciences fondamentales dont nous venons de parler; dans ce cas encore, certains théorèmes de celles-ci ont pu être traduits en théorèmes de mécanique et fournir des aperçus nouveaux, et de même inversement la notion de mouvement a été utilisée dans la géométrie, a fait comprendre la notion fondamentale de continuité, a conduit à des modes de génération de certaines lignes et surfaces, et a permis d'en découvrir certaines propriétés.

Sans nous arrêter davantage à des idées purement spéculatives, nous considérerons comme bien établi que la science mécanique doit être étudiée à l'aide des deux autres sciences fondamentales : l'étude géométrique des mouvements, l'application plus directe de la géométrie, combinée avec la notion du temps, de la vitesse, constituant la partie de la science que nous appellerons la Cinématique.

Disons de suite que, dans le cas le plus général, cette science se confond avec la mécanique rationnelle; les relations des forces entre elles étant établies, dans celle-ci, par des équations dans lesquelles entrent les positions variables des divers points; ces équations traduites à l'aide des méthodes de la géométrie analytique fournissent les trajectoires suivies par les corps, les formes géométriques du mouvement.

La science est donc complète à cet égard, au moins quand il s'agit de corps libres; car quand on passe à une des plus importantes parties de la mécanique, à son application aux machines, c'est-à-dire à des corps gênés par des liaisons, des guides divers, les équations du mouvement ne peuvent plus comprendre utilement toutes les relations qui existent entre les divers éléments de systèmes aussi complexes, elles ne s'établissent plus qu'entre les résultats des actions des forces sous l'influence des liaisons du système qu'on ne pourrait introduire dans le calcul qu'à l'aide de complications extrêmes, et le plus souvent sans en tirer aucune utilité.

La traduction géométrique des équations qui suffisent au calcul des effets des machines, et sur lesquelles repose la mécanique appliquée aux machines, ne représentant plus les trajectoires, les mouvements des divers points du système, c'est à la Cinématique à combler la lacune qui en résulte; car tandis que la complication des mouvements qu'il est nécessaire d'obtenir pour les besoins des arts rendrait peu utile leur étude à l'aide des ressources du calcul, par voie analytique, au contraire, au moyen de considérations géométriques, par voie synthétique, la détermination des divers mouvements, des tracés des différentes pièces d'après la nature de leur mouvement devient relativement facile et en même temps bien utile, puisqu'elle fournit immédiatement les règles de la pratique.

On voit que l'on peut considérer cette science comme une seconde partie de la mécanique appliquée aux machines, en la limitant à la partie qui ne peut trouver sa place dans les traités de mécanique analytique. (Celle-ci qui traite surtout des mouvements des corps libres, a reçu depuis quelques années le nom de *Cinématique pure*). Elle se propose l'étude des mouvements divers qui peuvent prendre naissance dans les machines et des moyens de les obtenir, et peut enfin être définie, quand on a égard à son emploi, en disant que *la Cinématique a pour objet l'étude, au point de vue géométrique, des systèmes à l'aide desquels on peut produire, transmettre et modifier un mouvement donné*. Cette science est donc la véritable science du mécanicien, car elle comprend les théories fournissant la solution des principaux problèmes que se propose l'industrie manufacturière en construisant des machines.

Si la lacune que laisse encore la Cinématique dans l'édifice scientifique est facilement appréciable, son importance se fait encore bien plus sentir quand on se place au point de vue pratique, quand on passe de la science à l'application.

Tous les traités de mécanique industrielle qui ont paru jusqu'ici traitent de la mécanique dynamique, et surtout des moyens de communiquer le plus avantageusement à un récepteur le travail engendré par les agents physiques, de diminuer les résistances qui s'opposent au mouvement, etc. Cet enseignement, utile et indispensable, est néanmoins bien insuffisant pour l'étude des machines proprement dites, et en arrivant dans les ateliers après avoir acquis les connaissances théoriques que l'on puise dans les cours les plus complets de mécanique, on est étonné de la difficulté que l'on rencontre à comprendre le mode d'action des nombreuses machines-opératrices qui vous entourent.

Entrez dans une filature, par exemple : la roue hydraulique qui fait mouvoir les nombreux métiers est-elle établie dans les meilleures conditions possibles? Travaille-t-elle de manière à donner le maximum d'effet utile? Ce sont des questions que résoudra la mécanique industrielle telle qu'on l'enseigne. Mais dans la filature proprement dite, aucun principe, puisé dans l'enseignement actuel, ne guide plus pour juger le mode d'action des machines compliquées qui convertissent en tissu le duvet de coton; et, comme toutes les fois qu'une science est à faire, la pratique peut seule servir de guide.

Il n'est pas douteux, cependant, que les habiles constructeurs de ces délicates machines n'aient des théories positives pour les guider, et ne sachent puiser dans leur expérience le moyen de donner à un opérateur le mouvement convenable. C'est cette science, celle du mécanicien, dont Vaucanson, Jacquart, Arkwright, Watt, etc., ont fait de si belles applications, qu'il importe de formuler en corps de doctrine. On pourra dès lors combler une lacune bien fâcheuse dans l'enseignement de la mécanique appliquée, qui néglige aujourd'hui toutes les ingénieuses inventions, toutes les découvertes accomplies chaque jour dans les diverses branches du travail industriel.

Nous le répéterons donc encore une fois pour rendre par-

faitement claire une notion fondamentale : il y a deux parties
entièrement distinctes dans la mécanique appliquée aux machines. La première, qui traite du meilleur emploi possible
de la force motrice, du maximum d'effet utile, de l'évaluation
des résistances, constitue la mécanique que nous appellerons
dynamique; elle a été admirablement résumée dans le cours
de Poncelet, le principal créateur de la mécanique appliquée
aux machines. La seconde partie traite des directions et des
vitesses des mouvements qui s'engendrent les uns par les
autres au moyen de ce qu'on nomme souvent le *mécanisme;*
c'est celle que nous appellerons la mécanique *géométrique* ou
la *Cinématique;* celle qui jusqu'ici n'est pas entrée dans l'enseignement, et que nous tenterons de formuler dans ce traité.
Autrefois, les corps savants, l'ancienne Académie des sciences,
par exemple, se plaçaient toujours au point de vue de cette
science : Lahire, Deparcieux, Vaucanson, etc., ont toujours
travaillé dans cette direction que les grands progrès du calcul
de l'effet des machines n'eussent pas dû faire abandonner,
car il s'agit de deux parties également utiles d'une même
science.

C'est bien à tort qu'aujourd'hui cette partie de la mécanique
est négligée des théoriciens, et l'on ne saurait contester la
haute importance non-seulement pratique, mais encore intellectuelle de son étude. Chaque jour, par exemple, on entend
vanter avec juste raison la sublime invention de Jacquart,
mais tous ses admirateurs ont-ils bien apprécié le principe
vraiment remarquable sur lequel elle repose? Ne doit-il pas
y avoir une idée bonne à étudier sous tous les rapports dans
une invention citée par tout le monde comme une œuvre de
génie?

Le besoin de compléter la science mécanique, ainsi que nous
l'indiquons, a été senti par nombre de savants. Carnot, notamment, qui a attaché son nom à une des plus belles théories
de la mécanique appliquée aux machines, a parlé plusieurs
fois d'un travail dont il sentait toute la nécessité.

« L'objet d'une machine, dit-il dans son Rapport sur le
« *Traité des machines* de M. Hachette (1811), est de modifier

« l'action d'un moteur donné suivant le but qu'on se propose.
« Cette machine peut modifier l'action du moteur, ou relati-
« vement à sa direction, ou relativement à sa quotité. Les dif-
« férentes directions que la machine fait prendre à l'action
« du moteur dépendent de la liaison que la forme même de
« la machine établit entre les corps et se rapportent aux mou-
« vements purement géométriques dont la théorie complète
« serait si importante. »

« Lorsqu'il s'agit, dit encore Carnot dans un de ses ouvrages
« de géométrie, de déterminer la marche d'un fil qui forme
« successivement les mailles d'un tricot, il ne s'agit nullement
« des lois de l'action et de la réaction, ni de la force avec
« laquelle le fil est tendu; il en est de même enfin de toutes
« les machines dont le but n'est pas d'économiser des forces,
« mais d'établir tels ou tels rapports entre les directions et
« les vitesses des différents points d'un système. »

Mais personne n'a mieux senti l'importance de la Cinématique que Ampère, qui en a admirablement indiqué l'étendue
et les limite dans son *Essai sur la philosophie des sciences*
(1833), dans un passage que nous croyons devoir citer en
entier :

« *Cinématique*. — Longtemps avant de m'occuper du travail
« que j'expose ici, j'avais remarqué qu'on omet généralement,
« au commencement de tous les livres qui traitent de ces
« sciences (relatives aux mouvements et aux forces), des con-
« sidérations qui, développées suffisamment, doivent con-
« stituer une science du troisième ordre, dont quelques par-
« ties ont été traitées, soit dans des mémoires, soit même dans
« des ouvrages spéciaux, tels, par exemple, que ce qu'a écrit
« Carnot sur le mouvement considéré géométriquement, et
« l'*Essai sur la composition des machines* de Lantz et Bétan-
« court. Cette science doit renfermer tout ce qu'il y a à dire
« des différentes sortes de mouvement, indépendamment des
« forces qui peuvent les produire. Elle doit d'abord s'occuper
« de toutes les considérations relatives aux espaces parcourus
« dans tous les différents mouvements, aux temps employés
« pour les parcourir, à la détermination des vitesses d'après

« les diverses relations qui peuvent exister entre les espaces
« et les temps. Elle doit ensuite étudier les différents instru-
« ments à l'aide desquels on peut changer un mouvement en
« un autre ; en sorte qu'en comprenant, comme c'est l'usage,
« ces instruments sous le nom de machines, il faudra définir
« une machine non pas comme on le fait ordinairement : *un
« instrument à l'aide duquel on peut changer la direction et l'in-
« tensité d'une force donnée*, mais bien : *un instrument à l'aide
« duquel on peut changer la direction et la vitesse d'un mouve-
« ment donné.*

« On rend ainsi cette définition indépendante de la consi-
« dération des forces qui agissent sur la machine, considé-
« ration qui ne peut servir qu'à distraire l'attention de celui
« qui cherche à comprendre le mécanisme. Pour se faire une
« idée nette, par exemple, de l'engrenage à l'aide duquel l'ai-
« guille des minutes d'une montre fait douze tours, tandis
« que l'aiguille des heures n'en fait qu'un, est-ce qu'on a
« besoin de s'occuper de la force qui met la montre en mou-
« vement? L'effet de l'engrenage, en tant que ce dernier
« règle le rapport de vitesse des deux aiguilles, ne reste-t-il
« pas le même lorsque le mouvement est dû à une force quel-
« conque autre que celle du moteur ordinaire, quand c'est,
« par exemple, avec le doigt qu'on fait marcher les aiguillles?

« Un traité où l'on considérerait ainsi tous les mouvements,
« indépendamment des forces qui peuvent les produire, serait
« d'une extrême utilité dans l'instruction, en présentant les
« difficultés que peut offrir le jeu de certaines machines, sans
« que l'esprit de l'élève eût à vaincre en même temps celles
« qui peuvent résulter de considérations relatives à l'équi-
« libre des forces.

« C'est à cette science où les mouvements sont considérés
« en eux-mêmes, tels que nous les observons dans les corps
« qui nous environnent, et spécialement dans les appareils
« appelés machines, que j'ai donné le nom de Cinématique,
« de κίνημα, *mouvememt.*

« Après les considérations sur ce que c'est que *mouvement*
« et *vitesse*, la Cinématique doit surtout s'occuper des rapports

« qui existent entre les vitesses des divers points d'une ma-
« chine, et en général d'un système quelconque de points
« matériels dans tous les mouvements que cette machine ou
« ce système est susceptible de prendre; en un mot, de la
« détermination de ce qu'on appelle *vitesses virtuelles*, indé-
« pendamment des forces appliquées aux points matériels,
« détermination qu'il est infiniment plus facile de comprendre,
« quand on la sépare ainsi de toute considération relative
« aux forces. Lorsque, parvenu à la science du second ordre
« qui va suivre, on voudra enseigner aux élèves qui auront
« bien saisi cette détermination et qui seront familiarisés
« avec elle depuis longtemps, le théorème général connu
« sous le nom de *principe des vitesses virtuelles*, ce théorème
« qu'il est si difficile de leur faire comprendre en suivant la
« marche ordinaire, ne leur présentera plus aucune diffi-
« culté. »

Il est impossible d'indiquer plus clairement la nécessité
d'une science nouvelle que ne l'a fait Ampère dans le passage
que nous venons de citer. Aussi avons-nous cru qu'on ne
pouvait changer le nom de Cinématique, qui lui a été donné
par cet illustre savant. Nous avons profité pour notre travail
de ses observations sans avoir pu toutefois suivre toutes ses
indications, car il eût fallu, pour cela, nous borner à des notions élémentaires et sacrifier l'utilité pratique que nous voulons nous efforcer de donner à ce Traité, ainsi que nous le
montrerons plus loin.

Nous ne pouvons résister au plaisir de citer encore un autre
passage de l'*Essai sur la philosophie des sciences*, où Ampère,
voulant encourager des entreprises semblables à celle-ci, et
répondant aux personnes qui contestaient l'utilité de son travail, ajoute en parlant de la Cinématique :

« Que s'il n'existe pas encore de traité complet sur cette
« science et sur plusieurs autres, peut-être me saura-t-on gré
« d'avoir indiqué des lacunes à combler, des travaux à entre-
« prendre ou à achever; et si j'en crois un pressentiment qui
« m'est cher, j'aurai peut-être indirectement donné naissance
« à de nouveaux ouvrages spéciaux qui ne pourront manquer

« de répandre de plus en plus les sciences et leurs salutaires
« effets. »

S'il était besoin encore d'autres autorités, nous ajouterions
aux précédentes celle d'un juge bien compétent, Poncelet, le
célèbre fondateur de la mécanique appliquée aux machines,
qui, dans son cours de mécanique aux ouvriers de Metz, a
consacré plusieurs leçons à la Cinématique, et qui, il y a peu
de temps encore, dans des lettres provoquées par la proposition faite par le savant doyen de la Faculté des sciences,
M. Dumas, de développer l'enseignement industriel, réclamait
comme une nécessité l'enseignement de la Cinématique, dont
mieux que personne il a pu appécier l'importance extrême.

Si nous cherchons maintenant les traités généraux qui
existent sur la science qu'ont indiquée tant de savants ilustres,
nous ne rencontrerons qu'une seule tentative c'est l'*Essai sur
la composition des machines*, de MM. Lantz et Bétancourt, publié en 1810. Partant d'une vue ingénieuse que Monge avait
indiquée dans son *Cours de Géométrie descriptive*, que les mouvements des organes des machines étaient nécessairement
continus ou alternatifs, et, quant à la direction, rectilignes
ou circulaires, ou d'après une courbe donnée, ils ont groupé
deux à deux ces divers mouvements et décrit les organes employés dans les machines pour obtenir les transformations de
mouvement correspondantes. Certes, ce travail était un important progrès, mais il est inouï que depuis quarante ans on se
soit le plus souvent contenté de le copier, sans jamais tenter
de l'améliorer. Il est pourtant bien insuffisant, et offre de très-
grands défauts.

Le premier est de borner la composition des machines à la
transformation des mouvements, ce qui est une idée fausse et
incomplète de la question. Les embrayages, le volant, les cartons de la jacquart, etc.. par exemple, sont certes des organes
de machines, sans être des organes de transformation de mouvement.

Le second est de confondre le moteur physique qui imprime
le mouvement, ou l'opérateur qui consomme le travail, avec
la machine même. De quelle utilité peut-il être de considérer

une roue hydraulique comme un moyen de transformer un mouvement rectiligne en un mouvement circulaire, parce que l'eau qui se mouvait en ligne droite vient tourner à la circonférence de la roue? L'eau est ici le moteur qu'on doit utiliser le mieux possible, cette condition seule détermine le mouvement qu'on lui fait prendre. Il n'en est pas de même des parties suivantes de la machine; ce n'est plus seulement l'économie des forces motrices qui est en jeu, mais avant tout la nécessité d'obtenir les mouvements convenables de l'outil, en vue du travail à effectuer.

Enfin, le travail de MM. Lantz et Bétancourt, conçu sans vues scientifiques, dénué, dit Poncelet, de la discussion nécessaire, n'offre rien de satisfaisant à l'esprit, ne peut servir de base à aucun enseignement rationnel.

L'utilité de cet ouvrage, fort remarquable en tant que premier essai dans une nouvelle voie, est donc bien faible aujourd'hui, et il ne peut pas davantage servir de répertoire aux praticiens, ayant été fait avant les grands progrès accomplis depuis cinquante ans dans l'art de la construction des machines. Plusieurs solutions directes pour transformer un mouvement en un autre, qui y sont décrites, seraient rejetées par le mécanicien le moins expérimenté, à cause de leurs imperfections et parce qu'on obtient le même résultat chaque jour dans les ateliers, au moyen de solutions bien préférables sous tous les rapports.

Il importait donc de reprendre aujourd'hui ce travail pour ramener sous une forme scientifique l'étude des ingénieuses combinaisons de nos mécaniciens, pour faire passer dans l'enseignement les progrès de la science et mettre à la disposition des générations nouvelles les résultats des travaux accumulés jusqu'à ce jour.

Le travail qui consiste à rassembler les éléments épars d'une science, à les coordonner et à en faire un ensemble, est évidemment d'une utilité extrême. Un cours, un ouvrage qui présente sous une forme logique un ensemble de vérités, qui rend en un jour vulgaires des connaissances que chacun devait puiser la veille à mille sources différentes, sans pouvoir souvent en saisir les relations, nous paraît un tel service rendu à la société, que nous croyons que c'est un devoir pour quiconque entrevoit la possibilité d'atteindre un semblable résultat de se mettre à l'œuvre. C'est cette conviction qui nous a déterminé à publier ce Traité.

C'est après avoir écrit les pages précédentes et achevé la première rédaction de cet ouvrage, que j'ai connu, par M. Tom Richard qui en a publié quelques extraits remarquables dans son *Aide-Mémoire des Ingénieurs*, le bel ouvrage de M. R. Willis (Cambridge, 1841), intitulé *Principles of Mecanism*, ouvrage écrit par un esprit supérieur, sous l'influence des idées qui nous avaient fait entreprendre notre premier travail, et avec toutes les ressources qu'offrait l'art de la construction des machines, si développé en Angleterre. J'ai fait de nombreux emprunts à cet ouvrage un des plus remarquables de notre époque, notamment le tracé pratique des engrenage, la théorie des systèmes épicycloïdaux, le calcul des rouages d'horlogerie, etc.

Malgré l'éminent mérite de ce bel ouvrage, il ne remplit pas complétement, à notre avis, la lacune signalée plus haut. Préoccupé, comme Ampère, de l'idée de formuler une science complétement distincte de la mécanique proprement dite, l'auteur ne se propose pour but de ses travaux que la science qu'il appelle *pure mecanism;* il n'étudie les mouvements que comme produits par rotation, glissement, etc., ce qui est loin de répondre à toutes les questions qu'il importe d'élucider pour l'analyse complète des machines.

Quelles sont donc les limites, les divisions naturelles de la Cinématique?

Faudra-t-il étudier les nombreuses machines qu'emploie l'industrie, passer en revue successivement celles qui servent à la filature, au tissage, les horloges, etc.? Faudra-t-il, en un mot, étudier successivement toutes les fabrications pour comprendre comment fonctionnent les diverses machines qui y sont employées, et dont le nombre augmente chaque jour? Cette marche serait la seule possible, la seule qui permît un enseignement industriel complet (si tant est qu'on pût réunir les éléments d'un enseignement aussi étendu), si aucun principe scientifique ne venait nous guider ; c'est celle qu'emploie l'apprenti pour apprendre un état en plusieurs années que quelques heures de leçons eussent pu beaucoup abréger.

Mais si nous parvenons à formuler d'abord la science qui préside à la construction des organes élémentaires des machines, à enseigner les principes qui doivent guider dans toutes les applications, il n'y a plus danger de fatiguer par trop de détails les lecteurs qui ne doivent être ni filateurs ni tisserands, etc.; le champ indéfini qui se présentait devant nous se circonscrit singulièrement, et toutes les machines seront connues, ou pour le moins comprises, à une première inspection, quand on aura étudié les lois qui président à la construction des organes qui se retrouvent dans toutes et qui sont bien loin d'être en nombre aussi considérable qu'on pourrait le croire, d'après la multiplicité des machines qu'engendre la variété des combinaisons de ces éléments. C'est par l'étude de la nature et du mode d'action de ces organes primitifs de toute machine, que l'on peut arriver à comprendre et à combiner une machine quelconque ; étude bien plus profitable que ne le serait celle d'un grand nombre de machines spéciales, si l'esprit n'arrivait par la force des choses à effectuer nécessairement cette décomposition, à analyser et étudier les éléments eux-mêmes.

Si nous portons notre attention sur ces organes dont sont composées les machines, nous apprécierons mieux l'aperçu dû au génie de Monge, et sur lequel seul peuvent reposer les divisions fondamentales de la Cinématique. Monge reconnut à *priori* que les mouvements d'un organe d'une machine étaient continus ou alternatifs, circulaires ou rectilignes, ou d'après une courbe donnée. Mais pourquoi en est-il ainsi ? Cette classification est-elle simplement empirique ou bien fondée sur la nature des choses ? Il nous sera facile d'établir que si ce principe est vrai, c'est parce que toute machine simple (et chaque organe élémentaire d'une machine est une machine simple) étant un corps dont le mouvement est gêné par un obstacle, suivant que cet obstacle est formé par un point fixe, deux points ou une droite, trois points ou un plan passant par ces trois points, l'organe élémentaire est nécessairement : du système levier, c'est-à-dire, dans un plan, à mouvement circulaire alternatif, ou du système tour, c'est-à-dire à mouvement circulaire continu, ou enfin du système plan, engendrant le mouvement rectiligne continu ou alternatif, ou suivant une courbe donnée.

Le nombre de points non en ligne droite, faisant obstacle au mouvement, peut être plus grand que trois; mais cela ne fournit pas de nouveau mouvement élémentaire, comme nous le faisons voir ci-après.

Observons que ces mouvements élémentaires, quelque limité que soit leur nombre, renferment les éléments de tous les mouvements possibles, car les plus complexes se réduisent toujours en chaque instant à un mouvement de translation combiné avec un mouvement de rotation autour d'un certain axe.

On voit donc, en complétant l'idée de Monge, que les organes de communication et de transformation de mouvement ne sont pas, comme on peut le croire *à priori*, des systèmes dont on ne voit la raison d'être que dans l'imagination d'un inventeur, mais des moyens de résoudre le problème parfaitement posé de faire agir en chaque instant une machine simple sur une autre machine simple, problème qui n'admet qu'un nombre limité de solutions (dont les combinaisons fournissent toutefois grand nombre de mécanismes), devant satisfaire à des conditions clairement déterminées. . . . .
. . . .

La lecture de cet ouvrage fera, nous l'espérons, reconnaître combien l'ordre auquel nous amènent les considérations précédentes est simple et logique, et combien ces données fondamentales facilitent l'étude de la Cinématique, en en formant un ensemble logique qui permet de faire de cette science une partie indispensable de tout enseignement scientifique.

OBSERVATIONS

SUR LES CRITIQUES FAITES DE NOTRE OUVRAGE

Il me semble qu'on a généralement assez peu remarqué, au moins en France, le principe fondamental de l'étude des organes des machines que j'ai formulé et qui, m'ayant paru d'une grande valeur, a contribué à me faire publier la première édition du présent ouvrage. En montrant que la décomposition des machines en leurs premiers éléments, conduisait à des organes dont le mouvement possible résultait de la fixité d'un, de deux ou de trois points, j'en détermine de suite la nature et le mouvement, et, vérification précieuse, la classification de Monge se trouvant par là même justifiée, cesse d'être empirique pour devenir logique et nécessaire.

Toutefois, si une adhésion formelle nous a manqué, notre système a été implicitement admis par la plupart des auteurs d'ouvrages sur la Cinématique parus depuis notre traité, puisqu'ils nous en ont emprunté, presque tous, une conséquence nécessaire, à savoir de placer la description des guides de mouvement (tourillons, glissières, etc.) avant celle d'aucun organe. (Voir les ouvrages de MM. Morin, Bour, Résal, etc.)

La satisfaction de voir nos idées discutées complétement nous a été donnée dans un traité philosophique publié récemment en Allemagne, et bien que l'auteur les attaque comme insuffisantes, la critique même me paraît en confirmer pleinement la vérité et la valeur.

Nous allons essayer de le prouver.

CRITIQUE DE M. REULEAUX.

Nous reproduirons d'abord, avant de les discuter, les deux passages où l'auteur allemand critique notre ouvrage.

« En 1849[1], LABOULAYE, dans sa *Cinématique*, entreprit également de répondre au désir exprimé par AMPÈRE, en essayant de formuler en corps de doctrine la théorie des mécanismes.

« Partant de considérations nouvelles, il établit que tous les éléments des machines peuvent se diviser en trois classes, qu'il désigne sous le nom de *système levier*, *système tour* et *système plan*.

« Tout corps mobile rentre respectivement dans l'une de ces trois classes, suivant qu'il présente un, deux, trois (ou plus) points *fixes* ou *inébranlables*. En réalité, ces systèmes sont insuffisants pour la solution de la question, ainsi que nous nous proposons de le démontrer en temps utile. Aussi, leur auteur n'en a-t-il fait aucun usage véritablement péremptoire, probablement dans la crainte de ne pas en tirer des résultats suffisants, et, en fait, il revient au système de LANZ, complété par des divisions appropriées.

« Il va même si loin dans cette voie qu'il cherche à établir *à priori* la classification de MONGE et à démontrer qu'elle doit être considérée comme la base véritable et essentielle de la cinématique.

« Avec cet essai philosophique, LABOULAYE n'a pas contribué aux progrès de la cinématique scientifique, puisqu'il interdit ainsi à ses adeptes toute recherche ultérieure, et cela d'autant plus que sa démonstration se trouve présentée sous une forme en apparence concluante. Cet établissement *à priori* de la classification de MONGE est tout au plus applicable à un système, dans lequel on ne considérerait que le mouvement du *point*; mais il ne conserve pas sa valeur pour les mouvements du *corps*, c'est-à-dire d'un *ensemble de points*. Du reste, malgré cette imperfection, le livre de LABOULAYE a rendu des services incontestables, en contribuant à répandre un grand nombre de connaissances utiles. »

Revenant sur la question, M. Reuleaux ne se contentant plus d'affirmer, formule, ainsi qu'il suit, la critique scientifique de notre système.

« Il ne sera pas inutile[2] de nous arrêter ici un instant et de

---

1. INTRODUCTION, p. 15, Cinématique de Reuleaux (Traduction de Debize), Paris, 1877.
2. P. 167.

reporter l'attention de nos lecteurs sur les systèmes qui ont été admis jusqu'ici et qui ont été esquissés dans l'*Introduction* ; nous nous attacherons particulièrement·aux systèmes fondamentaux de LABOULAYE, qui sont assez répandus et au sujet desquels nous avons promis précédemment de fournir des explications plus détaillées[1].

« Proposons-nous donc maintenant de déterminer ce que représentent véritablement les trois systèmes *levier*, *tour* et *plan* de LABOULAYE, qui offrent un caractère si prononcé de généralité géométrique, en utilisant, pour la solution de cette question, les notions que nous avons cherché à acquérir dans le premier chapitre.

« Dans le premier système, *le corps mobile a un point fixe* ; dans le second, *le corps a deux points fixes ou une droite fixe*, et enfin, dans le troisième, *l'obstacle consiste en trois points fixes ou un plan passant par ces trois points*. Tout d'abord, il convient de remarquer que, au fond, il n'y a aucune allusion à la chaîne cinématique, laquelle, d'après ce que nous avons vu, est l'expression la plus générale de la machine, et que l'on y retrouve simplement le couple d'éléments. Il est, en effet, constamment question d'un corps unique à soutenir, mais jamais d'un système de corps formant un tout. Nous

---

1. Pour montrer à M. Reuleaux que mon point de départ est admis par les meilleurs esprits, lorsqu'il s'agit d'organes de machines et non du mouvement d'un point, je citerai ici un passage du *Traité de Mécanique* de Bour, une des plus belles intelligences de notre époque. Il y fait l'éloge de notre *Traité de Cinématique*, auquel il disait qu'il devait beaucoup.

Voici ce passage (*Statique*, p. 89, Paris, 1868.), d'une netteté, d'une précision parfaites :

« On peut, dans la théorie de l'équilibre des machines, laquelle n'est autre chose que la théorie d'équilibre des corps gênés par des obstacles, considérer les obstacles comme tenant lieu des forces égales et contraires à celles qu'ils détruisent actuellement ; et si l'on conçoit qu'on ait ainsi substitué à la place de ces obstacles insurmontables des forces qui représentent leurs résistances actuelles, ce n'est plus entre ces seules forces directement appliquées qu'il y a équilibre, mais entre ces forces et ces résistances. Les six équations de l'équilibre doivent alors avoir lieu entre ces deux groupes de forces, considérés simultanément.

Des machines simples. — Nous réduirons les machines simples à trois principales, qui se distinguent l'une de l'autre par la nature de l'obstacle qui gène le mouvement du corps ; ce sont : .

1° Le *levier*,

2° Le *tour* ou *treuil*,

3° Le *plan incliné*.

Dans la première machine, l'obstacle est un point fixe autour duquel le corps a la liberté de tourner en tous sens.

Dans la deuxième, l'obstacle est une droite fixe autour de laquelle tous les points du corps n'ont que la liberté de tourner dans des plans parallèles.

Dans la troisième, l'obstacle est un plan inébranlable contre lequel le corps s'appuie et sur lequel il a la liberté de glisser. »

Après avoir établi les conditions d'équilibre dans les machines simples et les pressions sur les points d'appui, l'auteur termine ainsi :

« *Des machines composées.* — Les machines les plus compliquées *peuvent toutes être ramenées aux éléments simples que nous venons d'étudier*. En les décomposant en leurs éléments simples, on trouvera dans tous les cas les conditions d'équilibre et les tensions des divers lieux. »

devons donc nous borner à ne voir que le couple d'éléments dans
ces systèmes, bien que LABOULAYE les déclare propres à fournir une
expression générale de la machine. Mais quel est le couple qui ne
possède qu'un unique point fixe? Nous avons trouvé précédemment
(§ 5, IV), qu'avec un seul point fixe, le mouvement d'un corps est
essentiellement indéterminé, et qu'il n'est pas possible, dans ce
cas de former un couple d'éléments desmodromique ou une chaîne
de même nature. Sans doute LABOULAYE cite comme exemple le
levier, qui a un mouvement oscillatoire et qui exécute, par suite,
une rotation autour d'un axe ; son système *levier* se trouverait alors
correspondre à notre couple inférieur d'éléments n° 2 (§ 25):
« corps de rotation avec sa forme en creux. » Seulement, d'après
le § 20, un couple de ce genre exige, non pas un *seul* point d'appui,
mais bien *six* au moins ! On pourrait, à la vérité, objecter que le
point maintenu fixe du système *levier* appartient à un axe géométrique, de telle sorte que, pour s'exprimer d'une manière plus
rigoureuse, LABOULAYE aurait dû (ou voulu) dire que deux
points de cet axe, qu'on peut concevoir, en quelque sorte, comme
une idéalisation du corps, devaient être maintenus dans une position fixe, et que, dans une projection sur un plan normal à l'axe,
ces deux points venaient se confondre en un seul. Mais telle ne
peut avoir été l'intention de LABOULAYE, puisqu'il dit précisément
la même chose du second système, le *système tour*, et qu'il ne peut,
dès lors, avoir commis une pareille erreur d'exposition ; d'un autre
côté, c'est bien, en réalité, d'un corps qu'il veut parler et non de sa
représentation idéale par un axe. Tout ce qui est nécessaire pour
empêcher les changements de position de deux points de cet axe
géométrique l'est également, comme nous l'avons vu, pour le corps
lui-même ; nous savons que ce dernier doit avoir une forme déterminée, et que, de plus, avec cette forme, il doit être appuyé en
six points au moins. S'il s'agissait d'un seul point à maintenir fixe,
le corps devrait avoir la forme d'une sphère, laquelle exigerait au
moins quatre points d'appui ; dans ce cas, il ne se produirait un
mouvement forcé qu'autant que le centre de la sphère ne pourrait
pas changer de position ; tous les autres points seraient, par cela
même, obligés de rester sur des surfaces sphériques, tout en étant,
d'ailleurs, parfaitement libres d'exécuter sur ces surfaces des mouvements quelconques.

« Supposons maintenant que, par l'expression du *système levier*,
LABOULAYE ait voulu désigner ces couples d'éléments, qui réalisent
ce que nous avons appelé le roulement conique (§ 11); rien n'empêche d'admettre *à priori* qu'il en soit ainsi. Mais alors l'exemple
du levier cité par lui ne s'adapte plus à ce cas. « *Le mouvement d'un
point quelconque appartenant au levier, sera de nature* CIRCULAIRE *en
chaque instant, et de plus, en général,* ALTERNATIF *dans une machine,
se produisant le plus souvent dans un plan.* » Nous trouvons ici une

définition qui manque complétement de précision et de clarté ; évidemment, il y a là une notion, d'ailleurs assez obscure, des couples d'éléments à mouvement oscillatoire, notion qui, en raison de son apparence de profondeur et de généralité, a séduit un certain nombre de mathématiciens, mais qu'il convient de ne pas tirer à la lumière, si l'on ne veut pas qu'elle se réduise immédiatement en poussière.

« Les deux autres systèmes, *tour* et *plan*, donnent lieu à des observations analogues. Maintenant, dans les trois systèmes, on ne voit pas très-bien ce que l'on doit entendre rigoureusement par les indications de *point fixe* et de *plan inébranlable*; en second lieu, on peut se demander quels sont les caractères particuliers qui permettent de distinguer l'un des systèmes des deux autres. Pour nous éclairer sur ce point, tentons l'épreuve inverse et cherchons dans lequel de ces systèmes peut se classer l'un des couples d'éléments supérieurs, que nous sommes arrivés à connaître. Choisissons par exemple, celui que forme le triangle curviligne dans le carré. Pour ce couple, nous avons vu précédemment que, lorsqu'on maintient le carré fixe et qu'on met le triangle en mouvement, tous les points de ce triangle se meuvent sans aucune exception. D'après Laboulaye, au contraire, un point au moins devrait rester fixe. Il semble, en vérité, que ce couple devrait appartenir au *système plan*, puisque, par hypothèse, ses sections normales se trouvent empêchées de sortir des plans dans lesquels elles se meuvent ; ces plans seraient précisément les *plans inébranlables* qui, d'après Laboulaye caractérisent le troisième système. On pourrait, sans doute, interpréter ce système dans ce sens ; mais alors le *couple de rotoïdes* appartiendrait au *système plan*, tandis que précédemment, nous avons dû le classer dans le *système tour*. Nous manquons donc ici aussi d'une base solide, et nous devons constater l'apparence des caractères distinctifs, susceptibles de délimiter nettement des choses essentiellement différentes ; il n'est cependant pas douteux que cette délimitation était et devait être justement le but de la classification proposée.

« Ce que nous venons de dire suffit évidemment pour montrer que ce système de classification ne peut pas se soutenir et nous jugeons inutile d'insister sur ce point.

« Nous ne nous sommes pas, du reste, proposé de faire une critique du traité de Laboulaye, d'autant plus que cette critique devrait s'appliquer à d'autres auteurs qui se sont approprié ses idées, sans les soumettre à un examen suffisamment approfondi. Je suis même très-loin d'admettre qu'on ne doive pas tenir grand compte des travaux de cet investigateur, aux mérites duquel j'ai rendu justice dans l'introduction. La critique serait, en outre, d'autant moins justifiée que, dans la partie de son ouvrage qui traite des *applications*, Laboulaye n'a, pour ainsi dire, pas tiré de conséquences

des principes énoncés, et qu'il a ainsi évité de graves erreurs auxquelles l'aurait conduit l'application de ces principes.

« Je tenais seulement à montrer sur quelles bases fragiles et peu
sûres on a érigé ou cru pouvoir ériger le grand édifice de la cinématique scientifique et à donner ainsi au lecteur une autre preuve
palpable de la nécessité d'établir, sous forme d'axiomes, des principes fondés sur une méthode complétement rigoureuse et comprenant tous les cas particuliers, afin d'arriver à des résultats qui
soient à l'abri de toute objection. »

Toute cette critique se réduit à peu de chose si l'on fait une
distinction essentielle dans les études de Cinématique. Per-
pétuellement les considérations de géométrie pure et celles
de construction pratique s'y entremêlent, mais il n'en résulte
pas que l'on puisse appliquer ce que l'on dit de la construction
des machines à des propositions de géométrie, et réciproquement. C'est sur cette confusion que repose toute l'argumenta-
tion de M. Reuleaux.

Reprenons donc ses observations sur le *système levier*.

Nul moyen de contester,. géométriquement parlant, qu'un
point (géométrique) d'un corps étant rendu fixe, tous les points
de ce corps ne peuvent plus se mouvoir que sur des sphères
ayant pour rayons leurs distances à ce point fixe. Mais, dit-il,
un point ne suffit pas, il faut au moins six points fixes. Mais alors
il ne parle plus de géométrie, il s'agit de construction, et nous
disons (art. 57) que, pour l'exécution d'une *rotule*, il faut ap-
liquer une calotte sphérique creuse sur une sphère pleine.

Nous disons aussi (art. 57) qu'on peut se contenter d'un polyèdre ayant au moins quatre plans tangents avec la sphère.
Mais, que résulte-t-il de cette disposition ? La réalisation
pratique d'un système théorique, le mouvement autour d'un
point unique dans l'espace, qui est le centre de la sphère.

N'est-ce pas nous faire ce qui s'appelle vulgairement une
querelle d'Allemand, que de nous opposer sans cesse ce que
nous disons nous-mêmes quand il s'agit de pratique, comme
formant une théorie incomplète ? Est-ce faire une erreur grave
de dire que, pratiquement, habituellement, le balancier, forme
usuelle du levier dans les machines, n'a qu'un mouvement circulaire alternatif dans un plan ? Cela change-t-il les propriétés
géométriques du mouvement du levier en général ?

La confusion est si évidente, si constante, qu'il nous paraît inutile d'insister, comme de discuter le reproche de ne pas parler du couple quand nous parlons d'un organe simple, un couple en exigeant nécessairement deux agissant l'un sur l'autre, et la Cinématique ayant à analyser également les organes simples, les couples et les combinaisons d'organes.

Reprenant la question *à posteriori*, M. Reuleaux paraît nous adresser une critique qui ne repose plus sur la confusion évidente que nous venons de signaler. Il cherche à montrer que nous ne saurions classer dans aucun de nos systèmes son triangle curviligne roulant sur les côtés d'un carré. La réponse est facile à faire, c'est qu'il ne s'agit plus ici d'un organe de machine, mais de géométrie de roulement. Nous le renverrons au chef-d'œuvre de Willis, au beau chapitre de ses *Principles of mecanism*, intitulé *Agregate velocity*, où les mouvements épicycloïdaux et les systèmes propres à les réaliser sont admirablement analysés. Il n'y a pas à confondre le roulement partiel d'arcs de cercle sur les côtés d'un carré ou d'un triangle équilatéral, engendrant des fractions de cycloïdes, système de peu de valeur géométrique, avec des organes de machines à guides fixes.

Mais comment l'auteur allemand a-t-il pu remplacer l'indication, dès le début, des systèmes de guides, si simples, si utiles, si généralement adoptés? En proposant un mode à peu près équivalent au fond, mais procédant du compliqué au simple. La vis, apparaissant dès le début de son ouvrage, lui sert de type de guide, et en faisant varier l'inclinaison de son filet, il en tire le tourillon lorsqu'il devient perpendiculaire à l'axe, le guide prismatique lorsqu'il lui est parallèle. Cela ne nous paraît ni simple ni complet.

Nous sommes loin de nous plaindre des critiques de M. Reuleaux; nous nous trouvons d'ailleurs en bonne compagnie. PONCELET est blâmé d'avoir adopté la division, si claire, si utile, des parties de machines en *Opérateurs, Organes de transformation de mouvement, Récepteurs;* WILLIS l'est aussi d'avoir soustrait les roues hydrauliques des mécanismes qui font l'objet de la Cinématique, de n'avoir pas admis que, pour obtenir un mouvement circulaire continu, le mécanicien amenât un fleuve dans ses ateliers, moyen peu pratique pour le moins.

Avec ces grands esprits, sans citer Gœthe, Shopenhauer, Chamisso et autres philosophes fort étrangers à la mécanique, nous croyons qu'on peut faire de la Cinématique plus simple, plus complète, plus pratique que celle du savant de Berlin, et s'il nous était permis de répondre par une observation à ses critiques, nous dirions que nous considérons comme sans valeur sa notation cinématique, qu'il annonce comme un grand progrès, qu'il assimile aux formules de l'algèbre et de la chimie, bien qu'elle ne puisse donner lieu à aucune opération comme les premières, qu'elle n'indique aucune proportion relative des éléments comme les secondes. Y a-t-il un avantage à écrire $\overset{+}{S}$ au lieu de vis et $\overset{-}{S}$ au lieu d'écrou, et $\overset{+}{C}$ B au lieu de bielle et manivelle? Nous ne le croyons pas, et sûrement le moindre croquis vaudra toujours beaucoup mieux que toutes ces formules.

AUTRES CRITIQUES.

Parmi les autres critiques que nous avons pu recueillir sur notre ouvrage, la plus générale est celle qui se rapporte au mélange avec la cinématique de considérations de mécanique, que nous a fait faire notre désir de comprendre dans notre cadre les Opérateurs et les Récepteurs, afin qu'il présentât un tableau complet de la science des machines. Nous y avons eu égard dans la présente édition, en reportant dans la seconde partie, intitulée APPLICATIONS DE LA CINÉMATIQUE, à peu près tout ce qui exige des connaissances de mécanique, et que par suite on pourra n'étudier qu'après les avoir acquises. J'espère avoir ainsi donné satisfaction aux exigences de l'enseignement habituel, sans abandonner le but capital, à mon avis, d'offrir un tableau complet de la science des mécanismes, pouvant seul faire apprécier les œuvres dues au génie de nos grands inventeurs, et de ne pas borner l'enseignement à la théorie des engrenages et à quelques propositions de géométrie. Trente ans de travaux sur ce sujet, depuis la publication de mon premier traité, m'ont confirmé de plus en plus dans la conviction de l'utilité dont pouvait être un semblable ouvrage, et j'ai l'espoir que cette dernière édition, complétée à ce point de vue, guidera plus d'un bon esprit vers de nouveaux progrès.

TRAITÉ

DE

CINÉMATIQUE

PRINCIPES FONDAMENTAUX

1. *La Cinématique a pour objet l'étude des mouvements considérés en eux-mêmes, notamment dans les systèmes appelés machines, au moyen desquels on produit un mouvement voulu à l'aide d'un mouvement quelconque.*

D'après la définition même, on voit que la Cinématique repose surtout sur la Géométrie, dont nous n'avons pas à traiter ici, mais à appliquer les théories en les combinant avec la notion du mouvement, objet de la Mécanique, science dont la Cinématique forme une division.

CHAPITRE PREMIER

DU MOUVEMENT D'UN POINT.

2. On dit qu'un point est en repos lorsqu'il occupe constamment la même position dans l'espace, et qu'il est en mouvement lorsque cette position change. Nous jugeons qu'un point change de position quand nous voyons varier sa distance à des objets dont les positions relatives ne changent pas.

3. *Du temps.* — Le temps, notion première spéciale à la mécanique, découlant de celle du mouvement, ne peut pas plus être défini que l'espace; l'égalité dans le temps, d'où dérive la

mesure du temps, peut se définir ainsi : Deux intervalles de temps sont égaux lorsque deux corps identiques, placés dans des conditions identiques au commencement de chaque intervalle, et soumis aux mêmes actions et influences de toute espèce, auront parcouru le même espace.

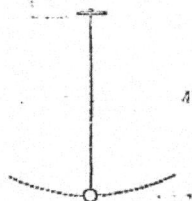

Fig. 1.

C'est ce qui a lieu pour le pendule (fig. 1), corps pesant soutenu par un fil, qui, écarté de la verticale, l'atteint pour la dépasser et y revenir ensuite, en exécutant ainsi successivement des oscillations identiques.

L'expérience fait bientôt reconnaître que les pendules de longueur différente n'exécutent pas simultanément leurs oscillations ; une de ces longueurs doit donc être adoptée pour fixer l'unité.

Le temps étant une grandeur peut être représenté par un nombre ou par une suite de divisions sur une ligne (fig. 2).

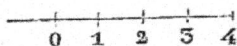

Fig. 2.

Mesure du temps. — Pour principale unité de temps on prend la révolution diurne apparente du soleil, le jour, dont la durée est indiquée par deux passages au méridien du lieu, ou plutôt la valeur moyenne de ce jour, qui éprouve quelques variations périodiques en raison de la position de la terre dans son orbite. Le jour est divisé en 24 heures, l'heure en 60 minutes, la minute en 60 secondes.

La longueur du pendule qui bat les secondes est, à Paris, de $0^m,993855$.

4. *Trajectoire.* — Le mouvement d'un point est nécessairement continu, c'est-à-dire qu'un mobile ne peut occuper deux positions distinctes dans l'espace sans passer successivement par tous les points d'une certaine ligne joignant ces positions extrêmes. Cette ligne est dite la *trajectoire*, et les longueurs des parties de cette trajectoire sont les chemins, les espaces parcourus par le mobile.

5. *Représentation graphique du mouvement d'un point.* — Le mouvement d'un point est complétement déterminé, lorsqu'on sait 1° quelle est sa trajectoire ; 2° quelle est, à un instant donné, sa position sur cette courbe. Puisque ces deux éléments propres à tout mouvement, la longueur du chemin par-

couru par le corps et le temps écoulé, peuvent être représentés par des droites, il est possible d'étudier les lois du mouvement à l'aide de la géométrie, en figurant ses éléments.

Supposons que nous construisions une table à double entrée, à deux colonnes, dans laquelle nous portions *les espaces parcourus* pour chaque temps écoulé; prenons une certaine longueur pour représenter l'unité du temps, et une autre longueur pour représenter l'unité du chemin parcouru.

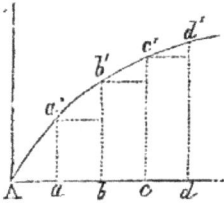

Fig. 3.

Cela posé, traçons une droite indéfinie *Ad*, et portons sur cette droite une distance *Aa* représentant un des temps indiqués sur la table; sur la perpendiculaire élevée en *a* portons une distance *aa'*, représentant d'après la table le chemin parcouru au bout du temps *Aa;* faisons de même pour les autres temps et les autres chemins correspondants, on obtiendra une suite de points *a'*, *b'*, *c'*, *d'* qui, réunis deux à deux par des droites, donneront le polygone *a'*, *b'*, *c'*. Ce polygone se confondra avec une courbe véritable, si l'on multiplie convenablement les points, ou si l'on prend, dans la table, des temps suffisamment rapprochés les uns des autres. Il est clair aussi qu'au moyen de la courbe, on pourra obtenir le chemin parcouru pour chaque temps donné, en d'autres termes, que cette courbe représentera la relation qui existe entre les temps et les chemins.

On sait que les lignes *Aa*, *Ab*, *Ac*... s'appellent les *abscisses*, les lignes *aa'*, *bb'*... les *ordonnées* de la courbe. On sait encore que cette courbe peut servir à retrouver les relations algébriques entre les coordonnées, ici entre les temps et les chemins, ou inversement que ces relations peuvent servir à trouver la courbe, par les méthodes dont le développement constitue la géométrie analytique. Nous allons employer le premier système, qui correspond le mieux à la nature géométrique de cet ouvrage.

Il est bien évident que les courbes précédentes donnant la *loi* qui lie les *espaces* aux *temps* ne doivent pas être confondues avec les lignes ou trajectoires parcourues par les mobiles, sur lesquelles se mesurent les espaces parcourus.

6. *Mouvement uniforme, Vitesse.* — On nomme *mouvement uniforme* celui dans lequel le corps parcourt des espaces égaux dans des temps égaux, dans lequel les espaces parcourus croissent comme les temps. Ainsi les ordonnées aa_1, bb_1, cc_1 y sont proportionnelles aux abcisses oa, ob et partant telles que la ligne a_1, b_1, c_1..., qui donne la loi du mouvement, est une ligne droite.

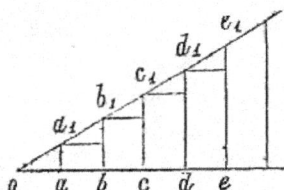

De la définition même et ainsi que cela se voit sur la figure, si on appelle e, e' deux espaces parcourus pendant les temps t, t', on aura :

Fig. 4.

$$e : e' = t : t'.$$

Le rapport constant $\dfrac{e}{t}$ ou la valeur v de e pour $t = 1$ (l'unité de temps), la longueur de l'espace parcouru dans l'unité de temps, se nomme la *vitesse* et est mesurée par l'inclinaison sur la ligne des abscisses (la tangente trigonométrique) de la ligne qui représente la loi du mouvement uniforme. On a donc : $e = vt$.

7. *Mouvement varié, Vitesse.* — Dans ce genre de mouvements, les espaces n'étant plus proportionnels aux temps, la ligne a' b' c' n'est plus une droite ; les petits espaces décrits dans les temps élémentaires égaux sont inégaux ; par conséquent le rapport de l'espace parcouru au temps employé, la *vitesse*, est variable en chaque instant. Pour bien définir la vitesse dans le mouvement varié, il faut supposer qu'en un point c' pour une position du mobile en un instant, le mouvement se continue uniformément avec la vitesse qui existe en cet instant. Le reste du mouvement, au lieu d'être représenté par une courbe, le sera par la droite indéfinie c' d, prolongement de l'élément de la courbe en c, c'est-à-dire par la tangente à la courbe en ce point. La vitesse sera obtenue par le rapport de l'ordonnée d e à l'abscisse c' e, qui représente le temps égal à l'unité, par la valeur

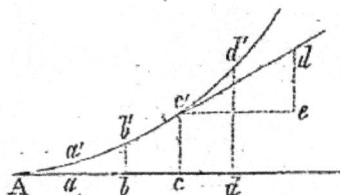

Fig. 5.

de la tangente trigonométrique qui mesure l'inclinaison de la tangente à la courbe sur la ligne des abscisses.

Le mouvement dont la loi est représentée par la figure précédente est *accéléré*, parce que les différences des ordonnées successives, les espaces parcourus par des temps égaux, vont sans cesse en croissant. Si ces différences diminuaient, au lieu d'être *accéléré* le mouvement serait *retardé*, la loi qui lie les temps aux espaces serait représentée par une *courbe comme celle* de la figure 3, tournant sa *concavité* vers l'axe A b des temps. Si le mouvement d'abord retardé s'accélérait ensuite, la loi du mouvement serait représentée par une courbe, dont la première partie tournerait sa concavité du côté de l'axe A b, et la seconde sa convexité, c'est-à-dire que cette courbe aurait un point d'inflexion au point qui correspond au changement du mouvement.

Enfin on voit que le mouvement périodique constant sera représenté par une courbe dont les *ondulations* s'enroulent régulièrement autour d'une droite *a'*

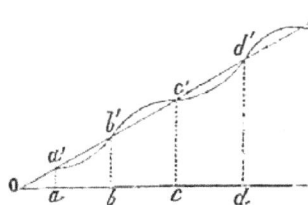

Fig. 6.

b' c' qui en représente le mouvement moyen uniforme. Nous parlons des mouvements qui, dans un espace déterminé, éprouvent des accélérations et des retards périodiques (ce qui se rencontre souvent dans les machines), et alors pour l'étude, ce mouvement varié peut souvent être remplacé par un *mouvement moyen* supposé uniforme et dont la vitesse est la vitesse *moyenne* du mouvement périodique.

8. *Du mouvement uniformément varié.* — Parmi les mouvements variés, il en est un particulièrement remarquable et dont l'étude est d'une grande importance, c'est le mouvement uniformément varié, dont la vitesse croît ou décroît de quantités constantes en des temps égaux.

Nous pouvons déterminer l'expression algébrique qui lie la vitesse et le temps, par une construction semblable à celle qui a permis de déterminer la relation qui existe entre l'espace et le temps dans le cas du mouvement uniforme.

Traçons une ligne $Oa_1 b_1$...., dont les abscisses Oa, Ob représentent les temps écoulés depuis l'origine du mouvement, et dont les ordonnées représentent les vitesses acquises à la fin de ces temps respectifs. Puisque les vitesses aa_1, bb_1 sont proportionnelles aux temps respectivement écoulés Oa, Ob, il est clair que la ligne $Oa'_1 b'_1 c'_1$ est une droite partant de l'origine O des abscisses, le mobile étant supposé partir du repos. Si l'on a divisé l'axe des abscisses en un grand nombre de parties égales, qu'on ait élevé les ordonnées correspondantes, et qu'enfin on ait mené par l'extrémité de ces ordonnées des parallèles à l'axe des abscisses, on formera

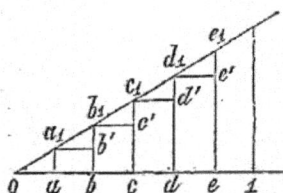

Fig. 7.

une suite de petits triangles $O\,aa_1$, $a_1 b' b_1$ égaux et rectangles. Les côtés aa_1, $b' b_1$, $c' c_1$…. de ces triangles marqueront les accroissements successifs de la vitesse, accroissements qui seront égaux comme les petits instants qui leur correspondent Oa, ab, bc, conformément à la définition du mouvement uniformément accéléré.

Les intervalles de temps successifs Oa, ab, bc étant donc supposés extrêmement petits, on peut regarder le corps pendant l'un de ces petits intervalles quelconques comme se mouvant avec une vitesse égale à la moyenne arithmétique des deux vitesses (ce qui sera vrai exactement si l'intervalle devient infiniment petit). Or, dans le mouvement uniforme, l'espace décrit en un temps quelconque est mesuré par le produit de la vitesse par le temps; ainsi l'espace décrit pendant le temps élémentaire cd sera égal à cd multiplié par la vitesse moyenne $\frac{1}{2}(cc_1 + dd_1)$ qui correspond à ce temps élémentaire. Ce produit n'étant autre chose que la mesure de l'aire du petit trapèze $cc_1 d_1 d$, celle-ci pourra représenter l'espace parcouru pendant l'intervalle de temps cd. Pour un autre intervalle quelconque de, l'espace décrit sera encore représenté par le trapèze $dd_1 e_1 e$. Donc enfin, l'espace total parcouru pendant le temps Oe, par exemple, a pour mesure la somme ou surface totale des trapèzes élémentaires augmentée de celle du petit triangle $O\,aa'$, qui mesure évidemment l'espace décrit pendant le premier instant Oa'; c'est-à-dire la surface même du triangle, comme l'a ainsi établi le premier Galilée.

Si nous appelons V la vitesse en un temps quelconque et g la vitesse après l'unité de temps, la figure ci-dessus nous donne de suite, par les propriétés des triangles semblables :

$$V : g = t : 1, \text{ ou } V = gt.$$

g est l'*accélération* qui se définit le rapport de l'accroissement de vitesse pendant un temps infiniment petit à la durée de ce temps ; les tangentes à la courbe des vitesses, pour des mouvements quelconques, donneront les accélérations comme celles de la courbe des espaces donnent les vitesses.

Quant à l'espace parcouru, il est représenté par la surface du triangle, c'est-à-dire que l'on aura $E = \frac{1}{2} V t$, et d'après la valeur trouvée ci-dessus de V, $E = \frac{1}{2} g t^2$.

Enfin, la valeur de l'accélération g, constante dans le mouvement uniformément varié, est pour $t = 1$, $g = 2 E$, ou le double de l'espace parcouru pendant la première seconde.

9. *Cas où le corps possède déjà une vitesse acquise.* — Dans ce qui précède, on suppose que le corps part du repos, de sorte que la ligne qui donne la loi de son mouvement passe par l'origine des temps ; mais s'il possédait déjà une vitesse antérieurement acquise, cette droite passerait par un point A', AA', représentant la vitesse du départ. En menant la parallèle $A' D_1$ à AD, on verra que la vitesse cc' qui répond à un temps quelconque Ac écoulé depuis l'origine A du mouvement, se compose de la vitesse cc_1 égale à la vitesse initiale AA', augmentée de la vi-

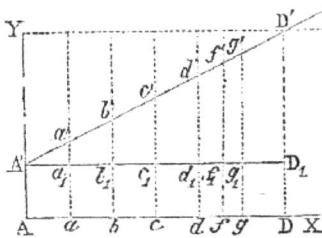
Fig. 8.

tesse $c'c_1$, que le corps acquerrait au bout du temps Ac ou $A'c_1$, si ce corps partait réellement avec une vitesse nulle, comme dans le cas précédent ; car la droite $A'D'$ donnerait encore, par rapport à $A'D_1$ prise pour axe des temps, la loi de l'accélération du mouvement.

On aura donc $V = V' + gt$, V' étant la vitesse à l'origine, et $E = V' t + \frac{1}{2} g t^2$.

10. *Du mouvement uniformément retardé.* — Si nous supposons maintenant que la vitesse initiale diminue au lieu d'augmenter de quantités égales en temps égaux, nous aurons le mouvement uniformément retardé.

Puisque la vitesse diminue de quantités égales en temps

égaux, la ligne qui joint les extrémités des ordonnées des vitesses sera une ligne droite. Si donc on appelle V′ la vitesse initiale AA′ et g la quantité dont la vitesse aura diminué dans l'unité de temps, on aura $V = V' - gt$ et $E = V' t - \frac{1}{2} g t^2$.

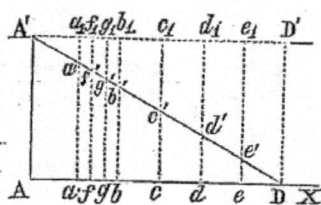

Fig. 9.

11. Courbes représentant les relations entre l'espace et le temps. — Revenons aux courbes que nous avions d'abord considérées, dont les ordonnées représentent les espaces parcourus (et non les vitesses, comme dans les exemples précédents). Elles fournissent des ressources très-précieuses dans des cas importants d'expérimentation mécanique, qui consistent à obtenir directement les courbes des espaces en faisant passer devant le corps en mouvement un plateau mû d'un mouvement uniforme, proportionnellement aux temps, sur lequel un style attaché au corps en mouvement laisse une trace, en raison de l'espace parcouru.

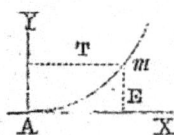

Fig. 10.

Nous avons déjà vu que, dans le cas du mouvement uniforme, cette courbe est une ligne droite. Dans le cas du mouvement uniformément accéléré, cette courbe est une parabole (fig. 10). En effet, on a dans ce cas $E = \frac{1}{2} g t^2$, g étant la vitesse du corps après la première seconde d'accélération; or, l'équation de la forme $x^2 = 2 p y$ est celle de la parabole.

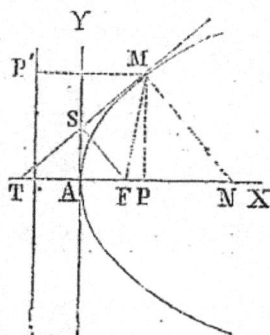

Fig. 11.

Cette courbe jouit d'une propriété importante qui permet de la reconnaître facilement par des constructions graphiques, caractère très-utile, puisque c'est par un tracé qu'une loi est indiquée dans les expériences. Cette propriété consiste en ce que, si l'on mène une tangente en un point quelconque M (fig. 11), et si par le point S où cette tangente coupe l'axe des ordonnées, on lui élève une perpendiculaire, elle passera toujours par un même point F sur l'axe des abscisses, qui est le foyer de la courbe. Cette facile vérification indiquera si la courbe est une parabole, si le mouvement étudié est uniformément accéléré.

Pour d'autres relations entre les espaces et les temps, d'autres courbes tracées représenteront de même les relations plus ou moins complexes qui pourront exister entre ces éléments.

12. *Du mouvement circulaire ou de rotation.* — Dans tout ce qui précède, nous n'avons fait aucune hypothèse sur la forme de la trajectoire, qui peut être une droite ou une courbe quelconque. Le plus remarquable de tous les mouvements en ligne courbe est le mouvement circulaire, dont la trajectoire est telle que tous ses points sont à égale distance d'un centre commun. Si plusieurs points invariablement liés ensemble ont ce mouvement, ils parcourent des arcs d'un même nombre de degrés, ils tournent tous d'un même angle. On rapporte ordinairement les mouvements de chaque point au mouvement de celui qui est ou serait situé à une distance du centre de rotation égale à l'unité de longueur, à 1 mètre. La vitesse de ce point, dite la vitesse angulaire, est un arc que nous désignerons par ω. Si v représente la vitesse d'un point situé à une distance r du centre, on a :

$$v : r = \omega : 1 \text{ ou } v = r\omega.$$

Si le système fait n tours par minute, le chemin décrit par seconde est $\dfrac{n}{60}$ circonférences égales à $2\pi r$, donc

$$r\omega = n\,\frac{2\pi r}{60} \quad \text{et} \quad \omega = \frac{n\pi}{30}.$$

Si le mouvement est varié, l'accélération g est toujours égale à $r\dot\omega$, $\dot\omega$ étant l'accélération angulaire. C'est une relation qui dépend de la propriété du cercle, que les arcs sont proportionnels aux rayons.

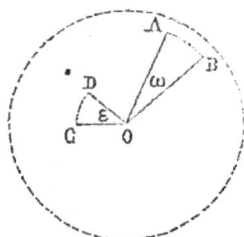

Fig. 12.

13. Le mouvement, dans des éléments de courbes, se ramenant fréquemment à l'étude du mouvement circulaire par la considération des cercles osculateurs qui se confondent avec eux, nous devons rappeler les propriétés géométriques de ces cercles.

On appelle centre de courbure d'une courbe, le centre du cercle, dit cercle osculateur, qui a deux éléments communs avec la courbe, et dont la courbure est par suite la même que celle de la courbe au point commun.

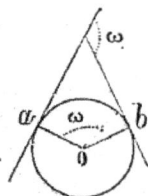

Fig. 13.

Pour rendre bien claire la notion du cercle osculateur, considérons un cercle O, de rayon r, auquel on mène une tangente au point a, puis des tangentes en des points quelconques plus ou moins voisins. Pour un point quelconque b, l'angle des deux tangentes ω sera égal à l'angle au centre des deux rayons oa, ob, et s étant la longueur de l'arc ab, on aura toujours : $r\omega = s$

ou $r = \dfrac{s}{\omega}$.

r est donc le rapport de la longueur d'un arc de cercle à l'angle des deux tangentes, rapport indépendant de la position de ces tangentes; donc le rayon est la mesure de la courbure de deux éléments consécutifs du cercle, qui se confondent avec deux tangentes infiniment voisines; donc cette courbure est constante.

La courbure des deux éléments consécutifs d'une courbe sera mesurée par le rayon du cercle osculateur de la courbe, ayant avec elle deux éléments communs, deux tangentes infiniment voisines communes. Le centre de ce cercle est le centre de courbure de la courbe pour ces éléments.

CHAPITRE II

COMPOSITION DES MOUVEMENTS ET DES VITESSES.

14. *Des mouvements simultanés.* — Un point matériel peut avoir simultanément plusieurs mouvements; ainsi, par exemple, une personne qui se promène sur le pont d'un bateau possède le mouvement du bateau lui-même, et, de plus, celui qu'elle se donne en se promenant. Si elle porte une montre, les aiguilles possèdent, outre les deux mouvements précédents, celui que leur imprime l'action du ressort. L'expérience prouve que les différents mouvements que possède un corps se produisent tous simultanément, sans modification réciproque; en d'autres termes, que le mouvement particulier d'un point s'effectue de la

même façon, quels que soient d'ailleurs ceux auxquels il peut être soumis avec les autres points voisins; c'est là le fondement de la mécanique; c'est, comme on le voit, une base expérimentale. Mais c'est moins d'une expérience directe et spéciale que de l'ensemble des faits qui ont lieu à chaque instant sous nos yeux, que résulte la démonstration rigoureuse du *principe dont nous parlons.*

15. *Composition des chemins parcourus et des vitesses.* — Le principe des mouvements simultanés permet de déterminer le mouvement absolu d'un point, connaissant son mouvement d'entraînement et son mouvement relatif.

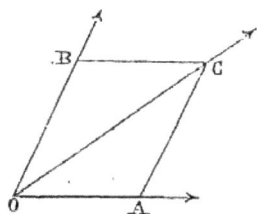

Fig. 14.

Considérons, par exemple, un point matériel O animé d'un mouvement uniforme sur la droite O A, et supposons qu'en même temps cette droite se meuve avec une vitesse constante, de façon que tous ses points décrivent des droites égales dans des temps égaux et parallèles à O B; le point matériel possédera donc simultanément deux vitesses, l'une suivant O A, l'autre suivant O B.

Au bout d'un certain temps quelconque d'ailleurs, la droite O A sera venue en C B; mais, sur cette droite, le mouvement du point n'aura pas subi d'altération. Si donc l'on suppose que dans le temps considéré il eût parcouru l'espace O A, pour avoir sa position actuelle, il suffit de mener C B égale et parallèle à O A; le point se trouvera donc à l'extrémité de la diagonale du parallélogramme OBCA. Or, nous avons considéré un intervalle de temps quelconque; si nous eussions pris, par exemple, un temps moitié moindre, nous en aurions conclu que le point devrait se trouver à l'extrémité de la diagonale du parallélogramme construit sur la moitié de O A et la moitié de O B, c'est-à-dire au milieu de la diagonale O C; donc, le point qui ne peut tracer qu'une trajectoire, se meut, en réalité, sur cette dernière diagonale. En outre, comme dans les mouvements uniformes les vitesses sont mesurées par les espaces parcourus dans le même temps, on voit que si on représente par O A et O B les vitesses simultanées élémentaires, la vitesse résultante est représentée par O C. On est donc conduit à ce théorème général : *Lorsqu'un point matériel est soumis à deux vitesses simultanées constantes pendant un temps infiniment petit, son mouvement élémentaire réel s'effectue suivant la diagonale du parallélogramme construit sur ces deux vitesses, et avec une vitesse représentée par la longueur de cette diagonale elle-même.*

16. Donc, si un point est animé de deux vitesses, on pourra les composer en une seule, qu'on appelle la vitesse *résultante;* les vitesses données prennent le nom de vitesses *composantes.*

Réciproquement, étant donnée une vitesse, on pourra la décomposer en deux autres dirigées suivant les directions données, et dont on obtiendra la grandeur par la construction du parallélogramme. Si, par exemple, le point O (fig. 14) est soumis à la vitesse unique O C, on pourra la décomposer en deux autres suivant O A et O B, qu'on obtiendra en menant par le point C les parallèles B C et A C; car, d'après le théorème fondamental, les deux vitesses O A et O B, obtenues ainsi, se composent en une vitesse unique égale précisément à O C.

17. Si le point O était animé de trois vitesses simultanées représentées par O A, O B et O C, on peut, d'après le théorème précédent, composer les deux vitesses O A et O B, et les remplacer par la vitesse unique O D, égale à la diagonale du parallélogramme OABC. Par suite de cette composition, le point matériel peut être considéré comme soumis simultanément aux deux vitesses OC et OD, lesquelles ont pour résultante OR, diagonale du parallélogramme OCRD. Or, on voit, d'après cette construction, que OR n'est autre chose que la diagonale du parallélipipède construit sur O A, O B et O C; on est conduit à ce théorème : *La résultante de trois vitesses simultanées dans l'espace est représentée en grandeur et en direction par la diagonale du parallélipipède construit sur ces trois vitesses.*

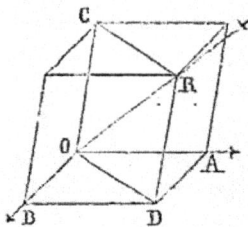

Fig. 15.

Réciproquement, une vitesse étant donnée dans l'espace, on peut la décomposer en trois autres dirigées suivant trois droites données. Soit, par exemple, la vitesse O R : on peut d'abord la remplacer par les deux vitesses O C et O D; cette dernière, à son tour, peut se décomposer dans les deux vitesses O A et O B; de sorte que, finalement, à la vitesse donnée on peut substituer les trois vitesses O A, O B et O C.

18. Considérons enfin le cas général d'un point soumis à un nombre quelconque de vitesses. En composant successivement les vitesses et leurs résultantes, on arrive à une résultante unique, et il est facile de voir que la construction revient à tracer un polygone avec les vitesses des mouvements simultanés; d'où ce théorème fort simple et fort élégant : *La vitesse résultante d'un nombre quelconque de vitesses simultanées dans l'espace est représentée, en grandeur et en direction, par la diagonale du polygone plan ou gauche tracée en joignant l'origine du mouvement au dernier point obtenu en supposant que le point matériel obéisse successivement à ces diverses vitesses.*

Si le polygone se fermait lui-même, la résultante serait nulle, c'est-à-dire que le point, sous l'action de ses vitesses simultanées, demeurerait en repos.

CHAPITRE III

MOUVEMENT D'UNE FIGURE PLANE DANS SON PLAN.

19. La position d'une figure plane assujettie à rester dans un même plan, est déterminée lorsqu'on connaît la position d'une droite, tracée à volonté, qui rencontre le contour de cette figure en deux points. Voyons ce que devient cette droite lorsque la figure se déplace d'une manière quelconque, pour venir prendre une nouvelle position.

Soit m le point du plan où se coupent les deux positions de la droite, et marquons le point a sur la première position de la droite qui, après le mouvement, vient en m, et le point b sur la seconde, qui est la position qu'occupe après le mouvement le point qui était en m avant le mouvement; par suite on a nécessairement $ma = mb$.

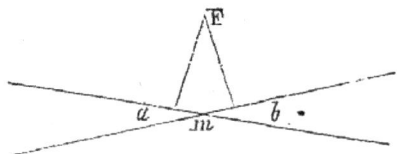

Fig. 16.

Ceci posé, élevons une perpendiculaire sur le milieu de am, et une autre sur le milieu de *bm*, ces deux droites se couperont en un point F, centre du cercle circonscrit aux points *a*, *m*, *b*, dont deux appartiennent à chacune des droites, et par suite déterminent sa position aussi bien que celle de la figure qu'elles traversent. Comme il est clair qu'on pourra amener la droite de la première position à la seconde par une rotation convenable autour du point F, on peut donc établir que : *toute figure plane peut être amenée d'une position donnée sur un plan à une autre position prise à volonté sur ce même plan, par une simple rotation autour d'un point convenablement choisi.* Si les perpendiculaires sont parallèles, le point de rencontre se trouve à l'infini, et le mouvement de la figure est un mouvement de translation.

Admettons maintenant que le déplacement imprimé soit infiniment petit. Alors, le chemin parcouru, la trajectoire infiniment petite du point *a* se confond avec la droite *am*, et celle de *b* avec *mb*; par suite, le mouvement de toute la figure est en réalité une rotation autour de l'intersection des normales aux trajectoires des deux points *a* et *b*. *De là il suit que les normales aux trajectoires de tous les points d'une figure qui se déplace sur un plan passent en un même point* F, qui est *le centre instantané de rotation.*

La détermination du centre instantané de rotation permet de calculer immédiatement les vitesses relatives de tous les points de la figure qui se meuvent sur un élément de circonférence ayant pour centre le centre de rotation, si l'on connaît également la grandeur d'une de ces vitesses. Il suffit pour cela de déterminer d'abord le centre instantané de rotation, en élevant des perpendiculaires sur les directions connues des vitesses de deux des points de la figure; la vitesse d'un point quelconque est à la vitesse connue dans le rapport des distances du centre instantané de rotation aux deux points auxquels se rapportent ces vitesses. R, R′, R″ étant la distance des points de la figure au centre instantané et ω la vitesse angulaire de l'un d'eux, les vitesses de ces points seront égales à R ω, R′ω, R″ω. Nous ferons dans cet ouvrage d'incessantes applications de cet important théorème, base de presque toute la théorie de la cinématique.

· 20. La connaissance du centre instantané de rotation fournit le moyen de tracer une tangente à une courbe qui peut être engendrée par le mouvement connu d'un point, sans que la courbe soit tracée. Elle est la perpendiculaire à la ligne qui joint au

centre de rotation connu, pour la position considérée, le point
de la courbe. C'est la base d'une méthode générale féconde en
applications.

Il ne faut pas confondre le centre instantané de rotation d'une
figure plane, mobile dans son plan, avec le centre de courbure
des trajectoires des divers points de la figure. Dans le mouvement de rotation élémentaire autour de ce centre instantané,
chaque point ne décrit qu'un élément de sa trajectoire. La position du centre instantané de rotation fait connaître seulement
un point de la normale, et par suite la direction de la tangente à la trajectoire, sans rien indiquer relativement à la courbure de celle-ci qui répond à deux de ses éléments.

21. Si l'on cherche les centres ou pôles instantanés, pour
une série de changements de position successifs, d'une droite
tracée dans une figure; si on les détermine pour les posi-
tions en P_1, Q_1 P_2 Q_2, P_3 Q_3 ...., on obtient une série de points
O, O_1, O_2, O_3 ...., qu'on peut relier entre eux par des droites,
de manière à faire un *polygone polaire* plan O, O_1, O_2, O_3 ....
dont les sommets sont les pôles. Si par une série de déplacements la figure PQ se trouve ramenée exactement à sa position primitive, le polygone polaire se ferme, tandis qu'il reste
ouvert dans le cas contraire. La figure, dans chaque cas,
accomplit une série de rotations autour des pôles ; ses points
décrivent tous, par conséquent, des arcs de cercle qui se trouvent parfaitement déterminés, lorsqu'on connaît la grandeur
des angles qui correspondent aux différentes rotations.

Dans sa rotation autour du point O, la figure décrit un angle
$POP_1 = \alpha_1$. Pour représenter plus clairement cette rotation,
supposons qu'on relie invariablement PQ à la droite MM_1, tracée
de telle manière que, le point M coïncidant avec O, l'angle
$O_1OM_1 = \alpha_1$ et $MM_1 = OO_1$. Alors, dans la première rotation, la
droite MM_1, en tournant autour de O, passera dans la position
OO_1, et comme elle est liée à PQ d'une manière invariable, nous
pouvons considérer son mouvement comme remplaçant celui
de cette dernière ligne.

Si nous appliquons le même procédé à la rotation autour
de O_1, en traçant la droite $M_1 M_2 = O_1 O_2$, de telle manière
qu'elle fasse avec $O_1 O_2$ un angle égal à α_2, lorsque M_1 coïncide
avec O_1, la ligne $M_1 M_2$ pourra être substituée à la figure $P_1 Q_1$.
En continuant ainsi nous obtenons un second polygone MM_1

$M_1 M_2$, $M_2 M_3$ ...., qui, par les rotations successives de ses côtés autour des sommets correspondants du premier polygone, reproduit les changements de position de la figure PQ par rapport au plan fixe, ou par rapport à une figure fixe AB contenue dans ce plan.

Si nous considérons, en même temps, les deux polygones polaires, nous pouvons constater qu'ils présentent cette propriété caractéristique et très-importante, *d'avoir, l'un par rapport à l'autre, des propriétés complétement identiques*, c'est-à-dire d'être *réciproques*, puisque, dans les différentes positions où deux côtés correspondants des deux polygones viennent à coïncider, ces polygones représentent aussi bien la position de

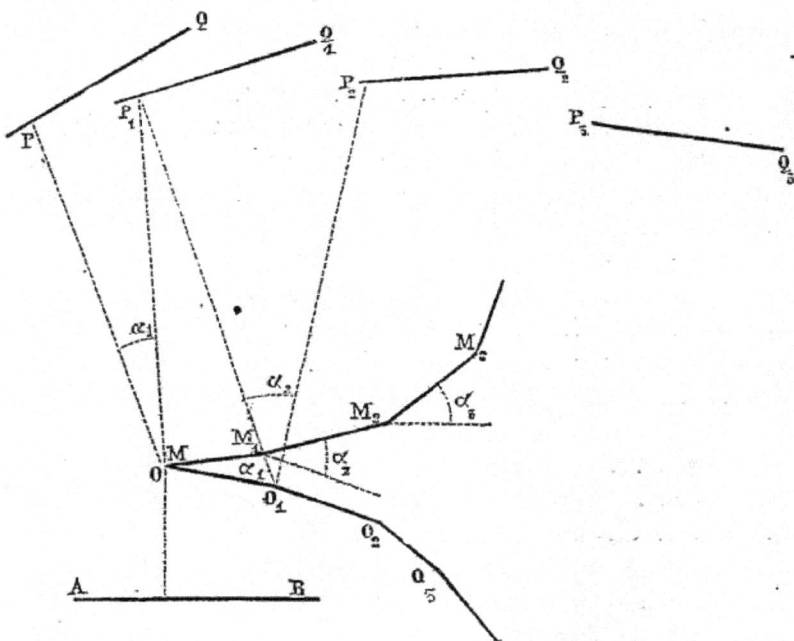

Fig. 17.

la figure considérée comme mobile, par rapport à une figure placée dans le plan fixe, définie par exemple par la ligne AB, que, inversement, celle de cette dernière par rapport à la figure mobile devenant fixe, le premier polygone s'appliquant alors sur le second. C'est le renversement d'un même mouvement. Comme on le voit en abaissant du point O sur AB une perpendiculaire, puis la faisant tourner de α_1 et la faisant passer par O_1, OO_1 s'appliquant sur MM fera mouvoir AB par rapport à PQ, comme cette ligne se mouvait par rapport à AB; le mouvement sera identique et inverse du premier.

Trajectoires polaires. Si l'on imagine que les positions, supposées connues, $P\alpha, P_1\alpha_1, P_2\alpha_2$.... se rapprochent de plus en plus les unes des autres, jusqu'à ce qu'elles arrivent à être infiniment voisines, les sommets des polygones polaires se rapprochent également les uns des autres et finissent par n'être plus distants que de quantités infiniment petites, de telle sorte que les polygones se transforment d'une manière générale en *courbes*, dont les côtés infiniment petits, d'égale longueur, viennent coïncider successivement; par conséquent, pendant le changement progressif et continu des positions relatives des deux figures, ces courbes *roulent l'une sur l'autre*. Chaque point reste alors centre de rotation, non, comme précédemment, *pour une certaine période de temps*, mais seulement *pour un instant*, et constitue dès lors un *centre instantané de rotation*. Les courbes dans lesquelles se sont transformés les polygones polaires *sont toutes les deux parcourues*, point par point, par le centre instantané de rotation, ou pôle, et peuvent être appelées *trajectoires polaires* des figures mobiles.

On peut donc poser que : tous les mouvements relatifs de figures dans un plan peuvent être considérés comme des mouvements de roulement, et être complétement déterminés en ce qui regarde les trajectoires des différents points, dès qu'on connaît les trajectoires polaires correspondantes, l'une dans l'espace (comme MM_1M_2), l'autre dans la figure mobile (comme OO_1O_2...).

DU ROULEMENT.

22. Le roulement des courbes, dont ce qui précède montre toute l'importance pour l'analyse des mouvements, doit être étudié en détail.

Analysons d'abord la nature de ce mouvement, et à cet effet considérons une courbe mobile assujettie à rester dans toutes ses positions, tangente à une courbe fixe.

Une courbe mobile roule sur une courbe fixe, lorsque le lieu du contact parcourt à la fois sur les deux périmètres des arcs égaux en longueur.

Soient mn, $m'n'$ les courbes données : marquons un certain nombre de points 0, 1, 2, etc., 0', 1', 2', etc., tels que les arcs 0 1, 1 2, 2 3..... soient respectivement égaux en longueur aux arcs 0'1', 1' 2'...

Si à l'origine les deux courbes se touchent par les points 0 et 0', dans la suite du roulement elles se toucheront par les couples 1 et 1', 2 et 2' (fig. 18, et 19).

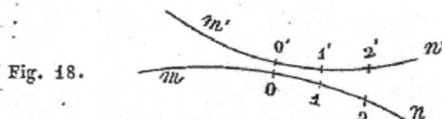

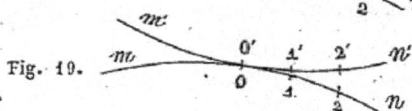

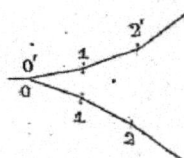

Fig. 18.

Fig. 19.

Fig. 20.

Réciproquement, lorsqu'à un certain instant la tangence des courbes aura lieu en un couple de points 2 et 2', les points antérieurement confondus, 0 et 0', par exemple, seront distants d'arcs égaux du nouveau contact, et de là résulte la connaissance des vitesses relatives de chaque point, connaissant la position du centre instantané de rotation qu'il est facile de déterminer.

En effet, concevons les deux courbes comme composées d'éléments infiniment petits, égaux de part et d'autre (fig. 20), et considérons les points 0, 1, 2, etc., 0', 1', 2', etc., comme les sommets des polygones dont ces petits éléments sont les côtés ; dans le roulement, les côtés correspondants devront tour à tour se superposer. Le point 1', pour venir se confondre avec le point 1, décrira un petit arc de cercle ayant pour centre le sommet 0 0'. Tous les points de la courbe mobile, comme ceux qui, faisant corps avec elle, partagent son mouvement, décriront donc en même temps, autour du même point 0 0', à la limite autour du point de contact instantané, qui sera le centre instantané de rotation, des arcs de cercle infiniment petits.

On voit comment la théorie du roulement d'une courbe sur une autre, conduisant à la détermination des rapports de vitesse, est la plus élégante de la cinématique, la plus féconde en applications. Nous l'exposerons complétement pour le cas capital où les éléments successifs des courbes ont une inclinaison constante, où les courbes tangentes sont des circonférences de cercle ; les éléments de courbes quelconques pouvant toujours être remplacés par ceux des cercles osculateurs des deux courbes aux·points de contact, les théorèmes ci-après s'appliquent, en partie au moins, à des roulements d'éléments courbes quelconques.

23. *Roulement d'une circonférence de cercle sur une autre. — Courbe décrite par un de ses points.* — Deux cercles O et O', situés dans le même plan, sont tangents en A. Le cercle O' est mobile, et, partant de la position initiale, roule sur le cercle O, qui est fixe. Dans ce mouvement, le point a, confondu à l'origine avec A, mais appartenant au cercle mobile O', prendra des positions successives a, a_1, a_2, etc., telles que les arcs aa_1, aa_2 seront égaux en longueur aux arcs AA_1, AA_2, etc. Le lieu de toutes les positions a, a_1, a_2, etc., est une épicycloïde ; tous les points de la circonférence mobile décrivent à la fois des épicycloïdes égales, ayant leur origine au point de contact des deux circonférences.

L'épicycloïde est extérieure ou intérieure, selon que le cercle mobile O' a son centre au dehors ou au dedans de la circonférence O qu'il touche en roulant.

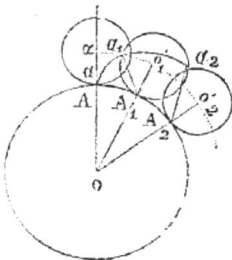
Fig. 21.

Construction par points. — Pour construire par points une des courbes décrites par un point de la circonférence O', celle dont l'origine est en A, par exemple, on prend sur un *cercle de* rayon $OO' = OA + O'A$ des positions successives du centre O' lors du roulement, telles que O'_1, O'_2, etc. Si l'on porte sur une quelconque des circonférences ayant ces points pour centre, O'_1 par exemple, à partir du point de contact A_1, un arc $A_1 a_1$, égal en développement à AA_1, le point a_1 appartiendra à la courbe cherchée.

Normale à l'épicycloïde. — Le roulement du·cercle O'_1 a lieu, pour ce point, autour du point de contact A_1, centre instantané de rotation (art. 22) ; ce point appartient donc à la normale, qui est $a_1 A_1$.

Cette normale étant la corde du cercle mobile qui joint le point décrivant au point de contact des circonférences, la tangente à l'épicycloïde sera la corde joignant le point décrivant et le point du cercle diamétralement opposé au point de contact,

formant un angle droit avec la normale (angle sur la circonférence mesuré par une demi-circonférence).

Un roulement d'une petite circonférence à l'intérieur d'une plus
grande, engendre de même, par un point de la petite circonférence, une épicycloïde intérieure, une hypocycloïde (fig. 22). Le
point M, coïncidant à l'origine avec le point A de la circonférence O, l'écartement de la courbe de celle-ci sera un maximum
et égal au diamètre de la petite circonférence pour un point M_1
placé sur le rayon O L, tel que l'arc A L soit égal au développement de la moitié de celle-ci. La courbe décrite par le point M aura
la forme d'un arc AM_1B, et si l'on fait rouler indéfiniment O' sur O,
on engendrera une infinité d'arcs semblables qui se succéderont.

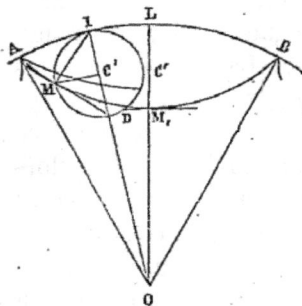

Fig. 22.

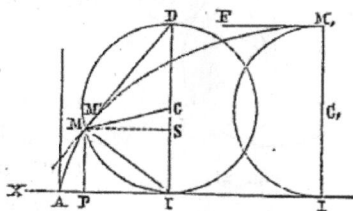

Fig. 23.

24. Cas particuliers. — Si le rayon O A augmente indéfiniment, à la limite la circonférence O devient une ligne droite, et
l'épicycloïde, *une cycloïde*. Les propositions précédentes relativement à la normale M I, à tangente D M, au sommet M_1, etc.,
s'appliquent de même à ce cas (fig. 23).

Développantes. — Si le rayon (fig. 24) O A ayant une va-

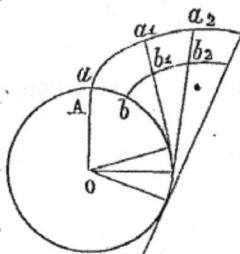

Fig. 24.

leur constante et finie, le rayon O' A
augmente indéfiniment, à la limite la
circonférence mobile O' devient une
ligne droite, et l'épicycloïde une développante du cercle fixe. La droite génératrice prend successivement les directions $a_1 A_1$, $a_2 A_2$, etc., des tangentes
en $A_1 A_2$, etc., à la circonférence O. Le
point décrivant a se meut comme s'il
était l'extrémité d'un fil enroulé sur
cette circonférence, et que l'on déroulerait en tenant constam-

ment tendues les portions successivement développées $a_1 A_1$, $a_2 A_2$, etc.; par construction les longueurs rectilignes $a_1 A_1$, $a_2 A_2$, etc., sont donc égales aux arcs $A A_1$, $A A_2$, etc., et chaque élément de la développante se confond avec un petit arc de cercle décrit des points A_1, A_2 comme centres. Les diverses positions de la droite génératrice sont donc normales à la courbe engendrée, et deux normales infiniment voisines se coupent sur la circonférence O qui est la développée.

Si l'on considère sur le fil enroulé les positions d'un autre point tel que b_1, comme générateur d'autres développantes semblables telles que bb_1b_2... ces courbes auront pour normales communes les portions de fils successivement tendues; l'écartement $a_1 b_1$, $a_2 b_2$ ... de deux quelconques d'entre elles, suivant les différentes normales, sera constant et partout égal à l'écart initial $a b$ de leurs points décrivants sur la circonférence O [1].

1. Nous rappellerons les équations de ces courbes qui, par suite de leur mode de génération contiennent nécessairement des fonctions circulaires.

La cycloïde est engendrée par un point de la circonférence d'un cercle roulant sur une ligne droite.

Soit r le rayon du cercle (fig. 23), AI la distance de l'origine au point de contact, égale à l'arc MI, c'est-à-dire l'arc dont le sinus

$$= MS = \sqrt{r^2 - (r - y)^2} = \sqrt{2ry - y^2},\ car\ MP = y,\ AP = x.$$

L'équation de la cycloïde est donc transcendante, et la suivante :

$$x = AI - PI = arc \left[\sin \sqrt{y(2r - y)} \right] - \sqrt{2ry - y^2}.$$

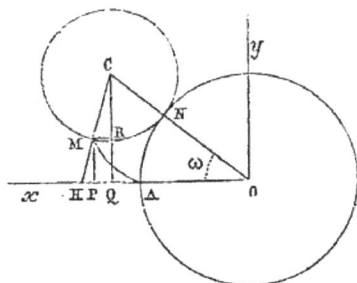

Fig. 25.

L'équation de l'épicycloïde n'est pas, dans le cas général, d'une forme plus facilement utilisable.

Soit M un point quelconque, x et y ses coordonnés, R le rayon du cercle fixe, R' le rayon du cercle mobile C, ω l'angle de la droite mobile OC avec Ox, ω' angle MCN. Abaissons du point M des perpendiculaires MP sur Ox et MR sur CQ perpendiculaire sur Ox (fig. 25).

On a :

arc AN = arc MN ou $R\omega = R\omega'$.

Posons $\dfrac{R}{R'} = \mu$ (module de l'épicycloïde), on aura :

$$\omega' = \mu.\omega,\ x = OP = OQ + PQ = OQ + RM,\ y = MP = CQ - CR.$$

25. DES COURBES ENVELOPPES. — Lorsque deux circonférences étant en contact, on fait rouler l'une d'elles sur l'autre restant immobile, une courbe attachée au premier cercle prendra un nombre infini de positions successives dont l'ensemble déterminera le contour d'une seconde courbe, et ces deux courbes jouiront de propriétés particulières. Elles auront évidemment en chaque instant un point commun, et de plus une tangente commune en ce point, les deux normales se confondant, passant par le point commun et le point de contact des circonférences. Elles sont dites l'une *enveloppe*, et l'autre *enveloppée*.

Voyons comment, la première courbe étant quelconque, la seconde s'en déduit.

Soit la circonférence O' (fig. 27) roulant sur la circonfé-

Dans le triangle OCQ, on a :

$$OQ = (R + R') \cos. \omega \text{ et } CQ = (R + R') \sin. \omega.$$

Dans le triangle CRM, $RM = R' \cos. CMR$, $CR = R' \sin. CMR$.

Or, $CMR = CHO = 180^\circ - \omega - \omega' = 180^\circ - (\mu + 1) \omega$.

Cos. $CMR = - \cos. (\mu + 1) \omega$, sin. $CMR = \sin. (\mu + 1) \omega$.

Donc enfin :

$$x = (R + R') \cos. \omega - R' \cos. (\mu + 1) \omega,$$

(1) $$y = (R + R') \sin. \omega - R' \sin. (\mu + 1) \omega.$$

L'élimination de ω n'est possible qu'autant que $\mu + 1$ est commensurable, et la forme compliquée de l'équation finale ne la rend pas, en général, préférable au système (1) des deux équations.

Équation de la développante. — L'équation de la développante s'obtient facilement en coordonnées polaires.

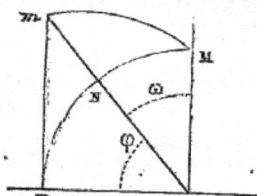

Fig. 26.

Soit $om = \rho$ le rayon vecteur d'un point de la courbe, $r = OF$ le rayon du cercle développé, ω l'arc du rayon égal à 1 compris entre le rayon vecteur et l'origine M du développement, φ l'arc du rayon 1 compris entre cette même direction et le centre F de courbure du point m; on a pour un point quelconque

$$\text{arc} (MN + NF) = Fm.$$

Or, arc $MN = r\omega$, arc $NF = r\varphi$, $Fm \sqrt{\rho^2 - r^2}$.

De plus $r = \rho \cos. \varphi$ ou $\varphi = \text{arc} \left(\cos. = \frac{r}{\rho} \right)$.

L'équation est donc :

$$\omega + \text{arc} \left(\cos. = \frac{r}{\rho} \right) = \frac{\sqrt{\rho^2 - r^2}}{r}.$$

rence O, et soient AA_1, A_2A_2, etc., un certain nombre de points de contact instantané; a_1A_1, a_2A_2, a_3A_3, etc., des arcs du cercle mobile, égaux en longueur aux arcs correspondants du cercle fixe AA_1, AA_2, AA_3, etc.

Concevons une courbe ab, faisant corps avec le cercle mobile O', et prenant successivement, quand il roule sur le cercle O" les positions a_1b_1, a_2b_2, a_3b_3 etc. Chacune de ces courbes indivi-

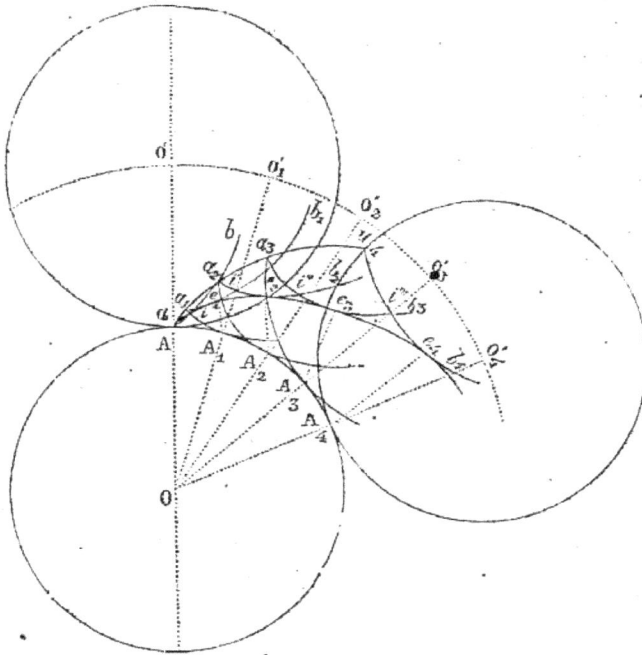

Fig. 27.

duelles coupera la précédente, et les points d'intersection consécutifs i', i'', i''', etc., seront autant de sommets d'un polygone curviligne qui se changera en une courbe continue si les contacts AA_1 A_2 A_3 sont suffisamment rapprochés; les côtés Ai, ii', $i' i''$, etc., devenant infiniment petits, seront les éléments d'une courbe continue, le polygone circonscrit qui s'en approche indéfiniment; la courbe engendrée est l'*enveloppe*, et la courbe ab est l'*enveloppée*. Dans chaque position, l'enveloppée a un élément qui lui est commun avec l'enveloppe; à la limite, en chaque instant elle est tangente à l'enveloppe.

Cherchons directement les points de tangence communs à l'enveloppe et aux enveloppées successives.

Considérons sur une des positions individuelles de l'enveloppée, sur a_3b_3 par exemple, le point e_3, pour lequel la normale A_3e_3 vient passer par le point de contact correspondant A_3 des circonférences fixe et mobile.

Tous les points de a_3b_3 pour se transporter sur l'enveloppée infiniment voisine, décrivent autour de A_3, comme centre instantané de rotation, des arcs de cercle infiniment petits.

Parmi tous ces arcs, celui qui décrit le point e_3 se confond avec un élément de la courbe même a_3b_3 (puisque A_3e_3 est sa normale); le point e_3 ne sort donc point de cette enveloppée en passant de cette position de l'enveloppée à la suivante. Les deux positions consécutives de l'enveloppée se coupent donc quelque part en i''', à une distance infiniment petite de e_3. Ce dernier point est donc situé sur l'élément $i''\,i'''$, commun à l'enveloppée a_3b_3 et à l'enveloppe. A la limite, la normale A_3e_3 est la normale commune aux deux courbes, e_3 est leur point de tangence.

Ainsi la normale commune à l'enveloppe, et à chaque position de l'enveloppée, passe par le point de contact correspondant des circonférences fixe et mobile; de là un moyen de construire par points une courbe enveloppe. Si l'on trace une des positions individuelles du cercle qui roule, telle que O'_3, et relativement à cette position celle de l'enveloppée a_3b_3; si, par le contact des circonférences A_3 on mène une normale A_3e_3 à l'enveloppée décrite, e_3 sera le point commun à cette enveloppée individuelle et à l'enveloppe cherchée.

Si l'enveloppée ab est géométriquement définie, on saura, pour une position donnée a_3b_3, lui mener une normale par un point extérieur A_3. Si l'enveloppée est seulement tracée sur le cercle O', sans être connue par ses propriétés géométriques, on obtiendra graphiquement le point e_3 par lequel la normale A_3e_3 doit passer en décrivant, après quelques essais du point A_3 comme centre, un arc de cercle qui touche seulement la courbe a_3b_3; le point de tangence sera le point e_3 cherché.

Les deux courbes ab et $A\,i\,i'\,i''\,i'''$, etc., sont l'une par rapport à l'autre réciproquement enveloppe et enveloppée. Si la circonférence O, devenue mobile et emportant avec elle la courbe $A\,i\,i'\,i''$, roulait sur la circonférence O' devenue fixe, les intersections consécutives des différentes positions de A $i i' i''$, etc., détermineraient comme limite la courbe ab, les normales communes passant par les points de contact successifs étant les mêmes dans les deux cas, et par suite aussi les tangentes. Les deux circonférences sont les trajectoires polaires des deux courbes, la mobile dans la figure, la fixe dans l'espace.

26. Les arcs de cercles décrits des centres instantanés AA_1A_2, pour déterminer les points de l'enveloppe $e_1e_2e_3$, se confondent dans une petite étendue avec l'enveloppe elle-même, et ils se raccorderont à très-peu près entre eux si les centres A_1A_2, etc., sont assez rapprochés.

C'est d'après ce principe que Poncelet a proposé une méthode pour obtenir une enveloppe, l'enveloppée étant déterminée. Voici en quoi elle consiste :

Le profil Ma (fig. 28) de l'enveloppée étant donné, pour construire celui de l'enveloppe, il faut faire rouler le cercle o

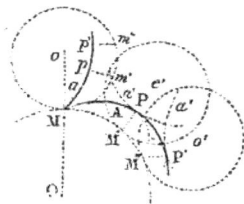

Fig. 28.

sur le cercle O, et de chaque point de contact M', M'', abaisser une perpendiculaire M'P, M''P' sur la courbe Ma. Les pieds P, P', sont des points communs aux deux courbes.

Mais, pour faire cette construction, il n'est pas nécessaire de déplacer le cercle o, il suffit de prendre sur sa circonférence des arcs Mm', Mm'', égaux aux arcs MM', MM'', et de mener les normales $m'p$, $m''p'$. Puis avec des rayons égaux à ces normales, M'P, M''P', on décrit des points M', M'', de petits arcs de cercle suffisamment rapprochés, et l'on trace la courbe MA, tangente à tous ces cercles, qui est la courbe cherchée.

Pour que ce tracé fût tout à fait rigoureux, il faudrait que les arcs de cercle en se raccordant pussent fournir un tracé continu, des éléments linéaires communs aux cercles et à la courbe cherchée. Pour cela, ils devraient avoir pour centres, non-seulement des points de la normale, mais les centres de courbure de l'enveloppe situés sur ces normales qui ne sont nullement aux points où elles rencontrent les circonférences primitives. Or, il existe entre les rayons de courbure de l'enveloppe et de l'enveloppée, au point où elles se touchent, une relation très-simple, qui permet de les déduire facilement l'un

de l'autre, et par suite d'arriver à une construction rigoureusement exacte.

27. *Relations entre les centres de courbure de l'enveloppe et de
l'enveloppée.* — *Théorème de Savary*, — Considérons une position quelconque Ω du cercle O' (fig. 29), pour laquelle il est
tangent en α à la circonférence O sur laquelle il roule. Soit alors
$a\,m\,b$ la position de l'enveloppée, AmB celle de l'enveloppe, m le
point de contact de ces deux courbes, CαmC' leur normale
commune, que nous savons passer par le point de contact α;
prenons sur les deux circonférences deux arcs infiniment pe-

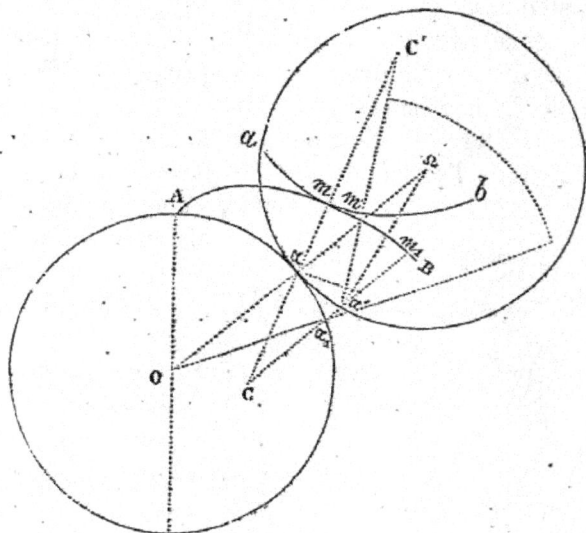

Fig. 29.

tits, égaux en longueur, $\alpha\alpha_1$, $\alpha\alpha'$; les points α_1 et α', après un
très-petit déplacement du cercle Ω roulant sur le cercle O, de-
vront coïncider. Alors les rayons Oα_1, $\Omega\alpha'$ se trouveront sur le
prolongement l'un de l'autre, comme actuellement les rayons
Oα, $\Omega\alpha$, et dans le passage de la position actuelle à cette position
voisine, le rayon $\Omega\alpha'$ tournera évidemment d'un angle égal à la
somme des deux angles αOα_1, $\alpha\Omega\alpha'$, angle que font entre eux Oα_2,
et $\Omega\alpha'$.

Si C et C' sont pour le point m les centres de courbure de
AmB et de $a\,m\,b$, et que l'on mène par ces points les droites
C$\alpha_1\,m_1$, C'$m'\,\alpha'$, m_1 et m' seront les points des deux courbes par
lesquelles elles se toucheront, quand le contact des deux cercles
aura lieu au point $\alpha'\,\alpha_1$. En effet, dans la nouvelle position des

cercles, la normale commune aux deux courbes devra passer par leurs centres de courbure, qui sont encore C et C', et par le nouveau point de contact α_1, avec lequel α' se confond alors. Le rayon prolongé C' α' sera donc venu se placer dans le prolongement de C α_1; il aura donc tourné d'un angle égal à la somme des deux angles α C α_1, α C α'.

Mais dans le passage d'une position à l'autre, les *deux droites* $\Omega \alpha'$, C' α', qui se meuvent simultanément, tourneront nécessairement d'une même quantité angulaire. On aura donc l'égalité des deux rotations que nous venons de définir, c'est-à-dire :

$$\alpha \, O \, \alpha_1 + \alpha \, \Omega \, \alpha' = \alpha \, C \, \alpha_1 + \alpha \, C' \, \alpha'.$$

Si on désigne par ρ et ρ' les rayons de courbure Cm, C'm, par φ l'angle C' $\alpha \, \Omega$ de la normale commune aux deux courbes

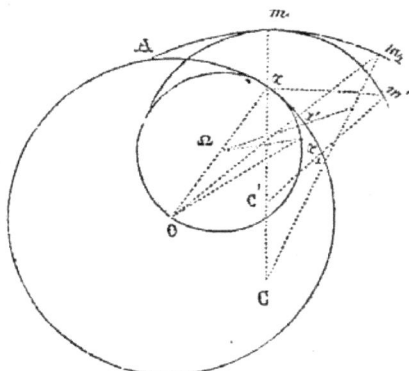

Fig. 30.

avec la ligne des centres OΩ, par p la portion de normale αm, par ds les arcs infiniment petits égaux entre eux, $\alpha \alpha_1$, $\alpha \alpha'$, qui peuvent être considérés comme de petites lignes droites faisant l'une et l'autre, avec une perpendiculaire à la normale commune C αm C', avec la tangente commune qui se confond avec ces deux éléments menée par le point α, l'angle φ, on trouve :

$$\alpha O \alpha_1 = \frac{ds}{R}, \alpha \Omega \alpha' = \frac{ds}{R'}; \; \alpha C \alpha_1 = \frac{ds \cos. \varphi}{\rho - p}, \alpha C' \alpha' = \frac{ds \cos. \varphi}{\rho' + p}.$$

Substituant ces valeurs dans l'égalité précédente, et supprimant le facteur commun ds, on obtient enfin :

$$(a) \qquad \cos. \varphi \left\{ \frac{1}{\rho - p} + \frac{1}{\rho' + p} \right\} = \frac{1}{R} + \frac{1}{R'}.$$

Sı le centre C′ tombe du même côté que α par rapport au point m, ρ' devra être négatif; il en sera de même pour R′ si le centre du cercle mobile est situé à l'intérieur du cercle fixe, si le roulement est intérieur. Ainsi dans les données de la fig. 30, la relation (a) devient :

$$\cos. \, \varphi \left(\frac{1}{\rho' - p} - \frac{1}{\rho - p} \right) = \frac{1}{R'} - \frac{1}{R}.$$

28. *Déplacement simultané du contact sur l'enveloppe et l'enveloppée.* Examinons de quelle manière le lieu du contact entre l'enveloppée et l'enveloppe se déplace sur ces deux courbes, dans les déplacements successifs de la première, qui servent à déterminer la seconde lors du roulement du cercle Ω sur la circonférence O.

Lorsque les cercles, d'abord tangents en α (fig. 29), se toucheront après un déplacement infiniment petit aux points α′, $α_1$, les courbes d'abord tangentes en m, viendront, ainsi qu'on l'a vu, se toucher par les points m', m_1. Le contact des circonférences aura parcouru, sur chacune d'elles, des arcs égaux $αα_1 = α α' = ds$: le contact de l'enveloppée et de l'enveloppe aura parcouru sur l'enveloppée l'arc $m\,m' = \rho'\,(α\,C'\,α') = \dfrac{ds \cos. \, \varphi}{\rho' + p}$; sur l'enveloppe l'arc $m\,m_1 = \rho\,(α\,C\,α_1) = \rho\,\dfrac{ds \cos. \, \varphi}{\rho - p}$.
La différence des arcs élémentaires parcourus ici dans le même sens, le glissement sera donc :

$$m\,m_1 - m\,m' = ds \cos. \, \varphi \left(\frac{\rho}{\rho - p} - \frac{\rho'}{\rho' + p} \right)$$

$$= p\,ds \cos. \, \varphi \left(\frac{1}{\rho - p} + \frac{1}{\rho' + p} \right).$$

Comme on le voit, en réduisant au même dénominateur les termes des deux expressions ; donc enfin d'après la relation (a)

$$(b) \qquad m\,m_1 - m\,m' = \left(\frac{1}{R} + \frac{1}{R'} \right) p\,ds.$$

29. *Détermination graphique des centres de courbure.* Revenons au tracé d'une enveloppe et à la recherche de ses centres de courbure; la relation (a) en fournit immédiatement une détermination graphique. En effet, si j'élève (fig. 31), au point

de contact des circonférences α, une perpendiculaire αD sur la normale $C \alpha m C'$, cette perpendiculaire rencontrera les droites OC, $C' \Omega$ menées par les centres O et C, Ω et C' en un seul point.

En effet, le triangle $\alpha C'D$ est semblable au triangle $\Omega C'K$, obtenu en menant ΩK perpendiculaire à CC', on a donc :

$$\alpha D : \alpha C' = \Omega K : C'K,$$

or : $\alpha C' = \rho' + p$, $\Omega K = R' \sin. \varphi$, $C'K = (\rho' + p) - R' \cos. \varphi$, donc :

$$\alpha D = \frac{(\rho' + p) R' \sin. \varphi}{(\rho' + p) - R' \cos. \varphi}.$$

De même, le triangle αCD est semblable au triange COK', qu'on obtiendrait en abaissant du point O une perpendiculaire

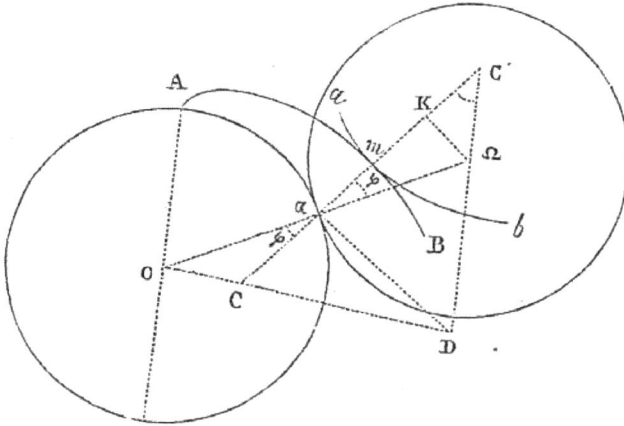

Fig. 31.

sur le prolongement de CC'; on aurait pour le point D déterminé par la rencontre des deux lignes OC et αD,

$$\alpha D : \alpha C = OK' : CK',$$

or, $\alpha C = \rho - p$, $OK' = R \sin. \varphi$, $CK' = R \cos. \varphi - (\rho - p)$, donc :

$$\alpha D = \frac{(\rho - p) R \sin. \varphi}{R \cos. \varphi - (\rho - p)}.$$

Mais la relation (a) (art. 27) donne, en transposant le deuxième et le troisième terme et réduisant au même dénominateur

$$\frac{R \cos, \varphi - (\rho - p)}{(\rho - p) R} = \frac{(\rho' + p) - R' \cos. \varphi}{(\rho' + p) R'},$$

qui, renversées, sont les mêmes que les précédentes divisées par sin. φ.

Les deux valeurs de αD sont donc égales, les trois droites αD, OCD, C'ΩD, se coupent donc en un même point.

30. *Tracé de l'enveloppe à l'aide de ses rayons de courbure.* — Si donc le centre de courbure C' est connu, et que l'on cherche le centre C, on élèvera la perpendiculaire αD, on mènera la

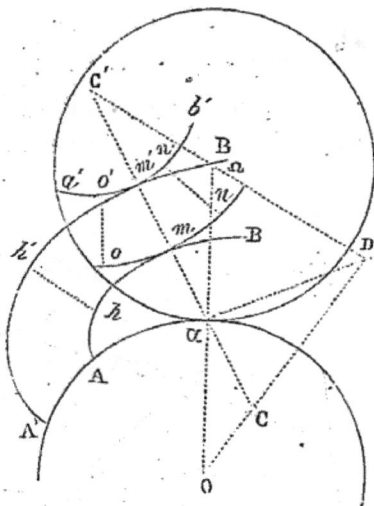

Fig. 32.

droite C'ΩD, et le point D étant ainsi déterminé, on mènera la droite OCD qui rencontrera la normale CαmC' au point C cherché; l'arc de cercle décrit avec un rayon égal à Cm sera, dans une petite étendue, celui qui se confondra le plus complétement avec l'enveloppe AmB.

Si l'enveloppe A m B est définie par ses propriétés, le centre de courbure C' au point m sera connu, aussi bien que la direction de la normale CαmC'; lorsque cette courbe est seulement tracée, on a vu comment la direction de la normale pouvait s'obtenir graphiquement. Si, dans ce cas, on cherche de quel centre, sur cette normale, peut être décrit l'arc de cercle le plus approchant de la courbe a b m dans le voisinage du point m, le point ainsi déterminé pourra être pris pour le point C'. La construction qui précède fera ensuite

connaître le centre C et une partie de l'enveloppe A*m*B avec
le même degré de précision que, dans une amplitude comparable, l'arc décrit de C' comme centre représente l'enveloppée.

31. *Enveloppées concentriques.* — La position d'un centre de
courbure C dépendant uniquement de la direction de la normale C C', et de la position du centre conjugué C' (fig. 32),
diminuons, suivant toutes les normales à l'enveloppée *o m n*,
tous ses rayons de courbure de quantités égales *mm'*, *nn' oo'*;
augmentons de la même quantité tous les rayons de courbure
de l'enveloppe A *m* B, et nous obtiendrons deux nouvelles
courbes *a' m' b'*, A' *m'* B', qui seront évidemment encore l'une à
l'autre enveloppe et enveloppée.

Dans le cas particulier où l'enveloppée *amb* est un cercle,
toutes les circonférences qui lui seront concentriques donneront
naissance à des enveloppes normalement équidistantes, ayant
toutes le même centre de courbure. Toutes ces enveloppées circulaires ont pour limite un point, leur centre commun; la
courbe décrite par ce centre commun, lors du roulement, est la
limite des enveloppées correspondantes.

32. *Rayon de courbure de l'épicycloïde.* — La construction
précédente permet d'obtenir facilement le centre de courbure de
l'épicycloïde. Le point auquel se réduit l'enveloppée, comme
nous le supposons art. 23, appartenant à la circonférence Ω elle-
même, l'enveloppe est une épicycloïde.

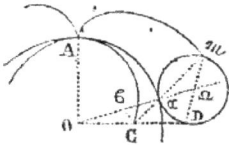

Fig. 33.

Soit pour une position de Ω (fig. 33), *m* le
point décrivant avec lequel se confond
le centre de courbure C': pour obtenir
le centre de courbure de l'épicycloïde,
il suffira de mener le diamètre *m* ΩD,
et la ligne OD déterminera sur la nor-
male *m*αC passant par le point de contact α, le centre de
courbure C de l'épicycloïde en *m*. En effet, le point D de la construction générale est placé sur la circonférence Ω (puisque
la ligne αD est perpendiculaire sur *m* α).

On peut déduire la valeur du rayon de courbure de l'enveloppe, lorsque l'enveloppée se réduit à un point (dont le rayon
de courbure est zéro), c'est-à-dire le rayon de courbure de l'épicycloïde, de l'équation (*a*), art. 27. En effet le point D étant sur
la circonférence, $2 R'$ cos. $\varphi = p$ et en multipliant par $2 R'$ ou

sa valeur en p et en cos. φ les deux termes de l'équation (a) et faisant $\rho' = 0$, on a :

$$\frac{p}{\rho - p} + 1 = \frac{2\,R'}{R} + 2 \quad \text{ou (1)} \quad \frac{\rho - p}{p} = \frac{R}{2\,R' + R},$$

$$\text{et} \qquad \rho = p \left(1 + \frac{R}{2\,R' + R} \right) = p \left(\frac{2\,R' + 2\,R}{2\,R' + R} \right),$$

$$\text{ou enfin} \qquad \rho = p \left(\frac{R' + R}{R' + \frac{1}{2}R} \right). \qquad (2)$$

Lorsque les deux cercles O, O′ ont leurs centres d'un même côté de la tangente commune, il faut changer le signe de R.

La relation (1) montre que $\rho : p$ est une quantité constante, d'où il est facile de conclure que le lieu AC des centres des courbures C est une autre épicycloïde semblable à la première. Si au point C on élève C 6 perpendiculaire sur C α m, la courbe AC pourra être considérée comme décrite par le point C lui-même, dans le roulement d'un cercle mobile du diamètre $\alpha 6 = 2\,r'$ sur un cercle mobile dont 6 O serait le rayon r''. La valeur de 6α sera $(\rho - p)$ cos. φ, or cos. $\varphi \times 2\,R' = p$, donc $6\alpha = 2\,R' \dfrac{\rho - p}{p}$,

6α est donc une quantité constante comme $\dfrac{\rho}{p}$ (2), et le point décrivant C sera fourni par des rotations correspondantes à celles du cercle Ω, car d'après la relation ci-dessus

$$\frac{r'}{R'} = \frac{\rho - p}{p} = \frac{R}{2\,R' + R}, \quad \text{d'où} \quad \frac{R - 2\,r'}{r'} = \frac{r'}{R'}$$

le rapport des vitesses de rotation est donc le même pour la description de l'épicycloïde et de la courbe formée par la succession de ses centres de courbure, de sa développée (puisque $r'' = R - 2\,r'$), qui est une autre épicycloïde.

Si le roulement du cercle Ω se prolongeait en sens contraire au delà du contact initial A, on obtiendrait évidemment une seconde partie de l'épicycloïde semblable à la première. Au point de rebroussement le rayon de courbure est nul.

CHAPITRE IV

MOUVEMENT D'UN SOLIDE

33. ROULEMENT CYLINDRIQUE. — Il est à peine utile de faire remarquer que tous les théorèmes relatifs aux mouvements d'une figure dans un plan s'appliquent à des cylindres dont ces figures seraient des coupes perpendiculaires aux *génératrices*. Le centre de rotation est un point de l'*axe instantané de rotation* parallèle aux génératrices, et les propriétés du premier appartiennent évidemment au second, en s'appliquant à toute la surface cylindrique. On peut donc établir que : *Tous les mouvements relatifs de deux corps dont les sections faites parallèlement à un plan demeurent toujours dans un même plan, peuvent être considérés comme des roulements cylindriques, et les trajectoires de leurs différents points peuvent être déterminées du moment où l'on connaît les cylindres des axes instantanés de rotation correspondant à ces corps.*

34. ROULEMENT CONIQUE. — *Mouvement élémentaire d'une figure sphérique sur la sphère sur laquelle elle est tracée.* Si dans les théorèmes fondamentaux donnés plus haut, relatifs au centre instantané de mouvement, on remplace la figure plane par une figure sphérique assujettie à rester sur une sphère, et les droites par des arcs de grand cercle perpendiculaires à la direction de la ligne traversant la figure considérée, comme fig. 30, on obtient évidemment des théorèmes analogues. Ainsi : *Un déplacement d'une ligne sur la surface d'une sphère peut être produit par une rotation autour d'un point de la sphère comme pôle.*

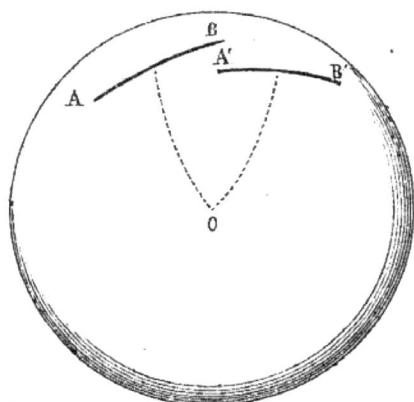

Fig. 34.

3

De là résulte cette conséquence que tout mouvement d'une figure sphérique, assujettie à rester sur une sphère, peut être obtenu en la faisant rouler sur une courbe fixe, de forme convenable, tracée sur la sphère.

On peut étudier l'*épicycloïde sphérique*, décrite par un point d'un petit cercle de la sphère roulant sur un autre cercle appartenant à la même sphère, et on retrouvera les divers théorèmes démontrés pour l'épicycloïde plane, dont nous rencontrerons des applications.

35. *Mouvement élémentaire d'un solide dont un point reste immobile.* — Si l'on coupe un corps solide ayant un point fixe par une sphère dont ce point sera le centre fixe, l'intersection des contours du solide sera une figure sphérique à laquelle s'applique évidemment la proposition précédente, et par suite : *le mouvement d'un corps solide retenu par un point fixe se ramène au roulement d'un cône lié avec le corps sur un autre cône fixe dans l'espace.* Ces deux cônes ont leur sommet commun au point fixe, et leur génératrice de contact est, à chaque instant, l'*axe instantané de rotation* autour duquel tourne le solide tout entier.

Ainsi, tout mouvement élémentaire d'un solide, dont un point reste immobile, est une rotation autour d'un axe instantané passant par ce point, et l'ensemble des positions successives de cet axe constitue le cône fixe sur lequel roule le cône mobile.

36. *Mouvement élémentaire d'un solide entièrement libre.* — Quel que soit le mouvement d'un solide dans l'espace, on peut toujours l'amener d'une de ses positions à une autre, en lui donnant d'abord un mouvement de translation, ensuite un mouvement de rotation autour d'un certain axe.

Soient en effet A, B, C, D (fig. 35) divers points du solide dans sa première position, et A', B', C', D', ces mêmes points dans la seconde position du solide. Joignons le point A au point A' par une ligne droite, et menons par les points B, C, D, des droites égales et parallèles à la droite AA'. Pour amener le solide de la première position (ABCD) à la seconde (A'B'C'D'), donnons-lui d'abord un mouvement de translation rectiligne,

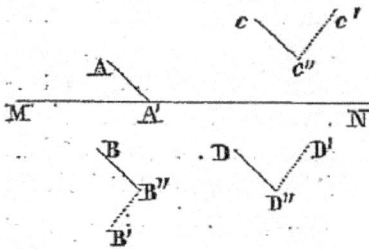

Fig. 35.

représenté en grandeur et en direction par la ligne AA', les points B, C, D, viendront en B" C" D". Il n'y aura donc plus qu'à donner au solide un second mouvement, en vertu duquel, le point A' restant immobile, les points B" C" viendront en B' C', et le corps occupera la seconde position indiquée. Or, nous savons que ce second déplacement du solide peut s'effectuer par une rotation autour d'un axe passant par le point immobile A'. Donc, en définitive, on peut amener le solide de la première position (ABCD) à la seconde (A'B'C'D'), en lui faisant subir : 1° une translation suivant AA'; 2° une rotation autour d'un axe MN passant par A'.

37. Le système de ces deux mouvements que l'on donne au solide peut être varié d'une infinité de manières, tout en produisant le même résultat définitif. Il suffit, en effet, pour cela, de faire jouer successivement à chacun des points que l'on peut imaginer faire partie du solide le rôle que l'on a fait jouer au point A. Parmi ces divers systèmes de mouvements, il en existe toujours un dans lequel la translation s'effectue parallèlement à l'axe de rotation.

Menons en effet un plan P perpendiculaire à l'axe MN, et considérons la figure F suivant laquelle ce plan coupe le solide. Dans la translation suivant AA', la figure F se transporte dans un plan P', parallèle au plan P; dans sa rotation, qui s'effectue ensuite autour de MN, cette figure F tourne dans le plan P', et y prend une certaine position F'. Mais pour faire passer la figure plane dont il s'agit de sa première position F à sa dernière F', on peut d'abord lui donner un mouvement de translation suivant la perpendiculaire qui mesure la distance des deux plans parallèles P, P', puis la faire tourner dans ce dernier plan autour d'un point convenablement choisi : si l'on conçoit que le solide soit entraîné par cette figure, on voit que la succession des deux mouvements qui viennent d'être indiqués l'amènera de la position ABCD à la position A'B'C'D'. Il résulte de là que l'on peut amener un solide mobile, d'une quelconque des positions qu'il occupe successivement, à une autre de ces positions, au moyen d'une translation suivie d'une rotation autour d'un axe de même direction que la translation, ou plutôt par la coexistence de cette translation et de cette rotation.

38. Si l'on prend toujours le même point du solide pour appliquer la première considération, pour les divers éléments

du temps qui se succèdent, on arrive au résultat suivant :
*Tout mouvement continu d'un solide peut être ramené au rou-
lement d'un cône lié au solide sur un cône qui est animé en même
temps d'un mouvement de translation dans l'espace.*

La coexistence d'une translation et d'une rotation est le
mouvement propre à engendrer les *surfaces hélicoïdales ;* le système équivalent au précédent est celui d'une vis et d'un écrou
formés par des génératrices dont l'inclinaison varie en chaque
instant. Et si l'on considère l'axe instantané de rotation et de
glissement du solide relatif à chaque élément du temps, on voit
que les positions que cet axe occupe dans l'espace forment une
surface réglée, et que les positions qu'il occupe successivement
à l'intérieur du solide forment une autre surface réglée. *Tout
mouvement d'un solide peut donc encore être regardé comme dû au
roulement d'une surface réglée sur une autre, accompagné d'un
glissement le long de la génératrice suivant laquelle ces deux surfaces se touchent.*

39. La Cinématique appliquée aux mouvements des corps libres,
dite souvent la Cinématique pure, doit poursuivre ici divers ordres
de recherches utiles, montrer comment la composition des rotations se fait par parallélogrammes, comme celle des translations,
analyser les mouvements relatifs, mais ces théories ne s'appliquent pas à la théorie des mécanismes, l'introduction des points
fixes qui constituent essentiellement les machines rendant fixes
les centres, les axes de rotation, ainsi que nous allons le voir.

Nous en parlerons dans quelques cas où des dispositions
spéciales rendent libre une partie de machine.

CHAPITRE V.

DES MACHINES.

40. Un corps libre en mouvement, suivant une trajectoire indéfinie, ne peut pas produire en général d'effet convenable pour
un emploi utile. Il faut pour cela des mouvements spéciaux qui
ne peuvent prendre naissance qu'autant que le corps cesse
d'être libre, que des points fixes viennent le contraindre à décrire une trajectoire déterminée et non celle indéfinie qu'il par-

courrait sans cela. On appelle machine le système ainsi constitué par des organes ne pouvant prendre que des mouvements voulus; une machine, dit Ampère, (considérée au point de vue de la Cinématique) *donne le moyen de changer la direction* ou la *vitesse d'un mouvement donné.*

DU MOUVEMENT DANS LES MACHINES.

41. Voyons comment l'introduction de points fixes modifie le mouvement d'un corps qui s'appuie sur eux.

1° *Un point fixe* permet au corps de tourner en tous sens autour de ce point; c'est ce qui constitue la machine simple appelée *levier*. Le mouvement d'un point quelconque, appartenant au levier, sera, par sa nature propre, un mouvement conique, et en général *alternatif* dans une machine, se produisant le plus souvent dans un plan, où il décrit un secteur de cercle.

2° *Deux points* ou une *droite fixe* rendent fixe l'axe instantané de rotation passant par ces points, et il se produit un mouvement de rotation autour de celle-ci, *un mouvement circulaire continu.* Le *tour* est la machine simple, type du mouvement circulaire.

3° *Trois points fixes*, par exemple deux points déterminant un axe fixe dans le corps et un point fixe extérieur (l'axe passant par deux points pourrait engendrer une rotation, si la rencontre du troisième point ne s'y opposait), rendent une translation seule possible.

Le mouvement ayant lieu en chaque instant suivant la ligne déterminée par deux points sera nécessairement un *mouvement rectiligne* tant que les points fixes ne changeront pas.

Les trois points fixes étant extérieurs au corps (intérieurs ils empêcheraient tout mouvement), on a le *plan incliné*, ainsi nommé parce qu'on considère le plus souvent le plan fixe supportant des corps pesants et inclinés à l'horizon; c' est la machine simple, type de ce genre de mouvement. Le seul mouvement possible est toujours un mouvement de glissement sur le plan passant par ces trois points.

Le nombre de points fixes, non en ligne droite, extérieurs au corps, peut être plus grand que trois; mais il n'en résulte pas de nouveau genre de mouvement. En effet, trois points fixes déterminant, pendant un instant, le mouvement le long du plan passant par ces trois points, il s'ensuit qu'un plus grand nombre de points ne changeront pas la nature du mouvement en chaque instant; s'ils ne l'empêchent, ils détermineront seulement la succession de systèmes semblables entre eux. Des points fixes, convenablement disposés pour permettre le mouvement, fixeront seulement la direction des mouvements élémentaires, fourniront des guides courbes, par exemple, dans un plan, le mouvement hélicoïdal dans l'espace, dans les conditions ci-après indiquées, mais ne constituent pas un nouvel organe de machine.

De ceci résulte une importante conséquence, c'est que les seules machines simples, constituées par des points fixes, sont : le levier, le tour et le plan, et que, si l'on décompose en leurs derniers éléments les systèmes complexes appelés machines, ces derniers éléments seront nécessairement un de ces systèmes.

42. Quant aux mouvements produits, on déduira encore cette conséquence non moins essentielle, que, puisque les obstacles qui gênent le mouvement des systèmes de corps qui constituent les machines ne peuvent fournir que l'un des trois systèmes précédents, les mouvements produits sont nécessairement ceux engendrés dans le genre *levier*, ou dans le genre *tour*, ou dans le genre *plan*. Par suite, les mouvements élémentaires seront tous ou circulaires alternatifs, ou circulaires continus, ou enfin rectilignes. Remarquons au reste que, tous les mouvements quelconques pouvant être réduits à des translations et rotations successives, les organes ci-dessus fournissent les moyens de réaliser théoriquement, par leur combinaison et leur succession, un déplacement quelconque. La rotation conique est fournie par le levier, la rotation autour d'un axe par le tour, la translation par le plan.

43. On doit entrevoir, dès à présent, combien cette observation va simplifier l'étude de la cinématique et permettre de constituer en corps de science les matériaux épars jusqu'à ce jour. Les machines n'étant plus composées que d'un nombre d'organes très-limités quant à leur mode de mouvement, il n'y aura plus qu'à étudier les combinaisons de ces éléments, les lois de leurs actions réciproques, pour les diverses dispositions qu'ils peuvent recevoir, pour en arriver promptement à comprendre les machines les plus compliquées obtenues par des combi-

naisons plus ou moins complexes de ces éléments, au lieu d'être contraint d'étudier celles-ci successivement et comme des systèmes n'ayant aucun rapport entre eux. Il en résulte, en un mot, la possibilité de constituer l'étude géométrique des machines.

CHAPITRE VI.

DES ORGANES SIMPLES. — LEURS GUIDES DE MOUVEMENT.

44. Un organe simple de machine ne pouvant être, à un instant donné, qu'un des trois systèmes : levier, tour ou plan, il importe, avant d'étudier leurs actions mutuelles, d'analyser ces organes élémentaires, appelés habituellement *machines simples*, que nous allons rencontrer à chaque pas. Nous étudierons d'abord, pour chacun de ces systèmes, les directions et l'étendue des chemins parcourus par les points des corps que l'on transforme en ces systèmes. Ils prennent naissance du fait de *guides*, qui déterminent les points fixes, étant soutenus par les bâtis fixes, qui sont portés par le sol et offrent des résistances plus que suffisantes pour supporter les poids et les efforts exercés sur les pièces en mouvement.

1° *Système levier (un point fixe).*

45. *Mouvement.* — L'introduction d'un point fixe dans un corps solide, ce qui le convertit en la machine simple, en l'élément mécanique appelé levier, fait qu'un point quelconque de ce corps situé à une distance rectiligne r du point fixe, peut décrire toutes les courbes qui peuvent être tracées sur une sphère du rayon r, ayant pour centre ce point fixe; les rayons passant par les divers points de chaque courbe forment un cône que décrit le levier.

Dans le roulement conique la courbe sphérique, intersection du cône et de la sphère, se réduit le plus souvent dans la pratique à un arc de grand cercle, tant par la difficulté d'exécuter un guide du système levier qui permette des mouvements dans des plans différents, qu'à cause de celle de mettre en rapport un organe doué d'un semblable mouvement avec d'autres sur lesquels il puisse agir.

Réservant donc comme une ressource de la mécanique, à

examiner dans des cas spéciaux, la généralité du mouvement du levier, on doit le considérer comme fournissant directement et nécessairement le *mouvement circulaire alternatif*, dans un même plan ou dans des plans ne faisant pas de très-grands angles entre eux. La propriété d'être alternatif est le caractère propre de ce système (ce qui le distingue du système tour, avec lequel la construction le rapproche beaucoup dans la pratique), le support matériel du point fixe ne permettant pas des rotations complètes dans tous les sens.

E, e, étant les chemins parcourus en un instant par deux points du corps situés à des distances R, r du point fixe, seront de petits éléments circulaires; ω étant l'angle au centre que parcourent simultanément les lignes droites qui mesurent les distances R, r, le mouvement se faisant sur une sphère dont le point fixe est le centre; on aura :

$$E = R\,\omega, \; e = r\,\omega =, \text{ et } \frac{e}{E} = \frac{r}{R}.$$

45. *Guides du levier.* — Le guide du système levier devrait consister en un assemblage du corps avec une masse fixe en un point unique, autour duquel le levier pourrait prendre des inclinaisons quelconques. Théoriquement cet assemblage, ou plutôt un assemblage équivalent, n'est pas tout à fait impos-

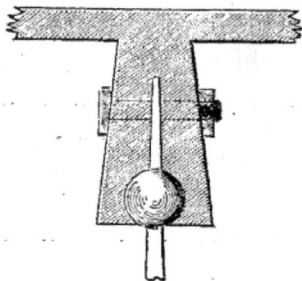

sible. Si l'on suppose la barre du levier pénétrée par une petite sphère fixe, et que le contact ait lieu, soit dans une cavité de forme semblable, soit dans un polyèdre touchant la sphère au moins en quatre points, qui seraient comme les quatre points de contact d'un polyèdre circonscrit à sa surface, le levier, en tournant autour de cette sphère, pourrait être considéré comme tournant autour de son centre, qui deviendrait le centre d'oscillation du levier en tous sens.

Fig. 36.

Cette disposition, la *genouillère*, se rencontre notamment dans quelques instruments de nivellement (fig. 36), dans lesquels de très-petites forces sont en jeu.

En général, dans la pratique il est inutile de donner au levier la faculté de pirouetter dans tous les sens, et il suffit de le faire mouvoir dans un seul plan. On le traverse alors par un petit axe perpendiculaire au plàn du mouvement, que l'on guide de la même manière que dans le cas du tour que nous allons examiner.

2° Système tour (deux points fixes).

46. *Mouvement.* — Deux points fixes dans un corps déterminent la fixité de la ligne droite, de l'axe qui joint ces deux points, et par suite le corps n'est plus susceptible que de rotation autour de cet axe. Chaque point du corps à une distance r de l'axe de rotation (mesurée dans un plan perpendiculaire à l'axe mené par ce point) a donc une vitesse $r\omega$, ω étant la vitesse d'un point du corps situé à l'unité de distance de l'axe.

La nature du guide permet essentiellement le mouvement circulaire continu; c'est cette propriété, ce sont les qualités dynamiques du genre de mouvement qui en résulte, qui font du système tour le type capital, essentiel, des mécanismes, comme nous le vérifierons fréquemment.

Au point de vue géométrique, on voit que ce mouvement est, parmi ceux que peut posséder d'une manière générale un solide, celui dans lequel l'axe de rotation reste constant, le guide ayant pour objet de maintenir la constance de la position de cet axe.

Tous les points du système décrivant des circonférences dont les centres sont sur l'axe, et tournant en même temps d'angles égaux, on aura pour relations des chemins E, e, parcourus en même temps par des points placés sur des circonférences, des rayons R et r, $\dfrac{e}{E} = \dfrac{r}{R}$, et pour des tours entiers, $\dfrac{e}{E} = \dfrac{2\pi r}{2\pi R}$.

47. *Guides du tour.* — Toute surface de révolution, c'est-à-dire précisément produite par la rotation autour d'un axe fixe, formant un système fixe découpé dans l'intérieur d'un corps mobile', permettra la rotation autour du noyau, absolument comme si l'axe mathématique était rendu fixe.

Toutes les surfaces de révolution (à l'exception de la surface sphérique, qui fournit des rotations dans une infinité de plans et constitue le guide du levier) peuvent donc donner des guides du système tour. Les plus simples, celles engendrées par une ligne droite, sont seules employées.

Si la droite génératrice est inclinée sur l'axe fixe, on obtient un cône circulaire droit dit *pivot*, tournant dans un cône semblable creux, système quelquefois employé pour des pièces légères.

Si la droite génératrice est parallèle à l'axe fixe, on a le système, généralement employé dans la pratique (fig. 37), formé d'un cylindre faisant partie du corps mobile, maintenu par deux coussinets immobiles dans des supports fixes ou paliers de forme demi-circulaire, qui, conservant souvent la même forme sur une grande longueur, prend le nom

Fig. 37.

d'*arbre* (trois plans tangents suffisant pour maintenir le cylindre sont quelquefois employés). Ce système est excellent dans la pratique, tant parce que la pression de la partie supérieure du coussinet sur la partie inférieure empêche tout déplacement perpendiculairement à l'axe, que parce qu'on a soin de réduire l'arbre à un diamètre moindre dans la partie qui entre dans le coussinet, partie qu'on appelle *tourillon*, d'où résulte, près de celui-ci, un épaulement qui empêche le déplacement latéral. Le diamètre de l'arbre doit être le moindre possible, eu égard aux forces à transmettre, pour que le chemin parcouru par les résistances aux points de contact soit d'autant moindre pour chaque tour. Il faut deux coussinets pour guider un axe horizontal.

Pour un axe vertical on emploie un collet et un pivot reposant sur une crapaudine (fig. 38). En faisant ces deux dernières parties de corps très-durs, on peut diminuer beaucoup les surfaces frottantes et supporter l'axe seulement par une petite surface.

Fig. 38.

Fig. 39.

Fig. 40.

Pour des pièces très-légères, on emploie la disposition bien connue, appelée charnière (fig. 39 et 40), consistant en deux pièces dans chacune desquelles est pratiquée une cavité cylindrique, que vient rem-

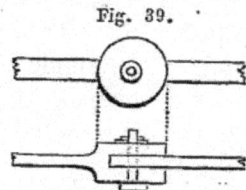

plir une broche ou un boulon de même forme, autour duquel les deux pièces peuvent tourner.

3° *Système plan* (*trois points fixes*).

48. *Mouvement.* — Trois points fixes dans un corps déterminent dans le cas général la fixité d'un plan coupant le corps qui renferme ces trois points, et par suite l'immobilité du corps, mais extérieurs ils déterminent seulement la nature du mouvement.

Un corps solide qui rencontre trois points fixes, en pressant sur eux, constitue un organe de machine, *glissera* sur le plan qui le renferme. C'est ce glissement qui forme le caractère spécial de la troisième machine simple.

Rapportant ce plan à deux lignes qui se coupent, par exemple, aux directions verticales et horizontales déterminées par la pesanteur, il est facile de comparer les espaces parcourus par le corps solide, dans le sens de la longueur, dans le sens de la base, et dans le sens de la hauteur du plan.

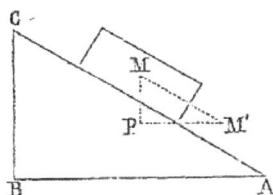

Fig. 41.

En effet, supposons qu'un point quelconque M du corps solide ait décrit la longueur MM′ en glissant parallèlement à AC, menons MP parallèle à BC et M′P parallèle à AB. Les deux triangles MPM′, CBA, évidemment équiangles entre eux, seront semblables; c'est-à-dire que

$$\frac{MM'}{AC} = \frac{M'P}{AB} = \frac{MP}{CB}.$$

Ainsi, *quand un corps solide se meut sur un plan incliné, les espaces décrits par un point quelconque de ce corps, dans le sens de la longueur, dans le sens de la base et dans le sens de la hauteur du plan, sont proportionnels à ces trois droites.*

Le glissement sur le plan est égal à la longueur totale du chemin parcouru.

Le mouvement élémentaire sera toujours rectiligne, si les conditions du mouvement ne changent pas; mais il deviendra courbe dans le plan, lorsqu'une succession d'autres points fixes viendra changer l'inclinaison des éléments du mouvement par la variation du guide-plan. La *courbe* sortira du plan, deviendra hélicoïdale si les éléments des plans successifs sont inclinés les uns sur les autres, avec une succession de plans fixes.

49. Ainsi qu'il a été dit, deux points fixes déterminant une ligne, le troisième point fixe, non en ligne droite avec les deux premiers (en ligne droite il se confondrait avec l'axe), empêche une rotation, mais non la translation suivant l'axe. Un corps prismatique glissant le long de l'axe, et maintenu par le troisième point, assurera donc le glissement du solide dont il fera partie. C'est par cette disposition, d'un usage fréquent dans les machines, qu'est obtenu le mouvement rectiligne. Tous les points du corps solide se meuvent évidemment de même et avec la même vitesse.

50. *Guides du mouvement dans le système plan. — Mouvement rectiligne.* — On aura une idée nette de ces guides en considérant deux prismes identiques, l'un plein, l'autre creux, coïncidant par leurs faces latérales, le second étant ouvert par ses bases. Si l'un d'eux est fixe, fait partie du bâtis, l'autre, assemblé avec le mobile, ne peut se mouvoir que parallèlement aux arêtes du prisme. La totalité des faces n'est pas d'ailleurs nécessaire pour assurer le mouvement rectiligne; trois au moins, répondant à trois points dans chaque section transversale, sont seulement nécessaires.

Dans les dispositions diverses équivalentes que la pratique adopte, on doit satisfaire aux deux conditions suivantes :

1° Envelopper le plus complétement possible la pièce mouvante pour éviter les déviations; 2° guider surtout avec soin les extrémités de la pièce mouvante prolongée autant que possible, afin de diminuer l'obliquité qui résulte toujours du jeu nécessaire à un mouvement facile.

Fig 42.

Nous représentons, fig. 42, un guide prismatique qui s'exécute souvent cylindrique, mais qu'on empêche de tourner à l'aide d'une languette qui pénètre à la fois dans le cylindre et le coussinet; et, fig. 43 et 44, une glissière de forme prismatique glissant entre des surfaces planes parallèles entre elles.

Dans certains cas, les plans qui servent de guides sont continus et se prolongent sur une grande longueur; dans d'autres, ils sont interrompus. Nous donnerons comme exemple du premier cas les bâtis (fig. 45 et 46) sur lesquels glissent les chariots des machines-outils, qui sont trop pesants pour

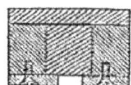 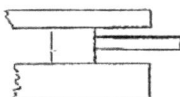

que la résultante des forces qui agissent sur le système puisse jamais être dirigée de bas en haut.

Fig. 43.   Fig. 44.   Comme exemple du second système, nous citerons les guides analogues à ceux des pilons appelés quelquefois des *prisons* (fig. 47). Ce sont deux

 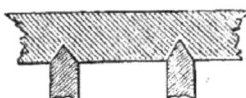

Fig. 45.   Fig. 46.

guides formés de quatre plans à angle droit, deux fragments éloignés entre eux du prisme qui pourrait embrasser la tige

Fig. 47.

prismatique du pilon, et qu'on a soin d'écarter le plus possible l'un de l'autre pour diminuer l'inclinaison absolue qui résulte toujours du faible jeu qu'il faut laisser dans les guides pour les imperfections de l'exécution et la facilité du mouvement.

51. *Guides à galets.*— L'interposition d'une pièce animée d'un mouvement de rotation offre de grands avantages en diminuant l'étendue des glissements, et doit être employée toutes les fois que la chose est possible.

La fig. 48 représente une disposition de ce genre. La pièce mobile est munie d'une roulette ou galet dont la gorge embrasse un plan fixe le long duquel elle se meut, et que ses rebords l'empêchent d'abandonner.

Au lieu d'une seule roue, si on en emploie deux munies de rebords reposant sur deux barres prismatiques, il suffit d'adapter à chacune d'elles un rebord intérieur pour que toute déviation soit impossible pour des pièces pesantes; *telle est la* disposition des chemins de fer à bandes saillantes avec roues à rebords intérieurs (fig. 49).

L'emploi des galets comme guides du mouvement rectiligne a un inconvénient notable, c'est que le contour des galets s'al-

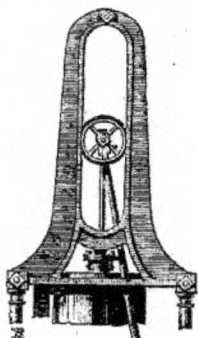

Fig. 48.

tère par l'usure, le galet devient plan en certaine partie et bientôt ne tourne plus.

Articulations. — Quand le mouvement rectiligne est de faible étendue, on peut remplacer les guides du mouvement rectiligne par le guide du mouvement circulaire, et pour cela assujettir la barre BD (fig. 54), qui doit être guidée en ligne droite, à se mouvoir sur une circonférence de rayon r. Si ce rayon est suffisamment grand par rapport à l'étendue du mouvement rectiligne, le mouvement produit en réalité pourra ne différer d'un mouvement rectiligne que d'une quantité négligeable dans la pratique. En effet, appe-

Fig. 49.

lant l l'étendue de ce mouvement ($\frac{1}{2} l$ de chaque côté de la position moyenne AB), on aura pour l'écart extrême du mou-

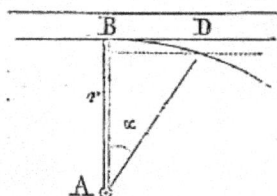

Fig. 50.

vement circulaire et du mouvement rectiligne $r - \sqrt{r^2 - \frac{1}{4} l^2}$, l étant supposé très-petit par rapport à r, $\frac{1}{4} l^2$ pourra être négligeable, par rapport à r^2, et l'élasticité des pièces, le jeu des articulations compenser la petite quantité négligée. Nous verrons plus loin comment Watt a appliqué les articulations dans son parallélogramme, en multipliant des systèmes du genre de celui-ci, de manière à guider des pièces en ligne droite pour des courses d'une étendue notable.

52. *Guides du mouvement d'après une courbe donnée.* — 1° *Dans un plan.* — Pour guider un corps de manière à lui faire suivre une courbe donnée, il paraît suffisant de le réunir à une cheville, qui glisse dans une rainure formée par deux cylindres équidistants ayant pour section la courbe voulue. Une

action exercée sur le corps, par exemple celle d'un rayon agissant sur le corps (fig. 51) ne pourra lui donner un autre mouvement que celui tracé par la rainure.

Ce système, dans le cas général, est imparfait, insuffisant pour fournir le guide du mouvement d'un organe de machine ; l'emboîtement d'une cheville étant insuffisant pour guider complétement le corps qui lui est attaché ; il peut tourner et osciller. Le contact en plus de deux points est nécessaire, mais alors les éléments du cylindre-guide doivent être uniformes pour embrasser toujours ceux de la cheville-guide ; autrement dit, le mouvement doit être circulaire, et dans ce cas nous rentrons dans le cas du tour, c'est-à-dire qu'on peut remplacer avec avantage la courbe par les guides d'un axe. Telle est la disposition employée (fig. 52) pour scier les jantes des roues circulairement. La pièce de bois est placée sur un plateau circulaire pour être

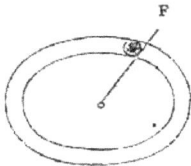 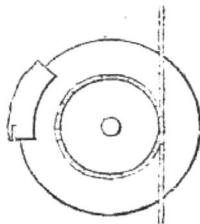 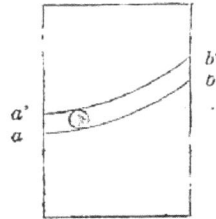

Fig. 51.   Fig. 52.   Fig. 53.

soumise à l'action de la scie, et à mesure que le plateau tourne par l'action de chaînes, la scie débite les jantes circulairement.

2o *Dans l'espace.* — Soit ab un élément de courbe tracée sur une surface cylindrique quelconque ; en faisant dans ce cylindre une rainure limitée par la courbe ab, une courbe semblable et équidistante $a'b'$ et des normales à ces courbes, on aura une rainure pouvant guider une cheville, de telle manière qu'elle ne pourra se mouvoir que le long de ces courbes, et par suite en produisant le mouvement voulu, suivant une courbe à double courbure.

L'observation faite plus haut relativement à l'insuffisance de l'emboîtement s'applique encore ici, sauf dans le cas où l'inclinaison des éléments étant constante, la courbe est une hélice. L'écrou se mouvant sur une vis est l'application directe de ce système et constitue un des plus importants organes des machines, comme nous le verrons plus loin.

CHAPITRE VII.

DES RÉSISTANCES PASSIVES [1].

53. Lorsqu'un obstacle empêche un mouvement de prendre naissance, la cause du mouvement, la force engendre une pression, comme on le reconnaît, par exemple, lorsqu'un corps pesant est posé sur un ressort.

L'introduction des points fixes dans les machines fait naître de semblables pressions, génératrices de résistances, de consommation de travail, dont il faut nécessairement tenir compte dans la comparaison de ces systèmes; c'est un élément du fonctionnement des organes des machines qui fait nécessairement partie de leur étude complète.

La cause capitale de la consommation du travail dont il s'agit ici est le frottement.

FROTTEMENT DE ROULEMENT.

54. Lorsqu'une roue roule sur un plan, il se développe au contact une résistance d'une nature particulière, dit frottement de roulement. Sa valeur est en raison inverse du diamètre de la roue, et, pour les matériaux rigides employés dans les machines, le frottement du roulement d'un corps dur sur une surface polie est assez faible pour être toujours négligeable auprès du frottement de glissement, seul à considérer dans les machines.

FROTTEMENT DE GLISSEMENT.

55. Toutes les fois qu'un corps se meut en glissant sur un autre il se produit une résistance qui s'oppose au mouvement, et que l'on nomme *frottement de glissement*. Il entraîne une destruction de travail utilisable dû à l'action réciproque des molécules des deux corps, aux vibrations qui se propagent dans l'intérieur des corps par l'action des forces dites moléculaires. On a reconnu par des

---

1. L'étude des machines n'est complète que quand à l'analyse géométrique des mouvements produits, objet de la Cinématique, a été joint le calcul des forces en jeu, l'étude de la mécanique appliquée aux machines.

Ces deux parties d'une même science peuvent, pour la majeure partie, se succéder sans inconvénient, mais en quelques points il y a une réaction d'une d'elles sur l'autre, qui ne permet plus cette séparation. Telle est l'étude des résistances passives, du frottement, qui détermine la raison d'être de nombre d'organes de machines.

Nous imprimerons en petit caractère ce qui est du domaine de la mécanique appliquée, partie que le lecteur pourra laisser d'abord de côté, pour y revenir lorsqu'il aura avancé suffisamment ses études de mécanique.

expériences très-précises que la résistance due au frottement est
assujettie à trois grandes lois, qui guident dans toutes les applications, et qui sont sûrement exactes dans les limites où on les applique dans les machines.

1° Le *frottement est proportionnel à la pression*, c'est-à-dire que la
résistance est toujours une même fraction de la pression qui applique un corps sur l'autre, ce qui se comprend assez bien, puisque
les actions moléculaires doivent naître en raison de cette pression.

2° Le *frottement est indépendant de l'étendue des surfaces en contact*,
c'est-à-dire que, quand cette étendue augmente sans que la pression change, la résistance totale reste la même, bien que la pression sur chaque élément se trouve diminuée en raison inverse de
l'étendue même des surfaces. Puisque pour des substances données
le frottement est une fraction constante de la pression, il en résulte
qu'un même corps pesant, traîné sur un plan, donne toujours lieu
à la même résistance, sur quelque face qu'il soit posé.

3° Le *frottement est indépendant de la vitesse du mouvement*, c'est-à-
dire qu'il faudra une même quantité de travail pour faire parcourir
à un corps une longueur déterminée en surmontant le frottement,
quelle que soit la vitesse du mouvement.

A l'aide de ces trois lois fondamentales et des valeurs déterminées
par expérience, du rapport du frottement à la pression, en raison
de la nature des surfaces en contact, déduit des résultats de l'expérience, on peut dans tous les cas évaluer le travail consommé par
le frottement. C'est ce que nous allons faire pour le cas des machines simples.

56. Définissons maintenant l'angle du frottement.

Soit un corps reposant sur un plan horizontal; si on incline peu
à peu ce plan à l'horizon, il ne se meut pas aussitôt, mais il arrivera un point où le corps se mettra en
mouvement. Soit P le poids du corps
(fig. 54), α l'angle du plan incliné avec
l'horizon quand le mouvement a lieu;
la pesanteur de P peut se décomposer
en deux forces :

P sin. α suivant la direction du plan
incliné et P cos. α perpendiculairement
à ce plan.

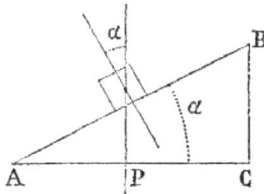

Fig. 54.

La première force est celle qui détermine le corps à glisser; elle
détruit la résistance provenant du frottement lorsque le mouvement
a lieu; elle est donc égale alors au frottement F; donc F = P sin. α.

La deuxième composante exprime la pression Q que le corps
exerce sur le plan; donc Q = P cos. α.

On a donc $\dfrac{F}{Q} = \dfrac{P \sin. \alpha}{P \cos. \alpha} = \text{tang. } \alpha.$

On reconnaît, en variant arbitrairement l'étendue de la surface

4

en contact et le poids du corps, que l'angle d'inclinaison né varie pas pour les mêmes substances en contact.

Cet angle, désigné habituellement par la lettre φ, s'appelle l'angle du frottement, et la valeur numérique du rapport du frottement à la pression, égal à tang. φ, est le coefficient de frottement, le plus souvent représenté par la lettre f.

Le tableau suivant est un résumé numérique des valeurs moyennes de f, résultant de nombreuses expériences, pour les différents corps.

CORPS EN CONTACT.	f Rapport du frottement à la pression.		φ
Avec enduits gras,........	0,08	$\frac{1}{12}$	5°
Métaux sur métaux........	0,17	$\frac{1}{6}$	10°
Bois sur bois............	0,33	$\frac{1}{3}$	18°
Briques et pierres........	0,65	$\frac{2}{3}$	33°

Willis a représenté dans la figure suivante le résultat des expé-

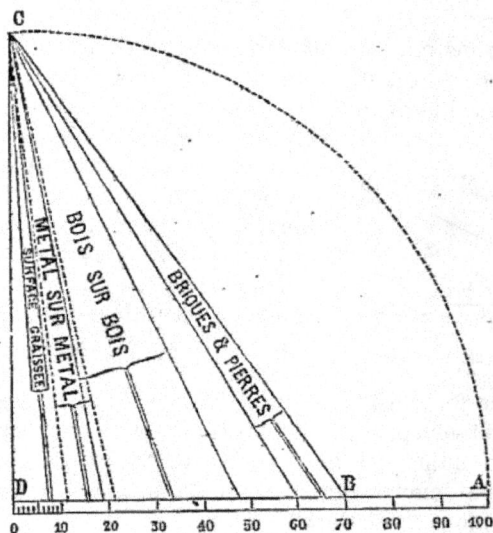

Fig. 55.

riences qui conduisent aux valeurs ci-dessus. Il est la réduction d'un grand dessin sur lequel il a tracé les résultats obtenus pour les divers genres de matériaux. On voit les lignes des valeurs extrêmes et de la valeur moyenne pour les matériaux de tout genre agissant sur des matériaux semblables, métaux sur métaux, bois sur bois, briques et pierres ensemble. Pour chaque classe, on a tracé les plus petits et les plus grands angles, et ces deux lignes sont réunies par une accolade, du milieu de laquelle part une double ligne prolongée jusqu'à l'échelle, où elle indique la valeur moyenne pour les corps dont il s'agit.

On voit que le frottement est d'autant moindre qu'il s'exerce entre corps plus durs. Quand des substances grasses sont interposées entre deux surfaces, celles-ci ne sont plus en contact immédiat, les molécules des corps gras forment des petites sphères qui roulent entre les deux corps. Aussi un graissage continu entre les surfaces pressées l'une sur l'autre, est-il considéré avec raison comme une condition essentielle du bon fonctionnement des machines.

FROTTEMENT DANS LES GUIDES DE MOUVEMENT.

57. De ce que les guides de mouvement se réduisent pour chaque élément de machine à ceux des trois machines simples : *levier*, *tour* et *plan*, il faut, pour pouvoir comparer dans les applications lequel de ces systèmes est préférable pour un cas déterminé, lorsque l'emploi de l'un d'eux n'est pas obligatoire, évaluer la résistance de frottement, cause constante de perte de travail, pour chacun d'eux.

Quand on considère les systèmes *levier*, *tour* et *plan*, indépendamment des réactions de la matière, comme des abstractions mathématiques, ils sont tous également parfaits, et ils transmettent intégralement le travail d'un organe d'une machine à un autre organe, d'après le principe de la transmission du travail; mais évidemment on néglige ainsi une partie de la question, celle qui se rapporte à la nature physique des corps; on ne tient plus compte de la différence des chemins parcourus par les surfaces en contact. Pour que les résultats déduits de l'étude théorique aient une valeur d'application, il faut aussi étudier cet élément, qui permettra de choisir entre plusieurs organes celui qui entraîne les moindres résistances passives. C'est à quoi l'on parvient, au moins pour la plus grande partie, en tenant compte du frottement, la plus importante et la plus générale des résistances passives. Nous allons chercher à calculer le travail du frottement dans les guides du mouvement pour chacune des machines simples.

FROTTEMENT DANS LE SYSTÈME PLAN.

58. Considérons un corps glissant d'un mouvement uniforme sur un plan. Il y a alors équilibre en chaque instant entre la résultante nécessairement unique des forces qui agissent sur le corps et la résistance, la réaction du plan. Les points d'application de ces

forces opposées décrivant des chemins égaux, l'égalité du travail exige l'égalité des forces.

Soit γ (fig. 56) l'angle que fait la résultante avec la normale au plan. Elle peut se décomposer en deux autres forces : P cos. γ, P sin. γ, la première normale, la seconde parallèle au plan.

La première force P cos. γ exerce une pression sur le plan et produit le frottement, lequel est proportionnel à cette pression, et

a pour valeur f P cos. γ, f étant le coefficient du frottement. Cette résistance de frottement agit comme une force résistante parallèlement au plan, dans une direction opposée à celle du mouvement du corps.

La deuxième composante de la force P, qui a pour valeur P sin. γ, est la force qui produit le mouvement. C'est donc cette force qui fait équilibre au frottement, on a donc :

$$\text{P sin. } \gamma = f \text{ P cos. } \gamma \text{ ou tang. } \gamma = f.$$

Or, nous avons trouvé tang. φ = f, φ étant *l'angle du frottement. Donc la résultante* P, *qui agit sur le corps de manière à lui imprimer un mouvement uniforme, fait avec la normale au plan un angle égal à l'angle du frottement.* Cette résultante peut être considérée comme égale et opposée à la réaction du plan, qui en détruit l'effet en chaque instant, et l'on peut dire que *la réaction du plan fait toujours avec la normale un angle égal à l'angle du frottement.*

Si la résultante P faisait avec la normale un angle plus petit que l'angle du frottement, le corps ne pourrait plus éprouver de déplacement, car on aurait tang. γ < tang. φ ou P sin. γ < f P cos. γ, c'est-à-dire que la force qui tendrait à faire glisser le corps serait plus petite que la force égale au frottement qui tendrait à l'empêcher de glisser.

Si, au contraire, la résultante P faisait avec la normale au plan un angle plus grand que l'angle du frottement, on aurait :

$$\text{Tang. } \gamma > \text{ tang. } \varphi \text{ ou P sin. } \gamma > f \text{ P cós. } \gamma.$$

Alors, la force qui tend à faire glisser le corps étant toujours plus grande que la force de frottement qui tend à le retenir, le mouvement serait accéléré.

59. *Cône de frottement ou de résistance.* — Il est une manière de présenter cette propriété qui en fait mieux apprécier l'importance. AQB étant l'angle du frottement, limité par la ligne QB, AQ étant la normale au point Q, si l'on fait tourner la ligne BQ autour de AQ comme axe, elle engendrera le cône BQC.

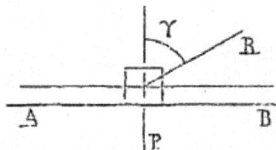
Fig. 56.

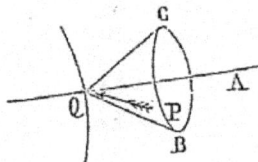
Fig. 57.

Il jouit de cette propriété que toute pression, quelque grande qu'elle soit, appliquée en Q, ne produira aucun mouvement et seulement une pression sur la surface, tant qu'elle sera dirigée à l'intérieur de ce cône. Au contraire, toute force, quelque petite qu'elle soit, produira un mouvement, ne sera pas annulée par la résistance du corps, si sa direction est extérieure au cône.

60. Quant au travail du frottement sur le plan, il est dans tous les cas pour un chemin parcouru l, f P cos.γl, en faisant entrer dans la détermination de la résultante P, la pesanteur et toutes les forces qui agissent sur le corps, et en ayant soin de prendre comme positives toutes celles qui tendent à presser le corps sur le plan, et comme négatives celles qui tendent à l'en éloigner. Si γ est égal à 0°, si la résultante est normale au plan, cos. $\gamma = 1$ et le frottement devient f P l.

S'il s'agit d'une barre AB guidée dans deux prisons, les pressions sur chacune d'elles seront représentées par des forces N, N' normales aux points d'appui (et seront déterminées par la position des forces motrices relativement à ces appuis). Lorsque ces pressions seront de même sens, que les forces qui les produisent, pousseront la barre A B du même côté, leur somme sera égale à P, et le frottement égal à f (N $+$ N') l sera égal à f P l comme ci-dessus. Si N et N' sont de signes contraires, on a encore pour le travail des frottements f (N $+$ N') l, sans tenir compte des signes.

La comparaison de l'expression du travail du frottement sur le plan, avec celles que nous allons trouver pour les autres machines simples, fera bien sentir combien, par suite de la grande étendue du glissement, les guides plans sont désavantageux dans la pratique.

Mais auparavant considérons le cas, qui se rencontre souvent, où la force motrice P est horizontale ou perpendiculaire à la résistance, que nous supposerons ici le poids du corps Q (fig. 58), ou agissant suivant la verticale; nous aurons, pour le mouvement uniforme, à égaler la valeur du frottement et la force qui lui fait équilibre, c'est-à-dire la somme des composantes parallèles à A B,

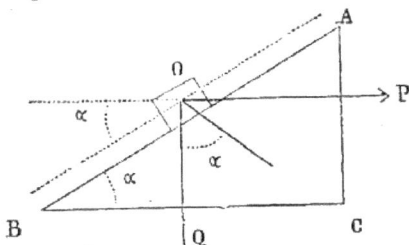

Fig. 58.

ou f (P sin. $\alpha +$ Q cos. α) = P cos. $\alpha -$ Q sin. α;

d'où P = Q $\dfrac{f\cos.\alpha + \sin.\alpha}{\cos.\alpha - f\sin.\alpha}$ = Q $\dfrac{\text{tang.}\,\alpha + f}{1 - f\,\text{tang.}\,\alpha}$ = Q tang. $(\alpha + \varphi)$.

FROTTEMENT DANS LE SYSTÈME TOUR.

61. Le frottement de glissement qui existe nécessairement dans le système plan ne devrait pas se rencontrer théoriquement dans le système tour, si on pouvait exécuter un axe sans épaisseur, et si on n'était contraint de lui donner des dimensions, souvent très-notables, lui permettant de résister aux actions auxquelles il est soumis.

On doit distinguer deux cas, suivant que les axes de rotation sont terminés par des *tourillons* ou des *pivots*. Nous avons décrit ces deux dispositions; cherchons à évaluer le frottement dans chacune d'elles.

Pivot. Considérons un pivot terminé par une face plate pressé par une force P contre sa crapaudine, force que nous supposerons agissant dans la direction de l'axe. Puisque cette force P (fig. 60), perpendiculaire à la surface pressée, passe par le centre du cercle

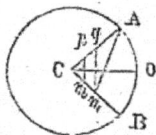

Fig. 59.

Fig. 60.

du pivot, il est permis de la regarder comme la résultante de toutes les pressions partielles qui ont lieu sur tous les éléments de la base, et par suite comme répartie sur tous les éléments de cette surface proportionnellement à leur étendue. Ainsi, en désignant par a un petit élément, et par S la surface totale, $\dfrac{a\mathrm{P}}{\mathrm{S}}$ sera la partie de la pression que supporte cet élément, et $f\dfrac{a\mathrm{P}}{\mathrm{S}}$ la résistance due au frottement pour cet élément.

Ce frottement agira comme une force appliquée au centre de l'élément et dans une direction directement contraire à celle du mouvement du pivot, c'est-à-dire perpendiculairement au rayon du cercle décrit par ce centre autour du centre du pivot. Si donc on appelle r ce rayon, le travail du frottement pour un petit angle de rotation ω, sera $f\dfrac{a\mathrm{P}}{\mathrm{S}}r\omega$.

Si maintenant l'on considère les éléments du cercle de la base C, tels que $mnpq$ (fig. 59) qui sont groupés dans un même secteur ACB dont l'angle au centre est très-petit (fig. 59), les frottements produits dans ce groupe d'éléments pourront être regardés comme perpen-

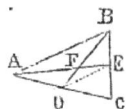

Fig. 61.

diculaires au rayon CO qui passe par tous leurs milieux, ou comme parallèles entre eux, et en vertu de leur parallélisme leur résultante sera égale à leur somme, parallèle à leur direction commune et appliquée en un point de CO, situé à une distance du centre C à $\frac{2}{3}$ de R (ou au centre de gravité du petit triangle ACB).

En effet, joignant B (fig. 61) au milieu de AC et tirant DE (E étant le milieu de BC) on a : DE : AB = CE : BC, ou DE = $\frac{1}{2}$ AB, d'où FE : AF = DE : AB, car les deux triangles AFB, DFE sont semblables.

Donc EF = $\frac{1}{2}$ AF.

On trouverait la même position pour le point F, obtenu en joignant le point C au milieu de AB; or les deux lignes BD, CF divisant la surface du triangle en deux parties égales, doivent être rencontrées par la résultante du frottement de la somme de tous les éléments superficiels du triangle, donc elle est au point F, et AF = $\frac{2}{3}$ R.

Le travail du frottement dans le petit secteur CAB sera donc

$$f \frac{N2}{A3} R \times ABC \times \omega.$$

Si l'on raisonne de même pour tous les petits secteurs dont se compose la surface du cercle, on aura une somme de produits semblables, et la somme de tous les secteurs ABC sera précisément la surface A du cercle. Donc, pour un angle de rotation ω, le travail total du frottement du cercle sera $\frac{2}{3} f P R \omega$, et pour un tour entier

$$\frac{2}{3} f P R \times 2\pi = \frac{4}{3} \pi R f P.$$

62. Couronne circulaire (fig. 62). — Si l'extrémité d'un axe, au lieu de frotter sur tout un cercle, frotte sur un anneau ou surface comprise entre deux cercles concentriques, comme il arrive pour l'extrémité des arbres munis de tourillons guidés par des coussinets toutes les fois que les forces en jeu peuvent fournir des composantes parallèles à l'axe, on peut déduire la valeur du frottement produit de ce qui précède. En effet, la surface totale du frottement est $\pi (R^2 - R'^2)$, R, R' étant les rayons des deux cercles; le frottement se calculera comme précédemment pour les deux cercles, en remarquant que la pression s'exerce sur la différence de leurs surfaces, ce qui conduira, pour la valeur du travail du frottement, à l'expression $\frac{f P \omega}{\pi (R^2 - R'^2)} (\frac{2}{3} R \pi R^2 - \frac{2}{3} R' \pi R'^2)$, et, après toutes réductions,

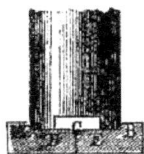

Fig. 62.

$$f P \omega \left(\frac{\frac{2}{3} R^3 - \frac{2}{3} R'^3}{R^2 - R'^2} \right) = \frac{2}{3} f P \omega \left(\frac{R^2 + RR' + R'^2}{R + R'} \right).$$

Enfin, si on nomme l la largeur de l'anneau égale à R — R', r le rayon moyen de cet anneau, ou la distance de son milieu au centre, $R = r + \frac{1}{2}l$, $R' = r - \frac{1}{2}l$, on trouve en effectuant le calcul que l'expression ci-dessus revient à $fP\omega\left(r + \frac{l^2}{12\,r}\right)$ et pour un tour à : $2\pi\left(r + \frac{l^2}{12\,r}\right)fP$.

63. Pour terminer ce qui concerne les pivots, nous remarquerons que le travail du frottement croissant comme le rayon du cercle moyen du pivot, toujours très-petit relativement aux rayons des circonférences décrites par les points du corps assemblés avec l'axe, il y a de l'avantage à diminuer autant que possible ce rayon, jusqu'à la limite déterminée par la dureté et la résistance de la substance dont est formé le pivot. C'est par ce motif que l'on donne aux pivots, dans les mécanismes très-légers, la forme conique (fig. 63), la plus convenable pour rapprocher de l'axe la surface de frottement, en lui donnant une étendue suffisante pour que les substances en contact ne soient pas soumises à des pressions capables de les altérer. Quelquefois, avec des substances dures, on donne à l'extrémité de l'arbre une forme convexe, forme qu'a aussi, dans ce cas, la crapaudine

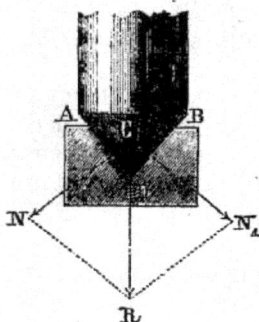

Fig. 63.

Fig. 64.

(fig. 64). Le frottement n'a toujours lieu que par un petit cercle de conctact qui prend bientôt, le plus souvent, une étendue sensible par suite de la pression et de l'usure.

64. *Tourillons.* — Nous avons dit que les tourillons étaient des parties des arbres de rotation, d'un diamètre moindre que ces arbres, qui tournaient dans des guides de forme cylindrique dits *coussinets*. On donne à ces coussinets (fig. 65) qui ont chacun moins d'une demi-circonférence, et un diamètre un peu plus grand que celui des tourillons, afin de ne pas faire naître des pressions et, par suite de frottement par l'ajustement, et qu'ils s'appliquent bien sur l'axe, quand on serre le chapeau supérieur pour qu'il ne puisse se déplacer.

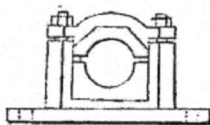

Fig. 65.

Soit P la pression exercée sur le fond du coussinet par la résultante des forces, fP sera le frottement. Un point du corps situé sur une circonférence de rayon R parcourra pour une longueur l

un angle ω, donné par la relation $R \omega = l$, et pendant le même temps le point de contact du tourillon un chemin $r \omega$, r étant le rayon du coussinet. Le travail absorbé par le frottement sera donc

$$P f r \omega = P f l \frac{r}{R}.$$

On voit que, dans ce dernier cas, comparativement au plan, le travail du frottement est bien réduit, puisqu'il serait pour une même longueur parcourue l, fPl ; il est à celui-ci dans le rapport de r à R ; rapport toujours très-petit, les tourillons étant faits en substances très-résistantes.

65. Dans quelques machines délicates, dans lesquelles les forces en jeu sont minimes relativement à celles qui seraient susceptibles d'amener l'usure des substances en contact, on peut faire reposer le tourillon sur la circonférence d'une autre roue et réduire le travail du frottement en multipliant les avantages du système tour.

P étant la résultante passant par l'axe C, se décomposera en

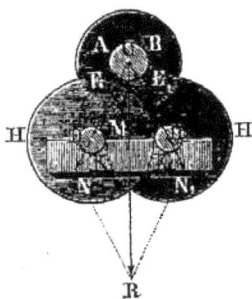

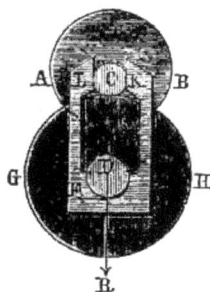

Fig. 66.　　Fig. 67.

deux forces égales N, N_1 suivant CD, CD_1, dans le système représenté (fig. 66), et α étant l'angle formé par ces deux composantes, on aura $P = 2N \cos. \frac{\alpha}{2}$. Le frottement sera $f(N + N_1) = \dfrac{fP.}{\cos. \dfrac{\alpha}{2}}$

et le chemin l parcouru par un point de la roue C de rayon R pour laquelle $R \omega = l$ correspondra à un chemin parcouru par les tourillons des roues qui supportent le tourillon de la roue C égal à $r_1 \omega_1$.

Or $\omega_1 = \dfrac{r \omega}{R_1}$ pour une rotation ω des tourillons de rayon r, sur la circonférence de la roue de support D de rayon R_1, donc $r_1 \omega_1 = \dfrac{r r_1}{R R_1} l$ et

le travail du frottement est $P f l \dfrac{r r_1}{R R_1 \cos. \dfrac{\alpha}{2}}$, c'est-à-dire plus que réduit dans le rapport du produit des rayons des tourillons à celui des rayons des circonférences successives. Ce résultat est celui exactement obtenu dans la disposition représentée fig. 67, dans lequel la résultante passe par les axes des deux tourillons, correspond à $\alpha = 0$.

Ces dispositions ne conviennent que pour de petites pressions, autrement les glissements accidentels font bientôt naître une concavité dans les cercles qui supportent les tourillons et ils cessent de tourner, le frottement n'agissant plus tangentiellement à la circonférence.

66. Si l'on compare les pivots aux tourillons, il est facile de voir que, toutes choses égales d'ailleurs, le travail du frottement est moindre avec le premier genre de guide qu'avec le second. En effet, pour un pivot il est pour un tour $P f \frac{2}{3} \pi r$, r étant le rayon de la face horizontale du pivot; pour un tourillon de même rayon r, il sera pour un tour $f P 2 \pi r$, c'est-à-dire dans le rapport de $\frac{4}{3}$ à 2 ou 4 à 6 ou 2 à 3; résultat qui se comprend facilement, puisque le chemin parcouru par le frottement est bien moindre dans le premier système, qui n'agit pas comme le second par sa seule circonférence extérieure. La différence est même en réalité plus grande que nous ne le supposons ici, la valeur de r, rayon de la face d'un pivot, étant pour une même résistance bien moindre que le rayon d'un coussinet.

Lorsque les composantes perpendiculaires à l'axe de rotation sont les plus importantes, des pivots maintenus par les faces latérales de la crapaudine fonctionnent comme de véritables tourillons. Lorsque le contraire a lieu, au frottement des tourillons, lorsqu'on emploie ceux-ci, s'ajoute celui de la couronne circulaire qui termine l'arbre, alors les pivots sont bien préférables. On rencontre souvent une disposition qui consiste à conserver les tourillons, mais à maintenir l'arbre contre tout déplacement dans le sens de sa longueur, par l'extrémité d'une pointe, d'un véritable pivot assemblé au bâti.

.67. *Emploi des galets pour diminuer le frottement sur le plan.* — La petite quantité de travail qu'absorbe le frottement des guides du mouvement circulaire comparés aux guides plans du mouvement

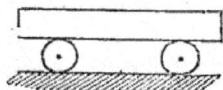

Fig. 68.

rectiligne, fait facilement comprendre l'avantage de la substitution d'un galet, comme celui déjà représenté (fig 48), ou petites roues supportées par des tourillons (fig. 68) qui reposent dans des coussinets (fixés soit à la pièce mobile, soit au plan fixe), aux *guides* plans ou *prisons*, entourant le pièce à conduire. Nous avons déjà cité les chemins de fer, la principale application de cette disposition. En négligeant le frottement de roulement à la surface du galet, dont la valeur n'est pas comparable à celle du frottement de glissement, pour une longueur l parcourue par la barre, la surface du galet décrira une longueur $l = R \omega$ et le tourillon le chemin $r\omega$, r étant son rayon. Le travail du frottement sur le tourillon sera $fPl\dfrac{r}{R}$, au lieu de fPl, qui eût été celui du glissement du plan, c'est-à-dire diminué en raison des propriétés des tourillons.

Lorsque l'effort est considérable, r ne pouvant plus être très-petit, l'avantage des galets diminue, surtout s'ils doivent servir entre surfaces dures, car, par toutes les causes qui accidentellement font que le frottement de glissement n'est pas très-inférieur à celui de roulement, c'est-à-dire précisément sur des surfaces dures et polies, un glissement a lieu et cause l'usure qui altère bientôt la surface du galet; il se forme des parties plates qui font que le galet ne tourne plus.

68. Le frottement de glissement disparaîtrait entièrement, si au lieu d'être maintenus par des tourillons, les galets étaient libres, système employé pour déplacer des fardeaux, mais inapplicable dans une partie de machine. Une semblable disposition ne paraît pas absolument impossible à réaliser dans le système tour, et conduit à une solution théorique du problème importante à consigner ici.

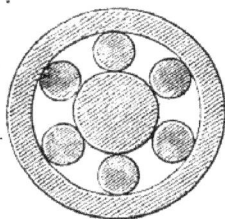
Fig. 69.

Le guide du tour devant être une surface cylindrique entourant une surface semblable, son fonctionnement sera encore assuré, si au lieu de mettre en contact les deux surfaces, on grandit d'une longueur, partout égale, l'intervalle qui les sépare et si on y place un nombre suffisant de petits cylindres ayant cette longueur pour diamètre.

De semblables cylindres étant libres, n'étant pas guidés par des coussinets, avanceraient en tournant en même temps que l'axe, et il ne se produirait pas de frottement de glissement.

Cette idée théorique vraie n'a pas reçu encore d'applications pratiques importantes, par la difficulté de conserver le parallélisme des rouleaux écartés sans faire naître des résistances nuisibles, et vu l'impossibilité de les mettre en contact à cause des glissements qui se produiraient entre les rouleaux consécutifs.

FROTTEMENT DANS LE SYSTÈME LEVIER.

69. Le levier, que l'on suppose en mécanique théorique être une simple ligne mathématique s'appuyant sur un point fixe, doit être considéré dans la pratique comme une barre pesante qui s'appuie sur un autre corps. Cet autre corps peut être un couteau tranchant, un cylindre extérieur ou intérieur au levier, etc.

Dans le levier oscillant sur l'arête d'un couteau tranchant, comme·dans les balances, le travail du frottement est presque nul, puisque le chemin parcouru par le point d'application de cette résistance est sensiblement nul.

Quand les efforts sont considérables, une arête tranchante serait bientôt écrasée. Si le levier se meut sur un cylindre, sans glissement, le point d'appui se déplace, et il n'existe qu'un frottement de roulement tout à fait négligeable (fig. 70 et 71).

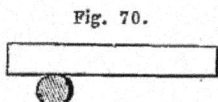

Fig. 70.

Cherchons la limite de la production de cet effet, le moment où le glissement commence.

Fig. 71.

Soit P la résultante des forces, le levier roulera tant que la composante de P, qui opère la pression entre le point fixe et le levier suivant la normale à la surface de contact, ne fera pas naître un frottement égal à la composante suivant la tangente. Lorsque cette limite est atteinte, le glissement commence. Cherchons à la déterminer.

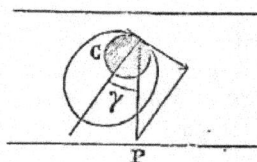

Fig. 72.

Soit γ l'angle de la normale avec la résultante, P cos. γ sera la pression, et on aura pour l'égalité qui répond au point où le glissement peut commencer, où la force qui peut le produire sera égale à la résistance du frottement :

$$P f \cos. \gamma = P \sin. \gamma \text{ ou tang. } \gamma = f.$$

Cet angle sera donc l'angle de frottement φ, comme on aurait pu le déduire, à priori, de ce qui a été dit du cône du frottement (art. 59).

Comme $\tang.^2 \varphi = f^2$ et $\sin.^2 \varphi + \cos.^2 \varphi = 1$, $\cos. \varphi = \dfrac{1}{\sqrt{1 + f^2}}$, et la valeur du frottement est $\dfrac{Pf}{\sqrt{1 + f^2}}$.

La valeur de $\dfrac{f}{\sqrt{1 + f^2}}$ est très-voisine de f, f^2 étant petit en général.

La direction de la résultante des forces étant connue, il sera donc facile de déterminer la normale et la tangente qui répondront aux limites des mouvements qui ne donnent lieu qu'à un frottement de roulement tout à fait négligeable, l'arc décrit avec roulement, en raison des courbures des surfaces en contact.

Ce roulement est un des grands avantages du système levier, et ce qui le fait adopter dans certains cas. Il n'en offre plus aucun lorsque le glissement peut se produire; il naît alors un frottement qui est le même que celui qui se produirait sur le plan incliné formé par le plan tangent mené à la surface par le point de contact; effet qui se produit, ainsi que nous l'avons vu, lorsque la résul-

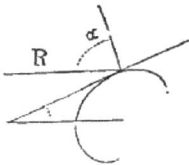

Fig. 73.

tante des forces agissant sur le système transportée au point de contact du levier et de son support (fig. 73), fait, avec la normale au plan tangent mené par ce point, un angle plus grand que l'angle du frottement.

Lorsque les tourillons du système tour sont libres dans leurs coussinets, que ceux placés à la partie supérieure ne sont pas serrés, ils peuvent se déplacer par roulement, ainsi que nous venons de le voir pour le levier, jusqu'à la limite indiquée, à moins que le mouvement ne soit limité par la position fixe du coussinet supérieur; mais, en général, on ne peut guère utiliser ces effets dans les machines et laisser le point de contact se déplacer sensiblement.

Dans le cas du levier souvent des impulsions obliques ne permettent pas de se servir d'un couteau reposant par son arête sur un plan très-dur, on emploie alors pour guides ceux du mouvement circulaire, les coussinets; on rentre dans le système tour.

69. Une curieuse application de support sans glissement est faite depuis quatre cents ans à la grosse cloche de la cathédrale de Metz.

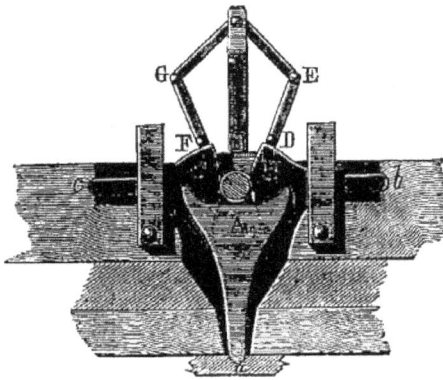

Fig. 74.

Chaque tourillon qui supporte la cloche repose sur un secteur A mobile autour de son point d'appui inférieur a, qui est le centre de sa surface supérieure. Le tourillon tourne en même temps que le secteur, et pour qu'il n'abandonne pas celui-ci, on a disposé deux secteurs semblables B, C destinés à empêcher le déplacement latéral du tourillon. Mais pour qu'ils ne fassent pas naître de frottement de glissement, il faut qu'ils se déplacent verticalement, comme si le tourillon roulait sur eux; ce qu'on a obtenu en les reliant par les barres GF, ED avec la tête de la cloche.

70. *Résumé.* — On doit conclure de l'étude des guides du mouvement, que le système tour, toujours préférable au système plan au point de vue du frottement, l'est encore presque toujours au système levier au point de vue de la construction, de la sécurité du du mouvement parfaitement régulier des organes.

ROIDEUR DES CORDES.

71. Les cordes et courroies employées dans beaucoup de machines donnent lieu à une résistance particulière causée par leur flexibilité imparfaite, qui se fait sentir lors de leur enroulement sur le contour d'une poulie. Il importe de se faire une idée exacte de cette résistance pour pouvoir comparer les systèmes dans lesquels on emploie les cordes ou courroies.

Si on appelle R la résistance nécessaire pour appliquer une corde de diamètre d sur une poulie de diamètre D, la puissance P doit, pour surmonter en chaque instant la résistance Q, qui mesure la tension du brin enroulé, être augmentée d'une quantité que l'on peut représenter par la formule $R = P - Q = \dfrac{(A + BQ)}{D}$ kil.

A est un nombre constant pour une corde donnée, déterminé par des expériences de Coulomb comme le coefficient B.

Pour des cordes blanches (non goudronnées) Coulomb a trouvé :

$$d = 0,009 \quad A = 0,0106 \quad B = 0,0022$$
$$d = 0,014 \qquad\;\; 0,064 \qquad\quad 0,0055$$
$$d = 0,020 \qquad\;\; 0,222 \qquad\quad 0,0097$$

Les courroies en cuir sont assez flexibles pour que la résistance provenant de leur roideur soit négligeable en général.

FROTTEMENT DES CORDES.

72. Considérons une corde enroulée sur un rouleau fixe et supportant à l'une de ses extrémités un poids V, et à l'autre un poids W beaucoup plus considérable. Pour entraîner le premier, ce dernier (fig. 75) doit non-seulement vaincre la résistance du poids V, mais encore le frottement que produit la corde en glissant sur tout l'arc du rouleau enveloppé par elle, frottement dû à la pression qui est en chaque point la résultante des tensions suivant deux tangentes consécutives. De ce principe on déduit par le calcul une fonction exponentielle donnant la valeur rapidement croissante de ce frottement en fonction de l'arc embrassé. Nous contenterons ici de donner les résultats saisissants qui se déduisent de cette formule et de l'expérience.

Prenant pour valeur moyenne du frottement un tiers de la pression qui l'engendre, on trouve qu'un poids placé à une extré-

mité supporte un poids trois fois plus grand placé à l'autre extrémité.

Si un tour de plus est fait à la corde autour du cylindre le petit
poids peut faire équilibre à un poids vingt-sept fois plus grand
et chaque tour additionnel multiplie par neuf environ (en nombres

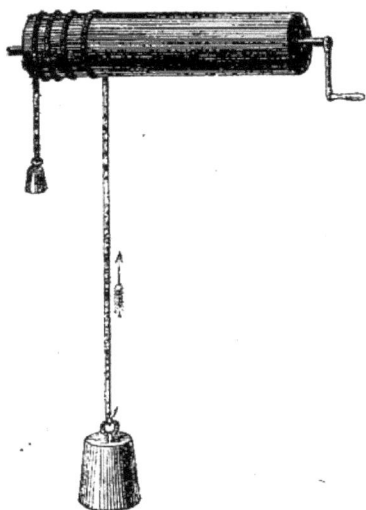

Fig. 75.

ronds) et chaque demi-tour par trois le nombre antérieur. On obtient ainsi la série des multiples du plus petit poids donnant les
valeurs du plus grand, en raison du nombre des tours.

TOURS.	POIDS SUPPORTÉ.
0,5	3
1	9
1,5	27
2	81
2,5	243
3	729
3,5	2.187
4	6561

Cette table rend bien compte de l'emploi fréquent, surtout dans
la navigation, du frottement des cordes pour s'opposer à de grandes
résistances et anéantir d'importantes quantités de travail. Elle
montre en même temps combien sont défectueuses, au point de

vue du travail, les machines dans lesquelles se produisent des glissements de cordes enroulées suivant des arcs notables (l'arc étant
le seul élément à considérer, et non la longueur absolue de l'enroulement) et comment elles peuvent être employées pour transmettre
des forces considérables, sans glisser, lorsqu'elles sont enroulées,
qu'elles décrivent des arcs considérables autour du corps qu'il
s'agit de faire-tourner. C'est dans ces conditions qu'on utilise surtout, dans les machines l'enroulement d'un nombre notable de
tours.

DES CHOCS.

Nous aurions encore à parler des chocs, si nous voulions compléter l'étude des théories de la mécanique qui dominent l'étude
géométrique des organes des machines. Nous nous contenterons
de rappeler ici qu'ils sont éminemment destructeurs et qu'il doivent être absolument évités, quand ils ne sont pas insdispensables
pour le fonctionnement d'un organe. La théorie du choc est d'ailleurs traitée dans une note placée à la fin du volume.

LIVRE PREMIER

ORGANES DE TRANSFORMATION DE MOUVEMENT

71. Un mouvement quelconque étant donné, le problème que doivent résoudre les théories de la Cinématique, consiste à déterminer les systèmes par l'intermédiaire desquels on peut communiquer ce mouvement, le transformer en un autre dans des rapports géométriques déterminés.

Toute partie de machine ne prenant naissance que par l'effet de points fixes, les mouvements qui prennent naissance par l'utilisation des puissances naturelles dans les premiers organes des machines (Voir Livre V), ne peuvent être d'un autre genre que ceux des autres organes; tous étant, nécessairement, des organes du genre *levier*, du genre *tour* ou du genre *plan*.

Or, le levier produit de sa nature le mouvement circulaire alternatif (au moins dans la pratique de la construction mécanique, car d'après sa nature il peut engendrer le circulaire conique); le tour, le mouvement circulaire continu; et le plan, le mouvement rectiligne continu ou alternatif. C'est parce que tout organe élémentaire de machine est nécessairement une de ces machines simples, que les mouvements élémentaires ne peuvent être que circulaires alternatifs, ou circulaires continus, ou rectilignes continus, ou rectilignes alternatifs (les mouvements suivant les éléments linéaires qui ne se succèdent pas en ligne droite, les quelques mouvements d'après une courbe donnée, rencontrés ci-dessus, dépendent du genre plan).

72. Ainsi donc tels étant les mouvements possibles résultant de la nature intime des organes simples, la question de trans-

formation des mouvements se ramène à celle de constituer les couples cinématiques propres à faire agir un organe sur un autre. Mais avant d'établir les diverses combinaisons deux à deux de ces organes, nous devons indiquer comme résultats de la mécanique appliquée aux machines, dont on doit tenir grand compte dans l'emploi de ces systèmes :

1° Quant à la forme des lignes décrites par un point du corps en mouvement, que le mouvement circulaire se produisant dans le système tour avec des résistances passives bien moindres que celles qui se produisent dans le système plan, doit être préféré aux mouvements rectilignes ou courbes produits par celui-ci, et doit être toujours adopté quand son emploi est possible, notamment lorsqu'il s'agit seulement de communiquer le mouvement de proche en proche et non de le transformer;

2° Que les mouvements continus sont, au point de vue dynamique, préférables aux mouvements alternatifs; seuls, en effet, ils permettent l'uniformité du mouvement qui assure le travail régulier d'une machine, et sont exempts des inconvénients qui résultent en général du changement de sens du mouvement des pièces à mouvement alternatif, conséquence nécessaire du brusque anéantissement de vitesse dans un sens. Les mouvements continus doivent donc toujours être ceux des pièces fondamentales des machines, par exemple ceux des pièces qui n'ont pour objet que de communiquer le mouvement à distance, et parmi ces mouvements le circulaire continu est le principal et le plus avantageux par rapport aux frottements. L'étendue des machines étant nécessairement limitée, le rectiligne continu ne saurait s'y rencontrer toujours de même sens pendant un long intervalle; en général, des mouvements rectilignes continus en sens opposé se succèdent l'un à l'autre, et ce n'est qu'en considérant le mouvement de la machine pendant un court intervalle, qu'on peut considérer le mouvement rectiligne comme continu.

De ce qui précède se déduit cette importante conséquence, qui ne sera pas contestée par les personnes qui ont étudié les machines, c'est que le problème général de la transformation d'un mouvement quelconque en un autre se réduit presque, dans la pratique, à la transformation d'un mouvement circulaire continu en un mouvement quelconque. Les organes qui constituent les solutions tant directes que réciproques de ce problême, comme il sera facile de le voir par ce qui va suivre, comprennent presque tous ceux réellement employés dans les machines bien construites.

Considérant la question à ce point de vue, nous distinguerons :

1° Les transformations de mouvements continus en continus. Nous trouverons avantage à étudier en même temps les communications de mouvements de même nature, soumis aux mêmes conditions dynamiques ;

2° Les transformations de mouvements continus en mouvements alternatifs, composées de systèmes soumis à des conditions dynamiques essentiellement différentes.

3° Les transformations de mouvements alternatifs en alternatifs, peu importantes puisqu'elles ne diffèrent pas sensiblement de celles des mouvements continus considérés dans des périodes successives et inverses.

73. Nous pouvons réunir dans le tableau suivant, indiquant tous les problèmes particuliers (chaque problème comprenant la solution directe et la solution réciproque) en lesquels se décompose, dans les machines, indépendamment des organes dont on dispose, le problème général qui est le but de ce livre : *Transformer un mouvement quelconque en un autre mouvement également quelconque.*

MOUVEMENTS CONTINUS EN MOUVEMENTS CONTINUS OU ALTERNATIFS.

Mouvement circulaire continu en	(1) Circulaire continu.
	(2) Rectiligne continu.
	(3) Circulaire alternatif.
	(4) Rectiligne alternatif.
Mouvement rectiligne continu en	(5) Rectiligne continu.
	(6) Circulaire alternatif.
	(7) Rectiligne alternatif.

MOUVEMENTS ALTERNATIFS EN MOUVEMENTS ALTERNATIFS.

Mouvement circulaire alternatif en	(8) Circulaire alternatif.
	(9) Rectiligne alternatif.
Mouvement rectiligne alternatif en	(10) Rectiligne alternatif.

(11) Mouvement continu ou alternatif d'après une courbe donnée, en mouvement quelconque et réciproquement.

D'après la nature des organes simples, tous les mouvements circulaires ou rectilignes, continus ou alternatifs, peuvent être obtenus par leur emploi ; le seul mouvement suivant des cour-

bes (11) ne peut l'être d'une manière générale qu'au moyen de
plusieurs mouvements simultanés, de combinaisons de mouvements, qui seront étudiés dans le second livre.

Nous trouvons donc encore la confirmation du principe
établi ci-dessus que les moyens de transformation de mouvement sont tous fournis par des systèmes propres à établir une
liaison entre une machine simple et une autre, permettant de
les faire agir l'une sur l'autre.

Nous allons décrire tous les couples d'organes simples qui
peuvent permettre toute transformation de mouvement, mais
non les systèmes multiples fournissant une transformation en
passant par un mouvement intermédiaire. De semblables systèmes sont fort usités et souvent préférables à la solution directe,
surtout à cause des avantages qu'offre le mouvement circulaire
continu, avantages qui le font souvent employer comme intermédiaire; mais, nous n'avons pas à nous y arrêter, puisqu'ils
se réduisent à la réunion de deux des systèmes que nous allons
étudier; l'analyse de ces systèmes, variés à l'infini, résultera
trop simplement de celle des organes décrits.

74. Un organe ne peut évidemment agir sur un autre que
par un des deux moyens suivants : ou directement, par poussée
(en comprenant l'adhérence au contact dans cette classe), ou
indirectement au moyen de liens intermédiaires, soit flexibles,
telles que les cordes, soit rigides, telles que les pièces à articulation, etc.

75. De plus, dans chaque cas des communications de mouvement que nous venons d'énoncer, il faut considérer :

1° *Les positions relatives que peuvent avoir les directions des deux
mouvements.* — Ainsi, pour la transformation du mouvement
circulaire continu en circulaire continu, on devra passer en
revue les diverses positions que les deux axes du système tour
peuvent avoir entre eux, savoir : parallèles se rencontrant, ne
se rencontrant pas sans être parallèles.

2° *Les vitesses relatives, le rapport des vitesses, suivant qu'il
doit être constant ou variable.* — L'uniformité du mouvement
étant une condition essentielle de l'économie du travail, le rapport de vitesse des organes intermédiaires entre le premier et
le dernier est le plus souvent constant, et l'on doit s'efforcer
de satisfaire à cette condition toutes les fois que cela est possible. Lorsqu'il n'en est pas ainsi, ce n'est ordinairement que

dans la dernière communication que l'on rend ce rapport variable, pour donner à l'opérateur un mouvement spécial dont les conditions sont déterminées par la nature de la fabrication.

76. Dans chaque cas de transformation de mouvement (comprenant ceux de transmission lorsque les deux mouvements sont les mêmes), il y aura donc lieu de passer en revue tous les systèmes possibles fournissant les solutions des problèmes indiqués dans le tableau suivant :

Pour toute position relative possible dans les directions des mouvements :	1° Rapport de vitesse constant. 2° Rapport de vitesse variable.	L'ACTION A LIEU : 1° Par contact immédiat; 2° A l'aide d'intermédiaires.	1° Par adhérence. 2° Par poussée. 1° Flexibles. 2° Rigides.

Les organes déterminés géométriquement, en vertu de l'action qu'ils ont à produire, doivent être comparés principalement au point de vue des résistances passives qu'ils ont à surmonter. C'est à quoi l'on parvient par l'évaluation du frottement de glissement, cause principale de résistance, évaluation indispensable pour pouvoir appliquer à la pratique les résultats de la science; car toutes les solutions possibles ne sont pas également bonnes, et pour choisir entre deux solutions, il faut pouvoir se rendre compte de celle qui consomme le moins de travail par des résistances passives. C'est ce qui fait que la solution la plus directe n'est pas toujours la meilleure.

77. En résumé, l'étude de la Cinématique conduit à la solution de deux problèmes :

1° Le premier et le moins important se rapporte à un mécanisme existant, et peut s'énoncer ainsi : Étant données complétement les pièces d'un couple d'organes, trouver le rapport de leurs vitesses à chaque instant. Nous allons en donner dans un instant la solution générale.

2° Étant donné le rapport des vitesses des éléments d'un couple d'organes en chaque instant, ainsi que le mode du mouvement prescrit par le bâti, trouver la forme géométrique, tracer les contours convenables pour obtenir le mouvement voulu.

C'est là le but capital de l'étude que nous poursuivons.

78. Ce qui précéde détermine l'ordre à suivre dans l'étude des transformations de mouvement. Il n'y a plus qu'à passer en revue les diverses classes établies dans les tableaux précédents. Il en résulte, toutefois, un inconvénient, c'est que la

théorie générale d'un couple établie, les applications diverses conduisent à des répétitions.

Nous éviterons cet inconvénient, sans rendre les recherches trop difficiles, en faisant suivre la théorie générale d'un genre d'organes, exposée dans le cas où elle doit être formulée nécessairement, des diverses applications de moindre importance qui s'en font pour les autres cas. Nous nous rapprocherons ainsi de l'ordre suivi par Willis, sans abandonner entièrement la classification de Monge, si commode pour la pratique.

RAPPORT DES VITESSES ÉLÉMENTAIRES DE DEUX ORGANES RÉCIPROQUEMENT DÉPENDANTS.

79. Le premier problème indiqué ci-dessus : déterminer le rapport des vitesses relatives de deux organes donnés agissant l'un sur l'autre, peut toujours être directement résolu en raison de leurs formes et de leurs positions relatives, ainsi que nous

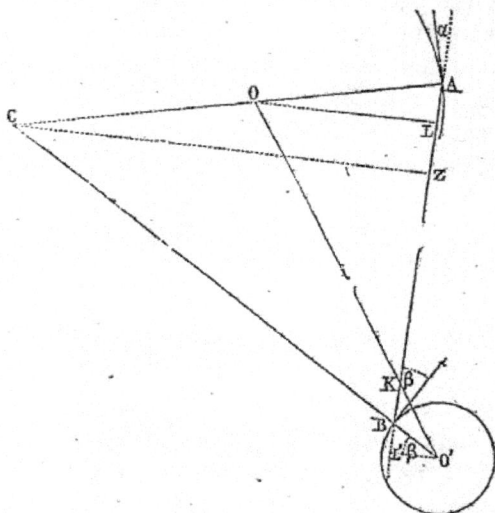

Fig. 76.

allons le voir, et les théorèmes qui y conduisent forment un élément capital pour résoudre le second problème.

80. *Tour sur tour avec intermédiaire rigide.* — Soient deux circonférences ayant leurs centres en O et O' (fig. 76), dont les points A et B sont réunis par la barre rigide A B. Cette bielle, en changeant de position, se mouvra autour d'un centre instantané C, qu'il est facile de déterminer. En effet, le point A de cette bielle ne pourra se mouvoir circulairement autour du point C, qu'autant que celui-ci sera placé sur le rayon OA. Il en est de même pour le point B et le rayon O'B. Donc le point C sera placé à la rencontre des rayons O A et O'B, et le rapport des vitesses V, V' sera celui des rayons CA et CB. Abaissons les perpendiculaires CZ, OL, O'L sur AB, nous avons par les triangles semblables :

$$C Z : O L = C A : r$$
$$C Z : O'L' = C B : r'$$

et par suite
$$\frac{V}{V'} = \frac{C A}{C B} = \frac{r}{r'} \frac{O'L'}{O L}$$

et comme
$$O L = r \cos. \alpha, \quad O'L' = r' \cos. \beta$$

donc
$$\frac{V}{V'} = \frac{\cos. \beta}{\cos. \alpha}.$$

Ou encore, ω, ω' étant les vitesses angulaires; en joignant les deux centres de rotation O, O' les triangles O'L'K, OLK sont semblables, les lignes O'L', OL perpendiculaires toutes deux à AB étant parallèles,

d'où la relation $\dfrac{\omega}{\omega'} = \dfrac{O'L'}{O L} = \dfrac{O'K}{O K}.$

D'où ce très-remarquable théorème : *Les vitesses angulaires sont en raison inverse des longueurs déterminées en chaque instant*

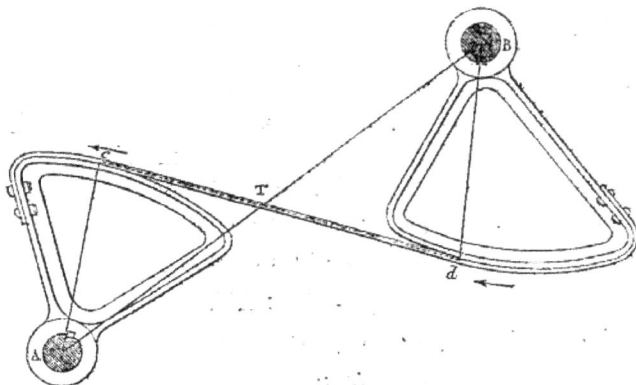

Fig. 77.

sur la ligne des centres par l'intersection de la ligne A B. Relation fondamentale d'une grande simplicité.

81. *Tour sur tour avec intermédiaire flexible.*—Soit un organe du système tour (fig. 77) mis en mouvement par un organe semblable à l'aide d'un intermédiaire susceptible de résister seulement à une traction, comme une courroie flexible.

La traction qui s'exerce par l'intermédiaire d'une courroie s'effectue évidemment de la même manière que si elle était transformée en tige rigide à chaque instant, par suite on aura toujours la relation

$$\omega : \omega_1 = BT : AT.$$

T étant le point de rencontre de la ligne des centres et de la courroie.

82. *Tour sur tour agissant par poussée.* — Soient maintenant deux courbes tournant autour des axes A et B, se poussant par contact immédiat. Par le point de contact M menons la normale

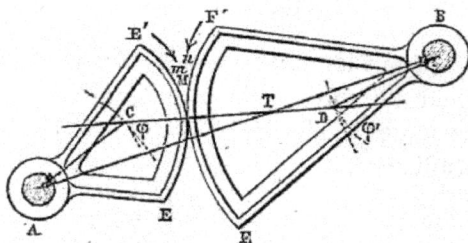

Fig. 78.

commune CD; sur cette ligne se trouvent placés les deux centres de courbure C, D, des courbes de contact, les centres des cercles osculateurs des courbes en ce point. Ces cercles ayant deux éléments communs avec les courbes, leurs rayons resteront constants pendant le contact d'un . élément; c'est-à-dire que pendant le temps dt tout se passera comme si aux deux sections courbes données on avait substitué momentanément deux leviers, AC, BD, réunis par la barre CD articulée aux points C et D avec les deux leviers, et on aura :

$$\omega : \omega_1 = BT : AT,$$

c'est-à-dire que dans une transmission de mouvement par simple contact entre l'organe conducteur et l'organe conduit, les vitesses angulaires des deux pièces qui se commandent réciproquement sont à chaque instant inversement proportionnelles aux segments suivant lesquels la normale commune, menée au point de contact correspondant, divise la ligne qui joint les deux centres de rotation.

La vitesse ne sera donc constante qu'autant que le point T sera constant, c'est-à-dire que les courbes seront des circonférences de cercles dont A et B seront les centres, et T le point de contact; seul cas où la normale, commune aux courbes en contact, passera toujours par ce point.

83. *Tour et plan.* — Si le guide du mouvement d'un des points auquel est articulée la barre rigide, le centre instantané de rotation se trouve en élevant une perpendiculaire au pont A sur la direction du mouvement, jusqu'à sa rencontre avec *le* rayon passant par l'autre extrémité B, C étant ce point, on a :

$$\frac{V}{V_1} = \frac{AC}{BC}.$$

Menant par le centre O' la perpendiculaire $O'D$ sur AO,

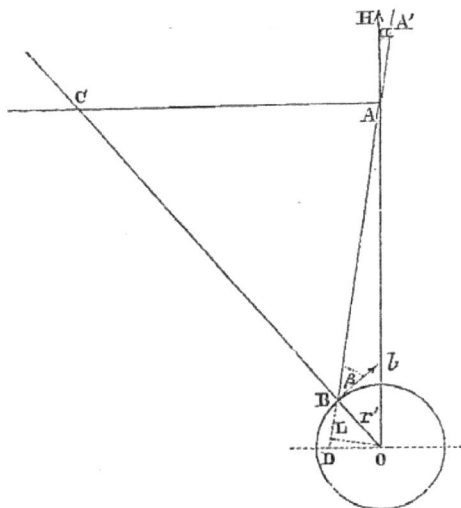

Fig. 79.

cette ligne est parallèle à CA, on a dans les triangles semblables CAB, BDO, $AC : BC = OD : r'$, d'où $\dfrac{V}{V_1} = \dfrac{O'D}{r'}$, et $V = OD\,\omega$, ω étant la vitesse angulaire, puisque $V_1 = r'\omega$.

Menons OL perpendiculaire sur AB, l'angle $LQD = \alpha$ et $OL = OD \cos.\ \alpha = r' \cos.\ \beta$ ou $V \cos.\ \alpha = V_1 \cos.\ \beta$, relation

fondamentale, expression du fait *cinématique* nécessaire que
la droite AB n'a qu'une seule vitesse suivant sa longueur, et
sur lequel Tom Richard avait basé une démonstration des
propositions que nous établissons ici; qu'il vaut mieux toutefois
faire reposer sur la théorie générale des centres instantanés de
rotation.

84. *Plan et plan*. — Soient les deux guides appartenant au
système plan; OA, OB, les directions que parcourent les points
A et B, extrémités d'une barre AB. En élevant aux points A et B
deux perpendiculaires pour obtenir par leur rencontre le centre
instantané de rotation C, on a immédiatement la relation précédente, car dans le triangle ABC, les côtés sont entre eux
comme les sinus des angles opposés,

$$\frac{V}{V_1} = \frac{AC}{BC} = \frac{\sin. CBA}{\sin. CAB} = \frac{\cos. \beta}{\cos. \alpha},$$

ou $V \cos. \alpha = V_1 \cos. \beta,$

égalité pouvant être posée *à priori*.

Multipliant les deux termes par la
longueur de la barre, on a l'autre expression de ce rapport.

$$\frac{V}{V_1} = \frac{l \cos. \beta}{l \cos. \alpha} = \frac{Bp}{Aq}.$$

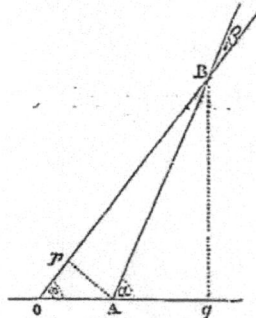

Fig. 80.

C'est-à-dire, que les vitesses des points A et B sont entre elles
dans le rapport des projections de la barre sur la direction du
mouvement.

CHAPITRE PREMIER

Mouvement circulaire continu en circulaire continu.

85. Le mouvement circulaire continu étant engendré par le
système tour, par une rotation continue autour d'un axe, cette
transformation consiste à communiquer le mouvement d'un
système tour à un autre système de même nature, pour toutes
les positions possibles des axes, tous les rapports de vitesse; et
dans les différents moyens de faire agir un système sur l'autre.

PREMIÈRE SECTION

I. AXES PARALLÈLES.

Les axes des deux mouvements circulaires peuvent avoir trois directions relatives; être parallèles, se rencontrer, ne pas se rencontrer sans être parallèles, ne pas être situés dans un même plan. Nous passons en revue ces positions relatives des axes, en commençant par la première.

Quant au rapport des vitesses, nous étudierons en détail le cas où le rapport des vitesses est constant, qui est le plus important.

RAPPORT DE VITESSE CONSTANT.

1° ORGANES SE CONDUISANT PAR ADHÉRENCE.

86. La constance du rapport des vitesses, c'est-à-dire, la condition que la ligne des centres rencontre toujours la normale commune en un même point, est satisfaite par des rouleaux cylindriques et ne pourrait l'être par aucune autre forme; de plus le mouvement est transmis sans faire naître un glissement, qu'on a surtout pour but d'éviter par la présente disposition.

87. *Rouleaux.* — Si donc l'on divise la distance qui sépare les deux axes en deux parties qui soient en raison inverse des vitesses angulaires des deux axes, et qu'avec ces rayons on construise deux surfaces cylindriques dont les génératrices soient parallèles aux axes; ces deux surfaces étant en contact (en supposant la résistance à surmonter inférieure au frottement de glissement), serviront à mouvoir le second axe à l'aide du premier et avec la vitesse voulue (fig. 81). En effet, les lon-

gueurs des circonférences passant au point de contact étant égales, si on appelle ω, ω′ les vitesses angulaires, R, R′ les rayons, on aura Rω = R′ω′, ou ω : ω′ :: R′ : R, c'est-à-dire que les vitesses angulaires des arbres sont en rapport inverse des rayons. Pour éviter le glissement dans la pratique, on garnit les circonférences de peau de buffle; toutefois, ce système ne peut servir qu'à transmettre des forces minimes entre des axes rapprochés; pour les autres cas, il faut passer aux systèmes suivants :

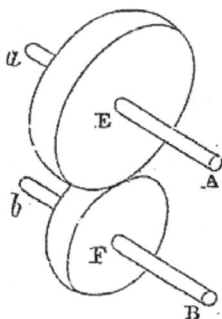

Fig. 81.

86. *Engrenages à coin.* — Une ingénieuse disposition permet de dépasser cette limite inférieure, tout en conservant une partie des avantages des rouleaux.

Ses propriétés reposent sur celles du coin, ou double plan incliné, pour accroître l'adhérence sans faire croître les pressions, et par suite le frottement des axes, dans la même proportion.

Ainsi, si l'on veut conduire deux axes parallèles par le contact immédiat de deux tambours montés sur ces axes, il faudra, pour éviter les glissements, les presser fortement pour peu qu'il s'agisse de transmettre des forces quelque peu notables, et, par suite, faire naître des frottements considérables sur les

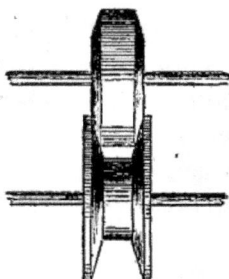

Fig. 82.

axes. Il n'en sera plus de même si l'on creuse dans la couronne extérieure de l'une des poulies une gorge tronconique dont la section est un trapèze, et si on tourne la couronne de l'autre en forme conique (fig. 82), de manière qu'elle puisse s'engager en partie seulement dans la gorge de la première.

Toutes les propriétés du coin, que nous étudierons en détail plus loin, apparaissent ici; c'est-à-dire qu'en raison de l'acuité plus ou moins grande de l'angle commun au vide et au plein des deux roues, dont la section représente un cône tronqué, une pression médiocre sur les axes pourra faire naître une très-grande pression au contact, et, par suite, une adhérence ou engrènement moléculaire en vertu duquel une roue pourra entraîner l'autre et surmonter la résistance qui s'oppose à son mouvement.

Le principe du système étant établi, cherchons à nous rendre compte des avantages ou des inconvénients de son emploi.

Du glissement. — Le caractère le plus remarquable de ce système d'engrenage, c'est que tout glissement n'est pas impossible. Cette propriété, qui le rend impropre à être employé pour les mécanismes où il s'agit d'assurer des rotations d'angles voulus, comme les appareils d'horlogerie, le rend au contraire extrêmement précieux pour les applications dans lesquelles la force résistante peut éprouver des variations considérables, car alors c'est un glissement qui se produit, et il n'y a plus danger d'une rupture.

Du frottement. — Il semble que le frottement de glissement qui s'exerce sur les faces en contact, surtout au delà des circonférences primitives, doive être une cause d'infériorité pour ce système; mais il est à remarquer que dans le pivotement instantané des surfaces de contact autour du point moyen qui définit les circonférences primitives, les parties les plus éloignées de ce point s'usent beaucoup plus vite que celles qui roulent seulement, et par suite la face du coin tend à prendre une forme convexe qui tend à réduire beaucoup la valeur du travail du frottement (fig. 83).

Fig. 83.

De l'usure. — La rapidité de l'usure dans ce système d'engrenage, et la nécessité du rapprochement graduel des axes pour proportionner toujours la pression et l'adhérence à la résistance à surmonter, paraissent les obstacles les plus notables à l'adoption de ce système pour les grandes machines.

L'inventeur de ce système, M. Minotto, de Turin, y a remédié d'une manière très-satisfaisante, qui n'a d'autre défaut que d'être un peu encombrante. Il munit de deux roues à gorge creuse les deux axes à mouvoir, et place entre elles (dessus et dessous pour les deux sens du mouvement) des roues à coin, libres de descendre dans les gorges, et chargées d'un poids convenable en raison des efforts à transmettre. Ce poids est minime, étant placé de manière que la roue mise la première en mouvement tende à engager la roue à coin dans la gorge de la roue conduite.

2. EMPLOI D'INTERMÉDIAIRES FLEXIBLES.

88. *Courroies.* — Si l'on fixe sur deux axes parallèles des tambours ou poulies sur lesquels s'enroule une corde flexible

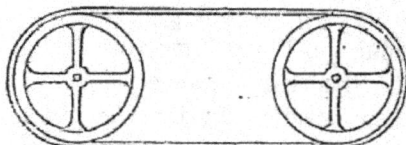

Fig. 84.

(fig. 84), ou mieux une courroie de cuir, on aura une solution du problème qui revient à éloigner, grâce à l'intervention pratiquement excellente d'intermédiaires flexibles, les rouleaux précédents, sans altérer en rien les conditions de leur mouvement. Quand on emploie une corde, la gorge de la poulie doit être creuse, mais quand on emploie une courroie plate la circonférence de la poulie doit être bombée, forme qui empêche la courroie d'abandonner la poulie si la traction est quelque peu oblique, comme nous le montrerons plus loin; si la surface était concave, les arêtes saillantes des bords ne manqueraient pas d'attirer la courroie, pour peu que celle-ci les touchât, et de la détacher bientôt du tambour.

En donnant à la courroie une tension suffisante pour déterminer un frottement supérieur à la résistance à vaincre, le mouvement d'une des poulies produit le mouvement de l'autre, qui tourne dans le même sens que la première.

Quand le mouvement circulaire continu à obtenir doit être de direction contraire à celle du premier, on croise la courroie entre les deux tambours (fig. 86), l'arc enveloppant étant plus grand, pour une même tension, la courroie peut transmettre de

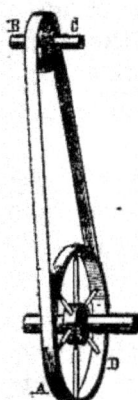

Fig. 85.　　Fig. 86.

plus grandes forces. Un inconvénient propre à cette disposition est que les courroies s'usent par frottement au point de croisement, surtout lors du passage de la boucle ou système analogue qui réunit les deux extrémités de la courroie. On l'amoindrit en donnant à la courroie un double contournement qui fait que les brins se rencontrent à plat à la croisure et non par leurs tranches. L'avantage de pouvoir transmettre de grandes forces quand les rotations des poulies doivent être nécessairement de même sens peut encore être obtenu en faisant faire plus d'un tour entier à la courroie autour du tambour.

Les courroies sont un précieux organe de transmission, parce qu'elles causent peu de résistances nuisibles, surtout quand on emploie des courroies de cuir dont la roideur est peu considérable, et qu'il n'y a aucun frottement de glissement de la courroie sur les poulies ; que si elles peuvent déjà transmettre des forces notables en raison de leur résistance croissante avec leur largeur, elles peuvent surtout le faire avec de grandes vitesses, et par suite communiquer une grande quantité de travail ; enfin, que si la résistance croît par accident, la courroie glisse sur son tambour, sans qu'il y ait rupture.

89. *Vitesse.* — La figure restant toujours la même quand le mouvement est devenu uniforme, la même longueur de courroie passe sur les deux poulies ; R, R′ étant leurs rayons, ω, ω′ leurs vitesses angulaires, on aura évidemment pour une même longueur de courroie L passant sur chaque poulie dans l'unité de temps $L = R\omega = R'\omega'$ ou $\dfrac{\omega}{\omega'} = \dfrac{R'}{R}$. On transmettra donc d'un axe à un autre une vitesse régulière, dans un rapport voulu, en choisissant des poulies de rayons qui soient dans un rapport inverse de celui des vitesses angulaires.

Les nombres de tours dans le même temps, 1″ par exemple, sont aussi en raison inverse des rayons, car $\omega = \dfrac{2\,n\,\pi}{60} n$ étant le nombre de tours en 1″, $2\,\pi$ la circonférence du rayon 1. De même $\omega' = \dfrac{2\,\pi\,n'}{60}$ d'où $n : n' = \omega : \omega' = R' : R$.

91. On distingue dans une courroie deux *brins* : le *brin conducteur*, qui s'enroule sur le tambour moteur et se déroule de celui auquel le mouvement est communiqué ; et le *brin conduit*, qui se meut inversement. La tension du premier brin dépasse nécessairement celle du second ; ce n'est dans le cas du repos que la courroie est partout également tendue. On établit

en mécanique que la somme des tensions des deux brins est
constante, même lorsque l'appareil est en mouvement, et égale
au double de la tension de chaque brin au repos.

On trouve dans les aide-mémoires une table qui sert à déterminer les dimensions des courroies ; en effet, elle indique
l'effort nécessaire pour faire glisser sur un tambour une courroie,
les valeurs du rapport K de T à t, de l'effort exercé sur chaque
brin d'une corde glissant sur un tambour, glissement qui ne
doit pas se produire dans le cas actuel.

Pour établir une transmission de mouvement par une courroie, connaissant l'effort Q à transmettre, l'arc d'enroulement
de la courroie qui importe seul et non sa longueur, on aura,
pour déterminer la tension suffisante pour que le glissement de
la courroie ne puisse avoir lieu : $T - t = Q$ ou $t (K - 1) = Q$,
d'où $t = \dfrac{Q}{K - 1}$, d'où on déduira la valeur de t et T, à l'aide de
la table, ce qui permettra de déterminer la section des courroies, connaissant la ténacité des substances qui les composent
par millimètre carré. En leur donnant une valeur supérieure
de $\frac{1}{10}$, pour se préserver des extensions des cordes et courroies, on sera cetain d'éviter tout glissement.

Lors de la mise en mouvement de la poulie motrice, la courroie sur laquelle la poulie glisse d'abord se tend, étant entraînée par la poulie. Dès que la tension est telle que le frottement de glissement est égal à Q, le mouvement de rotation se
produit, le frottement de glissement cesse, et il n'y a plus
qu'un frottement de roulement; le travail est transmis sans
perte notable quant à la roideur des cordes, lorsque les courroies sont convenablement tendues et bien flexibles, le frottement des axes étant la principale résistance qu'il y ait alors à
évaluer.

94. *Angle formé par les courroies.* — On peut calculer *à
priori* l'angle que feront les deux courroies. En effet, les rayons
perpendiculaires à la courroie dans les deux circonférences
sont parallèles, puisque la courroie est tangente aux deux poulies. Menant (fig. 88) O' C parallèle à TT', appelant α l'angle
$T O D = T' O' A'$ supplément de l'angle formé par les deux
courroies, r_2 le plus grand rayon, r_1 le plus petit, d la distance
des centres, on a $d \cos. \; \alpha = r_2 - r_1$ ou $\cos. \; \alpha = \dfrac{r_2 - r_1}{d}$.

Dans la fig. 87, on a pareillement

$$d \cos. \alpha = r_2 + r_1 \text{ ou } \cos. \alpha = \frac{r_2 + r_1}{d}.$$

92. *Longueur des courroies*. — Les longueurs des courroies peuvent s'exprimer à l'aide des éléments qui entrent dans les expressions ci-dessus.

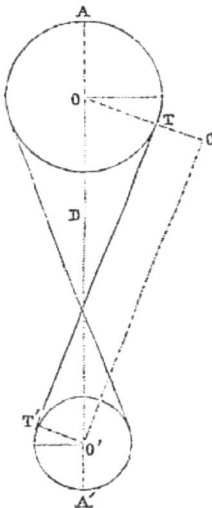 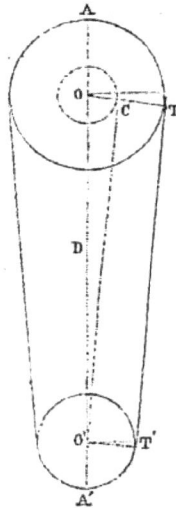

Fig. 87.   Fig. 88.

En effet (fig. 88), la demi-longueur de la courroie est :

$$TT' + \text{arc } TA + \text{arc } T'A' = TT' + r_1 \alpha + r_2 (\pi - \alpha),$$

ou comme $TT' = d \sin. \alpha$, on a :

$$l = d \sin. \alpha + r_1 \alpha + r_2 (\pi - \alpha).$$

Et (fig. 87) :

$$l = TT' + (\pi - \alpha) r_1 + (\pi - \alpha) r_2$$

ou

$$l = d \sin. \alpha + (\pi - \alpha) (r_1 + r_2).$$

D'après les valeurs de α déterminées ci-dessus, on voit que, pour une même distance des axes et une même somme des rayons, α reste constant, la longueur de la courroie reste constante, quand la courroie est croisée; la différence et non la somme doit être constante pour les courroies non croisées, pour qu'il puisse en être de même.

93. Les courroies donnent lieu à une observation pratique de quelque intérêt. Le brin conduisant possède une tension T supérieure à la pression t du brin conduit ; or, comme la matière de la courroie est élastique et s'allonge proportionnellement à la tension qu'elle supporte, le rouleau conducteur devra donc enrouler plus de courroie que la poulie conduite, en raison de $\varepsilon\,(T - t)$, ε étant le coefficient d'allongement. Cet effet, exigerait, en moyenne, que le diamètre des poulies motrices fût plus grand, fût augmenté d'un cinquantième environ relativement à celui des poulies conduites.

94. Nous dirons ici un mot des moyens employés pour réunir les extrémités des courroies.

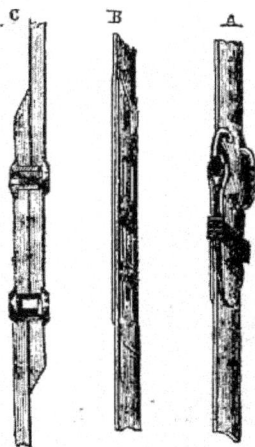

Les plus simples sont ceux qui consistent dans une couture faite avec du fil ou des vis. Leur inconvénient est de ne pouvoir se prêter facilement à une diminution de longueur de la courroie si celle-ci s'allonge par le travail. C'est pour cela qu'on préfère les boucles, et qu'on a proposé un procédé qui consiste à introduire les extrémités des courroies dans la fente d'un tube métallique ; ces systèmes produisant une épaisseur sur une surface ne peuvent servir quand on emploie les courroies croisées, puisque les faces opposées de la courroie sont successivement en contact avec les deux tambours.

Fig. 89.   Fig. 90.   Fig. 91.

95. *Forme des poulies.* — Une pression exercée sur la courroie, parallèlement à l'axe des poulies, la déplace avec une grande facilité, non en la faisant glisser transversalement, ce qui exigerait une force considérable et ne serait pas pratiquement réalisable, mais parce que le point d'enroulement de la courroie sur la poulie se déplace latéralement à chaque tour. C'est un des grands avantages de ce système que la courroie puisse ainsi se transporter avec un petit effort, et nous verrons comment au moyen de poulies folles, tournant librement sur l'axe, qu'on place à côté de poulies fixes, on obtient à volonté

le repos ou le mouvement de l'axe par le déplacement de la
courroie.

Si. une courroie passe sur une poulie conique, comme le
cercle décrit sur le cône par le bord gauche de la courroie $a\,b$
est de rayon moindre que celui décrit par le bord droit $c\,d$
(fig. 92), il en résulte une traction, une composante dans le

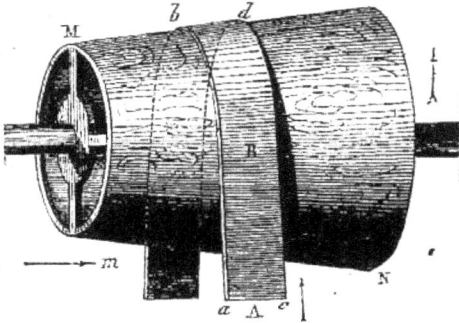

Fig. 92.

sens de la largeur de la courroie qui tend à la faire avancer
dans le sens de la flèche m.

On voit donc que si l'on donne à la poulie la forme de deux
troncs de cône adossés par la grande base, la courroie sera sollicitée dans deux sens opposés, par suite se maintiendra parfaitement sur l'arête la plus élevée. La forme bombée usitée
dans les ateliers de construction est équivalente à celle-ci.

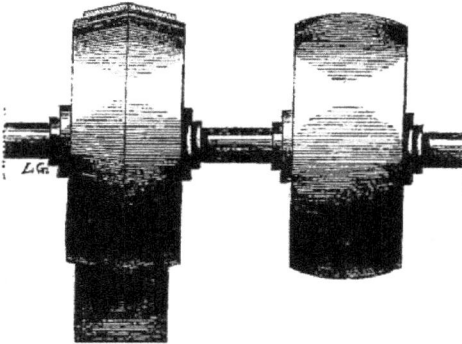

Fig. 93.

96. *Largeur des courroies.* — La largeur des courroies doit
être, pour une même substance et un même enroulement, en
raison de l'effort exercé. C'est surtout en augmentant la vitesse

qu'on accroît la quantité de travail transmis par une courroie, mais quand les limites pratiques de diminution d'une des poulies sont atteintes et insuffisantes, c'est la largeur et jamais l'épaisseur qu'on doit augmenter, puisqu'en diminuant la flexibilité on augmente le travail résistant.

Pour une largeur donnée, il est évident que chaque unité de largeur de la courroie transmet une même partie de l'effort, et que les frottements, qui correspondent à la somme de ces tractions, sont supérieurs aux efforts transmis en chaque instant, puisqu'il n'y a pas glissement.

Si, tout étant ainsi disposé, on diminue la largeur de la courroie sur la poulie (ce qui peut facilement s'exécuter à l'aide d'un des systèmes que nous étudierons au livre IV), on arrivera bientôt à une limite où le frottement étant moindre que l'effort à transmettre, il se produira un glissement pour une limite déterminée de travail résistant. Ce système défectueux en ce qu'il en sera accompagné de glissement, peut être utile passagèrement dans quelques cas particuliers de la pratique.

97. Pour obtenir une tension toujours suffisante, afin de déterminer le mouvement avec toute certitude sans accroître par

Fig. 94.

une trop forte tension le frottement des axes, on emploie quelquefois un rouleau de tension (fig. 94), reposant par sa gorge sur le brin supérieur de la courroie, et monté sur un levier mobile autour d'un point fixe. Ce levier porte un poids suspendu à son extrémité.

On peut, par une construction simple, évaluer la tension pro-

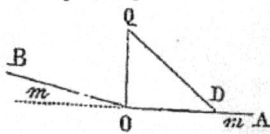
Fig. 95.

duite par le poids suspendu à l'extrémité du levier (produisant l'effet d'un poids Q estimé sur la poulie). Les tensions égales des deux parties du brin de la courroie OA et OB sur lequel s'appuie le rouleau (fig. 95), et le poids Q se faisant équilibre, puisque la figure ne change pas de forme, la direction de ce poids est la bissectrice de l'angle AOB, qu'il est facile de relever sur la courroie. Si l'on prend une longueur OQ pour représenter le poids Q, et qu'on mène par le point Q une parallèle à OB, on obtient une droite OD qui mesure la tension de la courroie, ou analytiquement δ étant l'angle BOA, Q le poids et

S la tension de la courroie, $Q = 2 S \cos. \frac{\partial}{2}$. Il est donc facile de régler cette tension en faisant varier la charge Q.

L'emploi du rouleau de tension peut permettre de faire varier au besoin l'écartement des poulies (en raison de l'inflexion de la courroie), sans que leur mouvement de rotation varie dans leurs diverses positions, la corde ne faisant que se tendre et relever le poids qui sert toujours à déterminer le mouvement.

98. *Chaînes à la Vaucanson.* — Quand les forces à transmettre sont assez considérables, la vitesse petite et les axes éloignés, on remplace les poulies par des roues garnies de saillies. Les deux roues sont réunies par une chaîne sans fin en fer, formée habituellement de petits rectangles entrelacés (fig. 96), dans lesquels entrent les saillies des roues. Une de celles-ci ne peut se mouvoir sans entraîner l'autre. Ce système, qui engendre beaucoup de frottements, n'est pas ordinairement employé dans les parties des machines qui sont toujours en mouvement.

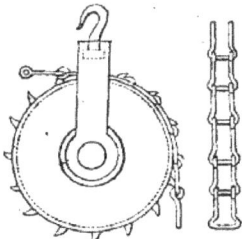

Fig. 96.

Dans ce système, comme avec les courroies, la même longueur de chaîne, passant sur les deux roues pendant le même temps, vient toujours coïncider avec des arcs égaux en longueur absolue R ω, R'ω', et on a toujours $\frac{\omega}{\omega'} = \frac{R'}{R}$.

99. *Des chaînes.* — Il importe d'entrer dans quelques détails relativement aux divers genres de chaînes qui se rencontrent dans nombre de machines et qui remplacent quelquefois les cordes, dont l'extensibilité est un grave défaut dans certains cas.

Les chaînes du commerce sont composées d'anneaux oblongs,

Fig. 97.

successivement perpendiculaires les uns aux autres; si elles doivent s'enrouler autour d'une poulie, une rainure devra donc être pratiquée dans la gorge de celle-ci pour les recevoir. Les chaînes plates sont formées de plaques percées de deux trous, dans lesquels passent des anneaux qui font fonction de boulons-tourillons. Ces chaînes peuvent s'enrouler autour d'une poulie circulaire, ou mieux encore de forme polygonale, portant des faces de largeur égale aux côtés des plaques.

Enfin les chaînes les plus parfaites sont celles dites anglaises (fig. 97). Elles se composent de séries de plaques égales, au nombre de trois au moins, en plus grand nombre s'il s'agit de surmonter de grandes résistances, percées de trous au centre des portions demi-circulaires qui les terminent. Ces plaques sont disposées de manière que les extrémités antérieures des plaques extérieures correspondent aux extrémités postérieures des plaques intérieures et inversement; elles sont assemblées par des boulons qui traversent les trous circulaires percés au centre des ces extrémités. C'est autour de ces boulons que les éléments successifs peuvent tourner.

Les chaînes plates ou formées de plaques articulées dont nous venons de parler, et qui, par la multiplication des plaques élémentaires, peuvent servir à surmonter des résistances extrêmement considérables, ne pourraient guère être employées pour soulever les fardeaux au moyen du treuil ou du cabestan, parce qu'il faut alors qu'elles puissent s'infléchir dans tous les sens. Les chaînes à mailles du commerce offrent bien cet avantage, mais elles se rangent difficilement sur la surface du cylindre d'un treuil. M. Neveu a fort heureusement surmonté cette diffi-

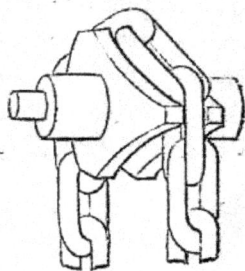

Fig. 98.

culté par l'emploi d'un treuil dont la circonférence peut recevoir trois chaînons à plat (fig. 98), et dont les parties plus resserrées peuvent recevoir trois chaînons de côté. La chaîne n'ayant pas besoin de s'enrouler plus d'un tour, puisque tout glissement devient impossible par cette disposition, l'action se produit avec une parfaite régularité; ce qui n'a pas lieu pour des chaînes ordinaires et des cylindres sur lesquels les tours de la chaîne s'ajoutent, de telle sorte que les saillies des maillons ne correspondent bientôt plus aux vides destinés à les recevoir, par l'effet des irrégularités de la chaîne qui vont en s'accumulant.

100. *Frottement.* — Si l'on compare au point de vue du frottement les diverses chaînes, celles du commerce formées de maillons placés dans les plans perpendiculaires entre eux sont préférables aux chaînes plates. En effet, tandis que, dans celles-ci, chaque plaque en tournant autour du boulon qui l'assemble avec la précédente comme autour d'un tourillon, produit un frottement de glissement, chaque maillon, dans la chaîne commune, accomplit son mouvement de rotation autour du précédent par un simple roulement; et si l'angle des deux maillons consécutifs est assez petit (si la longueur des maillons de la chaîne a été convenablement proportionnée au diamètre du cylindre autour duquel se fait l'enroulement) pour que le point de contact définitif n'atteigne pas la limite où le frottement de glissement commence, on doit concevoir comment il est possible qu'il n'y ait que simple roulement pendant toute la durée du ploiement de la chaîne.

3. ORGANES OU L'ACTION A LIEU PAR CONTACT IMMÉDIAT, PAR POUSSÉE DE COURBES. — ENGRENAGES.

101. Le moyen le plus usité de communiquer le mouvement circulaire d'un axe à un autre avec la condition que les vitesses soient dans un rapport déterminé, surtout quand il s'agit d'efforts considérables ou de précision comme pour l'horlogerie,

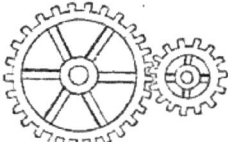

Fig. 99.

et de faire qu'un axe ne puisse jamais se mouvoir indépendamment de l'autre, consiste à faire porter à la circonférence de cylindres montés sur chacun d'eux des saillies qui s'engagent entre les intervalles des saillies de l'autre; le mouvement d'une des pièces est ainsi rendu solidaire de celui de l'autre. Ce dispositif constitue l'engrenage (fig. 99).

Pour que le rapport des vitesses soit constant, la normale commune au point de contact des deux courbes qui se poussent, divise toujours, ainsi qu'il a été dit, la lignes des centres en deux longueurs qui sont en rapport inverse des vitesses.

Décrivant avec les deux parties de cette ligne, pris pour rayons deux circonférences, nous aurons les *cercles primitifs*, dans le plan perpendiculaire aux deux axes des cylindres qui doivent tourner dans un rapport de vitesse déterminée. La théorie des engrenages consiste à trouver des formes de

courbes de poussée portées par ces cercles telles, que le rapport des vitesses angulaires soit constant, que le mouvement ait lieu de la même manière que si les deux circonférences tracées avec les rayons obtenus en divisant la ligne des
centres en raison inverse des vitesses, se conduisaient l'une
l'autre par simple contact. On aura donc alors $R\omega = R'\omega'$;
c'est-à-dire que des longueurs égales des deux circonférences
passent au point de contact, ce qui revient à dire qu'*un point
quelconque sur l'un ou l'autre des cercles primitifs doit parcourir
dans un même temps des arcs égaux;* que des points des deux
circonférences doivent avoir à chaque instant des vitesses
absolues égales.

102. *Formes des courbes de contact.* — Lorsque deux circonférences tangentes tournent autour de leurs centres de rotation qui sont les mêmes que les centres de ces circonférences,
de manière qu'il ne se produise pas de glissement, par suite
avec un rapport de vitesses constant, que l'on ait toujours
$R\omega = R'\omega'$, tout se passe dans ce mouvement comme si l'une
des circonférences roulait sur l'autre supposée immobile.

En effet, soient O, O' deux cercles tangents, se conduisant

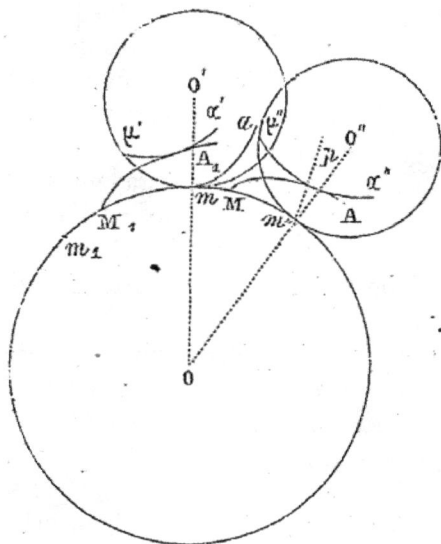

Fig. 100.

sans glissement, m le point de contact. Soit ma une courbe
assemblée au cercle O' qui prend la position $\mu'\alpha'$ lorsque le

point m est venu en μ' sur la circonférence O' et en m_1 sur la circonférence O_1. Soit $M_1 A_1$ une courbe adoptée au cercle O, tangente à $\mu' a'$ lors du mouvement simultané des deux cercles, telle que la normale commune au point de contact passe par le point m.

Faisons tourner toute la figure autour du centre O, de manière qu'un point m_1 vienne au m, annulons la rotation propre au cercle O en lui faisant faire une rotation égale et opposée à la première. Le cercle O' viendra en O'' et le point μ', au départ en m, viendra en μ'', et comme on avait $m\,\mu' = m\,m_1$ on aura $m''\,\mu'' = m\,m'' = m\,m_1$. Tout dans la figure O'' sera identique avec la figure O'. De là on doit conclure que : *toutes les trajectoires décrites par des points du cercle O' dans le mouvement simultané sans glissement, des circonférences O et O' seront obtenues sur le plan de l'autre roue supposée fixe, en faisant rouler le cercle O' sur le cercle O rendu fixe.*

103. Il suit de là que toutes les propositions établies ci-dessus à propos du roulement de circonférences, celles relatives aux enveloppes et aux enveloppées, forme nécessaire de courbes de poussée pour que le roulement des circonférences primitives, des trajectoires polaires, se produise, s'applique directement aux engrenages, et va nous permettre de déterminer les enveloppes et les enveloppées donnant les formes des dents les plus convenables pour la pratique. Nous allons d'abord compléter, à ce point de vue, l'étude des courbes de roulement.

104. *Tracé des courbes décrites par un point de la surface du cercle mobile.* — Nous avons vu qu'un point d'une circonférence roulant extérieurement sur une autre circonférence décrivait une épicycloïde. Si le point décrivant est extérieur à la circonférence Ω (fig. 101), la courbe qu'il décrit est une épicycloïde allongée. Pour tracer la partie voisine de la position m_1 du point décrivant, joignons m_1 Ω, le point m_1 au centre Ω du cercle mobile; le point m sur

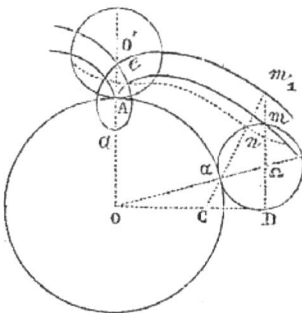

Fig. 101.

la circonférence décrira une épicycloïde ordinaire. Le centre de courbure de l'enveloppe ou de la courbe cherchée, l'en-

-veloppée se réduisant à un point qui est son centre de courbure, sera déterminé par la construction générale qui donnera un centre C, d'où l'on pourra décrire avec le rayon C m_1
un petit arc de cercle qui se confondra avec un arc de la
courbe. Si A est la position initiale de m, a celle de m_1, les
diverses positions du rayon de longueur constante $m_1 m \Omega$ seront
données par la condition arc A α = arc αm.

L'épicycloïde racourcie que la figure représente ponctuée est
la courbe décrite dans le roulement par un point n intérieur au
cercle. On la construira de la même manière que l'épicycloïde
allongée.

On obtiendrait des courbes analogues par le roulement de Ω à
l'intérieur de O. Enfin les épicycloïdes se réduisent à un genre
de courbes plus simple dans le cas particulier où le cercle intérieur décrivant a un rayon moitié de celui du cercle fixe. La
considération des centres instantanés de rotation permet d'éta-

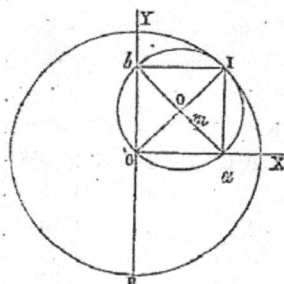

Fig. 102.

blir très-élégamment les propriétés de
ce mouvement.

Soient deux angles rectangulaires
O X, O Y, une droite mobile amb de
longueur constante dont les extrémités a et b sont assujetties à se mouvoir sur les axes O X, O Y. On sait
qu'un point m pris sur cette droite
décrit une ellipse[1], et cette propriété
fournit un moyen de tracer cette courbe
dont nous parlerons plus loin.

Le point a se mouvant sur O X, le centre instantané de rotation se trouvera sur la perpendiculaire aI, il se trouvera de
même sur Ib; donc il sera au I sommet du rectangle O' a I b.
Dans ce rectangle la diagonale I O' sera égale à celle constante
ab; donc le lieu des centres instantanés de rotation est une
circonférence de cercle O' décrite du centre avec le rayon ab,
comme dans le cas d'un roulement. D'un autre côté, le triangle

---

1. En menant les deux coordonnées du point m, on a

$$y : m a = (O b - y) : m b;$$

or, $O b - y = \sqrt{m b^2 - x^2}$, d'où, $y = \dfrac{m a}{m b} \sqrt{m b^2 - x^2}$, équation d'une
ellipse dont $m a$ et $m b$ sont les axes.

rectangle $a\,\mathrm{I}\,b$ a une hypoténuse constante; donc la courbe
décrite par le point I, dans son mouvement relatif autour
de la droite ab, est un cercle décrit sur cette droite comme
diamètre.

Lorsqu'un cercle mobile roule intérieurement sur un cercle
fixe de rayon double, tout point m (ce qui arrive pour un diamètre de ce cercle est également vrai pour tout autre) pris dans
le plan du cercle mobile, décrit donc, autour du centre du
cercle fixe, une ellipse, qui se réduit à un diamètre, lorsque le
point décrivant est situé sur la circonférence du cercle mobile
(ainsi le point traçant se confondant avec a ou b dans la dispo-
tion de la figure 102, les lignes tracées seront $O'a$ ou $O'b$).

105. *Courbe enveloppe d'un cercle.* — En même temps que le
point m de la circonférence Ω décrit l'épicycloïde Am, un petit

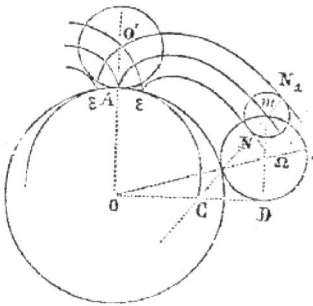

Fig. 103.

cercle (fig. 103), dont ce point m
est le centre et $m\mathrm{N} = m\mathrm{N}_1 = r$ le
rayon, engendre une courbe en-
veloppe ayant, ainsi qu'on l'a vu
art. 31, mêmes normales et mêmes
centres de courbure que l'épicy-
cloïde : les deux éléments N, N_1 du
petit cercle *enveloppé* que rencontre
normalement une normale $\alpha\,m$ à
l'épicycloïde, appartiennent à l'enveloppe dont il s'agit. Cette enve-
loppe symétrique comme l'épicycloïde, de part et d'autre de la
ligne O A O', a deux points de rebroussement en ε, ε_1 sur la
courbe A C, lieu des centres de courbure. On détermine facile-
ment ε, ε_1, en remarquant que pour ces points le rayon de cour
bure de l'enveloppe est nul, et celui de l'épicycloïde $= r$.

Dans les applications la seule portion utile de la courbe-enve-
loppe que l'on vient de considérer est la partie extérieure εN,
ou plus exactement la partie de cette branche située au dehors
de la circonférence O. L'origine de cette partie de la courbe, sur
la circonférence O, est un point p très-voisin du rebroussement ε,
et tel que l'arc Ap (fig. 103) soit égal en longueur à l'arc sous-
entendu sur la circonférence O', par le rayon r du petit cercle
enveloppé.

En effet, lorsque le point décrivant m de l'épicycloïde est
arrivé à une position telle que le petit cercle de rayon r, dont m

est le centre, passe par le contact instantané de O et de Ω, mp est la normale à l'épicycloïde (fig. 104), p le point de l'enveloppe situé sur la circonférence O, et arc $mp =$ arc A p.

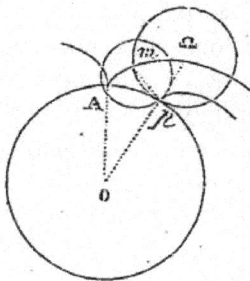

Fig. 104.

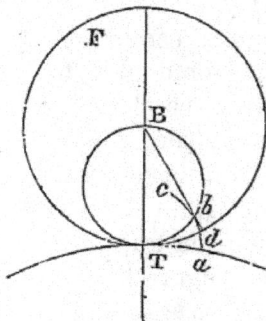

Fig. 105.

106. Épicycloïde enveloppe d'un rayon du cercle mobile. — Si l'enveloppée est un rayon B b du cercle mobile F, l'enveloppe cd est encore une épicycloïde (fig. 105), comme nous l'avons déjà vu; on peut le démontrer directement. En effet, concevons un second cercle mobile dont le diamètre soit le rayon B T du premier, T b normale commune à l'enveloppée et à l'enveloppe, est perpendiculaire sur B b. Le point de rencontre b est donc sur le second cercle mobile. Sur ce cercle, l'arc T b est égal à T d, comme on le reconnaît aisément par l'expression de leur mesure. Or comme par construction T $d =$ T a, puisque le cercle F roule sur le cercle A, on aura aussi T $a =$ T b. Le point b engendrera donc, dans le roulement du cercle dont le diamètre est B T sur la circonférence O, la courbe enveloppe du rayon B b. Cette enveloppe est donc une épicycloïde.

107. Épicycloïde enveloppe d'une autre épicycloïde. — Plus généralement (fig. 106), si l'enveloppée amb est une épicycloïde engendrée par un point du cercle o d'un rayon quelconque, roulant dans l'intérieur du cercle Ω, l'enveloppe AmB sera l'épicycloïde décrite par le même point du même cercle o, roulant extérieurement sur la circonférence O.

En effet, on aura par construction arc $m\alpha =$ arc $a\alpha$ et arc $m\alpha$ $=$ Aα, donc arc $a\alpha =$ arc Aα. $m\alpha$ sera donc la normale commune aux deux courbes amb, AmB : elles seront l'une à l'autre enveloppée et enveloppe, dans le roulement du cercle Ω sur le cercle O. L'épicycloïde amb devient un point si les centres o et Ω se confondent; un rayon du cercle Ω si le rayon du cercle o est moitié du rayon du cercle ω. Ce second cas particulier vient d'être traité directement.

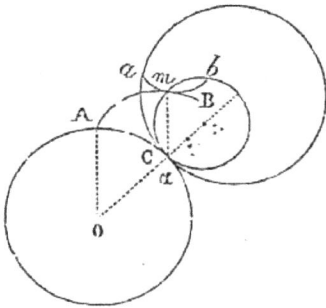

Fig. 106.

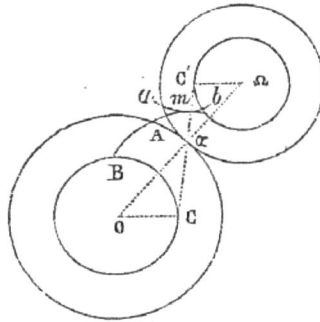

Fig. 107.

108. *Développante de cercle enveloppe d'une autre développante.*
— Si l'enveloppée est une développante amb (fig. 107) d'un cercle $\Omega C'$ concentrique à Ω, et qu'on trace un cercle OCB concentrique avec O, dont le rayon $OC = \dfrac{R}{R'}(\Omega C')$, chaque normale $C'm\alpha C$, passant par le point de contact des deux circonférences primitives, sera évidemment tangente à la fois aux deux circonférences $\varepsilon C'$ et OC. Cm est donc le rayon de courbure de l'enveloppe, comme $C'm$ est celui de l'enveloppée, les lignes qui joignent les centres de rotation aux centres de courbures devenant parallèles. La courbe BAm est donc une développante du cercle OC, comme amb une développante du cercle $\Omega C'$. Le centre de courbure est sur la circonférence au point de rotation de la tangente; le centre instantané de rotation et le centre de courbure se confondent dans ce cas.

109. Ce qui précède suffit pour déterminer complétement la forme d'une courbe enveloppe d'une courbe quelconque donnée, et notamment les forme les plus simples qui conviennent le mieux dans la pratique. Nous pouvons donc diviser toutes ces solutions en cinq classes :

1° L'enveloppée est un point, l'enveloppe est une épicycloïde (art. 32).

2° L'enveloppée est un rayon du cercle mobile, l'enveloppe est une épicycloïde (art. 106).

3° L'enveloppée est une développante, l'enveloppe est une développante (art. 108).

4° L'enveloppée est une épicycloïde engendrée par un point d'une circonférence roulant *intérieurement* sur une des circonférences primitives; l'enveloppe sera une autre épicycloïde engendrée par la même circonférence roulant *extérieurement* sur l'autre circonférence primitive (art. 105).

5° Enfin, plus généralement encore, on peut dire, dans des termes qui renferment tous les cas précédents comme cas particuliers, que l'enveloppée étant la ligne décrite par un point d'une courbe quelconque roulant extérieurement sur l'une des circonférences primitives, l'enveloppe est engendrée par le même point dans le roulement de la courbe à l'intérieur de l'autre circonférence primitive.

Cela résulte directement des théorèmes démontrés; car pour un point D quelconque (fig. 108) nous avons vu que dans tout roulement la normale commune passe au point de contact T, donc DT sera une normale commune aux deux enveloppes de D, donc celles-ci ayant successivement leurs normales communes, seront l'une à l'autre enveloppe et enveloppée.

Toutes les solutions précédentes rentrent dans ce cas général, même celle des développantes qui semble s'y prêter plus difficilement. En effet, le pôle d'une spirale logarithmique roulant sur un cercle décrit une développante, car son rayon vecteur fait un angle constant avec la tangente au cercle (nous revenons sur cette courbe) et par suite est sans cesse tangent à une même circonférence. On peut donc considérer la développante de cercle comme engendrée par le roulement d'une spirale logarithmique.

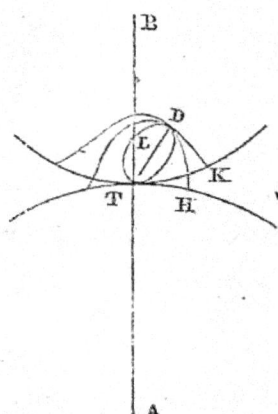

Fig. 108.

110. *Transmission du mouvement circulaire par deux roues dentées.* — Ce qui précède permet de déterminer le profil des courbes cylindriques, ayant pour génératrices des droites parallèles aux axes de rotation, et aussi les profils de faces sur lesquels elles agissent, de manière qu'elles n'altèrent pas le roulement des circonférences primitives. Ce sont ces saillies, qui

sont l'une à l'autre enveloppe et enveloppée, qui transmettront l'effort moteur d'un axe à l'autre et portent le nom de *dents*. Le système de deux roues dentées constitue un engrenage.

Mais il ne suffit pas pour tracer un engrenage de déterminer les profils d'une couple de dents opposées, de manière que la condition générale, la constance du rapport des vitesses angulaires se trouve obtenue, question résolue par ce qui précède. Ces dents, en effet, ne peuvent avoir qu'un développement limité ; elles ne seront en prise que pendant une certaine partie de la révolution entière ; il faudra donc qu'à l'instant où elles se sépareront, deux autres saillies semblables aux premières viennent entretenir sans à-coups et d'une manière uniforme la rotation commencée. Ce qui revient à dire qu'il faut en réalité que deux dents au moins puissent être en contact en même temps.

111. La question à résoudre est donc celle-ci :

Quels doivent être, pour un rapport de vitesses angulaires

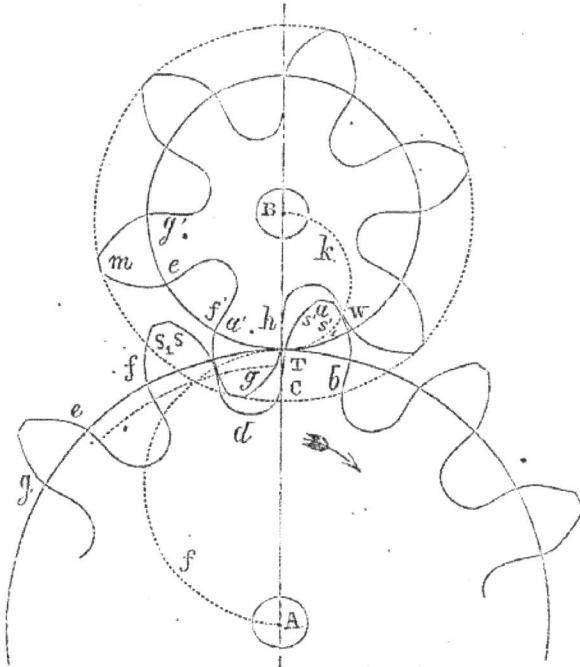

Fig. 109.

donné, le nombre, l'espacement, les profils, les dimensions des dents sur chacune des deux roues qui composent un engrenage?

Définissons d'abord les éléments de la question. Une dent a
pour *base* l'arc de circonférence primitive qu'elle intercepte.
Sur la circonférence primitive A (fig. 109), les arcs tels que
e g, etc., seront les bases des dents. On les nomme aussi le *plein*
de la roue, en même temps qu'on désigne par l'expression le
vide de la roue les arcs intermédiaires, les intervalles tels que
e f; la somme d'une base et d'un intervalle, l'arc *g f* par exemple,
forme une division entière; sur une même circonférence toutes
les divisions sont égales comme toutes les dents pareilles.
Chaque dent est terminée par deux profils égaux et symétriques,
si l'engrenage que j'appellerai alors symétrique doit fonctionner dans les deux sens; elles peuvent être dissemblables, si le
mouvement doit toujours avoir lieu dans une seule et même
direction; dans ce cas, les profils des faces qui n'ont pas d'action à produire sont arbitraires, à la seule condition de laisser
aux dents une saillie et une résistance convenables, sans gêner
le mouvement des dents de la roue opposée.

Courbe de raccord. — Les profils en regard de deux dents
consécutives se raccordent, en général, à l'intérieur de la circonférence primitive par une ligne courbe ou brisée que les
dents de la roue opposée ne doivent jamais atteindre.

Dents échanfrinées. — Lorsque les profils des deux côtés de la
dent se coupent sous un angle aigu, lorsque l'extrémité des
dents présente ainsi une arête tranchante, cette arête doit toujours dans l'exécution être adoucie. On fait plus, on abat ordinairement les extrémités trop faibles pour résister à des fortes
pressions; les dents sont alors *échanfrinées*. La troncature se
raccorde quelquefois par des arcs de cercle : dans aucun cas
elle ne doit être terminée par des arêtes vives.

112. *Égalité des divisions sur deux roues qui engrènent.* —
Déterminons maintenant dans un engrenage donné les éléments
qui viennent d'être définis. Soient sur les circonférences primitives des deux roues qui engrènent p, p', p'', etc., les divisions
toutes égales entre elles de la première; q, q', q'', etc., les divisions pareillement égales de la seconde. Pour que les mouvements angulaires conservent entre eux un rapport invariable,
les arcs des deux circonférences, qui traversent simultanément
la ligne des centres, doivent, ainsi qu'on l'a vu, être égaux en
longueur. Or, considérons une première couple des dents telles
que a, a' en prise sur la lignes des centres, par conséquent au

contact des deux circonférences primitives et à l'origine de deux divisions correspondantes. Lorsqu'une seconde couple de dents a_1, a'_1 sera venue remplacer la première, les divisions entières p, q auront traversé la ligne des centres; ces divisions, et par suite toutes les autres, sont donc égales : *la longueur absolue des divisions doit donc être la même sur deux roues qui engrènent.*

112. *Rapport du nombre des dents sur les deux roues.* — Il suit de là que les nombres de divisions ou de dents *sont pour chaque circonférence en raison inverse des vitesses angulaires données, ou du nombre de tours entiers que chaque roue doit faire dans un temps donné.* En effet, en appelant R, R' les rayons primitifs, ω, ω' les vitesses angulaires, et en désignant de plus par n et n' les nombres de divisions ou de dents, chaque division de la circonférence O a pour longueur $\dfrac{2\pi R}{n}$, chaque division de la circonférence O', $\dfrac{2\pi R'}{n'}$; ces deux quantités doivent être égales, comme on vient de le voir. Ainsi $\dfrac{2\pi R}{n} = \dfrac{2\pi R'}{n'}$ ou $\dfrac{n}{n'} = \dfrac{R}{R'} = \dfrac{\omega'}{\omega}$ d'après la condition générale des engrenages. Les plus petits nombres entiers qui expriment le rapport $\dfrac{\omega}{\omega'}$, car n et n' sont nécessairement entiers, sont donc les plus petits nombres de dents par lesquels ce rapport de vitesse puisse être obtenu.

Si d est la distance des axes et μ le rapport $\dfrac{n}{n'}$ du nombre de dents, on a :

$$R + R' = d, \frac{R}{R'} = \mu, \text{ d'où } R = \frac{\mu d}{\mu + 1} \text{ et } R' = \frac{d}{\mu + 1}.$$

113. *Limites des bases des dents.* — Que l'engrenage soit ou ne soit pas symétrique, la plus grande base, que les dents d'une roue puissent avoir, mesurée sur la circonférence primitive, est l'intervalle des dents sur la roue opposée. Il est clair qu'alors la partie postérieure de la dent d'une roue et l'extrémité d'une division de l'autre roue arriveraient en même temps à la ligne des centres; ces points passeraient en même temps par le point de contact des circonférences primitives. Or une dent ne peut empiéter sur une dent de l'autre roue : chaque intervalle devra

donc être plus grand que la base opposée (dans la pratique);
l'égalité que nous supposons ne peut être qu'une limite.

Soient B, B', les bases, I, I', les intervalles sur les deux roues;
sur chacune d'elles, la somme d'une base et d'un intervalle
forme une divison entière, on a donc :

$$B + I = \frac{2\pi R}{n} = \frac{2\pi R'}{n'} = B' + I'.$$

De là on peut tirer la valeur de I — B', des différences égales
et nécessairement positives (nulles à la limite, conmme on vient
de le voir) qui constituent le *jeu* de l'engrenage. Soit J cette
différence, ce jeu, et l'on aura :

$$J = \frac{2\pi R}{n} - (B + B') = \frac{2\pi R'}{n'} - (B + B') = \text{\textit{la longueur com-}}$$

mune des divisions, moins la somme des bases. Ordinairement on
indique seulement le rapport de l'amplitude du jeu à l'amplitude des divisions. Ce rapport dans la pratique est compris
entre $\frac{1}{12}$ et $\frac{1}{16}$.

114. *Détermination des profils par lesquels se fait la poussée.*
— Les considérations géométriques exposées précédemment,
fournissent la relation des profils opposés de deux dents en
prise. Pour que la condition générale des engrenages soit remplie, pour que tous les points des circonférences primitives parcourent constamment des arcs égaux, il faudra, si le profil de
l'une des dents est donné, considérer cette courbe comme une
enveloppée dont le profil de l'autre dent sera l'enveloppe, dans
le roulement d'une des circonférences primitives sur l'autre
supposée immobile.

Lorsque l'engrenage devra être symétrique, les profils des
deux côtés des dents des deux roues qui agissent l'une sur l'autre,
symétriques eux-mêmes, seront l'un par rapport à l'autre sur
chaque roue enveloppée et enveloppe; en sorte que si le jeu de
l'engrenage était nul, si la base des dents d'une roue était égale
à l'intervalle des dents de l'autre roue, le contact aurait lieu
en même temps des deux côtés de la dent. Ce mouvement, que
les moindres irrégularités arrêteraient dans la pratique, n'est
ici qu'une limite, qu'une abstraction de la théorie.

En réalité, la base d'une dent, comme on l'a vu, sera toujours plus petite que l'intervalle entre deux dents de l'autre
roue, en sorte que les profils des dents ne se toucheront que

d'un côté; mais leur écartement ou le jeu devra toujours être très-petit, car il faut n'enlever que le moins possible à l'épaisseur, par suite, à la résistance des dents. On doit encore ajouter que dans plusieurs cas, les roues, tout en continuant de marcher dans le même sens, par des simples variations dans leur vitesse, se trouveront alternativement menantes et menées. Or il importe de diminuer autant que possible les chocs qui résultent de ces rencontres. C'est à quoi l'on parvient en ne laissant au jeu que ce qu'il faut pour les imperfections de l'exécution pratique.

115. *Limite intérieure de l'entaille qui sépare deux dents sur une même roue.* — Une dent, lorsqu'elle se termine par une pointe telle que t (fig. 110), ne doit jamais pousser par cette

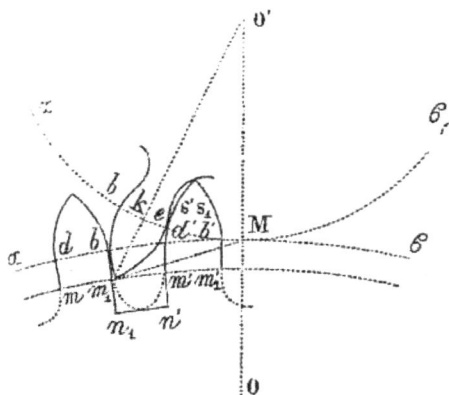

Fig. 110.

pointe; de plus il faut que, pendant la poussée qui se fait par les faces de la dent, la pointe ne rencontre pas d'obstacle, que son passage soit constamment libre. L'entaille pratiquée dans la roue O, par exemple, au delà du point m_1, pour recevoir la dent b t e, aura donc pour limite le lieu de toutes les positions relatives qu'à chaque position du contact le long des faces s ou s_1 de l'autre roue la pointe t viendra prendre. Or on obtiendra toutes les positions relatives des profils, pendant leur mouvement, toutes les positions de leur contact, en faisant rouler α' δ sur α δ. Dans ce roulement, la pointe t, considérée comme un point extérieur lié au cercle O', décrira une portion d'épicycloïde allongée dont nous avons donné le tracé. Cette *courbe* est donc la limite de l'espace nécessaire.

Cette courbe se raccorde au point m_1 avec le profil $b\,m_1$. En effet, au point m_1, lorsque le contact a lieu entre ce profil et l'extrémité de $b\,t$, $t\,$M est la normale commune à l'enveloppée $b\,t$ et à l'enveloppe $b\,m_1$. Mais en considérant le point extrême t comme décrivant l'épicycloïde allongée dans le roulement de $\alpha'\,6'$, $t\,$M est encore la normale à cette dernière courbe en m_1. Les courbes $b\,m_1$ et $m_1\,m'$ ont donc en m_1 une normale et par conséquent une tangente commune.

Lorsqu'on a déterminé la limite intérieure d'un premier profil s_1, tous les profils homologues, tournés dans le même sens, se termineront sur une circonférence passant par m_1 et concentrique avec $\alpha\,6$. Si l'engrenage est symétrique, la même circonférence sera également la limite intérieure des profils de l'autre côté des dents.

Si l'on considère comme une seule courbe le contour continu $b\,m_1\,m'\,d$, qui termine l'espace compris entre deux dents de la circonférence O (à la limite où le jeu étant nul, la base $b\,e$ est égale à l'intervalle $b\,d'$), on peut dire que ce contour entier est l'enveloppe du contour entier de la dent opposée $b\,t\,e$, la portion $m_1\,m'$ étant considérée comme enveloppe du seul point t; avec une interprétation semblable, la même chose sera vraie si la dent $b\,t\,e$, échanfrinée par exemple, offre des lignes brisées. Cela sera vrai encore lorsque les profils des deux côtés de la dent ne seront pas symétriques, et la portion d'enveloppe correspondant à la portion d'enveloppée $t\,e$, par exemple, sera dans l'engrenage non symétrique lui-même, la limite extérieure des profils s', du reste alors arbitraires.

Il est inutile d'ajouter que le développement de la partie saillante des dents de la roue O déterminera la limite des entailles ou creux de la roue O', comme les saillies $b\,t$ de la roue O' viennent de limiter les profils et les creux de la roue O.

116. *Comment sont terminés dans une roue pleine les entailles et les creux.* — Les limites que nous venons de déterminer ne doivent jamais être atteintes ; les entailles doivent toujours pénétrer plus avant dans une roue pleine, dépasser l'épicycloïde allongée $m_1\,t\,m'$ pour que l'engrenage puisse marcher sans danger.

Dans la pratique, afin de ne pas ajouter sans utilité réelle aux difficultés d'exécution, il suffira le plus souvent de prolonger l'entaille en ligne droite, suivant la direction des rayons allant

des points m, m' au centre de la roue, jusqu'à une distance
d'une circonférence un peu plus grande que la saillie maximum
$k\,t$ des dents de l'autre roué. Une ligne droite ou un arc de
cercle concentrique avec O' complète le contour de raccordement $m_1\,n_1\,n'\,m'$.

Lorsque cette construction donne un angle même très-obtus
en m ou en m', on devra l'adoucir, sauf à ce que les dents ne
puissent se trouver en prise qu'un peu plus près de la circonférence primitive.

117. *Du sens du mouvement.* — Dans ce qui *précède nous*
avons, en général, supposé que nous prenions pour circonférences primitives deux circonférences qui se touchaient en un
point situé entre les deux centres.

On peut également considérer des circonférences dont le
point de contact soit situé au delà des deux centres, les rayons
devant toujours être dans le rapport des vitesses.

Dans le premier cas les engrenages sont extérieurs, et les
deux circonférences marchant l'une vers l'autre, les rotations
des deux axes sont de sens différents; quand elles doivent être
de même sens, il faut employer une roue intermédiaire (ce qui
se fait le plus souvent), ou adopter la solution du second cas.

Dans ce second cas les engrenages sont intérieurs, et les axes
tournent dans le même sens.

Ces deux cas doivent être examinés pour les applications, et
leur discussion montrera les raisons qui font préférer le plus
souvent dans la pratique les engrenages extérieurs.

DÉTAILS SPÉCIAUX SUR LES DIFFÉRENTS ENGRENAGES CYLINDRIQUES.

Différentes courbes, qui correspondent aux cas les plus
simples exposés précédemment, sont adoptées dans la pratique
comme profils de dents. Elles constituent autant de systèmes
d'engrenages particuliers.

118. *Engrenages à lanterne* (fig. 111). — Les dents de la
roue B sont des cylindres à bases circulaires, ayant leurs centres sur la circonférence primitive; les profils enveloppes des
dents de l'autre roue doivent être, comme on l'a vu, les courbes
qu'on obtient en retranchant le rayon des cercles des bases de
toutes les normales aux épicycloïdes engendrées par leurs cen-

tres lors du mouvement du cercle primitif B sur le cercle A.
Chacune des entailles est terminée par un arc de cercle dont le
centre est sur la circonférence primitive, et le rayon au moins
égal à celui des cercles de base des cylindres qui forment les
dents d'une des roues. La partie concave pénétrant la circon-

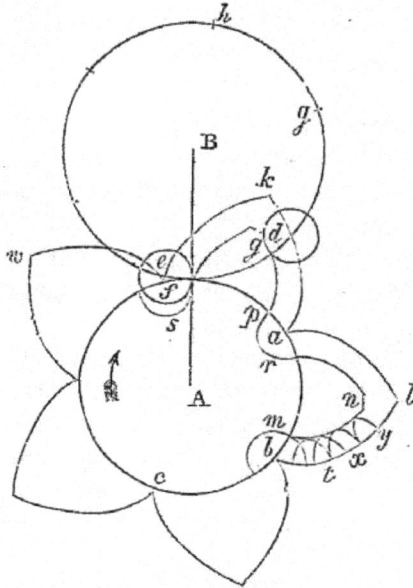

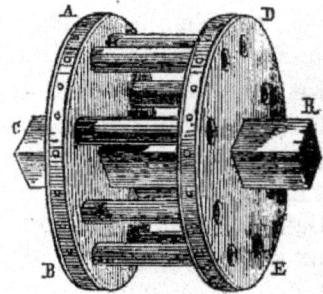

Fig. 112.

Fig. 111.

férence primitive n'est pas propre à conduire le fuseau; par
suite le contact de la roue doit avoir lieu principalement au
delà de la ligne des centres, en commençant près et en deçà
de cette ligne (art. 104), par suite la roue, *le rouet*, ne peut être
mené qu'avant la ligne des centres, ce qui est très-défectueux,
et est une cause de broutement.

Cet engrenage porte le nom d'engrenage à lanterne, à cause
de l'apparence que présentent les petits cylindres ou fuseaux
ajustés entre deux plateaux ou tourteaux circulaires (fig. 112).
Les dents de la roue pleine s'engagent entre les tourteaux;
elles sont ordinairement implantées dans le corps de la roue,
et s'appellent *alluchons*. Les fuseaux, s'usant plus vite que les
alluchons par le frottement, s'exécutent plutôt en fonte, les
dents plutôt en bois. On a aussi proposé de rendre les fuseaux
mobiles autour de leur axe pour diminuer les frottements,

mais cet ajustement manque de solidité et les fuseaux cessent bientôt de tourner.

L'engrenage à lanterne est peu employé aujourd'hui, surtout par le motif indiqué plus haut, et seulement pour des mouvements qui n'exigent pas une grande précision.

119. *Engrenage à lanterne (intérieur).* — Il n'est pas sans intérêt d'examiner le tracé de l'engrenage à lanterne, quand les axes doivent tourner dans le même sens, que l'engrenage doit être intérieur.

Ayant tracé les circonférences primitives, on marque sur celle intérieure les petits cercles qui correspondent à la position des fuseaux, puis déterminant les arcs d'épicycloïde intérieurs engendrés par la seconde circonférence primitive roulant dans la première, et enfin les diminuant du rayon des fuseaux portés sur les normales, on obtient la courbe enveloppe de ceux-ci.

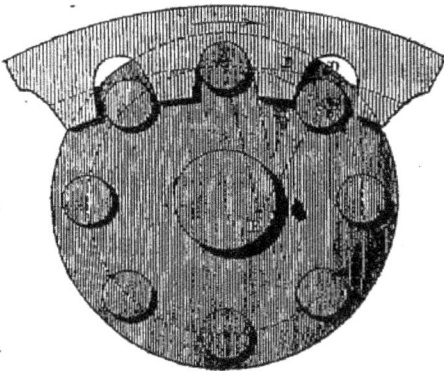 

Fig. 113.   Fig. 114.

Ces courbes se réduisent à des droites si le rayon de la grande circonférence est double de celui de la petite. Cette propriété permet de disposer d'une manière assez curieuse les organes de cet engrenage, disposition vue pour la première fois à l'Exposition de 1855, pour mener deux axes dans le rapport de vitesse de 1 à 2. Nous la représentons dans la figure 114. Les six flancs triangulaires adaptés à une des roues sont formés de lignes droites, et l'autre roue ne porte que trois dents, trois galets dont deux sont toujours en prise. Rien n'empêcherait d'imiter une semblable disposition pour un autre nombre de dents plus grand que trois, ce qui conduirait à une solution moins simple.

120. *Engrenages à flancs* (fig. 115). — L'engrenage à flancs a plus de douceur et de régularité que celui à lanterne. Dans celui-ci, les enveloppées, les profils que l'on se donne sont des rayons de l'une des circonférences primitives, de α' $6'$ par exemple; les profils enveloppes, dont l'autre roue doit être armée pour conduire ces rayons, sont des épicycloïdes Mz engendrées par le roulement sur la circonférence $\alpha 6$ d'un cercle V dont le diamètre O'M est le rayon de α' $6'$. Les plans diamétraux Me portent le nom de *flancs :* ils se terminent à la circonférence primitive dans laquelle ils sont entaillés, car l'épicycloïde qui les mène les rencontre en M au contact des circonférences et sur la ligne des centres, par son point de rebroussement. On voit en même temps qu'elle ne peut jamais les conduire avant cette ligne. Quant aux limites intérieures de l'entaille comprise entre deux flancs, les règles générales s'appliquent sans difficulté. Ce sont ici les flancs eux-mêmss que l'on prolonge pour donner passage à la dent engagée; mais la partie de ces flancs, qui peut seule se trouver en prise, devra dans un engrenage délicat être la plus exactement dressées; la limite intérieure de cette partie se trouvera sur un cercle concentrique à O' et dont le rayon est déterminé par le point d'intersection de la circonférence décrivante, avec la circonférence qui contient tous les sommets des dents épicycloïdales.

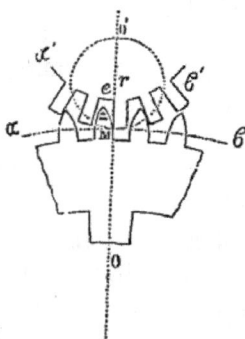

Fig. 115.

Engrenages à flancs réciproques. — A proprement parler, dans un simple engrenage à flancs, semblable à celui que nous venons de décrire, l'une des roues n'offre aucune saillie au-dehors de sa circonférence primitive; l'autre roue, à la limite du moins, aucun vide intérieur au contour de la sienne. Telle n'est pas la disposition employée dans la pratique; le plus souvent les deux roues sont garnies à la fois de saillies et d'entailles, ce qui donne le système déjà représenté fig. 109. Les épicycloïdes Mz sont prolongées au delà de leur origine M par des flancs formant ainsi avec elles un profil continu, et réciproquement les flancs *e*M se raccordent avec des épicycloïdes, enveloppes des rayons de la circonférence α 6. Deux roues semblables peuvent indifféremment se mener l'une l'autre.

La plus petite des deux roues s'appelle *pignon ;* ses dents sont souvent appelées des *ailes.*

121. *Engrenages intérieurs à flancs à la roue intérieure.* — L'engrenage à flancs est quelquefois intérieur. C'est le nom qu'on lui donne lorsqu'un des centres O', par exemple, et la circonférence α' 6' sont intérieurs à la circonférence α 6. Si la roue extérieure doit seule être armée de dents et la roue intérieure porter seule des flancs, comme figure 116, cet engrenage

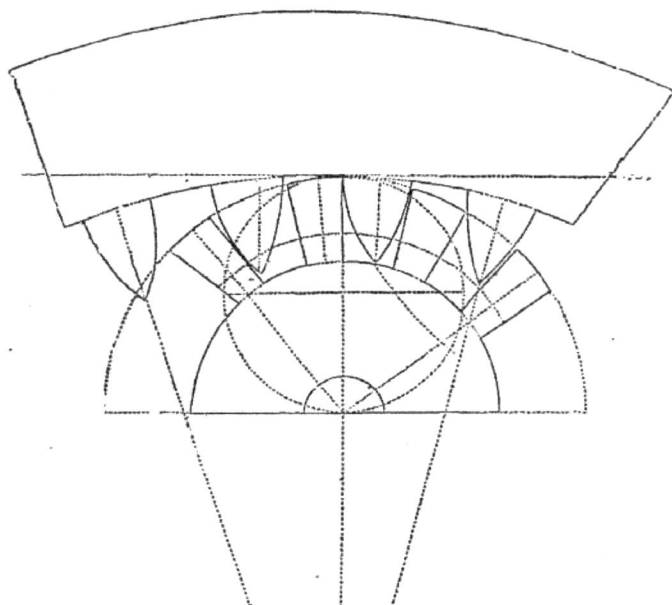

Fig. 116.

ne donne lieu à aucune remarque nouvelle. Les profils de la roue extérieure sont des épicycloïdes engendrées par un cercle mobile dont le rayon est moitié du rayon du cercle O', et qui roule intérieurement sur α 6. Les dents doivent conduire ; elles ne peuvent le faire qu'après la ligne des centres.

Engrenages à flancs à la roue extérieure. — Mais si au contraire, dans le même genre d'engrenage, on voulait faire conduire la roue extérieure par la roue intérieure, il faudrait armer de dents M *t* la roue intérieure O' (fig. 117), et donner seulement des flancs à la roue extérieure α 6, les profils M t seraient les épicycloïdes engendrées par le roulement sur α′ 6′ d'un cercle mobile dont le rayon serait moitié du rayon α 6;

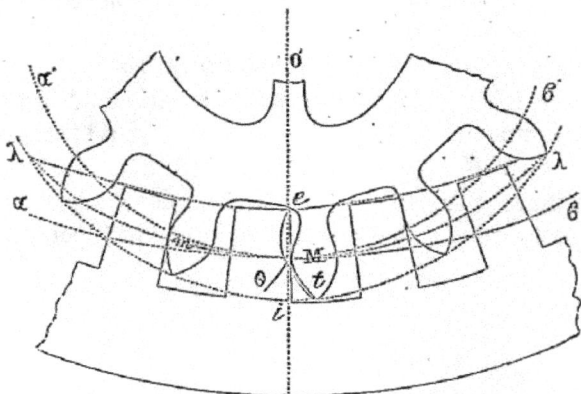

Fig. 117.

mais alors les flancs M i e de α 6 devraient être entaillés d'une part jusqu'en i, pour donner passage aux dents; de l'autre, et c'est ici le point important, comme il faut que la poussée n'ait pas lieu au seul point de contact des circonférences primitives, on doit les prolonger en saillie intérieure par rapport à la circonférence primitive α 6, depuis M jusqu'en e, ce prolongement M e pouvant seul recevoir les contacts des profils M t.

En effet, pour trouver le point des flancs i M e, où le sommet des dents viendra les toucher, on décrira, comme en général, de O′ comme centre, la portion de la circonférence λ t λ passant par les sommets t, jusqu'à sa rencontre en λ λ, avec la circonférence ayant un diamètre égal au rayon de α 6. Comme une semblable circonférence également tangente en M à α′ 6′ décrit les profils M t, les divers points de M t la rencontreront dans des positions qui correspondront à celles qu'occupe le point M sur la circonférence décrivante pour un même roulement. La première décrit d'ailleurs les flancs i M e, elle renfermera donc tous les points de contact des dents avec les flancs; la circonférence λ e λ concentrique avec α 6 contiendra donc les limites cherchées des flancs, des contacts extrêmes des somets t. La longueur des dents, et par suite celle i e des flancs, sera d'autant plus grande que l'on voudra qu'un plus grand nombre de dents soient en contact.

Il ne suffit pas ici d'avoir déterminé l'étendue convenable des flancs M e formant saillie, il faut encore s'assurer que ces flancs, dans toutes les dispositions relatives où le jeu de l'engrenage les amènera, pourront se loger sans obstacle entre les dents M t de O'. Cela revient à dire, en considérant les flancs M e comme de véritables dents, que l'entaille dans la roue entre ses dents M t devra avoir pour limite l'enveloppe de toutes les positions du point e dans le roulement de la circonférence primitive α6 elle-même sur l'autre circonférence primitive α' 6'. Cette enveloppe est l'épicycloïde allongée θ e t qui se raccorde nécessairement en t avec le profil épicycloïdal de la dent M t, puisque ces deux points viennent en contact par le roulement. Cette dent M t devrait donc à l'intérieur être évidée suivant la courbe e θ (art. 116). Au point voisin de M où les deux courbes se coupent, l'arête devrait être adoucie. Une portion vers M du profil M t se trouvant ainsi supprimée, la dent M t ne pourrait agir qu'un peu après la ligne des centres. Mais, ce qui est encore plus important, cette dent peut se trouver tellement affaiblie à la partie inférieure vers e, que la disposition et l'engrenage dont on vient de parler doivent être, en général, exclus de la pratique.

Impossibilité de rendre cet engrenage réciproque. — Quant à donner à la fois à chaque roue, comme dans l'engrenage extérieur, des dents épicycloïdales et des flancs, on en reconnaît ici l'impossibilité. En effet, en considérant la dernière figure, on voit que le flanc M e de la roue O' devrait être creusé pour faire place à l'épicycloïde raccourcie θ e, ou que le flanc i e de la roue O, si l'on voulait que O portât un flanc, devrait disparaître pour laisser à découvert le profil θ e, et ne pourrait par suite avoir la forme d'une dent. Ce n'est qu'en multipliant le nombre des dents et diminuant leur saillie au delà des circonférences primitives, en augmentant le jeu, qu'on exécute des engrenages intérieurs par les mêmes principes que les engrenages extérieurs, sans inconvénient dans la pratique.

122. *Engrenages épicycloïdaux.* — Les dents tracées dans le système que nous venons d'expliquer sont celles que la pratique a jusqu'ici généralement adoptées; leur emploi offre cependant un inconvénient très-grave : le cercle décrivant de l'arc épicycloïdal des dents devant avoir pour diamètre le rayon du cercle primitif de la roue avec laquelle ces dents engrènent,

il en résulte qu'une roue d'un pas et d'un nombre de dents données, 40 par exemple, tracée pour marcher convenablement avec une autre roue de 50 dents, engrènera fort mal avec un autre roue d'un tout autre nombre de dents, tel que 100. Il est évident en effet, que le diamètre du cercle décrivant étant 1 dans le premier cas, devrait être double dans le second, et engendrer par suite des arcs épicycloïdaux différents des premiers. Cette objection intéresse au plus haut degré la pratique moderne, qui fait un emploi constant d'engrenages métalliques fabriqués à l'avance. Elle oblige, en effet, le fondeur à exécuter pour un pas donné autant de modèles différents qu'il veut faire engrener de roues différentes avec une seule et même roue; ce qui exige un nombre presque indéfini de modèles.

En outre, dans une foule de combinaisons mécaniques, il arrive qu'une roue principale doit conduire à la fois et directement deux, trois, quatre roues de différents diamètres.

C'est donc un grand progrès que d'adopter un tracé des dents tel que deux roues quelconques d'un pas déterminé engrènent convenablement.

Pour satisfaire à cette condition, il suffit de choisir, pour tout un système de roues de même pas, un *cercle décrivant* convenable mais *constant*, de le faire rouler extérieurement sur chacune des circonférences primitives pour décrire les parties des dents extérieures à ces circonférences, puis de le faire rouler intérieurement à chacune d'elles pour lui faire décrire les épicyloïdes internes qui forment les dents intérieures à ces circonférences primitives.

La figure 118 montre l'application de ce principe.

A et B sont les centres de rotation, $T d D = T g G$ est le cercle décrivant constant, qui en roulant, savoir : extérieurement sur $F f$ trace les flancs $r q$; intérieurement à $F f$ les flancs $r s$; de même relativement à $E e$, les faces $m n$, les flancs $m p$.

Ainsi qu'on l'a vu, les courbes décrites par le roulement d'un même cercle sur les deux circonférences, extérieurement sur l'une, intérieurement sur l'autre, seront enveloppe et enveloppée; le contact aura donc toujours lieu sur cette circonférence dont un même point engendre les deux courbes. Une partie du cercle générateur $G g T$ sera le lieu de contact avant la ligne des centres, une partie du cercle égal $T d$ sera le lieu de contact après le passage de cette ligne. Ce contact s'éloignera

de plus en plus du centre de rotation de la roue qui mène, en
se rapprochant du centre de la roue conduite. Il commencera
avant la ligne des centres entre la pointe *n* de la roue conduite

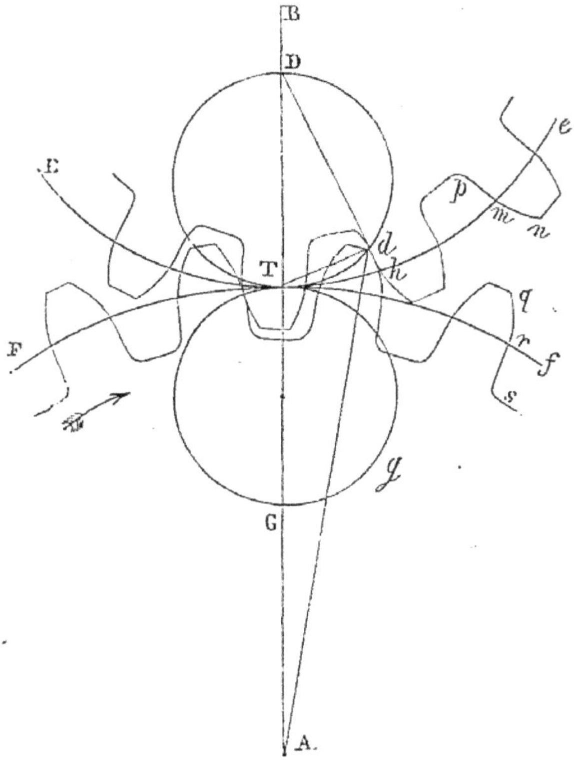

Fig. 118.

et la racine *s* de la dent qui la conduit, remontera de *n* vers *m*
sur la première et descendra de *s* vers *r* sur la seconde, jusqu'au passage de la ligne des centres sur laquelle le contact
aura lieu entre les points *r* et *m*. Il s'avancera après le passage
de cette ligne de *r* vers *q* et de *m* vers *p* pour cesser à la *pointe*
de la dent qui mène, et à la racine de la dent menée, de telle
sorte que le contact ait lieu avant la ligne des centres au dedans de la circonférence primitive de la roue qui mène, et
au dedans de la circonférence primitive de la roue menée,
après le passage de cette ligne. Les dents étant symétriques,
chacune des roues peut d'ailleurs indifféremment conduire ou
être conduite.

Diamètre du cercle décrivant. — En aucun cas le diamètre du cercle décrivant ne doit être *plus grand* que le rayon primitif de l'une quelconque des roues du système. S'il en était autrement, les dents auraient à la racine une épaisseur beaucoup moindre que sur la circonférence primitive, défaut évident que partagent, quoique à un degré moindre, les engrenages à flancs. Lorsque, au contraire, le diamètre du cercle décrivant est plus petit que le rayon du cercle primitif, les dents s'épanouissent vers la base et acquièrent ainsi une forme qui favorise leur résistance à la rupture; il ne faudrait pas toutefois réduire ce diamètre à l'excès, car alors les faces épicycloïdales prenant trop de courbure, les dents deviendraient trop courtes; il semble que la meilleure règle à suivre consiste à prendre pour diamètre du cercle décrivant le rayon de la plus petite de toutes les roues du système.

123. *Engrenages à développantes à cercle.* — Si par le point de contact T des circonférences primitives (fig. 119) on mène

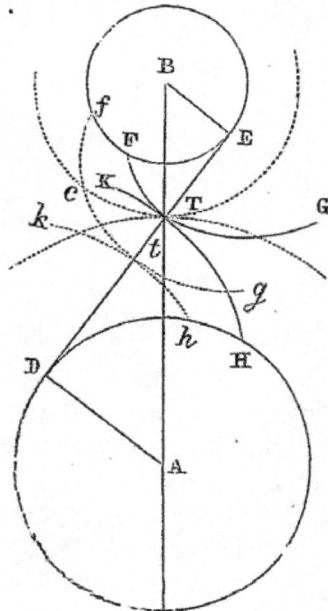

Fig. 119.

une droite DTE, les cercles intérieurs AD, BE tangents à cette droite, concentriques aux circonférences primitives, auront des rayons proportionnels aux rayons des deux circonférences.

Les développantes H K du cercle A D et F G du cercle B E seront l'une à l'autre enveloppe et enveloppée, comme nous l'avons vu. Elles pourront donc former les profils conjugués de deux dents d'un système d'engrenages.

Les contacts se trouvent constamment sur la droite D E; la deuxième tangente menée aux deux cercles par le point T serait de même le lieu des .contacts des autres faces symétriques avec les premières faces des dents.

Les dents terminées de part et d'autre par des développantes symétriques pourront être échanfrinées; leur longueur totale sera obtenue en les traçant dans la position extrême où elles doivent agir avant et après la ligne des centres, et en les coupant à cette distance par des arcs de cercle concentriques aux roues. La saillie des dents étant déterminée, pour leur donner passage on prolonge, si cela est nécessaire, les développantes à partir de leur origine, par deux rayons dirigés vers les centres, et on termine le fond de chaque entaille par un arc de cercle.

Engrenages intérieurs à développantes (fig. 120). — L'engre-

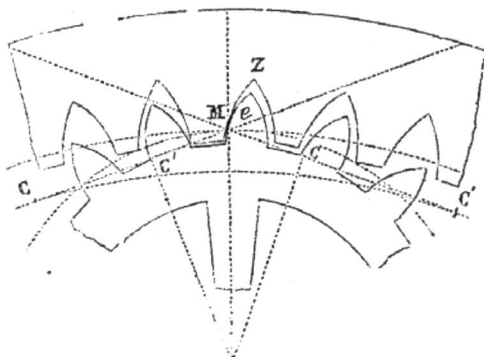

Fig. 120.

nage à développantes peut être intérieur, l'une des circonférences se trouver comprise dans l'autre.

Les dents de la roue intérieure doivent être tracées comme celles que porterait d'après la construction précédente une circonférence extérieure, à l'aide d'une droite passant par le point de contact; le profil des dents de la circonférence extérieure serait tracé de même, par suite leur courbure serait de même sens. C'est ce qui se reconnaît encore, d'après la construction

générale des enveloppes, par la direction des rayons de courbure des développantes M z et M e : et ces courbes, comme les
circonférences primitives, ont leur courbure tournée dans le
même sens, inconvénient très-grave dans la pratique; aussi
ces engrenages intérieurs n'ont guère d'applications. Celui-ci,
comme on le voit, est réciproque. Quelle que soit la roue menante, il peut, si le nombre des divisions est suffisant, avoir
constamment deux dents en prise après la ligne des centres.

Remarquons que les engrenages à développantes ont, relativement aux engrenages épicycloïdaux, l'inconvénient de se
conduire par des contacts plus obliques relativement à la ligne
des centres; ils offrent l'avantage de ne pas être altérés par le
déplacement d'un des axes.

TRACÉ PRATIQUE DES DENTS.

La portion de courbe qui forme le contour d'une dent a toujours un développement assez faible pour qu'on puisse lui substituer un ou deux arcs de cercle au plus, sans erreur sensible;
c'est ce qui a toujours lieu dans la pratique. Toute la difficulté
consiste à déterminer les centres et les rayons de ces arcs.

Nous ne parlerons pas du procédé employé quelquefois, qui
consiste à tracer une dent en plaçant le centre d'un compas à
l'origine de la dent suivante. Ce n'est qu'un moyen grossier
que les bons ateliers doivent abandonner pour adopter des procédés basés sur les résultats de la théorie.

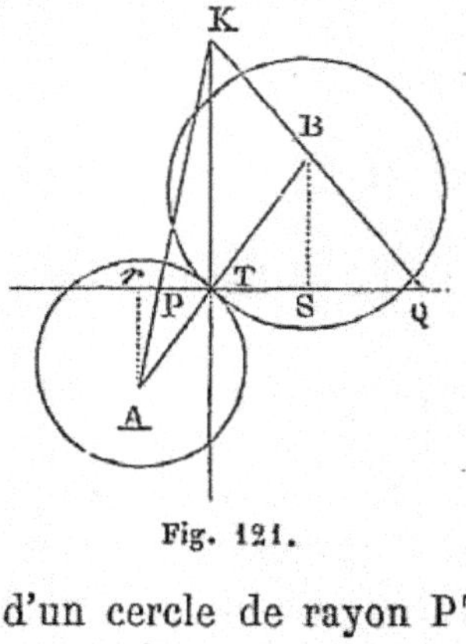

Fig. 121.

124. *Traité de la dent par un seul
arc de cercle.* — Si nous nous reportons à l'art. 30, nous y trouvons le
principe d'une méthode pour le
tracé qui nous occupe. Menons par
le point de contact T (fig. 121) une
droite PTQ de direction qui peut
être quelconque, mais qu'il est mieux
de faire telle que P T A = 75° pour
avoir des dents de forme convenable. Soit pris sur cette ligne un
point quelconque P pour centre
d'un cercle de rayon PT. L'enveloppe de ce cercle aura un
centre de courbure pour le point de contact T, qu'il sera facile

de déterminer. En effet, ce centre sera sur la ligne PQ qui est la normale passant au point T, commune à l'enveloppe et à l'enveloppée ; si donc on élève la perpendiculaire KT sur PQ, cette ligne rencontrera AP passant par le premier centre de courbure en un point K ; tirant BK, cette ligne rencontre PQT en un point Q, qui sera le centre de courbure cherché.

Par suite, si nous abaissons Ar perpendiculairement à cette ligne et prenons le point r pour le centre des dents d'une *des* roues, le centre de courbure de l'enveloppe sera le point S obtenu en menant BS parallèle à Ar, puisque le point K est alors à l'infini.

Pour tracer rapidement les dents de la roue, il convient, du centre A, de décrire la circonférence du rayon Ar, qui devient le lieu des centres de courbure des dents de la roue ; puis d'une ouverture de compas égale à rT, et en prenant pour centres les divisions tracées sur le cercle primitif en raison du nombre de dents, on trace les contours de celle-ci.

Les dents ainsi tracées se rapprochent beaucoup des dents en développantes ; il suffirait que le centre r se déplaçât quelque peu pendant le tracé des dents pour qu'elles eussent cette forme. Elles participent des avantages et des inconvénients de ce genre de dents.

Comme elles sont tracées à l'aide d'un seul arc de cercle, il n'y a qu'une position pour laquelle le rapport des vitesses angulaires reste rigoureusement constant, c'est celle qui répond à la position du point de contact sur la ligne des centres.

125. *Tracés des dents pour deux arcs de cercle.* — On obtiendra un degré d'exactitude bien plus grand, et qui satisfera amplement à tous les besoins de la pratique, en traçant le flanc et la face de chaque dent, avec deux arcs de cercle ayant chacun une tangente commune avec la courbe rigoureuse, en satisfaisant à la condition que le point d'action exact de l'un soit situé un peu en deçà de la ligne des centres, et celui de l'autre un peu au delà de cette ligne et à la même distance, égale à la moitié du pas, par exemple.

La fig. 122 montre l'application de cette méthode, qui a été introduite par Willis dans les ateliers anglais, et qui devrait être adoptée universellement ; elle constitue une utile application de la théorie des engrenages.

A est le centre de rotation de la première roue, B celui de la seconde roue avec laquelle la première engrène.

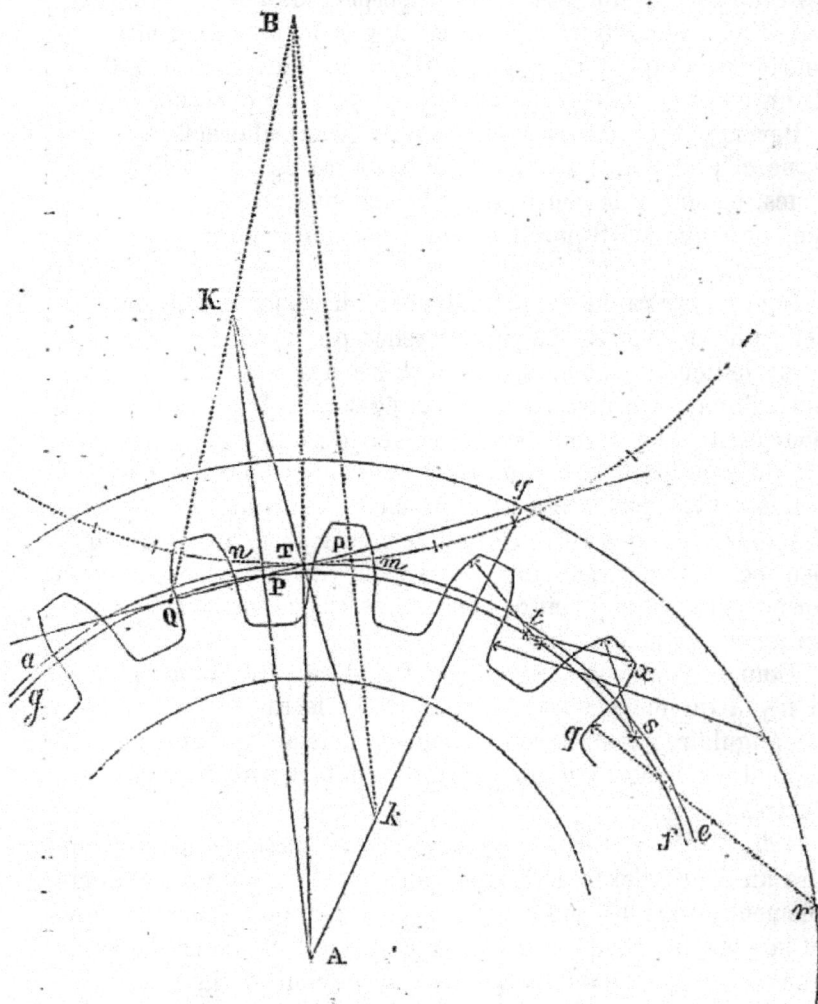

Fig. 122.

T est le point de contact de leurs circonférences primitives; par ce point T menez une droite Q T q, faisant avec la ligne des centres un angle P T A = B T q qui peut être quelconque; celui de 75° est très-bon pour que les dents aient une forme convenable.

Menez à cette droite Q T q et par le point T une perpendiculaire indéfinie, et marquez sur cette perpendiculaire deux distances égales T K, T k qui peuvent être quelconques, mais plus petites toutefois que le plus petit rayon primitif du système de roues dentées. Par l'extrémité K de cette perpendiculaire et par le centre B menez B K, que vous prolongerez jusqu'à sa rencontre Q avec Q T q. Joignez K au centre de la roue A, cette droite coupera Q T q en un point P.

P est le centre de courbure des *faces* de [la roue A, et Q est le centre de courbure des *flancs* de la roue B contre lesquels agissent ces faces. C'est encore l'application des principes de l'art. 30.

126. *Pour avoir les rayons de courbure,* prenez sur la circonférence primitive de la roue A un point m, situé à une distance de T égale à la moitié du pas, de l'autre côté de la ligne des centres par rapport à P et à Q. P m sera le rayon de courbure des faces de la roue A, et Q m le rayon de courbure des flancs de la roue B ; les premières seront donc convexes et en saillie sur la circonférence A, les secondes seront concaves et à l'intérieur de la circonférence B. En opérant sur la roue B, comme nous l'avons fait pour la roue A, en traçant les lignes A k et B k, on aura les centres p et q, et le rayon de courbure qn (qui varie très-peu, pour le demi-pas T n, avec la courbure des petites roues B) des flancs de la roue A et pn des faces de la roue B.

127. Pour achever le tracé de l'engrenage, on décrira du centre A et du rayon A q une circonférence qui sera le lieu des centres de courbure des flancs de la roue A, dont les rayons de courbure $= q n$. Une autre circonférence de rayon A P contiendra les centres de courbure de ses faces, dont les rayons $= P m$.

Il importe de remarquer que les dents de la roue A, par exemple, ne changeraient pas de forme, quand bien même la roue B, avec laquelle elle engrène, aurait un rayon différent de B T, pourvu toutefois que les distances K T $=$ T $k =$ C demeurassent constantes. Quelle que puisse être, en effet, la position de B sur la ligne des centres, cette position n'affecterait que la position des centres de courbure Q et p des dents de cette même roue B T, sans rien changer à la situation des centres de courbure P et q de la roue A T.

Il en résulte que quel que soit le nombre de roues d'un système pour lequel les lignes Q q et K k conserveront les mêmes positions angulaires, par rapport à la ligne des centres,

et les droites $KT = Tk$ la même valeur absolue C, deux quelconques de ces roues marcheront ensemble convenablement.

On peut d'ailleurs déterminer la distance KT dans un tel système en remarquant que si A se rapproche de T, Aq qui tend
d'abord à devenir parallèle à Tq, dépasse ensuite cette position ;
le point q, dans le cas du parallélisme, est rejeté à l'infini et le
flanc de la roue A devient une ligne droite perpendiculaire à
PTq. Lorsque la position de A qui rend Tq parallèle à PTq
est dépassée, le centre de courbure q, des flancs de A, se trouve
situé de l'autre côté de T, et ces flancs deviennent alors convexes, ce qui donne aux dents une forme bizarre, inadmissible
à cause des arcs-boutements.

Il est donc rationnel de donner à KT, pour valeur maximum,
celle qui combinée avec le plus petit rayon du système rendrait Aq parallèle à Tq, r étant alors le rayon de la plus petite
roue d'un système d'engrenages, on a : $KT = r$ sin. QTA ou
$C = r$ sin. θ, en appelant θ l'angle de la droite PTq et de la
ligne des centres.

Si l'on veut calculer pour une autre roue quelconque la distance d du point de contingence T au centre P de courbure des
faces, et celle D au même point T du centre de courbure q des
flancs, on les aura facilement en fonction des quantités connues. En effet, dans la fig. 122, menant AR perpendiculaire à
PTq, on a :

$$AR : PR = KT : PT.$$

Remplaçant ces quantités par leurs valeurs et posant :

$$PR = TR - PT,$$

on a :

$$d = PT = \frac{KT \times PR}{AR} = \frac{r \sin. \theta \times (R \cos. \theta - d)}{R \sin. \theta}$$
$$= \frac{R r \cos. \theta - r d}{R},$$

d'où $(R + r) d = R r \cos. \theta$ et $d = \dfrac{R r \cos. \theta}{R + r}$.

En opérant de même pour l'autre cercle, on trouverait :

$$D = \frac{R r \cos. \theta}{R - r} = qT.$$

Donnant à r et à θ les valeurs constantes qu'on juge les plus

convenables pour ce système général d'engrenages, on calcule
et l'on dispose facilement en tables numériques les valeurs de
D et d correspondantes à différents rayons et à différents pas,
et on se trouve ainsi dispensé de faire un tracé complet pour
chaque cas, ce qui rend cette méthode très-avantageuse dans
la pratique.

Si, par exemple, on prenait $r = 1^m$ pour le plus petit pignon
d'un système de gros engrenages et $\theta = 75°30'$, on aurait sensiblement pour une roue de rayon R,

$$d = \frac{R}{4(R+1)} \text{ et } D = \frac{R}{4(R-1)}.$$

128. *Application aux engrenages à lanterne.* — Les fuseaux
de la lanterne étant des dents en arc de cercle, si on suppose le
point K situé à l'infini (fig. 121), A P, B Q deviendront perpendiculaires à P T Q et les centres de courbure seront situés en r et
en s. Le premier sera celui de la dent et le second le centre du
fuseau. Prenant donc entre T et S un point m situé à une distance de S égale au rayon du fuseau, $r\,m$ sera le rayon de courbure de la dent.

129. *Engrenage à flancs.* — Si on voulait que le flanc de la
roue fût une droite dirigée suivant le rayon, cette condition re-
jetterait évidemment à l'infini le centre de courbure de ce flanc,
et le point k s'obtiendrait en menant du point A une perpendiculaire à la direction K T k (fig. 122). On joindrait ensuite les
points k et B par une droite qui couperait P T Q en un point qui
serait le centre de courbure de la dent destinée à conduire le
flanc droit. La perpendiculaire A R abaissée sur P T Q serait elle-
même la direction de ce flanc, et ce serait par le point R que
devrait passer l'arc de la dent qui mène. L'angle R T A devrait
en même temps prendre la valeur qui rendrait T R = demi-pas,
puisque R est par hypothèse un point par lequel la poussée se
produit nécessairement.

130. *Engrenage à dents épicycloïdales.* — Les dents tracées par la méthode indiquée plus haut sont limitées par des
courbes qui se rapprochent beaucoup d'épicycloïdes, et sur
la ligne de Q T q elles sont tangentes à de semblables courbes.
En effet, les normales à celles-ci passent par le point de contingence T, et de la détermination de la valeur D il serait facile
de déduire la valeur R' du rayon d'un cercle roulant qui don-

nerait naissance à une épicycloïde ayant pour son rayon de courbure, dont nous avons donné plus haut l'expression, la même valeur.

131. *Odontographe.* — Willis a fait établir, pour l'usage de sa méthode, une espèce de petit rapporteur en corne, qu'il appelle *odontographe*, qui permet de tracer rapidement les courbes des dents en indiquant les centres, ainsi qu'il vient d'être dit, et par suite les rayons, à l'aide d'une table préalablement dressée.

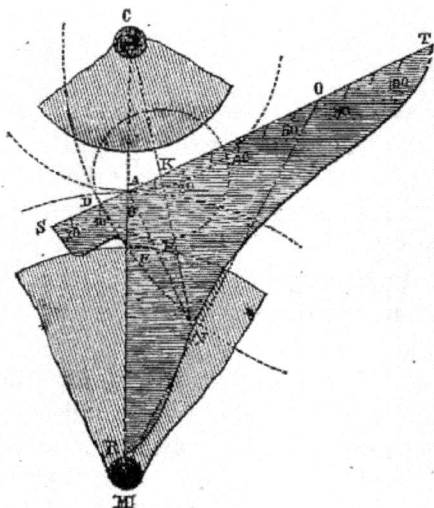

Fig. 123.

La fig. 123 représente cet instrument, espèce de fausse équerre, dont la face fait un angle de 75° avec son côté. Prolongée dans les deux sens, elle est divisée en millimètres, à droite et à gauche du zéro placé au sommet de la fausse équerre. En appliquant le côté non divisé sur le rayon du cercle primitif dont on veut tracer les dents, et en faisant coïncider le zéro de l'équerre avec l'un des points de division de ce cercle, le côté divisé prend la direction de la ligne d'action (de la normale commune aux deux surfaces), une direction symétrique par rapport à la ligne des centres.

Si donc l'on connaît d'avance, pour les différents cas, la grandeur des rayons des faces et des flancs, l'opération se bornera à marquer sur le dessin les centres, puis à décrire les circonférences directrices. Une pointe du compas est fixe sur un centre, pendant que l'autre extrémité trace soit le flanc, soit la face de chaque dent successivement.

Reste à dresser les tables nécessaires à l'emploi de l'odontographe en mesures françaises, pour les constructeurs qui voudront en faire usage. Nous les reproduisons ici.

Tableau pour les centres des flancs (en millimètres).

NOMBRE des DENTS.	PAS EN CENTIMÈTRES.									
	1	1,5	2	2,5	3	4	5	6	7	8
13	64	96	129	161	193	257	321	386	450	514
14	35	52	69	87	104	138	173	208	242	277
15	25	38	49	62	74	99	124	148	173	199
16	20	30	40	50	59	79	99	119	138	158
17	17	25	34	42	50	67	84	101	118	134
18	15	22	30	37	45	59	74	89	104	119
20	12	19	25	31	37	49	62	74	87	99
22	11	16	22	27	33	44	54	65	76	87
24	10	15	20	25	30	40	49	59	69	79
26	9	14	18	23	28	37	46	55	64	73
30	8	12	17	21	25	33	41	49	58	66
40	7	11	14	18	21	28	35	42	49	57
60	6	9	12	15	19	25	31	37	43	49
80	6	9	12	15	17	23	29	35	41	47
100	6	8	11	14	17	23	28	34	39	45
150	5	8	11	13	16	22	27	32	36	43
Crémaillère	5	7	10	12	15	20	25	30	35	40

Tableau pour obtenir les centres des faces.

NOMBRE des DENTS.	PAS EN CENTIMÈTRES.									
	1	1,5	2	2,5	3	4	5	6	7	8
12	2.5	3.5	5	6	7	10	12	15	17	20
15	2.5	4	5.5	7	7	11	14	17	19	22
20	3	4.5	6	7.5	8	12	15	18	22	25
30	3.5	5	7	9	10.5	14	18	21	25	28
40	4	5.5	7.5	9.5	11	15	19	23	27	30
60	4	6	8	10	12	16	21	25	29	33
80	4.5	6.5	8.5	11	13	17	22	26	30	34
100	4.5	6.5	9	11	13.5	18	22	27	31	35
150	4.5	7	9.5	11.5	14	18	23	28	32	37
Crémaillère	5	7.5	10	12	15	20	25	30	35	40

De la crémaillère. — Toutes les propositions précédentes
sont indépendantes du nombre des dents des roues et de
la grandeur de leur rayon; elles s'appliquent par suite au
cas où l'un d'eux devient infini et le mouvement produit est
alors rectiligne. Il y a avantage à étudier la crémaillère en
même temps que les roues dentées, dont elle est un cas particulier.

132. *De la cycloïde.* — Nous avons déjà parlé de la cycloïde,
appelée quelquefois roulette, qui se produit lors du roulement
d'une circonférence sur une
droite fixe, mouvement identique avec celui produit par le
mouvement simultané de rotation d'un cercle autour de son
centre et une translation d'une
droite à laquelle il est tangent,
comme il est facile de le voir

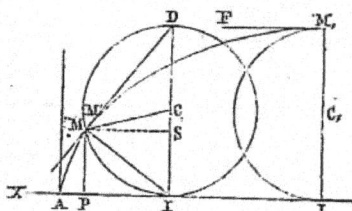

Fig. 124.

en raisonnant comme nous l'avons fait art. 102, ou lorsqu'on
ramène la droite à sa position primitive pour obtenir le mouvement relatif équivalent aux mouvements simultanés.

Il résulte de la définition même du roulement que toujours
la droite A I est égale à l'arc M I, que le roulement ayant lieu
autour du point M, la droite M I est la normale en I, par suite
D M la tangente, D étant l'extrémité du diamètre C I.

Toutes les propositions démontrées pour les épicycloïdes
trouvent ici leurs applications.

Un point d'une circonférence roulant à l'intérieur de la
circonférence primitive décrit une épicycloïde, et en roulant
sur la droite une cycloïde, qui sont enveloppée et enveloppe
l'une de l'autre; toutes les propositions établies s'appliquent
au roulement simultané sur les deux lignes qui remplacent ici
les circonférences primitives.

Nous disposons donc de tous les éléments nécessaires pour
résoudre le problème de la poussée par contact pour produire
le mouvement rectiligne à l'aide du circulaire, dans un rapport de vitesse constant. Si donc on se demande comment
armer de dents la roue dont l'axe est maintenu entre des
coussinets et la barre maintenue par des guides de manière
à ne pouvoir se mouvoir que dans le sens de sa longueur,
pour que le mouvement ait lieu comme s'il y avait roule-

ment, les vitesses linéaires au point de contact étant les mêmes, ce sera au moyen des courbes enveloppes et enveloppées qu'on y parviendra et les divers systèmes d'engrenages donneront un nombre égal de systèmes de crémaillères.

133. *Crémaillère à flancs.*— Le centre de l'une des roues, la roue conduite par exemple, étant situé à l'infini, une des circonférences primitives devient une ligne droite (fig. 125), ses

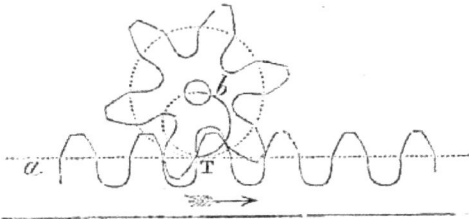

Fig. 125.

flancs (qu'il faut supposer terminés à la ligne aT) deviennent des plans parallèles entre eux, perpendiculaires à sa direction. Le cercle roulant extérieuremet à la roue se trouve d'un rayon infini; autremént dit, les dents deviennent des développantes de la circonférence, puisque le cercle décrivant l'épicycloïde dans le cas des roues dont une ligne droite roulant sur le cercle primitif.

Pendant la rotation de la circonférence autour de son centre b, la droite aT lui restera constamment tangente; elle est donc constamment normale à toutes les développantes qui forment les dents; elle est donc le lieu des contacts de ces développantes avec les différents flancs, et ceux-ci ne sont donc jamais en prise que par leur élément extérieur situé sur cette ligne. La forme du reste de l'entaille, pourvu que les dents puissent s'y loger, est donc complétement arbitraire.

Crémaillère avec réciprocité. — La crémaillère à flancs, telle que nous l'avons décrite plus haut, doit être conduite par la roue; inversement, la crémaillère peut être armée seule de dents destinées à conduire les flancs de la roue. Les profils des dents de la crémaillère (fig. 125) sont des cycloïdes engendrées par le roulement sur la droite aT, considérée comme une circonférence primitive du cercle qui a pour diamètre le rayon de la circonférence b. Ainsi construite, la roue et la crémail-

lère pourront porter toutes deux à la fois des dents et des
flancs; et par conséquent se mener indifféremment l'une
l'autre.

Nous n'avons pas à revenir sur les questions accessoires de
l'exécution des engrenages ; ainsi l'égalité des divisions sur les
deux circonférences primitives ne doit pas cesser d'avoir lieu
dans le cas où l'une d'elles devient une ligne droite, la crémaillère parcourant, dans la direction de sa longueur, des
chemins égaux aux arcs décrits par la circonférence de la
roue.

134. *Crémaillère à fuseaux.* — De ce que le contact n'a lieu
que sur une ligne dans la crémaillère à flancs, il résulte qu'à la
limite d'un engrenage à lanterne, pour une barre garnie de
dents se réduisant à des points placés sur la ligne tangente à la
circonférence primitive, les dents de la roue menante devraient
avoir les mêmes profils que l'engrenage à flancs, c'est-à-dire être
formées de développantes du cercle primitif. Il en sera de même
dans la pratique, c'est-à-dire lorsque la barre sera armée de
fuseaux cylindriques ayant leurs centres sur la tangente, la
courbe de la crémaillère devra être diminuée suivant ses normales d'une longueur égale au rayon du fuseau; ce qui donnera encore une développante, puisqu'une développante raccourcie est une développante identique avec la première.
Inversement (fig. 126) on peut garnir la roue de fuseaux et la

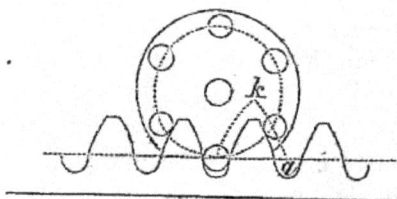

Fig. 126.

faire conduire par la crémaillère. Les dents de celle-ci seront
des cycloïdes engendrées par la circonférence primitive de la
roue, raccourcies suivant chaque normale d'une longueur égale
au rayon des fuseaux.

135. *Crémaillère à flancs cycloïdaux* (fig. 127). On a vu que
la crémaillère qui dérive de l'engrenage à flancs a cet inconvénient grave, que la développante des faces du pignon agit sur
un seul point de la dent de la crémaillère.

On évite cet inconvénient en choisissant pour cercle décrivant un cercle quelconque (comme art. 122) T k m, qui, roulant intérieurement sur la tangente T n, engendre des arcs cycloïdaux qui forment intérieurement les flancs et extérieurement les

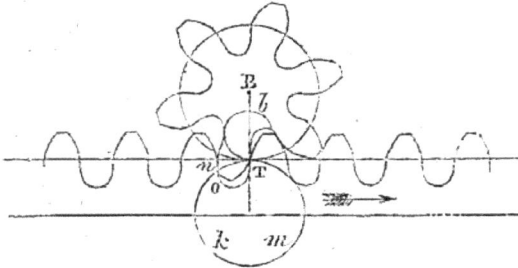

Fig. 127.

dents de la crémaillère. Le même cercle, en roulant sur la circonférence primitive B T du pignon, engendre des épicycloïdes dont le contact avec les premières courbes s'opère alors le long d'un arc n o, dont la courbure sera d'autant moindre que le diamètre du cercle décrivant sera lui-même plus grand.

En prenant le cercle décrivant égal au cercle constant qui servirait à tracer les dents de toutes les roues d'un système de roues dentées, l'une quelconque de ces roues engrènerait avec la crémaillère. Nous avons donné, dans les tableaux placés dans les pages précédentes, les éléments qui permettent d'appliquer la méthode de Willis au cas de la crémaillère, répondant à une roue d'un nombre de dents infini.

136. *Crémaillère à dents obliques* (fig. 128). — Le système

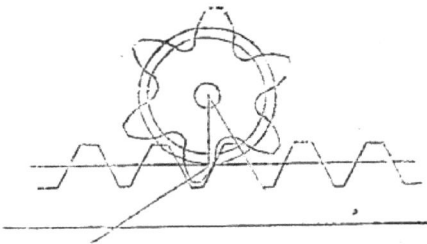

Fig. 128.

d'engrenages à développantes fournit aussi un tracé particulier. En effet, dans le tracé de ce système d'engrenages, l'inclinaison des tangentes aux cercles intérieurs est une quantité arbitraire indépendante des rayons R, R' des circonférences primitives. Si l'un des rayons R' devient infini et l'une des circonférences une ligne droite, un des points de tangence aux circonférences s'éloigne à l'infini, et la développante correspondante devient une droite perpendiculaire à la tangente commune.

On obtient ainsi une crémaillère à dents obliques, dont la crémaillère à flancs est un cas particulier, celui où les tangentes se confondent avec les deux circonférences primitives au point de contact. Dans ce cas déjà examiné, le contact n'a plus lieu qu'en un seul point sur la ligne droite, d'où résulterait une usure considérable, et la roue seule peut conduire, désavantage que n'offre pas l'engrenage que nous décrivons, dans lequel le contact se fait sur un élément linéaire.

NOMBRE ET SAILLIE DES DENTS.

Tous les éléments du tracé d'un engrenage quelconque sont actuellement déterminés, sauf un, celui du nombre de dents, ou plutôt les limites dans lesquelles les nombres $\dfrac{n}{n'} = \dfrac{R}{R'}$ doivent se trouver renfermés pour que l'engrenage satisfasse aux conditions de continuité d'action que nous avons reconnu être nécessaires.

137 La résistance passive qui s'exerce entre les dents d'un engrenage, avant et après la ligne des centres, n'est pas également nuisible. Avant la ligne des centres, elle ne se borne pas au frottement, il peut en résulter une action destructive que les arêtes vives de la pointe des dents peuvent exercer sur les surfaces qu'elles rencontrent obliquement.

Il peut arriver, soit à raison du petit nombre de dents, soit à raison de quelque irrégularité dans leur exécution, qu'à une certaine époque du mouvement les deux roues O, O' (fig. 129), n'aient qu'un seul point de contact en m, précisément suivant le dernier élément du profil $m\,a$.

A partir de cette position, si la roue O tournant de droite à gauche est celle qui mène, la pointe m formant arête vive exercera seule la poussée en remontant vers l'extrémité b du profil $d\,b$, tandis que la poussée régulière devrait avoir lieu par le prolongement $m\,i$ du profil $a\,m$ et de manière que le contact s'avançât vèrs d, le long du profil $b\,d$. On voit d'abord que le mouvement de la roue O′ dans la poussée qui se fait par l'arête vive m se trouve ralenti. En effet, si la courbure des profils $a\,m\,i$, $b\,m\,d$ a constamment le même signe, toutes les tangentes à la portion $m\,i$, par exemple, laissent derrière elles, par rapport au sens du mou-

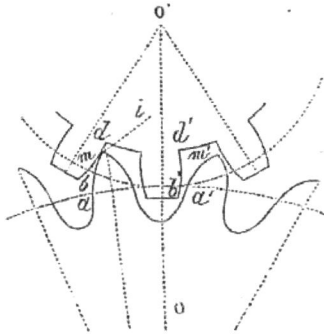

Fig. 129.

vement, la portion de profil $a\,m$, la pointe m par conséquent. Le mouvement de O′ est ainsi ralenti jusqu'à ce que la poussée se fasse régulièrement de la dent $a'\,m'$ sur la dent $b'\,d'$. Toutefois le seul inconvénient est la poussée irrégulière par la pointe m, qui n'a lieu qu'au delà de la ligne des centres, qu'après cette ligne par rapport au sens du mouvement.

Mais renversons le sens du mouvement. Regardons la roue O′ comme roue menante et comme tournant de b vers b' dans le même intervalle de poussée irrégulière que nous venons de considérer, après que le profil $b'\,d'$ aura cessé d'être en prise, la partie $b\,m$ du profil $b\,d$ mènera seule la pointe m en la forçant d'avancer de b vers m. Alors, si l'on regarde comme uniforme le mouvement dirigeant de O′, la rotation de O se trouvera cette fois accélérée et de plus la poussée irrégulière de $b\,m$ sur le point m aura lieu tout entière avant la ligne des centres, par rapport au nouveau sens du mouvement. C'est alors que l'action de la pointe, ou, pour mieux dire, de l'arête vive m, peut surtout détruire la surface opposée, s'y enfoncer même au point d'arrêter le jeu de l'engrenage ou de briser les dents ainsi engagées; c'est là ce que l'on désigne par le nom d'arc-boutement. En effet, la somme des lignes $O\,m + O'\,m$ étant plus grande que

OO', s'il arrive que quelque obstacle s'oppose à leur mouvement, il y aura nécessairement rupture lorsqu'elles se rapprocheront de la ligne des centres; le même effet ne serait pas produit au delà de la ligne des centres, la quantité $Om + O'm$ allant toujours en croissant.

138. *De l'effet des arcs-boutements.* — Il est facile de se rendre compte de la différence d'action des pointes des dents avant et après la ligne des centres. Si la pointe est en prise après cette ligne, elle parcourt la surface opposée de m vers b; si elle est en prise avant la même ligne (toujours par rapport au mouvement), elle parcourt la surface qui la pousse de b vers m.

Or, l'arête vive m (fig. 130) peut être considérée comme le tranchant d'un ciseau symétrique par rapport au rayon de la roue O passant par le point m, et sur lequel on appuierait en cherchant en même temps à le faire glisser sur la surface amd. Si

Fig. 130.

le glissement doit avoir lieu du côté où le rayon fait avec les éléments de la surface un angle aigu, cette surface sera seulement polie; si le glissement tend à se produire du côté de l'angle obtus, il sera le plus souvent impossible, ou du moins il y aura sans cesse pénétration et déchirement. On voit clairement ce qui se passe en se représentant la surface $a b$ comme composée de particules isolées, entre lesquelles tend à s'engager le tranchant de m. Dans un sens, ces molécules peuvent être considérées comme rencontrées par un plan incliné qui les surmonte; dans l'autre sens, poussées directement par un tranchant, elles devront être coupées.

139. *Des dispositions à prendre pour éviter les arcs-boutements.* — On les évitera sûrement en faisant en sorte que les dents ne puissent se rencontrer qu'après les lignes des centres; mais on voit alors que, si les dents ont des profils symétriques, il n'y aura qu'une des deux roues qui puisse être roue menante. C'est le cas de l'engrenage à lanterne, de l'engrenage à flancs où le pignon n'est point armé de dents, les fuseaux et les flancs ne devront jamais conduire la roue qui mène; celle-ci toutefois peut conduire dans un sens comme dans l'autre. J'appellerai les engrenages qui se trouvent dans ce cas *symétriques sans réciprocité*.

Mais dans les machines à mouvement rapide, à résistance très-inégale, où les vitesses sont régularisées par l'emploi de volants, il arrivera fréquemment que, tout en marchant généralement dans un seul et même sens, les roues seront alternativement, l'une par rapport à l'autre, menantes et menées. On voit d'abord, qu'il importe de maintenir le jeu très-petit pour diminuer autant que possible les chocs au moment où les roues changent de rôle, mais, en outre, qu'il faut donner aux dents des roues une longueur suffisante pour que les contacts aient lieu partie avant et partie après la ligne des centres. C'est ce qui se fait aujourd'hui dans toutes les constructions.

J'appellerai *symétriques* et *réciproques* les engrenages de ce genre, dont les roues peuvent être indifféremment menantes ou menées.

Les engrenages à flancs, épicycloïdaux ou à développantes, formés de deux roues ayant des dents saillantes et symétriques, sont dans ce cas.

De la longueur des dents.

140. Nous avons déjà vu comment on pouvait tracer graphiquement les limites des dents; mais il importerait de les calculer. Nous emprunterons à Willis d'intéressantes considérations sur la détermination des saillies des dents et l'influence de cette dimension sur les arcs d'*approche* (de contact en deçà de la ligne des centres) et de *retraite* (de contact au delà de la la ligne des centres) dont nous venons de montrer l'importance.

Engrenage à flancs. Soint : $\varphi = \mathrm{T\,B}\,d$ (fig. 131), l'arc de retraite qu'on veut obtenir; G_1 la saillie $d\,f$ de la dent de la roue de rayon $\mathrm{A\,T} = R_1$, N_1 le nombre de dents dont elle est armée; $G_2\ R_2\ N_2$ les quantités correspondantes pour l'autre roue, a le pas de l'engrenage $= \dfrac{2\,\pi\,R_1}{N_1} = \dfrac{2\,\pi\,R_2}{N_2}$.

D'après le tracé de l'engrenage à flancs, $\mathrm{T}\,d$ étant perpendiculaire à $\mathrm{B}\,d$, on a $\mathrm{T}\,d = R_2 \sin.\ \varphi$. Le triangle $d\,\mathrm{T\,A}$ fournit la relation $(R_1 + G_1)^2 = R_1^2 + \mathrm{T}\,d^2 - 2\,R_1\,\mathrm{T}\,d\cos.\ \mathrm{A\,T}\,d$. Divisant par R_1^2 et remarquant en outre que :

cos. A T d = — cos. B T d = — sin. φ et mettant pour T d sa valeur, il vient :

$$\frac{R_1 + G_1}{R_1} = \left(1 + \frac{R_2{}^2 + 2\,R_1\,R_2}{R_1{}^2}\, \sin.^2\varphi\right)^{\frac{1}{2}}.$$

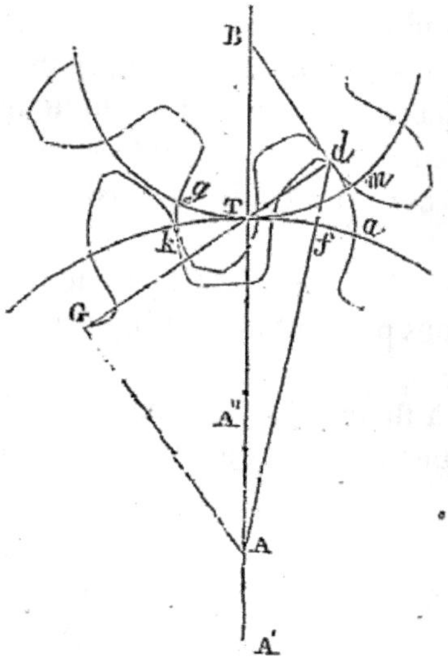

Fig. 131.

Développant ce binôme, remplaçant sin. φ par son développement en série $\varphi - \dfrac{\varphi^3}{6} + \ldots$ .négligeant les termes qui renferment des puissances élevées de φ à partir de la quatrième, ce qui est permis, puisque dans la pratique cet angle est toujours assez petit, il vient :

$$\frac{G_1}{R_1} = \frac{2\,R_1\,R_2 + R_2{}^2}{2\,R_1{}^2}\,\varphi^2.$$

Appelant F le rapport de l'arc de retraite au pas,

$$F = \frac{T\,m}{a} = \frac{R_2\,\varphi\,N_2}{2\,\pi\,R_2} \text{ d'où } \varphi = \frac{2\,\pi\,F}{N_2}.$$

Ce qui donne, pour obtenir la saillie G_1 des dents de la roue qui mène, en remplaçant $R_1\,R_2$ par leurs valeurs en $N_1\,N_2$, la relation :

$$\frac{G_1}{a} = \pi\,F^2\left(\frac{2}{N_2} + \frac{1}{N_1}\right).$$

La saillie G_2 des dents de la roue conduite s'obtiendrait d'une manière analogue en retournant la figure et considérant alors l'arc $T\,m$ comme un *arc d'approche;* f étant alors le rapport de l'arc d'approche au pas, on aurait pour déterminer la saillie à la roue conduite :

$$\frac{G_2}{a} = \pi f^2 \left(\frac{2}{N_1} + \frac{1}{N_3} \right)$$

et enfin :

$$\frac{G_1}{G_2} = \frac{F^2}{f^2} \left(\frac{2\,N_1 + N_2}{2\,N_2 + N_1} \right).$$

La longueur totale λ de dents mesurée suivant le rayon des roues, à partir du fond du creux, devra en pratique prendre la valeur (en y comprenant le jeu nécessaire) :

$$\lambda = G_1 + G_2 + \frac{a}{10}.$$

141. *Observations.* — On remarque : 1° que la somme des arcs d'approche et de retraite doit être au moins égale au pas, pour qu'une dent vienne en prise lorsque la précédente va échapper, ce qui suppose $F + f = 1$ au moins;·

2° Que l'arc d'approche augmente avec la saillie de la roue menée, et que l'arc de retraite augmente avec la saillie de la roue qui mène;

3° Que le coefficient, inconnu jusqu'ici, du frottement qui a lieu pendant *l'approche* étant sans aucun doute plus grand que celui qui a lieu pendant *la retraite,* on pourrait croire qu'il y aurait avantage à rendre nul l'arc d'approche, ce qui reviendrait à rendre nulle la saillie de la roue conduite;

4° Qu'il faudrait alors, toutes choses égales d'ailleurs, augmenter l'arc de retraite de toute la valeur de l'arc d'approche, ce qui porterait le lieu du contact à une plus grande distance de la ligne des centres, et ferait croître ainsi rapidement le travail du frottement de retraite; il pourrait arriver qu'on perdît plus d'un côté qu'on n'eût gagné de l'autre;

5° On pense que, à défaut de données expérimentales suffisantes et dans l'ignorance complète où l'on est de la valeur relative des frottements *d'approche* et de *retraite,* il conviendra de diminuer l'arc d'approche (sans le rendre nul) et d'augmenter l'arc de retraite (si, comme dans la pratique moderne, on ne les conserve égaux), ce qui revient à diminuer la saillie de la roue conduite et à augmenter la saillie de la roue qui mène.

En général, il est bon de multiplier assez les dents, pour que la plus grande distance du contact à la ligne des centres ne soit qu'une petite fraction du rayon, et dans ce cas, l'expérience la plus générale pour des engrenages taillés avec soin prouve que, pour obvier à l'imperfection inévitable de l'exécution des dents et à leur déformation par l'usure, il est utile qu'il y ait constamment deux paires de dents en prise, une après et l'autre avant la ligne des centres.

La table suivante donne le rapport de ces saillies pour un engrenage à flancs dans les trois hypothèses suivantes : $F = f$; $F = f\sqrt{2}$; $F = 2f$.

	VALEUR DE $\dfrac{N_1}{N_2}$.	VALEURS DE $\dfrac{G_1}{G_2}$.		
		$F = 2f$.	$F = f\sqrt{2}$.	$F = f$.
Le pignon mène..	$\frac{1}{10}$	2,3	1,1	0,5
	$\frac{1}{5}$	2,4	1,2	0,6
	$\frac{1}{4}$	2,5	1,3	0,6
	$\frac{1}{3}$	2,8	1,4	0,7
	$\frac{1}{2}$	3,2	1,6	0,8
Crémaillère menée.	zéro.	2,0	1,0	0,5
La roue mène....	1	4	2	1
	2	5	2,5	1,2
	4	6	3	1,5
	6	6,5	3,2	1,6
	10	7	3,3	1,6
Crémaillère mène.	infini.	8	4	2

142. *Engrenages épicycloïdaux.* — Reportons-nous à la fig. 118, qui représente les dents tracées avec un même cercle décrivant; soit T h, l'arc de retraite que l'on veut obtenir; décrivons l'épicycloïde interne hd : h sera par hypothèse le dernier point de contact; A d sera dès lors le rayon maximum de la roue qui mène, et dh le développement strict du flanc de la roue conduite; toujours les contacts, tant d'approche que de retraite, seront situés sur l'une et sur l'autre des circonférences décrivantes.

On peut faire sur la fig. 118 les mêmes raisonnements que

sur la fig. 131, et considérer le diamètre du cercle décrivant comme le même que celui de la roue conduite dans cette dernière figure; et, comme l'arc T h de retraite est égal à l'arc T d ou $2\,r \times$ angle T D d, on aura pour la saillie G_1 de la roue qui mène :

$$\frac{G_1}{a} = \pi\, F^2 \left(\frac{2}{\Delta} + \frac{1}{N_1} \right),$$

Δ exprimant ici le nombre des dents que porterait une roue dont le rayon serait égal au diamètre du cercle constant. On aurait de même pour la saillie G_2 des dents de la roue conduite :

$$\frac{G_2}{a} = \pi\, f^2 \left(\frac{2}{\Delta} + \frac{1}{N_2} \right).$$

Mais il s'agit ici d'établir un système de roues dentées tel que deux roues quelconques de ce système puissent marcher ensemble et conduire ou être conduites; comme d'ailleurs il n'y a pas d'inconvénient à augmenter un peu la saillie, tandis qu'en la diminuant le contact cesse trop tôt et la transmission de mouvement ne satisfait plus aux conditions de rapport de vitesse constant, on adoptera la première formule pour exprimer la saillie G pour toutes les roues du système; de sorte que l'on aura en général :

$$\frac{G}{a} = \pi\, F^2 \left(\frac{2}{\Delta} + \frac{1}{N_1} \right),$$

Δ étant la plus petite valeur que puisse prendre N_2, et alors $G = \dfrac{3\,\pi\,F^2\,a}{\Delta}$, la plus grande valeur que puisse acquérir la saillie, puisque, d'après la formule ci-dessus, G est d'autant plus grand que N_1 est plus petit.

143. *Engrenages à développantes.* — D'après le mode de construction des engrenages à développantes (fig. 119), il est évident que les contacts se poursuivraient tout le long de la ligne D E, et les arcs d'approche et de retraite seraient dans le rapport des lignes D T, E T, si les dents avaient des longueurs suffisantes.

On diminue à volonté l'arc d'action en diminuant la longueur des dents; et les longueurs interceptées sur la tangente D T, à partir du point T, par les circonférences passant par les contacts extrêmes, seront encore dans le rapport des arcs d'approche et de retraite.

Nombres des dents.

·144. Pour que la condition qu'il y ait plusieurs dents en
prise soit satisfaite par une saillie convenable, il faut que la
figure qui nous sert à déterminer cette saillie soit possible, et
pour cela il faut que le nombre des dents soit supérieur à un
certain nombre minimun pour chaque espèce de roues d'engrenage.

Nous avons vu que les nombres des dents des roues étaient

dans le rapport $\dfrac{n}{n'} = \dfrac{R}{R'}$, et qu'ainsi il faut prendre pour n et n'

deux nombres entiers qui satisfassent à cette relation. Mais ce
rapport ne détermine pas complétement les dents, car chaque
division comprend un vide et un plein, et il faut encore savoir
quelle épaisseur on devra donner au plein. Cette épaisseur n'est
pas arbitraire, elle serait déterminée par la résistance des matériaux, d'après la grandeur de la force à mener, si la largeur
de la roue était donnée. Mais dans le cas général, on peut faire
varier la largeur de la roue et augmenter ainsi la résistance
pour une même largeur et par suite le nombre de dents.

La condition de continuité d'action n'est pas remplie par un
nombre quelconque. Il peut arriver, par exemple, qu'une dent
de la première roue ne conduise pas asséz loin la dent avec laquelle elle est en contact, c'est-à-dire qu'elle l'abandonne avant
qu'une autre dent de la première roue soit en prise avec une
autre dent de la deuxième roue.

Pour y remédier, il faudrait prolonger le profil de la dent;
mais alors, puisqu'elle est symétrique, il faudrait augmenter
son épaisseur à la base. Le vide deviendrait donc d'une moindre
étendue, et aussi les bases des dents de la deuxième roue; elles
pourraient donc alors être trop faibles, en supposant qu'il restât
un vide, que la solution fût possible théoriquement pour le
nombre des dents considéré.

On ne peut donc alors satisfaire à la question qu'en augmentant suffisamment le nombre des dents, c'est-à-dire les nombres
n et n'. Ces nombres sont donc susceptibles d'un minimum qui
ne doit jamais être atteint dans la pratique; comme il n'y a en
général qu'avantage à multiplier le nombre de dents, on se
tient dans la construction à une assez grande distance de cette
limite dont la détermination n'offre pas, par suite, beaucoup

d'importance. La recherche de cette limite mène à des calculs assez compliqués qui se réduisent à résoudre, pour chaque cas, le triangle rectiligne qui répond à la position extrème des dents. Savary, en les effectuant, en a déduit les résultats suivants :

Appelant μ le rapport $\dfrac{n}{n'} = \dfrac{R}{R'} = \mu$, moindre que l'unité, il a trouvé qu'on devait toujours avoir :

Dans l'engrenage à flancs, $n' =$ ou $> 10\,(1 + \mu)$;
Dans l'engrenage à lanterne, $n' =$ ou $> 7 + 4\,\mu$;
Dans l'engrenage à développantes, $n' =$ ou $> 16 + 2\,\mu$.

M. Résal est arrivé par des calculs analogues, que l'on peut lire dans son Traité de Mécanique générale, aux nombres assez différents ci-après :

Pour l'engrenage à flancs, $n = 10\,(1 + \mu)$;
Pour l'engrenage à lanterne, $n = 7 + 3\,\mu$;
Pour l'engrenage à développantes, $n = 12 + 5\,\mu$.

Willis a traité la question du nombre minimum de dents en tenant compte du rapport des arcs d'approche et de retraite. Il l'a résolue surtout à l'aide de tracés sur une grande échelle.

Nous lui empruntons les tableaux suivants qui résument ses recherches.

145. *Engrenages à lanterne.* — Bien que ce genre de roues d'engrenage ne soit plus guère employé dans la pratique, les déterminations ci-après sont cependant utiles, précisément parce que dans les quelques applications qui en sont faites, la lanterne est en général d'un petit diamètre relativement à la roue qui porte les alluchons.

Les tables suivantes donnent, en fonction du pas, le diamètre que devrait recevoir le fuseau pour qu'une dent entrât en prise précisément au moment où la dent précédente abandonnerait son fuseau. Les cas impossibles sont indiqués par le signe —; le signe + indique que le diamètre du fuseau peut être plus grand que la moité du pas, que par conséquent cette dimension peut être employée dans la pratique.

TABLE PREMIÈRE.

Le pignon conduit et les fuseaux sont à la roue.								
	VALEUR DE $\dfrac{R_1}{R_2}$.	DIAMÈTRE DES FUSEAUX.						
		NOMBRE DE DENTS AU PIGNON.						
		2	3	4	5	6	7	8
Dents intérieures.	3	0,63	+	+	+	+	+	+
	4	0,28	+	+	+	+	+	+
	8	—	0,64	+	+	+	+	+
Crémaillère [1]		—	0,34	0,73	+	+	+	+
Dents extérieures.	8	—	—	0,58	+	+	+	+
	6	—	—	0,51	+	+	+	+
	5	—	—	0,46	+	+	+	+
	4	—	—	0,37	+	+	+	+
	3	—	—	0,18	0,59	+	+	+
	2	—	—	—	0,37	0,63	0,75	+
	1	—	—	—	0	0,38	0,57

1. La crémaillère doit être considérée comme une roue d'engrenage d'un diamètre infiniment grand, d'un nombre infini de dents. Le rapport des rayons de la crémaillère et du pignon est infini.

TABLE DEUXIÈME.

La roue conduit et les fuseaux sont au pignon.								
	VALEUR DE $\dfrac{R_1}{R_2}$.	DIAMÈTRE DES FUSEAUX.						
		NOMBRE DE FUSEAUX AU PIGNON.						
		2	3	4	5	6	7	8
Dents extérieures.	1	—	—	—	—	0,00	0,38	0,57
	2	—	—	—	0,20	0,51	0,66	+
	3	—	—	0,39	+	+	+	
	4	—	—	0,01	0,46	+	+	+
	5	—	—	0,10	0,50	+	+	+
	6	—	—	0,16	+	+	+	+
	8	—	—	0,22	+	+	+	+
	10	—	—	0,26	+	+	+	+
Crémaillère..........		—	—	0,38	+	+	+	+
Dents intérieures.	8	—	0,01	0,49	+	+	+	+
	6	—	0,10	+	+	+	+	+
	4	—	0,23	+	+	+	+	+

Exemple. — On demande le plus petit nombre de dents et de fuseaux à donner au système d'une roue d'un diamètre 4 conduisant un pignon d'un diamètre 4.

On a ici $\dfrac{R_1}{R_2} = 4$, et la ligne horizontale de la table 2me, qui correspond à ce rapport, montre : 1° que pour 4 fuseaux au pignon, et par suite 16 dents à la roue, le diamètre du fuseau devrait être réduit à un centième du pas, dimension inapplicable ; 2° qu'en donnant cinq fuseaux au pignon et 20 dents à la roue, le diamètre du fuseau est les 0,46 ou très-voisin de la moitié du pas ; donc :

6 fuseaux et 24 dents,

7 fuseaux et 28 dents

sont applicables à la pratique.

ENGRENAGES A FLANCS.

146. ROUES DENTÉES EXTÉRIEUREMENT. — *Table du moindre nombre de dents extérieures que puisse recevoir une roue qui engrène avec des pignons donnés, en supposant épaisseur = creux.*

	NOMBRE DE DENTS AU PIGNON DONNÉ.	NOMBRE MINIMUM DE DENTS A LA ROUE.	
		Si la roue conduit.	Si le pignon conduit.
Arc de retraite = pas.	5	Impossible.	Impossible.
	6	»	176
	7	»	52
	8	»	35
	9	»	25
	10	(Crémaillère).	22
	11	54	21
	12	30	19
	13	24	18
	14	20	17
	15	17	16
	16	15	»
Arc de retraite = $\frac{3}{4}$ du pas.	3	Impossible.	Impossible.
	4	»	35
	5	»	19
	6	»	14
	7	31	12
	8	16	10
	9	12	10
	10	10	10
Arc de retraite = $\frac{2}{3}$ du pas.	2	Impossible.	Impossible.
	3	»	36
	4	»	15
	5	»	13
	6	20	10
	7	11	9
	8	8	8

147. Roues dentées intérieurement. — Dans le cas des engrenages intérieurs, pour un même pignon, l'arc d'action de la roue dentée intérieurement augmente à mesure que son propre nombre de dents est plus petit; comme on le verrait facilement en refaisant le dessin de la fig. 131 pour deux cas d'engrenages intérieurs engrenant avec un même pignon. C'est donc ici le *plus grand* nombre de dents d'une roue pouvant marcher avec un pignon donné qu'il s'agit de fixer. Ces limites sont résumées dans la table suivante.

	NOMBRE DE DENTS DU PIGNON DONNÉ.	PLUS GRAND NOMBRE DE DENTS A LA ROUE.	
		Si la roue conduit.	Si le pignon conduit.
Arc de retraite = pas.	2	Impossible.	5
	3	»	12
	4	»	26
	5	»	85
	7	14	Quelconque.
	8	25	»
	9	60	»
Arc de retraite = $\frac{3}{4}$ du pas.	2	Impossible.	10
	3	»	77
	4	5	Quelconque.
	5	12	»
	6	77	»
Arc de retraite = $\frac{2}{3}$ du pas.	2	Impossible.	14
	4	8	Quelconque.
	5	64	»

148. Ces tables montrent que l'on peut employer dans l'engrenage extérieur à flancs un plus petit pignon pour mener que pour être mené. Ainsi la plus petite roue qui puisse mener un pignon de onze ailes a 54 dents, tandis que le même pignon peut conduire une roue de 21 dents.

Elles montrent encore qu'un pignon de moins de dix ailes ne peut être mené dans cette condition, tandis que des pignons de six ailes peuvent conduire des roues portant des nombres quelconques de dents plus grands que ceux de la table.

Enfin, on doit remarquer que, les limites indiquées ci-dessus étant géométriquement exactes, on devra toujours dans la pratique employer plus de dents que la table n'en indique.

Engrenages épicycloïdaux. — Le plus petit nombre de dents

peut se déduire du cas précédent, et à cet effet on considère les nombres qui sur les tables correspondent aux roues conduites, comme exprimant les nombres de dents qui appartiendraient à une roue dont le rayon serait égal au diamètre du cercle décrivant.

Ainsi l'arc de retraite étant égal au pas, et le cercle décrivant étant celui d'une roue de 12 dents, la plus petite roue qui puisse conduire serait une roue de 30 dents au moins.

Principales dimensions des dents.

149. D'après les résultats de la théorie de la résistance des matériaux et ceux de l'expérience, on peut poser les conditions ci-après comme devant être combinées avec les précédentes.

Largeur de la jante. — Quatre fois l'épaisseur des dents quand la vitesse à la circonférence n'excède pas $1^m,50$ par seconde; cinq fois pour des vitesses supérieures, afin de diminuer l'usure.

Épaisseur. — Soit P la force en kilogrammes que l'engrenage doit transmettre, b l'épaisseur de la dent en centimètres, mesurée sur la circonférence primitive; on déduit de l'observation des dimensions adoptées par les meilleurs constructeurs :

Pour les jantes en fonte. . . . . $b = 0,150 \sqrt{P}$.

— en bronze ou cuivre. . $b = 0,131 \sqrt{P}$.

— en charme ou sorbier. $b = 0,138 \sqrt{P}$.

DU FROTTEMENT DANS LES ENGRENAGES.

150. Représentons par N la pression normalement aux courbes en contact, fN sera la valeur du frottement. Le chemin parcouru par ce frottement, pour une rotation correspondant à un arc infiniment petit ds des deux circonférences primitives, est celui du glissement que nous avons trouvé égal (art. 28) pour une courbe quelconque et son enveloppe à $p\,ds\left(\dfrac{1}{R}+\dfrac{1}{R'}\right)$ pour l'engrenage extérieur, et $p\,ds\left(\dfrac{1}{R}-\dfrac{1}{R'}\right)$ pour l'engrenage intérieur).

Le travail absorbé par le frottement sera donc en chaque instant :

$$f\,N\,p\,ds\left(\frac{1}{R}+\frac{1}{R'}\right).$$

A mesure que le nombre des dents augmente, la normale p se rapproche de plus en plus de la tangente au point de contact des circonférences primitives, et par suite la force N se rapproche beaucoup de la force résistante Q, qui agit tangentiellement à la circonférence, pour le cas du mouvement régulier que nous considérons; la valeur $Q f p \, d s \left(\frac{1}{R} + \frac{1}{R'} \right)$ est donc une limite vers laquelle tend l'expression du travail du frottement en chaque instant quand on augmente le nombre des dents, et qui ne péchera que par un léger excès quand ce nombre ne sera pas considérable. Prenons donc cette expression pour valeur du travail du frottement en un point de contact pour lequel la normale est p, et pour un arc $d s$.

Le contact a lieu, en général, également de chaque côté de la ligne des centres pour laquelle $p = 0$ et le frottement est nul. Comme d'ailleurs la direction de la normale se rapproche beaucoup de la tangente au point de contact des deux cercles primitifs, on peut, pour avoir la valeur moyenne du travail du frottement pour les diverses positions de l'arc $d s$, remplacer la valeur moyenne de 0 à p (1) ou $\frac{p}{2}$, par une longueur de l'arc s de roulement égale à une demi-division $\frac{a}{2}$, c'est-à-dire $\frac{\pi R}{n}$; on a alors:

$$[1] \qquad T_f = Q f \frac{\pi R}{n} \left(\frac{1}{R} + \frac{1}{R'} \right) d s,$$

et comme $\frac{R}{R'} = \frac{n}{n'}$, $T_f = Q f \pi \left(\frac{1}{n} + \frac{1}{n'} \right) d s,$

l'expression $Q \, d s$ est celle du travail résistant élémentaire qui devient le travail T_r, dû à la force résistante qui agit sur la

---

1. Si l'on compare le frottement moyen, *à amplitude égale*, lorsque le contact a lieu d'un seul côté de la ligne des centres ou également de chaque côté, on voit que les valeurs moyennes de p peuvent être considérées comme doubles dans le premier cas de ce qu'elles sont dans le second et par suite aussi le travail du frottement. C'est par ce motif que, dans la pratique moderne, on met les dents en prise également de chaque côté de la ligne des centres, les progrès de l'art de la construction des machines permettant de le faire sans aucun danger.

Si, au lieu de supposer les arcs d'approche et de retraite égaux, on admet qu'ils sont dans un rapport m, l'expression ci-dessus du travail du frottement devrait être multipliée par le facteur $\frac{1 + m^2}{(1 + m)^2}$.

deuxième roue pour un tour de celle-ci; le travail du frottement est donc alors :

$$T_f = \pi f \, T_r \left(\frac{1}{n} + \frac{1}{n'} \right) \dots \dots \qquad [2]$$

Comme les forces motrices et résistantes P et Q sont très-peu différentes et T_m le travail moteur transmis pendant un tour de roue peu différent du travail résistant, lui étant seulement un peu supérieur, on peut encore prendre pour valeur du travail dû au frottement pendant le même temps :

$$T_f = \pi f \, T_m \left(\frac{1}{n} + \frac{1}{n'} \right).$$

D'après la formule [2], on voit que le travail du frottement est proportionnel à l'expression $\frac{1}{n} + \frac{1}{n'}$ (et à $\frac{1}{n} - \frac{1}{n'}$ pour les en-engrenages intérieurs, pour lesquels il est donc moindre que pour les engrenages extérieurs, à nombre de dents égal), c'est-à-dire d'autant moindre que le nombre des dents est plus grand. D'où l'on conclut cette règle de la pratique qu'il faut multiplier autant que possible le nombre des dents pour diminuer le travail du frottement, avoir moins d'usure, des mouvements plus doux.

Frottement dans la crémaillère. — Une crémaillère étant un en-grenage dans lequel le rayon d'une des circonférences primitives devient infini, l'expression générale du frottement pour un tour, pour $n' = \infty$ devient

$$T_f = \pi f \, T_r \frac{1}{n}.$$

ENGRENAGES HÉLICOIDAUX.

151. Le frottement diminuant quand le nombre de dents augmente, on peut rendre ce frottement presque nul par la disposition réprésentée sur la fig. 132, qui consiste, au lieu de faire les profils des roues cylindriques, de les former de profils égaux et de faible épaisseur, ayant tourné les uns sur les autres, d'une quantité aussi petite qu'on le voudra. Les dents figureront une suite de degrés semblables aux marches d'un escalier.

Les dents de l'autre roue devront pareillement être formées de flancs superposés, et correspondre aux dents de la première roue. Elles formeront de même une sorte d'escalier (fig. 133), dont les degrés correspondront à ceux de la première roue, de manière à venir se mettre successivement en contact avec eux dans le mouvement des deux roues. Le frottement sera d'autant moindre que le nombre de ces degrés sera plus grand, car le

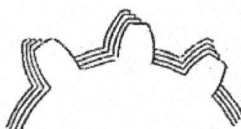

Fig. 132.

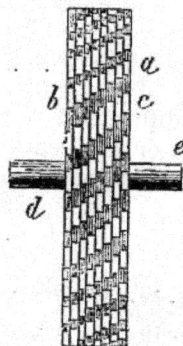

Fig. 133.

nombre de dents de chaque roue sera multiplié par le nombre des plaques superposées. ·

152. On peut supposer le nombre des plaques infini, de manière que les profils des roues forment une surface continue, qui rencontrera une surface cylindrique dont les génératrices seraient parallèles à l'axe de la première roue, suivant une certaine courbe.

Les profils des dents de la deuxième roue formeront de même une surface continue; ils rencontreront la seconde surface cylindrique primitive, suivant une deuxième courbe. Les points correspondants des deux courbes viendront en contact dans le mouvement des deux roues.

On voit que, dans ce mouvement, les deux surfaces seront à chaque instant en contact par un seul point situé sur une ligne représentant un profil de dent *sans épaisseur;* et après le plus petit mouvement de rotation, elles seront en contact dans un autre plan sur un autre profil de dent, également sans épaisseur; il n'y aura donc pas de frottement de glissement, comme l'indique la formule qui donne l'expression de ce frottement lorsque n et n' deviennent infinis, mais seulement un frottement de roulement.

On peut prendre la ligne des contacts (fig. 134) sur le premier cylindre tout à fait arbitrairement; il faudra seulement que la ligne correspondante sur le deuxième cylindre soit telle que dans le mouvement de rotation des deux cylindres les points

de ces deux lignes viennent successivement en contact. Pour
cela, la première ligne étant prise à volonté, on la développera
sur un plan tangent au cylindre, puis on
enroulera ce plan sur le deuxième cylindre. La courbe se trouvera de la sorte
convenablement tracée.

Il est plus simple de tracer une ligne
dans le plan tangent aux deux cylindres,
et d'enrouler successivement ce plan sur
ceux-ci; on applique de la sorte la ligne
tracée sur le plan successivement sur les
deux cylindres, sur lesquels elle engendre

Fig. 134.

deux courbes convenables, puisqu'elles viendront se superposer successivement lors de la rotation simultanée. Pour mettre
ces courbes en saillie et les adapter à des cylindres d'un moindre diamètre que les précédents, on fait passer par celles-ci
des surfaces saillantes engendrées par les normales aux cylindres formant le noyau, menées par les divers points de la
courbe.

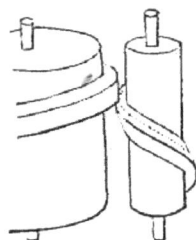

Ces deux surfaces suffisamment prolongées, représentent
deux dents continues qui ne se toucheront toujours qu'en un
point situé sur les courbes qui leur servent de base.

La solution la plus simple consiste évidemment à prendre
une ligne droite dans le plan tangent, à considérer comme
régulière la progression des profils que nous avons supposés.
La fig. 134 représente cette disposition de deux surfaces hélicoïdales.

Le contact ayant lieu par une arête, celle-ci s'émoussera par
l'usage (fig. 135), mais pour de petits efforts l'arête se trou-

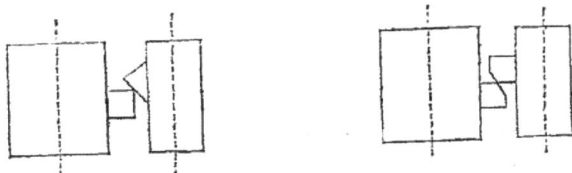

Fig. 135.

vera remplacée par une partie circulaire pour laquelle le
contact a lieu à peu près comme sur l'arête vive. Ces engre-

nages, inventés par Hooke en 1674, et réinventés de nos jours par White, sont dits de précision; le contact n'ayant lieu que par un point, ils ne pourraient, sans s'user très-rapidement, transmettre des efforts considérables. M. Bréguet les a utilisés avec succès pour faire mouvoir des axes avec une vitesse extrêmement considérable, en les appliquant à de petits appareils très-légers.

Pour des roues de peu d'épaisseur, les fractions d'hélices, pouvant se confondre avec de petites lignes droites inclinées (fig. 136), sont faciles à exécuter, et pourront s'employer avec avantage dans des machines construites avec soin, dans lesquelles de petites forces sont en jeu.

Les fig. 137 et 138 montrent la disposition des roues d'en-

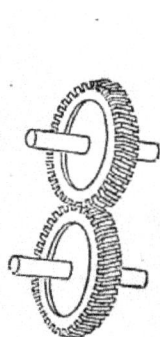

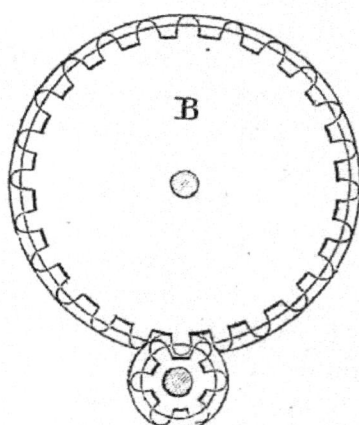

Fig. 136.   Fig. 137.   Fig. 138.

grenages plus épaisses construites ainsi que nous venons de l'expliquer, et satisfaisant d'ailleurs aux autres conditions à remplir par tout engrenage. La pression oblique sur les pivots qui résulte de l'inclinaison des faces des dents sur les axes dans ces roues d'engrenage, en fait quelquefois accoler deux inclinées en sens inverse sur un même axe, ou taillées ainsi sur une même couronne [1].

---

1. Le mouvement relatif des deux dents héliçoïdes n'est pas un roulement simple (dit Bour), car l'axe instantané de rotation est oblique au plan tangent commun.

Ce mouvement relatif se décompose en une rotation autour d'un axe situé dans le plan tangent, et un *pivotement* autour d'un axe perpendiculaire à ce

Malgré l'avantage de la diminution des résistances passives, ces engrenages ne sauraient être substitués à ceux décrits précédemment, parce qu'ils ne peuvent servir à transmettre des efforts un peu considérables, le contact n'ayant jamais lieu que par un point.

4. — Organes ou l'action a lieu a l'aide d'intermédiaires rigides.

153. Le mouvement d'un axe à un autre se transmet à l'aide d'intermédiaires rigides, en adaptant à deux organes du système tour une barre, dite bielle, qui assemble deux points de ceux-ci en pouvant tourner autour d'eux.

La théorie de bielle qui s'emploie surtout pour la production de mouvements alternatifs sera donnée complétement ci-après, et nous étudierons alors les conditions à remplir pour qu'elle puisse servir pour transmettre des mouvements continus. (Voir Chap. III.)

RAPPORT DE VITESSE VARIABLE.

154. *Trajectoires polaires.* — *Courbes de roulement.* — Cherchons les conditions pour que deux courbes situées dans un plan puissent tourner simultanément, et remplir pour un rapport de vitesses variable le rôle des circonférences primitives pour un rapport constant, à savoir : rester toujours en contact et tourner l'une sur l'autre sans qu'il se produise de glissement.

Soient A, B (fig. 139) les centres de rotation de deux corps quelconques qui se conduisent par contact; BM, AM la position de ces corps à un instant quelconque du contact; MD la normale commune en leur point de contact M; Bm, Am

plan. Or, si dans le pivotement le point de contact géométrique n'a aucun mouvement de glissement sur le plan tangent commun, on n'en doit pas moins considérer l'élément mobile comme glissant effectivement sur ce plan tangent : tout ce qu'on peut dire, c'est que l'arc de glissement s'abaisse du premier ordre infinitésimal au second. Mais le frottement est en raison directe de la pression : et celle-ci qui se répartit dans le système actuel sur un élément infiniment petit dans tous les sens, s'accroît de son côté dans une proportion du même ordre, de sorte que le frottement n'est nullement supprimé.

leurs positions dans une situation du système infiniment voisine de la première, m étant le nouveau point de contact; p, n les positions nouvelles des points des corps A et B qui étaient en contact en M. Joignez les points p et n; pour un mouvement infiniment petit, pn sera une droite perpendiculaire à la normale commune MD, le déplacement relatif ne pouvant s'effectuer que suivant l'élément commun, elle sera la différence $mp - mn$ des arcs qui ont pressé l'un sur l'autre, et elle exprimera l'étendue du *glissement*. De même, pour un mouvement élémentaire, Mp sera une perpendiculaire à AM (la rotation se faisant autour du point A), et Mn à BM; on a donc :

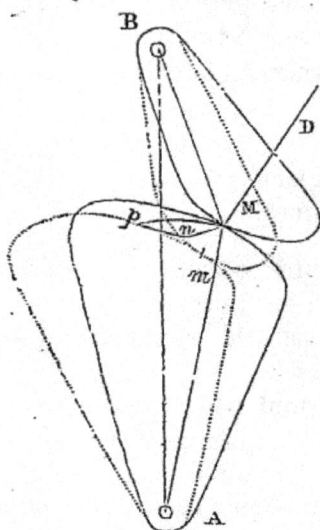

Fig. 139.

$$\frac{pn}{pM} = \frac{\sin. pMn}{\sin. pnM} = \frac{\sin. BMA}{\sin. DMB} = \frac{\sin. (BAM + ABM)}{\sin. DMB}.$$

On aurait de même :

$$\frac{pn}{nM} = \frac{\sin. BMA}{\sin. DMA}.$$

Ainsi, pour chacun des corps, l'arc de glissement instantané (pn) est à l'arc parcouru par le point de contact, comme le sinus de la somme des angles compris entre la ligne des centres et les rayons de contact est au sinus de l'inclinaison de la normale en M, sur le rayon passant par le point de contact de l'autre corps.

Les deux expressions ci-dessus des valeurs de l'arc de glissement pn, montrent que cet arc ne peut devenir nul pendant le mouvement qu'à la condition que l'angle de contingence BMA des deux rayons vecteurs soit nul, que l'on ait :

$$\sin. BMA = \sin. (BAM + ABM) = 0.$$

Ainsi, les courbes ne peuvent se conduire par roulement et sans glisser l'une sur l'autre, que si les deux rayons vecteurs, menés des deux centres de rotation au point de contact, se confondent en chaque instant avec la ligne des centres.

Cette condition, réalisée évidemment par deux circonférences de cercle tangentes, pour un rapport de vitesses constant, ne peut être satisfaite d'une manière générale qu'autant que chacun des rayons vecteurs fait avec la tangente, en chaque élément qui vient en contact, un même angle; car, au contact, la normale étant commune fait un même angle avec les deux rayons vecteurs puisque ceux-ci sont en ligne droite, il en est donc de même des deux tangentes qui se confondent alors avec la tangente commune.

Euler a indiqué une courbe qui satisfait à cette condition[1], la

1. Voici comment Euler établit d'une manière générale, d'après la considération ci-dessus, les relations entre deux courbes satisfaisant à la question :

Supposons que la fig. 141 représente une paire quelconque de courbes de roulement, et soit $r = s\,P$ la distance du point de contact au centre de rotation s de la première courbe et $\theta = a\,s\,P$ l'angle de r avec le rayon fixe $s\,a$.

Soient de même $P\,H = r_1$, $A\,P\,H = \theta_1$ les quantités correspondantes pour la seconde courbe, c étant la distance $s\,H$ des deux centres; puisque r et r_1 doivent venir en ligne droite, on a :

$$r + r_1 = c, \text{ d'où } dr = -dr_1.$$

D'ailleurs, les longueurs des courbes $A\,P$, $a\,P$ qui ont été en contact à partir d'une position antérieure étant égales, et chaque élément de courbe étant exprimé par :

$$\sqrt{dr^2 + r^2 d\theta} \quad \text{et} \quad \sqrt{dr_1^2 + r_1^2 d\theta_1^2},$$

on a : $\quad \int \sqrt{dr^2 + r^2 d\theta^2} = \int \sqrt{dr_1^2 + r_1^2 d\theta_1^2},$

comme $dr = -dr_1$, cette égalité donne $r\,d\theta = r_1\,d\theta_1 = (c - r)\,d\theta_1$.

On arrive encore à cette relation en remarquant que comme $\dfrac{r\,d\theta}{d r}$ est la tangente de l'angle que fait la première courbe avec r, et $\dfrac{r_1\,d\theta_1}{d r_1}$ l'angle de la seconde courbe avec r_1, et que ces angles sont les mêmes, on a :

$$\frac{r\,d\theta}{d r} = -\frac{r_1\,d\theta_1}{d r_1}$$

ou $r\,d\theta = r_1\,d\theta_1$, comme ci-dessus.

De là on déduit qu'une courbe étant donnée par son équation entre r et θ, l'autre est déterminée par les équations :

$$r_1 = c - r \text{ et } \theta_1 = \int^r \frac{r\,d\theta}{c - r},$$

intégration qui pourra toujours s'effectuer, lorsque l'équation de la courbe donnée sera linéaire, et qui fournira l'équation de la seconde courbe, celle de la première étant connue.

spirale logarithmique dans laquelle le rayon vecteur en un point, fait toujours le même angle avec la tangente en ce point. Ainsi on peut distinguer trois cas :

1° Si la tangente fait toujours un angle droit avec les rayons vecteurs, on a deux circonférences et un rapport de vitesses constant; cas déjà examiné;

2° Si la tangente fait un angle constant différent d'un droit, avec les rayons vecteurs, on obtient deux spirales logarith-

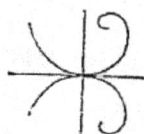

Fig. 140.

miques égales (fig. 140), dont la tangente fera toujours cet angle constant avec la ligne des centres. (Ces deux courbes non fermées ne pourraient servir que pour une longueur limitée (Voir plus loin, art. 161). Pour une courbe qui satisfait à cette condition d'inclinaison constamment la même, on a en effet :

$$\frac{d\rho}{\rho\,d\theta} = \text{const.}, \text{ ou } d\theta = \frac{d\rho}{\rho}, \text{ ou enfin } \theta = \log . \rho, \text{ et } \rho = a^\theta + \text{C.}$$

3° Enfin généralement si la tangente fait un angle variable, mais le même pour les deux courbes, avec les rayons vecteurs

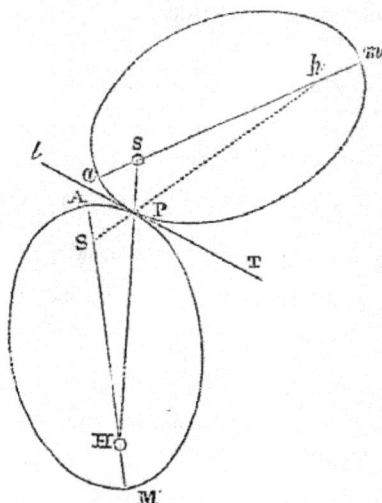

Fig. 141.

qui se mettent en ligne droite au point de contact, on aura encore des courbes qui se conduiront sans glissement.

On satisfait à cette condition en employant deux ellipses égales, mais tournant chacune autour d'un foyer différent. En effet, soient s, H, les deux centres de rotation (fig. 144), et P le point de contact sur cette ligne, T l la tangente en ce point. Menons la ligne S P $= s$ P faisant un angle l P S $= l$ P $s =$ H P T; il est évident que si des deux points S et H, comme foyers, et avec la longueur constante S P H on trace une ellipse ;

Que des points s et h (ce dernier obtenu en prolongeant S P, et prenant P $h =$ P H, d'où $s h =$ S H) on trace une seconde ellipse égale à la première ;

Ces deux ellipses égales, qui se touchent en des points placés symétriquement, pourront rouler l'une sur l'autre sans glissement ; car la tangente à l'ellipse fait toujours des angles égaux avec les rayons vecteurs menés de ses deux foyers au point de contact, ce qui est précisément la condition à laquelle il s'agit de satisfaire lorsque, comme nous l'obtenons par la construction précédente, le rayon vecteur de la seconde ellipse est égal à celui mené au point de contact du second foyer de la première et symétriquement placé. Théoriquement donc, deux ellipses égales peuvent se mener par contact et en n'engendrant qu'un frottement de roulement, et seront les trajectoires polaires de deux roues dentées, si on garnit de dents leur contour.

Car il faut remarquer que, outre qu'il est difficile d'exécuter deux ellipses identiques, la pression au point de contact s'exerçant à des distances variables, l'adhérence est également variable ; mais surtout qu'après un demi-tour, l'inclinaison change de telle sorte que, l'ellipse menante s'éloignant de l'autre, il faudrait qu'il y eût entre leurs surfaces une adhérence attractive pour que le mouvement pût continuer. Nous supposerons qu'il en est ainsi pour poursuivre ces considérations.

155. *Rapport des vitesses.*—Comme il a été établi, les vitesses angulaires de deux courbes se poussant l'une l'autre, sont à chaque instant en raison inverse des longueurs interceptées sur la ligne des centres, entre ces centres et le point de rencontre de la normale commune aux deux courbes au point de contact. Il est clair que a et b étant les longueurs A H, A S du grand axe, la longueur *maximum* interceptée sur la ligne des centres sera a et la longueur *minimum* b, longueurs qui se mettront en ligne droite lorsque le contact aura lieu suivant

les extrémités des grands axes. Le maximum du rapport des vitesses angulaires A, A_1 sera donc $\dfrac{A}{A_1} = \dfrac{a}{b}$ et le minimum $\dfrac{A}{A_1} = \dfrac{b}{a}$. Le rapport du maximum au minimum, ou la variation totale possible sera donc $\dfrac{\frac{a}{b}}{\frac{b}{a}} = \dfrac{a^2}{b^2}$.

Le rapport de la vitesse angulaire de l'axe conduit à celle de l'axe conducteur passe donc par un maximum et un minimum pour revenir au point de départ.

Mais si ce rapport devait atteindre plusieurs maxima dans une seule rotation, le système des deux ellipses deviendrait insuffisant. On peut résoudre alors le problème par des courbes qui ont une certaine analogie avec l'ellipse dont nous allons les déduire, et qui doivent porter un nombre de saillies égal à celui des maxima à obtenir.

COURBES A PLUSIEURS SAILLIES.

156. Soit à construire une courbe à deux saillies. Construisons une ellipse dont le grand axe soit égal à la distance des centres (nous verrons plus loin comment le petit axe peut résulter du rapport des vitesses prescrit), et divisons les deux angles droits autour d'un des foyers en un certain nombre de parties égales, six par exemple (fig. 142). Traçons maintenant un angle droit et divisons-le en six parties égales. Sur chacune

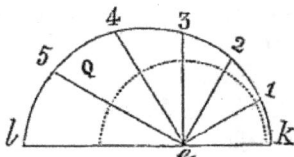

Fig. 142.

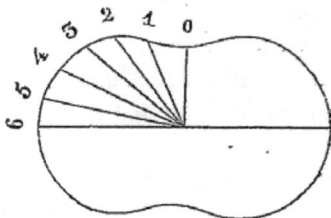

Fig. 143.

des lignes de division portons des longueurs $e'1$, $e'2$, $e'3$..., égales aux rayons vecteurs correspondant de l'ellipse, c'està-dire, à $e1$, $e2$, $e3$..... nous déterminerons tant de points que nous voudrons d'une courbe (fig. 143).

Répétant cette construction symétriquement dans les quatre angles droits contigus, on aura une courbe fermée à deux ventres qui pourra mener une semblable courbe par roulement, en faisant naître deux maxima et deux minima dans le rapport des vitesses; ces deux courbes étant disposées de telle sorte que le rayon correspondant à e k, dans l'une, se mette en ligne droite avec le rayon correspondant à e l de l'autre.

Si l'on compare la rotation de ces deux courbes à celle des deux ellipses qui ont fourni les rayons vecteurs, on voit que les mêmes rayons vecteurs arriveront en même temps sur la ligne des centres, par suite se toucheront et se mettront en ligne droite comme s'il s'agissait de deux ellipses, en décrivant seulement des angles moitié de ceux qui seraient décrits dans ce cas, et que les inclinaisons des tangentes seront en chaque instant doubles de celles des ellipses, et par suite resteront égales pour les points correspondants des deux courbes; donc, enfin, il n'y aura pas de glissement, mais seulement roulement.

157. La construction que nous venons de décrire peut évidemment s'appliquer à une courbe d'un nombre quelconque de saillies : donnons pour exemple la construction de celles à trois et à quatre saillies.

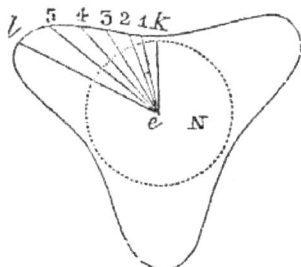

Fig. 144.

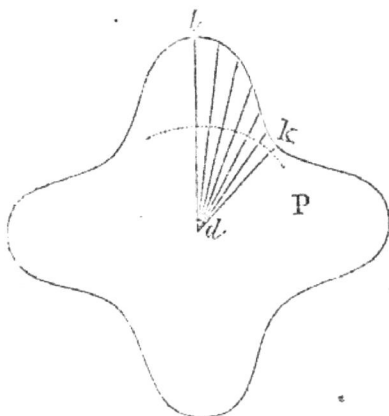

Fig. 145.

Pour construire la courbe à trois saillies (fig. 144), on décrira autour du centre un cercle qu'on divise en six secteurs égaux, chacun devant correspondre à la moitié d'une saillie.

On le partage en autant de parties que la demi-ellipse Q, et on mène les rayons sur lesquels on prend des longueurs égales aux rayons correspondants de la demi-ellipse, comme il est indiqué par les mêmes lettres sur les deux figures. Par ces points on fera passer une courbe qui est le contour de la demi-saillie, qui répétée six fois forme la courbe à trois saillies.

On tracera la courbe à quatre saillies en divisant le cercle tracé (fig. 145) autour du centre de rotation en huit parties, chacune correspondant à la moitié d'une saillie; on transportera, de la même manière que dans le cas précédent, les longueurs des rayons vecteurs de l'ellipse sur les rayons de la demi-saillie de la courbe à quatre saillies pour obtenir le tracé de celle-ci, et par suite le tracé de la courbe.

Deux courbes semblables se conduisent par roulement; il en serait ainsi pour deux courbes pareillement construites, d'un nombre quelconque de saillies.

158. Il est évident que ces courbes ont une analogie très-grande avec l'ellipse, par suite du mode de construction; il est facile de voir qu'elles constituent une famille de courbes dont l'ellipse est un cas particulier.

En effet, quand on considère l'équation de l'ellipse en coordonnées polaires, on sait que cette équation est

$$\rho = \frac{p}{1 + e \cos. \omega}.$$

Le mode de construction revient à remplacer dans les courbes à m saillies, pour les mêmes valeurs de ρ, l'angle ω de l'ellipse par un angle $\omega' = \dfrac{\omega}{m}$; l'angle du rayon vecteur de ces courbes est égal à celui de l'ellipse divisé par m, ou $\omega = m\omega'$; l'équation générale de ces courbes est donc :

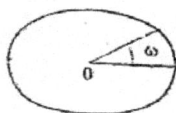

Fig. 146.

$$\rho = \frac{p}{1 + e \cos. m\omega},$$

m étant le nombre des saillies.

159. *Vitesses.* — Le rapport des vitesses maxima et minima est toujours $\dfrac{a^2}{b}$ comme pour deux ellipses ou mieux $\dfrac{(r + e)^2}{(r - e)^2}$ en appelant r le demi grand axe et e l'excentricité, la moitié de

la distance des foyers; il suffit pour le voir de chercher la valeur de ce rapport lorsque le contact a lieu entre le milieu d'un ventre d'une courbe et l'extrémité d'une saillie de l'autre courbe, ou inversement. Ce rapport étant donné par la loi du mouvement, comme on a d'ailleurs la distance des centres, il sera facile de déduire du rapport des vitesses la valeur de e, c'est-à-dire la position des foyers de l'ellipse sur le grand axe. Cette ellipse sera donc complétement déterminée, puisqu'on connaîtra la position des foyers et la longueur du grand axe, c'est-à-dire la somme constante des deux rayons vecteurs.

. Au lieu de la régularité supposée ici dans la répartition des maxima et des minima, la loi de la variation des vitesses peut être quelconque, les rayons vecteurs des points d'inflexion peuvent répondre à des arcs quelconques égaux dans les deux courbes; mais le principe fondamental de la constance de la somme des rayons vecteurs de ces courbes indique que ceux-ci seront nécessairement les mêmes que ceux d'une ellipse ayant un grand axe égal à la distance des centres. La loi du mouvement indique d'ailleurs la manière dont doit être effectuée la division des angles autour d'un des foyers pour reporter la longueur sur des rayons correspondants de la seconde courbe à obtenir, comme nous l'avons fait (fig. 144 et 145).

160. *Mouvements relatifs.* — Presque tout ce que nous avons dit sur les courbes enveloppes, en parlant du roulement d'une circonférence sur une autre, est général et s'applique, par suite, au roulement d'une ellipse sur une autre. Ainsi le point de contact sera un point de la normale à des courbes enveloppe et enveloppée, pouvant être employées pour réaliser le mouvement d'entraînement d'une courbe par l'autre, et cette propriété peut servir à déterminer l'enveloppe par points, en traçant diverses positions des courbes primitives et de l'enveloppée. Le mouvement relatif d'un point du contour de l'ellipse mobile sur le plan de l'autre ellipse sera une courbe épicycloïdale elliptique. L'étude détaillée de ces courbes n'offrirait pas d'intérêt et serait de peu d'utilité dans les applications; toutefois il importe de noter les grandes affinités des courbes ainsi engendrées avec les épicycloïdes qui sont produites dans le cas particulier où les deux axes des ellipses deviennent égaux et les ellipses des cercles.

161. M. Haton de la Goupillière a montré que le même mode de solution pouvait s'appliquer aux trois sections coniques.

Hyperbole. — On réalise avec l'hyperbole, c'est-à-dire la courbe telle que la différence des distances d'un point aux deux foyers reste constante, la solution indiquée pour l'ellipse, en prenant deux hyperboles égales (fig. 147) assujetties autour de leurs foyers, que l'on établit à une distance égale à l'axe transverse. La démonstration précédente se trouve applicable, car l'hyperbole jouit, comme l'ellipse, de la propriété d'être partout également inclinée sur ses deux rayons vecteurs.

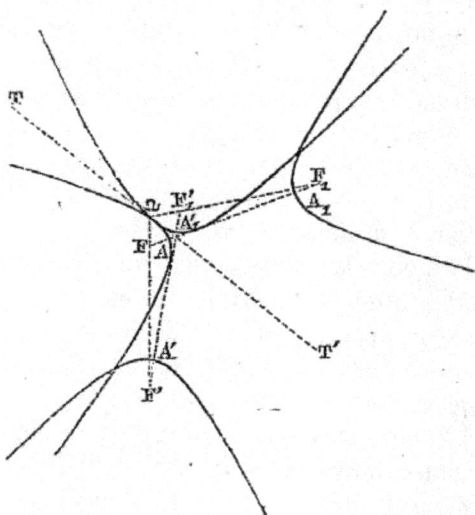

Fig. 147.

Parabole. — On peut de même se servir de deux paraboles égales, dont l'une est assujettie à tourner autour de son foyer F, et l'autre à prendre une translation rectiligne perpendiculaire à son axe $F_1'\,A_1'$, le foyer de la première étant placé sur la directrice de cette dernière (fig. 148).

On sait, en effet, que dans la parabole les distances de chaque point au foyer et à la directrice sont égales,

$$\Omega F_1' = \varsigma\,F,$$

ce qui montre que les deux point réunis en Ω sont homologues sur les deux courbes. Donc les angles $F\,\Omega\,T$, et $F''\Omega\,T$ sont égaux ; mais, d'après une autre propriété de la parabole, la

tangente est également inclinée sur le rayon vecteur et sur l'axe.
On a donc :

$$F' \Omega T = T' \Omega K$$

et par suite les angles $F \Omega T$ et $T' \Omega K$ sont susceptibles d'être
opposés par le sommet, de manière que les courbes restent
tangentes après que les arcs égaux $A \Omega$ et $A_1' \Omega$ se sont appliqués l'un sur l'autre par roulement.

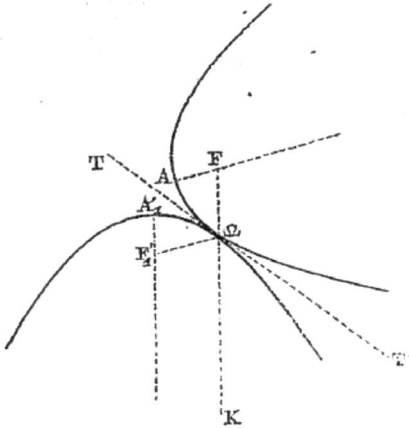

Fig. 148.

162. Les recherches de M. Holditch (*Cambridge Transactions*,
1838) l'ont conduit à une construction simple qui permet d'obtenir des courbes à saillies multiples, telles que les courbes
peuvent fonctionner ensemble, quel que soit le nombre de saillies, et non plus seulement, comme les précédentes, celles d'un

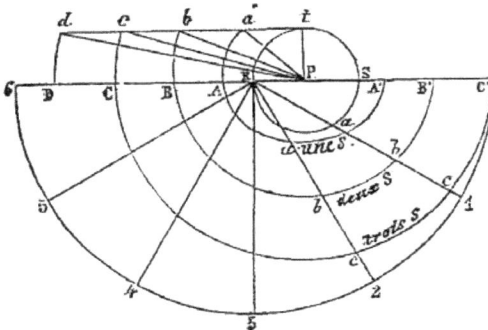

Fig. 149.

même nombre de saillies deux à deux. Je donnerai ici, d'après
Willis, la partie pratique de ce travail.

La figure 149 représente la construction géométrique, et la fig. 150 montre l'ellipse unilobe, la courbe bilobe et la courbe trilobe.

Dans la fig. 149, soit P le centre de l'ellipse donnée qui est la base du système. Menons par P une ligne indéfinie passant par les deux foyers R et S, et traçons le grand axe A A'. Avec ces éléments la demi-ellipse peut être construite ; d'un des foyers comme centre, et avec un rayon suffisant comme R C' décrivons une circonférence que l'on divise par des rayons en parties égales. Sur le dessin, la demi-circonférence a été divisée en six parties seulement, mais pour un tracé exact des courbes, on devra employer un plus grande nombre des divisions.

Du centre P et avec un rayon égal à la moitié de la distance focale traçons un cercle auquel nous mènerons une tangente

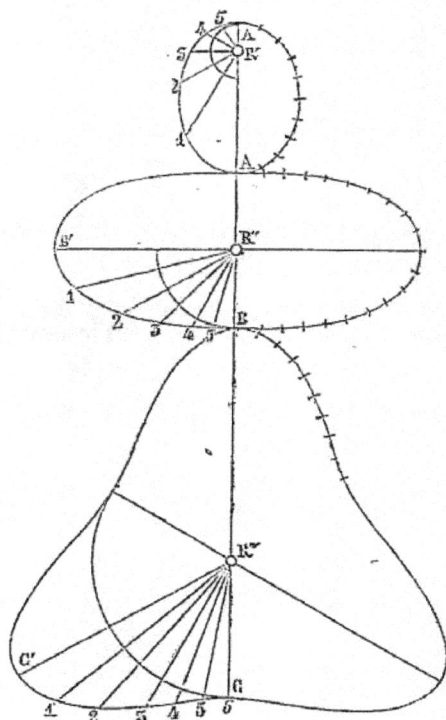

Fig. 150.

indéfinie $t\,d$ parallèle au grand axe, et par A avec le centre P et le rayon P A = demi-grand axe, traçons un arc de cercle qui rencontre la tangente td en a. Sur td avec la distance constante ta, traçons les points b, c, d... et joignons ces points à P par les droites Pa, Pb, Pc, etc., qui seront les hypoténuses d'une série de triangles rectangles, ayant un même côté $Pt=$ la demi-distance focale de l'ellipse primitive.

A partir du centre P, prenons sur la ligne P D les distances $PA = Pa$, $PB = Pb$, $PC = Pc$, etc.

Ces distances sont les demi-grands axes d'une série d'ellipses concentriques avec des foyers communs R et S. La plus petite A A' se rapporte à la courbe à un lobe, la suivante B B' à une courbe à deux lobes, la troisième C C' à une courbe à trois lobes et ainsi de suite pour une courbe d'un nombre quelconque de lobes. Deux des courbes qu'elles servent à obtenir peuvent rouler ensemble, quel que soit le nombre des lobes.

Le mode de construction est représenté fig. 150. Pour une unilobe, l'ellipse est tracée en prenant R' pour centre, et une circonférence décrite autour de R' est divisée par douze rayons équidistants, dont les longueurs sont celles données par l'ellipse A A', fig. 149.

Pour la courbe bilobe, dont le centre est en R'', chaque demi-lobe est divisé comme précédemment en six angles égaux, et les longueurs des rayons R''B', R'' 1, R'' 2, etc., sont prises sur les lignes de la fig. 149, de l'ellipse B' B, et portées dans le même ordre.

Semblablement la courbe trilobe, fig. 150, est divisée d'abord en six angles, renfermant chacun un demi-lobe comme C'R''C, et les longueurs des rayons qui divisent les demi-lobes pris sur l'ellipse qui se rapporte à la courbe à trois lobes C C'.

163. *Emploi de la spirale logarithmique.* — Deux contours identiques pourront permettre de réaliser des systèmes analogues aux précédents, si, les tangentes ayant une même inclinaison sur la normale au point de contact, la somme des longueurs des rayons vecteurs est toujours égale à la distance des centres. Ce résultat sera obtenu à l'aide de polygones réguliers semblables tournant autour de leurs centres, et on parvient à faire que l'inclinaison de la tangente commune reste constante, en munissant les côtés de fractions semblables, inversement placées, de spirale logarithmique.

Reprenons d'abord la solution fournie par la spirale logarithmique.

Soit ACB un secteur appartenant à l'une des roues, et ADE le secteur de l'autre roue. Traçant la seconde courbe à l'aide de la première et au moyen d'arcs de cercle équidistants et de rayons vecteurs correspondants à partir d'une ligne à angle droit avec la première, on obtiendra évidemment une courbe

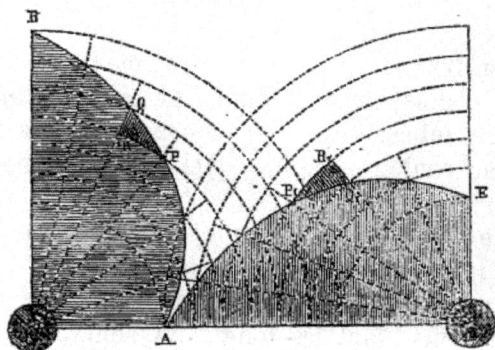

Fig. 151.

identique à la première, et placée à angle droit, dont la somme des deux rayons vecteurs, situés sur chaque courbe à égale distance des extrémités, sera toujours égale à la distance des deux centres; on aura évidemment pour des points correspondants

$$CA + AD = CP + DP_1 = CQ + DQ_1,$$

$$ou \ z + z_1 = r + r_1,$$

en appelant z, z_1 les rayons vecteurs variables des deux courbes r et r_1 les rayons initiaux CA, AD.

Cherchons la courbe dont les angles de la tangente avec le rayon vecteur, ou avec la circonférence décrite par celui-ci, sont égaux, ou RPQ et $R_1P_1Q_1$ mais de sens opposés, condition à remplir pour qu'il n'y ait pas de glissement, pour que les longueurs de courbe qui passent au point de contact soient égales. Appelons ces angles α et α_1, on aura :

$$tang. \ \alpha = - \ tang. \ \alpha_1.$$

Appelons φ et φ_1 les angles ACP, ADP_1 pour deux points correspondants quelconques P et P_1, dont les accroissements élémentaires seront $d\varphi$, $d\varphi_1$ pour des accroissements dz, dz_1 des rayons vecteurs, on aura :

$$\text{tang. } \alpha = \frac{\text{QR}}{\text{PR}} = \frac{dz}{z\,d\varphi}, \text{ et tang. } \alpha_1 = \frac{\text{R}_1\,\text{Q}_1}{\text{P}_1\,\text{R}_1} = \frac{dz_1}{z_1\,d\varphi_1},$$

donc
$$\frac{dz}{z\,d\varphi} = -\frac{dz_1}{z_1\,d\varphi_1}.$$

Puisque par hypothèse $\alpha = -\alpha_1 = $ constante.

$$\frac{dz}{z} = \text{tang. } \alpha\,d\varphi, \text{ et en intégrant}$$

$$\log. \text{ nat. } \left(\frac{z}{r}\right) = \varphi \text{ tang. } \alpha;$$

ou
$$z = r\,e^{\varphi \text{ tang. } \alpha}, \; e = 2,718\ldots$$

de même
$$z_1 = r_1\,e^{-\varphi_1 \text{ tang. } \alpha}.$$

Les spirales logarithmiques sont donc bien déterminées.

Cette construction permet de faire agir par des tangentes également inclinées des contours polygonaux réguliers, placés à angle droit, munis de parties de la courbe trouvée ci-dessus, c'est-à-dire de spirales logarithmiques. La même solution peut s'appliquer à des triangles équilatéraux, à des carrés, à des polygones réguliers d'un nombre quelconque de côtés, les mêmes pour les deux roues. Nous donnerons ici le calcul pour le carré qui a été employé dans la machine à imprimer de Bacon et Donkin.

Soient deux carrés tournant autour de leurs centres dans lesquels (fig. 152),

$$\text{C A} = \text{D E} = r, \; \text{C B} = \text{D A} = r_1 = r\sqrt{2} = 1,4142\,r$$

et pour cette valeur de r_1, $\varphi = \text{A C B} = \frac{\pi}{4}$.

Mettant ces valeurs dans l'équation ci-dessus

$$\varphi \text{ tang. } \alpha = \log. \text{ nat. } \left(\frac{z}{r}\right),$$

il vient :
$$\text{tang. } \alpha = \frac{4}{\pi} \log. \text{ nat. } \sqrt{2} = 0,44128$$

et par suite
$$\alpha = 23°49'.$$

L'équation des courbes A B et E A, semblables aux précédentes, mais disposées à 45° pour un arc de cette étendue seu-

lement passant par les points A, E, et A, B et tournant autour
de C et D, est donc

$$z = r e^{0,44128\,\varphi},$$

ou bien

$$\text{log. nat. } \left(\frac{z}{r}\right) = 0,44128\,\varphi \text{ log. nat. } e.$$

Faisons maintenant $\varphi = \dfrac{\pi}{8}$ ou $(22^{\circ}\,{}^{1}/_{2})$ position des rayons
C P, D P, on a pour la valeur de C P :

$$\text{log. nat. } \left(\frac{z}{r}\right) = 0,44128\,\frac{\pi}{8}\,0,43429 = 0,07526,$$

d'où $C P = z = 1,189\,r.$

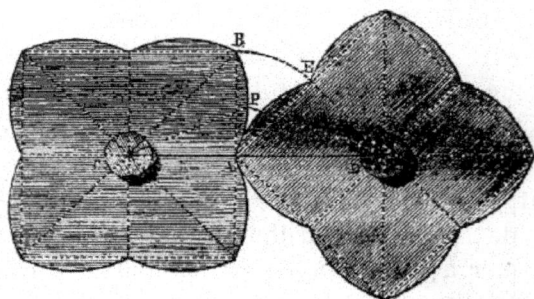

Fig. 152.

Les rapports des vitesses sont en A

$$\frac{r}{r_1} = \frac{1}{\sqrt{2}} = 0,7072,$$

et quand le point B est en contact avec le point E

$$\frac{r}{r_1} = \sqrt{2} = 1,4142$$

et le rapport de ces deux termes extrêmes $= 2$.

Il est évident que dans la rotation complète il y a 4 maxima
et 4 minima.

164. — 1. *Tambours elliptiques.* — 2. *Courroies.* — Il semble
à priori que des tambours elliptiques pourraient conduire des
axes par contact, de la même manière que des rouleaux
cylindriques. Cela est en effet possible tant que le rayon
du tambour moteur, qui passe par le point de contact, va en

augmentant; mais quand il diminue, il ne peut plus agir par seule pression. Mais si l'on fait passer autour de courbes de formes convenables, elliptiques par exemple, comme celles que nous avons déterminées, une courroie sans fin, on conduira les deux axes dans les mêmes rapports de vitesse que si les deux courbes se menaient par roulement.

Il faut remarquer que la figure formée par la courroie ne restant pas toujours la même, il faut que celle-ci ait une longueur suffisante et qu'un rouleau de tension mobile assure la possibilité de toutes les figures en même temps que l'adhérence.

Pour les courbes à plusieurs ventres, il faudrait de plus que la courroie fût astreinte à quitter successivement *et sans* soubresauts les divers points de la courbe, et notamment les parties rentrantes, ce qu'il serait difficile d'obtenir simplement. De semblables systèmes ne sont pas employés dans la pratique.

Ce genre de communication de mouvement ne se rencontre que pour obtenir un grand nombre de révolutions avec des vitesses variables d'un axe, pour un tour d'un autre axe, comme dans le système ci-après.

A est la poulie motrice (fig. 152), dont le contour est disposé pour recevoir une corde sans fin. Il en est de même de la poulie conduite C. Une poulie mobile D portant un poids ou un rouleau déterminant toujours une tension suffisante, le mouvement sera transmis entre les deux axes sans glissement, et dans des rapports de vitesse variables. En effet, abaissant des deux centres A et C les perpendiculaires Ap, Cp sur la direction de la

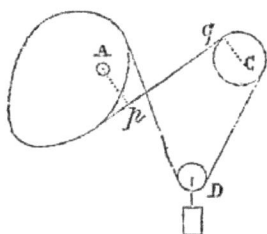

Fig. 153.

courroie, le mouvement produit est pour chaque instant pendant lequel rien ne se change dans la figure 153 :

$$\frac{\text{Vitesse angulaire de A}}{\text{Vitesse angulaire de C}} = \frac{\text{C}q}{\text{A}p} = \frac{r}{\text{A}p},$$

si une des poulies est circulaire et de rayon r.

165. On obtiendra tous les rapports voulus de vitesse angulaire de deux arbres par des formes de poulies convenables, en faisant varier les perpendiculaires Ap, Cq suivant la loi don-

née. Telle est la disposition employée dans les montres, et connue sous le nom de fusée.

Un des axes porte un tronc de cône entaillé en spirale sur toute sa hauteur, l'autre, parallèle au premier, un cylindre (fig. 154). Une chaîne qui est enroulée en partie sur chacune des surfaces est fixée par une de ses extrémités à chacune d'elles. La chaîne enroulée sur le cylindre, se déroulant de celui-ci pour s'enrouler sur le cône, produira un mouvement dont la vitesse angulaire variera en raison du tracé des spirales.

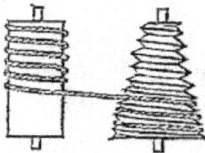   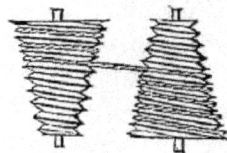

Fig. 154.   Fig. 155.

On peut de même employer deux fusées coniques, au lieu d'une fusée et d'un cylindre, comme fig. 155.

3. ORGANES AGISSANT PAR POUSSÉE.

166. Les courbes elliptiques, obtenues ainsi qu'il vient d'être dit, sont les trajectoires polaires d'un mouvement à vitesse variable; elles servent comme les circonférences primitives des engrenages à déterminer les formes des dents dont il faut les munir pour déterminer, en surmontant des résistances notables, un mouvement identique avec celui que produiraient les courbes elliptiques par simple contact, par roulement. Ces dents se rapprochent beaucoup de celles de roues circulaires ayant des circonférences primitives se confondant sensiblement avec la partie de la courbe considérée.

Dans le tracé de ces engrenages, les dents devront être également espacées, pour que des longueurs égales des ellipses primitives passent au point de contact. Quant à leurs formes, elles se détermineront par les principes déjà posés, ainsi qu'il vient d'être dit, et fourniront des systèmes correspondants à ceux déjà étudiés. En général une des courbes étant donnée, l'autre sera son enveloppée déterminée par ses positions successives. Un point d'une courbe quelconque, roulant intérieurement sur une des ellipses primitives passant à chaque instant par le point de contact des courbes, et extérieurement sur l'autre, engendrera des profils de dents qui se mèneront avec frottement de glissement, et qui conduiront les axes absolument dans les mêmes rapports de vitesse que si les deux courbes roulaient l'une sur l'autre.

Si dans le plan tangent aux deux cylindres ayant pour base les deux courbes elliptiques, on trace une ligne, une droite par exemple, inclinée sur les génératrices, qu'on enroule ce même plan autour des deux cylindres, il est évident que, pendant le roulement de ceux-ci, les divers points des lignes tracées sur les deux cylindres viendront successivement en contact. Si donc on met ces deux courbes en saillie, en faisant passer par leurs points des normales aux cylindres elliptiques qui forment le noyau, qu'enfin on munisse ceux-ci de dents ayant des surfaces ainsi déterminées, le mouvement sera communiqué dans les conditions des engrenages héliçoïdaux étudiés précédemment.

167. Comme nous l'avons dit, deux ellipses ne peuvent pas se mener par simple contact pendant un tour entier; ainsi, dans la fig. 156, la courbe supérieure marchant de gauche à droite à partir du moment où le point m aura coïncidé avec M, le rayon vecteur de l'ellipse motrice tendant à diminuer, le mouvement ne saurait être communiqué par simple pression; il faut alors nécessairement armer de dents la moitié du contour

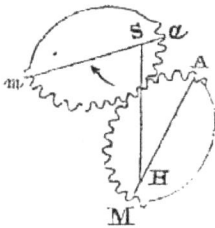

Fig. 156.

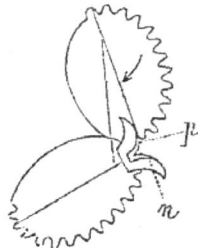

Fig. 157.

des deux ellipses, comme le représente la figure, pour que la transmission du mouvement ait lieu. Le mouvement est ainsi maintenu jusqu'à ce que a ait atteint A, ensuite la position des deux cylindres rend les dents inutiles. Toutefois, comme il peut y avoir glissement, et qu'alors la reprise des dents n'aurait plus lieu dans les rapports de position voulue, on assure quelquefois la position de la seconde roue au moment de l'engrènement, à l'aide du système représenté fig. 157. Une cheville p est fixée à l'une des roues et une fourche n à l'autre, et la prise des dents ne commence que lorsque la cheville est parvenue exactement au fond de la fourche, c'est-à-dire lorsque les deux roues sont dans des positions convenables.

168. La difficulté d'obtenir une paire de courbes elliptiques est quelquefois évitée par le système représenté fig. 158. A est une roue elliptique tournant autour de son centre B, et dont le contour est garni de dents; C est un pignon circulaire garni de dents égales à celles de la roue. Le centre de ce pignon n'est pas fixe, mais porté par un levier qui tourne autour du centre D. Quand A tourne, le levier s'élève avec le pignon qui tourne avec la vitesse correspondante à la longueur du rayon qui passe au point de contact. Pour que les dents restent toujours dans la position la plus convenable pour leur action, la roue A porte une plaque qui lui est attachée, et l'axe de C passe dans une rainure de pratiquée dans cette plaque. Cette rainure est distante de l'ellipse primitive de la roue elliptique d'une longueur égale à celle du rayon primitif du pignon, mesurée sur la normale en chaque point. Quand donc la roue A tourne, la rainure se meut aussi; les dents de la roue et du pignon restent toujours en prise.

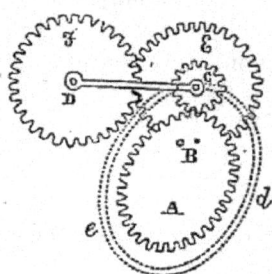

Fig. 158.

Soit r le rayon de C, R le rayon de A au point de contact, ω, ω' les vitesses angulaires des deux axes, φ l'angle de R et r au point de contact, on a :

$$\frac{\text{Vitesse angulaire de A}}{\text{Vitesse angulaire de C}} = \frac{\omega}{\omega'} = \frac{R}{r}\cos.\varphi;$$

car $r\omega = R\omega'\cos.\varphi$: puisque lors de chaque rotation instantanée, les longueurs qui passent au point de contact sont égales à un arc d'ellipse dont la longueur est $r\omega$, et la direction fait l'angle φ avec l'élément circulaire décrit du centre C. Ces systèmes, dans lesquels entrent des axes mobiles, constituent des combinaisons d'organes douées de propriétés spéciales que nous étudierons plus loin en détail.

Comme le centre de C fait des oscillations, et qu'il est nécessaire, en général, de communiquer le mouvement à un axe fixe; la roue E étant fixée au pignon C, on fait engrener celle-ci avec une seconde roue fixe F, concentrique au levier. Lorsque A tourne, la rotation de C est communiquée par la roue E à la roue F, et c'est dans le mouvement de celle-ci que se combinent les oscillations du levier et la rotation du pignon qui lui communiquent exactement le mouvement de la roue elliptique.

169. A une roue elliptique l'on substitue quelquefois une roue circulaire A (fig. 159) se mouvant autour d'un *point D*

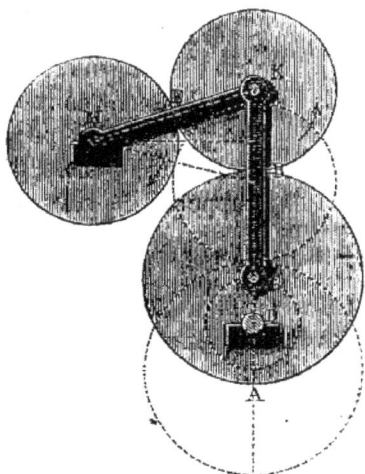

Fig. 159.

différent de son centre; on maintient à l'aide d'une barre le centre K d'une roue mobile reposant sur la première à la distance convenable du centre C, et agissant sur une roue fixe M, comme dans l'exemple précédent. Cette combinaison, formée exclusivement de roues ordinaires, est une des plus simples pour varier le rapport des vitesses angulaires.

Appelant e l'excentricité AD, r le rayon de A, R le rayon de la roue K, on aura pour valeur des rapports extrêmes *maxima* et *minima* des vitesses angulaires, le rapport de R à $r-e$ et $r+e$.

170. *Roues de Roëmer.* — Ces roues avaient été proposées par l'astronome Roëmer pour varier le mouvement dans les machines planétaires destinées à reproduire les mouvements

des astres. Elles reposent sur le principe que, les roues d'engrenages étant en réalité des cylindres, il est facile d'obtenir
un mouvement varié en accolant des séries d'engrenages de
rayons différents, et variant progresivement.

A a, B b (fig. 160) sont deux axes parallèles dont l'inférieur
est muni d'une roue conique C, por-
tant comme à l'ordinaire des flancs
dans toute sa hauteur. A l'opposé un
cône D est fixé à l'axe A a et son
sommet d est à l'opposé de celui du
premier cône; il est déterminé par
la rencontre de l'axe A a et d'une
génératrice du cône C. Plaçant sur ce
cône des chevilles, des dents d'engrenage de forme convenable pour la section par un plan perpendiculaire aux
axes, à différentes distances du som-

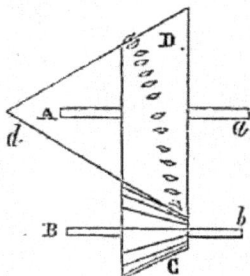

Fig. 160.

met d, on obtiendra les rapports de vitesse que l'on voudra
entre les limites $\dfrac{r}{R_1}$ et $\dfrac{R}{r_1}$, R' et r étant les rayons des deux faces
de D, r_1 et R_1 ceux des faces de C. Le premier est obtenu en
plaçant des chevilles faisant fonctions de dents sur le bord de
la face la moins large de D, le second sur le bord de celle du
plus grand rayon. Dans des positions intermédiaires, on obtiendra des rapports de vitesses intermédiaires, en raison de la
disposition des dents, et par des largeurs et inclinaisons convenables des génératrices, tous les rapports extrêmes dont on
aura besoin.

171. *Secteurs dentés.* — Si, au lieu de varier d'une manière
continue, les vitesses des deux axes
devaient être dans des rapports différents dans une partie de leur rotation,
on pourrait employer, à cet effet,
la combinaison d'engrenages représentée figure 161. Deux roues sont
entaillées dans une partie de leur cir-

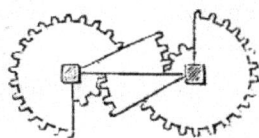

Fig. 161.

conférence et remplacées par des segments d'autres roues
montées sur les mêmes arbres, dont les rayons sont en raison
inverse des nouvelles vitesses qu'il s'agit d'obtenir.

Le grand défaut de semblables systèmes, comprenant des

secteurs d'un plus ou moins grand nombre de roues, réside dans la difficulté du passage d'une roue à l'autre. L'action des dents des diverses roues ne peut se succéder instantanément sans qu'il se produise choc et destruction des dents, les vitesses ne correspondant plus, au moment du changement, aux nouvelles cirfonférences primitives.

172. Le cas le plus remarquable de variation instantanée de rapport de vitesse, et celui qui trouve le plus d'applications, est celui du mouvement intermittent, lorsque la roue menée passe alternativement du repos au mouvement, *et vice versâ*.

On obtient cet effet à l'aide de deux roues dentées ordinaires (fig. 162), en enlevant à la roue menante un certain nombre de dents, comme le montre la figure. En proportionnant les longueurs des arcs garnis de dents à celles des arcs qui n'en sont pas munis, on obtient toutes les intermittences voulues de la deuxième roue pour une révolution de la roue menante. Ainsi

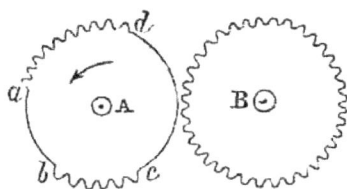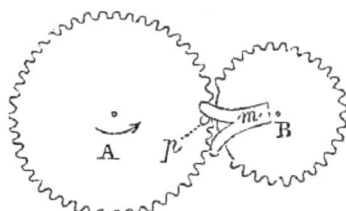

Fig. 162.   Fig. 163.

dans le cas de plusieurs machines-outils, la roue conduite doit tourner d'une dent pour un tour de la roue qui mène; celle-ci se réduit alors à une seule dent, à un crochet qui vient faire tourner la roue conduite de $\frac{1}{n}$ de tour, si elle porte n dents.

Ces systèmes de dents espacées ont un inconvénient grave, outre celui dont nous avons déjà parlé. L'axe conduit ne s'arrêtant pas instantanément, les dents de la roue B (fig. 163) peuvent ne pas se trouver exactement en prise avec celles de la roue A au moment voulu. On peut employer alors une fourche et une cheville, pour assurer la reprise des dents toujours au même point.

La meilleure disposition de ce genre est celle représentée dans la figure 164. La partie $m\,n$ de la seconde roue est formée par un arc de cercle décrit du centre de la roue menante, et la circonférence de celle-ci est formée d'un cylindre auquel les dents sont intérieures dans la partie dentée $q\,n$. La partie con-

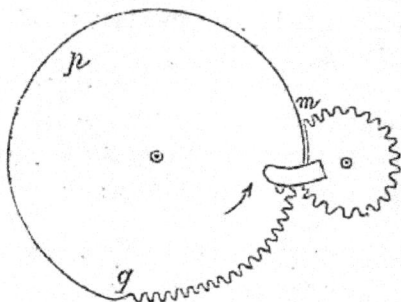

Fig. 164.

cave $m\,n$ rencontrant le cylindre ne peut tourner jusqu'au moment précis où les dents peuvent se mettre en contact. Cet effet est produit par une cheville adaptée à la roue menante, qui rencontre, au moment convenable, une partie saillante appartenant à la roue conductrice, disposition qui offre l'avantage de vaincre l'inertie avant que les dents entrent en contact, de reporter ses effets sur un fuseau et une dent de résistance suffisante.

4° ORGANES AGISSANT A L'AIDE D'INTERMÉDIAIRES RIGIDES.

173. Une bielle servant à la communication du mouvement entre deux axes parallèles engendre un mouvement dans un rapport de vitesse variable avec celle du mouvement initial, ainsi que nous le verrons en exposant ci-après la théorie générale de la bielle.

DEUXIÈME SECTION

RAPPORT DE VITESSE CONSTANT

II. AXES QUI SE RENCONTRENT.

174. CONES DE FRICTION. Soient A B, A C deux axes se coupant en A (fig. 165), qui doivent se mouvoir avec des vitesses angulaires dans un rapport constant et égal à $\frac{m}{n}$.

Par un point quelconque de l'un d'eux, de A B par exemple, menons une parallèle D F à A C.

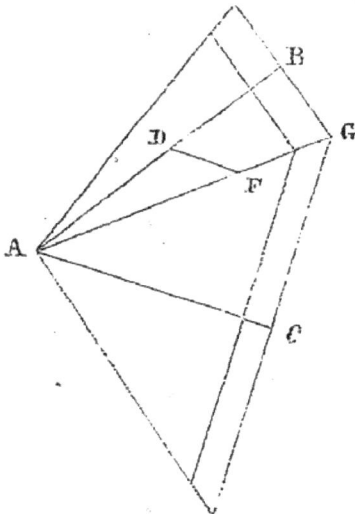

Fig. 165.

Prenons D F, tel que D F soit à A D dans le rapport des vitesses, et traçons la ligne A F G. Abaissons par un point quelconque G de cette ligne G les perpendiculaires G B, G C, la rotation des triangles rectangles A C G, A B G, autour des axes A B et A C, engendrera deux cônes droits qui se conduiront mutuellement par l'adhérence de leurs surfaces convexes comme les rouleaux cylindriques dans le cas de deux axes parallèles, c'est-à-dire que, s'ils roulent l'un sur l'autre sans glissement, leurs vitesses angulaires seront dans un rapport constant et égal au rapport inverse des rayons R_1, R_2 des bases de chacun des cônes.

En effet on a :

$$\frac{DF}{AD} = \frac{\sin. DAF}{\sin. AFD} = \frac{\sin. DAF}{\sin. GAC} = \frac{BG}{GC} = \frac{R_1}{R_2} = \frac{m}{n}.$$

Angles au sommet. — On déduit facilement de ce qui précède la valeur des angles au sommet.

Soit θ l'angle BAC des deux axes, K le $1/2$ angle au sommet du cône AB, le rapport ci-dessus devient :

$$\frac{\sin.(\theta-K)}{\sin. K} = \frac{m}{n} \text{ ou tang. } K = \frac{\sin. \theta}{\frac{m}{n} + \cos. \theta}.$$

Lorsque l'angle θ est droit :

$$\text{tang. } K = \frac{n}{m}.$$

175. Si la résistance excède la valeur du frottement de roulement, on ne peut employer comme organe de transmission le système de deux rouleaux coniques. Pour éviter les grands frottements de glissement des engrenages de *force*, on peut toutefois, pour de faibles résistances, employer un engrenage conique, construit d'après les principes que nous avons exposés en traitant des engrenages cylindriques hélicoïdaux.

Si l'on trace dans le plan tangent commun aux deux cônes une ligne quelconque, et qu'on enroule ce plan sur chacun de ceux-ci, les lignes tracées sur les cônes rouleront l'une sur l'autre dans le mouvement. La plus simple des lignes que l'on puisse prendre est la ligne droite, qui en s'enroulant autour de chaque cône, produit une spirale hélicoïde dont la projection est une spirale d'Archimède ($\rho = a \omega$).

Pour que ces courbes puissent se conduire, il faut les *habiller*, c'est-à-dire les mettre en saillie, de manière que ce soit par elles que le contact ait lieu. Pour cela on fait glisser le long de cette courbe une ligne droite constamment normale au cône. La surface hélicoïde que nous avons décrite à propos des roues cylindriques est une surface de ce genre.

En répétant ces constructions, on formera les surfaces des dents des deux roues, se touchant suivant des points répartis sur les lignes de contact, déterminées comme nous venons de le dire; les deux axes seront conduits par contact immédiat par des engrenages de *précision*, c'est-à dire pour lesquels le contact des dents n'aura lieu qu'en un point.

176. Si les deux axes forment un angle droit, deux surfaces coniques ne sont plus indispensables, et l'on peut également employer le système représenté fig. 166, qui ne comporte que des roues cylindriques. Sur un des axes est montée une roue plate sur laquelle repose la jante d'une roue de faible épaisseur (autrement le glissement, la différence du chemin parcouru par les circonférences de chacun des deux cercles de base

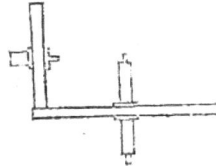

Fig. 166.

de la roue serait sensible) montée sur l'autre axe. Le mouvement de la première roue fera marcher la seconde dans un rapport de vitesse constant $r\,\omega = R'\,\omega'$, pourvu que la résistance à surmonter soit inférieure à la valeur du frottement de glissement au contact des deux surfaces.

Nous verrons par la suite, combien cet organe est théoriquement intéressant, en fournissant des variations continues de rapports de vitesse par le déplacement de la roulette verticale.

177. ENGRENAGES CONIQUES. Comme pour les engrenages cylindriques, le problème à résoudre pour transmettre des efforts un peu considérables est d'armer les cônes primitifs d'aspérités qui produisent le roulement conique, qui les fassent se mouvoir, comme s'ils se conduisaient par simple contact. Telle est la disposition de l'engrenage conique ou *roue d'angle* que représente la fig. 167. C'est

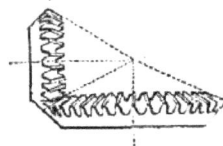

Fig. 167.

en procédant de la même manière, c'est par l'étude des mouvements relatifs qu'on arrive à en déterminer les éléments.

Mouvements relatifs. — MS, SC (fig. 168) étant les deux axes de rotation qui se rencontrent en un point S, prenons ce point pour centre d'une sphère; elle renfermera les deux cônes droits déterminés comme nous venons de le dire, ayant leur sommet commun au centre de la sphère, et les coupera suivant deux circonférences de cercle de leurs bases, tangentes en un point A appartenant à la génératrice de contact des deux cônes.

D'après le mode de construction des cônes, ceux-ci se conduisant par simple contact tourneront en raison inverse du rapport des vitesses, et les deux circonférences placées sur la sphère se conduiront absolument de même que celles appartenant à des engrenages cylindriques lorsqu'elles sont situées dans un même plan. Des longueurs égales passeront par le point de contact, et les rayons C A, M A, menés par des plans perpendiculaires à l'axe, tourneront en raison inverse des vitesses, comme les plans méridiens S C A, S M A.

La sphère jouant ici le même rôle que le plan fixe considéré dans les mouvements relatifs sur un plan, toutes les propriétés déjà trouvées se reproduisent sur la sphère.

Ainsi, à cause de la symétrie parfaite de la figure et de la na-

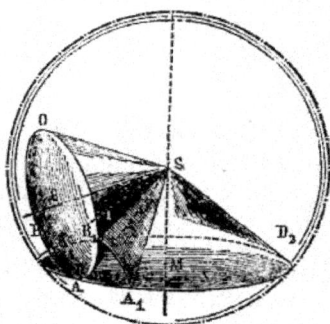

Fig. 168.

ture du mouvement de roulement, on détermine la courbe décrite par un point d'une des circonférences primitives, en faisant rouler un des cônes sur l'autre immobile; la courbe ainsi engendrée est l'*épicycloïde sphérique*. Une semblable courbe, obtenue à l'aide d'une petite circonférence roulant sur chacune des circonférences primitives, sur l'une à l'intérieur et sur l'autre à l'extérieur, déterminera des épicycloïdes, enveloppes et enveloppées qui, jointes au centre par des rayons, donneront des surfaces qui pourront se conduire dans les conditions des engrenages. En chaque instant il y aura un point commun aux deux épicycloïdes, et par suite un contact suivant une ligne passant par ce point et le sommet de cône. C'est ce que nous allons démontrer ci-après plus complétement.

Une figure en perspective fait bien voir le mode de génération des épicycloïdes sphériques engendrées par les divers points d'une génératrice (fig. 168), courbes qui fournissent les formes convenables de dents des roues, les surfaces enveloppes et en-

veloppées qui servent à conduire les deux axes comme si les
deux cônes primitifs roulaient l'un sur l'autre.

Remarquons que les engrenages coniques seront voisins des
engrenages extérieurs si l'angle des plans, sections des bases,
est obtus, et des engrenages intérieurs, et par suite inapplicables souvent, si cet angle était aigu. Aussi l'angle droit
est-il la limite inférieure adoptée dans la pratique, mais on
peut toujours, en déplaçant l'un des axes, parallèlement à lui-
même, faire faire aux plans des roues un angle obtus.

Appliquons les principes exposés aux solutions qui correspondent à celles adoptées par la pratique pour les engrenages
plans.

178. *Engrenage à flancs.* — Le flanc étant un plan diamétral
du cône primitif, la dent conductrice sera une surface conique
dont il faut déterminer la forme.

Soient S O, S O' (fig. 169) les axes des deux cônes primitifs qui

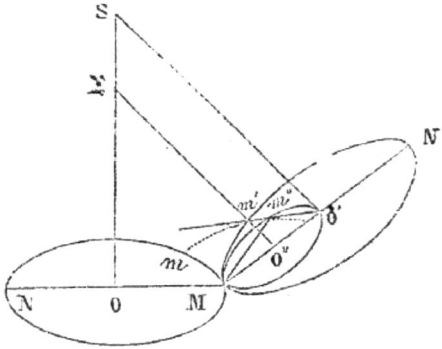

Fig. 169.

doivent tourner en se touchant, suivant une arête S M. Soient
M *m* N, M *m'* N' les circonférences des cercles provenant de l'intersection des deux cônes, par des plans menés perpendiculairement par le point M à leurs axes respectifs.

Que sur le rayon M O' du cercle O' comme diamètre on décrive une circonférence O", et que par son centre O" en élève
une perpendiculaire sur son plan, cette perpendiculaire rencontrera l'axe O S en un point Σ.

Si l'on considère ce point Σ comme le sommet commun de
deux cônes ayant pour bases les deux cercles O et O", et qu'on

fasse rouler le deuxième cône ($\Sigma O''$) sur le premier (ΣO), un point de la circonférence O'' décrira une courbe à double courbure $m\,m''$, une *épicycloïde sphérique*, située sur la sphère sur laquelle se meut le cercle O'' lui-même, sphère ayant son centre en Σ.

Que par cette épicycloïde on fasse passer un cône qui ait le point S pour sommet; ce cône sera la surface enveloppe d'un plan diamétral du cône S O', et devra par conséquent être pris pour la surface des dents du cône S O. Ce résultat paraît évident d'après la similitude de la construction employée avec celle usitée pour les engrenages cylindriques; nous allons prouver au reste que toutes les conditions du problème sont satisfaites.

Soit $m\,m''$ l'arc d'épicycloïde sphérique décrit par le point m'' du cercle O'', à partir du moment où il touchait le cercle O en m, de telle sorte que l'on ait arc $M\,m''$ = arc $M\,m$.

Prenons sur le cercle O' l'arc $M\,m'$ = arc $M\,m$, je dis que le plan S $O'\,m'$, qui passe par le point m'', est tangent en ce point à l'épicycloïde, d'où il suivra qu'il est tangent au cône qui a le point S pour sommet, et pour base l'épicycloïde.

En effet la droite $M\,m''$, passant par le centre de rotation instantanée M, est normale à l'épicycloïde en m''. La droite $O'\,m''$ est d'ailleurs perpendiculaire sur la droite $M\,m''$, car l'angle $M\,m''\,O'$ de ces deux droites est inscrit dans la demi-circonférence du centre O''. D'un autre côté, la droite $O'S$ fait un angle droit avec la droite $M\,m''$, puisqu'elle est perpendiculaire au plan du cercle O''.

Donc le plan S $O'\,m''$ passe par deux droites S O' et $O'\,m''$ perpendiculaires à la droite $M\,m''$, donc il est perpendiculaire à cette droite; or cette droite est une normale à l'épicycloïde.

Donc le plan S $O'\,m''$ est tangent à l'épicycloïde, et par suite à la surface conique, qui a son sommet en S et qui s'appuie sur l'épicycloïde. Le plan S m'' M est le plan normal commun à cette surface et au plan diamétral S $O'\,m''$.

Donc le plan normal commun aux deux dents en contact passe par l'arête de contact S M des deux cônes S O, S O'.

Il suit de là que, si cette surface que je désigne par S E est la dent du cône S O, cette dent poussera le plan diamétral S' $O'm'$ du cône S O', et le fera tourner autour de l'axe S O'.

Il reste à prouver que la rotation de ce plan diamétral, et par conséquent du cône S O', est proportionnelle à la rotation du cône S O.

Cela résulte de ce que l'arc M m' déterminé par la droite O' m'' sur la circonférence O est égal à l'arc M m.

En effet la circonférence O″ ayant pour diamètre le rayon M O' de la circonférence O', on a, comme nous l'avons déjà vu dans l'engrenage à flancs, arc M m' = arc M m''. Donc arc M m' = arc M m. Or les rotations des deux cônes sont mesurées respectivement par $\dfrac{\text{arc M } m}{R}$ et $\dfrac{\text{arc M } m'}{R'}$. Elles sont en raison inverse des rayons R et R′ des deux cercles O et O′, et conséquemment en raison inverse des sinus des angles au sommet des deux cônes.

179. *Engrenage conique à développantes*. — En transportant à ce cas les raisonnements qui nous ont conduit à l'emploi des développantes pour le profil des engrenages cylindriques, on construira dans les mêmes conditions un engrenage conique à développantes.

Étant donné l'angle des deux axes, O E, O F (fig. 170) se rencontrant au point O, imaginons autour de chacun d'eux une surface conique dont le sommet soit un point O, et la base un petit cercle d'une sphère ayant ce même point pour centre; ces deux cônes seront représentés sur la figure par les triangles isocèles A O B, C O D; prenons ces bases en raison inverse des vitesses ω et ω', de manière qu'elles satisfassent à la condition R ω = R′ ω′.

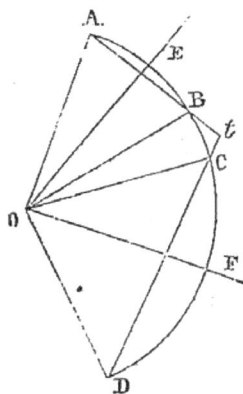

Fig. 170.

La communication du mouvement serait évidemment établie dans les conditions voulues, en supposant le frottement suffisant, par un grand cercle de la sphère tangent aux deux bases, renfermé dans un plan tangent aux deux cônes.

Si maintenant on suppose que ce grand cercle s'enroule successivement sur chacun des cercles des bases des deux cônes, un point quelconque de ce grand cercle décrira sur la sphère deux courbes à double courbure dites *développantes sphériques*.

Ces courbes considérées comme des dents sans épaisseur seront propres à transmettre le mouvement aux deux cerclés comme par enroulement et déroulement d'un grand cercle. Pour donner de l'épaisseur à ces dents, il suffit d'imaginer qu'un rayon de la sphère parcourt leur courbure et de prendre la longueur que l'on voudra de la surface conique ainsi engendrée. Le développement de ces surfaces a lieu en même temps que celui de leurs traces sur la sphère. Elles conviennent donc à la reproduction du mouvement pendant lequel elles sont engendrées, et la pression s'exerce normalement aux surfaces de contact et toujours à la même distance de l'axe; en un mot l'engrenage jouit de toutes les mêmes propriétés que l'engrenage cylindrique à développantes.

480. *Construction pratique des engrenages coniques.*— D'après ce qui précède, toutes les lignes qui entrent dans les engrenages coniques étant définies, ce n'est plus qu'une application des principes de la géométrie descriptive d'en déduire tous les panneaux et les tracés nécessaires pour la construction. Mais il est inutile d'entrer dans des détails étendus à cet égard, vu que, dans la pratique, on a adopté une méthode bien plus simple et suffisamment exacte. Nous ne parlerons en l'exposant que de l'engrenage à flancs, mais tout ce que nous dirons peut s'appliquer également aux autres engrenages.

Nous avons décrit l'épicycloïde sphérique par laquelle passe la surface conique qui doit former les dents de la roue O. Dans la pratique, ce n'est pas par cette courbe même qu'on termine cette surface conique, car les arêtes du cône ainsi déterminées seraient d'inégale longueur (puisque le centre du cône qui décrit l'épicycloïde n'est pas au point de rencontre des deux axes; cela n'a lieu que pour l'engrenage à développantes). On termine cette surface conique par la courbe qui résulte de son intersection avec un deuxième cône ayant son sommet S_1 sur l'axe OS (fig. 171) et passant par le cercle O, le point S_1 étant déterminé par la rencontre de l'axe SO avec la perpendiculaire à l'arête SM au point M. Pareillement pour le cône SO'.

Les deux cônes $(S_1) (S'_1)$ ont une arête commune, la droite $S_1 M S'_1$ et un plan tangent commun suivant cette droite. Ils coupent respectivement les deux surfaces qui forment les dents des deux roues que j'appelle $(S_1 E) (S'_1 E')$. Si on détermine les deux courbes d'intersection et qu'on développe les deux cônes $S_1 S'_1$ sur leur plan tangent commun, passant par $S_1 M S'_1$, les courbes d'intersection en question se développeront sur ce

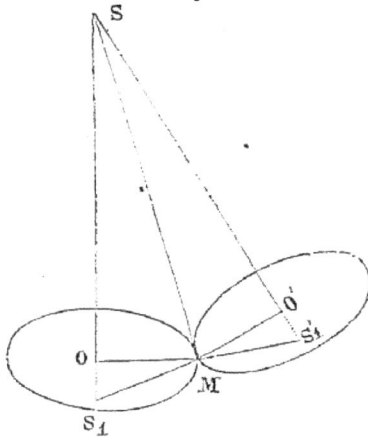

Fig. 171.

plan, et on obtiendra, en les relevant, les panneaux nécessaires pour la construction exacte des cônes $(S E)$, $(S E')$.

181. Ainsi que nous l'avons déjà dit, on remplace cette construction par une méthode plus simple qui donne une approximation suffisante.

Dans le développement du cône S_1, la circonférence O (fig. 171) deviendra un cercle incomplet, de rayon $S_1 M$, de même longueur que cette circonférence. La courbe provenant de l'intersection du cône S_1 par le cône épicycloïdal S E, se développera également sur ce plan tangent au cône suivant l'arête $S_1 M$.

Fig. 172.

Pareillement le cône S'_1 développé donnera un arc de cercle égale à la circonférence O'; la courbe provenant de l'intersection de ce cône S'_1 par le cône S E' qui forme la dent de la roue O', dans une petite longueur (qui sera presque leur longueur totale si le nombre des dents est très-grand, si par suite par suite elles sont petites) sera dans le même plan; il s'ensuit que le tracé des parties qui traversent successivement la ligne de contact doit se raprocher extrèmement de celui de profils de dents qui appartiendraient à un engrenage plan construit sur ces deux arcs comme cercles primitifs.

C'est cet engrenage plan que l'on trace sur une carte flexible que l'on applique ensuite sur les deux cônes $S_1 S'_1$ pour former l'engrenage conique, dont le tracé se réduit ainsi à celui d'un engrenage plan, sur les surfaces développées que la flexibilité du papier permet d'appliquer ensuite sur les cônes; enfin, pour achever la construction, il suffit de faire passer par la courbe tracée des arêtes se dirigeant vers le sommet du cône.

182. *Engrenages à lanterne.* — Nous n'avons parlé dans ce qui précède que de deux des solutions pratiques, traitons aussi l'autre solution du problème des engrenages que nous avons étudiée précédemment, pour le cas où elle est à peu près admissible, bien que peu usitée aujourd'hui, celui où les axes sont à angle droit.

Soient deux roues inégales, et dont les axes se rencontrent à angle droit, l'une des roues portant des fuseaux cylindriques, l'autre doit porter des alluchons d'une forme particulière. Voyons comment on peut la déterminer.

Soit C le centre de la roue qui porte les fuseaux cylindriques

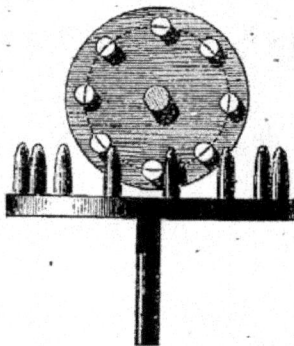

Fig 173.

et supposons d'abord les fuseaux réduits à leurs axes; PAP' est la circonférence primitive qui passe par les centres des fuseaux, et pmA la projection du cercle primitif des alluchons de la grande roue que l'on voit en plan (fig. 174). Soient enfin P un fuseau et fm l'axe du solide de révolution avec lequel il est en prise, pPf la courbe génératrice de ce solide de révolution dont on voit une section sur le plan au niveau de Pn.

Posant $AC = r$, $at = R$, $mat = \varphi =$ distance angulaire de fm avec le plan des centres, $ACP = \theta$, $mN = x$, $NP = y$, $mp = \rho$, on a :

$$y = r \sin. \text{vers. } \theta$$

$$x = Pn - Am = r \sin. \theta - R \sin. \varphi.$$

Les vitesses aux circonférences devant être égales et les points

p et P coïncider en A, l'arc A P doit être égal, sur le plan vertical, à l'arc tm sur le plan horizontal, augmenté du rayon $m\,p$ de la base, au moins à très-peu près; donc

$$\varphi = \frac{r\,\theta - \rho}{R} \text{ et } x = r \sin. \theta - R \sin. \left(\frac{r\,\theta - \rho}{R} \right).$$

Ces valeurs de x et y permettront de tracer par points la courbe $p\,\mathrm{P}\,f$.

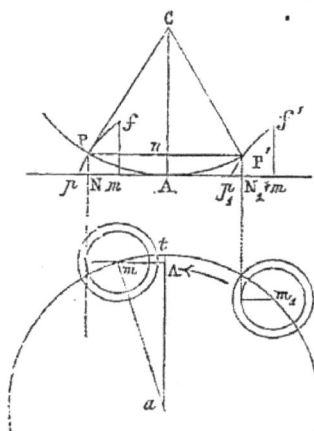

Fig. 174.

L'alluchon $p\,\mathrm{P}\,f$, en supposant qu'il conduise, se meut nécessairement dans la direction de la flèche et s'éloigne du plan des axes. Si l'on considère maintenant le fuseau P′, et l'alluchon $p_1\,\mathrm{P}'\,f_1$ pendant leur approche de l'autre côté du plan des axes à une distance angulaire θ égale à la première, la valeur de y reste la même; mais on a, φ_1 étant égal à $m_1 a t$,

$$x_1 = R \sin. \varphi_1 - r \sin. \theta \text{ et } \varphi_1 = \frac{r\theta + \rho_1}{R},$$

ou R $\varphi_1 - r\,\theta = \rho_1$ au lieu de $\rho = r\,\theta - R\,\varphi$,

D'après ces valeurs, comme on voit sur la figure que $\rho_1 < \rho$ ou R $\sin. \varphi_1 - r \sin. \theta < r \sin. \theta - R \sin. \varphi$; dès lors $x_1 < x$.

La courbe $p_1\,\mathrm{P}'\,f_1$ n'est donc pas la même que $p\,\mathrm{P}\,f$, mais elle en est bien voisine et est comprise dans celle-ci. Elle doit être adoptée, mais alors l'action ne se produira régulièrement qu'autant que le fuseau sera placé entre l'alluchon et le plan des centres. Or comme il convient que l'action s'exerce plutôt

après le plan des centres qu'en deçà, il s'ensuit que c'est la roue
conduite qui doit toujours recevoir les alluchons, les fuseaux
cylindriques devant toujours être montés sur la roue qui mène.
La figure 174 montre que le lieu du contact des alluchons d'un
côté du plan des centres, comme en m_1 est compris à très-peu
près dans la partie de l'alluchon qui est intérieure à la circonférence primitive, tandis que de l'autre côté du plan des
centres, comme en m, le lieu de contact est compris dans la
moitié qui est extérieure. On pourrait donc obtenir une action
régulière de l'un et de l'autre côté du plan des centres en faisant la partie intérieure de l'alluchon, et la partie extérieure
suivant les formes qui leur conviennent.

183. Si les deux roues sont égales $r = R$, on voit qu'en déplaçant l'axe de la roue inférieure d'un
rayon du fuseau adapté à la roue ver-
ticale, les valeurs de φ et θ seront les
mêmes, et $x =$ rayon du fuseau sera une
quantité constante égale à ρ, c'est-à-dire
que deux séries de fuseaux cylindriques
peuvent se conduire, système représenté
fig. 175.

Ces systèmes ont le grave inconvénient
que le contact n'a lieu qu'en un seul
point, que le glissement s'opère sur des
arêtes; aussi on ne les emploie plus aujourd'hui, ou tout au plus pour des forces minimes.

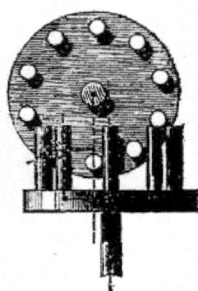

Fig. 175.

Pour un angle différent d'un angle droit, la construction précédente ne serait plus suffisante, et il faudrait déterminer directement l'enveloppe du fuseau. Hachette a traité cette question
dans tous ses détails dans son *Traité des Machines* où l'on peut
l'étudier, mais il n'y a aucune raison de chercher une forme
plus compliquée que celle qui convient aux engrenages épicycloïdaux, bien préférables à tous égards.

184. *Glissement au point de contact des dents.* — La considération
des axes instantanés, de rotation employée pour l'étude du mouvement de deux corps, permet d'arriver facilement à la formule qui
donne l'étendue du glissement. Pour trouver le mouvement relatif
élémentaire de la roue O', par rapport à la roue O (fig. 176), nous
pouvons supposer qu'on applique à l'ensemble des deux roues O, O'
un mouvement commun égal et contraire au mouvement de la

roue O. Cette roue sera réduite au repos, et la roue O' sera animée
à la fois d'une vitesse angulaire ω autour de SN et d'une vitesse

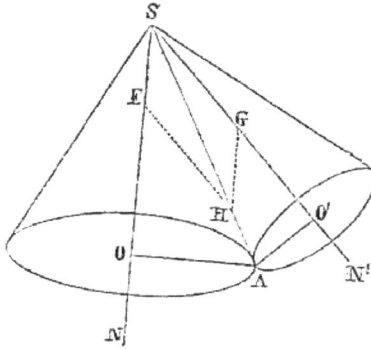

Fig. 176.

angulaire ω' autour de l'axe SN'. Mais ces deux rotations simultanées équivalent à une rotation unique, qui se fera autour de la
génératrice de contact des cônes primitifs (car l'axe instantané de
rotation passera évidemment par le sommet S, qui n'est déplacé
par aucune de ces rotations, et par le point A, centre instantané
de la rotation de la courbe de la base). Il suit de là que la vitesse Ω
de cette rotation résultante sera représentée par la diagonale SH,
si les côtés SF, SG sont pris de manière à représenter les vitesses
composantes ω et ω'.

En effet, si nous menons du point G deux perpendiculaires
GT, GR sur les axes de rotation SN, SA, le déplacement élémentaire du point G autour de SN sera GR × ω, et ce sera sa rotation
totale puisqu'il ne se déplace pas autour de SN'; d'un autre côté,
SA étant l'axe instantané de rotation et Ω la vitesse résultante, le
déplacement élémentaire de G aura aussi pour expression $\Omega \times$ GT;
donc : $GR\omega = GT\Omega$,

D'un autre côté, les triangles SFH et SGH sont égaux, donc
leurs surfaces sont égales, ou SF × GR = SH × GT; donc
enfin $\dfrac{\Omega}{\omega} = \dfrac{SH}{SF}$, donc SF représentant ω, SH, ou la diagonale, représentera Ω.

Appelant α l'angle OSA (1/2 angle du cône), α' l'angle O'SA, on
aura :
$$SH = SF \cos. \alpha + SG \cos. \alpha',$$
et aussi :
$$\Omega = \omega \cos. \alpha + \omega' \cos. \alpha',$$
et la valeur de l'angle décrit pendant un temps extrêmement
court dt, sera :
$$(\omega \cos. \alpha + \omega' \cos. \alpha')\, dt.$$
Désignant par p la longueur de la perpendiculaire abaissée d'un

point M dont on veut évaluer le glissement sur l'axe instantané de rotation SA, on aura :

$$p \left(\omega \cos. \alpha + \omega' \cos. \alpha' \right) dt$$

pour le glissement élémentaire de ce point M. Désignons par ds l'arc infiniment petit de chacune des circonférences OA, O'A qui traverse le plan NSN' pendant le temps dt et par r, r' les rayons OA, O'A de ces circonférences, comme $r \omega dt = r' \omega' dt = ds$ l'expression du glissement élémentaire du point M deviendra :

$$p \left(\frac{1}{r} \cos. \alpha + \frac{1}{r'} \cos. \alpha' \right) ds.$$

C'est l'expression trouvée pour les engrenages plans, pour $\alpha = \alpha' = 0$.

185. *Frottement dans les engrenages coniques.* — Dans les engrenages coniques exécutés avec soin, on a toujours l'attention de faire les dents, et par suite le pas aussi petit que possible, de sorte que le mouvement et le glissement des dents l'une sur l'autre ont sensiblement lieu comme s'ils se passaient dans le plan tangent aux deux surfaces coniques et normalement à la longueur des dents.

Q étant l'effort transmis à la circonférence de contact, f le coefficient de frottement, le glissement a été trouvé pour un arc ds :

$$p \left(\frac{1}{R} \cos. \alpha + \frac{1}{R'} \cos. \alpha' \right) ds$$

appelant α et α' les demi-angles au sommet des deux cônes S_1, S'_1, on aura : $\alpha + \alpha' = 180° - \delta$, δ étant l'angle des deux roues. L'expression du frottement pour un arc ds et un effort agissant à une distance à partir du point de contact, dont la valeur moyenne p est $\frac{a}{2}$, a étant le pas d'engrenage, deviendra donc :

$$f Q \frac{a}{2} \left(\frac{\cos. \alpha}{R} + \frac{\cos. \alpha'}{R'} \right) ds.$$

L'expression entre parenthèses revient à :

$$\sqrt{\left(\frac{\cos. \alpha}{R} + \frac{\cos. \alpha'}{R'} \right)^2}$$
$$= \sqrt{\frac{1}{R^2} + \frac{1}{R'^2} + \frac{2 \cos. \alpha \cos. \alpha'}{RR'} - \frac{\sin.^2 \alpha}{R^2} - \frac{\sin.^2 \alpha'}{R'^2}},$$

or $\cos. 180° - \delta = - \cos. \delta = - \cos. \alpha \cos. \alpha' + \sin. \alpha \sin. \alpha'$; de plus comme l est la génératrice du contact, $l \sin. \alpha = R$, $l \sin. \alpha' = R'$ et que par suite $\frac{\sin. \alpha}{R} - \frac{\sin. \alpha'}{R'} = 0$, l'expression ci-dessus revient à :

$$\sqrt{\frac{1}{R^2} + \frac{1}{R'^2} - \frac{2 \cos. \delta}{RR'}};$$

donc enfin, comme $R : R' = n : n'$ et $a = \dfrac{2\pi R}{n}$, la valeur du travail du frottement pour un arc s, en faisant entrer dans son expression le nombre des dents, peut se mettre sous la forme :

$$T_f = fQ\pi s \sqrt{\frac{1}{n^2} + \frac{1}{n'^2} - \frac{2\cos.\,\delta}{nn'}}.$$

Or, Qs est le travail dû à la résistance Q pendant le mouvement de la roue; représentons-le par T_r, on a enfin :

$$T_f = T_r f\pi \sqrt{\frac{1}{n^2} + \frac{1}{n'^2} - \frac{2\cos.\,\delta}{nn'}}.$$

III. AXES NE SE RENCONTRANT PAS.

186. Dans toute sa généralité, le problème à résoudre pour l'étude théorique complète est celui-ci[1] : *En supposant que deux corps solides tournent uniformément autour de deux axes respectifs, fixes dans l'espace et d'ailleurs quelconques, définir le mouvement d'un de ces corps relativement à l'autre.* D'après ce qui a été dit du mouvement le plus général d'un corps (art. 33), on peut établir les propositions suivantes :

Premièrement, ce mouvement, à chaque instant, a un axe instantané de rotation et de glissement, ce qu'on exprime clairement par une image, en disant que les vitesses du corps relativement mobile (ce sont ici des vitesses relatives à l'autre corps pris pour système de comparaison) ont entre elles les mêmes relations que si ce corps était actuellement lié à une certaine vis qui se mouvrait dans son écrou relativement immobile. L'axe de la vis est l'axe instantané de rotation et de glissement; il change de position relative d'un instant à un autre quelconque, et sans la condition de l'uniformité du rapport des vitesses angulaires absolues, le pas de la vis changerait aussi.

Secondement, les positions successives de l'axe instantané, relativement au second corps, formant une surface réglée, et ses positions successives dans le système invariable dont fait partie le premier corps en formant un autre, ces deux surfaces, qui dans le cas actuel sont des hyperboloïdes, sont à chaque instant tangentes l'une à l'autre, tout le long de leur génératrice commune, et elles roulent l'une sur l'autre en glissant

---

1. Bellanger. *Théorie de l'engrenage hyperboloïdique.*

suivant cette génératrice, axe central du mouvement relatif à ce même instant.

187. La solution du problème, pour un rapport de vitesse constant, ne peut se trouver que dans l'emploi de deux hyperboloïdes de révolution engendrés par une même droite tournant successivement autour de chacun des axes. On sait que cette surface est engendrée par une droite qui ne rencontre pas un axe autour duquel elle tourne, et auquel elle n'est pas parallèle. Deux surfaces de cette nature E, F (fig. 177) engendrées

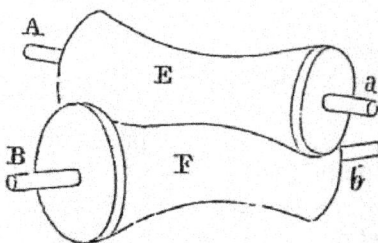

Fig. 177.

par une même droite, tournant autour de leurs axes A a, B b, peuvent toujours rester en contact le long d'une génératrice commune aux deux surfaces.

Il n'est pas possible ici de compter sur le roulement simple pour obtenir la transmission du mouvement; car deux hyperboloïdes, à moins d'être tout à fait identiques, ne sont pas susceptibles de se développer l'un sur l'autre par une succession de roulements simples, et il y a nécessairement glissement dans le sens de la génératrice commune.

188. En désignant par A l'angle des axes, par R, R_1 les rayons des cercles de gorge, il ne suffit pas de diviser la plus courte distance en raison inverse des vitesses pour trouver le point où la génératrice rencontre le cercle de gorge; elle varie avec l'angle A et l'équation qui lie le rapport de ces rayons au rapport des vitesses angulaires est :

$$\frac{R}{R_1} = \frac{\frac{\omega_1}{\omega} + \cos A}{\frac{\omega}{\omega_1} + \cos A}.$$

Cette équation détermine les rayons des cercles de gorge des hyperboloïdes à employer pour produire un rapport de vitesse

donné. Quant à la direction de la droite qui doit, en tournant
autour de chacun des axes respectivement, engendrer les deux
hyperboloïdes, on la trouve par la relation

$$R \cot i = R_1 \cot i_1,$$

i et i_1 étant les inclinaisons de la génératrice sur les deux axes.

Quand ces axes sont rectangulaires, on a $\cos A = 0$, et par
suite

$$\frac{\omega_1}{\omega} = \sqrt{\frac{R}{R_1}}.$$

Bellanger établit ces formules par l'analyse des mouvements
de rotation et de transformation si bien exposée dans sa *Cinématique*.

Si on exécute en reliefs solides, dit Bellanger (fig. 178),

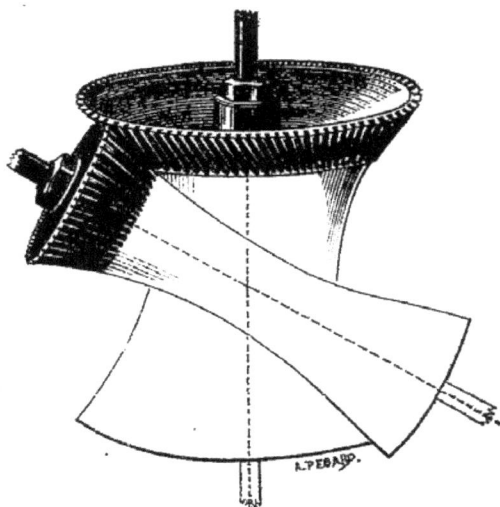

Fig. 178.

deux troncs d'hyperboloïdes tangents, analogues à des troncs
de cônes, se terminant à des plans menés perpendiculairement
aux axes par les deux extrémités d'une portion MM' de la génératrice commune; qu'on y trace des stries rectilignes, fines et
très-rapprochées entre elles, suivant des génératrices qui doivent être successivement des lignes de contact; et que ces
stries, également espacées sur chaque hyperboloïde, soient en
nombres inversement proportionnels aux vitesses angulaires;
elles rempliront le mieux possible, pendant la rotation des deux

troncs autour des deux axes, une fonction analogue à celle des dents très-multipliées d'un engrenage conique, mais avec deux différences essentielles.

La première, c'est que ces stries, pendant le mouvement, glissent longitudinalement avec une vitesse qui croît proportionnellement à la distance des deux axes, pour un même angle et les mêmes vitesses angulaires de rotation.

La seconde, c'est que ces stries ou génératrices, devant être en nombres réciproques aux vitesses angulaires, ne sont pas espacées de quantités égales sur deux circonférences qui ont un point commun sur la génératrice de contact.

La propriété du glissement inévitable dans l'engrenage hyperboloïde peut fournir un moyen d'exécution analogue à celui qui est employé pour une roue engrenant avec une vis sans fin. (Voir ci-après.) Si, par exemple, on commence par ébaucher les dents, en adoptant pour leurs coupes transversales des profils semblables à ceux d'un engrenage conique, et en dirigeant les naissances des faces courbes suivant les génératrices des hyperboloïdes primitifs; qu'ensuite, les roues étant montées sur leurs arbres, on les fasse tourner assez rapidement; le glissement des surfaces usera leurs parties trop saillantes et indiquera à l'ouvrier ce qui lui restera à faire pour perfectionner son travail.

La figure 179 montre l'apparence de ces roues telles qu'on les rencontre quelquefois dans les métiers à filer.

Fig. 179.

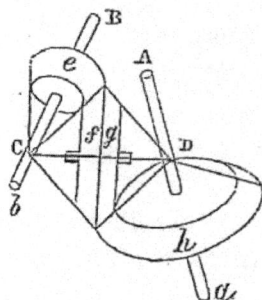

Fig. 180.

189. Le tracé des dents offre donc des difficultés que l'on n'abordera guère dans la pratique, surtout lorsque la solution indirecte par une roue intermédiaire permet une solution facile du problème par l'emploi des engrenages coniques.

En effet, soient A a, B b deux axes (fig. 180); prenez une ligne convenablement disposée qui rencontre les deux axes en C et en D, et servez-vous-en comme d'un troisième axe jouant le même rôle que les deux premiers.

Une paire de cônes de roulement $e, f,$ ayant leur sommet en C, sans qu'il soit nécessaire qu'ils soient accolés, et une autre paire $g, h,$ ayant leur sommet en D, se mèneront par simple roulement, et finalement la rotation de B b sera communiquée à A a par simple roulement.

Soient A, A_1, a les vitesses angulaires respectives des axes B b, C D, A a, et R, R_1, r les rayons des bases de ces cônes, on aura :

$$\frac{A}{A_1} = \frac{R_1}{R} \text{ et } \frac{A_1}{a} = \frac{r}{R_1}, \text{ d'où } \frac{A}{a} = \frac{r}{R},$$

exactement comme si les cônes e et h pouvaient agir par contact immédiat l'un sur l'autre.

190. *Frottement.* — Le travail du frottement ne sera plus calculable pour l'engrenage hyperboloïdique de la même manière que pour les engrenages coniques; le chemin parcouru par le frottement sera différent. Le contact ne demeure plus sur une même tangente commune comme dans les engrenages coniques, il se déplace par la translation des génératrices suivant l'angle δ, celui des deux axes. Si l'on compare ce qui se passe dans cet engrenage à ce qui a lieu dans un engrenage conique, on voit que la valeur du chemin parcouru l par le contact pour une rotation a devient, $l \sin. \delta = a$, cette longueur pour un tour devient $\frac{2\pi R}{\sin. \delta}$ au lieu de $2\pi R$. Le travail du frottement sera sensiblement celui des engrenages coniques multiplié par $\frac{1}{\sin. \delta}$, ou :

$$T_f = \left(\pi f T_r \sqrt{\frac{1}{n^2} + \frac{1}{n'^2} - \frac{2 \cos. \delta}{n n'}} \right) \frac{1}{\sin. \delta},$$

$\sin. \delta$ étant toujours plus petit que 1, cette valeur du frottement est toujours plus grande que pour les engrenages coniques (indépendamment de celui considérable qui se produit sur les collets des tourillons); pour $\delta = 30^\circ$ $\sin. \delta = \frac{1}{2}$ et $\frac{1}{\sin. \delta} = 2$.

AXES A ANGLE DROIT.

191. *Vis sans fin.* — Dans le cas particulier où les deux axes qui ne se rencontrent pas forment un angle droit ou peu diffé-

rent d'un droit, le mouvement hélicoïde se trouve utilisé tout
naturellement dans le système représenté (fig. 181), composé

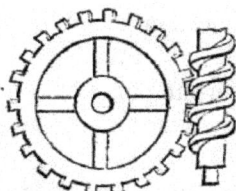

d'une roue dentée dont les dents sont
des développantes de cercle engrenant
avec une vis à filets rectangulaires, dite
vis sans fin. Les dents de la roue et les
plans inclinés de la surface hélicoïdale
servent à transmettre le mouvement d'un
axe à l'autre; en général c'est la vis qui
conduit.

Fig. 181.

Je suppose que l'axe de la vis soit vertical, l'axe de la roue sera horizontal,
et la roue, que nous supposerons un instant être un cercle ou
disque sans épaisseur, sera dans un plan vertical passant par
l'axe de la vis.

Ce plan coupe la surface inférieure de la vis (fig. 182) suivant

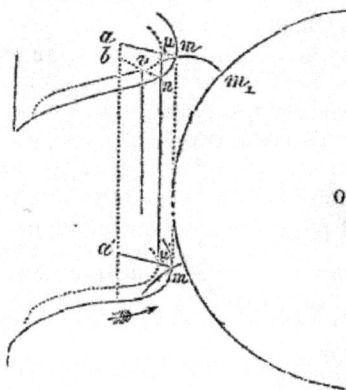

Fig. 182.

plusieurs de ses génératrices, c'est-à-dire suivant des droites μm
$\mu' m'$..... et le cylindre sur lequel sont les hélices extrêmes de la
vis suivant une génératrice $m\,m'$.

Regardons cette droite $m\,m'$ comme la directrice d'une crémaillère c'est-à-dire comme portant des flancs $m\,\mu$, $m'\,\mu'$... perpendiculaires à sa direction, et donnons à la roue des dents
ayant pour profils des développantes de cercle.

Si l'on fait tourner la vis dans le sens indiqué par la flèche,
ses génératrices telles que $b\,n$, inférieures à $a\,m$, viendront suc-

cessivement se placer dans le plan de la roue, et se trouveront en contact avec sa dent $m\,m_1$; elles exerceront donc sur cette dent une pression de haut en bas, qui fera tourner la roue.

Quand la dent $m\,m_1$ cessera d'être en prise, d'autres dents fonctionneront; de sorte que le mouvement continu de la vis produira un mouvement continu de la roue.

Si le premier est régulier, le deuxième le sera aussi, car l'arc parcouru par un point m_1 de la roue sera égal au segment intercepté sur la verticale $m\,m'$ par deux positions de la roue $m\,m_1$. Ce segment sera la distance, estimée verticalement, entre deux génératrices $a\,m$, $b\,n$ de la vis; or cette distance est proportionnelle à la rotation de la vis; donc la rotation de la roue sera elle-même proportionnelle à la rotation de la vis, ou

$$\omega' : \omega = h : 2\,\pi\,\mathrm{R},$$

h hauteur du pas de la vis, R rayon de la roue; pour un tour de la vis ou $\omega' = 1$, la roue aura tourné de $\dfrac{2\,\pi\,\mathrm{R}}{h}$ ou d'une division, celle-ci sera de longueur égale au pas de la vis. On peut aussi poser $\dfrac{\omega}{\omega'} = \dfrac{n}{n'}$ rapport du nombre des filets de la vis au nombre de dents de la roue.

192. Nous avons supposé que la roue se réduisant à un simple cercle sans épaisseur; mais, dans la pratique, les dents devront avoir une certaine épaisseur, et leur face latérale, qui a pour base la développante du cercle de la roue, ne peut pas être perpendiculaire au plan de la roue, à cause de l'inclinaison de la surface de la vis sous laquelle doit se loger la dent. Il faudra donner à cette face latérale une inclinaison semblable à celle de la surface de vis lors du contact, d'où résultera un contact suivant une ligne. De là résulte souvent, comme nous allons le voir, l'impossibilité de la réciprocité du système dans la pratique.

193. *Frottement.* — Nous avons vu, en traitant du frottement sur le plan incliné, que pour le mouvement uniforme, on avait, α étant l'inclinaison du plan formé par le filet :

$$\mathrm{P} = \mathrm{Q}\ \text{tang.}\ (\alpha + \varphi).$$

Dans la vis sans fin, le frottement ayant lieu sur un plan dont l'inclinaison est α, à une distance r de l'axe de la roue et ρ de l'axe de la vis, on devra écrire, si la vis est menante :

$$\mathrm{P} = \frac{\rho}{r}\,\mathrm{Q}\ \text{tang.}\ (\alpha + \varphi),$$

la force P croît donc rapidement; elle devient infinie pour $\alpha + \varphi = 90°$, ou $\alpha = 90° - \varphi$, c'est-à-dire qu'elle ne peut plus alors faire tourner la roue, quelque grande qu'elle soit, même quand la résistance Q est très-petite.

Si la roue est menante, il faut changer le signe de l'angle φ, et l'on aurait pour la puissance Q (P étant maintenant la résistance):

$$Q = P \frac{r}{\rho} \cot. (\alpha - \varphi).$$

Pour que l'engrenage soit réciproque, il faut qu'on ait à la fois

$$\alpha < 90° - \varphi \text{ et } \alpha > \varphi,$$

ou $$\text{tang. } \alpha < \frac{1}{f} \text{ et tang. } \alpha > f.$$

De l'impossibilité de faire mouvoir la vis par la roue, quand le filet est peu incliné résulte une propriété fréquemment utilisée dans la pratique, car presque toujours la vis conduit le pignon. Elle permet d'employer avec sécurité cette transmission de mouvement dans les machines à élever les fardeaux, par exemple, parce qu'on est sûr que les poids soulevés ne pourront redescendre d'eux-mêmes, et en général pour éviter les réactions d'une résistance considérable sur une puissance bien moindre qui détermine un petit mouvement.

Lorsqu'au contraire on veut que la roue puisse mener la vis, il faut donner au filet une grande inclinaison, de 45° au moins, et qu'on fait souvent plus grande. La vis a alors plusieurs filets et chaque tour de la vis fait tourner la roue d'un nombre de dents égal à celui des filets. Ce dispositif est quelquefois employé pour les régulateurs à ailettes des grosses horloges.

Cherchons le rapport du travail moteur et du travail résistant (la vis conduisant), nous en déduirons le travail du frottement.

A cet effet multiplions par $\frac{\omega}{\omega'} = \frac{n'}{n}$ le rapport $\frac{P}{Q}$, et nous aurons :

$$\frac{T_m}{T_r} = \frac{n}{n'} \frac{\rho}{r} \text{ tang. } (\alpha + \varphi).$$

Or : $$T_f = T_m - T_r = \left[\frac{n}{n'} \frac{\rho}{r} \text{ tang } (\alpha + \varphi) - 1 \right] T_r.$$

194. *Vis tangente.* — On emploie assez fréquemment une disposition désignée sous le nom de *vis tangente*, qui diffère de la vis sans fin en ce que les dents de la roue sont remplacées par des surfaces enveloppes, en contact avec le filet de la vis suivant une ligne continue, sur toute la largeur de la couronne cylindrique.

Dans cette disposition la denture du pignon, au lieu d'être

limitée extérieurement par une surface cylindrique droite, se termine par une gorge cylindrique qui épouse la forme de la vis sans fin.

Si l'on considère un plan mn perpendiculaire à l'axe du pignon, il coupera le filet héliçoïdal, dont la génération n'est d'ailleurs nullement modifiée, suivant une courbe que l'on pourrait toujours déterminer par points successifs au moyen des méthodes de la géométrie descriptive.

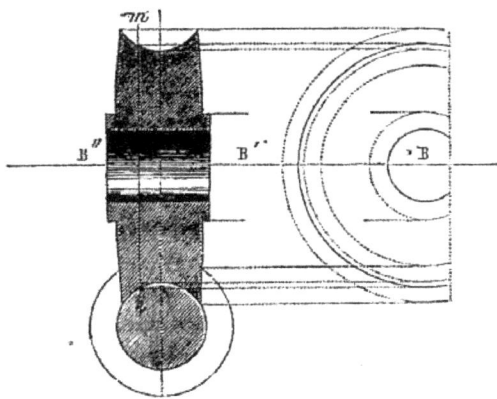

Fig. 183.   Fig. 184.

Relativement à ce plan mn, situé d'ailleurs d'une manière quelconque sur la largeur totale du pignon, cette courbe serait la dent d'une crémaillère destinée à agir contre la courbe liée à l'axe du pignon et dans le plan mn. Cette courbe devrait être l'enveloppe de la première, et la série de courbes semblables déterminerait la surface gauche des dents du pignon.

Sans qu'il soit besoin de recourir à de longs tracés difficiles, il est un moyen d'exécution qui permet d'obtenir facilement la denture du pignon.

Après avoir exécuté sur le tour le *disque à gorge* dans lequel doivent être découpées les surfaces gauches qu'il s'agit d'obtenir, on installe ce disque sur un axe pouvant tourner librement et perpendiculaire à l'axe de la vis sans fin.

Une vis sans fin, en acier trempé, pareille à celle qui doit mener le pignon que l'on veut produire, est montée sur un axe, invariablement maintenue dans le plan qui divise en deux parties égales le disque à gorge, et placé de telle façon que le filet saillant de la vis, entaillée parallèlement à l'axe pour pouvoir couper, presse fortement contre la gorge du disque. On fait alors tourner la vis d'une manière continue, et son filet se fraye un passage dans cette gorge.

Si l'on réfléchit que la vis en travail imprime nécessairement au pignon qu'elle découpe un mouvement de rotation, en même temps qu'elle fait son passage propre dans l'épaisseur de ce disque, on comprendra qu'après avoir prolongé suffisamment le travail dans les conditions expliquées, le filet de vis doit arriver à se loger dans l'entaille qu'il pratique jusqu'à ce que son noyau vienne s'appliques contre la gorge du disque, les parois de l'entaille ayant pris successivement la forme exacte des surfaces gauches voulues.

Quand le pignon est achevé, la vis tailleuse est remplacée par la vis semblable destinée à conduire le pignon obtenu.

Il est bon de remarquer que la première impression de la vis tailleuse sur le contour du pignon marque des divisions plus nombreuses que ne seront les divisions définitives, lorsqu'elle travaillera sur une partie du pignon moins éloignée du centre, lorsqu'elle aura pénétré dans celui-ci. Il faudrait commencer le travail avec une vis semblable à celle qui doit le terminer, sauf que le pas serait plus grand de la quantité dont nous venons de parler.

C'est surtout dans les machines à diviser qu'on emploie les vis tangentes. Comme il importe alors d'avoir beaucoup de dents en prise avec la vis (à filet triangulaire ou filet carré, les deux peuvent s'employer), pour pouvoir les faire très-fines, on emploie en général des vis à plusieurs filets, deux ou trois spires étant également espacées entre les spires de la première hélice.

195. *Spirale.* — Au lieu d'employer le filet d'une vis, on peut, pour transmettre le mouvement entre deux axes faisant un angle droit, engager les dents d'une roue dans une rainure tracée sur un plateau ou une spirale saillante (fig. 185), et telle que $\rho = a\,\omega$ (ρ longueur du rayon vecteur, ω angle décrit); c'est la spirale d'Archimède, qui s'obtient facilement dans les arts, comme nous le verrons. Les dents de la roue seront entraînées par les rainures dans le mouvement de rotation du plateau, et leur écartement sera déterminé par la condition que deux dents soient engagées en même temps. Le mouvement inverse ne saurait avoir lieu, car il ne se produirait

qu'une pression sur l'axe de la spirale qui est situé dans le plan moyen de la roue.

Fig. 185.

La largeur de la rainure doit être assez grande pour donner passage aux dents de la roue sous les diverses inclinaisons, en remarquant qu'il doit y avoir au moins deux dents en prise. En prenant cette précaution, le mouvement peut conserver une régularité suffisante mais non absolue, car pour un même mouvement angulaire de la spirale, le mouvement de la roue dentée varie suivant la partie de la spirale où la dent de la roue est engagée; mais la vitesse moyenne peut être suffisamment régulière pour la pratique. En un tour du plateau une dent aura avancé de l'intervalle qui sépare deux rainures ou d'une division de la roue.

Les dents de la roue étant des fuseaux cylindriques, les côtés de la saillie sur lesquels agissent les dents doivent appartenir à une surface engendrée par une droite reposant sur un point de la spirale, et passant par le centre de la roue à fuseau quand ce point de la spirale passe dans le plan moyen de celle-ci. Elles appartiendront donc à une surface réglée dont la spirale séra la directrice, et dont les génératrices seront inclinées en raison de la grandeur de la spirale et du diamètre de la roue à fuseaux. Par ce moyen, le contact des dents et des rainures pourra avoir lieu suivant une ligne.

Ce système, bien que d'une autre nature que la vis sans fin, en provient en ce que la spirale d'Archimède a quelque analogie avec l'hélice; elle est engendrée dans un plan comme celle-ci relativement aux génératrices d'un cylindre, car l'outil qui la trace doit progresser d'une quantité constante pour une même rotation. C'est une vis plane.

Le frottement est considérable dans un semblable système, parce que pour chaque tour de la spirale faisant tourner la roue dentée d'une division, le chemin parcouru par le frottement sera égal au développement de toute la spirale. Cet appareil ne saurait donc servir pour transmettre des efforts considérables.

196. *Emploi de la vis sans fin et de la spirale.* — La vis sans fin et la spirale jouissent toutes deux de la propriété de faire avancer d'une division seulement les dents de la roue pour un tour entier de la vis ou du plateau. Cette propriété les rend très-propres à être utilisées simultanément dans les compteurs dont la construction repose sur l'emploi de systèmes qui permettent d'obtenir un très-petit nombre de tours d'un axe pour un nombre très-grand de tours d'un autre axe.

M. Saladin, de Mulhouse, a combiné le double emploi de ces systèmes pour simplifier la] construction de ces compteurs. A cet effet, il emploie une] roue servant à la fois comme roue dentée d'un système et comme vis sans fin, ou commé plateau portant une spirale d'un autre système.

En principe une roue de 50 dents, par exemple, avançant d'une division pour un tour d'un arbre portant une vis sans fin, ou faisant un tour pour 50 du premier, agira de même si sa face est entaillée en spirale sur la roue dentée d'un troisième axe. Si cette roue porte encore 50 dents, son axe ne tournera que d'un tour pour 50 tours de la première roue dentée où de $50 \times 50 = 2500$ tours du premier axe dont il s'agit d'enregistrer les révolutions.

197. *Compteur de Wollaston.* — La vis sans fin exige, comme les engrenages, qu'on laisse un certain jeu à la roue qui engrène avec la vis, mais il est à remarquer qu'on a fait de ce jeu un moyen curieux de construction de compteurs, au moyen de

roues dentées et de vis sans fin, que nous devons signaler ici.
Cette construction repose sur l'emploi de deux roues qui diffèrent non en diamètre, mais par leur nombre de dents.

D d est un axe fixe (fig. 186), B une roue tournant autour de cet axe, C une seconde roue de même diamètre tournant librement sur l'axe D d. A est une vis sans fin qui engrène avec les deux roues.

Si celles-ci ont le même nombre de dents, elles se meuvent comme une seule pièce; mais si l'une a une ou deux dents de plus ou de moins que l'autre (différence qui répartie également change seulement le jeu, et n'empêche pas l'action de la vis), les rotations des deux roues seront différentes, car comme les révolutions de la vis font traverser au plan des centres le même nombre de dents de chaque roue dans le même temps, il faut que, quand l'une d'elles a fait une révolution, l'autre ait fait plus ou moins d'une révolution, en raison du nombre des dents manquantes ou excédantes.

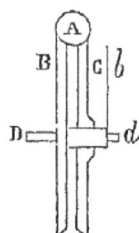
Fig. 186.

B a N dents, C en a N $+ m$; pour un tour de la première il passera N dents de chacune de ces roues à travers le plan des centres, et la différence des deux rotations, la rotation relative de la roue C sera $N + m — N = m$.

Cette disposition est employée pour compter les révolutions d'un axe, en attachant une aiguille b à l'axe de B, et en traçant un cadran sur la face de C. Cette aiguille B marche très-lentement par rapport à C, et peut par suite enregistrer un grand nombre de tours de A. Si, par exemple, B a 100 dents et C 101, l'aiguille fait le tour du cadran pour le passage de 100 $\times$ 101 dents des deux roues à travers le plan des centres, ou pour 10,100 tours de la vis.

ENGRENAGES TAILLÉS PAR UNE VIS ET SON ÉCROU.

198. Nous terminerons l'étude des engrenages par l'indication d'un curieux système auquel est arrivé Olivier, qui a fait sur la théorie des engrenages de nombreux travaux; il repose sur une curieuse généralisation de la vis tangente (art. 194) et montre qu'on peut faire un emploi général des surfaces héliçoïdales pour l'exécution des roues d'engrenage.

Nous allons d'abord donner le résumé, formulé par ce savant, à un point de vue très-général, de la théorie des engrenages.

199. Concevons deux axes A et A_1 placés arbitrairement dans l'espace l'un par rapport à l'autre (fig. 187)[1]. Ayant construit

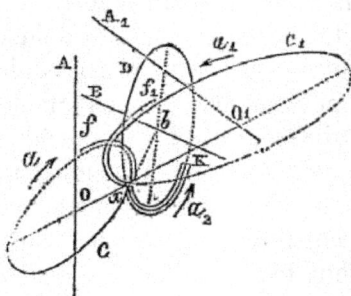

Fig. 187.

les cercles primitifs C et C_1, imaginons un plan Q de position arbitraire dans l'espace, mais passant par le point x commun aux deux cercles, et traçons dans ce plan Q un cercle D, passant par ce même point x, mais ayant pour centre un point quelconque b du plan Q; imaginons enfin un axe B passant par le centre b du cercle D, et perpendiculaire au plan Q de ce cercle.

Cela fait, enroulons un fil sur le cercle du point f jusqu'au point x, puis sur le cercle D du point x au point K.

Enroulons un second fil sur le cercle C_1 du point f_1 jusqu'au point x, puis sur le cercle D du point x au point K.

Il est évident que si je fais tourner le cercle D autour de son axe B dans le sens indiqué par la flèche a_2, les axes A et A_1 tourneront sur eux-mêmes avec les vitesses convenables v et v_1, rouleront l'un sur l'autre en tournant, le premier dans le sens indiqué par la flèche a, et le second dans le sens indiqué par la flèche a_1. Et ces cercles rouleront *directement* l'un sur l'autre, s'ils ont même tangente au point x, et rouleront *angulairement* l'un sur l'autre, s'ils ont en ce point x des tangentes différentes.

1. Cette théorie est extraite de l'ouvrage d'Olivier; *Théorie géométrique des engrenages.*

Cela posé, concevons une surface Σ fixée d'une manière invariable au cercle D, et concevons qu'à l'axe A soit fixée une masse de matière M, et qu'aussi se trouve fixée à l'axe A_1 une autre masse de matière M_1. Pendant que le cercle D tournera autour de son axe B, les masses M et M_1 tourneront autour des axes A et A_1, le rapport de leurs vitesses angulaires étant constant et égal à $\frac{v}{v_1}$; en même temps que la surface Σ se mouvra dans l'espace, entraînée qu'elle est par le cercle D.

Et si l'on considère la surface Σ comme *outil*, cet outil Σ fera successivement son logement, soit dans la masse M, soit dans la masse M_1; ces logements successifs que l'on obtiendra en faisant mouvoir le cercle D formeront une surface Φ fixée à l'axe A, et une surface Φ_1 fixée à l'axe A_1, et ces deux surfaces *enveloppes,* qui évidemment auront l'une et l'autre la surface Σ pour *enveloppée* commune, seront telles, que supprimant le cercle D et la surface Σ, elles se conduiront uniformément.

La surface Σ se met à chaque instant du mouvement en contact avec la surface Φ, par une caractéristique ξ, et cette surface Σ se met aussi à chaque instant du mouvement en contact avec la surface Φ_1 par une caractéristique ξ_1; en général les courbes ξ et ξ_1 seront des lignes différentes et distinctes, et comme elles sont toutes deux tracées sur la surface Σ, en général elles se couperont en un point; par conséquent, d'après ce mode de construction, on peut dire que les dents de l'engrenage ne se toucheront que par un point.

Ces engrenages sont dits de . *précision*, et l'on voit qu'ils deviennent de *force*, dans le cas particulier qui n'est autre que le mode de solution employé jusqu'ici, lorsque l'on suppose que le cercle D se confond avec l'un des cercles C ou C_1.

De cette théorie tout à fait générale, nous pouvons descendre aux cas particuliers; car la surface Σ pouvant être une surface quelconque, on peut prendre pour surface Σ un plan χ, et, comme l'enveloppe de l'espace parcouru par un plan est toujours une surface développable, les deux surfaces Φ et Φ_1 seront développables, et dès lors d'une construction plus facile dans la pratique.

Le plan Q, sur lequel est tracé le cercle D, peut faire avec le plan du cercle C_1 un angle arbitraire α, et en même temps la trace de ce plan Q sur le plan du cercle C peut faire avec le

rayon $o\,x$ de ce cercle C un angle arbitraire ϵ; on peut donner
à chacun des angles α et ϵ, suivant que l'on considère l'un des
trois cas : *axes parallèles, axes qui se coupent, axes non situés dans
un même plan,* une valeur particulière et telle qu'elle amène des
simplifications dans la construction *pratique* de l'engrenage.

On peut en dire autant du cercle D, car on peut prendre son
centre b partout où l'on veut sur le plan Q, on pourra donc
lui donner une position particulière et telle qu'elle permette
avec plus de simplicité l'*épure* qui doit servir à construire le
relief.

On peut aussi tracer le cercle D avec un rayon plus ou moins
grand, le rayon du cercle D peut même être infini, et dès lors
ce cercle devient une ligne droite L (fig. 188), passant par le

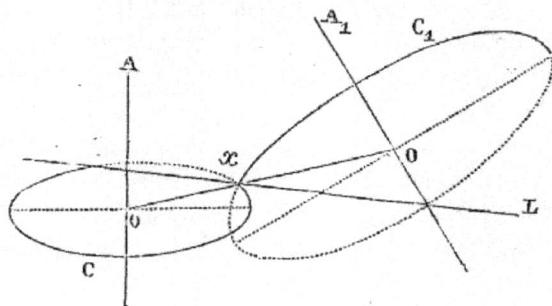

Fig. 188.

point x, et pouvant avoir dans l'espace une position arbitraire
par rapport aux axes A et A_1. C'est ce que nous supposerons
dans ce qui va suivre.

200. *De l'exécution mécanique d'un nouveau genre d'engrenage.* — Nous allons voir comment la considération d'une surface, qui par ses deux enveloppées détermine les formes des
dents, va nous permettre de construire un genre tout nouveau
d'engrenage auquel il eût été bien difficile d'arriver par toute
autre considération. Étant donnés l'axe A et l'axe A_1, leur plus
courte distance l, et la droite L faisant un angle α avec l'axe A,
concevons qu'une surface Σ, s'étant mue parallèlement à elle-
même le long de la droite L, ait pris les positions $\Sigma\,\Sigma'\,\Sigma''\,\Sigma'''$
équidistantes entre elles; la distance entre deux positions étant
mesurée parallèlement à la droite et égale à une quantité h.

Le cercle C de rayon ρ aura sa circonférence $2\pi\rho$ égale à mh, et nous supposerons que h soit tel que m se trouve un nombre entier.

Cela posé, chaque surface $\Sigma\,\Sigma'\,\Sigma''\,\Sigma'''$ engendrera une surface enveloppe $\Phi\,\Phi'\,\Phi''\,\Phi'''$ dans le mouvement déjà décrit, et l'on aura ainsi m surfaces enveloppes placées sur le contour du cercle C et angulairement équidistantes.

Le cercle C_1, du rayon ρ_1, aura sa circonférence $2\pi\rho_1$ égale à nh, et n sera un nombre entier, en admettant que $\dfrac{\rho}{\rho_1} = \dfrac{V_1}{V}$ soit un nombre commensurable.

Cela posé, chaque surface $\Sigma\,\Sigma'\,\Sigma''\,\Sigma'''$, engendrera de même une surface enveloppe $\Phi_1\,\Phi_1'\,\Phi_1''$, et l'on aura ainsi n surfaces enveloppes placées sur le pourtour du cercle C_1, et angulairement équidistantes.

Et si nous admettons que, le système étant en repos, les couples de surfaces Φ et Φ_1, Φ' et Φ_1', Φ et Φ'' se trouvent en contact, il s'ensuivra qu'en faisant mouvoir les axes A et A_1 avec les vitesses respectives V et V_1, les surfaces Φ et Φ_1, et Φ' et Φ_1', Φ'' et Φ_1'', se conduiront uniformément en restant en contact pendant un *trajet* plus ou moins long, et que lorsque Φ et Φ_1 se quitteront (immédiatement après, ou un peu après, ou un peu avant, suivant la longueur du trajet pendant lequel Φ et Φ_1 peuvent être en contact), les surfaces Φ' et Φ_1' se mettront en contact et ainsi de suite.

On voit évidemment que nous obtenons ainsi un véritable engrenage composé de deux roues dentées et dans lequel les deux axes ne sont pas situés dans le même plan.

Il s'agit de réaliser ces conceptions théoriques.

Pour cela il faut remarquer que si nous engendrons la surface Φ au moyen d'un outil V terminé par la face convexe de la surface Σ (supposée jusqu'ici sans épaisseur), nous devrons engendrer la surface Φ_1 au moyen d'un outil V_1, terminé par la face concave de Σ; en d'autres termes, l'outil V sera l'épreuve dont l'outil V_1 sera la *contre-épreuve*, ou l'outil V sera le *relief* dont l'outil V_1 sera le *creux*.

La vis et l'écrou de cette vis nous offrent dans les arts les seuls outils dans lesquels ces deux surfaces se rencontrent; la vis *triangulaire* notamment va nous fournir une solution facile.

Nous placerons l'axe de la vis V dans la direction de la droite

L, et cette vis V taillera sur le pourtour de la rondelle les diverses surfaces $\Phi\Phi'\Phi''\Phi'''$. Ensuite nous placerons l'axe de l'écrou dans la direction de la droite L, et cet écrou V_1 taillera sur le pourtour de la rondelle cylindrique C_1 les diverses surfaces $\Phi_1\Phi_1'\Phi_1''\Phi_1'''$.

201. En effet une vis se trouve composée d'un certain nombre de spires équidistantes entre elles; de plus, nous savons par la *pratique des arts* qu'une vis triangulaire, transformée en un outil propre à tailler, dit *taraud*, au moyen d'entailles faites sur les surfaces supérieure et inférieure de chaque filet, taille parfaitement une rondelle métallique : c'est par ce moyen que l'on construit l'*engrenage à vis sans fin*.

De plus, on sait que pour que la vis puisse tailler la rondelle, il n'est pas nécessaire que l'axe A de la rondelle et l'axe de la vis soient à angle droit; ces deux axes peuvent faire entre eux un angle aigu. Seulement il faudrait, par l'expérience, déterminer la limite de l'angle aigu sous lequel la vis peut encore tailler avec facilité, car il est clair que lorsque l'axe de la vis est parallèle à l'axe A de la rondelle, celle-ci ne peut plus être taillée par la vis.

Voyons maintenant à nous servir de l'écrou de la vis pour denter la rondelle.

Si le diamètre de C_1 est plus grand que le diamètre de l'écrou, il faudra évider la rondelle C_1 et lui donner la forme d'un anneau; ensuite envelopper cet anneau par l'écrou, et en pressant l'écrou contre la surface extérieure de cet anneau, on parviendra à tailler et denter cette surface extérieure.

Il faudra ensuite monter l'anneau sur l'axe A pour former la roue C_1. Cette opération auxiliaire est évidemment inutile si le diamètre de la rondelle est plus petit que le diamètre intérieur de l'écrou. Le rayon de la rondelle C_1 devra être égal à $\rho_1 + i$, $2\pi\rho$ étant égal à nh, n étant le nombre de dents que la roue C_1 doit porter, h le pas du filet de l'écrou, et $2i$ la profondeur de ce filet.

202. L'exécution mécanique de cette idée constituera une machine nouvelle et destinée à tailler un engrenage; l'une des roues étant dentée au moyen d'une vis triangulaire, l'autre roue étant dentée au moyen de l'écrou de cette vis.

Évidemment l'exécution d'une telle machine est possible[1].

1. On peut voir cette machine au Conservatoire des Arts-et-Métiers, pour lequel Olivier l'a fait exécuter d'après ces principes.

Examinons maintenant comment on devra mettre en présence les roues C et C₁, taillées et dentées au moyen de cette machine, pour former un engrenage.

L'axe de la vis pourra faire avec A de la rondelle à tailler C un angle arbitraire α. Cet angle une fois choisi, l'axe de l'écrou devra faire avec l'axe A₁ de la rondelle à dent C₁ un angle égal à $(\alpha - \epsilon)$, ϵ étant l'angle que les deux axes A et A₁ doivent faire entre eux.

Ainsi les deux axes devant être parallèles, l'angle ϵ sera nul, et l'axe de l'écrou devra faire avec l'axe A₁ le même angle α que l'axe de la vis fait avec l'axe A.

On pourra donc construire un engrenage extérieur composé de deux roues dentées et aptes à transmettre le mouvement de rotation entre deux axes parallèles, ou entre deux axes faisant entre eux un angle ϵ, lequel pourra varier de 0 à 90°.

On voit aussi qu'ayant construit une roue dentée C, on pourra disposer autour de cette roue une suite de pignons C₁ C₂ C₃, de rayons différents, ou, en d'autres termes, portant un nombre différent de dents; ainsi C₁ un nombre m_1, C₂ un nombre m_2, C₃ un nombre m_3, tels que leurs axes A₁ A₂ A₃ ne soient pas situés dans un même plan avec l'axe A de la roue centrale C, et tels encore que les axes A et A₁ faisant un angle ϵ_1; A et A₂ un angle ϵ_2; A et A₃, un angle ϵ_3, les angles $\epsilon_1 \epsilon_2 \epsilon_3$ étant égaux ou inégaux.

203. Nous obtenons donc ainsi un engrenage dans lequel une roue dentée C pourra conduire en même temps une roue dentée *conique* C₁, une roue dentée *cylindrique* C₂, et une roue dentée *hyperboloïdique* C₃, car tout ce que nous avons dit est indépendant des positions particulières des axes et tout à fait général. Dans ce système : 1° l'axe A₁ de la roue *conique* C₁ pourra couper l'axe A de la roue C₁ sous un angle variable et en un point variable; 2° l'axe A₂ de la roue *cylindrique* C₂ ne pourra pas être plus ou moins éloigné ou rapproché de l'axe A de la roue C; mais, 3° l'axe A₃ de la roue *hyperboloïdique* C₃ pourra être plus ou moins rapproché ou éloigné de l'axe A et de la roue C, et pourra faire avec cet axe un angle variable; cela a lieu parce que dans le premier et le troisième cas on peut faire tourner la roue C₁ ou la roue C₃ autour de l'axe de l'écrou ou de l'axe de la vis dont on s'est servi pour tailler cette roue C₁, puisque la forme des dents, qui ne dépend que du rayon du cercle pri-

mitif et de la forme de la vis, ne sera en rien changée par cette rotation.

On doit ajouter que les *variations* qui peuvent avoir lieu : 1° quant à l'amplitude des angles que ces axes peuvent faire entre eux, et 2° quant à la grandeur de la plus courte distance qui peut exister entre ces mêmes axes, ne peuvent avoir lieu qu'entre certaines limites; mais quelque restreintes que ces limites puissent être, suivant les cas particuliers, les *variations* permises offriront toujours, dans la *pratique*, une grande facilité pour la *pose* des axes et la *disposition* des mécanismes.

Remarquons encore que ces engrenages sont à retour. En effet, le filet de vis étant terminé par deux surfaces, si nous désignons la nappe supérieure par χ et la nappe inférieure par Σ, les diverses spires $\chi \chi' \chi''$ donneront naissance, sur la rondelle, aux surfaces enveloppes $\Phi, \Phi' \Phi''$, et les spires $\Sigma \Sigma' \Sigma''$ aux surfaces enveloppes Π, Π', Π''. Comme il en sera de même de la roue dentée au moyen de l'écrou, suivant le sens du mouvement, ce seront les surfaces Φ, Φ', Φ'' ou les surfaces Π, Π', Π'' qui agiront, mais toujours dans les conditions voulues.

204. *Engrenage intérieur.* — A première vue, il semblerait que l'engrenage *intérieur* doit être construit par les mêmes procédés mécaniques que ceux au moyen desquels l'engrenage *extérieur* a été obtenu, et qu'ainsi il suffira de denter la surface intérieure de l'anneau au moyen de l'écrou, ainsi qu'on avait denté sa surface extérieure lorsqu'on voulait obtenir l'engrenage extérieur.

Mais avec un peu de réflexion, on voit que dans ce cas l'écrou ne pourrait tailler des dents; car à mesure qu'il travaillerait et qu'on l'enfoncerait dans l'anneau, il détruirait le travail précédent, et, en définitive, on n'obtiendrait qu'une surface cylindrique concave et non pas une suite de dents. Un exemple très-simple peut faire concevoir qu'il doit en effet en être ainsi.

Supposons que l'on veuille construire en relief deux surfaces cylindriques, l'une convexe et l'autre concave. On pourra toujours considérer la surface convexe comme l'enveloppe d'un outil *plan* d'une largeur arbitraire; mais la surface concave ne pourra être considérée que comme l'enveloppe d'un outil plan d'une largeur infiniment petite, en d'autres termes, que comme engendrée par une ligne droite. De sorte que si la surface concave ne peut pas être engendrée mécaniquement par une ligne droite, et que l'on ne puisse employer comme outil qu'un plan d'une largeur donnée, il faudra, pour obtenir cette surface concave, construire la surface convexe et prendre la *contre-épreuve* de cette surface pour obtenir la surface concave demandée.

Tel est, en effet, le moyen qu'il faudra employer pour obtenir l'engrenage *intérieur* destiné à transmettre le mouvement de rotation entre deux axes non situés dans le même plan, du moment qu'on veut employer comme outils une vis triangulaire et son écrou.

Il est évident que si l'écrou ou la vis, en travaillant la surface intérieure d'un anneau, pouvaient denter cette surface, la forme de la surface de la dent obtenue serait la face concave de la surface Φ_1 ou Φ, dont on obtient la surface convexe en dentant la surface extérieure du même anneau au moyen de l'écrou ou de la vis.

On devra donc, pour construire l'engrenage intérieur, employer l'un des procédés suivants :

1° Denter la surface extérieure de la petite roue intérieure C au moyen de la vis ; puis denter la surface extérieure de la roue C_1 au moyen de l'écrou, tout comme si l'on voulait exécuter un engrenage extérieur ; et enfin prendre la *contre-épreuve* C_2 de la roue C_1 ; retourner sens dessus dessous la roue C_2 et la présenter à la roue C ;

2° Ou denter la surface extérieure de la petite roue intérieure C au moyen de l'écrou ; puis denter la surface extérieure de la roue C_1 au moyen de la vis ; prendre la *contre-épreuve* C_2 de la roue C_1 : retourner sens dessus dessous la roue C_2 et la présenter à la roue C.

Ce retournement est évidemment nécessaire, puisque la surface des dents prend naissance autour d'une roue dentée, obtenue en faisant tourner de 180° la roue intérieure autour de l'axe de la vis (c'est à cela que revient la construction indiquée). Il faudra donc répéter en sens inverse cette opération en retournant la roue.

204. Si après avoir denté une roue C au moyen d'une vis V, on suppose que la vis V tourne sur son axe B, elle entraînera la roue dentée C et la forcera à tourner autour de son axe A ; on aura alors *l'engrenage à vis sans fin*, la vis tangente donnée plus haut ; les angles des deux axes pourront différer d'un angle droit.

205. *Du frottement dans cet engrenage*. — Les dents sont, comme nous l'avons dit, toujours en contact par un point dans le système d'engrenage qui vient d'être décrit. Ce sont donc des engrenages de *précision* et non de *force*, se touchant par une ligne.

Le frottement développé par le travail de l'engrenage sera un *frottement de glissement angulaire*, lorsque les axes A et A_1 ne seront pas situés dans un même plan, et feront entre eux un angle 6 plus ou moins aigu et un *frottement de glissement direct*, lorsque les axes A et A_1 seront parallèles ou se couperont sous un angle 6 aigu ou droit; en d'autres termes, lorsque ces deux axes seront situés dans le même plan.

Le frottement ne sera pas de roulement, car les conditions pour que le frottement soit de cette nature ne sont pas satisfaites.

ORGANES AGISSANT A L'AIDE D'INTERMÉDIAIRES FLEXIBLES.

206. Les courroies servent à transmettre le mouvement dans un rapport de vitesse constant entre deux axes disposés d'une manière quelconque dans l'espace. Nous avons vu la disposition qui convenait dans le cas de deux axes parallèles; elle conviendrait évidemment encore dans le cas d'une disposition quelconque des axes, si les courroies pouvaient passer du plan d'une poulie perpendiculaire à l'un des axes à celui d'une deuxième poulie disposée semblablement pour l'autre axe, sans échapper, quand l'obliquité de la traction devient sensible, de la gorge des poulies. C'est ce qu'on empêche, grâce à la flexibilité des courroies, à l'aide de poulies-guides, employées accessoirement à celles montées sur les axes de rotation, et qui permettent à la courroie d'exercer son action sur les poulies dans le plan de celles-ci, et, par suite, sans tendre à l'abandonner.

207. Ainsi une courroie exerçant son action suivant la ligne A f (fig. 189), si l'on veut que cette action se continue suivant une ligne B g, disposée d'une manière quelconque dans l'espace par rapport à A f; il suffira de joindre deux points f et g, et dans les deux plans A fg, B gf de placer aux points f et g deux poulies-guides. Il est clair que la courroie, suivant la direction A fg B transmettra son action de A f en B g; les deux brins sortant de chaque poulie seront toujours dans le plan de celle-ci, et, par suite, ne tendront nullement à l'abandonner.

Il est, d'après cela, toujours facile de transmettre, à l'aide d'une courroie sans fin, dans un rapport de vitesses voulu, le mouvement entre deux axes disposés d'une manière quelconque dans l'espace.

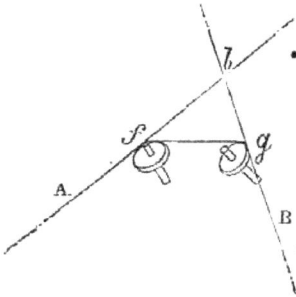

Fig. 189.

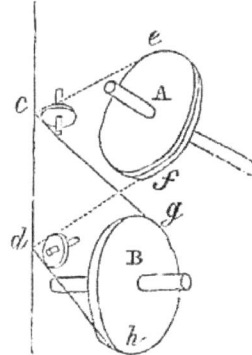

Fig. 190.

Adoptons perpendiculairement à chacun des deux axes deux cercles (fig. 190), dont les rayons soient dans le rapport donné des vitesses. Soit cd la ligne d'intersection des plans de ces deux cercles; prenez sur cette ligne deux points c et d, et de chacun de ces points, menez une tangente à chaque poulie. L'ensemble $echydf$ indiquera la disposition qu'on devra donner à une courroie sans fin, qui n'éprouvera que des tractions toujours excercées dans le plan des poulies, pourvu qu'on place en c et en d deux poulies-guides, l'une dans le plan dfh, l'autre dans le plan egc.

Il est clair encore qu'en prenant pour une des poulies les tangentes menées des deux points c et d, autres que celles indiquées sur la figure, on changerait le sens du mouvement de l'axe correspondant.

208. Si l'on veut que le système occupe le moins de place possible, il faut prendre pour point de départ, au lieu d'une intersection quelconque de plans perpendiculaires aux deux axes, leur plus courte distance.

Soit OZ la projection de cette plus courte distance sur un plan mené par les plans A et B des couronnes placées à la distance la plus convenable des points de rencontre de cette ligne avec les deux axes, il suffira, pour que le système soit complet, de placer deux poulies-guides en deux points E et F de la ligne

O Z, dont les plateaux seront dans les plans déterminés par les tangentes E A, E B et F D, F C.

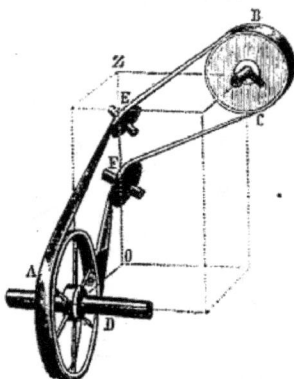

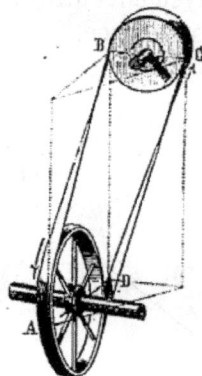

Fig. 191.   Fig. 192.

Si les plans des couronnes sont réciproquement tangents aux contours de celles-ci, et l'on peut toujours obtenir cette position pour des axes que ne se rencontrent pas en faisant glisser une des poulies sur son axe, il n'est plus nécessaire, en général, d'employer des poulies-guides, la courroie ne tendant alors à abandonner la poulie qui par une action oblique à l'arrivée et sur la poulie, y étant maintenue par le frottement, mais non par une semblable action à la séparation; il se produit une torsion à laquelle se prête sa flexibilité.

ORGANES AGISSANT A L'AIDE D'INTERMÉDIAIRES RIGIDES.

209. Nous allons bientôt rencontrer la bielle appliquée à transmettre le mouvement circulaire continu entre des axes non parallèles, et nous vérifierons que, sauf un cas de parallélisme des axes, le rapport des vitesses est toujours variable.

2ᵉ SECTION. — 2ᵉ PARTIE.

RAPPORT DE VITESSE VARIABLE.

210. La transmission du mouvement entre deux axes non parallèles offre des difficultés plus grandes dans la pratique, lorsque le rapport des vitesses est variable suivant une loi donnée, que lorsqu'il est constant. Déjà, dans ce cas, nous avons

vu qu'on était obligé d'abandonner la solution théorique, à cause de la difficulté de son application. A plus forte raison dans le cas qui nous occupe en sera-t-il ainsi, et trouvera-t-on avantage à substituer à la solution directe, prenant son point de départ dans deux surfaces coniques ou réglées, déterminées en raison du rapport des vitesses, celle obtenue à l'aide d'un organe intermédiaire, en ramenant le problème à la communication du mouvement entre deux axes parallèles à un axe oblique, à l'aide d'une roue d'angle; ainsi nous n'aurons pas à nous étendre beaucoup sur le cas actuel.

ORGANES AGISSANT PAR CONTACT IMMÉDIAT.

211. *Axes qui se rencontrent.* — Si l'on trace, dans deux plans perpendiculaires aux deux axes, deux ellipses se touchant en un point et ayant les axes pour centres, qui se mèneraient par roulement suivant le rapport de vitesse voulu; que, de plus, on décrive les deux cônes ayant pour base ces deux ellipses, et pour sommet le point de rencontre des axes; ces deux cônes, en se conduisant par roulement, feront mouvoir les deux axes dans les rapports de vitesse voulus. Si on veut les armer de dents, il faudra opérer d'après les principes établis en traitant des roues coniques à base circulaire qui s'appliqueront également à ce cas; mais l'on voit que la complication du problème devient trop grande pour la pratique.

212. Nous rapporterons une ingénieuse disposition imaginée par Huyghens pour résoudre un cas particulier de la question que nous traitons, celui où les deux axes se rencontrent à angle droit.

D est un arbre à l'extrémité duquel est fixée une rouée dentée (fig. 193), dont le centre de mouvement n'est pas au centre de la circonférence. Un long pignon L K est adapté à l'axe G qui fait un angle droit avec l'axe B. On voit que le rayon ρ du pignon est constant et que celui de la roue, n'étant pas au centre de la figure, varie pour les divers points de la circonférence depuis sa moindre longueur $r - e$ jusqu'à une longueur maximum $r + e$, r étant le rayon de la circonférence, e la valeur de l'excentricité; il en résulte que le rapport des vitesses varie de $\dfrac{\rho}{r - e}$ à $\dfrac{\rho}{r + e}$, et le rapport du maximum au minimum est $\dfrac{r + e}{r - e}$.

On peut calculer les rapports des vitesses pour un angle quelconque de l'axe du pignon et du rayon du cercle, en déterminant les longueurs des rayons au point de contact.

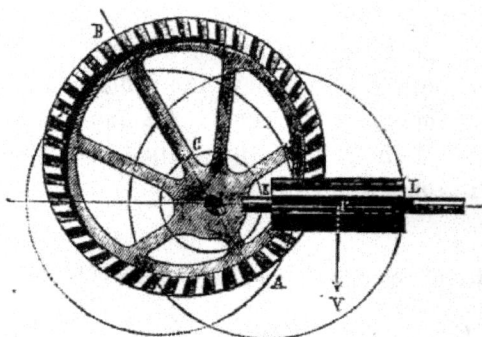

Fig. 193.

Dans la machine de Huyghens, c'est le pignon qui conduit
et se meut uniformément. On pourrait de même faire partir le
mouvement de la roue et aussi varier encore les rapports de
vitesse en lui donnant une autre forme qu'une circonférence de
cercle.

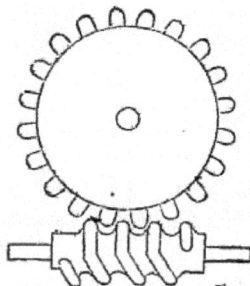

Fig. 194.

L'observation de l'art. 211 s'applique
à bien plus forte raison ici, et il n'y a pas
à rechercher des solutions inapplicables
dans la pratique.

213. La vis sans fin, dans le cas où
les angles sont à angle droit, fournit un
moyen de varier le rapport des vitesses
angulaires de la roue; il suffit pour cela
de faire varier l'inclinaison des filets de
la vis. Le rapport des vitesses angulaires
de la roue de rayon R et de la vis (fig. 194), sera :

$$\frac{A}{A_1} = \frac{h}{2\pi R} = \frac{r}{R} \text{ tang. } \theta$$

(θ étant l'angle de l'inclinaison de l'hélice sur les génératrices
du cylindre, dont le rayon est r et h le pas variable, toujours
$\frac{h}{2\pi r} = $ tang. θ); si donc on donne à la vis deux inclinaisons,
comme sur la figure, on obtiendra deux vitesses.

Il est clair que le contact ne peut avoir lieu dans ce cas, pour deux inclinaisons successivement différentes, suivant des éléments plans.

ORGANES AGISSANT PAR INTERMÉDIAIRES.

214. Flexibles. — *Courroies.*— Les courroies pouvant servir à transmettre le mouvement dans toutes les directions, pourvu qu'on les maintienne par des poulies-guides, comme nous l'avons dit, toute la question se réduit à munir les axes de poulies de formes convenables pour que les axes soient dans le rapport de vitesse voulue, ce qui ramène la question à celle que nous avons examinée art. 166, car la fusée peut avoir ses spires dans un plan quelconque.

215. Rigides. — La solution intéressante fournie par la bielle sera donnée plus loin.

CHAPITRE II.

Mouvement circulaire continu en réctiligne continu.

216. Le mouvement circulaire continu appartient au système *tour*, le mouvement rectiligne continu au système *plan;* les organes propres à la transformation que nous avons à étudier consisteront en des dispositions permettant d'établir une liaison entre ces deux systèmes.

Nous avons fait déjà observer que la ligne droite pouvant être considérée comme la circonférence d'un cercle d'un rayon infini, le problème se ramène à celui qui a été étudié dans le chapitre précédent, en introduisant dans les solutions trouvées les modifications convenables. C'est ce qui nous a permis de traiter de la crémaillère en même temps que des roues dentées; nous allons revenir brièvement sur les principes admis, et, bien que cela soit peu nécessaire, justifier la valeur de l'induction admise.

PREMIÈRE SECTION.

RAPPORT DE VITESSE CONSTANT.

1° DIRECTION DU MOUVEMENT RECTILIGNE DANS LE PLAN DU MOUVEMENT CIRCULAIRE.

(Cas correspondant à celui des axes parallèles dans la transformation du mouvement circulaire continu en circulaire continu.)

MOUVEMENTS RELATIFS.

217. Si par la droite B C (fig. 195), direction du mouvement rectiligne, on mène un plan perpendiculare à l'axe A de rotation, et qu'avec la perpendiculaire A D, abaissée du point A sur B C, on décrive un cercle, il est évident que, si l'adhérence était suffisante au point de contact le cerclepourrait mener la droite sans

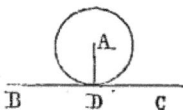

Fig. 195.

glissement, c'est-à-dire que des longueurs égales de la droite et du cercle passeraient au point de contact.

La démonstration directe que ce système est le seul qui puisse satisfaire à cette condition d'absence de glissement, pour un rapport de vitesse constant, est bien simple.

En effet, un solide tournant autour d'un centre ne pourra mener par roulement, sans glissement, un corps se mouvant en ligne droite avec la vitesse constante V, ou $\rho \omega = V$ (ρ rayon, ω vitesse angulaire), et la constance de $\frac{V}{\omega} = \rho$ que si ρ est constant. Donc le système de la fig. 195, est le seul qui fournisse la solution du problème.

1. ORGANES AGISSANT PAR POUSSÉE.

De l'observation ci-dessus résultent tous éléments de la solution du genre de celle des engrenages, le mode de construction de la *crémaillère*, exposé précédemment dans tous ses détails.

2. INTERMÉDIAIRES FLEXIBLES.

(Seuls possibles, un système rigide articulé, de longueur constante, étant incompatible avec un mouvement rectiligne continu.)

218. Les cordes, lorsqu'elles servent à surmonter une résistance de direction constante, par exemple à élever un poids, conservent sans guide spécial la direction rectiligne; comme de plus leur enroulement produit un assemblage, on voit comment le *treuil*, qui consiste dans un cylindre autour duquel s'enroule la corde attachée au système qui est guidé, s'il y a lieu, de manière à se mouvoir en ligne droite, engendre le même mouvement que la crémaillère. Le treuil peut être disposé soit verticalement, soit horizontalement. Il agit le plus souvent en transformant le mouvement circulaire continu en rectiligne continu ; mais

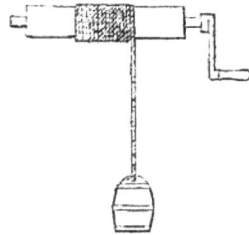

Fig. 196.

inversement, une corde enroulée autour d'un cylindre produit en se déroulant le mouvement circulaire continu de l'arbre autour duquel elle était enroulée.

Rapport des vitesses. — r étant le rayon du cylindre autour duquel s'enroule la corde, on aura pour chaque tour, la corde parcourant l'espace L et s'enroulant d'une longueur égale $2\pi r$, pour valeur du rapport constant de la vitesse angulaire à la vitesse linéaire, puisque $r\omega = l$, $\dfrac{l}{\omega} = r$.

Comme nous l'avons dit, la flexibilité de la corde fait qu'en se déroulant elle engendre un mouvement rectiligne, pourvu que la direction de la force qui assure la tension de la corde soit constante. C'est ainsi qu'un point d'une courroie de communication possède, entre les deux poulies qui la supportent, un mouvement rectiligne; système souvent employé.

219. *Résistances passives.* — Les résistances dans le treuil résultent des frottements dans les coussinets en *raison de la* résultante des forces qui se font équilibre sur le treuil et de la résistance à l'enroulement de la corde, qui est considérable (art. 71) lorsque l'effort à surmonter nécessite l'emploi de cordes d'un fort diamètre.

14

ρ étant le diamètre des coussinets, f le coefficient de frottement, l'équation entre le travail moteur P et le travail résistant Q, pour un tour, deviendra, en tenant compte des résistances passives :

$$2\pi\,\mathrm{R}\mathrm{P} = (\mathrm{P}+\mathrm{Q})\,f2\pi\rho + 2\pi r\left(\mathrm{Q} + \frac{(\mathrm{A}+\mathrm{B}\mathrm{Q})}{2r}\right),$$

ou
$$\mathrm{P}(\mathrm{R}-f\rho) = \mathrm{Q}\left(r+f\rho + \frac{\mathrm{B}}{2}\right) + \frac{\mathrm{A}}{2}.$$

2° DIRECTION DU MOUVEMENT RECTILIGNE, FAISANT UN ANGLE AVEC LE PLAN DU MOUVEMENT CIRCULAIRE.

(Correspond au cas d'axes non parallèles pour la transformation de circulaire continu en circulaire continu.)

ORGANES AGISSANT PAR CONTACT IMMÉDIAT.

220. Les solutions trouvées pour le cas des engrenages entre deux axes disposés d'une manière quelconque dans l'espace doivent trouver encore leur application dans le cas où le rayon de l'une des roues devient infini.

Une des circonférences primitives, celle dont le rayon est infini, est donnée par la direction du mouvement rectiligne; si donc on arme cette ligne de développantes d'un rayon infini, c'est-à-dire de faces dont le profil est formé d lignes droites perpendiculaires à la direction du mouvement rectiligne, les dents de la roue dentée ne pourront la pousser qu'en étant inclinées sur cette direction, en étant formées de surfaces héliçoïdales.

A mesure que la droite et l'axe du mouvement circulaire approchent du parallélisme, l'hélice s'incline et s'allonge de plus en plus, si les dents sont formées de plans perpendiculaires à la direction de la droite. On est ainsi naturellement conduit à employer des surfaces inclinées, c'est-à-dire à prendre pour surfaces enveloppe et enveloppée (fig. 197), la vis et l'entaille que celle-ci peut faire dans une barre quand elle est taillée en taraud.

Fig. 197.

Cette disposition permet une direction oblique du mouvement rectiligne par rapport à l'axe du mouvement circulaire, mais est surtout convenable pour des directions parallèles de l'axe et du mouvement rectiligne, correspondant au cas des deux axes de rotation à angle droit; dans ce cas il y a avantage dans la pratique à rendre le système plus complet, comme nous allons le voir.

3° DIRECTION DU MOUVEMENT CIRCULAIRE
ET DU MOUVEMENT RECTILIGNE A ANGLE DROIT.
VIS ET ÉCROU.

221. Lorsque la direction du mouvement rectiligne est parallèle à l'axe du mouvement circulaire, on emploie la vis et son écrou (fig. 199), c'est-à-dire le système indiqué plus haut complété. Il consiste alors en une saillie, contournée en hélice autour d'un noyau, qui pénètre dans une cavité correspondante à la saillie. La vis prend en même temps un mouvement de rotation autour de son axe et de translation rectiligne dans le sens de celui-ci, et se trouve doublement guidée par les pièces mêmes qui

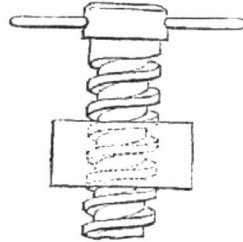

Fig. 199.

déterminent la nature de son mouvement; elle opère seule la transformation demandée, l'écrou de la vis étant fixe, car elle posséde ce double mouvement. Pour réaliser le couple cinématique, la vis est guidée dans des collets de manière à ne pas pouvoir prendre de mouvement de translation, son écrou tend par suite à tourner avec elle, mais si on empêche cette rotation par un arrêt passant dans un guide rectiligne, ce sera alors l'écrou qui se mouvra en ligne droite, ne possédant que le seul mouvement rectiligne, et la vis le circulaire.

L'hélice fait toujours un angle constant avec les génératrices du cylindre; la distance constante entre deux spires de l'hélice, mesurée sur une génératrice du cylindre, est le *pas* de la vis. Ordinairement la tête de la vis est armée d'une roue, ou au moins d'une barre perpendiculaire à son axe. Si l'on désigne par R le rayon de cette roue, ou la longueur de cette barre comptée à partir du centre, le chemin parcouru en un tour complet par l'extrémité d'un rayon sera $2 \pi R$; h étant le pas de la vis, cette quantité sera aussi celle dont la vis ou son écrou auront marché dans le même temps perpendiculairement à l'axe. Les chemins parcourus pendant une fraction de tour quelconque seront évidemment dans le même rapport que ceux qui sont parcourus pendant la durée d'un tour complet de la vis; en nommant V la vitesse à la circonférence de la roue ou à l'extrémité de la barre, et v la vitesse de la vis ou de son écrou dans le sens de l'axe, on aura donc :

$$V : v = 2\,\pi\,R : h, \text{ ou } v = V\frac{h}{2\,\pi\,R},$$

c'est-à-dire *la vitesse de l'extrémité de la barre, dans un plan perpendiculaire à l'axe, est à la vitesse de la vis ou de son écrou parallèlement à cet axe, comme la circonférence décrite par l'extrémité de cette barre est au pas de la vis.* α étant l'inclinaison de l'hélice sur une perpendiculaire aux génératrices, r étant le rayon du cylindre passant par un point de cette hélice, on a pour un point quelconque $\dfrac{h}{2\,\pi\,r} =$ tang. α, pour rapport de vitesse entre le mouvement rectiligne et circulaire, c'est-à-dire la même relation que sur le plan incliné, l'hélice n'étant que la disposition autour d'un cylindre circulaire de ses éléments successifs.

On voit, d'après le rapport ci-dessus, que l'on peut facilement construire la vis de manière à rendre la vitesse du mouvement rectiligne très-petite relativement à la vitesse du mouvement circulaire, ce qui la rend convenable pour développer de très-grands efforts, et la fait surtout employer dans les appareils qui doivent produire de grandes pressions, mais en occasionnant des pertes de travail considérables par les frottements.

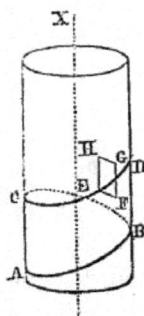

Fig. 199.

222. Pour considérer la vis dans la réalité de son exécution, il faut ne pas se borner à considérer une seule ligne de l'hélice, la courbe engendrée par une ligne droite tracée dans le plan tangent au cylindre lorsqu'on enroule ce plan au tour du cylindre, mais les surfaces hélicoïdales qui constituent la vis.

Supposons que, sur un cylindre de révolution, on ait tracé une hélice ABCD; supposons ensuite qu'un polygone EFHG dont le plan passe constamment par l'axe XY, se meuve en s'appuyant sur le cylindre par son côté E H, et de telle sorte que son sommet E parcoure l'hélice : le corps solide formé par l'ensemble du cylindre et du *filet* saillant ainsi engendré sera ce qu'ón appelle une *vis*.

Ordinairement, le polygone générateur est ou un carré ou un triangle isocèle, d'où résultent la *vis à filet carré* et la *vis à filet triangulaire*.

Les fig. 200 et 201 représentent les filets d'une vis du premier genre et la coupe de l'écrou dans lequel ils s'engagent.

Fig. 200.

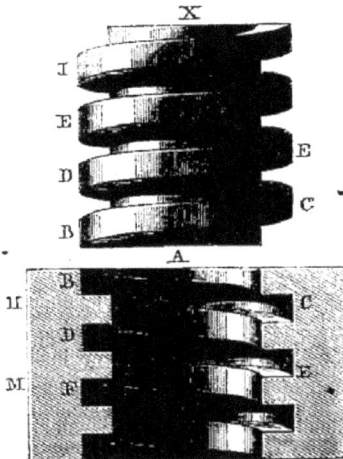

Fig. 201.

223. *Frottement dans la vis à filet carré.* — Il importe de prendre une idée exacte de la valeur des pertes de travail qui se produisent dans cet organe, pour ne pas appliquer la vis dans des cas où son emploi ne serait pas convenable, et proportionner l'inclinaison du filet de la vis aux circonstances de son emploi.

Soit A B (fig. 202) l'axe supposé vertical d'une vis à filet carré, destinée à soulever un poids Q par l'intermédiaire d'une force horizontale appliquée à l'extrémité du levier R, l'écrou *a b c d* étant fixe. On peut toujours supposer que la charge Q soit distribuée uniformément sur un certain filet héliçoïde de la vis et de l'écrou, que nous nommons *filet moyen*, et s'y trouve posée comme sur un plan incliné formant avec l'horizon un angle égal à celui des plans tangents à ce filet. Pour le frottement, les choses se passent comme s'il en était ainsi; la pression s'exerçant en plusieurs points, suivant une même génératrice de la surface, causera le même frotte-

ment que la somme des pressions sur le filet moyen, le frottement
étant proportionnel à la pression. Nommant donc :

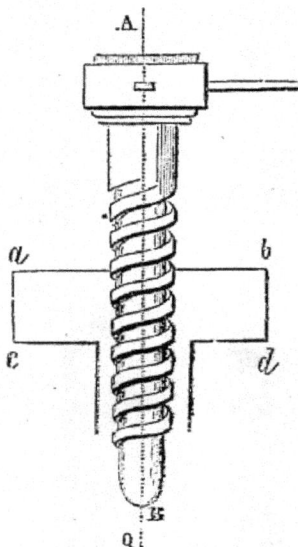

Fig. 202.

r, le rayon du cylindre qui contient l'hélice ou filet moyen dont
il s'agit;

p, la force horizontale tangente à ce cylindre, qui serait capable
de soulever le poids Q et les frottements qui en résultent sur la
surface du filet moyen;

h, la hauteur du pas de la vis ou de l'écrou;

$\pi = 3,1415$, le rapport de la circonférence au rayon;

α, l'angle de l'inclinaison constante du filet moyen à l'horizon;

f, le coefficient de frottement pour les substances en contact;

On aura, d'après le n° 74 :

$$p = Q \frac{\text{tang. } \alpha + f}{1 - f \text{ tang. } \alpha} = Q \text{ tang. } (\alpha + \varphi),$$

la valeur de p croît progressivement avec tang. α jusqu'à devenir
infinie quand tang. $\alpha = \dfrac{1}{f}$, ou $\alpha + \varphi = 90°$, limite de la plus grande
inclinaison passé laquelle la puissance horizontale, quelque grande
qu'elle soit, ne peut plus faire mouvoir le poids à l'aide de la vis
en la faisant glisser le long des filets de l'écrou.

Il semblerait, d'après cela, qu'il devrait y avoir en général de
l'avantage à diminuer l'angle d'inclinaison α des hélices; mais on
arrivera à une conséquence tout opposée, si l'on remarque que le

rapport de la quantité de travail utilisé, qui est $Q\,r\omega\,\tang.\,\alpha$, à celle dépensée, $Q r\omega\,\dfrac{\tang.\,\alpha + f}{1 - f\tang.\,\alpha}$, peut être mis sous la forme :

$$\frac{\tang.\,\alpha\,(1 - f\,\tang.\,\alpha)}{\tang.\,\alpha + f} = \frac{\sin.\,2\,\alpha - f\,(1 - \cos.\,2\,\alpha)}{\sin.\,2\,\alpha + f\,(1 + \cos.\,2\,\alpha)}$$

$$= 1 - \frac{2f}{\sin.\,2\alpha + f\,(1 + \cos.\,2\alpha)},$$

rapport dont le minimum répond à $\tang.\,2\,\alpha = \dfrac{1}{f}$, ce qui montre qu'il n'y a pas avantage, au point de vue du travail dépensé par le frottement (et non de son intensité seulement), à le faire le *plus* petit possible.

Tout ce que nous disons ici, en supposant que la vis soit employée à élever un poids, s'applique évidemment à la vis ayant à surmonter une résistance quelconque, dont la direction s'exerce dans le sens de son axe.

224. Pour apprécier le frottement, supposons, par exemple, $f = 0,12$, qui convient au cas où l'écrou serait en cuivre et la vis en fer, les surfaces étant onctueuses ; $\tang.\,\alpha = \dfrac{1}{25}$ comme dans les pressoirs à vis, le rapport ci-dessus deviendra. 0,249. Dans ce cas le travail dépensé par la puissance pour élever la charge Q serait donc quadruple de celui qui répond à l'effet utile.

Si $\tang.\,\alpha$ était égal à $\dfrac{1}{4}$, le même rapport deviendrait 0,656.

Ces résultats mettent en évidence l'énorme influence exercée par le frottement des vis et des écrous.

On conclut aussi de ce qui a été dit pour le cas du plan incliné que, si $\tang.\,\alpha$ est moindre que f, la vis non-seulement ne tendra pas à descendre d'elle-même ou à se desserrer sous l'effort qu'elle supporte, mais encore exigera pour être entraînée par la puissance, pour qu'un mouvement puisse se produire, un effort p agissant en sens contraire, ce qui doit faire changer le signe de f dans l'expression de cet effort mesuré par :

$$p = Q\,\frac{f - \tang.\,\alpha}{1 + f\tang.\,\alpha} = \tang.\,(\alpha - \varphi) =$$

$$= f\,Q\,\frac{(1 + \tang.^2\,\alpha)}{1 + f\tang.\,\alpha} - Q\,\tang.\,\alpha.$$

Ce cas est précisément celui des boulons d'assemblage qui doivent maintenir l'état de compression de certains corps, après que la puissance a exercé son action sur la vis ou l'écrou, et dont les parties filetées sont formées de filets très-inclinés sur l'axe.

On sait qu'il en est tout autrement des vis de balancier à découper ou à battre la monnaie, qui portent des filets doubles ou triples, afin de leur procurer une résistance suffisante, tout en donnant à leurs hélices moyennes une grande inclinaison sur l'axe, afin de donner de grandes vitesses à la descente du balancier.

Quelquefois d'ailleurs il arrive, même pour des vis où la relation tang. $\alpha < f$ est satisfaite, que les secousses ou vibrations éprouvées par les boulons d'assemblage font desserrer les écrous, ce qui exige qu'on s'oppose à cet effet en plaçant deux écrous l'un sur l'autre, ou mettant directement obstacle au mouvement de l'écrou simple par un moyen facile à imaginer.

En résumé pour qu'une vis puisse fonctionner dans les deux sens, comme organe de transmission, il faut qu'on ait à la fois $\alpha + \varphi < 90°$ ou $\alpha < 90° - \varphi$, et $\alpha - \varphi > 0$ ou $\alpha > \varphi$, ou enfin $\varphi < \alpha < 90° - \varphi$, c'est-à-dire que la vis ne doit être ni trop lente ni trop rapide.

Pour les vis d'assemblage s'opposant au retour, il ne faut pas que la seconde condition soit remplie, et il faut avoir $\alpha < 90° - \varphi$ et $\alpha < \varphi$, par suite que le filet de la vis soit très-incliné.

225. *Emploi de la vis pour diviser.* — La propriété de l'hélice de fournir des abscisses circulaires proportionnelles aux ordonnées rectilignes du mouvement en ligne droite, et de grandeur bien plus considérable, rend la vis extrêmement précieuse pour apprécier de petites longueurs; aussi est-elle la base des organes servant à opérer des divisions. Le pas de la vis pouvant être très-fin et correspondant à un tour entier de la couronne circulaire qu'on peut, monter sur sa tête, on obtient pour un très-petit mouvement dans le sens de l'axe un mouvement de rotation très-sensible sur cette couronne.

C'est sur ce principe que reposent le sphéromètre, qui sert à mesurer les épaisseurs, représenté figure 203, et la machine

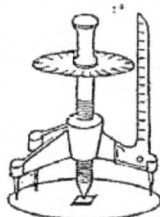

Fig. 203.

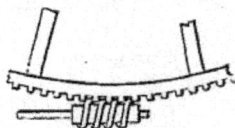

Fig. 204.

à diviser les lignes droites dans lesquelles la vis pousse un traçoir.

Nous avons déjà indiqué l'emploi de la vis tangente pour

diviser les couronnes circulaires, en transformant le mouvement circulaire en circulaire.

Nous insisterons ici d'une manière générale sur cette propriété de la vis pour diviser soit la ligne droite, soit le cercle.

La vis conduit un plateau dont la circonférence est divisée en un grand nombre de dents; chaque tour de la vis faisant tourner le plateau d'une dent, comme on peut facilement mesurer la centième partie de la circonférence de la couronne montée sur la tête de la vis, on voit que, si le pas de la roue est de 1 millimètre, on pourra apprécier facilement le 1/100ᵉ de millimètre.

Il est facile de voir que l'on peut, au moyen de semblables dispositions, soit tracer sur une règle des divisions également espacées, soit tracer les rayons d'un cercle divisé.

Soit à tracer la division en 101 parties d'une circonférence, supposons que la roue porte 10,000 dents et la couronne placée sur la tête de la vis 100 divisions; divisant 1.000,000 par le nombre 101, on trouve 9,901. Chaque division correspond donc à 99 tours de la couronne circulaire montée sur la tête de la vis, plus 0,01 de tour ou une division qui s'appréciera avec la plus grande facilité.

INTERMÉDIAIRES FLEXIBLES.

226. Les cordes ne pouvant s'enrouler convenablement sur le treuil qu'autant que leur direction est sensiblement perpendiculaire à l'axe de rotation, on voit que pour toute autre direction ce système exigera l'emploi bien simple d'une poulie-guide, pour ramener dans cette direction la corde qui joindrait le point d'enroulement à la résistance à surmonter.

DEUXIÈME SECTION.

RAPPORT DE VITESSE VARIABLE.

227. Si le rapport de la vitesse du mouvement rectiligne et de la vitesse angulaire du mouvement de rotation ne doit pas être constant, comment devront être modifiés les systèmes que nous venons d'exposer? Nous avons vu que, r étant constant et

par suite $r\omega$, une circonférence de cercle pouvait seule conduire une droite sans glissement. Mais si r augmentant, et par suite aussi $r\omega$, le contact peut rester sur la perpendiculaire, bien que le rapport des vitesses varie aussi, mais dans des limites toutefois bien étroites dans la pratique, on peut combiner, au lieu d'une crémaillère semblable à celles décrites, une crémaillère ondulée menée par une roue elliptique, ayant des dents formées par des développantes de rayon croissant; les vitesses seront en raison des rayons vecteurs au point de contact sur la perpendiculaire à la direction du mouvement rectiligne.

Des parties de vis et d'écrous à diamètres croissants pourraient aussi fournir certaines variations de vitesse; mais ces dispositions sont peu applicables, puisque les écrous doivent servir successivement aux diverses spires d'une même hélice et par suite ne pas varier.

228. Les cordes et courroies, à l'aide du système treuil, fournissent d'excellentes solutions de la transmission du mouvement circulaire en mouvement rectiligne avec variation dans le rapport des vitesses.

Il est clair que, si on entaille sur le cylindre une spirale, si

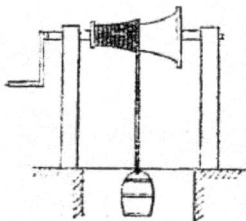

on remplace la surface cylindrique par une surface quelconque, par exemple, par une surface conique comme fig. 205, la longueur de la corde enroulée sera, pour chaque tour, égale à celle d'une section de la surface et variera avec celle-ci. Inversement, la vitesse uniforme de la corde produirait une vitesse variable de rotation de l'axe.

Fig. 205.

Ce système peut permettre de faire mouvoir en même temps deux points en ligne droite avec des vitesses différentes et variables.

A a est l'axe de la fusée (fig. 206) (car ce système est évidemment de la même nature que celui exposé sous ce nom) sur laquelle sont assemblées les extrémités de deux cordes qui, après s'être enroulées sur sa surface, sortent toutes deux dans des directions opposées et parallèles. Quand la fusée tourne, l'une des cordes s'enroule pendant que l'autre se déroule. Si donc l'axe tourne avec une vitesse angulaire constante pour chaque tour, et, par suite, en un même temps, l'enroulement est $2\pi R$ pour l'une, le déroulement $2\pi r$ pour l'autre. Le mouvement de chaque extrémité de la corde, pour un angle ω décrit par l'axe, est donc $2\pi R\omega$ pour l'une, $2\pi r\omega$ pour l'autre, c'est-à-dire variable avec les rayons R et r des sections du cône spiral.

Fig. 206.

Nous avons supposé que les cordons étaient parallèles à la direction du mouvement rectiligne; s'ils étaient obliques, *il faudrait comparer les projections des cordons sur la direction du mouvement rectiligne que permettent les guides de la pièce avec laquelle le cordon est réuni, multipler les longueurs réelles par le cosinus de l'angle qu'elles font avec cette direction.

CHAPITRES III et IV.

Mouvement circulaire continu en circulaire alternatif et en rectiligne alternatif.

229. Le mouvement circulaire continu appartenant au système *tour*, et le mouvement circulaire alternatif au système *levier* et pratiquement au système *tour*, enfin le mouvement rectiligne alternatif au système *plan*, les organes propres à la transformation d'un de ces mouvements en l'autre consisteront en des moyens de faire agir l'un de ces systèmes sur l'autre.

Un tour opérant par poussée ne peut agir que dans un sens, il ne pourra par suite produire un mouvement alternatif, que par une combinaison de deux systèmes de ce genre.

Les organes flexibles ne pouvant agir que dans un sens, ne fournissent pas non plus un organe simple de transmission. Il ne reste plus comme organe essentiellement convenable que l'intermédiaire rigide, la bielle.

Nous étudierons d'abord la bielle dans toutes ses applications, puis les systèmes agissant par poussée, faisant passer le
mode d'action avant le genre de mouvement pour des mouvements aussi voisins l'un de l'autre que le circulaire alternatif
et le rectiligne alternatif.

Théorie générale de la bielle.

1° AXES PARALLÈLES.

230. *Bielle.* — Le plus simple et le plus parfait de tous les
systèmes qui peuvent servir à la transformation du mouvement

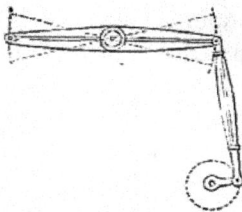

Fig. 207.

circulaire continu en mouvement circulaire alternatif, consiste à réunir par
une bielle rigide, à l'aide de deux articulations, c'est-à-dire en ne lui laissant
que la liberté de tourner autour des
points d'assemblage, l'extrémité du levier (balancier) et un point de la circonférence du tour (manivelle); en général, pour chaque révolution de celui-ci,
le levier fera une double oscilation (fig. 207).

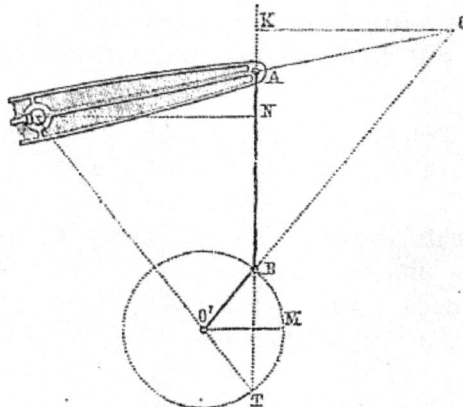

Fig 208.

234. *Rapport des vitesses.* — Si on prolonge les deux rayons
D A, O′ B, autour de l'extrémité auxquels tournent les extrémités de la bielle, jusqu'à leur rencontre en C, ce point est le

centre instantané de rotation, ω, ω' étant les vitesses angulaires,
on a pour le rapport des vitesses linéaires : $\dfrac{\omega \times D A}{\omega' \times O' B} = \dfrac{A C}{B C}$,
ou D B et O' B étant des rayons constants, $\dfrac{R \omega}{r \omega'} = \dfrac{A C}{B B} = \dfrac{\sin ABC}{\sin BAC}$,
les vitesses seront comme les sinus des rayons avec la bielle,
aux points d'articulation.

Nous avons établi de plus (art. 79) que les vitesses angulaires étaient proportionnelles aux longueurs interceptées par la bielle sur la ligne des centres, ou en appelant l la distance des centres et c la longueur interceptée à partir du centre de rotation : $\dfrac{\omega}{\omega'} = \dfrac{c}{l \pm c}$. Ce rapport qui passe par l'infini, pour $c = 0$, rend peu commode l'emploi des courbes de roulement.

232. *Trajectoires polaires.* — Considérons d'une manière générale l'ensemble du système : il forme un quadrilatère, la ligne des centres n'étant pas différente d'une bielle articulée, fixe, et inextensible. Si on l'assimile aux autres membres, les trois barres mobiles fourniront six couples de trajectoires polaires, dont quatre se rapportent aux membres adjacents et les deux autres aux membres opposés (fig. 209). Les quatre premiers

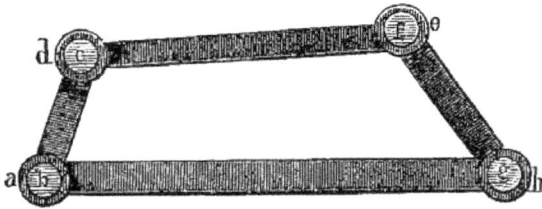

Fig. 209.

sont très-simples, répondant à des rotations; chacun d'eux se réduit à un point, résultat sans intérêt; les deux autres répondant au mouvement de la bielle, ils sont au contraire assez compliqués.

Pour trouver le mouvement relatif de d—e, rendons d'abord a—h immobile. Le membre a—d tourne alors autour du point a en décrivant un cercle, tandis que le membre e—h oscille autour du point h en décrivant un arc de cercle.

Il suffit, comme on vient de le voir, de prolonger ces rayons jusqu'à leur point d'intersection, nous obtenons, pour chaque position, un point de la trajectoire polaire correspondant au membre fixe $a-h$. Le point D ou M est le pôle correspondant à la position initiale $a-d$, $e-h$; il est donné par la prolongation de $a-d$ et $h-e$ jusqu'à leur rencontre. La courbe ainsi obtenue O O_1 O_2 ... O_5 reproduite figure 210 d'après Reuleaux, est loin d'avoir une forme simple; elle a quatre de ces points à une distance infinie, qui correspondent aux positions parallèles de $a-d$ et $e-h$.

La seconde trajectoire polaire, obtenue de la même manière en rendant $d-e$ fixe, est représentée par M M_1 M_2 ... M_5; elle a aussi nécessairement quatre points à l'infini.

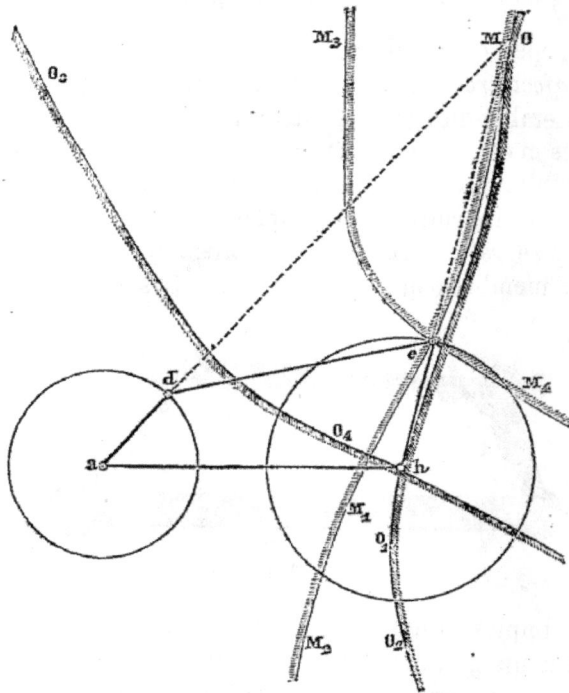

Fig. 210.

Les deux trajectoires polaires qui, sur le dessin, sont tangentes en O M, roulent l'une sur l'autre quand le mécanisme est en mouvement, O O_1 O_2 ... restant fixe; elles fournissent tous les éléments nécessaires, pour l'étude du mouvement, d'ailleurs assez compliqué, de la bielle, mais d'une manière difficilement utilisable.

Les points à l'infini indiquent que lorsque les manivelles sont parallèles, le mouvement infiniment petit de la bielle n'est plus, en un instant, qu'un mouvement de translation.

Pour deux manivelles égales, et $d - e = a - h$, la figure devient un parallélograme et le mouvement de la bielle devient celui d'une droite tangente à deux circonférences égales.

Pour l'étude que nous faisons, ce n'est pas le mouvement de la bielle qu'il importe d'obtenir, mais les mouvements simultanés des deux extrémités des rayons auxquels elle est assemblée. Les trajectoires polaires ne conviennent donc pas pour étudier la lois du mouvement.

233. *Proportions relatives des éléments du système*. — La bielle produit quelquefois la transmission du mouvement circulaire continu; dans le plus grand nombre de cas le mouvement circulaire alternatif d'un des systèmes, celui de l'autre étant continu. C'est évidemment dans l'étude des proportions relatives des divers éléments du système articulé formé par la bielle et les deux rayons tournant autour de centres fixes que peut se trouver la détermination des mouvements possibles; nous suivrons sur ce point l'analyse très-complète donnée par M. Girault[1].

234. Appelons r le rayon de la plus grande circonférence, r' celui de la plus petite, d la distance des centres, l la longueur de la bielle, A A' la ligne des centres, F et G les points de rencontre de la circonférence r' avec cette ligne, D et E ceux de la circonférence r; enfin distinguons les segments DF, DG, EF, EG qu'interceptent les circonférences sur la ligne des centres A A'.

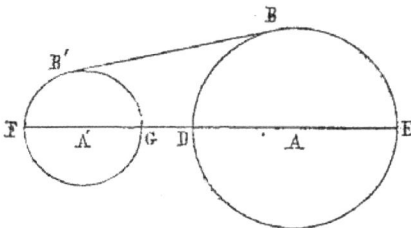

Fig. 211.

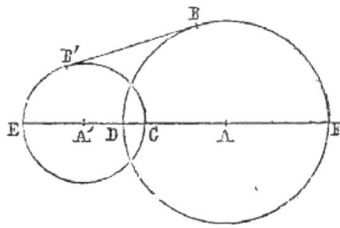

Fig. 212.

Soit d'abord le centre de la petite circonférence extérieur à la grande, le mouvement continu de A est impossible.

1. *Géométrie appliquée à la transformation des mouvements.*

En effet, D et E étant les points de la circonférence A situés sur la ligne des centres, F et G les points de la circonférence A' situés sur la même droite, il faut, pour que le point B passe en D, que la longueur de la bielle soit égale ou inférieure à DF; et, pour que le point B passe en E, que la longueur de la bielle soit égale ou supérieure à EG. Or, ces deux conditions sont incompatibles, puisqu'elles reviennent à

$$l < d + r' - r, \quad l > d + r - r',$$

et que l'on suppose r' moindre que r.

Elles ne peuvent être satisfaites à la fois que par $r = r'$, par deux circonférences égales, et $l = d$, ce qui donne deux mouvements circulaires continus identiques. Sauf ce cas, l'un des mouvements circulaires au moins est nécessairement alternatif.

235. Considérons le cas (fig. 213, 214, 215 et 216), où le centre de A' est intérieur à la circonférence A. Il faut, pour que B passe en D, que l soit moindre que DG et comme A'D

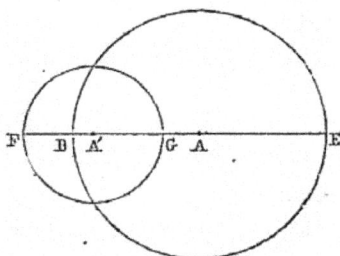
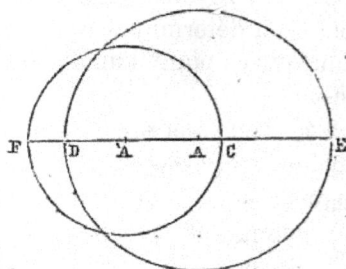

Fig. 213.　　　　　　　　Fig. 214.

est égal à $r - d$, que l'on ait $l < r + r' - d$; et pour que B passe en E, la longueur de la bielle soit plus grande que GE, que l'on ait $l > r + d - r'$. Ces inégalités, dans lesquelles nous renfermons implicitement les égalités qui leur correspondent, ne sont compatibles que dans le cas de $d < r'$, c'est-à-dire lorsque le centre A est aussi intérieur à circonférence A' (fig. 214 et 216).

On peut toujours alors satisfaire aux inégalités

$$r + r' - d > l > r + d - r',$$

r étant plus grand que r' et r' plus grand que d, la première limite sera toujours supérieure à la dernière. Dans ces conditions les deux mouvements circulaires sont continus; évidemment avec des rapports de vitesses variables.

Le centre A' étant intérieur à la circonférence A, si l n'est pas compris entre $r + d - r'$ et $r + r' - d$, le point B ne peut alors remplir les deux conditions de passer par le point D et par le point E; et l'on aperçoit de même que le point B' ne peut remplir les deux conditions de passer par le point F et par le point G. Ainsi, dans ce cas, aucun des deux mouvements ne saurait être continu. On ne peut obtenir alors que deux mouvements circulaires alternatifs.

236. Lorsque le centre A est extérieur à circonférence A', on sait déjà que le mouvement continu de rotation du point B est impossible. Il reste donc à voir ce qui arrivera pour le point B'.

Nous distinguerons deux cas, selon que le centre A', est extérieur ou intérieur à circonférence A, et chercherons les limites des longueurs de l.

Centre A' extérieur à circonférence A. — Que les circonférences soient extérieures (fig. 211), ou sécantes (fig. 212), la plus courte distance d'un point M' quelconque de *circonférence* A' à *circonférence* A est toujours inférieure à F D, et la plus grande distance toujours supérieure à G E. Ces grandeurs sont donc des limites de la longueur de la bielle, nécessairement toujours

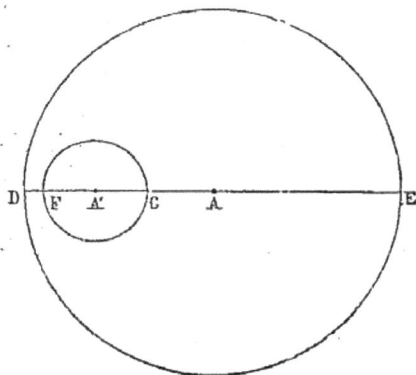

Fig. 215.

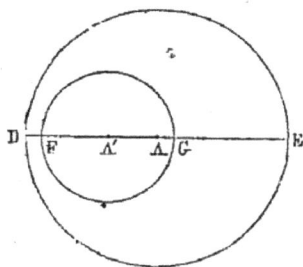

Fig. 216.

moindre que la plus grande distance possible et plus grande que la plus petite pour que le mouvement continu de B puisse se poursuivre. On doit donc poser :

$$FD < l < GE,$$

ou $\qquad d + r' - r < l < d + r - r'.$

Dans ces conditions, le point B' pourra faire le tour de *circon-*

férence A'; on aura un mouvement circulaire continu pour l'un des rayons et un mouvement circulaire alternatif de l'autre; en dehors de ces conditions, il ne pourrait franchir l'un des points F ou G.

237. *Centre* A' *intérieur à circonférence* A. — Que les circonférences soient sécantes (fig. 213), ou intérieures (fig. 215) pour que le mouvement de B' puisse se poursuivre du même sens, il faut qu'il puisse passer en G, ce qui nécessite que la longueur de la bielle soit plus grande que GD, et moins grande que GE; que l'on ait :

$$GD < l < GE,$$

ou
$$r + r' - d < l < r + d - r'.$$

Donc pour $r' > d$, on pourra trouver un longueur de bielle telle que que le point B' puisse faire le tour de *circonférence* A'; en dehors de ces conditions, il ne pourrait franchir le point G.

On reconnaîtra que alors la direction de la bielle ne peut jamais passer par le centre A; l'extrémité de la course s'obtient alors en déterminant l'intersection de *circonférence* A avec une circonférence ayant son centre en A' et pour rayon $l - r'$ ou $l + r'$.

D'ailleurs, les deux circonférences de centre A' et de rayons $l - r'$ et $l + r'$ coupent toujours la circonférence A; et elles comprennent entre elles les deux arcs que B peut parcourir d'un mouvement alternatif. Ils servent en même temps à déterminer les points extrêmes qu'atteint la bielle sur la circonférence A, lorsque la rotation change de sens.

On voit, par ce qui précède, que la bielle peut servir à transformer un mouvement circulaire continu en un mouvement circulaire alternatif et réciproquement, lorsque le centre de la grande circonférence est extérieur à la petite et la longueur de la bielle comprise entre les segments moyens des deux circonférences, en appelant segments moyens ceux qui sont comptés sur la ligne des centres et diffèrent du plus grand et du plus petit.

238. Avant d'appliquer ces résultats, cherchons l'expression algébrique de l'inclinaison d'une manivelle conduite par une bielle actionnée par une première manivelle.

La position d'une des manivelles étant donnée, celle de l'autre ou du balancier s'en déduit nécessairement, tout le système est déterminé. On peut exprimer analytiquement par une équation les valeurs relatives des éléments du système.

Posons

$$AC = R_1, BD = R_2, CD = l, \; CAB = \theta, DBF = \varphi, AB = d;$$

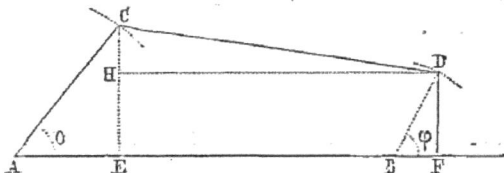

Fig. 217.

menant la parallèle DH et les deux perpendiculaires CE, DF, on a :

$$\overline{CD}^2 = \overline{CH}^2 + \overline{DH}^2,$$

ou $l^2 = (R_1 \sin. \theta - R_2 \sin. \varphi)^2 + (d + R_2 \cos. \varphi - R_1 \cos. \theta)^2$,

ou $l^2 = R_1^2 + R_2^2 + d^2 - 2 R_1 d \cos. \theta - 2 R_1 R_2 \sin. \theta \sin. \varphi$
$+ 2 (R_2 d - R_1 \cos. \theta) \cos. \varphi$.

Posons pour simplifier cette expression

$$m = R_1^2 + R_2^2 + d^2 - 2 R_1 \cos. \theta - l^2,$$
$$n = 2 R_1 R_2 \sin. \theta,$$
$$p = 2 R_2 (d - R_1 \cos. \theta),$$

alors l'équation précédente prend la forme

$$n \sin. \varphi - m = p \cos. \varphi,$$

m, n, p étant des fonctions de θ.

Élevant au carré, et résolvant par rapport à $\sin. \varphi$, on a :

$$\sin. \varphi = \frac{m n \pm \sqrt{p^2 - m^2 + n^2}}{n^2 + p^2}.$$

On trouve deux valeurs, puisque la bielle peut en général occuper deux positions pour une même valeur de θ.

Si l'on suppose $R_1 = R_2$, $l = d$, la valeur de $\sin. \varphi$ devient

$$\sin. \varphi = \frac{R_1^2 \pm d^2 - R_1 d (\cos. \theta \pm \cos. \theta)}{R_1^2 + d^2 - 2 R_1 d \cos. \theta} \sin. \theta.$$

Avec le signe $+$, $\sin. \varphi = \sin. \theta$, c'est le cas de manivelles égales, lorsque la bielle reste parallèle à la ligne des centres.

Avec le signe —

$$\sin. \varphi = \frac{R_1^2 - d^2}{R_1^2 + d^2 - 2 R_1 d \cos. \theta} \sin. \theta,$$

pour les manivelles égales, lorsque la bielle vient couper la ligne des centres.

MOUVEMENT CIRCULAIRE CONTINU EN CIRCULAIRE CONTINU.

RAPPORT DE VITESSE CONSTANT.

Examinons d'abord le cas d'emploi de la bielle qui se rapporte en réalité à la transformation étudiée dans le chapitre I.

239. On a vu que le rapport $\frac{c}{l+c}$ des parties c et $l+c$ de la bielle est constamment variable, le point de rencontre de la bielle et de la ligne des centres se déplaçant continuellement; le rapport des vitesses varie donc en chaque instant.

Il n'en est différemment que dans un seul cas, où $\frac{c}{l+c} =$ Const., ce qui n'est possible que pour $c = l + c$ ou $c = \infty$; c'est-à-dire lorsque la bielle reste constamment parallèle à la ligne des centres et a une longueur égale à cette distance; le rayon de la manivelle étant égal à la demi-longueur du balancier. On voit clairement que c'est la seule solution possible de la transmission du mouvement circulaire dans un rapport de vitesse constant au moyen de la bielle.

Les relations $r = r'$ et $l = d$ fournissent donc la seule solution de la transformation des mouvements circulaires continus, dans un rapport de vitesse constant, la bielle df (fig. 248) restant parallèle et égale à la distance des centres BD; alors les vitesses angulaires sont elles-mêmes égales. Dans tous les autres cas, le point de rencontre de la bielle et de la ligne des centres n'étant plus situé à l'infini, se déplaçant, le rapport des vitesses est variable. Donc, le transport du mouvement circulaire à distance, par l'intermédiaire de bielles, ne s'effectue de manière que le rapport des vitesses angulaires soit constant que pour des vitesses angulaires égales des axes.

240. L'égalité des rayons des deux cercles B et D répond toutefois à deux combinaisons, l'une pour laquelle le rapport des vitesses angulaires est constant, parce que la bielle et la distance des centres sont parallèles; l'autre pour laquelle il est varia- ble, suivant une loi que nous indiquerons plus loin, parce que la bielle et la ligne des centres se rencontrent.

Lorsque, par la rotation du point d, ce point passera par la ligne des centres, soit en a, soit en s, l'extrémité f de l'autre bras passera en même temps par la même droite aux points p ou t. A l'époque de ces deux phases du mouvement, les deux positions possibles fd, Ad de la bielle coïncident; en partant de chacune de ces phases, la bielle, abstraction faite de l'inertie et du poids des pièces, peut en quelque sorte choisir entre ces deux positions. Ainsi, par exemple, en partant de la position aBp, le point a se mouvant vers d, le point p peut ou s'avancer vers f, cas pour lequel la bielle est parallèle à la ligne des cen- tres, ou reculer vers A, cas pour lequel la bielle croisera la ligne des centres jusqu'à ce que le point d soit parvenu en s et le point A en t. A cet instant, le cas d'instabilité se présentera de nouveau, sans toutefois qu'il puisse jamais avoir lieu pour une position quelconque de Bd, prise entre les positions Ba, Bs. Les deux phases d'instabilité, pour lesquelles les deux bras coïncident avec la ligne des centres, se nomment les *points morts* du système.

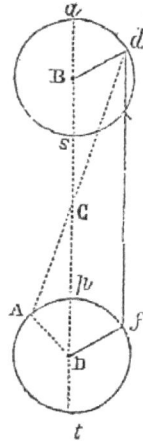

Lors donc qu'on emploiera ce mécanisme avec l'intention que

Fig. 218.

Fig. 219.

le rapport des vitesses soit constant, il faudra faire en sorte qu'en passant aux *points morts* la bielle conserve son parallélisme avec la ligne des centres. Cela aura lieu lorsqu'une résistance considérable s'opposera au mouvement rétrograde de l'une des roues, par exemple dans le cas bien connu des roues couplées des locomotives (fig. 219).

241. Le moyen cinématique le plus convenable consiste à employer deux systèmes de bras. La figure 220 peut en donner une idée. A a, B b sont les deux axes parallèles portant à l'une de leurs extrémités deux bras égaux AP = BQ articulés avec la bielle PQ; les autres extrémités des deux axes portent un système semblable. Quant à l'angle compris entre les directions AP et ap, il peut être quelconque, pourvu qu'il ne soit pas nul, mais sa valeur la plus convenable est de 90°, afin qu'un système de bras soit aussi éloigné que possible des *points morts* lorsque l'autre système de bras passe lui-même par ces points. On voit, du reste, qu'il est indifférent de donner telle ou telle autre forme aux pièces de rotation AP ou ap, la longueur du bras n'étant mesurée que par la distance de l'axe à l'articulation dans le plan de rotation.

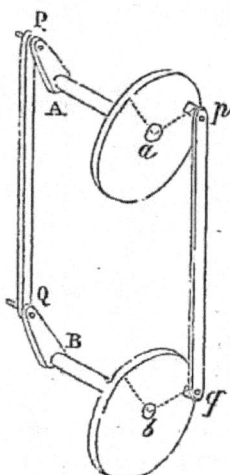

Fig. 220.

Si les axes rencontrent le plan dans lequel la bielle se meut, la rotation ne peut jamais être complète si elle n'est fixée à l'extrémité des axes, comme fig. 224 ci-après, ou si on n'emploie, comme on le fait souvent, des axes *coudés*.

242. *Joint de Odlam.* — Nous citerons encore une disposition curieuse dite *Joint de Odlam*, qui permet de transmettre, par une espèce d'articulation à glissement, une égale rotation entre deux axes parallèles qui ne sont pas dans le prolongement l'un de l'autre.

A a, B b étant ces deux axes, l'axe A a (fig. 221) est terminé par une pièce demi-circulaire C A c formant deux branches, terminées par deux trous forés dans la direction d'une ligne perpendiculaire à l'axe.

L'axe B b est muni d'une pièce semblable D B d, et tout est ajusté de manière que les quatre trous se trouvent dans un plan perpendiculaire aux deux axes. Une croix à quatre branches polies passe dans ces trous, comme l'indique la figure, et ces branches sont de diamètre convenable pour pouvoir chacune glisser dans les trous qu'elles traversent. Lorsqu'un des axes tourne, il communique à l'autre précisément la même rotation.

Les glissements (égaux pour chaque demi-tour à la distance des deux axes) le long des branches de la croix, c'est-à-dire normalement au mouvement circulaire, ne mo-

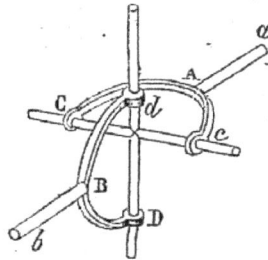

Fig. 221.

difient en rien celui-ci, et les deux axes tournent comme s'ils étaient dans le prolongement l'un de l'autre et assemblés ensemble. Il n'est pas besoin de dire que cet organe n'est que curieux, et que les frottements et les torsions qui s'y produisent le rendent tout à fait défectueux dans la pratique.

RAPPORT DE VITESSE VARIABLE.

243. *Manivelles anti-rotatives.* — La position non parallèle de la bielle de longueur égale à la distance des centres fournit un système curieux.

Nous avons déjà vu que les vitesses sont dans un rapport variable lorsque, les manivelles tournant en sens inverse, la bielle vient rencontrer la ligne des centres en des points également variables. Établissons la loi de ce mouvement.

A P, B Q étant ces deux manivelles, P Q la bielle, nous avons vu que, lorsqu'elle arrive sur la ligne des centres, il faut une disposition qui assure la continuation du mouvement dans le sens voulu, car deux mouvements de sens opposé sont également possibles. M. Reuleaux a proposé, pour assurer la rotation en sens contraire de deux manivelles, de terminer une extrémité de chacune d'elles par un fuseau cylindrique, et le prolongement de l'autre extrémité par une fourche, de telle sorte qu'il en résulte une dent d'engrenage en prise seulement lorsque la bielle est parallèle à la ligne des centres, condition qui fixe la longueur de la somme des deux appendices.

· Le rapport des vitesses dans cet organe est exactement celui qui résulterait de l'emploi de deux roues elliptiques égales, disposées comme article 154, l'ellipse primitive ayant pour grand axe la distance des centres, et pour excentricité la moitié de la longueur des manivelles. .

En effet, nous reportant à la figure 141 de l'article cité, on voit que, S H étant la distance des centres, foyer des deux ellipses, Sh = sH, à cause de la symétrie parfaite autour de la tangente qui résulte de la nature de l'ellipse, c'est-à-dire que la longueur de la ligne qui joint les foyers mobiles est toujours égale à la distance des centres, et par suite constante.

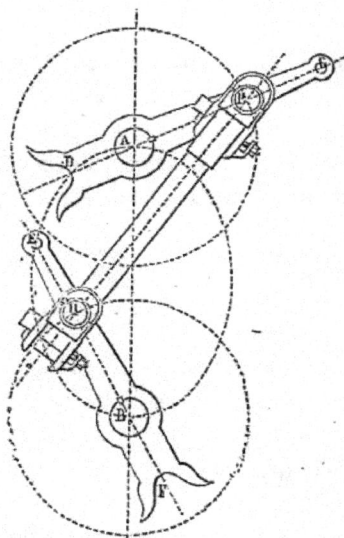

Fig. 222.

Si donc cette ligne devient une bielle, et si l'on établit deux manivelles de longueur égale à l'écartement des foyers, on aura nécessairement le même mouvement qu'avec deux ellipses, dont le grand axe serait égal à la distance des centres, et l'excentricité $e = \sqrt{a^2 - b^2}$, a et b étant les deux demi-grands axes, égale à la moitié de la longueur des manivelles.

La variation des vitesses s'étendra donc, comme dans le cas cité, de $a + e$ à $a - e$, et inversement, donnant un maximum et un minimum, et le rapport s'obtiendra à chaque instant avec facilité, en relevant le point d'intersection sur la ligne des centres, ou sur la bielle, dont les deux parties seront toujours les deux organes vecteurs menés des deux foyers communs aux deux ellipses.

Quant à la forme à donner aux fourchettes, comme le mouvement relatif des manivelles est celui des rayons de roues elliptiques, elles devront être formées d'arcs d'épicycloïdes elliptiques, obtenus par le roulement d'une des ellipses sur l'autre, pour les deux points qui répondent au maximum et au minimum. Comme dans ces deux points les rayons vecteurs sont normaux aux éléments de la courbe, il y aura peu de difficulté pour cette dent unique avec un petit arc d'épicycloïde circulaire[1].

244. *Pendule de White.* — En employant deux bielles croisées égales et faisant C C = A A′ (fig. 223), on obtient encore le rou-

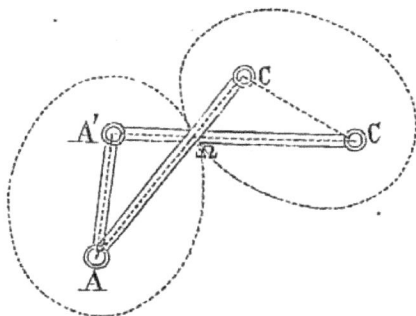

Fig. 223.

lement de deux ellipses égales, et le point de rencontre des deux balanciers décrit une ellipse.

On retrouve, en effet, encore à chaque instant, dans la figure des ellipses roulantes (fig. 141), tous les éléments de cette combinaison, les deux rayons HS, *h s* qui, matérialisés, forment le pendule de White. Le point de croisement Ω est le sommet d'une ellipse, puisqu'à cause de la symétrie on a toujours A′Ω + AΩ = CΩ + C′Ω = 2AC = Constante.

Par suite de l'égalité des bielles et aussi des manivelles (C C′ étant rétabli), pour celles-ci les trajectoires polaires sont

1. Si au lieu d'être plus petites que la distance des centres, les manivelles sont plus grandes que cette distance, le mouvement est celui de deux hyperboles disposées d'une façon analogue aux ellipses dans le premier cas.

(Bour.)

des ellipses dont les foyers sont les extrémités des manivelles et les grands axes égaux à la longueur des bielles. C'est au point de rencontre de celles-ci qu'oscille le pôle. Les trajectoires des bielles sont des hyperboles ayant leurs foyers à leurs extrémités.

245. *Cas général.* — Avec la longueur indiquée par les formules de l'art. 235, une bielle servira à la communication du mouvement entre deux axes parallèles, engendrera un mouvement dans un rapport de vitesse variable avec celle du mouvement initial.

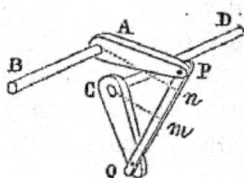

Fig. 224.

En effet, soient AB, CP (fig. 224) deux axes parallèles AP et CQ deux manivelles reliées par une bielle PQ, montée à l'extrémité des deux axes (disposition indispensable lorsque les manivelles sont plus grandes que la distance des centres), An et Cn étant les perpendiculaires menées du centre du mouvement sur la bielle, on aura (art. 179) :

$$\frac{\text{Vitesse angulaire de A P}}{\text{Vitesse angulaire de C Q}} = \frac{C\,m}{A\,n},$$

rapport variable en chaque instant, comme la distance de la bielle aux axes de rotation et son inclinaison.

MOUVEMENT CIRCULAIRE ALTERNATIF EN MOUVEMENT CIRCULAIRE ALTERNATIF.

246. Il a été établi ci-dessus que si la bielle n'a pas une longueur intermédiaire entre les *segments moyens* des deux circonférences, elle ne peut servir qu'à transmettre un mouvement circulaire alternatif.

Il est aisé de déterminer alors les arcs N N$_1$, K K$_1$ (fig. 225) que les extrémités de la bielle peuvent parcourir sur les circonférences respectives, et d'obtenir chacune d'elles à l'aide de circonférences tracées avec les rayons $l + r'$, $l + r$, qui deviennent $r - l$, $r' + l$, dans le cas où elles sont sécantes et qu'il se produit le même genre de mouvement. — Nous traiterons plus loin de cette transformation de mouvement; nous n'avons qu'à la signaler ici, avant de passer au cas le plus important de l'application du système bielle et manivelle.

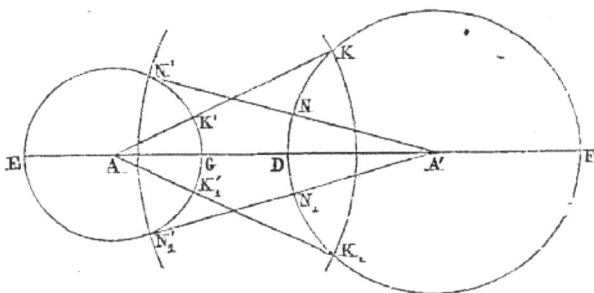

Fig. 225.

DE LA TRANSFORMATION DES MOUVEMENTS CONTINUS EN MOUVEMENTS ALTERNATIFS.

Avant de traiter des organes de transformation des mouvements continus en mouvements alternatifs, il importe de dire quelques mots des conditions dynamiques auxquelles doivent satisfaire ces derniers.

Puisque dans les mouvements alternatifs, au lieu de se continuer, le mouvement après s'être produit dans un sens doit revenir en sens contraire, il est évident que plus la vitesse du premier mouvement est considérable au point extrême, plus il y a perte de travail consommé à détruire celui emmagasiné par l'inertie des pièces et à les ramener en sens contraire.

Il suit de là que les meilleurs organes ne seront pas ceux qui produiront une transformation de mouvement dans un rapport de vitesse constant, celle de la pièce mue d'un mouvement continu étant supposée uniforme, mais ceux qui communiqueront à la pièce douée d'un mouvement alternatif une vitesse qui passera par zéro lors du changement de sens; dans lesquels la vitesse du mouvement diminuera graduellement et reprendra lentement dans la direction opposée, en évitant ainsi les à-coups et les chocs que causerait un brusque changement dans le sens du mouvement, si le corps était à ce moment animé d'une vitesse un peu considérable. C'est la condition de transmission du maximum de travail utile, un élément nouveau dont il faut nécessairement tenir compte dans le genre de transformation que nous allons étudier.

MOUVEMENT CIRCULAIRE CONTINU EN CIRCULAIRE ALTERNATIF.

Nous avons vu les conditions de longueur de la bielle convenable pour que cette transformation au moyen de la bielle soit possible. Nous allons compléter cette étude.

247. *Points morts.* — Le rapport des vitesses angulaires (art. 434) permet de reconnaître l'existence de deux points morts, c'est-à-dire de deux points pour lesquels la vitesse du balancier devient nulle, par une diminution continue (celle de la manivelle restant constante), pour reprendre de même un mouvement de sens contraire; c'est-à-dire que la condition de bon travail est satisfaite.

En effet, la direction de la bielle s'approche, puis s'éloigne des centres pour s'en rapprocher. Pour les deux points pour lesquels la valeur de $c = 0$, c'est-à-dire la direction de la bielle passe par le centre, la vitesse $\omega = 0$; après avoir été en diminuant, elle devient égale à zéro pour croître ensuite.

Les deux points pour lesquels $c = 0$ pendant que la bielle passe au-dessus et au-dessous du centre de rotation sont les points morts correspondant au changement de sens du mouvement.

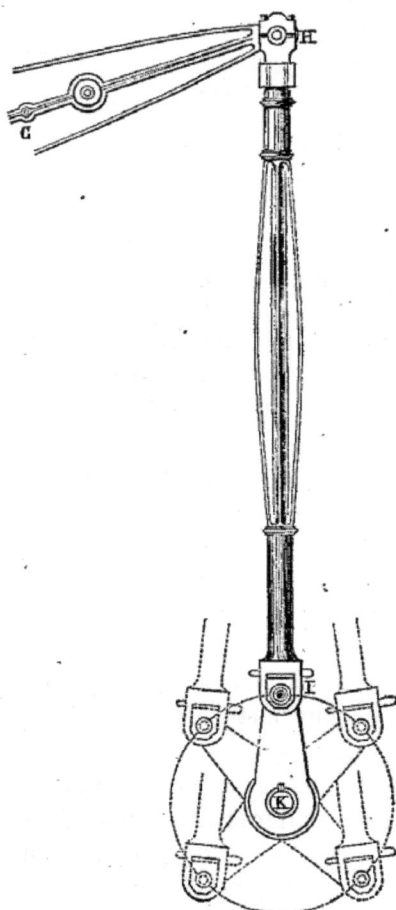

Fig. 226.

tation sont les points morts correspondant au changement de sens du mouvement.

Le maximum de vitesse correspond au point de passage de la bielle sur la ligne des centres; alors $c = r$ et le rapport des vitesses prend les deux valeurs

$$\omega = \omega' \ \frac{r}{l-r} \ \text{et} \ \omega = \omega' \ \frac{r}{l+r}.$$

La longueur de la bielle étant telle que le mouvement obtenu est alternatif, la vitesse de celui-ci varie en chaque instant.

248. On peut construire directement, par simple tâtonnement, la courbe des espaces parcourus pour des arcs égaux de mouvement circulaire, ou des temps égaux lorsque celui-ci est uniforme.

Soit donc un balancier, un levier oscillant autour d'un point d'appui, ou de tourillons (ce qui est équivalant ici, le mouvement ne s'écartant pas du plan auquel ceux-ci sont perpendiculaires), et soit une bielle articulée d'une part à ce balancier et d'autre part au rayon d'un cercle, à une manivelle; tous les axes de rotation étant parallèles à celui du balancier.

Fig. 227.

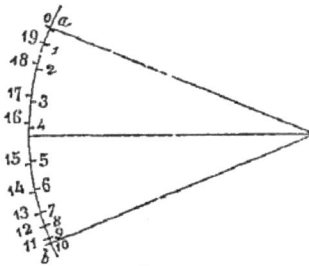

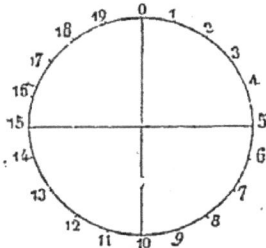

Fig. 228.

Traçons le cercle O décrit par le bouton de la manivelle et divisons-le en parties égales, **20** par exemple, correspondant à 20 arcs égaux (fig. **228**). Si on trace également l'arc $a\,b$ (fig. **227**)

décrit par le balancier, et que par chacun de ces points de
division comme centre, avec la longueur de la bielle pour rayon,
on décrive des arcs de cercle, ceux-ci couperont l'arc *a b* aux
points 1′, 2′, 3′..., ce qui donnera les arcs *a*1′, *a*2′, *a*3′...,

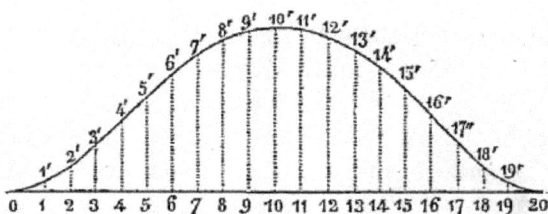

Fig. 229.

décrits par la tête du balancier pendant que le bouton de la
manivelle décrit les arcs 01, 02..... En prenant ces derniers
arcs décrits comme abscisses d'une courbe dont ceux décrits
par la tête du balancier seront les ordonnées, on aura la courbe
0 1′ 2′... (fig. 229).

Cette courbe n'est pas tout à fait symétrique dans ces deux
branches, par suite de l'obliquité de la bielle et de la forme curviligne de l'arc décrit par la tête du balancier.

Le mouvement de l'axe de la manivelle étant ordinairement
sensiblement uniforme, les abscisses qui correspondent à des
arcs égaux sont proportionnelles aux temps. Il en résulte que
les inclinaisons des tangentes à cette courbe donnent les vitesses de l'extrémité de la bielle, les ordonnées représentant les
chemins parcourus.

Cette courbe ayant deux tangentes parallèles aux abscisses,
la vitesse est donc nulle en deux points, aux points morts, et
l'on voit que c'est graduellement que la vitesse arrive à zéro
pour produire un changement de sens.

La courbe ayant un point d'inflexion en chacun de ces points,
on voit que la vitesse du mouvement se ralentit avant de devenir nulle.

249. *De l'obliquité de la bielle.* — Quand une bielle est courte,
elle conserve une inclinaison notable sur la ligne des centres
quand elle arrive à l'extrémité de sa course; son action s'arrête
avant qu'elle n'atteigne le point extrême déterminé par la rencontre de la ligne des centres et du cercle décrit par la mani-

velle. Jusqu'à ce point, l'effort transmis par la bielle agit bien
dans le sens du chemin décrit par le bouton, mais au delà,
jusqu'à son arrivée sur la ligne des centres, il se produit une
contrariété dans le mouvement, refoulement du bouton sur la
bielle, et réciproquement; et c'est ce qui contribue à produire
la vibration toujours nuisible des bielles courtes, quand il n'en
résulte pas de rupture. Ces défauts sont d'autant plus grands
que la bielle est plus courte par rapport à la manivelle, et par
suite que l'angle formé par les positions extrêmes de la bielle
est plus grand: La pratique a fixé la dernière valeur de ce rapport vers 5 ou 4.

250. *Du nombre de tours de l'axe de rotation.* — Les qualités dynamiques du système bielle qui le font adopter pour la
simple transmission de travail, ne sont pas accompagnées
d'aussi grands avantages en cinématique. En effet, sans revenir
sur les variations des vitesses relatives déjà étudiées, ce système ne peut produire qu'une seule rotation autour de l'axe
par double oscillation du balancier, et par suite les solutions
directes ainsi obtenues sont bien souvent insuffisantes et exigent souvent l'adjonction de roues dentées pour modifier les
vitesses de rotation. On a tenté quelques dispositions pour
remédier à cet inconvénient, nous décrirons les suivantes.

La première offre ceci d'intéressant, qu'elle fait bien sentir
l'influence de la longueur de la bielle
sur le mouvement.

Ce système a été proposé par Girard
pour produire deux tours de la manivelle pour une oscillation du balancier.

Si on donne à la bielle une longueur telle que, dans sa position
moyenne le balancier se trouve en ligne droite avec elle, suivant H G sur
la figure, l'inertie des pièces en mouvement aidant, on produira deux tours
de la manivelle pour une oscillation
complète du balancier.

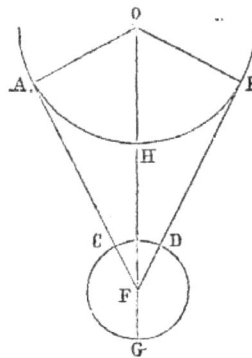

Fig. 230.

Ainsi dans la figure, le balancier passant de O A en O H,
la bielle passera de A C à H G : elle passera ensuite de H G en
B D pendant la seconde partie de la demi-oscillation. C et D,

sont les points pour lesquels la bielle se confond avec la ligne
des centres.

L'inertie aidant et l'angle CFD étant petit, lorsque le balancier revient de OB en OA, le bouton D qui sans cela rétrogra-
derait et produirait un mouvement alternatif, se dirigera vers C
pour arriver en G, lorsque B sera en H. En une oscillation complète, un aller et un retour, le chemin parcouru est donc C G D
+ D C G D C = 2 tours complets.

On voit combien l'observation faite ci-dessus au sujet des
bielles courtes, s'applique ici à plus forte raison ; l'inconvénient
est assez grave pour que ce système doive être jugé comme
complément défectueux pour tout appareil où des forces un peu
considérables sont en jeu.

L'appareil est d'autant plus défectueux que CD est plus grand,
c'est-à-dire la bielle plus courte, les autres éléments restant les
mêmes. Un seul véritable point mort se trouve en G au milieu
de la course, et les conditions de maximum ne sont plus satisfaites au passage aux points C et D.

251. *Mouvement à intermittences produit à l'aide de la bielle.*
— On peut employer la bielle à produire un mouvement coupé
par des intervalles de repos, par le système suivant, qui peut
s'appliquer également au mouvement rectiligne ou au circulaire alternatif. Ces intermittences sont à étudier pour les
mouvements alternatifs, dans lesquels ils se rencontrent souvent.

Soit B le centre de mouvement d'une roue (fig. 231), qui com-

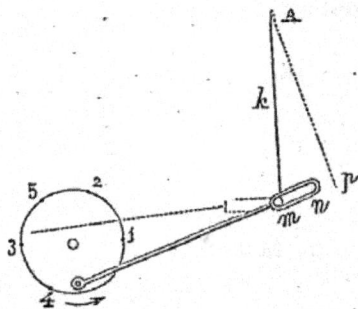

Fig. 231.

munique, par l'intermédiaire d'une bielle, un mouvement d'oscillation au levier A m. L'extrémité de la bielle porte une rai-

nure mn, dans laquelle passe une cheville m fixée à l'extrémité
du levier Am ou mobile dans un guide rectiligne ou courbe.
Ce levier se meut autour du centre A et est disposé soit pour
rester au point extrême où il parvient jusqu'à une action nouvelle, soit pour appuyer constamment sur le fond de la rainure
par l'effet d'une force quelconque, d'un poids ou d'un ressort,
sa course vers l'axe de rotation étant dans les deux cas limitée
en Ak par un arrêt.

Dans le premier cas, lorsque le mouvement arrive à son extrémité, la cheville m arrive au point extrême p de la course,
et quand le mouvement de la bielle change de direction, le levier ne reçoit pas de mouvement jusqu'à ce que l'autre extrémité n de la rainure ait rencontré la cheville et la ramène à la
position initiale ; arrivée en ce point, il y aura repos jusqu'à ce
que l'autre extrémité m ait rencontré la cheville.

Le mouvement du levier est ainsi interrompu à la fin de chaque course pendant un temps qui dépend de la longueur de la
rainure. Si 1 et 3 sont les points qui correspondent au changement de sens du mouvement de la bielle, 2 et 4 les points qui
correspondent aux positions de la bielle pour lesquelles les
extrémités de la rainure commencent à agir, on aura le mouvement suivant pour chaque tour :

$$\text{La roue tourne} \begin{cases} \text{de 1 à 2, le levier reste en } Ap, \\ \text{de 2 à 3, il se meut de } p \text{ en } m, \\ \text{de 3 à 4, il reste en } Am, \\ \text{de 4 à 1, il se meut de } m \text{ en } p. \end{cases}$$

Dans le second cas, le levier étant toujours poussé vers la
roue, la cheville m est toujours en contact avec l'extrémité de
la rainure la plus rapprochée du centre, si ce n'est lorsque le
levier est arrêté en Ak par l'arrêt k.

Quand Am s'appuie contre cet arrêt, dans la position correspondante, par exemple, au point 5, il n'y a plus d'action pendant la fin de la course en arrière de la rainure. Prenon 3, 4 égal
à 3, 5 sur la circonférence de la roue, le mouvemnnt sera le
suivant :

$$\text{La roue tourne} \begin{cases} \text{de 1 à 5, le levier va de } Ap \text{ en } Am, \\ \text{de 5 à 4, il reste fixe,} \\ \text{de 4 à 1, il se meut de } Am \text{ en } Ap. \end{cases}$$

Ces systèmes, dans lesquels la cheville en repos est rencon-

16

trée par la bielle en mouvement, d'où résulte un choc d'autant
plus grand que la course *m n* diffère plus de la course totale
que pourrait produire la bielle, ne sont convenables que pour
des forces minimes.

252. *Mouvement circulaire alternatif produit à l'aide d'une
bielle pesante.* — Une longue bielle pesante, par le seul effet de
son poids, donne un mouvement circulaire alternatif à un cylindre C sur lequel elle repose (fig. 232).

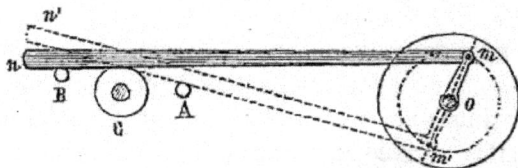

Fig. 232.

Si elle éprouve une résistance moindre que le frottement qui
naît au contact en raison du poids de la bielle et de la nature
des substances en contact, le nombre de tours sera en raison du
rapport du rayon du cylindre au chemin parcouru par la bille
au point de contact.

Si l'on dispose des rouleaux fixes A et B, sur lesquels la bielle
puisse venir s'appuyer en des parties de sa course plus ou
moins voisines de la fin de chaque oscillation, en raison des
inclinaisons qui résultent des diverses positions de la manivelle, on limitera à volonté les excursions circulaires alternatives de C et on les séparera par des intermittences, des
repos.

MOUVEMENT CIRCULAIRE CONTINU EN RECTILIGNE ALTERNATIF.

253. *Bielle et manivelle agissant sur barre guidée en ligne
droite.* — On n'a fait aucune hypothèse sur la grandeur du rayon
du balancier; si on le suppose infini et par suite le point mené
conduit en ligne droite, le système bielle et manivelle fournira
un moyen de transformation du mouvement circulaire continu
en rectiligne alternatif. L'axe de rotation étant placé en A, si
l'on donne le rayon AC de la manivelle et la longueur BC de
la bielle articulée avec elle au point C; si l'on donne également
la direction rectiligne NN' qui doit suivre la barre à laquelle

est articulée l'extrémité de la bielle, on pourra déterminer toutes les positions successives du système articulé propre à engendrer le mouvement circulaire alternatif au moyen du circulaire continu.

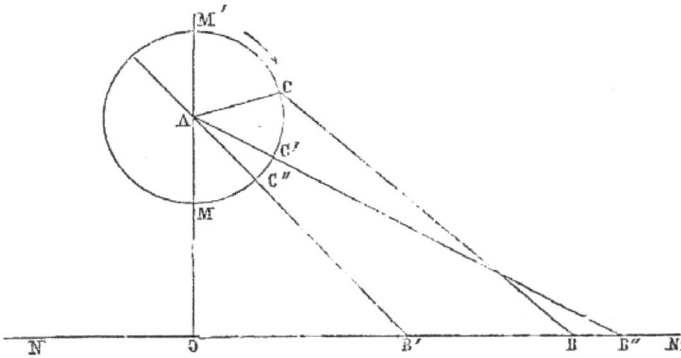

Fig. 233.

Du point A comme centre, avec un rayon $AC'B''$ égal à $AC + BC = r + l$, r rayon de la manivelle, l longueur de la bielle, décrivant un arc de cercle, son intersection en B'' avec la droite NN' donnera la position extrême du système.

Du point A comme centre, avec un rayon

$$AB' = BC - AC = l - r$$

décrivant un arc de cercle qui coupe en B' la droite NN', on obtient l'autre position extrême du système, et si l'on suppose que la manivelle tourne dans le sens indiqué par la flèche, on reconnaît que pendant que le point C parcourt l'arc compris entre C' et le prolongement de $B'A$, le point B décrit la droite $B''B'$ de B'' en B', et que durant le parcours du reste de la circonférence, le point B' parcourt la droite $B'B''$ en sens inverse.

Pour trouver l'expression analytique de cette même course, désignant par y l'ordonnée AO, par x la distance OB' et par c la course cherchée $B'B''$, on a :

$$\overline{AO}^2 + \overline{OB''}^2 = \overline{AB''}^2 \text{ ou } y^2 + x^2 = (l - r)^2,$$

$$\text{et } \overline{AO}^2 + \overline{OB'}^2 = \overline{AB'}^2 \text{ ou } y^2 + (x + c)^2 = (l + r)^2.$$

Retranchant la première expression de la seconde, il vient

$$c\,(c + 2\,x) = 4\,l\,r,$$

relation dans laquelle c et r varient lorsque, sans changer les dimensions du système, on fait varier la position relative des guides du mouvement.

· En effet c est un maximum lorsque $x = 0$, c'est-à-dire lorsque le point B′ se confond avec le pied de la perpendiculaire abaissée du centre de rotation sur la droite N N′.

On a dans ce cas :

$$x = 0, \quad c^2 = 4\,l\,r \ \text{ou} \ c = 2\,\sqrt{l\,r},$$

c'est-à-dire que la course du point qui se meut en ligne droite est moyenne proportionnelle entre le rayon de la manivelle et la longueur de la bielle. (Inutile de faire remarquer combien cette disposition serait défectueuse au point de vue des frottements, la bielle étant, dans sa position initiale, perpendiculaire à la direction du mouvement rectiligne, tendant alors à faire naître une pression et nullement un mouvement suivant N N′).

Si l'on abaisse le centre de rotation en O, c'est-à-dire si l'on place le centre de mouvement de la manivelle sur le prolongement de la droite parcourue par l'extrémité antérieure de la bielle (fig. 233), on a :

$$y = 0, \ x = l - r, \ c = 2\,r.$$

Cette disposition offre par sa symétrie l'avantage que les arcs d'aller et de retour sont égaux, ce qui ne peut être tant que le centre A est en dehors de la ligne N N′. Ainsi, dans la disposition de la figure 230, les arcs C‴ M C′, C‴ M′ C′ sont inégaux, pour un même chemin parcouru pour le mouvement rectiligne. La dernière disposition est presque seule admise dans la pratique.

254. *Proportions des éléments du système.* — Nous avons vu les proportions relatives que devaient avoir entre eux les divers éléments, pour que le mouvement circulaire alternatif produisît le circulaire continu. Nous pouvons, en raisonnant semblablement, déterminer les relations nécessaires dans le cas du rectiligne alternatif. Le rayon de la manivelle étant r, la longueur de la bielle l, d la distance C D du centre de rotation à la direc-

tion E F du mouvement rectiligne ; pour que le mouvement de
rotation soit continu, il faut que l soit égal ou plus grand que
$d + r$, sans quoi la bielle ne pourrait passer par le point G

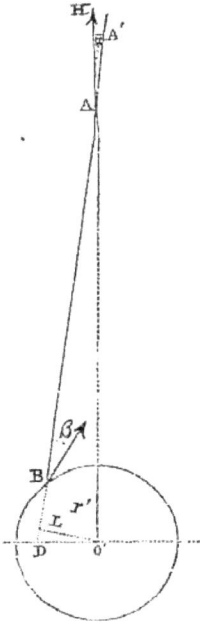

Fig. 234.

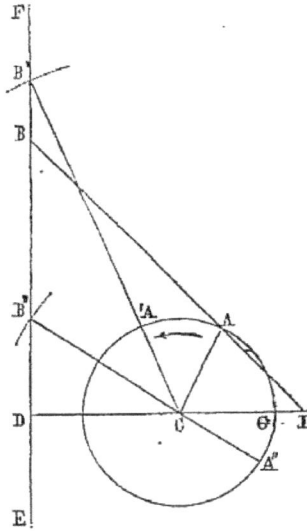

Fig. 235.

distant de la direction du mouvement rectiligne précisément
de la distance $d + r$ (fig. 235).

Il faut encore, si l'on tient compte du frottement, que l'angle
E B″ C (B″ étant la limite de la course) soit plus petit que l'angle
du frottement des surfaces en contact, autrement la réaction
du frottement de l'extrémité de la bielle rend le mouvement
impossible.

Si, avec des rayons égaux à $l + r$ et $l - r$, on décrit du
centre C deux arcs de cercle qui coupent E F aux points B′ B″,
ces points seront les limites du mouvement rectiligne, et les
points A′ A″ seront les points morts. Remarquons que, A′
n'étant pas le point supérieur, ni A″ le point inférieur d'un
diamètre parallèle au mouvement rectiligne, il se produit
un refoulement nuisible, ce qui fait comprendre l'utilité de
faire $d = 0$, de faire passer la direction du mouvement rectiligne par le centre de rotation, comme on le fait ordinairement.

Dans le cas où l'on a $l < d + r$ (et cependant $l > d - r$, sans cela tout assemblage serait impossible), le mouvement circulaire ne peut être qu'alternatif. Nous étudions ci-après cette application.

255. *Rapport des vitesses.* — Nous avons vu (art. 83) que O'D étant la partie du rayon perpendiculaire à la direction du mouvement rectiligne déterminé par le centre de rotation et le prolongement de la bielle (fig. 234), on avait $V = \omega \times OD$, pour la vitesse du mouvement rectiligne, $V_1 = r\omega$ étant celle du mouvement circulaire, et $\dfrac{V}{V_1} = \dfrac{OD}{r}$.

Les limites de vitesse sont zéro lorsque la direction de la bielle passe par le centre, et $V = V_1$ lorsqu'elle passe par l'extrémité des rayons perpendiculaires à la direction du mouvement rectiligne.

Il serait facile de construire la courbe des espaces parcourus en raisonnant absolument de même que précédemment, mais on emploie plutôt dans ce cas l'expression algébrique du rapport des vitesses, qui devient très-simple.

En considérant le cas d'une bielle suffisamment longue pour qu'on puisse la considérer comme demeurant toujours parallèle à la direction du mouvement rectiligne, le bras de la manivelle étant relativement très-petit, OD devient égal à r sin. θ, θ étant l'angle décrit par la manivelle à partir de la position moyenne, et $\dfrac{V}{V_1} = $ sin. θ. La courbe des espaces devient un arc de sinusoïde, le chemin parcouru pour un angle θ devient

$$r - r \cos. \theta = r(1 - \cos. \theta) = r \text{ sin. vers } \theta,$$

en partant du point de rencontre de la ligne O'A prolongée avec la circonférence. Pour $\theta = 90°$, ce chemin x est égal à r, pour $\theta = 180$ cos. $\theta = -1$, $x = 2r$.

Si la bielle n'est pas assez longue pour qu'on puisse négliger l'obliquité, on a, en partant du même point, et en mesurant x à partir de l'extrémité de la bielle y passant, c'est-à-dire d'une distance égale à la longueur l de celle-ci sur OA, pour la projection de la manivelle r et de la bielle l sur OA moins l,

$$x = r(1 - \cos. \theta) + l \cos. \alpha - l = r(1 - \cos. \theta) - l(1 - \cos. \alpha).$$

Dans un triangle tel que A O B, on a :

$$r : l = \sin. \alpha : \sin. \theta,$$

d'où : $\sin. \alpha = \dfrac{r}{l} \sin. \theta$ et $\cos. \alpha = \sqrt{1 - \dfrac{r^2}{l^2} \sin.^2 \theta},$

et $x = r (1 - \cos. \theta) - l \left(1 - \dfrac{1}{l} \sqrt{l^2 - r^2 \sin.^2 \theta}\right).$

Cette expression diffère de la précédente par son second terme, qui est la mesure de l'effet de l'obliquité de la bielle, effet qui n'est négligeable, on le voit, que si $\dfrac{r}{l}$ est très-petit, si la bielle est très-grande par rapport à la manivelle.

256. *Frottement de la bielle.* — Le frottement qui s'exerce sur le point d'attache, sur le bouton de la manivelle, est facile à évaluer.

Si P est la force qui est transmise dans la direction de la bielle, cette force fera toujours porter la manivelle sur le fond du coussinet pendant la course descendante et contre sa partie supérieure pendant la course ascendante. Dans chacune de ces courses le frottement se sera donc produit, par suite de la rotation, sur une demi-circonférence du coussinet, c'est-à-dire que le chemin parcouru par le frottement sera πr, r étant le rayon du bouton de la manivelle. Or la valeur de ce frottement est Pf; donc le travail du frottement pour un tour sera $2\pi r P f$, quantité petite comme la valeur de r.

Pour un mouvement circulaire continu, cette valeur doit être comptée pour chaque extrémité de la bielle.

Pour le mouvement circulaire alternatif du balancier, il faudra au travail de frottement du bouton de la manivelle, ajouter celui qui se produit sur les tourillons du balancier, et qui ne diffère du premier qu'en ce que le mouvement ne se produit que pendant une fraction de tour. Ainsi, le balancier décrivant un angle α, Q étant l'effort moyen exercé sur l'axe du balancier, le frottement pour une double oscillation sera :

$$2 \pi r' Q f \frac{\alpha}{180} = \pi r' Q f \frac{\alpha}{90^{\circ}}.$$

On voit que ces frottements sont très-peu considérables, les valeurs du tourillon r' n'étant pas grandes et α petit, ce qui fait encore comprendre l'emploi si fréquent de ce système dans les machines.

Si la bielle produit le mouvement rectiligne, le frottement de

glissement le long de la course égale à 2 R, qui se produit au bouton de la manivelle à l'extrémité de la barre guidée en ligne droite,
peut s'évaluer comme ci-dessus et est très-petit auprès de celui
qui se produit sur la barre maintenue dans des guides-plans. Ce
dernier croît en raison de l'obliquité de la bielle et par suite de son
peu de longueur relativement à la manivelle. Ainsi θ étant l'angle
du rayon avec la direction du mouvement lorsque la bielle est tangente au cercle décrit par le bouton, Q la force agissant dans la
direction de la rotation, la pression variera de Q cos. θ à zéro; on
peut prendre pour sa valeur approchée QfR cos. θ pour une oscillation double, valeur bien plus grande que la précédente, R
étant le rayon de la manivelle, et l'angle θ étant d'ailleurs d'autant
plus petit pour une même manivelle que la bielle est plus courte
ét par suite cos. θ plus grand.

EXCENTRIQUE CIRCULAIRE.

257. Dans tout ce que nous avons dit au sujet de la manivelle et de la bielle, nous n'avons rien supposé quant à la
grandeur du bouton de la manivelle; il peut donc être quelconque, et la vitesse du mouvement transmis ne changera pas,
pourvu que la distance des centres de la manivelle et du bouton
reste la même.

Si le rayon du bouton grandit jusqu'à être plus grand que
cette distance des centres, le mouvement ne changera encore
aucunement, seulement la disposition de l'assemblage ne peut
plus être celle exposée précédemment. La bielle est alors
remplacée par une double tringle terminée par un collier qui
entoure à frottement doux la circonférence d'un cercle tournant
autour d'un point autre que son centre (fig. 236). C'est le sys-

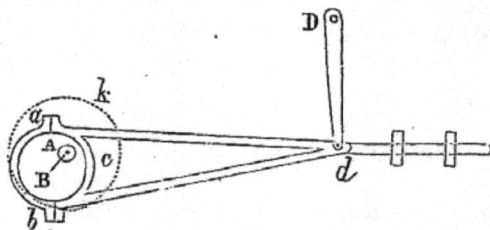

Fig. 236.

tème appelé *excentrique circulaire*, dont le collier n'est pas entraîné par la rotation de l'arbre. Son mouvement comme nous

venons de le voir, est le même que celui de la bielle, et donne absolument les mêmes rapports entre les vitesses pour une même distance des centres de rotation, une même grandeur de la manivelle. La course est égale à 2 e pour chaque demi-tour, e étant l'excentricité. Suivant que l'extrémité d est guidée en ligne droite ou articulée à un levier, il produira le mouvement rectiligne ou circulaire alternatif.

258. *Frottement des excentriques circulaires.* — L'expression du frottement est toujours la même que dans le cas de la manivelle; seulement, le rayon de l'excentrique remplaçant le rayon du bouton, le frottement devient très-grand et peut devenir supérieur au travail entier de la résistance utile.

En effet, pour un tour, le travail du frottement sera $2\pi r f F$, r étant le rayon de l'excentrique, F la résistance, et celui de la résistance agissant dans la direction de la bielle sera $4 F e$ (e distance du centre du cercle et du centre de rotation). Le rapport de ces deux quantités sera :

$$\frac{2\pi r f F}{4 F e} = \frac{\pi r f}{2 e}.$$

Or, comme $\pi = 3,14$, on voit qu'il ne faut pas que r, toujours supérieur à e, soit avec lui dans un rapport bien grand pour que cette expression soit plus grande que l'unité bien que f soit fractionnaire.

Les excentriques circulaires ne doivent donc jamais être employés pour transmettre d'importantes quantités de travail.

ENCLIQUETAGES.

259. Une modification de l'assemblage de la bielle avec la manivelle fournit le moyen de produire directement, au lieu d'un tour par oscillation, seulement une fraction de tour pour cette même oscillation. Dans ces systèmes, une bielle ne réunit plus la roue et le levier par des articulations invariables, l'assemblage formé par un crochet mobile n'est que momentané, et seulement dans un sens; c'est par ce mode d'assemblage surtout que ces systèmes diffèrent des précédents.

On donne généralement le nom d'encliquetages à ces organes composés essentiellement de pièces mobiles venant agir successivement sur la roue qui doit recevoir le mouvement; ils agissent par suite avec intermittences. On peut les diviser en deux classes : encliquetages à dents, encliquetages par pression.

Encliquetages à mouvement circulaire alternatif (à dents). — A un levier est adaptée une dent pouvant prendre un petit mouvement autour de son articulation; cette dent mobile vient s'accrocher aux dents d'une roue dentée assemblée sur un axe (fig. 238) ou les poussant suivant le tracé des parties en prise. Le mouvement circulaire de va-et-vient imprimé à l'extrémité du levier produit l'assemblage de la dent à articulation avec les dents successives de la roue. Cette action est rendue continue ou au moins n'éprouve que de très-courtes intermittences

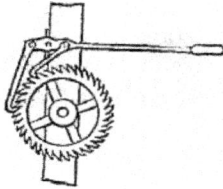
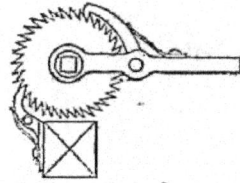

Fig. 237.   Fig. 238.

dans le levier de Lagarousse (fig. 237); dans cette disposition, l'on emploie deux crochets, l'un d'eux agit pendant que l'autre va se placer sur de nouvelles dents.

C'est évidemment toujours dans cet organe le mouvement circulaire alternatif qui est transformé en mouvemen circulaire continu; l'inverse ne saurait avoir lieu.

La facilité avec laquelle l'action des bras de l'homme peut se produire à l'extrémité d'un levier pour y développer un effort considérable, et agir par un mouvement de va-et-vient, rend cet organe précieux pour cet usage. On le rencontre aujourd'hui dans plusieurs machines servant à soulever des fardeaux. On emploie en général la disposition de la figure 238, et on fait agir simultanément plusieurs leviers sur un même arbre.

260. Entrons dans quelques détails sur les rapports des diverses lignes convenables pour le bon fonctionnement du levier de Lagarousse.

Soit $AOB = \alpha = \dfrac{2\pi r}{n}$ l'arc sous-entendu par une dent, la fraction d'un tour dont fait tourner la roue à chaque demi-oscillation du levier MK; menons CO et RO, qui divisent par le milieu les angles A O B, D O.E, correspondant aux dents avec lesquelles les deux barres articulées en G et F sont en contact; élevons aux points O′ et R pris à égale distance de la circonférence A B D deux perpendiculaires aux rayons médiaux, leur rencontre en M sera le point de rotation du levier M, M O, M R les longueurs égales à celles des bras F A′ G′ E, qui agiront convenablement sur les dents de la roue.

Si le levier M K décrit l'angle K M K$_1$ = ϐ tel que le levier E A décrivant l'angle F M F′ = α_1, A vienne en B ayant déplacé une dent complète, et G en G′, le point E du bras *étant* venu en D, après avoir parcouru en arrière la longueur d'une dent, tout sera prêt pour la continuation de l'action par un effet in-

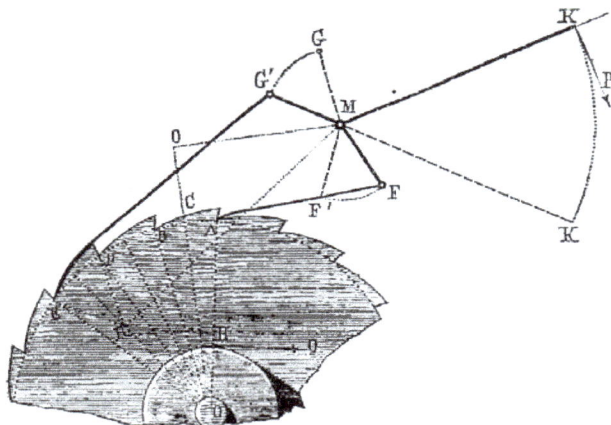

Fig. 239.

verse, lorsqu'on relèvera le levier M K (M F étant dans sa position moyenne parallèle à O O′, et M G à R O).

Posant O A = O D = r, A O B = D O B = α, K M K$_1$ = ϐ et C O′ = r_1, on a pour la longueur des leviers M O′ = F A = l, E G = M R = l.

On a d'abord r_1 ϐ = r α_1, les angles F M F$_1$ = G M G′$_1$ = K M K$_1$, et 2 α = δ étant l'angle A O D = B O E = R M O′ des lignes qui passent par le milieu des dents sur lesquelles l'action a lieu, angle égal à celui O′ M R des deux perpendiculaires à ces lignes. On a donc, on considérant les deux triangles O′MI, IRO, I étant le point de rencontre de R M et O C :

$$l \tan \delta = r + r_1 - \frac{r - r_1}{\cos \delta} \text{ ou } l = \frac{(r + r_1) \cos \delta - (r - r_1)}{\sin \delta},$$

et de même après simplification, pour la valeur de $MI + IR$ ou l_1,

$$l_1 = \frac{r + r_1 - (r - r_1) \cos. \delta}{\sin. \delta}.$$

Remarquons que, dans tous ces systèmes, l'action de l'extrémité des dents est essentiellement destructive, par suite des chocs et des grippements qui tendent à se produire; c'est pour cela, en partie, qu'on évite souvent l'emploi des encliquetages.

261. *Encliquetages muets.* — Outre cette usure, dans les encliquetages le choc des dents occasionne un bruit désagréable.

On évite cet inconvénient avec les encliquetages *muets*, tous fondés sur le même principe, qui consiste à mettre en place les dents qui doivent agir avant que l'action du moteur se produise; la figure 240 en montre une des dispositions les plus simples.

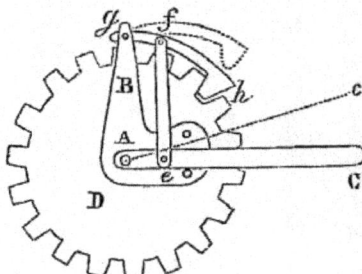

Fig. 240.

D est la roue dont les dents doivent être entaillées suivant des rayons, B est un levier à rochet concentrique avec la roue, et portant le rochet gh assemblé avec lui en g; AC est un levier également concentrique avec la roue et se mouvant aussi exactement autour du centre A. Ce levier est joint dans la barre ef avec le rochet gh, et se meut entre deux chevilles adaptées à la face du levier B.

L'action se produit comme il suit. Lorsque le levier AC remonte vers Ac, il enlève gh de sa dent par le moyen de la barre ef, puis rencontre la cheville supérieure du levier B, et l'entraînant, se meut avec lui de f vers g, mais sans entraîner la roue, puisque le rochet n'est plus engagé entre les dents et se trouve soulevé, dans la position indiquée sur la figure par les lignes ponctuées.

Dans l'oscillation inverse, lorsque le levier A*c* se meut dans la direction opposée, en descendant de *c* vers C, il parcourt l'espace *c*C sans que·le levier B se mette en mouvement, abaisse la bielle *ef* pendant ce temps et engage le rochet entre les dents; enfin, lorsque A*c* rencontre la cheville inférieure, les deux leviers, le rochet et la roue marchent ensemble.

L'action de cette combinaison se produit en silence; *le levier* A*c* soulevant et engageant successivement les dents du rochet avant que les forces soient en jeu, on évite le bruit désagréable et les chocs des dispositions ordinaires.

262. Au lieu de dents, on peut employer tout autre système qui peut rendre momentanément solidaires la roue et l'extrémité du levier; ce qui constitue autant de variétés de systèmes d'encliquetages. Tel est le suivant :

Encliquetages par pression. — Le système d'encliquetage par pression est dû à M. Saladin, de Mulhouse.

Si l'on fait passer sur la jante d'une roue un anneau dont l'intérieur a la forme de la section normale du contour de la roue (fig. 241) en le faisant monter normalement à la circonférence, on n'éprouvera pas de résistance; mais si on exerce une traction oblique, l'anneau prend une position différente de la normale et serre la jante avec une force suffisante pour entraîner la roue. L'anneau ne peut

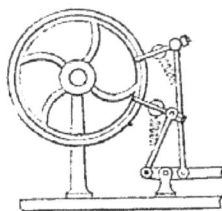

Fig. 241.

plus glisser, il ne pourrait que s'ouvrir si l'effort était trop considérable.

En faisant porter deux anneaux semblables sur deux bielles situées des deux côtés du point de rotation d'un levier, comme le représente la figure 241, l'action de ceux-ci sera successive et le mouvement circulaire alternatif de l'extrémité du levier engendrera le mouvement circulaire continu de la roue.

263. *Encliquetages à mouvement rectiligne alternatif.* — Les encliquetages précédents, convenablement modifiés, peuvent être disposés de manière à produire un mouvement circulaire à l'aide d'un mouvement rectiligne alternatif. Il suffit de rendre

rectiligne alternatif le mouvement élémentaire de la puissance
motrice. Telle est pour l'encliquetage à dents la disposition représentée dans la figure qui se compose d'un système double
dont chaque partie agit pour chaque direction du mouvement
alternatif, et pourrait agir isolément en laissant la roue en repos
pendant un de ces mouvements.

Il se compose (fig. 242) d'une roue sur les dents de laquelle
vient agir une dent terminant la pièce qui a un mouvement

Fig. 242.

rectiligne alternatif déterminé par un
galet qui se meut dans une rainure.
Cette dent est articulée à son extrémité de manière à pouvoir se plier
pour surmonter les dents en revenant,
après les avoir poussées en allant;
action que peut produire inversement
la seconde dent en forme de crochet.
Suivant la longueur du mouvement
rectiligne, il est clair qu'on fera tour-
ner la roue d'une ou plusieurs dents par chaque période de
mouvement.

2° AXES NON PARALLÈLES.

264. Nous avons supposé dans ce qui précède que les deux
axes de rotation étaient parallèles, et que la roue et le levier se
mouvaient dans un plan perpendiculaire à leurs axes. Il en est
toujours ainsi dans la pratique, sauf à employer, s'il y a lieu,
une transformation supplémentaire de circulaire continu en circulaire continu. Voyons toutefois quelle extension on peut donner aux solutions décrites, et les quelques solutions directes
qui sont admissibles.

Si le plan décrit par le balancier n'est pas perpendiculaire à
l'axe du mouvement de rotation continu, on peut encore, à la
rigueur, assembler la manivelle avec cet axe au point de sa
rencontre avec le plan décrit par le balancier. En laissant du
jeu à l'articulation de la bielle et du balancier, ou mieux en
employant une articulation sphérique, le mouvement se communiquerait, mais en produisant un effet de torsion de l'axe
de rotation qui doit faire rejeter cette disposition pour de fortes
machines et des inclinaisons notables.

ENCLIQUETAGES.

Donnons d'abord ce qui se rapporte à ce cas, et est de faible importance.

265. Le levier d'un encliquetage peut tourner autour d'un axe quelque peu incliné sur celui de la roue; l'angle décrit à chaque oscillation étant peu considérable, la forme de la dent peut encore permettre l'engrènement avec la roue, toutefois en augmentant très-rapidement par la direction oblique sur l'axe l'étendue des frottements, les résistances passives de ce genre d'appareils, peu usités tant par ce motif qu'à cause de l'intermittence des mouvements qu'ils produisent.

Cet inconvénient ne subsiste pas dans la disposition de la figure 243, qui est celle d'un encliquetage pour deux axes placés à angle droit, dans lequel l'articulation peut être remplacée par

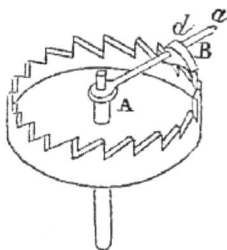

Fig. 243.

Fig. 244.

un exhaussement de la partie supérieure à la fin de chaque période du mouvement alternatif. C'est ainsi que les choses s e passent dans le petit appareil à double couronne dentée dit *clef de Bréguet* (fig. 244).

BIELLE ET MANIVELLE.

266. Théoriquement c'est en ramenant l'étude des mouvements dans l'espace à celle du déplacement de leurs projections que l'on parvient, d'une manière générale, à appliquer au cas d'axes non parallèles les résultats trouvés pour les mouvements dans un plan. C'est ce qui peut être fait pour le cas de bielles

placées d'une manière quelconque dans l'espace, les articulations, les guides étant supposés convenables pour laisser se
produire tous les mouvements ré-
sultant des éléments du système et
de leur position relative.

Supposons que l'extrémité B de
la bielle[1] se déplace le long de la
courbe E F, pendant que son autre
extrémité B' se déplace le long de
E' F'. Prenons sur les tangentes
en B et B', placées d'une manière
quelconque dans l'espace, deux
longueurs B H, B' A' représentant
les vitesses simultanées. Par les
points H et H', menons des plans
perpendiculaires sur B B', ils couperont cette droite en deux points
G et G', et les projections B' G', B G
seront les projections des deux
vitesses, dans le sens de la bielle.

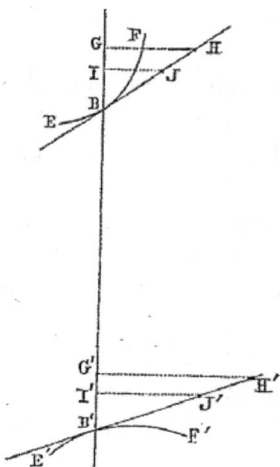

Fig. 245.

Or, celle-ci ne pouvant avoir qu'une seule vitesse, ces quantités
sont nécessairement égales, d'où ce théorème général comprenant celui déjà démontré comme cas particulier : *Quel que soit*
le déplacement de la bielle dans l'espace, les vitesses linéaires de
ses extrémités se projettent sur elle, en chaque instant, suivant
des droites égales.

Si on prend deux longueurs égales BI, B'I' et que l'on mène
perpendiculairement à BB' IJ dans le plan BB'H, I'J' dans le
plan BB'H', on aura :

$$\frac{BJ}{BH} = \frac{BI}{BG} \text{ et } \frac{B'J'}{B'H'} = \frac{B'I'}{B'G'},$$

ce qui donne, puisque BG = B'G' et BI = B'I', en divisant ces
égalités l'une par l'autre,

$$\frac{BJ}{BH} = \frac{B'J'}{B'H'} \text{ ou } \frac{v}{v'} = \frac{BJ}{B'J'}.$$

Il suffit donc de déterminer les droites BJ, B'J', pour avoir le
rapport des vitesses.

1. Giraud, *Géométrie.*

Si le tangentes étaient parallèles, on aurait I J = I'J', c'est-à-dire que des vitesses parallèles des extrémités de la bielle sont nécessairement égales.

267. *Proportions des éléments.* — Pour obtenir les proportions des éléments propres à produire un mouvement voulu de la manivelle, ou bien ces éléments étant donnés, pour déterminer le mouvement qui sera produit, il suffira de projeter sur deux plans les éléments du système. Il est évident que si le mouvement doit être continu, par exemple, il faudra que la projection de l'articulation puisse passer par le point le plus éloigné, que les relations de grandeur de l'article 235 subsistent. Il en sera de même sur les deux plans de projection, d'où résulteront en grandeur absolue, pour chaque cas donné, les limites de grandeur de la bielle.

268. *Assemblage par bielle entre deux axes se rencontrant en un point.* — Soient aa_1, bb_1 (fig. 246) deux axes dont les direc-

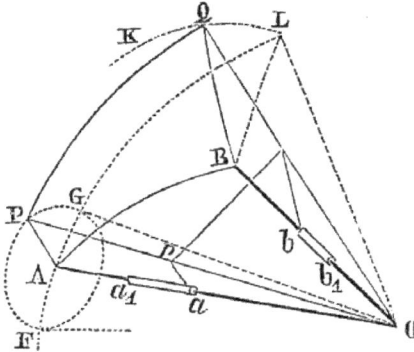

Fig. 246.

tions se rencontrent en un point O; ap, bq deux bras perpendiculaires aux axes; pq la bielle joignant leurs extrémités. Ceux-ci, en tournant, décrivent deux plans circulaires qui leur sont perpendiculaires, et par suite ne sont pas parallèles entre eux. Le petit levier ap (la manivelle) produit par sa rotation l'oscillation de bq, et, suivant les proportions des éléments, on obtient la rotation continue ou alternative.

Du point O menons les lignes droites Op, Oq, Oa, Ob. Comme ces lignes existent pour toutes les positions du système, et aussi les lignes ab, ap, bq, pq, qui sous-tendent les angles faits par les précédents en O, on a un angle solide en O formé par 4 angles *plans*, et comme l'angle fait par chaque

plan triangulaire avec le plan voisin varie par le mouvement
du système, la forme de l'angle solide varie.

Dans ce système de quatre plans triangulaires, nous distinguerons le *plan axial* fixe aOb, le plan radial aOp, et le plan
radial bOq, tournant autour des axes aO, bO réunis par le
moyen des lignes de *flexion* (des charnières) Op, Oq avec le plan
de la bielle pOq.

Il est clair que les points morts, quand le mouvement est
alternatif, correspondent à la coïncidence dans une même
plan du plan radial Oap et du plan de la bielle Opq. Ces
points morts ne dépendent pas de la distance absolue des
points p, q, a, b du point O, mais seulement de la grandeur
relative des quatre angles plans en O.

Pour la commodité, toutefois, prenons sur les lignes de
flexion Op, Oq, qui rayonnent de O, des longueurs égales,
déterminant les points A, B, Q, P. Joignant les extrémités,
dans chaque plan, par des arcs de cercle décrits du centre O
avec cette distance pour rayon, ces arcs seront des segments
de grands cercles des phère dont le rayon est la distance constante OQ.

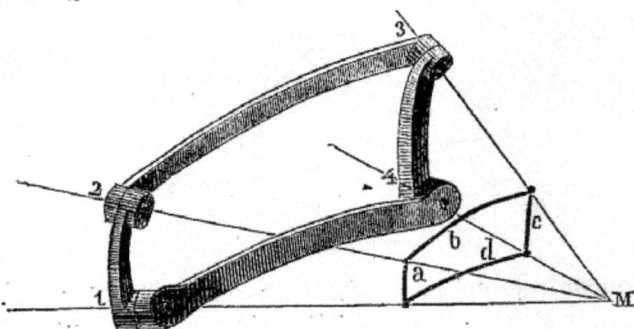

Fig 247.

Prenons ce rayon pour unité, les arcs limitant les angles représentent ceux-ci, et forment le quadrilatère sphérique ABQP.

La fig. 247 montre le système exécuté de manière que le
mouvement se produise sur la sphère dont le centre est en M.
Les axes de rotation doivent être des rayons de la sphère guidant les côtés du quadrilatère sphérique formé par des arcs de
grand cercle de cette sphère et les faces des articulations des
portions de surface de la sphère M.

Posons (fig. 246) : $AB = d$, $PQ = l$, $AP = r$, $BQ = R$.

Quand le point mort se produit par la réunion en un plan commun du plan radial avec celui de la bielle, comme de AOP avec POL, par le mouvement de AP vers AG, où AGL est un segment de grand cercle, on obtient le triangle sphérique ALB.

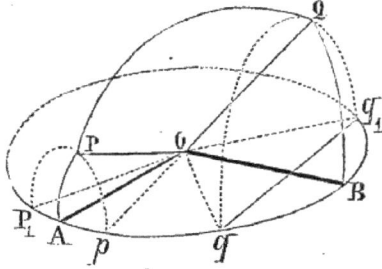

Fig. 248.

C'est le *point mort extérieur*, et le côté $AL = r + l$. Si le plan radial tourne pour arriver dans les positions AOF, le plan de bielle peut s'appliquer sur le plan radial. On a alors le point mort intérieur, et le côté $FL = l - r$.

Quand la rotation d'un bras produit le mouvement alternatif de l'autre, comme dans la fig. 248, le premier doit être moindre que le second, par suite l'angle r (AOP) du plan radial tournant doit être moindre que l'angle d'oscillation R (BOQ). D'ailleurs PQ doit être moindre que AB.

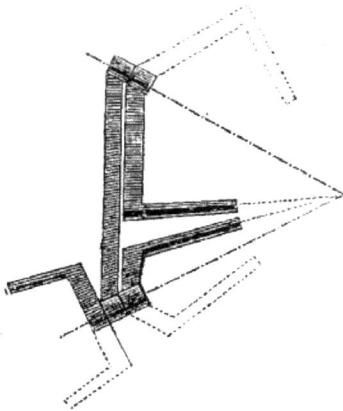

Fig. 249.

Dans la pratique, les bielles et les manivelles reçoivent, dans ce cas, les formes représentées figure 249.

269. *Mouvement continu par un système de bielle entre deux axes qui se rencontrent.* — Les conditions pour produire un mouve-

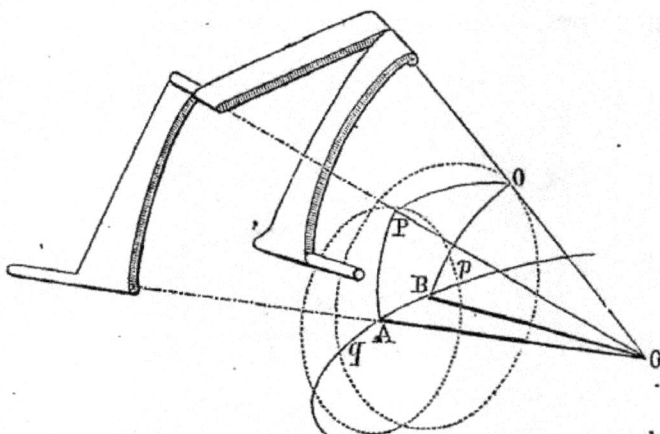

Fig. 250.

ment continu dans deux plans radiaux sont obtenues par un raisonnement analogue à celui donné pour la bielle dans un plan.

Les axes AO, BO (fig. 250) des plans radiaux doivent être renfermés dans l'espace qui est commun à deux cônes, qui sont respectivement décrits par les deux lignes de flexion OP, OQ. Par conséquent, on doit avoir AB ($= d$) moindre que AP ($=Ap$) ou BQ ($=Bq$), et d'ailleurs

$$PQ\ (= l) > R - (r - d) \text{ et } < R + (r - d).$$

Si à la fois R et $r = \dfrac{\pi}{2}$ (fig. 251), les deux cônes deviennent

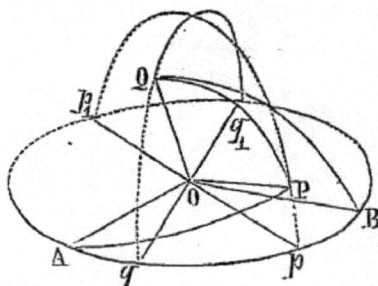

Fig. 251.

des disques, et si l'angle du plan de bielle $l = \dfrac{\pi}{2}$, la combinaison coïncide avec le joint universel ou de Hooke, que nous allons étudier en détail.

JOINT UNIVERSEL.

270. Le joint universel est une combinaison de doubles articulations qui permet la transmission du mouvement de rotation continu d'un axe à un autre situé à la suite, *qui le* rencontre; il jouit de cette importante propriété de transmettre ce mouvement quand l'angle des deux axes vient à changer, même pendant la durée du mouvement[1].

La figure 252 représente le joint universel formé essentielle-

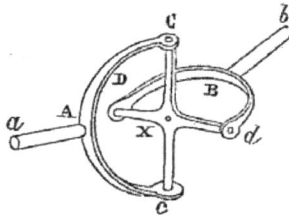

Fig. 252.

ment d'une croix centrale dont les bras sont à angle droit. Pour en concevoir le jeu, il faut remarquer que quand le mouvement de rotation est imprimé à l'arbre A a, cet arbre entraîne avec lui la fourche A C c qui le termine, ainsi que le croisillon C c, dont les branches ont la faculté de tourner sur leurs tourillons respectifs placés aux extrémités de la fourche A C c; le système qui réunit l'axe B b au croisillon D d est semblable. Mais, comme les quatre branches du croisillon sont solidaires, ne forment qu'une seule pièce, il est évident que celles qui servent de support aux branches de la fourche fixée à l'axe B b tournent et impriment à cet axe un mouvement de rotation pour tout mouvement de l'axe A a.

Les axes du croisillon $c c'_1$ $d d$ peuvent appartenir à une pièce M de forme quelconque (la forme sphérique (fig. 253) remplit les conditions de résistance convenable), pourvu que

1. Voir l'historique de l'invention du joint par Willis, à l'article JOINT, *Dictionnaire des Arts et Manufactures.*

leur point d'intersection se confonde avec le point d'intersection des axes A et B prolongés.

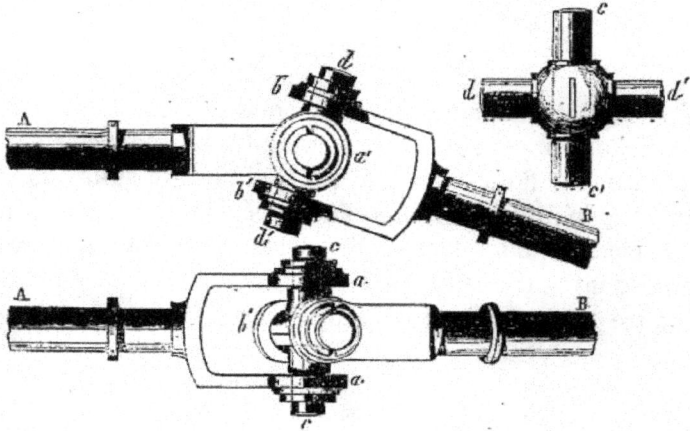

Fig. 253.

La forme de croix complète n'est pas indispensable; ce
qui est nécessaire, c'est que les centres d'articulation soient
situés dans un même plan, ceux opposés également distants
des centres; enfin, que les deux lignes d'axes se coupent à
angle droit. Ainsi on rencontre la forme 254.

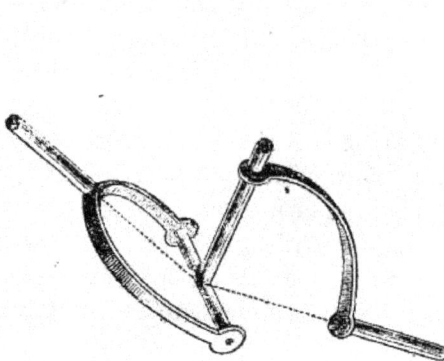

Fig. 254.

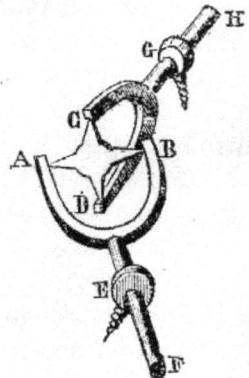

Fig. 255.

La figure 255 est la plus ancienne représentation du joint
universel. Enfin la figure 256 le montre tel qu'il est employé
dans les instruments d'astronomie.

271. RAPPORT DES VITESSES. — Soit l'arbre A conducteur, l'axe $c\,c'$ décrit un plan perpendiculaire à A, autour du centre

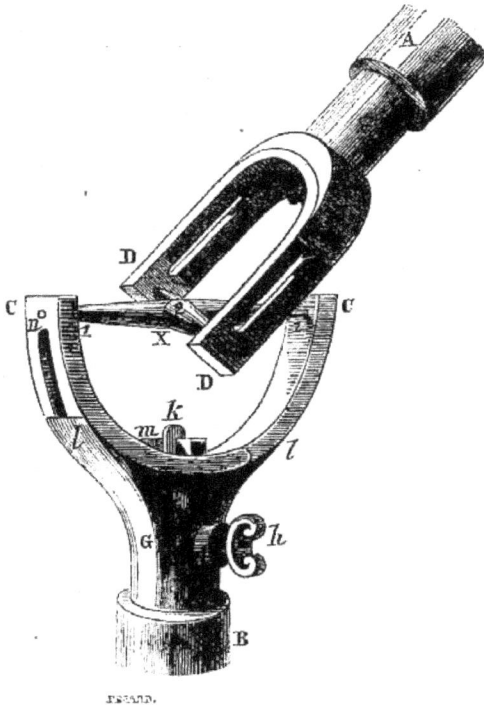

Fig. 256.

M. Pendant le même temps, tout point d'axe $d\,d'$ solidaire avec $c\,c'$ décrit un cercle autour du même centre dans un plan perpendiculaire à l'arbre B.

Ainsi les droites solidaires $c\,c'$, $d\,d'$ (fig. 253) se meuvent autour du centre commun, mais par l'effet des arbres A et B, en décrivant deux plans différents autour de ce centre, l'un perpendiculaire à l'arbre A, l'autre perpendiculaire à l'arbre B; si l'on projette le second cercle sur le plan du premier, il s'y projettera suivant une ellipse.

Soient aM, bM les moitiés des deux axes de la croix perpendiculaires l'un à l'autre, l'ellipse aBa' représentera la projection sur le plan décrit par la droite aM du chemin décrit par l'extrémité de la droite bM égale et perpendiculaire à aM. Lorsque la première a décrit un angle $a\,\mathrm{M}\,a'' = \alpha$, mesuré à partir du point d'intersection des deux plans, la seconde a décrit dans le plan qu'elle parcourt un angle β qui se projette en $b\,\mathrm{M}\,b''$ à angle droit avec $\mathrm{M}\,a''$. Pour trouver la grandeur réelle de cet angle, il faut par B' élever la droite $\mathrm{F}\,\mathrm{B}'\,\mathrm{D}$, elle donnera en F le rabattement du point projeté en B', en supposant que l'on ait rabattu sur ce plan de projection le cercle décrit par le point dont B' est la projection, et $b\,\mathrm{M}\,\mathrm{F}$ représentera en vraie grandeur l'angle β que nous cherchons. Les deux angles simultanément décrits sont donc ainsi représentés en vraie grandeur (fig. 257).

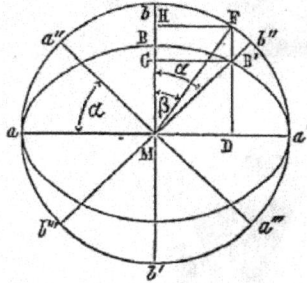

Fig. 257.

L'un suivant $a\,\mathrm{M}\,a'' = b\,\mathrm{M}\,b'' = \alpha$, les axes $a\,\mathrm{M}$, $b\,\mathrm{M}$ étant toujours à angle droit.

L'autre suivant $b\,\mathrm{M}\,\mathrm{F} = \beta$.

Abaissant des points B' et F des perpendiculaires sur $b\,\mathrm{M}$, on a :

$$\frac{\mathrm{B}'\,\mathrm{G}}{\mathrm{M}\,\mathrm{G}} = \frac{\sin.\ \alpha}{\cos.\ \alpha} = \mathrm{tang.}\ \alpha \quad \text{et} \quad \frac{\mathrm{F}\,\mathrm{H}}{\mathrm{M}\,\mathrm{H}} = \frac{\sin.\ \beta}{\cos.\ \beta} = \mathrm{tang.}\ \beta\,;$$

d'où

$$\frac{\mathrm{tang.}\ \alpha}{\mathrm{tang.}\ \beta} = \frac{\mathrm{B}'\,\mathrm{G}}{\mathrm{M}\,\mathrm{G}} \times \frac{\mathrm{M}\,\mathrm{H}}{\mathrm{F}\,\mathrm{H}}\,,$$

mais $\mathrm{F}\,\mathrm{H} = \mathrm{B}'\,\mathrm{G}$ et comme $\mathrm{H}\,\mathrm{M} = \mathrm{F}\,\mathrm{D}$ et $\mathrm{M}\,\mathrm{G} = \mathrm{B}'\,\mathrm{D}$, on peut écrire $\dfrac{\mathrm{tang.}\ \alpha}{\mathrm{tang.}\ \beta} = \dfrac{\mathrm{F}\,\mathrm{D}}{\mathrm{B}'\,\mathrm{D}}.$

Mais entre les mêmes ordonnées d'un cercle et d'une ellipse ayant le diamètre de celui-ci pour grand axe, on a (Voy. *Traités de géométrie analytique*) :

$$\frac{\mathrm{F}\,\mathrm{D}}{\mathrm{B}'\,\mathrm{D}} = \frac{b\,\mathrm{M}}{\mathrm{B}\,\mathrm{M}}\,,$$

b M étant le rayon du cercle décrit sur le grand axe et B M le petit axe de l'ellipse.

Appelant θ l'angle des deux plans, le même que celui des deux axes prolongés, on a b M cos. $\theta = $ B M ou

$$\frac{b\,\mathrm{M}}{\mathrm{M\,B}} = \frac{1}{\cos.\,\theta} = \text{constante},$$

donc enfin tang. $\beta = $ tang. α cos. θ.

272. *Rapport des vitesses.* — Pour trouver le rapport des vitesses des axes, il faut différencier l'équation fondamentale.

$$\text{tang. } \beta = \text{tang. } \alpha \cos. \theta, \qquad (1)$$

ce qui donne
$$\frac{d\beta}{d\alpha} = \frac{\cos.^2\beta}{\cos.^2\alpha}\cos.\theta, \qquad (2)$$

ou
$$= \cos.\theta \,\frac{1 + \text{tang.}^2\alpha}{1 + \text{tang.}^2\beta}. \qquad (3)$$

Éliminant successivement α et β de (3) au moyen de (1), on a :

$$\frac{d\beta}{d\alpha} = \frac{\cos.\theta}{1 - \sin.^2\alpha\,\sin.^2\theta}, \qquad (4)$$

$$= \frac{1 - \cos.^2\beta\,\sin.^2\theta}{\cos.\theta}, \qquad (5)$$

expressions qui donnent la valeur maximum de ce rapport $(=\cos.\theta)$, quand sin. $\alpha = 0$, ce qui a lieu quand $\alpha = 0, \pi, 2\pi$, etc.

Le minimum est

$$\frac{1}{\cos.\theta}, \text{ obtenu pour } \beta = \frac{\pi}{2}, \frac{3\pi}{2}, \frac{5\pi}{2}, \text{ et cos. } \beta = 0.$$

Les successions des vitesses V de l'arbre conduit, pour les diverses valeurs de α de l'angle de rotation de l'arbre conducteur animé de la vitesse constante v, sont par suite :

Pour
$$\alpha = \quad 0° \ \text{V} = v \cos.\theta,$$
$$\alpha = \quad 90° \ \text{V} = \frac{v}{\cos.\theta},$$
$$\alpha = 180° \ \text{V} = v \cos.\theta,$$
$$\alpha = 270° \ \text{V} = \frac{v}{\cos.\theta},$$
$$\alpha = 360° \ \text{V} = v \cos.\theta.$$

Le rapport de ces limites est $\cos.^2\theta$.

On voit que dans chaque quadrant le rapport des vitesses va en augmentant et en diminuant entre les mêmes limites, l'égalité des vitesses ne se trouvant qu'entre quatre points semblablement placés, que les équations ci-dessus permettent de déterminer comme nous allons le voir.

En partant de B, l'axe conduit se meut d'abord plus rapidement que l'axe conducteur, mais ensuite son mouvement se ralentit jusqu'à ce qu'il arrive en a, dans le plan des bras conducteurs; puis il parcourt le quadrant suivant, se mouvant d'abord moins vite que le conducteur, puis s'accélérant quand celui-ci est passé au delà de b'. Le mouvement, dans la seconde demi-circonférence, est évidemment le même que dans la première. Le retard et l'accélération dépendent de la valeur de θ, et par suite, avec un simple joint, des variations quelconques de vitesse peuvent être obtenues en inclinant convenablement les axes l'un sur l'autre.

Des équations (3) et (1) on tire pour déterminer le point où les vitesses angulaires sont égales :

$$\frac{d\beta}{d\alpha} = \frac{\cos.^2\theta + \tan.^2\beta}{\cos.\theta\,(1 + \tan.^2\beta)} = 1,$$

d'où
$$\tan.^2\beta = \cos.\theta.$$

Éliminant d'autre part α entre (1) et (3), on a :

$$\frac{d\beta}{d\alpha} = \cos.\theta\,\frac{1 + \tan.^2\alpha}{1 + \tan.^2\alpha\cos.^2\theta} = 1 \text{ pour les points où les vi-}$$

tesses sont égales,

ou
$$\tan.^2\alpha\,(\cos.\theta - 1) = \frac{(\cos.\theta - 1)}{\cos.\theta}.$$

Ou enfin : $\tan.^2\alpha = \dfrac{1}{\cos.\theta}$.

Par conséquent l'égalité de vitesses a lieu quand les bras conduits ont décrit un arc dont la tangente $= \sqrt{\cos.\theta}$ et les bras conducteurs un arc dont la tangente est $\dfrac{1}{\sqrt{\cos.\theta}}$, θ étant l'inclinaison d'un axe sur l'autre. C'est la conséquence écrite de la relation (1), puisque pour $\tan.\beta = \sqrt{\cos.\theta}$ on a $\sqrt{\cos.\theta} = \tan.\alpha\cos.\theta$ ou $\tan.\alpha = \dfrac{1}{\sqrt{\cos.\theta}}$.

273. *Angle des deux axes.* — L'inclinaison d'un des axes sur l'autre ne doit pas dépasser certaines limites. Si l'angle des deux axes approche de 90°, il est clair que la rotation d'un axe tend à tordre les tourillons et nullement à faire tourner la croix, l'appareil ne peut plus servir. Bien avant cette limite, quand l'angle n'est pas bien supérieur à 90°, les frottements et les torsions qui se produisent dans cet appareil le rendent défectueux pour transmettre de grands efforts. On ne *doit* pas l'admettre quand l'angle d'un axe et de l'autre prolongé dépasse 45° ou que l'angle mesuré entre les deux axes est inférieur à 135°.

274. *Joints multiples.* — Au moyen de deux joints (fig. 258), on peut communiquer le mouvement entre deux axes disposés l'un par rapport à l'autre de manière à faire un angle inférieur à 135°, et avec une grande variété de vitesses du mouvement, à l'aide d'un axe intermédiaire réunissant les deux premiers.

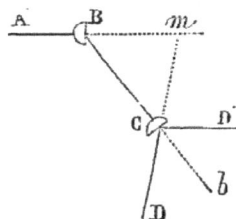

Fig. 258.

Soit A B l'axe conduisant, assemblé avec un second axe C B par un joint universel en B, lequel est réuni semblablement avec un autre axe C D, le plan ABC étant différent du plan BCD. Soient α, β, γ, les rotations des trois axes AB, BC, CD, les angles successifs étant de grandeur convenable. Le mouvement du second joint C résultera du mouvement du premier B, pour lequel on a (θ étant l'angle des deux axes AB, CB) :

$$\text{Tang. } \beta = \frac{\text{tang. } \alpha}{\cos. \theta}.$$

L'angle de rotation correspondant de CD étant γ et θ_1 son inclinaison sur BC, on a de même :

$$\text{Tang. } \gamma = \frac{\text{tang. } \beta}{\cos. \theta_1} = \frac{\text{tang. } \alpha}{\cos. \theta \cos. \theta_1};$$

et enfin pour des séries de joints réunissant des axes dont les inclinaisons mutuelles seraient $\theta \theta_1 \ldots \theta_n$, ∂ étant le chemin angulairement parcouru par le dernier, pour l'angle α parcouru par le premier, on aurait :

$$\text{Tang. } \partial = \frac{\text{tang. } \alpha}{\cos. \theta \cos. \theta_1 \ldots \theta_n}.$$

Dans un système de ce genre, toute variation de vitesse peut être obtenue, quels que soient l'angle et la variation de direction du dernier, en employant des axes intermédiaires convenablement disposés.

Si le dernier axe était parallèle au premier, si par suite on a $\theta_1 = \theta$, dans un système de trois axes semblable à celui qui est indiqué sur la figure 256, on a d'abord :

$$\text{Tang. } \beta = \frac{\text{tang. } \alpha}{\cos. \theta}.$$

Pour la seconde relation, il faut remarquer que l'angle β est mesuré à partir d'un rayon de l'axe conduisant qui sert de point de départ, qui est écarté de 90° du premier, la seconde relation devient donc, en partant du même point initial :

$$\text{Tang. } \gamma = \frac{\text{tang. } \left(\frac{\pi}{2} + \beta\right)}{\cos. \theta}, \text{ or tang. } \left(\frac{\pi}{2} + \beta\right) = \frac{1}{\text{tang. } \beta},$$

donc enfin
$$\text{tang. } \gamma = \frac{\cos. \theta}{\text{tang. } \alpha \cos. \theta} = \frac{1}{\text{tang. } \alpha}.$$

C'est-à-dire que, dans ces conditions, les variations de mouvement se balancent de telle sorte que le rapport des vitesses angulaires des axes AB, CD' demeure constant.

275. Quand on ne peut disposer d'un axe intermédiaire, et que l'angle des deux axes est inférieur à 130°, on emploie la disposition dite double joint de Hooke. Il se compose de deux joints dont la réunion permet la transmission du mouvement, quel que soit l'angle des deux axes (fig. 259).

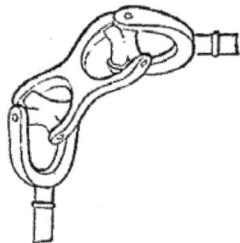

Fig. 259.

Les relations ci-dessus se transforment en chaque instant, l'axe intermédiaire variant de position, et par suite les valeurs θ, θ_1. On peut, par ce système, diminuer beaucoup les écarts de la vitesse moyenne. Ainsi le double joint communiquera à deux axes parallèles, ou qui se rencontreront, une même rotation en chaque instant, comme l'indique la symétrie de figure, si l'on a soin de faire en sorte que les deux axes fassent le même angle avec la pièce intermédiaire.

276. Nous donnerons ici un curieux exemple de l'application du joint double pour faire tourner de la même vitesse deux cercles parallèles dont les axes sont réunis par cet organe. Cette disposition est la base d'un système proposé par un ingénieur suédois pour maintenir constamment dans un plan vertical les palettes des roues des bateaux à vapeur. C'est au seul point de vue de l'élégance de la solution du problème, en tant que mécanisme, que nous en parlons, plutôt qu'à cause de l'importance de l'application proposée, pour laquelle on ne saurait obtenir par ce système une solidité suffisante.

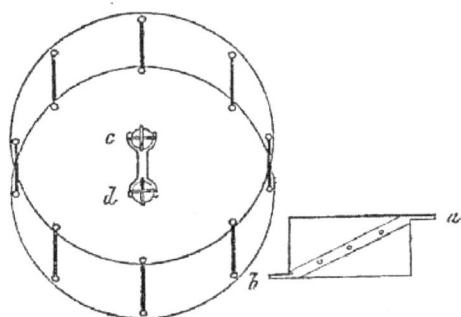

Fig. 260.

L'axe moteur fait tourner une circonférence; à celui-ci est assemblé par un joint universel un arbre qui, par son autre extrémité, est assemblé d'une manière identique avec l'axe d'un second cercle, parallèle au premier, mais placé plus bas.

Les deux axes tournant simultanément, si l'on assemble chaque palette par deux axes placés l'un à la partie supérieure, l'autre à la partie inférieure, entrant dans des coussinets placés dans chacun des deux cercles, il est évident que, si, partant de la palette placée à l'extrémité du diamètre vertical, et elle-même verticale, on place les autres axes en des points des deux circonférences également distantes des deux points de départ, tous ces axes seront parallèles, et par suite les palettes qui demeurent également verticales.

277. *Mobilité d'un des axes.* — Nous insisterons encore sur la propriété du joint universel, de permettre de réunir les extrémités de deux arbres, de telle sorte qu'en supposant l'un

fixe de position, et l'autre placé de manière à ce que sa direction coïncide avec une position voulue, la réunion des extrémités permette à l'arbre mobile de se disposer suivant tout angle avec l'arbre fixe et dans tout plan donné qui renferme celui-ci. L'axe mobile tournant autour d'un des axes peut évidemment venir se placer dans un plan quelconque, passant par le point de rencontre des arbres, et en tournant autour du second axe, se confondre avec une ligne quelconque tracée dans ce plan, passant par ce même point. On réalise donc la mobilité autour d'un point, que nous n'avons pu réaliser jusqu'ici que par une rotule sphérique.

278. *Pendule Foucault.* — La plus curieuse application du joint universel mobile est sûrement celle de l'expérience du pendule de Foucault par laquelle il a su rendre palpable le mouvement de la terre, pour des corps soumis, comme tout ce qui se trouve à sa surface, à un entraînement universel, en mettant à profit le principe de la permanence des mouvements de rotation, si bien établi par Poinsot, en permettant à ses effets de se produire par la suspension par un point unique, que fournit le joint universel. Le point unique étant le point de rencontre de l'axe fixe et de l'axe mobile du pendule, on voit, comme on le sait, la terre tourner autour de ce plan, l'extrémité du pendule paraît progresser le long du sable déposé à terre. Son expérience du gyroscope est fondée sur les mêmes principes, en augmentant la vitesse de rotation et par suite la stabilité du plan dans laquelle celle-ci a lieu.

279. *Mécanique animale.* — Les articulations des crustacés et de divers insectes peuvent être citées comme un exemple curieux de combinaisons auxquelles s'appliquent les principes précédents ; il est bien intéressant d'y retrouver des organes qui n'ont été découverts par les mécaniciens que depuis un assez petit nombre d'années.

Les articulations de ces animaux sont, en général, des espèces de charnières n'ayant qu'un axe de flexion ; mais ces joints sont souvent groupés de manière à produire des joints composés ayant deux ou trois axes de flexion, et formant par suite des joints universels analogues aux précédents.

Comme exemple nous décrirons la patte antérieure du crabe commun, et donnerons ici la substance d'une communication

sur ce sujet faite par Willis à la *Philosophical Society* de Cambridge en mars 1841.

Cette patte consiste en réalité en cinq pièces séparées A, B,
C, D, E (en négligeant le joint de la pince F), fig. 261 et 262,

Fig. 261.

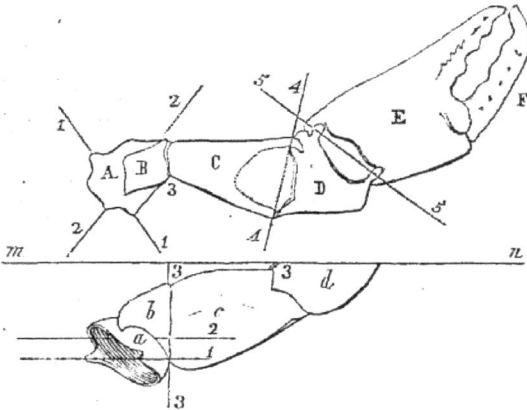

Fig. 262.

chaque pièce étant réunie à la précédente par une charnière.
Mais on peut également la considérer comme consistant en
deux parties C et E, dont la première est réunie au corps de
l'animal par un joint universel qui a trois axes de flexion, et
le second réuni au premier par un joint à deux axes ou joint
de Hooke.

Cette pièce C est réunie à la pince E par la pièce intermédiaire D, et les axes des joints qui forment cette réunion sont
représentés par les lignes 5, 5, entre D et E, et 4, 4, entre C
et D. Ces axes se coupent en un point, et par suite, d'après ce
qui précède, E se meut, par rapport à C, autour de ce point et
peut se mouvoir autour de tout axe de flexion passant par ce
point et situé dans le plan 5 5, 4 4. C'est en fait un joint de
Hooke.

Le joint composé qui réunit la pièce C au corps de l'animal
est plus compliqué, et, pour montrer sa disposition, nous em-
ploierons deux plans perpendiculaires entre eux, se coupant
suivant la ligne *mn*, la figure 261 étant le plan et la figure 262
l'élévation.

L'anneau A est réuni au corps de l'animal par un joint dont

l'axe est en 1, 1, dans le plan et en 1, 1, dans l'élévation. Celui-ci est joint au second anneau B ou *b* par un axe 2 2, et B est réuni à C par un troisième axe vertical 3, 3 dans l'élévation, qui sur le plan se projette sur le point 3. C est donc réuni au corps de l'animal par un joint à trois axes dont les directions ne se rencontrent pas et ne sont pas comprises dans des plans parallèles. Cette pièce a donc la liberté de se mouvoir autour d'un axe faisant un angle quelconque avec le corps. Ce joint composé répond en réalité à l'articulation de l'épaule des animaux. Ses mouvements ne sont limités que par l'angle que peut faire chaque charnière.

Le croquis ci-dessus est la réduction d'un dessin fait avec beaucoup de soin. Willis a trouvé que l'axe 2, 2, est dans un plan très-voisin d'un plan perpendiculaire à 3, et quand l'anneau A est placé dans sa position moyenne, l'axe 1, 1, est aussi dans un plan perpendiculaire à 3. C'est ce qui a déterminé le choix des plans de projection.

Celui du plan est parallèle aux joints 1 1, 2 2, et par suite perpendiculaire au joint 3, qui ne paraît par suite que par un point. Celui de l'élévation est parallèle à la charnière 3.

Quant aux joints 4 4, 5 5, le joint 4, 4 est dans le dessin un peu trop étendu pour permettre à 5, 5 de demeurer parallèle, dans son mouvement, avec le plan du papier et 4, 4, n'est pas en réalité exactement perpendiculaire à 3. D'ailleurs il faut bien comprendre que le but de ce travail a été, non de démontrer les relations du membre de l'animal avec son corps, mais seulement le principe de l'arrangement des joints.

La pince E est représentée dans sa position extrême extérieure par rapport à C; dans sa position moyenne elle est à angle droit avec le papier; à l'extrémité de son mouvement en dedans, E C viennent se toucher, ce que permet la forme de la pièce intermédiaire et la remarquable disposition des charnières.

AXES QUI NE SE RENCONTRENT PAS.

280. Willis, dans la deuxième édition de ses *Principles of mechanism*, s'est proposé ce problème et l'a résolu par un système analogue à l'emploi des roues coniques pour mettre en rapport, par engrenages, des axes semblablement placés. Nous lui empruntons ce qui suit.

Soient AB, CD les deux axes donnés (fig. 263). Prenons sur eux deux points convenables B et C et joignons-les par une droite ; cette ligne BC sera la direction d'un axe intermédiaire,

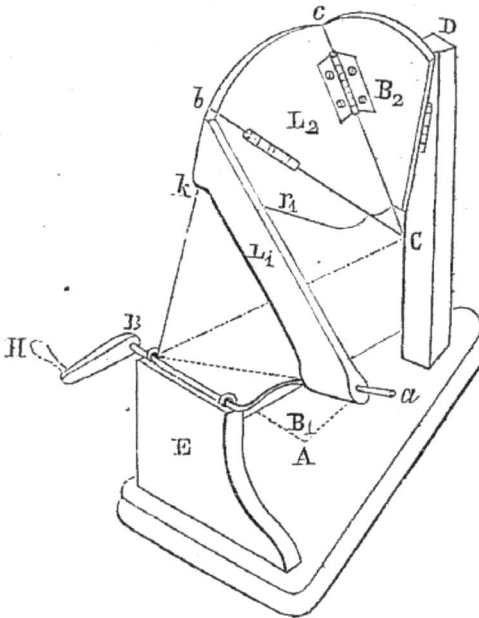

Fig. 263.

réunissant chaque extrémité avec la ligne axiale qu'elle rencontre, le point de concours devenant le sommet d'une pyramide, d'un système de bielle entre axes concourants.

Par B, un de ces points, menons les deux lignes d'axes des charnières Ba, Bb. Par le second point C, traçons deux lignes de flexion Cd, Cc et Cb rayonnant de C, le dernier rencontrant la ligne de flexion Bb de la première pyramide. Le système est alors complet, la chaîne de triangles dont il est formé peut être mise en mouvement par le premier plan radial ABa, dont l'angle en B est aigu ; C c'est à l'axe AB qu'est imprimé le mouvement de rotation, au moyen de la poignée H, et son extrémité opposée forme une manivelle, dont le bout excentrique traverse librement un trou foré à travers l'extrémité inférieure de la bielle L_1, dans la direction de la ligne de flexion Ba, intersection des plans R_1, L_1. L'extrémité supérieure du plan de la bielle bBa est assemblé avec le second plan radial BbC (r_1) par la charnière

B b, et de la sorte la rotation de A B a est convertie en une oscillation de la ligne de flexion et du triangle entier B b C autour de l'axe intermémédiaire BC. Le triangle b C c (L$_2$) est un plan-bielle, réuni au triangle c C D (B$_2$) par la charnière C c qui transmet l'oscillation de B b C à ce triangle.

Le dessin, complété avec les lignes ponctuées, représente tous ces triangles ; il n'est d'ailleurs pas nécessaire qu'ils soient entiers ; la figure montre, par exemple, le premier plan-bielle L$_1$ réduit à une bande. D'ailleurs l'assemblage du plan B$_2$ avec le poteau C D fait qu'il supporte la bielle L$_2$ et le plan C b B qui tourne sur la ligne géométrique B C, et qui est suffisamment maintenu par les deux charnières qui représentent les lignes de flexion b C, b B ; on peut lui donner la forme r_1 représentée sur la figure.

De la même manière, les oscillations d'un axe intermédiaire peuvent être transmises à tout nombre d'axes, situés d'une manière quelconque dans l'espace, pourvu que leur direction rencontre l'axe intermédiaire.

DU LEVIER COMME ORGANE TYPE DU MOUVEMENT CIRCULAIRE ALTERNATIF.

281. — Nous reviendrons en terminant cette étude sur le point de départ, c'est-à-dire sur le levier considéré comme type du mouvement circulaire alternatif, ce qui ne résulte pas de la définition même de cet organe, qui est que tout point qui en fait partie se meut sur une sphère qui a le point fixe qui constitue le levier pour centre, et pour rayon sa distance à ce centre. Mais si on analyse les relations de ce mouvement avec ceux des autres organes, on reconnaît que le plus souvent il ne sert qu'à engendrer un mouvement circulaire alternatif, en se confondant avec le système tour ; c'est ce qu'a prouvé déjà tout ce qui précède, où nous voyons le levier ainsi employé.

Complétons cet examen en reprenant, d'une manière générale, la transmission du mouvement circulaire continu à l'aide du levier, et en employant l'intermédiaire d'une bielle. Nous avons déjà vu qu'elle pouvait servir dans une direction oblique à l'axe de rotation, ce qui suppose déjà que ses articulations ne sont plus de simples tourillons, mais bien de la nature sphérique du guide du levier, autrement les inclinaisons variables sur les bras de la manivelle ne seraient plus possibles.

Considérons le centre fixe du levier comme situé en dehors du plan dans lequel se produit la rotation, le mouvement circulaire. Si l'axe de ce mouvement passe par le point fixe, le simple assemblage, à l'aide d'une rotule, du levier et d'une circonférence, fait produire le mouvement circulaire de l'autre extrémité du levier, tout le mouvement se passe sur un cône droit (fig. 264).

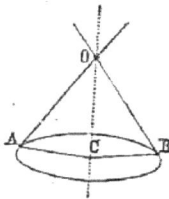

Fig. 264.

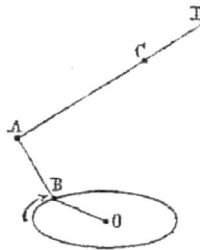

Fig. 265.

Dans toute autre position, le mouvement n'est pas possible par ce simple assemblage, mais à l'aide d'une bielle à rotules A B (fig. 265), de longueur convenable, on pourra faire décrire au point D une courbe sur la sphère dont le centre est en C et le rayon C D, par la rotation de O B.

Le mouvement de rotation (en faisant décrire des courbes à double courbure) ne sera possible que dans les rapports indiqués de grandeur des éléments; dans les autres cas, le mouvement sera alternatif tantôt pour l'un des mouvements, tantôt pour les deux. La longueur du levier étant l, b la longueur de la bielle, il faudra, pour que le mouvement puisse se prolonger, que l'on ait $l + b > L$, plus courte distance du centre C (fig. 265) à la courbe O B; et $l + b < L'$ plus grande distance, conditions faciles à vérifier par le tracé des projections de ces lignes sur deux plans. Pour d'autres rapports de grandeur, comme il a été dit, le levier prend le mouvement circulaire alternatif.

La difficulté d'exécuter des joints à rotule, surtout dès que les efforts deviennent un peu considérables, rend ces systèmes plus curieux qu'utiles dans le cas général. Toutefois, ils ne sont pas sans application possible, et leur étude offre de l'intérêt, indépendamment de l'utilité qu'il y avait à constater la

production du mouvement circulaire par le système levier défini
géométriquement et non ramené à un tour d'un mouvement
limité, comme on le construit dans la pratique.

Organes agissant par poussée.

282. *Excentriques.*— Les excentriques constituent un genre
d'organes d'un usage très-fréquent dans les machines. Le mouvement du moteur étant transmis, pour ainsi dire toujours,
sous forme de mouvement circulaire, il suffira de monter sur
l'axe en mouvement une pièce, un excentrique de forme convenable, pour transmettre à une tige guidée en ligne droite
ou oscillant autour d'un axe qui le rencontre, des mouvements
alternatifs suivant une loi déterminée.

Principe général. — Si sur un axe tournant on monte une
pièce qui actionne un levier ou barre guidée en ligne droite,
si ρ est la distance du point de contact de la tige à l'axe de
rotation de l'excentrique, les chemins parcourus seront en raison de ces valeurs de ρ, variables avec les angles successifs de
rotation, suivant une loi exprimée par l'équation $\rho = f(\omega)$, qui
détermine la forme de l'excentrique en raison du mouvement à
produire.

Ce sont les formes de cette fonction, les valeurs de ρ pour
des valeurs correspondantes de ω, le mouvement de rotation
étant supposé uniforme, ce qu'on peut toujours faire, que nous
allons chercher à étudier pour les divers cas qui se présentent
le plus souvent.

Nous étudierons successivement les deux cas où l'excentrique actionne une barre guidée ou un levier, c'est-à-dire
d'après la nature propre de l'excentrique, considéré au point
de vue cinématique, les transformations du mouvement circulaire continu en mouvement rectiligne ou circulaire alternatif.

Si l'on trace un certain nombre de positions successives de
l'extrémité de la pièce à mouvement alternatif, et que d'après
la loi du rapport des vitesses on détermine la position correspondante de la ligne qui doit venir en contact avec l'extrémité
de la pièce à mouvement alternatif pour chacune de ces positions, le rayon limitant l'arc de rotation correspondant, on aura
successivement les positions et les distances au centre de

points du contour de l'excentrique, en nombre suffisant pour
tracer celui-ci, à l'aide d'arcs de cercle passant par les premiers
points indiqués jusqu'à la rencontre des rayons. C'est ce que
vont rendre plus clair les applications successives de cette
méthode.

Auparavant nous remarquerons que toutes les fois que les
courbes seront continues, sans saut trop brusque, que le rayon
vecteur variera peu pour une variation angulaire petite, l'excentrique jouira de l'avantage d'agir sans choc.

Ce qui fait en outre et surtout employer les excentriques,
c'est que, la loi du mouvement alternatif variant avec la forme
de la courbe, on peut obtenir, en variant ces formes, toute variation de vitesse que l'on voudra. On parvient ainsi, notamment
dans les machines opératrices, à imiter le travail intelligent de
la main de l'ouvrier.

MOUVEMENT RECTILIGNE ALTERNATIF.

*Direction du mouvement rectiligne rencontrant l'axe de rotation
et perpendiculaire à cet axe.*

283. *Courbes en cœur.* — Une des formes les plus fréquemment adoptées des excentriques est celle des courbes dites
courbes en cœur, ou excentriques à mouvement uniforme.

Voyons comment doit s'en faire le tracé.

Puisque le mouvement de va-et-vient doit être uniforme, le
point B (fig. 266) de la droite BA devra successivement occuper
les positions équidistantes B, 1, 2, 3, A,
les longueurs B1, 12... étant supposées
des parties égales de la course AB. Si,
du point O comme centre, on décrit les
cercles O1, O2, O3, OA, et que l'on
divise la circonférence OB en un même
nombre de parties égales que les divisions
de la barre BA, la rencontre des rayons
passant par les points de division avec les

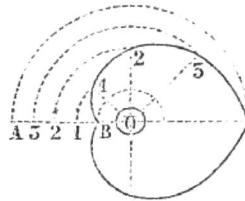

Fig. 266.

circonférences décrites indiquera les points par lesquels devra
passer la courbe enveloppe du point B, et qui satisfera à
la condition de communiquer un mouvement uniforme à la
ligne BA par une rotation uniforme de l'axe O. On a soin

d'arrondir les angles tels que celui existant en B, pour qu'il n'y ait pas d'arc-boutement.

Pour produire le mouvement de va-et-vient, une oscillation descendante identique avec l'oscillation descendante, la partie inférieure de la courbe, au-dessous de A B, direction du mouvement rectiligne, est fait en tout semblable et symétrique avec la partie supérieure.

Cette courbe est évidemment une partie de spirale d'Archimède allongée, dont l'équation est $p = a \omega + C$; le rayon vecteur, moins une quantité constante, est constamment proportionnel à l'angle décrit.

Lorsque le mouvement transmis dans chaque sens doit correspondre à plus d'un tour, on peut encore, pour chaque période de mouvement, employer plusieurs tours d'une spirale d'Archimède. La figure 267 représente une disposition de cette nature, dite *vis plate*. La rainure en forme de spirale tracée dans le plateau reçoit une cheville implantée à l'extrémité de la barre. Une seconde spirale, tracée en sens contraire, se raccordant à la première à ses extrémités, pourrait produire le mouvement rectiligne inverse

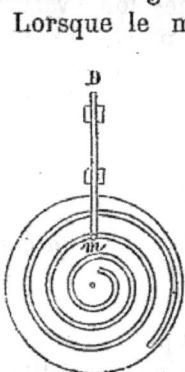

Fig. 267.

du premier sans changer le sens du mouvement circulaire.

Il résulte du tracé ci-dessus de la courbe en cœur que toutes les droites passant par le centre O, terminées de part et d'autre aux deux courbes, sont égales à $OA + OB = BC$. Ainsi O3, par exemple, sera de O à 3 égal à $OB + B3$ sur la ligne A B, et le prolongement jusqu'à la courbe inférieure sera, à cause de la symétrie, égal à O1, ou $OB + B1 = A3 + OB$; donc la ligne totale sera égale à $OB + B3 + A3 + OB = OA + OB$.

La propriété ci-dessus offre l'avantage de permettre de communiquer le mouvement rectiligne par deux points écartés situés de chaque côté de la courbe, ce qui assure la régularité du mouvement, et, mieux qu'une rainure, rend l'emploi de cet organe possible dans les cas où la résistance change de direction pendant le mouvement. On munit alors la pièce à mouvoir de deux chevilles, ou mieux, pour diminuer les résistances de frottement, de deux galets placés aux points sur lesquels agit la courbe (fig. 268). Les axes de ces galets, parallèles à l'axe de rotation projeté en O, doivent être reliés par un châssis de forme invariable, guidé de manière à ne pouvoir se mouvoir que suivant A B.

L'emploi de galets doit faire modifier le tracé de la courbe, qui doit leur être tangente dans toutes leurs positions. Pour obtenir la courbe convenable, il faut, d'un nombre suffisant de points de la courbe tracée comme ci-dessus, décrire de petites circonférences avec un rayon égal à celui des galets et leur mener une courbe tangente, qui sera la véritable forme de l'excentrique.

Si le mouvement ne devait pas être uniforme, les positions successives ne seraient plus également distantes, mais le tracé de l'excentrique s'obtiendrait de la même manière. Ainsi supposons

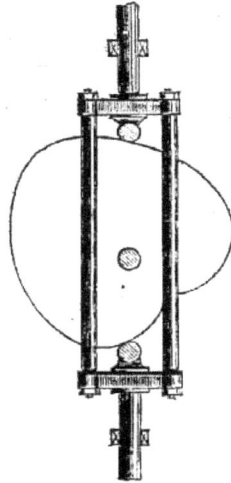

Fig. 268.

comme application de ce genre de courbes, qu'il faille obtenir diverses intermittences dans le mouvement, la courbe serait encore facilement tracée ; par exemple, qu'il fallût (fig. 269) que dans le premier quart de tour le point B marchât uniformément jusqu'en A, que, dans le second quart, il y eût intermittence, que, dans le troisième quart, le point B revînt uniformément de A en B, puis qu'enfin, dans le quatrième quart, il y eût de nouveau intermittence. Les parties BD, CE, se tra-

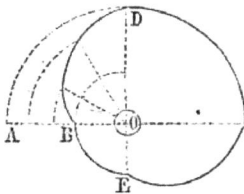

Fig. 269.

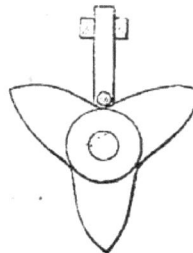

Fig. 270.

ceront comme nous l'avons vu pour le mouvement uniforme, et les parties DC, BE, seront des arcs de cercle ayant leur centre en O et ne pouvant, par suite, imprimer aucun mouvement résultant d'excentricité. Cet emploi de parties circulaires, pour suspendre le mouvement engendré par un exentrique, est souvent usité.

La fig. 270 montre un exemple de combinaison de plusieurs saillies, lorsqu'il faut que le mouvement rectiligne alternatif ait plusieurs allées et venues, trois dans le cas de la figure, pour un seul tour de la roue. C'est donc un tiers de quatre droits qu'il faut diviser en un nombre de parties égal au nombre de points déterminés sur la ligne menée en ligne droite; on obtient ainsi un nombre voulu d'oscillations pour chaque tour du mouvement circulaire.

En résumé :

1° Il y a autant de va-et-vient de la tige à chaque révolution que la courbe renferme de parties rentrantes, de diminutions de rayons vecteurs succédant à des augmentations;

2° La durée d'un va-et-vient est d'autant plus petite, par tour de l'axe, que l'angle des rayons vecteurs extrêmes est plus petit ;

3° Des rainures assurent le mouvement de va-et-vient dans le cas de tiges qui ne portent pas leur poids sur l'excentrique.

284. *Vitesses.* — La courbe des espaces, qui permet par ses tangentes de déterminer les vitesses, est facile à obtenir. En effet, développant la circonférence O suivant une droite ab, et partageant chaque moitié ac et cb en autant de parties égales que la course totale de la tige, en six parties, par exemple, en chaque point on élèvera des perpendiculaires sur lesquelles on prendra des longueurs égales au chemin parcouru par la tige, et, par les points ainsi déterminés, on fera passer une courbe qui sera la courbe cherchée (fig. 271), dont les tangentes donne-

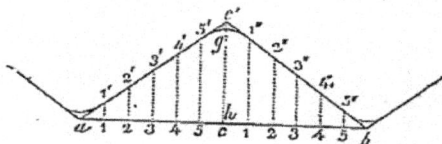

Fig. 271.

ront en chaque point, par leur inclinaison, le rapport des chemins parcourus circulairement et en ligne droite. Cette construction s'applique à toute forme d'excentrique; dans le cas

des courbes en cœur, les espaces parcourus par la tige étant
proportionnels aux angles parcourus, la courbe sera remplacée
par deux lignes droites. Les arrondissements pratiqués à l'origine et au sommet de la courbe modifient quelque peu en ces
points la relation des mouvements; il est facile de relever, en
traçant la courbe exactement, les petites variations qui en résultent.

285. *Excentrique à vitesse variable.* — Les excentriques sont
la traduction, sous forme de courbe, de la loi du mouvement
à engendrer; quand elle peut être quelconque pendant la durée
de l'oscillation, on ne doit pas en général recourir aux courbes
en cœur qui produisent des mouvements rectilignes proportionnels aux rotations de l'axe, ce qui n'est pas la condition à
remplir pour un organe de mouvement alternatif. Au lieu de
ces courbes qui ne remplissent pas les conditions dynamiques
d'un bon travail, causant un brusque passage du repos au
mouvement de la tige qui possède un mouvement rectiligne,
on peut se proposer de construire une courbe dont le mouvement s'accélère uniformément depuis l'origine de la course de
la tige jusqu'au milieu, et se retarde ensuite uniformément
depuis le milieu jusqu'à la fin de la course, de sorte que la
vitesse croisse et décroisse de quantités égales en des temps
égaux. Nous allons donner ce tracé d'après Morin.

Supposons que la course totale doive être de $0^m,20$ dans une
demi-révolution; pour la période d'accélération correspondante au quart de la circonférence, elle sera de $0^m,10$ (fig. 272).

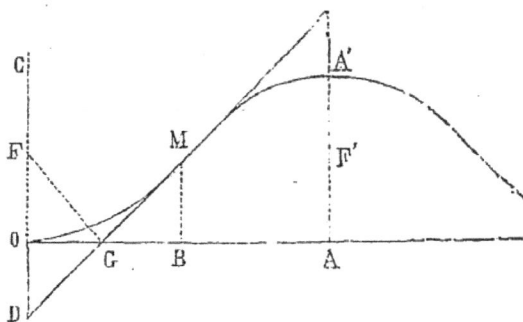

Fig. 272.

Sur une ligne d'abscisses OA, portons le développement de la
circonférence correspondante à la naissance de la courbe.

Prenons OA égal à la moitié, et OB égal au quart de cette circonférence, et au point B élevons une perpendiculaire égale à
la moitié ($0^m,10$) de la course : on aura ainsi une abscisse et
une ordonnée de l'un des points de la courbe de la relation des
mouvements, et comme on sait que cette relation doit représenter un mouvement uniformément accéléré, la courbe sera
une *parabole* dont l'axe sera la perpendiculaire OC, et dont
l'axe OB sera la tangente à l'origine. D'après les propriétés
connues de ce genre de courbe, on portera de O en D une distance égale à OD $=$ BM $= 0^m,10$, ou à la demi-course ; on
joindra le point M au point D par la ligne MD, qui sera une
tangente au point M à la courbe et qui coupera OB en un point G ;
en ce point on élèvera à la ligne MD une perpendiculaire qui
rencontrera OC au point F, foyer de la parabole. Connaissant
ainsi les axes et les foyers de cette courbe, on achèvera son
tracé par la méthode connue. Cette portion de la courbe du
mouvement étant tracée, les autres branches correspondantes
aux 2e, 3e, 4e quarts, doivent être exactement les mêmes, mais
disposées symétriquement. On reportera de A' en F' la distance
OF du foyer au sommet, et l'on tracera aussi les deux parties
supérieures de la courbe de relation des mouvements. On complétera d'une manière analogue le dernier quart, qui donnera
le tracé complet de la courbe cherchée.

Cela fait, on divisera la ligne d'abscisses AO correspondante
à la demi-circonférence en dix parties, on élèvera en chaque
point de division des perpendiculaires limitées à la courbe. On

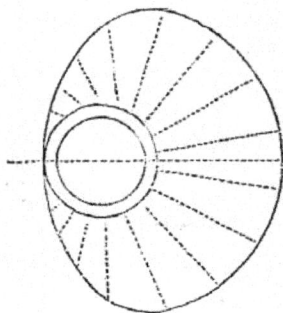

Fig 273.

partagera de même en dix parties
égales la demi-circonférence décrite
avec le rayon de la naissance de la
courbe de la came ; par chaque point
de division on mènera des rayons sur
lesquels on portera, à partir de cette
circonférence, des longueurs égales
aux ordonnées correspondantes de
la courbe. On aura ainsi autant de
points qu'on voudra du contour de la
came (fig. 273). La courbe que l'on
vient de tracer présente, comme on

le voit d'après la figure, un contour très-continu, sans angle
rentrant ni saillant.

On remarquera d'ailleurs que le choix du rayon du cercle qui correspond à la naissance de la courbe est à peu près arbitraire ; en l'augmentant par rapport à la course à obtenir on rend l'action de la came sur la tige moins oblique ; mais comme on accroît en même temps le chemin parcouru par le frottement, il convient de ne pas l'augmenter au delà de ce qui est nécessaire dans chaque cas. Il est utile d'observer que par suite de l'identité des deux parties, placées inversement, de la courbe des espaces, la courbe de l'excentrique peut être comprise entre deux galets, les quantités ajoutées à chaque rayon d'un même diamètre formant par leur somme une longueur égale à la course, mais non entre deux tangentes (ni par suite dans un cadre), les courbures étant différentes.

Nous avons donné en détail le tracé précédent, surtout parce qu'il montre l'application de la méthode générale qui consiste, à faire un tracé préalable d'une courbe rapportée à des coordonnées rectangulaires, représentant la relation que l'on veut obtenir entre les chemins parcourus par les deux éléments, pour en déduire le tracé de l'excentrique.

On doit classer dans la même série encore une forme d'excentrique très-facile à exécuter, celle où l'excentrique est un cercle dont le centre est en b, et qui tourne autour du point a (fig. 274), ac étant la direction rectiligne assurée par des guides au galet c ; nous retombons sur l'excentrique circulaire, que nous avons décrit plus haut, et la vitesse du mouvement rectiligne est celle de l'extrémité de la bielle dans le système composé de la bielle et de la manivelle ; ab, l'excentricité étant le rayon de celle-ci, bc rayon du cercle, la longueur constante de la bielle.

Fig. 274.

286. TIGES A RAINURES. — *Rainures appartenant au système plan.* — Dans les divers systèmes qui précèdent, une cheville ou galet est adaptée au système conduit, une rainure ou une courbe appartenant toujours au système qui conduit.

On peut employer la disposition inverse, adapter les courbes au système conduit, et la cheville ou galet au plateau mu d'un mouvement circulaire continu.

Telle est la disposition représentée dans la figure 275, dans laquelle la direction de la rainure est perpendiculaire à celle

de la barre qui ne peut se mouvoir que dans le sens de sa longueur. Il est facile de voir que le rapport des vitesses dans ce

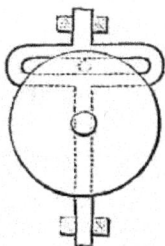

Fig. 275.

système est encore identiquement celui qui
peut être obtenu avec une bielle infinie et
une manivelle. Pour un angle de rotation ω
mesuré à partir de la position horizontale du
rayon, le mouvement rectiligne est de même
égal à R sin. ω, R étant la distance de la
cheville au centre. Il est bien clair que les
deux systèmes ne sont cependant pas équivalents dans la pratique, à cause des frottements considérables de celui que nous
étudions ici.

Si l'on voulait que le mouvement rectiligne de la tige fût
proportionnel à la rotation de la roue, la rainure dans laquelle
glisse le galet ne devrait plus être une droite, mais prendre la
forme d'une courbe facile à construire.

Divisons la demi-circonférence ae (fig. 276), en un certain

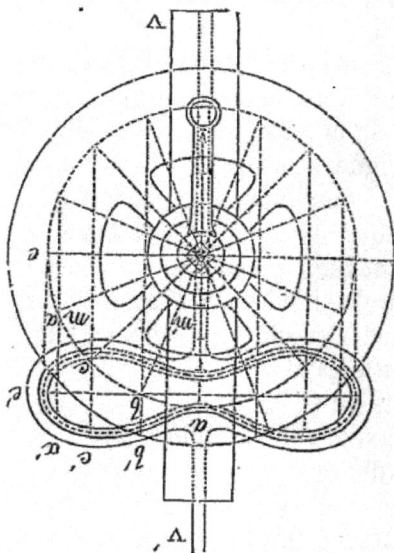

Fig. 276.

nombre de parties égales, et la longueur de la course rectiligne, correspondant à cette rotation, en un même nombre de
parties égales aussi.

Soient m, m' deux points de division correspondants. Il faut que quand le galet fixé à la circonférence et qui parcourt la courbe aa' sera arrivée en m, le point a de la tige VV' soit arrivé en m'. Si donc on prend $m'a = am'$, le point a' appartient à la courbe que le galet doit parcourir pour obliger cette rainure de descendre de la quantité am', en venant en m.

La suite de points ainsi déterminés formera un arc de la courbe suivant laquelle il faudra tracer la rainure qui, répétée dans les quatre quadrants, formera une courbe continue et fermée.

287. *Glissière à coulisse oblique*[1]. — Soit δ l'inclinaison constante de la coulisse sur la direction suivie par la glissière, soit $x = OP$. Il s'agit de trouver la valeur de x en fonction de l'angle ω décrit par la manivelle, depuis sa position originelle OA

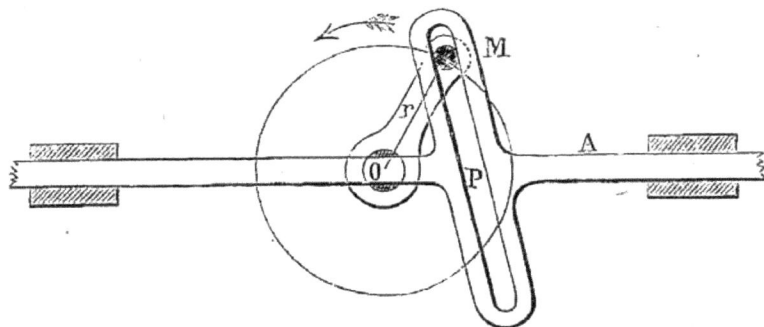

Fig. 277.

parallèle à la direction du mouvement de la glissière et dans le sens de la flèche. A cet effet considérons une position M' voisine du point M, et par ce point menons une parallèle à l'axe de la coulisse : $MM' = r\,d\omega$, $Mm = -dx$, Mm étant une parallèle à OA. On a, en considérant le triangle $MM'm$:

$$\frac{-dx}{r\,d\omega} = \frac{\sin. MM'm}{\sin. MmM'} = \frac{\sin. \omega + \delta - \dfrac{\pi}{2}}{\sin. \delta} = -\frac{\cos. (\omega + \delta)}{\sin. \delta},$$

d'où :
$$x = \frac{r}{\sin. \delta} \sin. (\omega + \delta).$$

Le *diagramme ordinaire* des valeurs de x serait représenté

1. Dwelshauvers-Dery. *Mécanique appliquée.*

par une *sinusoïde*. Le *diagramme polaire* des valeurs de x est composé de deux circonférences de cercle dont le diamètre est $\frac{r}{\sin. \delta}$, passant par le point O et ayant leurs centres sur la droite OD qui fait un angle $\frac{\pi}{2} - \delta$ avec la direction du mouvement de la glissière. Car on a :

$$OH = OD \cos. DOH = OD \sin. ODH = \frac{r}{\sin. \delta} \sin. (\omega + \delta).$$

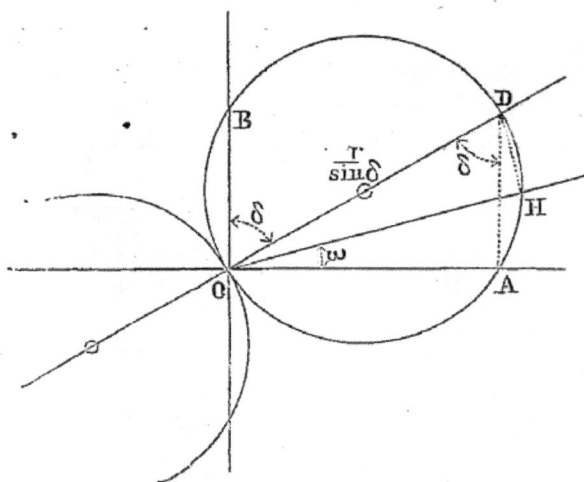

Fig. 278.

Si par un moyen quelconque, on changeait l'angle δ, le chemin décrit à l'origine du mouvement, ou OA, serait toujours constant et égal à r, puisque $OA = \frac{r}{\sin. \delta} \sin. \delta = r$.

288. *Mouvement rectiligne situé dans un plan perpendiculaire à l'axe de rotation, mais ne le rencontrant pas.* — Dans les cas précédents, la direction du mouvement rectiligne passe par l'axe de rotation. C'est une condition avantageuse au point de vue des résistances passives et surtout pour éviter de produire des pressions obliques et par suite engendrant des frottements considérables. Lorsqu'on ne peut adopter cette disposition et que la direction du mouvement rectiligne passe à une distance notable de l'axe du mouvement circulaire, la méthode générale donne souvent des parties presque parallèles au mouvement rectiligne lors du contact, et pratiquement inacceptables pour peu surtout que la résistances soit notable. On trouve dans ce cas avantage à la modifier ainsi qu'il suit :

Les longueurs qui correspondent aux diverses positions que prend l'extrémité de la barre sont portées sur des droites faisant des angles droits avec les divers rayons du cercle décrit du centre de rotation comme centre, et tel que son rayon soit la longueur de la perpendiculaire abaissée du centre sur la direction du mouvement rectiligne. Les droites, dont il vient d'être parlé, coïncideront avec cette direction pour une rotation qui amènera un des rayons sur le rayon initial.

Supposons que les vitesses doivent être telles que, pour les rotations correspondant aux points 1, 2, 3, 4, 5 de la circonférence (fig. 279), la barre doive se trouver aux points I, II, III, IV, V. Menons en chacun de ces points de la circonférence des tangentes, puis du centre A traçons des cercles passant par les points I, II, III, qui viennent rencontrer les tangentes correspondantes aux points *a*, *b*, *c*, *d*. On déterminera ainsi une série de points par lesquels on fera passer la courbe demandée.

Si le mouvement rectiligne doit être uniforme, les espaces I-II, II-III, III-IV, IV-V sont tous égaux entre eux, comme les

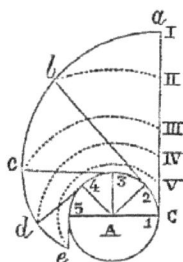

Fig. 279.

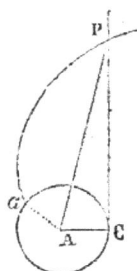

Fig. 230.

intervalles pris sur la circonférence, et la courbe est une développante de cercle, si les espaces rectilignes et les intervalles entre deux points de division sur le cercle sont égaux en développement; des développantes allongées ou raccourcies, si les espaces sont dans un rapport constant (fig. 279).

Il est facile d'établir l'équation d'une semblable courbe.

En effet, *r* étant le rayon vecteur, θ l'angle du rayon pas-

sant par l'origine de la courbe avec le rayon vecteur (fig. 280),
CP le chemin qui sera parcouru en ligne droite suivant la
tangente pour un mouvement circulaire de C en a, φ l'angle
polaire; m étant le rapport de vitesse constant, on aura :
arc $Ca = m \times CP$, ou $\theta + \varphi = m$ tang. φ. Or, a étant le rayon
du cercle, tang. $\varphi = \dfrac{\sqrt{r^2 - a^2}}{a}$ et $\varphi = $ arc. cos. $\dfrac{a}{r}$, donc on a :

$\theta + $ arc. cos. $\dfrac{a}{r} = \dfrac{m}{a}\sqrt{r^2 - a^2}$, équation qui permet de déter-

miner la valeur de r pour toute valeur de θ.

Pour $m = 1$, l'équation devient $\theta + $ arc. cos. $\dfrac{a}{r} = \dfrac{\overline{r^2 - a^2}}{a}$,

équation de la développante du cercle du rayon a.

Nous allons indiquer bientôt les applications de ce dernier
tracé. Ce qui précède suffit évidemment pour tracer pour un
rapport de vitesse quelconque, la forme des excentriques dans
un cas quelconque, et montre comment le développement des
courbes croît avec la distance du mouvement rectiligne à l'axe
de rotation.

EXCENTRIQUES A CADRE CIRCONSCRIT.

289. On trouve souvent avantage à faire agir les excentri-
qués sur des parties droites perpendiculaires à l'axe de rotation, le mouvement produit par des surfaces tangentes à une
courbe n'étant pas sujet aux arcs-boutements, comme ceux
qui peuvent naître lors du mouvement d'un point sur une
courbe.

La courbe cylindrique de l'excentrique agissant sur un plan
tangent, c'est à l'aide de ses tangentes que doit être fait le
tracé de la courbe du profil de l'excentrique. La courbe formée
par les pieds des perpendiculaires abaissées du centre de rotation sur les tangentes aux divers points d'une courbe est dite
la *podaire* et celle-ci est appelée à son tour l'*antipodaire*.

Supposons que l'on donne la loi du mouvement, ou les
distances d_0, d_1, d_2 du cadre au point C, pour des rotations
angulaires *zéro*, i_1, i_2 de l'excentrique, et proposons-nous de
tourner la figure de l'excentrique considéré dans sa position
initiale.

On mène par le point C les droites CZ_0, CZ_1, CZ_2 (fig. 281), formant avec la direction du mouvement rectiligne les angles

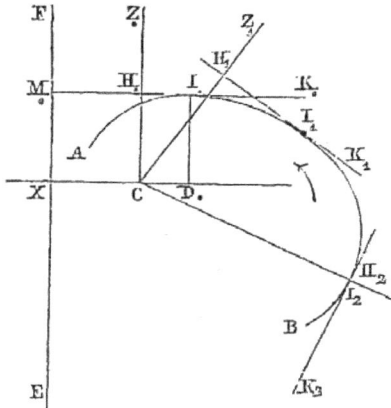

Fig. 281.

zéro, i_1, i_2, comptés en sens contraire du mouvement. On prend sur les droites des longueurs CH_0, CH_1, CH_2, respectivement égales à d_0, d_1, d_2; enfin, menant par ces points des perpendiculaires à chacune des droites, on aura une série de tangentes qui formeront l'enveloppe de la courbe et permettront de tracer l'antipodaire.

Puisque les côtés du cadre dessinent deux tangentes parallèles du profil à une distance invariable, il s'en suit que l'excentrique à cadre circonscrit se forme nécessairement des courbes dont les tangentes parallèles conservent une distance constante.

Si, dit M. Haton de la Goupillière, nous fixons par la pensée l'excentrique, le mouvement relatif du cadre sera celui d'un angle droit MAO, dont un côté AB passe continuellement par le centre O de rotation (fig. 282), et dont l'autre AM s'appuie en M sur l'arc proposé. Par suite, en menant la normale MΩ, nous reconnaîtrons que le point de rencontre de celle-ci avec la perpendiculaire élevé en O, que Ω est le centre instantané de rotation.

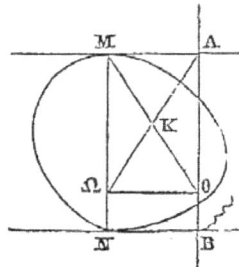

Fig. 282.

Si donc nous voulons savoir en quel point la droite NB touche

son enveloppe, il suffit d'y projeter normalement le centre instantané (ce sera l'intersection de deux positions successives de
l'enveloppe), c'est-à-dire de prolonger $M\Omega$ jusqu'à sa rencontre
en N. On voit d'après cela que la corde de contact de l'excentrique et du cadre reste parallèle aux côtés transversaux.

On peut, d'après cela, se représenter le profil conjugué d'une
manière simple. En effet, MN étant la normale commune aux
deux courbes, et restant constante, on voit que ces lignes sont
partout équidistantes et forment un couple de courbes qui sont
des développantes d'une même développée. Par exemple, le
profil conjugué d'une spirale logarithmique, d'une cycloïde,
ou d'une épicycloïde, sera une développante de spirale égale,
de cycloïde égale ou d'épicycloïde semblable.

EXEMPLE I. *Pour produire le repos.* — Le profil étant un
cercle concentrique de rayon R, la courbe conjuguée sera un
un autre arc de cercle concentrique de rayon $\Delta - R$, si Δ est
le côté du cadre.

EXEMPLE II. *Pour transmission uniforme.* — Le profil étant
une développante de cercle, la ligne conjuguée sera une courbe
égale, car toutes les développantes d'un même cercle sont identiques.

EXEMPLE III. *Pour transmission sinusoïdale,* celle du système
bielle et manivelle. — Le profil étant un cercle excentrique du
rayon R, la ligne conjuguée sera un autre cercle concentrique
à celui-ci, et de rayon $\Delta - R$. Si $\Delta = 2R$ le noyau
est complétement circulaire tournant autour d'un
point autre que son centre.

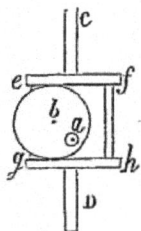

Tel est le système représenté figure 283, dans
laquelle a est le centre de mouvement et b le centre
du cercle. La rainure est alors formée de deux
barres parallèles, assemblées à angle droit avec
la barre glissante; ab étant la distance du centre
de la cheville au centre du mouvement.

Fig. 283.

Quant à la condition de raccordement aux extrémités entre
un arc et l'arc conjugué, elle se réduit à ce que la corde extrême soit normale en ces deux extrémités à l'arc proposé, et
égale à la distance constante des tangentes.

Si l'on veut qu'il y ait symétrie dans la conduite, il suffit de
se donner un quart du profil et d'en déduire le second par la
symétrie, après quoi l'on rentrera dans le cas précédent. Le

quart proposé devra, par suite, avoir ses tangentes extrêmes perpendiculaires l'une à l'autre, pour que la condition précédente soit satisfaite et qu'il y ait également continuité entre les deux portions symétriques.

290. *Excentrique triangulaire.*—Si l'on fait $\Delta = R$, la première courbe, le cercle conjugué se réduisant à un point, on a l'excentrique triangulaire, souvent employé pour produire un mouvement intermittent.

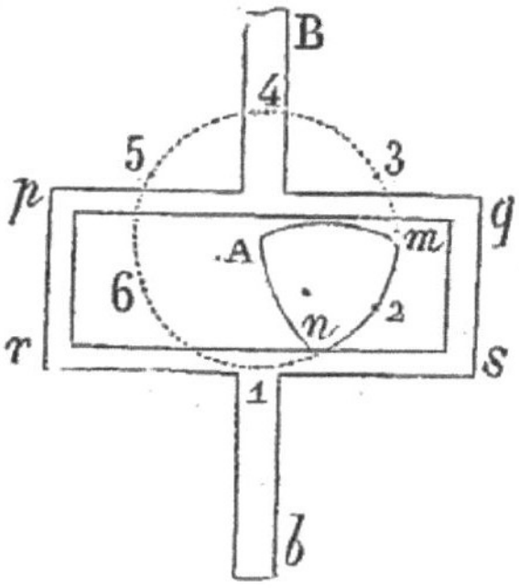

A est le centre de rotation de l'excentrique (fig. 284) formé par un triangle équilatéral Amn, dont les côtés sont formés d'arcs de cercle dont le centre est le sommet opposé du triangle, le centre de rotation A étant l'un de ceux-ci. La barre mue par l'excentrique est coupée et terminée par

Fig. 284.

deux barres à angle droit sur sa direction pq, rs, dont la distance est égale au rayon des arcs des contours de la came. Conséquemment, les barres seront en contact avec la came dans toute position, et il sera facile de déterminer les rapports de vitesse.

Posant $ao = r$ (fig. 285) et appelant α l'angle décrit par ao

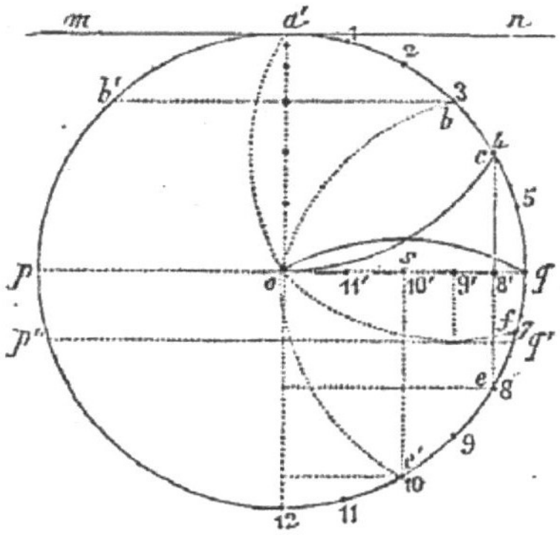

Fig. 285.

depuis l'origine du mouvement pris à l'extrémité verticale de course, et remarquant que, d'après le tracé, l'arc sous-tendu sur le cercle décrit par l'excentrique triangulaire est de $\frac{1}{6}$ de

2π, étudions le mouvement en partant du point a, le mouvement se faisant de a vers c.

L'excentrique pressant le cadre par sa partie convexe, avant qu'il n'ait parcouru $\frac{1}{3}\pi$, on a, la face oc poussant la ligne pq jusqu'à la position $p'q'$, pour valeur de l'intervalle qui sépare ces deux lignes de l'espace rectiligne parcouru :

$$l = \sin.\ \text{vers}\ \alpha = r\,(1 - \cos.\ \alpha), \qquad\qquad (1)$$

la perpendiculaire abaissée du point b sur oa indiquant évidemment le mouvement du cadre.

Le mouvement se continuant, le point de contact de l'excentrique avec le cadre se rapproche de l'angle c, et quand celui-ci est arrivé en e, la corde ce se trouve perpendiculaire sur oq, et le cadre a marché de la moitié de la corde ce ou du rayon ao, ou de la moitié de la course totale pour une rotation de $\frac{1}{3}$ de circonférence. Le mouvement continuant, la loi du mouvement varie lorsque l'excentrique agit sur le côté inférieur par son angle c; ainsi on aura pour la seconde partie de la course lorsque cet angle c est parvenu en e', pour la valeur de $e's$ dont le cadre est descendu :

$$l = r\ \cos.\ (\tfrac{1}{3}\pi + a_1), \qquad\qquad (2)$$

a_1 étant l'arc décrit depuis le commencement.

Lorsque es est devenu égal à ao, la course totale, le plateau de l'excentrique a décrit $\frac{2}{3}$ de la circonférence. Passé cette position, l'excentrique touchant le cadre par son arc concentrique ca, celui-ci ne s'éloigne plus du centre.

Les expressions ci-dessus montrent que l'excentrique reste en repos tant que c n'a pas dépassé 4, dans le premier tiers d'une demi-circonférence; puis le mouvement s'accélère graduellement, et la moitié de la course est parcourue quand c est en 8; le mouvement va d'abord en s'accélérant, comme le montre l'expression (1), qui varie assez vite avec α, tandis qu'il est retardé, varie plus lentement pour un même angle dans les parties auxquelles s'applique l'expression (2).

L'excentrique triangulaire est un organe précieux, dont les propriétés expliquent bien le fréquent emploi, surtout pour conduire les tiroirs de la machine à vapeur.

Dans le tracé précédent, on suppose l'excentrique placé sur un plateau disposé à l'extrémité de l'arbre tournant, ce qui souvent n'est pas admissible. Il faut alors modifier le tracé en comprenant l'arbre dans le contour de l'excentrique, comme le montre la figure 286, ce qui modifie peu la loi du mouvement;

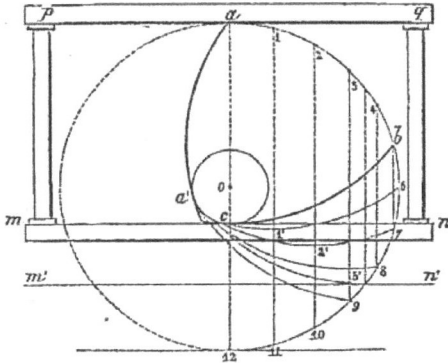

Fig. 286.

l'arc ab étant plus grand que le sixième de la circonférence, la tige reste en repos plus longtemps que dans le dispositif précédent.

En·augmentant le rayon oc, on peut, par un tracé semblable au précédent, augmenter le temps pendant lequel la barre reste en repos, le rendre par exemple égal à ¼ de la circonférence en se donnant $oc + oa$ égal au côté du carré inscrit.

291. *Frottement des excentriques.* — Le contour des excentriques étant toujours fort grand relativement à la course des tiges conduites, le travail consommé par le frottement, tout le long de ce contour étendu, est toujours considérable par rapport à l'effet utile. Aussi n'emploie-t-on guère ce genre d'organes que dans le cas des machines opératrices, jamais pour simple communication de mouvement, et seulement pour des pressions peu considérables. Remarquons que dans le mouvement rectiligne, outre le frottement que nous allons évaluer, la pression de la courbe sur le galet, dont on a soin de munir la tige en mouvement, qui s'exerce dans le sens du mouvement rectiligne de ce galet, il naît un autre frottement très-nuisible par suite de la pression considérable de la barre contre ses guides.

Le frottement d'un excentrique surmontant une résistance Q de direction constante, qui est celle de la tige mue en ligne droite, est égal en chaque instant à fQ cos. α, α étant l'angle de cette direction avec la normale à la courbe au point de contact (fig. 287). Pour un arc de la courbe infiniment petit ds, pour lequel celle-ci se confond avec sa tangente, le travail absorbé par le frottement sera fQ cos. $\alpha\,ds$.

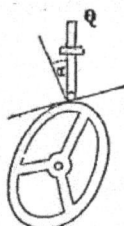
Fig. 287.

On aura le travail total du frottement en faisant la somme des quantités de travail élémentaire fQ cos. $\alpha\,ds$ pour tous les points de la courbe; ce qui s'obtiendra, par exemple, par la quadrature d'une aire plane limitée par une courbe tracée par points dont les ordonnées seront les valeurs successives de fQ cos. α, et les abscisses les parties du contour de l'excentrique développé.

Prisons des pilons. — Soit AB une tige de pilon dirigée dans son mouvement par quatre guides, et armée d'un mentonnet sur lequel s'exerce l'action de la came qui agit avec une force P (fig. 288);

Soient N la pression de la came, perpendiculairement au mentonnet, Q le poids du pilon et de la tige.

L'effet de la force P sera d'abord d'appuyer la tige sur deux guides opposés a et a', et de lui faire quitter les deux autres guides. Donc l'équilibre (dynamique) a lieu sous l'influence des forces P et Q et des réactions tangentielles des points a et a', ces dernières étant dirigées vers le bas de la figure.

Projetons sur la verticale, nous aurons :

$$P = 2f\mathrm{N} + \mathrm{Q}.$$

Prenons les moments par rapport à m pris sur l'axe de la tige, nous trouverons, en posant B$m = b$, $l = a\,a'$.

$$P\,b = \mathrm{N}\,l,$$

en éliminant N entre ces équations, nous aurons.

$$P = \mathrm{Q} + 2f\frac{\mathrm{P}\,b}{l},$$

d'où

$$P = \frac{l}{l - 2fb} = \mathrm{Q} + \frac{2fb\,\mathrm{Q}}{l - 2fb}.$$

Le second terme mesure l'influence du frottement.

Il peut devenir infini, si le pilon s'incline trop, si $l = 2fb$; alors le glissement est impossible, et l'équilibre a lieu entre la puissance et la résistance par l'intermédiaire de réactions qui font avec les surfaces pressées des angles plus petits que l'angle de frottement. Ce genre d'équilibre particulier s'appelle *arc-boutement.*

MOUVEMENT INTERMITTENT.

292. Les excentriques que nous venons d'étudier agissent constamment sur la tige qu'ils font mouvoir. Lorsqu'il doit en être autrement et que les conditions du travail à effectuer

ne permettent de laisser subsister de solidarité entre les divers organes que pendant une fraction de tour, il se produit un choc à la reprise des saillies. Ces saillies prennent le nom de *cames.*

Les *cames* servent à produire un mouvement rectiligne intermittent en agissant, soit sur des chevilles ou mentonnets, soit sur des entailles pratiquées dans les tiges guidées verticalement. Tel est le cas des pilons.

Le tracé de la courbe de la came pour une élévation uniforme est celui donné plus haut, celui d'une crémaillère, avec la condition que les dents en forme de développantes soient assez espacées pour que le pilon ait le temps de retomber après chaque soulèvement.

Les cames agissant contre les pilons au repos, et contre des mentonnets éloignés de l'axe des cylindres, constituent un appareil défectueux; outre le frottement et le choc produit lors de la rencontre de la came et du pilon, l'éloignement du mentonnet de l'axe de la tige fait naître une action de déversement, et par suite un frottement contre un des guides inférieurs et un des guides supérieurs qui la maintiennent.

Pour diminuer les chocs, on peut quelquefois, et il faut toujours chercher à le faire quand il n'y a pas impossibilité absolue, tracer la came de manière que ses premiers éléments se confondent avec un arc d'un cercle extrêment voisin de l'extrémité du mentonnet, au point le plus bas de la course du pilon (si la position de ce point n'est pas variable) et tangent à l'origine à cette circonférence.

Quant à l'action de la came sur l'extrémité du mentonnet, tendant à déverser la tige du pilon et à faire naître des frottements considérables sur les guides qui la maintiennent, on l'évite quelquefois en pratiquant dans la tige du pilon (fig. 288)

Fig. 288.

une ouverture pour le passage de la came, qui peut alors agir près de l'axe même du pilon.

Un rouleau placé à la partie supérieure de l'entaille diminue

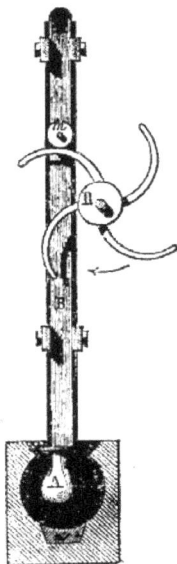

beaucoup le frottement, au moins jusqu'à ce que l'usure empêche ce rouleau de tourner.

'Quand on ne peut affaiblir ainsi le pilon, on peut lui adapter
un anneau portant deux saillies dont la direction commune
passe par l'axe, et que rencontrent deux cames, semblables
entre elles, agissant simultanément.

293. *Aller et retour par double came, pour appareils où la
pesanteur n'est pas en jeu.* — Le système de cames est en
général employé pour des appareils pesants, et par suite, le
mécanisme n'a pour objet que d'élever le corps qui retombe
naturellement.

S'il n'en est pas ainsi, on peut ramener la barre à sa position primitive à l'aide du double système représenté dans la
figure 289, où les cames agissant des deux côtés du centre

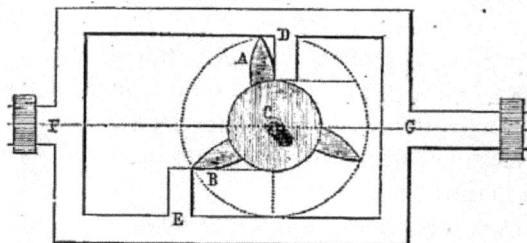

Fig. 289.

viennent pousser, dans des sens successivement opposés, le
cadre guidé dans deux coulisses rectilignes, et lui communiquer par suite les oscillations du mouvement rectiligne alternatif. Les conditions à remplir pour le tracé sont tout à fait
analogues à celles des engrenages; il est inutile d'y insister.

MOUVEMENT CIRCULAIRE ALTERNATIF.

294. La théorie de la production du mouvement circulaire
alternatif par contact immédiat, par l'action de courbes qui se
poussent, est identique à celle exposée à propos des engrenages pour la production du mouvement circulaire continu; le
plus ou moins d'étendue du mouvement circulaire ne change
rien aux conditions qui servent à déterminer les formes des
courbes qui agissent les unes sur les autres en chaque instant.
La seule différence, c'est qu'il n'y a plus à satisfaire aux

mêmes conditions de limites des longueurs des dents ; que les courbes épicycloïdales, par exemple, dans le cas d'un mouvement uniforme, ont un développement bien plus grand.

Nous supposerons d'abord que le levier qui a le mouvement circulaire alternatif porte, en général, un galet ou *touche*, qui s'appuie sur la courbe.

On peut obtenir les formes voulues en adoptant les mêmes méthodes de constructions que celles adoptées pour produire le mouvement rectiligne, sauf la nécessité de tenir compte de la rotation du levier qui se meut aussi circulairement.

Soit à faire parcourir à un levier K A, l'arc AB d'un mouvement uniforme, pendant que l'axe du cylindre tourne de l'arc ACD. Divisons les arcs AB et AD en un même nombre de parties égales; décrivons du centre C des circonférences concentriques passant par les points de division de AB, et menons les rayons passant par les points de division correspondants de AD (fig. 290).

Si l'on considère les points *m, n, o, p* déterminé par les intersections de ces lignes, et qu'on reporte sur les circonférences correspondantes, et en avant de ces points, les longueurs comprises entre le rayon initial CA et l'arc décrit par l'extrémité du levier sur lequel on a tracé les points de division (longueurs comprises entre le rayon CE et les points 1, 2, 3, 4, sur la fig. 290, dont le levier s'éloigne de CA par son mouvement cir-

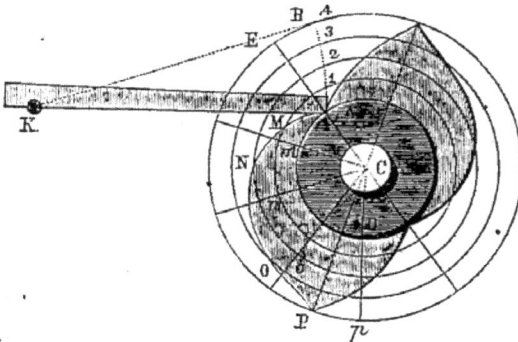

Fig. 290.

culaire), on obtient les points de la courbe AMNOP qui satisfait aux conditions voulues.

. **295.** *Excentriques agissant suivant la longueur du levier.* — La construction de ces excentriques est exactement la même que celle des·engrenages à flancs avec une seule dent à la roue, lorsque le rapport des vitesses des deux mouvements circulaires est constant; le levier est ici exactement le flanc d'une roue. Lorsqu'il est variable, on peut pour chaque position donnée du levier et chaque point de la roue déterminé par le rapport des vitesses instantanées en ce moment, tracer les circonférences primitives et diviser la ligne des centres en rapport inverse de ces vitesses. La construction Poncelet donnera donc une série de petits arcs auxquels la courbe cherchée sera tangente, et avec un nombre suffisant de ces arcs, la courbe pourra être tracée.

Points limites. — Les points limites de l'excursion du levier s'obtiendront en menant deux tangentes du centre du levier aux deux circonférences décrites du centre de l'excentrique avec le plus grand et le plus petit rayon vecteur de celui-ci.

296. *Rainures au système conduit. Rapport des vitesses.* — La cheville ou galet, dans la figure ci-dessus, est adaptée au système conduit, et la courbe au système qui conduit. On peut employer encore l'arrangement inverse, adapter les courbes au système conduit, et la cheville au système qui conduit.

Les figures 291 et 292 représentent de semblables arrangements dans lesquels le mouvement de révolution d'une cheville excentrique *c*, parcourant la rainure pratiquée dans un levier tournant autour du point *b*, produit le mouvement circulaire alternatif varié en raison de la forme de la courbe.

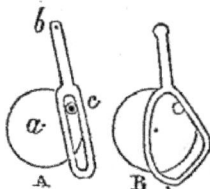

Fig. 291.   Fig. 292.

On voit d'abord que l'oscillation dans un sens et celle de sens opposé correspondront aux deux arcs embrassés par les tangentes menées du centre de rotation de la rainure à la courbe décrite par la cheville, et s'effectueront par suite des temps inégaux.

297. Les limites du rapport des vitesses angulaires correspondront évidemment aux instants où la rainure se trouve disposée suivant la ligne des centres. Dans un intervalle infiniment petit, le bouton parcourt un élément perpendiculaire à cette ligne, qui peut être considérée comme un arc de cercle décrit indifféremment autour de chacun des centres avec les rayons r et $a \pm r$, si r désigne le rayon de rotation du bouton et a la distance des centres. Les limites du rapport des vitesses seront donc:

$$\frac{r}{a+r}, \quad \frac{r}{a-r} \quad \text{et} \quad \frac{a-r}{a+r}$$

sera le rapport du minimum au maximum; enfin la différence qui le sépare de l'unité, c'est-à-dire l'irrégularité de la transmission sera exprimée par:

$$\frac{2r}{a+r}.$$

Nous donnerons un exemple d'excellente application de cette disposition.

298. Soit A une roue tournant d'un mouvement circulaire continu, portant une goupille D sur son plat, qui passe à travers la rainure d'un levier CE, oscillant autour du centre C; il est évident que le levier CE fera une oscillation complète, aller et retour pour chaque tour de A. Ce mouvement du levier

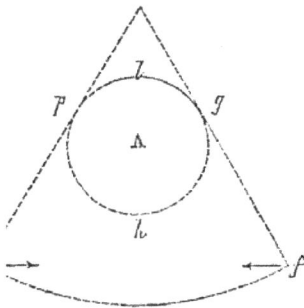

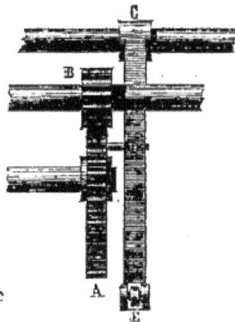

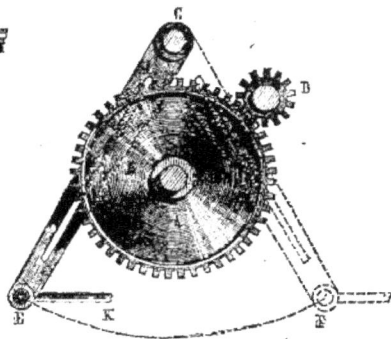

Fig. 293.   Fig. 294.

aura ceci de remarquable que l'oscillation de retour se fera en moins de temps que celle d'aller, et la différence sera en raison de l'angle sous-tendu par les positions extrêmes du levier. En effet, pour la rotation phg, le levier ira de e en f, et il reviendra de f en e, pour la rotation glp, plus petite que la première. Ainsi, celle-ci étant $\frac{1}{3}$ de circonférence, la première sera $\frac{2}{3}$, et le point e mettra deux fois plus de temps à parcourir la même longueur. C'est la disposition adoptée par Whitworth pour ses

petites machines à raboter, dont il fait mouvoir la table à l'aide
d'une bielle K assemblée en *e*. Cette disposition est d'autant
meilleure que la goupille agit avec un bras du levier plus grand
pendant le travail de l'outil que lorsqu'il cesse d'agir, lors du
retour de la table.

MOUVEMENT CONTINU.

299. La manivelle à coulisse fournit un mode de transformation de circulaire continu en circulaire continu. Soient A*a*,
B*b* (fig. 295), deux axes parallèles
en direction, mais dont les extrémités sont opposées l'une à l'autre.
A*a* porte un bras auquel est assemblée une cheville *d*, qui entre
dans une longue rainure traversant
un bras adapté à l'extrémité de B*b*.
Quand l'un des axes tourne, il communique sa rotation à l'autre, et le
rapport des vitesses change sans cesse avec le changement de
la distance de la cheville *d* à l'axe B*b*, avec le bras de longueur
variable de la seconde manivelle. C'est la manivelle à coulisse.

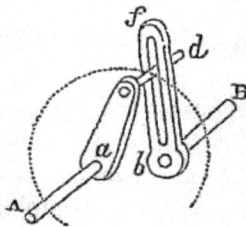

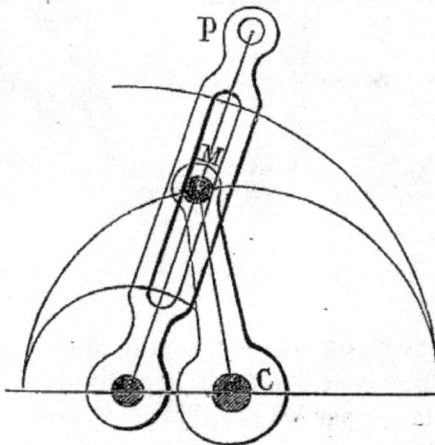

Fig. 295.

La figure 296 représente les manivelles projetées sur la face
antérieure de la coulisse.

Soient C (fig. 295) le centre de rotation de la manivelle CM

Fig. 296.

de longueur constante r, faisant actuellement l'angle α avec la ligne des centres; O, le centre de rotation de la manivelle à coulisse menée, faisant actuellement l'angle B avec la ligne des centres; $QM = \rho$ variable, $OP = r$, constant; a, distance constante des centres de rotation.

On doit avoir $r > OC$ condition indispensable d'une rotation complète avec coulisse suffisamment longue.

Quant au rapport des vitesses on voit facilement sur la figure 297 que :

$$\rho \sin. \beta = r \sin. \alpha,$$

$$\rho \cos. \beta = r \cos. \alpha - a,$$

tirant de ces expressions la valeur de tang. β et différentiant pour avoir le rapport de $dB : d\alpha$, ou celui des vitesses angulaires, on a, après réduction et élimination de β :

$$\frac{\omega}{\omega'} = \frac{(r - a \cos. \alpha)}{r^2 + a^2 - 2\,ar \cos. \alpha}, \qquad (1)$$

pour expression du rapport des vitesses angulaires.

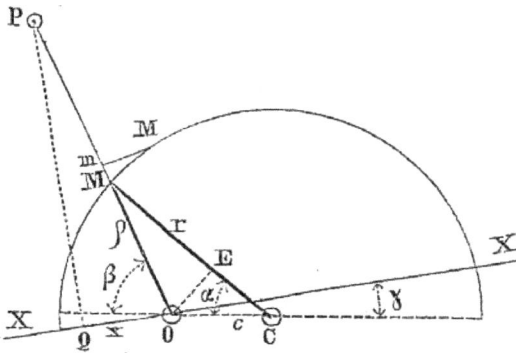

Fig. 297.

On voit facilement sur la figure que la distance x entre le point O et la projection Q d'un point quelconque P de la manivelle à coulisse, sur la droite XOX faisant un angle γ avec la ligne des centres, a pour valeur :

$$x = OP \cos. (\gamma + \beta) = R \cos. (\beta + \gamma).$$

Diagramme polaire des valeurs de x. — Sur la direction de la manivelle à coulisse et à partir du point O, portons une longueur $ON = x$. De même que article 287, le lieu des points N, diagramme des valeurs de x, est composé de deux circonférences de cercle tangentes en O, ayant leurs centres sur la droite de projection XX et leur rayon égal à $\frac{1}{2}$ OP $= \frac{1}{2}$ R. En effet, si on mène NP' perpendiculaire à ON, les deux triangles QOP et ONP' sont égaux; donc ces deux circonférences sont le lieu des points N ou des valeurs de x et donnent une représentation excellente des mouvements du point Q sur la droite XX.

MOUVEMENT INTERMITTENT.

300. Nous nous sommes proposé, dans les cas précédents, de déterminer en général des excentriques qui produisent un seul va-et-vient par tour du mouvement circulaire. Lorsqu'il faut produire plusieurs oscillations du mouvement alternatif, avec un intervalle de repos (et par suite avec un choc de la pièce en mouvement contre celle en repos), on emploie, comme dans le cas précédent, les *cames*, qui ne conviennent, au point de vue dynamique, que quand le travail industriel à effectuer en exige l'emploi.

Tel est le cas des marteaux de forge et martinets, qui exigent une vitesse assez grande. Les cames doivent être assez espacées pour que le marteau ait pu reprendre sa première position par l'action de son poids ou d'un ressort, quand l'action d'une autre came vient à se produire.

Le problème à résoudre est tout à fait celui des engrenages à flancs; toutefois dans la pratique, comme il n'est d'aucune importance que le mouvement ascendant du marteau soit uniforme, le tracé exact est sans intérêt, lorsque le choc est considérable. Il n'en est plus de même lorsque les appareils sont légers à conduire, lorsque par exemple il est possible de garnir d'un rouleau l'extrémité de la came (le tracé doit évidemment être obtenu en réduisant les normales d'une longueur égale au rayon de la roulette).

Nous prendrons pour exemple de détermination théorique le marteau frontal représenté dans la figure 298, avec la condition que pendant l'action des cames, pendant le contact, les deux mouvements soient dans un rapport de vitesse constant. On voit que la partie antérieure du marteau étant considérée comme le flanc d'une dent, sa longueur déterminera le rayon du cercle dont le roulement servira à tracer les épicycloïdales

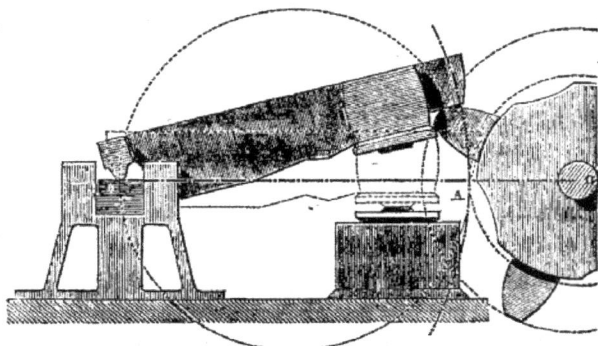

Fig. 208.

formant le contour des dents. Pendant la levée (et indépendamment du choc initial), on se trouve exactement dans le cas déjà étudié des engrenages à flancs.

301. *Frottement.* — La came étant tracée en épicycloïde, l'angle θ décrit par le levier est trop grand pour qu'on puisse lui appliquer, pour calculer le frottement, la formule trouvée pour les engrenages, en supposant cet angle très-petit. Poncelet a montré que la formule qui donne l'effort moyen nécessaire pour vaincre le frottement devient alors :

$$f Q \frac{R + R'}{R R'} \frac{a}{2} \left(1 + \frac{\theta^3}{2.3} \right),$$

a étant le pas des cames, R, R' les deux circonférences primitives, θ l'angle du soulèvement ; et que le travail consommé par le frottement pendant que la came parcourt un arc R'θ est :

$$f Q R' \frac{R + R'}{R} \left(\frac{\theta^2}{2} + \frac{\theta^4}{3.4} \right).$$

Pour éviter le choc, si nuisible dans les machines, et qui entraîne une perte de forces vives, il faut, toutes les fois que cela est possible, remplacer les cames par un excentrique continu, après avoir préalablement transformé, s'il est nécessaire, le mouvement circulaire continu en un autre tel qu'une rotation dure le même temps qu'une oscillation du levier. La courbe ne doit alors jamais abandonner complétement le corps, pour ne pas le rencontrer au repos lorsqu'elle marche elle-même avec une certaine vitesse. Telle serait, pour le cas d'un

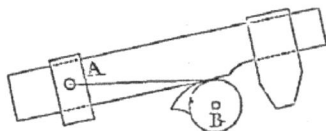

Fig. 209.

marteau, l'excentrique tracé comme celui que représente la figure 299, c'est-à-dire tel qu'au point le plus bas de sa course, la
ligne inférieure du manche du marteau se confondit avec une
ligne menée tangentiellement au cylindre qui est monté sur l'axe
de rotation.

AXES NON PARALLÈLES.

1° *Mouvement rectiligne alternatif.*

302. Dans tout ce qui précède il a été supposé que l'axe de
rotation et celui du mouvement rectiligne considéré, comme
appartenant à un cercle d'un rayon infini, étaient parallèles.
Examinons le cas où il n'en est pas ainsi.

L'excentrique, réduit à une section de cylindre, ne peut suffire alors. En effet, la poussée ne pouvant avoir lieu que par
un point unique, tel que l'extrémité de la barre, une action
commencée cesserait bientôt; le point de contact échapperait
évidemment bientôt du contour de l'excentrique.

Au lieu de se limiter à des exentriques plans, on doit considérer des rainures courbes.

Si la direction du mouvement de la barre n'est pas parallèle
à l'axe de rotation, la surface dans laquelle doivent être pratiquées les rainures devient un cône
ou un hyperboloïde engendré par la
révolution autour de l'axe, de la ligne
qui est la direction du mouvement.

Ainsi, dans la figure 300, A B est
l'axe, CD la barre glissante, e la cheville, cd la direction du mouvement,
qui dans cet exemple est supposée rencontrer l'axe en c. La ligne cd en tournant autour de la surface engendre un

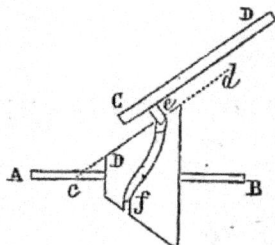

Fig. 300.

cône D en tournant autour de AB, et la cheville doit être engagée dans une rainure tracée sur la surface conique en raison
de la loi du mouvement.

Entrons dans quelques détails sur la modification qu'il faut
faire subir à la méthode générale pour tracer une rainure convenable pour un mouvement voulu, sur un cône adapté à l'axe
de rotation, ayant pour génératrice une droite parallèle à la
direction du mouvement rectiligne.

On développera la surface du cône, on partagera l'arc de base en parties égales, on tracera les génératrices pour chaque point de division, et sur chacune d'elles on portera, à partir du cercle de base, les distances que la tige mobile devra parcourir. On aura, en joignant ces points, le développement de la rainure, puis en enveloppant ce tracé sur le cône, on y reportera la rainure elle-même.

Appliquons ce tracé au cas où la barre étant renvoyée par un ressort, on peut ne conserver qu'une face de la rainure, faire agir sa surface sur l'extrémité de la barre; et soit à conduire la barre de manière qu'elle monte et descende, avec une vitesse constante, en un demi-tour (fig. 301).

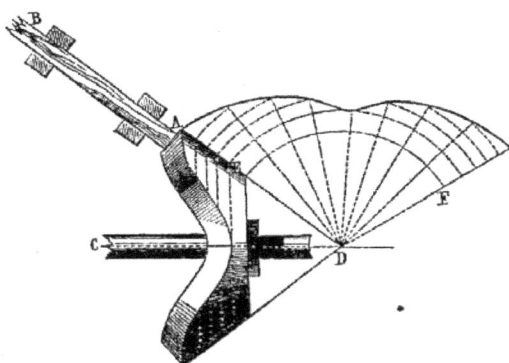

Fig. 301.

Construisons avec un rayon D E un cercle, et prenons un arc E F égal à πR, R étant le rayon du cercle de base. Divisons l'arc EF en parties égales, 8 par exemple; portons sur chacun de ces rayons les longueurs du chemin que doit parcourir A B pour des rotations de $\frac{1}{8}$ de πR, nous aurons les points de la courbe qui, enroulée sur le cône, donnera le tracé de la surface cherchée, qui sera formée suivant ce contour par des plans perpendiculaires à la direction de A B.

303. Il est inutile d'entrer dans le détail de toutes les formes et combinaisons qui peuvent être ainsi obtenues; nous nous bornerons au cas le plus remarquable, celui où la direction du mouvement est parallèle à l'axe de rotation.

Il est facile de voir que la disposition convenable dans ce cas revient à celle de la vis, qui, servant à produire le mouvement rectiligne continu pour une direction rectiligne parallèle

à l'axe, fournira une solution par l'emploi d'une double hélice,
comme le représente la figure 302.

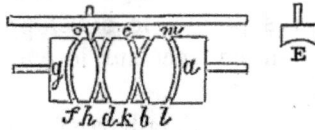

Fig. 302.

Sur la circonférence d'un cylindre on trace deux hélices
complètes, l'une à droite partant de a et passant par $mbcdf$,
arrive en g, l'autre à gauche qui commence en g et passe par
$ohkl$, pour rejoindre la première en a. Ces deux hélices forment un tracé fermé, se continuent l'une l'autre, et permettent
au cylindre d'agir d'une manière continue. Lorsqu'il tourne, la
pièce E, qui passe dans une rainure et qui est attachée à la
pièce glissante, prend un mouvement alternatif d'avant en arrière et *vice versa;* chaque oscillation correspond à une ou
plusieurs révolutions du cylindre, en raison des révolutions de
l'hélice.

Comme les rainures héliçoïdales se coupent nécessairement
deux fois par chaque révolution, la longueur de la pièce E doit
être plus grande que la largeur de la rainure, comme on l'a
représentée à part; il devient alors impossible qu'elle quitte
une rainure pour l'autre aux croisements. En outre, comme
les inclinaisons des filets sur la barre sont de directions opposées, il faut que la pièce E soit attachée à la barre par un
axe, comme le montre la figure, pour qu'elle tourne d'un petit
angle aux changements d'inclinaison.

φ étant le rapport du pas à la circonférence, on aura toujours, comme avec la vis, pour le rapport des vitesses des deux
mouvements :

$$\frac{V}{v} = \text{tang.} \ \varphi = \frac{h}{2\pi r}.$$

Si la barre doit se mouvoir plus rapidement dans une direction que dans l'autre, l'inclinaison d'une rainure doit être
plus rapide que celle de l'autre; de même, en variant son
inclinaison dans différents points, on variera le rapport des
vitesses.

Ce système convient très-bien pour le cas où une oscillation du mouvement rectiligne correspond à un certain nombre de rotations.

303. *Oscillations multiples.* — La distance entre l'axe de rotation et la direction du mouvement rectiligne étant constante, si l'on fixe une roue sur l'axe de rotation, et que sur le plat de cette roue (fig. 303) on adapte des saillies de forme convenable, limitées par un cylindre à base circulaire, et qu'un ressort de pression renvoie la barre, on aura un système très-convenable d'excentrique.

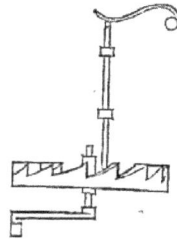

Fig. 303.

Si en chaque point de ces saillies la hauteur est proportionnelle à la base mesurée sur la circonférence, si le profil de leur contour est hélicoïdal, la vitessse du mouvement rectiligne sera évidemment proportionnelle à celle du mouvement circulaire, et uniforme si celui-ci est de cette nature.

304. Cette disposition convenable pour un mouvement rectiligne éloigné du point de production du mouvement circulaire, se réduit à la suivante dans le cas d'une seule oscillation de va-et-vient pour chaque tour.

Ee est un axe tournant (fig. 304), Gg une barre pouvant glisser dans le sens de sa longueur et portant en g un galet. Un plan circulaire F est fixé à l'extrémité de l'axe E; ce plan ne lui est pas perpendiculaire, et la barre Gg reste toujours en contact avec le plan par l'effet d'un poids ou d'un ressort. Si le plan était perpendiculaire à l'axe, il n'y aurait pas de mouvement communiqué à la tige; mais par suite de l'inclinaison un mouvement alternatif lui est imprimé dans le sens de sa longueur, et la grandeur de celui-ci varie avec l'inclinaison du plan sur l'axe. S'il est ajusté de manière à ce que l'inclinaison puisse varier à volonté, on obtiendra exactement la longueur du mouvement rectiligne voulu.

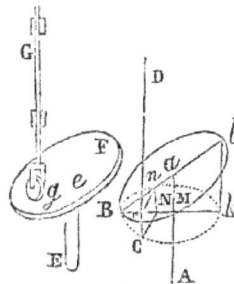

Fig. 304.   Fig. 305.

Il est facile de calculer le rapport des vitesses des deux mouvements. En effet, soit Aa l'axe vertical de rotation (fig. 305), B le point le plus bas de l'extrémité de la barre, BaA l'angle

d'inclinaison du plan sur l'axe. Soit C D la barre glissante, B ck
le plan de rotation du point B.

Lors du mouvement du rayon B M vers M̓C en décrivant
l'angle B M C, l'extrémité C de la barre parcourt verticalement
l'espace cC. Menant C N perpendiculairement à B M, N n est égal
et parallèle à Cc, et on a :

$$Cc = \frac{BN}{\text{tang. } BaA} \text{ et } aM = \frac{BM}{\text{tang. } BaA}.$$

D'ailleurs BN = CM sin. vers BMC, d'où :

$$Cc = \frac{BM \text{ sin. vers. } BMC}{\text{tang. } BaA} = aM \text{ sin. vers. } BMC,$$

c'est-à-dire que le mouvement de la barre est précisément le
même que celui que produirait, à l'aide d'une bielle infinie, engendrant un mouvement rectiligne, une roue dont le rayon
serait aM (art. 255).

MOUVEMENT CIRCULAIRE ALTERNATIF.

305. Les excentriques appliqués à produire le mouvement
circulaire alternatif jouissent de la propriété importante de communiquer le mouvement, quel que soit l'angle que fasse l'axe
autour duquel ils tournent avec le levier oscillant. En effet,
l'excentrique agissant sur le plat du levier, cette face du levier
devient un flanc d'une grande longueur que l'excentrique rencontre toujours. La poussée peut donc toujours avoir lieu (souvent d'une manière inacceptable pour la pratique à cause de
l'étendue du glissement), et toujours par une ligne, si le contour
de l'excentrique est formé par une surface dont la face du levier
représentera le plan tangent dans toutes les positions du contact. Le problème est celui de la construction des engrenages
à flancs entre axes non parallèles pour obtenir des rapports de
vitesse constants ou variables. Dans la pratique, toutefois, le
plan de l'excentrique ne doit pas faire un angle très-différent
de zéro ou d'un droit, autrement le chemin parcouru par le
frottement serait trop considérable.

Quant à l'autre système indiqué comme propre à transformer
le mouvement circulaire continu en rectiligne alternatif, il peut
aussi fournir des solutions du problème qui nous occupe.

Faisant en sorte que la cheville qui remplit la rainure soit fixée à l'extrémité du levier qui doit prendre le mouvement circulaire alternatif, le mouvement obtenu remplira les conditions voulues, si l'on trace la rainure d'une·manière convenable en raison des données de la question.

Systèmes dérivés des engrenages.

AXES PARALLÈLES.

306. Il ressort bien clairement de ce qui précède que les excentriques ne diffèrent pas, ne sont qu'un cas particulier des engrenages, lorsque le mouvement alternatif étant limité à des angles peu considérables s'il est circulaire, ou de peu de longueur s'il est rectiligne, on peut se contenter de munir le système conduit d'une seule dent, et la mener par une courbe de forme convenable, adaptée à la roue conductrice. On se limite généralement au cas le plus simple, celui où cette dent est une cheville, un fuseau, qui offre l'avantage de pouvoir se transformer en un galet qui diminue le frottement.

Si au contraire on munit le système conduit de dents multiples, on rentre alors dans le cas général des engrenages ; le rapport de vitesse est généralement constant, et tout ce que nous avons dit au sujet des engrenages devient applicable ; toutefois le mouvement étant produit dans un seul sens, les mouvements alternatifs seront en réalité engendrés par deux systèmes de mouvement continus se succédant dans des directions opposées, avec un intervalle de repos plus ou moins grand. On peut alors obtenir facilement des rapports de vitesse considérables, et un nombre de tours quelconque pour un tour de l'axe moteur.

MOUVEMENT CIRCULAIRE ALTERNATIF.

307. Soit A l'axe autour duquel a lieu le mouvement circulaire continu, B celui autour duquel il s'agit de produire un mouvement circulaire alternatif. Montons sur A et B deux roues dentées qui engrènent dans les rapports de vitesse voulus ; si l'engrenage est extérieur, B se mouvra dans un sens, et dans

le sens contraire s'il est intérieur. Le problème sera donc résolu à l'aide de deux moitiés de roues dentées (fig. 306), engrenant l'une intérieurement, l'autre extérieurement, assemblées à l'arbre B et mues successivement par la roue montée sur l'arbre A.

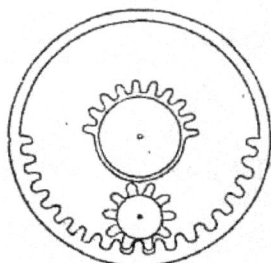

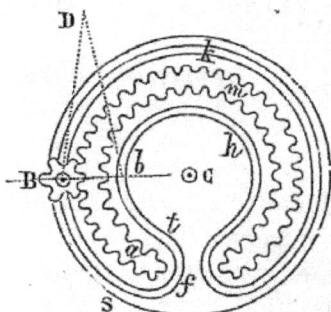

Fig. 306.   Fig. 307.

Dans la pratique on emploie les dispositions suivantes, qui sont en réalité complexes, c'est-à-dire qui, outre les deux mouvements circulaires, supposent la possibilité d'un autre mouvement rectiligne alternatif.

308. Soit un disque de métal tournant autour du centre C (fig. 307). Sur la face du disque est fixé un anneau coupé am, dont le contour est taillé en dents. Le pignon B porte des dents de forme convenable et son axe est monté de manière à avoir la faculté de se mouvoir dans la direction BC, ce qu'on obtient en guidant son extrémité dans une rainure pratiquée dans le disque. Il est ainsi successivement en contact avec tous les points de la rainure BS $ftbhk$, à une distance des circonférences primitives de l'anneau égale au rayon du pignon, estimée normalement à celle-ci.

Si le pignon placé comme sur la figure tourne de B vers S, le disque tourne dans une direction opposée; mais quand il arrive vers la partie f, la rainure dans laquelle passe son axe le ramène d'avant en arrière et le fait agir sur les dents de l'intérieur de l'anneau. Le disque tourne alors dans le même sens que le pignon, et cette action continue jusqu'à ce qu'il repasse par la partie f et que le mouvement soit de nouveau renversé.

Le rapport des vitesses est constant pendant toute la durée

du mouvement dans chaque direction, mais plus petit lorsque
l'engrenage est intérieur que quand il est extérieur (la différence est moindre toutefois que dans le système de la fig. 306),
car le rayon de l'engrenage intérieur est nécessairement moindre
que celui de l'engrenage extérieur et la denture la même. Le
changement de direction n'est pas instantané, la partie S ft de
la rainure qui réunit celle intérieure et celle extérieure étant
d'une certaine étendue (elle est formée d'un demi-cercle), bien
que la variation ne satisfasse pas complétement à la condition
du maximum, toutefois la vitesse dans un sens diminue graduellement quand l'axe du pignon passe de S à f, puis reprend
graduellement en sens inverse en passant de f à t pour se
mouvoir alors avec la vitesse qui correspond au cercle intérieur.

309. Souvent la roue coupée est formée
de chevilles enfoncées dans un disque,
comme le représente la figure 308. Dans
cette disposition les circonférences primitives de l'une et de l'autre roue du
disque sont les mêmes, et aussi le rapport de vitesse le même que le pignon,
soit au dedans ou au dehors; de plus,

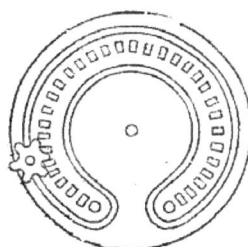

Fig. 308.

l'espace que le pignon doit parcourir pour passer d'un mouvement à l'autre est réduit.

C'est pour diminuer cet espace qu'on dispose les dents

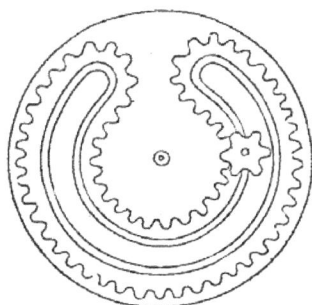

Fig. 309.

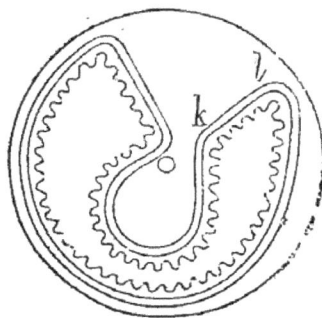

Fig. 310.

comme dans la figure 309, c'est-à-dire qu'on place le pignon
entre les deux roues dentées.

310. Dans les figures qui précèdent, les formes des dents sont déterminées par les principes généraux déjà exposés en traitant des engrenages. Toutefois, nous dirons quelques mots sur le tracé des dents, pour la disposition de la figure 308.

Chaque dent d'un pareil système peut être considérée comme formée de deux dents placées dos à dos, la circonférence primitive commune passant par leur milieu. La partie extérieure est formée des dents d'une roue extérieure, et la partie intérieure d'après les conditions auxquelles doivent satisfaire les dents d'une roue menée intérieurement.

On obtient les formes convenables à l'aide d'un cercle ayant pour diamètre le rayon du cercle primitif du pignon, et qui roule extérieurement ou intérieurement sur la circonférence primitive de la roue. Les deux dents des extrémités doivent être circulaires, leur centre se trouver sur la circonférence primitive et leur diamètre être égal à la moitié de la saillie de la dent du pignon.

311. *Rapport de vitesses variable.* — S'il est demandé que le rapport des vitesses varie, alors les courbes primitives ne doivent plus être des courbes concentriques au disque. Ainsi dans une pareille disposition représentée fig. 340, la rainure kl est dirigée vers le centre du disque, et quand le pignon touche cette partie il ne peut imprimer aucun mouvement au disque, mais seulement se déplacer; dans les autres parties, le rayon vecteur varie et aussi le rapport des vitesses angulaires.

MOUVEMENT RECTILIGNE ALTERNATIF.

342. Quand la pièce à mouvement alternatif se meut en ligne droite, on emploie une crémaillère dont les dents sont le plus souvent de simples fuseaux, système qui n'est pas convenable pour les systèmes précédents puisque les dents qui engrènent avec le même pignon doivent être différentes dans l'engrenage extérieur et dans l'engrenage intérieur.

B b est la pièce glissante (fig. 341), A le pignon qui conduit et dont l'axe peut passer de A en a, la distance Aa étant égale à son diamètre; ce changement se produit à chaque extrémité du mouvement rectiligne. Les dents de ce système pourraient recevoir toutes les formes convenables aux divers systèmes de crémaillères.

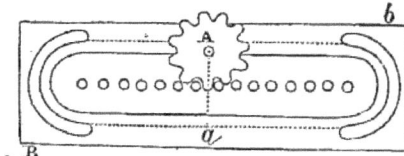

Fig. 311.

313. Dans le système suivant on a remplacé le mouvement du pignon par celui de la crémaillère.

B*b* est la pièce qui reçoit le mouvement alternatif (fig. 312),

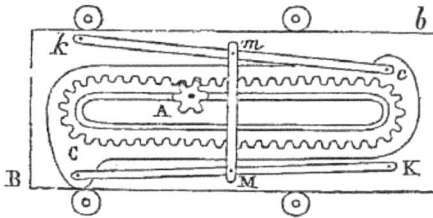

Fig. 312.

(qui est guidée par des rouleaux, comme on le fait toujours dans la pratique), A est le pignon qui conduit. La double crémaillère C*c* est formée de deux bandes opposées, et une double rainure dans laquelle passe la tige du pignon court parallèlement aux dents.

La crémaillère est assemblée vers la plaque B*b*, de telle sorte que son mouvement transversal puisse se produire lorsque le pignon se trouve vers l'extrémité de la crémaillère; de la sorte le pignon peut successivement engrener avec les dents de chaque côté.

Deux leviers-guides KC, *k c* sont fixés d'une part en C, *k* à la pièce en mouvement alternatif et de l'autre en C, *c* à la crémaillère. Ces leviers sont assemblés par leur milieu à un autre levier M*m*, auquel est imprimé un petit mouvement transversal lorsque le changement de sens doit avoir lieu. Le mouvement des deux leviers autour de leurs axes K, *k* est le même, et comme leur mouvement est très-petit et leur direction presque parallèle à celle du mouvement rectiligne, leurs extrémités C, *c* se meuvent sensiblement perpendiculairement à celui-ci, et conséquemment la crémaillère qui est assemblée avec leurs deux extrémités se meut aussi perpendiculairement à sa direction comme il est nécessaire.

314. *Double crémaillère et partie de pignon.* — Tous ces systèmes sont en réalité complexes, c'est-à-dire qu'ils supposent que l'axe du pignon peut prendre un mouvement rectiligne alternatif outre ceux qui font l'objet de la transformation. Quand il n'en est pas ainsi, on peut employer le système représenté figure 313. Il se compose de deux crémaillères placées en regard et montées sur le même châssis, entre lesquelles tourne une partie de pignon. Celle-ci tournant toujours dans le même sens, engrènera successivement avec chacune des crémaillères, et le mouvement de rotation de l'axe communiquera à la barre, dans un rapport constant, un mouvement rectiligne alternatif.

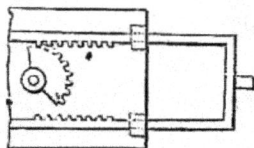

Fig. 313.

Nous n'avons pas besoin de répéter l'observation que de pareils systèmes, qui donnent lieu à des chocs à chaque reprise du mouvement, sont défectueux par ce motif.

AXES NON PARALLÈLES.

315. Si les axes ne sont pas parallèles, les solutions du problème, par les organes de la nature des derniers que nous venons d'examiner, sont données directement par la théorie générale des engrenages; nous n'avons donc pas à nous y arrêter longuement.

La roue mue d'un mouvement circulaire continu étant armée de dents sur toute sa circonférence, il faudra munir l'arbre qui devra prendre un mouvement circulaire alternatif de parties d'engrenage extérieur et intérieur agissant successivement, et les dents seront tracées comme dans le cas des engrenages coniques si les deux axes ne se rencontrent, comme dans le cas des engrenages hyperboloïdiques si les deux axes ne se rencontrent pas et ne sont pas parallèles.

S'il s'agissait d'un mouvement rectiligne, la solution serait encore la même, en remplaçant les deux parties de roues dentées par deux longueurs de crémaillères.

Il n'y a pas lieu d'insister beaucoup sur des dispositions trop compliquées pour la pratique ; nous donnerons seulement un exemple qui se rencontre quelquefois pour des axes des deux mouvements circulaires à angle droit ; dans ce cas, la solution générale devient plus simple.

Soit A*a* un axe (fig. 314), qui tourne toujours dans la même direction, B*b* un autre axe à angle droit sur le premier, auquel il s'agit de communiquer, pour une rotation de celui-ci, un certain nombre de rotations qui auront lieu alternativement dans un sens et en sens contraire.

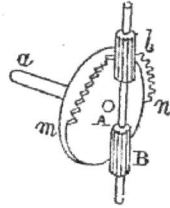

Fig. 314.

Ce dernier axe porte deux pignons B et *b* ; le premier porte une fraction de roue dentée, une moitié de circonférence par exemple, de *m* en *n*. Si l'on suppose que la roue tourne de *n* vers *m*, les dents agissant sur le pignon *b*, l'axe B*b* tourne. Mais quand la dernière dent *n* quitte le pignon, cette rotation cesse ; puis, lorsque la première dent *m* vient engrener avec B, le mouvement de l'axe reprend un sens contraire.

Le système de doubles rainures héliçoïdales que nous avons donné plus haut comme dérivant de la vis, est la solution correspondante à la précédente pour le mouvement rectiligne alternatif.

Pour les systèmes à intermittences, nous n'avons rien à ajouter à ce que nous avons dit pour les excentriques.

SOLUTION DU PROBLÈME RÉCIPROQUE DU PRÉCÉDENT.

316. Les systèmes qui dérivent des engrenages sont évidemment réciproques, c'est-à-dire que le mouvement alternatif peut engendrer par leur intermédiaire le mouvement continu, pourvu toutefois, pour quelques-uns, que l'inertie, comme cela a presque toujours lieu dans la pratique, assure la continuation du mouvement continu lors du changement de sens du mouvement alternatif, lorsque l'action dans un sens a cessé et n'a pas encore lieu dans l'autre sens.

Il n'en est pas de même des excentriques (sans parler des cames, pour lesquelles cela est de toute évidence) ; ils ne fournissent pas en général un système à l'aide duquel un mouvement alternatif puisse produire à son tour un mouvement circulaire continu. En effet, en nous reportant à la similitude établie entre les excentriques et les engrenages, au système de deux roues dentées pour engendrer le mouvement circulaire alternatif, lorsque les dents de l'une des roues se réduisent à une dent unique, on voit que les rayons vecteurs menés des deux centres aux points de contact successifs sont à angle droit en un point. En effet, pour le mouvement circulaire alternatif, le levier se confond en ce point nécessairement avec une tangente perpendiculaire au rayon vecteur, puisque la longueur de celui-ci croît après avoir décru, puisque l'inclinaison des tangentes de la courbe change de sens, la dent unique devant faire un tour entier pour une fraction de tour du levier, et que tout revienne à l'état initial. Il est évident qu'en ce point, la poussée dans le sens du rayon vecteur ne pouvant plus produire qu'une pression, la communication de mouvement s'arrêterait nécessairement, le mouvement circulaire ne pourrait plus se continuer. Il en serait de même pour le mouvement rectiligne, lorsque celui-ci agirait sur une tangente perpendiculaire à sa direction qui serait aussi celle du rayon passant au point de contact. Ces systèmes ne sont donc pas à retour, et les mouvements alternatifs ne peuvent, à l'aide d'un excentrique, engendrer un mouvement circulaire continu.

Bien avant cette limite, la poussée de courbes se rencontrant sous des angles aigus donnerait lieu à des arc-boutements, à des frottements qui doivent faire rejeter de pareilles dispositions.

CHAPITRE V.

Mouvement rectiligne continu en rectiligne continu.

347. Le mouvement rectiligne étant produit par le système *plan*, ne pouvant naître qu'avec des guides plans, les organes pouvant fournir la transformation indiquée consistent dans des dispositions permettant l'action mutuelle de systèmes de cette nature.

Les guides de mouvement rectiligne fonctionnant par glissement, des frottements considérables se produisent dans les moyens directs de transformation; aussi on préfère presque toujours les transformations indirectes, c'est-à-dire en passant par des transformations intermédiaires, et notamment par le mouvement circulaire continu, dont nous avons reconnu les avantages.

Les systèmes qui agissent à l'aide d'organes intermédiaires sont les cordes et courroies, qui répondent seules à un mouvement rectiligne indéfiniment prolongé, les articulations ne peuvent fournir au contact qu'un moyen d'assemblage entre deux mouvements rectilignes de faible étendue.

Nous ne nous occuperons guère dans ce qui va suivre que des organes qui transforment le mouvement dans un rapport de vitesse constant, les seuls qu'on rencontre dans les machines; nous indiquerons toutefois comment ceux-ci devraient être modifiés pour fournir un rapport de vitesse variable.

1° ORGANES AGISSANT PAR CONTACT IMMÉDIAT.

318. Quand les deux mouvements rectilignes sont de directions parallèles et de même vitesse, il n'y a plus de transfor-

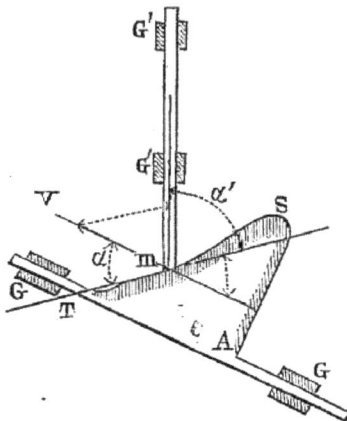

Fig. 315.

mation à opérer, il n'y a plus qu'une simple communication qui s'effectue par tout assemblage de pièces rigides.

Dans le cas où les directions ne sont pas parallèles ou quand les vitesses diffèrent, la solution directe du problème de la communication d'un mouvement rectiligne entre deux pièces du système plan consiste à faire pousser l'une des pièces par l'autre, en traçant convenablement les parties qui viennent en contact.

Soit A le corps menant (fig. 345), obligé par les guides G à se mouvoir parallèlement à la direction V et avec la vitesse v; B, le corps conduit, obligé par les guides G′ à se mouvoir suivant la direction V′; M, un point de contact actuel, appelé m dans le corps A et m' dans le corps B; TT, la tangente commune au point M aux sections faites aux surfaces de contact par le plan de la figure; α l'angle VMT, α' l'angle V′MT.

Le chemin élémentaire parcouru par m, perpendiculairement à la tangente, est $v\,dt\,\sin.\,\alpha$; c'est le chemin parcouru par m' dans la même direction par le corps B égal à $v'\,dt\,\sin.\,\alpha'$; donc, sur la normale commune :

$$v\,\sin.\,\alpha = v'\,\sin.\,\alpha' \quad \text{ou} \quad \frac{v'}{v} = \frac{\sin.\,\alpha}{\sin.\,\alpha'}.$$

Ceci est vrai pour tout glissement élémentaire, toute poussée continue.

Le rapport de vitesses dépendant de la position de la tangente au point de contact, on voit que ce rapport ne sera constant que si la courbe se réduit à cette tangente, c'est-à-dire à une droite; que le plan incliné est le seul moyen de transformer un mouvement rectiligne en un mouvement semblable, dans un rapport de vitesse constant.

C'est le plus souvent ainsi qu'on emploie le système de plan incliné mobile connu sous le nom de *coin.* Le mouvement rectiligne de ce coin pourra engendrer directement le mouvement rectiligne d'une manière très-directe et très-simple, mais en engendrant des frottements considérables qui se produisent dans le système. C'est en réalité le plan incliné rendu mobile, sans qu'il en résulte aucun changement dans ses propriétés mécaniques.

RAPPORT DES VITESSES CONSTANT.

319. *Mouvements rectilignes à angle droit.* — Soit B une pièce prismatique se mouvant entre deux guides, et A une barre également guidée, à angle droit sur la première, à laquelle il s'agit de communiquer le mouvement rectiligne de celle-ci avec le rapport de vitesse constant connu, égal à celui de sin. α à sin. α'. Terminons B (fig. 316) par un coin rectangle s'appliquant sur le plan CP parallèle à BM, par un des côtés de l'angle droit, α étant l'angle latéral du coin. Le mouvement se communiquera ainsi qu'il est proposé de la barre B à la barre A, et en appelant v' la vitesse de B, v

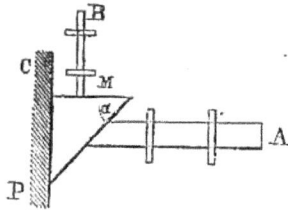

Fig. 316.

celle de A, nous aurons $\dfrac{v}{v'} =$ tang. α, α' étant le complément de α; relation qu'il est facile d'établir directement.

320. Dans la pratique, l'angle au sommet du coin est en général aigu, et v' grand par rapport à v. Comme dans tous les cas semblables, le mouvement réciproque du précédent ne peut presque jamais avoir lieu, la barre A faisant avec la normale à la face qu'elle rencontre un angle trop petit, et généralement moindre que celui de la résultante de la réaction du corps, la production du mouvement de la barre B à l'aide de la barre A est donc le plus souvent *impossible*.

Au lieu d'agir avec la face oblique du coin sur la barre A ou mieux sur le galet qui la termine, on peut employer le système de deux plans inclinés (fig. 317), dont un, agissant rectangulairement sur la barre, est maintenu dans des coulisses de manière à ne pouvoir que s'élever comme celles-ci.

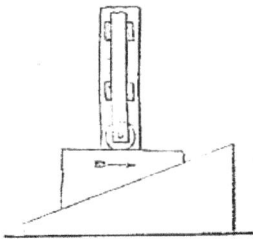

Fig. 317.

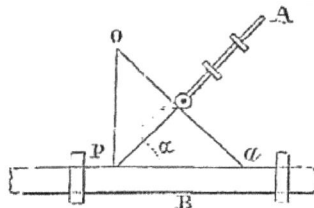

Fig. 318.

321. *Mouvements rectilignes dans un même plan, dont les directions font entre elles un angle α.* — La barre A fait avec la barre motrice B un angle α (fig. 318); si l'on adapte à celle-ci un plan incliné, un coin dont la surface soit perpendiculaire à

la barre A (dont on a soin de munir l'extrémité d'un galet), qui
fait par conséquent avec la barre B un angle égal à 90°— α,
le mouvement se communiquera comme dans le premier cas,
et les rapports des vitesses v de B et v' de A deviennent par
l'application de la formule (art. 318) $v' = v$ cos. α.

322. Si on ne pouvait disposer de l'extrémité de la barre du
plan incliné pour faire agir le coin sur cette partie, il faudrait
employer une rainure recevant une cheville adaptée à l'autre
pièce, comme la représente la figure 319.

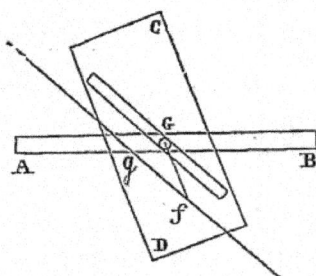

Fig. 319.

Soit un plan CD se mouvant parallèlement à son long côté et
suivant la longueur duquel est pratiquée une rainure faisant
un angle θ avec ce côté; soit une barre AB ne pouvant se
mouvoir que dans le sens de sa longueur, parallèle au plan,
et à laquelle est adaptée une cheville G qui entre dans la rainure; appelons α l'angle que forme cette rainure avec la direction de la barre AB; les directions des mouvements du plan et
de la barre font ensemble un angle $\theta + \alpha$.

Les vitesses de la barre AB et du plan CD sont en raison
inverse des sinus des angles que fait la direction de chacun des
deux mouvements avec celle de la rainure, et on a :

$$\frac{v}{v'} = \frac{\sin. \alpha}{\sin. \theta}.$$

Si la barre se meut perpendiculairement à la direction du
mouvement du plan, on a :

$$\theta + \alpha = \frac{\pi}{2} \quad \text{et} \quad \frac{v}{v'} = \tan. \alpha = \frac{1}{\tan. \theta}.$$

Si on a $\alpha = \frac{\pi}{2}$, le mouvement est perpendiculaire à la direction de la rainure, sin. $\alpha = 1$, le rapport devient $v \sin. \theta = v'$; c'est celui trouvé ci-dessus.

323. *Mouvements rectilignes dans deux plans différents.* — Lorsque les barres ne sont pas dans le même plan, on peut encore employer le système représenté fig. 318, c'est-à-dire un coin adapté à la barre B et dont la face serait perpendiculaire à la barre A; alors le galet de l'extrémité de la barre A ne parcourra plus la ligne de pente du plan incliné, la ligne perpendiculaire aux arêtes parallèles du coin, mais la ligne oblique qu'on obtiendra par l'intersection du plan incliné et d'un plan mené par l'axe A parallèlement à l'axe B, le point de contact appartenant toujours à la barre A et étant à chaque instant sur une parallèle à la direction de B, suivant laquelle le mouvement du plan est produit.

On peut aussi employer le système représenté fig. 317, augmenté d'un autre plan incliné dont la face est perpendiculaire sur la seconde barre, qui est fixée sur le plan mobile et fait corps avec lui (fig. 320). A l'aide de la réunion de deux plans

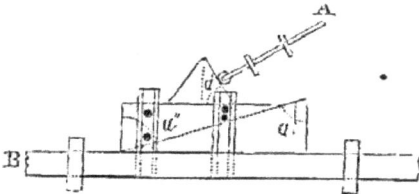

Fig. 320.

inclinés, de deux des systèmes précédents, on changera ainsi deux fois la direction du mouvement.

324. *Rapport de vitesse variable.* — Le cas de l'application du plan incliné, du rapport de vitesse constant, est le seul qui doive être examiné en détail, c'est le seul qui soit appliqué fréquemment. On peut toutefois obtenir des variations de vitesse en employant au lieu de plans des surfaces courbes tracées en raison de la variation de la vitesse. La question offre quelque intérêt au point de vue des mouvements relatifs, des mouvements que tracerait sur un plan fixe, un point de la ligne mue en ligne droite sur un plan.

On voit aisément que dans le cas de courbes (que l'extrémité de la barre conduite est astreinte à ne pas quitter), dans la disposition indiquée figure 321, tout point de la barre tracera simplement la même courbe que la courbe menante. C'est un moyen de transporter à distance le tracé d'une courbe.

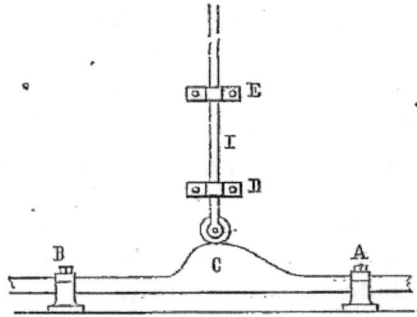

Fig. 321.

325. *Frottement*. — Le frottement est toujours de glissement, et par suite très-considérable dans ces systèmes; il peut être calculé par les principes déjà établis. Faisons-en une application au frottement qui se produit sur les faces du coin (auquel il faudrait ajouter, lorsqu'il n'est pas libre, celui qui se produit dans les guides rectilignes) pour le cas le plus simple, celui du coin isocèle.

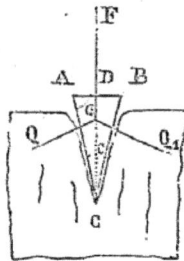

Fig. 322.

Nous ne rappellerons pas ce qui a été dit en traitant du plan incliné, et qui s'applique complétement ici. Nous nous contenterons de donner un exemple, en faisant le calcul à l'aide des seules lignes extérieures du coin. On sait qu'en ne tenant pas compte du frottement dans le coin (fig. 322), les réactions des résistances qui agissent sur les faces du coin étant perpendiculaires à celles-ci, et égales puisque le coin est isocèle, on a pour l'équilibre, entre la force appliquée sur la tête du coin ABC et les résistances Q des faces :

$$F : Q = AB : AC \text{ ou } F = Q\frac{AB}{AC}.$$

Quand on veut tenir compte du frottement, il faut considérer les réactions comme inclinées sur les plans de contact. A l'instant où le coin est sur le point de descendre, ces réactions font avec la normale un angle φ (art. 58) du côté de la tête du coin.

On a donc pour les deux plans inclinés :

$$F = 2Q \text{ tang. } (\alpha + \varphi).$$

Cette relation donne $F = \infty$ pour $\alpha = 90° - \varphi$. Le coin est alors très-obtus et incapable de s'enfoncer.

Supposons maintenant le mouvement sur le point de naître dans l'autre sens, c'est-à-dire le coin près de remonter sous l'influence des efforts latéraux. Pour ce cas il faut changer le signe de l'angle φ dans le résultat final, et on a :

$$F = 2\,Q \text{ tang. } (\alpha - \varphi).$$

Pour $\alpha = \varphi$, $F = 0$. Si donc l'angle au sommet est plus petit que le double de l'angle de frottement (fig. 57), il n'y aura pas besoin de force pour maintenir le coin enfoncé, quels que soient les efforts latéraux.

Les résistances passives qui accompagnent le mouvement du coin sont trop grandes pour qu'on l'emploie jamais d'une manière continue pour transmettre le mouvement, et leur évaluation est indispensable pour avoir une idée exacte de son fonctionnement.

2° ORGANES AGISSANT PAR INTERMÉDIAIRES.

326. *Intermédiaire rigide.* — La bielle fournit le moyen de transformer, dans une petite étendue, un mouvement rectiligne ayant une certaine direction, en un mouvement de même nature mais de direction différente.

Les extrémités de la bielle doivent alors être maintenues par des guides du système plan ; elles sont munies de deux chevilles maintenues dans des rainures qui ont la direction du mouvement rectiligne.

327. *Rapport des vitesses.* — On a vu (art. 84) qu'en abaissant des deux extrémités de la bielle des perpendiculaires Ap, Aq sur les directions des mouvements, on avait :

$$\frac{V}{V'} = \frac{Bp}{Aq},$$

que les vitesses des points A et B, des corps mus en ligne droite par les extrémités de la bielle, sont entre elles réciproquement comme les projections de la bielle sur les rainures directrices du mouvement. Comme $Bp = A\beta \cos. \beta$ et $Aq = A\beta \cos. \alpha$, on a :

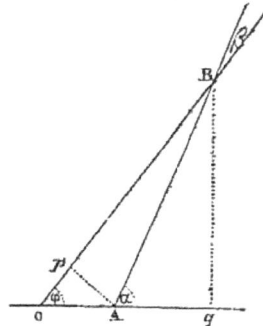

Fig. 323.

$$\frac{Bp}{Aq} = \frac{\cos. \beta}{\cos. \alpha}.$$

328. Quant à la nature du mouvement de la bielle, elle a été donnée (art. 104) où la ligne ab représente la bielle. On a

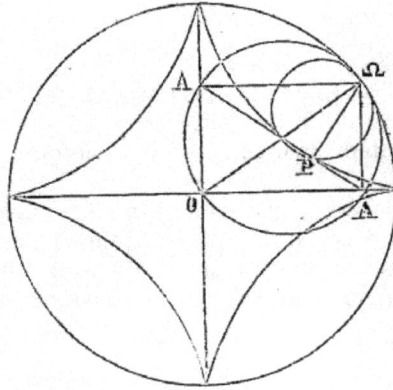

Fig. 324.

vu que le centre instantané de rotation se trouve au quatrième sommet du rectangle dont la bielle forme une diagonale, et que le mouvement est par suite celui du roulement des deux lieux du centre instantané dans l'espace et dans la figure mobile. Le premier est un cercle qui a pour rayon la bielle, et pour centre le point de croisement des deux diagonales toujours égales, et l'autre un cercle qui a la bielle pour diamètre; le mouvement continu revient donc au roulement d'un cercle dans un autre rayon double.

On démontre aisément que l'enveloppe de la bielle est l'épicycloïde décrite par un point de la circonférence d'un petit cercle ayant la demi-longueur de la bielle pour diamètre, roulant dans un cercle ayant la longueur de la bielle pour rayon, par suite un rayon quadruple. En effet, la perpendiculaire abaissée du point de contact sur la bielle en P est évidemment sur la petite circonférence, puisque cette bielle rencontre celle-ci au centre du rectangle et que l'angle en P est droit. Le lieu des points P, tournant autour du centre de rotation Ω, est donc bien une épicycloïde intérieure décrite par le roulement de la petite circonférence dans une grande, ayant un rayon quadruple de celui de la petite.

INTERMÉDIAIRES FLEXIBLES.

329. Les cordes et poulies sont fréquemment employées pour modifier la direction et la vitesse du mouvement rectiligne, car c'est à cela que se réduit le plus souvent la communication du mouvement qui nous occupe.

La poulie est, comme on sait, un cylindre mobile autour d'un axe, sur lequel passe une corde. Les éléments de celle-ci sont successivement courbés suivant des éléments circulaires, puis reprennent la direction rectiligne. Après avoir fait partie d'un système circulaire pendant quelques instants, la corde agit en le quittant dans une direction différente de la première.

330. *Directions situées dans un même plan.* — C'est à l'aide d'une poulie dont l'axe est suspendu à un point fixe, que l'on peut obtenir tous les changements de direction, tansformer un mouvement rectiligne continu en un autre mouvement rectiligne continu de même vitesse, dont la seconde direction fait un angle quelconque avec la première.

Soit (fig. 325) une poulie sur laquelle passe une corde dont la circonférence est inscrite dans l'angle formé par les directions des deux mouvements. Si l'extrémité A s'avance d'une certaine quantité, puisque la longueur de la corde est invariable, l'extrémité B s'avancera d'une même

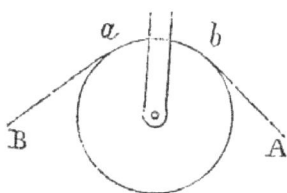

Fig. 325.

quantité en sens contraire, la direction seule du mouvement sera changée.

Si les cordons sont parallèles, auquel cas le contact de la corde et de la poulie a lieu sur la moitié de la circonférence de celle-ci, le mouvement des deux cordons est parallèle et de sens contraire. Donc, à l'aide d'une poulie on peut toujours changer la direction d'un mouvement rectiligne en une autre direction parallèle, ou rencontrant la première. Le sens de ce mouvement est opposé à celui du premier; mais avec une seconde poulie ce sens peut être changé de nouveau, s'il est nécessaire.

331. *Directions situées dans deux plans différents.* — En employant deux poulies fixes, on peut changer le mouvement

rectiligne qui a lieu suivant une droite B A (fig. 326) en
un autre mouvement rectiligne ayant lieu suivant une droite
quelconque CD, qui ne serait pas
dans un même plan avec la première. Pour cela, on joint par une
droite BC deux points quelconques
pris sur les deux directions données.
On dispose une première poulie P de
manière que son axe soit perpendiculaire au plan ABC, on dispose en-
suite une seconde poulie P′ de manière que son axe soit perpendiculaire au plan BCD. Une corde passant sur les deux
poulies fournira, grâce à sa flexibilité en tous sens, le changement de direction voulu.

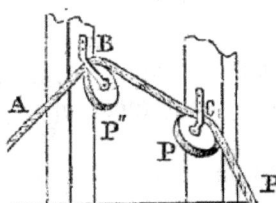

Fig. 326.

332. *Changement de vitesse.* — Le changement de vitesse
peut s'obtenir en profitant de la facilité
des cordes à s'enrouler autour d'un cylindre, en employant le système indiqué
dans la figure, formé de deux parties
cylindriques autour desquelles on a enroulé deux cordes. Le mouvement de
l'une engendrera le mouvement de l'autre, et les vitesses seront évidemment
dans le rapport des rayons R et r des
deux cylindres solidaires tournant en-
semble d'un même angle; en réalité on a introduit ici le treuil
entre deux mouvements rectilignes.

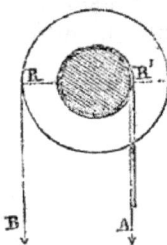

Fig. 327.

Le système le plus employé pour obtenir un rapport de vitesse constant, mais différent de l'unité, est le moufle, dont les
propriétés découlent de celles de la poulie mobile. Cet organe
sera étudié plus loin; il appartient à une série d'organes dont
les guides de mouvement ne sont pas fixes, aux organes différentiels.

333. *Rapport des vitesses variable.* — Le rapport des vitesses
ne peut être variable que dans les limites de l'enroulement des
cordes autour d'un cylindre entaillé suivant des lois voulues.
Tel est le système de l'espèce de fusée de la figure 206, supposé
mis en mouvement par la traction de l'une des cordes.

334. *Résistances passives.* — Les résistances passives les plus
importantes qui prennent naissance dans les systèmes précé-

dents sont celles dues à la roideur des cordes, à la résistance qu'elles opposent à l'enroulement. Il faut veiller à ce qu'elles soient très-souples et surtout qu'elles ne fassent jamais que se dérouler sans jamais glisser; car alors la résistance devient extrêmement considérable, croît avec très-grande rapidité avec l'arc d'enroulement.

Les frottements des axes sont peu importants lorsque, comme on a toujours soin de le faire, on emploie des poulies mobiles sur des tourillons de petite dimension, et jamais des cylindres fixes, comme on peut le supposer pour l'établissement des conditions géométriques du système.

CHAPITRE VI

Mouvement rectiligne continu en circulaire alternatif.

Le mouvement rectiligne continu étant engendré par le système *plan* et le mouvement circulaire alternatif par le système *levier*, les solutions directes pour cette transformation consistent à établir une liaison entre les organes des deux systèmes indiqués ci-dessus.

Il faut remarquer que, d'après la propriété essentielle du mouvement continu d'être indéfini dans une direction, les intermédiaires flexibles ou rigides, des articulations fixes ne peuvent entrer dans une solution directe; celle-ci ne pourra résulter que d'assemblages momentanés, la transmission à un organe en mouvement limitée est incompatible avec un assemblage fixe. Les organes agissant par contact immédiat seront nécessairement doubles, un seul serait insuffisant, et composés de parties produisant le mouvement circulaire, tantôt dans un sens, tantôt dans un autre. C'est en réalité une combinaison de mouvements.

Les solutions se réduisent donc à l'emploi de rainures, formées de doubles plans inclinés.

ORGANES AGISSANT PAR CONTACT IMMÉDIAT.

335. *Rainures.* — Aux excentriques tournant autour d'un centre situé à l'infini correspondent des lignes droites ou courbes, des plans inclinés tracés sur la pièce qui se meut en ligne droite. Si, pour rendre leur action possible dans les deux directions du mouvement alternatif, on les emploie doubles, en supposant la barre porte-cheville assemblée avec un levier dont l'axe de rotation soit peu écarté de l'axe de la pièce mue en ligne droite, c'est-à-dire qu'on pratique comme dans les cas précédents une rainure dans la pièce qui se meut en ligne droite, et que dans cette rainure on engage la cheville ou galet faisant corps avec le levier (fig. 328), il est évident que, par

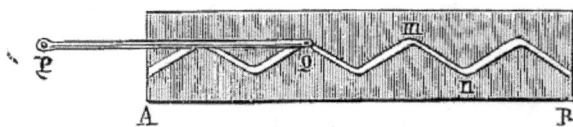

Fig. 328.

l'action des plans inclinés opposés, agissant successivement, celui-ci aura un mouvement de va-et-vient dont l'amplitude, aussi bien que le rapport des vitesses, sera déterminée par le tracé des rainures.

Le sens du mouvement rectiligne doit tendre à éloigner la pièce glissante de l'axe du levier, autrement il se produirait un arc-boutement qui s'opposerait à la continuation du mouvement.

336. *Rapport des vitesses.* — Si ces rainures sont rectilignes, ou, pour chaque instant, en considérant les tangentes aux courbes de la circonférence décrite par la cheville et de la rainure, nous retombons exactement sur le cas traité art. 322, et représenté fig. 319, en considérant pour un moment la barre AB comme guidée par son assemblage avec l'extrémité d'un levier.

θ étant l'angle de la rainure avec la direction du mouvement rectiligne, α son angle avec la tangente menée par la cheville à la circonférence dont le levier est le rayon, nous avons :

$$\frac{v}{r\omega} = \frac{\sin. \alpha}{\sin. \theta} \text{ ou } \frac{v}{\omega} = \frac{r \sin. \alpha}{\sin. \theta}.$$

Le levier engagé dans la rainure (pourvu que celle-ci soit d'une largeur suffisante) peut recevoir un mouvement alternatif, quelles que soient les positions relatives de son axe de rotation et de la direction du mouvement rectiligne.

337. *Crémaillère double.* — *Sytème dérivant des engrenages.* — Si on combine un système composé d'une roue dentée et de deux crémaillères placées face à face, en supprimant alternativement des parties de celles-ci de manière que l'action ait lieu successivement de chaque côté (fig. 329), on aura un sys-

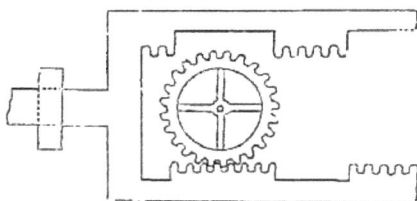

Fig. 329.

tème à l'aide duquel un mouvement circulaire alternatif de l'axe de la roue sera obtenu par le mouvement rectiligne continu du châssis. Dans ce système le rapport des vitesses est constant, mais il a les inconvénients déjà énoncés des systèmes alternatifs qui dérivent des engrenages, à savoir qu'il se produit nécessairement un choc aux changement de sens.

Ce système peut servir pour des positions quelconques de l'axe de rotation et de la direction rectiligne, en donnant aux dents de la roue et de la crémaillère une forme convenable. Lorsqu'ils arrivent à être parallèles, auquel cas la crémaillère se confond avec une vis, il faudrait employer un système analogue à celui de la fig. 302, dans lequel des parties d'hélice ou autres courbes tracées à la surface du cylindre se succéderaient en sens contraire. Mais cet emploi de deux hélices tracées dans deux sens différents pour produire un mouvement rectiligne continu malgré le changement de sens du mouvement alternatif, n'est admissible que si c'est celui-ci qui est le moteur. Produire une rotation par la pression du filet d'une vis sur la dent d'une roue, n'est généralement pas possible, comme nous l'avons fait voir en traitant de la vis sans fin.

On doit donc considérer ce système comme une solution du problème réciproque du précédent, la production du mouve-

ment rectiligne continu à l'aide du mouvement circulaire alternatif. Nous allons en trouver un second dans un emploi de la
bielle à assemblage mobile en un point, qui constitue les encliquetages.

338. *Encliquetages.* — Une crémaillère à dents inclinées sui
vant un angle aigu avec le sens du mouvement, est mue par
deux crochets (fig. 330) dont les extrémités sont assemblées à
une traverse tournant autour du même axe qu'un levier avec
lequel elle est assemblée. Le mouvement circulaire alternatif
du levier fera, à chaque demi-oscillation, avancer et engrener
une ou plusieurs dents et opérera la traction par l'autre.

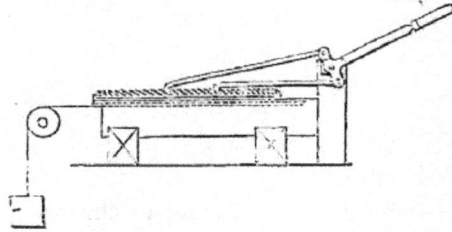

Fig. 330.

Rapport des vitesses. — l étant la longueur du bras de levier
auquel s'applique la force motrice, ω l'angle décrit dans une
oscillation, $l\omega$ sera le chemin parcouru pendant une oscillation
par l'extrémité du levier.

r, r' étant les distances du centre des articulations des crochets à l'axe, $r\omega$, $r'\omega$ seront les chemins parcourus par le point
d'attache des encliquetages; φ, φ' étant les angles des bielles à
articulations avec la direction du mouvement rectiligne, on
aura sensiblement la relation pour le chemin $l\omega$:

$$r\omega \cos. \varphi = r'\omega \cos. \varphi' = \text{chemin parcouru en ligne droite;}$$

les barres des crochets étant peu inclinées sur la direction du
mouvement rectiligne, pour que la pression et le frottement
des crochets sur la face postérieure des dents soit un minimum.

D'où les rapports $\dfrac{v}{v'} = \dfrac{l}{r \cos. \varphi}$ et $\dfrac{v}{v'} = \dfrac{l}{r' \cos. \varphi'}$.

Les encliquetages ne peuvent servir qu'autant que la direction du mouvement rectiligne fait un très-petit angle avec
le plan du mouvement alternatif.

339. L'encliquetage par pression agit de la même manière que le précédent. La figure 331 montre comment le construit M. Saladin, en employant le moyen d'assemblage momentané par pression qu'il a proposé. Il se compose d'un bâti auquel sont fixées deux douilles servant de guides à une tige ronde. Entre les douilles est fixé au bâti un axe sur lequel s'assemble le levier ayant un mouvement circulaire alternatif. A une extrémité de ce levier est fixé un second petit levier portant un anneau dans lequel passe la tige.

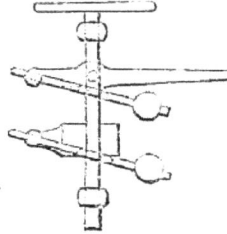

Fig. 331.

Au bâti est également assemblée une pièce mobile qui porte de même un anneau dans lequel passe aussi la tige. Lorsqu'on met en mouvement le grand levier pour faire monter la tige ronde, le second levier, placé à son extrémité, tend à descendre par son poids : il s'incline et enlève la tige, par suite de l'obliquité de la traction, lorsque l'angle de traction devient moindre que celui du frottement. Le second anneau placé sur le bâti et agissant en sens contraire de l'autre, retient la tige pendant que le levier reprend sa première position, ne l'ayant pas suivi dans son mouvement de progression.

340. La véritable transformation usitée dans les machines, consiste, pour s'affranchir du frottement et des résistances passives de ces solutions directes, à transformer le mouvement circulaire alternatif en circulaire continu, au moyen d'une bielle et d'une manivelle, et celui-ci en mouvement rectiligne, au moyen d'une crémaillère ou d'une corde s'enroulant sur un cylindre.

CHAPITRE VII.

Mouvement rectiligne continu en rectiligne alternatif.

341. Le mouvement rectiligne, tant continu qu'alternatif, étant produit par des systèmes de l'ordre *plan*, cette transformation ne pourra résulter directement que de l'action de sys-

tèmes plans sur un autre système plan. Presque tout ce qui vient d'être dit pour le cas précédent s'applique à ce cas. Elle ne peut être produite que par des organes doubles agissant par contact immédiat, les intermédiaires rigides essentiellement limités ne pouvant faire partie d'un mouvement rectiligne continu avec lequel ils se déplaceraient, et les intermédiaires flexibles ne pouvant agir que dans un sens, ne pouvant, sans changement de sens, communiquer un mouvement alternatif.

ORGANES AGISSANT PAR CONTACT IMMÉDIAT.

342. *Directions des deux mouvements à angle droit.* — Des rainures inclinées pratiquées dans la pièce (fig. 332) ayant un

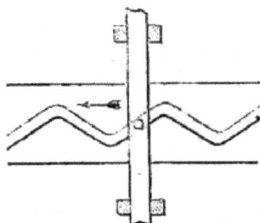

Fig. 332.

mouvement rectiligne continu, et agissant sur une cheville adaptée à une barre ne pouvant prendre qu'un mouvement rectiligne, communiqueront à celle-ci un mouvement rectiligne alternatif, en agissant successivement sur la cheville par chacune de leurs faces.

Si α est l'angle de l'inclinaison du plan incliné que forme en un point la rainure avec la direction du mouvement rectiligne continu, v étant la vitesse de celui-ci, v tang. α sera la vitesse du mouvement rectiligne alternatif produit à angle droit avec la direction du mouvement rectiligne continu, et $\dfrac{v}{v'} = \dfrac{1}{\text{tang.}\,\alpha}$. Si l'angle α était égal ou supérieur à l'angle du frottement, le mouvement ne pourrait plus se produire ainsi. Bien avant cette limite, et pour de très-petites inclinaisons, le travail du frottement dans les rainures et dans les guides du mouvement rectiligne rend ce système très-défectueux.

Inutile d'observer que les rainures devront se raccorder par des courbes pour que la condition d'un bon travail soit satisfaite.

343. *Directions faisant un angle ε.* — Si au lieu d'être perpendiculaires entre elles, les directions des deux mouvements rectilignes faisaient un angle ε, on rentre dans le cas traité (art. 318), v étant la vitesse du mouvement rectiligne continu,

α étant l'inclinaison de la rainure, v' la vitesse du mouvement alternatif, $\alpha' = 6 - \alpha$ l'inclinaison de la rainure sur sa direction; le rapport des vitesses des deux mouvements sera:

$$\frac{v}{v'} = \frac{\sin. \alpha'}{\sin. \alpha}.$$

344. *Directions quelconques.* — Si les directions des deux mouvements étaient parallèles, comme si, sans être parallèles, elles ne se rencontraient pas, la transformation ne pourrait s'opérer qu'à l'aide d'une rainure, d'un plan incliné intermédiaire; mais il n'y a pas lieu de s'arrêter à des solutions directes évidemment défectueuses, vu les frottements et résistances passives qui y prennent naissance. Le frottement doit se calculer ici comme nous l'avons fait pour le plan incliné, et tout ce que nous avons dit sur l'angle limite du mouvement s'applique à ce cas.

345. *Rapport de vitesses variable.* — En donnant aux rainures inclinées une longueur et une inclinaison convenables, on pourra, théoriquement, obtenir toute vitesse voulue, en déterminant les courbes des rainures en raison de la loi du mouvement.

346. *Encliquetages.* — Les encliquetages peuvent servir à produire le mouvement rectiligne continu au moyen du rectiligne alternatif en combinant le système de l'art. 263 avec celui décrit dans le chapitre précédent (art. 338).

MOUVEMENTS ALTERNATIFS

EN MOUVEMENTS ALTERNATIFS.

347. Pour le genre d'organes dont nous allons traiter, la constance du rapport des vitesses est en général la condition dynamique essentielle, comme dans le cas des mouvements continus. En effet, le premier système devant être établi dans les meilleures conditions dynamiques, c'est-à-dire de telle sorte que la vitesse passe par zéro en variant d'une manière continue lors des changements du sens du mouvement, le second système auquel le mouvement sera communiqué jouira de la même propriété si le rapport des vitesses est constant.

Si le rapport des vitesses, sans demeurer constant, satisfait pour le système conduit à la condition du maximum, le système serait encore très-admissible en tant qu'organe de transformation. En effet, nous supposons ici que le premier mouvement est établi dans de bonnes conditions dynamiques : s'il en était autrement, un système dans lequel le rapport des vitesses ne serait pas constant, pourrait être préférable à un autre pour lequel cette condition serait satisfaite, mais cela à cause de l'imperfection du premier système.

Les pièces ne pouvant d'ailleurs se conduire que par des systèmes semblables à ceux étudiés pour les mouvements continus, la plupart des solutions auxquelles nous allons arriver ne seront que celles déjà exposées lorsque les organes peuvent agir dans deux sens opposés, ou la réunion d'un double organe ; le mouvement alternatif n'étant qu'une fraction dans chaque sens de mouvement continu. Les systèmes d'organes le plus fréquemment adoptés ne différant pas de ceux étudiés en détail pour les mouvements continus, considérés dans une fraction de course, il sera inutile d'y revenir ici.

CHAPITRE VIII

- Mouvement circulaire alternatif en circulaire alternatif.

348. Le mouvement circulaire alternatif étant produit par le *levier*, on voit que le problème à résoudre consiste à faire agir un *levier* sur un autre *levier*.

Remarquons d'abord qu'un levier unique, droit ou coudé (fig. 333), possédant un mouvement circulaire alternatif, produit ce mouvement à chaque extrémité, de même vitesse angulaire autour du centre de rotation, et par suite, les vitesses aux extrémités de chacun sont proportionnelles aux longueurs des bras du levier. Lors donc que les deux axes peuvent se réduire à un seul et que la vitesse angulaire peut être la même, un simple levier fournit la transformation demandée. C'est ainsi que la communication a lieu dans les balanciers de tout genre; c'est le moyen toujours employé lorsqu'on peut employer le même axe pour les deux mouvements.

Fig. 333.

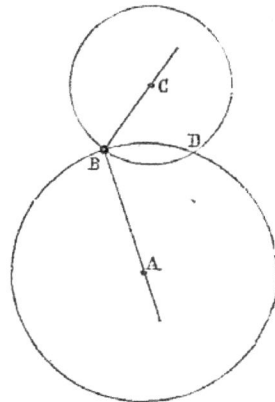

Fig. 334.

En prenant le problème dans toute sa généralité et sans se préoccuper des conditions d'exécution, on voit que les deux leviers réunis par une rotule permettent les mouvements en tous sens comme celles qui assurent l'invariabilité de position du point fixe qui constituent les leviers, posséderont simultanément des mouvements alternatifs, situés sur deux sphères ayant les points fixes pour centre.

Deux sphères se coupant toujours suivant un cercle, les mouvements décrits par des points quelconques des leviers seront circulaires et produits dans des plans parallèles; les mouvements demeureront sur des cônes droits et les vitesses linéaires seront dans le rapport des rayons, une oscillation d'un des leviers ne pouvant toujours produire qu'une oscillation de l'autre. Ces mouvements sont peu utilisables dans la pratique.

INTERMÉDIAIRES RIGIDES.

349. *Bielle.* — En introduisant une bielle entre les deux rayons, nous avons vu (art. 246) les conditions de grandeur pour lesquelles les mouvements circulaires deviennent alternatifs. Le rapport des vitesses devient variable en chaque instant, comme il a été dit.

La fig. 225, donne la limite de l'étendue du mouvement pour des longueurs données de bielles et de manivelles. Pour s'écarter le moins possible du rapport constant de vitesses, on doit, lorsque les axes de rotation, par lesquels dans la pratique on remplace les rotules des leviers, sont parallèles, assembler, autant que possible, la bielle à deux leviers sensiblement parallèles dans leur position moyenne. A cet effet, si les positions moyennes des leviers donnés ne sont pas parallèles, il faut remplacer le levier droit d'un des systèmes par un levier coudé faisant corps avec le premier, dont la seconde branche soit parallèle au second levier, et assembler par une bielle son extrémité avec celle du premier (fig. 335). Les leviers peuvent être dans un rapport de grandeur quelconque en théorie, mais pas trop différent dans la pratique, pour éviter les actions obliques.

Fig. 335.

Nous avons donné tout ce qui est nécessaire pour l'étude des vitesses dans ce système et les moyens de trouver les proportions des pièces nécessaires pour que le mouvement puisse se produire dans l'étendue voulue.

350. Cherchons à déterminer, lorsque les axes ne sont pas parallèles, la position que doit occuper la bielle lorsqu'on veut satisfaire à la condition que le rapport des vitesses soit constant.

Les axes Ae, Bf n'étant pas parallèles (fig. 336), cherchez leur perpendiculaire commune ef et menez eg parallèle à fB. Dans le plan Aeg menez eh qui divise Aeg en deux angles Aeh, heg tels que leurs sinus soient réciproquement comme les vitesses angulaires respectives des axes Ae, Bf. D'un point quelconque h, menez des perpendiculaires hA, hg à Ae et à eg, prenez fB $= eg$, menez Bl égale et parallèle à hg, enfin

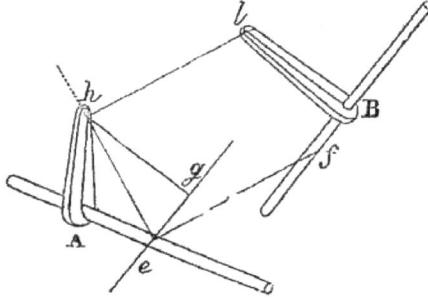

Fig. 336.

joignez h et l, cette droite parallèle à ef est perpendiculaire à la fois à Ah et à Bl.

Si Ah et Bl sont les bras de levier et hl la bielle par laquelle ils se transmettent le mouvement, cette bielle étant perpendiculaire aux bras dans leur position moyenne, si l'amplitude du mouvement est petite, le rapport des vitesses angulaires des axes sera pour cette faible amplitude à peu près constant et s'écartera peu du rapport inverse des longueurs des bras.

351. *Mouvement de sonnette.* — Lorsque la position relative des deux bras de levier est donnée, ou lorsque l'amplitude de leur mouvement doit être notable, il faut renoncer à chercher à obtenir un rapport de vitesse constant.

Le cas le plus remarquable est celui où le mouvement devant être transmis à grande distance, les angles d'inclinaison que prend la bielle sont très-petits. On appelle cette communication mouvement de sonnette. Indiquons le moyen de la tracer.

Étant données les positions des deux leviers, le levier moteur et celui qui doit être mis en mouvement, et aussi la position des deux axes, adaptez à chacun d'eux dans un plan perpendiculaire à leur direction un levier coudé dont la longueur

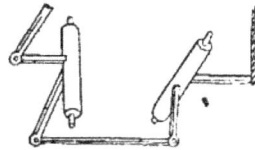

Fig. 337.

soit en raison inverse de la vitesse; ces coudes doivent être dans un même plan pour la position moyenne du mouvement.

La traction, ayant lieu obliquement d'un levier à l'autre, engendre une torsion et des frottements qui rendent cet appareil
impropre à transmettre de grands efforts.

Chaque articulation de la bielle qui établit la communication
entre les deux leviers doit non-seulement permettre un mouvement de rotation autour d'un axe parallèle à chaque axe de
rotation, mais encore permettre à la bielle de s'incliner sur le
plan perpendiculaire à ce dernier. Si donc le jeu laissé dans les
articulations ne suffit pas à cet effet en le laissant assez grand,
comme on le fait souvent dans la pratique, il faut que l'articulation soit remplacée par un axe parallèle au levier, une tige
ronde, autour de laquelle passe l'extrémité de la bielle formant
anneau; plus exactement un joint universel ou une rotule devrait exister à chaque extrémité, mais le système précédent
suffit dans la pratique.

352. A A, A′A′ étant les deux axes[1], B B′ la position
initiale de la bielle; dans le premier déplacement elle glisse
d'abord suivant sa longueur, et l'on a
pour les vitesses de ses points extrêmes :

$$r\omega = r'\omega' \quad \text{ou} \quad \frac{\omega}{\omega'} = \frac{r'}{r},$$

et ce rapport subsiste sensiblement tant
que la bielle s'éloigne très-peu de sa position initiale.

Pour une autre position, construisant
comme il a été dit (art. 266) les lignes B J, B′ J′, on aura :

$$\frac{v}{v'} = \frac{BJ}{B'J'}.$$

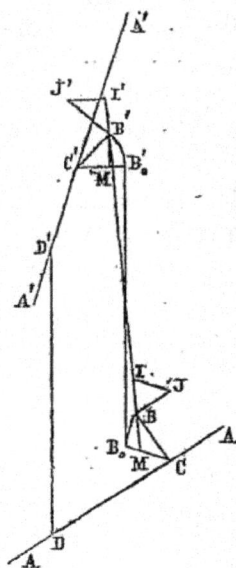

Fig. 338.

La bielle étant supposée très-longue
relativement aux leviers, forme toujours
des angles assez petits avec sa position
initiale. Il en résulte que si on abaisse
les perpendiculaires B M, B′ M′ sur la
position initiale des leviers, ces lignes seront sensiblement
dans le même plan que les droites B I, B′ I′; on aura alors

1. Girault, *Géométrie appliquée à la transformation du mouvement*.

entre les triangles semblables BIJ, BCM et $B'I'J'$ et $B'M'C'$ les relations

$$\frac{BJ}{BI} = \frac{r}{CM}, \quad \frac{B'J'}{B'I'} = \frac{r'}{C'M'},$$

ou en divisant terme à terme et remarquant que $BI = B'I'$:

$$\frac{v}{v'} = \frac{r}{r'} \times \frac{C'M'}{CM} \quad \text{ou} \quad \frac{\omega}{\omega'} = \frac{C'M'}{CM};$$

c'est-à-dire que les vitesses angulaires sont en raison inverse des projections des leviers coudés sur leurs positions initiales.

353. *Intermédiaires flexibles.* — Une corde, attachée à l'extrémité d'un levier et enroulée en partie sur un cylindre auquel elle est attachée, fournira la transformation demandée, mais seulement dans un sens, quand l'action agit suivant la longueur de la corde. Il faut nécessairement l'intervention de la pesanteur ou d'un ressort pour que l'action ne s'arrête pas dans le sens opposé. Telle est la disposition de la fig. 339, au moyen de laquelle on obtient un grand nombre de tours du cylindre pour chaque oscillation du levier de la pédale. C'est celle employée dans le tour en l'air qui sert pour le travail des bois, et dans lequel

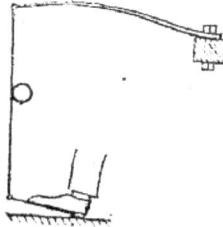

Fig. 339.

la réaction est produite par une lame élastique. Le déroulement de la corde s'effectuant sans glissement, le rapport de vitesse est constant avec un cylindre circulaire; il serait variable suivant une loi voulue si la surface de ce cylindre était entaillée.

La flexibilité de la corde permet de transmettre ainsi le mouvement alternatif dans des plans quelconques, ou au moins de produire une traction, car il faut toujours un moyen de produire le mouvement en sens contraire, analogue à un ressort, la corde ne pouvant agir que dans un sens.

ORGANES AGISSANT PAR CONTACT

354. *Axes parallèles.* — Pour faire agir un levier sur un autre levier, par le contact de leurs extrémités, comme le mou-

vement est en général petit, les courbes formant le profil de ces
extrémités peuvent être remplacées par des arcs de cercle voisins des courbes enveloppe et enveloppée l'une de l'autre; contours qui devraient être donnés à ces parties en raison du rapport des vitesses, la petite variation de vitesse angulaire qui
résulte de cette substitution est petite et sans importance.

355. Cherchons à déterminer ces arcs de cercle par un mouvement de faible étendue et un rapport de vitesse déterminé.
A et B étant les centres des deux leviers (fig. 340), menons TK

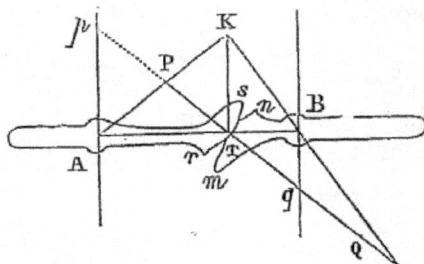

Fig. 340.

perpendiculairement à AB par le point T, point de contact des
deux leviers dans leur position moyenne, les longueurs AT,
BT étant déterminées en raison inverse des vitesses. Par ce
même point T menons une ligne quelconque PTQ. Si l'on prend
sur la perpendiculaire un point quelconque K, et qu'on trace
les lignes AK, BK, les points P et Q, où ces lignes rencontrent
la ligne PTQ, pourront être pris pour le centre de deux cercles de rayons PT, QT dont les arcs *rs, mn*, seront convenables pour former les extrémités des leviers.

En effet, d'après ce que nous avons vu (art. 124) pour deux
courbes qui se poussent, le mouvement sera le même que celui
de deux leviers AP, BQ qui seraient joints par la bielle PQ.
Pendant un déplacement infiniment petit, la bielle peut être
considérée comme se mouvant autour du centre instantané de
rotation. Or, dans la position de la figure ce centre se trouve
en K, puisqu'il est à la fois sur AP et sur BQ, chaque extrémité de la bielle se mouvant perpendiculairement au rayon de
la manivelle. D'après cette construction, le point de contact se
déplacera suivant la ligne des centres et le mouvement aura
lieu ainsi au milieu comme par roulement des courbes l'une sur
l'autre.

Comme la distance de K à T est arbitraire, si on la suppose infinie, dans quel cas AK, BK deviennent parallèles à KT et perpendiculaires à la ligne des centres, c'est-à-dire A p et B q; p et q sont alors les centres, et la construction devient très-simple.

On doit dans la pratique faire l'angle PTA un peu grand, pour éviter une trop grande obliquité des faces en contact.

356. *Engrenages.* — L'inconvénient des systèmes précédents est de ne pas être à retour, d'exiger l'action d'un poids ou d'un ressort pour agir en sens inverse de la direction de la force si elle est intermittente.

Lorsque l'action doit être transmise successivement dans les deux sens, il est naturel de garnir de dents deux arcs de circonférences primitives décrites des deux centres des leviers. Le problème se trouve ainsi ramené aux solutions déjà trouvées par la transformation du mouvement circulaire continu en mouvement de même nature. Il est évident, en effet, que si le premier devient alternatif, il en est de même du second, et que, comme nous l'avons dit, le système levier se confond avec le système tour lorsque celui-ci agit successivement dans deux sens opposés, avec cette différence que le mouvement circulaire peut alors comprendre plus d'un tour entier. Tout ce que nous avons exposé pour les engrenages, les considérations relatives aux rapports de vitesses constants ou variables, au frottement de roulement ou de glissement, etc., trouve à s'appliquer ici.

357. Nous n'avons pas à revenir sur une solution longuement étudiée dans les précédents chapitres. Nous indiquerons seulement comment cette solution fournit le moyen de multiplier le nombre de *tours* d'un système pour une oscillation de l'autre.

Nous citerons, comme seul exemple, l'application simultanée de l'engrenage intérieur et extérieur fait (fig. 341) dans une machine à réceper les pieux, pour fournir simultanément deux mouvements circulaires alternatifs de sens contraire.

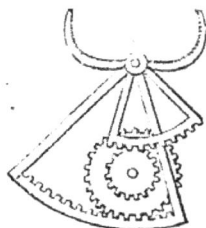
Fig. 341.

Si nous appelons R, R' les deux rayons des roues assemblées avec chacune des branches de la cisaille, r, r' ceux des roues

montées sur l'axe moteur, on devra avoir pour la régularité de
l'action

$$\frac{R}{r} = \frac{R'}{r'}; \text{ d'ailleurs } R = R' + r' + r.$$

Donc se donnant la distance des deux centres $R' + r'$ et le rapport $\frac{R}{r}$, il sera facile de déterminer toutes les dimensions de
cet appareil.

358. *Axes non parallèles*. — Lorsque les axes des deux mouvements circulaires ne sont pas parallèles, on arrivera encore
à la détermination des courbes ou parties d'engrenages qui
terminent leurs extrémités, à l'aide des principes exposés à la
théorie des engrenages.

CHAPITRE IX

Mouvement circulaire alternatif en rectiligne alternatif.

Le mouvement circulaire alternatif étant produit par le système *levier* et le mouvement rectiligne par le système *plan*, le
problème à résoudre consiste à mettre en rapport deux systèmes
de ce genre. Pratiquement il n'y a ici qu'à appliquer, pour une
fraction de tour, les organes de transformation du mouvement
circulaire continu ou rectiligne continu. Nous n'avons à examiner que celles qui offrent quelques particularités.

DIRECTION DU MOUVEMENT RECTILIGNE DANS LE PLAN DU MOUVEMENT CIRCULAIRE.

ORGANES AGISSANT PAR CONTACT IMMÉDIAT.

359. *Manivelle à coulisse*. — Si on adapte une cheville à la
barre qui est assujettie à glisser en ligne droite, celle-ci mettra
le levier en mouvement en passant dans une rainure pratiquée
à travers celui-ci (fig. 342).

Si l'on mène par le point A centre de rotation, une perpendiculaire à la direction du mouvement, la normale à la rainure

passant par l'axe de la cheville d'assemblage la rencontrera
en C, pour une position voulue de la rainure, et AC repré-

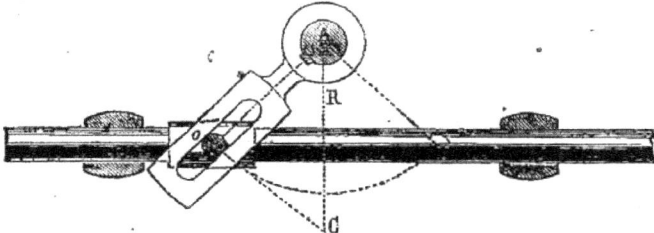

Fig. 342.

sente le rapport du mouvement rectiligne à la vitesse angulaire du mouvement de rotation :

$$\text{ou } \frac{v}{\omega} = AC.$$

Appelant R la distance du centre de rotation à la direction du
mouvement rectiligne, et θ l'angle variable de la rainure avec
cette perpendiculaire, on a en effet, sur AC, $r\omega$ étant la vitesse
de B, $v \cos. \theta = r\omega$; or :

$$AC \cos. \theta = r \text{ et aussi } r \cos. \theta = R,$$

donc : $$AC = \frac{r}{\cos. \theta} = \frac{v}{\omega} = \frac{R}{\cos.^2 \theta}.$$

On voit que pour une même vitesse de rotation, la vitesse du
mouvement rectiligne augmente avec l'angle θ, cos. θ étant toujours plus petit que 1, et que pour $\theta = 0$ on a $v = R\omega$. Le mouvement, en partant d'une des extrémités du chemin parcouru
en ligne droite, est donc retardé pendant la moitié de sa course,
puis symétriquement accéléré pendant la seconde moitié, le
mouvement de rotation étant uniforme. Le maximum de vitesse correspond donc au changement de sens du mouvement,
condition tout à fait défectueuse au point de vue dynamique.

360. Si la rainure appartenait à la tige douée d'un mouvement rectiligne et la cheville au levier, comme fig. 343, on retombe dans un cas intéressant déjà examiné, lorsque la direction
du mouvement rectiligne passe par le centre de rotation; sur
la disposition de l'art. 286, c'est-à-dire que si la rainure est
perpendiculaire à la barre, le rapport des vitesses, pour la

fraction de tour effectuée, est le même que celui du système formé d'une bielle de longueur infinie et d'une manivelle, celle-ci décrivant le même arc que le levier.

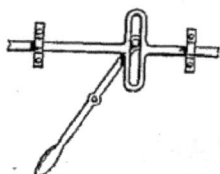

Fig. 343.

En variant les formes des rainures et leurs directions, on peut obtenir tous les rapports de vitesse que l'on voudra ; mais il est clair que ces dispositions qui donnent naissance à un grand frottement suivant des longueurs de rainures qui croissent rapidement, et aussi sur les guides de la barre, pour peu que l'inclinaison du levier s'éloigne de la perpendiculaire, ne doivent être usitées qu'autant que l'angle θ reste petit, et son cosinus voisin de l'unité.

361. *Engrenages*. — Tous les systèmes qui servent à produire le mouvement rectiligne continu à l'aide du circulaire continu fournissent des solutions du problème qui nous occupe, les deux mouvements devenant simultanément alternatifs.

Les diverses crémaillères fourniront donc la solution du problème, sans leur faire subir aucune modification et sans qu'il y ait rien à ajouter aux détails que nous avons donnés. Nous savons qu'avec le tracé normal le rapport des vitesses des deux systèmes sera constant, et que par suite, si le premier satisfait aux conditions de maximum, le second y satisfera aussi.

ORGANES AGISSANT PAR INTERMÉDIAIRES.

362. 1° *Flexibles*. — *Cordes*. — Les cordes, par l'effet de leur flexibilité, peuvent en s'enroulant ou se déroulant sur un cylindre tranformer, avec une grande simplicité, le mouvement rectiligne en un mouvement circulaire dont l'axe est celui du cylindre. Une corde ne pouvant servir que dans le sens de la traction, l'intervention de la pesanteur ou d'un ressort est nécessaire pour établir le mouvement alternatif. Telle est la disposition de la figure 344, qui se rapporte au treuil, comme celle du système employé dans les premières machines à vapeur à simple effet (fig. 345), dans lesquelles le balancier mis en mouvement par le piston entraînait un contre-poids suspendu

à l'extrémité d'une chaîne que la pesanteur ramenait ensuite à sa position initiale.

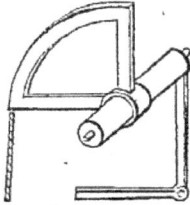

Fig. 344.

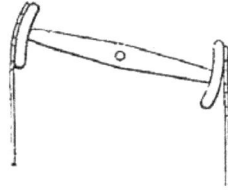

Fig. 345.

363. Une corde tendue peut servir à produire le mouvement circulaire alternatif à l'aide d'un mouvement rectiligne alternatif; nous prendrons pour exemple un outil bien connu.

L'*archet* (fig. 346), au moyen d'un mouvement rectiligne alternatif, imprime un mouvement circulaire au cylindre porte-foret autour duquel la corde fait un tour.

Fig. 346.

364. En employant un double système de cordes, on peut transformer le mouvement circulaire limité en rectiligne limité sans intervention de la pesanteur ou d'un ressort, c'est-à-dire en enroulant sur une portion du cylindre du treuil deux cordes en sens inverse l'une de l'autre.

Telle est la disposition représentée dans la figure 347, dans laquelle la roue AB conduit une tige DC glissant entre deux guides. Décrivons-la avec quelques détails.

On fixe en *g* sur la barre et en *h* sur le cylindre les extrémités opposées d'une lanière *gh*, à l'aide de laquelle la roue en s'abaissant fera descendre la barre. On place en outre deux autres lanières *ce*, *df* en

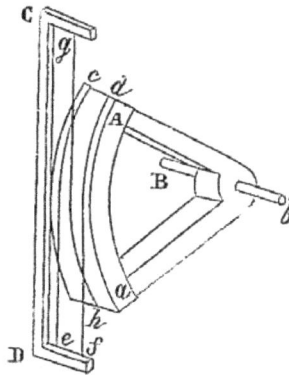

Fig. 347.

sens inverse de la première, de manière à ménager entre elles un intervalle pour le jeu de celle-ci. Cela fait, il est évident

que l'on fera marcher la barre de bas en haut en faisant tourner
la roue dans le même sens et inversement. Les lanières, pour de
grands efforts, devraient être remplacées par des chaînes.

Nous n'avons pas à parler des vitesses pour tous ces cas, qui
ne sont que des applications du système treuil précédemment
étudié.

365. 2° *Rigides.* — *Articulations.* — Le système de bielle et
manivelle, qui fournit la solution de la transformation du mouvement circulaire continu en rectiligne alternatif agit également
bien lorsque le mouvement circulaire devient alternatif. Cette
disposition est fort employée dans la pratique; c'est ainsi, par
exemple, que dans beaucoup de pompes on réunit un levier à
la tige de la pompe guidée en ligne droite par une pièce intermédiaire qui est une véritable bielle.

L'obliquité de l'action tend à déverser la barre mue en ligne
droite, effet que l'on évite quelquefois en faisant agir ensemble
deux systèmes semblables, comme dans le système du losange
que nous allons rencontrer dans un instant. Les actions obliques de ces deux systèmes se détruisent l'une l'autre, et la
résultante des forces agissant suivant les deux bielles passe
toujours par l'axe du mouvement rectiligne.

AUTRES DIRECTIONS DES DEUX MOUVEMENTS.

Nous avons vu que les divers systèmes que nous venons de
passer en revue n'étaient, à proprement parler, que des applications de systèmes déjà étudiés. Tout ce que nous avons dit
pour ceux-ci, pour les diverses dispositions relatives des directions du mouvement, s'étend au cas actuel; par exemple, ce
que nous avons dit des excentriques et rainures et surtout de
la vis s'applique dans ce cas comme aux premières solutions
que nous avons données.

De même, les crémaillères obliques pourront servir lorsque
la direction du mouvement rectiligne sera peu inclinée sur l'axe
du mouvement circulaire.

Mouvement rectiligne parallèle à l'axe de rotation.

366. Nous donnerons comme exemple de l'emploi des cordes,
le petit instrument connu sous le nom de *drille* ou *trépan.* Une

corde, qui traverse une tige verticale, est fixée aux deux extrémités d'une traverse perpendiculaire à cette tige et mobile longitudinalement. On fait tourner
l'instrument jusqu'à ce que la
corde soit enroulée autant que
possible autour de la tige, ce qui
force la traverse à s'élever. Alors,
si l'on appuie la pointe sur l'empla-
cement d'un trou à forer (fig. 348),
en faisant dérouler l'instrument
par une pression exercée dans le
sens de l'axe, par l'effet de l'inertie
d'une masse pesante fixé sur l'axe,
la tige prendra un mouvement
circulaire qui se prolongera suffi-
samment pour enrouler de nouveau la corde, de telle sorte que
ce mouvement sera alternatif, tandis que la traverse, montant
et descendant alternativement, aura un mouvement rectiligne
alternatif.

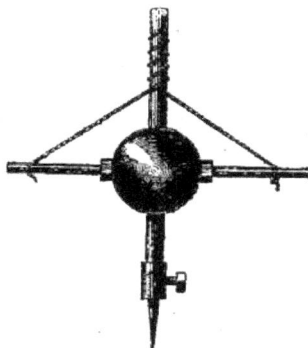

Fig. 348.

367. Les mouvements de cet outil sont dus à l'enroulement
hélicoïdal de la corde. La vis est en effet la solution la plus
convenable dans ce cas. Ainsi le trépan est souvent fait aujour-
d'hui à l'aide d'une vis à filets presque verticaux, et d'un écrou
auquel on communique à l'aide d'une main le mouvement alternatif, pendant que de l'autre on applique le foret monté à l'extrémité de la vis sur le trou à percer.

C'est une application analogue des rainures hélicoïdales qu'a
faite Whitworth, le célèbre constructeur
de machines-outils.

Le problème à résoudre consistait à
trouver le moyen de faire faire à l'outil de
la machine à raboter un demi-tour exact,
pour qu'après avoir opéré en allant dans
un sens, il opérât encore en revenant en
sens contraire.

L'outil est monté dans un cylindre A
(fig. 349), y est maintenu à l'aide de vis.
A la partie supérieure de ce cylindre

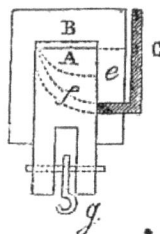

Fig. 349.

est pratiquée une rainure hélicoïdale qui s'étend exactement d'un
côté à l'autre d'un plan diamétral. Le cylindre B, dans l'inté-

. rieur duquel est ajusté à frottement doux le cylindre A porte une rainure verticale *e*, et une pièce C ayant un mouvement rectiligne alternatif porte une saillie rectangulaire qui traverse la rainure verticale et entre dans la rainure héliçoïdale de A. Le mouvement rectiligne de cette pièce fera pour chaque oscillation tourner le cylindre porte-outil exactement d'un demi-tour, par suite de la longueur de la rainure héliçoïdale tracée sur la moitié du cylindre.

CHAPITRE X.

Mouvement rectiligne alternatif en rectiligne alternatif.

368. Le mouvement rectiligne alternatif étant de sa nature identiquement le même que le mouvement rectiligne continu, c'est-à-dire existant par les mêmes guides et ne se composant que de deux semblables mouvements qui se succèdent en sens inverse, la transformation actuelle n'est autre que celle exposée chapitre II. La seule chose à observer, c'est que le mouvement doit dans ce cas pouvoir être transmis dans deux sens opposés, le système étant double.

Examinons au point de vue de cette transformation les solutions déjà connues.

ORGANES AGISSANT PAR CONTACT IMMÉDIAT.

369. Les plans inclinés n'agissant que dans un sens ne peuvent fournir la transformation cherchée que par l'intervention de poids ou de ressorts; si, au contraire, on emploie les doubles plans inclinés ou des rainures, la disposition représentée figure 332, le mouvement pourra être transmis avec ses alternatives; le mouvement alternatif n'étant, comme nous l'avons souvent observé, qu'une succession de mouvements de directions opposées.

ORGANES AGISSANT PAR INTERMÉDIAIRES.

370. *Flexibles.* — *Cordes.* — Les cordes n'agissant que par traction, ne pourront transmettre le mouvement alternatif

qu'avec l'aide de contre-poids ou de ressorts. Lorsqu'il en est ainsi, le mouvement peut être transmis en tous sens et dans tout rapport de vitesse à l'aide de poulies.

371. *Rigides.* — *Bielle.* — La bielle fournit une solution très-intéressante, déjà étudiée en détail (art. 327), de la transformation de mouvements rectilignes alternatifs.

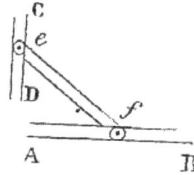

Fig. 350.

Si l'on suppose que les extrémités d'une bielle *e f* (fig. (350) sont articulées à deux barres qui se meuvent en ligne droite, ou sont engagées dans des rainures AB, CD, en faisant avancer l'extrémité *e* suivant CD, l'extrémité *f* se déplacera suivant AB et réciproquement.

372. *Mouvements à angle droit.* — On peut réduire les résistances passives du mouvement rectiligne dans ces systèmes à celles bien moindres des articulations du mouvement circulaire, lorsque les deux mouvements sont à angle droit, en en réunissant deux.

Soit le losange ABCD (fig. 351); si l'on donne à deux

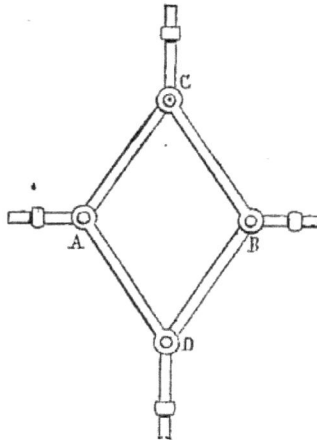

Fig. 351.

sommets A, B, un mouvement rectiligne alternatif, les deux sommets C, D auront le même genre de mouvement dans une direction perpendiculaire à la première. Les pressions s'équilibreront deux à deux sur les articulations.

On peut tracer le losange de telle sorte que les mouvements

des sommets verticaux soient dans un rapport quelconque avec
ceux des sommets horizontaux. Ainsi, soient les points C et D
pouvant se mouvoir sans obstacle vers le centre du losange,
α étant la moitié de l'angle au sommet A, les projections de la
bielle sur les diagonales deviennent l cos. α sur l'une et l sin. α
sur l'autre, le rapport des vitesses sera $\dfrac{V}{V'}$ = tang. α.

Si le point C étant fixe, A et B portant seulement des articulations, et par suite pouvant changer de position, décrivant
des mouvements circulaires alternatifs, en restant sur la circonférence du cercle dont le centre est en C et l le rayon, à
cause de la symétrie, le point D se mouvra toujours en ligne
droite sur la diagonale CD, qui partage en deux parties égales
l'angle au sommet, et sa vitesse sera double de ce qu'elle était
lorsque les deux points C et D étaient mobiles tous deux et
guidés en ligne droite. Cette disposition sera étudiée au livre III.

Dans ce système articulé dit *losange*, le chemin parcouru par
les frottements est minime; il est donc avantageux sous le rapport des résistances passives.

373. Généralement, dans la pratique, le mouvement rectiligne alternatif est transformé en circulaire continu à l'aide de
la bielle et de la manivelle, pour être ensuite transformé de
nouveau en rectiligne alternatif; c'est en opérant sur le mouvement circulaire qu'on obtient toutes les variations de vitesse
dont on a besoin. Dans ce cas, comme dans beaucoup d'autres,
les solutions les plus directes sont loin d'être les plus avantageuses.

LIVRE DEUXIÈME

COMBINAISON DE MOUVEMENTS ·

374. Les couples d'organes servant à la transformation du mouvement qui viennent d'être passés en revue, constituent, par leur action successive les uns sur les autres, les mécanismes formés par leurs combinaisons qu'emploie l'industrie. Après avoir ainsi décomposé ces mécanismes en leurs éléments, en avoir fait l'analyse, il importe de passer à un commencement de synthèse, de rechercher ce qui se passe dans l'action de ces organes lorsqu'ils viennent agir les uns sur les autres. Il n'y a rien à dire de nouveau quand il s'agit de la succession simple des organes, réalisant des séries successives des couples déjà étudiées; les rapports des mouvements aux deux extrémités ne se modifient nullement avec le nombre, systèmes qui transmettent l'action du moteur; nous avons à parler seulement des dispositions particulières, assurant la simultanéité d'action de plusieurs éléments, pouvant donner, dans quelques cas, une expression intéressante *du rapport des vitesses, ou des trajectoires complexes, des mouvements suivant des courbes.*

C'est dans l'étude de cette dernière question que se trouve le moyen d'obtenir les moyens de transformation de mouvement qui nous restent encore à examiner, celles de mouvements quelconques en mouvements suivant des courbes (art. 73). Nous avons déjà rencontré la production de trajectoires courbes dans certains doubles mouvements, car c'est par la combinaison de plusieurs organes simples et par suite de plusieurs mouvements que l'on résout le problème d'une manière générale, ainsi que nous allons le voir.

Cette question se confond en réalité avec celle du tracé des courbes par des mouvements rectilignes ou circulaires, c'est-à-dire avec la règle et le compas, question qui a intéressé nombre de savants et a conduit à des résultats d'un grand intérêt, formant une des parties les plus curieuses de la Cinématique.

I. DES RAPPORTS DE VITESSES OBTENUS PAR QUELQUES COMBINAISONS D'ORGANES.

CHAPITRE PREMIER.

Mouvements circulaires continus.

375. Systèmes de roues dentées. — Les plus petites dimensions des pignons résultent des considérations relatives aux saillies des dents (art. 146); mais bien avant ce point un pignon trop petit entraîne un frottement considérable (comme le montre la valeur croissante de $\frac{1}{n'}$, à mesure que n' diminue) par suite de sa convexité trop grande.

En pratique on évite, dans une transmission entre roue et pignon, de donner à celui-ci un diamètre moindre que le quart ou le cinquième de la roue conductrice. On arrive ainsi à la nécessité des roues intermédiaires.

En effet supposons qu'il faille transmettre le mouvement *entre un axe moteur* faisant trois tours par minute et un *axe parallèle* qui fait 50 révolutions pendant le même temps.

Un axe en rapport avec le premier ne doit faire que 15 tours au plus, si l'on veut satisfaire à la prescription qui vient d'être indiquée ; admettons qu'il effectue 13 révolutions par minute, il faudra employer un semblable axe supplémentaire pour faire mouvoir le troisième axe, qui doit faire 50 tours ; celui-ci pourra être commandé directement par le second, car $4 \times 13 = 52$. Ainsi la transmission comprendrait trois arbres dont l'écartement serait considérable, ce qui est coûteux et rarement admissible. Si leur position est fixe et trop petite, le problème est insoluble en raisonnant comme ci-dessus.

376. La solution devient au contraire simple et excellente (aussi est-elle d'un emploi fréquent dans la pratique) en employant plusieurs engrenages situés dans des plans parallèles au lieu d'un seul engrenage.

Soit une première roue A (fig. 352) qui engrène avec une autre roue a d'un rayon bien moindre, avec un *pignon ;* sur le même axe que le pignon a est montée une roue B solidaire avec lui.

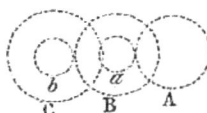

Fig. 352.

La roue B engrène avec un second pignon b sur l'axe duquel est montée une roue C.

ω, ω', ω'', étant les vitesses angulaires autour des axes des trois roues A, B, C, soient R, R', R'', les rayons des roues, r, r', ceux des pignons a, b, on aura :

$$\omega \times R = \omega' \times r,$$
$$\omega'' \times r' = \omega' \times R',$$

et en divisant ces deux expressions l'une par l'autre :

$$\frac{\omega}{\omega''} = \frac{r \times r'}{R \times R'},$$

c'est-à-dire que la vitesse angulaire de la première roue est à celle de la dernière comme le produit des rayons des pignons est au produit des rayons des roues, celle montée sur l'axe du dernier pignon exceptée.

Et en général N_0 N_1.... étant le nombre des dents des roues, n_1 n_2 n_3... le nombre des dents des pignons montés sur les mêmes axes (les nombres des dents étant entre eux comme les rayons), T_1 le nombre de tours de la première roue, T_m

le nombre de tours de celle mue par le dernier pignon, on
aura :

$$\frac{T_m}{T_1} = \frac{N_0\, N_1 \ldots\ldots N_{m-1}}{n_1\, n_2 \ldots\ldots n_m}.$$

Telle est la formule dont on se sert dans les cas où l'on doit
obtenir une grande vitesse à l'aide d'une petite vitesse de
l'arbre moteur, et notamment dans l'horlogerie, où ce problème
doit toujours être résolu[1].

377. Lorsque, dans un mécanisme, la disposition des roues
et pignons occupe encore trop de place, on peut
la diminuer et obtenir les mêmes résultats des
rapports de vitesses par l'emploi de *canons*,
système permettant de monter des roues mues
avec des vitesses différentes sur un même arbre,
de fournir un même axe mathématique de rotation à ces diverses roues. Nous prendrons
pour exemple de cette disposition, une application qui la fera parfaitement comprendre,
une *minuterie*, les rouages qui font que les deux
aiguilles montées sur un même axe d'un ap-

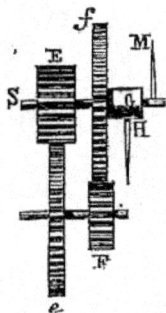

Fig. 353.

pareil d'horlogerie, qui représentent en réalité des rayons de

1. Nous donnerons ici un curieux théorème, dû au docteur Young.

Si dans le système de roues dentées il y a $k+1$ axes dont toutes les roues
portent chacune w dents, tous les pignons montés sur ces axes p ailes, on a
la relation entre les vitesses

$$\frac{T}{T_1} = \left(\frac{w}{p}\right)^k = x^k \text{ en posant } \frac{w}{p} = x,$$

$xp = w$ est le nombre de dents d'une roue et $k\,(p + xp)$ le nombre total
des dents des roues du système.

Or $\left(\frac{w}{p}\right)^k = x^k = C$ constante pour un même rapport de vitesse,

et $k = \dfrac{\log. C}{\log. x}$; si donc on se propose de déterminer le système qui emploiera le moindre nombre de dents possible, il faudra rendre un minimum

$$k\,(p + xp) = \frac{(\log. C)\,(p + xp)}{\log. x}.$$

Différenciant, il vient pour le minimum $\log. x = \dfrac{1+x}{x}$, d'où $x = 3{,}59$.

Donc étant donné un rapport de vitesse angulaire de deux axes, pour l'obtenir avec le moindre nombre de dents, il faudrait faire $\dfrac{w}{p} = 3{,}59$.

roues, tournant dans le même sens et dans le rapport de 12 à 1, c'est-à-dire que l'aiguille des minutes parcourt un intervalle de 12 heures pendant que celle des heures parcourt l'intervalle d'une heure.

Quatre roues dentées sont alors nécessaires. La roue E étant fixée à l'axe S, et la roue f au canon G qui tourne librement autour de l'axe S, l'aiguille des minutes M est fixée à l'axe S, et celle des heures au canon G. Le mouvement est communiqué par les roues e et F montées sur un même axe, et en engrenant la première avec E, la seconde avec f.

Si E a 12 dents, e 36, F 10, f 40, on a pour le rapport des vitesses angulaires des deux aiguilles $\dfrac{36 \times 40}{12 \times 10} = \dfrac{12}{1}$.

Rouages d'horlogerie.

378. Revenons en détail sur l'application importante des séries de roues et pignons à l'horlogerie, en prenant pour type principal l'admirable appareil qu'on appelle horloge astronomique.

Disons, pour rendre compréhensible ce qui va suivre, que les pièces principales d'une horloge, dont nous expliquerons en détail le mode d'opérer et le tracé dans le livre IV, sont : le régulateur (le pendule), possédant un mouvement d'oscillation parfaitement régulier, et la roue d'échappement, mise en mouvement par un poids et qui est arrêtée par chaque oscillation du pendule, et rendue libre par l'oscillation suivante; de telle sorte que t étant le temps d'une oscillation en secondes, et e le nombre de dents de la roue d'échappement, $\dfrac{2 \times e}{t}$ est la durée de la rotation d'un tour de cette roue.

Au moyen de deux roues engrenant avec des pignons, on produit, à l'aide du mouvement de rotation très-lent de la roue qui fait tourner le poids moteur, un mouvement rapide de la roue d'échappement.

Dans une horloge, on connaît donc le nombre des oscillations par heure du régulateur formé par le pendule, d'après sa longueur donnée, et, par suite, le nombre de tours de la roue d'échappement dont on connaît le nombre de dents. Le calcul se réduit donc à obtenir, d'après la formule générale, le nombre des dents des roues et pignons (trois en général) qui peuvent résoudre le problème, sachant que l'aiguille des minutes (qui correspond au rayon d'une roue) doit marcher douze fois moins vite que celle des heures, celle des secondes (si elle existe) douze fois moins vite que celle des minutes. Nous emprunterons encore la forme excellente de l'exposition suivante à Willis, et à l'exemple des meilleurs auteurs, nous représenterons les roues par leur, nombre de dents, en écrivant ces nombres sur diverses lignes horizontales, en plaçant sur une même horizontale les roues montées sur le même arbre, et celles qui engrènent l'une avec l'autre sur la même verticale.

379. Ainsi, pour une horloge dont le pendule bat la seconde, on rencontre le rouage ainsi composé : ·

Grande roue.   48 ....   25.....   4

Pignon.....   6 — 45   2e roue..............   »   »

Pignon.   »   6 — 30 roue d'échappement.   25   »

aiguille
des minutes.

48
aiguille
des heures.

Le rapport du mouvement de l'aiguille des heures à celle des minutes (qui n'est autre chose que celui des rayons des roues qui les conduisent) est bien celui de 1 à 12, puisque la vitesse de la première, rapportée à celle de l'arbre moteur de la grande roue, est $\frac{25}{25} = 1$ et celle de la seconde $\frac{48}{4} = 12$. La roue d'échappement fait par hypothèse un tour en une minute; l'arbre moteur doit donc tourner soixante fois moins vite que celui de la roue d'échappement; en effet, on a bien $\frac{48 \times 45}{6 \times 6} = 60$.

380. NOMBRE DES DENTS. — J'ai supposé ici déterminés à priori les nombres des dents des diverses roues; il importe surtout de montrer comment on peut y parvenir dans les diverses constructions de l'horlogerie.

Si l'axe de la roue d'échappement fait un tour en une minute et celui de la grande roue en une heure, on a pour le rapport des vitesses, $\frac{T_m}{T_e} = 60$; si D est le produit des dents des roues et F celui des dents des pignons, $D = 60 F$ est une équation indéterminée, et tous les nombres qui y satisfont peuvent être pris pour nombres de dents des roues. Dans une horloge. commune, six est le plus petit nombre d'ailes qui soit employé, et soixante dents le plus grand qui soit attribué à une roue.

Le plus petit nombre d'axes étant 3, pouvant porter deux pignons de six dents, $D = 60 \times 6^2 = 2160$ sera dans ce cas le nombre des dents de la grande roue.

Il faut diviser ce nombre en deux facteurs convenables. La meilleure manière de les obtenir consiste à décomposer le nombre en ses facteurs premiers, en l'écrivant sous la forme

$$2160 = 2^4 \times 3^3 \times 5.$$

et il est alors facile de diviser ces facteurs en deux groupes, comme, par exemple :

$$2^4 3 . \times 3^2 . 5 = 48 \times 45, \text{ ou } 2^3 . 5 \times 2 . 3^3 = 30 \times 54,$$

ou $\qquad 2^2 . 3^2 \times 2^2 3 . 5 = 36 \times 60.$

Le premier 48×45 est préférable à cause de la presque égalité des deux nombres; c'est celui indiqué ci-dessus :

$$\frac{D}{F} = \frac{45 \times 48}{6 \times 6},$$

devant être écrit, pour indiquer la disposition des roues, ainsi qu'il suit :

$$\begin{array}{c} 48 \\ 6 - 45 \\ 6 \end{array}$$

381. Pour une bonne construction, le nombre six pour les ailes du pignon est trop petit pour assurer une action parfaite, pour une conduite convenable. Un pignon de huit dents est meilleur, mieux encore des pignons de dix à douze dents donnent une action parfaite.

Si on adopte le pignon de 8, $F = 8^2 = 64$ et $D = 60 \times 64$, qui forme un assez bon système de roues.

Dans les horloges de précision, on peut employer des roues de plus de soixante dents; cent ou cent vingt sont des nombres très-admissibles. En employant trois arbres on pourra poser :

$$\frac{D}{F} = \frac{(100)^2}{p^2} = 60 \text{ ou } p = 13 \text{ à peu près,}$$

et prendre $F = 12 \times 14$, $D = 60 \times 12 \times 14 = 96 \times 115$, ce qui donne le système :

$$105$$
$$14 - 96$$
$$12\,[1].$$

382. Quand une horloge n'a pas d'aiguille des secondes, il n'y a aucune utilité à ce que l'arbre de la roue d'échappement qui porte habituellement cette aiguille fasse une révolution en une minute; quand le pendule est court, cela est même impossible, à cause du grand nombre de dents qu'il faudrait faire porter à la roue.

Les vibrations de petits pendules sont habituellement exprimées par leur nombre en une minute. Soit p ce nombre, e étant le nombre de dents, $\dfrac{2\,e}{p}$ sera la durée de la rotation de la roue

1. Nous avons donné précédemment un curieux théorème dû au docteur Young, d'après lequel le nombre minimum de dents correspond au cas où le rapport du nombre des dents des roues à celui des pignons est 3,59. Il a peu de valeur comme règle pour la pratique, parce qu'il suppose implicitement que la simplicité la plus avantageuse résulte de la seule réduction du nombre des dents; mais, en fait, il est nécessaire, en suivant les indications qu'il fournit, d'éviter également d'augmenter le nombre des axes. Par exemple, dans les horloges, le rapport $\dfrac{T_m}{T_c} = 60$, étant plus grand que le cube de 3,59, il faut pour le plus petit nombre de dents employer au moins trois axes. Si l'on calcule le nombre de dents nécessaire dans le cas d'une, deux, trois ou quatre roues, en prenant les nombres d'ailes de pignons égaux à six, on peut, en décomposant D en facteurs convenables, dresser le tableau suivant :

		Nombre total des dents.
Une roue...	$D = 6 \times 60 = 360$	$360 + 6 = 366$
Deux roues..	$D = 6^2 \times 60 = 45 \times 48$	$45 + 48 + 2 \times 6 = 105$
Trois roues.	$D = 6^3 \times 60 = 20 \times 27 \times 24$	$20 + 27 + 24 + 3 \times 6 = 89$
Quatre roues	$D = 6^4 \times 60 = 15 \times 16 \times 18 \times 18$	$15 + 16 + 18 + 18 + 4 \times 6 = 91$
Cinq roues..	$D = 6^5 \times 60 = 12^3 \times 15 \times 18$	$3 \times 12 + 15 + 18 + 5 \times 6 = 99$

Ainsi, comme l'indique le théorème en question, le moindre nombre de dents, 89, correspond à l'emploi de trois roues. Mais la pratique universelle a toujours fait employer deux roues et deux pignons entre la roue d'échappement et l'axe des heures; et, en fait, la diminution du nombre de dents n'est pas une simplification qui compense l'addition d'un arbre portant une roue et un pignon. Cette voie n'a pas été suivie, et avec raison, pas plus que celle tentée par des constructeurs qui ont voulu réduire le rouage à une seule roue et à un pignon, en augmentant démesurément le nombre des dents de la roue.

d'échappement en minutes, et comme l'arbre des heures fait sa révolution en 60 minutes, le rapport des deux vitesses,

où $\dfrac{D}{F} = 60 \times \dfrac{p}{2e} = \dfrac{30\,p}{e}$.

Exemples : Le pendule d'une horloge fait 170 vibrations en une minute, la roue d'échappement porte 25 dents et les pignons ont 8 ailes ; on a pour les dents des roues :

$$\frac{D}{8^2} = \frac{30 \times 170}{25} \text{, d'où } D = 13056 = 128 \times 102.$$

383. Dans une montre, les vibrations du balancier sont bien plus rapides que celles du pendule des horloges ; elles varient, suivant les constructeurs, de 270 à 360 par minute. De plus, à cause des petites dimensions des pièces, les roues ne sauraient porter un grand nombre de dents. La roue d'échappement porte de 13 à 16 dents, au lieu de 20 ou 40 dans les horloges, et le nombre de dents des roues varie de 40 à 80. Dans les chronomètres, on arrive jusqu'à 96, nombre bien inférieur à celui usité pour les grandes horloges, dans lesquelles on emploie, dans les mêmes conditions, le nombre 130.

Le nombre des ailes des pignons n'admettant pas de réduction, il faut nécessairement un arbre de plus dans les montres que dans les horloges, et le système de roues entre l'arbre de la roue des heures et l'arbre du balancier consiste en trois roues et trois pignons.

Exemple : La balancier d'une montre fait 360 vibrations par minute, la roue d'échappement a 15 dents et les pignons ont 8 ailes. On aura pour les roues, F étant $8 \times 8 \times 8$,

$$D = 8^3 \times \frac{30 \times 360}{15} = 368640 = 80 \times 72 \times 64.$$

384. Les exemples de rouages d'horloge donnés jusqu'ici se rapportent seulement aux mouvements relatifs de la grande roue et de la roue d'échappement ; c'est comme si l'on supposait le poids moteur adapté à la roue qui fait sa révolution en une heure. Mais dans ce cas l'horloge ne pourrait marcher que quelques heures, cinq ou six, sans être remontée. Il est nécessaire de placer le poids moteur sur un axe séparé, réuni par un rouage avec l'arbre des heures, de manière que le premier tourne très-lentement, et que par conséquent la descente du

poids moteur ne se fasse qu'en un long espace de temps; la corde, enroulée en hélice, faisant un nombre convenable de tours autour d'un cylindre de longueur suffisante.

Dans la pratique, on ne peut faire faire à la corde plus de seize tours sans que sa longueur devienne un inconvénient. Si donc on veut construire une horloge qui puisse marcher huit jours sans être remontée, il faut que chaque tour suffise pour douze heures. Toute paire de roues produisant un mouvement dans le raport de 1 à 12 conviendra pour ce rouage; 96 et 8 sont les nombre habituellement employés, ce qui donne le rouage total ci-après :

ROUAGE POUR HORLOGE DE HUIT JOURS.	PÉRIODES.
96..	12 heures.
8 — 105................................	1 heure.
14 — 96................................	
12 — 30................................	1 minute.

385. Pour une horloge devant marcher un mois ou trente-deux jours sans être remontée, en supposant que le cylindre reçoive encore 16 tours de corde, chaque tour du cylindre devra suffire pour 48 heures, et le rouage attenant au cylindre devra être déterminé par la relation $\frac{D}{F} = 48$, nombre trop grand pour une seule paire de roues, mais facile à obtenir avec deux. En employant des pignons de 9 ailes, on a :

$$D = 9 \times 9 \times 48 = 72 \times 54.$$

Si l'on voulait de plus gros pignons, de 12 et de 16 par exemple, on aurait :

$$D = 12 \times 16 \times 42 = 96 \times 96.$$

Ce qui donne le rouage suivant :

ROUAGE POUR HORLOGE D'UN MOIS.	PÉRIODES.
96....	48 heures.
16 — 96..................................	
12 — 105.........................	1 heure.
14 — 96......................	
12 — 30...........	1 minute.

386. Nous avons supposé au début que l'arbre moteur faisait sa révolution en une heure, que la grande roue montée sur lui était égale à celle qui conduit l'aiguille des minutes. En faisant ces deux roues de nombres différents, on se débarrasse de l'obligation de faire en sorte que le premier arbre fasse sa révolution en une heure.

Par exemple, dans une horloge de huit jours, la roue d'échappement faisant un tour en une minute, soit le rouage qui réunit l'arbre du cylindre moteur avec celui des minutes

$$\frac{108 \times 108 \times 100}{12 \times 12 \times 10} = 810,$$

le cylindre faisant un tour en 810 minutes, ou 13 heures et demie, cinq ou six tours de la corde seront suffisants.

La seconde roue du même rouage de ce train fera sa révolution en $\frac{12}{108} \times 810$ minutes, ou en une heure et demie, ou un huitième de 12 heures. C'est sur cet arbre que sont montées les deux roues e, F, conduisant celles E et f des minutes et des heures (fig. 353). Le rapport est par conséquent :

$$\frac{F}{f} = \frac{1}{8} \quad \text{et} \quad \frac{e}{E} = \frac{3}{2}.$$

Il est avantageux de donner le même pas aux dents de ces deux paires de roues. Pour l'obtenir, appelons x le multiplicateur du premier rapport qui donne le nombre de dents, et y celui du second, x et $8x$ seront les nombres des dents de la première paire, et $3y$, $2y$ ceux de la seconde. Pour que les dents des deux paires aient le même pas, on doit avoir, puisque c'est un même axe de rotation qui conduit les aiguilles des minutes et des heures :

$$x + 8x = 3y + 2y, \text{ ou } 9x = 5y, \text{ ou } x = \frac{5}{9}y.$$

Soit $\qquad\qquad y = 9z, \quad x = 5z.$

Si $\qquad z = 1, y = 9, x = 5,$ on a: $\dfrac{5}{40}$ et $\dfrac{27}{18}.$

$\qquad\qquad z = 2, y = 18, x = 10,$ on a: $\dfrac{10}{80}$ et $\dfrac{54}{36},$

qui peuvent être adoptés.

ROUAGE POUR HORLOGE DE HUIT JOURS.		PÉRIODES.
108...................................		810 minutes.
12 — 108....................... 54	10	
12 — 100.......................		
10 — 30................		1 minute.
(Aiguille des minutes)............. 36		60 minutes.
(Aiguille des heures)............... 80		720 minutes.

Cas général.

387. Considérons d'une manière tout à fait générale ce problème d'une grande importance en mécanique :

Étant donné le rapport de vitesse de deux axes, déterminer le nombre des axes intermédiaires, les proportions des roues et les nombres de dents convenables pour transmettre le mouvement d'un axe à l'autre.

Pour simplifier, nous supposerons qu'il s'agit seulement de roues dentées ; mais tout ensemble de pièces de rotation composé de roues, poulies, crémaillères, etc., peut être calculé d'après les mêmes principes.

La solution consiste évidemment, pour avoir le nombre des dents des roues et le nombre des axes, à décomposer $\dfrac{T_m}{T_1}$ en nombres premiers, à établir une formule semblable à celle de l'article 380, en prenant le produit de plusieurs de ces nombres pour nombre des dents d'une seule roue s'il est nécessaire, afin de rester dans les limites des nombres convenables pour les dents des roues et des pignons.

388. On ne peut procéder que par approximation dans le cas où les deux nombres ou quelques-uns de leurs facteurs sont trop considérables pour deux roues, ne sont pas décomposables en facteurs premiers, et sont premiers.

Soit posé $\frac{T_m}{T_1} = \alpha \pm E$. Si on ne tient pas compte de E, on peut en général avec α nombre simple, peu élevé le plus souvent, multiplié s'il est nécessaire par une fraction égale à l'unité, obtenir une solution, mais l'on introduit une erreur de E révolutions du dernier axe pour une du premier, et la nature de la machine indique si cette approximation est suffisante.

Pour obtenir une plus grande approximation, ou si α est un nombre premier trop grand, on détermine, comme ci-dessus, le plus petit nombre m d'axes nécessaire et le nombre d'ailes que, d'après la nature de la machine, il convient de donner aux pignons. Soit D le produit des nombres des dents des roues, F le produit des nombres des dents des pignons, on aura dans ce cas $\frac{T_m}{T_1} = \frac{D}{F} = \frac{F\alpha}{F}$ (nous supposons que les roues conduisent).

Au lieu de prendre $\frac{D}{F} = \alpha$, posons $\frac{D}{F} = \frac{F\alpha \pm E'}{F}$, E' étant choisi aussi peu différent du reste exact que possible, s'il y en a un, et tel que $F\alpha \pm E'$ soit décomposable en facteurs. L'erreur commise en modifiant ainsi la valeur de D est alors moindre et de $\pm E'$ tours du dernier axe pour F tours du premier, ou $\frac{\pm E'}{F}$ rotation du dernier axe pour une du premier.

Si les pignons conduisent, on prend de la même manière $\frac{T_1}{T_m} = \frac{D\alpha \pm E'}{D}$, et l'erreur est de $\frac{\pm E'}{D}$ rotations du premier axe pour une du dernier.

389. *Premier exemple :* Soit demandé d'obtenir approximativement

$$\frac{T_m}{T_1} = 269.$$

Si on prend le nombre entier le plus près, 270, l'erreur est d'un tour du dernier axe pour 270 du premier. Si d'après la nature de la machine le rapport $\frac{1}{8}$ est plus grand que celui qui est permis entre les roues et les pignons, comme 269 est compris entre 8^2 et 8^3, trois paires de roues et de pignons sont nécessaires.

Si on emploie des pignons de 10 dents, on a $\dfrac{D}{F} = \dfrac{269000}{1000}$, et $\dfrac{269001}{1000} = \dfrac{3^3 \times 11}{10^3}$ constitue un train excellent dont l'erreur est de $\dfrac{1}{1000}$ de révolution du dernier axe pour un tour du premier.

390. *Deuxième exemple :* Soit à obtenir un rouage propre à réunir une roue d'horloge faisant un tour en 12 heures avec une roue faisant une révolution en un temps égal à une lunaison, qui est de 29ʲ 12ʰ 44 à très-peu près, de manière à montrer l'âge de la lune sur un cadran. En réduisant ces périodes en minutes, on a :

$$\frac{T_1}{T_m} = \frac{42524}{720},$$

le numérateur $= 2^2 \times 10631$ renferme un nombre premier trèsfort; mais en divisant par 45 les deux termes, on a :

$$\frac{42524}{720} = \frac{945}{16} = \frac{3^3 \times 15 \times 7}{2^4},$$

rouage très-convenable avec une erreur d'une minute seulement sur le temps d'une lunaison entière.

391. Cette méthode est suffisante pour les cas ordinaires; mais si, une grande exactitude étant nécessaire, les termes de la fraction bien que divisibles en facteurs exigent un grand nombre de roues et de pignons, il faut nécessairement déterminer une nouvelle fraction d'une valeur approchée de celle de la première et de termes plus simples. Les fractions continues s'appliquent à ce cas avec avantage, comme l'a montré Huyghens, l'illustre inventeur de cette théorie.

$\dfrac{T_m}{T_1}$ étant la forme de la fraction dont les termes sont d'un grand nombre de chiffres, en la réduisant en fraction continue à la manière ordinaire on obtient des séries de réduites, les premières très-simples, les suivantes plus approchées, qui examinées séparément admettront le plus souvent une division convenable en facteurs, ou au moins différeront peu de fractions jouissant de cette propriété, donnant une approximation suffisante. La valeur de l'approximation entre la fraction proposée et la réduite adoptée, est toujours déterminée par la différence de ces deux quantités.

Soit en général $\frac{x}{y}$ une fraction très-approchée d'une fraction

donnée $\frac{a}{b}$, on a la différence

$$\frac{a}{b} - \frac{x}{y} = \frac{ay - bx}{by} = \frac{k}{by}.$$

D'après la supposition k est très-petit par rapport à by, et peut être positif ou négatif. Pour déterminer k, on a l'équation indéterminée $ay - bx = k$ [1], dont toutes les solutions sont $x = \alpha + ma$, $y = \beta + mb$, m étant un nombre entier quelconque positif ou négatif, $x = \alpha$, $y = \beta$ étant des valeurs convenables pour une solution.

Soit la fraction $\frac{a}{b}$ convertie en fraction continue et $\frac{p}{q}$ l'avant-dernière réduite, les formules ci-dessus pour les valeurs possibles de x et y deviennent $x = pk + ma$, $y = qk + mb$, et $\frac{x}{y} = \frac{pk + ma}{qk + mb}$ est l'expression de la fraction approche cherchée, dans laquelle m et k peuvent être tout nombre entier positif ou négatif, k étant petit par rapport by et ax.

En effet, $x = pk$, $y = qk$ fournissent un solution, puisqu'en mettant ces valeurs dans l'équation [1] pour x et y, il vient $(aq - bp) k = k$, puisque la différence

$$\frac{a}{b} - \frac{p}{q} = \frac{aq - pb}{bq} = \frac{1}{bq},$$

d'après la théorie des fractions continues.

Un grand nombre de valeurs de $\frac{x}{y}$ peuvent être obtenues à l'aide de l'expression ci-dessus, et par suite on peut choisir celles décomposables en facteurs. Toute la difficulté de ce procédé consiste dans le choix des valeurs convenables de k et

de m. Les nombres ainsi obtenus pour x et y sont nécessairement petits, k et m étant petits et pouvant avoir des signes différents, ce qui donne une très-grande latitude pour le choix.

Ainsi, si l'on donne à k les valeurs 0, $—1$, $+1$, $—2$, et ainsi
de suite, et que dans chaque cas on prenne de semblables valeurs de m qui donnent de petites valeurs de x et y, on décomposera chaque paire de résultats en facteurs premiers, et, ceci
fait, on calculera l'erreur résultante. En procédant ainsi on
obtiendra des nombres pouvant conduire à une exactitude suffisante sans employer un grand nombre de roues. Des tables de
facteurs premiers facilitent beaucoup les calculs.

392. Soit, par exemple, à déterminer la fraction $\dfrac{x}{y}$ très-
voisine de $\dfrac{45}{14}$, l'avant-dernière réduite est $\dfrac{16}{5}$; plaçant ces
nombres dans l'expression de $\dfrac{x}{y}$, on a :

$$\frac{16\,k + m\,45}{5\,k + m\,14}.$$

Soit $m = 1,\ k = —1,\ \dfrac{x}{y} = \dfrac{29}{9},$

$m = 1,\ k = —2,\ \dfrac{x}{y} = \dfrac{13}{4},$

$m = 2,\ k = —3,\ \dfrac{x}{y} = \dfrac{42}{13}.$

Deux de ces termes seraient obtenus par le seul calcul des ré-
duites, mais non le troisième; $\dfrac{42}{13} = 3{,}230$ quand $\dfrac{45}{14} = 3{,}214$;
on voit que cette valeur est très-approchée.

393. Si l'on applique cette méthode à l'exemple d'un mouvement d'une roue annuelle pour une horloge, dans ce cas la frac-
tion $\dfrac{a}{b}$ est égale à $\dfrac{164359}{450}$, l'avant-dernière réduite étant $\dfrac{58804}{161}$,
l'expression des fractions approchées devient :

$$\frac{164359 \times k — m \times 58804}{450 \times k — m \times 161};$$

dans lesquels k et m peuvent prendre toutes les valeurs, par exemple :

$$\frac{7 \times 164359 - 22 \times 58804}{7 \times 450 - 22 \times 161} = \frac{143175}{392} = \frac{27 \times 69 \times 83}{8 \times 7 \times 7},$$

correspondant à une période de 365ᴶ 5ʰ 48′ 58″ 6944 (erreur de 10‴ 69 avec l'année vraie).

C'est le résultat calculé par une méthode différente par le Père Alexandre, et depuis par Camus et Fergusson.

L'expression :

$$\frac{3 \times 164359 - 10 \times 58804}{3 \times 450 - 10 \times 161} = \frac{94963}{260} = \frac{11 \times 89 \times 97}{2^2 \times 5 \times 13},$$

qui correspond à une période de 365ᴶ 5ʰ 48′ 55″,38, est aussi très-convenable.

394. Dans un système de roués dentées, il peut y avoir avantage à introduire une ou plusieurs vis sans fin; par exemple, dans la dernière fraction citée, le dénominateur ne peut être divisé en moins de 3 roues d'un petit nombre d'ailes; mais on peut les remplacer par deux pignons et une vis sans fin (en se rappelant que cette dernière équivaut à un pignon à une aile); on aura ainsi les systèmes équivalents $1 \times 20 \times 13$ ou $1 \times 10 \times 26$. Si la vis sans fin n'est pas facile à placer, les deux termes de la fraction doivent être multipliés par un même nombre, 4 par exemple, ce qui rend le dénominateur suffisant pour trois pignons, et le train devient :

$$\frac{44 \times 89 \times 97}{8 \times 10 \times 13}.$$

395. Donnons encore un exemple de l'application de la méthode, en continuant à suivre Willis, qui a si complétement élucidé cette importante théorie.

Soit à mouvoir un arbre des heures d'une horloge de telle sorte qu'il fasse sa révolution en un jour sidéral, de manière qu'il marque le temps sidéral sur un cadran, pendant que le temps moyen est marqué sur le cadran ordinaire.

24 heures de temps sidéral équivalent à 24ʰ 36′ 4″,0906 de temps moyen. Négligeant les décimales et réduisant en secondes, on obtient 86400″ de temps sidéral, qui équivalent à 86164″ de temps moyen; par suite, une des roues doit faire 86400 tours

pendant que l'autre en fait 86164, ou, en divisant par le facteur commun 4, on a la fraction irréductible :

$$\frac{T_1}{T_m} = \frac{21600}{21541}.$$

Calculant comme ci-dessus, on a l'expression :

$$\frac{3651\,k + 21541\,m}{2661\,k + 21541\,m},$$

dans laquelle $K = -4$ et $m = 7$ donnent :

$$\frac{1096}{1099} = \frac{8 \times 137}{9 \times 159},$$

qui donne une erreur journalière en temps sidéral de $0''{,}0586$, ou $21''{,}5$ en une année.

396. Un autre mode d'indiquer le temps sidéral et temps moyen sur la même horloge, consiste à placer en arrière de l'aiguille ordinaire des heures un cadran mobile plus petit que le cadran ordinaire et concentrique avec lui. Les deux cadrans sont divisés en 24 heures. L'aiguille fait sa révolution en 24 heures solaires et indique comme de coutume le temps moyen sur le cadran fixe ; un petit mouvement rétrograde étant donné en même temps au cadran mobile, la même aiguille marque sur ce dernier le temps sidéral correspondant au temps moyen marqué sur le cadran fixe.

Pour cela il faut que pendant la durée de chaque révolution de l'aiguille des heures, le cadran mobile rétrograde d'un angle correspondant à la quantité que le temps sidéral a gagné sur le temps moyen, qui est de $3'\,56''\,555 = 236''{,}555$, et comme la circonférence entière du cadran contient $86400''$, on a :

$$\frac{\text{Vitesse angulaire de l'aiguille des heures}}{\text{Vitesse angulaire du cadran}} = \frac{86400000}{236555} = 60 \times \frac{288000}{47311}.$$

Des valeurs approchées de cette fraction donneront des nombres propres à l'exécution de ce système.

La fraction $\dfrac{288000}{47311}$ étant réduite en fractions continues, donne :

QUOTIENTS.	6	11	2	3	1	152
FRACTIONS.		$\dfrac{6}{1}$	$\dfrac{67}{11}$	$\dfrac{140}{33}$	$\dfrac{487}{80}$ (A)	$\dfrac{627}{103}$ (B) etc.

(A) contient un nombre premier 487 un peu élevé pour être employé facilement, (B) $= \dfrac{3 \times 11 \times 19}{103}$ ne comprend que des nombres bien moindres, et fournit une plus grande approximation.

397. MÉTHODE BROCOT *pour calculer le nombre de dents d'engrenages des roues propres à former un rouage.* — M. Brocot a réussi d'une manière ingénieuse à simplifier les recherches que nécessite la méthode des fractions continues proposée par Huyghens et a donné le moyen d'obtenir sans aucun calcul, par le seul examen d'une table, une première approximation qui pourra souvent être jugée suffisante; il sera d'ailleurs toujours possible de la perfectionner dans chaque cas particulier. La méthode proposée par cet habile horloger est fondée sur divers lemmes que nous pouvons réduire aux suivants :

LEMME I. — Lorsque deux fractions diffèrent de l'unité divisée par le produit de leurs dénominateurs, la fraction obtenue en les ajoutant terme à terme est la plus simple de celles qui sont comprises entre les proposées.

Si nous supposons en effet :

$$\frac{a}{b} - \frac{a'}{b'} = \frac{1}{b\,b'}, \qquad\qquad (1)$$

ou

$$a\,b' - a'\,b = 1,$$

et si nous désignons par $\dfrac{m}{n}$ une fraction quelconque telle que l'on ait, par exemple :

$$\frac{a}{b} > \frac{m}{n} > \frac{a+a'}{b+b'}, \qquad\qquad (2)$$

24

nous tirerons de là :

$$\frac{a}{b} - \frac{a+a'}{b+b'} > \frac{a}{b} - \frac{m}{n}, \qquad (3)$$

$$\frac{ab' - ba'}{b(b+b')} > \frac{an - bm}{bn}, \qquad (4)$$

$$\frac{1}{b+b'} > \frac{an - bm}{n}. \qquad (5)$$

D'ailleurs

$$an - bm \overline{\overline{>}} 1,$$

puisque

$$\frac{a}{b} > \frac{m}{n}, \quad \frac{a}{b} - \frac{m}{n} = \frac{an - bm}{bn} > 0,$$

$an - bm$ est formé de nombres entiers.

De (5), on tire :

$$n > b + b',$$

et par suite de (3),

$$m > a + a',$$

ce qui montre que la fraction $\dfrac{m}{n}$ a des termes plus compliqués

que $\dfrac{a+a'}{b+b'}$.

REMARQUE. 1° On a toujours :

$$\frac{a}{b} > \frac{a+a'}{b+b'} > \frac{a'}{b'},$$

ou

$$\frac{a}{b} - \frac{a'}{b'} = \frac{1}{bb'} > \frac{a+a'}{b+b'} - \frac{a'}{b'} = \frac{1}{b(b+b')} > \frac{a'}{b'} - \frac{a'}{b'} > 0.$$

LEMME II. — Lorsque deux fractions diffèrent de l'unité divisée par le produit de leurs dénominateurs, la fraction obtenue en les ajoutant terme à terme remplit la même condition par rapport à chacune d'elles.

Si nous supposons en effet :

$$\frac{a}{b} - \frac{a'}{b'} = \frac{1}{bb'},$$

ou
$$a b' - a' b = 1,$$

on aura identiquement :

$$\frac{a}{b} - \frac{a+a'}{b+b'} = \frac{ab' - ba'}{b(b+b')} = \frac{1}{b(b+b')},$$

ce qu'il fallait démontrer.

De même :

$$\frac{a+a'}{b+b'} - \frac{a'}{b'} = \frac{1}{b'(b+b')}.$$

Si nous remarquons maintenant que $\frac{0}{1}$ et $\frac{1}{1}$ sont des fractions qui remplissent les conditions voulues, il suit de ces deux lemmes que la fraction $\frac{0+1}{1+1} = \frac{1}{2}$ est la plus simple de toutes celles qui sont comprises entre elles et qu'elle remplit encore avec chacune d'elles les mêmes conditions.

Par conséquent :

$$\frac{0+1}{1+2} = \frac{1}{3}, \quad \text{et} \quad \frac{1+1}{2+1} = \frac{2}{3},$$

seront les fractions les plus simples que l'on puisse insérer entre la troisième et chacune des deux premières, et elles rempliront avec leurs deux voisines les conditions en question; et ainsi de suite indéfiniment.

En suivant cette marche, M. Brocot a calculé toutes les fractions qui se présentent successivement et dont le dénominateur ne dépasse pas 100. Il les a converties en décimales à dix figures et disposées en forme de table. Celle-ci renferme trois colonnes, dont l'une donne la forme décimale et les deux autres le numérateur et le dénominateur.

On possède par là une série de 3053 fractions dont les termes n'ont que deux chiffres, et dont chacune remplit, par rapport aux deux voisines, la condition que leur différence soit égale à l'unité divisée par le produit des dénominateurs. Cette différence est, bien entendu, variable, mais on peut s'en faire une idée par sa valeur moyenne qui sera, d'après le nombre de ces

fractions, $\dfrac{1}{3054}$, ou avec dix figures 0,0003273394 [1].

Pour se servir de cette table on commencera, si le rapport proposé n'est pas moindre que l'unité, par l'y ramener. On pourra, pour cela, soit la renverser, soit considérer à part la partie fractionnaire. Après l'avoir réduit en décimales on cherchera si par hasard il se trouverait exactement dans la table, et dans le cas contraire on notera les deux valeurs qui le comprennent. Si la plus voisine, ou, à son défaut, si l'autre est décomposable en facteurs convenables et si elle est suffisamment approchée, on pourra s'en tenir là.

S'il n'en est pas ainsi, on se servira des deux valeurs voisines qui remplissent les conditions fondamentales, pour resserrer davantage l'approximation en les ajoutant terme pour terme, par une application des deux lemmes précédents. Et l'on continuera ainsi jusqu'à ce que l'on obtienne une fraction dont les termes soient convenablement décomposables et dont l'approximation soit jugée suffisante.

La formation successive des fractions est des plus simples, mais il n'en serait pas de même du calcul de l'erreur si l'on devait pour la trouver réduire en décimales, par la division, tous les rapports trouvés. Mais on peut facilement trouver ces erreurs sous la forme de fractions ordinaires par des additions et des soustractions convenablement dirigées. C'est ce qui résulte du lemme suivant.

LEMME III. — Lorsqu'un rapport est représenté approximativement par deux fractions qui le comprennent et qu'on ajoute

1. Ces tables ont été publiées à la fin de l'opuscule de M. Brocot. J'en donnerai le spécimen suivant pour faciliter l'intelligence de l'exemple numérique que je donne plus loin et montrer combien les écarts sont petits entre les nombres qui se suivent :

N.	D.	Fractions décimales.
61	63	0,9682539683
92	95	0,9684210526
31	32	0,9687500000
94	97	0,9690721649
63	65	0,9692307692
95	98	0,9693877551
32	33	0,9696969697
97	100	0,9700000000
65	67	0,9701492537
33	34	0,9705882353

celles-ci terme à terme, la nouvelle erreur se déduit des deux premières en ajoutant de même les valeurs absolues de leurs dénominateurs et les valeurs algébriques de leurs numérateurs.

Soit, en effet, un rapport $\dfrac{A}{B}$ représenté approximativement par les deux fractions et compris entre elles :

$$\frac{a}{b} > \frac{A}{B} > \frac{a'}{b'}.$$

Les erreurs respectives sont, en mettant leurs signes en évidence :

$$\frac{A}{B} - \frac{a}{b} = -\frac{aB - bA}{bB},$$

$$\frac{A}{B} - \frac{a'}{b'} = +\frac{b'A - a'B}{b'B},$$

et l'erreur cherchée peut être mise sous la forme :

$$\frac{A}{B} - \frac{a+a'}{b+b'} = \frac{(b'A - a'B) - (aB - bA)}{b'B + bB},$$

ce qui démontre le théorème.

398. EXEMPLE DE CALCUL. — *Rouage de Mercure.* — Cherchons à réaliser par un rouage le rapport 87,96926 qui représente la durée de la révolution sidérale de Mercure.

En séparant la partie fractionnaire 0,96926, nous trouvons dans la table comme nombres voisins :

$$0,96923 = \frac{63}{65}, \quad \text{erreur} - 0,00003,$$

$$0,96938 = \frac{95}{98}, \quad \text{erreur} + 0,00012.$$

On prendra donc :

$$87 + \frac{63}{65} = \frac{5718}{65} = \frac{2.3.953}{5.13},$$

$$87 + \frac{95}{98} = \frac{8621}{98} = \frac{37.233}{2.7.7}.$$

La première fraction est assez rapprochée, mais elle renferme le facteur irréalisable 953. La seconde serait plus facile à construire, mais elle est moins exacte et on peut souhaiter une approximation plus satisfaisante. On formera pour cela la série :

$$\frac{5748 + 8624}{65 + 98} = \frac{14339}{163} = \frac{13.1103}{163},$$

$$\frac{5748 + 14339}{65 + 163} = \frac{20057}{228} = \frac{31.647}{2.2.3.19},$$

$$\frac{5748 + 20057}{65 + 228} = \frac{25775}{293} = \frac{5.5.1031}{293},$$

$$\frac{5748 + 25775}{65 + 293} = \frac{31493}{358} = \frac{7.11.409}{2.179},$$

$$\frac{5748 + 31493}{65 + 358} = \frac{37241}{423} = \frac{127.293}{3.3.47}.$$

Ce dernier rapport peut, à la rigueur, se construire avec des roues de 127 et de 293 et des pignons de 9 et de 47. L'erreur qu'il laisse n'est plus que de 0,000007 ou moins de $\frac{1}{17}$ de la précédente. Une des erreurs étant positive et l'autre négative, la valeur intercalée est plus exacte que chacune des valeurs primitives.

ROULETTES. — PLANIMÈTRES.

399. Le rapport des vitesses, qui ne peut jamais varier que n fois pour un système de n roues dentées, peut, au contraire, varier à l'infini en employant des roulettes tournant par leur seule adhérence sur un cylindre ou un cône, système ne pouvant servir que pour de petits mécanismes. Soit, par exemple, un cône tournant, disposé pour avoir une arête horizontale sur laquelle repose une roulette cylindrique de rayon r (fig. 354). Elle engrènera par

Fig. 354.

adhérence avec une section du cône égal à l sin. α, α étant la moitié de l'angle au sommet du cône, l la distance de cette section à ce même sommet, et on aura :

$$l \sin. \alpha \, \omega = r \omega',$$

et, par suite, pour une même valeur de ω, on aura toutes les valeurs que l'on voudra de ω' en faisant varier la distance l.

PLANIMÈTRES. — C'est sur cette propriété que sont fondés d'ingénieux instruments qui servent à mesurer mécaniquement l'aire de figures planes.

Le premier connu en France fut celui inventé en 1827 par un ingénieur suisse, Oppikofer; c'était un planimètre à cône, qui fut perfectionné dans sa construction par un habile constructeur, M. Ernst. Sur le rapport de Poncelet, qui avait bien su apprécier la portée et la nouveauté de cet appareil, l'Académie des sciences décerna, en 1837, à son constructeur le prix de mécanique.

L'appareil est représenté en élévation figure 355 et en plan figure 356. Son organe essentiel est un cône en métal de cloche, dont l'axe est incliné de telle sorte que l'arête supérieure soit horizontale. Cet axe est monté en pointes sur des supports fixés à une platine B B, qui peut recevoir un mouvement de translation perpendiculairement à l'arête horizontale du cône ; pour cela elle est guidée, du côté gauche, par des galets roulant sur un rail longitudinal, et, du côté droit, par des roulettes sans rebord, roulant sur une bande métallique noyée dans le bois du plateau (de $0^m,60$ de longueur sur $0^m,27$ de largeur environ) qui supporte tout l'appareil. La platine B B porte avec elle une coulisse C C, à laquelle on donne le nom de *directrice* et qui est munie à son extrémité gauche d'une pointe D et à son extrémité droite d'une poignée E. Il résulte d'abord de cette disposition, qu'en faisant mouvoir la platine dans le sens des deux mouvements à angle droit qu'elle peut recevoir, on peut toujours amener la pointe D en un point quelconque du plateau.

L'axe du tronc de cône porte une roulette F, qui repose sur une bande métallique (striée comme le pourtour de la roulette), établie au-dessus de la platine dans toute la longueur de l'appareil. Quand on fait mouvoir la platine dans le sens X X', la roulette F roule sur cette bande métallique, et le tronc de cône prend un mouvement de rotation proportionnel au déplacement de la platine. Sur le tronc de cône, et perpendiculairement à la génératrice horizontale, repose une autre roulette G G dont l'axe est porté par des supports liés à la directrice C C, de sorte que, quand on fait glisser la directrice dans le sens de sa longueur, la roulette G G s'approche ou s'éloigne du sommet du cône. La vitesse à sa circonférence étant la même qu'au point de la surface du cône où a lieu le contact, il en résulte

Fig. 355.

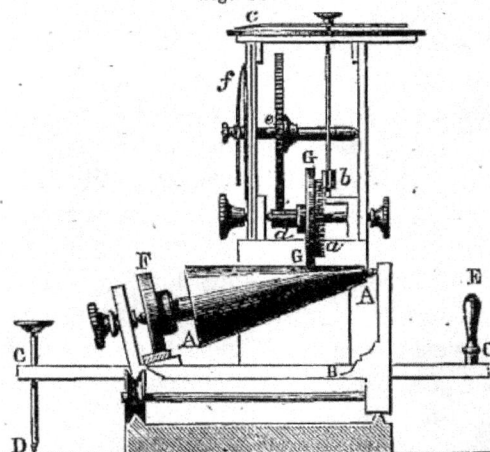

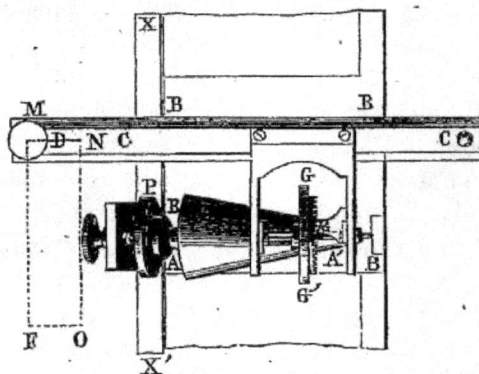

Fig. 356.

que, lorsque la platine se déplace dans le sens XX', le nombre de tours que fait la roulette GG est proportionnel à la fois au chemin décrit par la platine ou par la pointe D et à la distance de la roulette au sommet du cône, c'est-à-dire, comme nous allons le montrer, au produit de ces deux quantités.

L'appareil est complété par un compteur, établi sur les mêmes supports que l'axe de la roulette. Celui-ci porte une roue engrenant avec un pignon à axe vertical b qui fait marcher une aiguille c sur un cadran horizontal. Le prolongement de ce même axe de la roulette forme en outre un pignon d engrenant avec une roue dentée e qui fait tourner une aiguille f sur un cadran vertical qui donne les mille et les dizaines de mille, le cadran horizontal donnant les unités, dizaines et centaines.

On remarquera que le compteur est mobile autour d'un axe horizontal terminé par deux tourillons fixés dans le montant; de sorte qu'on peut soulever légèrement le compteur d'une main et l'empêcher de marcher, pendant que l'on pousse le chariot dans un sens ou dans l'autre. On peut aussi, en soulevant légèrement le compteur, faire tourner à la main l'une des deux roues dentées, de manière à amener les aiguilles sur les zéros des cadrans.

Le zéro du cadran horizontal est en avant, sur le rayon dirigé dans le sens de la longueur de l'instrument. Ce cadran est divisé en 50 parties égales, chiffrées de gauche à droite et de droite à gauche, et subdivisées elles-mêmes chacune en 10 parties. Le zéro du cadran vertical est aussi en avant, sur le rayon horizontal. Ce cadran est divisé en 50 parties égales chiffrées aussi dans les deux sens, et partagées chacune en deux. L'aiguille du cadran vertical avançant d'une demi-division lorsque l'aiguille du cadran horizontal fait un tour entier, si l'on considère chacune des 50 parties égales de ce dernier comme représentant des ares, les divisions de l'autre cadran indiqueront des hectares. Plus généralement, si les dernières subdivisions du dernier cadran sont regardées comme valant n unités, chacune des demi-divisions du premier cadran vaudra $500\,n$.

Usage du planimètre pour la mesure des aires planes. — Pour montrer comment cet appareil peut servir à mesurer la superficie d'un polygone plan quelconque, considérons d'abord le cas où l'on aurait à évaluer l'aire d'un rectangle $ABCD$ dont la base $AB = b$ est perpendiculaire au mouvement longitudinal du cône et dont la hauteur $BC = h$ est parallèle à ce même mouvement.

On amènera le bord de la règle de corne, placée en avant de la directrice, sur la ligne AB, et la pointe D sur le point B. Puis, après avoir placé les aiguilles du compteur à zéro, on poussera le bouton du mouvement longitudinal de manière à faire suivre à la pointe D le côté BC. Ensuite on fera glisser le

bouton du mouvement transversal de droite à gauche jusqu'à
ce que la pointe soit en D; et enfin on redescendra avec un
mouvement longitudinal contraire au premier, jusqu'à ce que
la pointe soit arrivée en A. Je dis que l'indication du compteur
sera l'expression de l'aire du rectangle.

En effet, lorsque l'on pousse le bouton du mouvement longitudinal de manière à faire parcourir à la pointe la longueur B C, les aiguilles du compteur tournent évidemment
d'une quantité proportionnelle au nombre de tours, ou au
rayon R de la section du cône sur laquelle le compteur est
placé, nombre qui est en raison de la longueur h du côté B C,
de sorte que la première indication de l'aiguille a pour expression

$$K\,h\,R,$$

K désignant un coefficient constant dépendant de la grandeur
des rayons de la roue rayée ρ et de celle de la roulette ρ'.
Lorsque l'instrument revient en sens contraire, la pointe H suivant le côté D A, les aiguilles tournent en sens contraire de
leur marche primitive d'une quantité représentée par

$$K\,h\,r,$$

où K et h ont les mêmes valeurs que ci-dessus, et où le rayon
de la circonférence sur laquelle pose le compteur est désigné
par r. L'indication finale sera donc la différence des deux indications, c'est-à-dire

$$A = K\,h\,(R - r).$$

Or, α étant l'angle générateur du cône, l la distance au sommet du point de contact du compteur quand l'index est au
point B, l' quand il est au point D, on a $l \sin. \alpha = R$, $l' \sin. \alpha = r$,
et l'équation ci-dessus devient : $A = K\,h \sin. \alpha\,(l - l')$. Or, $l - l'$,
ou la distance des points sur lesquels a posé le compteur, n'est
autre que la quantité dont la pointe s'est avancée transversalement, autrement dit la base b du rectangle, la relation précédente donne donc :

$$A = K \sin. \alpha\,b\,h.$$

Or, on peut toujours, dans la construction de l'instrument,
disposer le compteur, le cylindre d'engrenage à la base du
cône et l'angle au sommet, de telle sorte que le coefficient constant K sin. α ait une valeur déterminée pour une certaine
échelle, à laquelle sont rapportées les figures des aires à éva-

luer. Dans le modèle adopté, on suppose l'échelle de 1/2000
et on a pris K sin. $\alpha = 1/2$, de sorte que l'indication A du compteur sera précisément en hectares, ares et centiares, la moitié
de l'aire du rectangle. Cette aire aura donc pour expression
2 A. On verra tout à l'heure pourquoi on a mieux aimé donner
au coefficient K sin. α la valeur 1/2 que la valeur 1.

Avant de passer au cas général, observons que l'on peut
commencer par suivre avec la pointe le côté AD au lieu du
côté BC ; l'indication du planimètre exprimera toujours l'aire
du rectangle : seulement, elle sera marquée sur les cadrans
du compteur en sens contraires, selon que l'on suit les directions BCAD ou ABCD. On voit encore que l'on peut commencer indifféremment par l'un des quatre sommets A, B,
C, D, pourvu que les chemins suivis par la pointe soient
dirigés en sens contraires sur les côtés AD, BC. L'aire du rectangle sera toujours marquée par les aiguilles du compteur,
d'un côté ou de l'autre des zéros des limbes des cadrans.

Considérons maintenant l'aire comprise au-dessous de la
droite MT (fig. 357), entre un contour polygonal quelconque

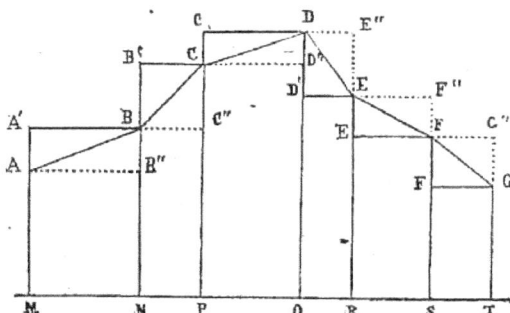

Fig. 357.

ABCDEFG, et deux ordonnées AM, GT, perpendiculaires à
MT, et parallèles au mouvement longitudinal du cône. Si par
chacun des sommets du polygone on mène une parallèle à la
base MT, comprise entre les deux ordonnées voisines ou entre
leurs prolongements, on aura d'abord un premier contour polygonal rectangulaire MA′BB′CC′DD′EE′FF′GT déterminé
par les portions de ces parallèles comprises entre chaque sommet et l'ordonnée la plus voisine à gauche ; puis ensuite un
autre contour MAB″BC″CD″DE″EF″FG″T déterminé par les

portions des mêmes parallèles comprises entre chaque sommet et l'ordonnée la plus voisine à droite. Or, il est évident que l'aire limitée par le premier contour polygonal surpasse l'aire du polygone MABCDEFGT, des triangles AA'B, BB'C, CC'D, et quelle est surpassée par cette dernière d'une surface égale à la somme des triangles DD'E, EE'F, FF'G. Tout au contraire, l'aire que comprend le second contour polygonal est surpassée par l'aire cherchée, d'une quantité égale à la somme des triangles AB"D, BC"C, CD"D respectivement égaux aux triangles AA'B, BB'C, CC'D; et elle la surpasse de la somme des triangles DE"E, EF'G, FG'G respectivement égaux aux triangles DE'E, EE'F, FF'G. En un mot, tout triangle rectangle *excédant* par rapport à l'aire cherchée dans le premier polygone est remplacé par un triangle *déficient* égal dans le second, et réciproquement. La somme des superficies des deux polygones rectangulaires est donc le double de l'aire cherchée, et la détermination de celle-ci se réduit à la mesure des deux polygones rectangulaires.

Mais rien n'est plus facile que cette mesure, au moyen du planimètre, pour le polygone MA'B B'CC'DD'EE'FF'GT. Par exemple, après avoir placé la directrice sur MT et la pointe sur M, les aiguilles étant amenées sur zéro, on poussera le compteur en avant jusqu'à ce que la directrice rencontre le sommet B, sur lequel on amènera la pointe : on ira de nouveau en avant jusqu'à ce que la directrice rencontre le sommet C, et ainsi de suite; de sorte que le chemin parcouru par la pointe sera le contour polygonal dont il s'agit de déterminer la surface, et qui est marqué par un trait fort sur la figure. L'indication du compteur sera absolument la même si l'on avait pris successivement les superficies des rectangles MA'BN, NB'CP, PC'DQ... et ainsi de suite..., car en opérant cette décomposition en rectangles, on descendrait et on remonterait successivement le long des lignes BN, CP, D'Q, E'R, F'S, et ces deux mouvements contraires et égaux ne pourraient en rien changer l'indication dernière du compteur, laquelle est la moitié de l'aire limitée par le contour polygonal.

Cette première portion de la surface cherchée étant obtenue, on ramène les aiguilles du compteur à zéro, et en commençant par le point T, on parcourt le contour polygonal TG"FF"EE"DD"CC"BB"AM; la nouvelle indication du compteur est la seconde portion de la surface cherchée, et la somme de ces deux indications est l'aire du polygone MABCDEFGT. On voit maintenant pourquoi les cadrans du compteur sont gradués de manière à ne marquer que la moitié des surfaces mesurées; c'est afin de réduire à une simple addition de deux nombres la mesure de l'aire d'un polygone, sans que l'on soit obligé de prendre la moitié de la somme obtenue.

On remarquera que les décompositions de figures que nous avons opérées pour l'intelligence du procédé sont complétement inutiles pour la pratique de ce procédé, et que le planimètre donne l'aire du polygone MABCDEFGT sans exiger la moindre construction géométrique.

Ce problème est général et s'applique à un polygone quelconque. Remarquons enfin qu'il peut résulter de la position de la figure à mesurer, que l'aire de celle-ci soit donnée par la différence des nombres indiqués, au lieu de l'être par leurs sommes; ce qu'indique alors le changement de sens des mouvements des aiguilles.

Il est évident qu'il faut que les échelles du planimètre et des plans dont on mesure la surface se correspondent. On prend habituellement celle de 1/2000 adoptée par le cadastre. Si le plan était à une autre échelle, il faudrait faire supporter aux résultats obtenus une correction facile à calculer.

400. *Planimètre Gonella.* — L'angle α du cône pouvant être quelconque, le principe de l'appareil est encore vrai pour sin. $\alpha = 1$, ou pour un disque circulaire que l'on peut considérer comme un cas particulier du cône. C'est sous cette forme, qu'un Italien, Gonella, paraît avoir le premier inventé le planimètre et établi dès 1825 la propriété de ce genre d'appareils, d'effectuer des quadratures, de fournir la valeur de l'intégrale de $y\,dx$ entre des limites données.

Le planimètre mis par Gonella à l'Exposition de 1851 se composait d'un disque circulaire horizontal possédant un double mouvement de translation et de rotation, et d'une petite roulette verticale reposant sur le disque et susceptible de tourner seulement autour d'un axe horizontal auquel est liée l'aiguille, qui indique sur un cadran gradué la surface de la figure dont on a suivi le périmètre avec un style attaché à la règle qui fait déplacer et tourner le disque.

Planimètre polaire d'Amsler. — Appareil moins coûteux que

les précédents, fondé sur les mêmes principes. Sa roulette mue
sur le plan à mesurer, pivote autour d'un point fixe. (Voy. *Dictionnaire des Arts et Manufactures*, PLANIMÈTRE.)

MACHINES A CALCULER.

401. Les compteurs dont nous avons déjà parlé (art. 197), dans
lesquels chaque roue ayant dix dents fait tourner d'une dent
une roue semblable consacrée aux unités d'un ordre supérieur,
fournissent évidemment un point de départ excellent pour
construire les machines à calculer, traduisant en nombres le
rapport des chemins parcourus, comme la possibilité en a été
montrée par le génie de Pascal, le premier qui ait su poser ce
curieux problème.

Les machines à calculer qui ne sont que de véritables compteurs, n'effectuent en réalité que l'addition par l'inscription
successive des deux nombres dont la machine indique par suite
la somme. La soustraction est en réalité la même opération,
c'est une addition obtenue en faisant marcher dans le sens rétrograde les rouages servant à inscrire le nombre à soustraire.

La multiplication par les additions d'un même nombre et la
division par des soustractions répétées du dividende peuvent
bien, en principe, être effectuées par ce genre de machines,
mais leur emploi n'est devenu vraiment possible et avantageux
que par l'invention du système de
roues partiellement dentées, constituant un véritable organe de multiplication, dû à M. Thomas, qu'il
importe de bien apprécier.

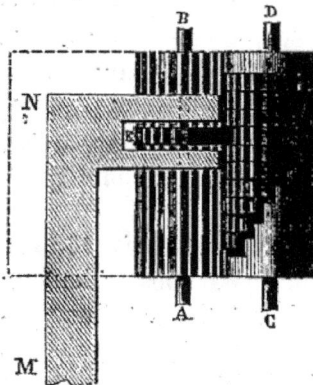

Fig. 358.

Il consiste en un cylindre cannelé,
portant 9 arêtes saillantes, 9 dents
d'engrenages (fig. 358). Ces arêtes
ont, dans le sens des génératrices, des longueurs proportionnelles
aux nombres 9, 8, 7, 6, 5, 3, 2, 1.
La première occupe toute la longueur du cylindre, et la dernière
n'en est que la neuvième partie. Un arbre à section rectangulaire, parallèle au cylindre cannelé, porte un pignon de dix
dents engrenant avec celui-ci, et mobile le long de cet arbre,

de manière à faire tourner par chaque tour 1, 2,... 9 dents, suivant sa position.

Ceci compris, donnons la description de l'arithmomètre (figure 359).

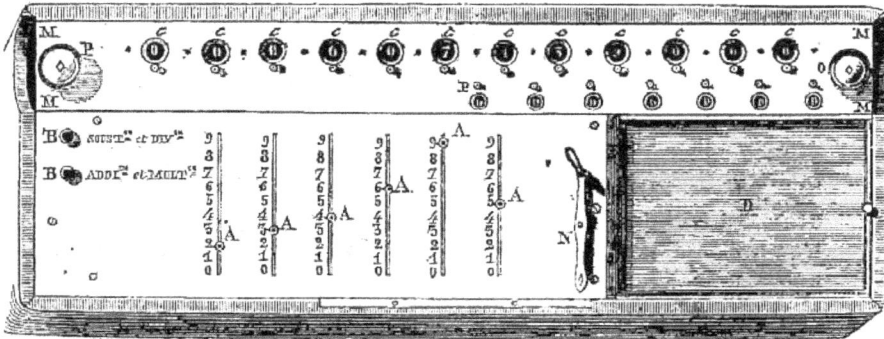

Fig. 359.

La boîte contenant le cylindre, l'arbre parallèle et le *pignon mobile*, est fermée par une table horizontale en cuivre dans laquelle on a pratiqué, exactement au-dessus de l'arbre, une *coulisse* A parallèle au cylindre. Sur le bord de cette coulisse, qui a même longueur que le cylindre, on a tracé dix divisions à égales distances et marquées des nombres 0, 1, 2, 3, 4, 5, 6, 7, 8, 9. Un *index*, qui glisse dans la coulisse et qui est liée au pignon mobile, le fait marcher le long de l'arbre. Supposons, par exemple, que l'on pousse l'index sur le numéro 3 de la coulisse, le pignon qui le suit arrive vis-à-vis le commencement de l'arête saillante 3 du cylindre. Si le cylindre fait un tour entier, trois dents du pignon seront poussées par les trois arêtes saillantes 1, 2, 3, les seules qui puissent alors atteindre ce pignon, puisque les autres arêtes ne commencent qu'au-dessus du n° 3 de la coulisse.

L'arbre qui sert d'axe au pignon mobile porte à son extrémité, prolongée dans une autre boîte, un pignon fixe vertical à dix dents, qui engrène par sa partie supérieure dans une *couronne* ou roue d'angle horizontale à dix dents. L'axe vertical de cette couronne est aussi l'axe d'un *cadran horizontal* sur le contour duquel on a marqué, dans dix cases, les chiffres 0, 1, 2, 3, 4, 5, 6, 7, 8, 9. La couronne, le cadran qui est par-dessus, et leur axe commun, sont maintenus par un pont au-dessous d'une *tablette* en cuivre qui est de niveau avec la table des coulisses. Dans cette tablette, il y a une petite ouverture circulaire ou *fenêtre du cadran* par laquelle on voit passer, à partir de zéro, les chiffres 0, 1, 2, 3, 4, 5, 6, 7, 8, 9, quand le cadran fait un tour entier.

Maintenant, concevons que l'index soit placé sur le n° 3 de la coulisse et que le cylindre fasse un tour entier; les trois arêtes 1, 2, 3 du cylindre poussent trois dents du pignon mobile. Le pignon fixe, qui a même arbre que le pignon mobile, avance également de trois dents. La couronne, entraînée à son tour par le pignon fixe, marche aussi de trois dents, et le cadran fait trois pas. On voit arriver à la petite fenêtre du cadran les chiffres 1 et 2, puis le chiffre 3, qui remplace le zéro qui s'y trouvait d'abord.

A côté du cylindre que nous venons de décrire avec tous ses accessoires, et qui correspond aux unités, on a placé parallèlement à gauche des cylindres semblables pour les dizaines, les centaines, etc. La tablette porte, indépendamment des cadrans correspondants, à chaque cylindre, d'autres cadrans sur la gauche en nombre au moins égal, afin de pouvoir exécuter les opérations qui conduisent à un grand nombre de chiffres.

Le moteur de la machine est une manivelle M que l'on tourne toujours de gauche a droite, et qui, au moyen d'un arbre de couche, fait tourner à la fois tous les cylindres cannelés de droite à gauche. Ceux-ci, par leurs arêtes saillantes, poussent les pignons mobiles, et les font toujours tourner de gauche à droite.

Pour transporter dans les fenêtres des cadrans un nombre donné 75, on pousse l'index du premier cylindre de droite ou des unités sur le numéro 5 de la coulisse; on fait de même monter l'index des dizaines sur le numéro 7. Le nombre 75 est alors écrit sur les coulisses avec deux index, et un tour de manivelle le transporte dans les fenêtres des deux premiers cadrans de droite.

Addition. — On écrit un nombre avec les index; on fait un tour de manivelle, et il est transporté dans les fenêtres où se trouvaient d'abord des zéros. On transporte de même un deuxième nombre, qui s'ajoute au premier, puis un troisième et ainsi de suite. La somme de tous ces nombres est alors écrite dans les fenêtres des cadrans.

Quand la somme de deux chiffres qui s'ajoutent sur un même cadran surpasse 9, les unités se trouvent dans la fenêtre de ce cadran, et la dizaine ou la *retenue* passe sur le cadran de gauche. Voici comment s'opère ce passage : quand le zéro qui suit 9 arrive à la petite fenêtre, une *came* en acier, placée sous le disque du cadran vis-à-vis zéro, presse et fait tourner le bras d'un levier coudé; une cheville ou *doigt*, qui tourne de droite à gauche, s'engage dans les dents du pignon fixe des dizaines, le fait avancer d'un pas, et l'on voit le chiffre 1 à la fenêtre du cadran des dizaines. Pendant que les chiffres de 1 à 9 traver-sent la fenêtre du cadran des unités, qui tourne de droite à gauche, le support du doigt se déplace progressivement au moyen d'un plan incliné circulaire. Le bras du levier tourne en même temps en sens contraire, revient à sa première position, où il est de nouveau pressé par la came, lorsque le zéro repa-raît dans la petite fenêtre. Un ressort presse l'autre bout du levier coudé, qui ne peut, en conséquence, tourner que par l'action de la came ou par le jeu du plan incliné.

Soustraction. — Quand le grand nombre est transporté dans les fenêtres des cadrans et le petit nombre écrit avec les index, la soustraction s'opère par un tour de manivelle. Mais alors les cadrans, au lieu de tourner de droite à gauche dans l'ordre croissant 1, 2, 3, etc., comme pour l'addition, doivent tourner de gauche à droite dans l'ordre inverse des chiffres. Ce chan-gement s'obtient au moyen d'un second pignon fixe sur chaque arbre. Ce second pignon vertical atteint la couronne horizon-tale dans un point diamétralement opposé au point où engrène le pignon pour l'addition. La couronne, poussée en sens con-traire, fait tourner le cadran dans l'ordre inverse des chiffres. A l'aide d'un bouton indicateur amené sur les mots addition et multiplication, ou sur les mots soustraction et division, on est sûr de faire embrayer dans la couronne horizontale, d'un côté, le pignon pour l'addition, et de l'autre le pignon opposé pour la soustraction, en tournant toujours la manivelle de gauche à droite.

Multiplication. — On écrit le multiplicande avec les index. Par un nombre de tours égal aux unités du multiplicateur, le multiplicande s'ajoute à lui-même autant de fois qu'il y a d'u-nités dans le multiplicateur, et le produit partiel se trouve dans les chiffres apparents des cadrans. Alors on fait glisser à la main, vers la droite, la tablette des cadrans, de manière que le cadran des dizaines prenne la place des unités, corresponde à celui des unités. Avec autant de tours de manivelle qu'il y a de dizaines dans le multiplicateur, le second produit, qui se compose de dizaines, se forme et s'ajoute au premier produit partiel, mais en commençant par les dizaines. Pour chaque autre chiffre du multiplicateur, on continue d'avancer les cadrans d'un rang vers la droite, puis de tourner la manivelle pour former et ajouter les produits partiels correspondants. Le produit total, composé de la somme des produits partiels, pour tous les chiffres du multiplicateur, se trouve enfin dans les fenêtres des cadrans.

Division. — On amène l'indicateur sur le mot division pour faire embrayer dans la couronne le pignon vertical, qui pousse chaque cadran, dans l'ordre inverse des chiffres, comme pour la soustraction. Après avoir écrit le dividende pour les fenêtres des cadrans et le diviseur avec les index, on voit quelle est la tranche de chiffres du dividende qu'il faut prendre sur sa gauche pour contenir le diviseur, et l'on fait glisser la tablette des cadrans de gauche à droite, de manière que le chiffre de droite de cette tranche réponde aux unités du diviseur. On tourne la manivelle jusqu'à ce que la tranche soit réduite, dans les fenêtres, à un nombre plus petit que le diviseur; le nombre de tours est précisément le premier chiffre de gauche du quotient. Le reste de la tranche et le chiffre suivant du dividende forment une seconde tranche; on fait rentrer d'un rang la tablette des cadrans pour que le nouveau chiffre de droite se trouve vis-à-vis des unités du diviseur. Alors le nombre de tours de la manivelle donne le second chiffre du quotient, et ainsi de suite. On continue de la même manière pour obtenir les autres chiffres du quotient. On doit écrire à part les chiffres du quotient, parce qu'il n'en reste pas de trace sur la machine. Quand la division ne se fait pas exactement, le reste se trouve dans les fenêtres des cadrans.

En résumé, l'arithmomètre effectue immédiatement l'addition et la soustraction. Quand deux nombres sont inscrits dans les fenêtres des cadrans et sur les coulisses avec les index, la somme ou la différence des nombres se trouve dans les fenêtres des cadrans après un tour de manivelle. Dans la multiplication et la division, quand on a écrit seulement le multiplicande avec les index, ou bien le dividende dans les fenêtres des cadrans et le diviseur avec les index, on doit faire autant d'opérations partielles qu'il y a de chiffres dans le multiplicateur ou le quotient, et, après chacune de ces opérations, il faut encore effectuer à la main le déplacement des cadrans. C'est par ce concours facile de l'opérateur, par le déplacement des ordres d'unités, que l'inventeur est parvenu à construire une machine très-simple, très-commode, permettant d'exécuter avec promptitude les calculs les plus ordinaires de l'arithmétique.

Nous renverrons les lecteurs désireux de connaître les détails de la construction de cette ingénieuse machine à un rapport fait par M. Benoît à la Société d'encouragement (1851). Nous ajouterons seulement à ce qui précède quelques détails sur son emploi pour exécuter mécaniquement des calculs fort compliqués.

L'arithmomètre, dit M. Hirn, est l'instrument des calculs étendus, rapides et *tout à fait rigoureux;* son exactitude et sa rapidité dans les calculs de nombres qui ont jusqu'à vingt-quatre figures au produit, au moyen de la machine qui n'admet que six figures au facteur, en font un appareil précis et incomparable dont se servira un jour l'astronome tout comme le comptable d'un bureau quelconque.

Supposons, dans ce qui va suivre, qu'on se serve d'un arithmomètre de six chiffres ou figures, et qu'on soit parfaitement au courant de l'usage de l'arithmomètre, en ce qui concerne les quatre règles : les instructions publiées à ce sujet par M. Thomas, et accompagnant toujours l'arithmomètre, sont suffisamment claires dans ce sens. Nous prendrons pour exemple une multiplication.

Multiplication de nombres formés de plus de figures que n'en porte l'arithmomètre. — Supposons de suite le cas extrême, où l'on ait à faire une multiplication de deux nombres de douze figures chacun, comme, par exemple :

$$986523469728 \times 658976528973.$$

Ces deux nombres peuvent s'écrire sous la forme

$$(986523000000 + 469728)$$
$$\times (658976000000 + 528973).$$

La multiplication peut donc se décomposer ainsi :

$$(986523 \times 658976)\ 000000000000\ \text{I} + (986523$$
$$\times 528973)\ 000000\ \text{II} + (658976 \times 469728)\ 0000000\ \text{III}$$
$$+ (469728 \times 528973)\ \text{IV}.$$

Et, dès ce moment, l'opération est possible sur l'arithmomètre de six chiffres. On exécute les quatre multiplications
isolément, sans s'occuper des zéros. En les transcrivant sur le
papier, on les superpose en ajoutant douze zéros à I, six zéros
à II et III, et laissant IV tel quel ; mais, en commençant par la
droite, il vient ainsi :

$$
\begin{array}{rl}
650094980448000000000000 & \text{I} \\
521844030879000000 & \text{II} \\
309539478528800000 & \text{III} \\
248473429344 & \text{IV} \\
\hline
650095811831757880429344 &
\end{array}
$$

Ainsi, en définitive, sur un arithmomètre quelconque, il est
possible de faire toujours rapidement une multiplication de
nombres ayant le double de figures que n'en porte la machine.

Nous ne donnerons pas les autres méthodes de calcul indiquées par le savant ingénieur ; nous nous contenterons de rapporter ici sa conclusion. C'est que l'emploi d'un instrument de
10 chiffres aux facteurs, qui se prêtent au calcul des logarithmes à 10 figures, deviendra un jour, pour les astronomes, par exemple, un moyen de sauver 11 heures de travail
laborieux sur 12.

La *Machine à calculer de Maurel et Jayet*, dite ARITHMAUREL,
est fondée sur les mêmes principes que la précédente [1].

402. *Observations sur les machines numériques.* — Si l'on réfléchit un instant comment il se fait que la machine précédente
résolve le problème de la construction des machines propres à
effectuer les quatre règles de l'arithmétique, on reconnaîtra
facilement que cela résulte de ce que les rapports des chemins
parcourus par les pièces qui se conduisent par engrènement, et
par suite d'une manière certaine, sont exprimés par des fonctions de la nature de celles qu'il s'agit d'obtenir, spéciale-

1. Voir *Dictionnaire des Arts et Manufactures*. Article CALCULER.

ment la fonction *produit*. L'organe spécial décrit plus haut est équivalent à une série de pignons et de roues dentées. On comprend aisément qu'il serait impossible de représenter d'autres fonctions, d'autres séries de nombres par machines du genre de celles dont nous parlons, que celles qui expriment les relations du mouvement des pièces qui engrènent.

On peut se demander si la machine, dont nous venons de parler, épuise tous les résultats possibles en ce genre. Il le paraît à la première vue, puisqu'elle réussit, parce qu'elle peut réaliser la fonction *produit*, à laquelle peut se joindre la fonction *somme*.

Cependant, il est une fonction complexe qui n'a pas été encore utilisée, c'est la fonction *puissance*. On sait, en effet, qu'un système employant k des pignons égaux, de p ailes, montés chacun sur un même axe qu'une roue de w dents, fournit la relation entre les vitesses du premier et du dernier axe $\left(\dfrac{w}{p}\right)^k$. On pourrait donc construire une machine fournissant les puissances successives d'un nombre déterminé, s'il était possible de disposer un système de roues et de pignons tel que le rapport $\dfrac{w}{p}$ pût varier en faisant varier la composition du système de roues, ce qui conduirait à une machine très-curieuse. En un mot, il ne paraît pas complétement impossible de tirer parti de cette fonction, pour obtenir des puissances, pour construire rapidement les valeurs successives d'une équation, pour des valeurs de x, et construire ainsi, par suite, la courbe qui permettrait d'obtenir les racines de l'équation.

Toutefois, en cherchant à préciser les conditions auxquelles il faudrait satisfaire dans la construction de cette dernière machine, on reconnaît qu'il faudrait une complication très-grande pour embrasser une série de puissances un peu considérable, et, par suite, pour obtenir des avantages assez minimes, bien moindres certainement que ceux de la machine dont nous venons de parler, surtout au point de vue de l'utilité pratique.

403. *Machines graphiques.* — Les limites du problème des machines à calculer, considéré dans toute sa généralité, qui semblent fixées par la nature même des roues dentées, et la complication des mécanismes qui résultent de leur multiplicité, se

reculent considérablement, surtout quant aux déductions théoriques, quand on considère les roulettes,.employées comme dans
les PLANIMÈTRES, si ingénieusement combinés pour la mesure
des surfaces rapportées sur un plan et que, pour ce motif, nous
nommons machines graphiques. Par leur nature essentielle,
puisqu'elles permettent de mesurer des aires, ce sont des machines à multiplier, à obtenir le produit xy, ou mieux l'inté-

grale $\int x\,dy$, y étant variable, que représente la surface à éva-

luer limitée par une courbe rapportée à des coordonnées x
et y. Comparativement aux roues dentées, les roulettes représentent les rouages d'un nombre quelconque de dents, et les
résultats limités par le nombre des roues dentées se trouvent
appartenir à un système qui en représente un nombre indéfini,
qui est, par suite, un organe nouveau permettant d'effectuer la
multiplication et aussi, comme nous le verrons, l'addition im-
médiate des produits; d'atteindre, par cela même, au moins
théoriquement, des solutions inattaquables avant l'invention de
ces nouveaux mécanismes. M. Stamm a montré (Voy. livre III,
Combinaison de vitesses) comment il fallait les combiner pour
obtenir des puissances quelconques, résolvant ainsi, théoriquement, le problème de la construction de la machine à équation,
bien plus étendu que celui que l'on se propose habituellement
quand on parle de machines à calculer.

CHAPITRE II.

Mouvements circulaires et rectilignes.

404. Nous citerons ici une combinaison où plusieurs mouvements rectilignes sont produits par un seul mouvement circulaire.

Ce système représenté figure 360 est remarquable par sa
simplicité, il est aujourd'hui fréquemment employé pour rapprocher ou écarter à volonté deux pièces mobiles l'une de
l'autre.

Il se compose de deux vis disposées sur le même axe, mais

dont les filets sont de sens contraire, c'est-à-dire l'un montant de gauche à droite, l'autre de droite à gauche (la vis étant vue

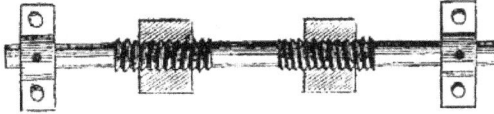

Fig. 360.

dans sa position verticale). Les pas étant égaux et les filets de vis de sens d'inclinaison opposé, les mouvements de translation simultanés des pièces guidées de manière à ne pouvoir se mouvoir qu'en ligne droite et formant écrous, sont égaux et de sens contraire; ils auraient des vitesses différentes si les pas de vis étaient différents. Pour le rapport des vitesses des écrous, nous avons :

$$\frac{V}{r\omega} = \frac{h}{2\pi r}, \quad \frac{V'}{r'\omega} = \frac{h'}{2\pi r'};$$

d'où l'on tire la valeur de $V \pm V'$.

Les filets de vis étant semblables et de sens contraire, la vitesse d'un écrou par rapport à l'autre devient $2V = \left(\frac{h}{\pi}\right)\omega$, qui pour $\omega = 2\pi$ ou un tour est égal à $2h$.

CHAPITRE III.

Mouvements circulaires et rectilignes ou circulaires alternatifs.

405. *Combinaison de manivelles et de bielles.* — Le système bielle et manivelle est, comme nous l'avons vu, le moyen par excellence pour produire les mouvements alternatifs, mais la loi compliquée des vitesses engendrées, pour une rotation uniforme de l'axe moteur, les rend souvent inadmissibles; on la modifie alors soit par une combinaison d'organes semblables, soit à l'aide d'organes différents.

Nous traiterons d'abord du moyen de rendre uniforme, égal

en chaque instant, le travail produit par une force constante appliquée à l'extrémité de la bielle, puis nous rapporterons, d'après Willis, quelques exemples de combinaisons de bielles qui constituent des mécanismes certains, à faibles frottements, et donnent de curieux résultats par suite de la nature même du mouvement de la bielle, étude que complétera l'analyse des courbes décrites par des points des bielles dont nous traiterons plus loin.

I. *Manivelles multiples.*

406. Le travail d'une force P agissant à l'extrémité d'une bielle, pour un angle élémentaire infiniment petit ω, varie de 0 à $Pr\omega$, suivant la position de la manivelle.

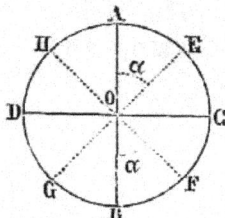

Fig. 361.

Manivelles doubles. — Si au lieu d'appliquer la force P à une seule manivelle agissant au p int E, on fait agir deux forces égales à $\frac{1}{2}$ P sur deux manivelles assemblées aux points E et F, l'angle EOF étant de 90° (fig. 361), de manière que l'une transmette le maximum de travail lorsque l'autre transmet zéro, le travail de la première variera de 0 à $\frac{1}{2}$ P $r\omega$, tandis que celui de la seconde variera de $\frac{1}{2}$ P $r\omega$ à 0. Les angles α et α' étant évidemment complémentaires, quand les manivelles se déplacent, le travail élémentaire sera pour une position quelconque :

$$T = \frac{1}{2} Pr (\sin. \alpha + \cos. \alpha) \omega.$$

On peut poser $\sin. \alpha + \cos. \alpha = \sin. (45° + \alpha) \sqrt{2}$, formule facile à vérifier en développant le second terme, et remarquant que $\sin. 45° = \cos. 45° = \frac{1}{2} \sqrt{2}$.

La plus petite valeur du sinus ou $\alpha = 0$, donnera le minimum et la plus grande ou $45° + \alpha = 90°$ ou $\alpha = 45°$ le maximum. On aura donc :

Minimum. $\alpha = 0$, $\sin. 45 = \frac{1}{2} \sqrt{2}$, d'où $T = \frac{1}{2} Pr \sqrt{2} \omega$.

Maximum. $\alpha = 45°$, $\sin. (45° + \alpha) = 1$, d'où $T = \frac{1}{2} Pr\omega$.

Le rapport du maximum au minimum est de $\frac{1}{\sqrt{2}}$, ou 0,707.

On voit que les limites de variation sont bien moindres qu'avec une manivelle simple, et surtout, ce qui peut être important, que le travail élémentaire de la force n'est jamais nul.

La construction graphique (fig. 362) qui sert à représenter le

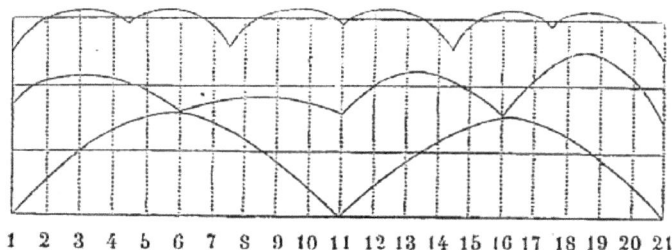

Fig. 362.

travail de la manivelle, s'applique utilement ici et fait bien sentir comment les choses se passent[1].

En effet, pour la tracer on détermine pour une manivelle simple, dans vingt positions différentes, les efforts utilement transmis à la manivelle qui sont les ordonnées des courbes dont l'aire représente le travail. Pour passer de ce cas à celui des manivelles multiples, il n'y a qu'à ajouter sur chaque ordonnée les efforts correspondants aux positions correspondantes de la seconde manivelle, ce qui donnera la surface représentant le travail des efforts simultanés transmis aux manivelles courbes qui feront apprécier les variations du travail. L'échelle de la figure est alors double, car chacun des deux efforts devient $\frac{1}{2}$ P. La figure montre bien la régularité plus grande obtenue par l'emploi des manivelles doubles.

407. *Manivelles triples.* — En disposant une troisième manivelle au point G (fig. 362) (la bielle agit alors en remontant) et faisant agir chacune des trois bielles avec un effort égal à $\frac{1}{3}$ P, la régularité ne croîtrait pas. En effet, le travail élémentaire devient :

$$T = \left(\frac{1}{3} Pr \sin . \alpha + \frac{1}{3} Pr \sin . \alpha + \frac{1}{3} Pr \sin . \alpha \right) \omega$$

$$= \frac{1}{3} Pr (2 \sin . \alpha + \cos . \alpha) \omega.$$

Pour $\alpha = 0$, $\sin . \alpha = 0$, $\cos . \alpha = 1$, on a $T = \frac{1}{3} Pr \omega$.

1. Nous empruntons à M. Morin cette figure tracée pour le cas d'une bielle courte, comme le montre la non-symétrie des courbes.

Pour $\alpha = 45°$, on a : $\sin. \alpha = \cos. \alpha = \frac{1}{2} \sqrt{2}$, d'où le travail

$T = \frac{1}{3} P r \times \frac{3}{2} \sqrt{2} \, \omega = \frac{2}{3} P r \sqrt{2} \, \omega$; la variation est donc plus grande que dans le cas précédent.

Une quatrième manivelle placée en H, les trois autres en E, F, G, n'aurait aucun effet à cause de la symétrie de la figure, la force divisée en quatre parties agirait absolument de la même manière que divisée en deux parties et agissant sur les deux premières manivelles. Il est nécessaire, pour obtenir une plus grande régularité, de mettre les bras de manivelles multiples en nombre impair, autrement l'effet est le même que pour les manivelles dont le nombre des bras est moitié moindre.

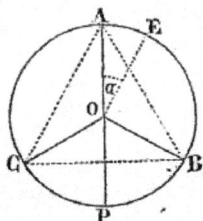

Fig. 363.

Si au lieu de disposer la manivelle triple ainsi que nous venons de le supposer, on en place les trois boutons à égale distance sur la circonférence, c'est-à-dire sur les trois sommets du triangle équilatéral inscrit dans le cercle décrit par la manivelle (fig. 363), alors les variations sont moindres que pour les manivelles doubles. En effet, dans ce cas, si la rotation d'un angle α se produit, il est facile d'évaluer la somme du travail élémentaire des trois forces $\frac{1}{3}$ P agissant sur les manivelles. Cette quantité sera égale, d'après la propriété du côté du triangle équilatéral d'être la corde d'un angle de $\frac{360}{3} = 120°$, moindre de 60° d'une demi-circonférence, à

$$T = \left(\frac{1}{3} P r (\sin. \alpha) + \sin. (60° - \alpha) + \sin. (60° + \alpha) \right) \omega.$$

Or, le sinus du sommet placé seul d'un côté du diamètre est égal à la somme des deux autres.

En effet, on a :

$$\sin. (60° + \alpha) = \sin. 60° \cos. \alpha + \sin. \alpha \cos. 60°.$$

Or, $\cos. 60° = \frac{1}{2}$, d'où $\sin. 60° = \sqrt{1 - \frac{1}{4}} = \frac{1}{2}\sqrt{3}$.

Donc, $\sin. (60° + \alpha) = \frac{1}{2} \sqrt{3} \cos. \alpha + \frac{1}{2} \sin. \alpha$.

De même, $\sin. (60° - \alpha) = \sin. 60° \cos. \alpha - \sin. \alpha \cos. 60°$
$= \frac{1}{2} \sqrt{3} \cos. \alpha - \frac{1}{2} \sin. \alpha$.

En ajoutant sin. α, on retombe précisément sur la valeur de sin. (60° + α); donc la somme des quantités de travail sera :

$$T = \frac{1}{3} P r \times \left(2 \sin. (60° + α) \right) ω.$$

Le minimum correspond à α = 0, à la position indiquée sur la figure 363, qui est celle de la plus petite valeur que puisse prendre sin. (60° + α), quand α = 0 et que le point A vient à passer du côté droit du diamètre; dans ce cas, la formule donne :

$$T = \frac{1}{3} P r \sqrt{3} ω.$$

Le maximum a lieu pour 60° + α = 90° ou α = 30°, et alors un des sommets (C par exemple) est sur le diamètre horizontal. Dans cette position, l'action étant au maximum pour ce sommet, a lieu utilement pour les deux autres. Alors sin. (60° + α) = 1, et sin. α = sin. (60° — α) = $\frac{1}{2}$:

$$T = \frac{2}{3} P r ω,$$

et le rapport du maximum au minimum est $\frac{\sqrt{3}}{2} = 0,866$.

On peut donc établir le tableau suivant pour le rapport du minimum au maximum dans chaque cas :

	Rapport.
Manivelle simple.	0,000
Manivelle double.	0,707
Manivelle triple.	0,866

C'est-à-dire qu'à mesure qu'on fait croître le nombre des manivelles, les variations diminuent.

La figure 362 (considérée comme à échelle triple quant aux ordonnées, puisque les trois efforts sont $\frac{1}{3}$ P) montre la courbe des quantités de travail; elle fait apprécier toute la régularité du travail produit à l'aide de manivelles triples.

M. Haton de la Goupillière en faisant le calcul pour un nombre infini de bielles obtient pour la limite du moment du maximum et celui du minimum, la valeur $\frac{2}{π} P r$.

408. Le travail est produit déjà presque aussi régulièrement avec des manivelles triples, que si la puissance agissait tangentiellement à la circonférence. Mais, dans la pratique, ces manivelles sont presque inexécutables à cause de la difficulté de maintenir en ligne droite, sans qu'il naisse des résistances con-

sidérables, les appuis d'un arbre quand il y en a plus de deux
(et il en faut quatre au moins pour des manivelles triples enar-
brées à un seul axe). Nous rapporterons, d'après Poncelet, la
disposition suivante (fig. 364), employée pour tourner cette difficulté d'exécution.

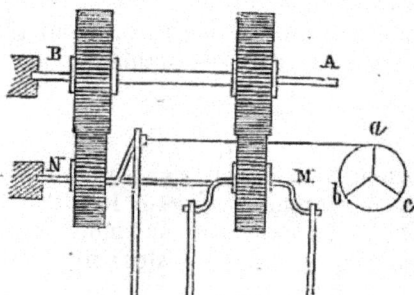

Fig. 364.

L'arbre des manivelles se compose de deux parties séparées,
dont la première porte deux manivelles et l'autre une troisième,
de manière que la projection de ces manivelles sur un même plan
perpendiculaire à l'axe partage la circonférence *a b c* en trois parties
égales. Un autre arbre A B, parallèle aux premiers axes, reçoit le
mouvement du moteur et le transmet au moyen de deux roues
égales qui engrènent chacune avec deux autres roues aussi égales
entre elles, et montées respectivement sur les deux parties de
l'arbre de la manivelle triple. Il est évident que les roues montées
sur l'arbre A B auront toujours la même vitesse, et que si, dans le
principe, les trois bras de manivelle forment des angles égaux,
cette position ne changera pas et les choses se passeront comme
pour une manivelle triple ordinaire.

II. *Emploi de deux roues dentées pour faire agir ensemble deux*
   manivelles agissant sur une même barre et produire le recti-
   ligne alternatif.

409. A l'aide de deux roues dentées égales, montées sur les
axes de deux manivelles agissant sur une même barre, on peut
annuler l'obliquité d'action que produit une bielle unique employée à produire le mouvement rectiligne alternatif. Ce système est connu sous le nom de *balancier de Cartwright.*

Il se compose (fig. 365) d'une pièce B assemblée d'équerre à
l'extrémité d'une tige et des extrémités desquelles partent deux

bielles d'égale longueur, articulées à deux manivelles égales montées sur les mêmes axes que deux roues dentées de même rayon. Les deux bielles étant placées symétriquement, les extrémités de la barre B descendent à chaque instant d'une quantité égale, et la tige T a un mouvement rectiligne alternatif. Si une des roues était plus petite que l'autre, le nombre des tours de chaque roue pendant un même espace de temps n'étant plus le même, la traverse B oscillerait. On pourrait encore employer cependant ce système pour obtenir un mouvement rectiligne en articulant la barre B sur la tige, et guidant celle-ci dans des coulisses, mais en faisant naître bien inutilement des résistances nuisibles.

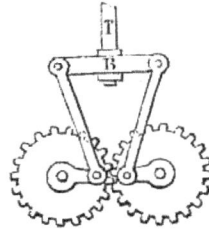

Fig. 365.

La barre T passant par le point de contact des circonférences primitives, et les articulations des bielles sur la barre B étant éloignées d'une distance égale à celle des centres, le rapport des vitesses est évidemment le même que pour le cas d'une seule bielle. Si les deux bielles aboutissaient à la tige du mouvement rectiligne, leur effet, comme déterminant un guide, serait absolument nul et la vitesse ne serait plus la même que lorsque la direction du mouvement rectiligne passe par le centre de rotation.

III. *Déterminer la loi de variation de vitesse de rotation de l'axe pour que le mouvement rectiligne transmis par la bielle soit uniforme.*

410. Si la manivelle tourne avec une vitesse variable; si, par exemple, l'axe moteur tournant d'un mouvement uniforme, les deux axes sont mis en rapport par un des systèmes décrits pour obtenir des rapports de vitesse variables, les inégalités de vitesse de la pièce mue d'un mouvement alternatif peuvent être entièrement effacées.

Supposons les deux axes réunis par deux courbes dentées, soit A_1 la vitesse angulaire constante du premier axe, A_2 celle du second auquel est fixée la manivelle, soit ρ le rayon de celle-ci, θ l'angle qu'elle fait avec la pièce à mouvement rectiligne alternatif mue par la manivelle, V la vitesse linéaire de cette pièce, on a sensiblement (art. 255) : $V = \rho \sin. \theta A_2$, quantité constante par hypothèse.

Soient r_1 r_2 les rayons vecteurs au point de contact des courbes, par lesquelles les deux axes sont réunis.

$$\frac{A_2}{A_1} = \frac{r_1}{r_2} = \frac{c - r_2}{r_2}, c \text{ étant la distance des axes;}$$

d'où $\dfrac{V}{A_1} = \dfrac{c - r_2}{r_2} \rho \sin. \theta = k$ rapport également constant par hypothèse;

d'où
$$r_2 = \frac{c \rho \sin. \theta}{\rho \sin. \theta + k},$$

qui donnera toutes les valeurs successives du rayon vecteur d'une des courbes pour toutes les valeurs successives de l'angle θ [1].

444. *Régularisation du mouvement de la bielle.* — La figure 366 représente le modèle que Willis a établi d'après l'analyse ci-dessous. A est la roue menante pourvue de dents tracées intérieurement et extérieurement d'après l'ellipse primitive. B est une plaque elliptique, sur la face de laquelle des pointes sont enfoncées sur la ligne déterminée par l'analyse pour la roue conduite. Un axe saillant C porte la partie infé-

---

[1]. Cet exemple est assez curieux pour chercher à compléter la solution.

Puisque V et A_1 sont constants, ils sont proportionnels aux espaces décrits par la pièce à mouvement alternatif, et pour une demi-révolution correspondant à une oscillation simple, on a :

$$\frac{V}{A_1} = \frac{2\rho}{\pi} = k, \text{ d'où } r_2 = \frac{c \rho \sin. \theta}{\rho \sin. \theta + k} = c \frac{\pi \sin. \theta}{\pi \sin. \theta + 2},$$

pour déterminer la deuxième courbe. Or, pour la première, nous avons l'équation (page 145) :

$$\theta_1 = \int \frac{r_2 \, d\theta}{c - r_2} = \frac{\pi}{2} \int \sin. \theta \, d\theta = C - \frac{\pi}{2} \cos. \theta,$$

quand $\theta = 0$ et $\frac{\pi}{2}$, $\theta_1 = 0$ et $\frac{\pi}{2}$ respectivement, donc $C = \frac{\pi}{2}$ et

$\theta_1 = \frac{\pi}{2} (1 - \cos. \theta) = \frac{\pi}{2} \sin.$ vers. θ; enfin $r_1 = c - r_2$, ce qui donne la première courbe. Dans la table ci-après, nous donnons assez de valeurs des

rieure de la bielle C F ; l'autre extrémité F communique le mouvement alternatif, à la pièce glissante, dans la direction de la ligne des centres A B.

Fig. 366.

Au reste, toute disposition qui produit deux périodes égales de variation de vitesse angulaire à chaque révolution, corrige les variations de vitesse de la bielle suffisamment pour la pratique. Des courbes roulantes comme les précédentes, se ren-

coordonnées polaires des deux courbes pour qu'on puisse les construire par points.

AXE CONDUIT.		AXE CONDUISANT.	
θ	$\dfrac{r'_2}{c}$	θ_1	$\dfrac{r'_1}{c}$
0°	0	0°	1
5°	,1204	0° 20′	,8796
10°	,2143	1° 22′	,7857
15°	,2890	3° 4′	,7110
20°	,3495	5° 25′	,6505
30°	,4399	12° 4′	,5601
40°	,5025	21° 3′	,4975
50°	,5461	32° 9′	,4539
60°	,5763	45°	,4237
70°	,5963	59° 13′	,4037
80°	,6075	74° 23′	,3925
90°	,6109	90°	,3891

Les rayons de ces courbes devenant nuls pour $\theta = 0$ et $\theta = \pi$, leur figure ressemble à celle-ci ∞. Les point de rebroussement correspondent aux passages de la manivelle aux points morts ; en ces points il n'y a pas de vitesse communiquée à la pièce qui se meut d'un mouvement alternatif, la vitesse de la manivelle devrait donc être infinie pour satisfaire à la condition de produire une vitesse constante du mouvement alternatif et par suite pour que le temps nécessaire au changement de direction fût nul. Comme cela est impossible en pratique, il est nécessaire d'altérer la figure de la courbe en ces points, d'en arrondir les angles, en raccourcissant en même temps les rayons vecteurs des points correspondants de la courbe motrice.

contrent dans quelques machines pour la soie, mais leur figure n'est pas tracée complétement d'après la théorie.

Si l'axe de la manivelle est réuni à l'axe conducteur tournant uniformément par un joint de Hooke, et que les axes fassent un angle suffisant, la rotation de la manivelle aura deux vitesses maximum et minimum pour chaque révolution qui, opposées avec soin à celles produites par la manivelle, corrigeront à très-peu près le mouvement inégal de la pièce à mouvement alternatif.

M. Normand a employé avec grand succès la variation des rayons pour corriger les irrégularités du mouvement résultant du changement d'inclinaison de bielles réunies par un joint universel, portant un pignon porte-crémaillière. A cet effet, il a réalisé le pignon et ondulé la crémaillère, faisant varier le rayon r, de telle sorte que l'on eût toujours $r\omega =$ const., malgré les variations de la vitesse angulaire ω. Celle-ci est connue en chaque instant (voy. JOINT), et la valeur correspondante de r s'en déduit.

IV. *Obtenir avec des leviers un mouvement dont la vitesse décroisse rapidement.*

412. A, B, D sont les centres de révolution respectifs des trois bras de levier Aa, Dd et bBC (fig. 367). Ces bras sont liés par

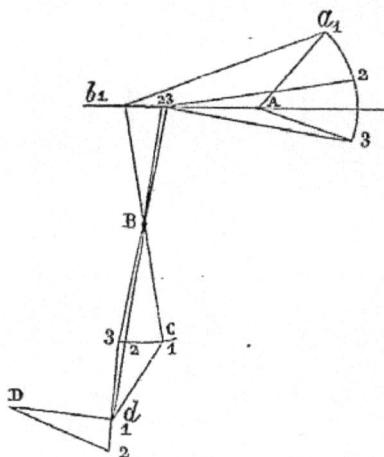

Fig. 367.

les bielles ab et Cd, qui complètent la transmission du mouvement de Aa à Dd.

Soit l'amplitude du mouvement de A a limitée à l'arc de cercle 1 2 3, partagez cet arc en deux parties égales et placez b A, ligne tangente au petit arc de cercle décrit par b, de telle sorte qu'elle coupe en deux parties égales l'angle 2 A 3, décrit par a en passant de 2 à 3. On sait que le mouvement du bras B b mu par la bielle a b, variera comme le sinus verse de l'angle compris entre les lignes A a et b A, A a remplissant le rôle d'une manivelle; donc le mouvement de b pendant que a passe de 1 à 2, sera beaucoup plus grand que celui qu'il reçoit pendant le passage du même point de 2 à 3. Les positions successives de ce mouvement sont, au reste, marquées sur la figure.

En pratique, le second mouvement est si faible que cette combinaison peut être employée même quand le bras B b doit rester en repos pendant la seconde partie 2, 3 du mouvement de A a.

Si on dispose le bras D d par rapport à B C, de telle sorte que la tangente à l'arc décrit par d coupe en parties égales le petit angle 2 B 3 décrit par C, pendant son passage de la seconde position 2 à la troisième 3, le mouvement que D d recevra de A a pendant la seconde période sera encore considérablement plus petit que le petit mouvement de B b. Ce mécanisme est employé dans la harpe d'Érard.

V. Multiplier les oscillations du mouvement alternatif en multipliant les bielles et les leviers.

413. Si une manivelle ordinaire A a (fig. 368) est réunie par une bielle a b avec un levier tournant autour du centre B, on a

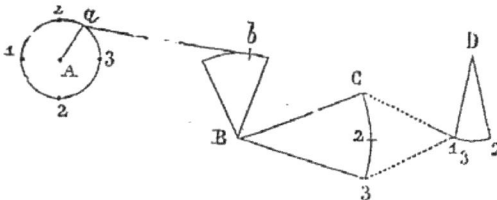

Fig. 368.

vu que chaque révolution de la manivelle produit une double oscillation du levier B b, et par suite aussi du levier coudé B C monté sur le même axe, comme art. 250.

Soit un autre levier D 2 joint par une bielle au levier B C,

dans une position telle que la tangente à l'arc décrit par l'extrémité de D 2 divise en deux parties égales l'angle décrit par B C.
Les chiffres 1, 2, 3, marqués sur la circonférence décrite par
la manivelle et sur les arcs décrits par B C et par D_2, indiquent
les positions correspondantes des pièces. Le mouvement de B C,
de B_1 à B_3, dans une seule direction, produit une oscillation
double complète de D 2 entre les positions D $\frac{1}{3}$ et D 2, et réciproquement, comme on le voit dans la figure; une double oscillation de B C ou un tour de la manivelle produit donc deux
doubles oscillations complètes de D 2. Si un autre levier était
assemblé à D 2, de la même manière que celui-ci est réuni à
B C, une révolution de la manivelle produirait quatre doubles
oscillations du dernier levier, et pour un train de n axes,
chaque révolution de la manivelle produirait 2^{n-2} doubles
oscillations complètes d'un levier.

C'est cette disposition que M. Saladin a appliquée avec succès
aux métiers à tisser mécaniques pour produire deux coups du
battant par chaque tour de la manivelle, ou au moins la disposition sensiblement équivalente que représente la figure 369

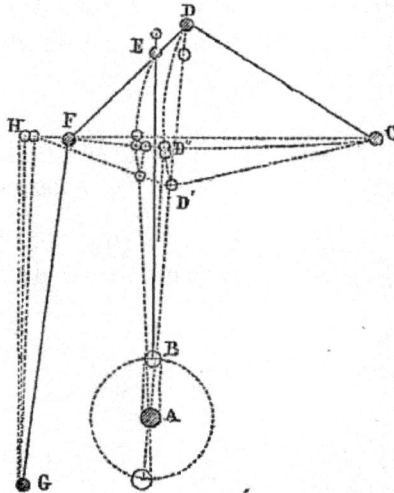

Fig. 369.

dans laquelle la bielle B E, mue par la manivelle A B, fait passer le levier C D au-dessus et au-dessous de l'horizontale, de
telle sorte qu'à l'extrémité de chaque oscillation simple de C D
et pour chaque demi-tour de la manivelle A B, G F a accompli
une double oscillation et est revenu à sa position initiale.

VI. *Production d'un mouvement alternatif intermittent par des leviers et des bielles.*

414. A est le centre de rotation d'une manivelle, qui par le moyen de la bielle 2, 2, fait osciller le levier Bb entre les positions Bb1 et Bb3 (fig. 370). L'extrémité b de ce levier est as-

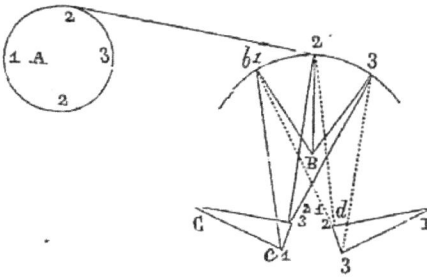

Fig. 370.

semblée non seulement à la bielle 2, 2, mais encore aux deux autres bielles bc et bd. La bielle bc est réunie avec un levier Cc dont le centre de mouvement est en C, tel que la tangente au cercle qu'il décrit à son extrémité passe par B et coupe en deux parties égales l'angle 2 B 3. Par suite, comme dans le cinquième exemple, quand b se meut de 1 à 2, Cc se meut de c1 à $c\frac{2}{3}$; mais quand b se meut de 2 à 3, Cc reste sensiblement dans la position C$c\frac{2}{3}$. D'un autre côté, la bielle bd est tracée comme la précédente; la tangente à l'arc que décrit le point d passe par B et coupe en deux parties l'angle 1 B 2; par suite, quand b passe de 1 à 2, Dd reste dans la position D$d\frac{1}{2}$, mais quand b passe de 2 à 3, Dd passe de D$d\frac{1}{2}$ à D3.

L'effet de cet arrangement est que, quand la manivelle tourne, les leviers Cc et Dd oscillent avec des intervalles de repos, l'un se mouvant quand l'autre est immobile et *vice versa*, ce qui peut être indiqué par le tableau suivant pour un tour complet de manivelle :

La manivelle se meut

de 1 à 2, Cc s'élève, Dd reste en repos,
de 2 à 3, Cc est en repos, Dd s'abaisse,
de 3 à 2, Cc est en repos, Dd s'élève,
de 2 à 1, Cc s'abaisse, Dd est en repos.

415. Une représentation graphique est excellente pour faire sentir les périodes de ces mouvements.

Soit B *b* l'axe vertical de la courbe qui représente le mouvement du levier B *b*; C *c* D *d* les axes des courbes qui représentent les mouvements qui ont lieu en même temps des leviers C *c* et D *d*.

Portons sur l'axe B *b* une longueur égale à celle de la demi-circonférence du cercle décrit par la manivelle divisée en douze angles égaux (fig. 371); supposons que la manivelle se meut uniformément, et par les points de division menons des perpendiculaires proportionnelles aux espaces ou arcs décrits par les extrémités des leviers respectifs. Ainsi les abscisses de la courbe B *b* sont proportionnelles aux distances de l'extrémité *b* de B *b* à la position initiale B *b* 1. Ces longueurs seront facilement obtenues en traçant la figure précédente à une grande échelle, pour diverses positions des leviers.

On voit que l'oscillation de B *b* est convertie en C *c* en deux doubles oscillations, l'une qui s'étend de 2 à 10 qui est grande, et l'autre de 10 à 2 qui est petite, et peut être considérée comme se confondant avec un état de repos. Les oscillations de D *d* sont semblables, mais la grande oscillation correspond à la petite B *b* et *vice versa*.

On peut encore réduire, si l'on veut, les petites oscillations, en attachant (comme dans le cinquième exemple) un nouveau levier à chacun des leviers C *c*, D *d* du présent système. La courbe E *e* représente le mouvement de ce levier en le supposant attaché à D *d*; on voit que la petite oscillation disparaît alors, et que la courbe se réduit en partie à une ligne droite qui se confond avec l'axe des ordonnées.

416. Les exemples ci-dessus indiquent les ressources que l'on peut retirer des combinaisons de leviers réunis par des bielles. Il faut observer que les pertes de temps provenant de l'élasti-

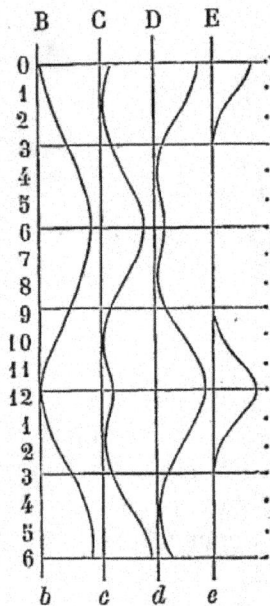

cité de longues tiges ne les rendent pour la plupart applicables que dans un assez petit nombre de cas, et lorsqu'il n'y a pas en jeu des forces trop grandes.

II. DES TRAJECTOIRES OBTENUES PAR DES COMBINAISONS DE MOUVEMENT. — TRACÉ DES COURBES.

417. Revenons au problème de produire le mouvement d'après une courbe donnée, à l'aide d'un mouvement rectiligne ou circulaire courbe qui est la trajectoire d'un point en mouvement, partie du programme posé au début (art. 73) à laquelle il n'a pas encore été satisfait. Le mouvement d'après une courbe ne se présente guère dans l'industrie que pour faire mouvoir certains outils, le plus souvent une pointe qui enlève une petite quantité de matière sur une surface, c'est-à-dire pour tracer une courbe; il ne se rencontre pas dans les récepteurs (Voir livre V), la nature ne présentant que des forces qui agissent suivant des directions constantes et qui peuvent toujours s'utiliser par des systèmes à mouvement rectiligne ou circulaire.

Cherchons les solutions possibles de ce problème, qui peut se poser ainsi : *Tracer une courbe quelconque à l'aide de mouvements rectilignes ou de mouvements circulaires;* la pièce à mouvoir ou l'opérateur étant assujetti à suivre le point qui trace la courbe.

CHAPITRE IV.

Mouvement suivant une courbe par deux mouvements rectilignes.

418. Le mouvement rectiligne engendrera un mouvement suivant une courbe, si la barre guidée en ligne droite portant le traçoir, on déplace aussi en ligne droite le plan sur lequel la barre trace une trajectoire. Celle-ci sera évidemment une ligne droite, si les vitesses des mouvements rectilignes sont con-

stantes; une courbe si les vitesses le long·des deux coordonnées sont variables.

La facile réalisation ,de la disposition qui permet d'obtenir
le tracé du mouvement résultant de la combinaison de deux
mouvements rectilignes, comme on vient de le dire, c'est-
à-dire l'un d'eux étant le mouvement du plan sur lequel doit
s'effectuèr le tracé du mouvement relatif, conduit à obtenir
expérimentalement les courbes figuratives du mouvement d'un
point, les courbes ayant pour abscisses les temps et pour ordonnées les espaces parcourus, dont nous avons montré l'importance. Par ce moyen on obtient les tracés des divers éléments
d'un mouvement; nous prendrons pour exemple un appareil
propre à l'étude de la chute des corps.

Supposons un plan mû d'un mouvement rectiligne et uni-
forme·(on préfère souvent le mouvement circulaire, qui occupe
moins de place; mais lorsqu'il s'agit, comme dans le cas que
nous allons examiner, d'un plan enroulé sur un cylindre qui
tourne uniformément, le tracé sur le plan tangent est le même
que sur le cylindre); et en regard de ce plan un poids cylindro-
conique, qui porte un crayon dont
la pointe s'appuie sur le papier,
et qui porte des oreilles glissant
sur des fils verticaux destinés à
le diriger dans sa chute. En appuyant sur un levier, on fait partir
le poids à un moment donné; on
attend pour cela que le mouvement
du plan ou du cylindre soit devenu
uniforme. Il suit de cette disposition, que si on a réglé la position du crayon de façon qu'il
s'appuie sur le papier sans exercer
un frottement trop considérable,
il tracera une ligne qui, sur une
feuille de papier appliquée sur le
plan, aura la forme indiquée. par
la figure 372.

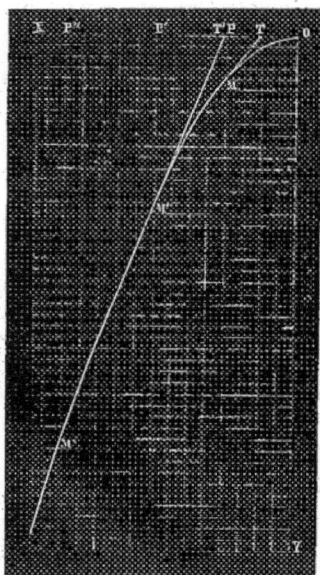

Fig. 372.

Menons par l'origine de la courbe une droite horizontale,
prenons sur cette droite des longueurs égales, et par leurs
extrémités traçons des perpendiculaires jusqu'à la rencontre

de la courbe; il est clair, puisque le mouvement du plan est uniforme, que la longueur de chaque verticale est l'espace parcouru par le corps, après un certain temps représenté par chaque horizontale. Or, on reconnaît par la mesure directe que pour une abscisse double de la première, la verticale est égale à 4 fois la première, pour une triple égale à 9 fois... : donc, les *espaces parcourus sont proportionnels aux carrés des temps employés à les parcourir*. On peut multiplier ainsi les vérifications, qui sont toujours très-satisfaisantes. Pour rendre plus rapides les mesures des lignes verticales et horizontales, on peut employer du papier quadrillé, tracer par avance sur une feuille de papier ordinaire des traits verticaux et horizontaux équidistants.

419. On emploie le tracé de semblables courbes dans la dynamométrie, pour la mesure du travail, et cette méthode forme la base de l'expérimentation mécanique. C'est à Poncelet que revient l'honneur d'avoir montré la grande utilité de cette méthode.

Si on interpose un ressort entre le corps qui doit être mis en mouvement et le point d'application de la puissance, un pinceau attaché à ce ressort tracera sur une feuille de papier mue dans une direction perpendiculaire à celle de l'effort, une courbe. Les ordonnées de cette courbe représenteront les tensions du ressort, et par suite seront proportionnelles aux efforts, tandis que les abscisses seront proportionnelles au chemin parcouru par le corps en mouvement, à l'aide duquel, par une communication de mouvement, on fait mouvoir le papier dans un rapport de vitesse constant. On aura donc ainsi une courbe dont l'aire représentera la somme des produits de

Fig 373.

l'effort par le chemin parcouru, c'est-à-dire le travail, à une certaine échelle, facile à déterminer dans chaque cas (fig. 373).

Tous les moyens de produire un mouvement rectiligne, sui-

vant une loi donnée, fourniront le tracé de courbes représen-
tatives de cette loi, notamment ceux produisant le mouvement rectiligne à vitesse variable au moyen d'un mouvement
circulaire de vitesse constante, comme dans l'exemple ci-après.

419. *Courbes sinusoïdales.* — On sait qu'un cercle excentrique
ou une tige à rainure (art. 286 et 289) donne exactement le
mouvement simple de la bielle de longueur infinie $y = r \sin. \theta$.

Les mouvements de la barre ayant cette valeur en chaque
instant, et le plan sur lequel s'effectue le tracé étant entraîné
par un ruban s'enroulant sur la circonférence du rayon r, et par
suite parcourant dans le même temps le chemin $x = r\theta$, on aura
par ce système le tracé de la sinusoïde simple, représentée en
Bb (fig. 374).

M. Lissajous, dans ses recherches d'acoustique, a rencontré
des courbes engendrées par des courbes sinusoïdales se coupant à angle droit. Il s'est proposé et a réussi à tracer ces
courbes apparaissant comme des phénomènes fugitifs de lumière, par une disposition de miroirs à angle droit placés sur
deux diapasons vibrants, système dont la description se trouve
dans tous les traités de physique.

La figure 374 représente l'appareil construit par M. Lissajous
pour établir le principe d'appareils propres à tracer ces courbes.

Le mouvement est communiqué à toutes les pièces mobiles
par deux axes O et O', dont l'un entraîne l'autre par l'intermédiaire d'un couple de roues dentées; il faut autant de couples de roues dentées différentes que l'on veut obtenir de
rapports distincts dans les nombres simultanés d'oscillations
que l'on veut composer graphiquement.

A l'axe O est adaptée une goupille M, engagée dans une rainure verticale pratiquée au cadre DD'. Ce cadre peut glisser
horizontalement entre les guides horizontaux EE', GG'; par
suite, sous l'influence d'une rotation uniforme de l'arbre O, il
exécute dans le sens horizontal un mouvement oscillatoire, et
décrit le chemin $r \sin. \theta$.

L'axe O' porte un bras O'M' qui, au moyen de la goupille M'
passant dans une rainure, communique un mouvement oscillatoire vertical analogue à la pièce KK'L. Cette pièce est en forme
de T; elle est maintenue par les guides verticaux PP', QQ'.

La pièce KK'L est goupillée sur une barre horizontale HH'.
Cette barre se rattache au moyen des barres articulées HR, H'R'

à deux équerres égales, VTR, V'T'R', tournant autour des points T et T'; le parallélisme des équerres est maintenu par la barre VV', articulée en V et V', dont la longueur est exactement égale à la distance TT' des centres de rotation. De la sorte, la barre HH' V est toujours parallèle à elle-même pendant qu'elle obéit à l'action de la pièce KK' L. De longs ressorts équilibrent cette pièce.

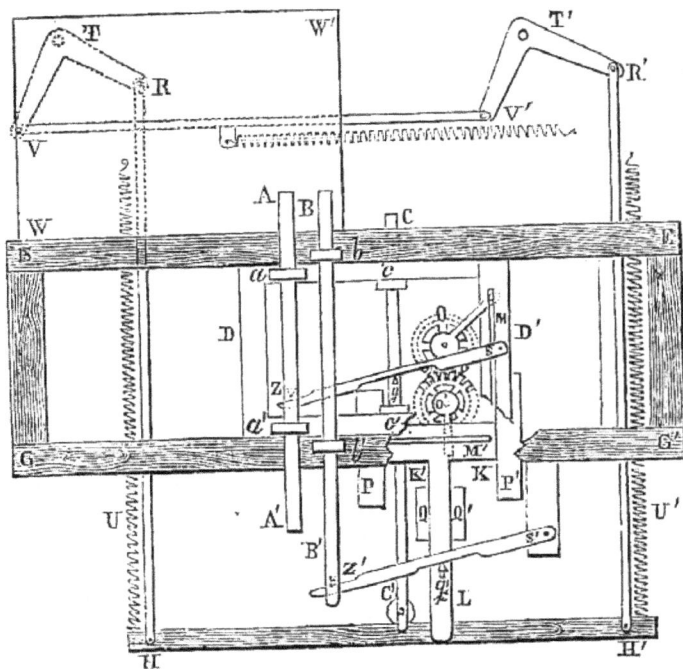

Fig. 374.

Pour réunir sur une seule et même pièce les deux mouvements oscillatoires, le mouvement horizontal et le mouvement vertical, il suffirait donc d'adapter au cadre mobile une règle verticale AA' glissant dans deux coussinets aa', et de faire appuyer l'extrémité inférieure de cette règle sur le bord inférieur de la barre HH'. La règle AA' oscillant horizontalement sous l'action du cadre DD', verticalement sous l'action de la barre HH', et son extrémité A décrirait, dans le plan vertical où elle se meut, la courbe résultant de la combinaison des deux mouvements.

Telle était, en effet, ma première idée, dit M. Lissajous, mais je n'ai pu la réaliser, parce qu'il fallait éviter que les bras OM, O'M' se rencontrassent dans leur course, et que les pièces DD' et KK'L vinssent elles-mêmes à se rencontrer. Pour éviter ces rencontres, en mettant les pièces dans le même plan, il eût fallu écarter considérablement les axes O et O', ce qui eût exigé des roues d'engrenage de dimension énorme. J'ai donc été obligé de réduire le bras O'M' assez pour qu'il pût, ainsi que la pièce qu'il gouverne, manœuvrer en dessous de l'arbre O, et dans un plan postérieur à celui du cadre DD'; le bras OM est, en fait, deux fois plus long que le bras O'M'; l'amplitude de l'oscillation de la barre HH' n'est donc que *la moitié* de celle du cadre DD', et le mouvement de la barre HH' est transmis non à la règle AA', mais à la règle auxiliaire cc', qui glisse dans des coussinets cc' fixés sur la face postérieure du cadre.

Le mouvement oscillatoire de la règle cc' est transmis à la règle AA' par le levier multiplicateur SL, qui tourne autour du point S. Ce levier reçoit son mouvement de la pièce CC' par le couteau g, placé sur la face antérieure de cette règle, et le transmet amplifié, dans le rapport de 2 à 1, au couteau z fixé postérieurement à la règle AA'.

De la sorte, l'extrémité A de la règle AA' est animée par deux mouvements oscillatoires; si on y adapte un traçoir portant un crayon, un pinceau ou de la craie, la figure due à la composition des deux mouvements se tracera sur le tableau MM', placé derrière.

Les figures 375 à 378, toutes contenues dans un rectangle,

 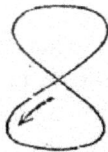   

Fig. 375.   Fig. 376.   Fig. 377.   Fig. 378.   Fig. 379.

montrent les formes principales et fort curieuses que prennent ces courbes; la fig. 375 répond à l'unisson (1 : 1), la fig. 376 à l'octave (1 : 2), la fig. 377 à la quinte de l'octave (1 : 3), la fig. 378 à la quinte (2 : 3), la fig. 379 à la quarte (3 : 4).

420. *Appareil à deux pendules.* — M. Tisley, complétant les recherches de MM. Blackburn et Hubert Airy, a réalisé l'appa-

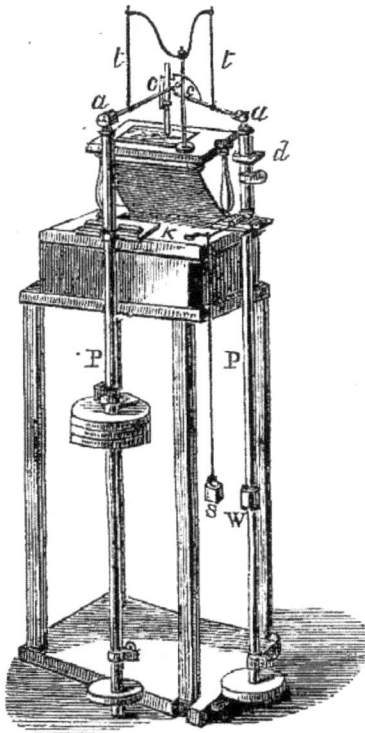

Fig. 380.

reil représenté fig. 380 pour tracer d'une manière assez simple les courbes sinusoïdales décrites précédemment. P P sont deux pendules de 0ᵐ,91 de longueur, dont les plans d'oscillation sont à angle droit, suspendus sur des couteaux k, k, et se prolongeant au-dessus de leur axe de suspension jusqu'en $a\,a$. Les plateaux qui embrassent les tiges de ces pendules sont destinés à recevoir des poids et peuvent être fixés à diverses hauteurs sur les tiges.

W est une petite masse glissante le long du pendule, et attachée à un contre-poids S au moyen d'une corde fixée au bâti de l'appareil; elle permet de changer d'une très-petite quantité le rapport de vibration des pendules pendant qu'ils

sont en mouvement, de manière à obtenir exactement le rapport
cherché.

Des extrémités supérieures des tiges des pendules partent

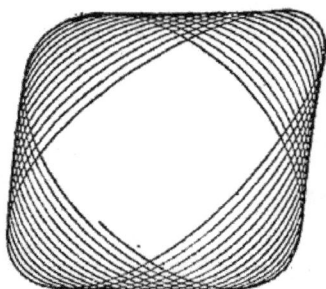 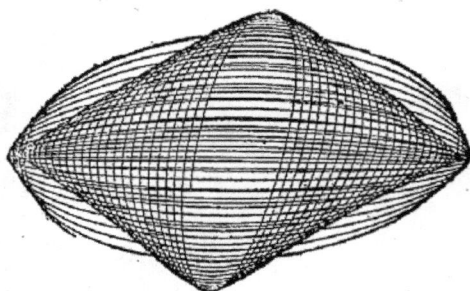

Fig. 381.   Fig. 382.

deux bras légers ac, ac, qui, lorsque l'appareil est au repos,
se rencontrent à angle droit en o; la réunion de ces bras aux
tiges a lieu au moyen d'articulations qui assurent leur liberté
de mouvement suivant la verticale, sans altérer leur mouvement rectiligne égal au cosinus de l'angle décrit par les pendules, équivalent à celui des sinus.

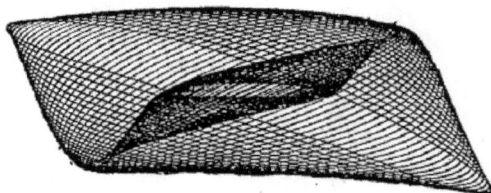

Fig. 383.

Deux fils t, t sont attachés, à leur partie inférieure, aux
bras ac, et à leur extrémité supérieure aux extrémités de deux
supports courbes, lesquels sont soutenus par une petite tige
verticale pouvant glisser dans un tube m fixé sur la planchette
sur laquelle se produit le tracé; à l'aide de ces fils et de la petite tige, dont le mouvement est commandé par un bouton de
manœuvre placé sous la planchette, on peut élever et abaisser
à volonté la pointe traçante de l'instrument, et cela sans affecter
en aucune façon les vibrations des pendules.

A l'intersection des deux bras ac, terminés en forme de
fourche, se trouve un cylindre en cuivre de peu de hauteur;

ce cylindre est creux et reçoit la pointe traçante faite d'un tube de verre capillaire, dont l'une des extrémités est très-effilée. En passant plusieurs fois cette pointe effilée à la flamme du gaz, elle acquiert une douceur et une élasticité qui la rendent très-propre à tracer des traits, en employant une encre

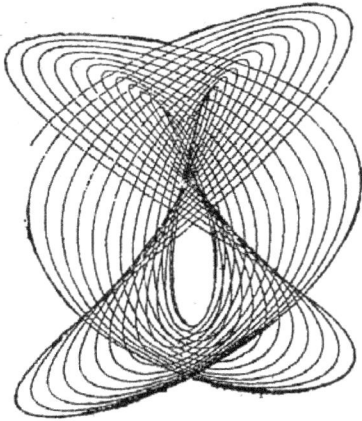

Fig. 384.

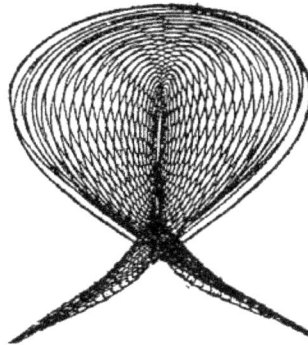

Fig. 385.

très-fluide, que la pointe absorbe rapidement grâce à la capillarité du verre. Une encre d'aniline (couleur magenta) a très-bien réussi.

Pour tracer une figure, il suffit de placer les poids conve-

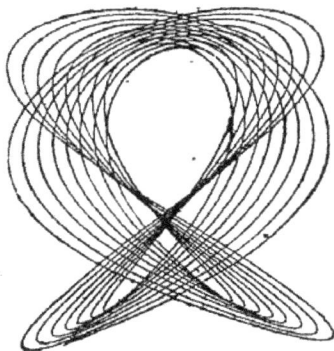

Fig. 386.

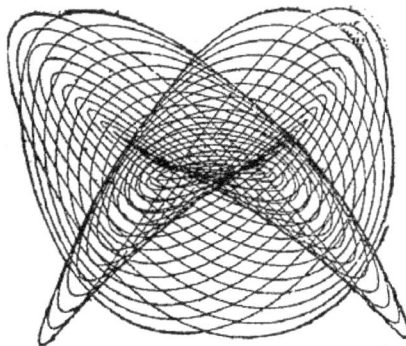

Fig. 387.

nablement sur les pendules, puis de mettre ceux-ci en mouvement et d'abaisser la pointe sur le papier au moment voulu. Si, par exemple, on veut obtenir la courbe qui répond à l'octave, les choses doivent être réglées de manière qu'un des pen-

dules batte deux vibrations pendant que l'autre n'en bat qu'une
seule. C'est ainsi qu'on obtient des courbes, formées par des
intersections d'ellipses, dont les amplitudes vont en diminuant
avec celle du pendule (381 et 382). Dans la fig. 382, les contours
extrêmes sont les premiers que trace la pointe; les grands axes
restent constants, les petits vont en diminuant; l'inverse a lieu
fig. 381, les courbes intérieures sont produites les premières,
résultat obtenu quand les pendules sont mis en mouvement, à
partir du repos, en sens opposés. Les fig. 384, 385 et 386 correspondent toutes trois à l'intervalle musical d'une quinte, c'est-
à-dire que l'un des pendules fait deux vibrations pendant que
l'autre en fait trois. La variété qu'elles présentent dépend de la
manière dont on fait partir les pendules. Pour la fig. 385, ils
partent en même temps, tandis que pour la fig. 384 l'un a sur
l'autre une avance d'une demi-vibration, et pour la fig. 386 une
avance d'un quart. La fig. 387 correspond à une quarte, c'est-
à-dire aux rapports des vibrations 3 : 4.

L'aspect inachevé que présentent les fig. 381 et 382 tient à ce
qu'on a suspendu l'action de la pointe traçante pendant que les
pendules étaient encore en action. Lorsqu'on laisse agir la pointe
jusqu'à extinction complète des vibrations, on obtient le dessin représenté fig. 383, et même on a arrêté avant la fin, autrement on n'aurait plus eu qu'un pâté en raison du rapprochement extrême des lignes. La succession de ces lignes a fait
proposer l'emploi de cette appareil pour décorer des surfaces
de forme rectangulaire.

421. *Emploi des courbes directrices.* Si, au lieu de se limiter
à deux mouvements rectilignes, engendrés par des organes
simples comme ceux qui proviennent du mouvement circulaire,
on emploie des courbes directrices pour varier la loi du mouvement, le résultat sera, dans le cas général, assez insignifiant.

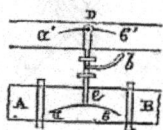

Fig. 388.

En effet, supposons le mouvement d'une des
droites, AB par exemple, uniforme (fig. 388),
et le mouvement de la seconde obtenu en employant pour directrice la courbe cherchée elle-
même; le système ne produira qu'un transport
de courbes.

En effet, soit AB une barre douée d'un mouvement rectiligne : plaçons sur cette barre une courbe saillante α6, et as-
sujettissons une tringle eD à se mouvoir en ligne droite en

pressant sur cette courbe par l'effet d'un ressort, le point D extrémité de cette droite aura un mouvement rectiligne de progression en raison des distances des divers points de la courbe à l'axe A B, et si au point D on place un outil, celui-ci tracera sur un plan qui aurait le même mouvement que A B, en sens contraire, une courbe α' $6'$, identique à la courbe α 6.

C'est en traçant ainsi les courbes qui correspondent à toutes les sections d'une surface par les plans parallèles équidistants, que dans le procédé Collas dit de numismatique, pour représenter des médailles par la gravure, on produit sur un plan parallèle à ces sections, une succession de courbes qui représentent admirablement la surface modèle. Il faut, pour réaliser cette machine, placer à angle droit le modèle et la planche, les faire marcher de quantités égales pour chaque courbe, et faire suivre le modèle par la touche dans le plan parallèle au plan à graver sur lequel la courbe est tracée par le burin qui fait corps avec la touche. (Voy. MACHINES A GRAVER, Liv. VI.)

422. Supposons maintenant le système précédent répété à angle droit du premier, qu'une barre A′ B′ douée d'un mouvement rectiligne porte une courbe α'' $6''$, sur laquelle s'appuie une tringle C D (fig. 391) comme la barre A B porte la courbe α' $6'$, sur laquelle s'appuie la tringle $c\,d$, ces deux droites étant terminées par des rainures I J, I′ J′ perpendiculaires à leur direc-

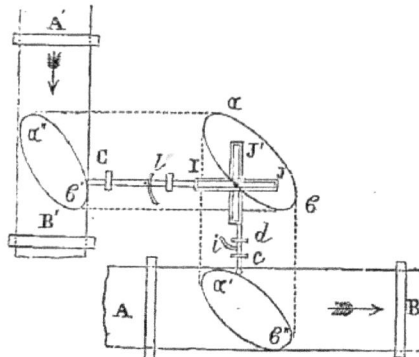

Fig. 389.

Fig. 390. Fig. 391.

tion (fig. 389 et 390), un point de chacune de ces rainures donnera une des coordonnées perpendiculaire à la direction du mouvement.

Un outil placé à la rencontre des deux rainures I J, I′ J′, tracera une courbe qui sera déterminée par le transport rectiligne des deux premières.

La courbe ainsi déterminée par l'intersection de deux coordonnées sera telle, que si le mouvement des deux barres est le même, la vitesse la même, les deux courbes directrices $\alpha' \mathit{6}'$, $\alpha'' \mathit{6}''$, devront être identiques avec la courbe à obtenir $\alpha \mathit{6}$.

Ainsi si la courbe à tracer est donnée par une équation entre ses coordonnées x et y, la courbe $\alpha \mathit{6}$ aura évidemment par construction toutes les mêmes valeurs de y (l'axe des y étant l'axe de $A' B'$) que la courbe $\alpha' \mathit{6}'$, augmentée d'une constante l, égale à la longueur $c d$.

Par la même raison, les valeurs de x de la courbe $\alpha'' \mathit{6}''$ donneront les valeurs x de la courbe $\alpha \mathit{6}$, en les augmentant d'une même quantité l' égale à la longueur CD.

Puisque, par hypothèse, les mouvements rectilignes sont tels que pendant que la tige $c d$ parcourt tous les points de $\alpha' \mathit{6}'$, ceux de la tige CD parcourent tous les points de $\alpha'' \mathit{6}''$, les abscisses x seront déterminées par la courbe $\alpha'' \mathit{6}''$ et les ordonnées y par la courbe $\alpha' \mathit{6}'$ (comme il résulte de la disposition des rainures).

• Si par exemple la courbe cherchée était une ellipse dont l'équation rapportée aux axes de AB, $A' B'$ fût

$$a^2 x^2 + b^2 y^2 + c^2 x y + d^2 = 0,$$

la courbe $\alpha'' \mathit{6}''$, pour laquelle toujours $x' = x - l$ (l étant la longueur de la tige CD), devra avoir une équation de forme telle qu'en remplaçant $x - l$ par x, on retombe sur l'équation précédente, autrement les valeurs de $x - l$ pour les valeurs de y ne sauraient être toutes celles voulues. Les deux courbes $\alpha'' \mathit{6}''$, $\alpha' \mathit{6}'$ seront donc :

$$a^2 (x - l)^2 + b y^2 = c^2 (x - l) y + d^2 = 0,$$

et
$$a^2 x^2 + b^2 (y - l')^2 + c^2 x (y - l') + d^2 = 0,$$

c'est-à-dire deux ellipses identiques à la première transportées à des distances l et l', parallèlement à l'axe des x et à l'axe des y. La solution se réduit en réalité à un transport de courbes.

Au point de vue pratique, l'emploi de deux barres qui représentent les deux coordonnées, qui se coupent et portent deux rainures pour emboîter l'outil qui trace la courbe, est défectueux.

423. Dans le cas où les vitesses du mouvement rectiligne ne seraient pas égales, si $\frac{m}{n}$ est le rapport des vitesses, l'une des barres portera une courbe représentée par la même équation que celle de la courbe, en multipliant par m la coordonnée de cette courbe qui ne doit pas être fournie par son mouvement, et l'autre courbe obtenue en multipliant l'autre ordonnée par n. Les deux coordonnées qui doivent se correspondre pour donner la courbe cherchée arriveront ainsi simultanément dans les positions convenables. Les courbes obtenues seront différentes des premières, mais de même degré et de même nature; ainsi, dans l'exemple qui précède, ce seront des ellipses allongées ou raccourcies qui fourniront les mêmes coordonnées que les courbes du cas précédent.

CHAPITRE V

Mouvement suivant une courbe par mouvements circulaires.

Le seul mouvement circulaire d'un point, l'assemblage à l'aide duquel il est maintenu à une distance constante du centre ne peut servir qu'à tracer un cercle. Voyons ce que produit la combinaison de deux mouvements semblables.

424. *Courbes d'intersection de deux lignes tournant dans le même plan, autour de deux points fixes, dans un certain rapport de vitesses.* — De même que ce sont les recherches de physique de M. Lissajous qui ont conduit à construire les appareils propres à tracer les courbes sinusoïdales composées, ce sont celles de M. Plateau, le savant physicien belge, qui ont fait étudier les courbes dont nous nous occupons ici. Ses recherches l'ont conduit à établir le fait suivant :

« Si l'on suppose deux courbes brillantes quelconques tournant d'un mouvement uniforme, mais avec une grande vitesse, dans des plans parallèles, l'œil placé devant le système distingue, au milieu de l'espèce de gaze produite par le mouvement des deux lignes, l'image immobile d'une troisième courbe plus sombre que le fond sur lequel elle se dessine, et qui est

27

le lieu des points d'intersection apparents des deux lignes en mouvement. »

Il a de plus indiqué un moyen simple de. produire expérimentalement le phénomène, que nous donnerons ici. L'une des deux lignes mobiles est formée par une bande étroite laissée blanche et transparente sur un disque de papier dont tout le reste est noirci ; l'autre est une bande également étroite découpée à jour dans un second disque de papier noirci ;. chacun de ces disques est fixé sur l'axe d'une petite poulie, et ces deux poulies sont mises en mouvement par une grande poulie à double gorge, que l'on fait tourner au moyen d'une manivelle ; les deux disques sont parallèles et aussi rapprochés que possible. L'expérience se fait le soir, en plaçant une lampe derrière le premier disque et tenant l'œil à une certaine distance devant le second ; l'intersection apparente de la ligne à jour et de la ligne lumineuse qui tourne par derrière produit un point brillant qui, pendant la rotation des deux lignes, décrit la courbe d'intersection, et la trace laissée sur la rétine, en vertu de la persistance des impressions, par ce point brillant en mouvement, donne à l'observateur la sensation de la courbe entière.

Il est bien évident que si les deux lignes en mouvement sont les contours de rainures égales, à faces parallèles, un style pourra être placé à l'intersection de deux courbes, et tracera sur un plan la courbe d'intersection dont il s'agit. Cette disposition est exécutable pratiquement, n'est pas seulement possible théoriquement, en satisfaisant à quelques conditions pratiques, comme de disposer les disques horizontalement, de tourner assez lentement, d'éviter les inclinaisons du style par des collets convenables, etc., etc.

Quelles sont les courbes qui peuvent être tracées ainsi, et par suite quelles sont celles qui peuvent être obtenues sans rosette spéciale, à l'aide de lignes droites ou de circonférences de cercle, mues dans des rapports de vitesses quelconques, les axes de rotation étant mis en rapport par des roues d'engrenages convenables ?

Nous indiquerons sur ce sujet les résultats auxquels est parvenu, dans une Note sur la théorie mathématique des courbes dont il s'agit, M. Van der Mensbrugghe, de Gand. (*Mémoires de l'Académie de Belgique*, t. XVI, 1863.) Sans reproduire ici les déductions mathématiques du Mémoire, nous dirons seulement quelques mots de la méthode qu'a suivie le savant auteur. Partant des équations des lignes en mouvement en coordonnées polaires, il établit, en exprimant les relations des angles et des rayons vecteurs, les formules qui permettent d'arriver, par élimination, à une équation semblable de la courbe d'intersection.

L'élément capital de la génération des courbes est la grandeur du rapport m des vitesses; nous en suivrons l'influence.

I. Les deux lignes tournantes sont deux droites passant par les centres de rotation. — A l'origine du temps, la première coïncidant avec la ligne des centres, la seconde fait avec celle-ci un angle connu β.

Soit $m = +1$, vitesses des droites égales et de même sens. Le lieu cherché est une circonférence passant par les points fixes et ayant son centre à la distance $\dfrac{a}{\text{tang. } \beta}$ de la ligne des centres ($2a$ distance de ceux-ci). Si l'angle initial β est nul ou égal à 180°, on a une droite coïncidant avec la ligne des centres.

Soit $m = -1$, le lieu cherché est une hyperbole équilatère dont le centre est au milieu de la distance des points fixes, qui passe par ces points et qui a ses asymptotes aux distances angulaires $\dfrac{\beta}{2}$ et $90° + \dfrac{\beta}{2'}$ de la ligne des centres.

Dans le cas où $m = +2$, le lieu géométrique a pour équation

$$\rho = 2a \, \frac{\sin. 2\omega}{\sin. \left(\omega + \dfrac{\beta}{2}\right)},$$

et représente la focale du cône trouvée par M. Quetelet. Quand l'angle initial β des deux droites est nul, ce lieu devient une circonférence traversée par une droite; si $\beta = 90°$, on a la focale du cylindre. Ce lieu géométrique varie d'une manière continue avec le changement continu de l'angle initial β.

II. Les deux lignes mobiles sont deux circonférences égales tournant chacune autour d'un de ses points. — On arrive de même à l'équation générale de toutes courbes d'intersection cor-

respondantes à des vitesses quelconques de même sens ou de
sens contraires et à toutes les positions initiales possibles des
deux circonférences tournantes. Les courbes obtenues ainsi
présentent une singulière variété, même si l'on se borne aux
valeurs ± 1 et ± 2 du rapport m des vitesses.

Un exemple curieux est celui où le rayon des circonférences
est égal à la distance des points fixes, où l'angle $\beta = 0$, et
où le rapport $m = -2$. On obtient alors la courbe reproduite
figure 392.

Fig. 392.

III. LES CENTRES DES MOUVEMENTS COÏNCIDENT. — Dès lors les
résultats deviennent beaucoup plus simples.

Ainsi, quand une ligne quelconque, représentée par $\rho_1 = \varphi(\omega_1)$
tourne autour d'un point appartenant à celle-ci, le lieu cherché
a pour équation

$$\rho = \varphi\left[\frac{m-1}{m}\,\omega\right],$$

m étant toujours le rapport des vitesses.

Cette équation générale donne lieu à plusieurs conséquences
importantes, que M. Plateau avait déjà déduites d'une méthode synthétique, et dont voici les deux principales :

1° Quand ω varie depuis 0 jusqu'à $\dfrac{m}{m-1}\,\pi$, ρ passe identiquement par les mêmes valeurs que le rayon vecteur de la courbe
représentée par l'équation $\rho_1 = \varphi(\omega_1)$, dans laquelle ω_1 varie
depuis 0 jusqu'à π; donc tous les rayons vecteurs de la courbe
mobile se trouvent conservés dans la courbe produite avec
leurs valeurs respectives, mais les angles compris entre eux
ont varié dans un rapport constant et égal à $\dfrac{m}{m-1}$. Cette pro-

priété fournit immédiatement un mode de construction simple des courbes dont il s'agit : il consiste à prendre tous les rayons vecteurs du lieu $\rho_1 = \varphi_{\cdot}(\omega_1)$ et à faire varier tous les angles compris entre eux dans le même rapport.

2° L'une quelconque des courbes comprises dans l'équation ci dessus peut toujours être produite par les deux systèmes de rotation distincts : en effet, soit $\dfrac{m-1}{m} = c$; on pourra, sans changer la courbe engendrée, choisir une valeur de m telle que $\dfrac{m-1}{m} = -c$; donc, si l'on pose $m = \dfrac{1}{1+c}$, on obtiendra identiquement la même courbe qu'en prenant $m = \dfrac{1}{1-c}$; seulement l'une des courbes produites sera symétrique de l'autre par rapport à l'axe polaire.

Si la courbe qui tourne avec la droite est une circonférence de rayon r passant par le centre de rotation, on a pour équation du lieu

$$\rho = 2\,r\cos.\left[\frac{m-1}{m}\,\omega\right];$$

Si $m = +2$ ou $+\dfrac{2}{3}$, on a $\rho = 2\,r\cos.\dfrac{\omega}{2}$, c'est une courbe à deux nœuds bien connue, étudiée dans tous les traités de géométrie.

Si $m = +\dfrac{3}{4}$ ou $+\dfrac{3}{2}$, on a $\rho = 2\,r\cos.\dfrac{\omega}{3}$, courbe qui est un limaçon de Pascal. (Voir Liv. III.)

Si $m = -1$ ou $+\dfrac{1}{3}$, on a $\rho = 2\,r\cos.2\,\omega$, équation d'une rosace à quatre feuilles.

Enfin, si $m = -\dfrac{1}{2}$ ou $+\dfrac{1}{4}$, on obtient $\rho = 2\,r\cos.3\,\omega$, c'est la génération d'une courbe à trois feuilles.

Enfin, prenons pour lignes mobiles deux circonférences égales tournant autour d'un point qui leur est commun, le lieu géométrique se compose des courbes représentées par les deux équations :

$$\rho = 2\,r\cos.\left[\frac{m-1}{m+1}\left(\omega + \frac{2\,n\,\pi}{m-1}\right)\right],\quad \rho = 2\,r\cos.\left(\omega - \frac{2\,n\,\pi}{m-1}\right),$$

$m = 1$ ne donne que des circonférences de cercle ayant le pôle pour centre commun.

$m = 2$ limaçon de Pascal, plus une circonférence, représentée par la deuxième équation, tangente au sommet du nœud ainsi qu'au sommet opposé.

Si $m = 3$ la courbe à deux nœuds, plus deux circonférences de cercle.

$m = -\dfrac{1}{2}$ le trifolaire, plus trois circonférences enveloppant ces feuilles.

On peut démontrer géométriquement que la bissectrice qui sépare les angles décrits par deux circonférences à partir de leur superposition, peut remplacer une des circonférences, et par suite il est tout simple que l'on retrouve les courbes trouvées plus haut.

425. *Plans parallèles.* — Deux mouvements circulaires dans des plans parallèles fourniront le tracé des épicycloïdes simples, par un point du contour de la roue extrême d'un engrenage. En se reportant à la figure 100 de l'article 102 on voit qu'une rotation convenable du plan sur lequel se fait le tracé, annule la rotation de la grande roue et que le tracé se produit comme par un roulement de la petite roue sur la grande.

Cette épicycloïde sera dilatée ou resserrée suivant que la vitesse de rotation sera plus grande ou plus petite que celle de la roue O.

Nous ferons plus loin l'étude détaillée des épicycloïdes et n'y insisterons pas davantage ici.

Combinaison de deux mouvements circulaires pour obtenir les coordonnées rectilignes d'une courbe.

426. Le mouvement circulaire pouvant se transformer en mouvement rectiligne suivant une loi voulue, à l'aide d'excentriques ayant une forme convenable, il en résulte un moyen (fig. 393) de tracer une courbe quelconque à l'aide d'un double système analogue à celui déjà décrit pour le cas du mouvement rectiligne, c'est-à-dire à l'aide de règles guidées qu'un ressort applique contre les excentriques, ces excentriques étant montés sur les axes qui sont mus d'un mouvement circulaire. Cette solution n'est que la précédente, revient à l'emploi de directrices

courbes, en y ajoutant le mode spécial du mouvement des coordonnées produit par le mouvement circulaire.

. Les règles forment deux coordonnées dont l'intersection décrit la courbe voulue; si elles portent toutes deux des rainures, un crayon placé à leur rencontre tracera une courbe. Ce système ne peut guère être de bon usage dans la pratique; on le rendra moins imparfait en assemblant une des règles avec le plan sur lequel doit être tracée la courbe, l'autre règle portant assemblé à son extrémité l'outil qui doit la tracer.

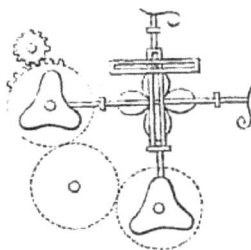

Fig. 393.

Le tracé des excentriques convenables pour chaque cas se déduira facilement de la forme de la courbe à obtenir, puisqu'en chaque point $x = \rho + l$, $y = \rho' + l'$, $\rho \rho'$ étant les rayons vecteurs des excentriques; l et l' les longueurs des règles.

CHAPITRE VI

Combinaison d'un mouvement circulaire et d'un mouvement rectiligne.

427. La disposition pratique qui est souvent la meilleure pour tracer une courbe, résulte de la combinaison d'un mouvement rectiligne avec un seul mouvement circulaire, un point d'une courbe étant déterminé par la position d'un point sur une droite faisant un angle voulu avec une droite donnée, ayant tourné d'une certaine quantité comme rayon d'un cercle. Ce système est précisément celui qui est employé pour rapporter une courbe à des *coordonnées polaires*, pour en obtenir l'équation dans laquelle on fait entrer comme variables la longueur du rayon vecteur et l'angle qu'il fait en chaque instant avec sa position initiale.

On ne doit pas s'étonner de rencontrer ici, comme solution du problème consistant à décrire une courbe, les deux systèmes de coordonnées qu'emploie la géométrie analytique, car c'est réellement sur la notion de continuité du mouvement que repose la conception de ceux-ci, et surtout bien clairement celle des coordonnées polaires. C'est un des exemples les plus importants et les moins contestables de l'introduction de la cinématique dans la géométrie.

L'entraînement par rotation du guide du mouvement rectiligne, pour lui communiquer en même temps des vitesses variables, rentre dans la série des combinaisons de vitesses, à l'étude desquelles est consacré le livre III. Nous ne donnerons ici que les mouvements combinés produits avec des guides fixes.

428. Sur une surface animée d'un mouvement de rotation, un traçoir, mû d'un mouvement rectiligne, engendrera une courbe. Une vis, une crémaillère produisent simplement un mouvement rectiligne ayant un rapport de vitesse constant avec la vitesse de rotation, ce qui permet de tracer aisément :

Dans un plan, la *spirale d'Archimède* ($\rho = a\omega$) sur le plan de rotation ;

La *cycloïde*, si le point traçant appartient au cercle ;

L'*hélice*, si les génératrices sont parallèles à l'axe de rotation.

Tracé de l'hélice et de la spirale. — Dans les arts, l'organe qui communique le mouvement rectiligne au porte-outil est presque toujours la vis (la crémaillère, les cordes pourraient être également employées), l'écrou étant en général le porte-outil. La vis et la surface sur laquelle le tracé doit être fait étant mues par les deux roues d'un même engrenage, fourniront les deux cas suivants :

1° L'axe de la vis qui met l'outil en mouvement étant parallèle à la surface sur laquelle on veut tracer une courbe et passant par le centre de rotation, cet outil s'avancera des longueurs ρ, ρ', pendant qu'un rayon de la surface décrit les angles ω, ω', et si les deux mouvements sont uniformes, on a $\frac{\rho}{\omega} = a =$ const. ; c'est-à-dire qu'on trace ainsi une courbe plane, une spirale d'Archimède ($\rho = a\omega$), par deux mouvements uniformes.

Il est facile de déterminer a d'après le rapport des rayons des roues de l'engrenage et le pas de la vis. En effet, on a $r\omega = r'\omega'$, r, r' étant les rayons des roues qui font tourner la surface et la vis, p étant le pas de la vis, $\frac{p}{n}$ sera la progression de l'écrou pour une partie n d'un tour égal à $r'\,\omega' = \dfrac{2\,\pi\,r'}{n}$. Donc

en chaque instant $\rho = \dfrac{p}{n}$, $\omega = \dfrac{r'\,\omega'}{r} = \dfrac{2\pi r'}{r\,n}$ et $\dfrac{\rho}{\omega} = \dfrac{r\,p}{2\,\pi r'}$, quantité constante.

2° L'axe du mouvement circulaire est parallèle à la direction du mouvement rectiligne, ou peu incliné sur celle-ci, et la direction de l'outil passe par l'axe du mouvement circulaire.

Le tracé de la courbe sera fait sur la surface d'un cylindre. Si les deux mouvements sont uniformes, si le cylindre et la vis sont menés par deux roues dentées engrenant ensemble, on aura un système à l'aide duquel on pourra tracer une hélice sur la surface du cylindre, à l'aide duquel on pourra tailler sur un cylindre une vis d'un pas quelconque en disposant de roues d'engrenage dont les rayons soient dans un rapport convenable (fig. 394).

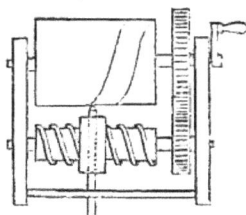

Fig. 394.

En effet, R étant le rayon de la roue montée sur l'axe du cylindre, pour un tour de la roue du rayon r' montée sur l'axe de la vis, l'écrou avance du pas p de cette vis et trace une fraction d'hélice sur le cylindre (puisque le mouvement rectiligne et le mouvement circulaire sont uniformes). Le pas P de cette hélice sera égal à $\dfrac{p\,r'}{R}$, car les pas de l'hélice qui met l'outil en mouvement et de celle tracée sur le cylindre correspondent chacun à un tour de chaque roue d'engrenage, $2\pi R$, $2\pi r'$, c'est-à-dire qu'on a :

$$P : p = r' : R, \text{ d'où } P = \dfrac{p\,r'}{R}.$$

On obtiendra donc telle valeur qu'on désirera de P en faisant varier convenablement le rapport $\dfrac{r'}{R}$.

Remarquons qu'au lieu de faire marcher l'outil et tourner le cylindre, on pourrait théoriquement faire avancer le cylindre selon son axe et tourner l'outil.

Presque tout l'art du tour repose sur les considérations précédentes. Il est évident qu'en resserrant suffisamment le pas

des spirales et des hélices, ou en employant des outils suffisamment larges, de manière que leurs traces se superposent,
ces systèmes fournissent le moyen d'obtenir à l'aide du tour
des surfaces plates, des cylindres, des cônes, etc.

429. On emploie avec avantage la courbe engendrée par
un mouvement circulaire pour l'étude d'un mouvement rècti-
ligne. On dispose l'appareil ainsi qu'il suit : Sur un axe mû
par une communication du mouvement rectiligne dans un
rapport de vitesse constant (par le passage d'une corde chargée
d'un poids sur une poulie qu'elle fait tourner, par exemple), et
ayant par suite une vitesse proportionnelle à celle de ce mouvement, on monte un plateau sur lequel on peut tracer des
lignes.

En avant du plateau recouvert de papier dont nous venons
de parler, on dispose un mécanisme d'horlogerie donnant un
mouvement de rotation uniforme à un pinceau imbibé d'encre
de Chine. Si le disque était immobile, il est clair qu'il tracerait une circonférence de cercle sur le disque E. Mais si celui-ci
tourne, le pinceau tracera une courbe qui dépendra à la fois
du mouvement du pinceau et de celui du disque. Le mouvement du pinceau étant connu, la forme de la ligne courbe fera
connaître le mouvement du disque (fig. 395 et 396).

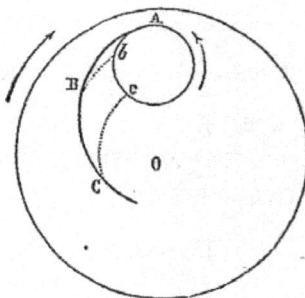

Fig. 395.   Fig. 396.

Soit A BC la courbe tracée sur le disque par le pinceau, et
A *b c* le cercle que le pinceau y eût tracé si le disque n'avait
pas été mis en mouvement. Marquons les arcs A *b*, A *c*, que le
pinceau qui se meut uniformément parcourt en une seconde.

Le pinceau était au point A lorsque le disque a commencé à
se mouvoir. Au bout d'une seconde, le pinceau, au lieu de

tracer le point *b*, a marqué le point B, qui est venu se placer sous sa pointe en vertu de la rotation du disque; celui-ci a donc tourné de l'angle *b*OB pendant la première seconde. Au bout de deux secondes, le pinceau au lieu d'être placé en *c* a tracé le point C; donc pendant les deux premières secondes le disque a tourné de l'angle *c*OC, et ainsi de suite pour les secondes suivantes.

De la mesure de ces angles résulte la constatation des lois du mouvement. Ainsi dans le cas des expériences sur le frottement de Morin, le disque étant mû par la corde supportant un poids qui entraînait la caisse qui exerçait le frottement étudié, on a trouvé que les angles des premières secondes étaient entre eux comme les nombres 1, 4, 9, c'est-à-dire qu'ils étaient proportionnels aux carrés des temps employés pour les décrire. Les chemins parcourus par la surface frottante étant proportionnels à ces angles, on voit que le mouvement est semblable à celui dû à la pesanteur, c'est-à-dire à l'action d'une force constante.

C'est ainsi que s'établit la constance de l'intensité du frottement, et l'on voit la précision que peut fournir ce mode d'expérimentation, l'utilité de l'emploi des courbes tracées par deux mouvements circulaires et la manière d'interpréter le double mouvement qui les produit.

DU TRACÉ DES COURBES AVEC LA RÈGLE ET LE COMPAS.

430. L'exposé qui précède des méthodes pouvant conduire au tracé des courbes à l'aide des mouvements rectilignes ou circulaires combinés, ou, ce qui est la même chose, avec la règle et le compas, ne conduit qu'à des résultats assez limités quant à la variété des courbes qu'il est possible d'obtenir sans guides spéciaux. Ces méthodes ne sont pas les seules, comme on doit le penser, quand on remarque que les plus grands géomètres du siècle dernier, Descartes, Pascal, Roberval, de Lahire, Réaumur, Newton, Mac-Laurin, etc., se sont beaucoup occupés de la question. Ce sont surtout les courbes engendrées lors du roulement, du transport des guides, les curieux théorèmes fournis par la cycloïde notamment, qui avaient fait concevoir l'espoir d'une solution générale du problème, ainsi que nous l'exposons ci-après.

Nous avons déjà rencontré, comme on devait s'y attendre, des systèmes correspondants aux principaux modes de description de courbes par des systèmes de coordonnées, rectilignes, polaires, focales, dont la conception sous-entend des mouvements pour la génération de la courbe; nous allons voir bientôt l'emploi de systèmes plus complexes pour obtenir encore de nouvelles courbes au moyen de mouvements circulaires et rectilignes, et fixer les limites de cette intéressante question, ce qui nous conduira en même temps à des moyens précieux de transformer des courbes données servant de directrices, pour le profit des arts.

431. EMPLOI DES FILS. — Nous citerons encore ici un mode de génération fondé sur la flexibilité des fils pour les courbes du second degré, qui ont des équations très-simples quand on les rapporte à des rayons vecteurs particuliers, savoir :

L'ellipse $\rho + \rho' = 2\,a$;

L'hyperbole $\rho - \rho' = 2\,a$;

La parabole $\rho = \rho'$, ρ' se rapportant à la distance à une droite fixe.

Ellipse. — Si on prend un fil de longueur égale à la somme des rayons vecteurs, qu'on en attache les extrémités à deux pointes fixées aux foyers et qu'on tende le fil à l'aide d'un style, tout point marqué par le style ainsi guidé appartiendra à l'ellipse, qui sera ainsi tracée d'un mouvement continu (fig. 397).

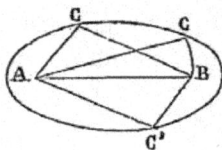

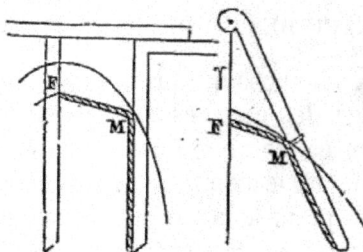

Fig. 397.   Fig. 399.   Fig. 398.

Hyperbole. — F étant un foyer de l'hyperbole (fig. 398) auquel est fixée l'extrémité d'un fil; si on appuie ce fil contre un rayon d'un cercle dont le centre soit à l'autre foyer, un style tendant toujours le fil tandis que le rayon s'éloigne de l'axe trace l'hyperbole, puisque la différence des rayons vecteurs reste constante.

Parabole. — Un fil étant de même attaché au foyer F (fig. 399), si on le tend contre le côté d'une équerre dont le long côté a une longueur égale à celle du fil lors du mouvement de glissement de cette équerre un style placé à la rencontre du fil et de la branche de l'équerre tracera une parabole.

On voit que grâce à la flexibilité des fils, les propriétés des sections coniques fournissent un moyen de les tracer par des combinaisons assez simples.

Développantes. — La flexibilité des fils fournit encore le moyen de tracer par le simple mouvement circulaire d'un fil toujours tendu et préalablement enroulé autour d'une courbe, la développante de cette courbe. Les développantes de cercle sont donc d'un tracé facile, grâce à ce mode particulier de génération.

CHAPITRE VII.

Mouvement d'après une courbe en mouvement rectiligne ou circulaire.

432. Le problème inverse de celui dont nous venons d'indiquer les solutions, c'est-à-dire la transformation du mouvement d'après une courbe donnée en mouvement rectiligne ou circulaire, ne se présente jamais dans les machines, dans lesquelles on évite ce genre de transformation, à cause des résistances qui l'accompagnent nécessairement, ce qu'on voit facilement quand on cherche à réaliser ce mode de transformation. En effet, la pièce motrice devrait communiquer le mouvement rectiligne ou circulaire, par traction sur une corde, par exemple, ne pourrait guère suivre une courbe qu'en pressant sur cette courbe par une cheville assujettie dans une rainure ayant la forme de la courbe donnée. C'est assez dire combien ce mouvement est impossible en général, et ne saurait être guidé convenablement. Aussi jamais on ne donne semblable mouvement aux organes de communication ; le mouvement suivant une courbe n'étant employé que pour les opérateurs, c'est-à-dire pour les derniers organes.

CHAPITRE VIII

Mouvement suivant une courbe déterminée en mouvement suivant une autre courbe également déterminée.

Les solutions qui précèdent, et dans lesquelles en général une courbe quelconque est obtenue à l'aide de mouvements circulaires ou rectilignes de vitesses variables, en raison de la nature des courbes directrices, fourniraient la solution du problème, si des dispositions du genre de celle indiquée ci-dessus n'étaient pas inadmissibles. La solution générale est donc impraticable dans le cas général.

433. *Pantographe.* — Il est un seul cas où le passage direct d'une courbe à une autre courbe est facile et est produit par un système d'un usage fréquent dans les arts graphiques; c'est le cas où il s'agit d'obtenir une courbe semblable à une autre courbe, c'est-à-dire deux courbes telles que tous les rayons vecteurs qui leur sont menés d'un même centre soient dans un rapport constant, que les éléments de ces courbes soient semblables et semblablement placés.

L'instrument dont on se sert dans ce cas, et avec lequel les conditions établies ci-dessus sont satisfaites, est le pantographe (fig. 400). Il se compose de deux règles articulées en un point A. Aux points B et C sont articulées deux autres règles telles que $AB = AC = BD = CD$. Quel que soit l'angle en A, ces quatre lignes formeront un losange. I étant le pivot autour duquel tourne le système, F un traçoir assujetti à suivre les contours du dessin;

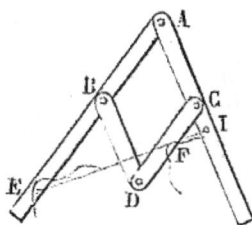

Fig. 400.

le point E en lequel sera placé un crayon tracera des figures semblables à la première; ce qu'on démontre facilement. En effet, quelle que soit la position des branches, on aura toujours, en tirant la ligne droite EFI, à cause de la similitude évidente des deux triangles EAI, FCI :

EI : FI = AC : CI = AE : CF, la position du point E sera donc toujours la même sur la branche AB, et le rapport de droites menées du point I restera constant, puisque les termes AC, CI sont constants; donc tous les éléments des courbes seront semblables et par suite celles-ci.

434. Nous avons supposé, dans ce qui précède, les courbes tracées sur un plan, mais on peut de même obtenir les courbes successives d'une surface, produire mécaniquement une surface semblable à une surface donnée. C'est ce qu'a réalisé Collas dans l'ingénieuse machine qu'il a inventée pour la réduction des statues.

La figure 401 en représente un croquis. Soit AD une barre en bois dans laquelle sont pratiquées des rainures longitudinales dans lesquelles peuvent glisser dans l'une une touche, dans l'autre un outil. L'extrémité A de cette barre est ter-

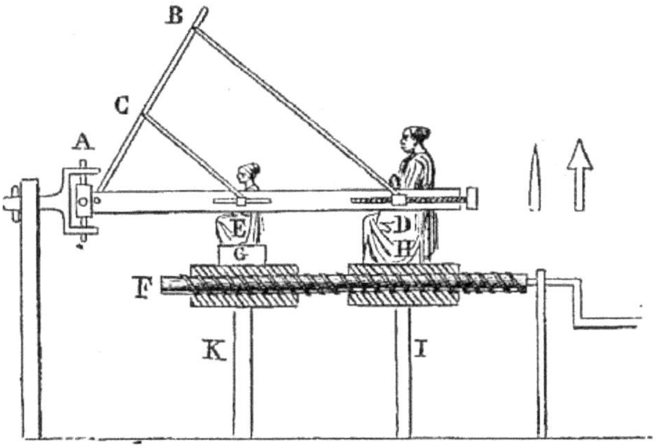

Fig. 401.

minée par un joint universel, qui lui permet de prendre toute direction. De cette extrémité part une bielle articulée BC, qui en porte deux autres articulées également, attachées l'une à la touche et l'autre au burin, et de longueur telle que l'on ait AC : AB = CE : BD, que les triangles ACE, ABE, soient toujours semblables.

Il en résulte que si l'on fait glisser le coulisseau de la touche sur la barre d'une petite quantité, ce que l'on fait à l'aide d'une vis pour obtenir de petits mouvements, le coulisseau du burin glisse aussi et dans le même sens; et la touche et le burin traceront une succession de courbes toujours semblables et semblablement placées.

Il sera facile, d'après cela, d'obtenir la réduction d'une surface quelconque. En effet, plaçons devant la touche D un modèle H supporté par un plateau garni d'une roue dentée, et devant l'outil E une masse molle placée sur un plateau garni d'une roue dentée égale à la première; ces roues dentées étant conduites par une même vis qui leur fait faire en même temps des rotations égales autour de leur axe, il est clair que si ces plateaux sont disposés de telle sorte que l'outil et la touche soient placés de manière à correspondre à deux circonférences dont les diamètres sont dans les rapports AC à AB, dans un tour complet des plateaux il sera possible, à l'aide de ce système, de tracer sur les deux surfaces une infinité de courbes semblables, dans les plans méridiens du modèle et de la réduction; et en répétant l'opération dans une infinité de plans, en faisant tourner les plateaux à l'aide de la vis, d'obtenir la réduction de la statue modèle.

La réduction est non-seulement exacte théoriquement dans ce système, mais dans la pratique, comme elle résulte en général de celle d'un système de lignes de grande courbure tracées directement par l'outil, il donne les plus beaux résultats, parce que ce sont ces lignes qui représentent le mieux la surface, et que c'est leur perfection qui donne surtout à une statue sa valeur artistique.

Observation. — Les propriétés du pantographe n'existent que grâce aux déplacements des articulations des leviers qui constituent l'appareil. Or, jusqu'ici nous avons toujours supposé fixes les guides des mouvements; il s'agit donc dans ce cas d'un système de nature particulière que nous allons étudier ci-après et dont nous montrerons la grande valeur.

LIVRE TROISIÈME

COMBINAISON DE VITESSES

OU MOUVEMENTS DIFFÉRENTIELS.

---

435. Lorsque divers organes sont mis en communication pour constituer l'ensemble que nous appelons une machine, une partie fixe, que l'on nomme le bâti, porte les coussinets qui maintiennent les axes du mouvement circulaire, les prisons, les guides du mouvement rectiligne. Si l'on donne à tout l'ensemble qui constitue la machine une certaine vitesse, rien ne sera changé dans les mouvements relatifs des diverses pièces qui sont le résultat du mécanisme.

Si l'on imprime par une action extérieure à un élément d'une machine, un mouvement quelconque différent de celui qu'il peut prendre dans la machine, si on le rend possible, en général mais non toujours, la communication cessera entre cette partie de la machine et les autres. Quand il en sera autrement, il y aura ce que nous appelons combinaison de vitesses, si les mouvements que prennent les guides des pièces ainsi mues sont tels que celles-ci continuent à agir l'une sur l'autre comme dans les cas étudiés jusqu'ici, où nous avons considéré les axes et les guides comme fixes de leur nature. Ce dernier cas n'est donc qu'un cas particulier d'un problème plus général, celui où la vitesse des guides des pièces se réduit à zéro. C'est ce que nous allons rendre clair par un exemple.

Lorsqu'une vis, par exemple, se meut, la vitesse du mouvement de rotation de la tête de la vis est à son mouvement rectiligne dans le rapport du rayon de cette tête au pas de la vis.

Mais ceci suppose que l'écrou est fixe, ce qui n'est qu'un cas particulier du mouvement, celui qui correspond à la vitesse zéro; si, au contraire, il pouvait se mouvoir comme la vis, la vitesse de celle-ci serait évidemment modifiée. Si, par exemple, il tournait en même temps que la vis avec une vitesse angulaire de rotation variant de zéro à celle même de la vis, la translation rectiligne de celle-ci dans le même temps varierait de la longueur du pas à zéro.

On voit que dans une disposition semblable la vitesse absolue d'un organe change suivant la vitesse des guides du mouvement.

Les mouvements produits dans les systèmes qui réalisent ce genre de disposition sont généralement appelés *mouvements différentiels*, parce que la vitesse absolue est une combinaison de deux vitesses, et que ce n'est que par un mouvement de même nature que celui de l'organe que les guides peuvent continuer à agir et modifier la vitesse de celui-ci. Il résulte donc de semblables dispositions des moyens d'obtenir comme de nouveaux organes qui, composés d'éléments déjà connus, possèdent d'autres rapports de vitesses, et l'étude de ces systèmes revient à la solution de ce problème, dont les transformations étudiées précédemment forment un cas particulier :

Déterminer le rapport de vitesse dans un organe de transformation lorsque le guide de l'organe est transporté par un mouvement de même nature que celui de cet organe, d'où résulte avance ou retard du mouvement, combinaison de vitesses.

Le problème ainsi nettement posé va nous permettre de réunir dans une même étude des systèmes dont l'analogie n'a jamais été clairement indiqué, pas plus que la nature nettement définie; qui permettent d'obtenir très-simplement certains mouvements qu'il serait impossible de produire par des combinaisons d'organes à guides fixes; qui enfin fournissent la solution du problème de faire des sommes ou des différences des vitesses transmises par·des organes de machines.

Passons en revue les diverses transformations de mouvement et les organes qui servent à les produire.

CHAPITRE PREMIER

Mouvement rectiligne en mouvement rectiligne.

436. *Poulies mobiles.* — La poulie mobile, dont le mouvement jouit de propriétés si évidentes à priori, qu'on peut faire reposer sur elles, à l'exemple de Lagrange, tout l'édifice de la théorie de la mécanique analytique, est essentiellement un organe différentiel. Le mouvement rectiligne de l'axe de rotation de la poulie vient s'y ajouter au mouvement semblable de la corde qui porte la poulie. En effet, dans la poulie mobile, l'une des extrémités de la corde est fixée en un point A (fig. 402), la poulie repose sur la corde, et à sa chape est suspendu d'ordinaire un poids qu'il s'agit d'élever, et attachée la résistance qu'il s'agit de surmonter. Dans le cas de la figure 402, où les cordons aA, bB sont parallèles, et c'est le plus fréquent, on voit que si l'extrémité B s'élève de la quantité B B', le point C, où le poids est suspendu, s'élèvera aussi verticalement d'une certaine quantité C C'.

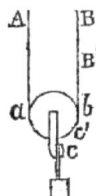

Fig. 402.

Or, quand le point B sera parvenu en B', la portion de la corde soutenant la poulie, comprise entre le point A et le point B fixe dans l'espace, se sera raccourcie de la quantité B B', mais ce raccourcissement se répartissant également sur les deux cordons parallèles aA et bB, chacun d'eux ne sera raccourci que de la moitié de B B', et la poulie, par suite le point C, se seront élevés verticalement d'une quantité égale à cette moitié. Ainsi $C\ C' = \frac{1}{2}\ B B'$, et la vitesse de l'axe de rotation sera moitié de celle du point B, puisque dans le même temps il aura parcouru un espace moitié moindre.

437. Le plus souvent la poulie mobile est supportée par deux brins parallèles; cependant dans un assez grand nombre d'applications ils font un angle 2α. Le point B se meut alors suivant la droite qui divise en deux parties égales l'angle d'écartement des brins aB, $c\,d$, et l'angle 2α varie d'une manière continue pendant le mouvement de la poulie B (fig. 403).

Pendant que le point B parcourt un chemin df sur la bissectrice pq dans le temps dt, le point extrême A a dû par-

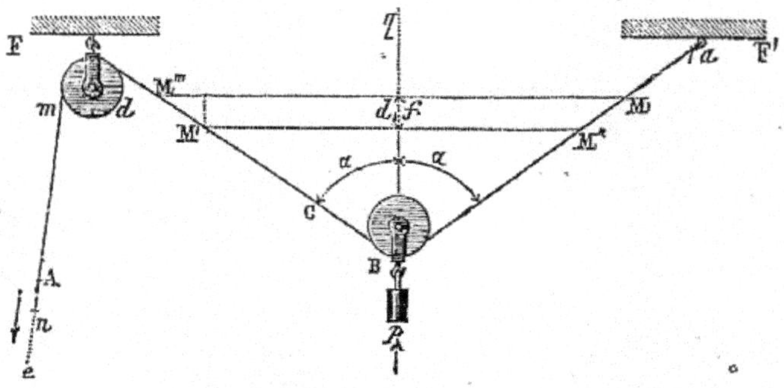

Fig. 403.

courir un chemin de égal à la somme des deux longueurs $MM'' = M'M'''$; or MM''' cos. $\alpha = df$,

donc
$$de = 2\,\frac{df}{\cos.\,\alpha},$$

or, $V_1 = \dfrac{de}{dt}$, $V_2 = \dfrac{df}{dt}$,   donc $\dfrac{V_1}{V_2} = \dfrac{2}{\cos.\,\alpha}$.

L'angle initial α sera d'autant plus petit, pour un même écartement des points fixes, que la corde sera plus longue. Pour une longueur infinie $\alpha = 0$, cos. $\alpha = 1$, $V_2 = \frac{1}{2}V_1$. Au contraire, le point B s'élevant, l'angle α augmente; à la limite $\alpha = 90^0$, cos. $\alpha = 0$, $V_2 = 0$. Si donc la vitesse V_1 est constante, le point B s'élèvera d'un mouvement retardé.

438. *Moufles.* — On obtient un rapport quelconque de vitesse par la répétition d'éléments semblables, ce qui constitue une moufle. Celle-ci se compose d'un système de poulies fixes P P′ P″, dont les axes sont supportés par une pièce fixe appelée chape, qui se réduit souvent à une seule fourche qui supporte l'axe commun (fig. 404); d'un second système Q, Q′, Q″ de poulies mobiles réunies dans une même chape mobile, à laquelle est suspendue la résistance à vaincre qui est habituellement un poids à soulever, et qui pourrait être une résistance quelconque. La corde, fixée par une de ses extrémités à la chape fixe en P passe alternativement sur une poulie de chaque système dans l'ordre P Q, P′, Q″, P″.

Lorsque l'extrémité A de la corde s'abaisse verticalement de la quantité A A', le point B où le poids est suspendu s'élève de la quantité B B', qui est égale au quotient de A A' par le nombre des cordons. En effet, quand le point sera parvenu en A', la portion de la corde comprise entre le point d'attache et le point géométrique A fixe dans l'espace, se sera raccourcie de la quantité A A'; mais ce raccourcissement étant réparti également sur tous les cordons à cause de la symétrie de la figure, le mouvement d'un point de l'axe mobile sera égal au quotient de A A' par le nombre de brins passant autour de poulies mobiles, la chape mobile et par suite le point B se seront donc élevés d'une quantité égale à ce quotient. Donc n étant le nombre des cordons, on a

$$B B' = \frac{A A'}{n}.$$

La vitesse du point B est donc n fois moindre que celle du point A, puisque dans le même temps il parcourt un espace n fois moindre.

Donc enfin, avec un système de poulies, on peut toujours transformer un mouvement rectiligne donné en un autre dont la vitesse est dans un rapport quelconque avec celle du premier. Disons toutefois que les résistances dues à la roideur des cordes rendent ce système peu avantageux dans la pratique.

Fig. 404.

439. White a inventé un système de moufle particulier, dans lequel toutes les poulies supportées par les chapes tournent autour d'un seul axe avec lequel elles font corps. Dans la disposition de la figure 405, les cordons 1 et 2, 3 et 4, 5 et 6 se meuvent avec la même vitesse, mais dans des directions opposées; 1, 3 et 5 en montant, 2, 4, 6 en descendant, en supposant que le poids W se meuve de bas en haut et *vice versâ*.

D'ailleurs les vitesses de chacune des paires de cordons passant sur des poulies du rayon croissant sont différentes : la vitesse de 1 est égale à celle de la résistance W; 3, extrémité du brin 1, 2, 3, forme avec les deux autres une moufle dans laquelle $n = 3$, et par suite la vitesse de ce brin est triple de celle de W. Semblablement, les cordons de 1 à 5 forment une moufle dans laquelle $n = 5$, et ainsi de suite. Les vitesses des brins en partant du centre sont donc en progression arithmétique 1, 2, 3... en supposant que la vitesse de W soit l'unité; et si l'extrémité de la corde est fixée à la chape fixe, par conséquent si le nombre des poulies mobiles est le même que celui des poulies fixes, les vitesses des brins formeraient la série 8, 2, 4, 6.

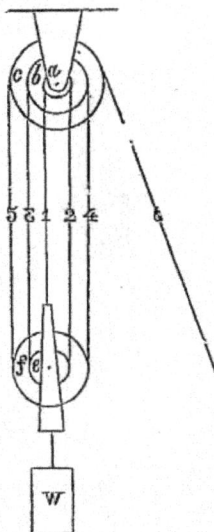

Fig. 405.

Puisque les brins successifs se meuvent avec une vitesse croissant en progression arithmétique, si l'on détermine les rayons des poulies a, b, c... suivant la même progression, toutes les poulies auront la même vitesse angulaire, et par suite pourront être faites d'une seule pièce. Ce système est donc en apparence assez simple; cependant il n'a pas été adopté dans la pratique, tant parce qu'il est d'une exécution difficile, que parce qu'il ne peut servir que pour des cordes d'un diamètre déterminé, le demi-diamètre de ces cordes devant être compris dans les rayons des poulies formant une progression.

440. Au moyen de poulies et de moufles, on peut toujours transformer un mouvement rectiligne donné en un autre mouvement rectiligne donné, quelles que soient les directions et les vitesses de ces deux mouvements.

Soient BA, B'A' les directions des deux mouvements, directions qui ne sont pas supposées dans un même plan. Admettons, pour fixer les idées, que les vitesses doivent être dans le rapport de 5 à 3 (fig. 406).

Tangentiellement à BA, disposons une moufle FM, dont les axes a, b soient parallèles à la plus courte distance CC des deux droites B A, B′A′, qui soit composée de 5 poulies, et sur lesquelles passe une corde attachée en *a*.

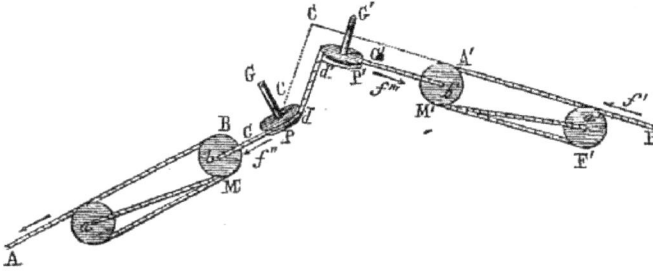

Fig. 406.

Disposons de même, tangentiellement à A′ B′, une moufle F′ M′, dont les axes soient parallèles aux premiers, qui contiennent 3 poulies, et sur laquelle passe une corde attachée en *a*′. Soient ensuite P, P′ deux poulies fixes, tellement établies qu'un cordon *b c d d*′ *c*′ *b*′, dont les extrémités sont attachées en *b*, *b*′ aux deux chapes mobiles des moufles, et qui passe sur P et P′, soit parallèle à A B dans sa partie *b c*, parallèle à C C de *d* en *d*′, et enfin parallèle à A′B′ dans sa partie *c*′ *b*′; il suffit pour cela que les gorges des deux poulies soient respectivement tangentes à *b c*, *b*′ *c*′, et que leurs axes G, G′ soient perpendiculaires l'un à A B et C C, l'autre à C C et A′B′. Il est facile de voir que cette disposition atteindra le but proposé. En effet, si l'on fait exercer une traction sur l'extrémité libre A de la corde A B *a*, l'axe *b* sera entraîné dans le même sens; par suite, les deux parties *b c*, *c*′ *b*′ du cordon *b c d d*′ *c*′ *b*′ se déplaceront parallèlement aux directions *f*″, *f*‴; et enfin l'extrémité B′ de la corde B′ A′ *a*′ se mouvra dans le sens indiqué par la flèche *f*′.

D'un autre côté, si l'axe *b* de la moufle M se déplace d'une quantité *h*, le point A parcourra un espace égal à 10 *h*, et le point B′ décrira dans le même temps un chemin égal à 6 *h*: les vitesses des points A, B′ seront donc dans le rapport de 10 à 6, ou dans le rapport de 5 à 3.

441. *Combinaison de moufles.* — Soit A la poulie fixe d'une moufle qui a n_1 brins, et dont la corde se dirige suivant A B (fig. 407).

Plaçons à l'extrémité de cette corde une poulie mobile B et

une moufle dont b est la poulie fixe, portant n_2 brins. Ayons de même une troisième moufle dont C soit la poulie mobile et c la poulie fixe, ayant n_3 brins.

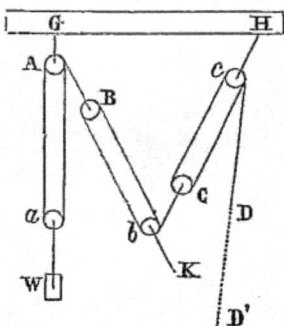
Fig. 407.

Soient V_4 la vitesse de la corde sortant suivant CD, et $V_1 V_2 V_3$ les vitesses respectives de a, B, C, on a :

$$V_4 = n_3 V_3 = n_3 n_2 V_2 = n_3 n_2 n_2 V_1.$$

S'il y a m moufles dans le système et que tous aient le même mombre de brins, on aura :

$$V_{m+1} = n^m V_1.$$

Le nombre total des brins sera $n \times m$; d'où le problème suivant analogue à celui traité dans la note de la page 354.

442. Étant donné le rapport des vitesses $\dfrac{V_{m+1}}{V_1} = n^m$ d'un système de moufles, trouver le nombre et la nature des moufles qui exigent le moindre nombre de brins pour un même rapport de vitesse, problème intéressant puisqu'il donnera le système dans lequel la résistance due à la roideur des cordes sera la moindre, résistance considérable dans les moufles.

Puisque $n^m =$ constante $= C$, on a :

$$m = \frac{\log. C}{\log. n}, \text{ et le nombre } n \times m = \frac{n \log. C}{\log. n},$$

dont le minimum est obtenu pour log. hyp. $n = 1$ ou $n = 2,72$, et le nombre entier le plus approché est 3; ce qui donne la série de moufles qui peuvent transmettre une vitesse dans un rapport donné avec le moindre nombre de brins, et par suite de résistances passives par la combinaison de moufles simples et égales. Les marins emploient quelquefois les moufles de cette manière.

Si au lieu d'attacher chaque moufle au brin sortant de la poulie fixe de la moufle précédente, on l'attachait au brin sortant de la poulie mobile, un brin pourrait encore être épargné dans chaque moufle, et le nombre total des brins serait $(n-1)m$, dont le minimum serait toujours pour $n - 1 = 2,72$, d'où $n = 3,72$.

443. *Résistances passives des moufles.* — Les curieuses propriétés des moufles comme vitesse, qui se traduisent en effets dynamiques correspondants, en expliquent le fréquent emploi dans les constructions et la marine. Ils constituent un des moyens les plus précieux d'appliquer les efforts de plusieurs personnes à surmonter une résistance qui peut être très-considérable avec des dimensions de cordes assez limitées. Cependant ils sont rarement employés dans les machines, à cause de l'inconvénient, et malheureusement fort grave de cet appareil, c'est que les résistances passives, la consommation du travail par les résistances à l'enroulement de la corde sur chaque poulie est très-considérable. Ce n'est guère que dans la marine où l'élasticité des cordes est si bien en rapport avec l'élasticité générale des mâts et des vergues, que les moufles sont restées d'un emploi de chaque instant; presque toutes les poulies qui tendent les mille cordages d'un navire à voile sont mouflées.

444. *Combinaison avec la bielle.* — Lorsqu'un des mouvements rectilignes est alternatif, la combinaison de vitesse que fournit la poulie mobile pourra servir à obtenir des mouvements complexes avec une grande simplicité. Par exemple, soit à faire mouvoir une pièce d'un mouvement rectiligne alternatif tel que le mouvement en avant soit toujours plus grand que celui en arrière, de telle sorte qu'elle avance ainsi graduellement d'une extrémité à l'autre d'une ligne droite. Ce mouvement sera évidemment obtenu avec la plus grande simplicité par l'addition des vitesses de deux systèmes, l'un possédant un mouvement rectiligne alternatif, l'autre un mouvement rectiligne continu.

Réalisons en partie une pareille disposition. Soit C (fig. 408) un axe de rotation auquel est adapté un petit cylindre autour duquel la corde e s'enroule, et qui porte en outre un disque sur lequel est fixé excentriquement une cheville c qui, par le moyen de la bielle cb, communique un mouvement alternatif au levier Aa dont le centre est en A. L'extrémité du levier porte une poulie D, et

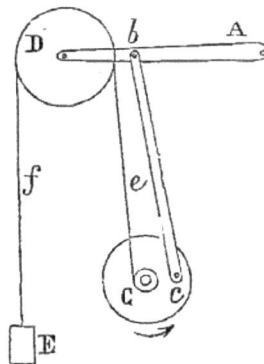

Fig. 408.

la corde qui s'enroule autour du petit cylindre passe sur cette poulie et va se réunir à un poids ou une pièce E assujettie à se mouvoir suivant Ef.

Quand C tourne, le centre de la poulie D oscille et décrit un petit arc qui se confond sensiblement avec une parallèle à fE, et en vertu de ce mouvement de l'axe de la poulie mobile, le brin et le poids E reçoivent un mouvement alternatif d'étendue double de celui de l'axe de la poulie (le brin e ne pouvant y participer). Simultanément le brin e, qui s'enroule lentement sur le cylindre, communique à E un mouvement continu de bas en haut. Par suite E, recevant en même temps ces deux mouvements qui s'ajoutent dans un sens et se retranchent dans l'autre, se meut verticalement d'un mouvement alternatif de moindre étendue en descendant qu'en montant.

CHAPITRE II

Mouvement circulaire en mouvement rectiligne.

Les organes qui servent à cette transformation peuvent fournir deux systèmes différentiels, suivant qu'on considère le mouvement circulaire ou le rectiligne, et qu'on laisse prendre au guide de l'un des éléments de la transformation le mouvement de l'autre.

GUIDES A MOUVEMENT RECTILIGNE.

445. Le moyen d'astreindre l'axe du mouvement circulaire à se mouvoir en ligne droite consiste à le rendre solidaire d'une pièce glissant dans des guides rectilignes, de faire par exemple porter les coussinets par une pièce qui glisse sur une barre rectangulaire. Cette combinaison d'un mouvement rectiligne et d'un mouvement circulaire fournit un instrument simple propre à tracer la cycloïde, un point du cercle étant muni d'un traçoir, et son axe porté par un petit bâti supporté par une règle qui glisse en pressant une règle fixe.

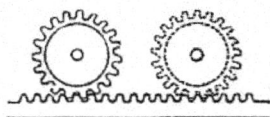

Fig. 409.

Si la roue dont l'axe est ainsi mis en mouvement est munie de dents qui engrènent avec une crémaillère (fig. 409) dont la direction est parallèle à la ligne que décrit le centre de la roue, on aura un mouvement différentiel, et le mouvement C de la crémaillère pour un tour de la roue et un déplacement l de son axe, sera :

$$C = 2\pi r \pm l.$$

446. *Vis différentielle.* — Si l'axe de la roue est à angle droit avec la direction du mouvement rectiligne, la vis fournira un système différentiel, si on fait prendre un mouvement rectiligne parallèle à l'axe aux collets de la vis que l'on suppose fixes dans la disposition ordinaire. Le moyen le plus naturel d'obtenir ce résultat consiste à fileter les collets de la vis et à transformer en écrou les coussinets qui les reçoivent, ce qui fournit le système inventé par Prony, et auquel il a donné le nom de vis différentielle (fig. 410). Il consiste dans un arbre portant deux pas de vis vers ses extrémités ; ceux-ci traversent deux supports formant écrous fixes, et par suite l'axe avance d'un pas

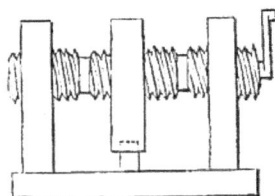

Fig. 410.

par chaque tour de manivelle. Le milieu de l'axe est formé d'une vis d'un pas différent du précédent, et porte un écrou qu'un guide rectiligne empêche de tourner. Celui-ci avancerait, si la vis était fixée dans des collets, par chaque tour d'une quantité égale au pas de sa vis ; son mouvement absolu, égal au transport de l'axe moins son mouvement propre, sera donc égal à la différence des deux pas de vis $(h - h')$, quantité qu'on peut obtenir aussi petite qu'on le voudra, en conservant aux deux filets de la vis toute la solidité nécessaire.

Si les inclinaisons des deux filets au lieu d'être de même sens étaient de sens contraire, les mouvements au lieu de se retrancher l'un de l'autre s'ajouteraient.

447. *Écrou mû différentiellement.* — On aura un mouvement différentiel rectiligne de l'écrou d'une vis en montant sur l'axe moteur, supposé parallèle, deux roues qui engrènent, l'une avec une roue montée sur la tête de la vis, l'autre avec le contour extérieur de l'écrou formant pignon.

Aa est l'axe moteur (fig. 411) sur lequel sont montées les deux roues B et C, Ff est l'axe de la vis tournant sur deux collets ; vers sa tête est montée une roue D, et elle porte un pi-

gnon E dont l'intérieur est taillé en écrou, qui peut par suite
avancer ou reculer en tournant autour de la vis.

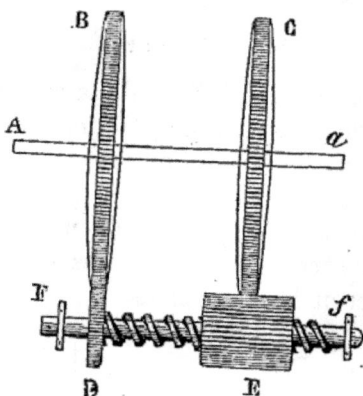

Fig. 411.

Si les roues B, C, D, E étaient égales deux à deux, il est clair
que l'écrou et la vis tourneraient ensemble comme s'ils ne faisaient qu'une seule pièce; mais si les rayons sont différents, il
en résulte un mouvement relatif, un mouvement différentiel
dont la vitesse résulte de la différence des vitesses des mouvements composants.

En effet, représentons par B, C, D, E, les nombres de dents
des roues représentées par les mêmes lettres, et par P le pas de
la vis. Les rotations simultanées des axes Aa, Ff et de l'axe de
l'écrou étant L, L_v, L_e, on a :

$$L_e = \frac{LC}{E}, \; L_v = \frac{LB}{D}.$$

Mais si la vis fait L_v rotations et l'écrou L_e dans le même sens,
l'écrou se meut sur la vis, d'une quantité $L_v - L_e$ et on a pour
la valeur de ce déplacement de l'écrou parallèlement à l'axe de
la vis :

$$(L_v - L_e) \, P = LP \left(\frac{B}{D} - \frac{C}{E}\right),$$

quantité qu'on peut rendre très-petite.

Une combinaison analogue est employée dans quelques alé-
soirs (soit qu'on fasse déplacer la vis en guidant l'écrou, soit
que ce soit l'écrou qui se déplace). Par l'effet d'interposition

de ressorts on obtient le système que Poncelet a combiné pour réaliser un dynamomètre de rotation.

448. *Treuil différentiel.* — On appelle ainsi un treuil tel que le mouvement rectiligne de la résistance à surmonter s'y trouve la différence de deux mouvements rectilignes.

Considérons un treuil employé à soulever un fardeau, la corde est guidée en ligne droite par la pesanteur lors de son enroulement autour du cylindre. Si le poids est suspendu à une poulie mobile soutenue par une corde pliée en deux parties, dont les extrémités s'enroulent dans deux sens opposés sur le cylindre du treuil (fig. 412), et que ce cylindre soit formé de deux cylindres de diamètres différents, on aura le treuil différentiel, la différence des longueurs enroulées pour un tour produisant

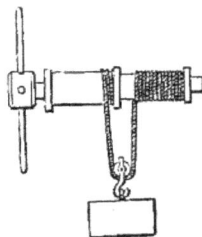

Fig. 412.

absolument le même effet que la différence des pas de vis dans la vis différentielle. Le fardeau n'est plus alors soulevé pour chaque tour que la moitié de la différence des deux chemins parcourus par la corde sur les deux cylindre, et on a par tour :

$$e = 2\pi \left(\frac{R - r}{2}\right) = \pi(R - r).$$

449. Malgré ses avantages apparents, ce système n'est pas employé dans la pratique, parce que la résistance passive qui existe dans le treuil par l'effet de la roideur des cordes y est considérablement augmentée.

En effet, pour chaque tour de treuil différentiel, la longueur de la corde enroulée (tant pendant ce tour qu'antérieurement pour qu'il puisse fonctionner) est $2\pi R + 2\pi r$. Le fardeau est élevé pour ce tour de $2\pi \dfrac{R - r}{2} = \pi(R - r)$, quantité égale à la longueur de corde qui serait enroulée sur un treuil ordinaire pour une même élévation du fardeau. Donc on a :

$$\frac{\text{Longueur de corde sur le treuil différentiel}}{\text{Longueur de corde sur le treuil ordinaire}} = 2\frac{R + r}{R - r},$$

$R - r$ étant très-petit par hypothèse, ce rapport est donc très-grand, et le travail consommé par suite de la roideur de la corde beaucoup plus considérable que dans le treuil ordinaire.

450. *Poulie différentielle (de Weston).* — On a fait une poulie d'après les mêmes principes. Cette poulie est formée d'une pièce telle que les gorges des deux poulies ont des circonférences dont les rayons sont $Aa = R$ et $Ab = r$. Le pivot de l'axe de cette poulie lui est adhérent et le tout est supporté par une ferrure à crochet AK qui embrasse la poulie et reçoit l'axe dans deux trous comme en A. Soit ρ le rayon du pivot.

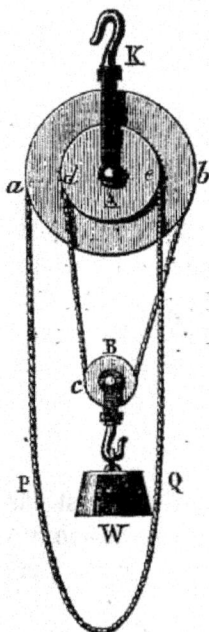

Fig. 413.

Le fardeau est suspendu à une simple poulie mobile B. Une corde sans fin ou une chaîne réunit les poulies supérieures à la poulie inférieure en suivant les directions ci-après : Partant de a elle entoure la plus grande poulie jusqu'en b, puis descend en c sur la petite poulie B, puis remonte en d sur la plus petite poulie supérieure, l'entoure jusqu'en e, et de là descend et forme un double brin libre PQ (jusqu'en a).

Le poids W est soutenu par les deux parties cb, cd de la corde sans fin et le frottement du pivot A qui résiste pour l'empêcher de descendre (fig. 413).

La traction exercée sur P par la main de l'ouvrier fait tourner la poulie, et élève le poids en raison de l'action du brin bc, tandis qu'il descend en raison de dc. Mais comme il est élevé par l'enroulement sur la plus grande poulie et qu'il descend en raison du déroulement sur la plus petite (pour un même angle de rotation), il est en réalité soulevé de la différence de ces mouvements.

R, r, ρ, étant les rayons respectifs de la grande poulie, de la petite et du pivot, et f le coefficient de frottement de l'axe dans les coussinets, le travail du frottement est $W f\rho$, et le travail du poids $\dfrac{W (R - r)}{2}$, les deux expressions multipliées par l'angle décrit.

Si $\dfrac{R - r}{\rho}$ est égal ou plus petit que f, le poids reste soulevé quelle que soit sa grandeur, mais s'il est plus grand, le poids redescend.

Le grand avantage de cette machine est qu'un fardeau considérable peut être élevé et soutenu à toute hauteur, quand cesse la puissance élévatoire, en appliquant les mains au brin P, et de même être descendu en tirant sur le brin Q.

Suivant Willis, cette poulie aurait été inventée dès 1830 par M. Moore, de Bristol, mécanicien amateur; son principe est identique avec le treuil différentiel des Chinois, mais il n'a pas, comme cette machine, l'inconvénient d'exiger une grande longueur de corde.

GUIDES A MOUVEMENT CIRCULAIRE.

Considérons maintenant le cas où l'on donne un mouvement circulaire à la pièce mue d'un mouvement rectiligne.

451. Soit d'abord le cas des deux mouvements accomplis dans un même plan, la direction du mouvement rectiligne ne passant pas par le centre de rotation, le cas, par exemple, d'une crémaillère (fig. 414). Si on fait tourner celle-ci autour de l'axe de rotation de la roue en montant ses guides sur un disque tournant autour de cet axe, on voit :

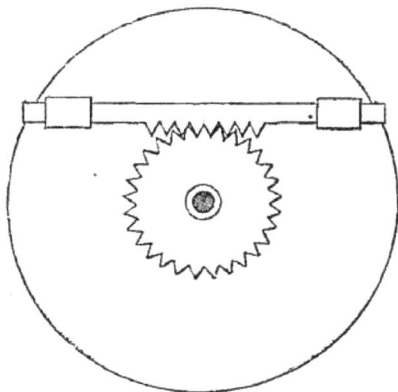

Fig. 414.

1° Que si le disque a la même vitesse angulaire que la roue, la crémaillère n'aura qu'un mouvement de rotation ;

2° Que si cette vitesse angulaire est différente, la crémaillère aura en même temps un mouvement de rotation et un de progression, ce dernier étant pour deux angles ω, ω' parcourus en un même temps $r\,(\omega' - \omega)$. Si $\omega' = 2\omega$, rapport bien facile à établir par deux engrenages moteurs, cette progression sera $r\omega$, et, en roulant sur la circonférence, la crémaillère tracera par un de ses points les développantes du cercle primitif; dans tous les cas, des développantes allongées ou raccourcies.

452. CONCHOIDES. — Le mouvement rectiligne, produit par le glissement dans des rainures formant les guides qui tournent autour d'un axe de rotation, fournit des résultats importants; c'est en réalité une matérialisation très-simple du système de coordonnées polaires, propre à tracer toute courbe, à la condition de donner au rayon vecteur un mouvement de progression convenable.

I. Examinons d'abord le cas où ce mouvement est déterminé par le glissement du rayon vecteur dans les guides, en s'appuyant sur une ligne droite ou un cercle, système qui fournit le tracé de la *conchoïde*, connu depuis Nicomède, géomètre de l'antiquité, et du *limaçon de Pascal*.

Soit DD une directrice rectiligne; menons par le centre O (fig. 415) une droite quelconque, et à partir du point C où elle

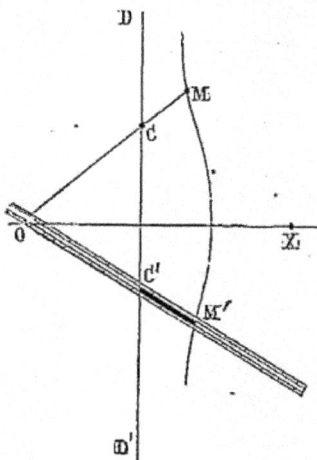 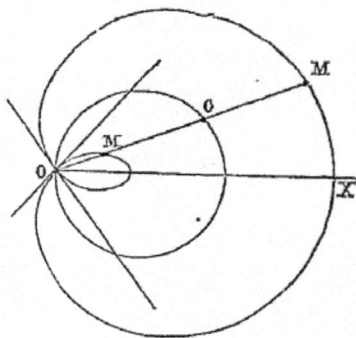

Fig. 415.   Fig. 416.

coupe la droite, prenons une longueur constante $CM = a$; le lieu des points ainsi déterminés appartient à la courbe dite *conchoïde* proprement dite. Elle sera obtenue par le mouvement du rayon O M portant une partie glissante CM, dont la cheville C sera assujettie à glisser dans une rainure pratiquée suivant DD'.

La conchoïde a deux branches, puisqu'on peut porter la longueur CM des deux côtés du point C.

Si au lieu d'une droite on prend pour directrice une circonférence de cercle, et pour pôle un point situé sur cette circonférence, on a le *limaçon de Pascal* (fig. 416), courbe obtenue en portant sur une corde mobile, à partir du point de rencontre avec la circonférence, une longueur constante

$$C M = C M' = a.$$

On peut évidemment obtenir ce tracé avec des rainures et une pièce glissante, comme dans le cas précédent.

Il est facile de voir qu'en coordonnées polaires, l'axe polaire étant la ligne O X, l'équation de cette courbe est

$$\rho = 2r \cos. \omega \pm a.$$

453. II. En principe général, on ne peut tracer la *conchoïde* d'une courbe donnée que par l'emploi d'une *rosette* de même ordre que la courbe à tracer, en se servant d'une courbe directrice qui fasse varier convenablement le rayon vecteur pour chaque angle décrit. Cherchons les relations qui existent entre les deux courbes.

Reprenons le problème et voyons à le résoudre pratiquement. Soit d'abord une courbe fermée, dans l'intérieur de laquelle on peut trouver un point tel que toutes les droites qui passent par ce point ne puissent rencontrer la courbe qu'en deux points.

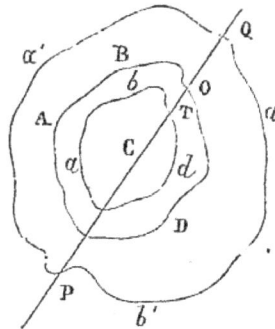
Fig. 417.

Soit A B D cette courbe (fig. 417), menons par le point C, centre du mouvement circulaire, une ligne diamétrale P Q, et sur cette ligne assemblons une droite OT, qui ne puisse que glisser suivant sa longueur. L'extrémité O tracera évidemment la courbe A B D, si l'extrémité T se meut par l'effet d'une cheville passant dans une rainure, suivant une courbe telle que l'équation de la courbe à tracer étant en coordonnées polaires $\rho = \varphi (\omega)$, celle de la courbe directrice soit, l étant la longueur

O T, $\rho' = \rho - l = \varphi\,(\omega)$, courbe liée à la première par une relation bien simple.

Le tracé de la courbe directrice s'obtiendra donc en diminuant d'une quantité l tous les rayons vecteurs de la courbe à
obtenir mécaniquement.

454. Examinons maintenant le cas des courbes fermées pour
lesquelles on ne peut trouver un point tel
que toutes les lignes passant par ce point
ne rencontrent jamais la courbe qu'en deux
points, telle par exemple la courbe β, faisant un nœud en B (fig. 448). Le problème
n'est pas soluble comme ci-dessus, car
alors le rayon vecteur ne peut avoir qu'une
seule valeur pour chaque position, et ne peut
fournir le tracé de plus de deux points d'une
même courbe par tour de rotation.

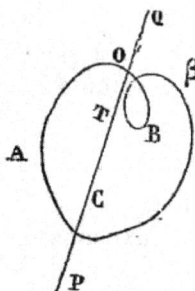

Fig. 418.

Mais si on fait mouvoir la ligne OT non
plus suivant P Q, mais suivant une direction
faisant un angle constant avec le rayon vecteur, le point T
peut alors décrire le nœud de la courbe.

En effet (fig. 449), quand PQ sera passé à la position P' Q',

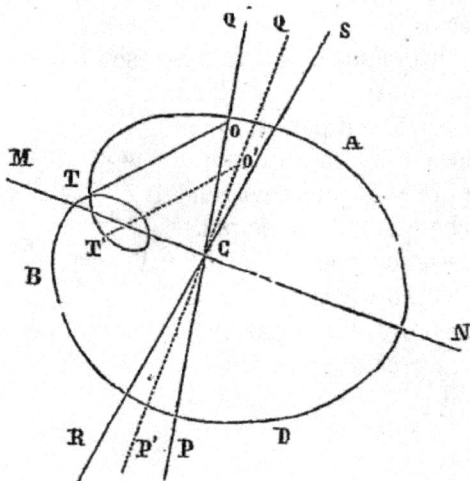

Fig. 419.

si le point O s'approchant du centre C, vient en O', le point T
passera T' et aura éprouvé un mouvement rétrograde relative-

ment à celui de PQ, le tracé pourra donc avoir lieu en général.

On ne peut donner une méthode générale pour déterminer l'angle COT que doit faire la ligne OT avec le rayon vecteur, ni la longueur OT la plus convenable pour tracer une courbe donnée. Ce sera à l'aide des données spéciales à chaque cas, ou par quelques tâtonnements, qu'on parviendra à les déterminer. On pourrait dans tous les cas calculer cette courbe pour chaque valeur adoptée; mais cette possibilité théorique n'a pas de valeur d'application.

455. En effet, la courbe cherchée qui doit être tracée par le point T (fig. 419) étant donnée par son équation en coordonnées polaires $\rho = \varphi(\omega)$, CT étant le rayon vecteur ρ, MCT étant l'angle ω; pour déterminer la courbe directrice que doit suivre le point O, le triangle TOC donne :

$$\sin. \text{TCO} = \frac{\text{OT} \sin. \text{TOC}}{\text{CT}} \text{ ou TCO} = \text{angle} \left(\sin. \frac{\text{OT} \sin. \text{TOC}}{\text{CT}} \right).$$

Posant la longueur constante $\text{OT} = l$ et l'angle constant $\text{TOC} = \alpha$, $\text{TCO} = \text{ang.} \left(\sin. \frac{l \sin. \alpha}{\rho} \right).$

Cet angle ajouté à l'angle $\text{TCM} = \omega$, correspondant au point T de la courbe, fera donc connaître l'angle $\text{OCM} = \omega'$ et la longueur $\text{OC} = \rho'$, puisque tout est déterminé par le triangle OCT. On aura donc l'équation en coordonnées polaires de la courbe décrite par le point O, qui devra diriger son mouvement. Son équation générale sera

$$\omega' = \omega + \text{ang.} \left(\sin. \frac{l \sin. \alpha}{\rho} \right), \rho' = \text{OC} = l \cos. \alpha + \sqrt{\rho^2 - l^2 \sin.^2 \alpha}.$$

Les valeurs de ρ et ω permettront en chaque instant de calculer ρ' et ω', et l'on déterminera l'angle α et la longueur l, de telle sorte qu'elle puisse fournir une équation de la courbe directrice du point O, telle qu'elle soit une courbe sans nœuds [1].

---

1. L'équation en coordonnées rectilignes d'une courbe qui peut être rencontrée par une droite en m points étant du degré m, on comprend que les calculs ci-dessus indiqués seraient toujours d'une extrême complication et le plus souvent échapperaient aux ressources de l'analyse.

456. C'est dans l'art du tour que l'emploi de courbes directrices de toutes formes, qui permet le tracé des courbes de formes accidentées, trouve son application, dans un genre de tour dit *tour à guillocher*, qui sert à tracer des ornements sur des surfaces à l'aide d'une courbe directrice. En se rapportant à la figure 419, la courbe directrice sur laquelle s'appuie le point O est appelée *rosette*, la règle OT qui porte l'outil en T se nomme la *touche*.

La question géométrique, qu'il faut résoudre à chaque instant dans l'emploi de cet instrument, peut s'énoncer ainsi : *Trouver une rosette pour une courbe donnée.* Ce qui revient à astreindre le mouvement rectiligne à se produire suivant une loi convenable, loi qu'une courbe peut représenter.

Ce problème est facilement résolu par un tracé. En effet, soit

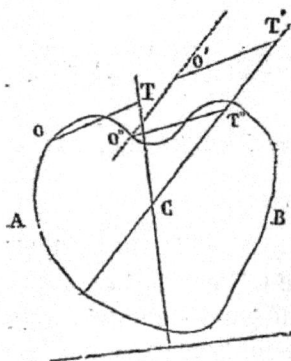

Fig. 420.

AB la courbe à reproduire (fig. 420), et CT, CT'... des rayons vecteurs. On connaît l'inclinaison COT de la touche sur chaque rayon vecteur et la longueur OT. Prenant un point quelconque T' sur un de ces rayons, nous pourrons tracer T'O', puis menant par O' une parallèle à CT', le point O'' de la courbe sera le point qui devra être tracé par la touche, le point T' étant en T'', point de rencontre avec C'T' de la ligne O''T'' parallèle à O'T'. La suite des points ainsi déterminés donnera le tracé de la rosette.

457. La Condamine a inventé un petit instrument fort simple pour tracer avec facilité une rosette correspondant à une courbe donnée, et permettre par une opération facile de déterminer les rosettes qui correspondent à divers points pris pour centres des rayons vecteurs, afin d'adopter le tracé qui fournit la rosette la moins anguleuse, celle qui convient le mieux, par suite, pour le travail du tour.

ABCD (fig. 424) est une règle percée d'une rainure dans toute sa longueur; sur la partie AB s'assemble une pointe, si l'on veut obtenir seulement la conchoïde d'une courbe donnée, une barre OB si on cherche la rosette. La règle ABCD est embrassée par les tenons E et G d'une seconde règle, percée aussi d'une rainure, et pouvant glisser sur la première, un barillet L monté sur la règle EG et assemblé par un fil à l'extrémité de la première règle tend à produire cet effet. Une pointe N,

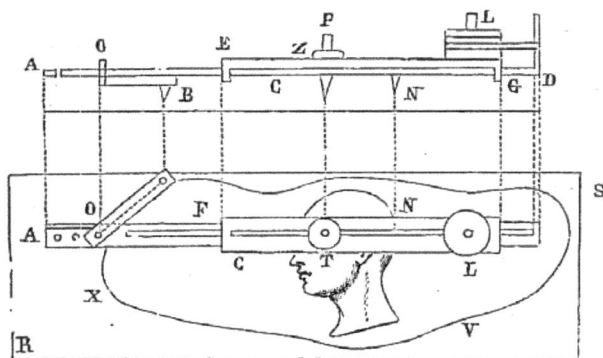

Fig. 421.

faisant corps avec ABCD, tendra donc à se rapprocher du centre fixe P formé par une troisième pointe assemblée avec la deuxième règle.

Soit T le contour d'une tête, par exemple (et il est curieux de voir que La Condamine semblait se poser, en 1730, le problème résolu de nos jours par l'invention du tour à portrait), pour lequel on cherche la rosette la plus convenable. Après avoir découpé ce profil sur une carte, on le colle sur une autre RS. Ensuite on prend à volonté un point P pour centre; on perce les deux cartes en ce point, et on les attache sur un plan en y enfonçant la pointe P; après quoi, on applique la pointe N sur le contour du relief de la tête découpée; on tourne ensuite à la main tout le système, en faisant toujours porter la pointe N sur le bord de la découpure; ou, mieux encore, on ne fait que tourner d'une main la carte sur son centre, en tenant de l'autre la machine fixe, et en faisant attention que la pointe N ne quitte pas le bord de la carte découpée, action que facilite l'effet du ressort enfermé dans le barillet. Un crayon placé en B tracera la rosette cherchée, propre à reproduire, par un mouvement de rotation de la touche, le profil donné. (Voir TOUR A GUILLOCHER, liv. VI.)

CHAPITRE III

Mouvement circulaire en mouvement circulaire.

I. — AXES PARALLÈLES.

Le mouvement différentiel existera dans un système de roues ou de pièces douées d'un mouvement de rotation, lorsque l'on donnera à l'axe de rotation d'un des systèmes un mouvement de rotation autour de l'autre axe. C'est ce cas que nous allons traiter avec détail, car il offre des résultats remarquables; et nous nous occuperons d'abord des trajectoires.

458. TRACÉ DES COURBES ÉPICYCLOIDALES PAR ENGRENAGES. — Le système qui résulte de la disposition convenable pour le mouvement différentiel fournit une application curieuse de l'emploi que nous avons déjà fait du système de mouvements combinés pour tracer des courbes.

Lorsqu'une circonférence roule sur une autre, nous avons vu qu'un de ses points décrit une épicycloïde sur un plan fixe; or le fait de mouvoir l'axe d'une roue dentée (pour prendre le cas le plus commun, car pour des poulies conduites par des courroies, des rouleaux se menant par contact, etc., tous les résultats que nous allons obtenir seraient les mêmes, pour des rayons égaux) réalise précisément l'entraînement de cette roue pendant qu'elle roule autour d'une autre roue, et par conséquent donne le moyen de tracer les épicycloïdes.

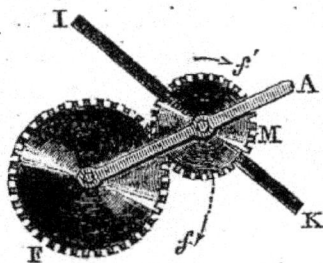

Fig. 422.

Plume de Suardi.— Soit une roue fixe F de rayon R (fig. 422) engrenant avec une roue M de rayon r. L'axe de cette dernière est porté par un bras A que l'on peut faire tourner à la main autour de l'axe de la roue fixe F; à cette roue mobile est adaptée une barre I K, dans laquelle est pratiquée une rainure où l'on peut faire glisser un crayon ou un pinceau, dont on fixe la position à l'aide d'une vis de pression. Si l'on fait mouvoir le bras A autour de l'axe fixe, dans le sens de la flèche f, la roue M engrenant avec la roue fixe tourne autour de son axe dans le sens de la flèche f'; et le point I décrit une épicycloïde extérieure, qui sera allongée, simple ou raccourcie, suivant que la longueur de la barre à partir du centre de la roue M sera supérieure, égale ou inférieure au rayon r de la roue mobile.

Au lieu de faire rouler la roue M extérieurement à une roue fixe F, on pourrait la faire rouler intérieurement, et l'on ob-.

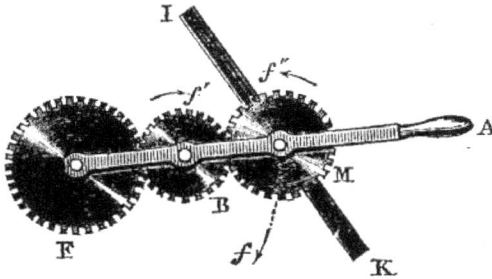

Fig. 423.

tiendrait des épicycloïdes intérieures, allongées, simples ou raccourcies, suivant la position du traçoir sur la barre IK. Mais on peut obtenir le même résultat d'une autre manière, sans recourir à un engrenage intérieur. Il suffit d'interposer une roue auxiliaire entre les roues F et M de la figure précédente, ce qui retourne le mouvement du traçoir. Soit B (fig. 423) cette roue intermédiaire.

Il est aisé de voir que les choses se passent comme si le point I était lié à une roue mobile qui aurait le même centre que M, mais qui roulerait intérieurement dans une roue fixe. Remarquons, en effet, que si N est le nombre des dents de la roue F, n celui des dents de la roue M, ω la vitesse angulaire du bras O A, ω' celle de la roue M autour de son axe, on a:

$$\frac{\omega'}{\omega} = \frac{N}{n} = \frac{L}{l},$$

L et l étant les longueurs des rayons des roues F et M, relation indépendante du nombre des dents de la roue intermédiaire. Cela posé, supposons que la roue M soit remplacée par une roue M′ ayant le même axe, et un rayon r, assujettie à rouler dans l'intérieur d'une roue fixe F′, ayant l'axe O et un rayon R. D'après la liaison des roues F′ et M′, on aurait en appelant ω'' la vitesse angulaire de la roue M′ autour de l'axe C,

$$\frac{\omega''}{\omega} = \frac{R}{r}.$$

Puisque la vitesse théorique ω'' est égale à ω', on a :

$$\frac{R}{r} = \frac{L}{l}.$$

On doit avoir de plus :

$$R - r = d,$$

en désignant par d la distance des deux axes de rotation.

Des deux relations précédentes, on tire :

$$R = d\,\frac{L}{L-l} \text{ et } r = d\,\frac{l}{L-l}.$$

Le mouvement du point décrivant I sera donc le même que si ce point était lié à une roue M′, ayant le même axe que la roue mobile sur la barre, et qui roulerait dans une roue fixe F′, ayant le même axe que la roue F, les rayons de ces deux roues ayant les valeurs indiquées par les relations ci-dessus. L'épicycloïde engendrée sera allongée, simple ou raccourcie, suivant que la longueur de la barre tournante sera supérieure, égale ou inférieure au rayon r de la roue M′.

459. RAPPORT DES VITESSES. — Avant de compléter ce qui se rapporte au tracé des épicycloïdes, à l'étude des formes, à la détermination des points de rebroussement; etc., établissons d'abord d'une manière générale les rapports de vitesses de la première et de la dernière roue.

Il y a dans un système épicycloïdal trois parties essentielles à considérer: les deux roues extrêmes, et le rayon concentrique à l'une d'elles qui porte l'axe de l'autre. Les relations de position différente de ces trois éléments donnent lieu aux systèmes représentés dans les figures suivantes :

1° Les roues sont extérieures, le plus souvent l'axe de la pre-

mière A (fig. 424) étant fixe, le mouvement est imprimé à l'autre
roue extrême B et au rayon.

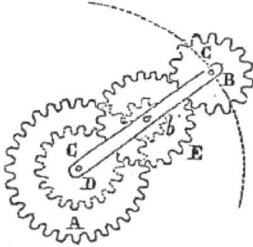

Fig. 424.

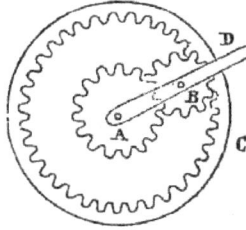

Fig. 425.

2° L'une des roues est intérieure à l'autre, généralement
l'axe de la roue extrême (fig. 425) extérieure est fixe ; le mouvement est imprimé au rayon qui entraîne la roue mobile.

460. Soit A B un rayon tournant autour de A (fig. 426) et
conduisant un système dont la première
roue A est concentrique au rayon et dont
la dernière B peut être concentrique
ou non concentrique avec A. Ces deux
roues sont réunies par un nombre quelconque de roues dentées transportées par
le rayon A B. Les révolutions d'un point
de ces roues doivent être estimées : 1° par
rapport à la position initiale du rayon,
ce qui s'obtient en mesurant la distance
angulaire d'un rayon passant par le point
décrivant avec la ligne fixe A f, ou si cette

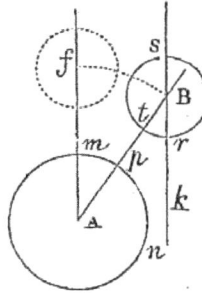

Fig. 426.

roue est excentrique comme B, avec une ligne Bk parallèle à
Af; 2° par rapport au rayon qui transporte les axes. Un premier arc mesure le transport, un second les révolutions relatives ou par rapport au rayon qui tourne autour de A. Le rayon
transportant le système de la position Af à AB, et pendant ce
même temps le point m de la roue A arrivant en n par une
action extérieure, le point r de la roue B passe en s en vertu
de la connexion de cette roue avec la roue A (nous supposons
que ces mouvements ont lieu dans le même sens), mAn, rBs
étant les mouvements absolus des points correspondants sur
les roues A et B, et pAn, tBs sont leurs mouvements par rapport au rayon.

On a : $mAn = mAp + pAn$ et $rBs = rBt + tBs = mAp + tBs$, $mAp = rBt$ étant le mouvement du rayon.

Si les roues se meuvent dans des directions opposées, on a :

$$mAn = pAn - mAp \text{ et } rBs = tBs - mAp,$$

relation qui subsiste quelle que soit la grandeur des angles décrits, et est vraie toutes les fois que les rapports des vitesses angulaires sont constants, comme il arrive avec les roues dentées. Ce qui revient à dire que les révolutions absolues des roues d'un système épicycloïdal sont égales à la somme de leurs révolutions par rapport avec le levier, plus celles de ce levier lui-même, quand les directions sont de même sens, et égales à la différence de ces deux quantités quand elles sont de sens contraire.

461. Soient a, m, n les révolutions absolues simultanées du rayon, de la première et de la dernière roue, et soit ε la raison du système épicycloïdal, c'est-à-dire le quotient du nombre des révolutions, relatives au levier de la dernière roue divisé par le nombre de celles de la première, ε est une quantité de la forme $\dfrac{T_m^\bullet}{T_1}$, identique avec celle trouvée pour un système de roues dentées, car elle se rapporte aux mouvements estimés par rapport au rayon qui joint les centres.

Puisque la rotation relative de la première roue, par rapport au rayon $= m - a$ et celle de la seconde roue $= n - a$, les mouvements du train considérés sur le rayon portant les axes de rotation étant les mêmes que ceux d'un système ordinaire de roues dentées, on a :

$$n - a = \varepsilon (m - a) \text{ ou } \varepsilon = \frac{n - a}{m - a},$$

d'où :

$$a = \frac{m\varepsilon - n}{\varepsilon - 1} \ (1), \ n = a + (m - a)\varepsilon \ (2), \ m = a + \frac{n - a}{\varepsilon} \ (3).$$

Appliquons ces formules à divers cas simples :

1° Si la première roue du système est fixe, comme il arrive le plus souvent, le nombre m de ses révolutions absolues est 0, et on a :

$$a = \frac{n}{\varepsilon - 1} \text{ et } n = (1 - \varepsilon) a;$$

2° Si c'est la dernière roue qui est fixe $n = 0$, et on a :

$$a = \frac{m\varepsilon}{\varepsilon - 1} \text{ et } m = \left(1 - \frac{1}{\varepsilon}\right) a.$$

3° Enfin quand aucune des roues n'est fixe :

$$a = \frac{m\varepsilon - n}{\varepsilon - 1} = \frac{m\varepsilon}{\varepsilon - 1} + \frac{n}{1 - \varepsilon}, \qquad [4]$$

c'est-à-dire que les révolutions du rayon sont égales à la somme des révolutions qu'il fait quand on suppose successivement fixes les roues extrêmes.

Dans ces formules, les rotations sont considérées comme étant toutes du même sens; s'il en est autrement, pour celles de sens opposé, le signe de m, n, ou a, doit être différent.

462. Bien qu'il soit difficile de prévoir toutes les formes des épicycloïdes aussi complétement que si elles étaient représentées par des équations d'un degré peu élevé, néanmoins on peut déduire les principaux caractères de leurs formes, de l'étude précédente des vitesses : le nombre des points de rebroussement ou des boucles, la direction des concavités ou convexités, etc.

Nous avons déjà donné le système le plus simple. Parlons des dernières figures montrant l'emploi de pignons pour rendre plus facile la multiplication des vitesses, et considérons le système formé de deux roues A, E, et de deux pignons b, B. Nous avons vu qu'on avait, dans le système de la fig. 424, pour le rapport des vitesses, n étant la vitesse angulaire de la roue extrême, a celle du rayon porte-roue, ε étant le rapport des vitesses de rotation :

$$n = (1 - \varepsilon) a = \left(1 - \frac{AE}{bB}\right) a.$$

Si au lieu de tourner dans un sens inverse du mouvement du levier la dernière roue tournait dans le même sens, comme dans la disposition de la fig. 425, ε serait de signe différent que dans le cas précédent, et on aura :

$$n = (1 + \varepsilon) a = \left(1 + \frac{AE}{bB}\right) a,$$

avec deux roues et deux pignons.

Ces systèmes comprenant dans l'équation de leurs vitesses des rapports quelconques pour les deux sens du mouvement, seront donc propres à fournir toutes les indications sur les courbes que nous avons à étudier ici; les équations sont tout à fait générales.

L'une répond à un roulement sur l'extérieur d'un cercle avec un mouvement *inverse*, l'autre à un mouvement *direct*, à un roulement dans l'intérieur, par suite en changeant le sens de la convexité de la courbe par rapport au centre du mouvement.

463. Ceci posé, il est bien évident que l'on ne pourra obtenir de courbes fermées qu'autant que ε sera exprimé par une fraction donc les termes seront entiers, ce qui a toujours lieu pour les appareils à engrenages; le point décrivant ne repasserait jamais par le point de départ si un des nombres était incommensurable. Sauf ce cas, comme on le voit aisément en considérant les révolutions relativement au levier, que ne change pas le mouvement d'entraînement général du système qui cause la rotation des roues dentées, en supposant le système fixe et la première roue conductrice, le point décrivant reviendra toujours exactement à la position initiale; la courbe sera donc fermée.

464. I. Considérons d'abord le cas plus simple où il n'y a pas de pignon intermédiaire ou $b = E$, de telle sorte que $\varepsilon = \dfrac{A}{B}$, se réduit au rapport des rayons du cercle fixe et de l'épicycle, comme art. 458.

Examinons d'abord les courbes obtenues lorsque le numérateur de la fraction ε est l'unité.

Pour le premier cas, la forme $n = (1 - \varepsilon)\,a$ donne toujours pour le numérateur de la fraction définitive une unité de moins que le dénominateur de la fraction de la forme $\dfrac{1}{\alpha}$ que nous supposons être ici la forme de la valeur de ε;

ainsi, si $\varepsilon = \dfrac{1}{3}$, $n = \dfrac{2}{3}\,a$.

En effet, la barre qui entraîne la roue mobile autour de la roue fixe fait un tour avant que le point traçant revienne à sa position primitive, ce qui répond à trois tours de la roue extrême pour un de la roue fixe, si on faisait mouvoir celle-ci;

mais comme dans l'entraînement général une rotation inverse
est en outre produite par celle de la barre, celle qui produit
des points de rebroussement *relatifs* au levier, ne comprend
que deux tours, ne peut fournir que deux points plus rapprochés du centre de rotation que ceux tracés pendant tout le reste
du mouvement.

Donc toutes les courbes dont il s'agit ont un nombre de
points de rebroussement moindre d'une unité que le dénominateur de la fraction qui exprime le rapport des rayons. Il est
d'ailleurs évident que ces courbes épicycloïdales tournent leur
concavité vers le centre du mouvement.

La vérification de ceci se trouve dans les figures 427 à 432

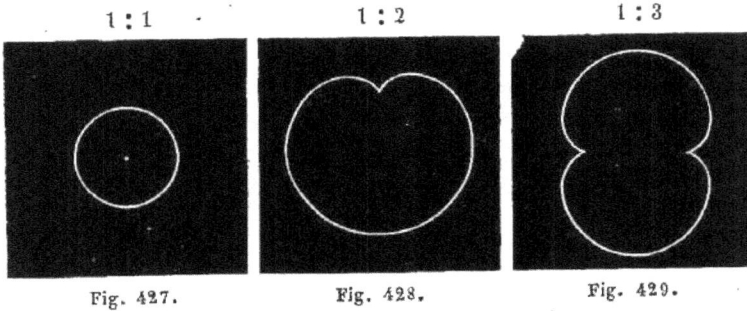

1 : 1   1 : 2   1 : 3

Fig. 427.   Fig. 428.   Fig. 429.

des courbes tracées par l'emploi de l'appareil mécanique,
représenté fig. 422.

Pour le rapport $\frac{1}{1}$ (fig. 427), $n = a$, l'épicycle étant immobile

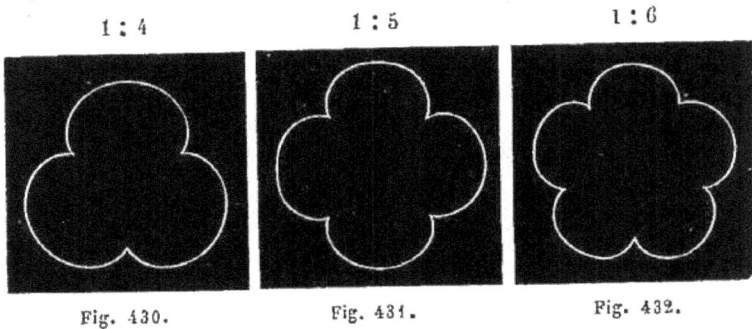

1 : 4   1 : 5   1 : 6

Fig. 430.   Fig. 431.   Fig. 432.

par rapport au levier, tournant exactement comme le levier par rapport au cercle fixe, tous ses points décrivent également des cercles autour du centre du mouvement.

Pour $\frac{1}{2}$, $\frac{n}{a} = \frac{1}{2}$, en un tour le point décrivant sera revenu à sa position initiale, et un des tours indiqués pour la relation B = 2A étant détruit par l'entraînement du levier, n'existant pas relativement, il n'y aura qu'un point de rebroussement.

Pour le rapport $\frac{1}{4}$, $\frac{n}{a} = \frac{3}{4}$, 3 est le nombre de rotations relatives au levier; la rotation absolue étant diminuée de celle d'entraînement, il y aura trois points de rebroussement, et ainsi de suite.

Pour toutes les autres courbes, les arcs épicycloïdaux égaux vont en se multipliant, et l'apparence de toutes ces courbes se trouve parfaitement déterminée.

465. Passons au deuxième cas, pour des rotations de sens inverse, le rapport $\frac{n}{a}$ des vitesses étant donné par $1 + \varepsilon$, on voit, en raisonnant comme ci-dessus, que le nombre des points de rebroussement des courbes produites est plus grand d'une unité que le dénominateur de la fraction; l'entraînement du levier s'ajoutant à la rotation de la roue. Il est d'ailleurs facile de reconnaître que ces courbes tournent leur convexité vers le centre du mouvement.

Les figures 433 à 438 indiquent les courbes dont nous parlons.

Le rapport $\frac{1}{1}$ ou A = B et $n = 2a$, donne une ligne droite,

1 : 1   1 : 2   1 : 3

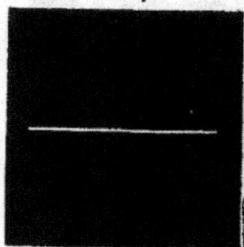

Fig. 433.   Fig. 434.   Fig. 435.

le mouvement étant celui d'un point de la circonférence d'un

cercle roulant dans l'intérieur d'un autre cercle de rayon double.
Un autre point de la surface du cercle mobile décrit des ellipses

1 : 4   1 : 5   1 : 6

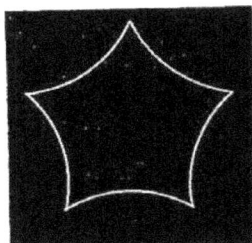 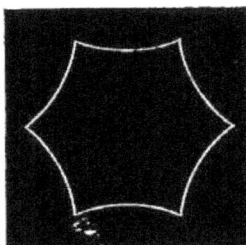 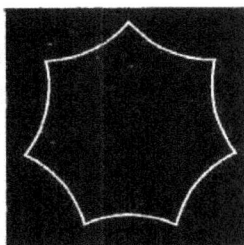

Fig. 436.   Fig. 437.   Fig. 438.

d'après les propriétés de ce mouvement (art. 163). On a fondé
sur ce principe la construction d'un compas à ellipse[1].

Le rapport 1 : 2 donne $n = 3\,a$ et trois points de rebroussement, et ainsi de suite; le genre de ces courbes est encore parfaitement défini.

466. Examinons maintenant ce qui arrive quand la valeur
de ε n'est plus donnée par des fractions ayant le numérateur
égal à 1, mais toujours formées de nombres entiers. Dans le
premier cas, les courbes toujours concaves vers le centre du

---

1. De là résulte une solution particulière de la transformation du mouvement circulaire continu en rectiligne alternatif, à l'aide des engrenages
circulaires, un moyen de produire par ce mou-
vement différentiel de la petite roue une double
oscillation de va-et-vient pour un tour de roue.
Ce système dû à Lahire (fig. 439), consiste à faire
mouvoir, dans une grande roue dentée intérieurement, une petite roue dentée d'un diamètre
égal à la moitié de celui de la première. Chacun
des points de la circonférence de la petite roue
décrit un diamètre de la première et peut, par
suite, imprimer un mouvement de va-et-vient à
une tige qui y est fixée.

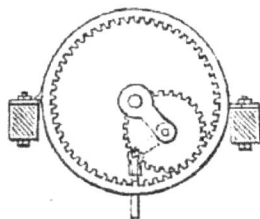

Fig. 439.

Le triangle ABC étant isocèle, on a : AC = 2 *r* cos. BAC (A étant le
centre de la grande roue, C étant le point d'attache d'une tige qui se meut
verticalement, et B le centre de la petite roue dont le rayon est *r*), le rapport de la vitesse de rotation à celle du mouvement rectiligne est donc le
même que pour une bielle infinie et une manivelle ordinaire dont le rayon
est égal à 2 AB, ou au rayon de la grande circonférence.

En effet, appelons ω la vitesse angulaire du rayon AB, *t* le temps néces-

mouvement, ayant leurs points de rebroussement symétriquement disposés autour de ce centre et à l'intérieur de la courbe,
posséderont un nombre de points de rebroussement égal à la
différence des deux termes de la fraction et un nombre d'involutions égal au numérateur (une droite rencontrera la courbe
de chaque côté du centre en un nombre de points égal au numérateur). Cela résulte bien évidemment de ce que l'on doit
retrancher la rotation absolue de la roue de celle du levier
de la forme de l'expression :

$$n = (1 - \varepsilon)\, a.$$

Soit : $\varepsilon = \dfrac{2}{7}$, $n = \left(\dfrac{7}{7} - \dfrac{2}{7}\right) a = \dfrac{7-2}{7}\, a = \dfrac{5}{7}\, a$,

comme $\dfrac{A}{B} = \dfrac{2}{7}$, B devrait faire sept tours pendant que A en
ferait deux s'il s'agissait d'un mouvement ordinaire de roues
dentées ; mais par l'entraînement du levier qui produit en
outre deux tours de B en sens inverse par deux révolutions, la

saire pour parcourir l'angle BAC, nous poserons cos. BAC = cos. ωt. La
vitesse du point C sera donc (en différenciant par rapport à t l'expression
ci-dessus) :

$$v = -\, 2\, r\omega \sin. \omega.$$

Or, la vitesse V du centre B est, par hypothèse constante, égale à $r\omega$; donc

$$\frac{V}{v} = \frac{1}{2 \sin. \alpha}.$$

Or, nous avons trouvé l'expression $\dfrac{1}{\sin. \theta}$ pour le rapport de la vitesse
rectiligne de l'extrémité de la bielle à celle circulaire de la manivelle, ou
$\dfrac{V}{v} = \dfrac{1}{\sin. \theta}$; et si on remplace le rayon de la manivelle par un rayon double,
la vitesse angulaire restant la même, l'angle θ ne variera pas, et on aura
$\dfrac{2V}{v} = \dfrac{1}{\sin. \theta}$, ou précisément le résultat indiqué ci-dessus.

Le mouvement rectiligne de la tige attachée au point C du petit cercle est
donc absolument le même que celui qui serait produit si elle était attachée à
un point de la grande circonférence dont le rayon passant par ce point serait
converti en bras de manivelle. L'absence de propriétés particulières au mouvement de cet organe, qui entraîne aux frottements notables des engrenages
et nécessite un porte à faux peu admissible, explique pourquoi il tient peu
de place dans les constructions récentes de la mécanique.

rotation absolue de la roue entraînée B sera $7 - 2 = 5$ tours. Il existera par suite cinq positions symétriques, cinq points de rebroussement (fig. 443) et une droite partant du centre (répondant à une position périodique du levier), ne pourra pas rencontrer la courbe tracée en plus de deux points, puisque c'est toujours après deux tours de la roue mobile (l'entraînement ne modifiant pas, sous ce rapport, les périodes de la courbe) que la courbe tracée sera fermée.

On voit que les courbes les plus complexes, qui pourront le mieux convenir au guillochage, à l'ornementation des surfaces par gravure mécanique, seront surtout celles pour lesquelles le dénominateur sera assez grand, et par suite aussi le nombre des points de rebroussement symétriquement disposés autour du cercle.

Nous donnons (fig. 440 à 445) les dessins de quelques-unes de ces courbes.

2 : 3   3 : 5   2 : 5

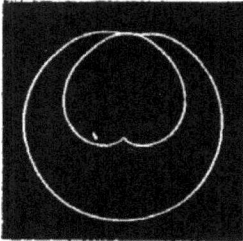 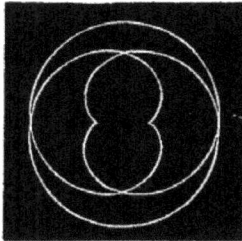 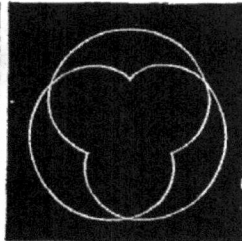

Fig. 440.   Fig. 441.   Fig. 442.

467. Dans le second cas, l'expression de la valeur de n donne un nombre de points de rebroussement égal à la somme

2 : 7   3 : 4   9 : 17

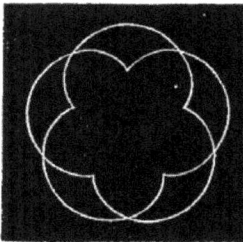 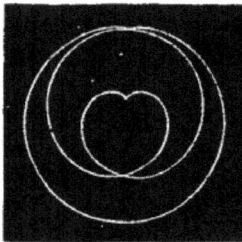 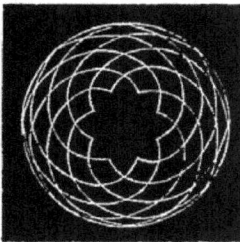

Fig. 443.   Fig. 444.   Fig. 445.

des deux termes de la fraction, réduite en nombres premiers,

et ces points symétriquement disposés sont situés extérieurement. On peut encore le reconnaître directement, en distin-
guant les vitesses absolues des mouvements des roues entraînées par le levier, qui tracent les courbes que nous considérons,
vitesses obtenues en ajoutant le mouvement du levier au mouvement relatif. Ces propriétés se déduisent immédiatement de
la forme de l'expression $n = (1 + \varepsilon)\,a$, dont nous partons toujours. Le nombre des involutions, des points de rencontre d'une
droite passant par le centre est toujours donné par le numérateur de la fraction qui représente ε.

Nous donnons, fig. 446 à 451, quelques-unes de ces courbes.

2 : 3   2 : 5   3 : 4

Fig. 446.   Fig. 447.   Fig. 448.

468. II. *Effet des pignons intermédiaires.* — Considérons
maintenant le cas général où le rapport $\dfrac{E}{b}$ de la formule générale n'est pas égal à 1, où l'on fait intervenir des pignons. Les

3 : 5   4 : 5   3 : 7

Fig 449.   Fig. 450.   Fig. 451.

principaux caractères des courbes alors engendrées se dédui-
ront comme dans le cas précédent des formules générales, en

remarquant que le rayon plus ou moins grand du cercle traçant change surtout les formes vers les points de rebroussement, les remplace par une boucle ou par une petite ligne, et ainsi modifie l'aspect de la courbe. En principe, on engendre des épicycloïdes simples, produites par des roues dont les nombres de dents sont proportionnels aux termes de la fraction, mais les courbes que l'on considère sont engendrées par des points du cercle décrivant très-différents, en général, d'un point de la circonférence théorique. C'est ce qui va être rendu clair par quelques exemples.

469. Citons d'abord le cas où $\dfrac{E}{b} = \dfrac{A}{B}$, le rapport ε des cas précédents sera remplacé par ε^2 pour les exemples correspondants.

Les figures similaires sont assez curieuses à étudier, et les

1 : 4	1 : 9	$9^2 : 17^2$ ou 81 à 289

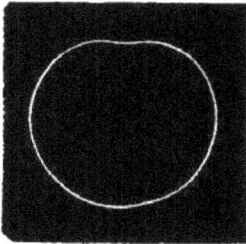 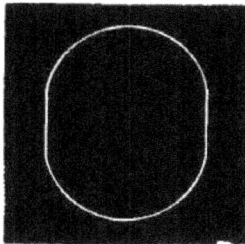 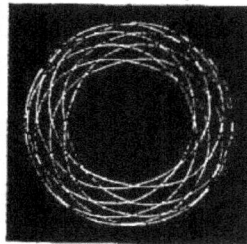

Fig. 452. Fig. 453. Fig. 454.

caractères généraux des secondes dérivent de celles du cas correspondant au rapport simple, en applatissant en quelque

1 : 4	1 : 9	4 : 9

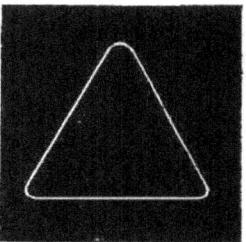 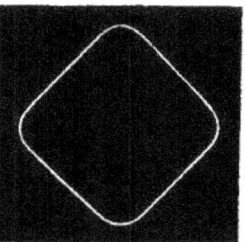 

Fig. 455. Fig. 456. Fig. 457.

sorte tous les angles. On en juge aisément par les figures 452 à 457 : les trois premières se rapportant au mouvement inverse, les trois dernières au mouvement direct.

On pourrait encore étudier les puissances supérieures, mais l'vaut mieux passer à un autre mode de classement général de toutes ces courbes dont nous allons parler.

470. Revenons aux résultats que l'on obtient en donnant au rapport $\frac{E}{b}$ des rotations du système intermédiaire, diverses valeurs numériques. Comme dans l'étude précédente nous avons compris tous les rapports possibles de vitesses, les relations indiquées subsistent toujours, les caractères généraux des courbes sont les mêmes pour une même valeur de ε.

Cela conduit à classer les courbes épicycloïdales comme le propose M. Perigal, auteur anglais qui a tracé un grand nombre de ces courbes à l'aide de moyens mécaniques, non plus d'après le rapport des rayons, mais d'après la valeur totale de ε, ce qui range sous la même division toutes les courbes qui ont le même nombre de points de rebroussement, de boucles, puisque, ainsi qu'il vient d'être dit, il s'agit des mêmes rotations, et que les points décrivants diffèrent seuls de position sur le cercle mobile.

Soit à mouvement inverse $\varepsilon = \frac{1}{2}$, si $\frac{A}{B} = \frac{1}{2}$ nous retrouvons

Rayons 1 : 2   2 : 3   1 : 1

 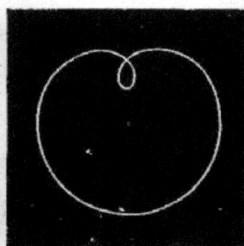 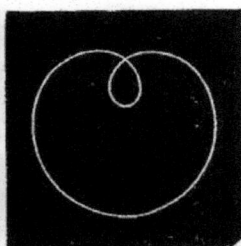

Fig. 458.   Fig. 459.   Fig. 460.

$b = E$, le cas déjà traité (fig. 458), un seul point de rebroussement.

Si $\frac{A}{B} = \frac{1}{4}\frac{E}{b} = 2$, on revient au cas $\frac{1}{2^2}$. Le point de rebroussement disparaît presque (fig. 452).

$\dfrac{A}{B} = \dfrac{1'E}{1\ b} = \dfrac{1}{2}$, c'est un courbe à une boucle comme toutes les courbes de cette série. La boucle s'agrandit à mesure que le premier facteur augmente et le second diminue (fig. 460).

Les figures 461 à 463 représentent, de même que quelques

Rayons 1 : 16   1 : 4   1 : 3

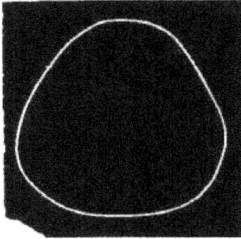 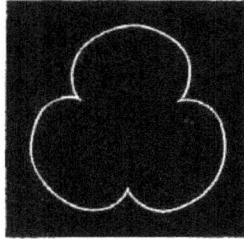 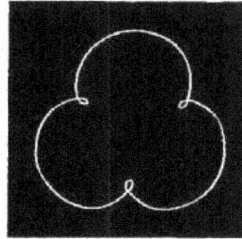

Fig. 461.   Fig. 462.   Fig. 463.

courbes, pour la valeur de $\varepsilon = \dfrac{1}{4}$ et divers rapports des rayons des roues A et B.

Les courbes correspondant aux épicycloïdes intérieures, produisant un mouvement direct, offrent des combinaisons analogues faciles à analyser en partant de la formule $n = (1 + \varepsilon)\, a$.

Soit $\varepsilon = \dfrac{1}{2}$ en donnant à $\dfrac{A}{B}$ les valeurs $\dfrac{1}{2}, \dfrac{2}{3}, 1$, on a pour $\dfrac{E}{b}$ les

Rayons 1 : 1   2 : 3   1 : 2

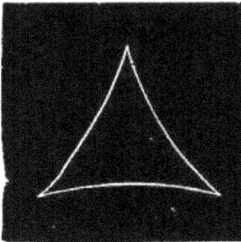 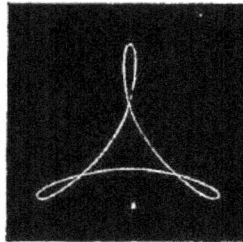 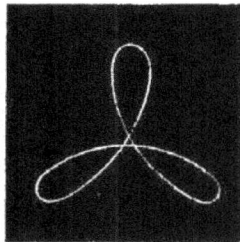

Fig. 464.   Fig. 465.   Fig. 466.

valeurs $1, \dfrac{3}{4}, \dfrac{1}{2}$, et on obtient les courbes à 3 boucles (figures 464, 465 et 466).

De même $\varepsilon = \dfrac{1}{3}$ donnera les courbes à 4 saillies ou 4 boucles (figures 467, 468 et 469).

Soit encore $\varepsilon = \dfrac{5}{11}$, $\dfrac{A}{B} = \dfrac{5}{11}$, $E = b$, courbe à 6 points de rebroussement.

Rayons 1 : 3   1 : 2   3 : 4

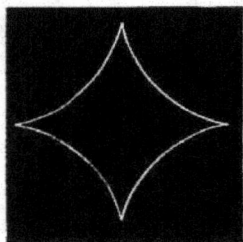 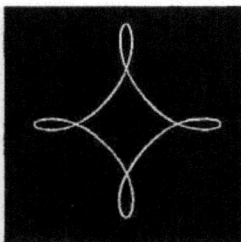 

Fig. 467.   Fig. 468.   Fig. 469.

$\dfrac{A}{B} = \dfrac{1}{1}$, $\dfrac{E}{b} = \dfrac{5}{11}$, courbe à 6 nœuds (fig. 470) comme toutes celles de la série.

Rayons 1 : 1   3 : 2   1 : 1

  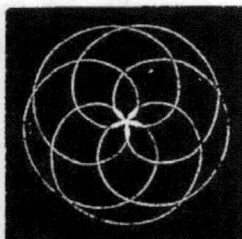

Fig. 470.   Fig. 471.   Fig. 472.

Enfin soit $\varepsilon = \dfrac{2}{7}$ $\dfrac{A}{B} = \dfrac{1}{1}$, $\dfrac{E}{B} = \dfrac{2}{7}$ courbe à 5 boucles (fig. 472).

$\dfrac{A}{B} = \dfrac{3}{2}$, $\dfrac{E}{b} = \dfrac{4}{21}$, les 5 boucles se recoupent au delà du centre (fig. 471).

Le classement ainsi effectué entre les courbes de formes variées à l'infini pouvant être engendrées par l'emploi de simples pièces à rotation circulaire est d'un grand intérêt au point de vue des applications possibles.

471. Nous n'avons traité, dans tout ce qui précède que d'épicycloïdes simples, allongées ou raccourcies. Or il est clair que le cercle mobile pourrait porter aussi un rayon mobile et

devenir le point de départ d'un train épicycloïdal, et qu'alors un point de la circonférence extrême décrirait une épicycloïde composée, résultant de la composition de deux mouvements de même nature, du transport épicycloïdal autour de l'épicycloïde simple.

Par la multiplication de semblables systèmes tournants, on peut obtenir des épicycloïdes composées du 2e, 3e ... ordre, fournissant des dessins très-variés. Nous y reviendrons en étudiant les mécanismes propres à les tracer, en traitant des TOURS COMPOSÉS (Livre VI).

472. L'étude précédente fournit un exemple intéressant des genres de courbes que l'on peut obtenir sans *rosette* spéciale.

Sans doute, suivant l'ingénieuse remarque de Bernouilli, d'une manière générale, les épicycloïdes produites par le roulement d'une courbe plane continue et quelconque sur une autre courbe, peuvent être des courbes continues et planes quelconques, et par suite on peut toujours reproduire le mouvement quelconque d'un point dans un plan par le roulement réciproque de deux courbes déterminables graphiquement, dont l'une, portant ce point, roule sur l'autre supposée fixe. Mais cette théorie, dans sa généralité même, qui fait de toute courbe une épicycloïde, prouve qu'il faut dans chaque cas une courbe directrice spéciale; ce n'est que dans le cas particulier des épicycloïdes circulaires que le guide du tour, que des coussinets suffisent. On ne peut obtenir ainsi, et c'est ce qu'il importait de démontrer, que des épicycloïdes circulaires et des courbes qui en dérivent simplement; au point de vue de la pratique, la variété de courbes semblables, d'ordre aussi élevé que l'on veut, fournit des ressources importantes à l'art de graver les surfaces par procédé mécanique, dont la pratique de l'industrie peut tirer un grand profit.

ROULEMENT CYCLOÏDAL.

473. Il est bien évident que l'on pourrait obtenir des tracés de courbes cycloïdales en faisant glisser un système de roues sur une crémaillère fixe, et obtenir ainsi ces courbes les unes à la suite des autres.

Cette étude de tracés cycloïdaux, de cycloïdes allongées et raccourcies serait de peu d'intérêt, les courbes se. dévelop-

pant dans la direction de la droite, ne se recoupant pas
symétriquement, comme les courbes épicycloïdales.

M. Reuleaux a traité en détail des groupements d'arcs de
semblables courbes engendrées par le roulement sur les droites
formant le contour d'un polygone, notamment dans un triangle
équilatéral ou dans un carré. Nous en reproduirons le principe
seulement.

Si des extrémités P et Q, d'une droite PQ (fig. 473), on décrit
deux arcs de cercle avec la longueur de cette droite pour rayon,
on délimite dans le plan une figure bi-concave PRQS formée de
deux arcs de cercles égaux. Cette figure est en contact, aux

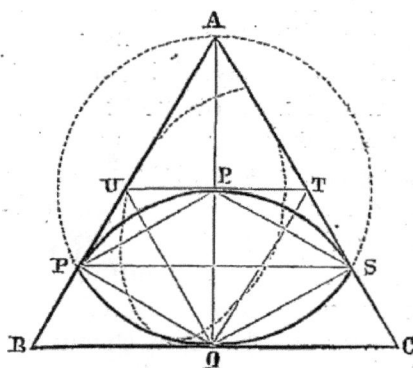

Fig. 473.

points Q, R, S, avec un triangle équilatéral ABC, de hauteur 2 PQ, le point Q étant pris au milieu de la base. En effet,
AB est perpendiculaire à QR, puisque l'angle PRA = BAQ = 30°,
que l'angle QRP = 60°, et qu'en outre Q, R, A et S appartiennent au cercle décrit du point P comme centre avec PQ pour
rayon.

Les normales d'appui en S, R et Q se coupent toutes au
point Q et forment entre elles des angles de 120°. Le système
d'appuis empêche tout mouvement de translation, en même
qu'il laisse subsister la possibilité de rotation autour d'un
point. La même propriété subsiste pour toute autre position
de la figure bi-convexe dans un triangle, celle, par exemple,
qui est indiquée en pointillé.

Supposons d'abord qu'on maintienne la figure bi-convexe
en contact avec deux côtés seulement AB, BC du triangle, ce
qui est toujours possible; alors dans la rotation à gauche, le

point P se meut sur une droite TU, parallèle à BC, puisque ce point P, comme centre de l'arc RQS, doit rester à distance constante de tous les points de cet arc ; de même, le point Q se meut sur une droite QT, parallèle à AB. Ces deux droites se coupent en T, sous un angle de 60°, c'est-à-dire précisément sous le même angle que forment en S les deux lignes PS et QS ; ce qui peut former un autre énoncé de la question de la recherche des trajectoires et permet de démontrer, sans s'appuyer sur la symétrie de la figure, que les côtés du triangle ABC se trouvent toujours en contact, tous les trois, avec la figure bi-convexe ; que dans le mouvement ci-dessus le point S se meut constamment sur le côté CA.

Les arcs de cycloïdes allongées ou raccourcies, décrits par divers points solidaires du triangle bi-convexe, se modifieront lors du passage d'un côté du triangle à l'autre, de manière à former un triangle curviligne terminé par trois pointes, trois boucles, etc.

Le roulement du triangle sur la surface bi-convexe ne peut donner que deux boucles, chacune d'elles se produisant lors du changement de courbe directrice.

L'auteur déclare lui-même qu'il n'a pas la prétention d'attribuer à ces éléments une importance pratique spéciale. C'est également notre opinion.

MÉCANISMES ÉPICYCLOÏDAUX.

Étudions les emplois des mécanismes épicycloïdaux.

474. *Premier exemple.* — *Paradoxe de Fergusson.* — Soit une roue A de vingt dents fixée à un axe reposant sur le bâti qui supporte l'appareil (fig. 474). Un rayon CD tourne autour de cet axe et porte deux axes m et n qui y sont fixés. L'un d'eux

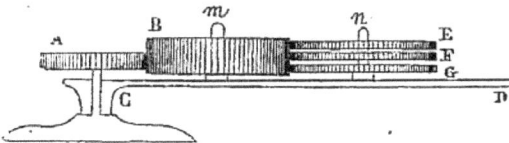

Fig. 474.

sert d'axe à la roue B d'un nombre quelconque de dents qui engrène avec la roue A et l'autre aux trois roues E, F, G.

Quand le levier C D tourne, il communique le mouvement à ces trois roues, qui avec les roues A et B forment trois systèmes épicycloïdaux.

Les roues extrêmes de chaque train tournant dans le même sens, ε est positif; la formule applicable à ce cas est $\dfrac{n}{a} = 1 - \varepsilon$, n et a étant les rotations simultanées et absolues de la roue et du levier.

Si $\varepsilon = 1$, $\dfrac{n}{a} = 0$, et la dernière roue du train n'a pas de rotation absolue. Si ε est plus grand que l'unité, la dernière roue tourne dans la même direction que le levier. Mais si ε est plus grand que l'unité, $\dfrac{n}{a}$ est négatif, et les rotations absolues du levier et de la roue sont de directions opposées.

Soient E, F, G, respectivement de 21, 20 et 19 dents; dans le train supérieur, $\varepsilon = \dfrac{A}{E} = \dfrac{20}{21}$ est plus petit que l'unité, la roue tourne dans le même sens que le levier.

Dans le train du milieu, $\varepsilon = \dfrac{A}{F} = \dfrac{20}{20}$, quantité égale à l'unité, $\dfrac{n}{a} = 0$, et F n'a pas de révolution absolue. Enfin, dans le train inférieur, $\varepsilon = \dfrac{A}{G} = \dfrac{20}{19}$ plus grand que l'unité, et G tourne en arrière.

Ainsi, par une même rotation du levier, E tourne dans le même sens que lui, G en sens contraire, et F reste en repos; chaque point de sa circonférence demeure toujours dans la même direction. De là l'apparent paradoxe d'où provient le nom de cet appareil destiné à faire comprendre les propriétés des combinaisons de ce genre.

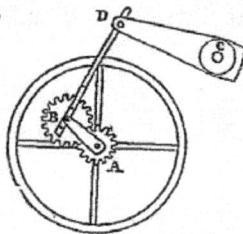

Fig. 475.

475. *Deuxième exemple.* — *Mouche ou roue planétaire.* — La disposition que nous allons décrire avait d'abord été employée par Watt pour convertir le mouvement alternatif du piston de la machine à vapeur en mouvement circulaire, alors qu'un brevet l'empêchait d'employer la manivelle. Sur l'axe du volant

est montée un roue dentée A (fig. 475), qui engrène avec une roue dentée B fixée à l'extrémité de la bielle D B, le centre B étant réuni au centre A par le rayon B A, celui tournerait autour du centre A comme une manivelle ordinaire, si la roue B attachée à la bielle D B ne venait modifier cette action.

En effet, les roues A, B, avec le levier AB, constituent un train épicycloïdal, dans lequel $\frac{A}{B} = \varepsilon$ est négatif, puisque les roues tournent dans des directions opposées, et la dernière roue n'a pas de rotation propre puisqu'elle est fixée à la bielle. La formule générale qui est : $m = a + \dfrac{a - n}{\varepsilon}$, deviendra donc, en faisant $n = 0$ et $\varepsilon = -\dfrac{A}{B}$, $\dfrac{m}{a} = 1 + \dfrac{B}{A}$.

Dans la machine de Watt les roues sont égales, par suite $m = 2a$, et le volant fait deux tours pour un de la manivelle.

476. Cet appareil est curieux et susceptible de quelques applications pour obtenir simplement des multiplications de vitesses.

Son effet s'analyse facilement en calculant les vitesses angulaires.

Soit V_1 la vitesse angulaire avec laquelle le centre B se meut autour de A, R le rayon de chacune des roues dentées, $2 R V_1$ sera le chemin parcouru en une seconde par le centre de la roue B. Puisque cette roue est fixée invariablement à la bielle, tous les chemins parcourus simultanément par tous les points de cette roue sont égaux à celui que parcourt son centre, sont transportés comme lui. Ainsi $2 R V_1$ sera aussi le chemin parcouru par la roue B à son point de contact avec la roue A. Soit V'_1 la vitesse angulaire de cette dernière, le chemin parcouru par le point de contact en tant qu'il appartient à la roue A sera représenté par $V'_1 R$. Donc $V'_1 R = 2 V_1 R$ ou $V'_1 = 2 V_1$; c'est-à-dire que la vitesse angulaire ou le nombre des tours du volant est double de la vitesse angulaire de l'extrémité de la bielle ou du nombre des oscillations complètes de celle-ci.

Et en général, si $A B = (n + 1) R$, $V'_1 = (n + 1) V_1$.

477. M. Saladin, de Mulhouse, a publié un curieux travail sur la *mouche*, sur les diverses vitesses qu'on peut obtenir suivant le rapport des rayons R et R' des roues.

Les vitesses des deux roues, l'une fixée à la bielle, l'autre montée sur l'arbre du volant, étant dans le rapport de 1 à $1 + \dfrac{R}{R'}$, on voit que pour :

R = R', chaque oscillation donne 2 tours du volant;

R = 2R'   »   3   »

$R = \dfrac{1}{2} R'$, chaque oscillation donne $1 + \dfrac{1}{2}$ tours du volant, et ainsi de suite.

On aura donc ainsi un nombre de tours du volant plus grand que le nombre d'oscillations de la bielle et dans le rapport que l'on voudra, pourvu que le mouvement de la bielle ait une amplitude convenable.

Si l'on voulait obtenir un nombre de rotations inférieur à celui des oscillations de la bielle, on ne pourrait y parvenir par le système précédent. Mais si l'on interpose entre les deux roues une roue intermédiaire quelconque, l'effet de cette roue est de changer le sens de la rotation due à l'engrènement, et le rapport des vitesses devient $1 - \dfrac{R}{R'}$. En effet, si la roue fixée à la bielle tourne dans un sens, l'engrenage au moyen de la roue intermédiaire communique une rotation inverse, et le résultat définitif sera la différence de ces deux mouvements.

Ainsi R = R' donne zéro; le balancier marchant, l'arbre du volant n'aura pas de rotation; R = 2R' donne — 1 ou un tour en arrière; $R = \dfrac{R'}{2}$ donne $\dfrac{1}{2}$ tour dans le sens du mouvement de la bielle.

On voit ainsi comment, pour un même mouvement de la bielle, l'arbre du volant peut rester fixe, ou tourner soit à droite, soit à gauche, avec une vitesse qu'on est libre de varier avec les engrenages.

Les mêmes effets peuvent s'obtenir au moyen de poulies et de courroies ou de cordes. Si la courroie est croisée, l'effet est le même qu'avec deux roues de mêmes rayons que les poulies, tandis que la courroie non croisée répond au même système augmenté d'une roue intermédiaire.

Nous empruntons à M. Saladin deux figures qui indiquent bien les circonstances du mouvement.

Dans le système représenté fig. 476, dans lequel la roue fixe est double de la roue stellaire, la rotation du volant est de 1 tour et demi pour une oscillation du balancier. En effet, considérons la roue stellaire après qu'elle a parcouru un quart de circonférence; le rayon vertical ac est toujours vertical en $a'c'$, puisque la roue ne tourne pas. Cherchons ce qu'est devenu le point c sur la roue b.

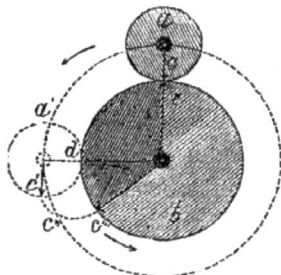

Fig. 476.

· Si le disque a, au lieu d'être fixé à la bielle, eût été fixé à la manivelle, le cercle b eût tourné d'un quart de circonférence et le point de contact fût resté constant. Mais comme cette roue a est fixée à la bielle, le point de contact primitif s'est éloigné par l'effet des dents des roues, en parcourant des longueurs égales sur les deux circonférences à partir du point de contact. Si donc on développe dc' et qu'on enveloppe cet arc sur la circonférence b, c'' sera la nouvelle position du point c, et la rotation de b pour celle de $\frac{1}{4}$ de a sera :

$$\frac{1}{4} + \frac{1}{2}\frac{1}{4} = \frac{3}{8}, \text{ puisque } dc'' = \frac{1}{4} a = \frac{1}{8} b.$$

Le rapport des vitesses sera donc de 1 à $\frac{3}{2} = 1 + \frac{1}{2}$.

La figure 477 représente un système à trois roues, a roue de commande et à translation, c roue intermédiaire mobile, b roue commandée d'un rayon double de celui de la roue motrice. Lorsque le disque a est venu en a', son rayon d restant vertical sera venu en d'. Si du point de contact e, comme centre du mouvement, nous développons l'arc ed' pour porter sur le disque c, nous trouvons que le rayon f du cercle c est venu en f', et que le rayon opposé g est venu en g'; si enfin du point de contact h' nous reportons sur b l'arc développé $g'h'$, la développante qui part du point g' rencontrera b

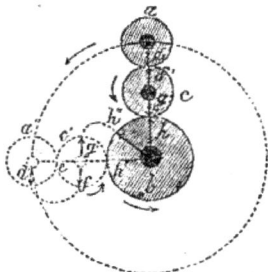

Fig. 477.

en h'', et le rayon vertical b aura parcouru $\frac{1}{4} - \frac{1}{2}\frac{1}{4} = \frac{1}{8}$ seu-

lement de tour pour $\frac{1}{4}$ de tour de a, soit $\frac{1}{2}$ tour de b pour un

tour de a.

On voit que si les rayons de a et b étaient égaux, b resterait immobile, les deux mouvements en sens contraire étant égaux, et qu'enfin si la roue stellaire était celle du plus grand rayon, le mouvement serait rétrograde.

478. La figure 478 représente le cas d'un tour en arrière en

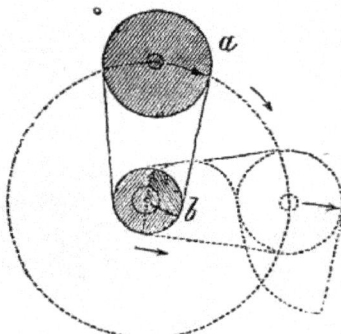

Fig. 478.

employant des courroies non croisées, et une roue a d'un rayon double de celui de la roue b. Après un quart de tour, les positions relatives de points situés au départ sur des rayons perpendiculaires au même brin s'obtiendront en enroulant sur la circonférence de a, à partir de la position du rayon primitif, une longueur de la courroie égale à un quart de la circonférence et l'enroulant autour de la seconde par la rotation de celle-ci; c'est-à-dire en traçant deux arcs de développantes. La rotation définitive sera $\frac{1}{4} - \frac{1}{4} \times 2 = -\frac{1}{4}$, puisque $\frac{1}{4}$ de $a = \frac{2}{4}$ de b. Pour une rotation complète de a, la rotation de b sera donc de -1, ou un tour en arrière.

479. Nous avions d'abord supposé que la bielle restait toujours parallèle à elle-même, étant infinie ; les tracés précédents montrent comment, quand la bielle est courte, les inégalités de la vitesse de rotation croissent avec les inclinaisons de la bielle, et que cette vitesse est plus grande dans les parties placées au-dessus du diamètre horizontal que pour celles

placées au-dessous (la position moyenne de la bielle étant supposée verticale). Cela résulte de la position que prend le rayon
primitivement vertical de la roue stellaire; comme il reste toujours dans la direction de la bielle, l'arc à retrancher ou à

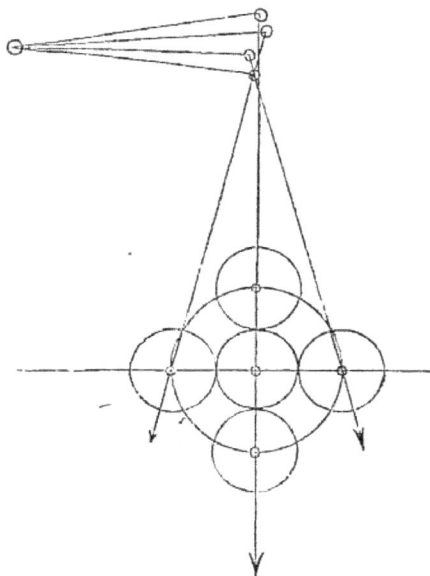

Fig. 479.

ajouter devient tantôt plus grand, tantôt plus petit que dans le
cas de la bielle infinie. C'est ce que la figure 479 fait bien voir.

480. *Troisième exemple.* — *Équation du temps.* — La forme
de l'équation (4) art. 461, montre que les mécanismes épicycloïdaux fournissent le moyen d'additionner les effets de deux
systèmes de rotation soumis à des lois de vitesses quelconques,
par une construction simple, et d'obtenir ainsi des variations
de vitesse suivant une loi donnée.

Comme exemple de cette application, nous prendrons l'é-
quation des horloges, curieux problème dont la solution occupe
une place importante dans l'histoire de l'invention des mécanismes, et a été l'objet de nombreux travaux depuis une époque
reculée jusqu'à nos jours. Le but à atteindre est de faire marquer aux aiguilles d'une horloge non-seulement l'heure, mais
aussi le temps vrai. Pour cela, on agit comme les astronomes
pour le mouvement du soleil, c'est-à-dire qu'on divise ce mou-

vement en deux mouvements élémentaires, l'un uniforme qui
correspond au temps moyen, et l'autre qui correspond à la différence du temps moyen et du temps vrai ou à l'équation du
temps. On réunit deux mécanismes, l'un celui d'une horloge
ordinaire, et l'autre disposé de manière à communiquer un
mouvement lent correspondant à l'équation du temps, et on
concentre les effets des trains séparés sur une seule aiguille à
l'aide d'un rouage épicycloïdal. Il y a trois arrangements
possibles :

Le mouvement de l'équation peut être communiqué à une
extrémité du système et le mouvement moyen à l'autre; le
rayon possédera alors le mouvement solaire (Lebon proposait
un système semblable en 1722).

Le mouvement de l'équation peut être communiqué à une
extrémité du système, et le mouvement moyen au rayon; l'autre
extrémité du train donnera le mouvement solaire.

Enfin, le mouvement de l'équation peut être communiqué
au rayon, le temps moyen à une extrémité du train; l'autre
extrémité recevra le mouvement-solaire (c'est le système des
horloges de DuTertre, 1742, et d'Enderlin). Nous allons décrire
cette dernière disposition.

481. La figure 480 permet de voir la disposition des roues

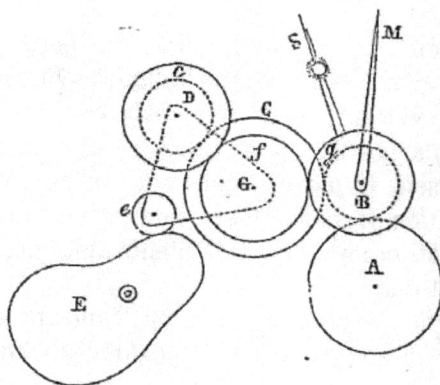

Fig. 480.

dentées et de l'équation qui communiquent le mouvement aux
aiguilles.

G est le centre du mouvement du système épicycloïdal,
GDe la pièce correspondant au rayon ou levier sur laquelle

sont montés les axes qui peuvent se mouvoir. Les roues f et C tournent librement autour de l'axe G, et l'axe D·est entraîné par le levier, ainsi que les deux roues c, D, qui tournent avec lui et qui engrènent respectivement avec f et C. Le rouage épicycloïdal consiste donc en quatre roues C, c, D, f, et C est la première roue. Maintenant si on suppose la roue C menée par la roue B, dont le mouvement dérive de celui de la roue A faisant partie d'une horloge ordinaire, et l'aiguille des minutes montée sur l'axe de B indiquant le temps moyen à la manière ordinaire, le mouvement de l'équation est communiqué à la pièce G D e comme il suit.

E est un excentrique dont la révolution s'accomplit en une année. Un rouleau de frottement adapté au levier repose sur le contour de cet excentrique, et est maintenu en contact par un poids ou un ressort. La forme de l'excentrique a été déterminée de manière à faire prendre au levier un mouvement angulaire convenable.

La première roue du système recevant le mouvement moyen, l'autre extrémité engrène avec une roue g concentrique avec la roue à minutes M et tournant librement autour de son axe; l'aiguille solaire S est fixée au tube qui porte cette roue et reçoit la combinaison du mouvement moyen et de l'équation.

La formule applicable à ce cas est $n = a\,(1 - \varepsilon) + m\varepsilon$, dans laquelle ε est positif et égal à $\dfrac{C\,c}{D f}$. Si nous désignons les rotations simultanées de l'aiguille des minutes M et de C par M et m respectivement, on a : $m = M\,\dfrac{B}{C}$, et celles de f et g par n et s, on a : $n = s\,\dfrac{g}{f}$, substituant ces valeurs dans la formule ci-dessus et réduisant, on a :

$$s = a\,\frac{Df - C c}{D g} + M\,\frac{B c}{D g},$$

dont la première partie se rapporte à l'équation et la deuxième au mouvement moyen.

Mais le mouvement moyen de S étant le même que celui de M, on doit donc avoir $\dfrac{B\,c}{D g} = 1$, et pour la partie du mouvement de S due à l'équation, l'expression $a\,\dfrac{\mathrm{D}f-\mathrm{C}c}{\mathrm{D}g}$ montre le rapport qui doit exister entre la vitesse angulaire du levier portant les axes et celle de l'aiguille.

Si le levier se meut avec la même vitesse angulaire que l'aiguille, alors $\dfrac{\mathrm{D}f-\mathrm{C}c}{\mathrm{D}g}=1$, ce que l'on peut obtenir en faisant $f=c=g$ et $\mathrm{C}=2\mathrm{D}$; d'ailleurs puisque $\mathrm{B}c=\mathrm{D}g$, si $c=g$, on a $\mathrm{B}=\mathrm{D}$; ce sont les proportions employées par Enderlin.

Si on veut que le levier se meuve d'un angle plus petit que l'aiguille, moitié par exemple, il faut alors poser $\mathrm{C}=3\mathrm{D}$, et ainsi de suite.

II. — AXES CONCOURANTS.

482. Nous avons supposé jusqu'ici que les mouvements se passaient dans un même plan ou dans des plans parallèles. Considérons maintenant le cas où les plans des roues sont à angle droit.

Les formules établies précédemment s'appliquent directement au système représenté figure 481, lorsque la première roue ou la dernière roue est fixe, la position de la roue intermédiaire ne modifiant pas son action.

Les roues C et D tournant en sens contraire, on a :

$$\varepsilon=-\frac{\mathrm{C}}{\mathrm{D}}=-1.$$

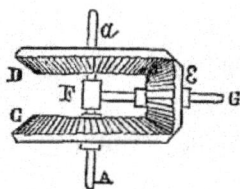

Fig. 481.

Si la première roue est fixe, c'est-à-dire $m=0$, on a, d'après la formule (2) :

$$n=2\,a,$$

n et a étant respectivement les rotations simultanées de la dernière roue et du rayon.

Lorsque ni la première ni la dernière roue n'étant fixes, le mouvement est communiqué par un même axe moteur, soit aux deux roues extrêmes, ce qui produit un mouvement complexe du rayon, soit à l'une des roues extrêmes et au rayon, d'où résulte le mouvement complexe de l'autre roue extrême, il faut évaluer les vitesses en fonction de celle de l'axe moteur.

La figure 482 est un exemple d'un système de ce genre tout
à fait complet, dont les roues ne sont plus égales; mn est un
axe qui porte le bras kl qui transporte les deux roues d tour-

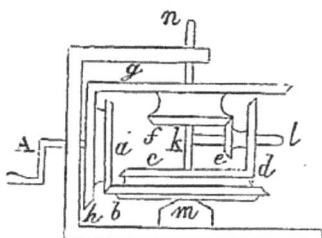

Fig. 482.

nant autour du même axe. Les roues b et c sont unies de même,
et tournent autour de l'axe mn, mais ne font pas corps avec cet
axe. Pareillement les roues f et g sont fixées ensemble et tournent autour de mn. Les roues c, d, e et f constituent un système
épicycloïdal dans lequel c est la première roue et f la dernière.

Enfin l'axe imprime le mouvement et porte deux roues a et h,
la première engrenant avec la roue b et communiquant le mouvement à la première roue c du train épicycloïdal, la roue h
engrenant avec la roue g qui donne le mouvement à la roue f
qui est la dernière du train; quand cet axe A tourne, il communique le mouvement aux deux extrémités du train épicycloïdal, et le rayon kl reçoit un mouvement combiné que nous
allons calculer.

On pourrait encore supposer les roues g et f désunies, g étant
fixé à l'axe mn et f tournant librement autour de lui. L'axe A
communiquant le mouvement comme précédemment à la première roue c du système épicycloïdal par le moyen des roues a
et b, la roue h mettant en mouvement la roue g, et par suite
l'axe mn et le rayon kl, il en résulte un mouvement composé
de la roue libre f. Dans cette seconde combinaison, la dernière
roue f n'est pas nécessairement concentrique avec le rayon kl.

483. *Premier cas.* — Soit l'axe conducteur réuni avec la
première roue du système épicycloïdal par un ensemble de
roues dentées dont la raison soit μ, et avec la dernière par un
système dont la raison soit ν, et soit p les rotations de cet axe
moteur, celles simultanées des deux roues seront $m = \mu p$,
$n = \nu p$, et la valeur (4) (art. 461) de a de la rotation du rayon

est toujours, la disposition à angle droit ne changeant pas le nombre de dents qui passent au point de contact :

$$\frac{a}{p} = \frac{\mu\varepsilon - \nu}{\varepsilon - 1} = -\frac{\mu}{1 - \frac{1}{\varepsilon}} + \frac{\nu}{1 - \varepsilon}. \qquad (5)$$

La première partie de cette formule donne la vitesse due à l'action du train μ, la seconde à celle du train ν. Dans le cas de la fig. 481, pour $\varepsilon = -1, \frac{a}{p} = \frac{1}{2}(\mu + \nu)$.

Si l'on suppose le système de roues μ enlevé, alors la première roue du système épicycloïdal reste fixe et $m = \mu p = 0$, d'où

$$\frac{a}{p} = \frac{\nu}{1 - \varepsilon}, \qquad (6)$$

et de même si le système ν était enlevé :

$$\frac{a}{p} = \frac{\mu}{1 - \frac{1}{\varepsilon}}, \qquad (7)$$

c'est-à-dire que le rayon se meut avec la somme ou la différence des vitesses produites par chaque action isolément lorsqu'elles deviennent simultanées.

484. *Second cas.* L'axe menant étant réuni avec la première roue du système épicycloïdal par un ensemble de roues dont la raison est μ, et avec le rayon par un train dont la raison est α, $m = \mu p$ et $a = \alpha p$, la formule (2, art. 461) donne pour la dernière roue :

$$n = \alpha p (1 - \varepsilon) + \mu p \varepsilon \text{ et } \frac{n}{p} = \alpha (1 - \varepsilon) + \mu \varepsilon.$$

Expression donnant les révolutions de la dernière roue du train épicycloïdal.

485. La difficulté qui se rencontre dans l'application de ces formules, consiste dans le choix du signe que l'on doit donner à la raison des trains.

Un sens de rotation étant pris comme positif, le sens opposé devra être considéré comme négatif, et par suite si les roues extrêmes tournent dans le même sens, toutes deux à droite ou toutes deux à gauche, le rapport est positif; il est négatif s'ils sont de sens opposés. Les rotations du train μ, ν, sont *absolues*, et celles ε *relatives* au rayon. Pour déterminer les signe de ε il faut supposer un instant le rayon fixe, et par l'analyse du système, déterminer si les rotations des roues extrêmes sont de même sens ou de sens opposé.

On déterminera de même les signes de μ et ν en les considérant séparément : si les mouvements des roues sont de même sens, μ et ν ont le même signe, les signes seront différents si les mouvements sont de sens opposés. Dans les formules ci-dessus, les quantités sont supposées positives ; les signes resteront positifs dans tout cas particulier où les mouvements sont semblables à ceux des exemples qui ont donné ces formules, et négatifs pour ceux de sens contraires. C'est en raisonnant ainsi que nous avons été conduit à donner une valeur négative à ε, dans le cas représenté fig. 481.

480. Pour le système de la figure 482, dans le premier cas,
$\varepsilon = \dfrac{c\,e}{d\,f}$; et comme le rayon étant supposé fixe, c et f tournent dans des directions opposées, ε est négatif ; $\mu = \dfrac{a}{b}$ et $\nu = \dfrac{h}{g}$, et comme d'ailleurs g et b tournent dans des directions opposées, μ et ν doivent avoir des signes différents. La formule trouvée devient :

$$\frac{a}{p} = \frac{\mu\varepsilon - \nu}{1 + \varepsilon} = \frac{\dfrac{ace}{bdf} - \dfrac{h}{g}}{1 + \dfrac{ce}{df}} = \frac{aceg - hbdf}{bg(df + ce)}.$$

Pour le second cas, ε est négatif,

$$\mu = \frac{a}{b}, \quad \alpha = \frac{h}{g},$$

et les signes de μ et ν sont différents ; l'on a :

$$\frac{n}{p} = \alpha(1 + \varepsilon) - \mu\varepsilon = \frac{g}{h}\left(1 + \frac{ce}{df}\right) + \frac{ace}{dbf}$$

Les dispositions ci-dessus sont surtout utiles :

1° Pour établir un rapport de vitesse déterminé avec une grande exactitude entre deux axes de position fixe, lorsque ce rapport est composé de termes qu'on ne peut faire entrer dans un ensemble de roues dentées à axe fixe;

2° Pour produire un mouvement différentiel, une accélération ou retard d'un mouvement de rotation, une somme ou une différence de vitesses.

RAPPORT VOULU DE VITESSE ENTRE DEUX AXES.

487. Nous venons de voir que si ε est la raison d'un système épicycloïdal et si l'axe menant est réuni avec la première roue par un système dont la raison est μ, et avec la dernière roue par un système dont la raison est ν, on a :

$$\frac{a}{p} = \frac{\mu}{1 - \frac{1}{\varepsilon}} + \frac{\nu}{1 - \varepsilon},$$

quand a et p sont les rotations simultanées du rayon portant le rouage et de l'axe qui conduit, c'est-à-dire que l'effet des deux trains μ et ν est concentré sur l'axe du levier.

Ce système est appliqué sous une forme simple dans la disposition représentée sur la figure 483.

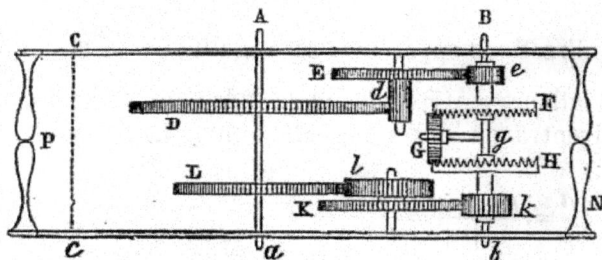

Fig. 483.

Bb est un axe sur lequel est monté le levier Gg, qui porte la roue G; celle-ci engrène avec deux roues égales F et H, qui sont concentriques avec l'axe Bb, mais sont montées sur des tubes qui tournent librement autour de celui-ci.

Le système épicycloïdal consiste donc en trois roues F, G, H; F pouvant être considérée comme la première roue et H comme la dernière.

Aa est l'axe moteur qui porte les deux roues D et L; D sert à mettre l'axe en rapport avec la première roue F du système épicycloïdal (avec le tube qui la porte) au moyen du système de roues dentées et pignons d, E, e; de même L constitue avec l, K et k un système de roues dentées qui réunit l'axe Aa avec la dernière roue H. On a par suite :

$$\mu = \frac{DE}{de} \quad \text{et} \quad \nu = \frac{LK}{lk}.$$

Le mouvement du train épicycloïdal étant considéré par rapport au levier, on voit que les roues extrêmes F et H se meuvent dans des sens opposés, par suite ε est négatif et égal à :

$$-\frac{F}{H} = -1.$$

Par suite :

$$\frac{a}{p} = \frac{1}{2}(\mu + \nu) = \frac{1}{2}\left(\frac{D\,E}{de} + \frac{LK}{lk}\right).$$

Si donc le rapport $\frac{a}{p}$ est donné, que son numérateur ou son dénominateur, ou tous les deux ne soient pas décomposables en facteurs premiers, il devient facile de déterminer deux fractions décomposables dont la somme soit égale à la fraction proposée, et de les employer pour former un système semblable à celui de la figure.

Cet emploi des systèmes épicycloïdaux est décrit par Francœur (*Dictionnaire technologique*, t. XIV, p. 431), auquel nous empruntons le calcul ci-après. Il attribue ce mécanisme à Pecqueur et Perrelet, qui l'ont employé en 1823; la première de ces méthodes, suivant Willis, est due à Mudge, qui a construit, vers 1767, une horloge qui donnait le mouvement lunaire par trains épicycloïdaux.

Appliquons ces résultats aux cas pour lesquels le système simple de roues dentées ne suffit plus, ce qui a lieu quand $\frac{T_m}{T_1} = \alpha$, α n'est pas un nombre commensurable et que les deux termes ne peuvent se décomposer en nombres premiers.

488. *Premier cas.* Soit $\frac{a}{p}$ une fraction dont le dénominateur est décomposable en facteurs premiers, mais non le numérateur.

Soit le dénominateur $p = fgh$, la fraction qui représente le rapport des vitesses est $\frac{a}{fgh}$. Le dénominateur pouvant souvent se décomposer en trois facteurs de diverses manières, chacune fournit une solution distincte du problème.

On décomposera $\dfrac{a}{fgh}$ en deux fractions convenables en posant :

$$\frac{a}{fgh} = \frac{fx}{fgh} + \frac{gy}{fgh}.$$

c'est-à-dire $a = fx + gy$.

Il est facile de résoudre cette équation en nombres entiers pour x et y, et d'obtenir une infinité de valeurs de x et y qui satisfont au problème et donnent :

$$\frac{a}{fgh} = \frac{x}{gh} + \frac{y}{fh}.$$

f et g devant être premiers l'un et l'autre, puisque a est premier par hypothèse.

Soit, par exemple, la fraction $\dfrac{271}{216}$. Puisque $216 = 4 \times 9 \times 6$, nous poserons $271 = 9x + 4y$ ou $f = 9$, $g = 4$. Les méthodes ordinaires de l'analyse indéterminée donnent pour toutes les valeurs qui satisfont à ces équations les deux expressions

$$x = 31 - 4t, \; y = 9t - 2,$$

t étant tout nombre entier positif ou négatif.

On a ainsi : $x = 27,\ 23,\ 19\ \ldots\ldots\quad 31,\quad 35,\quad 39$

$ y = 7,\ 16,\ 25\ \ldots\ldots\ -2-11-20$

pour les valeurs de t, $1\quad 2\quad 3\ \ldots\ldots\ -0-1-2$

Comme $gh = 24$, $fh = 54$, la fraction $\dfrac{271}{216}$ est donc égale à : .

$$\frac{27}{24} + \frac{7}{54}, \quad \frac{23}{24} + \frac{16}{54}, \quad \frac{19}{24} + \frac{25}{54}.$$

qu encore à :

$$\frac{31}{24} - \frac{2}{54}, \quad \frac{35}{24} - \frac{11}{54}, \quad \frac{39}{24} - \frac{20}{54},$$

et ainsi de suite.

La première série se rapportant au cas où les roues tournent dans la même direction; la seconde, quand les sens de rotation sont différents.

Puisque 8 et 3 n'ont pas de facteur premier, le dénominateur 216 peut être décomposé en $8 \times 3 \times 9$, et en posant

$$271 = 8x + 3y,$$

on a :

$$x = 3t - 1 \qquad y = 93 - 8t,$$

d'où
$$x = 2, \ 5, \ 8^{\bullet} \ . \ - \ 1 - 4 - 7$$
$$y = 85, \ 77, \ 69 \ . \ . \ 93, \ 101, \ 109,$$

ce qui fournit les nouvelles décompositions :

$$\frac{2}{27} + \frac{85}{72}, \ \frac{5}{27} + \frac{77}{72}, \ \frac{8}{27} + \frac{69}{72}, \ \frac{93}{72} - \frac{1}{27}\cdots$$

et ainsi de suite pour d'autres solutions.

En général, le dénominateur de la fraction proposée pouvant être décomposé en facteurs premiers et mis sous la forme $m^\alpha n^\beta p^\gamma\ldots$, chaque paire de ces diviseurs peut être prise pour les quantités f et g, pourvu qu'ils soient premiers l'un par rapport à l'autre. Si alors on résout l'équation $a = fx + gy$ en nombres entiers, on a les valeurs des fractions composantes $\frac{x}{gh} + \frac{y}{fh}$, dans lesquelles h est le produit du reste des facteurs du dénominateur après qu'on a retiré f et g.

489. *Exemple.* — La lunaison moyenne $= 29^j \ 12^h \ 44' \ 3''$ $= 2551443''$, par suite le rapport de la lunaison à 12 heures, est $\dfrac{850481}{14300}$ dont le numérateur est premier.

D'après la méthode ci-dessus, cette fraction peut se résoudre en deux, savoir :

$$\frac{850481}{14400} = \frac{40 \times 50}{6 \times 6} + \frac{71 \times 79}{50 \times 32}.$$

Si ces fractions sont employées pour les rouages μ et ν, les axes Aa, Bb feront leur révolution dans le rapport voulu.

Pour $\dfrac{a}{p} = \dfrac{1}{2}(\mu + \nu) = \dfrac{1}{2}\left(\dfrac{80 \times 50}{6 \times 6} + \dfrac{71 \times 79}{25 \times 32}\right) = \dfrac{1}{2}\left(\dfrac{DE}{de} + \dfrac{LK}{lk}\right)$,

on aura les rapports ci-dessus, et les périodes seront inverses des rotations. Ainsi la période de 12 heures étant donnée par une horloge à l'axe Bb, la période de Aa sera exactement celle d'une lunaison. Le mécanisme sera représenté par le tableau suivant.

AXES.	ROUAGES.	PÉRIODES.
Premier axe........	79—80...................................	lunaison.
Cheville supérieure.	.. 6—50	
Canon supérieur....	.... 6—Roue à couronne　　F	
Cheville inférieure..	32—71	
Canon inférieur....	....25————Roue à couronne H	
Axe porte-rouage...	————————Roue épicyclique　　G	12 heures.

Si la fraction primitive se résolvait en une différence au lieu d'une somme, comme dans l'exemple précédent $\dfrac{271}{216} = \dfrac{35}{24} - \dfrac{11}{54}$, elle pourrait de même être obtenue par le même mécanisme, en donnant aux rouages μ et à ν des signes différents, en faisant que les roues extrèmes tournent en sens différents.

490. *Deuxième exemple.* — Le temps moyen est au temps sidéral comme 8424 : 8401.

Or,
$$\frac{8401}{8424} = \frac{31 \times 271}{39 \times 216} = \frac{31}{39} \times \left\{\frac{19}{24} + \frac{25}{54}\right\}$$
$$\frac{a}{p} = \frac{1}{2}(\mu + \nu) = \frac{19}{24} + \frac{25}{54} \text{ ou } \mu = \frac{19}{12} \text{ et } \nu = \frac{25}{27},$$

donnent le rouage voulu, qui diffère de celui représenté figure 483 en ce que les roues E et K doivent être fixées sur ·un même axe qui porte une roue de 39 dents engrenant avec une roue de 31 fixée sur Aa, comme on le voit sur le tableau suivant :

AXES.	ROUAGES.	PÉRIODES.
Premier axe........	31.	temps sidéral.
Second axe........	39—19—25	
Canon supérieur...	┃　27 Roue à couronne　　F	
Canon inférieur....	....12——Roue à couronne H	
Axe porte-rouage...	————————Roue épicyclique　　G	temps solaire.

491. *Second cas.* — On suppose dans ce cas que le numérateur et le dénominateur sont tous deux premiers.

Formons deux fractions $\frac{a}{A}$ et $\frac{a_1}{A}$, a, a_1 étant le numérateur et le dénominateur de la fraction proposée et A une quantité arbitraire commodément décomposable en facteurs, et obtenons pour chacune de ces fractions des sommes ou des différences de deux fractions qui leur soient égales, comme nous avons fait ci-dessus.

Soit un axe Aa, comme figure 483, réuni à un autre Bb par des roues dentées et un système épicycloïdal comme celui représenté sur la figure, et soit en outre un autre axe Cc disposé pour porter un système semblable. Les rotations simultanées des axes Aa, Bb, Cc seront A et a, a_1; μ, ν seront les raisons des trains réunissant Aa avec Bb, et μ_1, ν_1 celles des trains réunissant Aa avec Cc.

On aura donc : $\frac{a}{A} = \frac{\mu + \nu}{2}$ et $\frac{a_1}{A} = \frac{\mu_1 + \nu_1}{2}$ et $\frac{a}{a_1} = \frac{\mu + \nu}{\mu_1 + \nu_1}$ pour rapport des rotations simultanées de Bb et Cc.

Supposons, par exemple, qu'il s'agisse de faire faire à un axe 17321 tours quand un autre en fait 11743; les deux nombres étant premiers, la fraction $\frac{17321}{11743}$ est irréductible et indécomposable en facteurs premiers.

Prenons un diviseur $5040 = 7 \times 8 \times 9 \times 10$, et formons deux rouages dont les vitesses soient représentées par $\frac{17321}{5040}$ et $\frac{11743}{5040}$.

Pour la première, on obtient par la méthode précédente:

$$\frac{17321}{4040} = \frac{1489}{630} + \frac{783}{720} = \frac{148}{63} + \frac{87}{80},$$

d'où les rouages $\frac{296}{63}$ et $\frac{87}{40}$.

Pour le second rouage, on aura de même :

$$\frac{11743}{5040} = \frac{830}{633} + \frac{729}{720} = \frac{83}{63} + \frac{81}{80},$$

d'où les rouages $\frac{166}{63}$ et $\frac{81}{40}$. Le problème sera complétement résolu par le mécanisme indiqué dans le tableau ci-après :

AXES	NOMBRE DE DENTS DES ROUES MONTÉES SUR CHAQUE AXE.	ROTATIONS SIMULTANÉES
Axe A a	87 — 74 — 9 — 6.....................	5,040
	9 — 83	
	21 Roue..... F	
	8 — 36	
	20 ——— Roue..... H	
Axe B b	——— Roue épicycloïdale. G	11,743
	6 — 24	
	63 ——— Roue..........	
	40 ————— Roue.......... h f	
Axe C c	————— Roue épicycloïdale. g	17,321

ADDITION OU SOUSTRACTION DE VITESSES.

492. Les systèmes que nous allons passer en revue utilisent directement la propriété remarquable des systèmes différentiels de permettre d'ajouter ou de retrancher les vitesses.

Nous prendrons d'abord le cas le plus simple, l'addition de deux vitesses égales et nous en donnerons pour exemple la disposition employée dans le banc à broches à mouvement différentiel.

493. *Transmission à deux vitesses.* — Le mouvement est im-

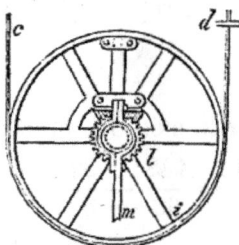
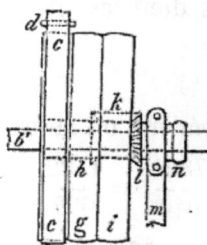

Fig. 484.   Fig. 485.

primé à un axe (fig. 484 et 485) par une courroie c passant sur une poulie montée librement sur l'arbre moteur; d guide de la courroie; g poulie fixée sur l'arbre; h roue d'angle fixée sur la douille de cette poulie; i poulie libre de même diamètre que les deux premières, servant à la double vitesse; k deuxième roue d'angle portée transversalement par la poulie i, engrenant avec la première h; l la troisième roue d'angle à douille de même nombre de dents que la première h, engrenant avec la seconde k, et montée librement sur l'arbre b' ; m frein pouvant être serré sur la douille de la roue d'angle l, et pouvant la rendre fixe.

Lorsque la courroie c passe de la poulie libre sur la poulie fixe g, elle transmet à cette dernière la vitesse qu'elle reçoit du tambour moteur ; mais lorsqu'elle commande la poulie i, l'arbre peut tourner avec une vitesse double.

En effet, le système devient alors tout à fait semblable à celui de la figure 481, pour lequel nous avons trouvé $n = 2a$, lorsque la roue l devient immobile. Si on fait abstraction de la roue l, et qu'on suppose pour un instant la poulie i assemblée sur l'arbre, les poulies g, i tourneront ensemble d'une même vitesse, et les deux roues d'engrenage tourneront avec elles sans agir. Mais lorsque, par l'action du frein, la roue l cesse de tourner avec l'axe, la vitesse de la circonférence de la poulie restant constante, la roue k tourne, et elle est ici la roue supportée par le levier dans le train épicycloïdal, dont la première roue l est fixe.

Si, au lieu d'être immobile, la roue l avait une vitesse angulaire v, la vitesse de l'arbre deviendrait $v \pm 2v'$ (v' étant la vitesse angulaire de l'arbre communiquée par la courroie), suivant que le mouvement initial de la roue l serait en sens contraire ou dans le même sens que celui imprimé par la courroie). C'est ce que donne la formule (2) : $n = a + (m - a)\varepsilon$, dans laquelle on fait $\varepsilon = -1$, d'où $n = -m + 2a$.

Il faut observer que, lorsque la double vitesse commence, le frein doit laisser glisser un peu la roue l, lorsque l'effort est trop grand, dans le but d'éviter le changement instantané de vitesses et les ruptures qui pourraient en résulter.

494. *Second exemple.* — *Compteurs.* — On emploie avec succès des rouages épicycloïdaux pour produire un mouvement très-lent d'un axe terminal, utilisé dans les compteurs.

Reportons-nous à la formule (5) donnée plus haut $\dfrac{a}{p} = \dfrac{\mu\varepsilon - \nu}{\varepsilon - 1}$, dans laquelle tous les termes sont considérés comme positifs ; elle devient si ε est négatif, et μ et ν de signes différents : $\dfrac{a}{p} = \dfrac{\mu\varepsilon - \nu}{\varepsilon + 1}$, dans laquelle, en choisissant convenablement les systèmes de roues, a peut être très-petit par rapport à p, et par suite le rayon tourner très-lentement.

Si on suppose l'arrangement de la figure 482 :

$$\frac{a}{p} = \frac{aceg - hbdf}{bg(ce + df)};$$

dans cette expression, les deux termes du numérateur, n'ayant pas de commun diviseur, peuvent être pris différents d'une unité seulement, ce qui produit un rapport excessivement petit.

Par exemple, posons a, c, e, g égaux chacun à 83, $b = 106$, $d = 84$, $f = 65$, $h = 82$, on a :

$$\frac{a}{p} = \frac{83^4 - 82 \times 106 \times 84 \times 65}{106 \times 83 (83^2 + 84 \times 65)} = \frac{1}{108646502}.$$

Si dans cette machine on supprime les roues h et e, en faisant agir a sur b et g, et d sur f et c, on a :

$$\frac{a}{p} = \frac{a}{bg} \times \frac{cg - bf}{c \times f} = \frac{20}{100 \times 99} \times \frac{101 \times 99 - 100^2}{131 + 100} = \frac{1}{99495}.$$

495. Si, au contraire, on veut faire tourner l'axe moteur, dont les révolutions sont égales à p, lentement par rapport au rayon, alors le numérateur de la fraction $\dfrac{a}{p}$ doit être une somme et le dénominateur une différence voisine de l'unité, c'est-à-dire que ε doit être positif dans l'expression

$$\frac{a}{p} = \frac{\mu\varepsilon - \nu}{\varepsilon - 1}$$

et très-voisin de l'unité, μ et ν avoir des signes différents.

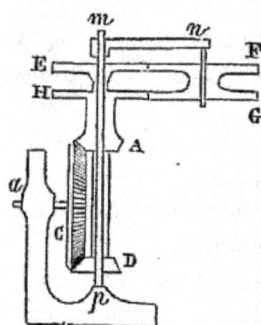

Fig. 486.

La figure 486 représente une combinaison qui répond à cette disposition. mp est un axe fixe autour duquel tourne un long tube dont l'extrémité inférieure porte la roue D et l'extrémité supérieure la roue E. Un tube plus court tourne en outre autour du premier, et porte à ses extrémités les roues A et H. La roue C engrène a la fois avec les roues D et A, et le levier mn, qui tourne librement autour de mp, porte sur un axe n les roues réunies F et G. Dans le train épicycloïdal, composé des roues E, F, G et H, ε est évidemment positif, les roues extrêmes E, H tournant dans la même direction, H étant la première roue du train épicycloïdal, et on a : $\varepsilon = \dfrac{\text{HF}}{\text{GE}}$.

D'ailleurs, $\mu = \dfrac{C}{A}$ et $\nu = \dfrac{C}{D}$, et ont des signes différents, puisque A et D tournent dans des sens différents, donc :

$$\frac{a}{p} = \frac{\dfrac{A}{C} \cdot \dfrac{HF}{GE} + \dfrac{C}{D}}{\dfrac{HF}{GE} - 1}.$$

Si, par exemple, $A = 10$, $C = 100$, $D = 10$, $E = 61$, $F = 49$, $G = 41$, $H = 51$, on aura $\dfrac{a}{p} = 25000$, c'est-à-dire qu'il se produira 25000 rotations du levier mn pour un tour de la roue C.

496. Généralement la première roue du train épicycloïdal est fixe; dans ce cas, la formule qui convient est $\dfrac{n}{a} = 1 - \varepsilon$.

Si ε est positif et très-voisin de l'unité, cette valeur sera très-petite et n petit par rapport à a, c'est-à-dire que le mouvement de la dernière roue du train est lent par rapport à celui du levier.

Des formes simples des trains épicycloïdaux des figures 424, et 425, la dernière n'est pas propre à réaliser ce système, parce que ε est négatif, mais la disposition de la figure 424 peut être employée; A étant fixe et $\dfrac{n}{a} = 1 - \dfrac{AE}{bD}$; pour avoir le plus petit mouvement possible, il faut poser :

$$AE - bD = \pm 1.$$

Soit $\varepsilon = \dfrac{101 \times 90}{100 \times 100}$, on aura $\dfrac{n}{a} = \dfrac{1}{10000}$; mais d'aussi grands nombres de dents ne sont pas convenables pour les roues entraînées par le rayon porte-roues.

Soit $\varepsilon = \dfrac{111 \times 9}{100 \times 10}$, $\dfrac{n}{a} = \dfrac{1}{1000}$, ou $\varepsilon = \dfrac{31 \times 129}{32 \times 125}$, $\dfrac{n}{a} = \dfrac{1}{4000}$.

Ces combinaisons sont quelquefois employées dans des compteurs comme avec celle indiquée article 197. Les roues A et D (fig. 424) étant à très-peu près de même contour, les pignons b et E entraînés par le rayon peuvent avoir un même nombre de dents, ou, en d'autres termes, un pignon épais être substitué à celles-ci et engrener avec la roue fixe A et la roue D qui se meut lentement.

Soit M, M — 1 et K les nombres de dents de D, A et du pignon épais respectivement; alors

$$\frac{a}{n} = 1 - \frac{K(M-1)}{KM} = \frac{1}{M},$$

M étant le nombre de dents de la roue qui se meut lentement.

MACHINES A ÉQUATIONS.

497. Les systèmes différentiels, en fournissant le moyen d'additionner des rapports de vitesse entre des axes différents, comme les systèmes de roues d'obtenir des puissances de ces rapports, ont permis à M. E. Stamm de formuler nettement la solution théorique du problème de la machine à équations dans toute sa généralité.

Déjà, en traitant des machines à calculer (art. 402), j'ai indiqué comment les machines inventées depuis Pascal n'avaient utilisé que la fonction somme et la fonction produit; qu'il restait à tirer parti de la fonction puissance, de la forme x^m, que des réunions de roues et de pignons permettaient d'obtenir au moyen de rouages ordinaires en nombre indéfini.

De là résulte la démonstration de la possibilité théorique de construire une machine susceptible d'effectuer le calcul d'une équation algébrique à une seule variable, ce qui permet d'arriver à des résultats d'un très-grand intérêt.

C'est ce qu'a su faire, dans une recherche qui exigeait une grande puissance d'investigation, M. Stamm, qui a publié, dès 1863, ses recherches trop peu connues dans une très-intéressante brochure intitulée : *Essais sur l'automatique pure*, à laquelle nous emprunterons l'exposition de la théorie générale qu'il a établie, et dont nous tirerons des conséquences précieuses au point de vue de la question des courbes qui peuvent être tracées avec la règle et le compas.

498. Avant tout, il faut bien définir les deux problèmes :

Construire une machine à équations, c'est obtenir, à l'aide d'une combinaison de roues dentées et de crémaillères, ou plus généralement de cercles et de droites, une machine qui fournisse les valeurs d'une variable, lorsqu'on donne aux autres variables des valeurs quelconques; ce qui correspond, pour le cas des deux variables, au tracé de tous les points des courbes représentées par les équations au moyen de semblables mouvements, c'est-à-dire qu'il est possible d'obtenir à l'aide du cercle et de la règle, *sans directrice, sans rosette spéciale* pour la courbe à tracer. On voit clairement la liaison intime des deux questions.

Soit, par exemple, l'équation $y = ax$: faisons enrouler sur le cylindre dont les rotations mesurent les valeurs croissantes de x, un ruban qui tire un cadre convenablement guidé; ce mouvement représentera les abscisses. Pour avoir les ordonnées, il suffit d'imaginer un autre ruban qui s'enroule sur le cylindre, qui marque les valeurs de y, de faire porter un crayon par ce ruban assujetti à se mouvoir perpendiculairement à la direction des x.

Ce rapprochement montre que la question des machines à équation et celle du tracé des courbes, sont deux questions qui ont non-seulement un grand nombre de points communs, mais qui se confondent en réalité.

Il est curieux de voir les deux problèmes les plus délicats que l'on puisse se poser aujourd'hui en cinématique, n'en former en réalité qu'un seul.

499. *Addition et soustraction.* — C'est au moyen du système différentiel décrit art. 482, que peuvent être effectuées ces opérations. Décrivons le système qui sera continuellement employé dans ce qui suit.

Soit une roue B montée librement sur un axe A (fig. 487), et

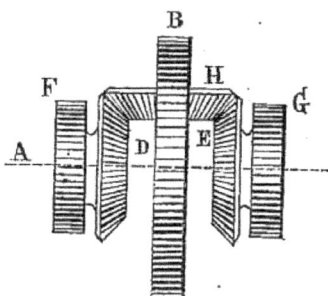

Fig. 487.

sur l'un des rayons de cette roue, pris comme axe, une roue d'angle H engrenant avec deux roues l'angle D, E, disposées

sur le même axe A. Le chemin angulaire de la roue B pour
$\varepsilon = -1$ dans la formule (5, art. 484), est la moyenne des
chemins des roues D, E, c'est-à-dire qu'il est égal à la demi-
somme des chemins angulaires des roues D, E. Si les rayons des
pignons F, G, qui sont respectivement solidaires des roues D,
E, lesquels reçoivent le mouvement d'organes extérieurs, sont
égaux et moitié plus petits que le rayon de la roue B, les chemins parcourus par la circonférence de la roue B seront exactement égaux à la somme algébrique des chemins circonféren-
ciels des roues F, G.

Soient $f(t)$ le mouvement linéaire transmis à la roue F, et
$\varphi(t)$ le mouvement linéaire transmis à la roue G dans le même
temps t, on a, en représentant par $F(t)$, le mouvement linéaire
de la roue B :

$$f(t) + \varphi(t) = F(t),$$

et par conséquent, entre les accroissements élémentaires, en
prenant les dérivées :

$$d \cdot f(t) + d\varphi(t) = df(t),$$

ou entre les vitesses :

$$\frac{df(t)}{dt} + \frac{d\varphi(t)}{dt} = \frac{d \cdot F(t)}{dt}.$$

Voilà donc un système qui traduit l'équation

$$a + b = q,$$

c'est-à-dire que deux de ces quantités étant données, la troisième s'en déduit ; et des compteurs étant attachés aux trois
roues, si on fait tourner deux roues
de manière que leurs compteurs
marquent les valeurs assignées à
deux termes de l'équation, le troisième indiquera le nombre qui satisfait à l'équation ci-dessus, et cela
dans des conditions excellentes,
puisque les trois nombres apparaî-
tront en même temps.

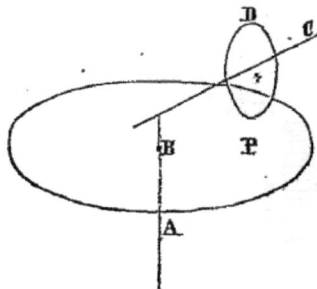

Fig. 488.

500. *Des générations et des générateurs.* — Pour imprimer à volonté à un axe toute vitesse com-
prise entre deux limites données, on emploie souvent, soit un
cône, soit un plateau P, qui est fixé sur un axe A (fig. 488), et

une roulette D fixée sur un axe C parallèle au plateau P, et passant par le prolongement de l'axe A. Cette roulette est pressée sur le plateau, et elle est susceptible de se déplacer le long de son axe, tout en restant solidaire avec lui quant à la rotation. Cet appareil est représenté simplement par des lignes d'axes, comme fig. 489.

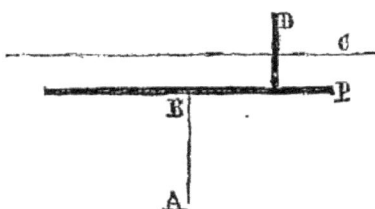

Fig. 489.

M. Stamm appelle cet appareil *générateur*, quand le plateau commande la rotation, et *générateur inverse* quand c'est la roulette qui commande. Il nomme *génération*, l'opération qu'effectue le générateur.

501. *De l'intégration automatique.* — L'intégration automatique s'obtient à l'aide d'un générateur, équivalent à l'appareil qui sert à exécuter des quadratures dans le PLANIMÈTRE, à calculer la fonction que représente une quadrature $\int \varphi\, dx$.

Soit (fig. 490) un générateur. Le mouvement transmis à la

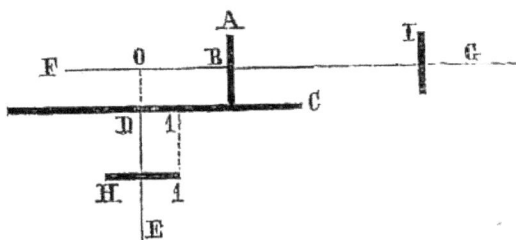

Fig. 490.

roue H, dont le rayon est 1, est représenté par t, la vitesse angulaire pouvant toujours être considérée comme constante et égale à l'unité. Pendant un temps élémentaire dt, le mouvement y transmis par la roue I fixée sur l'axe F G est représenté par $r\, dt$, r étant la distance de la roulette au centre du plateau.

Supposons que par l'action du plateau, soit au moyen d'une courbe directrice, soit par toute autre combinaison, la roulette se déplace suivant une loi $f(t) = r$, on aura, pour le mouvement élémentaire transmis par la roue I :

$$f'(t)\, dt = dy,$$

et par conséquent, pour le mouvement tout entier :

$$y = \int f(t)\, dt.$$

Le mouvement représenté par r est la dérivée du mouvement fourni par la roue I. Toutes les parties de l'appareil étant liées ensemble, on peut le commander aussi bien par la roue I que par la roue H.

Nous renverrons à l'ouvrage de M. Stamm pour la description de la disposition qui permet d'effectuer la différentiation automatiquement, l'opération inverse de la précédente.

502. *Génération des mouvements représentés par les diverses fonctions.* — On a supposé ci-dessus l'emploi d'une directrice quelconque; or nous ne disposons pas de tout genre de courbes pour le problème que nous nous sommes posé, mais seulement de la droite, du cercle et du plan. Nous allons montrer que ces éléments suffisent pour représenter les diverses fonctions de x algébriques et même transcendantes, et par suite d'obtenir en général $y = f(x)$.

1° *Génération des mouvements représentés par t^m.* — En gé-

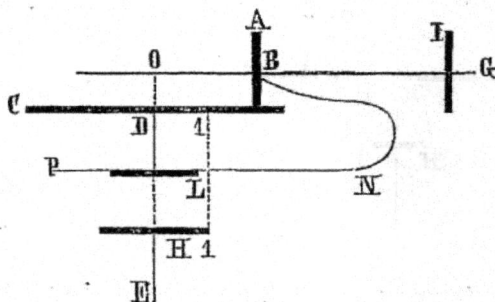

Fig. 491.

néral pour engendrer $f(x)\, dz$, on établit un générateur, on imprime au plateau le mouvement z, représenté par le mouvement du cercle de rayon 1, et on donne à la roulette, à partir du centre, un mouvement de translation représenté par $f(x)$.

Soit (fig. 494) un générateur Q dont la roue H, de rayon 1, reçoit un mouvement t. Soit encore une roue L sur l'axe E du plateau; cette roue commande une crémaillère PN, qui se recourbe autour du plateau pour saisir la roulette A par son centre, la déplacer par l'axe FG, et faire varier r par conséquent.

Supposons que quand $t = 0$, la roulette soit sur le centre du plateau au point O, a étant le rayon de la roue L, comme OB ou r sera toujours égal à at, le mouvement élémentaire transmis à la roue I sera $atdt$, et par conséquent son chemin représenté par

$$\int atdt = \frac{1}{2} at^2.$$

Si un second générateur Q' non figuré, identique au précédent, sauf qu'il ne possède pas de crémaillère mue par une roue L', a son axe E' également animé du mouvement t, et si sa roulette A' placée également au centre du plateau au début du mouvement, est déplacée par l'action d'une crémaillère mue par la rotation de la roue I du générateur Q, de manière qu'on ait $r' = \frac{1}{2} at^2$, le mouvement d'une roue I' sera représenté par

$$\int \frac{1}{2} at^2 dt = \frac{1}{2.3} at^3.$$

En répétant la même opération sur un troisième générateur Q'', de manière qu'on ait $r'' = \frac{1}{2.3} at^3$, le mouvement de la roue I'' sera donné par

$$\int \frac{1}{2.2} at^3 dt = \frac{1}{2.3.4} at^4.$$

On peut continuer indéfiniment ces combinaisons. Pour la solidarité réciproque des générateurs, *on doit lier toutes les roues H, H', H''..., par une crémaillère ou toute autre transmission simple.*

Si au lieu de transmettre directement le mouvement de chaque roue I au centre de la roue I', on établit des transmissions, des intermédiaires-coefficients représentés par les rapports a', a'',

a'''..., on peut, en prenant des rapports convenables, réaliser, par les roues I successives, les puissances simples t^2, t^3... Ces valeurs doivent être $a = 2$, $a' = 3$, $a'' = 4$...

M. Stamm donne le nom de *généalogie* à une suite de générateurs ainsi liés.

On conclut de ce qui précède, que : *Étant donné généralement à engendrer un mouvement représenté par* A t^n, *n étant entier et positif, on établit les dérivées successives :*

$$A\,tn,\ nA\,t^{n-1},\ n\,(n-1)\,A\,t^{n-2}...$$
$$[n\,(n-1)\,(n-2)...\,(n'\,n-1)]\,A.$$

On construit n — 1, générateurs dont chaque roulette est déplacée par une crémaillère mue par la roue finale du générateur précédent, et on donne à la roue L, *motrice de la crémaillère du premier générateur, un rayon*

$$a = n\,(n-1)\,(n-2)...\,[n-(n-1)]\,A.$$

2° *Génération des mouvements représentés par* $\sqrt[n]{x}$. — On vient de voir la génération de $y = A\,t^n$. Si sans rien changer au mécanisme de $y = A\,t^n$, on commande son mouvement par la roue finale I_{n-1}, cela revient à considérer t comme variable dépendante, et y comme variable indépendante. La roue H du premier générateur engendre alors le mouvement $t = \sqrt[n]{\dfrac{1}{A}}\,y$ parce que toutes les parties étant solidaires, le mouvement se transmet aux plateaux qui transmettent immédiatement les mouvements de déplacement voulus aux roulettes.

Ainsi étant donné à engendrer le mouvement

$$\sqrt[n]{y} = t.$$

on réalise d'abord une *généalogie directe* pour la génération de $y = t^n$; puis renversant la commande en commandant le mécanisme par sa roue finale avec le mouvement y, on obtient, par la première roue H, le mouvement t.

Employée ainsi, la généalogie devient inverse.

Étant réalisée une généalogie inverse qui permet d'engendrer $\sqrt[n]{y}$, si l'on commande sa dernière roue par une roue finale d'une généalogie directe qui donne le mouvement t^m, c'est-à-dire si l'on fait $y = t^m$, la première roue finale d'une généalogie inverse fournit le mouvement $t^{\frac{m}{n}}$.

En général donc, étant demandé un mouvement $AX^{\frac{m}{n}}$, *X étant une fonction quelconque, on réalise deux généalogies, l'une pour* X^m, *l'autre pouvant former* X^n, *on imprime le mouvement X à la première généalogie, et on commande la dernière roue de la deuxième généalogie par la roue finale de la première ; enfin on multiplie le mouvement obtenu dans la généalogie seconde ou inverse par* A, *à l'aide d'un intermédiaire-coefficient.*

503. *Génération d'un mouvement donné par un produit de deux fonctions.* — Soient u, v, deux fonctions représentant deux mouvements, il s'agit d'engendrer le mouvement uv.

On sait que

$$d \cdot uv = u\,dv + v\,du.$$

On réalise (fig. 492) deux générateurs Q et Q'.

A la roue H du premier Q, on imprime le mouvement représenté par u, et on transmet par crémaillère de la roue H le même mouvement au centre de la roulette A' du second Q', de manière qu'on ait $r' = u$.

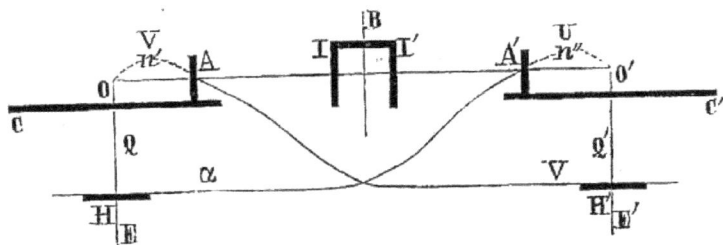

Fig. 492.

A la roue H' du second Q', on imprime le mouvement représenté par v, et on transmet le même mouvement, par crémaillère, de la roue H', au centre de la roulette A du premier Q, de manière qu'on ait $r = v$.

La roulette A aura un mouvement rotatoire élémentaire représenté par $v\,du$, et l'autre roulette A' aura un mouvement rotatoire élémentaire représenté par $u\,dv$.

Faisons des roues I et I' les roues de côté d'un train épicycloïdal additionneur, — la roue B du milieu étant toujours double des roues de côté I, I', et les roues A, I, A', I', étant égales, le mouvement circonférentiel élémentaire de la roue B sera représenté par $v\,du + u\,dv = d \cdot uv$, et par conséquent son mouvement sera uv.

Ce mécanisme s'accorde bien avec le générateur du mouvement $y = t^2$; car si l'on fait $t^2 = vu$ et $v = u$, on remarque que chaque roulette peut être aussi bien déplacée par la roue de son propre plateau (les roues H, H', étant toujours du rayon 1),

et que chaque roulette réalise par conséquent $\frac{1}{2} t^2$, ce qui fait

bien, par l'addition de leurs mouvements, le mouvement $t^2 = y$, fourni par la roue B.

S'il s'agit d'un mouvement donné par le produit de trois fonctions uvz; on sait qu'on a :

$$duvz = uvdz + uzdv + vzdu.$$

On commence par réaliser séparément les mouvements uv, uz, vz; on prend ensuite trois générateurs, aux plateaux desquels on donne les mouvements z, v, u, et à leurs roulettes on transmet les mouvements de translation uv, uz, vz; enfin on additionne deux des trois mouvements ainsi obtenus $uv . dz$, $uz . dv, vz . du$, à l'aide d'un train épicycloïdal, et par un autre train pareil, on ajoute le mouvement total obtenu au troisième mouvement. La roue finale est dès lors animée du mouvement élémentaire $d . uvz$, et par conséquent du mouvement uvz.

On peut procéder ainsi, pour un mouvement donné par un produit d'un nombre quelconque n de fonctions, et vérifier toujours la justesse des mécanismes par la supposition de leur emploi pour la génération du mouvement t^n, en faisant $t^n = uvz...w$, et en égalant entre eux les facteurs pris en nombre n.

Observation. — Nous devons nous arrêter sur la génération d'un mouvement donné par un produit de deux fonctions, qui, sous la forme générale donnée par M. Stamm dans l'analyse de son ingénieuse disposition, pourrait prêter à une interprétation erronée.

En effet, si on concluait que les produits de la forme $xy = z$ pourraient ainsi être obtenus, on commettrait une erreur.

On doit en effet remarquer que, dans le système précédent, il faut que les roues u et v réagissent *simultanément* l'une sur l'autre, qu'elles doivent être mues en même temps par des roues dentées, ce qui revient à dire que u et v sont fonction d'une seule variable indépendante, et que par suite le système décrit revient à $F(y) = f(x) \varphi(x)$, et non à une relation $f(x, y)$

renfermant des termes en xy, où les deux variables seraient liées par une relation de produit.

504. *Génération d'un mouvement donné par un quotient* $\frac{1}{v}$. Po-sons $u = \frac{1}{v}$ ou $uv = 1$.

Si l'on fait d'abord, dans le système précédent, $u = 1$ et $v = 1$, la roue totalisatrice B prend une position que l'on rend fixe. La roue B ne bougeant plus, il est clair qu'en imprimant le mouvement v, par exemple, à l'un des plateaux, l'autre don-nera le mouvement $u = \frac{1}{v}$.

Il est intéressant de voir comment se passe cette opération automatique. Le mouvement circonférentiel de la roulette A est égal à celui de la roulette A′ (la roue B ne bougeant pas), qui est mue par le plateau C′, dont le mouvement est v ; le mou-vement rectiligne r du centre de la roulette A étant égal au mouvement v du plateau moteur ; le mouvement r' de la rou-lette A′ est égal au mouvement à réaliser.

Ainsi le mouvement rectiligne et le mouvement rotatoire élé-mentaire des roulettes qui déterminent le mouvement élémen-taire du dépendent l'un du mouvement v du plateau moteur, l'autre du *mouvement à engendrer* en même temps que du mou-vement du plateau moteur.

505. *Génération de* t^{-m}. — Ce qui précède donne le moyen de réaliser $y = t^{-m}$, car $t^{-m} = \frac{1}{t^m}$.

Or on sait engendrer t^m, et on en déduira $\frac{1}{t^m}$ au moyen de l'appareil de la figure 492. On sait donc également obtenir

$$y = A t^{-\frac{m}{n}} = \frac{A}{\sqrt[n]{t^m}}.$$

506. *Représentation des équations algébriques.* On peut donc considérer comme résolu le problème d'engendrer, par une seule opération, un polynome à une variable, de la forme

$$A x^m + B x^{m-1} + C x^{m-2} \ldots + Q x + K = y.$$

On peut aller au delà, et chercher la représentation de fonc-tions non algébriques.

507. *Génération des fonctions exponentielles et logarithmiques.*
— Ces générations ont ceci de particulier que les dérivées sont
fonction du mouvement à engendrer, ou, pour être plus clair,
que la vitesse du mouvement à réaliser est fonction du chemin
parcouru par ce mouvement.

Nous avons déjà montré une génération de cette espèce pour
$u = \dfrac{1}{v}$.

Soit C (fig. 493) un plateau tournant par l'action d'un moteur
en raison des valeurs d'une variable indépendante x agissant
sur une roue H, de rayon 1, montée sur l'axe E du plateau.
La figure représente les deux roues en élévation et un plan de
l'appareil.

Soient F G un axe parallèle au plateau et passant par le prolongement géométrique de l'axe E ; A une roulette susceptible
de se déplacer sur l'axe F G et mue par le plateau (cette roulette et son axe sont solidaires, quant à la rotation); L, K, une
paire de roues d'angles égales entre elles, et commandant la
rotation d'une roue M par la rotation de l'axe F G ; N P une

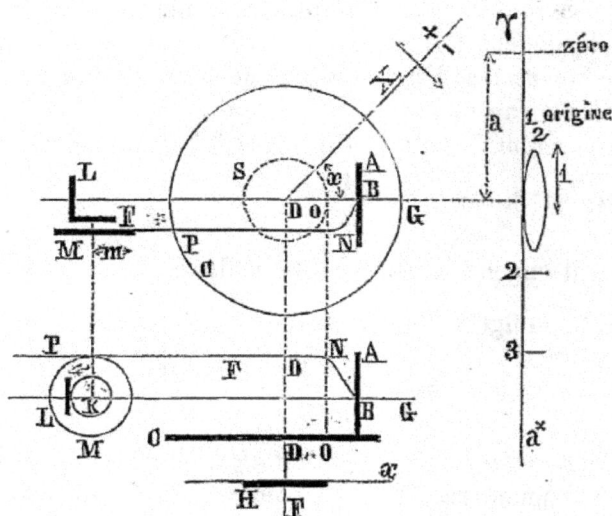

Fig. 493.

crémaillière qui déplace la roulette par l'action de la roue M,
dont le rayon sera désigné par m.

Soit X un rayon tracé sur le plateau, et qui, à l'origine du

mouvement de ce dernier, se trouve parallèle à l'axe FG. Sur·
le centre D, traçons un cercle S de même rayon 1 que celui de
la roue H. Les chemins x de la roue H pourront se compter sur
ce cercle dans l'angle du rayon X et à partir de sa position
originelle DG. Sur le prolongement de l'axe FG, construisons
une roue I, identique à la roulette et invariable de position,
qui transmettra le mouvement rotatoire de la roulette à une
crémaillère y, située derrière elle sur la figure. Sur cette crémaillère, portons une série indéfinie de divisions correspondantes aux nombres 0, 1, 2, 3... Cette crémaillère figurera un
compteur; nous ne la substituerons à un compteur ordinaire
que pour la clarté des explications.

Supposons-maintenant la roulette sur le plateau, dans une
position telle que BD ou $r = m$, et en même temps la crémaillère y dans la position où la division 1 est exactement derrière
l'axe FG, et représentée sur la figure par l'intersection de la
ligne y avec le prolongement de l'axe FG.

Faisons tourner le plateau dans le sens des x positifs indiqué
plus haut sur le rayon X; la variable indépendante x (qui peut
être le *temps* si l'on veut), est indiquée, comme nous l'avons
déjà dit, par l'arc parcouru sur le cercle fictif S, supposé immobile.

Soit $f(x)$ le mouvement imprimé à la crémaillère y, ce mouvement est positif et à lieu de bas en haut. Faisons $m = 1$.

Il est évident que chaque mouvement élémentaire de $y = f(x)$
se traduit, au moyen de la roue M, par un déplacement élémentaire égal à la roulette A; en conséquence, le rayon DB
ou r est toujours égal à $f(x)$.

Donc on a ici

$$d.f(x) = f(x)\,dx, \qquad (1)$$

et pour une valeur quelconque de m, on aurait eu

$$d.f(x) = m f(x)\,dx. \qquad (2)$$

Qu'est-ce que l'expression (2), dont la dérivée est égale à la
fonction elle-même? C'est celle-ci :

$$de^x = e^x\,dx.$$

Le mécanisme engendre $e^x = y$ à l'aide du moteur développant la variable indépendante x, et avec une vitesse toujours·
égale à e^x.

Quand $x = 1$, la crémaillère fournit la valeur de e, qui est 2,718,281... base des logarithmes népériens.

Quand $x = 0$; $y = 1$ par convention et la roulette est sur le cercle S.

Considérons la génération de l'expression (2).

Quand $f(x)$ ou $y = 1$, ce qui correspond à $x = 0$, on a :

$$\frac{df(x)}{dx} = m = r.$$

Quand $x = 1$, $f(x)$ ou y égale une certaine valeur a, qui est la base du système exponentiel par lequel on peut représenter l'expression (2), c'est-à-dire qu'on a :

$$d . a^x = m a^x dx.$$

On sait, par le calcul, que :

$$m = \frac{\text{Log } a}{\text{Log } e} = \text{L} a.$$

(L a est le logarithme népérien de a.)

Il est évident que les rotations du plateau, comptées sur le cercle S, sont les logarithmes des valeurs y, et que l'on peut automatiquement, par l'appareil, obtenir le logarithme d'une grandeur donnée ou la grandeur dont on donne le logarithme; on peut donc se servir de cet appareil pour trouver m.

Étant donnée généralement une exponentielle $y = a^x$, on la réalise automatiquement par la figure 493, en donnant à la roue M un rayon

$$m = \frac{\text{Log } a}{\text{Log } e} = \text{L} a,$$

et en plaçant la roulette à une position telle que pour $x = 0$ ou $y = 1$, BD ou r soit égal à m.

Quand on commande le mouvement de l'appareil par y, c'est-à-dire qu'on change la variable indépendante, le plateau engendre les logarithmes.

Si l'on veut engendrer le mouvement représenté par une fonction donnée quelconque $y = N a^x$, on peut engendrer a^x et donner à la roue I un rayon N fois plus grand que celui de la roulette.

Il est facile de suivre les phases de la génération de $y = a^x$ sur l'appareil automatique qui vient d'être décrit.

On voit aisément que lorsque x passe de 0 à $-\infty$, y va de 1 à zéro, et lorsque x de 0 à $+\infty$, y va de 1 à $+\infty$.

508. *Génération des fonctions trigonométriques.* — Nous avons déjà donné en détail tout ce qui a trait au mouvement sinusoïdal obtenu en partant du mouvement circulaire. Nous savons (art. 286) qu'en partant du mouvement de la bielle ou d'un excentrique, nous obtenons la génération du sin. x (et par suite de cos. x en prenant une origine convenable), et par suite nous savons que sa valeur pourra être représentée par le mouvement d'une crémaillère, en garnissant de dents l'extrémité de la tige, résultat semblable à celui obtenu pour les fonctions exponentielles et logarithmiques et qui résout complétement le problème. Il est inutile d'observer qu'une crémaillère peut être mise, à volonté, en rapport avec une roue épicycloïdale ou une roue à coefficients, et par suite donner naissance à des systèmes semblables à ceux décrits précédemment, aussi bien qu'une roue dentée de petit rayon, bien qu'elle constitue une roue de rayon infini. On peut donc établir des généalogies de ces genres de valeurs, à l'aide d'intégrations et de différentiations, comme on l'a fait pour les fonctions algébriques, et notamment obtenir les diverses puissances de ces lignes, et par suite théoriquement aussi des lignes trigonométriques diverses, puisqu'on sait multiplier et diviser des mouvements imprimés à des roues et pignons.

509. *Considérations sur les appareils construits d'après les principes qui viennent d'être exposés.* — D'après les citations qui viennent d'être faites, on voit clairement comment on peut construire des appareils propres à réaliser des équations, au moyen de systèmes qui offrent la propriété de permettre à chaque organe un mouvement de roulement indéfini, de pouvoir par suite servir à reproduire simultanément des quantités indéfiniment croissantes ou décroissantes, propriété capitale sans laquelle une machine de semblable nature est radicalement inutile, pratiquement et théoriquement; toutefois la continuité indéfinie du mouvement n'est possible que pour la rotation des axes; mais pour le mouvement transversal, celui suivant les diamètres du plateau, il n'en saurait être de même. En partant du centre, on ne peut faire parcourir au plateau qu'une longueur égale à celle du rayon, longueur que l'on peut rendre très-grande relativement à celle de la roue qui agit sur

la crémaillère et par suite le plus souvent est suffisante, mais nécessairement limitée. Pour ce qui est de la marche de la roulette
vers le centre, quand elle arrive à ce point le mouvement est nul,
et quand ce point est dépassé, le mouvement du plateau changeant de sens, commandé par la roulette dont le sens ne change
pas, la continuation du mouvement moteur devient impossible.

Il est aisé de voir que cet effet est dû à une particularisation
faite en plaçant la crémaillère d'un côté plutôt que de l'autre
de la roue, donnant par suite un mouvement plutôt pour éloigner du centre que pour rapprocher.

Je renverrai à la brochure de M. Stamm pour l'analyse de
cette disposition, qui permet, par un changement de crémaillère, de continuer le mouvement dans le même sens après le
passage du centre. Je citerai seulement ici sa curieuse observation que les cas où le mouvement est impossible, répondant à
l'état *imaginaire*, dont la valeur ne saurait être représentée par
un mouvement soit positif ou négatif; les deux mouvements
indiqués par l'équation étant incompatibles, l'appareil refuse
de les donner simultanément, refuse de fonctionner.

Je m'arrêterai seulement aux conséquences tirées par M. Stamm
de ce qui précède, afin de discuter une généralisation qu'il formule, comme nous allons le dire, et qui me paraît exagérée,
enfin pour appliquer au tracé des courbes les résultats théoriques auxquels il est parvenu.

510. *Réflexions sur les machines à équations.* — On a souvent
tenté de réaliser des machines à équations, mais la direction
dans laquelle on cherchait la solution ne pouvait conduire au
résultat désiré. Si Vaucanson était entré dans la direction que
nous avons prise, dit M. Stamm, il aurait sans doute résolu ce
curieux problème, car, d'après ce qui précède, une machine
à équations ne semble pas une tentative impossible : les roulettes peuvent glisser, il est vrai, mais un habile emploi de certains moyens propres à multiplier l'adhésion de ces roulettes
(les moyens électro-magnétiques proposés par M. Nicklès, par
exemple) permettrait probablement de surmonter cet obstacle
d'une manière satisfaisante. Quoi qu'il en soit, parlons de la
question au point de vue géométrique.

Si l'on veut réaliser un appareil par lequel une équation
donnée pourra se résoudre par rapport à l'une quelconque de
ses lettres, et *reproduire aux yeux l'équation transformée*, dont

le premier membre représentera cette lettre seule et dégagée d'exposants, et le second les autres lettres combinées comme il convient pour représenter des opérations immédiatement exécutables par le calcul, si c'est là ce qu'on entend par une machine à équation, nous ne signalons aucune solution du problème, qui ne saurait être du ressort de la mécanique qui ne peut opérer que sur des nombres. Si l'on entend par une machine à équation un système analogue à la machine à calculer, la solution sera plus possible à nos yeux. On pourra, en effet, adapter des *compteurs* à chaque organe et, après avoir choisi dans l'équation deux variables, dont l'une sera l'*inconnue* et l'autre une lettre *connue*, convenablement prise pour inconnue, on pourra amener, par le mouvement, cette dernière à sa valeur donnée et reconnaître ensuite la valeur cherchée de l'autre variable ou inconnue réelle.

511. *Des équations automatiques.* — *Une équation automatique est un mécanisme composé de figures géométriques qui représentent par leur sections réciproques et leurs grandeurs simultanées, les opérations contenues dans une équation algébrique, et les valeurs simultanées des parties variables de cette équation.*

Toute équation (de deux variables, composée de termes simples de celles-ci, restrictions nécessaires à notre avis) est réalisable automatiquement à l'aide des moyens que nous avons décrits pour la génération des mouvements représentés par les fonctions fondamentales dont se composent toutes les équations.

Quoiqu'on puisse toujours, dans une équation, considérer une variable comme indépendante et l'autre comme dépendante, ou une variable comme motrice dans le mouvement qui la développe et l'autre comme mue, il vaut mieux ne plus considérer l'expression automatique sous ce seul aspect.

Nous faisons bien mouvoir le système de l'une des variables, mais suivant la nature de l'équation il faut quelquefois nous arrêter au bout d'un certain chemin, lorsque l'appareil touche à des rainures en opposition les unes avec les autres, refuse de marcher et indique *qu'il est à la limite où finit le réel et où commence l'imaginaire*, alors nous essayons de retourner en arrière, de changer les signes de certaines dérivées partielles en renversant des crémaillères, de commander le mouvement par l'autre variable dans un sens ou dans l'autre. On le voit, l'appareil ne doit plus être considéré dans le cas général comme un générateur complexe mû par un moteur de mouvement uniforme développant une variable, *mais comme conditionnement automatique de variables simultanées.* Nous entendons par *système automatique ou généalogique* d'une variable, l'ensemble des pièces ou généalogies directement commandées par cette variable, quand on la suppose *motrice indépendante* dans l'appareil ou équation automatique.

Les *généalogies partielles* ou composantes de chaque système automatique compliqué, prises chacune à part, représentent bien encore des fonctions automatiques, mais elles sont assujetties à des conditions telles, que leurs dérivées partielles n'ont plus aucun sens propre capable de faire connaître à l'avance le mouvement final. Pour en tirer des conséquences, quant à ce mouvement final, il faut examiner les réactions des diverses généalogies, les équations dérivées ou *dérivées générales* de l'équation algébrique donnée, et en conclure : 1° les évolutions diverses des variables et leurs instants ou points singuliers; 2° les signes des dérivées secondes générales ou partielles.

Quand les dérivées générales $\dfrac{dy}{dx}$ et $\dfrac{d^2y}{dx^2}$ donnent l'*infini momentané*, les dérivées partielles placent telles roulettes sur les centres de leurs plateaux et telles autres sur les rayons finis de ces plateaux, en sorte que ces rapports infinis ne comportent pas des systèmes automatiques de dimensions impossibles; dans le cas inverse où telles dérivées égalent zéro, les mêmes observations sont à faire. Il n'en est pas de même quand il s'agit des valeurs pouvant aller réellement à l'infini, comme chemin absolu. Les fonctions automatiques fondamentales que nous avons exposées, sont d'ailleurs toutes dans ce cas quand elles sont prises isolément. La génération de telles valeurs trouve ses limites dans les limites de l'action humaine quand on veut les réaliser, mais aussi celles-là ne sont jamais demandées directement dans les arts que pour une valeur finie de leur parcours.

Les mouvements généalogiques qui ont des points de rebroussement se signalent aussi, à ces points, par un refus de fonctionner; le rebroussement exige des changements brusques de rotation, de signes et de grandeurs dans leurs dérivées secondes.

512. *Toute équation est-elle réalisable automatiquement?* — L'affirmative est énoncée dans la brochure de l'auteur, mais c'est, je crois, une erreur.

Je m'occuperai d'abord, pour la détermination des limites *du problème*, des équations à deux variables, la solution étant complète pour celles à une variable, pour les polynomes de la forme générale $y = A x^n + B x^{n-1} \ldots + q$, pour les équations à une inconnue (si $y = 0$), en vue desquelles on a cherché à construire des machines à équation, afin d'obtenir mécaniquement leurs racines et en même temps la suite des valeurs de la fonction pour les diverses valeurs de x.

Lorsque nous avons étudié les organes servant à réaliser le produit $u v$ nous sommes arrivés à un système qui exige que u et v soient deux fonctions d'une seule variable indépendante x. S'il s'y trouvait une seconde variable y et des termes en xy, les valeurs de u et v ne seraient plus simultanées et le système mécanique décrit deviendrait insuffisant.

On comprend facilement que les réactions mutuelles de x et de y, dans la réalisation d'expressions où les variables sont combinées à la fois par addition et par multiplication, par une opération d'un ordre plus élevé que leur combinaison par addition seulement, cas pour lequel elle n'est, comme on l'a vu, possible qu'au moyen d'organes qui réagissent simultanément l'un sur l'autre, dépasse les limites de la puissance du genre d'organes mécaniques employés. Le système de roues circulaires et de droites devient en général insuffisant, ce qui est bien naturel, puisqu'il s'agit d'équations qui répondent à la généralité des courbes algébriques, qui certainement ne peuvent se tracer toutes avec la règle et le compas.

Là représentation des polynomes à une variable, à l'aide de systèmes pouvant agir directement et inversement, pouvant être réunis par un système faisant leur somme, conduit à la possibilité de la réalisation de deux systèmes distincts ainsi réunis, toute valeur $f(x)$ répondant à un premier système donnera, par une action inverse, par rétrogradation, la valeur de $F(y)$ d'un système réuni à celui-ci par un train différentiel faisant la somme des deux fonctions, d'où cette conséquence capitale : ·

Toute équation à 2 variables, où les termes en x et y se résolvent en deux polynomes à une seule variable, c'est-à-dire de la forme $$F(x) + f(y) = 0,$$

*peut être réalisée par un appareil qui ne comprend que des mou-
vements rectilignes et circulaires.*

513. Il faut remarquer que pour une valeur a de la variable
indépendante x, pour une valeur de $F(x)$, la fonction
$f(y) + F(a) = 0$ ne doit pas donner une seule valeur de y, ce
que l'appareil semble pouvoir faire seulement. Il devrait fournir toutes les racines réelles de cette dernière équation.

Il faut distinguer ici entre les résultats théoriques et les ré-
tats pratiques, qui, dans le cas actuel, ont moins de valeur
que les premiers. Un système exécuté avec la disposition des ses
roues, crémaillères, etc., ne peut donner en effet qu'une valeur
de y pour la fonction de $f(y)$. Mais cette disposition est elle-
même variable dans chaque partie de chaque système qui répond à une puissance de la variable. Ainsi une roulette placée
d'un côté de l'axe pourrait être placée de l'autre côté; une
crémaillère changer de sens, etc.

Autrement dit, le résultat théorique répond évidemment à
la succession de toutes les dispositions possibles et non pas
seulement à la position initiale du système qui est la cause du
résultat unique dans chaque cas; par suite il est parfaitement
certain, bien que la construction de l'appareil ne permette pas
d'obtenir commodément toutes ces dispositions dans la pratique, que la discussion montrerait qu'elles peuvent fournir
toutes les valeurs possibles. Nous arrivons encore ici à un résultat évident d'après ce qui précède; c'est que si les appareils
dont il s'agit ici, considérés dans leur plus grande généralité,
ne présentent pas la chance de réalisations pratiques facilement utilisables, leur analyse conduit à des conséquences théoriques qui offrent le plus grand intérêt.

Nous compléterons encore cette étude au point de vue théorique en parlant des équations à plus de deux variables, et
le ferons en peu de mots, car il s'agit ici de faits bien éloignés
de la pratique.

514. *Équations à plus de deux variables.* — Une équation à
plus de deux variables ne pouvant fournir, pour une valeur
d'une première variable indépendante, une valeur déterminée
des autres, il n'y a plus en réalité de machine à équation possible; on ne peut que combiner des espèces de compteurs
plus ou moins ingénieux pour faciliter l'étude de ces équations.

La détermination de variables indépendantes, sauf deux, permettra de calculer l'équation finale, si elle est de la forme $F(x) + f(y) = 0$, mais on n'aura ainsi qu'un résultat de peu d'importance, propre à donner la valeur de la dernière variable pour une de l'avant-dernière. Pour trois variables, on pourra ainsi étudier la section, par un plan, de la surface représentée par l'équation à trois variables, et cela pourra avoir lieu dans le cas où l'équation pourra se ramener à la forme

$$F(x) + f(y) + \varphi(z) = 0,$$

et on obtiendra toujours une valeur de la troisième variable pour des valeurs arbitraires des deux premières.

On voit qu'en réalité les machines à équation peuvent fournir la représentation complète d'une équation à une inconnue, et celle d'une famille d'équations à deux variables. C'est là la limite de leur puissance. Cela nous ramène à la liaison intime de la question de la construction de ces machines au moyen du plan, de la ligne droite et du cercle, et celle du tracé des courbes avec la règle et le compas. Or, l'étude précédente qui résout si complétement en théorie le premier problème, nous paraît résoudre encore mieux le second, et fournir une réponse intéressante à une question posée inutilement, et depuis longtemps, par les plus grands géomètres.

515. TRACÉ DES COURBES. — *Quelles sont les courbes qui peuvent être tracées à l'aide de la règle et du compas?*

Nous avons vu que la forme la plus générale de l'équation à deux variables qui puisse être automatisée avec des roues et des crémaillères, est celle où les termes en x peuvent se séparer de ceux en y, qui peut s'écrire sous la forme indiquée $F(x) + f(y) = 0$. Dans ce cas si un ruban enroulé autour de la roue des x, ou une crémaillère engrenant avec elle, fait mouvoir un tableau, les mouvements de celui-ci seront les abscisses de la courbe. Si un autre ruban enroulé autour de la roue des y se replie perpendiculairement au premier, et porte un traçoir, celui-ci donnera les ordonnées; la machine à équations deviendra une machine à tracer les courbes, en fournira un nombre infini de points, à mesure que l'on fera tourner la roue des x de 0 à $+\infty$ et de 0 à $-\infty$.

D'où l'on doit conclure : *que l'on peut tracer, à l'aide de roues et de lignes droites, c'est-à-dire de la règle et du compas,*

toute courbe dont l'équation pourra se mettre sous la forme
$F(x) + f(y) = 0$, *quelque élevé qu'en soit le degré,* ou en la
développant, par exemple, quelles que soient les valeurs de
m et n, qui se résoudra en une expression pouvant se diviser
en deux termes distincts en x et en y tels que :

$$(Ax^m + Bx^{m-1}.. + \cos. x + q) + (A'y^n + B'y^{n-1}+.. q') = 0,$$

ce qui comprend, on le voit, une immense quantité de courbes
de tous les degrés; résultat bien supérieur aux ressources
fournies par les moyens pratiques connus jusqu'ici.

Toutes les courbes que nous avons appris à tracer avec la
règle et le compas, ellipses, sinusoïdes, épicycloïdes, etc., ont
bien des équations de la forme ci-dessus indiquée, comme il
est facile de le vérifier.

IV. Mouvements alternatifs. Systèmes articulés.

516. 1° *Mouvements rectilignes et circulaires.* — *Bielle s'appuyant sur deux droites.* — Nous avons déjà eu l'occasion
d'établir que lorsque les directions des deux guides sont rectilignes, la courbe décrite par un point de la bielle est une
ellipse.

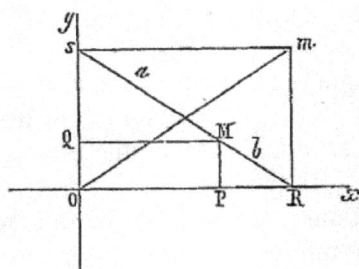

Fig. 494.

En effet, en nous bornant, pour le moment, au cas de deux
guides rectangulaires, si M est un point de cette barre, abaissant de ce point sur les rainures prises pour axes de coordonnées les perpendiculaires $MP = y$, $MQ = x$, posant $MS = a$,
$MR = b$, les deux triangles semblables MQS, MPR donneront les proportions $y : b = SQ : a$,

or $$SQ = \sqrt{a^2 - x^2},$$

d'où
$$y = \frac{b}{a}\sqrt{a^2 - x^2},$$

c'est-à-dire l'équation de l'ellipse dont a et b sont les deux axes.

Donc tout point d'une droite assujettie à glisser sur deux lignes droites, par deux de ses points, décrit une ellipse dont la somme des demi-axes est celle de la longueur de la droite interceptée entre les deux directrices.

Cette ellipse se réduit à une droite pour les points R et S de la droite mobile, en chacune des rainures directrices.

Nous avons vu que le point m, centre instantané de rotation, est obtenu par la rencontre des deux perpendiculaires élevées sur les deux directrices à leur point de rencontre avec les extrémités de la droite mobile. La diagonale om étant égale à la droite mobile dont la longueur est invariable, le point m reste donc sur une circonférence de cercle ayant le point de concours des deux directrices pour centre, et la longueur de la droite mobile pour rayon.

Le point de rencontre n des deux diagonales restant à une distance on constante du point o, se meut également sur une circonférence, d'où il résulte que si, pour une position donnée, on assujettit ce point n de la droite mobile à se mouvoir sur une circonférence, le mouvement de la droite mobile ne sera nullement modifié si l'on supprime une des directrices rectilignes.

517. *Parallélogramme d'Olivier Évans.* — Cette disposition a été employée pour obtenir un guide de mouvement rectiligne, et conduit à un système fort ingénieux, mais malheureusement assez défectueux sous quelques rapports; c'est le parallélogramme d'Olivier Évans (fig. 495).

Soit B D une barre assemblée à l'extrémité D avec une tige A D qui doit se mouvoir en ligne droite, et dont l'extrémité B peut se mouvoir horizontalement sur la ligne A B'.

Une barre A C', dont la longueur est égale à la moitié de BD, peut tourner autour d'un point fixe A et est assemblée à charnière avec le milieu C' de DB. Cette ligne, prolongée d'une longueur égale à A' c, passerait au point m, et le maintiendrait sur la circonférence indiquée.

D'après ce qui précède, on voit que *le point* D *ne peut se déplacer que suivant* D A.

On peut vérifier *a posteriori* l'exactitude de cette construction. En effet, les trois points D, A, B, étant situés à égale dis-

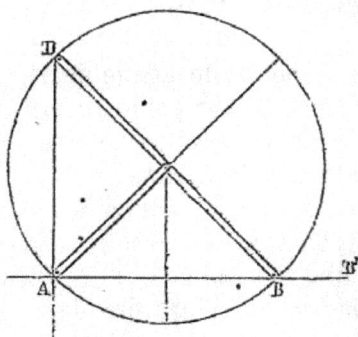

Fig. 495.

tance du point C', appartiennent toujours à une circonférence
décrite du point C' comme centre sur BD comme diamètre.
Les deux points B et D étant les extrémités d'un même diamètre, l'angle inscrit DAB est droit, et le point D, se trouvant
constamment sur la perpendiculaire AD élevée sur la ligne
fixe AB, se meut en ligne droite.

On voit que, BD étant un balancier, le point D se meut en
ligne droite s'il est porté par une tige articulée autour d'un
point fixe A, et si les coussinets de l'axe placé en B sont assujettis à se mouvoir dans une glissière. Comme le mouvement
rectiligne du point B est peu étendu dans le cas des machines
à vapeur, on le remplace par un petit arc de cercle décrit par
un support qui porte les coussinets B, et qui oscille autour
d'une articulation placée à sa partie inférieure.

548. *Vitesses.* — Le rapport des vitesses (art. 27) se sim-
plifie, l'angle des directrices étant droit. Il devient :

$$\frac{\text{Vitesse de D}}{\text{Vitesse de B}} = \frac{V}{V'} = \frac{\cos . \alpha}{\cos . \beta} = \text{tang. } \beta.$$

549. Les théorèmes établis précédemment sont généraux,
quel que soit l'angle formé par les deux directrices prises pour
axes des coordonnées.

Ainsi un point M de la droite mobile RS (fig. 496) décrira
encore une ellipse, lorsque les coordonnées feront un angle

différent d'un angle droit. En effet, en menant par ce point deux parallèles aux axes, on aura :

$$y : b = OS : l \text{ ou } OS = \frac{ly}{b}.$$

Dans le triangle SQM, on a :

$$a^2 = x^2 + QS^2 + 2\,QS\,x\,\cos.\,\theta.$$

Or

$$OS = y + QS.$$

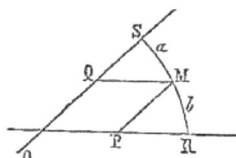

Fig. 496.

Substituant d'après la valeur trouvée pour OS, on a une équation du second degré en x et en y qui est celle d'une ellipse.

Le second théorème établi s'applique encore dans le cas où les directrices forment un angle quelconque θ, seulement le point qui décrit une circonférence n'est plus le milieu de la droite mobile, mais le centre du cercle passant par les deux points guidés de la droite et le point de concours des directrices, cercle dont la droite mobile était un diamètre dans le cas précédent.

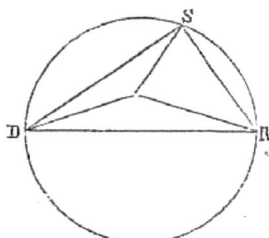

Fig. 497.

Joignons ce centre aux sommets du triangle inscrit DSR, α, $\mathcal{6}$, γ étant les angles des rayons avec chacun des côtés, la longueur constante l de la droite SR sera égale à $2\,r\,\cos.\,\gamma$, et l'équation $l = 2\,r\,\cos.\,\gamma$ prouve que r est constant si γ est constant.

Or pour une position quelconque on a toujours :

$$2\,\alpha + 2\,\mathcal{6} + 2\,\gamma = 2\,\text{droits},$$

les trois triangles élémentaires étant isocèles; comme d'ailleurs $\alpha + \mathcal{6} = \theta$, cos. γ est donc bien constant, et aussi la valeur de r.

Donc en général il existe toujours un point dans le plan qui, supposé lié à la droite et entraîné par elle, décrit une circonférence, et en obligeant ce point à rester sur une circonférence, on peut supprimer une des directrices rectilignes.

520. *Zigzag.* — Un système curieux, dit *zigzag* (fig. 498), permet de transformer, par une combinaison de leviers, un double mouvement circulaire alternatif en un mouvement rectiligne.

Ce système est formé d'une réunion de parallélogrammes, de barres parallèles articulées deux à deux. Le transport diffé-

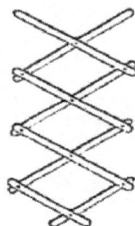

Fig. 458.

rentiel se ferait également pour des longueurs quelconques des bras, en raison desquelles varieraient dans chaque cas les directions des mouvements, mais nous nous bornerons au cas le plus simple, où les bras sont égaux, qui seul se rencontre dans la pratique. Les divers centres des articulations, suivant la direction constante de la diagonale commune aux losanges successifs, se meuvent nécessairement sur une même ligne droite.

Il est faciler d'évaluer le rapport des vitesses de transport rectiligne à la dernière articulation avec le mouvement circulaire de l'extrémité du levier dans cet appareil. Pour un seul losange, le système n'est autre que celui d'une bielle et d'une manivelle, c'est-à-dire que pour passer de l'angle ω à l'angle ω' du levier avec la diagonale commune, l étant la longueur d'un côté entre deux articulations, r la longueur des leviers moteurs, le mouvement angulaire sera $r(\omega - \omega')$, et le mouvement rectiligne du sommet $2l(\cos. \omega' - \cos. \omega)$.

Or

$$\cos. \omega = 1 - \frac{\omega^2}{2} +, \text{ etc.}$$

$$\text{Cos. } \omega' = 1 - \frac{\omega'^2}{2} +, \text{ etc.,}$$

en se bornant à ces deux premiers termes, ce qui est permis pour apprécier la différence, surtout si $\omega - \omega'$ n'est pas trèsgrand, le rapport devient :

$$\frac{l(\omega^2 - \omega'^2)}{r(\omega - \omega')} = \frac{l(\omega + \omega')}{r}.$$

Appelons a le chemin parcouru, il se répétera pour chaque parallélogramme qui sera transporté à mesure que s'accomplit la rotation, et s'il y en a n égaux entre eux, le chemin parcouru par le point extrême sera na.

Les deux limites du mouvement sont $2nl$ lorsque les bielles sont parallèles à la diagonale passant par l'articulation fixe et se touchent, et np, p étant l'épaisseur des barres, lorsqu'elles reposent les unes sur les autres. Le chemin total, qui pourra être parcouru par l'articulation extrême pour un mouvement angulaire des leviers moteurs de 0 à 90°, est donc $n(2l-p)$, par suite très-grand relativement à celui πr des deux leviers, pour peu que n soit assez grand.

521. *Mouvements circulaires.* — Une bielle dont les deux extrémités sont assemblées à deux rayons décrivant des arcs de cercle est le principal système à étudier ici; le mouvement de la bielle est bien de la nature de ceux des organes différentiels, puisque les guides de rotation aux deux extrémités sont entraînés par les deux manivelles.

Courbe décrite par un point d'une droite s'appuyant sur deux circonférences du cercle. — A a, B b étant les deux bras ou rayons qui tournent autour des centres A et B, ab la bielle articulée à leurs extrémités mobiles; celle-ci prend diverses positions, et la figure 499 indique les principales.

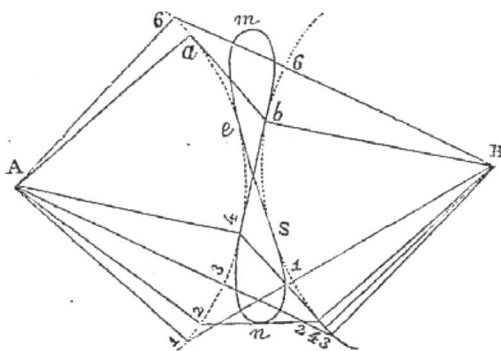

Fig. 499.

Un point c pris sur la bielle décrit la courbe en forme de 8, men, connue sous le nom de *courbe à longue inflexion*, inflexion dont la symétrie indique la position sur la ligne des centres. Cette courbe se confond très-sensiblement vers ce point du mouvement avec une droite, avec sa tangente.

522. Non-seulement on pourra obtenir facilement les points successifs de la courbe, mais encore la tangente à la courbe en chaque point, ce qui en limite rapidement la forme et les contours principaux. En effet, si on prolonge les rayons des deux cercles qui passent par les extrémités de la droite, on sait qu'ils se couperont en un point qui sera le centre instan-

tané de rotation. Si donc on joint ce centre au point décrivant, une perpendiculaire à cette ligne donnera la tangente cherchée. On trouve ainsi les deux tangentes au point d'inflexion, pour la position des rayons passant par les extrémités de la bielle, parallèles entre eux.

523. Il est intéressant, comme l'a fait le premier de Prony, de rechercher l'équation de cette courbe rapportée à des axes rectangulaires. Bien que peu de valeur dans la pratique, à cause de sa complication, elle n'est pas inutile pour reconnaître la forme générale de la courbe. Il importe d'opérer les éliminations successives avec quelques précautions pour obtenir l'équation définitive sous la forme la plus simple possible.

Elle est d'après M. Vincent, en appelant a, b, c, d, ..., les longueurs du parallélogramme et des lignes données : A, B, C..., des fonctions simples de ces longueurs :

$$d^2 y^6 + (3 d^2 x^2 + 2 A dx + B) y^4 + (3 d^2 x^4 + 4 A dx^3 + 2 C x^2$$
$$+ 2 D x + E) y^2 + (dx^3 + A x^2 + F x + G)^2 = 0,$$

Cette courbe semble du 4e degré, ne peut être rencontrée par une droite qu'en quatre points, ce qu'explique bien l'analyse de la forme de son équation. En effet, les termes indépendants de y formant un carré affecté du signe $+$, il s'ensuit que l'une des trois valeurs de y^2, considérée comme inconnue et déterminée pour chaque valeur de x, est constamment négative, et que par conséquent deux valeurs de y sont constamment imaginaires. Ainsi, bien que l'équation soit du ·6e degré en y, chaque valeur de x ne peut jamais donner plus de quatre valeurs *réelles* de y, égales et de signes contraires deux à deux, c'est-à-dire *quatre* points de la courbe, situés deux à deux symétriquement de part et d'autre de l'axe des x. D'où il suit que la courbe affecte la forme d'une sorte de *lemnicaste* ou de chiffre 8, dont les deux boucles sont égales et placées symétriquement par rapport à l'axe.

L'équation ne peut guère être utilisée pour calculer la quantité dont la courbe à inflexion s'écarte de sa tangente dans sa partie moyenne, ce qui est l'objet intéressant, pour la pratique, de ces recherches.

Avant d'insister sur ce point, ajoutons qu'on a cherché également, sans plus de profit, l'équation de la courbe dans le système des coordonnées polaires. On arrive pourtant à un curieux résultat; c'est que, lorsque deux circonférences égales se coupent à angle droit, une droite mobile qui s'appuie sur ces deux circonférences, d'une longueur égale à la distance des centres, décrit par son milieu une *lemnicaste* de Jacques Bernouilli, $\rho^2 = 2 \cos. 2\omega$, dont les foyers sont les centres des circonférences.

D'où cette conséquence importante que faisait prévoir la similitude des formes, que la *lemnicaste* est un cas particulier de la *courbe à longue inflexion*. (P. Carbonel. — *Académie de Belgique*.)

524. PARALLÉLOGRAMME DE WATT. — Le rapprochement de la courbe avec sa tangente dans la partie moyenne est le but spécialement utile de ces recherches. Il explique l'effet de la disposition connue sous le nom de *parallélogramme de Watt*, qui doit ses propriétés de guide du mouvement rectiligne à ce que, le point guidé décrivant une courbe à longue inflexion, son mouvement dans la position moyenne a lieu sensiblement sur la tangente au point d'inflexion, qui, dans une grande longueur, s'écarte peu de la courbe.

La figure 500 montre l'emploi de cette disposition. Elle consiste à monter à l'extrémité d'un balancier un parallélogramme dont un angle est assujetti par un rayon à se mouvoir sur une circonférence. Quant à la position du centre et à la longueur

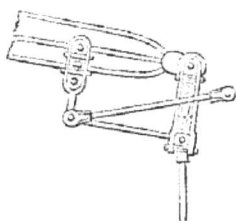

Fig. 500.

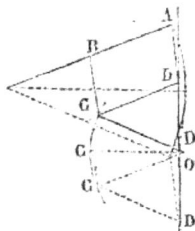

Fig. 501.

du rayon qui guide le parallélogramme, si la grandeur de celui-ci était donnée *a priori*, on la déterminerait en faisant passer une circonférence par les positions du sommet C du parallélogramme aux deux extrémités et au milieu de la course du piston (fig. 501), le point D restant en ligne droite. Le centre de ce cercle paraît être la position la plus convenable du point fixe.

525. La courbe ainsi tracée est bien la *ligne décrite par un point d'une droite mobile de longueur constante, dont les extrémités glissent sur deux circonférences fixes;* c'est bien cette tracée ci-dessus par un semblable mouvement.

En effet, si le centre O du balancier (fig. 502) on mène une

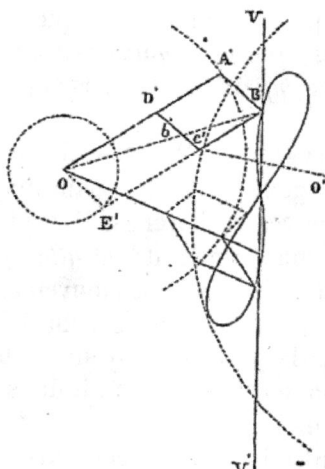

Fig. 502.

parallèle au côté D′ C′, du parallélogramme A′ B′ C′ D′, elle rencontrera le prolongement du côté B′ C′ en un point E′, et l'on aura O E′ = D′ C′ = constante, et de même E′ C′ = O C′ = constante. Dont la droite C′ E′, de longueur constante, se meut de manière que ses extrémités glissent sur deux circonférences ayant leurs centres en O centre du balancier, et en O′ centre du guide du parallélogramme, et pour rayons O′ E′, O′ C′. Un point B′ de la droite C′ E′ prolongée trace donc également la courbe à longue inflexion.

526. Le système le plus généralement employé, celui qu'on retrouve dans les grandes machines à vapeur, est celui d'un parallélogramme articulé représenté sur la figure 503, c'est sous cette forme qu'il a été combiné par Watt.

Le demi-balancier de la machine AB est lui-même un des rayons des systèmes précédents. Il porte de petites bielles $e\,d = b\,f$ et une troisième barre $d\,f$ qui lui est parallèle et égale à $b\,e$. Une bride Cd s'articule à l'angle d du parallélogramme, et tourne autour d'un point fixe C tel que l'horizontale menée par ce point divise en deux parties égales l'angle décrit par le balancier. Il s'agit de proportionner la longueur des tiges de telle sorte que f, qu'on nomme quelquefois le point parallèle, se meuve sur une verticale ou à très-peu près.

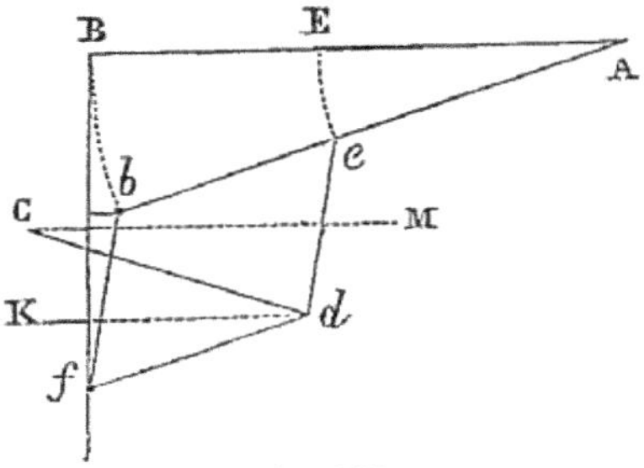

Fig. 503.

Soit donc $AE = Ae = R$, $be = fd = R_1$, $Cd = r$.

Menons Kd et CM parallèles à AB, on a $Kdf = BAb = \theta$, et posons $MCd = \varphi$.

Le point d est porté vers K d'une quantité égale à $Cd \times$ sin. vers. $\varphi = r$ sin. vers. φ, et le point f décrit simultanément ce chemin vers K et un autre chemin en sens opposé par le changement d'inclinaison de df, qui est égal à df sin. vers. $fdK = R_1$ sin. vers. θ.

Si ces deux chemins sont égaux, le point f demeure sur la verticale Bf, ce que l'on veut obtenir.

Donc on posera :

$$r \text{ sin. vers. } \varphi = R_1 \text{ sin. vers. } \theta, \text{ ou } \frac{r}{R_1} = \frac{\sin.^2 \frac{\theta}{2}}{\sin.^2 \frac{\varphi}{2}}.$$

Mais les leviers Ae, Cd, réunis par la bielle ed, fournissent un système semblable à celui de la figure 500 ; nous pouvons poser pour les petits angles décrits, les arcs différant peu des sinus :

$$Ae \sin. \frac{\theta}{2} = Cd \sin. \frac{\varphi}{2}, \text{ ou } R \sin. \frac{\theta}{2} = r \sin. \frac{\varphi}{2},$$

à très-peu près, d'où :

$$\frac{\sin.^2 \frac{\theta}{2}}{\sin.^2 \frac{\varphi}{2}} = \frac{r^2}{R^2} = \frac{r}{R_1} \text{ et } r = \frac{R^2}{R_1},$$

c'est-à-dire que A e doit être moyenne proportionnelle entre C d et $d f$ ou $b e$.

527. En y réfléchissant, on s'aperçoit que c'est une faute que de rendre la déviation nulle pour les points extrêmes, comme on le fait en suivant la tradition de Watt, sans remarquer qu'on pouvait, avec avantage, rapprocher les points limites.

Dans un travail inséré dans les Mémoires de l'Académie de Saint-Péterbourg, M. Thébychew a critiqué la méthode ci-dessus indiquée, et a montré qu'elle ne conduisait pas à la meilleure solution possible.

« Si l'on trouve, dit-il, qu'il y ait un avantage particulier à « donner à la tige du piston la direction tout à fait exacte au « commencement, au milieu et à la fin de la courbe, la tige-« guide qu'on trouve d'après la méthode dont nous venons de « parler est évidemment la seule qui remplisse cette condition. « Mais ce cas, comme nous le verrons, n'est pas le plus favo-« reble pour la précision du jeu du parallélogramme dans les « autres points de la course du piston. Quant à la position la « plus avantageuse de la tige du piston par rapport au balan-« cier, le principe précédent ne nous la donne pas. D'après la « théorie que nous proposons, la tige du piston doit être plus « ou moins rapprochée du centre du balancier, selon les di-« mensions du parallélogramme, et, dans les cas les plus ordi-« naires, sa direction ne passera pas le milieu du sinus-verse « de l'arc décrit par l'extrémité du balancier. Ainsi, dans le « cas où le parallélogramme de Watt est construit sur la demi-« longueur du bras du balancier (comme Watt l'a fait lui-« même, et comme on doit le faire si l'on est maître de dis-« poser des dimensions du parallélogramme), on diminue « notablement la limite de la déviation de la tige de sa direc-« tion normale, en l'approchant du centre du balancier plus « qu'on ne devrait le faire d'après le principe dont nous venons « de parler, savoir : 1° si, dans le cas où l'on cherche à rendre « la position de la tige tout à fait verticale au commencement, « au milieu et à la fin de la course, on prenait pour sa direc-« tion la ligne qui divise le sinus-verse de l'axe décrit par « l'extrémité du balancier dans le rapport de 2 à 1, et 2° si, « dans le cas où l'on ne cherche pas l'exactitude absolue dans « les deux positions extrêmes de la tige, on prenait pour sa

« direction la ligne qui divise ce sinus-verse dans le rapport
« de 5 : 3.

« Dans le dernier cas, la tige-guide ne sera plus déterminée
« par les positions limites du balancier; on doit pour cela
« prendre les positions qui les précèdent à peu près d'un qua-
« rantième de l'amplitude de l'oscillation. Quelque petites que
« soient les modifications dans la construction du parallélo-
« gramme de Watt que nous venons de mentionner, et qui ne
« sont que des résultats approximatifs tirés de nos formules,
« elles augmentent notablement la précision de son jeu. A
« l'aide de l'analyse on peut facilement s'assurer qu'avec ces
« modifications la limite de déviation de la tige par rapport à
« la ligne verticale diminue de plus de moitié.

« Cela prouve que le principe qui est la base de la théorie
« actuelle du parallélogramme est loin de réduire au *minimum*
« la limite de ses déviations, si nuisibles par les efforts laté-
« raux qui en résultent sur la tige du piston, et par conséquent
« que non-seulement pour la théorie, mais aussi pour la pra-
« tique elle-même, il importe qu'il soit remplacé par une mé-
« thode directe. »

Dans une savante analyse, l'auteur se propose de déterminer
directement le *minimum* absolu des écarts, et en déduit le
moyen de le faire descendre au-dessous de toute limite donnée.

528. Le parallélogramme de Watt peut servir à guider en
ligne droite deux tiges à la fois. En effet, la tige O B′ (fig. 502)
rencontre le côté D′ c′ en un point b′ qui reste le même sur cette
droite, quelle que soit la position du parallélogramme, et ce
point b′ décrit une ligne semblable à celle décrite par le point
B′, ces deux lignes ayant leur centre de similitude au point O.
Il s'en suit que la seconde approche d'une ligne droite, de même
que la première.

La démonstration est facile; en effet on a : $\dfrac{D' b'}{A B'} = \dfrac{O D}{O A'}$

ou D′ b′ = constante, à cause de la similitude des triangles
O D′ b, O A′ B.

Par suite on a de même $\dfrac{O b'}{O B'} = \dfrac{O D'}{O A'}$ = constante; les deux

courbes sont donc semblables.

529. S'il fallait mouvoir avec un même balancier plus de

deux tiges à mouvements parallèles, il serait facile d'y parvenir simplement.

Soient en effet $VV_1 V_2 V_3$ quatre directions données pour les tiges que l'on veut faire conduire par le balancier AC. M étant le premier sommet déterminé d'un premier parallélogramme, dans la position moyenne du balancier, joignons AM; nous déterminons ainsi les points M_1, M_2, m, à la rencontre avec les directions $VV_1 V_2$, qui décrivent dans le plan du mouvement du balancier des courbes semblables. Menant ensuite les parallèles à CM, $M_1 C_1$, $M_2 C_2$... Em et prenant $me = mE$, enfin menant eB parallèle à AC, on obtient le point B, axe d'oscillation de la bride Be.

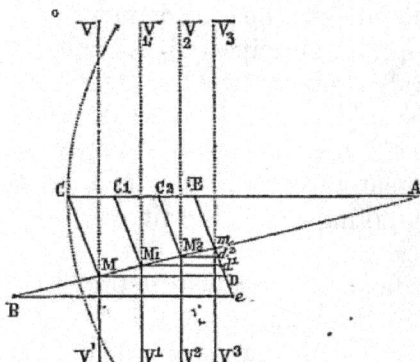

Fig. 504.

Les parallélogrammes $CMDE$, $C_1 M_1 d_1 E$, $C_2 M_2 d_2 E$ guideront également bien les diverses tiges qui doivent se mouvoir parallèlement.

La détermination du point B ainsi obtenu place bien le point M au point d'inflexion de la courbe en 8 toujours située sur la ligne AB (qui réunit les deux centres de rotation), et pour déterminer un centre B peu éloigné, on fait en général, d'après l'exemple de Watt, le côté du parallélogramme égal à la moitié de la longueur du balancier; la distance entre les axes B et A est alors réduite au minimum.

530. Nous n'avons pas besoin d'insister sur les avantages qu'offre le parallélogramme de Watt au point de vue du frottement, quand on le compare aux glissières. Composé d'articulations qui ne parcourent qu'un petit angle, le travail du frottement y est peu considérable, comme nous l'avons vu. Ce n'est que la suppression du balancier dans beaucoup de

machines à vapeur modernes, qui justifie l'usage moins fréquent que l'on fait aujourd'hui de ce guide de mouvement, mais il n'en reste pas moins une des plus ingénieuses combinaisons mécaniques dues au génie de l'illustre Watt.

531. *Système Sarrut.* — Pratiquement les articulations, telles qu'on les exécute, ne permettent le mouvement que dans un plan perpendiculaire à l'axe des tourillons. M. Sarrut a combiné, en partant de cette observation, un système particulier de guide du mouvement rectiligne. Imaginons l'ensemble composé de cinq barres réunies deux à deux par des articulations. La première tourne autour de l'axe MM, celle-ci et la seconde sont articulées suivant l'axe NN parallèle à MM, et cette seconde porte un axe d'articulation PP également parallèle à MM. Un second système partant de l'axe fixe SS est analogue au premier et comporte de même trois axes parallèles entre eux, mais non parallèles aux premiers.

Soit CD la plus courte distance des deux derniers axes PP et QQ; abaissons du point C sur NN la perpendiculaire CB, du point B sur MM la perpendiculaire BA; de même point D abaissons sur RR la perpendiculaire DE, du point E sur SS la perpendiculaire EF. Les droites AB, EF étant des manivelles, les trois autres sont des bielles qui font mouvoir l'une par l'action de l'autre.

Dans quelque position que puisse prendre le système, les droites AB, BC et CD, toutes trois perpendiculaires à MM, sont situées toutes trois dans un même plan perpendiculaire à

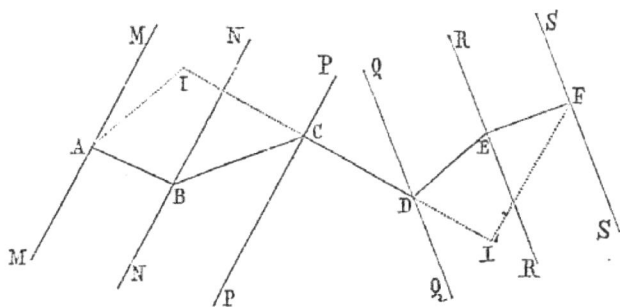

Fig. 505.

cette ligne, direction des axes des articulations. Les droites EF, DE, CD, toutes trois perpendiculaires à SS, sont situées

34

constamment dans un même plan, et CD, qui est à la fois dans les deux plans, est leur intersection.

Donc enfin, par le fait des deux systèmes d'articulations non parallèles, on aura produit le mouvement rectiligne suivant CD perpendiculairement aux deux axes. C'est là une conséquence forcée de la nature des articulations formées par des axes du système tour, qui ne peuvent permettre de mouvement que perpendiculairement à ces axes, mais évidemment les effets de torsion, sur les joints, où le frottement s'opère sur des surfaces planes, rendraient ce système défectueux pour de grandes forces.

532. Le rapport des deux vitesses angulaires autour des axes fixes, au mouvement de translation, est donné par les longueurs des droites menées des centres de rotations perpendiculairement à la direction du mouvement de translation. AI, FI' étant ces longueurs (ramenées sur un plan parallèle à leur direction pour avoir leur grandeur), on a : $\dfrac{V}{\omega} = AI$, $\dfrac{V'}{\omega'} = FI'$, et par suite puisque $V = V'$, la ligne CD ayant qu'une seule vitesse,

$$\frac{\omega}{\omega'} = \frac{AI}{FI'}.$$

533. Parallélogramme de Peaucellier.—En appliquant une des plus élégantes méthodes de la géométrie moderne, celle de la transformation par rayons vecteurs réciproques, M. Peaucellier est arrivé à la solution théoriquement complète du problème que Watt s'était proposé, à guider rigoureusement en ligne droite une tige maintenue par des articulations.

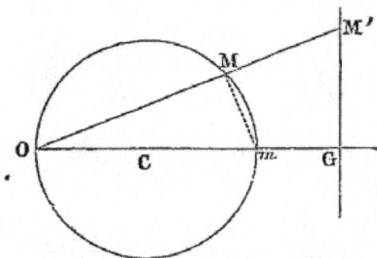

Fig. 506.

Soit O (fig. 506) un point fixe pris sur une circonférence, m l'autre extrémité du diamètre OC, M un point quelconque de la circonférence.

Soient G et M′ deux points déterminés par les relations
$OM \times OM' = \text{const.} = Om \times OG$.

Joignons Mm. La relation ci-dessus peut s'écrire :

$$\frac{OM}{OG} = \frac{Om}{OM'}.$$

Les deux triangles OMm, OGM' sont donc semblables; et
comme l'angle OMm est droit, il en est de même de OGM'. Le
le lieu des points M′ est donc la perpendiculaire élevée en G
sur le diamètre O C.

Pour appliquer ce théorème, O et A étant deux points fixes
liés au bâtis (fig. 507), disposons OC, OB deux tiges rigides

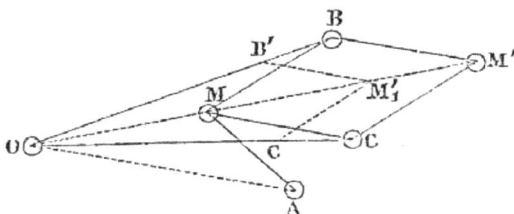

Fig. 507.

égales tournant librement et indépendamment l'une de l'autre
autour de O ; MBM′C un losange articulé; et MA une tige rigide tournant autour de A et articulée en M.

1° Les trois points O, M, M′ restent toujours en ligne droite ;
car chacun d'eux est toujours à égale distance des deux points
B et C, et placé sur la bissectrice de l'angle BOC ;

2° Le produit $OM \times OM'$ est constant, car il est égal au
carré de la tangente menée du point O au cercle décrit par le
point B comme centre avec BM = BM′ comme rayon;

3° MA étant constant et A fixe, M décrit une circonférence
sur laquelle est placé le point O. Si OA = MA, alors, d'après
le théorème précédent, M′ se mouvra sur une droite perpendiculaire à OA. Pour une machine à vapeur O serait le centre
du balancier et la tige du piston serait assemblée en M′.

Remarques. — I. Si l'on prend sur OB et sur OC, OB′ = OC′
et que l'on articule en B′, C′ et M′, deux tiges égales B′M′$_1$ et
C′M′$_1$, telles que $\dfrac{OB'}{OB} = \dfrac{B'M'_1}{BM'}$ le lieu de M′$_1$ sera une courbe

homothétique du lieu de M'; une droite si le lieu de M' est une droite, et par suite ce point pourra servir à guider une seconde tige en ligne droite.

534. La solution approchée de Watt se trouve comprise dans la précédente; en effet la courbe à longue inflexion de Watt est le lieu d'un point d'une droite de longueur constante qui se meut sur deux circonférences; or la droite MC et la droite MB s'appuient toutes deux sur les deux circonférences décrites de O et de A comme centres, avec OB et AM pour rayons : donc un point de ces droites décrit la courbe à longue inflexion. Il est curieux d'observer que le système de doubles côtés symétriquement placés du losange a pour effet d'annuler, aux extrémités, les déviations par des actions opposées.

La fig. 508 représente une disposition proposée par le même

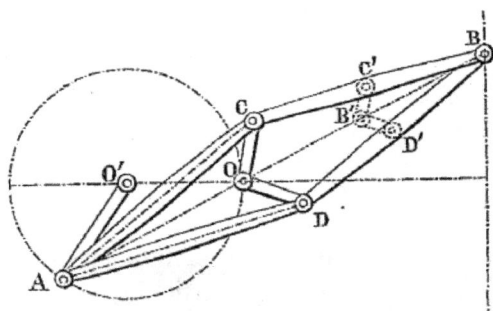

Fig. 508.

auteur, plus applicable que la précédente et convenable pour de longues courses du piston. O est le centre de rotation fixe, O' un autre point fixe qui au moyen du rayon O'A = O O' force l'extrémité A à rester sur un cercle passant par O. Le balancier est composé de six tiges articulées AC = CB = BD = AD et aussi OC = OD. Le point B décrira une droite perpendiculaire à OO', et également un point B' réuni par des articulations parallèles à OC et OD décrira une droite parallèle à celle décrite par le point B.

CHAPITRE V.

Tracé des courbes à l'aide de parallélogrammes articulés.

535. Nous allons pouvoir compléter notre étude sur le tracé des courbes qui peuvent être obtenues à l'aide de la règle et du compas, grâce aux ressources que nous offrent les mouvements différentiels, et déterminer les limites d'une question restée jusqu'à ce jour fort controversée.

L'importante conséquence de l'étude des machines à équations, limitée aux équations de la forme $F(y) + f(x) = 0$ qui peuvent être calculées au moyen de rouages circulaires et de crémaillères, s'applique immédiatement aux courbes représentées par ces équations, montre qu'elles peuvent être construites ainsi à l'aide de mouvements rectilignes et circulaires, c'est-à-dire à l'aide de la règle et du compas.

Les courbes que nous avons appris à construire dans les chapitres précédents, rentrent dans cette règle, mais il n'en est pas ainsi de la courbe à longue inflexion que donne le parallélogramme de Watt.

Il y a donc une extension à donner aux résultats obtenus pour y joindre ceux que peut fournir l'emploi des systèmes articulés. C'est la seule extension possible aux procédés de roulement et du transport. Ainsi on ne peut faire rentrer dans les procédés propres à tracer les courbes par la règle et le compas, de grands travaux de géométrie où l'on fait usage de courbes de roulement autres que la droite ou le cercle, de véritables rosettes. Telles sont les méthodes de Maclaurin qui a publié, en 1720, un important ouvrage sur le tracé des courbes, qui fut honoré de l'approbation de Newton, sous le titre de : *Geometria organica seu descriptio linearum curvarum universalis*. Quelques propositions de Newton, dit Montucla, furent pour Maclaurin le germe de la belle théorie qu'il établit dans ce livre : non-seulement il y démontre les théorèmes annoncés par ce grand homme, mais il y en ajoute beaucoup d'autres, tous plus remarquables les uns que les autres. En prenant plus de pôles, ou en faisant mouvoir les points de rencontre des côtés des angles donnés, sur diverses courbes, il en résulte la description de courbes d'ordres de plus en plus relevés ; il y résout aussi généralement un problème, que Newton jugeait lui-même de la plus grande difficulté, celui de décrire, par un procédé semblable, une ligne d'un ordre supérieur, n'ayant aucun point double.

536. Le système à parallélogrammes articulés, polygones de formes déterminées, permet un entraînement complexe du mouvement circulaire autre que le mouvement rectiligne.

Lorsque plusieurs lignes sont réunies par des articulations, le mouvement autour d'un point fixe sur l'une de ces lignes, et l'assujettissement d'un point d'une autre ligne à suivre une courbe directrice, n'entraîne pas un mouvement déterminé des autres, quand leur nombre dépasse des limites fort resserrées. Rien à dire quand il est égal à trois, car la forme d'un triangle ayant des côtés de longueur constante est invariable. Mais, laissant de côté le quadrilatère; pour un pentagone, un hexagone, et à plus forte raison pour des polygones d'un plus grand nombre de côtés, avec deux lignes déterminées de position autour d'une articulation, on peut toujours construire une infinité de figures avec des lignes égales à celles de la figure initiale. Le mouvement des points de ces lignes est indéterminé.

Il n'en est pas ainsi d'un quadrilatère. Nous avons vu comment l'inclinaison du balancier détermine celle de la manivelle (art. 239), et les angles d'inclinaison se déduisent l'une de l'autre, suivant une loi assez complexe. Or dans le système bielle, dans un quadrilatère à deux points fixes, un point d'une bielle se meut suivant la ligne à longue inflexion, puisqu'elle s'appuie sur deux circonférences; un des points fixes répond à une circonférence directrice. Nous allons étudier les propriétés qui résultent de la rotation ou de la variation des angles, en raison des longueurs des côtés, dans le cas des quadrilatères les plus curieux, lorsque le parallélisme des lignes provient de leurs rapports de longueur, pour les parallélogrammes, qui se trouvent constituer des organes différentiels d'un grand intérêt.

PANTOGRAPHE.

537. Le plus ancien appareil où ce genre de propriétés ait été reconnu, est le pantographe, inventé vers la fin du seizième siècle, et utilisé pour dessiner des figures semblables à des figures données, amplifier ou réduire des dessins, comme il a été dit art. 400. Étudions-le d'une manière générale, pour nous rendre compte des propriétés des divers systèmes de même nature, à barres parallèles. De ce parallélisme résulte l'égalité constante de l'angle α (fig. 509) du sommet du pa-

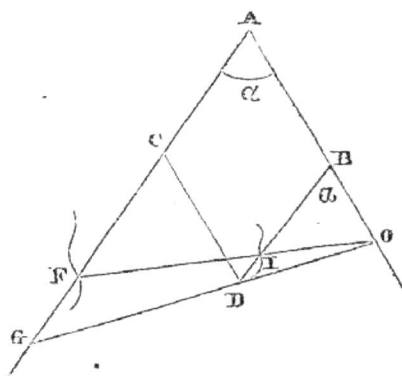

Fig. 509.

rallélogramme et du sommet en B du petit triangle OIB, et de là les propriétés du système, la nature de la transformation de la courbe directrice en la courbe produite, les formes relatives des équations qui les expriment. C'est ce que nous allons établir.

O étant le point fixe autour duquel tourne la droite AB, posons les longueurs fixes $BO = a$, $BI = b$, ρ étant le rayon vecteur de la courbe tracée par le point I situé sur BD, on a :

$$\rho^2 = a^2 + b^2 - 2\,a\,b \cos \alpha, \quad \text{d'où} - \cos \alpha = \frac{\rho^2 - a^2 - b^2}{2\,a\,b}. \quad (1)$$

Cherchons maintenant la courbe décrite simultanément par un point G du second bras du pantographe.

Posons $AG = l$, $AB = AC = c$ et $OG = \rho'$, nous aurons, comme ci-dessus :

$$\rho'^2 = l^2 + (c + a)^2 - 2(c + a)\, l \cos.\alpha,$$

et en introduisant la valeur (1) de cos. α

$$\rho'^2 = N\rho^2 + M, \qquad\qquad (2)$$

N et M étant deux quantités constantes dépendant des longueurs des lignes du pantographe, dont les valeurs sont :

$$N = \frac{l(a+c)}{ab} \text{ et } M = l^2 + (a + c)^2 - \frac{(c + a)\, l\, (a^2 + b^2)}{ab} \quad (3)$$

1º Pour le point F, prolongement de la ligne OI, les rayons vecteurs des deux courbes se confondent, et les triangles semblables AFO et BIO donnent :

$$l : b = a + c : a = \rho' : \rho$$

et $\rho' = \dfrac{a + c}{a} \rho = k\rho$; d'après ces proportions, N devient bien $\left(\dfrac{a + c}{a}\right)^2$ et $M = 0$; c'est le pantographe ordinaire.

2º Pour un point autre que F, la simplifications ci-dessus n'a plus lieu, les rayons vecteurs des deux courbes pour des positions correspondantes sont distincts, et il faut calculer le rayon vecteur de la courbe décrite en fonction de celui de la courbe directrice.

I. *La courbe directrice est une droite.*

538. Si r est la perpendiculaire abaissée du point fixe sur sa direction, l'équation de cette droite sera $\rho \cos.\omega = r$, en prenant cette perpendiculaire pour origine du mouvement du rayon vecteur. Le point F décrit évidemment une droite parallèle à la première. Quelle sera la courbe décrite par G ?

Pour les dispositions correspondantes à de mêmes valeurs de α, on a vu que l'on avait

$$\rho'^2 = N\rho^2 + M$$

et $\rho \cos.\omega = r$ (4). L'équation en ρ' et cos. ω' peut se déduire de la considération du triangle FOG, car on sait que $OF = k\rho$, et

cette droite parcourt l'angle ω comme OI; par suite FOG = ω' — ω.
On a par suite pour d, la longueur constante FG :

$$d^2 = k\rho^2 + \rho'^2 - 2k\rho\rho' \cos. (\omega' - \omega) \qquad (5)$$

$\rho \cos. (\omega' - \omega)$ est égal d'après la relation (4) à

$\rho \cos. \omega' \cos. \omega + \rho \sin. \omega' \sin. \omega = r \cos. \omega' + \sin. \omega' \sqrt{\rho^2 - r^2}$,

ρ^2 peut être remplacé par ρ'^2, à l'aide de la relation (2), et on
obtient une équation qui ne renferme plus que ρ' et ω', qui est
l'équation de la courbe cherchée. On voit que son dernier terme

contiendra un radical et sera $2k\rho' \sin. \omega' \sqrt{\dfrac{\rho'^2 - M - r^2}{N}}$, et en

élevant au quarré pour faire disparaître le radical, donnera un
terme en $\rho^4 \sin.^2 \omega'$, qui devient $y^2(x^2 + y^2)$ en coordonnées
ordinaires, la courbe est donc du 4e degré, est une simplification
de la courbe à longue inflexion.

En effet, nous retombons sur cette courbe, considérée comme
engendrée par un point d'une droite de longueur déterminée
s'appuyant sur deux cercles, lorsque le rayon de l'une des deux
circonférences devient infinie. Si, en effet, nous répétons (fig. 510)

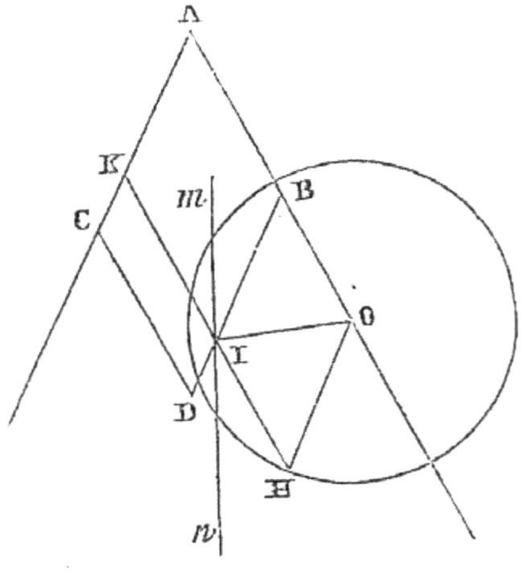

Fig. 510.

la construction de la figure 502, si nous menons IH parallèle à
AB et OH parallèle à BD, on aura pour toutes les positions
OH = IB, IH = BO, donc la droite IH se mouvra constam-
ment par ses deux extrémités sur la circonférence de rayon OH,

et sur la droite directrice *mn*. Elle décrira donc une courbe analogue à la courbe à longue inflexion (fig. 511), par tous

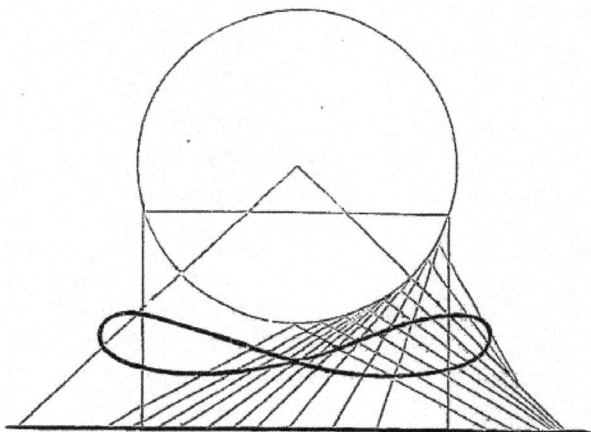

Fig. 511.

ses points, et notamment par le point K, où elle rencontre A C. Il en sera de même pour d'autres points de A C, pour C, par exemple, toujours parallèle à I K et à A B, par suite de la rotation avec glissement qui résulte de la nature du parallélogramme.

II. *La courbe directrice est un cercle.*

539. Nous n'avons pas besoin de refaire ici le calcul précédent de la même manière, en partant de l'équation du cercle qui, d'un degré plus élevé que celle de la droite, conduit à une équation du 6ᵉ degré, celle de la courbe à longue inflexion, genre de courbe généralement décrite par un point d'une bielle articulée à deux manivelles. En effet, la construction de la figure 502 montre qu'il s'agit bien de la courbe décrite par un point d'une droite s'appuyant sur deux circonférences. On voit que le parallélogramme de Watt est identique avec le pantographe, lorsque le point contraint à décrire un cercle est l'extrémité D du parallélogramme.

540. *Autre courbe directrice.* — Si on veut considérer d'autres courbes que celles qui peuvent être tracées avec la règle et le compas, si on prend de pareilles courbes pour directrices, leur transformation *pantographique* aura évidemment, par suite de

la nature de l'appareil traceur, une relation intime avec celle
que l'on obtient à l'aide de la circonférence de cercle, qui engendre la courbe en 8, dite *courbe à longue inflexion*.

541. *Observation.* — On voit bien maintenant, ce nous semble,
comment le système des machines à équation utilisant tous les
mouvements circulaires et rectilignes, tous les mouvements différentiels qui semblent possibles, ne fait varier toutefois que
successivement chaque variable.

L'analyse du système à losange articulé, à barres égales, et
par suite à mouvements semblables 2 à 2, montre que son emploi fournit un élément nouveau, une modification de mouvement toute particulière. En même temps qu'on fait naître des
mouvements de rotation autour des articulations, il se produit
un déplacement d'un genre particulier, en raison de l'angle
des barres, qui établit une loi de mouvement spéciale, *sui gene-
ris*. Il en résulte une série particulière de transformations de
courbes directrices, une nouvelle forme de fonctions par lesquelles se traduisent les propriétés du système articulé pour
produire ces transformations ; elles conduisent à un genre spécial de courbes du 6e degré, avec un cercle directeur ; le degré
des transformées, pour d'autres courbes directrices, croîtrait de
même très-rapidement, sans que les résultats soient d'un grand
intérêt pour l'ensemble de la question du tracé des courbes.

MULTIPLICATION DES BARRES ÉGALES.

542. *Losanges articulés de Peaucellier.* — Ce qui différentie le
système Peaucellier du pantographe, c'est qu'étant double, il
rend symétriques les déplacements de deux sommets opposés du
losange, et en plaçant le point fixe sur la direction de la diagonale qui joint les deux autres sommets, tout le déplacement

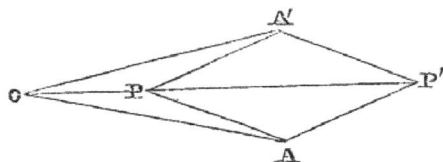

Fig. 512.

qui résulte du système articulé se reporte sur celle-ci. Le système, plus symétrique, jouit alors de propriétés spéciales extrê-

mement curieuses, mais qui ne diffèrent pas essentiellement de celles du premier, car elles résultent également de la nature des propriétés du losange articulé.

D'une manière générale, au moyen de six tiges (les quatre côtés d'un losange et deux bras égaux partant des deux sommets opposés) (fig. 512), si O est un point fixe et si P ou P' décrit une courbe quelconque, P' ou P décrit la courbe réciproque ou inverse de la première, puisque l'on a toujours la rotation $OP \times OP'$ = constante.

Le foyer, ou centre d'inversion O, peut se trouver ou bien entre les pôles P et P' ou en dehors de ces deux points. De là deux systèmes distincts auxquels on a donné le nom de système négatif et de système positif. La fig. 512 représente un système négatif, la fig. 513 un système positif.

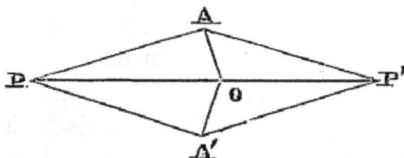

Fig. 513.

Mais il peut être utile de disposer de deux foyers. On peut alors articuler en A et A' deux bras égaux aux premiers, ainsi que le montre la fig. 514. De cette façon on a deux losanges, l'un

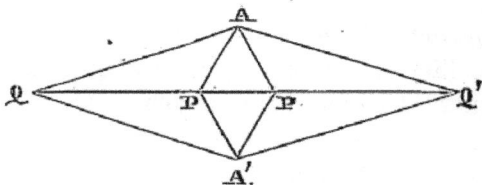

Fig. 514.

compris dans l'autre, et les quatre sommets Q, P, P', Q', restant toujours sur la même ligne droite, on a les relations $QP \times PQ' = QP' \times P'Q' = Q'P \times P'Q'$. Ce qui revient à dire que si P et P' sont les pôles d'un système positif dont le centre est Q ou Q', et que Q et Q' sont les pôles d'un système négatif, dont le centre est P ou P'.

543. Nous n'avons pas à revenir en détail sur la belle appli-

cation faite par l'inventeur à la conduite d'une tige en ligne droite par l'extrémité d'un balancier dont l'autre extrémité parcourt un arc de cercle, ce qui revient à transformer le rayon vecteur ρ sec. ω en ρ' cos. ω (quantités dont le produit est $\rho\rho' =$ constante).

Il est facile de voir comment le mouvement en ligne droite du sommet du losange, résulte de l'égalité $OA = AM$ de la fig. 505 et de déterminer la nature des courbes que décrit ce sommet lorsque cette égalité n'existe pas.

Posant $OM = \rho$, $OM' = \rho'$, $AM = r$, $OA = l$, $MOA = \omega$, on a :

$$OM \times OM' = \rho\rho' = \text{const. (1)} \quad \text{et} \quad r^2 = l^2 + \rho^2 - 2l\rho \cos. \omega \text{ (2)},$$

d'où
$$r^2 = l^2 + \frac{c^2}{\rho'^2} - 2l\frac{c}{\rho'} \cos. \omega. \qquad (3)$$

Si $OA = AM$ ou $r = l$, cette équation devient :

$$\frac{c}{\rho'} - 2l \cos. \omega = 0 \quad \text{ou} \quad \rho' \cos. \omega = \frac{c}{2l} = \text{const.}$$

Équation d'une droite perpendiculaire sur OA, au point où $\omega = 0$ donne $\rho \times 2l =$ const., ainsi que nous l'avons vu.

Il est curieux de remarquer que dans le mouvement des côtés du losange se retrouvent les mouvements obtenus avec le pantographe, au fond même nature que celui que nous étudions ici. Les points des droites MB, MC qui s'appuient sur les deux circonférences dont les rayons sont OB, AM, ou OC, AM, décrivent, comme on le sait, des courbes à longue inflexion. Il est de même pour les prolongements des côtés qui ne fournissent pas de courbes nouvelles. En effet, ils se meuvent parallèlement aux côtés du losange correspondants et par suite décrivent les mêmes courbes. Or ces côtés s'appuyant par leurs extrémités sur deux circonférences de cercle, leurs points décrivent aussi des courbes à longue inflexion; ce sont des courbes semblables qui décriront les côtés prolongés.

Lorsque l'on n'a pas $r = l$, la simplification de la formule $r^2 - l^2 = c^2\rho'^2 - 2cl\rho' \cos. \omega$ n'a pas lieu. Elle revient en coordonnées ordinaires à :

$$(r^2 - l^2) = c^2 (x^2 + y^2) - 2clx,$$

ou
$$x^2 + y^2 - \frac{2lx}{c} - \left(\frac{r^2 - l^2}{c^2}\right) = 0,$$

c'est-à-dire à l'équation d'un cercle.

544. *Conicographe.*—Le système Peaucellier fournit le moyen de tracer l'ellipse et même les autres courbes du second degré, en multipliant les systèmes de lignes, au moyen d'un seul cercle directeur. Il donne l'appareil que son auteur appelle le *conicographe*, qui étend beaucoup les moyens pratiques d'exécution connus antérieurement.

Nous donnerons ici la disposition la plus simple, à barres anti-parallèles, due à M. Hart, c'est celle qui exige le moindre nombre de tiges.

Considérons un trapèze isocèle ABCD, fig. 515.

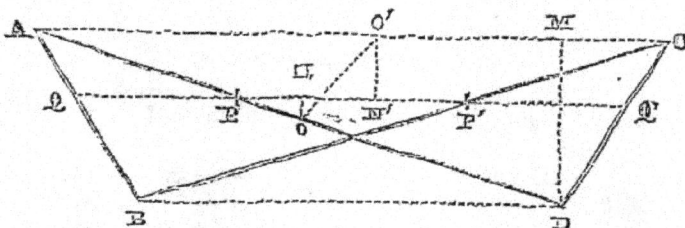

Fig. 515.

Articulons aux sommets les diagonales et les deux côtés égaux, et menons la droite QPP'Q' parallèle aux bases AC, BD. Nous allons voir que ce système de *quatre* tiges est équivalent à celui des *huit* tiges du système Peaucellier complet, P et P' correspondant aux pôles d'un système positif dont le centre est Q ou Q', et Q et Q' aux pôles d'un système négatif dont le centre est P ou P'.

En effet, un trapèze isocèle est un quadrilatère inscriptible, nous avons donc :

$$AD \times BC = AC \times BD + AB \times DC,$$

c'est-à-dire :

$$\overline{AD}^2 = AC \times BD + \overline{AB}^2,$$

ou bien :

$$\overline{AD}^2 - \overline{AB}^2 = AC \times BD. \qquad (1)$$

Mais la similitude des triangles BCA et BP'Q, et celle des triangles AQP et ABD donnent les proportions :

$$\frac{QP'}{AC} = \frac{QB}{AB} \text{ et } \frac{QP}{BD} = \frac{AQ}{AB}.$$

Donc :

$$QP \times QP' = \frac{AQ}{AB} \times \frac{QB}{AB} \times AC \times BD.$$

Ou bien, en tenant compte de la relation (1) :

$$QP \times QP' = \frac{AQ}{AB} \times \frac{QB}{AB} \times (\overline{AD}^2 - \overline{AB}^2).$$

Si nous supposons Q un point fixe sur la tige AB, toutes les longueurs composant le second membre sont constantes, ce qui donne :

$$QP \times QP' = \text{constant.}$$

P et P′ sont donc bien les pôles d'un système dont le centre d'inversion est Q. C'est un système positif. Une démonstration toute semblable montrerait que Q′ peut aussi jouer le rôle de centre d'inversion, et on verrait encore de la même manière que toutes ces propriétés se retrouvent avec Q et Q′ comme pôles et P ou P′ comme centre.

On a donc finalement :

$$Q'P \times Q'P' = PQ \times PQ' = P'Q \times P'Q',$$

ce qui exprime que les quatre tiges du système de M. Hart peuvent remplacer les huit tiges du système de Peaucellier.

Nous allons voir maintenant que le système permet d'obtenir une courbe inverse d'une conique, il suffira d'ajouter un réciprocateur de quatre tiges au système précédent pour tracer la conique.

Dans la fig. 516, fixons le point P ; A et D se meuvent sur des circonférences. Prouvons que P′ décrit dans ce cas l'inverse d'une conique, c'est-à-dire un limaçon de Pascal.

Soient O le milieu de AD, O′ le milieu de AC, et posons

$$AD = BC = 2a, \ AB = CD = 2b, \ PP' = \rho, \ P'PO = \theta, \ OP = c.$$

Menons ON, O′N′, DM perpendiculaires à AC.

Dès lors, CD est parallèle à OO′, est égale à deux fois sa longueur $CD = 2.OO'$.

$$CM = 2.NN' \ \text{ou} \ CM = 2(PN' - PN) = PP' - 2PN.$$

$$\overline{CM}^2 = (PP' - 2PN)^2,$$

c'est-à-dire :

$$4b^2 - 4a^2 \sin^2 \theta = (\rho - 2c \cos \theta)^2.$$

Si cette équation est convenable, en remplaçant ρ par $\frac{1}{\rho}$, nous aurons la courbe inverse par rapport au point P. Faisons cette substitution, en prenant comme module d'inversion $2K^2$, nous aurons alors :

$$(4b^2 - 4a^2 \sin.^2 \theta)\, \rho^2 = (2K^2 - 2c\, \rho \cos. \theta)^2 ;$$

passant alors des coordonnées polaires aux coordonnées rectilignes à l'aide des formules

$$x = \rho \cos. \theta. \quad y = \rho \sin. \theta,$$

nous avons :

$$(b^2 - c^2)\, x^2 + (b^2 - a^2)\, y^2 + 2CK^2 x = K^4.$$

C'est bien là l'équation d'une conique dont les axes sont parallèles et perpendiculaires à la tige fixe A D, son centre étant lui-même sur cette tige.

La discussion de cette équation montrerait quelles longueurs on devrait donner aux tiges pour obtenir des ellipses des hyperboles, des paraboles d'axes déterminés.

A l'aide de *trois* tiges et d'un réciprocateur de *quatre*, on peut donc tracer telle conique que l'on veut.

545. *Compas à cissoïde.* — En rendant mobile la tête du balancier sur la circonférence où est fixé le sommet du losange, M. Peaucellier a donné le moyen de tracer d'un mouvement continu la cissoïde (fig. 516), dont l'équation est $x^3 = y^2 (2\, r - x)$, ou en coordonnées polaires $2\,R \sin.^2 \omega - \rho \cos. \omega = 0$.

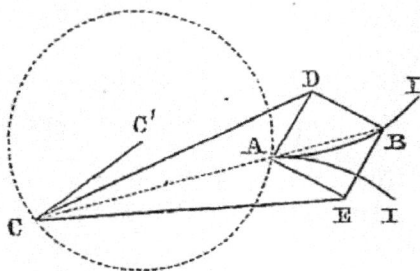

Fig. 516.

Nous terminerons par cette élégante application l'indication de ces beaux travaux (Voir *Nouvelles annales de Mathématiques*, février 1873). Les points fixes du système articulé sont C′ et A. A. étant sur la circonférence que peut décrire l'extrémité C′ de la tige C C′. C D, C E sont deux tiges égales articulées en C, en D et en E. A B E D est un losange articulé dont l'extrémité B décrit la cissoïde AB II' ; ainsi qu'il serait facile de le prouver en cherchant l'équation du lieu décrit par le point B.

546. *Résumé.* — Nous ferons remarquer d'abord que la transformation en rayons vecteurs réciproques ($\rho \rho' =$ const.), le rayon change en raison des articulations, mais non l'angle ω de la courbe rapportée aux coordonnées polaires ρ et ω. C'est ce que montre, pour le cas général, la forme de tout système. articulé de forme losange (fig. ci-dessus), dans lequel les points P O P', Q P P' Q', c'est-à-dire le point directeur et le point traçant sont toujours en ligne droite, de telle sorte que lorsqu'un point de cette droite devient un centre de rotation, l'angle ω reste nécessairement le même pour la directrice et la transformée.

Par suite, si l'équation de la première est $f(\rho, \omega)$, celle de la seconde sera $f(\omega, \varphi(\rho))$, c'est-à-dire la même, sauf que ρ sera remplacé par une certaine. fonction de ρ ; et pour un seul appareil par $\dfrac{K}{\rho}$, puisque $\rho \rho' = K$, et $\rho' = \dfrac{K}{\rho}$.

Donc enfin, notre démonstration que les équations des courbes qui peuvent être engendrées par roulement et rotation sont de la forme $f(x) + F(y) = 0$ s'appliquerait encore à ce cas, mais non aux courbes décrites par des points quelconques des barres du système que forme le losange, le pantographe, comme il a été dit.

Pour les points autres que le sommet, la transformation est celle dont la courbe à longue inflexion est le type, ainsi que nous l'avons vu, ce qui donne bien, avec des directrices rectilignes ou circulaires, un genre de courbes indéfinies en nombre et en complication, au moyen de la multiplication des barres, comme le sont les épicycloïdes circulaires pour des roulements successifs de circonférences, mais un genre, une famille seulement.

Nous nous garderions bien de vouloir en rien diminuer l'admiration que mérite la belle découverte de M. Peaucellier, qui, outre la solution complète du problème du parallélogramme, inutilement poursuivie par nombre de savants, offre des moyens d'exécution de tracé de courbes aussi précieux que nouveaux, susceptibles d'augmenter le domaine des machines à graver sans rosettes spéciales, en permettant d'obtenir des courbes qu'on ne savait pas tracer mécaniquement.

Théoriquement, elle offre des aperçus nouveaux et inattendus; ainsi M. Sylvester a annoncé qu'elle l'avait amené à un appareil propre à l'extraction des racines cubiques et autres applications ingénieuses. Mais il nous semble établi par ce qui précède que si l'étendue des applications du système Peaucellier est très-grande, si non-seulement il peut donner des droites, des cercles de grand rayon, les coniques et leurs inverses, on ne saurait dire, comme M. Sylvester l'a énoncé sans le démontrer, que toute courbe et toute surface algébrique peuvent être décrites au moyen de tiges articulées; (car leur mouvement dans le plan peut se transporter dans l'espace, et M. Hart est parvenu assez simplement à décrire les surfaces de toute espèce du second degré). « Ainsi, dit M. Sylvester, la conclusion émise, mais sans démonstration suffisante, par M. Peaucellier, concernant les courbes algébriques, à savoir que ces courbes peuvent toutes être regardées comme les trajectoires cinématiques d'un système de tiges articulées, pourrait être étendue au cas des surfaces algébriques. » Résultat remarquable, même en remplaçant, comme on doit le faire, *toutes* les courbes algébriques par *un grand nombre* de courbes.

Nous conclurons que l'on peut espérer tracer, à l'aide de la règle et du compas, toutes les courbes dont l'équation peut prendre la forme $f(x) + F(y) = 0$, et leurs transformées par la rotation de losanges articulés simples ou multiples, ou systèmes équivalents, transformées qui seront toujours d'un certain ordre, qui seront représentées par des fonctions semblables comme les appareils qui servent à les obtenir, grâce à leurs propriétés spéciales et nécessairement limitées.

LIVRE QUATRIÈME

ORGANES DE MODIFICATION DE VITESSE

547. Les organes décrits jusqu'ici ne sont pas (avec les récepteurs et les opérateurs dont il est parlé ci-après) les seuls organes des machines. Il en est nombre d'autres, également nécessaires, formant une partie essentielle des machines, qui opèrent soit en déterminant la mise en jeu de l'une des machines particulières que peuvent produire successivement des mécanismes réunis, soit en fixant la vitesse du mouvement général d'une machine ou partie de machine, et surtout celle des premiers organes, en comprenant parmi les divers degrés la vitesse nulle, c'est-à-dire la mise en mouvement ou la suspension du mouvement, comme un cas particulier.

Nous diviserons en quatre sections les organes servant à obtenir la vitesss voulue en chaque instant, eu égard à la nature du travail à effectuer, savoir :

1° *Les organes de mise en mouvement ; — passage de la vitesse 0 à v ;*

2° *Les organes de variation de vitesse ;*

3° *Les organes de régularisation de la vitesse du mouvement ;*

4° *Les organes d'arrêt ; — passage de la vitesse v à 0.*

Les organes de la troisième série agissant le plus souvent soit par des effets d'inertie, soit en faisant intervenir les résistances passives, leur théorie est surtout du ressort de la mécanique dynamique appliquée aux machines. Nous n'avons guère, pour ce cas, qu'à enregistrer les résultats fournis par cette partie de la science.

Il n'en est pas de même de ceux compris dans les autres séries, dont l'étude est complétement du ressort de la Cinématique. On les appelle quelquefois *modificateurs instantanés du mouvement*, parce que leur effet se produit en général en un court intervalle de temps. C'est surtout pour le mouvement circulaire, mouvement fondamental de toute machine, que nous avons à étudier ces organes de modification de mouvement; celui-ci étant ensuite facilement transformé dans un rapport constant de vitesse en un autre mouvement quelconque, ainsi que nous l'avons vu dans le premier livre. Nous aurons soin de citer les cas assez rares où le problème peut se poser d'une manière intéressante pour le mouvement rectiligne.

CHAPITRE PREMIER.

Organes de mise en mouvement.

MOUVEMENT CIRCULAIRE.

548. Le mouvement initial pouvant être en général considéré comme circulaire dans tout système mécanique, on emploie plusieurs moyens pour communiquer l'action de l'arbre principal de rotation, ou d'arbres secondaires mis en mouvement par celui-ci, à d'autres axes de rotation.

Les organes qui produisent cet effet, dits *embrayages*, consistent en des moyens d'assembler ou de désassembler les pièces qui doivent être mises en communication, et de produire ainsi la communication de mouvement seulement lorsque l'assemblage existe.

Donnons d'abord quelques explications sur le mode particulier d'assemblage sur lequel reposent la plupart des systèmes que nous avons à considérer ici, et qui ont pour objet de convertir en un seul axe de rotation, des axes situés habituellement sur une même droite.

On appelle *manchon* un cylindre creux pouvant glisser le long d'un arbre; il diffère d'un tambour ou d'une poulie en ce qu'il est plein, ne porte pas de bras, et est en général d'un bien plus petit diamètre.

Cela posé, toute roue ou poulie, tout manchon ou tambour qui est lié d'une manière invariable à un axe de rotation est dit *fixe*. Si une roue peut glisser le long de son arbre sans cesser d'être entraînée dans le mouvement de rotation on la dit *libre par glissement*. Enfin, quand une roue ne peut glisser et qu'elle peut tourner sur elle même sans entrainer l'arbre dans le mouvement de rotation, on la nomme *roue* ou *poulie folle*.

Les roues fixes assemblées solidement avec l'arbre donneraient l'effet des roues libres par glissement, si cet arbre ne portait pas de renflement à la sortie des coussinets, d'où résulterait pour ce dernier la faculté de glisser longitudinalement dans ses coussinets; mais on préfère en général ne donner qu'aux roues la liberté de se mouvoir dans la direction de l'axe, ce qui s'obtient en ajustant l'œil de forme convenable par lequel elles embrassent l'arbre et cet arbre lui-même, de manière qu'avec très-peu de jeu la roue et l'arbre peuvent glisser à *frottement doux* l'un sur l'autre, et cependant s'entraîner réciproquement par leurs parties saillantes pour le mouvement de rotation. A cet effet, l'arbre et l'œil du manchon (fig. 517) ou bien encore la partie centrale d'une roue reçoivent la forme d'un carré (1) ou d'une figure prismatique quelconque (2) à section différente d'un cercle. Mais il est très-difficile d'ajuster, sans beaucoup de jeu, des pièces ainsi contournées; il vaut mieux faire l'arbre et l'œil du manchon circulaires, ce qui s'exécute avec perfection sur le tour, et placer en saillie sur l'arbre (3) ou dans l'intérieur du manchon (4) un tenon ou une languette prismatique, qui s'engage à force dans une rainure d'égale longueur pratiquée dans l'une et l'autre pièce et empêche toute rotation.

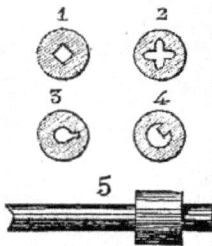

Fig. 517.

Lorsque la roue ou poulie doit être folle, sa disposition est très-simple; l'arbre et l'œil de la roue sont circulaires et concentriques dans la partie en contact, et la roue s'appuie de part et d'autre contre des épaulements de l'arbre qui s'opposent aux glissements dans le sens longitudinal.

549. 1° *Poulie folle.* — Quand les forces transmises sont peu considérables (le travail pouvant cependant être assez grand si la vitesse est grande), la communication se faisant en général au moyen d'une courroie entourant le tambour mû par le récepteur et une poulie montée sur l'axe à mouvoir, on emploie avec avantage un système composé d'une poulie fixe et d'une poulie folle (fig. 518) montées l'une à côté de l'autre. En poussant la courroie L au moyen d'une fourchette K terminée par un levier mobile transversalement, on la fait passer de la

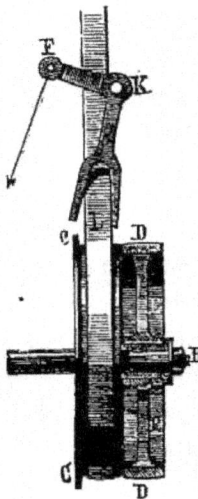

Fig. 518.

poulie fixe sur la poulie folle. Le mouvement de la courroie continue sans éprouver de résistance et en cessant d'entraîner l'axe, qui passe ainsi à l'état de repos, et repasse à l'état de mouvement en opérant à l'inverse. Un des grands avantages de ce système, outre sa simplicité, consiste en ce que la courroie, en repassant sur la poulie fixe, au lieu de surmonter par un choc brusque la force d'inertie, glisse tant que la traction exercée, et par suite le frottement sur la poulie, est peu considérable, et elle ne surmonte ainsi que peu à peu la résistance opposée, de manière que le mouvement n'a lieu avec toute sa vitesse qu'après un temps appréciable et sans choc.

550. Dans quelques cas, on agit avec les engrenages d'une manière presque semblable, c'est-à-dire qu'on se contente, pour arrêter le mouvement d'un arbre, d'élever l'engrenage qui le mène jusqu'à ce qu'il ne soit plus en prise, et inversement pour déterminer le mouvement. Il n'est pas besoin d'observer qu'un semblable système est défectueux et donne lieu à des ruptures des extrémités des dents. Il ne peut être employé qu'au repos, ou tout au plus quand les roues marchent très-lentement et transmettent de petites forces. Nous en dirons autant des systèmes dans lesquels ce sont les axes mêmes des roues dentées qu'on fait mouvoir, qu'on écarte jusqu'à ce que les dents ne soient plus en prise.

On doit, lorsque les courroies seules ne peuvent servir, adopter les systèmes suivants :

551. 2° *Embrayage.* — Quand la force à transmettre est très-grande, on emploie souvent l'embrayage. La figure 519 fait comprendre facilement ce mécanisme. Elle représente deux axes mis bout à bout : l'un porte une roue fixe creusée sur son plat suivant des plans diamétraux, et l'autre une roue semblable, mais dentée inversement, qui glisse sur l'axe moteur, en étant toutefois forcée de tourner avec lui à cause des saillies de l'arbre qui pénètrent la roue. En faisant mouvoir cette seconde roue au moyen du levier adopté au collet qui l'entoure, le deuxième arbre sera entraîné par le premier, ou restera au repos, suivant que les deux roues sont réunies ou séparées.

Le tracé des parties inclinées des dents est de peu d'importance, pourvu qu'il forme une courbe continue; les parties droites doivent être des plans méridiens passant par l'axe, larges et sou-

tenus en raison de la résistance à surmonter. Les deux roues
doivent être exactement l'empreinte l'une de l'autre, pour
qu'étant réunies la discontinuité des deux pièces disparaisse en
quelque sorte.

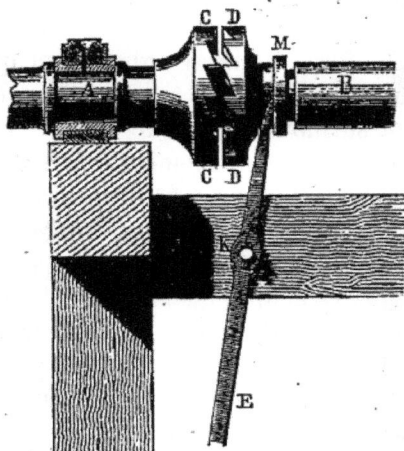

Fig. 519.

Quelquefois c'est la partie glissante construite en forme de
manchon qui vient envelopper l'extrémité polygonale de la
partie à mouvoir. Les embrayages sont souvent employés quand
il s'agit de grandes forces; mais, outre les inconvénients des
chocs et du frottement considérable lors de la mise en jeu de
l'embrayage, il y a toujours danger de rupture dans cette réunion subite de parties en mouvement et de corps en repos; au
reste, il est rare qu'il y ait lieu de les employer pour les parties
de la machine destinées au travail principal qu'elle doit accomplir, puisque, dans ce cas, le plus simple est d'agir sur la force
motrice elle-même.

552. Lorsqu'il peut arriver que l'axe moteur éprouve accidentellement une résistance trop considérable au moment de
l'embrayage et donne lieu ainsi à des ruptures, on prévient
celles-ci en disposant, en un point de l'arbre mis en mouvement, un système qui ne permet pas la communication d'un
effort supérieur à une limite déterminée, et opère alors, en
quelque sorte, un désembrayage spontané. Nous indiquerons
une disposition qui permet d'obtenir ce résultat.

L'arbre est coupé en un point de sa longueur, et ses deux

parties A, B sont réunies par le système représenté fig. 520.
La partie A, terminée par un plateau circulaire, vient s'appliquer contre l'extrémité semblablement disposée, mais d'un moindre diamètre, de la partie B.

Entre les deux plateaux on place un cuir, et le tout est pressé
à l'aide des boulons à vis *dd*. Tant que
l'effort n'est pas très-considérable, le
mouvement se transmet parfaitement;
mais si une résistance presque absolue
vient s'opposer au mouvement, les
plateaux glissent malgré le frottement
exercé au contact et qui devient insuffisant. Ce point correspond évidemment à
un effort d'autant plus considérable que les boulons sont plus
serrés et le diamètre des plateaux plus grand.

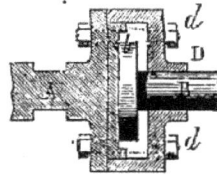

Fig. 520.

553. 3° *Cônes de friction.* — Le frottement, dont nous venons de voir les avantages dans le système précédent, fait la
base d'un système d'embrayage représenté fig. 521.

A est un tambour conique creux fixé
à la roue R, et B un pareil tambour fixé
au manchon C, et qui entre dans l'intérieur du premier cône quand on vient
faire glisser le manchon sur l'arbre de
rotation. On transmet ainsi le mouvement de l'arbre à la roue R, et, en graduant la pression, le mouvement n'est

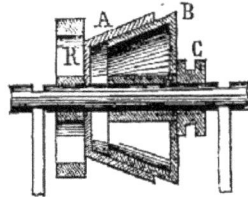

Fig. 521.

transmis que peu à peu à celle des pièces qu'il s'agit de mouvoir, car on est maître de faire croître à volonté le frottement
par la pression latérale du manchon.

Ce système, excellent sous ce rapport, et dont les propriétés
ont été données, par une disposition semblable, à l'engrenage
à coin, est précieux pour éviter les ruptures lorsqu'il survient
de grandes résistances. Il ne peut guère être employé pour les
machines puissantes, attendu que la pression considérable
qu'il faudrait exercer produit des usures et des grippements,
pour peu surtout que le cône se meuve obliquement par rapport
à l'axe.

L'effort à communiquer rapporté au rayon moyen du cône
étant P, le frottement égal à cet effort est fQ (Q étant la pres-

sion produite à la surface du cône et f le coefficient du frottement pour le surfaces de contact); on a donc $P = fQ$. R étant

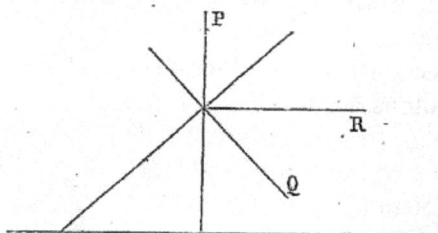

.Fig. 522.

la pression suivant l'axe du cône, on aura, pour l'équilibre
dynamique, lors de la mise en train, pour un petit mouvement
virtuel a de cette pression, le frottement fQ parcourant le chemin a cos. α, α étant le complément de l'angle de la génératrice du cône sur l'horizontale; et puisque $P = fQ$,

$$R\,a = fQ\,a \cos.\ \alpha,\ \text{ou}\ R = fQ \cos.\ \alpha = P \cos.\ \alpha.$$

Cette formule montre que plus l'angle des cônes sera aigu
et plus le coefficient de frottement sera grand, plus un même
effort R du manchon aura d'action pour produire le frottement
nécessaire à l'entraînement des deux surfaces.

L'emploi d'un plateau à angle droit frottant sur la couronne
d'une roue, forme un système d'embrayage précieux, par
exemple lorsqu'elle conduit un outil agissant par choc, comme
le balancier (Voy. Liv. VI).

554. *Brides de frottement.* — Tout système de frein à frottement (voir chap. IV), toute pression, qui viendra rendre fixe sur
son axe une roue d'abord folle, par exemple en pressant sur
les coussinets en en rapprochant les deux parties, à l'aide
de leviers qui font naître une pression, agira comme embrayage à frottement, c'est-à-dire sans aucun danger de rupture. Nous avons décrit un système de ce genre en traitant du
mouvement différentiel, et nous en verrons un autre exemple
plus loin.

Nous donnerons pour exemple le système employé par
Withworth dans ses machines à percer, pour permettre d'imprimer à volonté à l'axe qui porte l'outil le mouvement de
rotation seul, ou un mouvement simultané de rotation et de
translation. A cet effet, là tige reçoit par des engrenages un

mouvement de rotation, celui adapté sur la tige pouvant la laisser glisser, étant assemblé avec elle par une languette et une rainure. De plus, cette même tige porte des filets de vis qui sont engagés dans les dents des deux pignons à dentures héliçoïdales placées à droite et à gauche. Ces pignons étant libres, la vis dans son mouvement de rotation les fait tourner.

Mais si les arbres de ces pignons peuvent être serrés au moyen des freins mus à la main ; si, au moyen d'un double

Fig. 523.

collier on produit une forte pression sur l'un et sur l'autre, par exemple à l'aide d'une vis de pression, le frottement qui en résulte s'oppose bientôt au mouvement de rotation ; ces deux pignons, formant écrou, forcent la vis à descendre et par suite l'outil perceur à produire son effet ; il se trouve poussé en raison de la pression avec laquelle les coussinets sont rapprochés l'un de l'autre.

555. *Manœuvre des organes d'embrayage.* — C'est à la production d'un petit mouvement rectiligne ou circulaire de peu d'étendue que se réduit la question de déterminer la mise en jeu des organes d'embrayage. Le levier, la vis sont le plus souvent employés.

C'est bien souvent à la main qu'on fait mouvoir le levier ou le système de leviers combinés, guidant le manchon d'embrayage, qui détermine le mouvement d'une partie de la machine. On le fait quelquefois aussi mouvoir par les organes

décrits plus loin, les régulateurs, pour proportionner à l'action
du moteur l'intensité de la résistance.

Enfin, dans les mécanismes complets, automatiques, ce sont
les parties mouvantes de la machine qui viennent mettre en jeu
l'embrayage. Le problème se réduit à faire mouvoir, par la rencontre d'une pièce mobile, l'extrémité du levier qui guide le
manchon d'embrayage.

L'introduction d'un moteur secondaire, d'un ressort, d'un
poids s'écartant à droite et à gauche de la verticale, facilite
souvent cette action du levier.

Lorsque l'effort nécessaire pour le désembrayage doit être
considérable, il faut le faire exercer par la machine, produire,
par exemple, le mouvement rectiligne du manchon par le mouvement circulaire de l'arbre. Le système suivant, fort simple,
est rapporté par Poncelet, et est l'application d'un des systèmes
indiqués pour produire le mouvement rectiligne à l'aide du
circulaire; la figure en représente le plan. Ce moyen consiste
(fig. 524) à creuser dans la gorge du manchon C une hélice

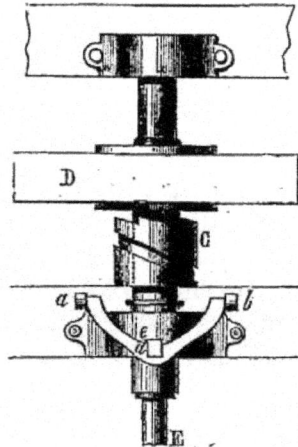

Fig. 524.

dans laquelle on peut faire entrer un bouton e, appartenant à
une espèce de levier abd qui peut tourner autour de deux supports fixes a et b. Dès que le bouton est placé dans l'hélice, le
mouvement de rotation force le manchon à glisser le long de
l'arbre, jusqu'à ce que le désembrayage de la roue D qui est
folle et de l'arbre E s'ensuive.

556. *Déclics.* — Un système semblable a été essayé pour des sonnettes servant à battre les pieux. Dans ces appareils le cylindre en bois sur lequel s'enroule la corde n'est assemblé avec l'axe en fer que par une partie saillante de cet axe. Ce cylindre s'élevant à mesure de l'enroulement, sur la partie inférieure qui forme une surface héliçoïdale, la partie saillante restant fixe rencontre bientôt une gorge cylindrique pratiquée à l'intérieur du cylindre, l'assemblage cesse, le cylindre en bois devient libre et la corde se déroule.

557. *Double embrayage.* — La combinaison des deux embrayages sur un même axe, d'un double manchon agissant sur deux roues parallèles, forme un organe qui peut engendrer le mouvement circulaire alternatif, en faisant alternativement agir ces deux roues sur une troisième roue dentée.

La figure 525 représente ce système. Il se compose d'une

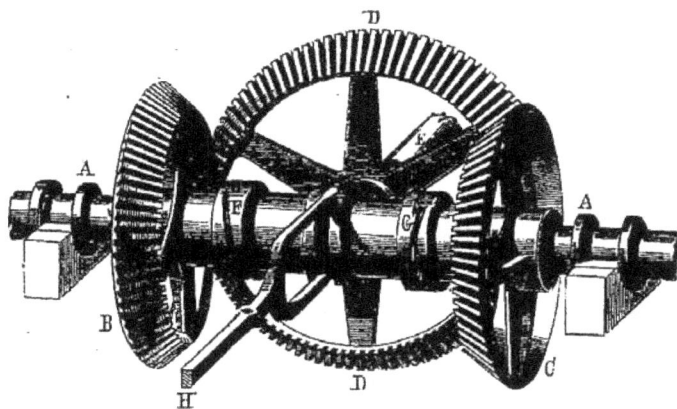

Fig. 525.

roue d'engrenage montée sur arbre ayant un mouvement circulaire continu. Elle engrène avec deux autres roues folles sur un arbre de direction perpendiculaire à celle du premier (dans ce cas on doit employer des roues d'angle ordinaire, pour une inclinaison différente il faudrait employer des roues à dents héliçoïdales), mais pouvant être assemblées avec lui à l'aide d'un embrayage. Ces deux roues tournant en sens contraire, le second arbre restera en repos, tournera dans un sens ou dans le sens opposé, suivant la position du double manchon, qui rendra solidaire avec l'arbre soit la roue de droite, soit celle de gauche.

558. *Détentes.* — Lorsque l'action d'une force motrice est suspendue par un arrêt, la suppression de cet arrêt suffit pour permettre à la force d'agir et par suite produire le mouvement. Nous citerons comme exemples de ces dispositions, qui rentrent plus spécialement dans la catégorie présentement étudiée, et dont le complément se trouve aux *Organes d'arrêt :*

1° Les *roues à déclics.* — La figure 526 représente un appareil de ce genre qui peut varier dans ses détails. Il se compose d'un arbre mû par une manivelle dont le bras est replié en équerre au delà de l'axe. Sur le même arbre est montée à frottement doux une poulie qui porte un déclic formé d'un levier à crochet pressé par un ressort. Quand ce crochet appuie sur la saillie du bras, le mouvement se communique à la roue qui fait monter la corde que porte sa circonférence, attachée à un poids quelconque. Le mouvement se continue ainsi jusqu'à ce que le levier, soulevé à la main ou rencontrant l'extrémité d'une cheville fixe, vienne à basculer; il se décroche, et le poids suspendu à la corde descend en faisant tourner la roue.

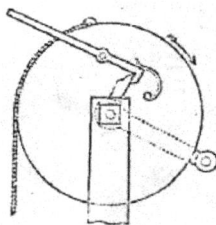 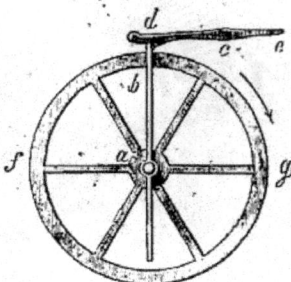

Fig. 526. Fig. 527.

2° Les *détentes.* — Les détentes formées par des ressorts sont d'un emploi fréquent dans l'horlogerie pour suspendre et remettre en mouvement une pièce à un moment voulu. Soit fg (fig. 527) un volant qui tend à tourner dans le sens de la flèche, sous l'influence d'une force motrice agissant sur son axe. Un ressort ab monté sur celui-ci vient buter sur l'extrémité d'un levier cd, et tout mouvement est alors arrêté. Mais lorsqu'une pression sur l'extrémité e de ce levier le fait basculer autour du point c, aussitôt le volant reprend son mouvement, qui sera suspendu de nouveau au tour suivant, lorsque le levier cd aura repris sa première position.

La disposition suivante, équivalente à la précédente, a été
employée par Bréguet. Elle se compose d'un ressort rr' fixé
en r et portant une saillie v. Une petite barre
$a b$ tend à tourner autour de l'axe o, mais
est arrêtée par la pièce v; mais si le ressort
rr' est fléchi vers o, la pièce v rencontre une
échancrure qui est pratiquée dans ab, qui
se remet en mouvement, pendant que rr'
reprend sa première position pour l'arrêter
de nouveau quand il viendra s'appuyer contre
l'obstacle v.

Les effets de déclanchement et d'enclanchement, qui permettent de mettre en jeu un

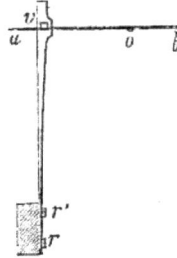

Fig. 528.

mécanisme puissant par une action peu énergique, comptent
parmi les éléments les plus élégamment utilisés dans de récentes
constructions mécaniques d'une grande ingéniosité.

MOUVEMENT RECTILIGNE.

559. Tous les organes de mise en mouvement que nous venons de décrire se rapportent au mouvement circulaire ou
agissent par l'intermédiaire de ce mouvement, et ce sont par
suite les plus importants et ceux dont l'usage est le plus fréquent. Lorsqu'on a besoin d'organes produisant un effet analogue pour le mouvement rectiligne, il faut modifier la forme
des précédents.

L'embrayage circulaire se transforme en tout moyen d'assemblage momentané de pièces droites. Les clavettes mobiles,
mais surtout les pinces, sont la forme la plus habituelle.

Une clavette passant dans deux trous se correspondant, pratiqués l'un dans la pièce en mouvement, l'autre dans celle à
mouvoir, établira un assemblage entre les deux pièces et par
suite fera entraîner une pièce par l'autre; l'enlèvement de
cette clavette produira l'effet inverse.

Ce mode d'assemblage momentané n'est pas praticable pendant un mouvement continu, lorsque la traction des pièces en
mouvement cause une pression sur la clavette.

Les pinces sont essentiellement composées de deux leviers
réunis par une articulation. On donne aux parties antérieures

des formes convenables pour qu'elles serrent bien la pièce à saisir, et aux parties postérieures des prolongements suffisants pour diriger leur rapprochement.

En ayant soin que la réunion des deux extrémités soit effectuée par une partie annulaire, on voit que la traction rectiligne tendra toujours à serrer les pinces. Lorsque les efforts doivent être très-considérables, comme dans le banc à tirer, on produit l'effet d'une très-grande adhérence croissant avec la traction, en divisant la pince en deux parties, dont l'une conique, divisée en deux parties ou mâchoires, saisit la pièce, et l'autre est formée d'une plaque et d'un moyen de traction.

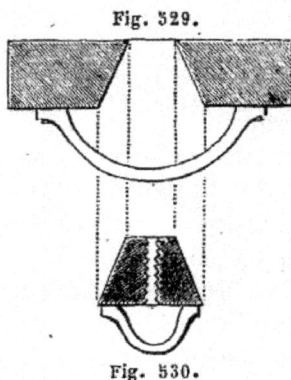

Fig. 529.

Fig. 530.

Un trou pratiqué dans la plaque reçoit la partie conique, qui ne peut s'échapper, mais seulement comprimer de plus en plus la matière interposée entre les deux mâchoires.

La figure 531 représente la pince de la machine à broder de Heilmann, fonctionnant par le passage à travers une étoffe d'une aiguille percée en son milieu. L'aiguille est saisie par une pince constituée par l'extrémité d'un levier qu'un ressort fait presser sur une partie fixe, quand une pression exercée sur l'extrémité du levier vient à cesser.

Fig. 531.

Dans les machines à coudre, le déroulement du fil est réglé ainsi par la pression d'un levier-ressort basculant par la rencontre d'un obstacle et pressant le fil contre le porte-aiguille.

560. Lorsqu'il s'agit de mouvoir un corps pesant, et par suite de rétablir ou supprimer l'assemblage entre la corde ou chaîne avec laquelle on enlève le poids, dans les sonnettes à battre les pieux, par exemple, la pince prend la figure représentée fig. 532. Elle consiste dans une pince munie de deux longues branches, venant rencontrer un buttoir placé à la hauteur convenable. Quand le mouton est élevé par la corde à la hauteur voulue, les extrémités de la pince ou

du crochet se trouvant resserrées entre deux parties plus rapprochées, le mouton tombe.

En principe la suppression d'un
arrêt, d'où résulte la mise en
mouvement d'une pièce par l'action d'un ressort, d'une traction, ou le poids seul de la pièce,
est une disposition simple, d'un
emploi fréquent. Elle rentre dans
les effets d'enclanchement et de
déclanchement nécesssaires dans
divers mécanismes. L'arrêt prend
assez fréquemment la forme d'un
verrou.

561. *Détente.* — Nous citerons
encore une détente comprenant
une double articulation qui résout
le problème de faire parcourir à
un point une longueur déterminée, presque instantanément, aussitôt qu'il est arrivé à une position déterminée.

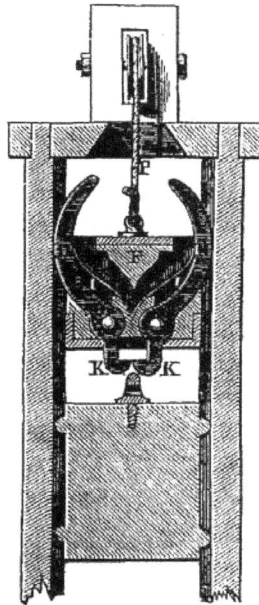

Fig. 532.

Ce système a été combiné en vue des soupapes de sûreté des
locomotives, afin de livrer un grand passage à la vapeur aussi-

tôt que celle-ci les a soulevées
d'une certaine quantité; mais il
peut trouver d'autres applications.

Il consiste (fig. 533) en deux
barres M, N terminées en demi-
cercle, et réunies par une barre
AB et deux boulons A et B. La
barre M étant celle par l'intermédiaire de laquelle la traction
s'exerce, et la résistance s'exerçant
en A, la figure du système sera
invariable tant que la tige, qui

Fig. 533.

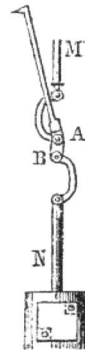

Fig. 534.

se voit bien sur la figure 534, restera parallèle à N, sera
prise entre des guides et une plaque de recouvrement C. Mais
après un mouvement égal à la longueur qui pénètre dans ces
guides, qui empêchent tout mouvement oblique sur la direc-

tion MN, la barre échappe, et aussitôt la traction de M entraînant le point A, une rotation a lieu autour du point B, la tige M s'élève de 2 A B, le système prenant la disposition représentée fig. 534.

CHAPITRE II.

Organes de variation de vitesse.

562. La variation de vitesse se produit en changeant dans un mécanisme les premiers organes qui transmettent de proche en proche l'action d'un moteur, en remplaçant par exemple par une grande roue, une petite qui était mue par une même roue d'engrenage.

Nous distinguerons deux cas distincts dans la solution de ce problème.

Le premier comprend les appareils qui servent à passer d'un organe ordinaire de transformation de mouvement à un autre, organes dans lesquels les rapports de vitesse varient de quantités finies.

Le second comprend les appareils qui permettent de changer les rapports de vitesse d'une manière continue, sans qu'il soit nécessaire d'arrêter la machine, comme il est en général nécessaire de faire dans le premier cas.

VARIATION DISCONTINUE DU RAPPORT DES VITESSES.

563. Soient deux axes dont la position dans une machine est déterminée, et soit proposé de les réunir par des roues dentées de telle sorte que le rapport des vitesses prenne une ou plusieurs valeurs données. La méthode la plus simple consiste à munir les deux axes de plusieurs paires de roues qui soient dans les rapports voulus et dont la somme des rayons des circonférences primitives égale la distance des deux axes. On obtient ainsi tous les rapports demandés.

Il est convenable que toutes ces roues aient le même pas ; les

nombres des dents seront donc calculés comme dans l'exemple
suivant :

Soient donnés pour valeurs des divers rapports de vitesse
$\frac{1}{4}, \frac{2}{4}, \frac{3}{4}, \frac{4}{4}, \frac{3}{2}, \frac{5}{4}$. Puisque le pas et la distance des centres
doivent être les mêmes dans toute paire de roues, la somme de
leur nombre de dents sera toujours $2\pi r + 2\pi r' = 2\pi (r + r')$.
Cette somme devra donc être un nombre toujours divisible par
la somme des numérateurs et dénominateurs de chacune des
fractions ci-dessus ou par 2, 3, 4, 5, 9. Le nombre cherché est
donc un multiple de $2^2 3^2 5 = 180$, et 180 est le plus petit
nombre possible pour le nombre total de dents des roues satisfaisant aux conditions voulues. On aura donc tous les rapports
indiqués par les systèmes de roues suivants, obtenus en posant
$2\pi (r + r') = 180$, ou en nombre rond $r + r' = 30$. Ce qui pour
le rapport $\frac{3}{2}$, par exemple, donne $3x + 2x = 30$ ou $x = 6$; une
roue sera $3 \times 6 \times 2\pi = 108$ et l'autre $2 \times 6 \times 6 = 72$.

RAPPORTS.	ROUES.	
1	90	90
2	60	120
3	45	135
4	36	144
$\frac{3}{2}$	72	108
$\frac{5}{4}$	80	100

564. Pour diminuer la difficulté de l'engagement et du désen-
gagement des roues fixées sur les deux axes, il faut les disposer
en deux séries inverses, croissantes et décroissantes. On trouve
économie, sous le rapport de la longueur utilisée des axes, à
disposer les roues comme le représente la figure.

Soient Mm Nn (fig. 535) les deux axes, Aa, Bb, Cc... les
paires de roues respectives dont la somme des rayons est égale
à la distance des deux axes, et dont les dents doivent être
amenées en face les unes des autres pour fournir les rapports
de vitesse vo

L'axe supérieur est disposé de manière à pouvoir glisser dans le sens de la longueur, et est retenu dans une position conve-

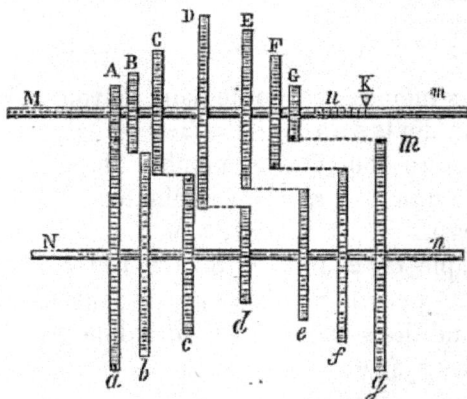

Fig. 535.

nable par un arrêt K qui entre dans une rainure n tournée sur l'axe.

Dans la figure, les roues A et a sont en prise; pour toute autre paire, telle que D d, le verrou K est soulevé, et l'axe poussé dans sa longueur jusqu'à ce que D et d soient dans le même plan. Le même mouvement amène la rainure n en face du verrou, et la position est assurée par celui-ci. Il en est de même pour toute autre paire de roues.

Les roues doivent être placées sur les axes, de manière que chaque roue atteigne la roue correspondante sans que rien s'oppose à son mouvement. A cet effet, les roues se succèdent dans l'ordre de leurs grandeurs, en plaçant les plus petites à chaque extrémité du groupe supérieur et les autres dans l'ordre successif, la plus grande au milieu; les roues de l'axe conduit doivent être dans un ordre inverse, et l'on diminue ainsi l'espace occupé par les roues sur les axes.

Soit m une quantité quelque peu plus grande que l'épaisseur de chaque roue. Quand A et a sont en contact, soit la distance latérale de B à $b = m$, de C à $c = 2m$, de D à $d = 3m$; et celle de la roue de rang n à la roue correspondante $= (n - 1)\,m$.

Chaque roue successive B ou C est trop grande pour être poussée au delà de la roue précédente a ou b du groupe menant; et pour avoir l'axe des roues supérieures aussi court que possible, il faut que celles-ci soient aussi rapprochées que possible. La moindre distance possible entre les deux roues A et B $= 0$, entre B et C $= m$, entre C et D $= 2m$, et ainsi de suite; dans le système de l'autre axe on devra avoir la distance entre a et $b = m$, entre b et $c = 2m$, et ainsi de suite; et les roues étant disposées dans un groupe conique de A à D et a à d, la longueur nécessaire pour n roues est pour l'axe supérieur la somme des épaisseurs des roues $+$ leur distance sur l'axe, c'est-à-dire :

$$n + \left\{ 0 + 1 + 2 \ldots (n-2) \right\} \Big] \, m = \left\{ (n-1)\frac{n-1}{2} + n \right\} m,$$

et, pour l'axe inférieur, égal à :

$$\left[n + \left\{ 1 + 2 + 3 \ldots (n-1) \right\} \right] m = \frac{n+2}{2} \, nm.$$

Ces nombres devront être calculés de la même manière pour chaque série, et par cette disposition des roues en deux groupes coniques, que représente la figure, elles occupent une très-faible longueur sur les axes, moindre que si les distances continuaient à croître pour une seule série conique, qui cependant est généralement préférable, parce que les roues ne se rencontrent jamais lors du mouvement des axes.

Quant aux rayons des roues, on les fait en général tels que l'accroissement des rayons de deux roues consécutives soit constant, de telle sorte que la première série étant $na \ldots 4a, 3a, 2a, a$, la seconde soit $a \ldots (n-4)a, (n-3)a, (n-2)a, na$. La vitesse de l'arbre moteur étant ω, celle de l'arbre conduit ω', on aura pour une poulie de rang n' :

$$n'a\omega = (n - n') a\omega' \text{ ou } \omega' = \omega \frac{n'}{n - n'},$$

système qu'on peut disposer de manière à obtenir toutes les variations dont on a besoin.

565. Il y a un inconvénient à prendre la somme des rayons égale à la distance des centres; c'est que ce système exige autant de paires de roues que de rapports de vitesse différents. Une méthode très-usitée des tourneurs consiste à garnir les extrémités des deux axes de deux roues convenables et à les mettre en rapport par une roue intermédiaire.

Soient a et b (fig. 536) les axes sur lesquels sont fixées les deux roues A et B; C la roue accessoire qui tourne autour d'une cheville fixée à l'extrémité d'une pièce Cc, qui porte une longue rainure à son extrémité. La rainure Dd appartient au bâti de la machine, et la pièce Cc, qui porte la roue accessoire, est fixée en place par un boulon passant à travers les deux rainures, à leur intersection; ce qui ne peut convenir que pour des mécanismes légers.

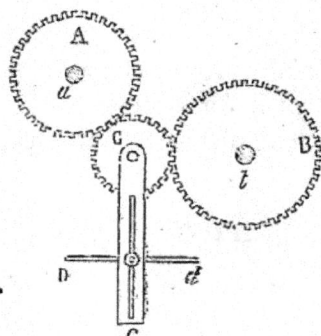

Fig. 536.

Par cette méthode, la roue C peut prendre diverses positions, et faire agir les roues A et B l'une sur l'autre, quels que soient leurs diamètres.

Les diverses méthodes de fixer la roue intermédiaire reviennent en réalité à celle-ci. S'il fallait en outre changer la direction, une seconde pièce analogue à Cc serait employée en plus, et deux roues accessoires montées dans le même plan.

Le nombre des roues est beaucoup diminué par ce système, qui, n'exigeant plus que la somme des nombres de dents des roues soit constante, permet de plus d'employer les diverses roues dont on dispose. Dans l'exemple donné ci-dessus qui suppose dix roues, on pourra, par le système dont nous parlons, n'en employer que cinq.

RAPPORTS.	ROUES.	
1	24	24
2	24	48
3	24	72
4	24	96
$\frac{3}{2}$	48	72
$\frac{5}{4}$	48	60

566. *Roues d'angle.* — On trouve dans quelques machines à percer un plateau denté pour obtenir diverses vitesses pour plusieurs séries de roues d'angle concentriques.

Il faut que le plateau mène toujours pour que la roue engrenée ne soit formée que de flancs diamétraux. Autrement il est clair que le mouvement ne serait plus régulier en construisant les roues d'angle comme d'habitude, parce que les courbes des dents du plateau ne peuvent être les enveloppes de diverses roues.

Le poids du plateau, l'impossibilité de maintenir l'outil à la même hauteur quand on fait varier la vitesse, rendent cette disposition assez vicieuse.

567. *Poulies multiples.* — Soient deux axes parallèles Aa, Bb (fig. 537) portant chacun des poulies de diamètres différents

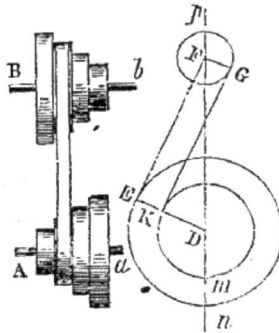

Fig. 537.

agissant l'un sur l'autre par l'intermédiaire de·courroies. On fera varier le rapport de vitesse angulaire en faisant passer la courroie d'une série à une autre.

La somme des diamètres de chaque paire de poulies doit être constante, pour que la longueur de la courroie reste la même en passant sur chacune (sauf toutefois une petite correction pour tenir compte de l'observation de l'art. 92, si la différence n'est pas constante, dans le cas où la courroie n'est pas croisée).

Soient DK, FG les rayons d'une paire ; menons GK, tangente commune aux deux poulies, et FE, parallèle à GK, et décrivons le cercle dont le rayon est DE = DK + FG.

La demi-longueur de la courroie = mK + KG + Gp et mK + Gp = Dm × mDK + FG × GFp = DE × mDK, car mDK = GFp ; donc ½ longueur = nE + EF, quantité constante pour toute paire de poulies dans lesquelles la somme des rayons est égale à DE.

Dans tout groupe de poulies où D est le diamètre de la roue menante et K la somme constante des diamètres, K — D est le diamètre de la roue menée. Si L et l sont les nombres de tours faits en un même temps, $\dfrac{l}{L} = \dfrac{K-D}{D} = \dfrac{K}{D} - 1$ et

$$D = \frac{KL}{L + l}.$$

En donnant à L et à l dans cette équation les valeurs des séries de vitesses voulues, on a les séries des diamètrs correspondants des poulies.

568. Pour économiser les modèles de fonderie dans la pratique, on fait, comme pour les roues, les groupes de poulies exactement semblables, en plaçant les plus petites en face des plus grandes. Des séries géométriques régulières de valeurs de $\dfrac{L}{l}$ peuvent être obtenues par ce système de poulies semblables comme il suit. Soit r le rapport commun de ces séries, n le nombre des termes; les termes extrêmes de ces séries sont évidemment réciproques l'un de l'autre; par suite, ces séries $\left(\text{en posant pour simplifier } m = \dfrac{n-1}{2}\right)$ sont de la forme

$$\frac{1}{r^m} \quad \frac{1}{r^{m-1}} \quad \dots \quad r^{m-1} \quad r^m.$$

Comme K est la somme constante des diamètres et D_1 D_2… les diamètres des poulies successives, les mêmes séries deviennent

$$\frac{D_1}{K-D_1}, \quad \frac{D_2}{K-D_2} \dots \frac{K-D_2}{D_2}, \quad \frac{K-D_1}{D_1},$$

et, en comparant les termes semblables, on a :

$$\frac{D_1}{K-D_1} = \frac{1}{r^m} \text{ d'où } D_1 = \frac{K}{1 + r^m}, \text{ semblablement } D_2 = \frac{K}{1 + r^{m-1}}$$

et ainsi de suite.

Exemple. — Soit une série de diamètres de 4 poulies et 4 valeurs de $\dfrac{l}{L}$, dont le rapport constant soit 1,38; la somme des diamètres des poulies correspondantes 25 centimètres, on a :

$$K = 25, \; r = 1,38 \; n = 4, \; m = \frac{3}{2},$$

$$D_1 = \frac{250}{26} = 9,6 \; D_2 = \frac{250}{22} = 11,4.$$

$D_3 = K - D_2 = 13,6 \; D_4 = K - D_1 = 15,40$ pour les diamètres en centimètres.

569. *Emploi de rouages.* — S'il est nécessaire d'obtenir un très-grand nombre de changements de vitesse, soit à l'aide de poulies, soit à l'aide de roues dentées, on emploie un système d'axes auxiliaires, ce qui donne la faculté d'introduire entre chacun un nombre donné de changements. Considérons un système de 4 axes, soit $A_1 A_2 A_3 A_4$ les vitesses angulaires des axes successifs; supposons de plus que les séries de changement de la valeur de $\dfrac{A_1}{A_2}$ forment des séries géométriques dont le rapport commun est r et le premier terme a; $\dfrac{A_1}{A_2} = a r^{n-1}$ est la valeur pour le terme n de cette série. Semblablement pour le terme m de la série suivante est $\dfrac{A_2}{A_4} = b s^{m-1}$ et $\dfrac{A_3}{A_4} = c t^{k-1}$ pour le terme t de la troisième. Le rapport de vitesse angulaire des axes extrêmes du système est

$$\frac{A_1}{A_4} = a b c r^{n-1} s^{m-1} t^{k-1} = C r^{n-1} s^{m-1} t^{k-1}.$$

Si le nombre des changements ou termes dont se composent ces séries sont respectivement m, n et k, le nombre

C

$C t$

$C t^2$

$\vdots$

$C t^{k-1}$

$C s$

$C s t$

$C s t^2$

$C s t^{k-1}$

$\vdots$

entier des changements qui peuvent être obtenus forme une progression géométrique continue dont la raison est t, comme on le voit en marge, pourvu que l'on ait

$$\frac{C s}{C t^{k-1}} = t \text{ ou } s = t^k,$$

et aussi

$$\frac{C r}{C s^{m-1} t^{k-1}} = t,$$

ou $\quad r = s^{m-1} t^k = s^m = t^{km}$

$C s^2 t^{k-1}$

$\vdots$

$. C s^{m-1} t^{k-1}$

$\vdots$

$C r$

$C r t$

$\vdots$

$C r^{n-1} s^{m-1} t^{k-1}$.

Les dispositions qui précèdent permettent de multiplier beaucoup les rapports de vitesse, en employant un nombre comparativement restreint d'organes de communication de mouvement. On rencontre notamment dans les grands tours et dans les tours à fileter des applications de ces dispositions.

570. *Roues et pignons intermédiaires.* —Si l'on y réfléchit un instant, on voit facilement, comme le montre au reste l'équation ci-dessus, que l'introduction d'axes auxiliaires, et par suite l'emploi de roues et pignons, permet de modifier dans un rapport étendu les vitesses de deux axes munis de roues déterminées. Nous donnerons encore, d'après Willis, deux exemples de systèmes de roues dentées ainsi employées.

Premier exemple. — *Roues dentées sur canons.* — La figure

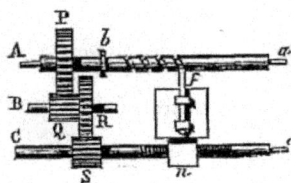

Fig. 538.

représente l'arrangement général de la communication du mouvement dans le tour à fileter dont nous avons déjà donné précédemment le principe.

A a est un cylindre fixé entre les pointes du tour, recevant un mouvement de rotation, et sur lequel doit être taillé le filet d'une vis.

C c est une longue vis tournant dans des coussinets fixés sur le bâti du tour et mettant en mouvement par le moyen de l'écrou n le support à chariot sur lequel est fixe l'outil f qui sert à creuser la vis.

Chaque révolution de la vis C c fait avancer le support d'une longueur égale au pas de celle-ci, et par suite si A a tourne avec la même rapidité que la vis, le ciseau trace sur sa surface $b a$ une vis qui a exactement le même pas que C c. Mais si A a tourne avec une vitesse moindre que celle de la vis, on tracera un pas différent.

Si A*a* et C*c* sont réunis par une série de roues de rechange A et B, comme fig. 538, on peut, en prenant des roues de nombre de dents convenable, obtenir tout pas voulu pour la vis *b a*.

B étant un axe auxiliaire monté dans une pièce glissante, faisons-lui porter les deux roues de rechange Q, R. Les pas de vis étant communément définis par le nombre de pas au centimètre, soit *n* le nombre de filets au centimètre de la roue C*c*. Puisque, pendant que C*c* tourne d'un tour, il fait avancer l'outil d'un $\frac{1}{n}$ de centimètre, comme A*a* tourne d'un tour de C*c* multiplié par $\frac{PR}{QS}$, le mouvement de l'outil dans le sens de l'axe sera $\frac{PR}{QSn}$ centimètres pour un tour de C. Le pas de la vis de A*a* sera donc $\frac{QSn}{PR}$ filets au centimètre.

En changeant ces roues auxiliaires on peut obtenir des vis d'un pas quelconque. Les pas habituellement demandés à ces tours varient de 2 à 20 filets au centimètre, et une série de 20 roues de rechange est généralement suffisante pour fournir toutes les valeurs nécessaires de $\frac{QS}{PR}$. La liste de ces roues doit être disposée sous forme de table, afin d'éviter tout embarras de recherche pendant le travail. (Voir liv. VI.)

Si l'appareil de la figure est employé pour tourner des cylindres au lieu de fileter des vis, le nombre des traces de l'outil dans ce cas varie de 20 à 400 au centimètre (en raison de la largeur de l'outil). Mais dans ce cas les mêmes roues peuvent servir pour le même genre de travail, dans des limites étendues.

Deuxième exemple. — Roues folles. — On emploie souvent dans les machines-outils des poulies montées sur tubes tournant sur l'axe plein, comme on le voit sur la figure 539. Cette disposition est très-élégante et permet à un axe de servir doublement.

Soit un axe A*a* portant la poulie D et la roue S montées à frottement doux sur lui, et une roue dentée P assemblée avec lui. On peut rendre à volonté la poulie D solidaire de la roue P, et alors l'axe Aa se meut en raison des rotations de D avec une

vitesse ω, et la vitesse de l'arbre C est $\dfrac{P}{Q}\,\omega$.

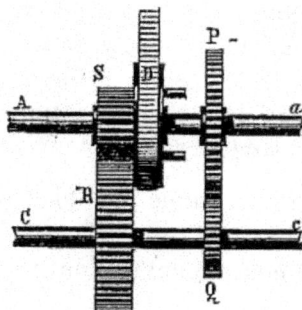

Fig. 539.

Si au contraire S est embrayée avec D dans la position de la

figure, vitesse de C toujours $\dfrac{S}{R}\,\omega$ et la vitesse de Aa est réduite

et devient $\dfrac{QS}{PR}\,\omega$.

571. *Poulies à expansion.* — Au lieu de changer les poulies,
on peut faire varier le diamètre d'une même poulie, ce qui constitue un organe employé surtout dans quelques cas où la
vitesse de l'opérateur doit être déterminée avec une rigoureuse
précision, comme, par exemple, dans les machines à fabriquer
le papier pour enrouler la feuille sortant de la machine.

Les figures 540 et 541 représentent deux exemples choisis

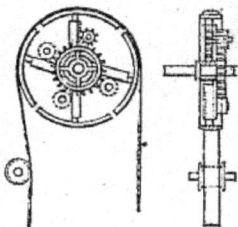

Fig. 540.

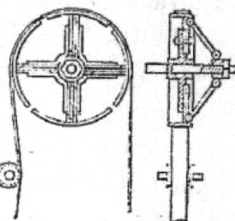

Fig. 541.

parmi les nombreux appareils de cette nature. On voit que,
dans ces deux cas, en faisant tourner l'écrou à vis ou la roue
dentée montée sur l'arbre de la poulie, on agit soit sur les cré-

maillères, soit sur les articulations du système, et on fait ainsi varier le diamètre de la poulie conduite, dont la surface est composée d'éléments disjoints. Un rouleau de tension déterminant toujours un frottement suffisant pour éviter le glissement, il est clair que la vitesse de l'axe mené par la roue à expansion variera en raison inverse du rayon de la poulie. Ce n'est en réalité qu'un mode de construction propre à donner à volonté une poulie de diamètre convenable dans les limites de variation peu étendues.

572. On trouve dans Lantz et Betancourt la description d'un treuil à spirale, dont le cylindre est formé par un certain nombre

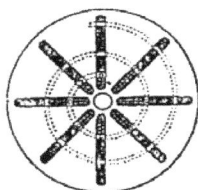

Fig. 542.

Fig. 543.

d'arêtes, qui jouit de la propriété de ces poulies à expansion de varier facilement de diamètre.

Chaque tête du treuil est composée de deux plateaux, l'un portant des fentes dans la direction des rayons, l'autre une rainure en spirale d'Archimède. Les arêtes du cylindre sont formées par des barres coudées à leurs extrémités de manière qu'elles appartiennent toutes à un même cylindre dans une position donnée. Il en sera encore de même lorsqu'on fera tourner d'un même angle les deux plaques percées en spirale, et on aura ainsi à volonté des cylindres d'un rayon quelconque dans la limite du mouvement permis par la face des têtes.

ARTICULATIONS.

Dans le cas où les mouvements sont transmis à l'aide de leviers, de bielles et de manivelles, on peut varier le rapport des vitesses en faisant varier le rayon des manivelles. Nous avons vu dans le livre I des dispositions de manivelles à coulisse qui se prêtent facilement à de semblables changements.

CHANGEMENTS CONTINUS DU RAPPORT DES VITESSES.

573. Dans les systèmes précédemment décrits, il faut nécessairement arrêter les machines pour effectuer les changements
de roues, les déplacements des courroies, etc.; et de plus les
séries de changements ne sont pas continues, et l'on n'a toujours le choix qu'entre un petit nombre de rapports renfermés
entre les limites extrêmes.

Nous allons maintenant considérer comment le rapport de
vitesse peut varier d'une manière
continue, ce qui permet d'obtenir
toute valeur renfermée entre des
limites déterminées.

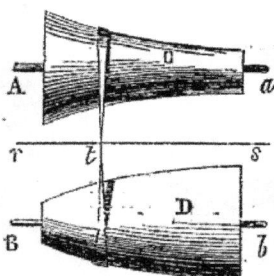

Fig. 544.

Cônes opposés. — Soient A a, B b
(fig. 544) deux axes parallèles, C, D,
deux solides de révolution ou larges
poulies mis en rapport par une courroie sans fin. Cette courroie est croisée, et la somme de toute paire de
rayons appartenant à une même sec-
tion perpendiculaire aux axes est constante; la courroie est
donc tendue et peut fonctionner dans toute position qu'elle
occupe perpendiculairement à leur surface.

Une barre rs glisse dans la direction de sa longueur, et est
munie en t d'une fourche ou de rouleaux de frottement à l'aide
desquels la courroie est déplacée ou maintenue en place. La
glissant, la barre entraîne la courroie, et les diamètres variant
d'une manière continue, les rapports de vitesse entre l'axe
menant et l'axe mené sont graduel-
lement changés.

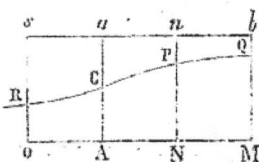

Fig. 545.

Les solides sont aisément déterminés d'après la condition de la
constance de la somme de leurs diamètres. Traçons AM, ab parallèles
écartés d'une distance égale à cette
somme (fig. 545), et soit CPQ la
courbe génératrice d'une poulie lorsqu'elle tourne autour
de AM; la même courbe engendrera la seconde poulie en
tournant autour de ab. Soit AN $= x$, NP $= y$, $nP = y_1$,

A et a étant les vitesses angulaires respectives des deux axes A M et ab, on a :

$$\frac{A}{a} = \frac{y_1}{y}.$$

D'ailleurs, pour que la courroie soit toujours tendue, on a $y + y_1 = c$,

donc
$$\frac{A}{a} = \frac{c - y}{y}.$$

Si les solides sont des cônes, dans lesquels A M — l, M Q = r, on a :

$$y = \frac{xr}{l} \quad \text{et} \quad \frac{A}{a} = \frac{c - \frac{r}{l}x}{\frac{r}{l}x} = \frac{\frac{lc}{r} - x}{x}.$$

574. Dans le cas particulier où le rapport des vitesses de rotation est inversement proportionnel à la distance x prise sur l'axe menant, on a :

$$x = C \frac{c - y}{y},$$

expression dans laquelle C représente une constante. On peut écrire cette valeur sous la forme :

$$x + C = \frac{Cc}{y} \quad \text{ou} \quad y(x + C) = Cc,$$

et si l'on pose $x + C = x'$, on aura :

$$x' = \frac{Cc}{y} \quad \text{ou} \quad x'y = Cc.$$

C'est, comme on le voit, l'équation d'une hyperbole équilatère. C'est la forme que représente la fig. 544 employée dans les bancs à broches.

575. Si les déplacements égaux doivent faire varier les rapports de vitesse en progression géométrique, on a :

$$\frac{NP}{nP} \quad \text{ou} \quad \frac{ly}{c - y} = g.$$

Quand $x = 0$, N P = n P, c'est-à-dire lorsque l'origine est au point A pour lequel $AC = aC$, et l'équation de la courbe peut être soumise sous la forme

$$\frac{c}{y} = g^{-x} + 1. \text{ ou } y = \frac{c}{g^{-x} + 1};$$

on en tire encore :

$$c - y = c - \frac{c}{g^{-x} + 1} = \frac{c}{g^{x} + 1}.$$

D'après cette équation, les ordonnées inverses à deux distances égales du point A, correspondant à des valeurs égales de x comme A N, A O, telles que N P, s R, sont égales.

Dans la pratique on fait presque toujours les poulies solides en forme de cônes, parce que la courroie glisse bien, l'inclinaison n'étant jamais grande. Dans ce cas, tous les rapports de vitesses voulus s'obtiennent en faisant glisser la courroie de quantités inégales.

Nous avons vu qu'on avait dans ce cas :

$$\frac{A}{a} = \frac{\dfrac{lc}{r} - x}{x}, \text{ d'où } x = \frac{lc}{r} \times \frac{1}{1 + \dfrac{A}{a}},$$

d'où l'on déduit les valeurs successives de x pour toutes les valeurs de $\dfrac{A}{a}$.

Quelquefois on emploie un cône et un cylindre pour former les deux solides; dans ce cas, un rouleau de tension est nécessaire pour qu'une même courroie puisse toujours servir, puisque la somme des diamètres des poulies n'est plus constante.

La fusée dont nous avons donné la description est essentiellement un organe de variation de vitesse, puisque le rapport des vitesses des deux axes se modifie en chaque instant en raison du tracé des spirales.

576. *Roues se conduisant par contact.* — Nous supposons dans ce qui précède qu'il s'agit de communication de mouvement entre des axes parallèles, ce qui est le cas le plus important. Si les angles sont à angle droit, on peut considérer comme propre à faire obtenir un rapport de vitesse voulu par contact de roulement le système que nous avons déjà décrit livre I, art. 264, fig. 233, et qui consiste en un plateau assemblé sur un des axes, et sur lequel roule à plat une roue assemblée

à un axe perpendiculaire au premier. Cette roue peut être placée à volonté à des distances diverses du point de rencontre des axes ; le mouvement qu'elle reçoit du plateau est en raison de cette distance. Si r est le rayon du rouleau (fig. 546), R le rayon variable de son point de contact avec le disque, A et a les *vitesses* angulaires respectives des deux axes, on a $\dfrac{A}{a} = \dfrac{R}{r}$, qui varie proportionnellement à R.

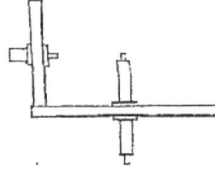

Fig. 546.

Une roue reposant sur un cône peut encore servir dans le cas d'axes qui se rencontrent ; cette disposition, comme la précédente, est surtout employée pour des compteurs. Nous l'avons décrite en traitant du planimètre.

577. Ces systèmes, à cause de leur continuité, représentent un nombre infini des roues ; la fréquence des glissements qui s'y produisent les empêche de fournir pratiquement des résultats importants, tandis qu'ils offrent un grand intérêt au point de vue théorique.

Dans le cas du plateau, la roulette devrait être sans largeur, pour avoir un mouvement correspondant exactement à la distance au centre de son rayon moyen ; mais les effets d'inertie qui se produisent lors des mouvements dans le sens de l'axe, et le frottement, contrarient toujours les mouvements de rotation de la roulette, d'où résultent des glissements.

578. Willis donne une curieuse détermination de la forme qu'il faudrait donner à une roue pour qu'elle pût conduire une roulette conique en ayant toujours un élément de contact linéaire peu étendu, mais permettant le roulement, lorsque le sommet de la roulette mobile doit se mouvoir non plus parallèlement à son axe, mais en ligne droite.

La roulette appartenant au cône, dont le sommet est sur A B l'apothème de celui-ci formera la longueur de la tangente à la courbe cherchée, et comme il est constant, il en résulte que ce profil est une *tractrice* ou développante de chaînette.

Ainsi soit A B l'axe du cône conducteur, engendré par la courbe N n, la roue conduite consiste en une partie K M appartenant à un cône dont le sommet se meut suivant A B, axe du premier cône.

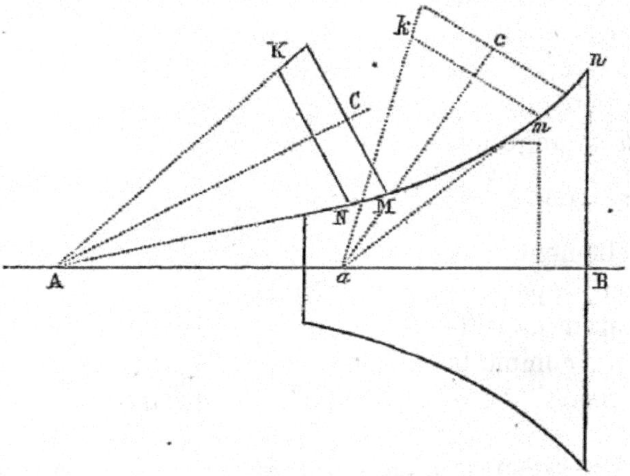

Fig. 547.

Soit km une position de la roulette, lorsque le contact avec le premier cône a lieu en m, le sommet A s'étant transporté en a, am, d'après la génération de la courbe, est la tangente au point m, et sa longueur am, du cône A C, est constante. On aura pour valeur de cette sécante t :

$$\frac{t}{y} = \frac{\sqrt{dx^2 + dy^2}}{dy} \text{ ou } t = \text{constante} = y\frac{\sqrt{dx^2 + dy^2}}{dy},$$

ou enfin $dx = \dfrac{dy}{y}\sqrt{t^2 - y^2}$, équation différentielle de la courbe N n, qui intégrée donne :

$$x = \sqrt{t^2 - y^2} + \frac{t}{2}\log. \frac{t - \sqrt{t^2 - y^2}}{t + \sqrt{t^2 - y^2}}.$$

A l'aide de cette équation, la courbe peut facilement être construite par points.

Si l'on pose $\sqrt{t^2 - y^2} = s$ sous-tangente, on a la forme plus simple :

$$x = s - \frac{t}{2}\log. \frac{t + s}{t - s}.$$

En faisant varier y de 1 à 3 et posant $t = 4,80$, on obient les valeurs renfermées au tableau suivant, qui rend facile la construction par points de la courbe.

y	s	x
1,0	4,70	6,29
1,1	4,68	5,80
1,2	4,65	5,29
1,3	4,62	4,88
1,4	4,59	4,53
1,5	4,56	4,23
1,6	4,53	3,97
1,8	4,46	3,47
2,0	4,37	2,97
2,2	4,27	2,54
2,4	4,16	2,17
2,6	4,04	1,85
2,8	3,90	1,54
3,0	3,76	1,30

CHAPITRE III.

Systèmes servant à la régularisation du mouvement.

579. Les variations de vitesse du mouvement, presque toujours nuisibles au bon travail d'une machine, et qui proviennent des variations qui surviennent dans la puissance ou dans la résistance, sont de deux sortes : ou périodiques et renfermées dans des limites assez restreintes, ou croissant dans un sens et pouvant devenir considérables dans le cas où, le travail résistant de l'opérateur ne croissant pas en même temps que le travail moteur (ou inversement), le mouvement ne se régularise pas de lui-même par la production d'une plus grande quantité de travail. Nous pouvons, d'après cela, diviser les systèmes destinés à maintenir la vitesse des machines dans des limites convenables pour le travail à opérer en trois classes :

I. Ceux qui ont pour but de régulariser les variations périodiques, et qui consistent en des moyens d'emmagasiner simplement un excès de travail pour le restituer lorsque la vitesse diminue ;

II. Ceux qui se rapportent aux variations non périodiques, auxquelles on remédie :

1° En faisant varier le travail moteur pour le rendre égal au travail résistant;

2° En faisant varier la résistance utile pour la rendre égale à la puissance ;

3° En consommant l'excès de travail par une résistance nuisible ;

III. Enfin, nous rangerons dans une troisième classe des organes qui, doués d'un mouvement propre parfaitement régulier, sont introduits dans un système pour lui communiquer cette régularité.

PREMIÈRE CLASSE.

INERTIE.

580. *Volants*. — Les volants, formés de rayons portant des poids, ou mieux de roues à jantes pesantes (fig. 548) qui se meuvent avec une grande rapidité, et dont l'axe peut être horizontal ou vertical, fournissent le moyen le plus usité de compenser les inégalités périodiques de l'action du moteur.

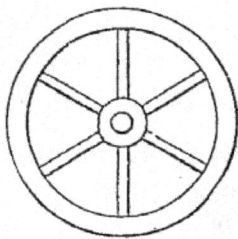

Fig. 548.

La théorie des volants étant entièrement dynamique ne saurait être traitée ici; nous en indiquerons seulement les bases. Si le travail moteur vient à l'emporter sur le travail résistant, l'excès du travail moteur accroîtra la vitesse angulaire du système; la plus grande partie contribuera à augmenter la vitesse du volant et sera consommée en résistance d'inertie ; le reste seulement de cet excès contribuera à augmenter la vitesse des autres pièces de la machine. L'inverse aura lieu quand la vitesse diminuera. Au lieu d'être consommé, le travail emmagasiné vient s'ajouter au travail utile quand la vitesse vient à diminuer, et dans certains cas, dans les laminoirs notamment, permet de surmonter des résistances supérieures à l'effet direct du moteur; toutefois, le travail considérable consommé par le frottement de l'axe du volant chargé d'un poids considérable, doit en principe faire limiter le poids du volant aux dimensions rigoureusement nécessaires.

La mécanique donne les règles d'après lesquelles on doit déterminer les masses et les rayons des volants de manière que des variations périodiques de force motrice dont on connaît les limites ne donnent au volant, et par suite à la machine, que des variations de vitesse inférieures à une limite donnée, reconnue convenable à la bonté du travail de la machine opératrice. Nous devons renvoyer aux cours de mécanique appliquée pour ces déterminations.

La formule que fournit la mécanique est $P = \dfrac{ng\,T}{V^2}$; P poids du volant, V sa vitesse à la circonférence. La valeur de l'excès de travail T déterminée donnera donc immédiatement la valeur de $P\,V^2$, ou du moment d'inertie du volant.

Le volant corrigeant les variations de vitesse en vertu de son inertie, devra être d'autant plus pesant ou être mû avec une vitesse d'autant plus grande, que les écarts de la vitesse moyenne seront plus considérables; le travail du frottement des tourillons croîtra donc proportionnellement à ces écarts de la vitesse de régime. Toutes les fois donc que dans un même système on aura à utiliser successivement des forces motrices de grandeur très-différente, il n'y aura souvent aucun profit à employer les plus petites, vu que, outre les résistances passives qu'entraîne leur utilisation pour produire un mouvement régulier, elles nécessiteraient l'emploi d'un volant très-pesant, mû avec une grande vitesse, qui ferait naître un travail résistant nuisible de frottement.

PESANTEUR.

584. *Contre-poids.* — Un poids élevé pendant la période du *maximum* et descendant pendant le *minimum*, est un régulateur comme le volant, mais n'ayant pas la puissance que communique à celui-ci sa grande vitesse. Employée souvent dans les petits mécanismes, cette addition d'une résistance, puis d'une puissance égale, lors du *maximum* et du *minimum*, pourrait aussi faciliter dans la machine à vapeur l'emploi de détentes considérables.

Du mode d'action de la bielle qui fait tourner un volant (nous considérons spécialement ici la machine à vapeur, mais ceci est vrai pour toute puissance dont l'action va en décroissant), il résulte que la vapeur agissant à pression pleine, ce qui correspond alternativement au point le plus haut et le plus bas de la course de la bielle, fait parcourir au piston un espace moindre dans le même temps que vers le milieu de la course, lorsque la détente est déjà notable, et qu'enfin la vitesse du piston ne redevient très-faible qu'à la fin de la course, aux dernières limites de la détente.

Il résulte de ceci tendance à l'accélération pendant la première partie du mouvement à pression pleine, et une action retardatrice quand la détente est poussée un peu loin.

Il n'en serait plus ainsi, et l'effort exercé se rapprocherait de la pression moyenne de la vapeur, si le travail de la première partie de la course du piston était en partie consommé à élever un poids qui restituerait le travail emmagasiné, vers la fin de la course, quand la détente se prolonge, si surtout la variation de ce travail suivait un ordre inverse de celle du travail correspondant à un mouvement régulier de la manivelle, c'est-à-dire s'il était le plus grand quand il est *minimum* dans celle-ci. C'est ce qu'il nous paraît facile de réaliser.

Supposons qu'on adapte au balancier (fig. 549) une barre perpen-

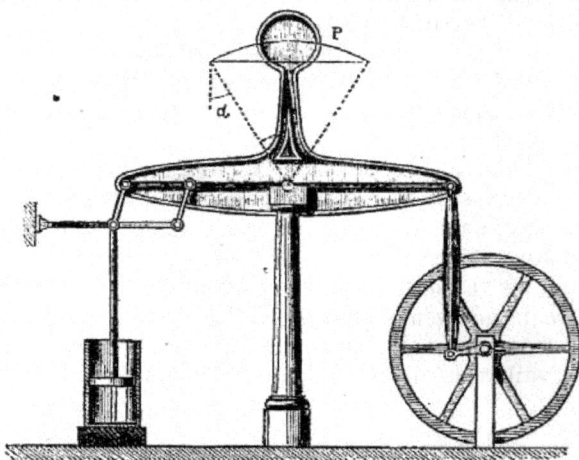

Fig. 549.

diculaire à son axe, portant à son extrémité un poids P ; ce poids montera et descendra par chaque oscillation double du balancier d'une hauteur H, égale au sinus-verse de l'angle décrit pour la verticale passant par le centre du poids, à droite et à gauche. La vapeur travaillant à pression pleine, soulèvera ce poids, et la dé-tente se prolongeant, tout le travail PH, pris sur le travail de la vapeur à pression pleine, viendra s'ajouter à celui produit par la détente. Quant aux résistances que ferait naître cette disposition, elles sont évidemment minimes, se réduisant à une augmentation du frottement de l'axe autour duquel oscille le balancier, qui ne fait que des oscillations d'un arc de peu de degrés, et consomme par suite peu de travail par frottement.

On pourra obtenir graphiquement la représentation de l'effet de ce régulateur, pour corriger les excès de travail et déduire du tracé les dimensions convenables.

Prenons par exemple le cas d'une détente au 5e (fig. 550) et empruntons à M. Morin les courbes calculées pour ce cas, en admettant la loi de Mariotte.

Les aires comprises entre la courbe et la ligne DD', au-dessus et au-dessous de celle-ci, représentent les quantités de travail moteur et de travail résistant qui causeront des irrégularités que le volant doit compenser.

Mais, d'après la disposition que nous avons indiquée, le poids régulateur agit comme le ferait la bielle d'une manivelle sur un petit arc, des deux côtés du point mort, et la longueur du chemin parcouru par l'angle décrit pour le poids agissant pendant toute la course étant représentée par la longueur de la circonférence décrite par le bouton de la manivelle, on pourra représenter de même par une aire de courbe, à une certaine échelle, le travail consommé et restitué successivement par la pesanteur, en prenant les mêmes abscisses que dans le tracé précédent. On voit clairement que le travail moteur de la bielle sera diminué dans les parties où il est en excédant, et augmenté dans celles où il est très-faible.

. Il faut remarquer toutefois que le déficit est augmenté près du commencement de chaque oscillation du piston, aussi ne doit-on pas trop exagérer ce système. L'absence de travail utile à l'origine n'est toutefois un inconvénient que relativement à la résistance que le volant aura alors à surmonter, car d'ailleurs cette disposition donnerait aux machines à double effet quelque chose des avantages de celles de Cornouailles. En ayant soin en effet de donner de l'avance à l'admission, la vapeur rencontrerait la résistance additionnelle de la masse à mouvoir en sens contraire de la même manière que les machines de Cornouailles entraînent un contre-

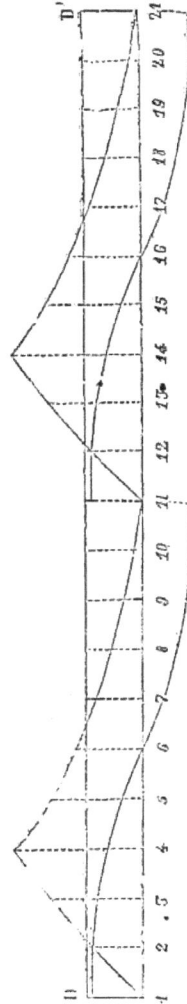

Fig. 550.

poids à l'origine du mouvement. Comme dans ce cas, la pression
dans le cylindre serait sensiblement égale à celle de la chaudière.
Or, plus il en est ainsi, plus l'ébullition est tranquille, moins il y
a d'eau entraînée avec la vapeur; mieux; en outre, au point de
vue des contractions et résistances nuisibles, on tire parti du travail que peut fournir un poids donné de vapeur.

Ce système s'appliquerait facilement et utilement aux machines
horizontales à longues détentes, le contre-poids étant monté à l'extrémité d'un levier oscillant dans un plan vertical, que rencontrera
la tige du piston.

582. *Cloches pesantes.* — L'action d'un poids permet de
rendre à peu près constant l'écoulement des gaz. Les régulateurs, construits d'après ce principe, consistent dans l'emploi
d'une cloche renversée sur un liquide et chargée d'un poids
déterminé, ou, ce qui revient au même, d'un piston pesant se
mouvant dans un corps de pompe. Quand la quantité du gaz
augmente, là pression reste constante; car, pour la moindre
augmentation de pression, la cloche s'élève et la capacité augmente; elle diminue, au contraire, et la cloche baisse si la
consommation devient plus considérable que la production.

Pour l'écoulement des gaz comprimés, on fait mouvoir en
tirant parti de cette variation de volume, un robinet qui règle
l'écoulement. Telle est la disposition représentée fig. 551.

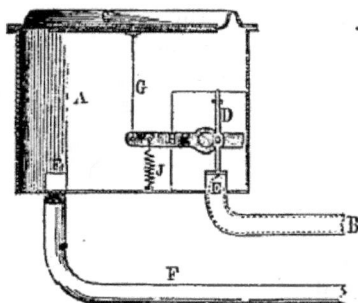

Fig. 551.

Imaginé par M. Boquillon à l'époque où l'on se préoccupait
beaucoup de l'emploi du gaz comprimé pour l'éclairage, la disposition ingénieuse de cet appareil a été imitée dans plusieurs
régulateurs appliqués au gaz courant, et aussi pour régulariser
dans les tuyaux des orgues l'émission du vent.

Soit A une capacité dans laquelle il s'agit de rendre constante la pression du gaz qui lui est fourni par un récipient, dans lequel la pression, toujours bien supérieure à celle de la capacité A, est variable.

La paroi C de la capacité A est mobile, et assemblée par un cuir flexible ou une membrane ; elle se soulèvera aussitôt que la pression du gaz y sera suffisante pour vaincre le poids de cette paroi supérieure.

Or les choses sont disposées de manière que, quand la paroi C est soulevée, elle appliquera un obturateur contre l'orifice E, et le gaz cessera de s'écouler ou s'écoulera en moindre quantité que quand la paroi C sera baissée.

Cet effet est obtenu en transformant le mouvement rectiligne de la paroi C en un mouvement rectiligne de l'obturateur, ce qui s'obtient facilement à l'aide d'un levier H mis en mouvement par la paroi C à l'aide d'une tringle G, comme le représente la figure.

DEUXIÈME CLASSE.

1° MODÉRATEURS FAISANT VARIER LE TRAVAIL MOTEUR POUR LE RENDRE ÉGAL AU TRAVAIL RÉSISTANT.

583. C'est à modérer l'action du moteur que servent les systèmes que nous allons étudier. Quand le moteur est intelligent, qu'il s'agit de l'emploi de la force musculaire, elle se limite par l'action du moteur même ; mais pour les moteurs naturels, l'eau ou la vapeur, c'est en diminuant les volumes agissant dans l'unité de temps qu'on y parvient, en faisant mouvoir les vannes ou les robinets d'introduction. Le problème se réduit à faire mouvoir ces vannes dès que la vitesse s'écarte de la vitesse de régime, au moyen de mécanismes spéciaux mus par le moteur.

La puissance devenant supérieure à la résistance, les vitesses de toutes les pièces de la machine croissent en même temps ; et si l'entrée de la vapeur, en prenant d'abord le cas de la machine à vapeur par exemple, était réglée par une pièce en mouvement, il semble qu'il devrait passer par l'orifice d'entrée ainsi réglé, davantage de vapeur dans l'unité de temps, et le mouvement encore s'accélérer par ce motif. Mais il n'en est plus ainsi en faisant intervenir convenablement un élément

étranger ; c'est surtout à l'aide de la pesanteur qu'on a pu résoudre le problème à l'aide des systèmes que nous allons étudier.

584. *Pendule conique.* — L'appareil qui résout ce problème
par l'intervention de la pesanteur combinée avec la force centrifuge de pièces mobiles dépendant de la machine, est le pendule conique représenté fig. 552, tel qu'il a été appliqué par
Watt à la machine à vapeur.

L'axe avec lequel il est assemblé est mis en mouvement par
une courroie communiquant avec les rouages de la machine ;
les boules qui, à l'état de repos, pendent le long de l'axe,
prennent, lors du mouvement, des positions inclinées dans la
direction de la résultante de la gravité et de la force centrifuge
qui résulte de la vitesse de rotation de l'axe. La gravité étant
constante et la force centrifuge croissant comme le quarré de
la vitesse, les boules s'éloigneront d'autant plus de l'axe que
celle-ci sera plus grande. Dans ce mouvement, les leviers articulés avec chaque branche du pendule (portant un manchon
glissant sur l'axe), se redressant, le manchon s'élève et fait
mouvoir un levier dont le mouvement alternatif autour de la
position correspondant à la vitesse de régime est utilisé pour
modérer l'action du moteur ; par exemple, dans le cas d'une
machine à vapeur, il fait mouvoir la valve d'admission, et la
ferme d'autant plus que la vitesse dépasse davantage la vitesse
de régime.

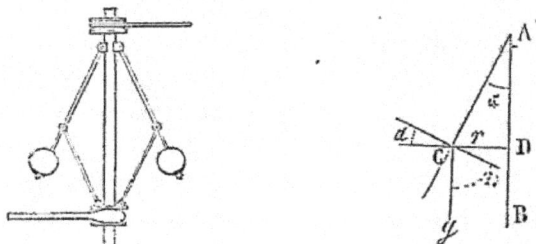

Fig. 552.

585. On peut, d'après cette vitesse, déterminer la figure de
l'appareil. Supposons pour plus de simplicité la boule réduite
à un point matériel ; dans la position d'équilibre, il faudra que
les deux composantes perpendiculaires à AC (fig. 552) se fassent

équilibre : quant à celles dans cette direction, elles sont détruites par la résistance du pendule. On aura donc, $\frac{v^2}{r}$ étant la force centrifuge, et la vitesse de rotation v égalant $r\omega$, ω la vitesse angulaire : $\frac{v^2}{r}$ cos. $\alpha = r\omega^2$ cos. $\alpha = g$ cos. $(90° - \alpha) = g$ sin. α ou $r = \frac{g}{\omega^2}$ tang. α; or, $r =$ AD tang. α, donc AD $= \frac{g}{\omega^2}$. Donc enfin les boules devront être placées sur un point C de la ligne CD, déterminée par cette équation, et le tracé s'achèvera facilement.

La longueur AD pour une vitesse donnée est facile à obtenir par expérience : soit t, la durée d'une révolution du régulateur à la vitesse de régime qu'on veut maintenir dans la machine, 2π est le chemin parcouru à l'unité de distance, ou $\frac{2\pi}{t} = \omega$;

donc, $$\text{AD} = \frac{g}{\omega^2} = \frac{g t^2}{4\pi^2} \text{ et } t = 2\pi \sqrt{\frac{\text{AD}}{g}}.$$

La durée de l'oscillation d'un pendule simple est $\pi \sqrt{\frac{l}{g}}$, donc pour trouver la longueur AD, il suffira de suspendre une balle de plomb à un fil, et de chercher la longueur pour laquelle la durée des oscillations soit moitié de la durée donnée d'une révolution du pendule conique.

Appelant l la longueur AC du pendule conique, la formule ci-dessus revient à $t = 2\pi \sqrt{\frac{l}{g} \text{ cos. } \alpha}$.

C'est surtout dans les machines à vapeur que le pendule conique a trouvé une très-heureuse application; elle a été heureusement complétée en utilisant son effet non plus à étrangler le passage de la vapeur, mais bien mieux à en diminuer la consommation pour chaque coup de piston, a accroître le détente, et par suite à économiser le combustible, quand le travail doit diminuer.

On emploie quelquefois le pendule conique pour faire varier la position de la vanne qui laisse passer l'eau qui s'écoule sur une roue hydraulique. Dans ce cas, le levier fait mouvoir un

manchon à deux griffes, commandant un embrayage. Ce système a été donné plus haut (fig. 525).

Les gonflements résultant de l'action de l'humidité sur le
bois, rendent les résistances des vannes trop variables pour
que ces appareils fonctionnent d'une manière aussi satisfaisante
que pour les machines à vapeur.

Le régulateur à boules a été encore employé à bander un
frein, à soulever un arrêt, etc. On voit que, d'après sa nature,
c'est un régulateur universel qui peut être employé dans toutes
circonstances au moins théoriquement. Il suffit d'utiliser convenablement le mouvement rectiligne qu'il produit par suite
des variations de vitesse.

On doit remarquer toutefois que ce régulateur a le grave
défaut que son effet n'est pas instantané, et qu'il ne peut agir
qu'après qu'un dérangement notable a été produit : l'appareil
ne saurait par conséquent remédier aux variations de vitesse
qu'en produisant une succession d'oscillations, et en faisant
varier la vitesse.

586. *Modérateur parabolique*.—On a réussi à obvier à l'inconvénient du modérateur à force centrifuge que nous venons de
signaler, c'est-à-dire à faire en sorte que la vitesse du régime ω
reste sensiblement constante, pour divers équilibres dynami-

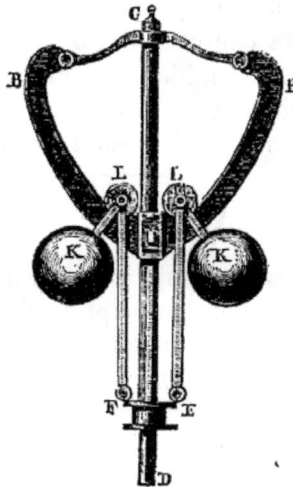

Fig. 553.

ques, condition nécessaire pour le bon fonctionnement des
outils, pendant que le modérateur imprime toujours, par suite

de l'écartement des boules de la verticale, le mouvement voulu à un organe convenable, robinet, vanne, tiroir ou autre.

D'après la relation indiquée plus haut, le problème consiste à faire que la ligne A D soit constante, ce qui serait obtenu si on pouvait faire varier la longueur AC de telle sorte que la courbe décrite lors du mouvement d'élévation ou de descente des boules fût une parabole convenablement tracée. C'est le résultat direct de la propriété de la parabole que la sous-normale (égale à A D dans la figure 552) est une quantité constante. Cette condition a déterminé la construction de plusieurs régulateurs paraboliques : tel est celui de Franke, représenté figure 553; mais la pratique ne les avait pas adoptés, à cause des inconvénients attachés à l'emploi des galets qui supportent les boules sur les guides paraboliques, des frottements auxquels ils donnent naissance.

587. *Régulateur à bras croisés.* — Farcot, l'habile constructeur, est arrivé à construire un appareil solide et simple qui a, dans la pratique, tous les avantages des régulateurs paraboliques. A cet effet, il remplace la parabole par un arc de cercle de rayon suffisant, qui s'écarte de cette courbe aussi peu que possible dans les limites des déplacements que les boules du modérateur doivent effectuer, ce qui conduit à placer le centre

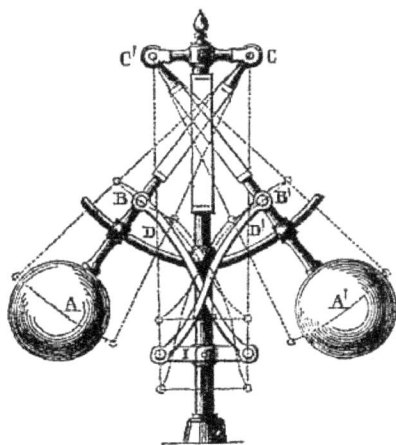

Fig. 554.

au delà de la tige qui porte le pendule (le centre de courbure d'un arc de parabole est toujours situé de l'autre côté de son axe). Les branches traversent l'arbre tournant auquel elles sont assemblées (figure 554).

L'emploi d'une articulation autour d'un centre ne peut réaliser le problème qu'approximativement : aussi il dispose la circonférence décrite de telle façon qu'elle fasse saillie au dehors de la parabole vers le milieu de l'arc utile, et qu'elle pénètre, au contraire, dans la courbe vers les extrémités de cet arc. Il résulte de cette circonstance que, pour les positions extrêmes, la longueur du pendule est trop petite, et que, par conséquent, le mouvement de rotation normal tendrait à s'accélérer ; mais une disposition particulière est prise pour parer à cette cause de perturbation.

Le manchon sur lequel doit agir le système est, à la manière ordinaire, embrassé par la fourchette d'un levier, à l'autre extrémité duquel se trouve la tige qui agit sur l'admission de la vapeur. Cette tige porte, à son extrémité inférieure, un galet qui repose sur une pièce mobile équilibrée par un contre-poids dont la fonction est de régulariser l'action de l'appareil, en même temps qu'il sert à équilibrer le poids de la tige elle-même. Si la portion du levier sur laquelle repose le galet a reçu une courbure convenable, on pourra facilement faire en sorte que l'action de ce contre-poids soit plus ou moins énergique, et qu'ainsi la résistance opposée au fonctionnement du régulateur vienne s'opposer à l'accélération que l'on pourrait craindre.

Le contre-poids est d'ailleurs mobile sur son levier et permet de régler l'appareil de telle façon que les boules puissent occuper toutes les positions de leur parcours pour les différentes vitesses de régime que l'on cherche à obtenir.

Nous n'avons pas parlé, jusqu'ici, de l'influence propre du poids des tiges des boules au point de vue de la force centrifuge. Il convient cependant de remarquer que telle portion de ces tiges qui se trouvait à droite de l'axe pour les positions les plus basses des boules passent nécessairement à gauche pour les positions les plus élevées, et qu'ainsi leur poids, qui agissait d'abord en sens contraire de celui des boules, vint concourir, dans cette dernière position, avec le leur ; l'action de la force centrifuge serait donc prépondérante pour les positions supérieures des boules, et Farcot compense cette influence perturbatrice au moyen d'un ressort qui agit sur le manchon, et qui est d'autant plus comprimé que ce manchon est plus relevé, ce qui rend le régulateur moins sujet à s'emporter vers les parties supérieures.

588. *Des dimensions et des poids des éléments du régulateur.*— M. Tchébychef a montré, dans un mémoire fondé sur une méthode de calcul qui le conduit à calculer les éléments du modérateur de manière à ce qu'ils éprouvent des variations dé vitesses minima, que les dimensions du régulateur à bras croisés pouvaient être déterminées de manière à le rendre isochrone, aussi bien qu'on y arrive à l'aide d'un ressort dont la résistance ne saurait suivre la loi nécessaire pour l'isochronisme et qui constitue cependant le moyen le plus simple et le plus applicable dans la pratique.

α étant la variation de l'angle d'inclinaison de la première partie de la tige sur l'axe vertical du régulateur, il montre que la fonction qui exprime la variation d'isochronisme varie de 0,004 pour $\alpha = 14°$, 40', et de $-0,004$ pour $\alpha = -13°,50$, que l'élévation du manchon s'élève entre ces valeurs de 0,62 de

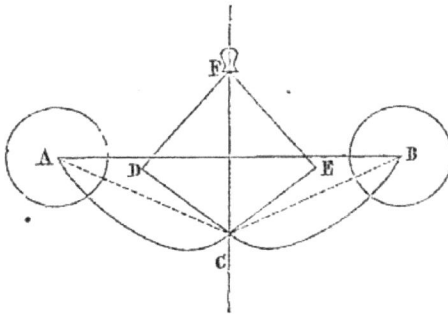

Fig. 555.

la première partie du bras (CD, CE, fig. 555) prise pour unité, en adoptant les dimensions suivantes :

AC et BC, les *secondes parties* des tiges du régulateur, ou $r = 1,7215$.

EF et DF les bras soutenant la douille F, ou

$$m = 1,31271.$$

Les angles égaux ACE et BCD, formés par les premières parties des tiges, et l'axe du régulateur auront chacun, pour la vitesse de rotation de régime d'un régulateur, 58° 46'. Les secondes parties des tiges doivent être recourbées, comme cela est indiqué sur la figure, pour ne pas entraver le jeu des premières parties de ces tiges, de façon que les centres A et B des sphères oscillantes se trouveront élevés au-dessus de C, point d'attache des tiges à l'axe du régulateur, mais ils doivent être rigoureusement à la distance $r = 1,72115$ de ce point C. Enfin, ce régulateur se distinguera du régulateur de Watt par le poids assez considérable de sa douille, pesant 4,06355... fois plus que chacune des sphères oscillantes.

589. *Modérateur à contre-poids de Foucault.* — L'emploi d'un contre-poids pour aider l'action des boules a depuis longtemps été proposé par Charbonnier, de Mulhouse, et Farcot en a tiré bon parti; c'est surtout Foucault qui a montré de la manière la plus simple le haut degré d'isochronisme que l'on peut obtenir par son emploi.

Reprenons la formule $t = 2\pi\sqrt{\dfrac{l\cos.\alpha}{g}}$.

Si, au lieu d'un point, le pendule porte une boule sphérique dont on peut considérer la masse comme concentrée en son centre de gravité, la formule sera toujours vraie, et si P en est le poids, comme $P = Mg$, elle devient :

$$t = 2\pi\sqrt{\frac{M\,l\cos.\alpha}{P}}.$$

Si on fait entrer dans la formule le poids p du manchon, on voit facilement en comparant les moments dans les deux cas que, pour une même valeur de r, les rapports des carrés des vitesses angulaires sont entre eux comme $\dfrac{P+p}{P}$, et par suite les temps sont en raison inverse des racines carrées, c'est-à-dire que l'on a :

$$t = \sqrt{\frac{P}{P+p}} \times 2\pi\sqrt{\frac{l\,M\cos.\alpha}{P}} = 2\pi\sqrt{\frac{M\,l\cos.\alpha}{P+p}}.$$

Si on se contente de rendre p considérable, on a le régulateur Porteur (fig. 556), qui a le mérite de surmonter des résistances notables avec des boules et des bras légers.

Si on remarque que dans la formule ci-dessus cos. α étant une variable, t l'est aussi, on voit que, pour que t devienne une constante, il faudrait faire disparaître cos. α en introduisant un terme égal dans le dénominateur de la fraction sous le radical, en remplaçant $P + p$ par $(P + p)$ cos. α. Or, ce terme

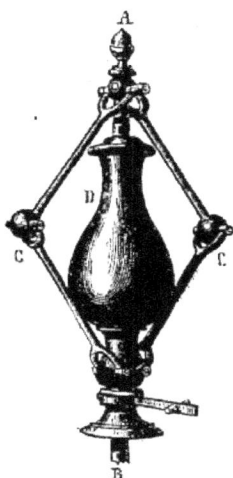

Fig. 556.

répond à un poids qui s'incline sur la verticale; c'est là le principe d'une solution d'une grande simplicité et d'une grande précision proposée par Foucault.

Soit une barre A O (fig. 557) articulée au bout d'une barre oscillante A S, et pour de petites variations, se mouvant suivant une ligne sensiblement horizontale. O se mouvra suivant une ligne verticale, et transmettra au manchon les efforts exercés à l'extrémité A de cette barre A O, où on applique l'action d'une force constante $= P + p$.

Cette force reportée au point O, peut être décomposée en deux, une horizontale sans effet sur le manchon, et une verticale qui lui est directement opposée et tend à le soulever. Cette force verticale, nulle lorsque la barre est horizontale, acquiert lorsque le manchon s'élève ou s'abaisse une valeur positive ou négative proportionnelle au sinus de l'angle η ou à l'espace parcouru par le manchon. Il faudrait donc écrire dans l'expression de la valeur de t au lieu de $P + p$ simplement, la valeur $(P + p)$ sin. η, ce qui peut conduire à l'isochronisme, puisqu'on introduit au dénominateur une fonction qui varie comme cos. α.

Pour obtenir une force convenable, Foucault recourbe le levier AS, qui devient la branche supérieure d'un levier coudé ASK oscillant autour d'un point S et dont l'autre branche SK porte

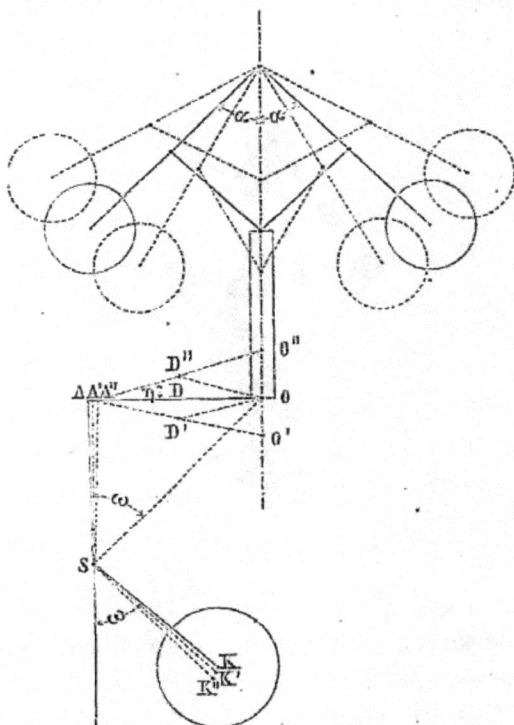

Fig. 557.

un contre-poids $K = P + p$ et on a soin de faire égaux les angles des lignes SO et SK avec AS.

Emploi d'un ressort. — Pour assurer l'action du régulateur isochrone, Foucault et Farcot ont ajouté un ressort à boudin placé entre les boules, agissant avec une intensité croissante en raison de l'écartement.

Théorie des régulateurs isochrones.

590. Revenons sur la théorie des régulateurs isochrones caractérisés par la condition de se tenir en équilibre, quelle que soit la position angulaire des tiges oscillantes, ou l'ouverture de la valve distributrice de la vapeur, s'il s'agit de moteurs à

vapeur, lorsque la vitesse de rotation est égale à la *vitesse* dite *de régime;* ils jouissent en conséquence de la propriété d'osciller dès que la vitesse réelle s'écarte d'une quantité donnée de la vitesse de régime; les oscillations produites ont pour résultat de faire varier l'orifice de distribution de la vapeur dans un sens tel que l'écart de la vitesse soit finalement réduit. S'il s'agit de régulateurs destinés à maintenir un mouvement rigoureusement uniforme, abstraction faite de l'économie du travail moteur, les appareils sont pourvus d'ailettes liées aux tiges oscillantes, comme nous le dirons en étudiant les systèmes de la troisième classe : le développement variable de ces ailettes détermine une variation qui tend toujours à réduire les écarts de la vitesse réelle par rapport à la vitesse de régime.

Les régulateurs isochrones présentent ainsi deux classes distinctes : à la première appartiennent ceux qui font varier le travail moteur, à la seconde ceux qui font varier le travail résistant.

M. Villarceau a publié une théorie générale des régulateurs isochrones qui l'a conduit à définir la disposition la plus générale des éléments qui entrent dans leur construction.

591. *Dispositions communes aux deux classes de régulateurs.* — Les organes empruntés à l'appareil de Watt sont : l'axe vertical central, deux plateaux, dont l'un est fixe par rapport à cet axe et l'autre mobile le long du même axe, au moyen d'une douille ou manchon, et deux ou un plus grand nombre de paires de tiges articulées entre elles et avec les deux plateaux; ces tiges, d'égales longueurs, forment des triangles isocèles avec la droite qui joint les articulations sur les plateaux. Pour fixer les idées, je suppose que le plateau supérieur soit le plateau mobile, je nommerai *tiges supérieures* celles qui sont articulées sur ce plateau; les autres seront les *tiges inférieures.* Le nouveau régulateur se distingue de celui de Watt par la figure et la position des masses principales oscillantes; ces masses, au lieu d'être des sphères ayant leur centre sur le prolongement des tiges supérieures, sont des masses de figure non déterminée *à priori*, dont le centre de gravité est situé en un point lié géométriquement avec les tiges inférieures; les directions de leurs axes principaux d'inertie sont assujetties, ainsi que les moments d'inertie, à des conditions qui vont être indiquées.

Pour plus de simplicité, nous supposerons que les centres de gravité des tiges soient sur leurs axes de figure et que les masses de ces tiges, ainsi que la masse principale, soient symétriques par rapport à un même plan passant par l'axe vertical central, et qui sera le *plan de symétrie*. Un ensemble formé de deux tiges oscillantes et d'une masse principale constituera un *système partiel*, et le régulateur se composera de *n* systèmes pareils, assujettis à la condition que leurs plans de symétrie soient angulairement équidistants autour de l'axe vertical central. (Dans les appareils de Watt, le nombre *n* est égal à 2; il est égal à 3 dans l'appareil construit par M. Bréguet représenté ci-après (fig. 569.) On voit que la disposition adoptée est une simple généralisation du régulateur de Watt; sans une pareille généralisation, il serait impossible de satisfaire aux conditions ne l'isochronisme et à celle d'obtenir une vitesse de régime donnée Ω.

592. *Régulateurs isochrones à poids.* — Soient ω_1 et ω_2 les limites supérieure et inférieure de la vitesse de rotation, entre lesquelles la vitesse réelle doive rester comprise, pour le bon fonctionnement des opérateurs; nous poserons

$$\Delta = \frac{1}{2} \frac{\omega_1 - \omega_2}{\Omega},$$

et Δ sera ce que l'on désigne sous le nom d'*écart proportionnel de la vitesse*, car il faut bien que les boules varient quelque peu de position pour obéir à l'accroissement momentané de vitesse. Les régulateurs de première classe ne peuvent par suite être qu'à peu près isochrones.

Soient :

α l'angle des tiges avec la verticale, mesuré dans le même sens que l'angle φ, déterminé par la relation

$$\tan g. \; \varphi = \frac{\Omega^2 \rho}{g},$$

où l'on désigne par ρ la distance commune des points d'articulation des tiges sur les plateaux à l'axe central, et g l'accélération de la chute des graves.

N l'effort vertical constant ou variable que la fourchette oppose au mouvement ascendant ou descendant du manchon.

On pourra calculer les valeurs successives que prend la quantité

$$\frac{N}{2\Delta\sin.\varphi}\ \frac{\sin.\alpha}{\cos.(n-\varphi)},$$

lorsque l'angle α varie entre ses limites extrêmes ; désignons par P_0 le maximum de ces diverses valeurs.

Soient encore :

P' le poids de l'une des tiges supérieures, comprenant celui de toutes les pièces solidaires avec cette tige (axes, vis, etc.) ;

L' la distance du centre de gravité de la même tige à son point d'articulation avec le plateau supérieur, mesurée vers l'autre articulation ;

l la longueur commune des tiges, ou la distance comprise entre leurs points d'articulation ;

P_1 le poids du plateau mobile et du manchon réunis.

Ces diverses quantités doivent satisfaire à la relation

$$P_1 + n\,P' = P_0 + n\,P'\,\frac{L'}{l},$$

qui peut se traduire comme il suit :

Le poids total du manchon et des tiges supérieures doit être égal à la quantité P_0 augmentée de la fraction $\dfrac{L'}{l}$ du poids des tiges réunies.

Un régulateur construit suivant les conditions énoncées ne devra pas laisser subsister d'écarts proportionnels de la vitesse excédant sensiblement l'écart Δ, et cela quelle que puisse être, entre les limites données, la variation du travail résistant (addition ou suppression d'un nombre quelconque d'opérateurs, métiers, etc.). On devra seulement remarquer que, les écarts périodiques étant du ressort des volants, il conviendra que l'écart proportionnel, admis dans le calcul du régulateur, ne soit pas inférieur à celui qui a été employé pour le calcul du volant, le régulateur ne pouvant avoir d'autre objet que de ramener la vitesse moyenne à la vitesse de régime.

593. *Masse principale.* — On peut satisfaire aux conditions énoncées en donnant à cette masse des formes très-diverses. Les plus simples que l'on puisse employer sont celles d'un parallélipipède ou d'un cylindre, dont les plus grandes dimensions sont dans les plans de symétrie. Lorsque les masses des tiges

sont équilibrées à part, au moyen de masses supplémentaires, la droite qui joint le point d'articulation de la tige inférieure et du plateau fixe au centre de gravité du parallélipipède ou du cylindre est perpendiculaire à leur plus grande dimension; dans le cas contraire, cette droite s'écarte quelque peu de la même perpendiculaire.

ÉCOULEMENT DE L'EAU.

594. — *Cataractes*. — L'écoulement de l'eau dans des conditions convenables peut, par l'action du poids de l'eau servir de base à un appareil régulateur. Telle est la disposition de l'appareil appelé cataracte (fig. 558). Il sert, surtout dans

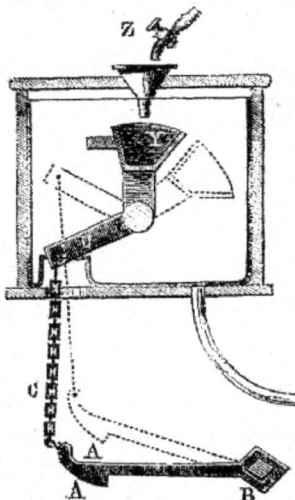

Fig. 558.

les machines d'épuisement, à faire varier la quantité de travail à effectuer en raison des profondeurs. Il comprend un petit robinet Z, par le moyen duquel l'eau d'un réservoir supérieur à niveau constant peut se déverser dans Y placé dans une boîte et disposé de manière à pouvoir tourner autour d'un axe et à entraîner le levier U avec lequel il est assemblé. Le levier U fait remonter le vase Y, lorsque ce vase est vide, et est au contraire entraîné dans la position qu'indiquent les lignes ponctuées lorsque le vase est plein. Dans ce second cas, le levier soulève le loquet A B au moyen de la chaîne C; le loquet en se soulevant laisse tomber un poids qui ouvre la soupape d'injection qui donne le mouvement au déclic d'une machine à vapeur d'épuisement, puis reprend sa place primitive.

On voit qu'ainsi, en variant l'ouverture du robinet, on varie le nombre de coups de piston par seconde en raison de l'abondance des eaux à épuiser. Cet ingénieux appareil a été modifié quant à sa forme dans les machines à vapeur modernes, mais est toujours établi d'après les mêmes principes.

Il consiste en un piston se mouvant dans un corps de pompe et relevé pendant la marche ascendante du piston de la machine à vapeur qu'il est destiné à régler. De l'eau s'introduit alors sous ce piston, qui, devenu libre, ne peut plus descendre et tirer les tringles d'introduction réunies à sa tige qu'après l'écoulement de l'eau, c'est-à-dire en raison de la plus ou moins grande ouverture de sortie de l'eau réglée par un robinet tourné à volonté.

ÉLASTICITÉ.

595. *Écoulement de l'air.* — L'élasticité de l'air a servi à établir un système de régulateur dit régulateur Molinié, qui a quelque analogie avec le précédent, et que représente la figure 559. Sa vue fait facilement reconnaître que cet appareil est un soufflet cylindrique à double effet, chargé d'un poids à sa partie supérieure, c'est-à-dire tel que le plateau supérieur s'élève sous l'influence de l'air qui s'accumule dans le réservoir supérieur. Le plateau inférieur du soufflet cylindrique étant mis en mouvement par une bielle mue par la machine à régler, les deux capacités I et C forment un soufflet à double effet, et l'air sera chassé dans la capacité H à travers la soupape c et la soupape d (placée au bout d'un tuyau élastique h). La surface supérieure de cette capacité s'élèvera donc, si l'air ne sort pas avec une vitesse suffisante par l'orifice j. On voit donc qu'en faisant varier cet orifice on obtiendra une position déterminée, pour une vitesse donnée de la machine, du plateau supérieur, et par suite de la tige O, qui fait corps avec lui, et qui agit sur la valve ou la vanne à régler. Par suite, la vitesse de la machine ne pourra varier sans que la position d'équilibre change, et que par suite le régulateur n'agisse aussitôt pour ramener les pièces à la position normale avec plus de délicatesse et sans les oscillations du modérateur à boules de Watt.

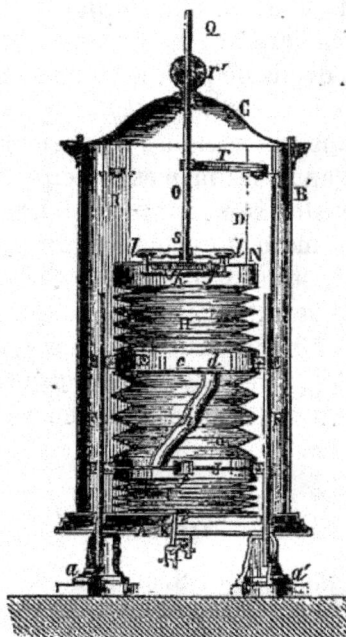

Fig. 559.

596. Nous signalerons une ingénieuse disposition de M. Molinié, destinée à augmenter la sensibilité de son régulateur, et qu'il appelle *étouffoir* (disposition analogue à celle que nous avons décrite plus haut, art. 582); elle consiste à disposer une pièce fixe qui vient fermer en partie l'orifice de sortie de l'air, quand le plateau commence à s'élever au-dessus de sa position normale. Le plateau monte donc beaucoup plus vite qu'il ne ferait sans cela, et l'action de régularisation est très-rapide.

597. *Régulateur Larivière.* — Le régulateur Molinié, c'est-à-dire un soufflet en cuir placé près de la vapeur, à la chaleur, ne constitue pas un appareil qui puisse durer longtemps. Aussi a-t-il été souvent remplacé par le régulateur Larivière (fig. 560), assez semblable, mais formé de corps de pompe et de pistons métalliques.

L'appareil consiste en un cylindre de fonte muni de son piston métallique garni de caoutchouc. L'air est aspiré à chaque course du piston par une petite pompe à double effet, et chassé au-dessus du piston du régulateur, que le mécanisme tend à soulever et qui monte et descend dans le cylindre en fonte, entraînant une tige qui conduit la valve de règlement de la machine.

On conçoit facilement qu'en faisant varier la quantité d'air

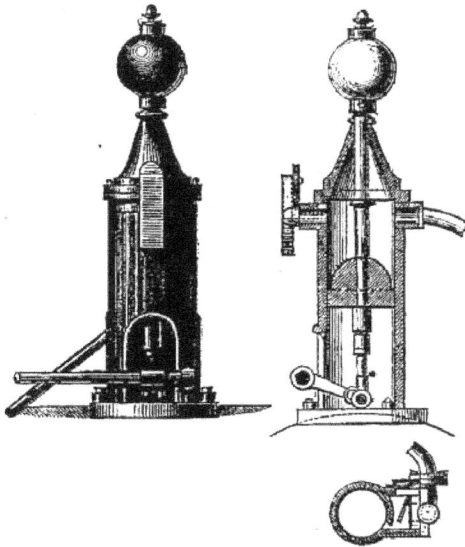

Fig. 560.   Fig. 561.

sortant au moyen d'un obturateur circulaire et par suite la hauteur dont s'élève à chaque course la tige du piston rendu un peu plus ou un peu moins lourd, on arrive, dès que la machine s'accélère trop, à fermer rapidement la valve et à régler rigoureusement la quantité de vapeur introduite en raison des besoins de travail seul que la machine doit faire, comme à ouvrir instantanément aussi la valve, pour augmenter le volume introduit à pleine pression quand la machine se ralentit.

598. *Ressorts.* — Poncelet a proposé le système suivant, fondé sur l'emploi de ressorts fonctionnant à l'aide du système différentiel décrit art. 447 (livre III).

A et A′ (fig. 562) sont deux portions indépendantes d'un même arbre moteur, interrompu vers le milieu de l'intervalle compris entre les coussinets hg, $h'g'$ qui en supportent les extrémités voisines. L'arbre A entraîne dans son mouvement le tambour en fonte CC, qui est évidé intérieurement et armé des mentonnets saillants bb. L'arbre A′ fait corps avec le

noyau $a'a'$ portant des lames d'acier droites et flexibles aa dirigées suivant les rayons, et dont les extrémités les plus éloignées de l'arc sont pressées contre les mentonnets b du tam-
tour C; de cette manière le mouvement de rotation de l'arbre A
est transmis à l'arbre A′ par l'intermédiaire des ressorts aa, e
réciproquement.

Fig. 562.

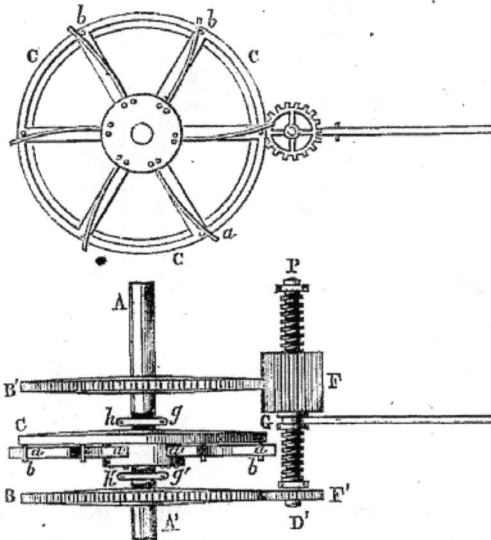

Fig. 563.

Nous avons donné déjà le mouvement différentiel qui, appliqué à ce système, permet d'en faire un régulateur.

Les deux roues égales F et F′, engrenant avec les deux roues
égales B et B′, produisent un mouvement de déplacement de
l'écrou F et du levier G, proportionnel à la rotation relative
des deux roues par suite de l'interposition des ressorts et par
suite à la variation des efforts en jeu à partir d'une position
moyenne déterminée.

Ce système n'a pas été appliqué, et a en effet le défaut des
appareils à ressorts, d'être peu résistant. Il offre cependant
beaucoup d'intérêt, car c'est une des formes sous lequelles
Poncelet a formulé pour la première fois les moyens dynamo-
métriques qui ont transformé et fait progresser les expériences
de mécanique.

ÉLECTRICITÉ.

599. Les courants produits par l'électricité fournissent instantanément une puissance motrice en un point déterminé, ou la font s'évanouir aussitôt qu'on établit ou qu'on interrompt le courant, à l'aide de contact entre pièces métalliques ou isolantes. Cette propriété, bien que les électro-moteurs ne puissent avoir qu'un faible puissant, les rend extrèmement précieux pour combiner des systèmes régulateurs très-utiles, et qui trouveront des applications dans une foule de cas.

Ainsi à un réservoir d'eau portant un flotteur on pourra facilement adapter un système qui établira ou fera disparaître le courant en raison de la hauteur, et par suite viendra permettre d'agir ou empêcher l'action de l'appareil d'alimentation. Ce n'est pas cependant un électro-moteur d'une puissance considérable qui devra être chargé de ce travail; il ne devra que diriger l'action de la machine. Ainsi, dans le cas actuel, on pourra employer le courant à lever un cliquet, par l'intermédiaire duquel une machine agira sur la tête d'un robinet pour le faire tourner; il se fermera donc quand le courant ne passera pas, et au contraire il ne se fermera pas (ou plutôt s'ouvrira par un autre électro-aimant agissant en sens inverse du premier sur un système inverse de celui décrit), pour une certaine hauteur de l'eau. Tel est le principe de l'appareil Achard, pour régulariser le niveau d'eau dans les chaudières des machines à vapeur, appareil fondé sur les vrais principes qui doivent guider dans de semblables applications.

2° ORGANES SERVANT A FAIRE VARIER LA RÉSISTANCE UTILE DE MANIÈRE QU'ELLE RESTE TOUJOURS ÉGALE A LA PUISSANCE.

600. La régularisation du mouvement se produit le plus souvent, pour ainsi dire naturellement dans l'action des outils qui, agissant directement contre des obstacles, rencontrent plus de matière quand ils vont plus vite, et éprouvent plus de résistance.

Dans les cas où l'action du moteur et celle de la résistance ne sont pas directement opposées, on emploie des dispositions propres à faire croître le travail résistant pour arriver à l'égalité. Ainsi dans une scierie, la vitesse de la pièce de bois mue par l'appareil dit *pied de biche* est en raison de celle de la scie. Dans les moulins à blé, le *babillard*, espèce de taquet mû par l'axe des meules qui frappe à chaque tour un plan incliné, placé à l'extrémité du canal par lequel arrive le grain, fait croître la quantité de blé qui arrive aux meules à mesure que leur vitesse augmente.

On voit que ces organes agissent en raison du mode d'action même des opérateurs. Ce n'est pas ici le lieu d'entrer dans plus de détails; nous nous bornerons à décrire certaines dispositions qui donnent en chaque instant l'équilibre du travail moteur et résistant, ou rendent la résistance constante comme la force motrice, et qui par suite consistent dans des moyens de faire varier le chemin parcouru en chaque instant par la résistance constante.

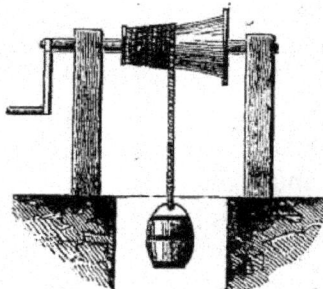

Fig. 564.

604. Tambours. — Tel est le tambour régulateur (fig. 564) qui rend la résistance indépendante du poids de la corde, et permet par suite à une même force de produire une vitesse constante. Il est employé dans les mines, où le poids de la corde d'une grande longueur forme une grande partie de la résistance à surmonter.

La courbe qui assure cette égalité de la résistance est facile à tracer. En effet, F étant l'effort appliqué à la manivelle du rayon R, on a pour le travail pour chaque tour $2\pi RF = $ constante par hypothèse. Soit P le poids à soulever, P' le poids de la corde du diamètre $2e$, pesant un poids l par mètre; on a à l'origine, pour la valeur du rayon r du tambour :

$$2\pi RF = 2\pi r (P + P'),$$

d'où la valeur r.

Au second tour, on aura pour la valeur de r_1, situé à une distance $2e$ du premier rayon : $2\pi RF = 2\pi r_1 (P + P' - 2\pi r l)$, d'où r_1. Pour le suivant :

$$2\pi RF = 2\pi r_2 (P + P' - 2\pi l (r + r_1)),$$

d'où r_2, et ainsi de suite.

La forme obtenue ainsi différant peu d'un tronc de cône, on se contente en pratique de cette forme, et l'on détermine le grand et le petit rayon, qui correspondent aux points extrêmes de l'enroulement de la corde de rayon e par les deux expressions :

$$r + e = \frac{R\,F}{P + P'}, \; r + e = \frac{R\,F}{P}.$$

602. En disposant sur un axe deux cônes semblables (fig. 565) sur lesquels deux cordes sont semblablement placées, mais

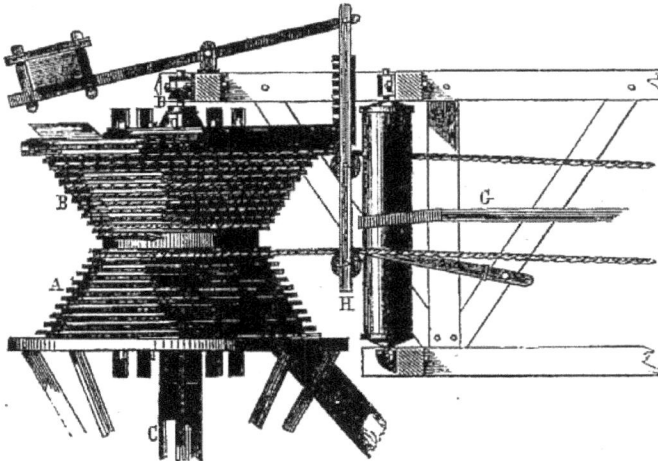

Fig. 565.

dont les brins libres sont de sens opposés par rapport à une même section des deux cônes, les deux cordes s'équilibreront, et le poids de corde déroulée sera toujours sensiblement celui d'une longueur égale à la profondeur H du puits.

Cette disposition s'emploie pour les exploitations de mines d'une grande profondeur.

603. Il est d'ailleurs difficile, avec ce système, de faire varier le rayon d'enroulement dans des limites assez étendues. On n'obtient une compensation suffisante qu'en remplaçant les tambours cylindriques ou coniques par des *bobines*, et substituant aux câbles ronds, à tours juxtaposés, des câbles plats, dont les spires, en se recouvrant mutuellement, procurent un diamètre variable suivant une loi convenable.

Le noyau de la bobine n'est pas autre chose qu'un tambour

en fonte, dont la largeur est très-peu supérieure à celle du câble plat que la bobine doit recevoir : un certain nombre de bras latéraux en bois maintiennent les spires à droite et à gauche. La distance de l'axe à la partie rectiligne du câble augmente, pour chaque tour, de deux fois l'épaisseur de celui-ci, soit 6 à 8 centimètres.

L'extrémité du câble, opposée à celle qui soutient la benne, est fixée à demeure sur le noyau, de sorte qu'il faut une deuxième bobine, calée sur le même arbre que la première, pour le service de l'autre benne. Les deux câbles sont d'ailleurs enroulés en sens inverse l'un de l'autre, afin que l'une des bennes descende quand l'autre monte.

Pour des poids peu considérables, deux seaux destinés à élever l'eau d'un puits, par exemple, il est plus simple d'employer une chaîne sans fin, enroulée plusieurs fois autour d'un cylindre, car la chaîne et les seaux vides se font alors équilibre dans toutes les positions, et le rayon du treuil demeure constamment égal à $\dfrac{FR}{P}$.

604. En réalité ces organes rentrent dans ceux déjà étudiés pour produire des transformations de mouvement semblables à celles qu'ils fournissent, avec une rapport de vitesses variable. Le cas particulier étudié ici est celui où $Pp = Rr$, ou $\dfrac{p}{r} = \dfrac{R}{P}$ (P puissance, p chemin, R résistance, r chemin). Ainsi la fusée que nous avons décrite livre II, comme un moyen d'obtenir une vitesse variable suivant une loi donnée, produisant cet effet par la variation du bras du levier de la puissance, est un organe de ce genre, permettant une action constante à l'aide de l'effort variable du ressort moteur.

605. *Ponts-levis.* — Nous supposons dans ce qui précède que la résistance à vaincre est constante, qu'il s'agit d'un poids à élever. Si elle était variable, s'il s'agissait, par exemple, d'un poids à faire tourner autour d'un axe de rotation, ce qui est le cas des ponts-levis employés dans les places de guerre, il faudrait ou que le contre-poids fût variable en raison de la position de la résistance, système proposé par Poncelet, et qu'il a réalisé par l'emploi de lourdes chaînes dont une partie variable du poids est supportée par des points fixes, soit un contre-poids

constant agissant à une distance variable d'un axe de rotation, en un mot, dans des moyens propres à produire l'équilibre en chaque instant. Nous ne pouvons entrer ici dans de longs détails sur des applications trop spéciales, pour lesquelles nous renvoyons aux célèbres cours de Poncelet. Nous nous contenterons d'indiquer ici un des systèmes qui correspondent à l'emploi de courbes pour faire varier la résistance.

Le tablier se levant de la position horizontale pour arriver à la verticale autour d'un axe de rotation, la composante qui s'opposera au mouvement sera P sin. α, α étant l'angle d'inclinaison du tablier. Une courbe qui supportera un contrepoids convenable suspendu à l'extrémité d'une chaîne ou d'une barre assemblée à la tête du tablier devra donc avoir ses ordonnées proportionnelles au sinus de l'inclinaison; c'est par ce motif que Belidor, inventeur de ce pont-levis, l'a appelé pont-levis à sinusoïde.

606. *Liquides.* — Tout système qui réduira la section du conduit par lequel passe un liquide en diminuera l'écoulement, s'il était trop considérable ou inversement. Les mouvements d'un robinet, la compression sur un tube élastique, etc., peuvent être employés à cet effet. Je donnerai ici comme exemple la disposition imaginée par M. Franchot, l'inventeur de la lampe à modérateur.

Ce modérateur (fig. 566) consiste en une tringle (représentée en blanc sur la figure) placée à l'intérieur du tube par lequel l'huile monte chassée par un piston poussé par un ressort à boudin. Cette tringle rend très-étroit le passage entre elle et le petit tube qui l'enveloppe et est adhérent au piston. Plus ce tube enveloppe de longueur de tringle, plus la résistance que

Fig. 566.

l'huile rencontre dans ce passage est grande; ce qui a lieu dans la cas de la lampe à modérateur quand le ressort est fortement tendu. Elle est au contrairement minime à l'extrémité de la course du ressort.

3° RÉGULATEURS DE DESTRUCTION.

La résistance de l'air et celle du frottement sont celles que l'on fait intervenir le plus souvent pour régulariser le mouvement dans le petit nombre de cas où l'on peut détruire inutilement du travail moteur.

FROTTEMENT.

607. Le frottement peut servir pour empêcher l'accroissement de la vitesse; il fournit le moyen principal d'arrêter le mouvement produit.

On donne le nom de freins aux systèmes de cette nature : tel est le système représenté figure 567, qui permet à l'aide d'un levier d'exercer une pression considérable sur la circonférence d'une poulie montée sur l'arbre de rotation.

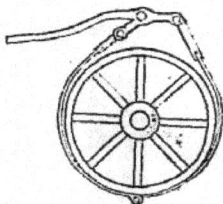

Fig. 567.

On peut produire un effet considérable du même genre par l'enroulement d'une corde autour d'une circonférence. Le travail résistant du frottement est alors très-grand (art. 72).

RÉSISTANCE DE L'AIR.

608. *Volants à ailettes* (fig. 568). — Ces volants régularisent le mouvement en faisant détruire une partie du travail par la résistance occasionnée par la résistance de l'air, qui croît proportionnellement au carré de la vitesse. Ils sont employés dans l'horlogerie.

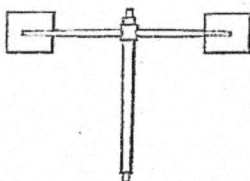

Fig. 568.

Un poids moteur entraînant un cylindre sur lequel est enroulée la corde qui le supporte et faisant tourner le volant à ailettes, communiquera à celui-ci une vitesse croissante qui fera naître une résistance augmentant rapidement jusqu'à ce qu'elle égale l'action du poids. Le mouvement obtenu sera donc uniforme et se continuera tel, si rien n'est changé dans le système.

La vitesse peut rester constante et cependant l'action des ailettes partiellement annulée, disposition qui peut être avantageuse dans quelques cas. C'est ce qui s'obtient par le système suivant.

609. *Cloche de Vagner.* — Vagner a combiné un régulateur à ailettes à cloche, qui est d'une grande sensibilité. En faisant descendre une cloche vers le plateau près duquel tournent les ailettes, quand le mouvement à régler se ralentit, et l'écartant quand il s'accélère, l'action du régulateur tend à s'annuler dans le premier cas, les ailettes rencontrant toujours le même air qui tourne avec elles, et tend au contraire vers le maximum quand la cloche s'élève, que l'air se renouvelle.

610. *Régulateur isochrone à ailettes.* — La figure 569 représente le régulateur de M. Villarceau, dans lequel la résistance de l'air vient compléter l'effet des masses en mouvement déterminées par le calcul. Les ailettes, ayant une surface assez grande et étant mues rapidement, font naître une résistance qui croît très-vite avec les accroissements de vitesse; les ailettes s'éloignant de l'axe, ainsi que nous le verrons, à mesure qu'elles doivent agir plus efficacement, produisent un effet considérable.

L'exactitude avec laquelle peut fonctionner l'appareil dans des conditions où le poids moteur varie dans la proportion de 1 à 6 ou davantage, dépend essentiellement des soins que le constructeur aura mis à réaliser les indications de la théorie et à prévenir ou réduire les effets du frottement des axes et du manchon.

Malgré les précautions les plus délicates, il arrivera que la densité des métaux employés ne sera pas exactement égale à celle dont on aura fait usage dans les calculs; il arrivera encore que les dimensions réalisées par le constructeur ne seront pas tout à fait égales à celles qui lui auront été assignées. De là un défaut d'isochronisme, et même des écarts plus ou moins sensibles entre la vitesse de régime et les diverses vitesses effectives. Pour obvier à ces inconvénients, il faut se réserver des moyens de réglage. Or les diverses conditions à remplir se traduisent ici par quatre équations; par conséquent, on doit

se réserver les moyens de produire quatre variations distinctes de l'état de chaque système partiel. Ces quatre variations s'obtiennent : 1° au moyen d'un simple changement de

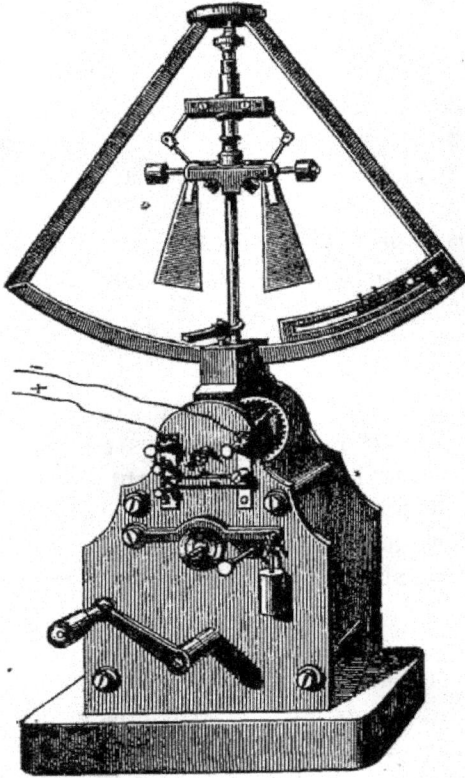

Fig 569.

la masse du manchon (addition ou suppression de disques concentriques); 2° en déplaçant trois masses mobiles le long de
tiges filetées et faisant partie de la masse principale, que nous
nommerons *masses régulatrices*.

Ces quatre conditions sont exigées par une théorie qui n'as-
signe aucune limite aux déplacements angulaires des tiges,
dans les plans de symétrie; mais comme, en réalité, l'amplitude de ces déplacements ne dépassera pas 1/6 ou 1/7 de circonférence, il arrivera que, si l'exécution de l'appareil n'est
pas trop incorrecte, il suffira d'opérer *trois*, ou même *deux*

seulement des quatre variations exigées par la théorie générale ; on sera donc dispensé de modifier le poids du manchon et l'on n'aura qu'à faire varier les positions des masses régulatrices.

Ces explications feront comprendre la disposition adoptée pour la masse principale. Voici en quoi elle consiste : un parallélipipède rectangle est relié à la tige inférieure au moyen d'une chappe ; du côté opposé la tige s'inclinant avec elle, une ailette se fixe au parallélipipède par le moyen d'une autre chappe. Les masses régulatrices sont des cylindres traversés par des tiges filetées : deux de ces tiges sont implantées sur la surface du parallélipipède qui regarde l'ailette et à des distances égales des bouts du parallélipipède ; les dimensions des tiges filetées sont égales, ainsi que celles des masses régulatrices qu'elles conduisent; la troisième tige a son axe de figure en coïncidence avec le grand axe du parallélipipede ; les masses de la tige et du cylindre mobile qu'elle supporte sont calculées de manière que l'axe de figure de l'ailette passe à la fois par le centre du parallélipipède et le point d'articulation de la tige inférieure.

L'ailette est de forme trapézoïdale ; en la construisant en aluminium, on facilite les moyens de satisfaire aux conditions de l'isochronisme ; les tiges sont en acier, et les autres parties qui composent la masse principale sont en bronze d'aluminium.

Du réglage de l'appareil. — Le régulateur étant mis en communication avec un mouvement d'horlogerie, on observe la vitesse ω qu'il acquiert sous l'action du poids moteur et l'angle α des tiges avec la verticale. On fait varier le poids moteur et l'on observe les nouvelles valeurs des quantités ω et α. Si, en opérant de cette manière, on recueille au moins quatre systèmes distincts de valeurs de ω et α, on aura les données expérimentales nécessaires pour calculer les trois déplacements que doivent subir les masses régulatrices, et, au besoin, la variation du poids du manchon.

Le réglage étant effectué conformément aux prescriptions de la théorie, si l'on recommence les observations de la vitesse, on trouvera que, quel que soit le poids moteur entre ses limites extrêmes, les diverses vitesses seront excessivement peu différentes de la vitesse de régime qu'il s'agissait de réaliser. Ici la

précision des résultats n'a d'autre limite que celle de nos
moyens d'action sur la matière.

<h1 style="text-align:center">TROISIÈME CLASSE.</h1>

<h2 style="text-align:center">RÉGULATÉURS PROPREMENT DITS.</h2>

641. Tout mouvement parfaitement régulier peut devenir la
base d'un système régulateur, mais nous ne devons considérer
ici comme tels que les mouvements produits exclusivement
dans ce but. Ils se réduisent à deux systèmes dans la mécanique moderne, le pendule et le ressort spiral.

Ces corps, possédant un mouvement parfaitement régulier,
pourront servir à faire arriver à intervalles égaux, dans des
positions identiques, les organes d'arrêt dits d'échappement,
dont nous parlerons ci-après, et qui, suspendant l'effet de la
force à intervalles réguliers, forment la base de toutes les machines employées aujourd'hui à la mesure du temps.

Fig. 570.

642. *Écoulement de l'eau.* — Nous dirons auparavant un
mot de l'écoulement d'un liquide d'un vase à niveau constant qui a servi aux anciens à établir les horloges d'eau,
comme l'écoulement du sable dans le sablier, d'après une

propriété particulière du sable, sert à mesurer des durées peu considérables.

Soit un réservoir contenant de l'eau; si l'on pratique un orifice à sa partie inférieure qui permette au liquide de s'écouler, et si cet écoulement est constant, s'il sort du réservoir des quantités égales de liquide en temps égaux, les volumes d'eau écoulés pourront servir à mesurer le temps.

Cette condition sera remplie si le réservoir est disposé de telle sorte que rien ne se modifie, que les circonstances du phénomène restent les mêmes, conditions surtout remplies en ayant un niveau constant, ce qu'il est facile d'obtenir par la disposition de la figure, dans laquelle un robinet fournit en chaque instant une quantité de liquide un peu supérieure à celle qui s'écoule par un orifice inférieur. Il sortira donc toujours de l'eau par une décharge qui laisse sortir l'excédant. L'écoulement s'effectue ainsi par un orifice inférieur, sous une même charge, par suite avec une vitesse qui est toujours la même, et ce mouvement uniforme peut servir soit à mesurer le temps, soit à constituer un régulateur.

613. Pour mesurer un intervalle de temps quelconque au moyen de l'écoulement ainsi obtenu, il n'y a plus qu'à recueillir l'eau qui sort du réservoir pendant cet intervalle de temps, et à en déterminer le volume. Mais au lieu de cela, on dispose l'appareil de manière à lui faire donner des indications continues. Il suffit, en effet, que l'eau sortant du réservoir tombe dans un vase de forme cylindrique et s'y accumule de plus en plus. Le niveau de l'eau montera dans ce vase avec une vitesse uniforme et marquera le temps par la position qu'il occupera, position qui pourra d'ailleurs être aisément déterminée au moyen d'une échelle graduée fixée au vase.

A l'aide d'un flotteur portant un index placé à côté d'une échelle graduée, on peut rendre l'appareil plus élégant et plus commode. Telle est la clepsydre des anciens représentée fig. 571. L'eau dont l'écoulement sert à mesurer le temps se rend dans une capacité située dans le bas de l'appareil; elle y fait monter progressivement un flotteur qui supporte les deux petites figures placées de chaque côté de la colonne. Une de ces figures porte une baguette dont l'extrémité aboutit à une échelle tracée sur la colonne et indique le temps par la division de l'échelle à laquelle cette baguette correspond.

En suspendant le flotteur à une corde qui s'enroule sur un axe et qui est tendue par un poids, on peut faire tourner cet axe et par suite une aiguille qui se meut sur un cadran comme dans nos horloges modernes.

Inutile d'insister sur des systèmes qui ne sont pas suscep-

Fig. 571.

tibles d'une grande précision et sont essentiellement incommodes. Il en serait de même des systèmes qui pourraient résulter d'autres moyens d'assurer l'écoulement régulier de l'eau, tels que le vase de Mariotte, dont on trouvera la description dans tous les traités de physique.

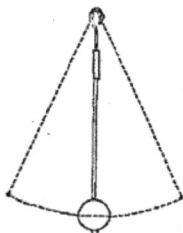

Fig. 572.

614. Pendule. — Si une masse sphérique (fig. 572), que l'on peut considérer comme un point, est suspendue à un fil, et qu'on l'éloigne de la verticale, aussitôt qu'elle sera rendue libre elle retombera à sa première position. Mais, en vertu de sa vitesse acquise, le pendule dépassera la verticale et viendra décrire un arc de cercle égal au premier, car il est soumis à la force retardatrice de la gravité dans des conditions tout à fait identiques avec celles dans lesquelles celle-ci lui a imprimé la vitesse qu'il possédait au point le plus bas de sa course. Si on suppose qu'aucune résistance ne vient contrarier ce mouvement, ou que l'on restitue au pendule à chaque oscillation la force que les résistances ont pu lui faire perdre, on possédera un système doué d'un mouvement parfaitement régulier.

L'amplitude de l'oscillation ne pouvant être déterminée à priori d'une manière absolue, ni résulter certainement des moyens employés pour la faire durer malgré les résistances, en un mot la force motrice et la résistance ne pouvant être toujours rigoureusement constantes, le pendule ne serait d'aucune utilité pratique si la moindre variation des amplitudes faisait varier le temps des oscillations. Heureusement il n'en est pas ainsi, et pour cette durée des oscillations, point de départ du mécanisme des horloges, on démontre en mécanique que le temps d'une oscillation est donné par la formule $t = \pi \sqrt{\dfrac{l}{g}}$

ou $t^2 = \pi \dfrac{l}{g}$, l étant la longueur du pendule, g l'action de la gravité dans le lieu que l'on considère, c'est-à-dire $9^m 804$ à Paris.

Toutefois, il ne faut pas conclure de cette formule que le temps des oscillations est absolument indépendant de la grandeur des amplitudes; cela n'est vrai et la formule n'est applicable que pour des oscillations extrêmement petites pour lesquelles les secondes puissances de l'angle α de la demi-amplitude sont négligeables. Avec ces restrictions, on peut dire que les oscillations du pendule pour des amplitudes diverses sont isochrones, ont lieu dans le même temps.

Si l'angle α est un peu considérable, on devra prendre pour le temps de l'oscillation : $t = \pi \sqrt{\dfrac{l}{g} \left(1 + \dfrac{\alpha^2}{16} \right)}$, durée qui croît un peu avec la grandeur de l'amplitude.

Si, au lieu d'être suspendu à un fil, le corps M glissait sur une cycloïde (fig. 573), Huyghens a montré que le temps de son oscillation serait exactement $t = \pi \sqrt{\dfrac{2\,a}{g}}$ (a étant le dia-

mètre du cercle générateur), quelle que soit l'amplitude de

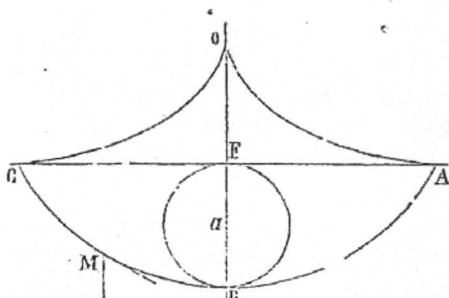

Fig. 573.

l'oscillation. Or, si on prend FO = FB et qu'on trace deux demi-cycloïdes semblables à la première de O en A et de O en C, on démontre que ces cycloïdes sont développées de la première. Si donc on prend le point O pour le centre d'un pendule dont la tige flexible puisse s'appliquer sur ces deux cycloïdes solides, on aura un pendule cycloïdal qui pour toutes les amplitudes sera isochrone.

Le pendule qui fait ses oscillations dans un plan vertical possède un mouvement circulaire alternatif fort convenable pour l'usage qu'on en fait dans l'horlogerie. Servant à régulariser un mouvement continu à l'aide d'organes d'arrêts intermittents, appelés échappements, il produit des alternatives de repos et de mouvements fort propres à la mesure du temps. Dans des cas peu nombreux ce pourrait être un inconvénient : on a proposé alors d'employer un pendule conique, doué d'un mouvement circulaire continu.

645. *Pendule conique.* — Ce pendule est suspendu à l'aide d'un joint formé de deux couteaux à angle droit l'un sur

Fig. 574.

l'autre (fig. 574). L'un des couteaux repose sur le bâti, et le pendule est attaché au second couteau, qui repose à angle droit sur le premier. Le pendule pouvant alors prendre toutes les inclinaisons possibles, grâce aux propriétés du joint universel, par suite toutes celles des arêtes d'un cône, pourra faire des révolutions continues.

Foucault a utilisé l'indépendance absolue dans tous les azimuts que procure le libre mouvement dans deux plans rectangulaires, pour réaliser ses belles expériences du pendule et du gyroscope, qui démontrent si parfaitement le mouvement de la terre, par la permanence des plans de rotation des corps · libres en mouvement.

Le temps de l'oscillation est celui d'une double oscillation du pendule ordinaire, quand α est infiniment petit; il augmente avec la longueur du pendule et diminue quand l'angle α augmente, puis il varie avec le cosinus de cet angle, comme nous l'avons dit plus haut en parlant du pendule conique de Watt.

Pour que ce pendule fût isochrone, il faudrait que l cos. α fût constant. Cette expression est la projection de la longueur l sur l'axe vertical, il faudrait que le centre d'oscillation demeurât constamment dans le plan horizontal du pendule en repos. Il faudrait pour cela reprendre la disposition du pendule parabolique de Huyghens.

616. *Pendule parabolique de Huyghens*. — Huyghens avait proposé un pendule analogue au précédent, qu'il appelait *pendule circulaire ou à pirouette*, mais qui, de son aveu n'a jamais fonctionné d'une manière satisfaisante.

Il attachait le pendule au bord libre d'une lame que portait latéralement l'arbre vertical tournant. La forme de cette lame était celle d'une développée de parabole.

La tige du pendule était un fil ou une lame flexible assujettie à demeurer sur le contour parabolique.

Dans son mouvement de rotation, l'axe entraînait le pendule qui, par l'effet de la force centrifuge, s'éloignait plus ou moins de la verticale en s'infléchissant sur un arc de parabole. Sa longueur variait ainsi dans les conditions voulues pour obtenir l'isochronisme.

617. Revenons au pendule oscillant, le seul employé jusqu'à ce jour, et qui dans la pratique peut être simplement formé d'un fil inextensible soutenant un simple point matériel.

Pendule composé. — Le pendule des horloges se compose d'une lentille plate (forme préférable à la forme sphérique pour surmonter la résistance de l'air) suspendue par une tige. La suspension a lieu de deux manières. Dans la plupart des

horloges, le pendule repose sur un plan très-dur, par l'arête
d'un couteau, comme dans les balances. Un autre système prévient les inconvénients qui peuvent résulter de l'oxydation du
couteau. Le pendule est terminé à sa partie supérieure par une
· lame plate et mince d'acier, située dans un plan perpendiculaire au plan de vibration. Cette lame est serrée à sa partie
supérieure entre deux couteaux, qu'on peut rapprocher à volonté à l'aide de vis. La grande élasticité de la lame permet
au pendule d'osciller sans entraves et sans perte de force motrice; elle contribue même à assuser l'isochronisme des oscillations.

En effet, l'isochronisme résulte évidemment de ce qu'aux
plus grandes amplitudes la vitesse du pendule est plus grande
qu'aux petites; or il est évident que cet effet sera accru par la
résistance du ressort qui croît rapidement avec les amplitudes,
et qui, s'ajoutant à l'action de la pesanteur, tendra à diminuer
le temps des oscillations.

Laugier a montré qu'on devait déterminer par expérience
le poids de la lentille le plus convenable pour l'isochronisme,
d'après la résistance du ressort, au lieu de le laisser arbitraire.
On se contente en général de lui donner un assez grand volume pour que la résistance de l'air, qui croît comme le carré
des dimensions, quand le poids croît comme le cube, ait moins
d'influence pour amoindrir les oscillation. — (Voyez l'article *Horlogerie* du *Dictionnaire des arts et manufactures*, par
M. Bréguet.)

La durée de l'oscillation variant avec la longueur du pendule, une horloge se réglera en faisant varier celle-ci; ce
qui s'obtient en montant ou en descendant, soit le point de
suspension, soit la lentille sur sa tige, à l'aide de vis mi-
crométriques pour pouvoir apprécier des variations minimes. On remonte le pendule quand l'horloge retarde, pour
diminuer le temps de l'oscillation; on opère inversement si
elle avance.

618. *Action de la chaleur.* — La longueur convenable, une
fois réglée, doit rester parfaitement invariable, pour que la
marche de l'horloge soit régulière. Il faut donc se mettre à
l'abri de toutes les causes de variation de longueur, ce qui a
lieu, en général, par la perfection de la construction. Il est
cependant une variation à laquelle ces soins ne peuvent remé-

dier directement, c'est celle qui provient des changements de température. On l'évite par l'emploi des pendules compensateurs.

Concevons qu'abandonnant la forme rectiligne, on donne à la tige du pendule la forme bisée A B C D E F G H (fig. 575). On voit que la distance AH sera mesurée (tous les angles étant des angles droits) par

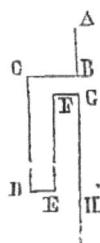

Fig. 575.

$$AB + CD - EF + GH = L.$$

Le changement total de la longueur de la tige sera le résultat des changements partiels de ces quantités. Les longueurs AB, CD, GH, en s'abaissant par l'effet de la chaleur, tendont à abaisser la lentille; mais il n'en est pas de même de EF, qui, par sa dilatation, tend à la remonter. Cette partie est nécessairement moindre que la somme des autres; mais en la construisant d'un métal bien plus dilatable que celui des autres tringles, la compensation peut avoir lieu. On répète, pour la symétrie, ce système de chaque côté de l'axe (fig. 576).

Le mercure renfermé dans un vase fait aussi remonter le centre de gravité, sa dilatation étant bien plus grande que celle du solide qui le renferme; ce qui donne un autre système de pendule compensateur.

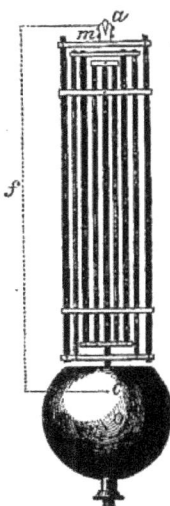

Fig. 576.

619. Régulateur à ressort spiral. — Le régulateur des montres et chronomètres se compose de

Fig. 577.

deux pièces, le spiral et le balancier. Le spiral étant un ressort d'acier tourné en spirale (fig. 577), d'une élasticité

parfaite, si, l'extrémité extérieure étant fixe, on bande
l'extrémité intérieure, celle du centre, d'une certaine quantité, aussitôt que l'effort cessera, le ressort reviendra à sa
première position, puis la dépassera par une extension
égale à la compression, comme le fait une lame élastique
que l'on fait vibrer. Ces oscillations seraient beaucoup trop
promptes ; c'est pour les ralentir qu'on introduit dans le système
une masse à mouvoir par le spiral, un balancier. Il consiste en
une roue faisant effet de volant, dont la masse principale, disposée à la circonférence, tient au centre par quatre ou six bras.

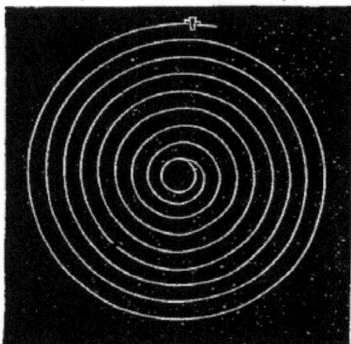

Fig. 578.

Ce balancier doit être centré
avec le plus grand soin ; autrement, dans la position verticale de la montre, la gravité
viendrait augmenter ou diminuer la force de réaction du
spiral en agissant comme force
accélératrice ou retardatrice :
toute régularité serait ainsi
détruite.

On le construit en forme de
spirale, dans un même plan,
pour les montres (fig. 578) ;
ou cylindrique, ses spires en hélice ayant, en projection hori-

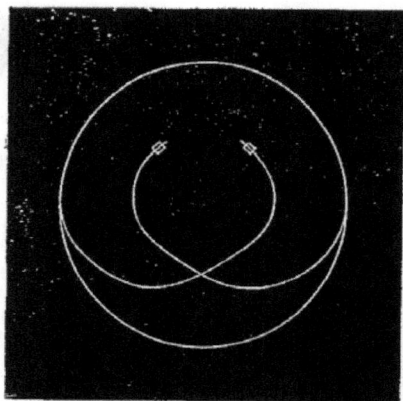

Fig. 579.

zontale, la forme d'un cercle concentrique à l'axe du balancier (fig. 579) ; il se termine en général par deux courbes

adoucies qui se rapprochent du centre à une distance ordinairement égale à environ la moitié des rayons.

Le spiral, malgré son contournement, vibre comme une lame élastique ordinaire autour de son point d'attache (fig. 580).

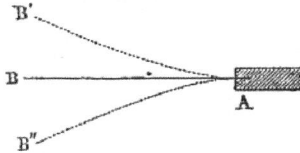

Fig. 580.

M. Philips, dans un savant mémoire a montré comment on pouvait établir la formule pouvant servir à calculer la durée des oscillations du spiral, formule tout à fait semblable à celle qui donne la durée des oscillations du pendule, car elle est :

$$t = \pi \sqrt{\frac{A\,l}{M}},$$

l étant la longueur du spiral, A et M des quantités constantes pour un spiral déterminé.

Une condition importante est d'éviter les frottements de l'axe du balancier par l'action du spiral. J'ai démontré, dit M. Philips, que la condition de l'annulation de toute poussée latérale contre l'axe du balancier peut être transformée en cette autre d'une réalisation plus simple, que le spiral, dans son jeu, s'ouvre et se ferme toujours bien concentriquement à l'axe.

Or on peut satisfaire à cette obligation par certaines formes des courbes terminales du spiral, formes dont j'ai déterminé la loi : et il est remarquable que les mêmes courbes remplissent la condition que le centre de gravité du spiral soit et reste toujours sur l'axe du balancier.

Il existe donc des types de courbes extrêmes, présentant d'ailleurs une infinité de formes différentes et qui satisfont à la fois à toutes les conditions indiquées. La loi de construction de ces courbes est très-simple et est relative à la position de leur centre de gravité.

Elle consiste en ce que (voir fig. 581) :

1° Le centre de gravité G d'une telle courbe doit se trouver sur la perpendiculaire OG, menée par le centre O des spires au rayon extrême O C de cette courbe, là où elle se réunit aux spires ;

2° La distance OG de ce centre de gravité au centre des

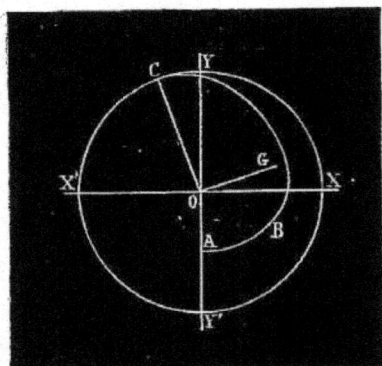

Fig. 581.

spires doit être égale à une troisième proportionnelle à la longueur developpée de la courbe et au rayon des spires, c'est-à-dire que l'on doit avoir :

$$OG = \frac{\overline{OG}^2}{ABC}.$$

M. Philips décrit, dans son mémoire, une méthode graphique propre à utiliser cette relation. Parmi les courbes qu'il indique, outre certains types analogues à ceux employés dans la pratique, plusieurs aboutissent au centre des spires, et d'autres, au contraire viennent se terminer en un point de la circonférence de ces dernières. Par exemple, on y voit (fig. 582) une courbe formée de deux quarts de cercle réunis par une ligne droite, chacun de ces quarts de cercle ayant un rayon moitié de celui des spires ; un autre type se compose (fig. 583) d'une demi-ellipse, dont le grand axe est le diamètre des spires et le demi-petit axe est les 0,58 du rayon.

La forme des courbes extrêmes est complétement indépendante des dimensions transversales de la lame et même de la longueur totale du spiral, de sorte que, quel que soit l'angle suivant lequel se projetteraient, sur un plan perpendiculaire à l'axe, les rayons aboutissant aux naissances des courbes extrêmes d'un même spiral, celui-ci jouirait toujours des mêmes propriétés.

Mais il y a plus encore, ces courbes ont aussi pour résultat de faire disparaître certaines perturbations nuisibles pour l'iso-

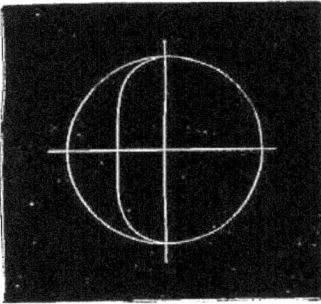

Fig. 582.

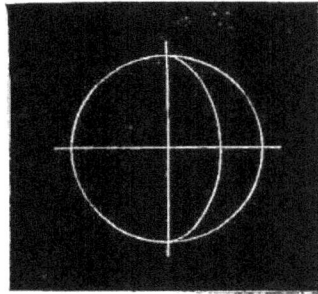

Fig. 583.

chronisme ou pour sa conservation. Ainsi l'absence de toute pression contre l'axe du balancier fait qu'elles réalisent le spiral libre, c'est-à-dire celui dans lequel cet axe, n'éprouvant aucune pression, est soustrait, autant que possible, au frottement et aux variations de celui-ci, résultant de l'épaississement des huiles.

De plus, le spiral s'ouvrant et se fermant toujours bien concentriquement à l'axe, au lieu d'être jeté de côté et d'autre de celui-ci, dans les vibrations, comme cela a lieu ordinairement, on évite sensiblement par là la perturbation introduite par l'inertie du spiral.

Toutes les propriétés précédentes, dues à ces courbes, subsistant, quel que soit l'espace angulaire qui sépare en construction les deux courbes terminales d'un même spiral, on possède dans cet angle ou, ce qui revient au même, dans la longueur totale du spiral, un élément dont on peut disposer pour obtenir les dernières limites d'isochronisme pratique, en tenant compte des influences secondaires qu'il était impossible de faire entrer dans les calculs, comme les huiles, l'échappement, etc. Cet élément est, du reste, précisément celui dont on dispose ordinairement, d'après la règle de Pierre Leroy, pour arriver, aussi exactement que possible, à l'isochronisme.

Cette loi que Pierre Leroy a déduite de l'expérience est que·

Il y a dans tous les ressorts spiraux d'une longueur suffisante, une longueur où toutes les vibrations, grandes ou petites, sont iso- chrones. Pour une longueur supérieure, les grandes vibrations sont plus lentes que les courtes, et inversement pour une longueur moindre.

Pour bien comprendre cette propriété, il faut remarquer que plus les arcs du balancier sont grands, plus le spiral est armé, plus il parcourt l'arc rétrograde avec vitesse. Si donc la force du spiral croît dans une proportion plus grande que celle de l'étendue des arcs (ce qui arrivera s'il est court, si ses éléments sont fortement infléchis les uns sur les autres par un petit en- roulement), le spiral accélérera les grands arcs comparés aux petits; si, au contraire, la force du spiral augmente dans une proportion moindre que l'étendue des arcs (ce qui arrivera pour une grande longueur du spiral) pour une augmentation de force motrice, le spiral retardera les grands arcs comparés aux petits. Il existe donc pour les ressorts spiraux une cer- taine progression de force, en raison de petites variations de longueur, qui permet de rendre isochrones entre elles des vi- brations d'inégale étendue, et par conséquent procure une régu- larité qui, sans cela, serait impossible. Le spiral isochrone est celui auquel on est parvenu à donner cette progression en variant sa longueur.

Fig. 584.

620. *Raquette.* — Pour obtenir la longueur exacte du spiral afin de régler une montre, on emploie la *raquette* (fig. 584). Elle se compose d'une petite pièce qui peut tourner à frottement doux autour d'un centre quand on pousse la pointe A. En B sont placées deux gou- pilles très-rapprochées, qui serrent le spiral près de son extrémité fixe M. La partie comprise entre B et M ne vibre donc pas. Le spiral sera donc allongé ou diminué en raison du mouvement de la raquette, et amené ainsi à la longueur convenable.

621. Pour les chronomètres, comme pour les horloges, il importe d'obtenir une compensation des effets de la variation de la température. On y parvient par le système suivant : A la roue du balancier on adapte symétriquement deux arcs comprenant 150° environ (fig. 585), portant à leurs extrémités deux petites masses qu'on peut avancer ou reculer au besoin.

Ces arcs sont formés de métaux inégalement dilatables : acier et laiton, l'acier en dedans. Par la chaleur les bras se courbent en dedans (le laiton étant le plus dilatable), leur centre de gravité se rapproche du centre; ce qui compense l'effet inverse dû à la dilatation de tout le balancier. En plaçant les petites masses au point convenable, on arrive, par tâtonnement, à une compensation assez satisfaisante.

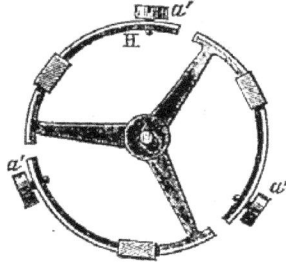

Fig. 584.

Les mouvements en ligne droite n'altèrent pas la marche des ressorts spiraux; mais il n'en est pas de même des mouvements circulaires qui ont lieu dans le plan du balancier, et qui agissent évidemment en accélérant ou retardant le mouvement propre du balancier. C'est pour diminuer surtout cette cause d'erreur qu'on rend très-grands les arcs de vibration, ou qu'on augmente le nombre des vibrations en une seconde sans accroître l'amplitude. Ce nombre est quelquefois de cinq ou six par seconde dans les chronomètres.

CHAPITRE IV.

Organes d'arrêt.

1° ORGANES SUSPENDANT L'ACTION PAR INTERMITTENCE OU ÉCHAPPEMENTS.

622. C'est sur l'emploi des organes dits échappements, qui suspendant l'action d'une force prolongent la durée de ses effets, que repose presque tout l'art de la construction des horloges et appareils divers destinés à la mesure du temps. Leur combinaison a quelque analogie avec celle des encliquetages, des garnitures de serrure; leur mouvement circulaire alter-

natif rend intermittent le mouvement circulaire continu du système tour sur lequel ils agissent.

Dans les appareils servant à la mesure du temps, un poids ou un ressort tendu fournit la force motrice qui met en mouvement, pendant un court intervalle, des rouages qui sont arrêtés à intervalles réguliers, et dont la rotation fournit par suite la mesure du temps écoulé. A l'effet d'obtenir ces intervalles égaux, on emploie soit les oscillations régulières du pendule dans les horloges de grande dimension, soit les oscillations d'un ressort d'acier tourné en spirale, pour les montres et les chronomètres.

Nous avons vu, en traitant des engrenages, comment se construisaient les rouages qui transmettent le mouvement imprimé par la force motrice à la roue d'échappement. En traitant avec quelques détails de la construction de celle-ci, et à l'aide de ce que nous avons déjà dit en traitant des pendules et ressorts spiraux, nous aurons passé en revue toutes les notions sur lesquelles repose le tracé des pièces d'horlogerie.

623. Tout système d'échappement a deux fonctions distinctes : la première consiste à arrêter périodiquement, par l'action du pendule, la rotation des rouages mis en mouvement par la force motrice ; la seconde à imprimer au pendule ou autre régulateur une impulsion uniforme et suffisante pour lui restituer la force perdue en chaque instant par les frottements, la résistance de l'air, car sans cette action il est évident que par l'effet de ces résistances l'horloge serait bientôt arrêtée.

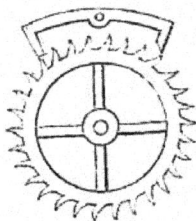

Fig. 585.

624. *Échappement à ancre.* — Quand le pendule est le régulateur, on emploie généralement l'échappement *à ancre* (fig. 585).

Un pendule oscillant dans des intervalles de temps parfaitement égaux, entraîne dans son mouvement une espèce d'ancre qui fait corps avec lui. Dans la position représentée sur la figure, la roue est arrêtée par le bec de gauche de l'ancre et l'action du moteur suspendue. Il en sera de même pour le bec de droite de l'ancre à l'oscillation inverse du pendule. En deux oscillations, il passe ainsi une dent devant chaque bec, et la roue fait un tour en une minute, si elle porte 30 dents et si le

pendule est de la longueur convenable pour battre les secondes.

Entrons dans quelques détails relativement à la construction et au tracé de cet échappement en traitant de l'échappement de Graham, qui n'est qu'une variété de l'échappement à
ancre souvent employée dans les horloges de précision (1).

L'ancre oscille autour du point A (fig. 586), par l'effet du

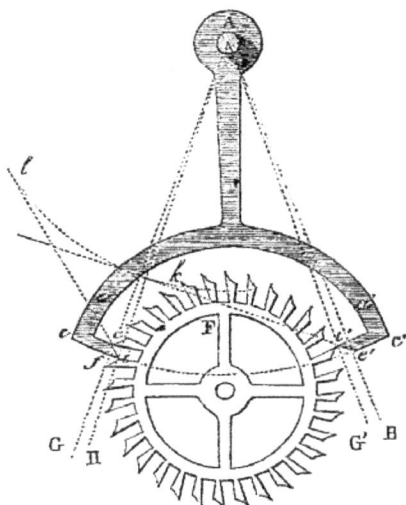

Fig. 586.

pendule oscillant en arrière et lié avec elle par une pièce dite
fourchette, qui, faisant partie de l'ancre, embrasse la tige du
pendule.

Les becs cc, $c'c'$, d'une épaisseur égale à l'intervalle entre
deux dents de la roue, pour éviter tout choc, sont formés d'un
arc de cercle décrit du centre A ; ce sont eux qui ont pour fonction d'arrêter les dents de la roue d'échappement.

Ils sont terminés par les plans inclinés ei, $e'i'$, contre lesquels l'extrémité de la dent de la roue F vient s'appuyer pour
forcer le pendule à continuer son oscillation.

Si le bec se terminait par une ligne passant par le centre A
(qui d'après la construction serait tangente à la roue), il est

---

1. Une bonne partie de cette étude sur les échappements a été empruntée
à un mémoire de M. Vagner, dans lequel il a heureusement complété en plusieurs points le travail de Berthoud.

évident qu'aussitôt que la partie supérieure du bec atteindrait l'extrémité de la dent, la roue F, devenue libre, tournerait, et la seconde fonction de l'échappement ne serait pas satisfaite, tandis que par suite de l'obliquité du plan incliné, l'ancre est repoussée du petit arc if. Soient e l'épaisseur du bec, α l'angle du coin additionnel, on aura $if = e$ tang. α, et l'angle supplémentaire, dit arc additionnel β décrit (GAH sur la figure) est égal à

$$\beta = \frac{if}{Ai} = \frac{e \text{ tang. } \alpha}{l} \text{ en posant } l = Ai.$$

Réciproquement, l'angle β étant donné, cette formule pourra servir à déterminer tang. α.

On voit sur la figure comment on trace les becs d'après la grandeur assignée à cet angle β. Supposons qu'on veuille le faire de deux degrés (il varie en général de deux à trois degrés); on mène les droites AG, AG' tangentes à la circonférence extérieure de la roue F, les points de tangence détermineront le tracé de l'ancre et la position de deux dents sur la roue, l'une quittée par l'un des becs, tandis que l'autre commence à être supportée par l'autre bec. Si on mène les deux lignes AH, AH' faisant un angle de deux degrés avec les tangentes AG, AG', l'une à droite, l'autre à gauche, les droites ei, ei' qui joignent les points de rencontre de ces lignes avec celles qui limitent l'épaisseur des becs, formeront les plans inclinés correspondant à un angle β de deux degrés.

Il importe de remarquer que si on faisait tourner les lignes AG', AH' autour du point A, jusqu'à ce qu'elles coïncidassent avec les lignes AG, AH, il est évident que les lignes ei, $e'i''$ coïncideraient également. Si donc on avait tracé du point A un cercle tangent à la première, la seconde prolongée, qui se confond alors avec elle, eût été tangente au même cercle.

Il résulte de cette observation le moyen de faire toujours des fuyants semblables, dans un même échappement ou des échappements différents, en s'assurant, à l'aide d'un cercle ou disque, si les deux fuyants se dirigent à une même distance du centre de l'échappement, et si par suite les moments des impulsions dues à la roue sont bien égaux. Au reste, cette égalité absolue n'est pas d'une extrême importance pour les deux becs d'un même échappement; ce qui importe surtout à la régularité, c'est que la somme des impulsions des deux becs soit constante.

L'échappement étant construit d'après ces données, il est évident que pendant le mouvement de la roue F, la pointe de la dent placée au sommet du fuyant ei forcera l'ancre à se déplacer de droite à gauche de la quantité e tang. α dont ce fuyant pénètre en dedans de la circonférence de la roue, et que l'autre fuyant pénétrera de la même quantité entre deux dents de l'autre côté de la roue; de sorte que lorsque le fuyant ei laissera échapper la dent qui le pousse, une autre dent se trouvera en contact avec le sommet e' du fuyant $e'i'$, et le mouvement acquis par le pendule, en vertu de l'impulsion qu'il vient de recevoir, continuera d'entraîner l'échappement dans la bonne direction; de sorte que la pointe de la dent, au lieu d'agir immédiatement sur le fuyant $e'i'$, restera en contact avec la courbe $e'c'$ pendant la continuation du mouvement de droite à gauche du pendule et de l'ancre, et pendant leur retour de gauche à droite, jusqu'à ce que le sommet e' du fuyant $e'i'$ soit revenu à la pointe de la dent; cette dent agissant ensuite sur ce fuyant, donnera à l'échappement une impulsion qui agira exactement de la même manière en sens inverse, et restituera le travail perdu par les frottements depuis l'impulsion précédente.

625. Nous avons admis dans ce qui précède que les becs de l'échappement étaient placés sur la tangente à la roue menée du point A. Il est aisé de montrer que cette position est la plus convenable. En effet, la roue en tournant ne peut agir que dans le sens de sa circonférence, perpendiculairement à la tangente au point de contact; si donc celle-ci ne passe pas par le point A, il y aura une composante de la force au point de contact de la dent, qui ne produira que l'effet nuisible de faire naître des frottements sur les pivots.

626. Les arcs ce, $c'e'$ étant décrits du centre d'oscillation A pris pour centre, il en résulte que pendant la durée du contact de chaque dent avec ces arcs la roue F n'a aucun mouvement. C'est pour cela qu'on dit dans ce cas que l'échappement est *à repos*. S'ils étaient remplacés par des lignes obliques sur ces arcs, l'échappement serait *à recul*, c'est-à-dire que l'action du pendule pendant l'arc supplémentaire ferait rétrograder la roue d'échappement.

627. Les parties essentielles de l'échappement sont déterminées par ce qui précède, savoir : 1° l'épaisseur des becs déterminée par l'écartement des dents de la roue; 2° le tracé du plan incliné; 3° le tracé de l'arc de repos.

Hors ces points fondamentaux, tout le reste est arbitraire; aussi voit-on varier à l'infini des dispositions fondées sur les mêmes principes; et non-seulement on peut modifier ainsi les formes générales, mais encore varier la position du fuyant en le plaçant sur les dents de la roue (fig. 587); ou bien, ce qui

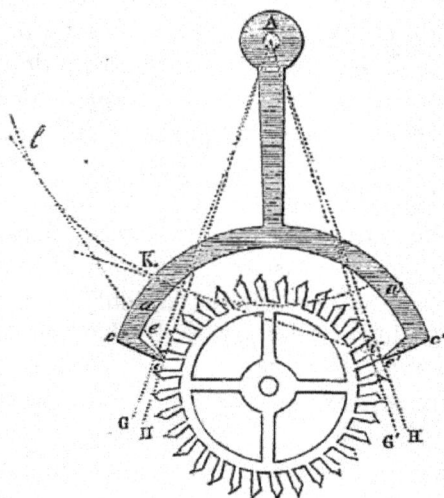

Fig. 587.

se fait plus souvent, les faire porter moitié aux dents et moitié aux becs.

628. L'échappement à ancre proprement dit ne diffère de l'échappement de Graham, dont nous nous sommes occupés plus spécialement jusqu'ici, qu'en ce que son centre d'oscillation est beaucoup plus rapproché du centre de la roue. On l'exécute à repos et à recul.

La figure 588 montre la première disposition; la construction s'en fait suivant les principes déjà énoncés : l'obliquité du plan incliné se détermine en raison de l'angle d'oscillation supplémentaire; la hauteur des becs par l'écartement des dents, et les courbes de repos sont des arcs de cercle décrits du centre d'oscillation de l'échappement pris pour centre.

La figure 589 représente l'échappement à ancre *à recul;* il est tracé de la même manière que le précédent, sauf que les arcs de repos sont remplacés par des courbes faisant un angle *mn a* plus ou moins ouvert, suivant la quantité plus ou moins grande de recul qu'on veut donner à la roue pendant le parcours de l'arc supplémentaire.

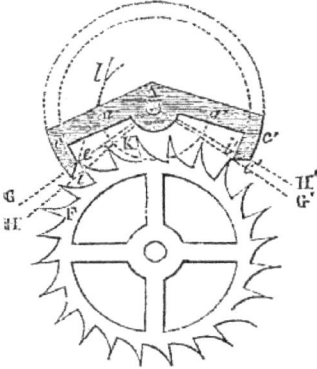
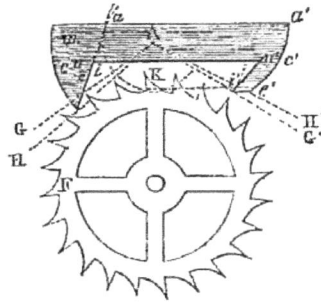

Fig. 588.
Fig. 589.

629. C'est une question fort controversée en horlogerie que celle de la supériorité relative des échappements à repos et à recul. Beaucoup d'horlogers préfèrent ces derniers, surtout avec des pendules courts; il se produit par les résistances du recul une espèce de compensation des variations de la force motrice, qui agissent alors successivement en sens opposés tantôt pour accélérer, tantôt pour retarder. Mais avec de long et pesants pendules, comme dans les horloges astronomiques, les échappements à repos, d'une action plus simple, paraissent préférables. C'est ce que prouve la régularité admirable qu'on parvient à obtenir dans ces horloges.

D'après ce qui précède et ce que nous ajouterons ci-après, relativement à la longueur des bras, toutes les parties qui composent l'échappement se trouvent déterminées.

630. *Échappement à chevilles.* — Dans ce genre d'échappement, dont la figure 590 peut donner une idée, le mouvement régulier du pendule sert à arrêter successivement des chevilles équidistantes fixées sur la face de la roue d'échappement.

La seule différence importante qui distingue cet échappement de celui de Graham, c'est que les becs qui arrêtent les dents de la roue d'échappement se trouvent placés d'un même côté de celle-ci ; cette heureuse disposition présente, sur les autres, l'avantage de ne pas agiter dans leurs trous les pi-vots de l'axe de l'échappement : aussi est-ce le système qui a le plus de du-rée dans les grandes horloges, et qui marche le mieux après une usure no-table.

La position des becs, le tracé des arcs de repos, des plans inclinés, se déter-minent comme dans le système précé-dent. Les chevilles, d'après leur forme

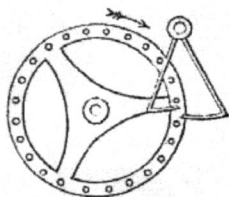

Fig. 590.

même (elles sont demi-cylindriques), portant une partie du plan incliné, il faut dans la détermination de l'angle supplé-mentaire tenir compte du demi-diamètre des chevilles.

Lorsqu'on connaît le diamètre de la roue d'échappement et le nombre des chevilles, on a, par cela même, la hauteur des deux becs de l'échappement : car elle doit être égale à l'in-tervalle laissé entre deux chevilles, moins l'espace réservé entre eux pour laisser passage à ces mêmes chevilles, c'est-à-dire leur épaisseur.

Il est clair, d'après les principes posés plus haut (fig. 591), que le prolongement du fuyant du plus long bras, toujours placé à l'extérieur de la roue, comparé à celui du petit bras, passera à une distance du centre plus grande de la différence de longueur entre les deux bras.

Nous allons voir par ce qui suit que les deux bras, bien qu'inégaux, tracés pour produire un même angle de levée, donnent des impulsions parfaitement égales.

631. *De la longueur des bras des échappements.* — Il importe de considérer ce qui résulte de la variation de longueur des bras des échappements, dimension qu'on fixe souvent sans mo-tifs. Il est facile de prouver que pour une même épaisseur de bec et une même levée, *l'impulsion est la même pour des lon-gueurs quelconques des bras de l'échappement.* En effet, soient deux bras de même épaisseur devant produire l'angle de levée $e\,f$ (fig. 592) ; l'effort constant Q de la roue d'échappement s'exerçant suivant les tangentes successives, la somme de ces éléments tangentiels sera précisément l'épaisseur e du bec, et le travail Qe une quantité indépendante de la largeur des fuyants. Les résistances $P \times b\,c$, $P' \times e\,f$, et (P et P' variant

en raison des distances au centre) égales chacune à Qe, seront donc égales entre elles, et on aura : $P \times bc = P' \times ef$; en d'autres termes, les impulsions seront les mêmes.

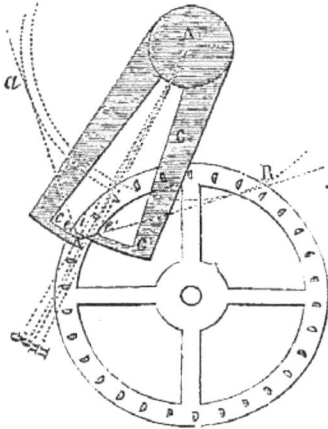 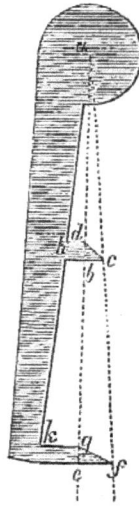

Fig. 591.   Fig. 592.

Ce qui varie avec la longueur des bras de l'échappement, ce sont les frottements.

En effet, pour un même angle de levée, les angles des arcs supplémentaires sont sensiblement les mêmes; or, les arcs sont en proportion des rayons, et comme la pression de la roue d'échappement est constante, le travail du frottement croît donc sur les arcs supplémentaires proportionnellement à la longueur des bras. Pour les fuyants, il en est de même, puisque leur longueur est sensiblement proportionnelle à la longueur des bras. Par conséquent, afin de diminuer les frottements, on doit réduire autant que possible la longueur des bras des échappements, sans atteindre toutefois la limite où l'on rencontrerait d'autres inconvénients, tels que des fuyants trop rapides et avec lesquels la moindre usure, le moindre agrandissement des trous de pivots de l'échappement viendrait bientôt altérer très-sensiblement la durée des oscillations du pendule.

632. Wuilliamy, célèbre horloger anglais, a construit pour la grande horloge de Windsor un échappement à chevilles

dans lequel les altérations qui peuvent résulter du contact des chevilles et des becs d'échappement, inconvénient reproché à ce système sont habilement évitées.

Sachant que le frottement est indépendant de l'étendue des surfaces, il a agrandi les plans inclinés de l'échappement et allongé les chevilles, et de plus, comme le moindre dérangement, la variabilité de dilatation des pièces suffit, dans le mode habituel de construction, pour être une cause d'usure, par suite de la moindre obliquité des surfaces en contact, il a articulé les touches tant suivant un axe horizontal que perpendiculairement au plan de cette même touche. Comme elles sont ramenées en place par un ressort, il en résulte une très-grande douceur dans l'action de chaque cheville pour faire prendre à la touche l'inclinaison qu'elle réclame pour un contact parfait.

633. *Échappements employés lorsque le régulateur est un ressort spiral.* — Ces échappements, employés dans les montres et chronomètres, peuvent, comme les précédents, être à recul ou à repos ; la différence d'emploi conduit dans ce cas non pas seulement à une différence de tracé, mais à des dispositions d'un genre particulier.

634. *Échappement à ancre.* — On emploie quelquefois l'échappement à ancre des horloges pour les montres ; c'est même celui qui est préféré par les horlogers anglais. Il est disposé comme le représente la figure 593 ; le balancier agissant sur

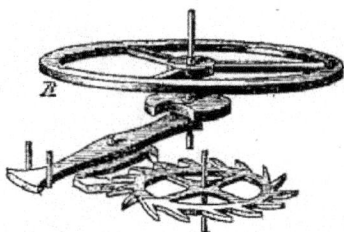

Fig. 593.

l'extrémité d'un levier fait engager et dégager les becs de l'ancre, comme le fait le pendule dans les sytèmes qui viennent d'être décrits. Comme dans ce cas, les palettes doivent être placées au point de contact des tangentes menées par le centre de mouvement à la roue d'échappement.

635. *Échappement à repos, à cylindre* (fig. 594). — Ce système, presque le seul employé aujourd'hui pour les montres,

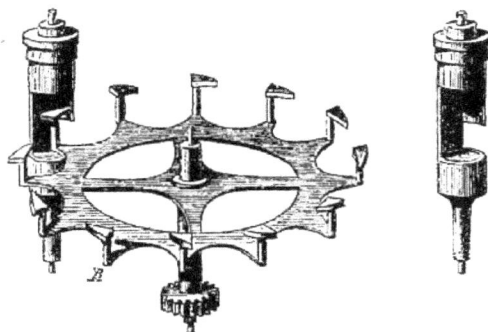

Fig. 594.

est une extension de celui à ancre indiqué ci-dessus, l'ancre
n'agissant que sur une seule dent. La roue d'échappement est
garnie de plans inclinés saillants à sa partie supérieure ; le
balancier est porté par un arbre cylindrique dont une portion
est creusée et forme un demi-cylindre creux. La roue, en y
entrant, se trouve arrêtée par suite de la rotation du balancier, qui amène la partie pleine du demi-cylindre vers l'extrémité de la dent qui y est entrée. Le retour du balancier la laisse
sortir, et ainsi, à chaque oscillation, aller et retour, une dent
entre et sort avec la régularité qui résulte de la perfection du
ressort spiral qui entoure l'axe du balancier.

Cet échappement est à repos, en ce sens que l'action de la
roue d'échappement est suspendue pendant que la dent est
engagée dans le cylindre, et tout à fait analogue à celui de
Graham ou à celui à ancre. En réalité il n'en est qu'un cas particulier, celui où on suppose les bras réduits à leur moindre développement, n'embrassant qu'une seule dent entre leurs becs.
Nous allons donc pouvoir le tracer à l'aide des mêmes principes, mais en ajoutant toutefois la condition de faire décrire
au balancier les oscillations les plus étendues possible. Celui-ci
agissant comme volant, c'est en lui donnant la plus grande
vitesse qu'on le rend insensible à tous les dérangements provenant de causes extérieures : condition essentielle pour des
pièces qui ne doivent pas rester en place. Aussi certains con-

structeurs lui font-ils parcourir jusqu'à 350° c'est-à-dire presque
la circonférence entière.

Supposons 6 dents à la roue, chaque dent sera contenue
dans la moitié de $\frac{1}{6}$, soit $\frac{1}{12}$ de circonférence. Soit o (fig. 595) le

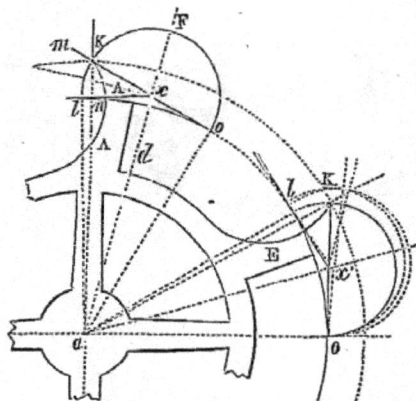

Fig. 595.

point de la naissance de la dent. C'est sur la tangente menée en
ce point à la roue qu'il faut placer le centre de l'échappement;
dans toute autre position, il y aurait évidemment décomposition
de forces autour des pivots du cylindre et fatigue pour ceux-ci.
Cette tangente terminée au rayon faisant avec ao un $\frac{1}{12}$ de circonférence, est le diamètre du cylindre. L'action de l'inclinaison
de la face de la dent, supposée terminée à la tangente om, sera
évidemment de faire parcourir au cylindre l'arc kl (obtenu en
prolongeant le cylindre jusqu'à la circonférence). Or, l'angle
mxl (xl est une tangente au point l) est égal à l'angle lao, tous
deux étant égaux à 180° moins lxo, or lao est très-peu plus
grand que nao (n étant le point de rencontre de ak avec la circonférence; on peut donc prendre pour règle approchée dans
la pratique, pour l'angle de levée d'un échappement à cylindre,
la circonférence de la roue divisée par le double du nombre de
dents qu'elle porte.

Il est clair que l'arrondi des lèvres du cylindre doit être
compté aussi bien que le plan incliné des dents; cette portion
d'arc varie de 5 à 10 degrés, suivant l'épaisseur des lèvres et
l'arrondi plus ou moins prononcé. Pour augmenter l'angle de
levée, il faut ou reculer en avant de la tangente le centre du
cylindre, ce qui augmente les frottements sans accroître le tra-

vail de l'impulsion, ou ouvrir davantage le cylindre, ce qui diminue les oscillations.

Il faut remarquer que la levée déterminée d'après ce qui précède, correspond à un arc plus grand que celui pendant lequel l'impulsion a réellement lieu, et il y a lieu de tenir compte des vitesses relatives négligeables dans les cas précédents. En effet, au moment où le fuyant d'une des dents pourrait commencer à agir, le cylindre a acquis par l'action du ressort spiral à peu près sa plus grande vitesse du mouvement; la roue, au contraire, passe, dans le même moment, de l'état de repos à celui de mouvement; elle a donc moins de vitesse que dans le cours de la levée. La dent ne peut donc atteindre la lèvre du cylindre, qui fuit devant elle en ce moment, par suite de l'excès de vitesse, qu'après avoir parcouru quelques degrés en avant. On doit donc ne pas rendre la levée trop faible pour que la partie ainsi perdue ne soit pas une fraction considérable de l'impulsion totale, et surtout construire la roue aussi légère que possible pour en diminuer l'inertie.

636. *Courbe des dents*. — La courbe des dents se trace d'après la condition que la rotation de la roue soit proportionnelle à celle du cylindre, afin de communiquer une impulsion constante pendant la durée de la levée, la résistance qu'oppose le cylindre étant supposée constante.

Divisons l'arc sous-tendu par la dent en trois parties égales (fig. 596), et traçons les positions de la lèvre antérieure du cylindre à l'origine et dans ces trois positions, par trois arcs de cercle partageant en trois parties égales la hauteur de la levée; la rencontre de ces arcs avec les premières lignes tracées donnera des points de la courbe de la dent, qu'on obtiendra de même en nombre quelconque.

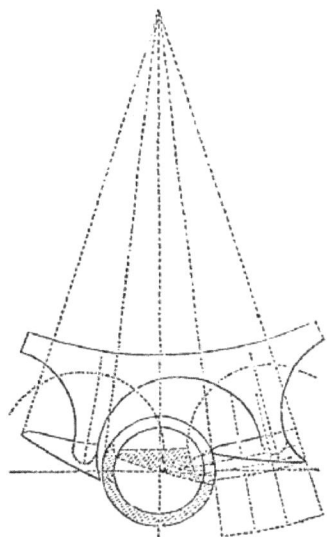

Fig. 596.

Cette courbe, étant peu convexe, a été remplacée par quelques horlogers par une ligne droite, sans que dans la pratique

il en résulte une différence sensible ; ce qui s'explique suffisamment par la petitesse des organes. D'ailleurs le premier
tracé n'est pas rigoureux ; car il suppose constante la résistance
du ressort spiral, qui varie au contraire pendant la durée du
contact.

L'intervalle entre deux dents devant permettre la libre oscillation du cylindre, est limité par une demi-circonférence ayant
pour diamètre le double diamètre du cylindre diminué de l'é-
paisseur du support de la dent.

· Cet échappement, construit en substances très-dures pour que
les surfaces conservent leur poli, fonctionne fort bien, tout en
permettant d'obtenir des montres très-plates, les deux axes du
cylindre et de la roue étant parallèles et pouvant être montés
sur un même plan horizontal.

637. *Échappement à palettes.* — Dans cet échappement
(fig. 597), le seul employé autrefois, et qui est
à recul, l'axe du balancier est placé à angle
droit avec la roue d'échappement et porte des
palettes formant entre elles un angle d'environ
90°, de façon que, lorsque échappe une dent
de la roue sur laquelle agit l'une des palettes,
l'autre se présente à une dent diamétralement
opposée de la roue, qui l'écarte à son tour,
de telle sorte que la roue tournant toujours
du même côté, le balancier va et vient sur

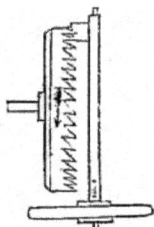

Fig. 597.

lui-même, ses vibrations règlent et modèrent la vitesse de la
roue.   ·

Cet organe isolé était le régulateur inventé pour les premières horloges ; il ne possédait que peu de régularité par le
seul effet dû à l'inertie du balancier : aussi était-il bien imparfait, jusqu'à ce que Galilée eût découvert les propriétés du pendule, et que Huyghens eût muni le balancier des horloges por-
tatives d'un ressort spiral.

Nous ne parlerons ici que du cas où le balancier est armé
d'un ressort spiral isochrone, et alors bien que cet échappement soit maintenant abandonné et qu'on lui préfère celui à
cylindre, il peut, bien construit, donner de bons résultats.
Voici les règles qui doivent être suivies pour sa construction :

1° Ouverture des palettes (angle qu'elles font entre elles) de
100 à 115 degrés ;

2° Longueur des palettes égale à la moitié de l'intervalle d'une dent à l'autre;

· 3° Inclinaison de la face des dents de la roue par rapport à son axe, 30 à 35 degrés;

4° Levée totale de 40 degrés, c'est-à-dire 20 degrés à droite et 20 degrés à gauche.

La figure 598 représente un échappement tracé d'après ces

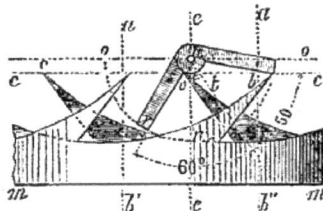

Fig. 598.

conditions. Nous supposons l'angle de levée égal à 50 degrés et l'arc supplémentaire égal à 60 degrés, ce qui forme un angle de 110 degrés qu'on devra donner aux palettes entre elles.

La ligne *ee* passant par l'axe d'échappement, on trace à droite et à gauche deux lignes *a'b'*, *a"b"* distantes de l'intervalle des dents. Autour de la ligne *ee* on trace les deux angles égaux *sae*, *tae*, dont la somme représente l'angle supplémentaire (60°). Le mouvement de la palette, ainsi égal des deux côtés de la verticale, donnera un frottement minimum pour une même longueur de palette et un même arc d'oscillation.

Ajoutant à l'angle tracé l'angle de levée *tac* (50°) et menant la ligne *cc* parallèle à *mm*, on aura la ligne qui terminera les dents de la roue, de manière que la dent en arrière soit bien en prise quand la dent en avant sera quittée. En effet le nombre des dents étant impair, lorsque la pointe de celle de derrière se trouvera sur la ligne *ee*, les pointes des deux dents antérieures se projetteront sur *a'b'*, *a"b"*, et chacune d'elles avancera de la moitié de l'écartement de ces lignes par chaque oscillation. Le reste de la construction est trop simple pour qu'il y ait lieu d'insister, l'inspection de la figure suffit amplement.

638. *Échappement Duplex.* — Le désir d'obtenir la majeure partie des avantages de l'échappement à cylindre, en faisant disparaître les résistances plus ou moins irrégulières du repos à l'intérieur du cylindre, en laissant plus de liberté au balan-

cier et en assurant mieux l'impulsion du régulateur que par le plan incliné qui termine le cylindre, a fait combiner l'échappement Duplex, dont on s'était longtemps exagéré les avantages.

La fig. 599 en présente un fragment; ses dents sont taillées en rochet ou en étoile, elles sont très-longues et fortement espacées. Cet écartement d'une dent à l'autre est nécessaire, afin que, dans le milieu de cet espace, on puisse chasser une cheville dans le champ de la roue, perpendiculairement à sa surface. Ces chevilles sont implantées sur un cercle concentrique à cette roue, afin qu'elles se trouvent toujours à la même distance de l'axe du balancier.

Fig. 599.

L'axe du balancier porte un cylindre qui est ordinairement un rubis, ayant une petite entaille dans laquelle viennent se loger les pointes des longues dents en étoile de la roue. Au-dessus de ce rouleau est portée, par le même axe du balancier, une grande levée, qui arrive jusqu'aux chevilles portées par la roue de champ qui fait corps avec la roue à étoile. Voici comment fonctionne cet échappement (fig. 599), la roue marchant dans le sens qu'indique la flèche. La figure montre la dent engagée dans l'entaille du rouleau; à ce moment, la levée est remontée par la cheville, qui la pousse en arrière et imprime la vibration au balancier armé de son spiral; une dent sort aussitôt de l'entaille, puis une autre vient s'appuyer sur le rouleau; le balancier achève sa vibration, et le spiral le ramène ensuite jusqu'à ce que la petite entaille se présente devant cette dent; elle s'y engage. En même temps la levée se présente devant la cheville, et celle-ci pousse le balancier en agissant sur la levée, comme précédemment. L'arc de levée est ici de 60 degrés. On voit que cet échappement, 1° est à repos; 2° que le repos se fait sur le rouleau, du côté gauche; 3° que le balancier ne reçoit qu'une impulsion par deux vibrations, ce que les horlogers appellent un coup perdu.

Au lieu de chevilles rapportées, on emploie aujourd'hui un mode de construction qui donne bien plus de précision et de solidité, si elle ne peut être exécutée avec les outils les plus simples. Une couronne saillante sur le champ de la roue est réservée autour, et celle-ci divisée en dents également espacées, comme le montre la figure 600.

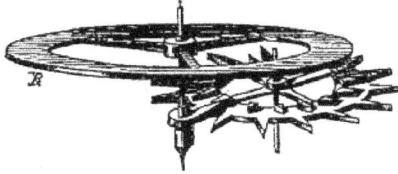

Fig. 600.

′639. *Échappement dont l'axe est à angle droit avec celui de la roue.*—•L'échappement à palettes est le seul parmi ceux que nous venons d'examiner dans lequel l'axe de la roue et celui de l'échappement ne soient pas parallèles. Cette position n'a évidemment rien d'obligatoire; ainsi, par exemple, les axes de l'échappement à chevilles pourraient prendre une position rectangulaire en disposant les chevilles sur la circonférence de la roue, et l'on aurait ainsi un échappement à repos avec une disposition d'axes semblable à celle de l'échappement à palettes. Cette disposition est toutefois défectueuse, car les contacts n'ayant plus lieu sur des normales à la tangente à la roue, les pivots de l'axe seraient poussés alternativement à droite et à gauche, et éprouveraient par cette raison beaucoup d'usure. Nous n'insisterons pas sur des échappements qui par la raison susénoncée ne doivent être employés que dans les cas rares où la disposition de la machine le rend nécessaire.

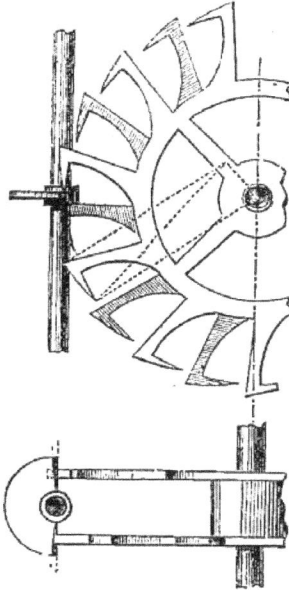

Fig. 601.

Nous donnerons comme seul exemple l'échappement d'Enderlin, modifié par M. P. Garnier de manière à diminuer cet inconvénient.

Dans ce système (fig. 601), la roue d'échappement est double, est formée de deux roues parallèles; entre ces deux roues

garnies de dents oscille un disque d'un demi-cercle monté sur
l'arbre qui porte le régulateur. Les courbes des dents doivent
être tracées comme pour l'échappement à cylindre, pour repousser les lèvres du disque après le repos produit sur sa surface. Cette disposition ne permet pas de donner aux arcs supplémentaires plus de 160 degrés de chaque côté.

640. *Échappement libre.* — Dans les divers systèmes que
nous avons passés en revue, la communication constante qui
existe entre le rouage et le régulateur fait toujours participer
quelque peu celui-ci aux variations de la force motrice, par la
variation qui en résulte dans les frottements et les résistances.
L'isochronisme des oscillations du régulateur s'en trouve donc
altéré, et pourtant c'est sur cet isochronisme que repose la précision de la marche de l'appareil. Il était donc important de
chercher un système d'échappement dans lequel le rouage et
régulateur fussent rendus indépendants, c'est ce qui est réalisé
par l'échappement libre dû à Earnshaw et à Arnold, célèbres
horlogers anglais, et à Pierre Leroy.

Cet échappement (fig. 602) est à repos, mais ce repos diffère
de celui des échappements précédents en ce que la roue, pen-

Fig. 602.

dant le repos, ne touche ni ne s'appuie sur aucune partie mue
par le régulateur. Elle est arrêtée par une pièce distincte de
celle-ci, de telle sorte que le régulateur achève sa vibration
indépendamment de l'échappement.

Voici comment les choses se passent : le balancier en faisant mouvoir l'axe auquel est fixée une petite saillie qui rencontre par-dessous un long ressort très-flexible, fait lever
l'arrêt qui suspend le mouvement de la roue; quand il rencontre le ressort par-dessus, il ne fait que courber ce ressort,
qui est très-fin, afin de s'ouvrir un passage pour terminer son
oscillation.

La roue tourne d'une dent à chaque double vibration, tandis que dans la plupart des autres systèmes ce mouvement a lieu pour chaque vibration simple.

Les figures 603 et 604, qui représentent les positions de

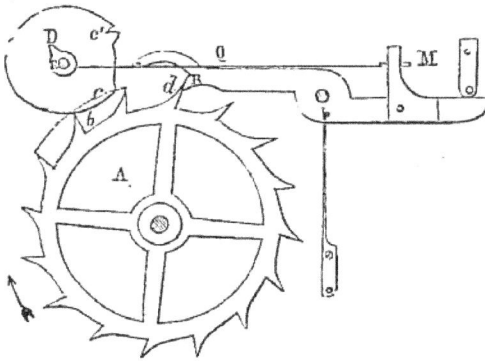

Fig. 603.

l'échappement pendant le repos et lors du mouvement de la roue, font voir comment les actions se succèdent.

Fig. 604.

Le ressort doit être très-flexible, puisqu'à chaque double vibration la dent D le rencontre deux fois; autrement il arrête-rait, d'une manière sensible, le mouvement du balancier; et le régulateur être assez fort: aussi est-il formé d'une hélice cylin-drique dans les chronomètres. Par la même raison, la dent D doit être peu éloignée du centre B, pour que l'élasticité du ressort agisse sur l'axe par un bras de levier moins long et tende moins à nuire à ses vibrations. Si cependant elle était trop courte, elle n'éprouverait, dans son mouvement, qu'un trop petit déplacement et ne dégagerait pas assez le ressort et la dent d pour produire sûrement la chute de l'arrêt R. Il faut donc adopter, par expérience, des proportions convenables.

Les deux circonférences A et B doivent se couper un peu; on fait le rayon de B moitié environ du rayon de A. Enfin la dent d'arrêt d est placée au point de contact de la tangente menée du centre de rotation de la pièce d'arrêt à la roue A, et le ressort M Q est à peu près parallèle à cette tangente, pour que le dégagement de l'arrêt ait lieu sans presser sur la dent de la roue dans la direction de celle-ci.

L'impulsion est donnée à la saillie c'; mais si les mouvements du balancier sont très-rapides, l'échancrure et par suite la saillie c' passe trop rapidement devant la roue d'échappement, et la dent b n'a pas le temps de l'atteindre. Il n'y aura donc pas d'impulsion; le mouvement du balancier ira alors en se ralentissant jusqu'à ce que la saillie c' passe assez lentement pour être choquée par la dent b; le moteur répare alors la force perdue à chaque double oscillation, et l'amplitude des oscillations du balancier devient constante.

On peut, avec grand avantage, faire parcourir au balancier de très-grands arcs, de 360° et même 450°. On lui fait faire, en général, quatre vibrations par seconde; la roue d'échappement, qui ne porte que 12 à 15 dents, marchant alors trop vite pour porter l'aiguille des secondes, on monte celle-ci sur l'axe d'une autre roue menée par la première.

Les chronomètres à échappement libre ont l'inconvénient de ne pas partir seuls quand on les monte, comme cela a lieu avec les autres échappements, tout l'effort se portant sur la dent d qui résiste directement. Il faut, pour déterminer le mouvement, leur imprimer un mouvement rapide de rotation qui ébranle le balancier et la dent D, et la fait, par suite agir sur le ressort M Q.

La régularité que l'on parvient à obtenir à l'aide de l'échappement libre est vraiment admirable et s'explique aisément. En effet, l'isochronisme du spiral, que rien ne vient altérer, puisqu'il se meut en liberté, est la base de cette précision. La variation de la force motrice, que l'on a soin de rendre la moindre possible, vient bien faire varier quelque peu l effort nécessaire pour enlever la dent d'arrêt, mais l'impulsion croît alors avec la force perdue par suite du petit retard qu'éprouve le balancier, et il en résulte une compensation. Enfin, l'amplitude des vibrations du balancier rend peu sensibles les variations qui peuvent résulter de mouvements accidentels.

Disons, comme mesure de la précision des chronomètres, que leur variation, dans les concours de l'Observatoire, ne doit pas atteindre deux minutes en trois mois.

641. M. Lieussou, ingénieur hydrographe de la marine, et depuis lui, plusieurs marins ont proposé une méthode particulière d'observation de chronomètres pour obtenir une grande précision.

En étudiant avec soin la marche des chronomètres, il a remarqué que l'épaississement des huiles était une cause d'altération dans leur marche (cause d'avance, parce qu'en faisant diminuer les mouvements du balancier, ceux-ci mettent moins de temps à s'effectuer) sensiblement proportionnelle au temps écoulé. D'un autre côté, le réglage en raison de la température, exact aux deux extrémités de l'échelle adoptée, n'est pas absolu pour les températures intermédiaires. D'où il résulte que ce n'est pas par la seule lecture du chiffre marqué par l'aiguille que doit être obtenue une observation tout à fait satisfaisante. Il a adopté la formule $m = a + bx + c\,(T - t)^2$ pour correction de la marche, x étant le temps écoulé, t la température du lieu, a, b, c, T étant déterminés pour chaque instrument par des expériences suffisantes.

Tout chronomètre bien établi, dont les pièces, les assemblages ne s'altèrent pas, donne des indications qui ne varient que par des causes dont l'influence peut être appréciée par les expériences préparatoires et rapportées dans des tables qui indiqueront les corrections à faire subir à l'observation. On obtiendra ainsi des résultats d'une merveilleuse exactitude, d'instruments exécutés convenablement, mais dont le réglage n'aura pas coûté de grands efforts, des tâtonnements indéfinis.

642. *Échappement libre pour horloges*. — La régularité qu'on est parvenu à obtenir dans les horloges avec des échappements à repos, grâce à l'emploi des pendules pesants, à la régularité d'action des poids moteurs et de remontoirs convenablement

disposés, a rarement fait chercher à y appliquer des échappements libres dont la précision serait moindre. Si l'emploi de ressorts et de détentes n'était considéré comme devant être écarté d'appareils construits pour durer fort longtemps, il serait facile de disposer, pour les horloges, des échappements libres composés des mêmes éléments que ceux des chronomètres. Ainsi le pendule peut facilement servir à faire partir un ressort d'arrêt laissant passer une dent de la roue d'échappement, pendant que celle-ci communiquerait au pendule une impulsion convenable par une pièce qui serait attachée à ce dernier et que rencontrerait une dent de la roue.

643. Nous nous contenterons de donner pour exemple de recherches de ce genre une disposition due à M. Vérité, horloger à Beauvais, où l'échappement à chevilles est transformé en une espèce d'échappement libre, sans l'emploi de ressorts. Cette disposition, de peu d'importance pratique, mérite d'être étudiée à cause de ce qu'elle offre d'ingénieux.

A est une roue ordinaire à chevilles (fig. 605), arrêtée dans

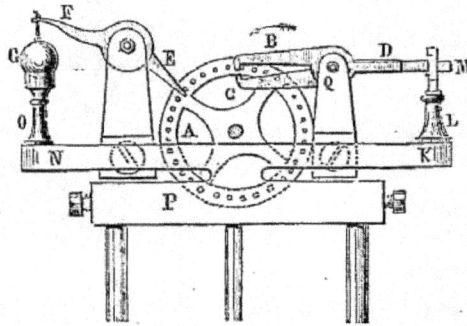

Fig. 605.

son mouvement, à chaque oscillation du pendule P, par des becs B ou C de l'ancre montée sur un axe fixe Q, tracés de ce point comme centre, et contre lesquels viennent butter les chevilles. L'extrémité D de l'échappement est engagée dans une fente oblongue M pratiquée dans une pièce L qui fait partie du pendule. La longueur de cette fente est telle, que le pendule n'a d'action sur la tige D qu'aux extrémités de sa course; il fera successivement basculer le levier en ces moments, et pendant tout le reste de la durée de ces oscillations sera complétement libre. Par l'effet de l'oscillation des becs autour d'un axe fixe et de la fente M, il ne se produira pas d'impulsion par l'action des becs.

Reste à communiquer l'impulsion au pendule pour lui restituer la force perdue à chaque oscillation. A cet effet, un levier EF est disposé sur la gauche. Il oscille autour d'un axe fixe monté sur la platine de l'horloge. Le bras E s'engage entre les chevilles de la roue A et est d'une longueur telle, qu'il se dégage d'une dent lorsqu'il a été abaissé de sa position la plus élevée par un mouvement de la roue égal à l'intervalle entre deux chevilles. Le second bras F porte à son extrémité un fil de soie au bout duquel·est suspendue une boule G, dont la chute donne l'impulsion au pendule à chaque oscillation double de celui-ci. Cette boule est supportée par une pièce O faisant partie du pendule et située au niveau du centre du mouvement de celui-ci.

Cela posé, le pendule marchant de droite à gauche soulève un peu la boule G pendant que le bras E, échappant à la cheville qui le retenait et qui aura avancé, se sera relevé jusqu'à la cheville suivante qui le retiendra à son tour.

Le pendule marchant de gauche à droite, la roue avancera d'un demi-intervalle de cheville et abaissera le bras E, mais sans le faire échapper; par suite relèvera le bras F, qui, à l'oscillation suivante, reprendra la position primitive. La boule G ainsi relevée pendant qu'elle n'est pas en contact avec le pendule et tombant avec celui-ci, lui aura communiqué le travail dû à cette chute, l'impulsion jugée nécessaire.

L'inventeur avait considéré cette ingénieuse disposition comme réalisant non-seulement un échappement *libre*, mais encore à *force constante*, dans lequel les rouages ne pouvaient avoir aucune action pertubatrice de l'isochronisme des oscillations du pendule. La chute de la boule (sauf les variations de longueur du fil) communique bien au pendule une impulsion constante, mais rien ne vient empêcher la variation des pressions des chevilles sur les becs de l'échappement, par suite des changements de la force motrice, et par conséquent la variation des frottements que le pendule doit surmonter.

Nous donnons dans une note l'ingénieux système composé seulement de boules suspendues à des fils, à l'aide duquel M. Vérité a cherché à résoudre le problème, au moins théoriquement.

Emploi du pendule conique.

644. Les échappements reposant essentiellement sur le mouvement alternatif du pendule, il peut sembler intéressant de se demander comment on devra remplacer ces organes si l'on emploie le pendule conique dont nous avons parlé, qui agit comme volant. Il est évident que dans ce cas la discontinuité du mouvement cesse, ce qui est avantageux non pas pour la mesure du temps qui s'opère par la mesure d'intervalles égaux, et pour lequel le pendule conique ne fournit que des résultats très-imparfaits, mais pour quelques applications spéciales.

Pour utiliser le pendule conique, il suffit de mener par le dernier mobile un petit pignon sur l'axe duquel se monte une dent qui pousse la tige du pendule, le centre de rotation de cette dent étant dans le prolongement du pendule supposé vertical.

La dent poussant le pendule tournera tout autour de sa tige, le point de contact décrivant une section du cône engendré par la tige du pendule. Or, comme le contact produit une espèce d'engrènement par adhérence, il en résulte : 1° que la force motrice augmentant, l'adhérence augmente, le pendule s'écarte ; le bras de levier augmentant, la résistance statique devient donc plus grande : si donc les oscillations du pendule étaient rendues isochrones pour tous les angles, le rouage ne se déroulerait qu'avec la vitesse propre à la rotation normale due à la longueur du pendule, par suite de ce nouvel état d'équilibre.

2° Que le mouvement du pendule tendra à être toujours circulaire, car s'il décrit une ellipse, la force constante du rouage donnant une pression plus forte vers le petit axe que vers le grand (puisqu'en ce point cette force s'exerce par un moindre bras de levier), l'adhérence sera plus grande et le petit axe tendra à augmenter comparativement au grand, à amener le mouvement à l'état circulaire.

2° ORGANES NE PERMETTANT LE MOUVEMENT QUE DANS UN SENS.

645. *Roue à rochet.* — La roue à rochet permet à un arbre de rotation de tourner librement dans un sens, sans pouvoir

jamais rétrograder en sens contraire. La figure 605 en montre
la disposition. Elle se compose essentiellement d'une roue
dont la circonférence porte des entailles
dites rochets, et qui est assemblée avec
l'axe de rotation, et d'un plateau monté
à frottement doux sur l'arbre, portant un
cliquet qui s'appuie sur les entailles de la
roue. Le plateau est donc nécessairement
entraîné par la roue toutes les fois que
le sens du mouvement assure l'action de
la dent du cliquet sur celle du rochet, mais

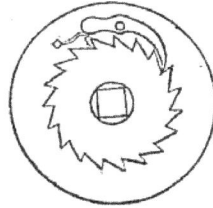

Fig. 606.

non dans le sens contraire; le cliquet remontant alors sur le
plan incliné qui forme la partie postérieure de la dent du rochet n'est plus entraîné.

Les formes des cliquets et des rochets peuvent être variées
pour produire l'effet voulu, mais leurs formes relatives doivent
toujours satisfaire à cette condition, que la normale commune
au point de contact passe entre les deux centres de rotation ;
ce qui peut s'obtenir de diverses manières.

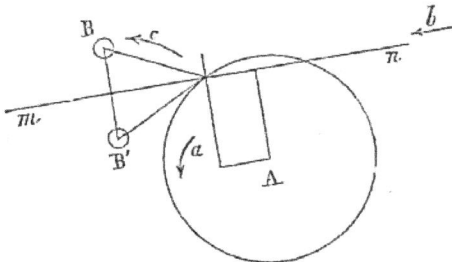

Fig. 607.

En effet, soit A le centre de rotation de la roue, en B celui
du cliquet; admettons que la roue tend à tourner dans la direction indiquée par la flèche a, et soit mn la normale commune
au contact du talon du rochet et de la surface correspondante
du cliquet. La flèche b indique le sens dans lequel celui-ci est
sollicité par le talon du rochet, et l'on comprend que le coin
engagé fait obstacle au mouvement de rotation de la roue; il y
a arc-boutement.

Au contraire, si l'on suppose le centre de rotation du cliquet,
placé en B', c'est-à-dire du même côté de la normale commune
que le centre A, le mouvement virtuel de la roue dans le sens

de la flèche *a* pourra faire soulever le cliquet, le faire tourner autour centre du B' en abandonnant la roue.

Si le cliquet, au lieu de butter contre le rochet, doit le retenir, si son extrémité forme un angle rentrant ou crochet, comme sur la figure 608, la normale commune au point de contact doit laisser de même côté les deux centres de rotation A et B.

Inutile de faire observer qu'un ressort est toujours indispensable pour ramener le cliquet à sa position, lorsqu'il n'est pas placé de manière que la pesanteur assure son effet.

La roue à crochet est employée dans une multitude de circonstances, et notamment dans les mouvements de pendule. Fixée sur un arbre carré, elle échappe au cliquet dans le sens où il faut le tourner avec une clef pour opérer le bandement du ressort moteur. Mais dès que ce dernier exerce son action, la roue à rochet tourne en sens contraire, en entraînant avec elle le barillet assemblé avec l'autre extrémité du ressort, et dont le contour, formé par une roue dentée, est destiné à transmettre l'action motrice du ressort aux autres pièces.

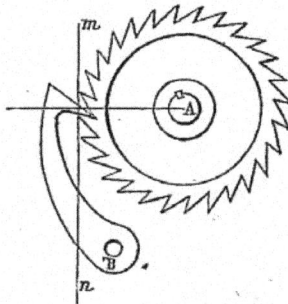   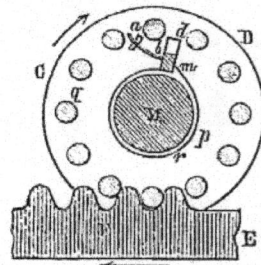

Fig. 608.   Fig. 609.

646. Si la roue à rochet devait avoir des dimensions très-considérables, elle pourrait se réduire en quelque sorte à une seule dent par la disposition suivante, due à Poncelet, en permettant à l'arrêt de prendre un petit mouvement rectiligne pendiculairement à la circonférence de la roue quand il est poussé dans cette direction.

Supposons une lanterne CD (fig. 609) engrenant avec une roue dentée FE conduite par un arbre vertical, celui d'un manége, par exemple. Les plateaux de la roue à lanterne tournent librement sur l'arbre M, qui porte une frette pr, armée d'un mentonnet, d'une dent m, qui s'applique contre la face plane de la pièce d mobile dans une coulisse, et de l'autre se raccorde tangentiellement avec la surface inférieure de cette pièce, pressée fortement contre la frette par un ressort ab fixé au plateau de la lanterne.

Si la roue tourne dans le sens de la flèche, le plateau de la lanterne tournant, la pièce d pressera le mentonnet de la frette, et l'arbre M sera mis en mouvement. Si au contraire l'arbre M se meut, et que la roue F s'arrête; si, par exemple, le cheval attelé à un manége dont M est l'arbre a besoin de s'arrêter, dans ce cas, l'engrenage continuant à se mouvoir et à entraîner la lanterne par l'effet de l'inertie des diverses parties en mouvement, le mentonnet m s'éloigne de la pièce d, puis, pendant une révolution de l'arbre, la soulève peu à peu et sans choc dans ses mortaises (agit comme un excentrique), et celle-ci retombe à sa place primitive dès que le mentonnet s'est échappé; l'action de l'engrenage peut alors reprendre.

647. *Encliquetage Dobo.* — Cet organe d'arrêt offre le grand avantage d'agir sans choc et est d'un emploi fort avantageux dans beaucoup de cas

La roue aa qui reçoit le mouvement et doit le transmettre à l'arbre o est libre et à frottement doux sur cet arbre. Celui-ci porte quatre ailes ou leviers $bbbb$, articulés près du centre et mobiles autour de ces articulations $cccc$. Ces leviers sont terminés du côté de la circonférence intérieure de la roue dans laquelle ils sont placés par une courbe inscrite dans sa circonférence, quand les ailes b tournent autour des articulations c,

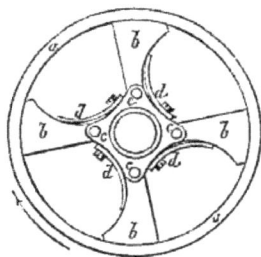

Fig. 610.

en pressant les ressorts d fixés à l'armature des centres $cccc$.

Ces ressorts obligent les ailes b à tourner autour de leurs centres c, de façon que l'extrémité de leur courbe extérieure touche toujours la circonférence de la roue.

Ceci posé, il est facile de comprendre le jeu de l'appareil. Quand la roue tourne dans le sens de la flèche, sa circonférence intérieure frotte contre la courbe extérieure des leviers, oblige les petits ressorts à fléchir, et n'entraîne pas l'arbre dans son mouvement, puisque chaque aile cède et fléchit sous l'action du frottement de la roue.

Quand la roue tourne en sens inverse, elle force les leviers à tourner autour de leurs axes, l'angle qui les termine s'éloigne du centre de l'objet, et comme la longueur de la ligne menée de cet angle à l'axe c est telle que cette extrémité peut s'en éloigner à une distance plus grande que le rayon extérieur de la roue, il se produit un arc-boutement de ces leviers contre l'intérieur de la roue, ce qui les rend, ainsi que l'arbre, solidaires avec elle. Par suite du mouvement de rotation l'arbre est donc obligé de tourner avec la roue.

Les ressorts d ayant pour effet d'appliquer toujours l'angle extérieur des ailes contre la surface intérieure de la roue, sans choc, l'action de cet encliquetage se produit dès que le mouvement de la roue a lieu dans le sens de la pression du ressort.

648. *Arrêt opérant après une fraction de tour déterminée.* — A est la roue qui mène, qui tourne toujours dans le même sens, B la roue conduite qui doit recevoir un mouvement intermittent avec de longs intervalles de repos. Sa circonférence est formée alternativement d'arcs de cercle tels que db concentriques avec le centre A et d'entailles carrées. La circonférence de A est un disque circulaire, ayant à peu près le

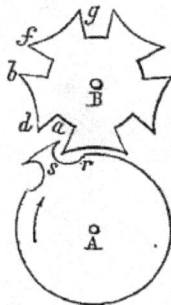

Fig. 611.

même rayon que les dents concaves placées près de lui; ce disque porte une seule dent saillante, dont les deux côtés sont entaillés circulairement.

Quand A tourne, aucun mouvement n'est d'abord communiqué à B. Mais aussitôt que la saillie A pénètre dans une entaille carrée de B, il vient la faire tourner, et la partie db vient alors sur la ligne des centres en face de la partie pleine de cette roue, jusqu'à ce qu'au tour suivant, le même effet soit produit pour l'entaille suivante.

On a employé cette disposition dans les montres de Genève, pour prévenir un excès de tension du ressort; dans ce but, une des dents reçoit une forme convexe. Quant A tourne, sa saillie passe quatre fois à travers la ligne des centres, puis la dent convexe empêche toute autre rotation, qui se trouve ainsi limitée. La roue A est attachée à l'axe qui est mû par la clef qui sert à remonter; en un jour, la roue A tourne lentement dans une direction opposée, emportant la roue d'arrêt de manière à permettre le renouvellement de l'action de l'arrêt.

Organes d'arrêt du mouvement rectiligne.

649. La plupart des organes ci-dessus décrits, quelque peu modifiés, s'appliquent au mouvement rectiligne.

La disposition de la roue à rochet, le système des encliquetages, peut évidemment être employée sous forme de crémaillère (fig. 612) pour ne permettre le mouvement rectiligne d'une barre, se mouvant entre des guides, que dans un seul sens. La condition à remplir est que la normale, au point de contact, passe au-dessus du centre de rotation du cliquet, celui-ci devant s'opposer par action directe à la descente de la barre et inversement s'il devait empêcher son élévation.

Fig. 612.

650. *Cartons de la Jacquart.* — Un procédé bien ingénieux et d'une bien grande importance industrielle, l'organe fondamental du métier à la Jacquart, est un organe de cette nature d'un effet parfaitement assuré. Si l'on fait passer un plan sous une tige douée d'un mouvement rectiligne alternatif (fig. 613), celui-ci arrêtera le mouvement de la tige à la descente. Mais si le plan est percé de trous cylindriques ayant la même section que la tige mobile, suivant la position de ces trous, la pièce prendra un mouvement ou restera en repos.

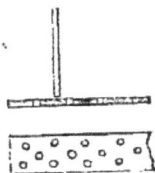

Fig. 613.

C'est sur la multiplication de cet élément et l'emploi de cartons diversement percés que repose le métier à la Jacquart. Nous verrons les fécondes applications de ce principes en traitant du tissage.

651. *Encliquetage à frottement.* — Soit AB une tige qui ne peut que glisser suivant sa longueur (fig. 614). Une came C, mobile autour du point O, est constamment pressée contre AB par l'action d'un ressort dont l'extrémité est fixe. Si l'on

cherche à faire descendre AB, la came ne s'y opposera pas ou du moins ne fera naître en E qu'un frottement peu important, en raison de la force du ressort. Mais si l'on veut donner à AB

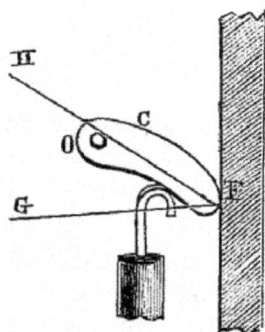

Fig. 614.

un mouvement en sens contraire, la came empêchera ce mouvement de se produire.

S'il y avait un glissement de AB sur la came dans ce sens, la came éprouverait en F une action totale dirigée suivant une ligne faisant avec la normale un angle égal à l'angle de frottement. Mais le point O est choisi de manière à se trouver à l'intérieur de l'angle GFH : la came ne peut donc pas rester immobile sous l'action de la force dirigée suivant la barre, et il se produit un arc-boutement qui arrête le mouvement.

3° ORGANES ARRÊTANT TOUT MOUVEMENT.

652. En outre des organes qui, dans certaines positions, déterminent la production de la force motrice, les vannes pour l'eau, les robinets pour la vapeur, etc., et dont la fermeture arrête la production de tout travail, nous devons ranger dans les organes d'arrêt ceux qui suspendent l'action d'une force en faisant naître une résistance supérieure à la puissance, qui consomment par une résistance passive le travail moteur. C'est surtout le frottement qu'on emploie à cet effet au moyen de freins (fig. 615) qui s'appliquent presque toujours sur les parties des machines dont le mouvement est circulaire, mais peuvent être aussi adaptés aux parties douées du mouvement recti-

ligne (fig. 616). Ils consistent essentiellement en surfaces disposées pour s'appliquer sur les parties en mouvement et y

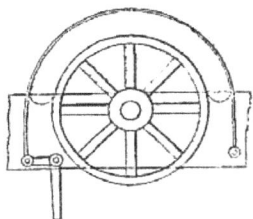

Fig. 615.

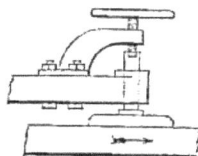

Fig. 616.

exercer une pression suffisante le plus souvent à l'aide de leviers ou de vis.

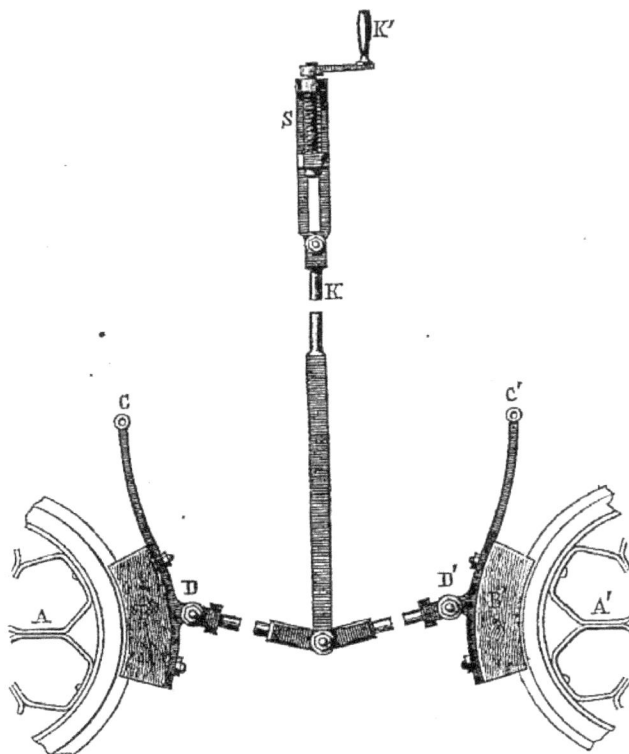

Fig. 617.

Nous avons déjà parlé de ces organes pour empêcher l'accélération du mouvement, quand leur emploi est moins prolongé

avec une pression moindre qui leur fait produire seulement une diminution de vitesse; pour arrêter tout mouvement, les dispositions sont identiques, les pressions seulement plus considérables.

La figure 617 représente le frein des chemins de fer, qui se manœuvre de loin au moyen d'une vis.

653. Nous décrirons encore une disposition très-simple pour empêcher un mouvement de changer de sens, par un arc-boutement, par une disposition semblable à celle étudiée dans l'encliquetage Dobo, en arrêtant le mouvement contraire dès qu'il se produit. Soit a un talon mobile (fig. 618) forcé de s'appuyer par sa partie arrondie contre la couronne ABC d'une roue fixée invariablement avec l'arbre D, il est évident que le mouvement circulaire est toujours possible de A vers B; mais si un accident quelconque faisait revenir la roue sur elle-même ou de B vers A, le talon a tournera et s'arc-boutera sur la couronne en déterminant un frottement croissant avec la pression jusqu'à ce que le mouvement soit complétement arrêté.

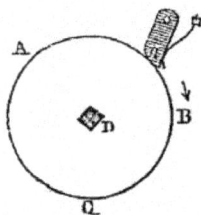

Fig. 618.

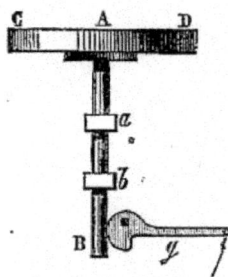

Fig. 619.

Considérons encore une pièce verticale AB (fig. 619) possédant un mouvement rectiligne, glissant entre deux guides a et b à frottement doux; il est possible de maintenir cette pièce à une hauteur déterminée, de faire naître une pression et par suite une résistance de frottement supérieure à son poids, au moyen de l'excentrique mue à l'aide du levier g, d'un talon qui exercera une pression considérable sur la tige AB. C'est encore la disposition donnée ci-dessus.

HORLOGERIE.

654. C'est surtout au point de vue de l'horlogerie que nous avons traité des échappements ; c'est en effet leur principal emploi. Nous avons successivement passé en revue tous les éléments qui composent ce genre de mécanismes : le poids ou ressort moteur, le pendule ou spiral, l'échappement, le système de roues dentées ou minuterie, enfin les principes des combinaisons de la haute horlogerie, des rouages à mouvements différentiels.

Nous allons dire ici quelques mots de l'agencement de ces éléments dans les appareils chronométriques, en complétant cette étude, sans en arriver toutefois à l'étude technologique [1].

655. La figure 620 représente une horloge astronomique, l'appareil le plus parfait, le mieux soustrait aux causes d'erreur, que l'on soit parvenu à construire.

Le poids W est attaché à l'extrémité d'une corde enroulée autour du cylindre A. Sur le même axe ou arbre que le cylindre est fixée la roue dentée B qui conduit un pignon b qui entraîne la roue C montée sur le même arbre. Semblablement la roue C conduit le pignon c, monté sur le même arbre que la roue d'échappement, qui ne peut tourner qu'en raison des oscillations du pendule qui amène les ancres ou palettes devant les dents de la roue d'échappement D.

D'après le mode d'action du pendule, nous savons qu'une dent de la roue traverse la ligne des centres par chaque double oscillation du pendule, de telle sorte que, t étant la durée de la vibration en secon-

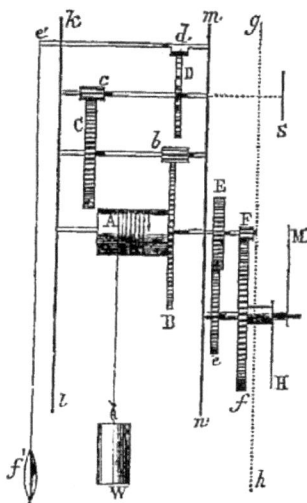

Fig. 620.

des, et la roue d'échappement ayant e dents, la durée d'une

---

1. Voyez l'article HORLOGERIE, par M. Bréguet (*Dictionnaire des Arts et Manufactures*).

rotation complète de cette roue sera $2\,te$. Ainsi supposons que
le pendule batte la seconde et que $e = 30$, la roue d'échappement fait un tour en une minute ; si la roue B a 48 dents et C 45,
enfin que les pignons aient 6 ailes, on obtient le rouage :

$$\frac{L_2}{L_1} = \frac{48 \times 45}{6 \times 6} = 60,$$

et par suite A fait un tour en une heure. L'axe de c peut donc
porter une aiguille des secondes, et le cylindre A tournera avec
la vitesse qui convient à l'aiguille des minutes.

Il reste à faire mouvoir les aiguilles qui indiquent les unités
de temps. Tandis que la partie qui vient d'être décrite est habituellement contenue dans une cage formée par deux plaques
parallèles maintenues à distance par deux ou trois entre-toises,
de petits trous percés dans ces plaques recevant les pivots
qui terminent les arbres, le reste du mécanisme est situé en
avant.

A cet effet, l'arbre qui porte A traverse la plaque antérieure,
et sur cette partie saillante sont fixées les deux roues E et F.

Au-dessous de cet axe et parallèlement est monté un axe de
rotation auquel est adaptée l'aiguille des minutes M. Dans le
modèle ci-dessus, E faisant déjà un tour en une heure, les
roues E et e sont égales.

Un tube épais, un canon, tourne librement autour de l'axe de
l'aiguille des minutes, et porte à une de ses extrémités l'aiguille
des heures H, et une seconde roue f, qui est conduite par la
roue F ; et puisque f doit faire une révolution en 12 heures, le
nombre de ses dents doit être 12 fois plus grand que celui de
la roue F qui accomplit une rotation en une heure.

656. *Montre à échappement à cylindre.* — Nous ne parlerons
ici que de ce genre de montres ; car, comme nous l'avons dit,
l'échappement à cylindre, qui demande peu de hauteur, a remplacé l'échappement à palettes, et, en donnant une précision
plus grande, a permis, en augmentant la longueur du ressort
moteur, de supprimer la fusée, qui dans la pratique, pour les
ouvrages à bas prix, était aussi souvent cause d'irrégularité
que de régularité.

La fig. 621 représente le mouvement d'une semblable montre
vue par-dessus. On voit que la platine supérieure n'existe plus
et que les axes des roues sont maintenus par la platine infé-

rieure d'une part, et de l'autre par des ponts montés sur cette platine.

B est le barillet renfermant le ressort moteur, dont le con-

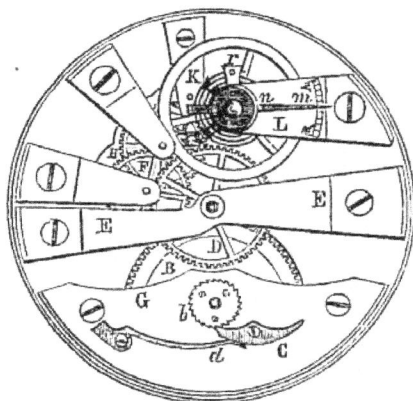

Fig. 621.

tour forme une roue dentée de 80 dents; son axe est guidé par le pont G. Le rochet *b*, maintenu par un doigt pressé par le ressort *d*, est assemblé avec l'arbre du barillet et l'empêche de retourner en arrière lorsqu'on remonte le grand ressort à l'aide du carré placé au centre.

La grande roue moyenne D est la plus élevée de toutes. Son axe est porté par le pont E, qui traverse complétement la montre et forme un assemblage solide. Le pont L reçoit le pivot supérieur du balancier et porte la raquette *m n*, qui tourne à frottement doux autour de ce pivot. Le spiral fixé en *r* est en outre passé entre deux chevilles placées à l'extrémité de la raquette; le contact de ces chevilles détermine la longueur du ressort spiral qui vibre, et, par suite, permet d'obtenir ainsi les corrections que la marche de la montre ferait désirer.

Le pivot de la roue d'échappement roule dans le pont K, et le cylindre a le même axe que le balancier.

Une des conditions essentielles de la régularité de la marche des montres, le moyen le plus certain de les rendre peu impressionables à tous les petits accidents qu'elles peuvent éprouver dans l'usage civil, consiste à donner une vitesse assez grande au balancier. Dans le système représenté dans la figure, il est facile de calculer que le nombre de ses vibrations s'élève à

18,000 par heure. En effet, le barillet B a 80 dents; la grande roue moyenne D a 64 dents; son pignon (monté sur le même axe et qui engrène avec le barillet) a 10 ailes; la petite roue moyenne F a 60 dents, son pignon 8 ailes; la roue de champ H a pareillement 60 dents, son pignons 8 ailes; enfin la roue d'échappement a 15 dents et son pignon 6 ailes.

On peut donc représenter les rouages par le tableau suivant :

$$
\begin{aligned}
80 &- 10 \\
64 &- 8 \\
60 &- 8 \\
60 &- 6 \\
&15
\end{aligned}
$$

ce qui donne bien le rapport

$$\frac{8 \times 8 \times 6}{64 \times 60 \times 60 \times 15} = \frac{1}{9000}$$

pour une vibration complète, ou 18,000 simples laissant passer chacune une dent de l'échappement pour un tour de D, roue des minutes, c'est-à-dire une heure.

DES SONNERIES.

657. La régularité des mouvements des appareils d'horlogerie peut fournir le point de départ de bien des combinaisons mécaniques astreintes à se produire en des temps déterminés. L'exemple le plus important qui puisse être offert de combinaisons de ce genre est celui des appareils qui font partie intégrante des horloges mêmes. Je veux parler des sonneries dont les pièces essentielles participent à la fois, comme nous allons voir, de la nature des échappements et de celle des excentriques.

La principale exigence de l'usage civil pour les pendules d'appartement, ainsi que pour les grosses horloges destinées à montrer l'heure à l'extérieur, c'est de leur faire sonner les heures. Les systèmes dits *sonneries*, dont nous allons parler, étant nécessairement en rapport avec les rouages des heures, qui agissent sur eux à l'instant voulu pour leur faire sonner l'heure marquée, il en résulte pour ceux-ci, malgré l'adaptation de systèmes moteurs spéciaux pour produire une action nouvelle, une charge, une variation d'efforts nuisible à la régularité de la marche. Aussi jamais on n'adjoint de sonnerie aux appareils de précision et ne les emploie-t-on que dans l'horlogerie pour l'usage civil, où l'exactitude absolue n'importe pas autant que la satisfaction de diverses convenances.

Nous allons passer en revue les deux modes de sonneries qui se retrouvent dans les pièces diverses de l'usage civil.

658. *Sonnerie à chaperon.* — Sur une roue du mécanisme de l'horloge sont placées, en nombre convenable, des chevilles pouvant lever la queue d'un marteau tournant autour d'un axe, l'une après l'autre. Au-dessus de la roue qui porte les chevilles pour la sonnerie, s'en trouvent ordinairement deux autres. La plus élevée fait mouvoir un modérateur à ailettes pour modérer la vitesse de déroulement du rouage, afin que les coups du marteau puissent se succéder convenablement. Celle placée au-dessus de la roue de la sonnerie doit accomplir exactement une révolution pour un ou plusieurs coups de marteau. Je supposerai que c'est une révolution pour chaque coup, comme cela a lieu ordinairement.

On verra, par la figure 622, sur quel principe reposent les

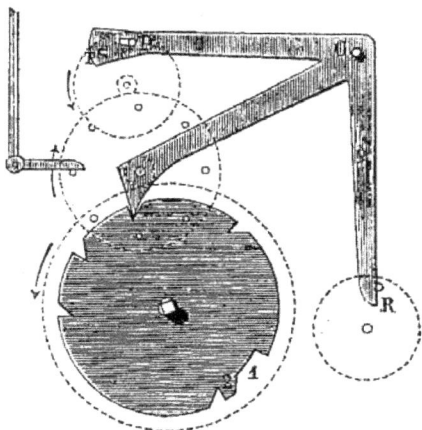

Fig. 622.

différentes manières de lâcher la sonnerie. Une cheville P, placée sur l'une des dernières roues du mécanisme, presse sur un point d'arrêt S placé sur un levier, lorsque l'horloge ne sonne pas. Ce levier courbé peut tourner autour d'un pivot et son autre bras peut être levé par une cheville R placée sur la roue des heures du mouvement, de manière que cet effet se produise lorsque l'horloge est sur le point de sonner, ce qui permet à la cheville P de franchir en glissant le point S; mais elle ne peut aller plus loin, ne tardant pas à être arrêtée par un autre point T, situé soit sur la même pièce ou sur une autre qui s'y rattache; le bruit qui en résulte se nomme la *préparation*. Lorsque l'instant de sonner est arrivé, la cheville R, continuant son mouvement, s'échappe entièrement; alors la roue à chevilles peut tourner, et s'il n'y avait d'autre mécanisme, après un tour la cheville P serait revenue au point S. Mais un excentrique agit alors pour que l'arrêt S reste écarté si l'horloge a à sonner plus d'un coup.

Elle consiste en une grande roue appelée *chaperon* ou ROUE DE COMPTE, mue par le rouage et le moteur spécial de la sonnerie, qui fait sa révolution en 12 heures. Le bord du *chaperon* est partagé en 78 divisions, et il porte de profondes entailles aux distances successives de 1, 2, 3, etc., divisions, jusqu'à 12; l'on peut en voir quelques-unes sur le dessin. Un troisième bras de la détente s'étend jusqu'au chaperon et se termine par une dent qui peut pénétrer dans ses entailles. Lorsque le premier coup d'une heure quelconque sonne et que la roue à cheville P fait une révolution, le chaperon tourne aussi dans la direction indiquée sur la figure; la dent sortie de l'entaille vient reposer sur le bord jusqu'à ce qu'une autre entaille se présente pour qu'elle y tombe; la saillie du contour circulaire relativement au fond des entailles est telle que la détente tient trop éloignés les points d'arrêt S et T pour qu'ils gênent le passage de la cheville après une révolution, et ils demeurent ainsi jusqu'à ce que l'horloge ait sonné le nombre de coups voulus par la rotation de la roue dont les chevilles agissent sur le marteau. Alors le mouvement de la sonnerie s'arrête, l'extrémité du bras de la détente tombe dans l'entaille suivante du chaperon, sa position étant bien celle convenable pour l'heure à sonner, et par suite du replacement du bras OS, la cheville P arrête le rouage de sonnerie. On voit que le chaperon serait, en effet, un véritable cadran horaire, si sur les entailles étaient marquées les heures, puisque le nombre indiqué par la partie supérieure est toujours le dernier nombre que l'horloge a sonné.

Les pendules de cheminée étant construites de manière à

sonner un coup aux demi-heures, la *roue de compte* ou *chaperon* est partagée en 90 parties au lieu de 78, et ces nouvelles entailles sont aussi longues que celles d'une heure dans les horloges qui ne sonnent pas les demi-heures.

La sonnerie par chaperon est celle qui est employée pour les grandes horloges, pour les pendules d'appartement, dans tous les cas où la place ne manque pas pour installer le chaperon et le volant à ailettes qui règle le déroulement du rouage.

659. *Sonnerie à râteau.* — Un système très-usité dans le siècle dernier permet de faire répéter à une horloge la sonnerie de toute heure aussi souvent qu'on le veut, ou d'arrêter la sonnerie à volonté. Nous allons le décrire, vu que c'est à peu près le même système qui est adopté pour la construction des montres à répétition.

Il consiste essentiellement en une portion de roue L M (fig. 623) appelée *râteau*, tournant autour d'un centre O et

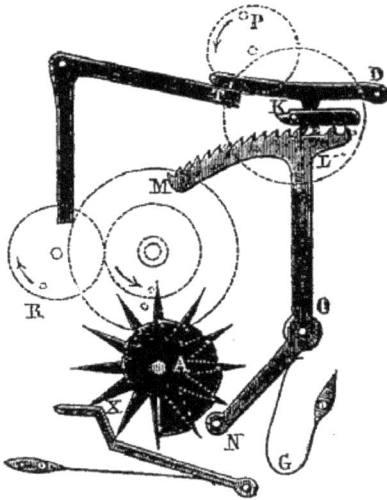

Fig. 623.

ayant 13 à 14 dents taillées en rochet. Un autre rayon O N de ce fragment de roue est muni d'une cheville; et sur une *étoile*, que nous décrirons bientôt et qui tourne en douze heures, se trouve fixé un limaçon ayant 12 gradins situés à des distances inégales du centre, sur lesquels s'appuie cette cheville, de manière que, lorsque l'aiguille des heures indique par exemple 5, la cheville N puisse rencontrer le cinquième gradin du limaçon, par suite, à une profondeur telle que le râteau puisse tourner d'un espace proportionnel à cinq. Le râteau est retenu par un cliquet ED fixé sur un axe au point D, dont l'action est combinée avec celle d'un ressort G placé à la partie inférieure. Le bras du cliquet est prolongé et repose sur une détente dont le bras T faisant saillie en arrière est placé de manière que, lorsque la detente est poussée, la cheville P de la troisième roue du mécanisme de la sonnerie peut franchir le point d'arrêt T; mais lorsqu'elle est ou repos, elle arrête la cheville, et par conséquent le mécanisme. Si le système est appliqué à une horloge, on voit que, lorsqu'elle donne l'avertissement, la cheville R de la roue horaire lève le cliquet, qui laisse le râteau retomber aussi loin que permet le limaçon.

Au-dessus du râteau, il y a une espèce de crochet K, qui de fait n'est qu'un pignon d'une dent, placé sur l'arbre saillant de la seconde roue, c'est-à-dire au-dessus de la roue de la sonnerie; à chaque révolution de cette roue, et par conséquent à chaque coup du marteau, il entraîne les dents du râteau l'une après l'autre.

On voit que, quand l'horloge doit sonner, la détente se déplace, ce qui rend la cheville P libre, puis le cliquet retombe sur le râteau, de manière à être prêt à saisir les dents et à les retenir à mesure que le pignon les fait avancer. Lorsque ce crochet a entraîné la dernière dent, sa queue rencontre une cheville placée au bout du râteau, et, par suite, comme il ne peut plus tourner davantage, le rouage se trouve arrêté.

Si l'horloge doit pouvoir répéter à volonté la dernière heure sonnée, on prolonge le cliquet D en arrière, on y met un cordon qui descend dans la caisse de l'horloge, et, lorsque ce cordon est tiré, l'horloge sonne. Mais si le cordon est lâché trop vite, le cliquet saisira le râteau avant qu'il soit tombé assez loin, et l'horloge ne sonnera pas assez de coups, et, s'il n'est pas lâché assez vite, le cliquet ne saisira pas le râteau au premier coup, et elle sonnera trop de coups. Le cordon doit donc être fixé à la détente, au lieu de l'être au cliquet, comme on le fait habituellement. Si, en tirant le cordon, vous voyez que l'horloge ne veut pas sonner, c'est qu'elle est entre la préparation et le moment où elle sonnera, et, si vous la laissez sans la toucher, elle sonnera d'elle-même au bout de quelques minutes.

La roue à étoile A, dont on se fait facilement une idée par

notre dessin, tourne d'un douzième de tour par chaque heure,
au moyen d'une cheville fixée sur la roue des heures qui pousse
un de ses rayons. Il est vrai que la cheville ne l'entraîne pas
directement sur une longueur suffisante ; mais au moment où
elle est parvenue à la moitié de cette distance, le rayon placé
au point G dans le dessin aura atteint l'angle de ce qu'on
nomme le sautoir, placé en dessous, et aussitôt que la pointe
du rayon aura passé l'angle, la pression de ce ressort fera le
reste. Le sautoir agit ainsi à la fois comme un cliquet pour
maintenir la roue à étoile et comme moyen de la faire arriver
rapidement à la place qu'elle doit occuper.

C'est de ce système que provient le mécanisme de la montre
à répétition.

SECONDE PARTIE

APPLICATIONS

DE LA CINÉMATIQUE

AUX RÉCEPTEURS ET AUX OPÉRATEURS

---

660. En traitant des moyens d'obtenir et de modifier à volonté un mouvement, nous n'avons pas eu à nous occuper des systèmes à l'aide desquels on produit un mouvement initial à l'aide des puissances naturelles ; ni de ceux à l'aide desquels on utilise au profit du travail industriel le mouvement produit. C'est qu'en effet ces deux parties de la science des machines appartiennent pour une très-grande part à la mécanique dynamique, sont l'objet de la mécanique appliquée aux machines, si magistralement formulée dans l'ouvrage de Poncelet. Comme, néanmoins, les deux parties d'une même science ne peuvent se séparer d'une manière absolue, et que les formes et les dispositions de ces systèmes relèvent nécessairement de la Cinématique, quelquefois complétement, pour la filature et le tissage par exemple, nous avons cru utile de compléter ce traité par un résumé sommaire de l'étude des parties des machines non encore examinées, afin de pouvoir indiquer toutes les applications de cinématique qui s'y rapportent, et de fournir au lecteur le moyen ·d'embrasser l'ensemble de la science des mécanismes par l'analyse des types principaux de machines.

L'étude de cette seconde partie, dans laquelle nous sommes forcé de supposer connus les principes élémentaires de la mécanique, pourra être ajournée jusque après l'acquisition de connaissances plus complètes en mécanique appliquée.

Nous supposons donc que le lecteur a étudié les principes, au moins, de la mécanique appliquée; et surtout qu'il est familier avec la notion du travail des forces, du *produit de la force par le chemin décrit par son point d'application, évalué suivant la direction de cette force*, travail qui constitue l'unité complète, qui doit toujours se retrouver, ne saurait être annulée, c'est-à-dire que dans une machine la pression et le chemin parcouru peuvent varier d'un point à un autre, mais. non le produit des deux facteurs.

PRINCIPAUX ORGANES DES MACHINES.

661. Si on considère les machines au point de vue de leur utilité, cause de leur invention et de leur construction, il faut évidemment les définir comme ayant pour objet d'*exécuter des travaux utiles à l'aide moteurs naturels, comme la chaleur, les chutes d'eau, les efforts des animaux, etc.*

Les pièces contenant les mécanismes, les machines simples successives qui les composent se communiquent le mouvement de proche en proche, depuis le point où s'exerce l'action motrice jusqu'à la matière à travailler. Elles transforment donc les facteurs du travail, de telle sorte que si $P \times H$ est le travail du moteur, $p \times h$ est le travail consommé par le corps sur lequel on opère. Nécessairement p et h seront différents de P et H; mais les deux produits seraient toujours égaux, si le travail mécanique *utilisable* n'était sans cesse diminué de tout le travail consommé par les résistances nuisibles de la machine.

On voit donc comment les machines, en permettant de faire agir des forces convenables suivant des chemins déterminés, fournissent le moyen de convertir le travail produit par une chute d'eau, par un combustible, en un travail utile consommé à moudre du blé, filer de la laine, scier du bois, etc.

On voit encore qu'une machine étant à établir, il y aura à consulter trois divisions de la science des machines qui correspondent à la nature de trois genres d'organes qui se rencontrent dans les machines.

Les *récepteurs*, ainsi nommés parce qu'ils reçoivent l'action du moteur naturel, doivent être déterminés par la science des moteurs qui relève directement de la physique, être disposés, se mouvoir avec une vitesse telle que le maximum du travail que la puissance naturelle peut développer leur soit transmis.

Les *opérateurs*, organes servant à effectuer le travail industriel auquel la machine est destinée, et au mouvement desquels s'oppose le travail résistant utile. C'est encore la connaissance de la nature physique des substances à travailler, l'analyse des mouvements nécessité pour l'opération à effectuer pour leur transformation, qui guide pour leur construction.

Ces opérateurs devant, comme les récepteurs, posséder un mouvement déterminé, et en général bien plus complexe, c'est à l'aide d'organes de *transformation de mouvements*, de *combinaison de mouvements*, de *combinaison de vitesses*, de systèmes de *modification de vitesse*, qu'on leur transmet le travail du récepteur.

Nous arrivons ainsi à diviser l'étude géométrique du mouvement des machines en six parties, dont quatre ont déjà été traitées, savoir :

Travail moteur. — Récepteurs. Nature et vitesse du mouvement produit en raison du mode d'action de la force motrice.

Transformation, communication du mouvement d'une partie d'une machine à une autre partie. — Combinaison de mouvements. — Combinaison de vitesses. — Modification de vitesse.

Travail résistant. — Opérateurs. Nature et vitesse du mouvement utilisé, d'après la nature des résistances et celle du produit à obtenir.

La première et dernière section forment surtout l'objet de la mécanique physique. Nous nous bornerons, par suite, à rapporter les résultats généraux auxquels conduit cette science pour pouvoir indiquer en détail les théories d'ordre géométrique, souvent très-importantes, qui s'y appliquent; nous donnerons pour chaque cas les chemins parcourus et les vitesses qu'elle détermine, résultats qu'il est nécessaire de connaître pour pouvoir établir les rapports des vitesses entre toutes les parties des machines, et pour que ce traité fournisse la détermination de tous les éléments nécessaires à la combinaison complète, au point de vue géométrique, d'un mécanisme quelconque.

LIVRE CINQUIÈME

RÉCEPTEURS

662. L'étude des récepteurs, à l'aide desquels les puissances naturelles engendrent les mouvements des premiers organes des machines, forme l'application la plus intéressante de la mécanique appliquée aux machines, qui se propose surtout, guidée par l'étude des lois physiques qui président à l'action des forces naturelles, d'utiliser celles-ci le mieux possible. Nous n'avons ici qu'à passer en revue les divers récepteurs pour indiquer la forme de leurs organes et établir la nature de leur mouvement. La relation des deux termes du produit $P \times H$ représentant le travail maximum des récepteurs, la partie la plus grande du travail des forces naturelles qui peut leur être transmis, forme le point de départ de toute combinaison mécanique pour opérer un travail à l'aide de machines. Ce qui importe surtout au point de vue de la Cinématique, c'est la nature des mouvements qui sont ainsi fournis et les vitesses dont on ne doit pas s'écarter.

Nous savons déjà, *à priori*, que la nature des mouvements ne saurait être autre que celle déjà étudiée, le récepteur ne pouvant pas être utilisable s'il traçait une trajectoire indéfinie sous l'action des forces qui agissent sur lui; il y a donc toujours à étudier l'effet des points fixes, des guides de la nature de ceux étudiés, qui le maintiennent, c'est-à-dire que son premier élément est nécessairement une machine simple.

Passons en revue les résultats fournis par la science des moteurs, afin de pouvoir, dans toute combinaison géométrique des machines, partir des mouvements et vitesses convenables pour le maximum d'effet utile des récepteurs, seule condition qui doit présider à l'établissement de ceux-ci.

On peut diviser en quatre classes les moteurs qu'emploie l'industrie :

1° *Moteurs animés : force de l'homme, des animaux ;*

2° *Pesanteur ;*

3° *Vitesse acquise; inertie des corps en mouvement ;*

4° *Chaleur : actions électriques, chimiques.*

CHAPITRE PREMIER.

Moteurs animés.

663. Bien que le but des machines soit principalement de remplacer le travail de l'homme par celui des moteurs naturels, il est un grand nombre de cas, tels que celui des transports, où une petite machine opérant plus avantageusement que la main, l'on a recours aux moteurs animés et même à l'homme pour produire une quantité de travail pour ainsi dire brut.

Les moteurs animés se distinguent des moteurs naturels en ce qu'ils ne peuvent travailler d'une manière continue, et sont forcés de se reposer après un certain temps de travail.

La fatigue extrême qui résulte d'un violent effort, l'impossibilité de le produire avec vitesse ; et, si l'effort est faible, le peu de travail qui en résulte même si la vitesse du point d'application est grande ; la fatigue que cause un travail prolongé, et qui croît avec l'effort et avec la vitesse ; tout ceci fait comprendre que la quantité de travail proportionnelle à leur puissance d'alimentation fournie par les moteurs animés est susceptible d'un *maximum* à égalité de *fatigue journalière*, en un mot qu'il existe une vitesse du point d'application, un effort et une durée de travail qui sont les plus convenables pour l'effet utile. Nommons en général V la vitesse moyenne en mètres du point d'application du moteur, ou mieux le chemin supposé décrit en chaque seconde, P l'effort moyen en kilogrammes qu'il exerce, estimé dans la direction de ce chemin, enfin T la durée totale en secondes de l'action journalière, qui peut être ou continue ou coupée par des repos plus ou moins fréquents dont la durée n'est pas comprise dans T; la quantité de travail mécanique développé par le moteur aura évidemment pour mesure le produit PVT^{km}.

Cela posé, le produit PVT^{km}, qu'on nomme *quantité de travail journalière*, est susceptible d'un *maximum* à égalité de fatigue journalière, en donnant à P, à V et à T des valeurs qu'une longue expérience indique comme les plus convenables. L'effort, et c'est un des avantages qu'offrent les moteurs animés, peut au besoin varier en général du triple au quintuple de l'effort qui convient au maximum d'effet, la vitesse de quatre à dix fois celle du maximum, et la durée atteindre dix-huit heures, c'est-à-dire le double de celle que l'expérience indique comme la plus avantageuse; mais dans ces conditions, le produit PVT ne peut jamais atteindre une valeur exagérée sans que la fatigue journalière du moteur animé soit augmentée et sa santé compromise, si un semblable travail doit être renouvelé plusieurs jours de suite. On doit conclure de ceci que la vitesse du point d'application du moteur animé, comme l'effort de celui-ci, doivent être ceux correspondant au maximum de travail, pour les machines bien établies. Cette vitesse étant déterminée, les relations géométriques de la machine permettront de calculer les vitesses de tous les autres points du système. C'est cette vitesse initiale que nous allons indiquer pour chaque cas.

I. FORCE DE L'HOMME.

664. Le corps humain, dit Coulomb, composé de différentes parties flexibles, de muscles mettant en mouvement des leviers articulés de mécanismes entièrement semblables à ceux des machines, mis en mouvement sous l'action de la volonté et pouvant permettre des mouvements dans tous les sens, se plie à une infinité de formes et de positions.

Considéré sous ce point de vue, c'est presque toujours la ma-

chine la plus commode que l'on puisse employer pour produire les mouvements composés qui demandent des nuances
et des variations continues suivant des lois compliquées, quant
aux pressions, aux vîtesses et aux directions.

L'étude de l'homme, considéré comme une machine parfaite, en tant qu'il communique directement aux opérateurs le
mouvement convenable, ne fait pas partie, avec toutes les variations de pression, de direction qu'exige le but à atteindre,
de la science des machines considérée comme ayant pour but
principal d'utiliser les forces naturelles essentiellement inin-
telligentes, à la production d'objets pouvant, le plus souvent,
être obtenus par le travail de la main. Nous ne devons donc
consigner ici que les moyens usités pour employer seulement
la force musculaire de l'homme à produire un mouvement
simple, quel que soit l'emploi qui doive en être fait.

Action produite au moyen de la force des bras.

665. 1° *Système levier* (produisant le mouvement circulaire
alternatif). Le levier peut être disposé dans un plan quelconque, mais il agit le plus souvent dans un plan vertical, tant
parce que la résistance à vaincre est fréquemment l'action de
la gravité, que parce que le travail est plus considérable dans
une position où le poids du corps vient seconder l'action musculaire.

La force s'applique soit directement à l'extrémité du levier,

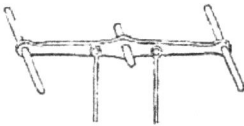

Fig. 624.

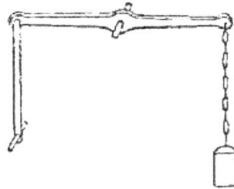

Fig. 625.

soit à l'extrémité d'une barre ou d'une corde assemblée au
bout du levier.

Pour un manœuvre exercé poussant et tirant alternativement
dans le sens vertical une barre droite ou l'extrémité d'un

levier, le maximum de travail correspond à un effort ou poids de 5 kil., mû avec une vitesse de $1^m,10$ par seconde.

Donc si le levier, dont le bras est égal à p, fait n oscillations en t secondes en parcourant un angle ω, on doit avoir :

$$\frac{n\,\omega\,\mathrm{P}\,p}{t} = 5^{km}50, \quad \frac{n\,\omega\,p}{t} = 1^m10.$$

Le maximum de travail est de 158,400 kilog. mèt. en huit heures de travail. Si le levier fait une seule oscillation par seconde, $n=1$, $t=1$, et $\omega \mathrm{P} p = 5,50$ kilog. mèt. De ces formules l'on déduira pour chaque cas la vitesse que doit posséder le levier à l'extrémité duquel la force est appliquée; la longueur du bras du levier étant en rapport avec le mouvement possible des bras, c'est-à-dire ne devant pas dépasser un mètre.

Les *touches* (fig. 626), système employé dans de nombreuses machines, les *pianos*, les *machines à lire*, etc., sont de véritables leviers. Elles sont employées non pas pour produire un travail moteur considérable, mais pour transmettre avec une grande rapidité, à l'aide des doigts, de petites forces motrices,

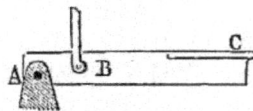

Fig. 626.

et multiplier les mouvements qui nécessitent une intervention de l'intelligence en chaque instant. On aura une idée de la rapidité que l'on peut obtenir dans ce mode de transmission, en disant qu'un joueur de piano peut facilement, avec ses deux mains, toucher 20,000 notes à l'heure.

666. 2° *Système tour* (produisant le mouvement circulaire continu). L'organe par excellence pour produire le mouvement circulaire à l'aide de la force des bras est la *manivelle* (fig. 627). Lorsqu'elle est appliquée à un axe horizontal, l'ouvrier agit, pour produire le mouvement circulaire, non-seulement par son action musculaire, mais encore par le poids de la partie supérieure de son corps à laquelle il imprime un mouvement de va-et-vient, condition avantageuse, comme nous le verrons ci-après. Le mouvement circulaire continu étant le plus usité dans les machines, l'emploi de la manivelle est extrêmement fréquent. La fig. 628 représente la manivelle appliquée à un axe vertical qui est employée dans quelques outils; cette dis-

position est moins avantageuse que la première, parce qu'elle ne permet que l'action musculaire.

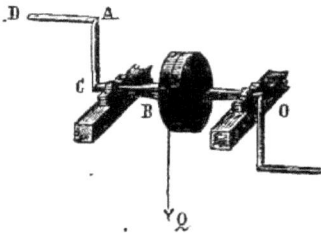

Fig. 627.

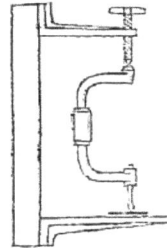

Fig. 628.

Un manœuvre agissant à une manivelle adaptée à un axe horizontal ne doit exercer (pour le maximum de travail) qu'un effort moyen de 8 kilog. environ avec une vitesse de $0^m,75$ par seconde; il produit ainsi en une journée de huit heures 172,000 kil. mèt. L'effort à la manivelle peut atteindre au besoin 30 kilog., mais alors avec une faible vitesse; s'il était prolongé, on obtiendrait, à fatigue égale, une quantité de travail journalière bien moindre que celle indiquée ci-dessus.

Il est avantageux d'employer la manivelle avec une vitesse un peu grande, afin que les points morts, les points du haut et du bas de la course, où la direction du mouvement change, où l'action motrice résultant d'une pression doit être remplacée par une traction ou inversement, soient passés à l'aide du mouvement acquis, de l'inertie de pièces en communication avec la manivelle.

Soit P la force avec laquelle on agit sur la manivelle de rayon p, le travail pour chaque tour sera $P \times 2\pi p$. Si un tour est fait en t secondes, on doit avoir : $\dfrac{2\pi p}{t} = 0,75$, et pour une force P, $\dfrac{P\,2\pi p}{t} = 8\,\text{kil.} \times 0,75 = 6\,\text{kilog. mèt.}$ pour le maximum; 0,75 sera la vitesse que l'on devra toujours supposer à la manivelle, la longueur convenable du rayon étant $0^m,30$ à $0^m,40$, en rapport avec la longueur des bras, et le nombre de tours de 20 à 25 par minute.

Par plusieurs leviers que l'on change successivement de main (fig. 629), on produit un mouvement circulaire continu, et cette disposition peut être préférable à la manivelle pour soulever momentanément de lourds fardeaux.

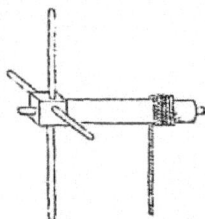

Fig. 629.

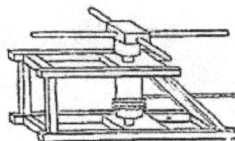

Fig. 630.

L'action devient une action de traction proprement dite, lorsque l'homme, marchant en s'appuyant sur le sol pour développer la force musculaire des jambes, en appuyant le corps contre de longs leviers, produit un mouvement circulaire continu d'un axe vertical par une action exercée à l'extrémité des leviers horizontaux (fig. 630). C'est ainsi qu'on agit avec le cabestan, en exerçant, pendant un temps modéré, un effort de 12 à 20 kil. par homme, avec une vitesse de $0^m,60$ par seconde.

667. 3° *Système plan* (produisant le mouvement rectiligne continu). C'est à l'aide des guides plans que s'obtient le mou-

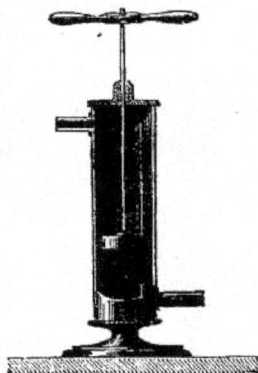

Fig. 631.

Fig. 632.

vement rectiligne dans divers cas, par exemple dans les pompes à main dont le piston cylindrique est se meut dans un cylindre creux (fig. 631). Souvent c'est à l'aide de cordes que se produit le mouvement rectiligne; leur flexibilité fait que la direction constante de la résistance dispense de toute espèce de guide. La traction, étant produite sur une corde, est détournée vers un point quelconque à l'aide d'une poulie (fig. 632), et l'on obtient un mouvement rectiligne continu assez régulier, en alternant l'action de chacune des deux mains.

Pour un manœuvre élevant des poids avec une corde et une poulie, la corde redescendant sans charge, le maximum correspond à un poids de 18 kil., mû avec une vitesse de $0^m,20$ par seconde, ou $Pp = 18 \times 0,20 = 3,6$ kilog. mèt. par seconde.

668. *Traction*. — Si le moteur se déplace et produit le mouvement en se transportant et en s'aidant du poids de son corps qu'il penche contre l'obstacle, le travail devient plus considérable.

Un manœuvre, marchant et poussant horizontalement, parcourt, pour le maximum de travail, un espace de $0^m,60$ par seconde avec un effort de 12 kil., et produit en huit heures de travail 207,360 kilog. mètr.

*Travail produit au moyen de la force musculaire
des jambes.*

669. Coriolis, dans son ouvrage sur le *Calcul de l'effet des machines*, résume ainsi les données de l'expérience sur la meilleure manière d'employer la force musculaire.

« Lorsqu'on emploie les hommes comme moteurs on remarque que, suivant qu'ils agissent à l'aide de tels ou tels muscles, ils produisent plus ou moins de travail en se fatiguant également, et qu'en agissant avec les mêmes membres, le travail produit pour une même fatigue varie avec la rapidité dn mouvement de ces membres et avec l'effort qu'ils ont à développer. Ainsi, à fatigue égale au bout de la journée, l'homme avec les muscles des jambes produit plus de travail qu'avec ceux des bras, et en agissant avec les jambes, il produit le plus de travail possible, lorsque les mouvements n'ont pas plus de rapidité que dans la marche ordinaire, et que l'effort à exercer approche le plus possible de celui que ses muscles exercent habituellement dans la marche. »

On agit ainsi dans le système tour représenté fig. 633, dans lequel l'action des jambes s'exerce contre les rais d'une roue horizontale en exerçant un effort moyen de 12 kil. avec une vitesse de $0^m,60$ par seconde, $Pp=12\times0,70=8,4$ kilog. mèt.; on produit un maximum de $251,120$ kilog. mèt.; en huit heures de travail.

Fig. 633.

La roue du tour à potier, mue de la sorte, laisse à l'ouvrier la disposition de ses bras pour façonner les pièces, qui ont la forme de solides de révolution.

La pédale (fig. 634) est un système de levier qui fournit un moyen simple d'application du travail musculaire de la jambe et du pied pour engendrer un mouvement circulaire alternatif. Laissant la liberté des mains à l'ouvrier, ce système est fort employé pour mettre en mouvement les petites machines qu'emploie un ouvrier pour s'aider dans son travail. On produit en général, avec la pédale, une oscillation par 2 ou 3 secondes. L'amplitude du

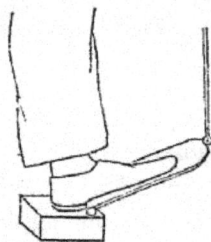

Fig. 634.

mouvement est limitée par celle des flexions du pied qui ne peut être de plus de 10 à 12 centimètres, mesure prise à l'extrémité du pied. Il va sans dire qu'il n'agit qu'en descendant.

Action produite par le poids du corps.

670. Des expériences de Coulomb résulte ce fait remarquable, que la meilleure manière d'utiliser la force motrice de l'homme est d'employer le poids même de son corps comme force motrice.

Système levier. — Est surtout employé pour produire momentanément des efforts considérables pour soulever des fardeaux. Quand il s'agit de produire un travail continu, les conditions pour le maximum sont rapprochées de celles du système suivant.

671. *Système tour*. — On agit directement par le poids du corps pour engendrer un mouvement circulaire à l'aide de la roue à chevilles représentée figure 635, à laquelle on donne 3 à 5 mètres de diamètre. L'homme grimpant sur les échelons dont

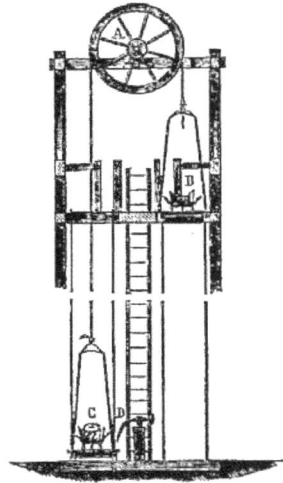

Fig. 635. Fig. 636.

la circonférence de la roue est garnie, produit un mouvement circulaire continu de l'axe de la roue. Ce système est barbare par suite des accidents auxquels sont exposés les ouvriers qui le manœuvrent dans le cas de rupture de la corde qui enlève le poids. Le maximum est obtenu par une vitesse de 0^m,15 par seconde pour un poids de 60 kil. Pp = 9 kilog. mèt.; par journée de huit heures, un homme produit 260,000 kilog. mèt. Il est facile d'en déduire la vitesse de rotation pour une dimension déterminée de la roue à chevilles.

672. *Système plan*. — Le mouvement rectiligne, produit à l'aide du poids du corps, a été appliqué avec avantage aux terrassements des fortifications. Le système consiste en un montant portant une poulie (fig. 636) sur laquelle passe une corde munie à ses extrémités de deux plateaux, dont l'un C porte le poids à monter, une brouette pleine de terre, et l'autre B une brouette vide et un ouvrier dont le poids détermine le mouvement. Cet ouvrier remonte ensuite à la partie supérieure au moyen d'é-

chelles pour donner un mouvement rectiligne d'ascension à
un nouveau poids en descendant sur le plateau. On produit
ainsi, à bien peu près, le maximum de travail obtenu dans la
marche sur une pente douce, qui est l'élévation verticale d'un
poids de 65 kil., avec une vitesse de $0^m,15$ ou 280,000 kilog. mèt.
en huit heures.

II. FORCE DES ANIMAUX.

673. La force motrice des animaux est utilisée au moyen du
manége (fig. 637), espèce de tour horizontal, composé d'un

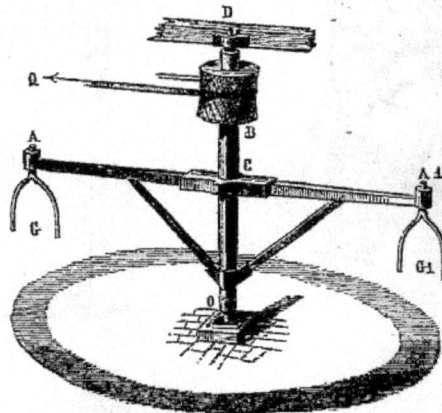

Fig. 637.

arbre vertical reposant sur un pivot. A cet arbre sont fixés à
une certaine distance du sol, une ou plusieurs barres horizontales; l'animal, attelé après une barre, tourne autour de l'axe,
développe sa force par traction, et produit ainsi un mouvement
circulaire continu.

Quelques essais faits pour utiliser la force des animaux au
moyen de leur poids, ou par l'action de leurs pieds sur des
espèces de roues à marcher, par des dispositions analogues à
celles employées pour utiliser la force intelligente de l'homme
et produire ainsi un mouvement circulaire continu, n'ont
jamais été adoptés sérieusement dans la pratique. Le manége
est préférable sous tous les rapports.

Pour ne pas être trop lourd, le bras du manége ne doit pas
dépasser 4 mètres, et ne peut guère descendre au-dessous de
3 mètres, l'animal ne pouvant, sans fatigue extrême, marcher

dans un cercle de petit rayon. La vitesse de $0^m,90$ pour un cheval, avec un effort de 45 kil.; la vitesse de $0^m,6$ pour un bœuf, avec un effort de 65 kil., telles sont les limites normales de leur travail au manége.

CHAPITRE II

Pesanteur.

POIDS DES CORPS SOLIDES.

674. Le poids des corps solides ne peut être une source de force motrice que dans des limites fort restreintes, puisqu'il faut nécessairement remonter bientôt le poids descendu, et opérer, par l'action d'une autre force, un travail égal à celui de la pesanteur pour replacer le poids dans sa première position. Aussi n'emploie-t-on guère le poids des corps solides que pour constituer un moteur secondaire, c'est-à-dire qui n'agit qu'après qu'on l'a mis en position convenable par un travail antérieur. Nous traiterons plus loin de ces *moteurs secondaires*.

POIDS DES LIQUIDES.

675. Le poids des liquides passant d'un certain niveau à un niveau inférieur, est une des plus abondantes sources de force qui se rencontrent dans la nature. L'emploi en est d'autant plus facile que l'eau s'écoule naturellement après avoir passé sur le récepteur, pour peu qu'il reste de chute pour déterminer son mouvement sur le sol.

Il faut remarquer que l'abondante source de travail mécanique que fournit la pesanteur des liquides a pour origine première la cause plus générale dont nous parlons ci-après, la chaleur. C'est celle-ci qui, évaporant l'eau, la fait remonter sous forme de nuages dans les parties supérieures de l'atmosphère, d'où elle retombe sous forme de neige ou de pluie sur les parties élevées, pour de là s'écouler vers les parties plus basses du sol.

Passons en revue les principaux organes qui servent à utiliser l'action de la pesanteur de l'eau.

L'eau arrivée par des canaux, des conduits, est dirigée à volonté, sur les récepteurs, au moyen de vannes, de robinets, dont le rôle est tout à fait analogue à celui des embrayages employés pour mettre en mouvement les opérations.

Le travail moteur fourni par la force naturelle en chaque seconde est P H, P étant le poids de l'eau fourni en une seconde par le cours d'eau, H la hauteur de la chute. C'est en vue de faire passer la plus grande partie possible de ce travail dans les récepteurs, que leurs dispositions doivent être combinées. Sans entrer dans des détails qu'il faut chercher dans les traités de mécanique appliquée aux machines, nous pouvons poser en principe général que le mouvement des récepteurs hydrauliques, dans lesquels l'eau agit par son poids, doit être très-lent, afin que l'eau qui a cheminé avec le récepteur ne conserve qu'une faible vitesse en le quittant. Cette vitesse répond à une partie du travail moteur non utilisée, et par suite la perte sera d'autant moindre que cette vitesse sera moindre.

1° *Système levier.*

676. L'eau reçue dans une caisse sert comme contre-poids dans la balance hydraulique servant à élever les charges dans les mines, au moyen de tonnes qui reçoivent l'eau (fig. 638), à la surface du sol et se vident au niveau des galeries d'écoulement. Ce système ne constitue pas un véritable récepteur, mais un double système analogue constitue le *balancier hydraulique.*

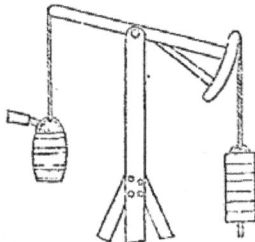

Fig. 638.

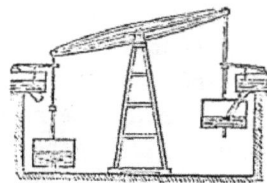

Fig. 639.

L'eau placée à un niveau élevé est reçue dans une caisse suspendue à l'extrémité d'un balancier, celui-ci s'incline par la descente de la caisse. Arrivée sur le sol, si une soupape placée au fond de la caisse s'ouvre, et si pendant ce temps une caisse placée à l'autre extrémité du balancier reçoit de l'eau, il résultera de la répétition d'opérations semblables de cet appareil (fig. 639) un mouvement circulaire alternatif produit par le poids de l'eau. La figure 640 représente le balancier de Perrault, type primitif de ce genre de machines. L'eau coule le long d'un plan incliné, dont l'inclinaison change alternativement de sens par l'effet d'une cloison placée au-dessus du centre d'oscillation.

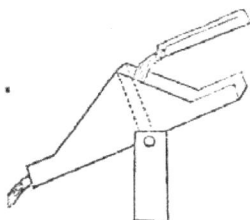

Fig. 640.

Tous ces appareils satisfont évidemment fort mal à la condition que nous avons posée comme nécessaire pour le maximum, donnent lieu à des chocs destructeurs, et en outre le mouvement initial qu'ils engendrent étant intermittent, n'est pas commodément utilisable pour machines sans pertes de travail considérables. Aussi ne sont-ils pas employés.

2° *Système tour*.

677. *Augets*. — Des augets disposés à la circonférence d'une roue produisent un mouvement circulaire continu, dont la vi-

Fig. 641.

tesse doit être très-petite pour obtenir un grand effet utile (figure 641). Quelquefois, pour de grandes chutes de plus de 10 à 12 mètres, pour lesquelles les roues ne pourraient plus être employées, on a adopté un système composé de godets disposés le long d'une chaîne qui transmet le mouvement circulaire continu à l'arbre qui les supporte, système peu solide et peu durable, à cause des oscillations qui s'y produisent.

Les roues à augets bien construites ne marchent pas avec une vitesse de plus de 1^m,50 par seconde à leur circonférence, ou 2 mètres, si elles sont très-grandes. On voit que, d'après cela, le diamètre de la roue égal à bien peu près à la hauteur de la chute d'eau, et sa vitesse angulaire se trouvent complétement déterminés dans chaque cas, et par suite aussi les éléments dont nous cherchons la valeur. Les augets ne doivent pas être remplis au delà de la moitié de leur capacité, et leur forme être convenable pour retarder le versement, qui autrement commencerait beaucoup au-dessus de la partie inférieure de la roue. Pour les chaînes à godets, la vitesse ne dépasse pas 1 mètre.

678. *Palettes emboîtées* (roues de côté ou roues à). Si l'on adapte à la circonférence d'une roue des palettes droites qui se meuvent dans un coursier les emboîtant dans tous les sens aussi exactement que possible (fig. 642), l'eau ne peut s'écouler

Fig. 642.

qu'en pressant de son poids sur les palettes et en faisant naître le mouvement circulaire continu de l'axe de cette roue, dite roue de côté.

L'emboîtement momentané des palettes et de l'eau qui presse sur elles, rend l'action de celles-ci tout à fait assimilable à l'action d'une crémaillière, engrenant avec une roue dentée, les aubes formant les dents saillantes.

Ces roues peuvent prendre l'eau jusqu'au niveau de leur axe. Il est avantageux de rendre la vitesse de l'eau la moindre possible à l'entrée en la faisant écouler en déversoir, c'est-à-dire par-dessus la vanne et sans charge. Ces roues donnent d'excellents résultats avec une vitesse de deux mètres à la circonférence. On ne peut avec avantage rendre la vitesse de la roue inférieure à un mètre, à cause des fuites qui existent toujours entre le contour des palettes et le coursier, fuites qui sont une fraction d'autant plus grande du volume de l'eau qui agit sur la roue que la vitesse de celle-ci est moindre.

679. *Plan tournant autour d'un axe.* — La disposition que nous supposons ici, c'est-à-dire opérant par le seul poids de l'eau, n'est pas usitée dans la pratique. Elle exigerait qu'un poids d'eau considérable fût supporté par le récepteur, d'où résulterait une consommation de travail considérable par le frottement dans les guides du mouvement. Ce système consiste essentiellement en un plan incliné sur lequel glisse l'eau, d'où résulte une pression pouvant faire avancer ce plan, s'il est mobile.

On peut utiliser théoriquement cette propriété :

1° En enroulant un plan autour d'un axe cylindrique incliné et faisant écouler l'eau de haut en bas sur ce plan; on produirait ainsi un mouvement circulaire continu par la pression due au poids de l'eau, par l'emboîtement à vis produit par l'eau relativement à l'hélice motrice, système inverse mais semblable à la vis d'Archimède, dont nous parlons aux opérateurs.

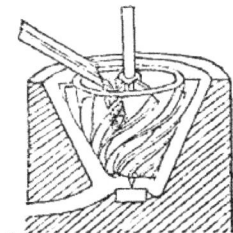

Fig. 643.

2° En disposant des plans inclinés ou des surfaces courbes à une certaine distance d'un axe vertical avec lequel ils sont reliés. Telle est la disposition des anciennes roues à poire (fig. 643) et celle d'une turbine que Burdin a proposée, dans laquelle l'eau arrivant dans une couronne placée à la partie supérieure descend le long de plans inclinés, et sort sans vitesse absolue dans une direction opposée à celle du mouvement de la turbine, en produisant un mouvement circulaire continu de l'axe disposé verticalement; condition avantageuse dans certains cas, notamment pour les moulins à blé. La vitesse de la circonférence extérieure doit être 0,70 de celle qu'aurait l'eau tombant de la hauteur de la chute totale.

Nous donnons plus loin la disposition des turbines employées aujourd'hui, qui, utilisant la vitesse de l'eau, sont exemptes du grave inconvénient que nous avons montionné.

680. *Aubes courbes (roues à).* — Poncelet, en recourbant les aubes des roues, dites à aubes plates, a donné le moyen de tranformer l'action du choc de l'eau sur les aubes plates (dont nous parlerons ci-après) en une action de la pesanteur de l'eau sur des aubes courbes. En effet (fig. 644), l'eau s'élevant sans

Fig. 644.

choc sur la palette courbe en vertu de sa vitesse, en prendra ensuite une en sens contraire, tout en étant entraînée, lorsqu'elle redescendra par l'effet de la pesanteur. Ces deux vitesses de l'eau à la sortie et celle de la roue devant être égales pour que l'eau sorte sans vitesse, pour que le maximum de travail soit transmis au récepteur, on conçoit que la vitesse de la roue doit, pour ce maximum, approcher de 0,50 de celle de l'eau. C'est en effet le résultat trouvé pour cette roue, qui, aux avantages des roues mues sans choc, réunit celui propre aux roues à aubes droites, très-défectueuses au point de vue du travail, de se mouvoir avec une vitesse, pour le maximum d'effet utile, égale à la moitié de la vitesse de l'eau, ou plus exactement à 0,55 de cette vitesse. Ces roues s'emploient avec avantage pour les chutes de 1 mètre à 1^m.50.

681. *Établissement des roues à aubes courbes.* — Les roues à aubes courbes recevant l'eau à la partie inférieure doivent être établies d'après les règles données par Poncelet en 1843; nous les prendrons pour exemples d'applications géométriques à ce genre de machines.

Tracé du coursier. — La partie plane est remplacée par une surface courbe dont le profil vertical est une spirale. On mène à la circonférence de la roue une tangente ab (fig. 645) in-

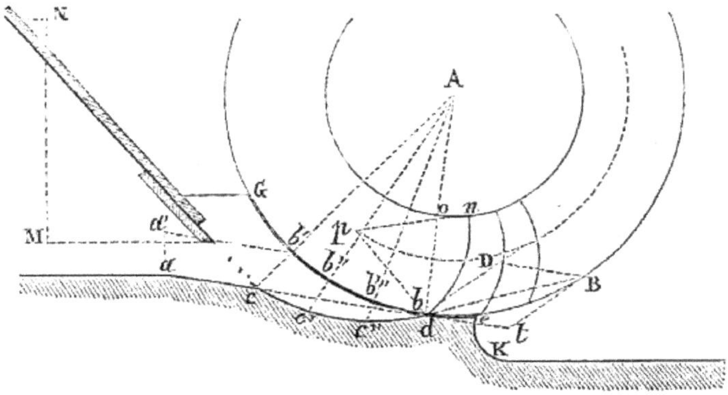

Fig. 645.

cliné à $\dfrac{1}{10}$ sur l'horizontale, puis, à une distance aa' égale à la hauteur de l'orifice, une parallèle $a'b'$ à ab. On tire le rayon Ab' que l'on prolonge jusqu'à son intersection c avec ab, on divise l'arc bb' de la circonférence et la longueur cb' en un même nombre de parties égales et l'on porte sur le prolongement des rayons aboutissant aux différents points de division de l'arc à partir du point b, une, puis deux, puis trois, etc..., des parties égales de cb'; on obtient ainsi des points c''', c'', c',... qui déterminent le profil $c'c''c'''d$, de la première partie du coursier. La seconde est un arc de cercle *de* décrit du centre A, avec le rayon de la roue augmenté du jeu, arc auquel on donne une longueur égale à l'intervalle compris entre deux aubes. En e, on pratique un ressaut eK de 0^m,30 environ pour faciliter le dégagement de la roue. La vanne est inclinée à

45° et part de l'origine c de la spirale : le fond du canal d'amenée conserve, en amont, la pente de $\dfrac{1}{10}$ sur une longueur ca égale au double de l'épaisseur $a\,a'$ du courant liquide.

Par suite de ce tracé, tous les filets liquides affluant sur l'aube sont parallèles entre eux, et, en outre, ils rencontrent la roue sous un angle qui permet de les faire entrer sans choc tout en donnant à l'aube.une inclinaison avantageuse.

Détermination du rayon. — L'effet utile étant indépendant du rayon, on déterminera la vitesse $v = 0,55\ \mathrm{V}$; puis au moyen de la formule $v = \dfrac{2\pi\mathrm{R}n}{60}$, on calculera R par la condition d'obtenir dans chaque minute le nombre n de tours qui convient le mieux au travail de l'usine. En outre, ce rayon doit être supérieur à $1^{\mathrm{m}},50$ que nous adoptons comme minimum pour les petites chutes.

Jeu dans le coursier. Ce jeu doit être le plus petit possible ; il sera de $0,005$ si la couronne est métallique et de $0^{\mathrm{m}},01$ si elle est en bois.

Épaisseur de la veine et levée de vanne. — L'expérience a montré que l'épaisseur $a\,a'$ de la veine devait varier entre $0^{\mathrm{m}},20$ et $0^{\mathrm{m}},30$: on pourra adopter $0^{\mathrm{m}},35$ pour de très-fortes dépenses. La levée de vanne est une conséquence de l'épaisseur de la veine et de l'inclinaison de la vanne.

Disposition de la vanne. — La vanne sera inclinée à 45° autant que possible, et l'orifice d'écoulement raccordé avec les côtés du canal d'arrivée.

Hauteur de la couronne.—Diverses considérations permettent de calculer la hauteur $bo = \mathrm{R} - r$ de la couronne : 1° il faut que l'eau ne jaillisse pas à l'intérieur de la roue, et, par suite, que la couronne soit assez haute pour que la vitesse ascensionnelle du liquide sur l'aube se trouve détruite avant qu'il arrive à sa partie supérieure.

2° Il est nécessaire que la couronne présente un vide capable d'admettre le volume liquide fourni par la vanne, et comme les largeurs de l'orifice et de la roue sont imposées par d'autres considérations, ce vide ne peut être obtenu que par une certaine hauteur d'aubes [1].

---

1. Voyez Boileau. *Applications de la Mécanique.*

Tracé des aubes. — Pour réaliser la condition générale de l'entrée de l'eau sans choc, on mènera, au point d du coursier, une tangente dB à la courbe $c\,c'\,c''d$, tangente qui coupera la circonférence de la roue en un point B à partir duquel on prendra une longueur bB $= $V : la valeur de cette vitesse, qui doit être adoptée, est V $= \sqrt{2gs}$, en désignant par s la charge NM sur le sommet de l'orifice, prise d'après le niveau des eaux moyennes qui a lieu pendant la plus grande partie de l'année. Au point b, on mènera, à la circonférence, une tangente sur laquelle on prendra une longueur $b\,t = v = 0,55$ V, puis on achèvera le parallélogramme $b\,t$BD dont la diagonale est bB. L'aube doit être tangente en b au côté Db, et, par conséquent, son centre est sur la perpendiculaire $b\,p$ à ce côté : on choisira ce centre p par tâtonnement de manière que l'arc de cercle $b\,n$ qui constitue le profil de l'aube, fasse avec la circonférence intérieure un angle $o\,n\,b$ un peu plus petit qu'un droit. Les centres de toutes les aubes seront sur une circonférence concentrique à la roue et passant par p.

Dans les usines où la variabilité des résistances expose la roue à des changements notables de vitesse angulaire, il est utile que la partie supérieure des aubes, au lieu de s'arrêter à la circonférence intérieure, en n par exemple, dépasse de $0^m,10$ environ cette circonférence, afin que, dans des ralentissements d'allure, l'eau ne jaillisse pas au dehors de l'aube, ce qui ferait perdre une portion de l'action qu'elle exerce dans la période de descente.

Nombre ou espacement des aubes. — D'après les expériences faites par M. Boileau sur l'influence réciproque du mouvement des veines liquides et des roues hydrauliques, la plus courte distance entre deux aubes ne doit pas être inférieure à l'épaisseur $a\,a'$ du courant moteur : on prendra pour base cet espacement que l'on augmentera un peu, s'il est possible, sans arriver à un nombre d'aubes inférieur à 30.

Largeur des aubes. — Pour assurer l'introduction de l'eau sans rejaillissements, on donne aux génératrices horizontales des aubes une longueur égale à la largeur de l'orifice augmentée, à chaque extrémité, de $0^m,05$.

3° *Système plan.*

682. *Machine à colonne d'eau.* — Le guide du système plan fournit une disposition de récepteur, c'est-à-dire que celui-ci prend la forme d'un cylindre dans lequel se meut un piston. C'est la disposition, assimilable par le jeu alternatif des robinets d'introduction et des soupapes de sortie à un encliquetage rectiligne, qui a trouvé une si admirable application dans la machine à vapeur, et celle que Bélidor a proposée

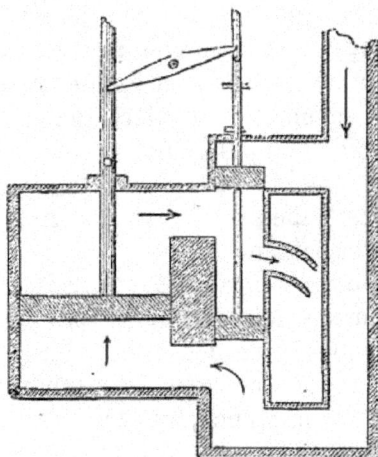

Fig. 646.

le premier pour utiliser les chutes d'eau très-considérables, de 40 à 20 mètres et au-dessus, pour lesquelles les roues hydrauliques sont tout à fait insuffisantes. Cette machine est dite à colonne d'eau (fig. 646). Disons brièvement en quoi consiste cette machine.

Si l'on amène l'eau dans un corps de pompe dans lequel glisse un piston, celui-ci descendra. Si, quand il est arrivé à la partie inférieure, par l'effet du jeu de petits pistons auxiliaires placés latéralement et mis en mouvement par la machine, on établit une communication d'une part entre la face inférieure du piston et le réservoir d'eau, et d'autre part [qu'on permette l'écoulement de l'eau qui pressait la partie supérieure, le piston remontera; on donnera ainsi à la tige du piston un mouvement rectiligne alternatif.

La machine est dans ce cas à double effet. C'est ainsi qu'elle fonctionne dans les grues et treuils hydrauliques, lorsqu'on emploie la pression de l'eau pour soulever les fardeaux. Mais dans les puissantes machines employées dans les mines, elle n'est qu'à simple effet, c'est-à-dire que l'eau n'est introduite que dessous le piston. Les mouvements d'entrée et de sortie de l'eau sont, en tous cas, commandés par de petits pistons mis en mouvement par la tige du grand, lorsque celui-ci arrive à l'extrémité de sa course, de manière à intercepter l'arrivée de l'eau et ouvrir l'orifice de sortie, et réciproquement, au moment convenable.

La vitesse du piston doit être peu considérable, pour éviter des diminutions de pression à l'entrée de l'eau, et les résistances à la sortie, qui auraient lieu pour de grandes vitesses, par l'effet des résistances produites par les étranglements et les coudes qui existent dans les conduites. A Huelgoat, en Bretagne, où M. Juncker avait établi une magnifique machine de ce genre, de la force de plus de deux cents chevaux, la vitesse du piston était de $0^m,30$ par seconde à la montée (pendant laquelle seulement l'eau agit par sa pression), et de $0^m,70$ à la descente. Cette dernière vitesse était déterminée par l'excès du poids soulevé à la montée sur les résistances qui s'opposaient à la descente.

CHAPITRE III

Vitesse acquise

TRAVAIL PRODUIT PAR L'INERTIE DES CORPS EN MOUVEMENT.

683. Tout corps en mouvement est une source de travail moteur. Puisque, d'après le principe de l'inertie, il a fallu l'action d'une force pour le mettre en mouvement, il faudra l'action d'une autre force pour le remettre en repos, un travail résistant égal au travail moteur qui a engendré la vitesse. C'est en vue d'utiliser cet effet que sont disposés les organes des récepteurs sur lesquels agissent les corps en mouvement.

SOLIDES.

684. Les corps solides ne se rencontrent pas dans la nature à l'état de mouvement : ne pouvant y être amenés que par une dépense de travail, et ne pouvant le communiquer qu'avec une perte considérable par suite des chocs, on n'a jamais employé de véritables récepteurs mis en mouvement par des corps solides animés d'une certaine vitesse.

LIQUIDES.

685. Les liquides se rencontrent dans la nature animés de diverses vitesses, provenant : de la pente du lit dans les rivières, ou quand ils sortent par la partie inférieure d'un réservoir dans lequel ils se trouvent retenus, de la pression due au poids de la colonne liquide au-dessus de l'orifice de sortie.

Le maximum ne correspond plus alors nécessairement à une très-faible vitesse ; le choc occasionnerait une perte de travail très-considérable. C'est du mode d'action de l'eau que résulte la détermination de la vitesse qui correspond au maximum d'effet utile. Dans les exemples que nous allons donner, l'eau agit souvent en même temps et par sa pesanteur et par son choc.

N'ayant ici qu'à déterminer la nature des mouvements des récepteurs et la forme des organes qui permettent d'utiliser l'action du moteur, nous n'avons pas à traiter la solution complète de la question du maximum d'effet utile des divers systèmes de récepteurs hydrauliques. Nous rapporterons seulement ici les résultats de la science des moteurs, faisant observer que l'on voit *à priori* que le choc de l'eau contre un récepteur animé d'une très-faible vitesse, ferait naître des tourbillonnements, des frottements, des actions moléculaires qui consommeraient inutilement presque tout le travail utile ; qu'au contraire, si le récepteur avait une vitesse un peu grande, l'eau n'agirait presque plus, la vitesse relative étant presque nulle. La vitesse du maximum doit donc être une fraction seulement de celle de l'eau, peu éloignée de la moitié de celle-ci.

Le système levier et le système plan, qui ne peuvent donner dans un récepteur qu'un mouvement alternatif, ne peuvent être employés avec avantage; on ne pourrait imaginer leur emploi qu'avec des pertes de travail considérables, puisque la vitesse devant passer par zéro, il y aurait toujours des chocs lors du changement de sens du mouvement. Le système tour est seul employé.

686. *Palettes plates (roues à)*. — En faisant plonger dans le courant les palettes d'une roue, le choc de l'eau fait tourner celles-ci en produisant un mouvement circulaire continu (fig. 647) dont la vitesse doit être environ moitié de celle de

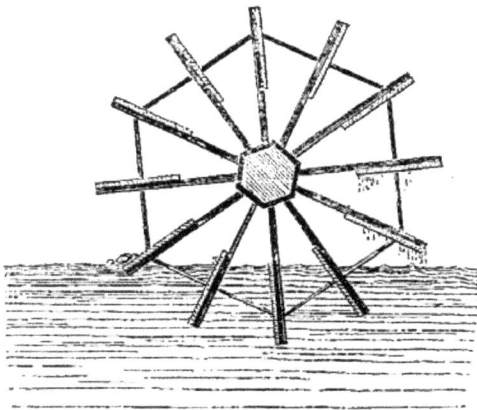

Fig. 647.

l'eau pour le maximum d'effet utile, plus exactement $0,4$ V; le travail varie peu tant qu'elle reste comprise entre $\frac{1}{3}$ et $\frac{2}{3}$ V. Ces roues prennent le nom de roues pendantes quand elles plongent dans un courant indéfini : telles sont celles qui mettent en mouvement les meules des moulins dit *moulins à nef* construits sur les bateaux placés sur les rivères. Agissant par choc et se répandant autour de la palette, l'eau ne communique à ce récepteur qu'une fraction du travail moteur, au plus $0,50$ P H.

La roue de côté, décrite précédemment, reçoit le plus souvent l'eau animée d'une assez grande vitesse, et se trouve mue alors à la fois par choc et par pression de l'eau. Dans cette disposition la vitesse doit être un peu plus grande que celle que nous avons indiquée, dans le cas où l'eau agit surtout par son poids.

687. *Palettes courbes et inclinées*. — On emploie dans le Midi le choc de l'eau amenée par une buse sur les aubes creuses de

roues horizontales, analogues à celles représentée fig. 643 ; ces roues communiquent immédiatement à la meule supérieure des moulins qu'elles doivent faire mouvoir, un mouvement circulaire continu d'une rapidité suffisante. Leur vitesse doit être 0,55 de celle d'arrivée de l'eau, et le travail utile est seulement 0,35 PH.

688. *Turbines Fourneyron.* — Dans ce système (fig. 648 et 649)

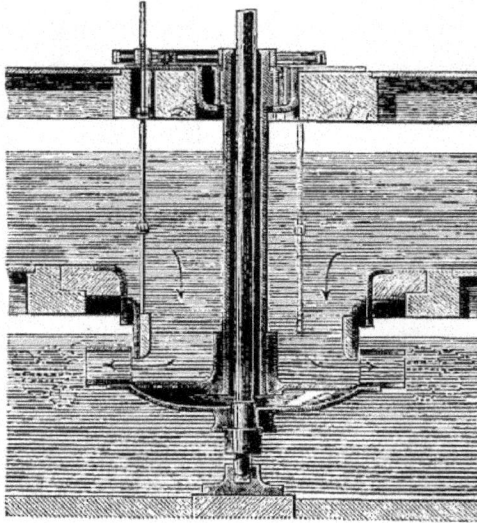

Fig. 648.

on évite le choc à l'entrée de l'eau qui a lieu dans le système

Fig. 649.

précédent, en faisant agir celle-ci sur des aubes courbes, renfermées dans une couronne mobile, qui se raccordent à des aubes fixes qui guident la sortie de l'eau. Celle-ci agit sans choc sur la palette, la presse en vertu de la force centrifuge qu'elle possède en raison de la vitesse dont elle est animée, pour sortir sans vitesse absolue à la circonférence. Comme dans la roue Poncelet, dont la théorie a fait naître la turbine, l'eau entre presque sans choc sur les palettes courbes, et après avoir fait un instant corps avec le récepteur, possède la même vitesse de rotation que lui, tout en conservant une vitesse relative de sens opposée, et par suite peut sortir sans vitesse absolue.

Ce récepteur, qui donne un mouvement circulaire continu à un axe vertical, est très-avantageux et fréquemment employé aujourd'hui. Il offre l'avantage, sur la turbine Burdin décrite plus haut, de ne pas charger autant le pivot, qui ne supporte pas, comme dans la première, le poids d'une colonne d'eau correspondante à toute la hauteur de la chute. Il jouit de l'importante propriété d'agir convenablement, même immergé complétement, pourvu que la prise d'eau soit à un niveau supérieur à celui de l'eau au milieu de laquelle l'écoulement a lieu, enfin de pouvoir prendre de très-grandes vitesses, et par suite d'utiliser les chutes les plus considérables.

689. *Roue-hélice.* — Girard a établi avec succès, en lit de ri-

Fig. 650.

vière, une roue à axe horizontal et palettes obliques, placées dans un cône permettant la libre déviation de l'eau, la section augmentant à mesure que la vitesse diminue. La fig. 650 est une vue prise en arrière de cette roue[1].

690. *Bélier hydraulique.* — L'inertie faisant que l'eau agit par choc, lorsqu'un obstacle vient subitement rendre son mouvement impossible, fournit un moyen de surmonter des résistances considérables. C'est en l'appliquant à soulever la soupape placée au bas d'une longue colonne d'eau, que Montgolfier à réalisé son admirable bélier hydraulique. (Voir l'ouvrage cité à la note.)

AIR.

691. Le poids de l'atmosphère est une source secondaire de travail, en ce qu'il restitue le travail dépensé pour faire le vide (voir liv. VI). La compression préalable de l'air permet d'agir d'une manière semblable, par pression, et les effets sont analogues à ceux de la vapeur formée par la chaleur, que nous étudierons dans le chapitre suivant. Nous ne parlerons ici que de l'air en mouvement.

Voiles. — L'air en mouvement peut être utilisé pour mouvoir les organes mobiles qu'il rencontre. Ce sont toujours les voiles qu'on emploie à cet effet, à cause du faible poids de grandes surfaces établies avec elles, et de la facilité avec laquelle on augmente ou on diminue la surface agissante. Les voiles sont le moyen direct d'impulsion des navires pour leur faire surmonter la résistance qu'oppose l'inertie du liquide sur lequel ils flottent, et cela même lorsque la direction du vent est oblique par rapport à celle que doit suivre le navire, à cause de la grande différence des résistances du liquide aux mouvements du navire suivant sa longueur ou suivant sa largeur.

692. *Moulins à vent.* — Le vent sert encore de moteur aux moulins. On a quelquefois tenté de disposer horizontalement les voiles destinées à utiliser la force du vent autour d'un axe vertical, en cherchant à éviter l'égalité d'action qui tend à se produire symétriquement des deux côtés de l'axe, soit au moyen de paravents, soit en faisant varier la surface des voiles des deux côtés de l'axe par l'emploi de formes diverses, de cônes creux notamment. Ces essais n'ont jamais présenté des résul-

---

1. Voir *Dictionnaire des Arts et Manufactures.*

tats avantageux dans la pratique, et le seul système employé
est toujours celui des voiles placées dans un plan presque vertical (fig. 651), tournant autour d'un axe faisant un petit angle

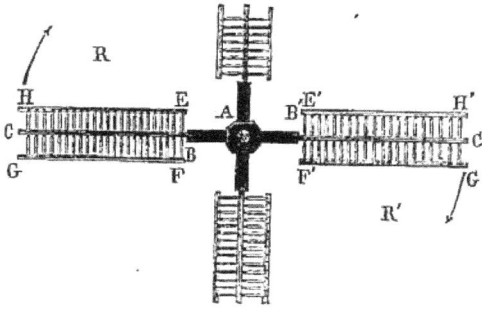

Fig. 651.

de 7 à 15° avec l'horizon, direction habituelle des vents dans
les pays de plaine. Le châssis portant la toile est formé d'une
surface gauche dont les éléments s'inclinent les uns sur les
autres à partir de l'axe, en restant perpendiculaires à la direction des bras correspondants, et offrent au vent une surface
oblique héliçoïdale, légèrement concave. La partie la plus
rapprochée de l'axe fait en général avec celui-ci un angle de 70°,
et la partiê la plus éloignée un angle de 80°. Les ailes étant
amenées par la rotation de tout le système qui les porte, dans
un plan perpendiculaire à la direction du vent, donnent à l'axe
autour duquel tournent les quatre ailes un mouvement circulaire continu, car, par suite de l'obliquité de la surface des
ailes, l'action du vent fournit évidemment une composante perpendiculaire aux bras.

D'après Smeaton, pour le maximum, la vitesse à l'extrémité
des ailes doit être 2,6 à 2,7 de celle du vent.

Un semblable moteur, qui produit une vitesse essentiellement variable et n'agit qu'à des intervalles qui ne peuvent être
prévus, dont on n'évite les plus grandes irrégularités d'action
qu'en faisant varier la surface des voiles, ne peut être évidemment employé que pour quelques opérations très-simples, et
ne saurait servir pour des fabrications délicates, pour des opérations qui doivent s'effectuer d'une manière continue.

CHAPITRE IV

Chaleur.

693. La chaleur est la source de travail la plus générale et
la plus importante, la seule sans doute; c'est elle qui, par la
vaporisation, est la cause des chutes d'eau; c'est elle, si on
voulait aller plus loin, qui est la cause du travail de l'homme,
dont la respiration est une véritable combustion. Mais bornons-
nous à la chaleur produite par la combustion dans les foyers,
en ayant soin de la considérer en elle-même et de ne pas la
confondre avec les excipients qui servent à l'utiliser; vapeur
d'eau, d'alcool, air chaud, etc., etc. Car il est établi et on
peut dire qu'il est évident, que le travail d'une unité de chaleur (capable d'élever d'un degré un kilog. d'eau) a un maximum de travail théorique, comme un poids d'eau qui tombe
d'une certaine hauteur. On ne saurait admettre, en effet, qu'une
quantité limitée de chaleur puisse produire un travail infini;
ce serait admettre un effet qui ne serait pas en rapport avec
la cause qui le produit.

Passons en revue les divers moyens possibles d'utiliser les
effets du calorique.

Solides.

694. Les solides ont une force de cohésion que détruit l'action de la chaleur; il y a donc une perte du travail produit
par la chaleur annulé par cette cause; mais cette quantité est
restituée lorsque, par le refroidissement, le corps revient à
son état primitif.

La physique indique les moyens de calculer les effets dus à
la dilatation des solides. On connaît l'étendue des dilatations
et l'effort qui peut être produit, lors du refroidissement, en
raison de l'élasticité du corps. Chacun connaît l'application
faite par Molard pour redresser les murs du Conservatoire,
exemple qui, ainsi que nombre de faits, prouve que la force
ainsi engendrée est considérable, si le chemin parcouru est petit.

Le peu d'étendue des mouvements de dilatation des corps solides, leur déformation permanente par de semblables actions, rend leur emploi presque impossible pour l'établissement de machines pouvant les utiliser. Il faudrait employer des mécanismes compliqués et bientôt détruits, des pièces d'une grande force pour transmettre des pressions énormes, etc. Le seul moyen tenté quelquefois, qui n'a guère été employé que dans des appareils régulateurs, disposition qui peut être considérée comme produisant une traction, consiste (figure 652) à faire dilater et refroidir successivement une barre de fer, dont l'extrémité produit un mouvement rectiligne alternatif.

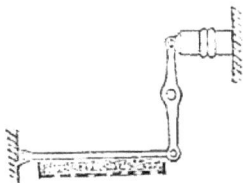

Fig. 652.

Liquides.

695. Tous les inconvénients que nous venons d'énumérer pour les solides se rencontreraient dans l'emploi des liquides; aussi la question n'offre-t-elle nul intérêt au point de vue de l'application. On pourrait théoriquement utiliser l'excès de la dilatation des liquides sur celle de l'enveloppe solide qui les renferme, en y adaptant des corps de pompe contenant des pistons, dont la tige prendrait, par les échauffements et les refroidissements successifs du liquide, un mouvement rectiligne alternatif.

Vapeur.

696. La vapeur d'eau, comme chacun sait, a fourni le plus admirable moyen d'utiliser la puissance mécanique de la chaleur. C'est sur la machine à vapeur que repose le grand développement de l'industrie moderne; elle a donné lieu à de nombreux travaux de mécanique, et notamment à des applications nombreuses et variées de cinématique que nous avons surtout à analyser. Avant d'en traiter, disons un mot des systèmes des machines différents de la machine à vapeur proprement dite et sans valeur aucune.

697. *Élévation d'un liquide.* — On a quelquefois proposé de

reprendre le premier mode d'emploi de la vapeur (fig. 653), d'élever par la pression de la vapeur de l'eau, dont la surface serait recouverte par un flotteur, ou quelque liquide ne produisant pas de condensation, le mercure par exemple, et de recevoir ensuite ce liquide sur une roue hydraulique, si l'on a besoin de produire un mouvement circulaire continu. De semblables systèmes, qui consistent dans l'emploi de deux récepteurs dont les pertes d'effet utile se multiplient, donneraient des résultats extrêmement désavantageux, quand la perte de chaleur résultant de l'échauffement du liquide à élever ne le rendrait pas complétement défectueux. En effet, soit A le travail théorique, T′ le travail utile du premier recepteur, T le travail utile du second, on aura :

$$T_1 = \frac{1}{m} A, \quad T = \frac{1}{n} T', \quad \text{d'où } T = \frac{1}{m \times n} A;$$

ainsi si $\frac{1}{m} = \frac{2}{3}$, $\frac{1}{n} = \frac{1}{2}$, $T = \frac{1}{3} A$, et la perte égale $\frac{2}{3} A$.

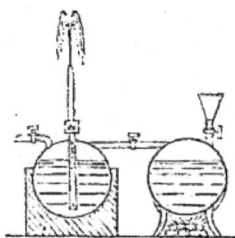

Fig. 653.

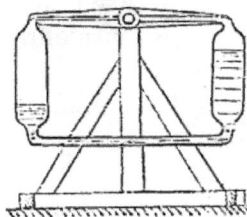

Fig. 654.

698. 1° Système levier. — On peut encore utiliser la vapeur par une application du système précédent, en construisant un appareil analogue au balancier hydraulique, en se servant de la pression de la vapeur pour faire passer successivement le liquide d'une caisse dans l'autre (fig 654), et produire ainsi par le poids du liquide un mouvement circulaire alternatif.

Mais tous les appareils de cette nature qui ne sont pas sortis des cabinets de physique ne sauraient, comme la machine à vapeur à piston et corps de pompe, utiliser convenablement la détente de la vapeur, être exempts de beaucoup de chocs et de résistances accessoires, et ne peuvent soutenir, sous aucun rapport, la comparaison avec la machine ordinaire.

699. 2° SYSTÈME PLAN. — *Corps de pompe et piston* (fig. 655).

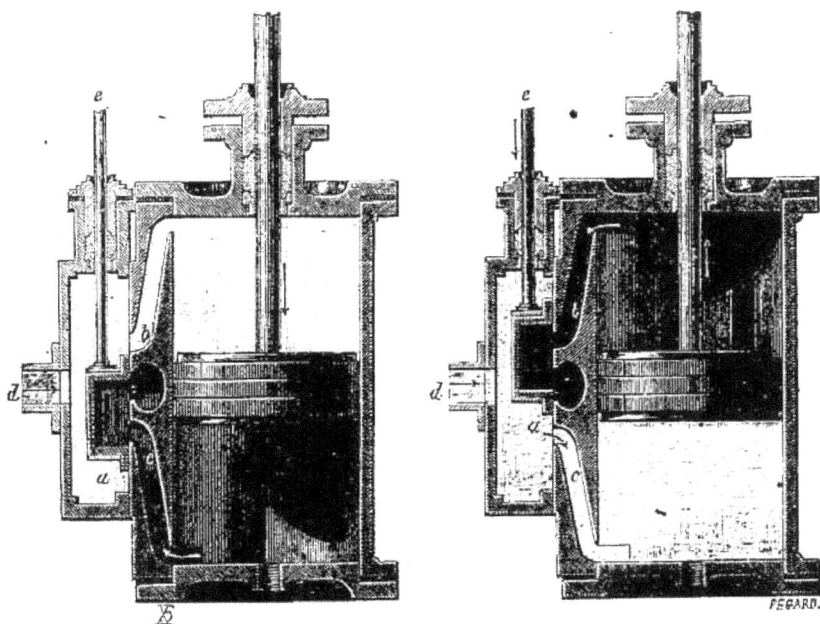

Fig. 655.

— Le guide est ici une surface cylindrique dans laquelle se meut un piston également circulaire.

Cet organe constitue le meilleur récepteur de la force expansive de la vapeur, par suite de la facilité d'établir de bonnes garnitures empêchant toute fuite de vapeur pendant le mouvement du piston, le long des génératrices rectilignes du cylindre.

Relativement à l'arrivée de la vapeur sur le piston, on doit distinguer deux cas :

1° La vapeur n'est introduite qu'au-dessus du piston, puis condensée quand celui-ci est parvenu à l'extrémité de sa course, c'est-à-dire mise en communication avec une masse d'eau froide qui la liquéfie presque instantanément. Le piston revient à sa première position par l'effet de la pression atmosphérique ou d'un contre-poids, et sa tige prend un mouvement rectiligne alternatif.

2° L'action de la vapeur a lieu successivement sur les deux faces du piston, dont la tige traverse le couvercle du cylindre dans un stuffing-box (espèce de coussinet garni d'étoupe) en produisant successivement deux mouvements en sens contraire. C'est la machine de Watt à double effet, la machine motrice de l'industrie moderne.

La distribution de la vapeur d'un côté ou de l'autre du piston s'obtient en général à l'aide d'un *tiroir* (fig. 655) plongé dans la vapeur qui, mû d'un mouvement rectiligne alternatif, recouvre successivement les orifices des conduites pratiquées dans la paroi du cylindre, et fait agir ainsi alternativement la vapeur de la chaudière sur une face du piston, tandis que celle qui a déjà travaillé sur l'autre face se rend au condenseur en passant par l'intérieur du tiroir.

La figure montre les deux positions du tiroir plongé dans la vapeur, pour permettre à celle-ci d'arriver successivement dessus et dessous le piston, puis après avoir travaillé, s'échapper par la boîte intérieure du tiroir.

Lorsque la communication entre la chaudière et le corps de pompe se trouve interceptée avant que le piston ait accompli sa course, la vapeur travaille en se détendant, et par suite en se refroidissant par suite de la consommation de la chaleur. Si la résistance que surmonte le piston était indéfiniment décroissante, la détente pourrait théoriquement se prolonger jusqu'à la condensation totale de la vapeur et l'utilisation de toute la chaleur de vaporisation. De là se déduit l'important principe : *La quantité de chaleur qui disparaît lorsque la vapeur se détend, est proportionnelle à la quantité de travail produit, est identique à celle-ci.*

MÉCANISME DE LA MACHINE A VAPEUR.

700. Le récepteur par excellence, le seul admissible, comme nous aurons souvent à le répéter, étant le piston mû dans un cylindre à section circulaire, son mouvement initial sera toujours un mouvement rectiligne alternatif. C'est celui des seules machines à vapeur motrices qui existent réellement ; ce sont les plus avantageuses, les seules à étudier en détail.

Le problème à résoudre consiste donc à transformer le mouvement rectiligne alternatif du piston en un mouvement circu-

laire continu, nécessaire pour l'emploi industriel en général,
en satisfaisant aux conditions dynamiques. C'est une application
simple de la cinématique, mais il importe d'adopter la
combinaison d'organes la plus satisfaisante au point de vue
de l'économie du travail.

Les conditions dynamiques sont :

1° Que le changement de sens du mouvement alternatif n'entraîne pas de destruction de travail, c'est-à-dire que, comme
dans le système bielle et manivelle qui possède cette propriété
caractéristique, la vitesse passe par zéro lors du changement
de sens du mouvement. Cette propriété est si essentielle, que
ce système (ou ses équivalents) est seul admissible dans la
machine à vapeur pour produire un mouvement continu de
rotation à l'aide du mouvement rectiligne alternatif du
piston.

2° Que la longueur de la bielle soit suffisante, supérieure à
cinq fois le rayon de la manivelle, pour éviter les vibrations
et les actions de refoulement sur le bouton, aux extrémités
de la course.

Les circonstances qui peuvent se présenter sont :

1° Le cylindre peut être fixe ou oscillant;

2° Il peut, dans sa position moyenne, être vertical, horizontal ou incliné;

3° L'axe de rotation, généralement horizontal, rarement
vertical, peut être placé à des hauteurs différentes du sol.

Tous ces éléments, vu surtout le désir des constructeurs d'attacher leur nom à un système, peuvent évidemment donner lieu
à une foule de combinaisons.

Nous passerons en revue les principales qui aient de l'intérêt, savoir :

1° Les machines à balancier;

2° Les machines à glissières;

3° Les machines horizontales;

4° Les machines oscillantes;

5° Les machines à fourreau.

1° *Machines à balancier.* — C'est la disposition de Watt,
pour laquelle il inventa son parallélogramme, afin d'assembler, presque sans frottement, la tige du piston à mouvement
rectiligne alternatif avec une des extrémités du balancier,
l'autre extrémité portant la bielle qui actionne la manivelle.

La grandeur de celle-ci est égale à la demi-course du piston, et la hauteur à laquelle on peut placer le balancier permet
d'obtenir aisément de grandes longueurs de bielle. Cette disposition est excellente, mais entraîne à des constructions plus
coûteuses que les systèmes dont nous parlerons ci-après. La
fig. 656 représente cette machine avec des jeux de déclics pour

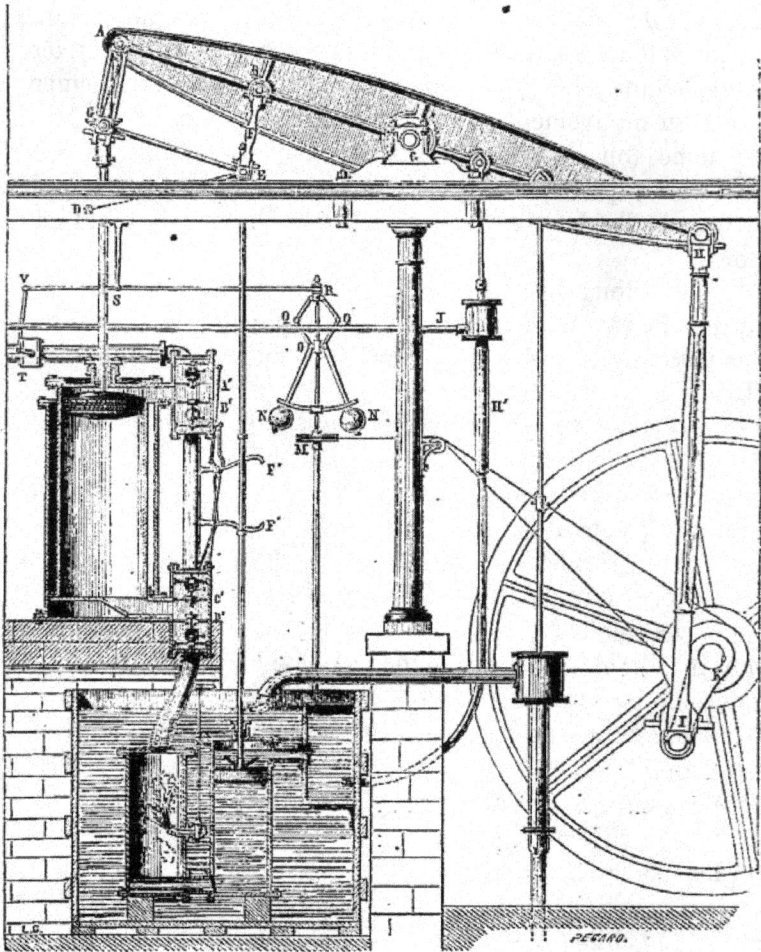

Fig. 656.

déterminer les entrées et sorties de vapeur, comme la construisait
Watt avant l'adoption du tiroir, dû à Murdoch, un de ses
élèves.

Nous croyons inutile, après les études faites précédemment, de détailler les éléments de la machine complète que représente la figure. On voit comment ils sont tous groupés, équilibrés, de manière à fonctionner régulièrement, dans les meilleures conditions. Le parallélogramme guidant la tige du piston et celle de la pompe à air, le régulateur à boules, la bielle et manivelle actionnant le volant, ont été des solutions cinématiques du problème de la construction de la machine à vapeur, qui font autant d'honneur au génie de Watt que l'invention du condenseur séparé.

2° *Machines à glissières*. — Pour de petites machines la bielle peut être directement articulée à la tête du piston, et l'axe de rotation placé dans l'axe du cylindre prolongé. La tête de la tige du piston est guidée par des pièces rectilignes appartenant au bâti ; de là un frottement considérable que l'on cherche à diminuer par l'emploi de galets, roulettes, etc. La plupart du temps, les constructions de ce système ont des longueurs de bielle insuffisantes.

3° *Machines horizontales*. — Cet inconvénient est moindre avec les machines horizontales, disposées à peu près comme les précédentes, mais auxquelles on peut donner une grande lon-

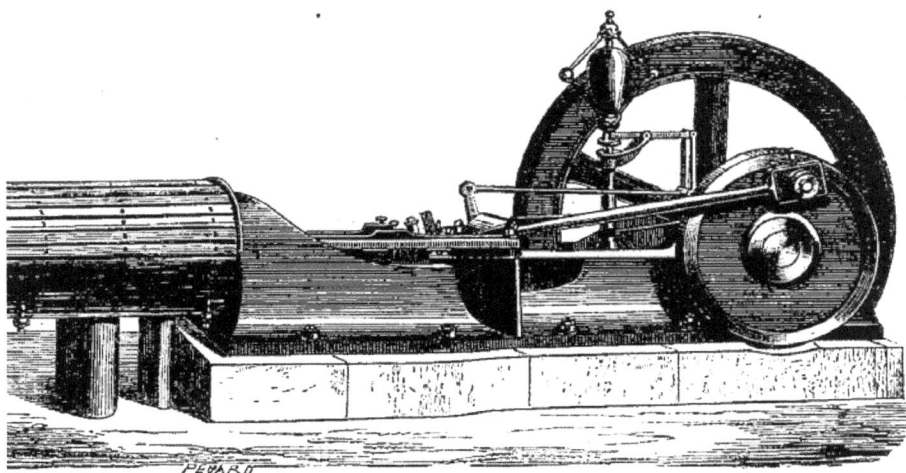

Fig. 657.

gueur sans faire naître de vibrations, en les établissant sur une solide assise en pierre de taille. La figure 657 représente une machine horizontale.

Ce genre de machines est celui de la locomotive, du bateau à vapeur à hélice ; c'est celle qui est le plus souvent construite aujourd'hui.

4° *Machines à vapeur oscillantes.* — Le piston d'une machine à vapeur glissant dans un cylindre pouvant être considéré comme guidé en ligne droite, et dans le système connu sous le nom de machine oscillante (fig. 658) le cylindre à vapeur étant

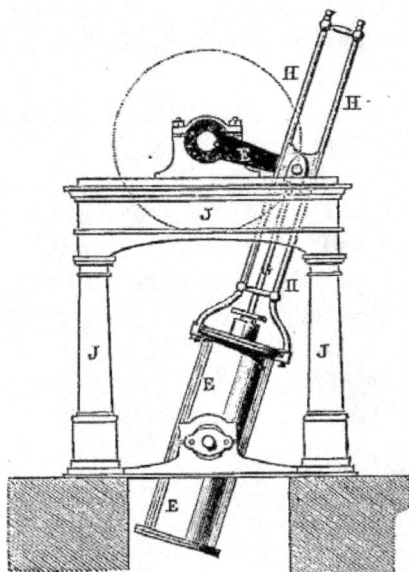

Fig. 658.

rendu mobile autour des tourillons, la tige du piston pouvant recevoir toutes les inclinaisons de la bielle, celle-ci se confond avec cette tige du piston. C'est en chaque instant la disposition de la bielle appliquée à produire le mouvement rectiligne alternatif, avec cette différence que l'articulation proche du mouvement rectiligne est supprimée, la tige du piston se confondant avec la bielle pour en augmenter la longueur ; les guides portés par le cylindre font que les directions de ce mouvement passent toujours par le milieu de l'axe d'oscillation du cylindre. L'étendue de la course du piston est toujours $2r$ (r étant le rayon de la manivelle) le cylindre étant vertical aux deux points extrêmes de la course. Dans les parties intermédiaires, la progression d'une position de la tige guidée en ligne droite à la position voisine est déterminée par les projections sur la verticale. Le mouvement, sensiblement le même que celui obtenu par une bielle ordinaire, jouit des mêmes propriétés.

5° *Machine à fourreau.* — Pour augmenter la longueur de la bielle, on a imaginé diverses combinaisons analogues à celle de la machine oscillante. La machine à fourreau (fig. 659) est

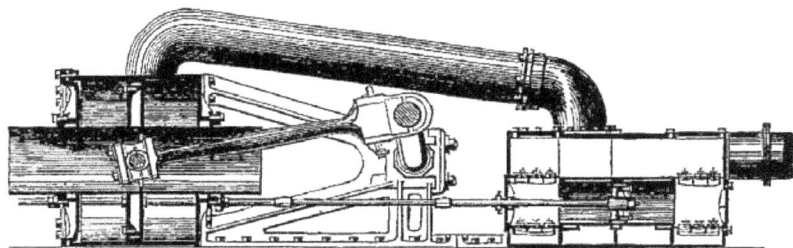

Fig. 659.

une des plus remarquables ; la bielle est directement articulée au piston et s'incline dans un fourreau faisant partie de celui-ci, qui glisse à frottement dans le couvercle du cylindre à vapeur. Ce système disparaît de la pratique de la construction.

MOUVEMENT DES TIROIRS.

701. Une seconde et importante application de la cinématique à la machine à vapeur est celle qui se rapporte au mouvement des tiroirs, pour diriger l'arrivée et la sortie de la vapeur du cylindre dans les conditions les plus avantageuses, dans tous les cas qui peuvent se présenter. Il faut que la réglementation des tiroirs des machines à vapeur soit très-précise, afin de coordonner leurs mouvements avec ceux des pistons, et de manière à introduire la vapeur motrice dans le cylindre dans la proportion voulue, puis, après qu'elle a travaillé, faire sortir la vapeur devenue résistante, lorsque le piston se trouve en des points déterminés de sa course.

702. *Des excentriques employés pour la manœuvre des tiroirs.* — Les tiroirs de distribution, dans les machines à double effet, sont commandés par des excentriques circulaires, des excentriques à cames ou des excentriques triangulaires.

Les uns comme les autres sont placés sur l'axe de rotation du volant, ou en reçoivent le mouvement par transmission, sans modification de vitesse angulaire, de sorte qu'ils exécutent, dans tous les cas, un demi-tour par course simple du piston.

Excentrique circulaire. — Cet excentrique, avec son tirant (fig. 660), peut être assimilé (voir art. 256) au système d'une

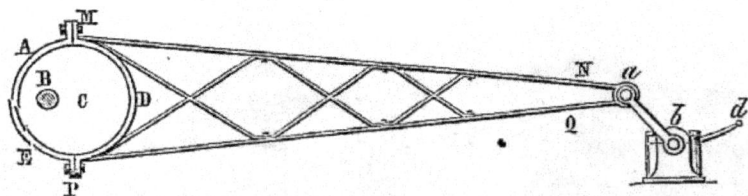

Fig. 660.

manivelle dont le bras, qu'on nomme *rayon d'excentricité*, serait la distance du centre de rotation au centre de la circonférence du disque, et d'une bielle dont la longueur serait la distance de l'extrémité de ce rayon à l'axe du bouton menant le tiroir.

Le disque circulaire est *calé* sur l'arbre du volant au moyen d'un clef en fer forgé.

Dans la plupart des machines, l'axe du tirant est disposé horizontalement; de sorte que le tiroir est aux extrémités de sa course quand le rayon d'excentricité est horizontal.

Effets du calage de l'excentrique. — Supposons maintenant que le *calage* de l'excentrique ait été effectué de telle sorte que le rayon d'excentricité soit sur le prolongement du rayon de la manivelle du volant, il résulte de ce qui précède que le tiroir sera aux extrémités de sa course quand le piston sera au milieu de la sienne et qu'il sera au milieu de cette même course quand la machine sera aux *points morts*.

Mais si l'excentrique est calé sur son arbre de façon que le rayon de la manivelle fasse, avec le prolongement du rayon d'excentricité, un angle qui est toujours aigu, le tiroir aura de l'*avance* sur le piston et arrivera, par exemple, au milieu de sa course, quand le piston aura encore à parcourir une certaine fraction de la sienne : pour arriver au même point. Cet angle aigu, est l'*angle de calage*.

Excentrique à cames. — L'excentrique à cames (fig. 661) tournant dans l'intérieur d'un cadre rectangulaire, en poussant alternativement les deux côtés parallèles, ordinairement par l'intermédiaire de deux galets, sert pour faire mouvoir un tiroir suivant une loi déterminée, en agissant en *c* sur le levier qui les met en mouvement.

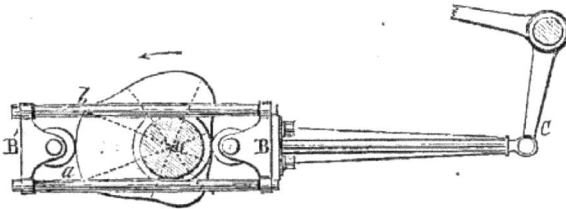

Fig. 661.

L'excentrique à cames paraît avantageux dans les machines à mouvements lents, tandis que l'excentrique circulaire est seul admissible pour les grandes vitesses.

Excentrique circulaire. — C'est une forme de l'excentrique à cames (fig. 662) qui convient particu-lièrement au mode d'action de la vapeur. Le mouvement qu'il imprime au cadre a été analysé en détail art. 290.

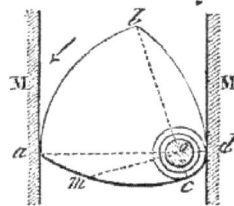

Fig. 662.

703. *Définitions et notations relatives à la construction des tiroirs.* — Posons maintenant quelques définitions [1] : on nomme *lumières d'admission* les canaux à section rectangulaire A A, A′ A′ (fig. 663) par lesquels la vapeur

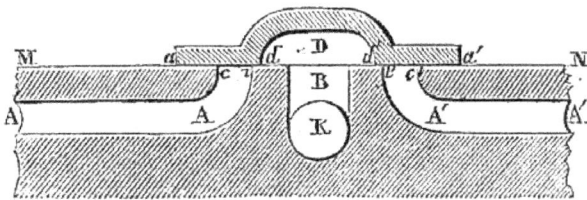

Fig. 663.

se rend alternativement à l'une ou à l'autre des extrémités du cylindre, en observant toutefois que chacune de ces lumières sert successivement à *l'échappement* de la vapeur résistante pendant que l'autre sert à l'introduction de la vapeur motrice, et nous nommerons spécialement *lumière d'échappement* le canal B par lequel la vapeur résistante est conduite au tuyau

1. TAFFE-BOILEAU. — *Application de la mécanique aux machines.*

d'évacuation K,.lorsque le *creux* D du tiroir embrasse à la fois ce canal et l'un des précédents. Les lignes droites projetées en *c* et *c'* sont les *côtés extérieurs* des lumières A et A'; *i* et *i'* en sont les *côtés intérieurs :* les droites projetées en *a* et *a'* sont les *arêtes extérieures* des *rebords* ou *bandes* a d, a' d' du tiroir.

Cela posé, supposons que le tiroir, dans la position relative qu'indique la figure, soit au milieu de sa course : si les arêtes extérieures du rebord tombent au delà des côtés extérieurs des lumières d'admission, le tiroir est à *recouvrement extérieur ;* il est à *recouvrement intérieur* lorsque les arêtes intérieures, dans la position relative précitée, sont en deçà des côtés correspondants des mêmes lumières.

Course directe et course inverse du piston. — On nomme *course directe* du piston celle pendant laquelle la vapeur motrice agit du côté de sa tige, et *course inverse* ou *rétrograde* la suivante.

704. *Détente.* — Une machine à vapeur est *à détente*, lorsque chaque face du piston n'est pas alternativement en communication avec la chaudière pendant toute la durée de la course correspondante.

Le *degré d'admission* est le rapport à la longueur totale de la course, de la distance parcourue pendant l'admission, ce rapport étant exprimé par une fraction ayant l'unité pour numérateur. Par exemple, si l'admission cesse lorsque le piston a parcouru le quart de sa course, on dit que le degré d'admission est 1/4.

Si avant que le piston n'ait achevé sa course directe, la face du côté rétrograde est, par suite du calage de l'excentrique, déjà en communication avec la chaudière, on dit qu'il a *avance à l'admission.* Si, au contraire, le piston a déjà commencé sa course rétrograde, alors que cette communication commence, on dit qu'il y a *retard à l'admission.*

Si avant que le piston n'ait achevée sa course directe, sa face est mise en communication avec le condenseur, on dit qu'il y a *avance à l'émission.*

Si avant que le piston n'ait achevé sa course directe, la face du côté rétrograde cesse d'être en communication avec le condenseur, une portion de la vapeur reste enfermée entre le piston, les parois du cylindre et celles du conduit jusqu'à celles de l'obturateur ; son volume va en diminuant à mesure que le piston achève sa course, et on dit qu'il y a *compression de la vapeur dans l'espace nuisible.*

L'espace nuisible est le volume que nous venons d'indiquer, lorsqu'il est réduit à son minimum, c'est-à-dire lorsque le piston est au bout de sa course. Dans cette position, il ne touche pas le fond du cylindre, car alors le moindre dérangement pourrait amener une rupture; il reste toujours un intervalle où séjourne de la vapeur. L'espace nuisible se compose donc de deux parties distinctes : l'une, inévitable, est le jeu du piston; l'autre, que l'on peut réduire, est le conduit jusqu'à l'obturateur.

705. *Réglementation des tiroirs.* — On peut se proposer deux problèmes différents, au sujet de la réglementation des tiroirs, savoir :

1° Déterminer l'angle de calage de l'excentrique, les recouvrements et la course du tiroir, nécessaires pour régler convenablement l'action de la vapeur dans une machine en projet.

2° Trouver, dans une machine à vapeur existante, les valeurs des périodes d'admission, de détente et de compression; l'avance à l'échappement et l'avance à l'admission.

Nous dirons quelques mots des divers procédés graphiques qui ont été successivement employés, en commençant par celui proposé par MM. Fauveau et Reech, savants ingénieurs de la marine, qui ont les premiers montré l'utilité de l'emploi des courbes.

706. *Courbe en œuf.* — Supposons que, par une série d'opérations, on ait obtenu les distances successives d'une arête du tiroir à un repère fixe dans les deux courses consécutives du piston, et les chemins respectivement parcourus par celui-ci à partir de l'origine de sa course, on pourra construire une courbe $OPO'P'$ (fig. 644) ayant pour abscisses les chemins successivement parcourus par le piston et pour ordonnées les distances correspondantes du tiroir au repère fixe. Cette courbe, continue et fermée, représentera la loi du mouvement d'un point ou d'une arête *quelconque* du tiroir par rapport à celui du piston; les tangentes TF, $T'F'$ parallèles aux abscisses comprendront entre elles une distance TT' égale à la course du tiroir et les tangentes FF', TT' perpendiculaires aux premières, seront à une distance réciproque égale à la longueur L de la course du piston; enfin la ligne MM' menée par le milieu M de

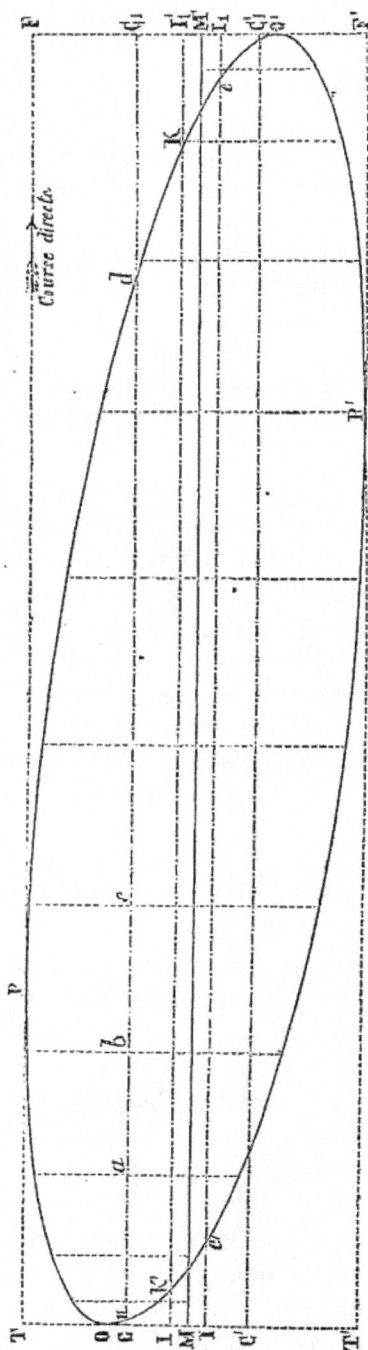

Fig. 664.

TT′ parallèlement aux ab-
scisses rencontre la courbe
en des points qui cor-
respondent aux positions
moyennes du tiroir.

On voit déjà que, si le
point M se confond avec le
point de contact O de la
courbe et de sa tangente
TT′, cette coïncidence ap-
prend que le tiroir est au
milieu de sa course quand
le piston est à l'origine de
la sienne, et, par consé-
quent, que l'avance de l'excentrique est nulle; il en
est de même des points O′
et M′; comme, d'ailleurs, le
calage de l'excentrique est
connu *à priori* par le lever
de la machine, cette observation peut fournir un moyen
de vérifier le tracé de la
courbe. Si les points O et M
ne coïncident pas, comme
cela a lieu dans la figure, on
en conclura que le tiroir a
déjà dépassé sa position
moyenne d'une quantité M O
quand le piston est à l'origine de sa course directe et
d'une longueur M′O′ lors-
que le piston commence sa
course inverse : en réduisant ces avances du tiroir
en angles, on devra obtenir
deux résultats égaux entre
eux et à l'angle de calage
de l'excentrique, qui, pouvant d'ailleurs être connu

par le lever de la machine, fournira une vérification du tracé de la courbe.

A partir de l'origine O de sa course directe, le piston marche vers O' et le tiroir, continuant à se déplacer dans le même sens qu'auparavant, arrive à l'extrémité de sa course quand le piston a parcouru un chemin égal à l'abscisse du point supérieur P de la courbe; cette course du tiroir avait évidemment commencé quand le piston, dans sa course inverse, avait encore à parcourir un chemin égal à l'abscisse du point inférieur P' ; ainsi, l'arc P'OP de la courbe correspond à celle des deux courses du tiroir qui s'exécute de T' en T pendant la dernière partie de la course inverse du piston et le commencement de sa course directe. Dans la portion T'O de ce trajet du tiroir, il se meut en sens contraire du piston; pendant qu'il effectue le reste TO de la même course, le piston se meut dans le même sens que lui. A partir de la position du système désignée par le point P, le tiroir rétrograde; l'arc PO'P' de la courbe correspond à une course totale du tiroir qui doit, en conséquence, être comptée de F en F', et a lieu pendant la dernière partie de la course directe du piston, ainsi qu'au commencement de la suivante.

Cela posé, proposons-nous, par exemple, de déterminer les circonstances de l'admission relatives à la course directe, c'est-à-dire par la lumière A (fig. 663) : on regardera la courbe comme représentant particulièrement la loi du mouvement relatif de l'arête extérieure a du tiroir, et l'on remarquera qu'au milieu de sa course, cette arête est à une distance du côté c de la lumière d'admission, égale au recouvrement extérieur : menant donc entre M et T (fig. 664) à une distance de M M' égale à ce recouvrement, une parallèle CC_1 à cette ligne, on aura, sur le plan de la courbe, la position relative invariable du côté c de la lumière A. Cette parallèle CC_1 coupe la courbe en un premier point n, et ce point étant au-dessous de celui O qui correspond à l'origine de la course directe du piston, il en résulte que l'arête a est en coïncidence avec le côté c de la lumière A, c'est-à-dire que l'admission par cette lumière commence quand le piston, dans sa course inverse, est encore à distance Cn de l'extrémité de cette course ou de l'origine de la suivante; cette distance Cn est donc réellement l'avance à l'admission, relative à la course directe. A partir de la position qui nous occupe, l'arête *a* du tiroir marchant toujours vers la tangente supérieure TF, c'est-à-dire vers l'extrémité de sa course, découvre de plus en plus l'orifice d'admission A, et si l'on considère la portion de courbe *n* O P comprise entre son point supérieur P et le point *n*, on voit que les distances des différents points de cet arc *n* O P à la ligne C C₁ donneront les grandeurs successives de l'ouverture de l'orifice d'admission considéré.

Par la discussion complète de cette courbe on mesure de la sorte tous les éléments de la distribution. Nous renverrons à l'ouvrage indiqué les lecteurs désireux de s'éclairer au sujet de la discussion complète de cette courbe, qui n'est plus usitée.

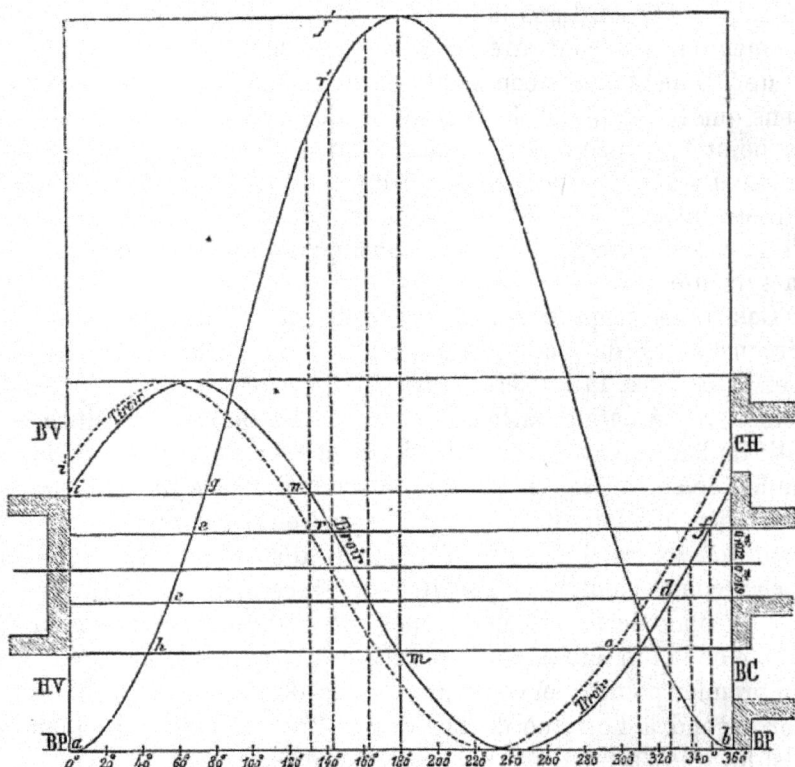

Fig. 665.

707. *Sinusoïde*. — Deux autres ingénieurs de la marine, MM. Moll et Montety avaient proposé, pour le même but, l'emploi d'autres courbes, des sinusoïdes représentant les mouvements simultanés de la manivelle motrice et de l'excentrique (fig. 665). La discussion de ces courbes permet encore de reconnaître toutes les conditions de la distribution. On préfère aujourd'hui le système plus simple dont nous allons parler, fondé sur l'emploi du diagramme composé de deux circonférences par lesquelles on peut remplacer une sinusoïde (art. 287), avec avantage dans le cas actuel.

EMPLOI DE L'INDICATEUR DE WATT ET DES CERCLES DE ZEUNER.

708. On sait que l'indicateur de Watt[1] formé par un petit piston pressé par la vapeur, en raison de la tension de celle-ci, et portant un crayon traçant sur un papier mû par la tête du piston moteur, fournit un graphique, d'un usage fréquent, pour mesurer le travail de la machine à vapeur. Ce graphique permet de vérifier en même temps la distribution.

Nous partirons donc de ce diagramme pour les deux problèmes à résoudre; le premier d'établir la distribution de la vapeur de manière à obtenir un mode de travail et par suite un diagramme d'indicateur déterminé; le second, vérification du travail du constructeur, doit permettre de revenir d'un diagramme obtenu par expérience à l'état de la distribution.

709. I. Étant données les positions du piston d'une machine au commencement et à la fin de l'admission, et au commencement et à la fin de l'émission du même côté du piston et dans deux courses successives; connaissant, d'autre part, la pression dans la chaudière, la pression dans le condenseur et l'espace nuisible, tracer le diagramme des pressions de la vapeur.

Marquons (fig. 666) sur la ligne de pression nulle O f (à une échelle convenable) les points :

d, où la détente commence dans la course directe;

e, où l'émission commence dans la course directe;

f, où la course rétrograde commence;

c, où la compression commence dans la course rétrograde;

a, où l'admission commence dans la course rétrograde,

b, où la course directe commence.

O b représente à l'échelle le volume de l'espace mort, c'est-

---

1. Voyez Dynamomètre, *Dictionnaire des Arts et Manufactures.*

à-dire que le rapport O b à bf est égal à celui de l'espace mort au volume engendré en une course.

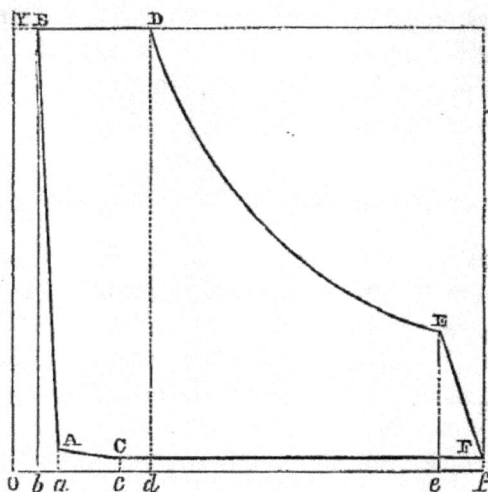

Fig. 666.

Traçons les lignes correspondantes à ces divers points, et nous aurons : BD horizontale à p atmosphères de hauteur (à une échelle moindre que celle des volumes) au-dessus de la ligne de pression nulle; DE, arc d'hyperbole équilatère dont O Y et O f sont les asymptotes; EF, ligne à peu près droite; FC, horizontale à $\frac{1}{n}$ d'atmosphère au-dessus de la ligne de pression nulle $\left(\frac{1}{n}\right.$ pression du condenseur$\left.\right)$; C A, arc d'hyperbole équilatère ayant les mêmes asymptotes que D E; A B, ligne à peu près droite.

II. *Réciproquement*, étant donné un diagramme semblable à celui que nous venons de construire pour la solution du problème précédent, c'est-à-dire la figure fournie expérimentalement par l'indicateur de Watt, trouver les positions du piston correspondantes aux instants où l'admission et l'émission commencent et cessent.

Ces positions sont indiquées par les abscisses des points A, D, E, C, et par suite les mesures prises pur la figure permettent de déterminer tous les éléments de la distribution.

710. *Mouvement du tiroir*[1]. — Étant donnés : l'angle ω décrit par la manivelle motrice d'une machine à vapeur à partir du point mort, ainsi que r rayon d'excentrique, l longueur de la bielle, δ avance angulaire, déterminer le chemin x décrit par le tiroir à partir de sa position moyenne T (fig. 667).

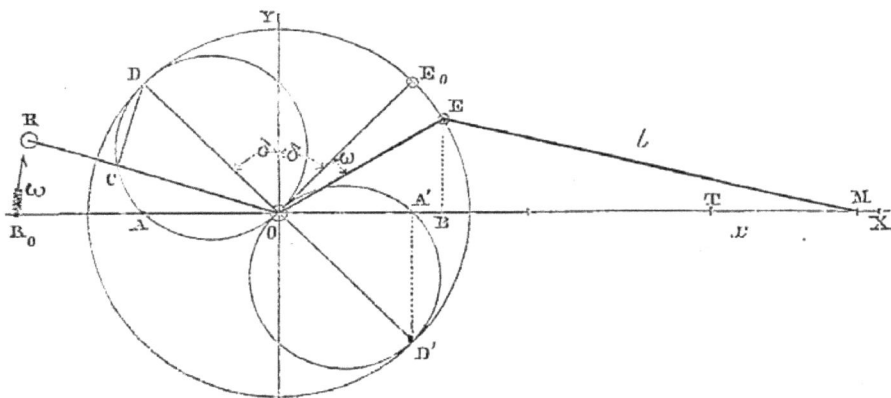

Fig. 667.

Posons $OE = r$, $EM = l$, $OT = l$, T est la position moyenne du tiroir ; $TM = x$; R_0O, E_0O positions initiales de la manivelle et de l'excentrique respectivement ; $E_0OY = \delta$, $R_0OR = \omega$, $E_0GE = \omega$. On a, en négligeant l'obliquité de la bielle :

$$x = r \sin. (\delta + \omega).$$

Appelons x' la distance du tiroir à sa position moyenne considérée comme positive, mais prise à gauche : alors ω' sera compté à partir du second point mort $x' = r \sin. (\delta + \omega)$.

Proposons de tracer le diagramme polaire des valeurs de x et x'.

Portez sur la direction OR de la manivelle $OC = x$, le lieu des points C est le diagramme cherché. C'est une espèce de 8 dont le grand axe est égal à $2r$.

Or, on a $OC = r \sin. (\delta + \omega)$, à très-peu près. Si donc on fait $DOY = \delta$, alors $COD = \frac{\pi}{2}\pi - (\delta + \omega)$, et par suite

$$\sin. (\delta + \omega) = \cos. COD.$$

Donc $OC = OD \cos. COD.$

---

1. DWELSHAUVERS-DÉRY. — Programme du cours de mécanique appliquée et de physique industrielle professé à l'École des Mines de Liége.

On doit enfin conclure que l'angle DCO est droit, et que par suite le point C est sur une circonférence de cercle dont r est le diamètre, et dont le centre est placé sur une droite qui fait avec la verticale OY un angle δ du côté opposé à la position initiale du rayon d'excentricité. Et le lieu complet du point C se trouve composé de deux circonférences égales, OAD (cercle supérieur ou des x) et OA'D' (cercle inférieur ou des x').

Remarque. — Ces deux circonférences polaires sont exactement le diagramme polaire des distances de la projection B du point E, sur la droite OX, à sa position moyenne O.

En négligeant l'obliquité de la bielle, les avances linéaires A et A' correspondantes ont pour valeurs :

$$\omega = 0 \qquad A = r \sin. \delta,$$
$$\omega = \pi \qquad A' = r \sin. \delta,$$

et par suite OA $=$ A' avance linéaire directe, et OA' $=$ A', avance linéaire rétrograde.

Expérimentation. — Si l'on place un crayon à l'extrémité M de la bielle de l'excentrique, perpendiculaire au plan de la figure, et si l'on fait tourner à la portée de ce crayon, et dans un plan parallèle à celui de la figure, une feuille de carton autour de la position moyenne T du point M, avec une vitesse angulaire constamment égale à celle de la manivelle OR, le crayon tracera, par suite du double mouvement de rotation et rectiligne, un diagramme polaire en forme de 8. Ce diagramme ressemblera d'autant plus aux deux cercles du tiroir que la tige d'excentrique sera plus grande comparativement au rayon d'excentricité.

Un pareil instrument est des plus précieux pour la vérification des distributions.

Conséquences. — De l'examen des cercles du tiroir on déduit que :

1° A l'origine de la course, ou pour $\omega = 0$, le tiroir est à droite (nous supposons qu'il s'agit d'une machine horizontale à action directe) de sa position moyenne à une distance

$$OA = A = r \sin. \delta = \text{avance linéaire}$$

pour la course directe du piston (course de gauche à droite) ;

2° A partir de ce moment, le tiroir va en s'écartant de plus en plus de sa position moyenne vers la droite, ou bien x augmente jusqu'à ce que $\omega = \dfrac{\pi}{2} - \delta$;

3° Au moment où $\omega = \dfrac{\pi}{2} - \delta$, le tiroir est à son maximum d'écart vers la droite et à une distance de sa position moyenne égale à r, rayon d'excentricité;

4° A partir de ce moment, le tiroir va vers la gauche, se rapprochant de sa position moyenne, ou x diminue jusqu'à devenir nul;

5° Le tiroir arrive à sa position moyenne en allant vers la la gauche (x devient nul), au moment où la manivelle a décrit un angle $\pi - \delta$ depuis son départ, ou, ce qui revient au même, au moment où la manivelle doit encore décrire un angle δ pour que le piston achève sa course directe;

6° A la fin de la course directe, ou au commencement de la course rétrograde, pour $\omega = \pi$ ou $\omega' = 0$, le tiroir est à gauche de sa position moyenne à une distance $OA' = A' =$ avance linéaire pour la course rétrograde du piston;

7° Le tiroir va en s'écartant de plus en plus de sa position moyenne vers la gauche à mesure que ω' grandit, jusqu'à ce que $\omega' = \dfrac{\pi}{2} - \delta$;

8° Au moment où $\omega' = \dfrac{\pi}{2} - \delta$, le tiroir est à son maximum d'écart vers la gauche, et à une distance r égale au rayon d'excentricité;

9° A partir de ce moment, le tiroir revient vers la droite se rapprochant de sa position moyenne, ou bien x' diminue jusqu'à devenir nul;

10° Le tiroir arrive à sa position moyenne en allant vers la droite, dans la course rétrograde du piston, au moment où la manivelle a décrit un angle $\omega' = \pi - \delta$;

11° Le tiroir va ensuite en s'écartant de sa position moyenne, et vers la droite, et les écarts, appelés maintenant x, doivent être mesurés sur le cercle supérieur.

L'emploi de ces cercles sert non-seulement à déterminer les éléments de la distribution, il conduit aussi à la solution du problème suivant :

Étant donnés les cercles de Zeuner, tracer les diagrammes d'indicateur des deux côtés du piston.

Il suffira de rechercher les positions du piston correspondantes aux positions données de la manivelle pour 8 points : le commencement et la fin de l'admission, le commencement et la fin de l'émission, et cela pour chacune des lumières.

Nous renverrons, pour plus de détails sur cette question, à l'ouvrage cité plus haut, nous bornant à ce qui précède, sur la question de la réglementation des tiroirs mus par des excentriques circulaires, auxquels les cames diversement tracées sont souvent substituées, quand le tiroir lui-même n'est pas remplacé par des soupapes tendant à assurer des admissions et des émissions plus rapides que le tiroir. Dans les locomotives, toutefois, où les mouvements sont si rapides, il serait difficile de remplacer les excentriques circulaires.

711. Coulisse Stéphenson. — Dans les locomotives, le mouvement des tiroirs est assujetti non-seulement à satisfaire à toutes les conditions qui viennent d'être indiquées, mais encore à une autre, à savoir : le changement de marche, la nécessité de renverser tous les mouvements.

C'était là un difficile problème, qui a été remarquablement résolu par R. Stephenson, en combinant l'action des deux bielles à l'aide d'articulations, d'une coulisse. La coulisse de Stephenson est formée par deux bielles mues par deux excentriques circulaires, équivalents à deux manivelles. En articulant les extrémités de ces bielles avec une rainure courbe qui reçoit l'extrémité de la tige qui guide le tiroir et qui par suite lui communique un mouvement qui résulte de la combinaison des deux autres, Stephenson est parvenu par un système articulé à satisfaire aux conditions complexes du problème.

Les deux excentriques moteurs forment entre eux un angle obtus; chacune d'eux conduit une bielle articulée à l'une des extrémités d'une coulisse, d'une rainure dans laquelle s'engage la tête de la tige qui règle le mouvement du tiroir (fig. 668), et dont on fait varier la position à l'aide d'un levier A, qui est à la portée du mécanicien.

C'est en raison des positions de ce levier que se modifie la distribution de la vapeur, et cela en changeant la position de la coulisse dans le sens vertical. Il est facile d'analyser grossièrement comment se produisent le mouvement et l'action de la coulisse pour effectuer le changement de marche et le repos, produire la détente qu'elle permet d'obtenir, en traçant pour les diverses inclinaisons du levier les positions extrêmes de l'oscillation de la coulisse.

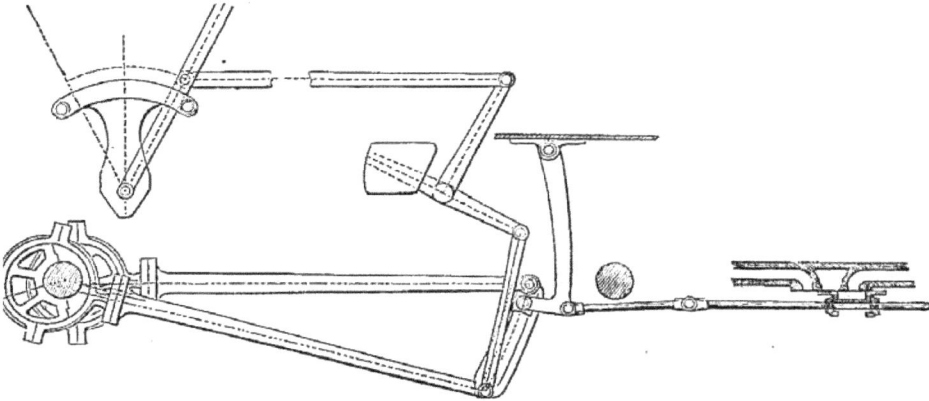

Fig. 668.

Soit HH_1 l'horizontale passant par l'axe de l'essieu moteur, AB la tige qui guide le tiroir, il est clair qu'on aura la course de ce tiroir en mesurant les déplacements de la coulisse sur l'horizontale passant par l'axe de sa tige. Si on trace pour chaque cas les limites des extrémités de la course de la coulisse pour les positions extrêmes des excentriques, $2e$ étant la course de ces points extrêmes, e étant l'excentricité, on aura :

Fig. 669, le maximum de course possible lorsque CC' est dans le prolongement de AB.

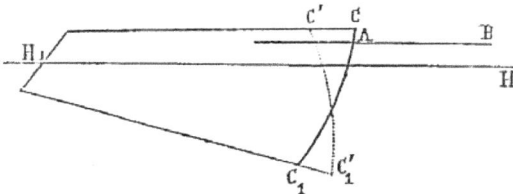

Fig. 669.

Fig. 670, l'arrêt lorsque les points d'intersection des positions extrêmes de la coulisse sont situées sur AB; le tiroir ne marche plus et la machine s'arrête. Ce point n'est pas unique, mais sa position varie assez peu pour que le recouvrement du tiroir assure le repos.

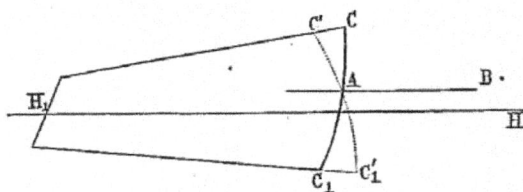

Fig. 670.

Enfin le changement de marche. La figure 671 montre com-

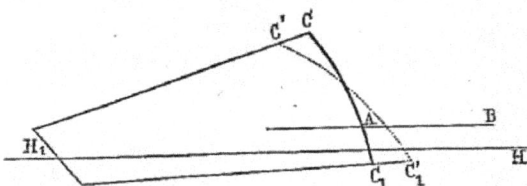

Fig. 671.

ment, en relevant la coulisse, la tige du piston, qui était par exemple poussée en avant, vers la partie supérieure de la coulisse, par le retour de la position $C'C'_1$ à la position CC_1, va être soumise à l'action du deuxième excentrique dont le mouvement est inverse, d'où conservation du sens de mouvement du tiroir pendant la deuxième partie de la rotation de l'essieu, et par suite changement de sens de l'action du piston.

Remarquons enfin que, dans les positions intermédiaires de 0 au maximum, la course du tiroir varie d'étendue, d'où résulte la détente variable en raison des crans de détente auxquels le mécanicien fixe le levier.

712. La mesure des variations relatives du changement de course du tiroir et de la place occupée par la coulisse, évidemment possible d'après les relations qui existent entre les lignes et les angles de la figure, mène à des formules complexes qui ont été heureusement simplifiées par M. Philips par l'emploi des centres instantanés de rotation.

Soient OH et OV l'horizontale et la verticale passant par l'axe de l'essieu moteur, CSC_1 la coulisse à une époque quelconque de son mouvement, S le point d'attache de celle-ci avec la bielle de suspension BS, DC et $D_1 C_1$ les barres d'excentrique dans la position correspondante.

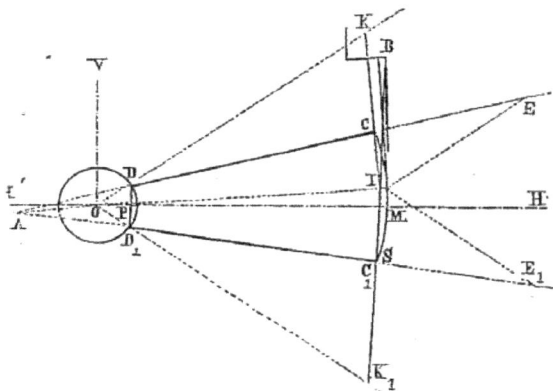

Fig. 672.

La coulisse effectuant un déplacement infiniment petit, où sera placé le centre instantané de rotation?

Il sera d'abord placé sur BS, le point S décrivant nécessairement un arc normal à BS, soit I ce point. S'il était connu, en menant les lignes IC, IC_1, et prolongeant les rayons OD, OD_1, on aurait les points K, K_1, centres instantanés de rotation des barres d'excentrique. Cette détermination géométrique du point I résulte d'une construction très-élégante.

Le point C décrit un petit arc de cercle autour du point I égal à $CI\,d\alpha$, donc la barre d'excentrique DC tourne autour du point K d'un angle $\dfrac{CI \times d\alpha}{CK}$, IC étant très-voisin de la perpendiculaire à CD, le point C ne s'élevant jamais beaucoup, et le point D décrit, pour un angle égal à celui parcouru par CK, un petit arc de cercle égal à $\dfrac{CI \times KD}{CK}\,d\alpha$.

On voit de même que le point D_1 parcourt un petit arc de cercle égal à $\dfrac{C_1 I \times K_1 D_1}{C_1 K_1}\,d\alpha$.

Or les espaces absolus décrits par les points D et D_1 autour d'un même axe de rotation sont entre eux comme les rayons d'excentricité, c'est-à-dire que l'on a :

$$\frac{CI \times KD}{CK} : \frac{C_1 I \times K_1 D_1}{C_1 K_1} = OD : OD_1.$$

Si nous menons par le point I une parallèle I E à O D et términée à la ligne D C prolongée, et de même une ligne I E$_1$ parallèle à O D$_1$, les triangles CIE, DCK sont semblables et donnent les proportions :

$$IE : KD = CI : CK \text{ ou } IE = \frac{CI \times KD}{CK}.$$

Le triangle C$_1$ I E$_1$ donne de même :

$$IE_1 = \frac{C_1 I \times K_1 D_1}{C_1 K_1}.$$

onc.
$$IE : IE_1 = OD : OD_1.$$

Telle est la condition à laquelle doit satisfaire le point cherché I. Il résulte de là que, pour déterminer ce point I, il suffit de prolonger les deux barres d'excentrique jusqu'à leur rencontre A et de joindre A O ; l'intersection de cette ligne avec la bielle de suspension B S sera le point I cherché.

En effet, par le point I ainsi déterminé, menons les deux droites I E, I E$_1$ parallèles à O D, O D$_1$, on aura :

$$IE : OD = AI : AO$$
$$IE_1 : OD_1 = AI : AO$$

donc,
$$IE : IE_1 = OD : OD, \text{ comme ci-dessus.}$$

Dans la pratique, $OD = OD_1$, donc $IE = IE_1$.

Nous avons vu plus haut que le point D décrit un petit arc égal à $\frac{CI \times KD}{CK} d\alpha = IE\,d\alpha = h\,d\alpha$ en posant $IE = h$.

Appelons ω l'angle décrit par les rayons d'excentricité ou par l'essieu moteur, et soit $d\omega$ l'angle infiniment petit dont tourne cet essieu pendant que la coulisse tourne de l'angle $d\alpha$. Si r est le rayon d'excentricité, $r\,d\omega$ sera l'arc infiniment petit décrit par le point D, et on aura, d'après ce qui précède :

$$r\,d\omega = h\,d\alpha \text{ ou } d\alpha = \frac{r}{h}\,d\omega.$$

Il résulte de ce qui précède un moyen assez simple de faire l'épure d'une distribution dont les éléments sont donnés. Il suffit pour cela de faire tourner les deux rayons d'excentricité d'angles suffisamment petits à la fois, pour qu'on puisse supposer que pour chacun de ces petits mouvements la coulisse tourne autour d'un certain centre instantané. La position de ce centre I se déterminera chaque fois en prolongeant les barres d'excentrique jusqu'à leur rencontre A joignant AO et cherchant l'intersection I de AO avec la bielle de suspension BS. Connaissant le centre I, on décrira de ce point, comme centre, de petits arcs de cercle, l'un avec IC et l'autre avec IC_1 pour rayon, puis on cherchera les intersections respectives de ces deux arcs avec deux autres décrits, avec un rayon égal à la longueur de la barre d'excentrique, l'un du point D comme centre et l'autre du point D_1. On obtiendra ainsi les positions exactes de la coulisse pour les diverses positions du levier.

M. Philips a montré comment l'expression de la valeur $\dfrac{r}{h} = \dfrac{AO}{AI}$, rapport qu'on peut remplacer par celui des projections de ces lignes sur l'horizontale OH, et en introduisant quelques simplifications, on obtient une valeur suffisamment simple pour la pratique de la marche du tiroir en raison de celle de l'essieu, de l'angle de calage et des dimensions des excentriques, enfin de la position de la coulisse.

Il arrive ainsi à l'expression $\alpha = \dfrac{r}{c}$ sin. δ sin. ω, c étant la demi-longueur de la coulisse, δ l'angle de calage, qui permet d'obtenir en chaque instant les valeurs de la marche du tiroir.

Et, enfin, pour la valeur x du mouvement du tiroir, il arrive à la formule

$$x = r\left(\sin. \delta + \frac{c^2 - u^2}{d}\cos. \delta\right)\cos. \omega + r\frac{u}{c}\cos. \delta \sin. \omega. \quad (1)$$

(u écart du bouton et du milieu de la coulisse.)

713. *Effets de la coulisse.* — Considéré comme un système cinématique, l'ensemble de deux excentriques, deux bielles reliées à une coulisse, un coulisseau, une bielle et une glissière, est équivalent à un système plus simple uniquement composé d'un excentrique, d'une bielle et d'une glissière. Cela est vrai à peu près et sous certaines conditions, dont la première est que les bielles soient supposées sans obliquité, de longueur infinie.

Soit M (fig. 673) le point mené de la coulisse et dont la projection m sur l'axe OX se meut absolument comme le tiroir.

Par le point M, menons une droite C C′ parallèle et égale à celle qui joint les extrémités E, E′, des rayons d'excentricité

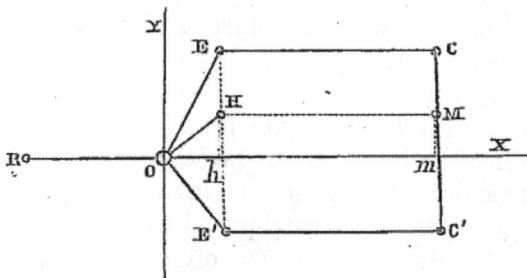

Fig. 673.

réels, supposés dans leur position initiale, lorsque la manivelle est en OR. Puis menons les droites E C, E′ C′, M H et le rayon OH. D'après l'hypothèse, pendant tout le mouvement, les figures E C M H, H M E′ C′, E C C′ E′ resteront toujours des parallélogrammes. Par suite, les projections m et h des points M et H sur l'axe OX resteront toujours à une même distance, égale à E C, l'une de l'autre. Donc, à un moment quelconque, le point M, que l'on peut considérer comme un petit tiroir, se trouve à une distance x de sa position moyenne, égale à la distance du point h au point O, qui est la position moyenne du point h. Or, si l'on néglige l'obliquité d'une bielle qui, rattachée à l'excentrique OH, mènerait le tiroir, celui-ci se trouvera constamment à la même distance de sa position moyenne que le point h lui-même. Donc l'excentrique OH peut remplacer les deux excentriques OE, OE′, il est par conséquent leur excentrique résultant, et le mouvement qu'il imprime au tiroir peut être étudié, comme ci-dessus, pour une position donnée de la coulisse.

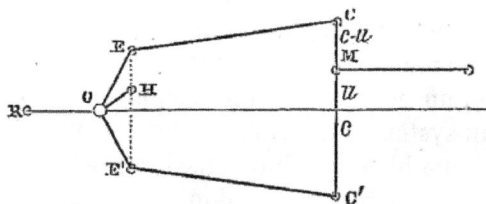

Fig. 674.

714. Une coulisse réelle étant donnée (fig. 674) d'une longueur $2\,c$; le coulisseau, placé à une distance $c — u$ de l'extré-

mité c et à une distance $c + u$ de l'autre extrémité c' ; la droite cc' étant parallèle à EE' ; si les barres d'excentriques ont une longueur assez grande comparativement à celle de la coulisse et des rayons d'excentricité, on trouvera, avec une approximation souvent suffisante en pratique, l'excentrique résultant OH en prenant le point H sur la droite EE', de manière que l'on ait la proportion

$$\frac{HE}{HE'} = \frac{c - u}{c + u}.$$

On peut démontrer en partant de la formule générale (1) qu'il existe bien un seul excentrique $(r' \delta')$ qui, menant une bielle infinie, produirait exactement le même mouvement pour le tiroir. En effet, l'excentrique $(r' \delta')$ donnerait, ainsi qu'il a été vu (art. 287), $r' \sin. (\delta' + \omega)$ pour la valeur de x, ou

$$x' = r' \sin. \delta' \cos. \omega + r' \cos. \delta' \sin. \omega. \qquad (2)$$

Faisons

$$A = r \left(\sin. \delta + \frac{c - u^2}{d} \cos. \delta \right) \qquad (3)$$

$$B = r \frac{u}{c} \cos. \delta. \qquad (4)$$

et les expressions (1) et (2) coïncideront si l'on fait

$$\left. \begin{array}{l} r' \sin. \delta' = A \\ r' \cos. \delta' = B \end{array} \right\} r' = \sqrt{A^2 + B^2}.$$

Soit OH, cet excentrique fictif $(r' \delta')$.

Cherchons le lieu du point H dont les coordonnées sont :

$$A = r' \sin. \delta'$$

$$B = r' \cos. \delta'$$

en faisant varier u ou la position du coulisseau dans la coulisse. A cet effet, éliminons u entre les équations (3) et (4), et nous avons :

$$B^2 = r^2 \cos. \delta \left(\frac{l}{c} \sin. \delta + \cos. \delta \right) - \frac{rl}{c} \cos. \delta A, \qquad (5)$$

équation d'une parabole dont un arc doit être substitué à la droite EE' de la figure 674. Cette parabole tourne sa *concavité* vers le point O.

Ce qui précède s'applique à la coulisse à barres ouvertes. En faisant le même calcul pour la coulisse à barres croisées, en changeant les signes c et de u, on arrive à l'équation

$$B'^2 = r^2 \cos.^2 \eth \left(-\frac{l}{c} \sin. \eth + \cos. \eth \right) + r \frac{l}{c} \cos. \eth \, A,$$

c'est-à-dire une parabole qui tourne sa convexité vers le point O.

Le mouvement qu'on obtient à l'aide d'une coulisse suit donc sensiblement la même loi que celui qu'on obtient de l'excentrique circulaire simple équivalent, qu'on peut toujours déterminer.

·3° Système tour. — Machines a vapeur rotatives.

715. Les avantages dynamiques qu'offre le système tour ont dû faire souvent chercher à construire des machines dans ce système, et il n'est, en effet, pas de voie où se rencontre une plus grande multiplicité d'inventions.

Le principe commun sur lequel repose la majeure partie de ces inventions, au moins, comme point de départ, est le suivant :

Considérons un tuyau cylindrique dans lequel peut se mouvoir un piston tournant autour de l'axe du cylindre, et représentant une moitié de plan diamétral ; si la capacité placée d'un côté du piston est en communication avec la chaudière à vapeur, et que celle placée de l'autre côté communique avec le condenseur ou l'atmosphère ;

Si, d'autre part, une cloison empêche ces deux capacités de communiquer entre elles, sans empêcher le passage du piston et par suite en étant mobile, en disparaissant au moment voulu ;

On aura une machine à vapeur dans laquelle la pression sur le piston engendrera directement le mouvement circulaire.

Watt réalisa par ce système la plus simple des machines rotatives dont nous donnons un croquis (fig. 675). Le piston est formé par une espèce de dent assemblée à l'arbre tournant ; un clapet porté par le cylindre-enveloppe est appuyé par un

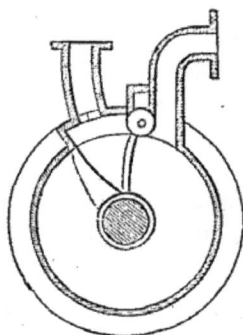

Fig. 675.

ressort sur l'arbre et forme la cloison qui sépare la chaudière du condenseur. Quand la dent vient rencontrer le clapet, celui-ci se loge momentanément dans une cavité pratiquée dans l'enveloppe, puis se replace par l'action du ressort quand la dent est passée.

Watt ne s'occupa pas longtemps de cette machine ayant bientôt reconnu le défaut capital des machines rotatives, de donner lieu à des fuites de vapeur le long des circonférences décrites par le piston tournant. On n'est jamais parvenu à établir des garnitures pouvant tenir la vapeur comme celles des machines cylindriques.

Quel est l'avantage que poursuivent les nombreux inventeurs de machines rotatives? C'est, pour le plus grand nombre, une impossibilité, par suite de fausses notions de mécanique.

Faute de comprendre le mouvement de la bielle et de la manivelle qui sert à transformer le mouvement rectiligne alternatif de la tige d'un piston cylindrique en circulaire continu, de voir que le travail est intégralement transmis sans perte, par suite du passage de la vitesse de la bielle par zéro, lors du changement de sens du mouvement, ils attribuent à la machine à rotation directe une supériorité qu'elle ne possède nullement.

La question capitale est toujours de partir d'un organe qui reçoive le plus avantageusement l'action de la puissance naturelle, or le corps de pompe cylindrique étant l'organe le plus convenable pour le bon effet de la vapeur d'eau, telle qu'elle est utilisée aujourd'hui, il y peu à faire dans la voie de la construction des machines rotatives.

Cependant M. Reuleaux a cru qu'il importait d'étudier la multitude d'essais faits dans cette direction et s'est efforcé de classer le nombre si considérable de machines rotatives qui ont été tentées, en s'applaudissant de rattacher les dispositions qu'on y rencontre, à celles des manivelles, des excentriques, des roues dentées, etc., c'est-à-dire, ce qu'il était facile de prévoir, aux divers moyens propres à mouvoir la cloison obturatrice, à fournir des formes de piston procurant des obturations simples. C'est analyser une série de combinaisons de mouvement.

Nous donnerons seulement quelques exemples des dispositions les plus intéressantes :

716. 1° *Machines à tambour excentrique et coulisse rotative.* —
Ce genre de machines a surtout été employé pour pompes rotatives, problème absolument semblable à celui des machines à
vapeur rotatives; il a été établi sous diverses formes équivalentes entre elles. Nous donnerons comme exemple la disposition représentée fig. 676, due à Cochrane, qui a été répétée

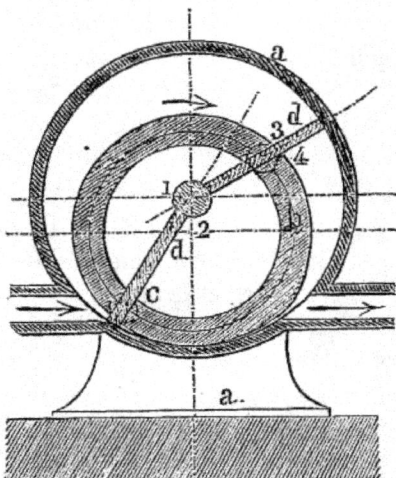

Fig. 676.

par Hick, le constructeur anglais. La cloison est formée par
un tambour intérieur, tournant autour du centre et excentrique
par rapport à l'enveloppe extérieure; des palettes tournant
autour du premier centre de cette dernière constituent le piston
moteur. Des stuffing-box cylindriques placées dans l'épaisseur
de la paroi du tambour, rachètent les variations d'inclinaison
des palettes avec le rayon du tambour passant par leur point
de glissement sur ce dernier.

717. 2° *Machine à mouvement rectiligne de la cloison.* — La solution la plus logique de la construction de la machine à vapeur
agissant par expansion est sans contredit celle due à l'habile
mécanicien Pecqueur et que représente la fig. 677.

Pour faciliter l'obturation, le piston a la forme d'un cœur
très-évasé, dont la pointe est coupée, et qui est fixé, par cette
section, sur un arbre creux dans la partie comprise entre deux
pièces nommées *bouchons*, parce qu'en effet ils servent à fermer
la machine; mais ils ont une autre fonction. L'un d'eux est en

même temps un véritable prolongement de la boîte à vapeur,
avec laquelle il communique; un autre est constamment en
communication avec l'échappement, et cela dans les conditions

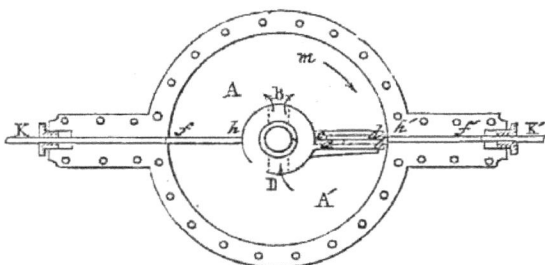

Fig. 677.

convenables, par l'effet du jeu d'un tiroir semblable aux tiroirs
ordinaires. La partie de l'arbre qui tourne dans ces bouchons
est percée de deux ouvertures, dont l'une, celle de l'admission,
va communiquer derrière le piston, et dont l'autre, celle de
l'échappement, va communiquer devant le piston. C'est par
le vide pratiqué dans l'arbre que cette communication a lieu;
un diaphragme, placé dans ce vide, sépare la vapeur qui arrive
de la vapeur qui s'échappe.

Les autres pièces essentielles de cette machine sont deux
palettes horizontales, et placées dans le même cadre, qui pénètrent dans la boîte où se meut le piston de manière à pouvoir
séparer cette boîte en deux parties égales. Au moyen d'une
double manivelle, l'une est ouverte quand l'autre est fermée.
Le mouvement imprimé à celle qui se meut est un mouvement de retraite du dedans en dehors, mouvement calculé de
telle sorte qu'au moment où le piston va passer, la palette est
au point le plus éloigné de sa course, et qu'aussitôt que ce
passage a lieu, elle est ramenée brusquement, de manière à
produire une obturation complète.

Le jeu de la machine est maintenant facile à comprendre.
Aussitôt que le piston a dépassé la palette arrivée à son maximum d'éloignement, celle-ci se rapproche brusquement et
vient servir d'appui, de fond de cylindre, si l'on veut, à la vapeur qui se dégage incessamment derrière le piston pour le
pousser. Comme l'autre palette a, au même instant, commencé
à s'éloigner de l'arbre, tout l'espace autre que celui compris

entre la palette maintenant fixe et le piston est en communication avec l'échappement. Quand la demi-révolution est terminée, il se passe exactement la même chose; seulement le rôle
des deux palettes est interverti; de là un mouvement de rotation
continu et une action continue de la vapeur.

718. 3° *Machine à double rotation.* — La fig. 718 représente

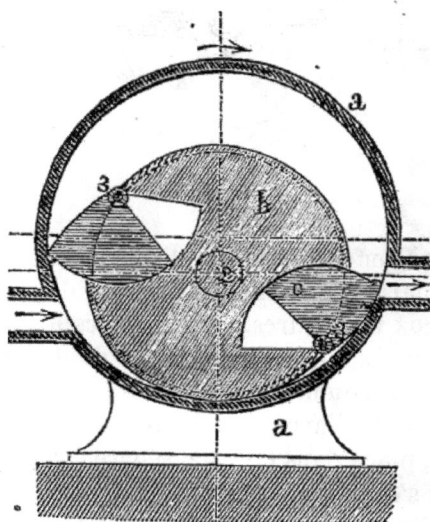

Fig 678.

une autre machine de Cochrane, disposée pour obtenir l'occlusion par la rotation d'un cylindre plein, et la propulsion par
l'action de secteurs, pouvant se loger dans celui-ci, et appliqués contre l'enveloppe par l'action de ressorts.

749. 4° *Machines à roues d'engrenage.* — La fig. 679 montre
un système de deux roues dentées, souvent repris pour la construction de pompes rotatives. Les dents des deux roues forment
manifestement organe d'impulsion, en même temps qu'organe
d'occlusion pour empêcher le passage de la vapeur d'un côté
des roues à l'autre, si ce n'est par le contour de celles-ci, en
les supposant, bien entendu, mathématiquement tracées, car
dans la pratique on est bien loin de pouvoir atteindre un semblable résultat.

Un grand nombre de dents n'est pas nécessaire pour empêcher le passage de la vapeur, et plusieurs inventeurs se sont

appliqués à le réduire. Une des dispositions les plus remarquables est celle de Behrens, où chaque roue est réduite à une
dent de grande dimension, les deux axes tournant en sens con-

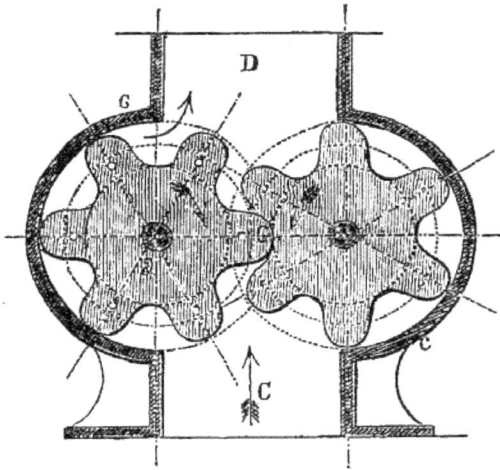

Fig. 679.

traire par l'effet des roues dentées extérieures. Il en résulte
que, les contacts ayant lieu sur une grande partie de la circonférence, les fuites sont considérablement réduites, et qu'en
marchant à grande vitesse, les résultats sont assez passables.

Les figures 680 et 681 représentent deux positions presque

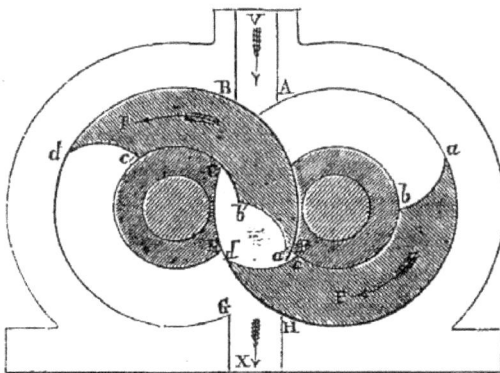

Fig. 680.

opposées de secteurs : la première, lorsque la vapeur agit sur
le secteur de droite; la seconde, lorsque la vapeur, qui agissait

sur celui de droite, cesse d'agir et que c'est celui de gauche qui va fonctionner à son tour. Elles suffisent pour faire com-

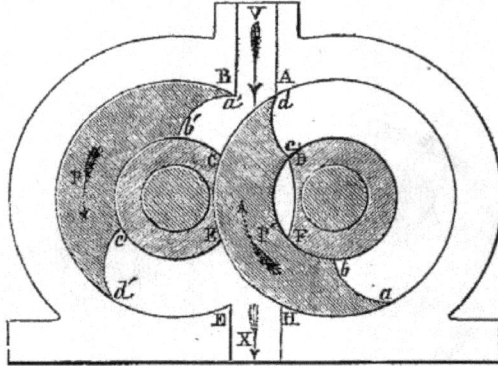

Fig. 681.

prendre le mode de fonctionnement des deux pistons secteurs ayant près d'une demi-circonférence et terminés par des arcs de cercle voisins de la courbe théorique facile à tracer, qui répond au roulement. On voit facilement que cette machine a des espaces morts assez grands, l'un près de l'extrémité du piston, au moment où il arrive devant le tuyau d'entrée, l'autre compris entre le creux de la douille et la face extérieure du piston.

720. 5° *Machine à disque.* — Cette machine consiste es-

Fig. 682.

sentiellement dans une enveloppe fixe, formée intérieurement

d'une zone sphérique et de deux surfaces coniques, ou plutôt deux nappes d'une même surface conique ayant même
centre que la zone sphérique (fig. 682). Les deux surfaces
coniques sont interrompues près de leur sommet commun,
et remplacées par une sphère mobile à laquelle sont invariablement fixés : un disque circulaire de même diamètre que la
zone sphérique et un bras implanté perpendiculairement au
plan du disque. L'angle au centre des nappes coniques étant
supérieur à 90 degrés, lorsque le disque touche ces deux nappes
suivant deux génératrices placées sur le prolongement l'une
de l'autre, le bras est contenu dans l'intérieur de l'une des
des nappes, et quand le disque se meut en restant toujours
tangent aux nappes coniques, ce bras décrit dans l'espace un
cône dont le demi-angle au centre est égal au complément du
demi-angle au centre des nappes coniques,
et son extrémité décrit une circonférence
de cercle (fig. 683). Le mouvement transmis
est celui du levier comme fig. 264, le
centre de la sphère étant le point im-
muable, le centre du mouvement conique.
Dans l'espace annulaire limité par la zone
sphérique, par les deux portions de nappes
coniques et par la sphère centrale à laquelle sont fixés le disque et le bras mobile,
est une cloison plane fixée à l'enveloppe,

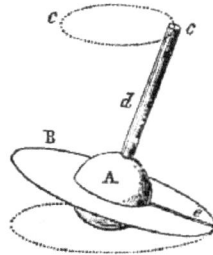

Fig. 683.

qui se prolonge jusqu'à la sphère centrale et dont la forme est
celle d'un secteur circulaire. Le disque mobile est fendu suivant un de ses rayons, pour laisser passer la cloison fixe, des
deux côtés de laquelle sont situés les orifices pour l'admission
et la sortie de la vapeur. Il résulte de ces dispositions que la
vapeur motrice remplit, dans l'enveloppe, au dessous du disque,
un espace limité par la cloison fixe, et par la génératrice de
contact de la face inférieure du disque avec l'une des nappes
coniques, au-dessus du disque, un espace limité par la cloison
fixe et par la génératrice de contact de la face supérieure du
disque avec l'autre nappe conique, génératrice qui est le prolongement de la première et en est, par conséquent, écartée
d'un angle de 180 degrés dans le plan du disque.

Supposons le disque amené contre l'orifice de la vapeur et
que celle-ci soit admise, elle pressera d'un côté sur le dia-

phragme et de l'autre elle cherchera à passer le point de contact du disque et du cône; mais comme elle ne peut le faire, elle le poussera comme un coin, en changeant constamment le point de contact, le faisant reculer et augmentant l'espace qu'elle occupe.

ACTIONS CHIMIQUES.

721. La chaleur est produite par les actions chimiques; c'est par la combustion du charbon, par sa combinaison avec l'oxygène de l'air, que s'obtient la chaleur utilisée à l'aide des chaudières à vapeur pour produire un travail mécanique. Or, les combinaisons et décompositions chimiques étant toujours accompagnées de production et de consommation de chaleur, effets de la production ou de la consommation de travail moléculaire lors de la réunion ou de la séparation des molécules des corps, on voit que les quantités de chaleur qui apparaissent alors doivent, d'après la théorie de l'équivalence du travail mécanique et de la chaleur, pouvoir à leur tour être converties en quantités de travail mécanique.

Je ne puis entrer ici dans de longs détails sur cette question, que j'ai traitée en détail ailleurs; mais je devais rappeler le principe pour bien fixer les idées sur la question de l'utilisation des actions chimiques comme force motrice.

L'air atmosphérique ne coûtant rien, et le charbon se trouvant en masses considérables dans le sein de la terre, et abondamment à sa surface sous forme de fibre végétale, aucun autre corps combustible ne se trouvant dans ce cas, il n'est pas admissible, qu'au point de vue *du bon marché*, on trouve des réactions entre produits chimiques coûteux, qui puissent lutter pour la production de la chaleur ou celle équivalente de travail mécanique, avec l'abondante source obtenue par la combustion du charbon.

Cela ne veut pas dire qu'à des points de vue différents de celui du bon marché, on ne puisse employer les réactions chimiques; nous en avons un exemple dans une bien importante application de ce genre d'effets, dans des explosions produites par l'inflammation de la poudre à canon, dont la puissance est due tant à la haute température de la vapeur d'eau et des gaz engendrés par la combustion, qu'au volume considérable occupé par ceux-ci à la température ordinaire et sous la pression atmosphérique. Le moyen de l'utiliser consiste à faire naître une explosion dans un cylindre résistant (fig. 684) qui reçoit le

Fig. 684.

boulet de même diamètre que le cylindre. La projection du boulet avec une très-grande vitesse est ici le travail à produire, et constitue un problème mécanique d'un ordre particulier. Le travail emmagasiné dans la substance explosive, est développé en quelque sorte instantanément pour produire des effets de destruction. Quant à utiliser la poudre à canon pour produire industriellement du travail mécanique, il n'y a pas à y songer; Poncelet a calculé (Voyez *Introduction à la mecanique*) que le travail fourni par la poudre était quatre-vingt-dix fois plus cher que celui fourni par la houille et la vapeur d'eau.

Les machines à air chaud, les machines à gaz méritent beaucoup d'intérêt au point de vue théorique, mais ne sauraient entrer en comparaison avec les machines à vapeur[1].

MOTEURS ÉLECTRO-MAGNÉTIQUES.

722. Les actions chimiques, qui produisent dans certains cas de la chaleur, engendrent dans d'autres cas de l'électricité, des courants à l'aide desquels on peut obtenir un travail mécanique. Les travaux des physiciens rendent de plus en plus évidentes chaque jour la relation intime, la corrélation de ces divers phénomènes, dus à une même cause dont le mode seul de manifestation varie. Ils sont évidemment liés par une relation incontestable d'équivalence théorique, sinon pratique dans les systèmes comparés.

723. Les appareils moteurs généralement employés dans cette application reposent sur l'électro-magnétisme. On sait que si un courant électrique circule dans un fil métallique entouré

1. Voyez *Dictionnaire des Arts et Manufactures*, article AIR CHAUD.

de soie et enroulé autour d'un morceau de fer doux, celui-ci devient un véritable aimant, attirant le fer tant que le courant persiste. On comprend facilement, d'après cela, comment les interruptions successives d'un courant peuvent produire les pulsations d'un morceau de fer doux, attiré puis ramené successivement à sa place par un contre-poids ou un ressort

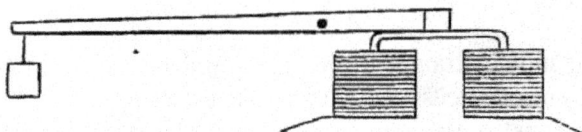

Fig. 685.

(fig. 685), et comment le nombre de pulsations plus ou moins longues peut indiquer des lettres ou des mots convenus.

Ce mouvement peut être produit par une extrême rapidité, en raison du nombre de contacts et d'interruptions qui arètent et rétablissent le courant. C'est ainsi que se produisent les signaux instantanés de la télégraphie électrique.

724. La puissance de l'électro-aimant varie pour un même courant en raison du nombre de fils enroulés, mais dans des limites peu étendues; ce qui la rend précieuse, c'est que l'action est produite et suspendue par le moindre mouvement d'un appareil délicat qui produit ou interrompt le contact. Il y a là une facilité et une promptitude d'action qui semblent donner de l'intelligence à ces moteurs. Leur application à l'industrie, pour produire des actions délicates, est déjà très-multipliée, et augmente chaque jour.

725. *Électro-aimant Hughes.* — Une ingénieuse disposition permet d'obtenir, à l'aide d'un aimant qui par son action directe ne peut fournir qu'une quantité de travail insignifiante, ne peut attirer qu'à une distance extrêmement petite le poids assez grand qu'il peut soutenir, une quantité notable de travail; système utilisé pour la manœuvre électrique des signaux des chemins de fer.

Le poids de fer doux qui est supporté par l'aimant est entouré par un fil qui peut en faire un électro-aimant par le passage du courant d'une pile. Si donc, à un moment voulu, ce passage a lieu, de telle sorte, que les pôles soient de même signe que ceux de l'aimant, le poids tombe de toute la hauteur, dont on le relèvera pour le replacer. On disposera donc au bout d'un fil d'un travail P H, et H pourra comme P avoir une valeur notable.

CHAPITRE V

Moteurs secondaires.

726. J'appelle moteurs secondaires ceux qui restituent des quantités de travail emmagasinées par un travail mécanique antérieur. Comme ils agissent indépendamment de la force naturelle qui a produit ce premier effet, et qu'ils sont par suite, pour la machine dont ils font partie, de véritables moteurs, il est nécessaire d'étudier les mouvements qu'ils peuvent engendrer.

§ 1er PESANTEUR.

727. Soit un cylindre autour duquel s'enroule une corde supportant un poids P. Si on a fait tourner ce cylindre de telle sorte que le poids s'en soit rapproché, le système représente un moyen de produire un travail mécanique en raison du nombre de tours d'enroulement et de la grandeur du poids P. Ce travail sera PH, H étant la hauteur dont le poids peut descendre, en produisant un nombre n de tours de cylindre donné par la relation; $H = n\,2\,\pi\,r$, r étant le rayon du cylindre.

Fig. 686.

Le poids moteur agissant toujours tangentiellement au cylindre, la force qui tend à le faire tourner reste constante, sauf la variation qui résulte du poids de la plus ou moins grande longueur de corde déroulée. C'est, comme on l'a déjà vu, le moyen employé pour faire marcher les horloges.

RESSORTS.

728. Les ressorts, en général construits en acier, sont employés fréquemment dans les machines.

Réaction. — Les ressorts forment la base ordinaire des organes de réaction; c'est leur élasticité qui permet de reproduire rapidement en sens inverse les effets produits par un premier mouvement; ils agissent d'une manière analogue aux contre-poids qui sont aussi utilisés pour atteindre le même but. Les ressorts accumulent du travail quand on les tend, et le restituent quand on les laisse se détendre. Les tensions et les chemins parcourus par le ressort, en se détendant, sont inverses et identiques des chemins parcourus et des efforts exercés pour le tendre.

Pour amortir une action dans un sens et la rendre en sens contraire, on se sert, soit de ressorts en spirale dits *boudins* agissant dans le sens de l'axe du cylindre qu'ils forment (fig. 687), soit des ressorts en lames (fig. 688 et 689).

Fig. 687.

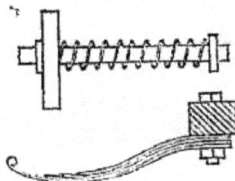 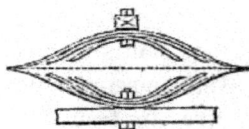

Fig. 688.   Fig. 689.

On comprend que de semblables appareils sont fort utiles pour amortir les effets de l'inertie, les restituer en sens contraire et éviter ainsi une perte de travail importante; aussi les emploie-t-on dans un grand nombre de machines dont certaines pièces, ayant un mouvement rectiligne alternatif, viennent buter contre les extrémités de ces ressorts à la fin de la course dans un sens, et sont remises en mouvement en sens opposé par l'effet du ressort, au moment même où la force motrice change de sens.

Une forte pièce de bois, encastrée par son extrémité, forme un puissant ressort; on en fait usage dans les marteaux de forges, pour des efforts que des pièces en acier, trempées et par suite de résistance assez limitée, car leur volume ne saurait être considérable, ne pourraient supporter.

Ressort en spirale. — Les organes appelés renvideurs, employés dans certains cas de tissage, reposent sur l'emploi d'un ressort en spirale fixé par une extrémité à l'axe, et de l'autre à la bobine sur laquelle s'enroule le fil exerçant une traction parallèle aux circonférences des spires du ressort. Le fil déroulé est renvidé par la réaction du ressort spiral qui a été tendu par l'action du dévidement.

Impulsion. — C'est à l'aide de ressorts qu'on communique en général une impulsion. On bande un ressort par une pièce donée d'un mouvement alternatif, qui fait mouvoir l'arrêt qui le maintient dans la position convenable pour que la pièce à lancer vienne se placer devant lui. Le ressort, en se détendant quand on soulève l'arrêt, lance la pièce qui est appuyée sur lui.

729. *Ressorts pour action de longue durée.* — Les ressorts métalliques constituent un organe de mouvement fréquemment employé dans les petites machines, les montres, les pendules, les automates, etc. On peut se servir d'une simple lame bandée pour produire un petit mouvement circulaire suivant un arc ; mais, pour que l'action soit d'une certaine durée, pour produire, par exemple, un nombre de tours notable d'un mouvement circulaire, la disposition la plus convenable est celle d'un ressort roulé sur lui-même en spirale (la fig. 690 montre le ressort bandé et la fig. 691 le ressort détendu), qui se bande au

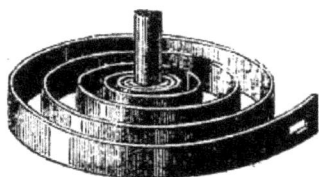 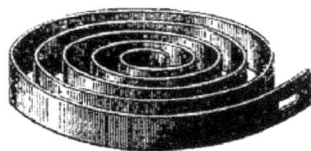

Fig. 690.   Fig. 691.

moyen d'une clef à levier entrant dans un carré pratiqué sur l'arbre placé à son centre et qu'un obstacle empêche de se détourner.

En se déroulant, le ressort fixé d'une part à l'axe central fait mouvoir d'un mouvement circulaire un cylindre avec lequel il est assemblé par son autre extrémité.

Pour obtenir une régularité d'action très-grande, par exemple dans les chronomètres, dans lesquels de semblables ressorts servent de moteurs, on emploie des ressorts très-longs et très-flexibles vers l'extrémité mobile, dont on n'emploie le déroulement que pendant un petit nombre de tours, et par suite entre des positions pour lesquelles la variation de la tension du ressort est peu sensible.

INERTIE.

730. De même que lorsqu'une quantité de travail a servi à élever un poids, la descente de ce poids restitue ensuite le travail; de même lorsqu'une quantité de travail a produit la vitesse d'un corps, celui-ci ne pourra s'arrêter sans restituer ce travail en totalité (pourvu qu'il n'y ait pas de chocs destructeurs, d'altérations moléculaires). C'est en cela que consiste le principe de l'inertie. Cette série de phénomènes occupe une grande place dans l'étude de la mécanique dynamique; nous ne pouvons nous y arrêter ici, mais nous devons seulement noter que tout corps en mouvement peut servir de moteur secondaire; c'est ainsi que fonctionnent les organes appelés volants dont il a été parlé en traitant des régulateurs.

RÉSUMÉ.

731. En résumé, les principaux récepteurs disposés d'après les prescriptions de la science, pour utiliser le plus complétement possible le travail des forces naturelles, et les appliquer de la manière la plus avantageuse à la production industrielle, donnent :

1° Avec les moteurs animés, tout genre de mouvement en raison du mode d'application de la force, circulaire ou rectiligne, continu ou alternatif, avec une vitesse qui ne doit guère dépasser 1 mètre par seconde au point d'application de la force;

2° Avec des chutes d'eau, pour tous les cas de chutes qui ne dépassent pas 4 ou 5 mètres, c'est-à-dire pour le cas général, un mouvement circulaire continu de 2 mètres à 2^m,50 par seconde, évalué sur la circonférence d'une roue d'un diamètre à peu près égal à la hauteur de la chute. Les seules roues pouvant prendre une vitesse plus grande sont les roues de côté, les roues Poncelet pouvant avoir à la circonférence une vitesse moitié de celle de sortie de l'eau, et surtout les turbines, qui peuvent utiliser des chutes beaucoup plus grandes et produire le mouvement rapide de rotation d'un axe vertical. Nous ne parlons pas des machines à colonne d'eau, qui ne sont guère employées que pour les épuisements des mines ;

3° Avec la vapeur, un mouvement rectiligne alternatif de la tige du piston, dont la vitesse n'atteint pas 1 mètre par seconde, dans le plus grand nombre de machines, et dans quelques machines nouvelles approche de 2 mètres.

4° Enfin les moteurs secondaires et l'électricité peuvent donner, mais pour surmonter de faibles résistances, des mouvements divers d'une vitesse assez grande.

Tels sont les mouvements, bien limités quant aux directions et aux vitesses, déterminés d'une manière absolue dans chaque cas par la science des moteurs qui nous fournit ces résultats, à l'aide desquels on obtient, par des transformations et modifications convenables, tous les mouvements variés qui sont nécessaires à l'exécution par machines des travaux les plus complexes de l'industrie manufacturière. On voit combien ces mouvements doivent être transformés, comme vitesse et comme chemin parcouru, pour répondre à tous les cas possibles de la pratique, et combien le génie des inventeurs de machines a dû engendrer de combinaisons pour parvenir à la solution de tous les problèmes des fabrications mécaniques.

Au point de vue de la Cinématique, les récepteurs offrent un sujet d'études bien limité auprès de celui que présentent les opérateurs, à l'aide desquels s'obiennent toutes les fabrications que l'on est parvenu à exécuter par machines, c'est-à-dire presque toutes celles qui ne relèvent pas du goût de l'ouvrier artiste.

LIVRE SIXIÈME

OPÉRATEURS

732. Les mouvements à imprimer aux opérateurs et outils, pour surmonter les résistances, étant le but de toute opération mécanique, ceux-ci sont aussi variés que les divers travaux qu'on peut effectuer sur la matière. Les machines ayant le plus souvent pour but de faire effectuer, au moyen des forces mécaniques, les opérations qu'on peut obtenir du travail manuel, de faire agir mécaniquement les outils, on conçoit aisément de quelle importance est la connaissance du mode d'opérer de ceux-ci, qui n'est pas moindre que celle des récepteurs, puisque ces derniers ne sont utiles que pour faire mouvoir les opérateurs; c'est donc bien à tort que jusqu'à ce jour on a négligé de faire entrer l'étude des premiers dans les cours de mécanique. On comprend aussi combien de grands résultats peuvent provenir d'un perfectionnement d'un outil, quelquefois minime en apparence, mais qui permet souvent l'introduction de l'emploi des puissances naturelles, dans des cas où cela paraissait impraticable.

Dans l'état avancé de la cinématique, un bon constructeur n'est jamais embarrassé pour produire un mouvement voulu. Toutes les fois que le mode d'action d'un opérateur est bien analysé, la machine qui le fera mouvoir par l'effet de puissances naturelles devient possible par cela même.

Comme le remarque Poncelet, l'opérateur est soumis, quant

à l'économie du travail, à des conditions de maximum parfaitement déterminées; c'est ainsi qu'on doit préférer, autant que possible, les outils travaillant d'une manière continue, sans chocs mettant en jeu les actions moléculaires. C'est pour ce motif, par exemple, que les scies circulaires remplacent, dans quelques cas, les scies rectilignes; les laminoirs, le marteau, etc. Toutefois l'économie du travail est rarement l'objet principal d'une machine employée pour une fabrication.

La division des premiers éléments des machines en éléments du système levier, tour ou plan, a ici toute sa valeur, puisque le dernier élément de l'opérateur ayant à produire son action par un mouvement, appartient par sa nature propre à un de ces systèmes.

Les opérateurs et outils variant de nature et de forme en raison de la résistance à surmonter, nous classerons les types des machines principales en trois sections principales : la première correspondant aux résistances considérées au point de vue dynamique, la troisième et surtout la seconde devant être surtout étudiées au point de vue géométrique qui y est prédominant, à celui des positions relatives des éléments et à celui de la forme à obtenir. Nous distinguerons donc les trois classes suivantes :

1° Résistances au mouvement, comprenant les résistances dues à la pesanteur, à l'inertie et aux résistances passives;

2° Résistances à surmonter pour disposer les éléments sur lesquels on opère dans un ordre déterminé;

3° Résistances des forces de cohésion des éléments des corps à surmonter pour produire une forme déterminée.

CHAPITRE PREMIER.

Résistances au mouvement.

PREMIÈRE CLASSE.

PESANTEUR. — ÉLÉVATION DES CORPS PESANTS.

733. Cette section comprend tous les organes opérateurs des machines qui servent à l'élévation des fardeaux en général, et aussi à celle des liquides.

Nous n'avons pas à nous étendre sur cette partie, qui est l'objet spécial de la mécanique appliquée. La question, au point de vue géométrique, se réduit à une simple communication de mouvement, à produire le mouvement rectiligne du corps réuni au moteur à l'aide d'organes convenables. Nous n'avons, comme pour les récepteurs, qu'à consigner ici les principaux résultats de la mécanique, afin d'en déduire pour les divers cas les directions et les vitesses que l'on peut avoir à considérer dans des problèmes de cinématique : nous obtiendrons ce résultat que, possédant d'une part la vitesse des premiers éléments des récepteurs, et d'autre part celle des premiers éléments des opérateurs, on aura, avec l'étude des organes de transformation de mouvement, tout ce qui est nécessaire au tracé géométrique de la machine complète.

SOLIDES.

734. SYSTÈME LEVIER. — Tout le monde connaît l'emploi du levier sous forme de barre de fer ou de bois, pour soulever un corps pesant, en maniant avec les bras l'extrémité opposée à celle engagée sous le fardeau et faisant naître un point d'appui par un support placé très-près de la résistance. Un homme soulève ainsi un poids considérable d'une petite hauteur, l'effort moteur décrivant alors un chemin bien plus étendu à l'extrémité du long bras du levier.

Nous pourrions encore citer les balanciers à bras égaux ou inégaux, lorsqu'ils servent à élever des poids. Nous ne donnerons comme application curieuse du système levier que la chèvre (fig. 692) employée pour lever les voitures légères, et

Fig. 692.

qui consiste en un chevalet à deux pieds, portant un axe qui est traversé par l'œil d'un levier dont le petit bras est articulé avec une longue pièce de bois dont l'autre extrémité porte à terre. Le mouvement du grand bras fait lever la pièce de bois sur laquelle appuie l'essieu de la voiture et élève celle-ci. Le petit bras de levier pouvant dépasser la verticale, lorsque le grand vient s'appuyer sur la barre qui réunit les deux pieds du chevalet, la voiture reste soulevée pour le nettoyage des roues, le démontage des boîtes, etc., etc.

735. SYSTÈME TOUR. — Les corps solides ne peuvent que dans des cas bien rares, être élevés directement par le système tour proprement dit, être, par exemple, placés dans les augets inférieurs d'une roue à augets pour en être extraits par la partie supérieure. Les systèmes de ce genre sont, au contraire, fréquemment employés avec l'intermédiaire des cordes qui servent à entourer le fardeau et viennent s'enrouler sur un cylindre. La corde est guidée en ligne droite par la pesanteur du corps à élever, et, en s'infléchissant à chaque instant autour d'un élément circulaire, constitue un organe intermédiaire entre le système plan et le système tour, propre à les mettre en rapport.

Le problème de l'élévation des fardeaux consiste donc à donner à la corde un mouvement rectiligne continu d'ascension, en général avec une vitesse très-réduite, pour pouvoir soulever des fardeaux très-lourds avec les forces limitées dont on dispose. Tous les organes produisant ce mouvement avec plus ou moins de vitesse seront donc capables de produire l'élévation des fardeaux à l'aide de forces variant, pour un même poids, en raison inverse des vitesses : telles sont les *poulies*, les *moufles*, etc., servant seulement à changer la direction ou la vitesse d'un mouvement rectiligne (fig. 693), le *treuil* (fig. 694),

 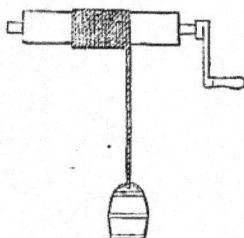 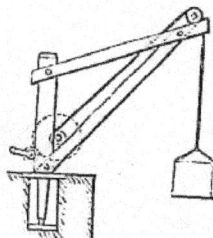

Fig. 693.   Fig. 694.   Fig. 695.

les *roues à chevilles*, les *chèvres*, les *grues* (fig. 695) et autres dispositions du treuil permettant de saisir un fardeau placé à une certaine distance en avant de l'axe de rotation, de le manier dans les conditions nécessaires pour le chargement et le déchargement, etc.

Dans ces divers appareils, les vitesses des points d'application de la puissance et de la résistance seront déterminées comme nous l'avons dit dans le second livre, puisque ces systèmes ne sont que des transformations du mouvement du moteur en mouvement rectiligne et vertical du fardeau. Le plus souvent des roues dentées sont employées pour augmenter l'effort des bras, c'est-à-dire, ce qui est la même chose, pour rendre plus grand le chemin parcouru par le point d'application relativement à celui parcouru par le poids à soulever.

736. *Treuil à engrenages.* — Pour exemple[1] cherchons le fardeau qu'un homme peut élever en développant un travail continu de $6^{km} = PV$, en agissant sur la manivelle d'un treuil (fig. 696) composé des éléments suivants.

La roue a un rayon de $0^m,218 = R'$, le pignon un rayon $r = 0^m,0415$, le treuil un rayon $R = 0^m,113$; le rayon de l'axe supérieur est $r = 0^m,013$, celui de l'axe inférieur est $r' = 0^m,0145$; l la longueur de la manivelle $= 0^m,315$; le poids du treuil et de son axe est de $17^k,80$, celui du pignon et de son axe de $7^k,50$. La corde est blanche, est sèche et a $0^m,02$ de diamètre.

---

1. Taffe-Boileau. — *Application de la mécanique aux machines.*

Les axes sont en fer et les boîtes en fonte, donc $f = 0,08$ en les supposant huilés.

Fig. 696.

En admettant que l'effort ne soit que de 8 kil., et la vitesse de son point d'application de $0^m,75$, ce qui fait bien un travail de 6 kil., le nombre de tours sera

$$n = \frac{60 \times V}{2\pi l} = \frac{60 \times 0,75}{2\pi \times 0,315} = 22^{\text{tours}},74 \text{ environ de la mani-}$$

velle dans une minute.

Le rapport des rouages donne

$$\frac{0,75}{v} = \frac{l\mathrm{R}'}{\mathrm{R}r} = \frac{0,315 \times 0,218}{0,123 \times 0,0415},$$

d'où $v = 0,0557$. Sans frottement et résistance des cordes, Q étant la traction exercée par la corde :

$$\mathrm{P} \times 0,315 = \mathrm{Q}' \times 0,0415;$$

d'où $\mathrm{Q}' = 60,72$, et enfin $\mathrm{Q}' \times 0,218 = \mathrm{Q} \times 0,123$,
d'où $\mathrm{Q} = 107^k,40$.

Donc :

$$\mathrm{Q} \mathrm{V} = 107^k,40 \times 0^m,0557 = \mathrm{P} \mathrm{V} = 6 \text{ kilog. mèt.}$$

Le calcul des frottements et de la roideur de la corde conduit à $\mathrm{Q} = 94^k,95$. La perte par les résistances passives est $0,13$ du travail moteur.

Il s'agit ici d'un effort continu; pendant quelques instants, l'homme peut exercer des efforts bien plus grands et par suite

soulever un poids plus considérable. Avec deux manivelles,
deux hommes enlèvent facilement un poids de 3 à 400 kilog.

737. *Grue.* — La grue est un genre de treuil disposé pour
soulever un poids situé, horizontalement, à une certaine distance. Elle se compose essentiellement d'un treuil, mis en mouvement à l'aide d'une manivelle, tournée à bras le plus souvent,
toutefois on emploie assez fréquemment à cet effet aujourd'hui
de petites machines à vapeur. Sur le cylindre du treuil s'enroule
une corde ou une chaîne à laquelle on attache le fardeau à
élever. Cette corde passe sur une poulie placée à l'extrémité
d'une poutre inclinée, assemblée à l'axe, ce qui permet d'enlever le fardeau à une certaine distance et de le déposer en un
point de la circonférence que la grue peut décrire en tournant
autour du pivot sur lequel repose l'arbre vertical, qui sert d'axe
à toute la machine, et qui est maintenu par la crapaudine qui
reçoit le pivot et des galets, à l'aide desquels elle s'appuie sur
les parties supérieures de la maçonnerie, pour éviter l'action
de déversement, galets qui permettent de faire tourner facilement la grue chargée en réduisant le travail de frottement.

La description d'une grue complète fera bien saisir l'ensemble des combinaisons de ces machines.

La figure 697 représente une grue mue à bras, construite
par Cavé; la figure 698 montre le mécanisme moteur vu par
derrière et à une plus grande échelle. A est le treuil sur lequel
s'enroule la corde, B est une roue dentée fixée à l'axe du treuil,
et qui tourne en même temps que lui; elle porte 66 dents. Un
pignon C engrène avec cette roue, il porte 11 dents. A l'axe de
ce pignon est fixée une roue dentée D de 54 dents. Un pignon E, de 9 dents, engrène avec la roue D. Une autre
roue dentée F de 54 dents est fixée à l'axe de ce pignon. Au-
dessous est placé l'axe GH, muni d'une manivelle à chacune de ses extrémités, portant deux pignons K, L, chacun de
9 dents, qui dans la position actuelle n'engrènent avec aucune
des roues D et F. Si on le fait glisser dans le sens de sa longueur, vers la gauche, le pignon K engrènera avec la roue D;
si, au contraire, on fait glisser cet axe vers la droite, le pignon L engrènera avec la roue F. Cela s'obtient au moyen du
levier d'embrayage M.

Dans la position actuelle des pignons K, L, si l'on fait mouvoir les deux manivelles, le mouvement ne se transmettra à

aucune roue et le treuil ne tournera pas. Lorsque le pignon K engrènera avec la roue D, les manivelles feront tourner le treuil

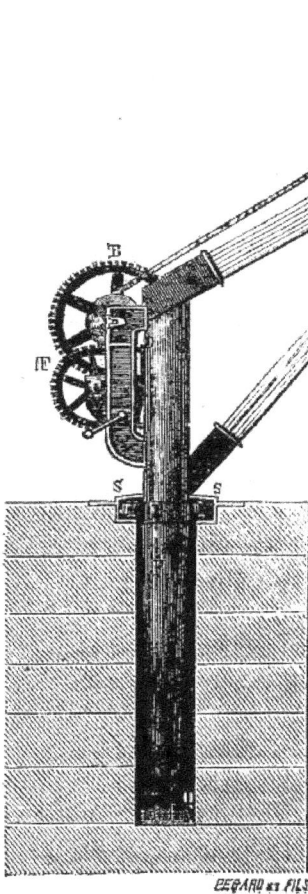

Fig. 697.

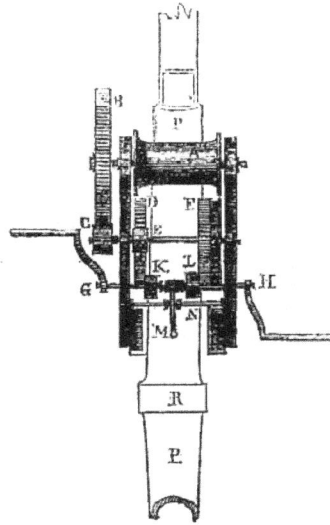

Fig. 698.

par l'intermédiaire des roues B et D et des pignons C, K; le pignon E et la roue F n'agiront pas, tourneront à vide. Enfin, lorsque le pignon L engrènera avec la roue F, les manivelles feront tourner le treuil par l'intermédiaire des roues B, D, F et des pignons C, E, L.

Il sera facile de déduire de là la force qui devra être appliquée à chaque manivelle, pour soulever un fardeau donné (pour avoir le travail à dépenser, il faudrait compléter le calcul par celui des résistances passives du frottement). Admettons que le bras de chaque manivelle soit égal à trois fois le rayon du treuil, et occupons-nous de l'état du système de roues dentées, lorsque le pignon K engrène avec la roue D.

Le fardeau étant soutenu par une poulie mobile, à cordons parallèles, la tension de la corde est la moitié du poids du fardeau ; et comme sur le treuil $\dfrac{l R'}{R\,r} = 3 \times 6 = 18$, la force F appliquée au pignon C sera la trente-sixième partie du poids à soulever. Mais comme la manivelle agit sur G H, et fait tourner la roue D, dont le rayon $= l$ dans la formule ci-dessus, à l'aide du pignon K, la force qui doit lui être appliquée sera encore six fois plus petite que la précédente, c'est-à-dire la deux cent sixième partie du poids du fardeau. Et comme l'axe G H est muni de deux manivelles, chacune d'elles devra donc recevoir l'action d'une force 432 fois plus petite que ce poids.

Dans la seconde disposition, lorsqu'on fait engrener le pignon L avec la roue F, la force qu'on devra appliquer à chaque manivelle ne sera que la sixième partie de celle qu'on doit appliquer dans la première disposition ; c'est-à-dire seulement la deux mille cinq cent quatre-vingt douzième partie du poids du fardeau. On voit, qu'avec une pareille grue, deux hommes pourront soulever un poids énorme ; avec des efforts de 10 kil. seulement aux manivelles, ils pourront soulever une locomotive d'un poids de 25,000 kilog.

La vitesse d'ascension du fardeau est d'autant moindre que le système des roues dentées établit un plus grand rapport aux deux extrémités de l'appareil. Le travail normal d'un manœuvre agissant sur une manivelle étant de 8 kilogrammètres par seconde, soit 16 kilogrammètres pour 2, l'élévation de 4,320 kil. à 1 mètre (en négligeant pour cette approximation les résistances passives) s'obtiendra en 4,320 : 16 ou 270 secondes, ou $4^{m},5$. Pour un poids six fois plus considérable, qu'on pourra élever avec le même travail moteur en employant la seconde disposition, le temps sera six fois plus grand, ou égal à 27 minutes. L'appareil devient insuffisant pour des poids aussi considérables ; il faut alors mettre quatre manœuvres qui forcent de travail pour réduire la durée de l'ascension.

738. *Moufles.* — Pour compléter ce qui est relatif à l'emploi des cordes combinées avec des enroulements circulaires, nous devrions dire un mot de la poulie mobile et des moufles, qui

sont employées soit seules, soit comme faisant partie d'un ensemble complexe comprenant d'autres organes. Mais nous avons indiqué ce système, en détail, en parlant des transformations de mouvement et des combinaisons de vitesse, pour transformer un mouvement rectiligne en un autre mouvement semblable, dans un rapport de vitesse donné.

Nous renverrons donc à ce que nous avons dit livre III, sur les combinaisons possibles de poulies mobiles pour former des moufles; remarquant toutefois que les résistances dues à la flexion des cordes et qui croissent avec le nombre de poulies, font de cet appareil un système imparfait et peu employé aujourd'hui, si ce n'est dans quelques cas particuliers.

739. SYSTÈME PLAN. — Les organes appartenant au système, plan qui ont un mouvement rectiligne, forment la base d'appareils propres à soulever les fardeaux.

Cric. — La crémaillère guidée en ligne droite sert fréquemment à cet usage; un des cas les plus usuels est son emploi dans le *cric* (fig. 699), machine dans laquelle, à l'aide de roues dentées et de pignons, on réduit beaucoup le chemin parcouru par la crémaillère relativement à celui que parcourt la poignée de la manivelle motrice, ainsi que nous l'avons

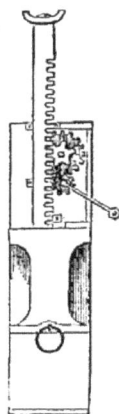

Fig. 699.

vu pour la grue, toutefois en n'employant pas de cordes, mais seulement des barres rigides. Il en résulte que le poids qu'un homme peut soulever avec cette machine est très-considérable. Son emploi est incessant dans les chantiers de construction pour lever les pierres.

Cric à vis. — La *vis* peut servir dans les mêmes conditions que les roues dentées; on a souvent construit des crics à vis. La multiplication des efforts est théoriquement très-grande, mais pratiquement limitée par les frottements qui vont en se multipliant avec le nombre des organes successifs de transformation du mouvement.

740. Les organes servant à donner un mouvement autre que le mouvement rectiligne et vertical peuvent servir également à élever les fardeaux, car la direction verticale n'est

48

que celle de la résistance, et toute action oblique aura un effet utile par sa composante verticale. On doit donc comprendre dans ces organes le plan incliné, connu des Égyptiens, et qui leur a servi pour leurs immenses constructions (fig. 700); il est employé sous sa forme élémentaire quand le moteur agit en ligne droite dans une direction voisine de son

Fig. 700.

inclinaison, le travail utile produit étant toujours égal au poids du corps multiplié par le chemin parcouru, estimé suivant la verticale. La vitesse, à l'arrivée à la limite supérieure de la course, doit être la moindre possible, toute vitesse acquise correspondant à une dépense de travail moteur tendant alors inutilement à continuer le mouvement. Des systèmes de wagons mus mécaniquement sur un plan incliné, ont été employés avec quelque succès pour l'élévation des terres.

ÉLÉVATION DES LIQUIDES.

741. Tous les organes servant à élever les fardeaux peuvent servir également à élever l'eau à l'aide de seaux ou récipients de forme quelconque, qu'il suffit de plonger dans le liquide pour les remplir, grâce à sa facilité de se laisser diviser sans opposer de résistance. Ainsi, l'eau étant dans un seau attaché à une corde, tous les systèmes précédents pourront théoriquement être employés. Mais la mobilité extrême des molécules liquides, qui leur fait remplir d'elles-mêmes un récipient convenablement disposé faisant partie de la machine, permet d'employer des dispositions plus ou moins différentes de celles-ci et bien préférables.

742. SYSTÈME LEVIER. — Un vase mû par un balancier, et auquel la fonction qu'on lui fait remplir fait donner la forme d'auget, connue sous le nom d'*écope*, constitue une machine

fort simple, et par ce motif assez employée dans les épuisements de peu de profondeur. Il est pourtant impossible de
faire en sorte que l'eau sorte au niveau supérieur sans vitesse,
mais toutefois celle-ci peut être assez faible avec une construction convenable. En rendant l'écope mobile autour de deux
tourillons, on peut lui donner de grandes dimensions et la
faire mouvoir mécaniquement en imprimant à son extrémité
un mouvement de va-et-vient. Des appareils de ce genre ont
été employés avec succès pour opérer des desséchements considérables à l'aide de machines à vapeur.

743. SYSTÈME TOUR. — Dans les contrées très-chaudes, où
l'arrosement des plantes est une condition nécessaire de leur
existence pendant la saison des chaleurs, on emploie beaucoup, quand la hauteur à laquelle l'eau doit être élevée est peu
considérable, des pots adaptés à une roue conduite par le moteur (un manége le plus souvent) produisant un mouvement
circulaire autour d'un axe horizontal.

Noria. — Lorsque l'élévation devient plus considérable,
on emploie la noria, qui consiste dans une série de seaux
disposés le long d'une chaîne sans fin articulée et s'enroulant sur les rayons d'un cercle monté sur l'axe mis en
mouvement par le moteur (fig. 701); système où le mou-

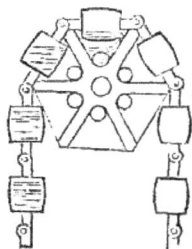

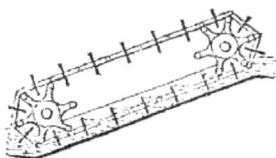

Fig. 701.   Fig. 702.

vement circulaire se combine au mouvement rectiligne, les
anneaux de la chaîne formant une sorte de crémaillère articulée.

La noria est employée non-seulement pour l'eau, mais encore pour certaines matières pulvérulentes, la farine, etc. Les
dragues qui servent à retirer le sable et la vase du fond de
l'eau sont des espèces de norias inclinées.

Chapelet. — A la chaîne sans fin on peut attacher des rondelles traversant un cylindre creux. Cette machine est dite alors chapelet (fig. 702). Le corps de pompe dans lequel se meut l'eau peut être vertical ou incliné, et dans ce cas la partie supérieure peut être découverte; le poids de l'eau cesse, par suite de l'inclinaison, de presser sur les axes de rotation et d'y faire naître un frottement considérable.

744. *Roues élévatoires.* La figure 703 représente une disposition convenable pour les épuisements à faible hauteur, dans lesquels les pots sont remplacés par des augets convenablement tracés, mais toujours imparfaite au point de vue de l'économie du travail moteur, puisque l'eau conserve inutilement la vitesse qu'elle possédait sur la roue.

En disposant un coursier extérieur à la roue, il suffit, pour

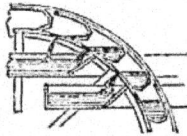

Fig. 703.

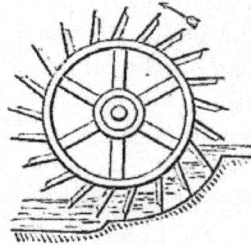

Fig. 704.

élever l'eau, d'armer la roue de palettes de même forme que la section du coursier circulaire dans lequel elles se meuvent (fig. 704). En faisant mouvoir la roue dans une direction inverse de celle que prendrait une roue motrice, l'eau passera du bief inférieur au bief supérieur. Cette hauteur doit évidemment être moindre que celle du rayon de la roue, et les palettes avoir une direction inclinée sur celle que prend l'eau au moment où elle la quitte pour ne pas la soulever et l'entraîner inutilement dans le sens du mouvement de la roue.

745. *Tympan.* — Si on pratique des conduits continus propres à contenir l'eau dans l'intérieur de la roue, et à la laisser sortir par le centre, on a le tympan (fig. 705). Il consistait, chez les anciens, en un cylindre creux divisé en compartiments formés par des plans diamétraux. L'eau peut pénétrer dans chacun de ces compartiments par une ouverture pratiquée suivant une arête du cylindre. L'arbre de ce cylindre est lui-même un cylindre ou noyau creux, auquel s'arrêtent les cloisons, et chaque compartiment a une ouverture communiquant avec ce

Fig. 705.   Fig. 706.

noyau. L'eau dans laquelle plonge le tympan entre dans ses cloisons, et par le mouvement de rotation coule le long d'un plan diamétral et vient sortir à la hauteur de l'axe.

Inutile de dire que cet appareil doit marcher à très-petite vitesse, puisque toute celle que conserve l'eau sortant de l'appareil répond à un travail entièrement perdu.

Tympan de Lafaye. — Dans le tympan des anciens, la distance du centre de gravité de l'eau soulevée à l'axe varie, et par suite la résistance, suivant la position des cloisons. Cet inconvénient est évité dans le tympan de Lafaye (fig. 706), dont le mode d'action repose, en réalité, sur le mode d'action du plan incliné. Il est formé de canaux courbes dont les profils sont les développantes du cercle formant le noyau. La tangente verticale de ce cercle étant la normale commune à toutes ces développantes, la perpendiculaire à toutes les tangentes horizontales, les centres de gravité des volumes d'eau contenus dans les canaux et égaux pour chacun, resteront sensiblement tous sur cette ligne. L'élévation du centre de gravité des volumes n'est cependant pas constante pour un même angle de rotation. Pour qu'il en fût ainsi, il faudrait que le profil des conduits fût une spirale d'Archimède, $\rho = a\,\omega$ (forme défectueuse en pratique à cause de son trop grand développement), courbe qui produit un mouvement rectiligne uniforme dans un même plan ; mais alors la résistance ne resterait pas constamment sur la même verticale.

Cette régularité de progression est obtenue dans des plans différents à l'aide de l'hélice tracée sur la surface du cylindre, ou, si l'on aime mieux, par l'enroulement d'une droite sur un cylindre. C'est sur cette disposition que repose une machine usitée pour les épuisements d'une profondeur limitée, mais plus grande toutefois que dans le cas où l'on emploie les dernières machines décrites; nous voulons parler de la *vis d'Archimède*, dont nous allons bientôt parler.

746. *Pompes centrifuges.* — Au lieu d'employer le système tour à soulever le poids de l'eau par la rotation de la capacité qui la renferme, on peut l'employer à mettre l'eau en mouvement dans les conduites par la force centrifuge. La première puissante pompe de ce genre, due à Appold, a excité tout de suite un grand intérêt à cause de sa grande production sous un petit volume, ce qui s'explique facilement par la grande vitesse que l'on donne à l'opérateur. Celui-ci est une espèce de turbine ou mieux un ventilateur à aubes courbes. L'obliquité des palettes et la force centrifuge repoussent vers la circonférence l'eau que la roue contient; il en résulte une diminution de pression vers l'axe d'autant plus grande que la roue marche plus vite, et l'eau du réservoir inférieur y est aspirée, est poussée par la pression atmosphérique, et s'élève dans la roue. Celle-ci refoule l'eau dans un tuyau d'ascension, où elle monte à une hauteur d'autant plus grande que la vitesse est plus considérable.

La forme des aubes de la roue et celle de son enveloppe exercent une grande influence sur l'effet utile de cette machine. L'eau qui circule est, en effet, animée de deux mouvements: l'un de transport général, qui lui est imprimé par la roue, qui l'emporte avec elle, et l'autre de circulation sur les aubes. Il importe qu'à la sortie de la roue, la vitesse qui résulte de ces deux mouvements soit la plus faible possible pour éviter la perte de force vive qui en résulterait.

Sous ce rapport, l'usage des aubes courbes adoptées par Appold semble préférable à celui des aubes planes. Seules elles peuvent permettre à la partie des palettes voisines de la circonférence extérieure de ne pas faire tourbillonner inutilement l'eau, mais de la faire progresser par la pression engendrée et aussitôt utilisée.

En effet, si les palettes sont droites, comme dans les fig. B, C (fig. 707), l'eau conserve nécessairement une vitesse dans le sens du rayon, quand elle quitte la roue, tandis que c'est la vitesse suivant la tangente à la circonférence qui est seule utile; par suite, on communique à l'eau une force vive plus grande que celle qui était indispensable, et l'on consomme un travail moteur trop considérable. Si, au contraire, les palettes sont courbées en arrière comme en A, de telle sorte que le bord ait à peu près la direction de la tangente à la circonférence, la direction du mouvement de l'eau le long de la palette se trouve alors la même que celle d'entraînement, et il n'y a pas de force vive inutile, si les vitesses de ces mouvements sont égales.

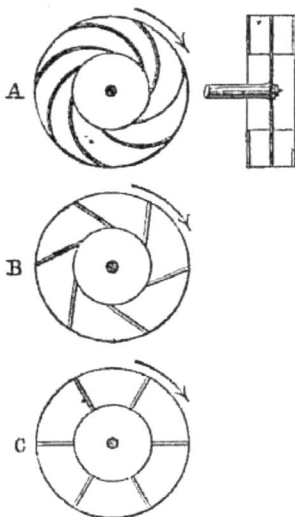

Fig. 707.

La pompe centrifuge à aubes conrbes donne un rendement très-satisfaisant, puisqu'il s'élève à 0,65 et même 0,68 du travail moteur dépensé, tandis que les pompes de ce genre à aubes planes dirigées dans le sens du rayon n'ont donné qu'un effet utile de 0,23 du travail moteur.

747. *Turbine.* — On doit considérer comme de même ordre que les pompes centrifuges la turbine ou machine à essorer. La force centrifuge est y heureusement appliquée à la séparation des solides et des liquides pour le séchage des étoffes mouillées, le clairçage du sucre, etc. Il suffit pour cela de renfermer les matières imbibées d'eau dans un tambour dont le pourtour est garni d'une toile métallique qui retient les substances solides et laisse passer les liquides, tambour que l'on fait tourner très-rapidement à l'aide d'engrenages par frottement, agissant à volonté par la pression d'un ressort, et qui atteint une vitesse de 14 à 15 tours par seconde. La figure 708 représente la coupe de cet appareil, qui, appliqué

au raffinage du sucre, constitue un progrès important de cette
industrie.

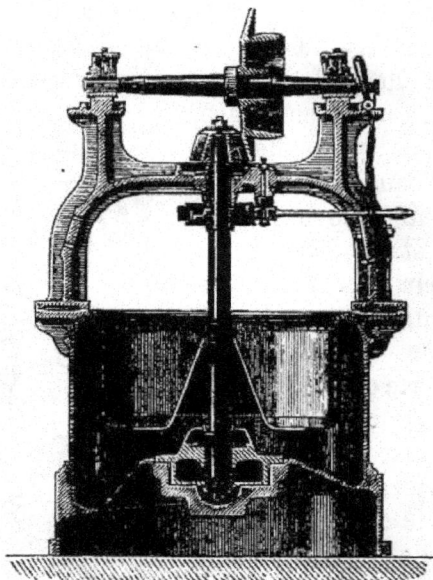

Fig. 708.

748. SYSTÈME PLAN. — *Vis d'Archimède.* — Considérons une
vis formée par un tube contourné sur un cylindre. Plaçons-le
d'abord horizontalement : si par l'orifice de la partie inférieure
on introduit une petite boule, en roulant comme sur un plan
incliné elle s'avancera vers l'autre extrémité du tube, et elle
s'arrêtera sur le point le plus bas de la première spire; mais
si on fait tourner la machine, le point du plan incliné sur

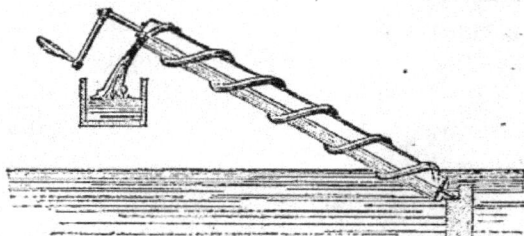

Fig. 709.

lequel elle reposait s'élèvera; elle l'abandonnera, et, en descendant, passera sur les points subséquents de l'hélice. Elle

parcourra ainsi toute l'arête horizontale du cylindre en s'avançant vers l'autre orifice du tube, qu'elle finira par atteindre et franchir.

Supposons maintenant que l'on incline l'axe sur l'horizon d'une petite quantité (fig. 709), que cette inclinaison soit telle qu'il existe sur chaque spire deux points M, *m* (fig. 710), où les tangentes à l'hélice soient parallèles au plan horizontal; l'un des points M sera le plus élevé de la spire, et l'autre *m* le plus bas au-dessus du plan horizontal.

Une boule introduite par l'orifice inférieur se placera sur ce deuxième point, et y restera en repos si le cylindre n'éprouve pas de mouvement.

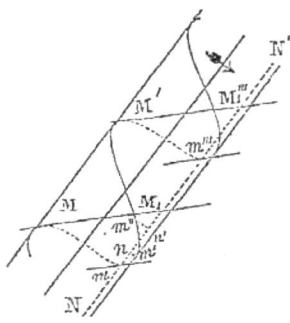

Fig. 710.

Par ce point *m* menons une droite indéfinie N N′ parallèle aux génératrices du cylindre, et supposons-la fixe dans l'espace. Faisons tourner le cylindre autour de son axe, un point voisin *m*′ de l'hélice viendra se placer en un point *n* sur la droite indéfinie N N′ (*n* est obtenu en menant par le point *m*′ le plan perpendiculaire aux arêtes contenant le cercle que décrit chaque point de la surface); la tangente en ce point *n* à l'hélice dans sa nouvelle position sera parallèle à la tangente en *m*, car elle fera le même angle avec la même droite N N′, puisque celle-ci se confond avec une génératrice du cylindre; la tangente au point *n* sera donc parallèle au plan horizontal; conséquemment, ce point *n* sera le plus bas de la spire, et la petite boule qui était primitivement en *m* sera passée en *n*.

Si l'on continue de faire tourner le cylindre, la petite boule passera successivement sur les différents points du tuyau qui viendront se placer sur la droite N N′ : elle s'élèvera donc en parcourant cette droite. On aura ainsi produit un mouvement ascensionnel de ce corps suivant une droite inclinée à l'horizon, par le moyen d'un mouvement de rotation autour d'un axe fixe parallèle à cette droite, les éléments de l'hélice formant un plan incliné sur lequel la boule sera montée, pour ainsi dire, en descendant successivement le long des éléments consécutifs..

Ce que nous disons d'une petite boule s'applique à une petite masse d'eau qu'on aurait introduite dans la première spire; elle s'élèvera dans le tuyau en suivant la direction de la droite N N, quand on fera tourner le cylindre. Et si, après que cette petite masse d'eau a passé · dans la deuxième spire, on en introduit une nouvelle dans la première spire, on élèvera les deux à la fois. On pourra ainsi en élever autant qu'il y a de spires dans le tuyau.

Quant à la quantité qu'on pourra introduire dans chaque spire, elle dépendra de la distance verticale entre les deux points M, m, de chaque spire, pour lesquels les tangentes à l'hélice sont parallèles au point horizontal, c'est-à-dire de la hauteur du point M au-dessus du point m. Car M_1 étant le point où le plan horizontal mené par le point M rencontre l'autre branche de la spire, il est clair qu'on pourra remplir d'eau toute la partie $M m M_1$ du tuyau, qu'on appelle *hydrophore*.

La vis d'Archimède peut servir à élever l'eau à une hauteur arbitraire qui dépend de la longueur du cylindre et de son inclinaison. Le travail, tout étant égal d'ailleurs, est en proportion de la longueur de l'arc hydrophore.

749. *Inclinaison de l'axe de la vis.* — Il faut, dans la position convenable pour le travail, que chaque spire ait deux tangentes horizontales. Or, toutes les tangentes d'une hélice faisant des angles égaux avec l'axe du cylindre, elles sont ·parallèles aux arêtes d'un cône de révolution autour de cet axe, dont l'angle · au sommet est celui que fait chaque arête avec l'axe. Concevons ce cône (fig. 711) et menons par son sommet

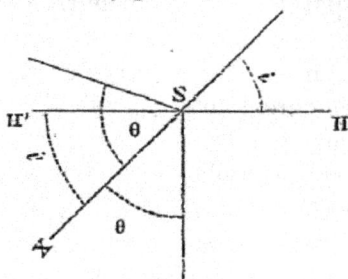

Fig. 711:

un plan HH' parallèle au plan horizontal. Il faudra, pour qu'il y ait deux tangentes horizontales, que ce plan coupe le cône suivant deux arêtes.

Soit θ l'angle que chaque arête fait avec l'axe SX du cône,
et i l'angle que cet axe fait avec le plan horizontal, il faudra
que l'on ait $θ > i$.

Si l'on suppose $i = θ$, le plan HH' sera tangent au cône, les
deux points M et m se confondent. Alors la boule ou la petite
masse d'eau que nous avons supposée introduite dans le tuyau
héliçoïdal devra se réduire à un point mathématique.

Si l'on suppose $i < θ$, le plan HH' ne coupera aucune arête
du cône; conséquemment aucune tangente à l'hélice ne sera
horizontale et en aucun point du tuyau la petite boule ne pourra
rester en équilibre; elle glissera nécessairement dans le tuyau
comme s'il était vertical.

Ainsi il faudra pour que la vis fonctionne que l'angle d'inclinaison de son axe sur l'horizon soit plus petit que l'angle θ que
les tangentes à l'hélice font avec l'axe du cylindre.

750. *Construction géométrique des points M et m, le plus haut
et le plus bas d'un arc hydrophore.* — Par un point S de l'axe
(fig. 712) du cylindre, menons les droites parallèles aux tan-

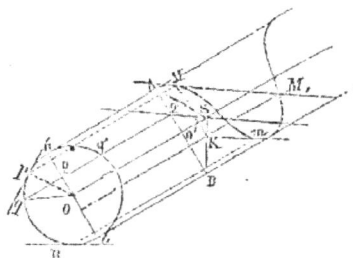

Fig. 712.

gentes à l'hélice; ces droites formeront un cône de révolution
qui coupera le cylindre suivant un cercle dont AB représente
la projection, et apb le rabattement sur le plan de la figure.
Le plan horizontal mené par le point S coupe le cône suivant
deux arêtes dont Oq, Oq' sont les projections sur le plan du
cercle. Ces deux arêtes sont parallèles aux tangentes horizontales de l'hélice, lesquelles tangentes se rapportent aux points
M, m. Les projections de ces tangentes sur le plan du cercle
sont donc parallèles aux projections des deux arêtes, c'est-à-
dire aux deux droites Oq, Oq'. Or, les projections des tangentes à l'hélice sont toutes tangentes au cercle. Menant donc
deux tangentes au cercle parallèles aux deux rayons Oq, Oq',

leurs points de contact p et π seront les projections des points M et m. Ceux-ci se trouvent donc construits géométriquement et déterminés par la rencontre de l'hélice et des parallèles aux génératrices du cylindre menées par ces points.

On pourrait mener deux autres tangentes au cercle, mais elles seraient étrangères à la question. Cela provient de ce que les droites Oq, Oq' sont chacune la projection de deux arêtes du cône (S), dont l'une seulement se trouve dans le plan horizontal mené par le point S.

De la figure on déduit aisément une relation remarquable de l'angle $aop = u$ qui sépare le point M de l'origine de la spire. En effet, on a sin. $aop = $ cos. aoq' (à cause de l'égalité des triangles rectangles aOp, O Qq', ap, Oq' étant parallèles),

$$\sin. u = \frac{OQ}{Oq} = \frac{O'Q'}{O'A.} = \frac{\text{tang. Q'SO'}}{\text{tang. ASO'}} = \frac{\text{tang. } i}{\text{tang. } \theta}$$

ou sin. $u = \dfrac{\text{tang. } i}{\text{tang. } \theta}$, dont la plus grande valeur est sin. $u = 1$ ou $i = 0$.

Plus θ sera grand par rapport à i, plus sin. u sera petit, et plus l'écart vertical entre les points M et m, et par suite l'angle hydrophore sera grand pour un même cylindre.

On voit que la théorie de cette intéressante machine repose entièrement sur les propriétés géométriques des lignes héliçoïdales.

On doit remarquer qu'il est nécessaire, pour que la vis puisse fonctionner, que son extrémité inférieure puisse à chaque révolution du cylindre communiquer avec l'atmosphère. Autrement, il est clair que l'eau ne pourrait s'élever dans la vis au-dessus du niveau du bassin où on la puise, puisque la pression au bas de cette colonne liquide serait plus grande que dans le bassin, et la pesanteur ferait nécessairement écouler le liquide.

751. *Construction pratique de la vis d'Archimède.* — Les anciens employaient la vis d'Archimède telle que nous venons de la décrire, c'est-à-dire qu'elle consistait en un tuyau enroulé sur un cylindre suivant une hélice.

A ce tuyau on a substitué une surface héliçoïde, telle que celle de la vis à filets carrés (fig. 713). Cette surface est engendrée par une droite perpendiculaire à l'axe du cylindre, et qui s'appuie sur cet axe et sur une hélice tracée sur le cylindre. On la termine intérieurement à un cylindre d'un diamètre plus petit que le premier, de sorte que cette surface est comprise

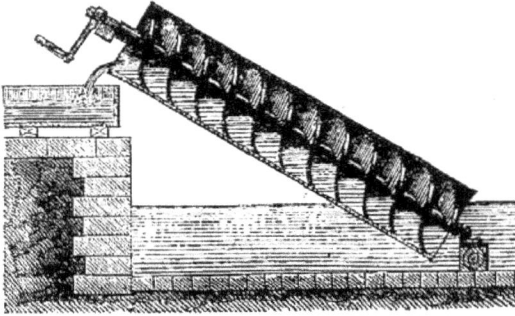

Fig. 713.

entre les deux cylindres. On sait qu'on peut tracer sur cette surface une infinité d'hélices; chacune d'elles joue le rôle d'un petit canal, de sorte que sur chacune d'elles il y a un arc hydrophore. La longueur de cet arc diminue sur les hélices qui se rapprochent du cylindre intérieur, et devient nulle sur la dernière hélice, très-voisine de l'axe. Tous ces arcs hydrophores forment ainsi une petite nappe d'eau qui s'élève d'une manière continue quand on fait tourner la machine, et puisqu'il y a un vide entre cette nappe et le cylindre intérieur, ce vide permet à l'air de circuler librement à l'intérieur. Cette disposition tient lieu des orifices que, dans le cas d'un tuyau, il faudrait pratiquer de distance en distance pour éviter les changements de densité de l'air renfermé entre les arcs hydrophores qui tendent à empêcher le premier de ces arcs de se former complétement.

Afin de diminuer le poids de la machine et la force motrice nécessaire pour la manœuvrer, les Hollandais suppriment le cylindre extérieur et se contentent de renfermer la vis dans une espèce de coursier (fig. 714); ils suppriment ainsi la pression du poids de l'eau sur les collets de l'arbre de la vis. La perte par l'écoulement, due au jeu, est diminuée par la vitesse

Fig. 714.

assez grande de rotation qu'on donne à l'axe d'où naît une force centrifuge qui applique l'eau sur les parois du cylindre.

Vitesses. — Dans la vis d'Archimède, le rapport des vitesses du mouvement circulaire et du mouvement rectiligne de l'eau y est le même théoriquement que pour la vis ordinaire, c'est-à-dire que par chaque tour $2\pi r$ de la manivelle motrice, une spire du pas h aura été parcourue par le poids d'eau Q contenue dans un arc hydrophore, et s'il y a n arcs, h sera le chemin parcouru par nQ ou $nh =$ H, hauteur totale parcourue par Q.

Proportions. — Dans la pratique le diamètre extérieur de la vis est habituellement $\frac{1}{12}$ de la longueur; le diamètre du noyau est $\frac{1}{3}$ du diamètre extérieur. Il doit y avoir trois spires entières dont la trace sur l'enveloppe fait un angle de 67 à 70°.

L'inclinaison la plus favorable de l'axe de la vis à l'horizon est de 30° à 45°.

752. *Pompe spirale*. — Cet appareil est en réalité la vis d'Archimède disposée de manière que son axe soit horizontal. Sa facile construction sur de grandes dimensions et certaines propriétés spéciales peuvent rendre son emploi avantageux, c'est ainsi qu'elle a été adoptée dans des papeteries pour transporter à la fois horizontalement et verticalement l'eau tenant en suspension le défilé qui constitue la pâte à papier.

La pompe spirale consiste en un tuyau enroulé sur un cylindre ou noyau troncônique, de manière à former des spires héliçoïdes qui enveloppent ce noyau (fig. 715). La première de ces spires se termine à un rayon et tangentiellement au noyau; la dernière se recourbe en se rapprochant de l'axe, de manière à se raccorder avec un tuyau de même diamètre dirigé suivant cet axe ou plutôt formant lui-même l'axe de rotation. Ce dernier tuyau s'emboîte avec le coude horizontal que forme à sa partie inférieure le tuyau d'ascension ordinairement vertical.

Supposons la machine immergée jusqu'à la hauteur de son axe; il est clair que quand le noyau tourne et que l'extrémité du tuyau arrive à la surface de l'eau, elle pénètre dans le liquide, y parcourt à peu près une demi-circonférence, et que, lorsqu'elle reparaît à la surface, la moitié de la première spire se trouve remplie d'eau.

Dans la seconde demi-révolution, la même spire se remplit d'air, puis, le mouvement se continuant, elle se charge d'une nouvelle quantité d'eau, tandis que le précédent volume qu'elle avait admis est passé dans la deuxième spire, dont il occupe la moitié inférieure, l'autre se trouvant remplie d'air.

De proche en proche l'eau arrive à la dernière spire, puis au tuyau de l'axe et passe dans le tuyau d'ascension.

Jusque là les pressions de l'air contenu dans toutes les spires

Fig. 715.

sont les mêmes, mais si on vient alors à remplir d'eau le tuyau d'ascension, l'eau s'élèvera dans la branche de la spire placée à côté de la colonne, atteindra son sommet et retombera en partie dans la spire suivante; il en est de même pour les spires successives, qui à cet état représentent la machine arrivée à son état normal, lorsque la colonne ascendante est remplie d'eau, et il est facile de voir que la hauteur de cette colonne est égale à la somme des hauteurs des colonnes d'eau des diverses spires[1].

753. *Pompes.* — Lorsque la hauteur à laquelle il s'agit d'élever l'eau dépasse quelques mètres, c'est toujours à des pompes qu'on a recours.

Une pompe consiste en un cylindre ou *corps de pompe* dans lequel se meut, d'un mouvement de va-et-vient, un *piston*, et auquel s'adaptent un ou deux tuyaux; l'un, en dessous, est le *tuyau d'aspiration;* l'autre, en dessus ou par côté, est le *tuyau d'ascension.* L'ouverture supérieure du premier est recouverte d'une *soupape* qui se lève ou se baisse alternativement, suivant les circonstances du mouvement : une seconde soupape est

1. Voir *Dictionnaire des Arts et Manufactures.*

placée· ou sur le piston, ou à l'ouverture inférieure du tuyau d'ascension.

Entrons dans quelques détails au sujet de ces organes.

Le corps de pompe doit être de forme cylindrique et parfaitement alésé pour que le mouvement du piston s'y fasse avec toute facilité.

Le piston est un cylindre qui doit recevoir un mouvement rectiligne alternatif dans le sens vertical et qui parcourt à frottement le corps de pompe, de manière à ne laisser passage ni à l'air ni à l'eau vers son pourtour. On le garnit à cet effet de chanvre ou de cuir pressé autour d'un noyau en bois, ou

Fig. 716.   Fig. 717.   Fig. 718.

mieux de disques de cuir pressés entre deux disques métalliques (fig. 716, 717 et 718). On emploie aussi avec avantage de longs cylindres en cuivre jaune tournés et bien polis, lesquels montent et descendent dans une boîte à étoupe (stuffing-box) placée à la partie supérieure du corps de pompe.

Les soupapes le plus généralement employées, fermant et ouvrant successivement le passage de l'air, sont de trois formes différentes. Elles sont *coniques*, *sphériques* ou *planes et à charnière* (fig. 719).

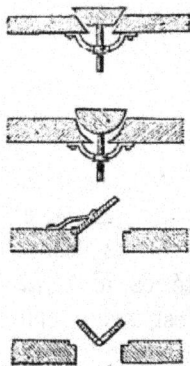

Fig. 719.

La soupape *conique* porte à sa partie inférieure une tige, suivant son axe, qui peut glisser dans un coussinet directeur qui lui sert de guide, et fait que la soupape, après qu'elle a été soulevée, reprend exactement la position qui lui convient. — La soupape *sphérique* porte une pareille tige. La soupape plane et à charnière s'appelle *clapet*. Ellé peut se composer d'une seule pièce qui tourne autour d'une charnière. Si son poids ne doit pas suffire pour qu'elle se ferme d'elle-même, on adapte à sa partie supérieure un ressort qui la presse.

La charnière peut être placée au milieu de l'ouverture, et la soupape se compose alors de deux petites parties planes qui s'élèvent et retombent sur les bords de l'ouverture qu'elles doivent fermer.

Enfin depuis quelque temps, des soupapes en caoutchouc, formées de deux lèvres, imitant les valves naturelles des corps vivants, ont été adoptées avec grand succès dans beaucoup de cas (fig. 720).

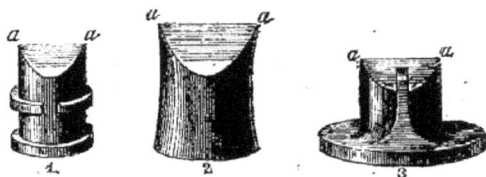

Fig. 720.

Les pompes se divisent en deux classes, suivant que l'élévation de l'eau y est produite par la pression de l'atmosphère, ou en outre de celle-ci, par l'application directe de la force motrice. Nous examinerons d'abord le premier cas.

754. *Pompes aspirantes et élévatoires.* — Dans les pompes aspirantes, le travail du moteur est appliqué à faire le vide, à retirer l'air du corps de pompe fermé de toutes parts, sauf vers le tuyau d'aspiration qui plonge dans l'eau à élever, qui supporte le poids de l'atmosphère pressant tous les corps qui existent à la surface de la terre; si donc on parvient à supprimer en un point la pression atmosphérique, à faire le vide, les corps en communication avec ce vide devront se mettre en mouvement sous l'effet de cette force, s'ils ne sont retenus par une résistance trop considérable.

C'est au moyen du mouvement rectiligne alternatif de la tige du piston qu'on parvient à faire un vide plus ou moins parfait dans l'espace qui communique avec le cylindre dans lequel est mû le piston (fig. 721).

Le jeu de la pompe est facile à comprendre. Le piston étant

à la partie supérieure du corps de pompe et l'eau dans le tuyau
d'aspiration au même niveau que dans le réservoir, on abaisse

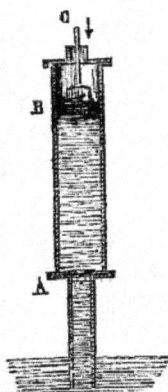

Fig. 721.

le piston, l'air se trouve comprimé, la soupape du tuyau se ferme, celle du piston
s'élève, et l'air s'échappe par cette ouverture. Quand le piston est descendu jusque
sur la base du corps de pompe, on élève
le piston dont la soupape se ferme, et l'air
contenu dans le tuyau d'aspiration est pressé
par l'eau qui transmet la pression atmosphérique qu'elle supporte extérieurement.
Cet air fait ouvrir la soupape du tuyau et
se répand dans l'espace que le piston laisse
libre en s'élevant. Sa force élastique diminue donc et ne peut plus faire équilibre à
la pression atmosphérique. Il en résulte
que l'eau s'élève dans le tuyau jusqu'à ce que la pression due
à la colonne élevée, plus la pression due à l'air renfermé
entre cette eau et le piston, fasse équilibre à la pression atmosphérique.

Le même effet se produit pour chaque coup de piston et l'eau
s'élève pour chaque coup d'une nouvelle quantité dans le tuyau
d'aspiration.

Après quelques coups de piston, l'eau pénètre dans le corps
de pompe, et quand on abaisse ensuite le piston, l'eau traverse
l'ouverture fermée par la soupape qui y est pratiquée. Puis
quand on fait remonter le piston, la soupape se ferme et le
piston élève avec lui l'eau qu'il supporte ; cette eau sort du
corps de pompe par une ouverture latérale percée au-dessus
du point extrême de la course du piston. En même temps une
nouvelle quantité d'eau s'introduit par l'ouverture du tuyau
dont la soupape s'est levée.

Tel est le jeu d'une pompe aspirante, qui prend le nom d'élévatoire lorsque l'ouverture de déversement est à une hauteur
notable au-dessus de la limite de la course du piston, et que
celui-ci élève une colonne d'eau qu'on empêche de redescendre
avec lui par le jeu d'une soupape placée au bas de ce tuyau
d'ascension.

Il est clair que l'eau n'atteindrait pas le point correspondant
à la limite supérieure de la course du piston, si sa hauteur au-

dessus du niveau du réservoir surpassait la hauteur de la colonne d'eau à laquelle fait équilibre la pression atmosphérique, qui est égale à 10^m,33 d'eau.

Dans la pratique, cette hauteur devra être moindre, parce qu'il y a toujours quelque déperdition d'air ou d'eau entre le piston et le cylindre ; d'ailleurs l'air que l'eau contient s'en dégage quand le piston s'élève et que l'eau est moins comprimée, et cet air forme à la surface intérieure du piston une petite couche dont le ressort est opposé à la pression de l'air extérieur, ce qui diminue la hauteur de la colonne d'eau à laquelle cet air extérieur fait équilibre. On prend pour limite pratique une hauteur de 8 ou 9 mètres.

755. *Pompe foulante*. — Avec cette pompe, on presse l'eau pour la forcer à s'élever dans le tuyau d'ascension. Ses effets reposent sur le jeu de deux soupapes, l'une permettant à l'eau de s'introduire par un tuyau placé à la partie inférieure quand le piston s'élève, l'autre permettant à l'eau de s'élever quand elle est refoulée par la course descendante du piston. Ce système est employé pour élever l'eau de grandes profondeurs, surtout avec l'emploi des pistons allongés que nous avons décrits. On les appelle alors pompes à plongeur. Elles constituent le système le plus perfectionné d'élever l'eau dans nombre de cas, parce que, bien disposées, elles fournissent le moyen d'élever l'eau sans qu'elle conserve de vitesse à sa sortie, vitesse qui répond évidemment à un travail inutilement consommé.

Dans l'établissement des pompes, on observe les règles suivantes :

La vitesse des pistons doit être comprise entre 0^m,16 et 0^m,25 par seconde.

L'aire de l'ouverture masquée par les soupapes doit être la moitié environ de celle du corps de pompe.

Le diamètre du tuyau d'aspiration et celui du tuyau de conduite doivent être les deux tiers de celui du corps de pompe.

La course des pistons de grandes pompes doit être de 1 mètre à 1^m,50.

756. *Pompes rotatives*. — On a cherché à combiner des pompes qui pussent être mues directement par un mouvement autre que le mouvement rectiligne alternatif, en rendant circulaire le piston, en résolvant le problème posé en parlant des machines à vapeur rotatives. Nous donnerons pour exemple les deux suivantes :

1° *Pompe de Bramah*, à mouvement circulaire alternatif (fig. 722).

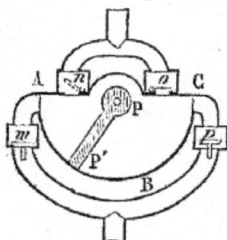

Fig. 722.

ABC est le corps de la pompe; le piston est ici PP', agissant vers A; il ferme la soupape *m* et ouvre la soupape *n* en agissant comme pompe foulante, tandis que la soupape *p* est ouverte par le vide fait en arrière du piston, et la soupape *o* fermée par le poids de l'eau.

Dans le mouvement inverse, au contraire, le piston allant vers C, les soupapes *m* et *o* seront ouvertes et les soupapes *n* et *p* fermées, et l'ascension de l'eau continue. Ce système, vu la multiplicité des soupapes et la diversité des directions que l'eau doit prendre, d'où résultent des tourbillonnements et des contractions, ne peut servir que pour les cas où l'économie de la force motrice importe peu.

757. 2° *Pompe de Dietz*, mue par mouvement circulaire continu (fig. 723). Un cylindre muni de palettes normales à sa

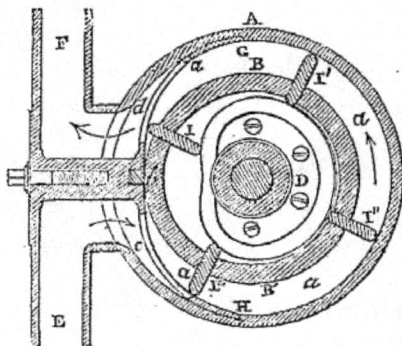

Fig. 723.

surface et se mouvant dans un autre cylindre fixe, entraînera l'eau qui pourra être comprise entre les palettes. Si l'on imagine un plan diamétral fixe du deuxième cylindre se continuant jusqu'au premier, portant les conduits d'arrivée et de sortie de l'eau, il se produira près de ce plan compression de l'eau dans un sens et aspiration dans l'autre, et par suite, tout ce qui es nécessaire pour entraîner l'eau, comme avec une pompe ordinaire, d'un premier tuyau dans un second. Le problème se réduit à faire disparaître les palettes près du plan diamétral, pour que le mouvement puisse se continuer. C'est ce qui s'obtient dans la pompe de Dietz, en permettant à des palettes I, I', I", de glisser dans les rainures pratiquées suivant les génératrices du cylindre mobile. Des ressorts $c\,d$ les font rentrer, et une courbe immobile convenablement tracée (circulaire sur la majeure partie de son contour) les fait sortir et appliquer le long du cylindre fixe dans la plus grande partie de la course. Les frottements et actions destructives produites pendant le mouvement des palettes ne permettent d'employer ces pompes que sur de faibles dimensions.

DEUXIÈME CLASSE.

Résistances d'inertie et résistances passives.

1° TRANSPORT DES CORPS SUR UN PLAN HORIZONTAL OU PEU INCLINÉ.

Après avoir étudié le mouvement vertical des corps pesants, nous allons passer aux machines qui servent à les transporter horizontalement.

758. *Système levier.* — Le système levier n'est guère employé pour le transport des corps pesants; ce n'est que pour mémoire que nous dirons que l'on a essayé quelquefois d'imiter par des appareils mécaniques la disposition des systèmes qui permettent la marche de l'homme et des animaux. Nous nous arrêterons seulement sur le mode de production de celle-ci, question d'un grand intérêt, non quant à l'emploi industriel, mais au point de vue de l'étude des corps organisés.

C'est par des combinaisons de leviers emboîtés, articulés, que s'effectue la marche. Ainsi, si nous représentons (fig. 724) la position de la jambe de l'homme au départ lors de la marche, m étant le tronc qui renferme le centre de gravité, m' sera le fémur, m'' le tibia, et ces os, ainsi que ceux du pied m''', sont des leviers articulés autour des points de rotation O, P, Q.

Le mouvement de ces leviers est produit par des muscles qui leur sont attachés, il va donc sans dire que la rapidité de la marche est en raison de l'activité musculaire. Mais un curieux résultat a été déduit de l'observation, c'est la vérification d'une loi qui seule peut rendre compte de la résistance à la fatigue, à certaines allures; c'est que les membres inférieurs tendent à osciller autour de O comme des pendules, et que par suite le pas de marche qui cause le moins de fatigue, bien moins qu'une vitesse inférieure à celle qui correspond au seul mouvement pendulaire, est seulement en raison de la longueur et du poids de ces membres.

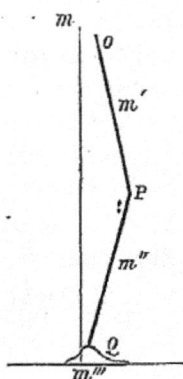

Fig. 724.

Il en résulte que pour des hommes ne différant que par la grandeur des dimensions respectives, tout étant égal d'ailleurs, le pas du plus grand embrassera une étendue plus grande, mais le chemin parcouru ne sera pas pour cela plus considérable, car en même temps la durée de chaque oscillation sera plus grande, par suite le nombre des pas dans un temps donné sera moindre.

Ce qui précède fait bien comprendre le peu de travail que consomme la marche en terrain horizontal; il se réduit presque aux frottements des articulations si parfaites des membres inférieurs, qui ne donnent lieu qu'à des roulements, le centre de gravité du corps ne se déplaçant pas sensiblement, n'éprouvant que des balancements insensibles, qui ne consomment, pour ainsi dire, pas de travail, à cause de l'élasticité des supports. Nous supposons, bien entendu, qu'il s'agit d'un terrain incompressible, car il aurait à ajouter sur un terrain mou, sur la neige, par exemple, tout celui employé à la compression du sol.

Ceci peut permettre d'apprécier tout ce qu'offrent d'intéressant les recherches mécaniques, encore bien incomplètes, relatives au mécanisme de l'homme et des animaux; nous n'avons pas à y insister davantage ici, et nous passerons à l'organe fondamental employé dans les constructions mécaniques, et qui appartient au système tour, à la roue.

759. *Système tour.* — *Transport sur les routes.* — Les grandes résistances qui s'opposent au mouvement des solides sur le sol sont : la compressibilité du sol sur un chemin de niveau, l'action de la gravité à surmonter sur les plans inclinés qu'il faut gravir, enfin le frottement qui a lieu pendant le mouvement. La première de ces résistances est amoindrie par la construction des routes empierrées, pavées, mais surtout des chemins de fer. C'est ce que montre le tableau ci-après, qui renferme les résultats d'expériences faites avec beaucoup de soin. La seconde est diminuée autant qu'il est possible par les tranchées, souterrains, viaducs, et, en un mot, par tous les travaux de l'art de l'ingénieur pour obtenir la voie la plus horizontale qu'il soit possible d'établir. La dernière est considérablement diminuée par un organe bien connu, par les roues (fig. 725) qui transforment, pour la très-majeure partie, le frottement de glissement en un frottement de roulement beaucoup moins considérable.

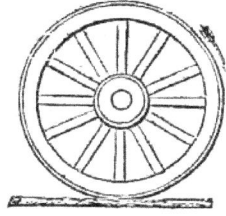

Fig. 725.

La vitesse angulaire de la roue étant ω, la vitesse l du transport horizontal sera $l = R\omega$, R étant le rayon de la roue ; r étant le rayon de la fusée de l'essieu, f le coefficient du frottement entre les substances qui forment l'essieu et la boîte de la roue, Q la charge de la voiture, $Q f r \omega$ sera le travail dû, pendant le même temps, au frottement de l'essieu, qui constitue la résistance principale qui s'oppose au mouvement. Appelant $k\omega$ la résistance du frottement de roulement qui croît avec la vitesse, et P la force de traction, on aura pour la voiture amenée à une vitesse uniforme :

$$P R \omega = Q (r f \omega + k \omega) \quad \text{ou} \quad P = Q \left(\frac{k}{R} + \frac{fr}{R} \right).$$

C'est-à-dire que pour que P soit le moindre possible, il faut rendre R un maximum, et les quantités f, r, k les moindres possibles, conditions auxquelles on satisfait en graissant les surfaces de contact de l'essieu et de la boîte, en faisant l'essieu en métal le plus résistant, en fer; en rendant la surface de la route la plus dure possible, et munissant la roue de cercles de fer sans aspérités saillantes. Enfin, au point de vue du travail consommé, il faut ajouter l'amoindrissement de la destruction de travail par les chocs brusques, au moyen des ressorts interposés ou de l'élasticité que donne aux roues l'*écuanteur*, l'obliquité des rais de la roue sur le plan de face de celle-ci.

Voici les résultats obtenus par l'emploi des divers moyens de diminuer les résistances qui s'opposent au transport des fardeaux, par l'amélioration des voies de communication :

	Rapport du tirage à la charge totale.
Terrain naturel, non battu, argileux, sec..............	0,250
Terrain ferme, battu et très-uni.....................	0,040
Chaussée en empierrement à l'état d'entretien ordinaire...	0,080
Chaussée en empierrement parfaitement entretenue.......	0,033
Chaussée pavée, voiture suspendue { au pas...........	0,030
{ au grand trot.....	0,070
Chemins à ornières plates en dalles très-dures..........	0,010
Chemins de fer à ornières saillantes, en bon état........*	0,007
Chemins de fer, idem, les essieux continuellement graissés.	0,005

760. Sur les plans inclinés la résistance à la traction n'est plus seulement celle que nous avons calculée ci-dessus, il faut y ajouter la composante de la pesanteur parallèle au plan incliné, c'est-à-dire une résistance qui devient extrêmement considérable pour des pentes assez faibles, raison des grands sacrifices que l'on s'impose pour les faire disparaître par une grande quantité de travail accumulé.

761. Nous ne parlons ici que des roues qui constituent l'organe mécanique propre à amoindrir le travail du frottement de glissement, et non des rouleaux (fig. 726), employés dans le transport des fardeaux qui transforment en totalité le frottement de glissement en un frottement de roulement, par la suppression du frottement de l'axe de l'essieu ; nous rappellerons seulement que dans ce système le chemin décrit par le fardeau est double du chemin parcouru par l'axe des rouleaux qui le portent, et l'on a $l = 2R\omega$ (ω étant l'angle décrit, R le rayon du rouleau); cela est bien évident, quand on remarque que les rouleaux avancent sur le sol de la quantité $R\omega$, pendant que le point de contact du fardeau et du rouleau vient en contact avec un point distant aussi de $R\omega$ du premier.

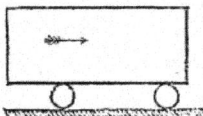
Fig. 726.

Ce système, plus avantageux que les roues, ne peut pas, en principe, être employé dans des combinaisons mécaniques, parce que les rouleaux paraissent nécessairement indépendants du mécanisme en mouvement.

762. Le nombre des véhicules employés aux transports sur les routes, qui doivent à l'emploi des roues leur avantage, est considérable. Ils offrent peu d'intérêt au point de vue auquel nous sommes placés ici. Ce sont les modifications des caisses renfermant l'objet à transporter, et assemblées avec les roues, qui différencient surtout ces systèmes.

Nous citerons pour mémoire : la *brouette*, le *tombereau* ou *charrette* en général, le *haquet* dû à Pascal, dans lequel il a réuni le treuil et le plan incliné pour faciliter le chargement, les voitures suspendues à deux, trois, quatre roues, enfin les voitures de chemins de fer pour voyageurs et marchandises.

763. C'est en général par traction que se produit le mouvement des systèmes supportés par des roues. Dans le cas du transport sur les routes, les moteurs animés attelés à ces voitures déterminent le roulement au moyen des efforts que leur permet d'exercer la résistance qu'offre le sol.

C'est la résistance qui s'oppose au glissement de la roue en contact avec la voie qui détermine le mouvement de rotation par une action de traction partant de points extérieurs au système en mouvement (le mouvement d'un système ne pouvant jamais naître de seules actions intérieures). Cette même résistance, cette fixité du point de contact, permet, comme cela a lieu dans les locomotives employées sur les chemins de fer, de produire le mouvement de translation par une pression exercée sur les rais de la roue pour la faire tourner, cause, en apparence minime, de la révolution causée par les chemins de fer, dont la machine à vapeur motrice supportée par les roues est l'instrument principal. Le piston de la machine à vapeur agit sur un point de la roue absolument comme sur la manivelle d'un volant d'une machine fixe.

La nécessité d'un frottement suffisant explique les poids considérables des locomotives à marchandises, pour qu'elles puissent entraîner les trains d'un poids considérable sur les faibles déclivités des chemins de fer, lorsque le frottement sur les rails est si faible.

On réunit souvent les roues par une bielle, d'après le système du n° 219, afin de profiter de toute l'adhérence due au poids de la machine.

764. *Système plan.* — Nous ne parlerons pas du traîneau, qui, faisant naître un frottement de glissement sur toute la longueur du chemin parcouru, est évidemment barbare; ce n'est que dans le cas particulier où la glace fournit des surfaces parfaitement unies et polies, que son emploi est possible avec quelque économie.

2° TRANSPORT DES CORPS FLOTTANTS.

765. Les avantages de réduire les résistances à la traction que nous avons vu résulter de l'établissement de routes très-parfaites et surtout des chemins de fer, existent naturellement, à un haut degré, dans les voies de navigation naturelles ou artificielles, avec cette infériorité toutefois que la résistance minime pour de très-faibles vitesses, augmente rapidement avec celles-ci, sensiblement en raison du carré des vitesses, ce qui fait que la navigation est surtout consacrée au transport des poids considérables à petite vitesse.

Passons en revue les systèmes qui permettent de mettre en mouvement des corps flottants à leur surface.

Pour se mouvoir à la surface de l'eau, indépendamment de la traction directe de moteurs placés à terre, ou de forces étrangères agissant dans le sens du mouvement, comme les courants, les vents, on ne peut employer comme point d'appui pour la force au moyen de laquelle on peut mettre le corps flottant en mouvement, que la réaction du liquide, la résistance qu'il oppose au mouvement des corps.

766. *Système levier.* — Les rames consistent en des leviers auxquels la puissance est appliquée par la traction que les bras du rameur exercent sur leur extrémité, et qui, trouvant un point d'appui imparfait dans le liquide, permettant d'obtenir le mouvement de progression du bateau auquel elles sont attachées.

On a voulu, imitant les pattes palmées des cygnes, adapter d'immenses leviers à la partie inférieure des navires, mais ces opérateurs discontinus ont toujours, par la mauvaise application de la force motrice et les effets d'inertie des liquides, donné des résultats fort peu satisfaisants.

767. *Système tour.* — Un organe très-employé est la roue à palettes (fig. 727), qui, plongeant dans le liquide par la partie inférieure seulement, trouve dans l'eau une résistance suffisante pour mettre en mouvement le corps flottant sur les flancs duquel il est attaché. Il agit par un mouvement circulaire continu; c'est un des grands avantages de cet organe de propulsion, dont l'emploi permet, par ce motif, de développer facilement le maximum de travail utile de la machine motrice.

V étant la vitesse du bateau, $v = r\omega$ celle du centre d'action des palettes, $v - V$ sera celle avec laquelle l'eau sera choquée, et qui variera en raison du rapport de la surface des palettes et de celle du maître-couple.

Le grand inconvénient que présentent les roues à aubes, c'est qu'elles

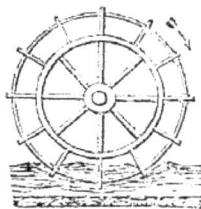

Fig. 727.

frappent le liquide (avec une vitesse variable de $0^m,50$ à 1 mètre par seconde, mesurée au centre des aubes, le chemin parcouru en eau tranquille par le bateau étant alors en moyenne les deux tiers du chemin parcouru par la circonférence des roues) en y pénétrant et le soulèvent en le quittant; effets qui causent une dépense de travail qui ne profite nullement à la propulsion.

On a cherché à éviter cet inconvénient en faisant pivoter les aubes de manière à les faire entrer et sortir presque normalement au fluide. On a essayé de les faire tourner soit autour d'une ligne parallèle à l'axe, soit autour d'un rayon; mais ces dispositions, toutes ingénieuses qu'elles sont, sont peu utilisées dans la pratique, parce que leur complication peut causer des dérangements fréquents, et que l'expérience ne leur a pas fait connaître d'avantages bien prononcés.

Enfin, à la mer, les roues présentent le grave inconvénient que souvent, par l'effet du roulis, une roue est noyée tandis que l'autre tourne dans l'air, et par suite le travail moteur est alors dépensé presque complétement en pure perte.

768. *Système plan.* — Une des belles découvertes du siècle est celle d'un organe de propulsion bien plus convenable à la mer que les roues, de l'hélice, qui partage avec la roue à palettes l'avantage d'agir par un mouvement circulaire

continu, et qui, tournant immergée dans l'eau, trouve, grâce
à l'inertie de celle-ci et quand la vitesse de rotation atteint 60
à 80 tours par minute, une résistance de même nature que la
vis qui entre dans le bois, ce qui la fait progresser, et par
suite le bateau dont elle fait partie.

La figure 728 représente l'hélice à noyau plein; la partie

Fig. 728.

centrale est souvent diminuée pour ne conserver toute leur largeur qu'aux surfaces inclinées des parties éloignées du centre.

3° TRANSPORT DES FLUIDES.

769. *Transport des liquides.* — La mobilité des molécules
liquides permet de simplifier beaucoup les dispositions propres
à les transporter horizontalement. Tout le système se réduit
à un tuyau de conduite que l'eau doit parcourir, lorsqu'on la
fera partir du fond d'un réservoir contenant l'eau à un niveau
tel, que la pression sur l'orifice d'entrée du tuyau soit suffisante
pour surmonter les frottements et résistances diverses qui s'opposent au mouvement. Il n'y a donc pas lieu d'employer pour
le transport des liquides des machines proprement dites, ou au
moins des machines spéciales, différentes de celles qui servent
à les élever verticalement dans le réservoir placé à un niveau
plus élevé que le point où l'on veut les faire arriver.

770. *Transport et mouvement des gaz.* — La mobilité extrême
des molécules gazeuses rendrait applicable aux gaz ce que nous
venons de dire des liquides, si leur faible densité faisait naître
dans le réservoir une pression notable par leur poids. Il n'en
est pas ainsi; aussi faut-il employer des machines spéciales
qui utilisent en général leur grande compressibilité.

Avant de nous occuper de ces appareils, qui forment la classe la plus nombreuse, nous parlerons d'une machine appartenant au système tour, dans laquelle le mouvement est imprimé directement aux molécules gazeuses par impulsion.

771. *Impulsion.* — L'impulsion directe ne s'emploie guère dans l'industrie pour donner aux gaz une grande vitesse que dans l'appareil dit *ventilateur* (fig. 729), qui n'est autre chose qu'une roue à palettes chassant l'air avec une grande vitesse, le plus souvent pour l'alimentation d'une combustion très-active, dans un conduit terminé par une buse analogue à celle des autres machines soufflantes dont nous parlons ci-après. Le choc des palettes fait naître un accroissement de pression à la circonférence qui détermine la vitesse de sortie, et une diminution de pression au centre qui cause l'entrée de l'air extérieur.

La vitesse du ventillateur doit être très-grande; elle s'élève à 12 ou 1500 tours par minute, et est habituellement de 600.

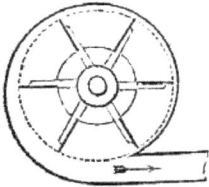

Fig. 729.

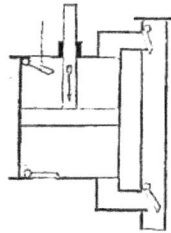

Fig. 730.

772. *Compression des gaz* — La question du mouvement des gaz revient, comme il a été dit, à celle de leur compression, dans un réservoir dont ils s'échappent par un orifice.

Le principal moyen de compression est l'emploi d'une pompe analogue aux pompes à eau (fig. 730); la soupape s'ouvrant de l'extérieur vers l'intérieur, à chaque course une nouvelle quantité de gaz est comprimée dans le réservoir.

Cette machine, exécutée sur de très-grandes dimensions, est le puissant instrument que l'on emploie généralement pour chasser l'air dans les hauts fourneaux qui servent à la production de la fonte.

La disposition de ces pompes les rend tout à fait semblables en apparence à la machine à vapeur, supposées mues inversement de leur marche ordinaire. Le mouvement du balancier et de la bielle convient parfaitement pour les changements

de sens du mouvement. Le piston est recouvert de cuirs em-
boutis d'une seule pièce, un de chaque côté du piston, que la
pression de l'air fait appliquer le long du corps de pompe de
manière à éviter les fuites, la pression qui applique le cuir sur
le tuyau croissant avec la pression de l'air elle-même.

La vitesse du piston à air dans les machines soufflantes est
en général de 1 mètre environ par seconde. Aussi faut-il employer des machines à cylindre de grand diamètre pour produire les quantités d'air nécessaires pour les souffleries des
hauts fourneaux.

Elles se marient bien avec le mouvement peu rapide des
roues hydrauliques, mais quand on emploie les machines à
vapeur à haute pression, il est bien plus économique d'employer des machines à grande vitesse de 100 coups de piston
par minute, en actionnant directement le piston à air par la tige
du piston à vapeur. L'appareil devient petit et peu coûteux, et
de plus, à cette vitesse on peut supprimer la garniture du piston
et par suite le frottement qu'elle
fait naître. Il suffit (fig. 731) de
faire des cannelures sur le pourtour du piston, pour que les
remous qui s'y produisent permettent de chasser l'air sans
que le piston touche le corps de
pompe. Ce résultat, extrêmement
remarquable, est certain aujour-
d'hui, mais tout au moins des
garnitures très-peu serrées, con-

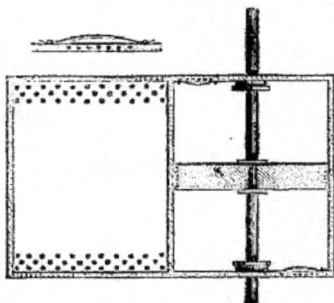

Fig. 731.

venablement disposées, sont toujours parfaitement suffisantes.

Au lieu de corps de pompe et de piston, on emploie souvent

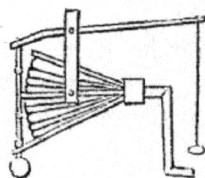

Fig. 732.

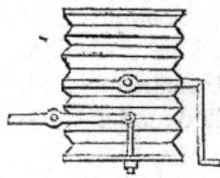

Fig. 733.

deux surfaces s'écartant et se rapprochant et réunies par des
cuirs; ce sont les soufflets triangulaires (fig. 732) ou cylindri-

ques (fig. 733), ou des caisses s'éloignant ou se rapprochant, pour les anciennes souffleries de forges. C'est par le jeu des soupapes que l'air se trouve emprisonné, pour être ensuite comprimé et chassé par les mouvements rectilignes ou circulaires alternatifs des plateaux ou des caisses.

On doit à Cagniard-Latour une soufflerie mue par un mouvement circulaire continu ; elle consiste en une vis d'Archimède plongée dans un liquide, tournant inversement du mouvement nécessaire pour élever l'eau. Une colonne d'air descend le long des spires, et s'écoule par la partie inférieure sous la pression due à la hauteur de la colonne d'eau au-dessus du point de sortie. On fait tourner la cagniardelle avec une vitesse de 5 à 6 tours par minute.

773. Les pompes foulantes à air, même celles qui sont construites avec le plus de perfection, peuvent difficilement comprimer l'air sous des pressions de plusieurs atmosphères, lorsqu'elles doivent fournir des volumes d'air un peu considérables. Les cuirs des pistons sont promptement brûlés par la chaleur dégagée dans la compression de l'air. Il faut alors rafraîchir l'air au moyen de l'eau en masse ou pulvérisée, comme l'a fait M. Colladon. On peut alors facilement obtenir des pressions considérables en puisant l'air dans un espace où il a été préalablement comprimé, c'est-à-dire en employant des pompes en *cascade*.

Dans les pompes de cette espèce, un premier corps de pompe, de grand diamètre, puise l'air directement dans l'atmosphère, et l'envoie déjà comprimé dans un réservoir ou même dans un second corps de pompe d'un diamètre beaucoup plus petit, qui le chasse après une nouvelle compression dans le réservoir à air.

774. L'air comprimé est un ressort parfait qui permet de transporter à distance l'action d'une force ; ainsi le chemin de fer atmosphérique pourrait être construit pour agir par une pression d'air en arrière du piston, au lieu d'être combiné comme il a été, en réalité, pour produire une raréfaction dans l'air placé en avant du piston. Ce changement n'offrirait pas d'avantages, à cause des pertes de force, des remous et tourbillonnements qui se produisent dans l'air comprimé, à tous les coudes et étranglements des tuyaux.

775. *Machines aspirantes.* — Toutes les machines soufflantes sont nécessairement aspirantes ; elles enlèvent l'air de l'endroit

où elles fonctionnent pour le projeter plus loin. Sous ce rapport elles peuvent toutes convenir à la solution du problème de la ventilation des lieux habités, mais non toutes également bien, puisque l'air doit sortir alors avec le minimum de vitesse, tout travail employé à donner de la vitesse à l'air, à autre chose qu'à l'enlever, étant inutilement dépensé dans ce cas.

Les machines les plus employées pour la ventilation mécanique des sont : 1° les machines à piston; 2° les ventilateurs; 3° les vis et les roues.

Nous n'avons rien à dire du premier système, qui ne diffère que par la dimension des cylindres et des orifices de sortie de l'air, de ceux décrits ci-dessus.

Le ventilateur a été modifié par Combes suivant les données d'une théorie analogue à celle des turbines, c'est-à-dire en disposant des palettes courbes suivant une courbe tangente à la circonférence extérieure, de telle sorte que l'air soit abandonné avec peu de vitesse.

Enfin, les vis employées d'une manière analogue à la vis d'Archimède employée comme pompe centrifuge, donnent des résultats semblables à ceux que fournit le ventilateur. Au point de vue de l'économie du travail moteur, on a reconnu la supériorité sur ces appareils de la roue Fabry que représente la figure 734, formée par deux systèmes de trois dents de très-

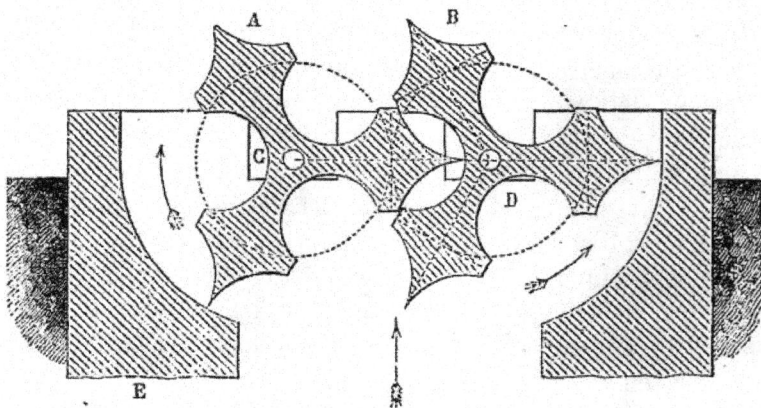

Fig. 734.

grand diamètre menées par deux roues dentées motrices égales et montées sur les mêmes axes. L'air chassé simultanément par une dent de chaque système agissant le long des faces du coursier, ne peut s'échapper entre elles, l'air ne pouvant que sortir et jamais rentrer à cause du contact permanent des dents à l'intérieur par suite du tracé épicycloïdal des faces de ces dents, par l'application du tracé des engrenages. De grands volumes d'air, à de faibles pressions, sont ainsi évacués avec un appareil très-léger, et qui par suite offre peu de résistances passives. On donne en général à cette roue une vitesse de 30 tours par minute.

Tous ces appareils, employés surtout pour l'aérage des mines, sont en général moins avantageux que l'emploi direct de la chaleur, pour produire l'aspiration par des foyers placés au fond des puits. Aussi ce dernier système est-il préféré partout où il est possible; mais cette question est du ressort de la physique, et étrangère à cet ouvrage.

775. L'aspiration de l'air comme moyen de soulever un corps léger a été appliquée dans diverses machines à imprimer ou à plier le papier pour former un organe preneur. Une fourche creuse cylindrique percée de trous très-petits à sa surface, et appliquée sur une pile de papiers enlève la feuille supérieure quand on aspire l'air renfermé dans l'intérieur du cylindre.

CHAPITRE II.

Disposition d'éléments dans un ordre déterminé.

776. Dans ce qui précède, nous avons considéré les résistances qu'un corps oppose au mouvement; et le point de vue dynamique, celui de la manière la plus avantageuse de surmonter la résistance, est celui auquel on a dû se placer. Aussi avons-nous dû nous borner le plus souvent à rapporter les résultats que fournit la partie de la mécanique qui a cette étude pour objet. Il n'en est plus ainsi lorsqu'il s'agit d'opérer sur un système composé d'un très-grand nombre d'éléments qui n'opposent chacun au mouvement qu'une résistance insignifiante, et que la multiplicité des mouvements divers à imprimer pour obtenir le produit industriel devient très-grande. Tel est le cas où l'on opère à la fois sur une multitude de fibres ou de fils dans le travail des matières textiles.

L'importance de la résistance à surmonter est alors si faible, relativement à celle de la disposition géométrique des éléments, que l'on doit se placer exclusivement au point de vue géométrique pour étudier les organes employés et les effets qu'ils produisent, bien qu'il s'agisse toujours de résistance à surmonter. C'est ainsi que le mouvement du fil qui se contourne pour former les mailles d'un tricot est bien du ressort de la cinématique, et doit être considéré exclusivement au point de vue géométrique, qui offre beaucoup d'intérêt, tandis qu'il y en aurait fort peu à s'occuper de la faible résistance qui s'oppose à l'entrelacement du fil.

Nous classerons ces organes en :

1° *Organes produisant la disposition suivant des lignes parallèles;*

2° *Organes produisant la torsion en lignes courbes;*

3° *Organes servant à produire les entrelacements réguliers;*

4° *Combinaison de ces organes et de systèmes classificateurs pour produire mécaniquement des entrelacements quelconques.*

1° ORGANES SERVANT A DISPOSER LES OBJETS EN LIGNES PARALLÈLES.

777. Pour disposer en lignes parallèles des objets de même nature, on emploie deux genres de procédés différents suivant qu'ils sont durs ou mous et fibreux; ce dernier cas est de beaucoup le plus important : c'est celui de la plus considérable peut-être de toutes les industries, celle de la filature.

Pour le cas des corps résistants de forme allongée, on peut employer le procédé usité dans la fabrication des aiguilles. Il consiste à agiter transversalement par des chocs brusques et répétés la boîte qui contient celles-ci mélangées pêle-mêle. Le choc, ayant lieu également le long des aiguilles disposées dans le sens de la longueur de la caisse, ne les dérange pas, tandis que celles placées obliquement, recevant le choc par une extrémité, se déplacent et se rangent peu à peu dans la longueur de la caisse.

On pourrait dans des cas semblables faire glisser le corps sur un plan incliné portant des rainures dans lesquelles ils peuvent entrer, en prenant la direction convenable lorsqu'on donne au plateau un mouvement de trépidation.

Dans plusieurs cas, le corps est saisi au moyen de pinces qui, se mouvant tout en se fermant, et s'ouvrant au moyen d'excentriques, à l'instant voulu, portent le corps à l'endroit convenable à un moment déterminé.

778. FILATURE A LA MAIN. — C'est surtout en parallélisant les fibres qu'on parvient à obtenir des fils propres à la fabrication des étoffes. Disons d'abord un mot des procédés manuels.

Fuseau. — Pendant quinze siècles, les fils servant à la fabrication des tissus, dont on confectionnait les vêtements, ont été fabriqués avec la quenouille et le fuseau. La filasse, enroulée autour de la quenouille, fournit à la main gauche une petite quantité de matière, que la main droite étire pour lui donner la longueur et la finesse voulues, puis celle-ci faisant tourner le fuseau qui porte enroulé le fil déjà fait avec l'extrémité des doigts, tord le fil pour lui donner de la résistance par l'enroulement hélicoïdal des fibres.

Cet appareil si simple, qui se rencontre encore dans quelques contrées, a été remplacé d'abord par une petite machine auxiliaire du travail manuel, fort ingénieusement combinée, par le rouet.

Rouet à filer. — Le rouet, d'origine relativement moderne (elle ne paraît pas remonter plus haut que les premières années du seizième siècle), qui s'est substitué au simple travail de la main fait à l'aide de l'antique quenouille, est, comme le remarque avec raison Poncelet, une admirable invention, digne d'une étude sérieuse et réfléchie (fig. 735).

En effet, dans cette petite machine vraiment complète, outre le volant et le mécanisme de la bielle et de la pédale, qu'ont été lui emprunter les constructeurs de la machine à vapeur pour produire le mouvement circulaire continu à l'aide du mouvement alternatif, on doit remarquer la disposition extrêmement ingénieuse du cordon sans fin, à deux branches inégales ou à mouvement différentiel, par laquelle des vitesses de 600 à 800 tours à la minute sont transmises simultanément à la broche et à la bobine (voir ci-après la description de ces organes), tout en maintenant entre ces vitesses absolues une différence ou une vitesse relative aussi petite que le réclament et le tirage de la filasse hors de la quenouille et le très-lent enroulement autour de la bobine du fil qui en résulte, et dont la torsion continuelle est, à son tour, réglée par la vitesse

rotative même de la broche *à ailettes et à épingliers* ou crochets servant à diriger ce même fil sur la bobine; d'autre part,
le chariot à poupées verticales porte-broche, glissant hori-

Fig. 735.

zontalement le long des jumelles supérieures de la petite machine, et que conduit parallèlement, à l'instar de ce qui a été
pratiqué plus tard dans de grands tours, une vis centrale extrême servant à régler la tension du cordon sans fin moteur,
en raison de l'état hygrométrique de l'atmosphère et du grossissement progressif de la bobine, grossissement qui tend à
produire un surcroît correspondant du tirage du fil, en partie
corrigé cependant par le glissement relatif de ces mêmes cordons sur leurs poulies motrices respectives.

Supposez que le pied de la fileuse soit remplacé par un moteur quelconque; que l'épinglier, l'ailette à crochets, le soit
aussi par un mécanisme qui permette au fil de s'enrouler d'un
mouvement de va-et-vient spontané sur la bobine devenue verticale ainsi que la broche, etc.; que le rapport de la vitesse de
l'enroulement ou de l'étirage du fil à la torsion soit rendu indépendant du grossissement de la bobine; qu'enfin les doigts qui
produisent et règlent l'étirage du fil dans la masse de la quenouille soient remplacés par une succession de mécanismes
rangeant ces fibres les unes à côté des autres parallèlement, et
les étirant de quantités proportionnelles, convenablement allongées et tendues et l'on aura l'indication de toutes les conditions
auxquelles ont à satisfaire les machines modernes qui produisent la filature automatiquement. On doit donc considérer le

rouet comme un pas très-important fait vers la solution du problème.

779. FILATURE MÉCANIQUE. — C'est par la carde ou le peigne et par l'étirage qu'on obtient la disposition des fibres en lignes parallèles.

780. *Cardage.* — La *carde* (fig. 736) est composée de deux peignes à dents recourbées et à dentures opposées, auxquels on imprime des mouvements rectilignes en sens contraire l'un de l'autre. Chaque fibre, plus ou moins enroulée autour des fibres voisines, est accrochée par une dent du premier système, et ses extrémités redressées par deux dents du second qui les disposent parallèlement. Par une succession d'actions semblables, les filaments sont disposés en lignes droites parallèles formant des nappes dont les fibres adhèrent ensemble surtout par simple contact.

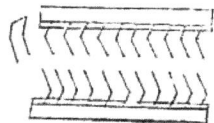

Fig. 736.

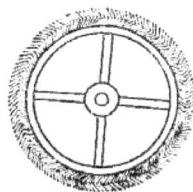

Fig. 737.

La nature de l'opération n'exigeant nullement qu'elle ait lieu en ligne droite sur une longueur plus grande que celle des fibres, pour toutes les substances à filaments courts, le coton, la laine, etc., on dispose les cardes sur des tambours de grand diamètre (fig. 737) couverts de bandes de cuir traversées par les dents des cardes, et l'on obtient ainsi la continuité du travail de ces opérateurs à l'aide d'un mouvement circulaire continu.

Lorsque les cardes marchent avec des dentures opposées, elles se chargent toutes deux des fibres de la matière textile ; lorsqu'au contraire on les dispose de telle sorte que les dentures soient dans le même sens, il est évident que le ruban cardé quittera les dents de celle des deux cardes qui marchera avec la moindre vitesse.

C'est ainsi que dans le cardage à la main on fait quitter la masse cardée à l'une des cardes, et qu'ensuite on lui fait abandonner celle-ci à l'aide de la première, les dentures étant dans le même sens et exerçant une action trop faible pour que la matière s'engage dans les dents de celle-ci.

Dans les cardes circulaires, c'est aussi par des dispositions opposées des dents qu'on fait quitter la matière d'un tambour pour la faire passer sur autre. Elle est détachée du dernier tambour à l'aide d'un peigne divisé en raison de la finesse de la carde, et qui, ayant un mouvement rectiligne alternatif, bat sur les dents dans le sens de leur inclinaison, sur leur convexité.

La figure 738 représente le système de carde mécanique em-

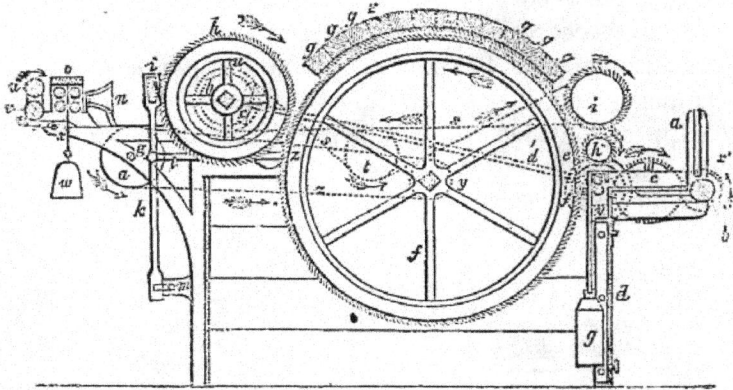

Fig. 738.

ployé dans la filature de coton. Il consiste essentiellement en un gros tambour sur lequel agissent plusieurs autres de moindre diamètre. Pour le coton, la vitesse du gros tambour, d'un diamètre de $0^m,90$ à 1 mètre, est d'environ 120 tours par minute. Le nombre des dents des cardes varie de trois à cinq mille au décimètre carré

Pour la laine cardée, on emploie un tambour de $1^m,20$ de diamètre faisant 90 tours par minute.

Le plus gros cylindre cardeur sur lequel la nappe ne parvient qu'après s'être formée sur plusieurs cylindres à denture moins fine, est surmonté d'une partie immobile dite *chapeau*, dans laquelle la force centrifuge engage les ordures, boutons, que l'on enlève en *débourrant* ces chapeaux. La carde est terminée par un peigne *i* animé d'un mouvement de va-et-vient qui, en frappant sur la convexité des dents, détache la nappe formée par les fibres, et qui est d'une régularité et d'une continuité parfaite pour peu que l'alimentation ait été faite avec quelque soin. Les opérations suivantes de la filature ont donc à s'effectuer sur cette nappe continue, c'est-à-dire dans des conditions qui les rendent simples et faciles; aussi la carde est-elle le premier élément du travail continu de la filature mécanique.

781. *Peignage.* — Les fibres du lin et du chanvre, pour lesquelles se pratique l'opération du peignage, sont naturellement disposées en lignes parallèles et d'une grande longueur. Les tiges sont plus grosses près de la racine que de la tête, et ces fibres sont toujours adhérentes entre elles malgré le soin apporté aux opérations qui suivent le rouissage. Pour leur faire subir une préparation équivalente à celle du cardage des fibres courtes, elles sont maintenues par une extrémité dans une pince pour être soumises de l'autre à l'action d'un peigne qui a pour but principal de diviser les fibres adhérentes entre elles de manière à les amener à un degré suffisant de finesse. Les dents des peignes sont droites et non inclinées comme celles des cardes, ce qu'explique l'effet différent qu'il s'agit d'obtenir. L'opération du peignage doit évidemment se produire par un mouvement de pénétration et de traction, par un double mouvement alternatif de haut en bas et d'avant en arrière. C'est ainsi qu'ils agissent pour le peignage du lin, dans le but de produire ce travail par opération mécanique, dans la peigneuse Girard

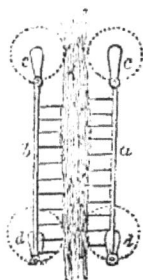 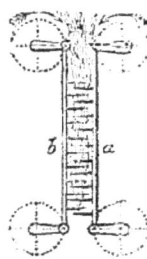

Fig. 739.　　　　Fig. 740.

(fig. 739 et 740), où ce double mouvement est obtenu à l'aide de manivelles montées sur l'axe de roues dentées se mouvant avec la même vitesse. Les axes de rotation ont dans cette peigneuse une vitesse d'environ 150 tours par minute.

La résistance qu'opposent le lin et le chanvre au peignage étant considérable, les dents des peignes sont des aiguilles d'acier de 2 ou 3 millimètres de diamètre à la base.

782. *Peigneuse Heilmann.* — Un des plus habiles ingénieurs qui aient honoré l'industrie française, Heilmann de Mulhouse, a montré tous les avantages que pouvait procurer le peignage de toute substance textile, qui ne replie aucun fil comme la carde, et permet de classer les fibres par longueurs égales. Après avoir posé le principe, il a réalisé dans la peigneuse qui porte son nom le plus grand progrès peut-être que la filature ait fait depuis Ackwright. Cette machine a été établie scientifiquement, pour atteindre un but déterminé, avec une connaissance parfaite des ressources de la cinématique, et bien que susceptible de transformations ultérieures, est un modèle de la méthode à suivre pour réaliser toute machine devant faire une opération bien déterminée.

Le principe du travail complet de cette machine consiste à peigner les filaments maintenus dans une pince ; ensuite, faisant serrer par une autre pince le bout peigné, d'agir de même sur l'autre. De la sorte toutes les fibres plus courtes que la distance des deux pinces seront enlevées par le peigne, condition excellente pour éviter la fabrication des fils pelucheux, imparfaits ; les fibres trop courtes, échappant aux opérations successives de la filature, ne suivent pas les plus longues.

Nous décrirons le système appliqué au travail de la laine

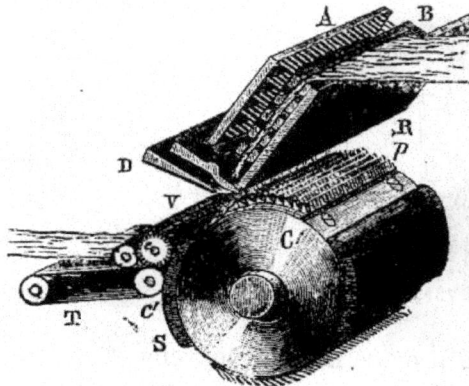

Fig. 741.

longue. Celle-ci traverse une boîte animée d'un mouvement de va-et-vient qui la fait glisser sur une tablette de fer R (fig. 741) et la porte tantôt en avant, tantôt en arrière de la machine. Un peu en avant de la boîte se trouve disposée une pince P qui est

parallèle à son bord inférieur et dont les mâchoires, garnies
de caoutchouc, peuvent s'ouvrir et se fermer alternativement.

Voyons comment elle s'alimente elle-même et comment la
laine y entre peu à peu pour venir à sa sortie se présenter aux
organes qui doivent la peigner. Au début de l'opération, on engage les rubans dans la boîte de manière à les faire sortir et
pendre un peu en dehors de cette boîte, que nous supposerons
à l'arrière de sa course. En ce moment les dents de la plaque A
entrent dans la boîte et, par suite, traversent les rubans qu'elle
renferme; si la boîte se porte d'arrière en avant, les rubans
retenus par les dents la suivront dans son mouvement et feront
tourner les bobines qui portent enroulés des rubans sortant des
cardes, et laisseront dévider une petite quantité de laine. Arrivée en avant, à l'extrémité de sa course, la boîte présente
la portion de laine qui pend au-dessous de son ouverture inférieure à l'action de la mâchoire; celle-ci se ferme (fig. 742),
laissant pendre en dehors d'elle l'extrémité des rubans qui va

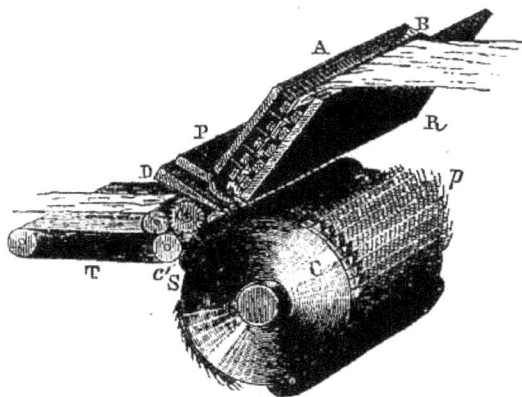

Fig. 742.

être peignée. Supposons maintenant que la boîte se reporte
d'avant en arrière, et qu'avant de commencer ce mouvement,
la plaque A bascule de manière que ses dents sortent des
fentes où elles s'étaient engagées : il est évident que, les rubans ne pouvant retourner en arrière, puisque leur extrémié
est prise dans la pince, et se trouvant libres par la sortie des
dents de la plaque A, la boîte va glisser le long de ces rubans et avaler en quelque sorte la quantité de laine qui s'est
dévidée des bobines au mouvement précédent, pendant qu'une
quantité égale sortira par l'ouverture inférieure.

Voyons maintenant comment s'effectue le peignage. Au-dessous de la mâchoire se trouve un cylindre C horizontal, dont
la surface est formée par des segments alternés, les uns garnis
de dents, les autres de cuir, et laissant entre eux des intervalles vides; ce cylindre est animé d'un mouvement de rotation autour de son axe. Pendant que l'extrémité du ruban
serrée entre les mâchoires de la pince pend en dehors d'elle,
un segment denté p (fig. 742) vient la peigner et lui prendre
les boutons et les filaments courts. Quand le segment a passé,
la mâchoire s'ouvre et la partie peignée, appuyée sur le segment en cuir S, se trouve en présence de deux cylindres c, c'
qui tournent en sens inverse et dont l'un est cannelé; ces cylindres saisissent dans leur intervalle les brins peignés, les
entraînent dans leur mouvement de rotation et les déposent sur
un tablier sans fin T, situé en avant d'eux et qui progresse d'un
mouvement continu. Avant que toute une mèche arrachée par
les cylindres soit passée sur le tablier sans fin, une autre mèche
vient se superposer sur la partie postérieure de la précédente,
se soude à elle, et, à la sortie des cylindres, ces mèches successives constituent un ruban continu qui, après avoir passé
dans un entonnoir, s'engage entre deux cylindres lamineurs
chargés de le verser dans un grand pot de tôle situé sur le devant de la machine.

Le peigne C, qui par son travail se remplirait bientôt de filaments courts et de boutons, est nettoyé par une brosse cylindrique placée à la partie inférieure qui les lui prend et les cède à un
cylindre muni d'une garniture de carde. Celui-ci en tournant les
présente à un peigne battant, d'où ils tombent sur un plan incliné
chargé de les conduire dans une boîte située sous la machine.

783. *Étirage.* — Les fibres étant disposées parallèlement
par le travail des cardes et des peignes forment par leur réunion un ruban sur lequel il faut continuer le travail de paral-
lélisation des fibres pour arriver à en faire un fil. On y parvient,
comme le fait la fileuse à la main, à l'aide des *doigts de fer*,
en faisant glisser les fibres les unes sur les autres. L'organe qui
produit cet effet par action purement mécanique et sur lequel
reposent les merveilleux résultats obtenus depuis un demi-
siècle, consiste en plusieurs petits cylindres cannelés (fig. 743)
qui pressent le ruban de manière qu'il ne puisse glisser, et
sont distants de centre en centre d'une longueur plus grande

que celle des fibres à étirer. Le deuxième couple est animé
d'une vitesse plus grande que le premier sur lequel passe le fil,
ou, ce qui revient au même, a un diamètre
plus grand pour une même vitesse angulaire. Il en résulte donc un étirage par glissement des fibres parallèlement les unes aux
autres, et un accroissement de longueur égal
à $2\pi(r-r')$ pour chaque tour. En effet,
la longueur du ruban qui aura passé sur le
premier couple du cylindre dans un temps
donné, sera égale à la circonférence d'un des

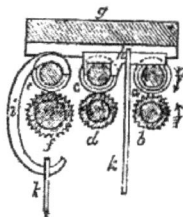

Fig. 743.

rouleaux multipliée par le nombre des révolutions pendant ce
temps. Il en sera de même pour les autres couples; donc si
ceux-ci sont d'un diamètre plus fort avec la même vitesse ou
d'un diamètre égal avec une vitesse plus grande, il passera
entre eux une plus grande longueur de ruban : celui-ci sera
donc allongé par l'étirage de la différence des deux longueurs.

En même temps que la longueur des rubans augmente, il est
clair que leur section diminue dans un rapport inverse; on
conserve l'épaisseur convenable par des réunions de rubans
qui permettent d'obtenir des fils d'une régularité extrême par
la compensation qui résulte du grand nombre de doublages,
entre toutes les petites irrégularités secondaires, toutes les différences de section qui pourraient exister. Le nombre des
doublages successifs des rubans dépasse cinquante mille pour
quelques numéros très-élevés.

Pour le coton, la vitesse des premiers cylindres est de 100 à
150 tours par minute, suivant les numéros. La vitesse des seconds est telle, qu'elle produit l'étirage du ruban de sept à neuf
fois sa longueur. Enfin leur distance varie de $0^m,027$ à $0^m,03$,
suivant la longueur des filaments.

Pour le lin, les cylindres sont plus éloignés, les fibres étant
beaucoup plus longues, et les rubans sont maintenus sur toute
leur longueur par des peignes à longues dents, qui cheminent
simultanément et continuent l'action de décollage des fibres
effectuée par le peignage.

2° ORGANES DE DISPOSITION EN LIGNE COURBE.

784. L'opération dont il s'agit ici, et qui pourrait être réalisée dans certains cas par des guides courbes, n'est guère

usitée que pour la torsion des fibres, afin de les assembler en rendant par cette disposition le frottement de glissement égal à la résistance propre des fibres, de manière qu'elles se rompent plutôt que de glisser les unes sur les autres.

L'organe employé pour produire cet effet est la *broche* (fig. 744). Elle se compose de deux ailettes, dont une creuse, qui se font équilibre. Le fil entrant près de l'axe sort par l'extrémité d'une des ailettes. L'axe de la broche traverse la bobine dans toute sa longueur de manière que l'ailette et la bobine peuvent être mues avec une vitesse de mouvement circulaire différente. La bobine possède de plus un mouvement rectiligne alternatif dans le sens vertical, qui permet l'enroulement régulier du coton sur toute sa surface.

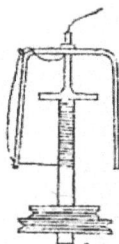

Fig. 744.

Si, la bobine restant fixe, la broche tourne, il y a enroulement du coton sur la bobine de toute la longueur de la circonférence de la bobine correspondant à l'espace angulaire parcouru par l'extrémité de l'ailette et de plus torsion du fil, puisque, entrant par l'axe, il a tourné sur lui-même de la même quantité angulaire que l'ailette de la broche.

Si, l'ailette tournant, la bobine tourne aussi, et si le nombre des tours de la broche dans un temps donné est le même que celui de la bobine, les vitesses angulaires étant égales, les mêmes points des broches restant dans les mêmes plans méridiens avec les mêmes points des bobines, l'enroulement est nul et le fil s'est seulement tordu. Si, la broche restant fixe, la bobine tourne, il y aura enroulement du coton sur la bobine, de toute la longueur parcourue par un point quelconque de la circonference sur laquelle l'enroulement a lieu ; le fil ne sera pas tordu, il glissera seulement sur la broche.

785. *Banc à broches.* — Dans le banc à broches, organe par excellence des préparations, des premières opérations de la filature automatique, formé par la réunion d'un grand nombre d'éléments consistant en cylindres étireurs suivis de broches, la quantité de ruban que la bobine doit enrouler dans l'unité de temps est déterminée par celle que fournissent les cylindres. Donc, si la broche et la bobine tournent dans le même sens, la vitesse de la bobine doit être égale à celle de la broche, plus celle

nécessaire pour enrouler la quantité de ruban fournie par les cylindres. Si au contraire elles tournent en sens contraire, la vitesse de la bobine sera celle de la broche, moins celle nécessaire pour enrouler la longueur de ruban fournie par les cylindres.

Le développement que la bobine devra présenter dans l'unité de temps étant déterminé, le nombre des tours à lui imprimer pour enrouler le ruban sous une même tension, devra toujours être en raison inverse de son diamètre. Ce diamètre augmentant successivement de l'épaisseur des couches de fil renvidées, c'est-à-dire du double de l'épaisseur du fil par chaque tour, il faut que la vitesse de la bobine diminue dans le rapport des rayons après et avant l'enroulement.

Pour que ces tours se déposent les uns à la suite des autres, il faut encore donner à l'axe de la bobine un mouvement vertical de va-et-vient, et puisque la vitesse de la bobine varie, la vitesse de ce mouvement rectiligne alternatif devra varier également en raison de l'épaisseur de fil enroulé.

Ces deux conditions, auxquelles il paraît si difficile de satisfaire d'une manière absolue, sont admirablement remplies à l'aide de deux organes déjà décrits, dans le banc à broches dit à mouvement différentiel. Ces organes sont :

1° Un cône monté sur l'axe qui communique le mouvement rectiligne alternatif aux bobines et mené par une courroie qui passe sur une poulie montée sur l'arbre moteur. Cette poulie et la courroie qui passe sur le cône glissent sur cet axe poussées par un encliquetage qui avance d'une dent à chaque alternative du mouvement de haut en bas et de bas en haut de la bobine, c'est-à-dire par chaque tour d'enroulement. La vitesse du mouvement alternatif diminue ainsi avec l'épaisseur du fil enroulé ; il est communiqué par le mouvement d'une crémaillère engrenant avec une roue dentée.

2° Le mouvement variable en raison des épaisseurs de fil, de l'arbre qui porte le cône, dont nous venons de parler, vient s'ajouter au mouvement régulier du moteur, seul communiqué aux broches, pour former celui des bobines à l'aide d'un système à mouvement différentiel produisant l'addition des vitesses, de la nature de celui représenté fig. 481.

Il est facile de voir que l'emploi de ces organes fournit une solution mathématique du problème complexe qu'il s'agis-

sait de résoudre. Entrons dans quelques détails qui nous fourniront une application des principes.

Soit V la vitesse à la circonférence des cylindres d'étirage, ou
la longueur de mèche fournie dans l'unité de temps, v la vitesse
de rotation de l'ailette dans le même temps, ou le nombre de
tours de tors donné à la longueur de mèche V, d le diamètre de
la bobine à la première couche, $\frac{1}{2} m$ le diamètre de la mèche.

Les diamètres successifs de la bobine seront :

1re couche d.

2e — $d + m$.

3e — $d + 2 m$.

4e — $d + 3 m$.

. . . .

5e — $d + (z - 1) m$.

Les rapports des vitesses des étirages et de la bobine pour
différents diamètres, abstraction faite du mouvement de l'ailette, doivent être égaux à :

$$\frac{V}{\pi d}, \ \frac{V}{\pi(d+m)}, \ \frac{V}{\pi(d+2m)}, \ \frac{V}{\pi(d+3m)} \ \cdots \ \frac{V}{\pi\{d+(z-1)m\}}.$$

Mais pour avoir la vitesse réelle de la bobine, il faut ajouter
ou retrancher ces différentes valeurs de la vitesse constante de
l'ailette, suivant que le renvidage se fait dans un sens ou dans
l'autre.

Appelant u, u', u'' .... u^z les vitesses réelles de la bobine à
ses différents diamètres, on devra avoir :

$$u = v \pm \frac{V}{\pi d}, \ u' = v \pm \frac{V}{\pi(d+m)},$$

$$u'' = v \pm \frac{V}{\pi(d+2m)} \ \cdots \ u^z = v \pm \frac{V}{\pi(d+(z-1)m)};$$

d'où l'on voit que chacune de ces valeurs se compose de la
constante v, plus la longueur de mèche fournie dans l'unité de
temps divisé par la circonférence de la bobine;

Que ces vitesses forment entre elles une série croissante et
décroissante, suivant que la bobine marche plus vite ou plus
lentement que l'ailette; elle est décroissante dans le premier
cas, croissante dans le second.

Connaissant les vitesses de rotation de la bobine, il reste à
déterminer les vitesses d'ascension.

Soit b, b', b'', b''' ... b^z, les différentes vitesses verticales de la bobine correspondant aux mêmes diamètres que les vitesses u, u', u'' ..., etc.

On sait que pour la longueur de la mèche πd fournie par les cylindres étireurs, la vitesse verticale doit être $\frac{1}{2} m$ pour le diamètre d, par conséquent on aura la proportion $\pi d : \frac{1}{2} m = V : b$, d'où $b = \dfrac{V m}{2\pi d}$. On aura de même $b' = \dfrac{V m}{2\pi (d+m)}$, $b'' = \dfrac{V m}{2\pi (d+2m)}$,

$$h'' = \frac{V m}{2\pi (d+3m)} \ldots b^z = \frac{V m}{2\pi (d+zm)}.$$

Mais $\dfrac{V m}{2\pi}$ étant une quantité constante dans toutes ces valeurs, on a : $b : b' : b'' \ldots : b^z = \dfrac{1}{d} : \dfrac{1}{d+m} : \dfrac{1}{d+2m} \ldots \dfrac{1}{p+zm}$, c'est-à-dire que les vitesses d'ascension de la bobine doivent être en raison inverse des diamètres de cette même bobine.

Il résulte de ce qui précède que si l'on fait mouvoir une roue différentielle à l'aide d'une courroie glissant sur un cône par une disposition analogue à celle décrite art. 573, le problème sera résolu.

En effet, soient $\dfrac{n}{D}$, $\dfrac{n}{D'}$, $\dfrac{n}{D''}$, etc., les rapports de vitesse des cylindres cannelés à la roue différentielle, D, D', D'' ..., étant les diamètres successifs des sections du cône sur lequel marche la courroie, les vitesses réelles successives de la bobine seront :

$$u = v \pm \frac{2 n V}{D}, \quad n' = v \pm \frac{2 n V}{D'}, \quad u'' = v \pm \frac{2 n V}{D''}, \text{ etc.}$$

Or, nous avons vu qu'on devait avoir :

$$u = v \pm \frac{V}{\pi d}, \quad u' = v \pm \frac{V}{\pi (d+m)}, \quad u'' = v \pm \frac{V}{\pi (d+2m)} \ldots;$$

d'où il suit que les diamètres successifs du cône doivent être proportionnels à ceux de la bobine.

.La différence entre les diamètres de la bobine étant constante, celle entre les diamètres du cône le sera également, et par suite le peigne qui règle les mouvements de la courroie devra être partagé en autant de parties égales que la bobine pourra contenir de couches de coton.

Quant à la vitesse verticale de la bobine, elle est produite

directement par le cône ; elle est par suite proportionnelle à la
vitesse de ce.dernier, qui est en raison inverse de ses diamètres, par conséquent en raison inverse des diamètres de la bobine, comme cela doit avoir lieu.

786. FILAGE. — C'est en étirant les rubans du banc à broches formés de fibres bien parallélisées et réunissant ces fibres
par torsion que se complète la filature.

Une mèche de préparation de coton, pesant 16 grammes
environ par 100 mètres de longueur, reçoit moyennement
65 tours de torsion par mètre au dernier banc à broches. Transformée en un fil du n° 30, la même longueur pèsera dix fois
moins, c'est-à-dire que le même fil acquerra dix fois plus de
longueur et sera tordu en raison de cet allongement de 800 tours
au mètre. C'est cette torsion énergique qui, en transformant
les filaments droits en hélice, opère la cohésion mécanique de
la masse et fixe les fibres, permet de produire des longueurs
illimitées avec des brins de 2 à 3 centimètres, et de donner au
fil qui en résulte une ténacité équivalente à celle de l'ensemble
des filaments de sa section.

787. *Du tors.* — La grandeur de l'angle que forme cette
hélice avec la section du fil détermine (dans certaines limites) la résistance que le fil oppose à la traction ; et quant
aux diamètres des fils, du n° 10, par exemple (fil dont dix fois
mille mètres pèsent un demi-kilogramme), supposé formé de
cent brins de coton, et du n° 100 de dix brins, il est admissible que les dix brins tordus sous le même angle que les cent
brins résisteront dans le rapport du nombre de brins.

Cherchons le rapport du numéro du fil avec le tors pour pro-

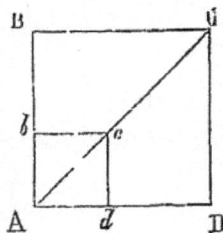

Fig. 745.

duire le même angle. Si on développe
sur un plan la surface cylindrique du
fil qui contient un tours de tors, on
aura (fig. 745) un rectangle ABCD ;
AD, BC, seront les circonférences du fil,
la diagonale AC, l'inclinaison de l'hélice ; soit une autre sur face de fil A*bcd*
contenant aussi un tours de retors, et par
hypothèse le même angle de tors.

Dans le grand rectangle, il y a eu un tour de tors pour la
longueur AB, dans le petit pour longueur A*b*. Pour une même
longueur, les nombres de tours seront donc dans le rapport de

A b à A B, ou à cause des triangles semblables $b\,c : $ B C, c'est-à-dire en raison inverse des circonférences des fils, ou, ce qui est la même chose, comme leurs rayons. Or les numéros des fils sont sensiblement en raison inverse de la surface des sections, et les rayons étant entre eux comme les racines carrées de ces sections circulaires, on a la loi suivante :

Les nombres de tours de tors dans deux fils, pour une même longueur et pour un même tors, sont entre eux comme les racines carrées des numéros des fils.

788. MÉTIER A FILER MANUEL (Mull-Jenny) ET MÉTIER AUTO-MATE (Self-Acting)[1]. — Le banc à broches ne produit que des rubans assez épais, mais peut servir, ou au moins le métier

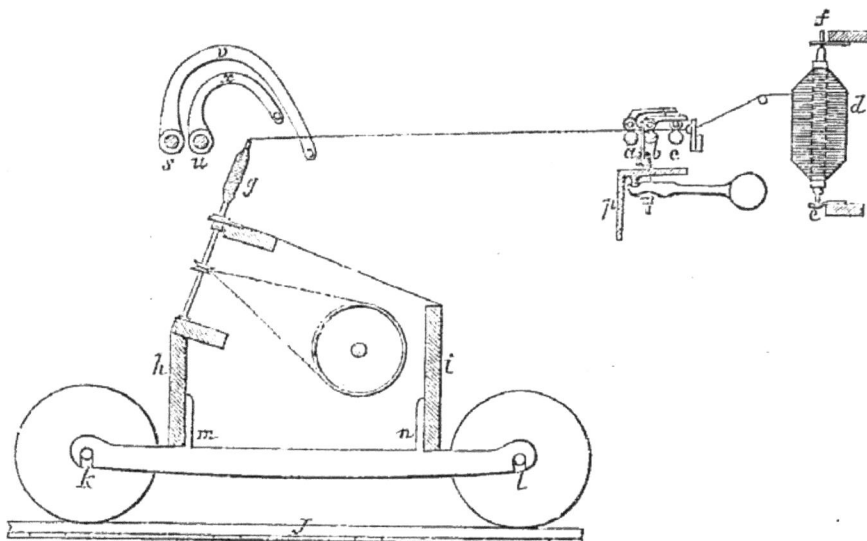

Fig 746.

continu dont la construction est analogue, est employé pour filer de gros fils. Pour les fils fins, il faut faire usage de métiers opérant le tirage et le torsion dans des conditions particulières, sur de grandes longueurs de fil, condition nécessaire pour obtenir de bons produits.

Le métier à filer, qu'il soit manuel ou automatique, a pour but de transformer en fils, les rubans de coton (ou de toute autre matière) faits aux bancs à broches, en leur donnant leur dernier étirage et la torsion voulue.

1. E. STAMM. — *Métiers Self-Acting.*

La figure 746 représente les organes essentiels du métier à filer, les cylindres étireurs sont vus en coupe en *a*, *b*, *c;* le bâti qui les supporte est représenté en *p* et s'appelle *porte-cylindres.*

Derrière ce porte-cylindres se trouve disposé un ratelier porteur des bobines formées par les rubans venus du banc à broches. On voit une de ces bobines en *d;* elle est enfilée sur une tige en bois munie d'un rebord à sa partie inférieure. Le tube de la bobine repose sur ce rebord. Cette tige est terminée par deux pointes à ses extrémités : la pointe inférieure pivote sur une crapaudine fixée dans une traverse *e*, et la pointe supérieure est passée dans le trou d'une petite douille fixée à une autre traverse parallèle *f*, douille qui sert à maintenir la bobine dans la position verticale. Ainsi montée, la bobine est folle et le déroulement est commandé par le simple tirage du ruban, tirage opéré par les cylindres. Le râtelier se compose, généralement, de plusieurs rangs de bobines établies sur plusieurs traverses, dans des dispositions qui sont assez variées. Devant chaque rangée de bobines se trouve une baguette destinée à soutenir la mèche dans son déroulement.

Soit, d'autre part, une broche *g*, conique à sa partie supérieure, terminée en pivot à sa partie inférieure, tournant avec une extrême facilité sur une crapaudine et dans un collet, et munie entre sa crapaudine et son collet, d'une *noix* ou petite poulie à gorge. On dispose ordinairement 400 broches pour le métier manuel ou 1,200 pour le métier automatique suivant une ligne parallèle aux cylindres.

Les crapaudines et les collets sont portés par des *plates-bandes* métalliques ajustées sur des traverses en bois. Soit encore un tambour parallèle à la ligne des broches et sur lequel, pour chaque broche, est passée une ficelle qui commande la noix de cette dernière comme une courroie.

Le système des broches et du tambour est monté sur un chariot dont la charpente principale se compose des longerons *h*, *i*, et qui est porté sur rails et patins tels que *j*, par des roues *k*, *l*, dont les axes peuvent tourner dans un support *mn*, sur lequel reposent et sont fixés ces longerons.

Le même système de roues et patins se répète de distance en distance tout le long du chariot. Les patins sont horizontaux et dirigés dans un sens perpendiculaire à celui des cylindres;

ils permettent au chariot de s'écarter et de se rapprocher du
porte-cylindres, en lui restant parallèle.

Les sommets des broches sont situés au-dessous du niveau
de débit des cylindres étireurs a.

789. Considérons actuellement le chariot à une distance quelconque, mais fixe, du porte-cylindres : attachons sans tension
l'extrémité du fil à la broche, un peu au-dessus du collet, en o,
puis imprimons-lui par les tambours un rapide mouvement de
rotation. Supposons un instant que les cylindres ne tournent
pas. Cette situation est représentée fig. 747. Par suite du mouvement rotatoire et de l'angle que le fil forme avec l'axe de la
broche, le fil va d'abord s'enrouler le long de cette dernière
jusqu'à son sommet r. Si, avant ce moment, le fil arrivait à être
perpendiculaire à la génératrice de la broche, il est évident que

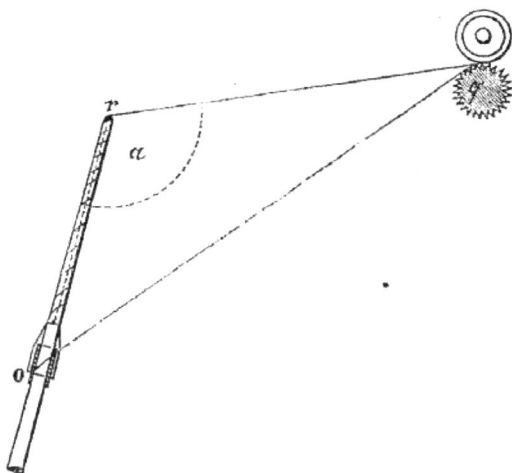

Fig. 747.

celle-ci enroulerait le fil et qu'après l'avoir tendu outre mesure,
elle le romprait. Mais si, lorsque le fil arrive au sommet,
l'angle α qu'il fait avec l'axe de la broche est encore *obtus*, il
arrive qu'à chaque tour de broche le fil passe par-dessus le
sommet et retombe dans la position qu'il avait avant ce tour.
Si la rotation de la broche est rapide, le fil n'a pas même le
temps de tomber, il pirouette sur le sommet et, par suite, se
tord sans trop de secousses, dans sa partie continue entre le
sommet de la broche et les cylindres.

790. Pour étirer et tordre simultanément, on voit qu'il suffit que, simultanément, les cylindres tournent, le chariot s'écarte et les broches tournent. L'ensemble de ces trois opérations s'appelle *sortie du chariot*. L'angle α diminue constamment dans ce mouvement de sortie, et, comme le fil forme en réalité une courbe (une chaînette), l'angle de son dernier élément vers la broche arrive à un certain moment à être droit et même aigu ; dès lors il s'opère un enroulement qui rompt le fil : il y a donc une limite à l'écartement du chariot.

A l'instant où le chariot arrive à la limite de sortie fixée par l'expérience, il s'arrête, les cylindres cessent de tourner, mais les broches continuent leur rotation afin de compléter et de répartir la torsion ; c'est la *torsion supplémentaire*.

Quand on file des numéros élevés, on donne à cette torsion supplémentaire une vitesse double, et on maintient dans le chariot, pendant cette torsion, un mouvement de sortie plus lent. Il en résulte simultanément un petit étirage par le chariot, qui s'appelle *étirage supplémentaire*.

Soient maintenant (fig. 746) montés sur le chariot avec des supports spéciaux, des arbres *s, u*, parallèles à la ligne des sommets des broches et munis chacun d'une série de *rabat-fils* ou pièces recourbées *v, x*. Les extrémités des rabat-fils de l'arbre *u*, sont traversées par un fil métallique appelé *guide-fil*, qu'elles soutiennent parallèlement à cet arbre. Il en est de même des rabat-fils de l'arbre *s*. L'ensemble constitué par l'arbre *u* et les pièces qui lui sont solidaires, est nommé *baguette*, et son guide-fil est disposé au-dessus des fils en fabrication. L'ensemble constitué par l'arbre *v* et les pièces qui lui sont solidaires se nomme *contre-baguette*, et son guide-fil est disposé au-dessous des fils en fabrication.

Nous avons laissé le chariot à l'extrémité de sa course et à la fin de la torsion supplémentaire. Au moment où cette dernière opération est terminée, on imprime aux broches un mouvement en sens inverse de manière à dérouler le fil qui, pendant la torsion, s'était enroulé sur la broche. En même temps les guide-fils, qui pendant les opérations précédentes ne touchaient pas les fils, se meuvent : l'un, celui de la baguette, s'abaisse pour guider le fil pendant le déroulement jusqu'à un certain point, c'est l'*abaissement de la baguette ;* l'autre, celui de la contre-baguette, s'élève pour le tendre et l'empêcher de *vriller*, ce qui résulterait de la détention du fil opérée par ledit déroulement ; cette tension s'opère au moyen du contre-poids, tendant à faire tourner la contre-baguette. On nomme *dépointage* l'ensemble de ces opérations.

Après le dépointage se fait le *renvidage*.

Le chariot se meut vers le porte-cylindres, les broches tournent de nouveau *dans le sens de la torsion*, mais lentement et dans le but d'*enrouler* et de *renvider* le fil tordu ou *fil-fait ;* en même temps la baguette se meut de manière à guider l'enroulement du fil sur la broche et la contre-baguette continue à le tendre.

Lorsque le chariot arrive au porte-cylindres, s'opère l'*empointage*. La contre-baguette s'*abaisse* et cesse de tendre, la baguette se *relève* et revient à sa position primitive au-dessus du niveau des broches et de la ligne droite qui va de leur sommet au point de débit des cylindres, les fils se réenroulent sur les broches jusqu'à leurs sommets, comme nous l'avons expliqué plus haut, les broches reprennent leur mouvement de torsion, les cylindres leur mouvement d'étirage, et le chariot son mouvement de *sortie*. Cette opération d'empointage se fait très-rapidement.

Les opérations que nous venons de décrire se répètent périodiquement.

Nous appelons :

> *Première période*, la sortie du chariot ;
> *Deuxième période*, la torsion et l'étirage supplémentaires ;
> *Troisième période*, le dépointage ;
> *Quatrième période*, le renvidage ou la *rentrée du chariot*.

L'empointage n'est pas à compter comme une période, mais comme le passage de la quatrième à la première période.

On nomme *aiguillée*, l'ensemble des quatre périodes.

Nous appelons *évolution*, le passage d'une période à la suivante ; après la première période vient la première évolution, après la seconde période la seconde évolution, et ainsi de suite.

A chaque aiguillée le renvidage dispose sur la broche une *couche* de fil, la série de ces couches forme la *bobine* ou la canette. Les bobines, une fois achevées sont enlevées des broches, et l'on en recommence de nouvelles. On appelle *levées*, l'ensemble des opérations ou aiguillées qui se font pour achever une série de bobines, et on appelle *faire la levée*, l'enlèvement des bobines.

791. La fig. 748 représente la coupe d'une canette. On y remarque un petit tube CD, ordinairement en papier, qu'on enfile sur la broche avant de commencer la levée et qui sert d'assise à la bobine. Les lignes EE′, FF′ ..., représentent les coupes des surfaces supérieures des couches successives de fil. On remarque que l'épaisseur de la première couche croît du sommet à la base, que cette croissance diminue d'une couche à l'autre, qu'elle devient nulle au point où commence à se former la partie cylindrique IJ.

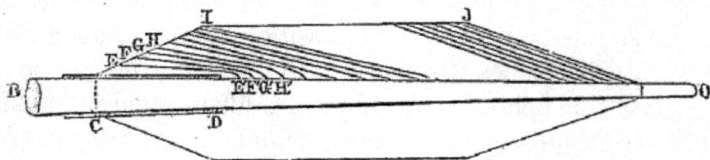

Fig. 748.

On remarque aussi que, par sa constitution même, par suite de l'allongement des hélices que forme le fil en s'enroulant, la canette peut être devidée par le simple tirage de son fil à son extrémité et dans la direction de son axe : condition absolue du prompt et facile dévidage des duites dans la navette du métier à tisser. La forme conique des couches permet d'ailleurs à la bobine de joindre à ce facile dévidage une certaine consistance qui lui est très-nécessaire.

Chaque couche est constituée par une espèce d'hélice de fil *descendante* et une autre *montante* ou *ascendante*, ce qui fait que chaque couche est constituée par deux *couches partielles*.

792. Il existe de très-nombreux systèmes de mécanismes pour donner aux différents organes opérateurs que nous venons de décrire, leur mouvement nécessaire. Pendant bien des années on ne savait donner ce mouvement d'une manière automatique que pendant les deux premières périodes. Ces métiers *partiellement automatiques,* dont le nombre de broches ne dépasse pas 400, s'appellent *mull-jenny.* Le mouvement du charriot produit l'étirage et l'ouvrier fileur donne en même temps la torsion à l'aide d'une manivelle actionnant le tambour sur lequel passent les cordes qui font tourner les broches.

793. Métier self-acting. — Les métiers, dits *self-acting*, dont toutes les périodes se font d'une manière automatique, sont

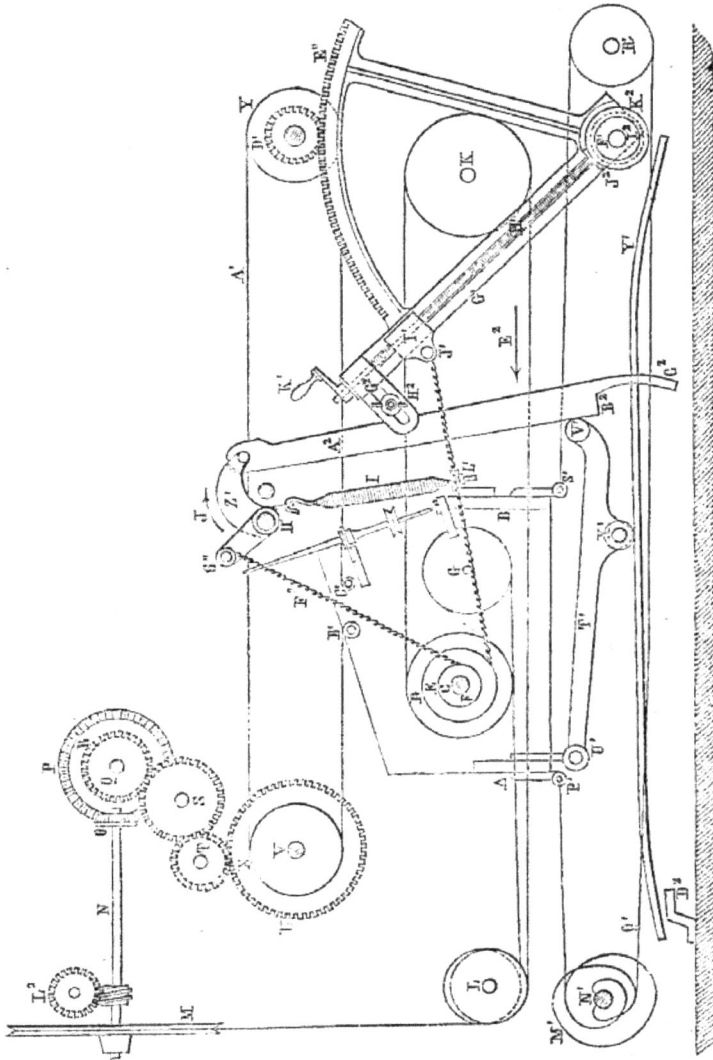

Fig. 749.

employés aujourd'hui dans tous les pays, mais c'est à l'Angleterre que revient l'honneur de les avoir réalisés et appliqués.

La figure 749 représente la coupe générale du chariot du Self-Acting en son milieu. Soient C *l'arbre des broches*, porteur des appareils qui commandent directement les broches; D une poulie à gorge fixe sur cet arbre; E un tambour fou

appelé *barillet;* F un second tambour fou appelé *virgule;* G
une poulie folle à gorge; H l'arbre de la baguette; I un ressort
qui sollicite le relèvement de la baguette.

Soient K une poulie folle placée à la partie antérieure de la
têtière; L deux poulies folles placées à la partie postérieure;
M une grande poulie à gorge fixée sur l'arbre horizontal N et
appelée *volant;* O une roue d'angle fixée sur l'arbre N; P une
roue d'angle commandée par la roue O et folle sur l'arbre longitudinal Q, qui commande le premier rang des cylindres, et
celui-ci les deux autres par des engrenages non représentés
sur la figure; R une roue solidaire de la roue P; S, T deux
roues intermédiaires commandées par la roue R; U une roue
commandée par la roue T, et fixée sur un arbre V parallèle au
porte-cylindres; X une poulie fixée à l'arbre V; Y une poulie
fixée à un arbre Z parallèle à V.

Une corde A′ passant sur les poulies X et Y et s'attachant au
chariot mobile par ses deux extrémités au moyen des deux
tendeurs B′ et C′, constitue un système qui, comme au mull-
jenny, s'appelle *main-douce*, parce qu'il remplace la main du
fileur qui, dans ces métiers, fait mouvoir le chariot.

Une corde sans fin passant sur les poulies M, L, G, D, K,
L, M relie la poulie D, et par suite l'arbre C, à la poulie M et à
l'arbre N.

Soient maintenant D′ un pignon fixé sur l'arbre Z; E′ un
secteur denté commandé par D′ et tournant autour de l'axe F′;
O′ un levier fixé au secteur, suivant un de ses rayons, portant
un arbre fileté H′ qui conduit un écrou I′, portant un crochet J′,
qui s'éloigne ou se rapproche du centre de rotation F′, quand
on fait tourner la manivelle K; L′ chaîne attachée au crochet J′
et allant s'enrouler autour du barillet E auquel elle s'attache
après un bouton par sa deuxième extrémité. On voit en M′ deux
espèces de fusées, dont les gorges ont la forme d'une volute
faisant quatre tours et présentant des rayons croissants puis
décroissants. A chacune de ces fusées, qui s'appellent *scroles*
ou *escargots*, s'attache, au point du plus petit rayon, une corde.
— Les deux cordes et les gorges sont disposées de telle façon
que l'arbre N′ des scroles tournant, l'une des cordes s'enroule
et l'autre se déroule, et que les vitesses d'enroulement et de déroulement sont toujours égales quoique variables. L'une des
cordes O′ va s'attacher directement au chariot en un point P′,

après un tendeur. L'autre, Q', va d'abord passer sur une poulie folle R', puis vient s'attacher devant le chariot en un point S'. Le chariot se trouvant au bout de sa course, et par suite l'une des cordes de scroles se trouvant entièrement déroulée et l'autre entièrement enroulée, si l'arbre des scroles est mis en mouvement de rotation uniforme de manière à attirer le chariot, celui-ci revient vers le porte-cylindres avec une vitesse croissante jusqu'au milieu de sa course, et décroissante depuis ce milieu jusqu'au porte-cylindres.

T' est un levier disposé sous le chariot, s'articulant à un tourillon fixé au chariot en U', muni en avant d'un galet V', et, en dessous, d'un galet X', lequel, pendant les mouvements du chariot, roule sur une courbe Y' et le fait osciller.

Z' levier recourbé, appelé *pousse-baguette*, fixé sur la baguette et s'articulant à son extrémité à un levier à peu près vertical A², dont la partie inférieure porte une encoche B². L'extrémité inférieure C² de ce levier se prolonge à côté de la règle Y'. Ce levier A² est sollicité par un ressort dans le sens de la flèche E², et, dans la position où il est dans la figure, il s'appuie contre le galet V'. On l'appelle *levier de liaison*.

D² est un nez fixé par terre et disposé de manière à être rencontré par l'extrémité C² du levier de liaison avant l'arrivée du chariot au porte-cylindres.

F² est une chaînette dont une extrémité s'attache sur les baguettes, et dont l'autre extrémité s'attache en un point de la virgule F.

Fonctionnement du métier.— Ayant décrit les divers organes, nous allons pouvoir expliquer comment leurs mouvements se succèdent pour obtenir les effets voulus, le caractère essentiel de ce métier étant de produire des effets divers au moyen d'embrayages et de débrayages successifs, le mouvement ou le repos des organes dont la réunion a pour but de satisfaire aux conditions de la filature.

Pendant la première période, l'arbre N est commandé par une poulie motrice montée sur lui; le volant M transmet le mouvement par sa corde à la poulie D, et par suite à l'axe C et aux broches; la roue P est, par un embrayage non figuré, rendue solidaire de l'arbre Q, et, par suite, les cylindres sont commandés. La roue T est engrenée par la roue U, et, par suite, le tambour X tourne, sollicite la corde A, et fait sortir le cha-

riot. En même temps l'arbre Z, qui tourne, commande la levée
.du secteur, qui, au début de la première période, se trouve
avoir son levier abaissé; le barillet F est fixe, et, par un système à friction, tend à enrouler la chaîne L'; il n'en enroule
évidemment que la quantité différentielle entre le mouvement
du chariot et celui du point d'attache J'.

La baguette se trouve entièrement relevée, c'est-à-dire qu'elle
a obéi à ses ressorts I, et qu'elle est arrêtée en ce moment contre
un butoir qui limite son élévation.

La virgule est folle en ce moment, ainsi que les scroles qui
ne tournent que par l'action du chariot sur leurs cordes.

Le levier de liaison est appuyé contre le galet V' et le levier
de règle T' oscille sans effet.

A la fin de cette première période, c'est-à-dire lorsque le
chariot arrive au bout de sa course, un système d'embrayage
débraye la main-douce en séparant les roues T et U, en les dé-
grenant, et en même temps rend la poulie P folle sur l'arbre Q.
Dès lors les cylindres et la main-douce sont arrêtés, la torsion
seule continue, la *première évolution* est faite et la *deuxième période s'effectue.*

Quand une fois les broches ont fait le nombre de tours voulu
pour la torsion du fil, un compteur L^2, monté sur l'arbre N,
met une seconde fois en jeu un débrayage, qui fait que la torsion s'arrête et qui donne lieu à la rotation en sens contraire
de l'arbre N, et, par suite, de la poulie M, de l'arbre D, de
l'arbre C et des broches : le fil enroulé sur les broches pendant
la torsion du fil se déroule et vient prendre la torsion moyenne
de l'aiguillée; c'est la *seconde évolution.*

La virgule est un organe disposé de façon à être solidaire de
l'arbre C, tant que celui-ci tourne en sens contraire à celui de
la torsion. Il résulte de ce mouvement de détour que la virgule
enroule la chaînette F^2, abaisse la baguette et effectue ainsi le
dépointage à la troisième période. Par l'abaissement de la baguette, le levier de liaison s'élève, et lorsque son encoche B^2
arrive au-dessus du galet V', il passe sur celui-ci, en vertu de
la force qui le sollicite dans la direction E^2. En même temps, et
par l'action du passage de l'encoche B^2, un embrayage se produit, d'où résulte le mouvement des scroles et le débrayage de
l'arbre N. C'est la *troisième évolution.*

Le barillet est disposé de manière à devenir solidaire de

l'arbre C toutes les fois et tant que le chariot se meut vers les porte-cylindres. Dès lors, le chariot étant, dans la quatrième période, tiré par les scroles, — et le point d'attache de la chaîne L' en J', se mouvant dans le même sens mais moins vite, — il y a déroulement de cette dernière chaîne, rotation du barillet, rotation de l'arbre C des broches. Celui-ci, tournant de nouveau dans le même sens que celui de la torsion, est alors abandonné par la virgule, qui devient folle. Lorsque le chariot s'approche du porte-cylindres, le tourillon H^2 du nez G^2 du secteur vient presser de haut en bas la chaîne qui va au barillet, et provoque par là une accélération de vitesse rotatoire dans le barillet.

Les oscillations du levier de règle, lesquelles sont commandées par la règle, se transmettent au levier de liaison, et, par suite, à la baguette. De la loi de rotation du barillet et de la loi d'oscillation de la baguette résulte la formation d'une couche de fil sur la broche. A chaque aiguillée, la règle et le point d'attache J' se déplacent suivant une certaine loi. Le mécanisme qui fait mouvoir I est assez complexe, mais peut être compris, en le supposant analogue à l'étoile du tour de Maudslay, produisant une progression d'une fraction de pas par chaque oscillation du secteur. Le déplacement de la règle se fait dans le sens vertical, de manière à varier les altitudes des couches de la bobine; les aiguilles successives donnant lieu à la formation de couches successives et concentriques dont l'ensemble constitue une canette.

La régularité de la canette, sa solidité pour qu'elle puisse passer immédiatement dans la navette du métier à tisser, est une des parties les plus délicates de la construction, à cause de la difficulté qui résulte de la variation de diamètre de la canette et de la complexité des organes dont les mouvements influent sur sa formation; aussi a-t-on réservé l'action de la main de l'ouvrier qui peut agir sur la manivelle pour agir sur le mouvement de J'.

La quatrième période se détermine quand le chariot arrive au porte-cylindres. L'extrémité C^2 du levier de liaison venant buter contre la pièce D^2 est repoussée, et dès lors le levier de liaison étant rejeté en arrière, de façon que l'encoche B^2 se retire de dessus le galet V', alors les ressorts I agissent et opèrent la relevée de la baguette. En même temps, un mécanisme distributeur mis en jeu par l'arrivée du chariot près du porte-cylindres 'donne lieu au débrayage des scroles, à la remise en train de l'arbre N, à l'embrayage de la main-douce et de l'arbre Q qui commande les cylindres. C'est la *quatrième évolution*. — Le chariot, en sortant, libère de nouveau le barillet, et la première période recommence.

Pour que le chariot soit arrêté avec douceur à la fin de la quatrième période, on dispose, derrière le porte-cylindres, des supports munis de tampons plus ou moins élastiques contre lesquels bute doucement le chariot et qu'on appelle *sentinelles*. Pour arrêter le chariot à la fin de la première période, il y a également des supports butoirs; il y a également des encochements dont le but est de rendre le chariot parfaitement immobile pendant les deuxième et troisième périodes.

Les dispositions générales du métier *self-acting* qui vien-d'être analysées résument les principales qui ont été employées, et permettent d'apprécier le génie dépensé dans la combinaison d'un des plus merveilleux et plus utiles automates de l'industrie moderne.

3° ORGANES SERVANT A PRODUIRE DES ENTRELACEMENTS RÉGULIERS.

Les divers ordres d'entrelacement des fils qui constituent la fabrication si importante des tissus s'obtiennent au moyen de quelques organes primitifs, que les machines compliquées, au moyen desquelles on obtient les tissus, sont destinées à faire fonctionner.

794. *Tissus à un seul fil.* — *Tricots.* — Les tricots sont formés par les entrelacements d'un même fil dont les boucles passent successivement dans celles précédemment formées; il en résulte un tissu doué d'une grande élasticité, les mailles pouvant s'allonger en tous sens. C'est ce qui le fait employer dans tous les cas où il faut que le vêtement prenne exactement la forme du corps. On le fait à la main au moyen de deux aiguilles sur lesquelles s'enroule le fil pour donner la grosseur de la maille.

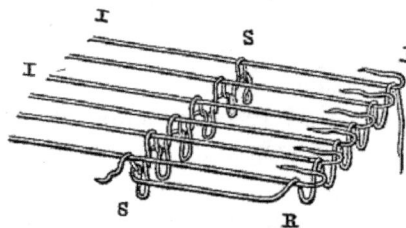

Fig. 750.

L'aiguille du métier à bas (fig. 750) offre l'avantage de permettre de faire en une seule opération une rangée entière de tricot. Cette aiguille en acier est terminée par une partie élastique dont l'extrémité rentre, par pression, dans une rainure pratiquée dans le corps de l'aiguille. Si un tricot se trouve commencé, et toutes les dernières mailles passées autour du corps des aiguilles, on pourra retirer celui-ci après avoir disposé en avant un fil ondulé en proportion de la grosseur de la maille, et l'avoir fait entrer dans les boucles que forment ces aiguilles. Il suffit de donner alors au tissu déjà formé un mouvement en avant, en le faisant passer sur les aiguilles dont les pointes ont été abaissées ; toutes les boucles du fil seront accrochées par les boucles du tricot déjà fabriqué et formeront une nouvelle série de mailles qu'il suffira de repousser sur le corps de l'aiguille pour recommencer une nouvelle opération; l'étoffe sera ainsi formée d'une série de boucles enchaînées successivement les unes avec les autres.

L'ondulation du fil est produite à l'aide de pièces dites *platines*, qui s'abaissent successivement entre chaque aiguille en allant vers l'extrémité libre du fil, et produisent un feston d'un développement convenable pour la maille à produire.

Il est clair que pour rétrécir ou élargir un tissu on n'a qu'à diminuer ou augmenter le nombre d'aiguilles enveloppées par le feston.

Le jeu de chaque aiguille pouvant se faire indépendamment de celui de toutes les autres, on a combiné avec succès des métiers circulaires, composés des mêmes éléments que le métier ordinaire, qui agissent successivement, et que l'on fait mouvoir rapidement par des communications de mouvement circulaire. Le tissu sort du métier sous forme de cylindre continu.

795. *Séries de fils parallèles.* — *Tulle.* — Nous n'insisterons ici que sur une des plus curieuses de ces fabrications par procédé mécanique, celle du tulle. Une pièce de tulle est représentée fig. 751 sur le métier et fig. 752 lorsqu'elle en est enlevée. Elle consiste dans une série de fils de chaîne parallèles entre eux ; la trame tourne une fois autour de chaque fil successivement, de proche en proche (deux fois à chaque extrémité pour former la lisière), de manière à former des mailles hexagonales par l'effet des doubles séries de fils se dirigeant les uns de droite à gauche et les autres de gauche à droite.

Les fils de chaîne sont enroulés sur un cylindre ensouple, et les fils de trame sur de petites bobines extrêmement plates

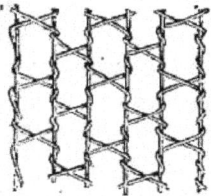 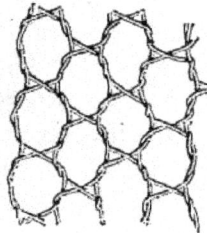 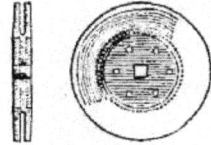

Fig. 751.   Fig. 752.   Fig. 753.

(fig. 753) pouvant passer entre deux fils de chaîne consécutifs. Un métier à tulle comprend 1,000 à 1,200 bobines plates; chacune d'elles porte environ 100 mètres de fil.

Chaque bobine est placée dans un cadre en fer (fig. 754);

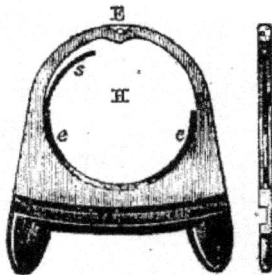 

Fig. 754.   Fig. 755.

un ressort la maintient en lui permettant de tourner, le fil se dévidant par un œil placé à la partie supérieure E.

La figure 756 représente les parties essentielles d'un métier à tulle. D, D' sont les cylindres ensouples entre lesquels les fils de la chaîne sont tendus verticalement; G, G' sont deux guides s'étendant sur toute la longueur du métier, divisant en deux séries les fils de la chaîne. Deux axes S, S' portent des aiguilles p, p', en nombre égal au nombre à moitié des fils de la chaîne, et en recevant un petit mouvement circulaire alternatif, produisent le mouvement des porte-bobines à travers la chaîne. En effet ces bobines sont disposées sur deux rangs parallèles c, c' de chaque côté de la chaîne. Elles sont portées sur

des barres formant des espèces de peignes représentés fig, 755, qui pénètrent dans les rainures gg; leurs extrémités ne sont éloignées que de l'intervalle nécessaire pour laisser passer la chaîne, de telle sorte que les bobines passent facilement de l'un sur l'autre. Leur mouvement est déterminé par les barres b, b' et achevé par les aiguilles p, p'. Après cha-
que passage, un mouvement d'oscillation fait déplacer la-
téralement les bobines d'un intervalle des fils de chaîne, et par des mouvements alternatifs nouveaux, la bo-
bine passe sur la dent du peigne opposé voisine de celle où elle était d'abord. C'est ainsi que se produit chaque série de mailles, puis le tissus est relevé de la hauteur d'une maille par la traction des aiguilles portées par les bras B, B'.

C'est pour remplacer le tissu de la dentelle fait à la main, que le tulle a été inventé. Reste à obtenir mé-

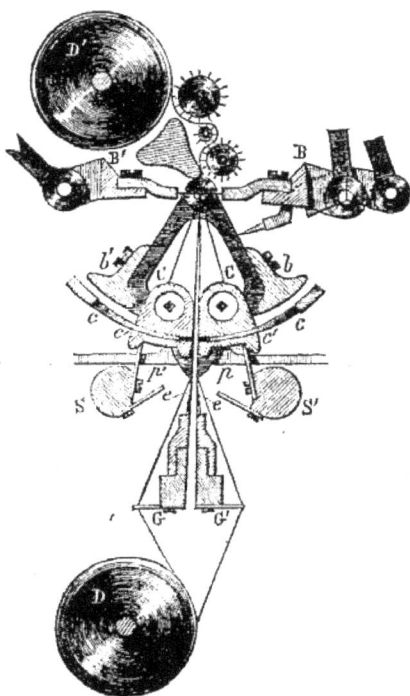

Fig. 756.

caniquement des dessins analogues à ceux fort coûteux de la dentelle ; c'est le but des recherches intéressantes qui permettent de fabriquer chaque jour de nouveaux produits par une application de la Jacquart (voir plus loin) au métier à tulle.

796. *Tissage proprement dit.* — Le tissage proprement dit, celui employé pour produire la généralité des étoffes, consiste à faire passer un fil continu qu'on nomme *trame* entre des fils parallèles qu'on nomme *chaîne*, en les croisant à angle droit. De la liaison ainsi produite des deux systèmes des fils perpendiculaires entre eux résulte l'étoffe.

Les organes essentiels de ce travail sont :

1° Les cylindres ensouples, cylindres parallèles, autour desquels les fils de la chaîne et l'étoffe déjà tissée s'enroulent ;

2° La navette (fig. 757) renfermant la bobine sur laquelle le fil de la trame est enroulé et à laquelle un mouvement rectiligne alternatif doit être imprimé, de manière à lui faire traverser la largeur de l'étoffe. Elle est lancée par un taquet mû par une corde qui vient la chasser brusquement ;

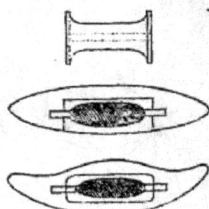

Fig. 757.

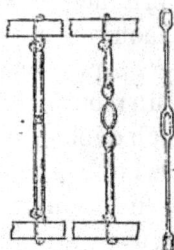

Fig. 758.

3° Les organes qui servent à faire lever ou abaisser les fils de la chaîne tendus entre deux cylindres horizontaux sur lesquels ils s'enroulent, ce sont les *lisses* (fig. 758) composés de fils formant des boucles, quelquefois [d'un œil de verre ou de métal attaché à un fil. A chaque lisse ou réunion de lisses pour les fils qui doivent se lever en même temps, correspond une *marche* consistant, dans le métier ordinaire, dans un levier qu'on fait marcher avec le pied pour agir sur le fil de la chaîne au moyen de la lisse réunie à la marche par un fil ; ces fils deviennent, on le voit, de véritables organes directeurs du mouvement des fils.

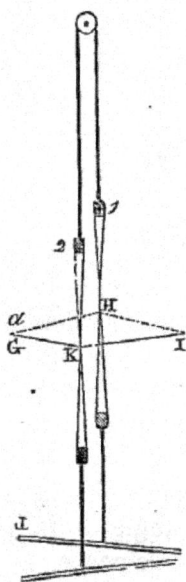

Fig. 759.

La disposition de tissu la plus simple, celle de la plus grande partie des tissus, est obtenue par le système représenté figure 759. La première duite passe alternativement sur tous les fils pairs et sous tous les fils impairs ; la seconde, au contraire, sous tous les fils pairs et sur tous les fils impairs, effet produits à l'aide de deux marches L que le tisserand abaisse alternativement avec ses pieds.

4° D'un battant, pièce de bois horizontale oscillant autour d'un axe placé vers le haut du métier. Ce battant sert à établir une liaison intime entre la trame et la chaîne en serrant les duites successives. Pour cela il faut qu'il agisse en chaque croisement du fil, ce qu'on obtient en le formant, dans la partie où il rencontre la chaîne, de la pièce appelée *rot* (fig. 760), formée

Fig. 760.

par une réunion de lames métalliques ou de roseaux, entre lesquels passent les fils de la chaîne.

Pour tisser, il faut abaisser les fils de la chaîne précédemment levés, lever les autres à l'aide des marches et des lisses, lancer la navette et serrer le fil, à l'aide du battant, dans l'angle formé par les fils de la chaîne.

C'est en levant et baissant alternativement, avec le pied, les fils consécutifs, c'est-à-dire en faisant mouvoir par une lisse et une marche les fils pairs, et par une seconde lisse et une seconde marche les fils impairs, que se tisse la toile sur le métier ordinaire de tisserand (fig. 761). On voit les lisses en C, le battant en E, les marches en H, la poignée du taquet en G, etc.

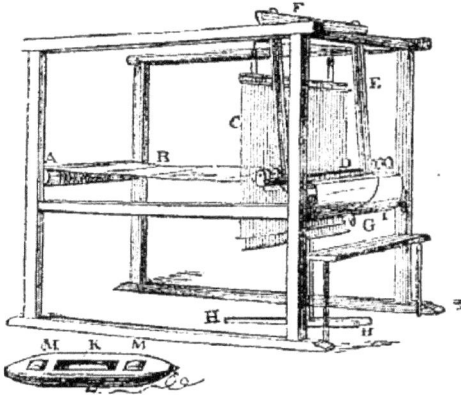

Fig. 761.

797. *Métier mécanique.* — On est parvenu à effectuer mécaniquement tous les mouvements du métier à tisser, dans des conditions pratiques satisfaisantes, et aujourd'hui presque toutes les étoffes à fil lisse et un peu résistant, les tissus de coton notamment, sont tissés par machines. Les mouvements sont ceux, assez simples, du métier à tisser ordinaire, mais leur répétition

à grande vitesse exige les ressources de la construction la plus
parfaite. Nous donnerons ici la coupe d'un de ces métiers. On y
voit la disposition du battant (*c*, *b*) qui est mû par la manivelle
qui fait aussi mouvoir les lisses *ff*, alternativement, à l'aide
d'une poulie. Le mécanisme qui donne le mouvement de la navette, à chaque période du mouvement, peut se déduire facilement de ce qui précède.

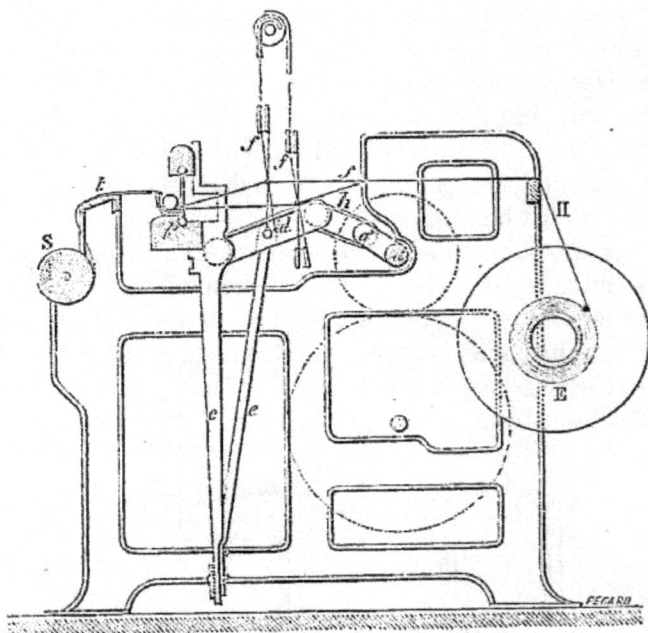

Fig. 762.

798. En variant l'ordre du mouvement des lisses ou de fils
de la chaîne, on varie de diverses manières l'entrelacement des
fils; ces différents systèmes s'appellent des *armures*. L'apparence des étoffes se modifie avec ces entrelacements; ainsi l'armure satin, pour laquelle le fil de la trame recouvrira trois ou
quatre fils de la chaîne, aura un brillant supérieur à l'armure
toile, où les fils alternent un à un, et dont les replis brisent la
lumière. C'est dans leur disposition, que se manifeste l'habileté
du fabricant. (Nous en donnons la classification dans une note
placée à la fin de cet ouvrage.)

En variant la nature des fils de trame qui se succèdent, on
modifie également l'apparence d'une étoffe. C'est ainsi qu'avec

une succession de navettes différentes, renfermées dans une boîte tournante, on exécute automatiquement des rayures variées, des étoffes à carreaux, les fils de couleur étant répartis dans la chaîne comme ils doivent l'être dans la trame.

4° COMBINAISONS PROPRES A PRODUIRE MÉCANIQUEMENT DES ENTRELACEMENTS QUELCONQUES.

799. Quand le mouvement des lisses doit être très-varié, comme c'est le cas pour les tissus façonnés sur lesquels on obtient la représentation de dessins complexes à l'aide de fils de diverses couleurs, la complication de ces mouvements d'un très-grand nombre de fils ne permet pas de les faire mouvoir par un petit nombre de marches. Il faudrait alors lever successivement à la main les fils convenables de la chaîne, pour faire apparaître d'un seul côté ceux de la trame qui doivent former un élément du dessin, comme on le faisait avec le *métier à la tire* autrefois employé, si on n'était parvenu à résoudre la question au moyen d'organes classificateurs extrêmement remarquables, dont nous allons parler.

800. *Procédé de Jacquart.* — Nous avons déjà indiqué, en traitant de la disposition des organes d'arrêt du mouvement rectiligne, en quoi consistent ces organes; c'est surtout dans la fabrication des tissus, dans laquelle on agit sur une multitude de fils, que des organes de cette nature sont employés, mais ils peuvent trouver beaucoup d'autres applications. Ces organes sont bien distincts de l'outil avec lequel on les confond souvent; ils ne font pas le travail utile, ils contribuent seulement à le rendre possible.

Pour bien comprendre en quoi consiste la belle invention de Vaucanson perfectionnée par Jacquart, il nous faut dire quelquelques mots de la mise en carte et du lisage des dessins qu'il s'agit de reproduire sur l'étoffe. C'est ce qu'on appelle la mise en carte.

801. *Lisage.* — Le dessin des figures qui doivent être reproduites sur l'étoffe doit d'abord être fait sur papier quadrillé, chaque petit carré représentant la place d'un fil, et d'après la couleur du dessin enluminé, indiquant le fil qui doit lui correspondre dans l'étoffe.

Ainsi, dans la figure 763, le dessin est tracé sur papier qua-

drillé de dix en dix, c'est-à-dire dans lequel les côtés des
grands carrés sont divisés en dix parties. Pour tous les points
noirs du fond, l'entrelacement de la chaîne et de la trame se
fera comme pour une étoffe unie; pour les parties blanches
destinées à former un dessin, il faut que des fils de trame de
couleurs convenables viennent recouvrir les fils de la chaîne.
Il faut par conséquent qu'en ces points les fils de la chaîne
soient baissés à un certain moment pour se laisser recouvrir

Fig. 763.

par le fil de trame de couleur convenable ou duite en cet endroit, tandis que les autres doivent être soulevés pour laisser
passer la duite en dessous d'eux; le travail se réduit d'après
cela à faire mouvoir ces différents fils de la chaîne de la manière déterminée par la mise en carte. Quant au mouvement
de la trame, il reste toujours le même; la duite passe à chaque
course dans toute la longueur de l'étoffe, produisant des effets
variés en raison du plus ou moins grand nombre de fils dessus
ou dessous lesquels elle passe.

Le lisage consiste à percer dans des cartons des trous correspondant aux divers points du dessin, pour les diverses
couleurs d'après la mise en carte, cartons dont nous allons
voir l'emploi.

802. *Métier Jacquart.* — Nous pouvons maintenant décrire
le métier à la Jacquart.

La fig. 764 est une vue théorique de la Jacquart, où les éléments sont disposés dans le seul but d'en bien montrer le fonctionnement. Chaque fil horizontal *cc'* de la chaîne passe dans
un maillon porté par un fil vertical *l*, dit *lissette*, suspendu à
une tige verticale J, terminé à sa partie supérieure par un crochet I, dit *bec-de-corbin*. Pour lever le fil de chaîne, il suffira
que le crochet soit pris par la griffe *k* au moment où, appuyant
sur la pédale unique P, l'ouvrier soulèvera cette griffe, par l'intermédiaire du levier L L'. Si à ce moment le crochet au lieu
d'être vertical, reste dévié en arrière, il est clair qu'un mouvement d'élévation de la griffe ne soulèvera pas le fil de la chaîne.

La question se ramène ainsi à ne faire mouvoir le crochet que pour les fils de chaîne qui doivent être soulevés pour le passage d'une duite déterminée. A cet effet, sa tige traverse un anneau pratiqué dans une aiguille horizontale mm'; à l'extrémité de gauche de cette aiguille est un ressort r qui, poussant l'aiguille,

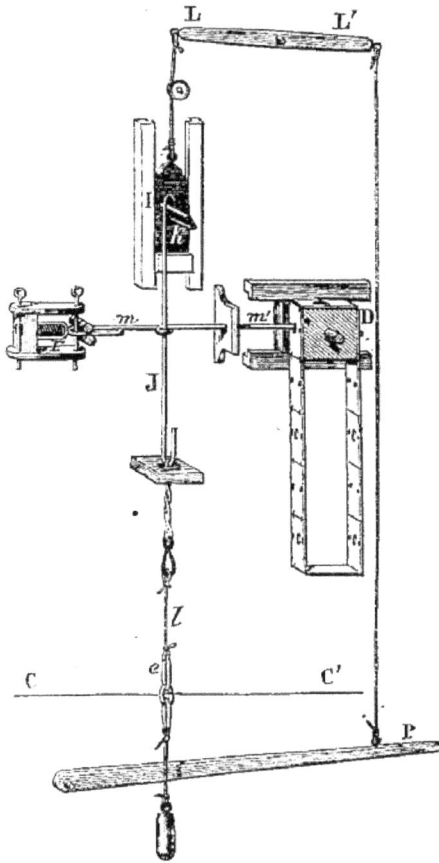

Fig. 764.

tend à amener le crochet dans la verticale. Si on repousse l'aiguille par son extrémité, en pressant sur le ressort, celui-ci cédera et le crochet sera dévié. Or, devant cette extrémité se trouve une pièce mobile D, dite *cylindre*, percée de trous laissant passer l'aiguille, et, par suite, faisant arriver le crochet dans la verticale quand le fil correspondant doit être levé. Si on bouche ce trou, le fil restera en repos. Cet effet de repos ou de mouvement est produit, ainsi que cela doit avoir lieu suivant le dessin à reproduire, à l'aide des cartons perforés par l'opération du *lisage*, cartons qui viennent, pour chaque duite, s'interposer entre le cylindre et les aiguilles.

Comme il n'est pas un dessin, si compliqué qu'il soit, qui ne présente des parties semblables, et par conséquent des points différents du tissu où plusieurs fils doivent être soulevés ou rester immobiles en même temps sur la même ligne ou duite, on a soin d'assembler toutes les lisses portant des fils qui font les mêmes fonctions, pour les attacher à une même petite corde qu'on nomme *arcade*, et on fait passer chacune dans un trou correspondant de la planche d'*arcades*, pour l'attacher ensuite à une aiguille verticale, après avoir traversé une nouvelle planche percée de trous comme la première. Cette seconde planche se nomme planche à *collet*.

Toutes les aiguilles verticales ou crochets, qui sont en nombre égal à celui des arcades, reposent à leurs extrémités supérieures, sur autant de lames fixes qu'il y a d'aiguilles. Il y a autant de crochets verticaux, et par conséquent d'aiguilles horizontales correspondantes, qu'il y a de trous dans la planche d'arcades, et ces rangées sont disposées dans le même ordre, et en rapport avec celles-ci. En regard de l'étui qui reçoit l'extrémité des aiguilles, se trouve le prisme carré en bois, le cylindre qui est percé d'autant de trous qu'il y a d'aiguilles, et auquel on fait faire un quart de révolution après le passage d'une duite. Chaque trou correspond à une aiguille horizontale du métier; contre la face antérieure se trouvent appliqués des cartons *a, a* (fig. 765); ceux-ci sont en plus ou moins grand

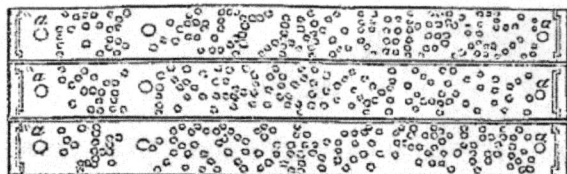

Fig. 765.

nombre suivant la complication du dessin. L'ensemble des trous de chaque carton, dont la longueur est égale à l'un des côtés du prisme, sur lequel ils viennent successivement s'appliquer, représente le nombre de crochets verticaux à soulever pour former la partie d'un dessin comprise dans une duite.

803. *Espoulinage.* — Le défaut du système précédent appliqué à la fabrication des façonnés, c'est que le fil qui ne doit apparaître qu'en quelques points de la partie supérieure de l'étoffe reste dessous tout le reste de la largeur de cette étoffe, qui pour la solidité doit recevoir une double trame, dont une est composée pour la plus grande part de fils flottants qu'il faut couper. C'est là la grande cause d'infériorité de la fabrication des châles français relativement à celle des cachemires de l'Inde, qui, fabriqués comme de la broderie, à l'aide de petites navettes dites *espoulins*, que l'on fait passer à la main autour du fil seulement de la chaîne qui doit être recouvert d'un fil coloré, ont une légèreté et une solidité parfaites, mais au prix d'une main-d'œuvre considérable, qui rendrait le prix des produits énorme si on comptait les journées de travail au prix de celles de l'ouvrier européen.

Il y a là un progrès à opérer qui a attiré et attire chaque jour l'attention des plus ingénieux inventeurs. Les essais dont on peut le mieux augurer sont ceux qui ont pour but de charger la Jacquart d'amener près des fils de la chaîne de petits espoulins chargés du fil de trame de couleur convenable, de manière à être relevés après avoir accompli seulement leur course utile, en les faisant passer d'un crochet de support à un autre, qui tous deux se relèvent pour l'opération suivante. Déjà les battants brocheurs, porteurs de petits espoulins, ont été appliqués avec succès à diverses fabrications, à celle des rubans par exemple.

Nous ne pouvons entrer dans de grands détails sur ces questions, ne pouvant donner ici que les organes principaux à l'aide desquels se pratique la grande industrie des tissus, qui n'est pas seulement la plus importante de toutes par le chiffre de ses produits, mais qui offre encore un sujet d'études du plus grand intérêt, une foule de problèmes à résoudre dignes des travaux des meilleurs esprits, et où des œuvres de génie se sont accumulées sans qu'on en ait apprécié le plus souvent la valeur intellectuelle[1].

---

1. La grande variété de systèmes d'entre-croisement de fils pour former les tissus pleins ou à jour, d'aspects divers, unis ou figurés, donne lieu à une classe de problèmes curieux et difficiles. Ces problèmes, comme la marche du cavalier aux échecs, appartiennent à cette géométrie particulière que Leibnitz

804. *Machine à broder et à coudre*. — L'organe principal de ces machines, qui en a rendu le maniement facile et pratique pour décorer un tissu et surtout en réunir des parties par cou-ture, est une aiguille dont l'œil est voi-sin de la pointe (fig. 766). Le fil, entraîné à travers l'étoffe, laisse de l'autre côté, en revenant, une boucle qui peut être traversée, soit par un fil porté par une petite navette, soit par la boucle four-nie par le point suivant, ce qui fait le point de chaînette, comme à l'ori-gine de cette invention, ce qui était in-suffisant pour la solidité de la couture.

Fig. 766.

En laissant les boucles quelque peu sail-lantes, surtout en employant des fils épais, comme ceux de laine, on a immédiatement une broderie saillante, dont la fabrication peut s'effectuer rapidement.

Nous décrirons la machine à navette de Hove, qui est l'une des plus simples.

La pièce dite *porte-aiguille*, se meut le long d'une plaque

nommait *Géométrie de situation*, science à laquelle se rapportent divers tra-vaux, et qui ne doit pas être confondue avec la Cinématique, qui considère essentiellement les relations de mouvement, d'espace ou de temps étrangers à cette géométrie.

Vandermonde a publié (voir les Mémoires de l'ancienne Académie des sciences pour l'année 1774) des remarques sur les *problèmes de situation*, à propos de l'étude des questions qui se rattachent à la fabrication méca-nique des tissus à mailles: Après avoir rappelé les recherches du grand Euler sur la marche du cavalier aux échecs, la promesse de Leibnitz de publier un *calcul des situations*, la notation de Viète relative aux *nombres généraux* ou *déterminés*, Vandermonde propose un système de notation à indices anté-rieurs et postérieurs accompagnant la lettre principale relative au fil dont la route, la marche au travers d'un rectangle ou d'un parallélipipède qua-drillé, subdivisé en petits carrés ou cubes égaux, doit être représentée dans tous ses méandres, circonvolutions, replis ou croisements successifs, au moyen de ce que l'auteur nomme les *nombres nombrants* ou entiers, propres à représenter l'ordre, le rang de chacune des cases du réticule que le fil parcourt.

Ce système ne donne pas des résultats d'une simplicité désirable; aussi Alcan a-t-il repris à un point de vue plus pratique cette question, et il est parvenu à représenter utilement, par une formule assez simple, tout genre de tissu qui se rencontre dans le commerce. Nous en parlons dans la note rela-tive aux armures, qui est placée à la fin de ce volume.

verticale faisant fonction de glissière; l'œil placé, près de la pointe, reçoit le fil, qui est fourni par une bobine disposée en haut du bâti. Cette aiguille s'enfonce verticalement au travers de l'étoffe, et, au moment où elle commence à remonter, le fil qu'elle ramène forme une boucle; c'est alors qu'une navette à mouvement rectiligne horizontal traverse cette boucle et y laisse un second fil. Ensuite l'aiguille remonte tout à fait, la navette reprend sa position initiale, et les deux fils forment un croisement dont l'intersection se trouve au centre de l'étoffe, c'est-à-dire entre les deux surfaces qu'il s'agit de réunir; ce qui se traduit extérieurement par une espèce de point arrière.

Au-dessus du porte-aiguille et au sommet de la machine est une branche métallique horizontale, fonctionnant dans une charnière d'un bout, et d'autre part terminée, à son extrémité antérieure, par un anneau que traverse le fil de la bobine supérieure avant d'entrer dans l'œil de l'aiguille. Cette branche d'arrêt est pressée par un ressort fonctionnant en dessous et passe entre deux brides : l'une, attachée au porte-aiguille, en suit tous les mouvements, et l'autre, fixe, est adaptée au haut de la glissière dans laquelle se meut le porte-aiguille. Cette disposition a pour but d'assurer au fil de l'aiguille une tension constante, nécessaire au serrage du point, et de permettre à la machine de fonctionner à une grande vitesse sans craindre de le rompre.

L'entraînement de l'étoffe, d'où doit résulter la succession régulière des points, est obtenu au moyen d'une *roue d'alimentation* qui entraîne le tissu et qui, mise en mouvement par le mécanisme même qui commande l'aiguille, opère sa rotation d'une manière intermittente. Une vis de rappel permet de changer le vitesse angulaire de cette rotation, de manière à régler à volonté l'écartement des points.

Enfin, une manivelle à volant, commandée par une pédale, met en mouvement tout le système et laisse à l'ouvrier l'usage de ses mains pour faire suivre à l'étoffe les directions variées que peut nécessiter la couture.

Passons en revue quelques organes particuliers de cette machine, dont le jeu ne se comprend pas à la seule inspection de la figure.

Aiguille et porte-aiguille. — c est l'arbre moteur de l'aiguille fixée dans le porte-aiguille e (fig. 767). Il porte un excentrique qui abaisse, suivant la loi voulue, le porte-aiguille qu'un ressort relève. Le tracé en est fait de manière à produire quatre mouvements : descente, ascension partielle, temps de repos et ascension finale de l'aiguille. (Voir ci-après.)

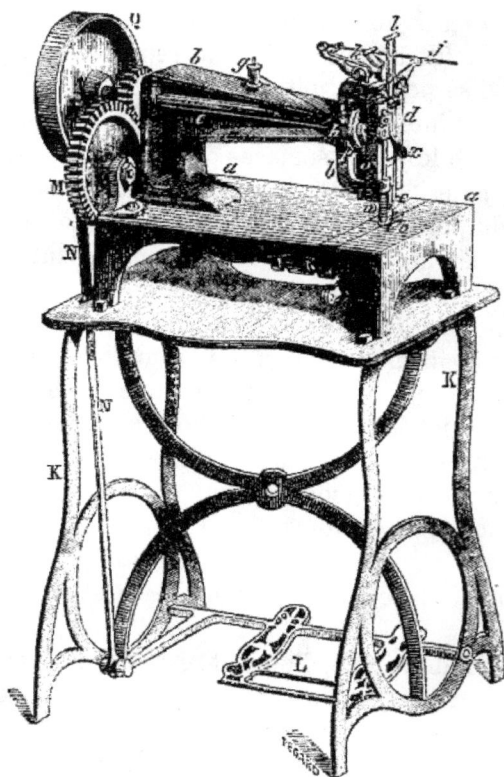

Fig. 767.

Navette. — *q*, *q* est la navette, vue sous diverses faces, (fig. 768) qui contient, dans un évidement intérieur, la bobine qui porte le second fil. Comme il est important qu'elle puisse être remplacée facilement lorsque son fil est épuisé, le tourillon de gauche, qui supporte l'axe autour duquel elle est mobile, porte sur un ressort en caoutchouc disposé dans le talon de la navette, en sorte qu'on n'a qu'à appuyer sur l'embase de gauche pour faire rentrer ce ressort, et le tourillon de droite se trouvant dégagé permet de sortir facilement la bobine.

Comme il est nécessaire que le fil ait une certaine tension pour que la bobine ne se déroule pas trop vite, on en fait passer

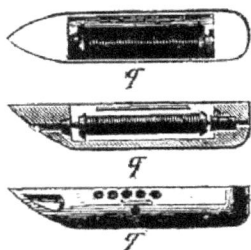

Fig. 768.

le bout dans un ou plusieurs trous pratiqués sur le bord longitudinal de la navette, et enfin, au moment où il la quitte, il est maintenu contre sa paroi au moyen d'une barrette horizontale placée intérieurement et qui lui laisse un jeu suffisant. La navette est placée sur le flanc, et son ouverture pratiquée contre la paroi de la table qui porte la rainure *n* dans laquelle descend l'aiguille; elle se meut perpendiculairement à la direction de l'arbre *c* dans une coulisse où la conduit le chasse-navette.

Ce chasse-navette *r* se meut (fig. 769) dans une glissière

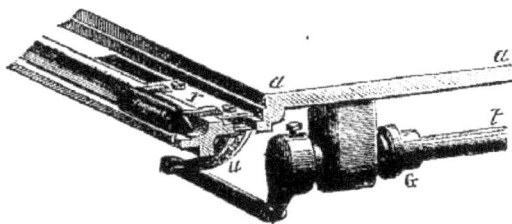

Fig. 769.

contiguë à la coulisse de la navette et chasse celle-ci tantôt de gauche à droite au moyen d'un doigt rectiligne qui pousse le talon, et tantôt de droite à gauche au moyen d'un doigt courbe qui saisit le bec.

Les choses sont combinées de telle sorte qu'au moment où la boucle a été formée par la descente de l'aiguille, la navette chassée par le talon s'introduit par le bec dans cette boucle, l'élargit de manière à y passer complétement en tirant une partie du fil non tendue qui est dans la rainure, et y déposant son fil, termine sa course pendant que l'aiguille remonte et serre le point; chassée ensuite de droite à gauche par le doigt courbe du chasse-navette, elle revient à son point de départ pendant que l'aiguille traverse de nouveau l'étoffe et accomplit une partie de sa descente.

La figure 769 est une vue de côté, prise en dessous, de la table de la machine, qui permet de voir comment se produit le mouvement de la navette.

t est l'arbre moteur, de la navette, placé sous la table *a* parallèlement à l'arbre *c*, et situé avec lui dans un même plan vertical; *u* est un levier fixé sous le chasse-navette, auquel il transmet le mouvement de l'arbre *t* par l'intermédiaire d'une manivelle calée à l'extrémité de cet arbre.

Mouvements de la machine. — Les mouvements successifs des parties diverses de la machine effectués très-rapidement, peuvent toutefois se décomposer en six temps, ainsi qu'il suit :

AIGUILLE. — *Quatre temps.*

1° Mouvement descendant ;
2° Mouvement partiel d'ascension ;
3° Temps en repos ;
4° Mouvement final d'ascension.

NAVETTE. — *Deux temps.*

5° Mouvement en avant;
6° Mouvement en arrière.

Dans le temps n° 1, l'aiguille opère complétement sa descente, traverse l'étoffe, en entraînant le fil qui se déroule de la bobine supérieure.

Pendant le temps n° 2, durant lequel l'aiguille remonte de 4 millimètres environ, la boucle se forme.

Puis le temps n° 3 a lieu, et, sitôt qu'il commence, le doigt postérieur du chasse-navette doit toucher le talon de la navette, afin qu'elle soit prête à partir pour entrer dans la boucle.

La navette accomplit alors le temps n° 5, pour passer dans la boucle.

Quand les deux tiers de sa longueur y ont passé, le mouvement ascensionnel de l'aiguille (temps n° 4) commence déjà pour opérer le serrage du point, et il est à peine terminé, que l'aiguille redescend aussitôt.

Pendant qu'elle redescend (temps n° 4), la navette revient en place (temps n° 6), et ainsi de suite.

CHAPITRE III.

Résistances à surmonter pour donner à un corps une forme déterminée.

805. *Des outils proprement dits.* — Le but des outils et machines-outils est d'opérer, par une action mécanique, un changement dans la dimension des corps et de créer les différentes formes employées dans les arts. Produits de l'intelligence humaine, ils sont la base de toute civilisation. Les sauvages les connaissent à peine, ou ceux qu'ils possèdent sont si imparfaits qu'il leur faut un temps infini pour arriver à produire la forme la plus simple. Aussi peut-on mesurer le degré de civilisation d'un peuple à la plus ou moins grande perfection de ses outils, à la plus ou moins grande rapidité avec laquelle il parvient à donner à la matière une forme déterminée. Celui qui découvrit la propriété de l'acier de se durcir à la trempe, et de devenir ainsi l'agent au moyen duquel on peut attaquer la plupart des autres corps, a rendu à la civilisation le service le plus capital.

L'importance extrême des outils fait aisément comprendre l'intérêt que présente l'étude de leur mode d'action, du mouvement le plus convenable qu'on doit leur donner, puisque c'est cette connaissance seule qui peut permettre de remplacer le travail de la main par l'emploi des forces naturelles; on voit aussi tout l'intérêt que l'on doit attacher à l'invention de nouveaux outils dus en général au travail patient et intelligent de l'ouvrier.

806. Il est évident *à priori* qu'un corps ne peut être amené à prendre une forme voulue que par deux méthodes générales :

1° Par pression : en comprimant les corps mous et malléables soit contre des surfaces, soit dans des moules portant en creux la forme à obtenir, ou à froid, ou à chaud pour les métaux dont la chaleur augmente la malléabilité. Ce dernier cas, par extension, comprend le moulage des corps amenés à l'etat liquide, qui ne remplissent les moules que par l'effet d'une pression, celle due au poids de la matière fondue étant souvent suffisante. On ne classe pas en général dans les procédés mécaniques ce moyen de fabrication, dont la nature cependant ne saurait être douteuse, mais dont l'étude à ce point de vue n'offre que peu d'intérêt. Enfin, appliquée aux corps peu malléables, la pression est le moyen de détruire l'adhérence de leurs molécules et de les réduire en poussière.

2° Par DIVISION : en enlevant par l'action d'un tranchant les volumes de matière qui excèdent la figure du corps virtuellement renfermée dans le bloc dont il s'agit de l'extraire en quelque sorte. La question cinématique acquiert, dans ce second cas, autant d'importance que la question dynamique.

Dans le premier cas, la forme du corps qui donne la pression est souvent indifférente, par exemple quand il s'agit plutôt d'obtenir les phénomènes qui résultent de la compression des corps que de leur faire prendre une forme déterminée, comme dans l'opération bien connue d'exprimer un liquide mélangé avec un corps solide. Dans le second cas, au contraire, l'outil est toujours un tranchant ou composé de tranchants, dont l'angle et la disposition varient en raison de la substance à travailler et du mode d'opérer.

Mais il faut bien remarquer que, dans tous les cas, un outil ne peut servir à effectuer le travail pour lequel il est combiné que par l'influence d'une force, ou, ce qui est la même chose, par la communication d'un mouvement. Donc, l'opérateur ne peut encore être considéré comme guidé d'une autre manière dans le système mécanique dont il fait partie que dans l'un des trois systèmes : levier, tour et plan, c'est-à-dire en rendant fixes, dans les pièces en mouvement avec lesquelles il est assemblé, un point, une droite ou un plan. Classant donc les outils d'après les mouvements ainsi obtenus, c'est-à-dire rectilignes ou circulaires (en comprenant le mouvement du levier dans ce second cas), ou suivant une courbe, nous obtiendrons les divisions suivantes, comprenant naturellement les moyens d'exécuter les surfaces dont on fait usage dans les arts, qui ont en général pour génératrice la ligne droite ou le cercle, ou des lignes dont la génération se déduit du mouvement suivant un cercle ou une ligne droite, les seules dont l'exécution et le tracé puissent être obtenus avec facilité, d'après ce que nous venons de dire :

1º Outils agissant par *pression*.
- Mouvement rectiligne.
- Mouvement circulaire.

2º Outils agissant par *usure*, en enlevant en parcelles très-menues l'excédant de la matière........
- Mouvement rectiligne.
- Mouvement circulaire.

3º Outils agissant par *division*.
- Mouvement circulaire alternatif (*levier*).
- Mouvement circulaire (*tour*).
- Mouvement rectiligne ou guidé suivant une courbe (*plan*).
- Combinaison du mouvement circulaire et du mouvement rectiligne.

Nous avons ajouté la section 2ᵉ pour les outils dont les propriétés reposent sur les mêmes principes que celles des outils renfermés dans la 3ᵉ section, avec cette différence qu'ils opèrent par la répétition d'actions peu considérables.

PREMIÈRE CLASSE.

Outils agissant par pression.

807. Les opérateurs par pression doivent se diviser en deux classes distinctes, suivant qu'ils agissent *avec choc* ou *sans choc*. Comme nous l'avons déjà dit, les premiers ne doivent jamais être employés, eu égard à l'économie des forces motrices, qu'autant que la nature du travail à effectuer exige absolument ce mode d'opérer, et qu'il est impossible d'obtenir, par les opérateurs travaillant sans choc, le même travail.

1º MOUVEMENT RECTILIGNE.

808. C'est presque toujours à l'aide d'un mouvement rectiligne intermittent que l'on produit le travail dans ce genre de machines. La résistance à la pression étant en général croissante vers la fin du travail, le produit $R r$ (R la résistance, r le chemin parcouru), qui représente le travail résistant, ne pourra le plus souvent être obtenu à l'aide d'un travail moteur déter-

miné qu'en donnant une très-petite valeur à r, celle de R résultant de la nature du travail à effectuer, étant par suite invariable, et une machine ne pouvant servir qu'à faire varier les *facteurs du travail.*

Ceci fait bien comprendre l'avantage que procure le choc pour obtenir facilement des pressions très-considérables. Ainsi un corps pesant P, tombant d'une hauteur h, développe un travail Ph; il pourra donc permettre d'effectuer le travail résistant égal Rr, bien que R doive être bien plus grand que P, si r est extrêmement petit par rapport à h.

809. *Opérateurs agissant avec choc.* — Un corps dur, pesant, soulevé et retombant d'une certaine hauteur, ayant par suite un mouvement rectiligne quand il est libre ou maintenu par des guides plans qui assurent la direction du mouvement, est le principal opérateur pour agir par choc; tels sont le *mouton*, le *pilon* et les *marteaux* soulevés verticalement par l'action d'un moteur.

Ces opérateurs servent à enfoncer des pieux, à réduire en poussière les corps non malléables et à donner aux corps malléables à chaud ou à froid, suivant la nature des corps sur lesquels on opère, la forme de la face du marteau ou du support inférieur sur lequel ils sont comprimés, et qui est dit *étampe* ou *matrice* quand la forme est compliquée, qu'on effectue un *emboutissage*. Celle-ci doit être très-résistante pour ne pas être détruite par le choc; elle est habituellement en acier trempé.

810. *Marteau-pilon à vapeur.* — Parmi les marteaux à action verticale, le plus remarquable est le marteau à vapeur, appartenant à une famille de puissants outils mus par l'action directe de la vapeur. Ce marteau, souvent d'un poids de plusieurs milliers de kilogrammes, est suspendu à la tige d'un piston qui parcourt un corps de pompe de machine à vapeur à simple action (fig. 769). L'entrée de la vapeur sous le piston soulève le marteau, et sa sortie permet à celui-ci de descendre avec toute la vitesse due à la hauteur de la chute. Ce qui rend cet outil particulièrement remarquable, c'est, après sa grande puissance et la rapidité de son action, la facilité avec laquelle on la modère. Il suffit pour cela d'arrêter en un point convenable la sortie de la vapeur; celle-ci se comprime sous le piston, forme un coussin parfaitement élastique et arrête au

point voulu le puissant marteau avec lequel on façonne aujourd'hui d'énormes masses de fer rouge, comme s'il s'agissait
de matières plastiques.

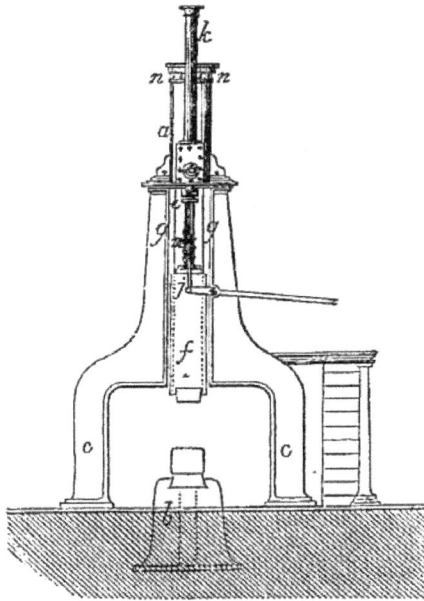

Fig. 770.

Le forgeron tenant à la main le levier j (fig. 770), avec lequel il manœuvre le tiroir, varie à volonté la hauteur de chute
du piston et la succession des coups.

On conçoit facilement que la manœuvre automatique du marteau est avantageuse pour obtenir une grande rapidité.

La disposition la plus simple de ce genre est celle qui a pour
seul but de limiter les longueurs de course du piston. On dispose
à cet effet du levier de manœuvre même pour fermer l'arrivée
de la vapeur en dessous du piston, lorsque celui-ci arrive vers la
partie supérieure de sa course. Le marteau-pilon de Righby
(fig. 771) comporte cette disposition dans toute sa simplicité. Le
levier de manœuvre a, qui commande la tige c du tiroir de
distribution, se prolonge par une touche b, sur laquelle le pilon
d vient frapper lorsqu'il arrive à la fin de sa course. Lorsque
ce contact se produit, la touche fait baisser le levier et la tige
du tiroir; par suite celui-ci produit l'échappement de la vapeur,
et le mouvement s'arrête de lui-même.

Lorsque les marteaux sont à simple effet, l'air renfermé dans la partie supérieure du cylindre ne peut plus s'échapper par le tiroir, dès que la touche a fait fermer l'introduction par des-

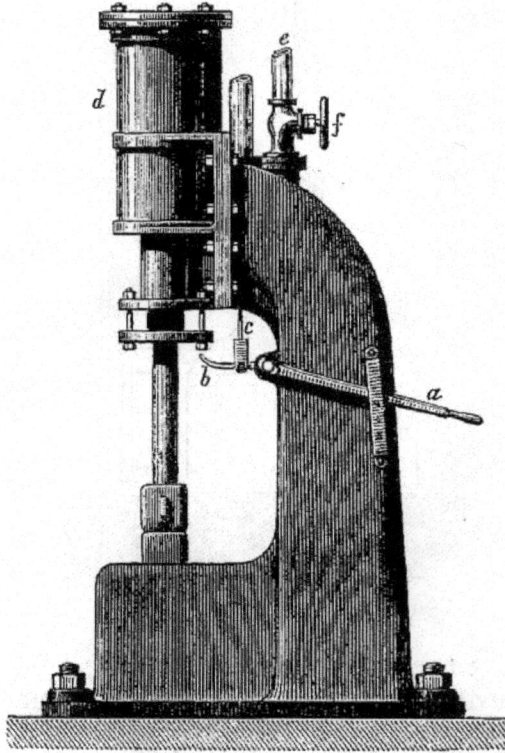

Fig. 771.

sous; il résulte de là que si la vitesse acquise du piston était telle qu'il ne s'arrêtât pas peu après l'ouverture à l'échappement, il resterait entre la partie supérieure du piston et le couvercle du cylindre, un matelas d'air comprimé capable d'arrêter la course, en prévenant le choc qui, sans cette disposition, se serait produit contre le couvercle.

844. *Balancier.* — Le *balancier*, dont la partie agissante se meut en ligne droite par communication d'un mouvement circulaire, est un autre genre d'outil agissant par percussion d'une grande puissance. En effet, la quantité de travail emmagasinée par l'inertie des boules, adaptées à la barre motrice pouvant être considérable, et le corps déjà écroui se laissant pénétrer

difficilement, il en résulte une pression énorme pour amortir toute la force vive par un faible enfoncement.

Le but à atteindre dans le balancier est de développer des forces d'inertie considérables; afin d'obtenir un choc brusque, pour rendre la vitesse des parties en mouvement plus grande, on allonge le pas de la vis, et pour augmenter sa résistance, on emploie plusieurs filets de vis égaux qui agissent simultanément. La figure 772 représente le balancier employé pour frapper la monnaie.

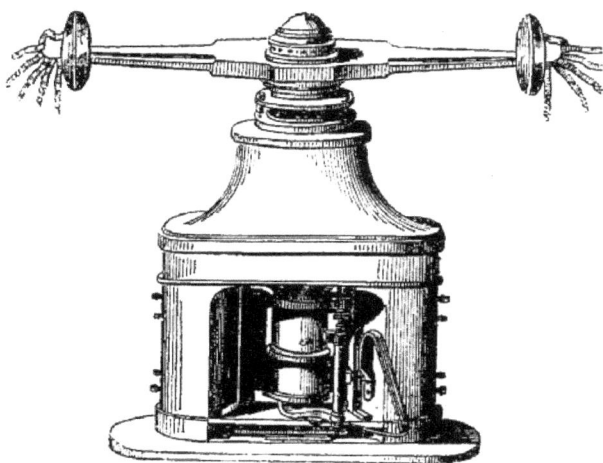

Fig. 772.

La vitesse de l'opérateur qui prend un mouvement rectiligne se calculera comme nous l'avons vu en traitant des communications de mouvement, et on obtiendra facilement la vitesse du mouvement circulaire, après avoir déterminé par expérience la vitesse du mouvement rectiligne convenable pour le travail à effectuer.

812. *Balancier Cheret.* — Un moyen très-satisfaisant de mouvoir mécaniquement le balancier, qui était auparavant toujours mû à bras à l'aide de cordes attachées près des boules, a été obtenu par un heureux emploi d'un embrayage par frottement à angle droit. Comme les cônes de friction, il est propre à réunir et à désunir deux parties de mécanisme, suivant les variations de la résistance, mais de plus la forme de plateaux à angle droit permet le mouvement de descente du balancier. De la sorte, les conditions spéciales à remplir se trouvent satis-

faites; c'est, au reste, ce que montrera bien la description du mécanisme.

On remplace les boules qui garnissent habituellement les extrémités de la verge du balancier par un volant circulaire en fonte (la couronne pesait 434 kilog. dans celui sur lequel nous avons fait quelques expériences), dont on garnit la circonférence d'un cuir épais (fig. 773). Un axe placé à angle droit

Fig. 773.

avec la vis, et qui reçoit un mouvement de rotation de la machine à vapéur, porte deux plateaux pouvant glisser dans le sens de la longueur, de manière à pouvoir venir en contact avec le volant et, par suite, l'entraîner dans un sens ou en sens contraire, suivant que ce sera le plateau de droite ou le plateau de gauche qui viendra en contact avec le volant. Le mouvement pour frapper est donné au moyen d'un levier mû par une pédale pressée par le pied de l'ouvrier qui travaille au balancier, ce qui fait appliquer en variant à volonté la pression au contact l'un des plateaux contre le volant. Un contre-poids fait cesser le contact dès qu'on n'agit plus sur la pédale, et applique l'autre plateau contre le volant; celui-ci est alors relevé et main-tenu en l'air. (Voir la note à la fin du volume.)

813. Quand le corps malléable sur lequel on opère a une épaisseur suffisante, et qu'il ne s'agit que d'un moulage grossier, c'est par un refoulement général du corps qu'on agit pour lui donner la forme voulue; refoulement qui le moule dans l'étampe-matrice par le choc d'un marteau dont la surface est plate ou moulée grossièrement, etc. Si le corps est peu épais, et qu'il s'agisse d'un travail très-parfait, on ne saurait agir ainsi, pro-duire de grands déplacements moléculaires dans un cas, et dans l'autre on détruirait rapidement la matrice, souvent précieuse, lorsqu'il s'agit du travail de l'orfévrerie, de la bijouterie, etc. Il faut alors, quand on veut obtenir des arêtes très-vives, don-ner la percussion avec un corps dur (un *coin*) dont la saillie rentre exactement dans la matrice gravée qui lui correspond. Quelquefois d'ailleurs on a besoin de donner des saillies déter-minées aux deux faces de la matière à travailler, deux coins sont alors indispensable; le type de ce travail est celui de la monnaie et des médailles.

On peut se dispenser de l'emploi du coin gravé quand on ne veut obtenir, sur des plaques très-minces, que des surfaces en ronde-bosse d'une moindre perfection que celles obtenues ainsi à l'aide d'une gravure coûteuse. Il faut alors employer, pour frapper, un corps mou, le plomb par exemple, qui se moule lui-même sur la matrice, de telle sorte que l'inertie du choc se porte en entier sur les parties saillantes qui doivent être refoulées. C'est ainsi que se fabriquent les cuivres estampés, avec cette circonstance remarquable, que c'est en jetant un peu d'eau dans le creux qu'on obtient les dernières finesses, en transmettant ainsi la pression sur les parties les plus fines de la matrice.

814. *Découpoir.* — Si, au lieu de mouler les corps, on veut découper dans une plaque une rondelle d'un contour déter-miné, il faut chasser le poinçon, l'emporte-pièce à travers la pièce à travailler, avec une grande puissance. Les organes pou-vant donner, avec l'énergie suffisante, le mouvement rectiligne convenable sont ceux dont nous venons de nous occuper, c'est-à-dire le marteau, le mouton, le balancier à vis, et ceux dont nous parlons ci-après, qui agissent sans choc, etc.

La bonne exécution de plaques peu épaisses par le découpoir, moyen de fabrication mécanique, en métal résistant, de pièces semblables, et par suite à bon marché, est un des éléments de prospérité de plusieurs industries, de la fabrication de l'horlogerie de commerce notamment. C'est par une exécution très-parfaite de la lunette pratiquée dans la masse en acier qui supporte la plaque et du poinçon de forme identique qui la traverse, qu'on obtient des produits bien uniformes.

815. OPÉRATEURS AGISSANT SANS CHOC. — Dans les opérateurs opérant sans choc se rangent tous les systèmes pouvant produire un mouvement rectiligne, qui constituent les diverses espèces de presses, consistant en deux plateaux guidés en ligne droite qui se rapprochent l'un de l'autre par l'action d'une force agissant d'une manière continue :

1° *Presse à-levier.* — Ces presses ne sont plus usitées, elles occupent beaucoup de place, et le grand déplacement de l'extrémité du levier est fort incommode. La fig. 774 montre la presse

Fig. 774.

employée par Chaptal, à l'origine de la sucrerie des betteraves. p étant la longueur du levier, P le poids ou l'effort agissant à son extrémité, R la résistance à la compression, r la distance à laquelle elle s'exerce sur le levier, on a $Pp = Rr$, et par suite R peut être obtenu facilement égal à 20 ou 30 fois la valeur de P.

Les tenailles, les squetzers, les presses à macquer employées dans la métallurgie sont des presses à levier, susceptibles d'efforts très-considérables en faisant mouvoir les leviers par des excentriques.

2° *Presse à excentrique.* — Ce genre de presse est peu usité; pour un faible déplacement du plateau (fig. 775) il se produit un travail de frottement trop grand sur tout le contour de la courbe.

3° *Presse à vis.* — La vis est l'organe par excellence pour produire des pressions, non-seulement parce qu'elle sert à multiplier l'effort exercé sur sa tête, en prenant peu de place, mais surtout parce que les efforts peuvent être successifs, le corps pressé ne pouvant par son élasticité faire desserrer la vis, pour peu que son filet ne soit pas extrêmement incliné, ce qui n'a jamais lieu pour des vis de pression.

Le plus souvent le plateau mobile est fixé à une vis normale à ce plateau, et qui passe dans un écrou relié d'une manière invariable au plateau fixe (fig. 776), de sorte qu'en faisant tour-

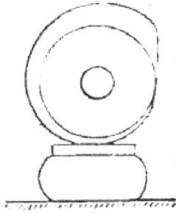

Fig. 775.

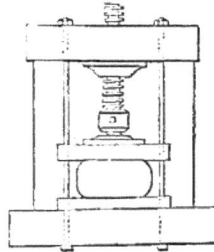

Fig. 776.

ner la vis elle fait mouvoir le plateau mobile dans un sens ou dans l'autre; cette vis se termine par une partie cylindrique passant dans un collier fixé au plateau, de telle sorte qu'elle lui imprime seulement un mouvement rectiligne.

Quelquefois la vis est invariablement fixée au plateau, et c'est l'écrou qui est mobile. Les vis ou les écrous mobiles se manœuvrent à l'aide de leviers.

4° *Pressoir Mabille.* — Comme très-bon type de pressoir à vis moderne, nous décrirons le pressoir de MM. Mabille. On voit sur la fig. 777 la *maie* ou bassin qui reçoit le liquide, les *claies* qui constituent l'enveloppe extérieure, et qui, formées de pièces séparées, assemblées avec des bandes de fer flexibles, offrent une résistance suffisante, tout en laissant passer le liquide, enfin la vis centrale en fer qui porte tout l'appareil de pression, et est assemblée solidement avec la base.

Le mode de pression par l'écrou mobile sur la vis est remarquable par la manière dont il est combiné avec un encliquetage très-favorable pour l'action musculaire de va-et-vient des bras. Cet écrou se prolonge inférieurement et se termine par un cylindre à base dressée tournant dans une partie également dressée faisant corps avec une pièce en fonte qui porte l'axe de l'encliquetage, et que nous représentons en coupe (fig. 778) et en plan (fig. 779). Lorsqu'on a recouvert la vendange de méaux recroisés, on descend l'écrou en le faisant tourner à la main. Lorsque la pression devient trop forte pour qu'on puisse continuer, on

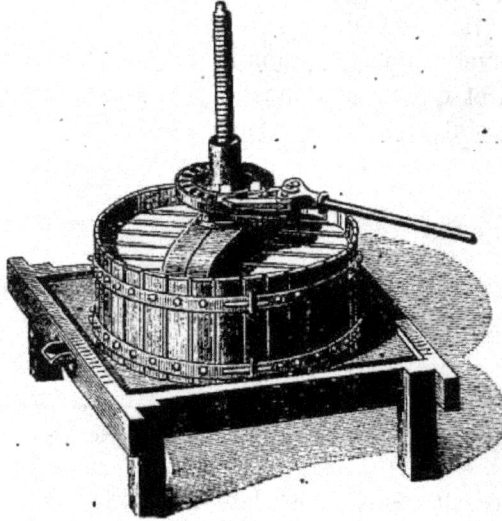

Fig. 777.

place la barre d'encliquetage et les valets dans les trous oblongs des bras de l'encliquetage (valets qui sont de petits prismes terminés en sifflet, de telle sorte qu'ils pénètrent dans les trous

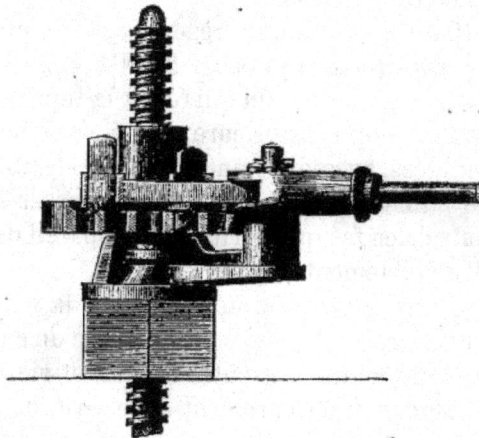

Fig. 778.

de la couronne de la tête de l'écrou quand on tire le levier dans un sens et se relèvent quand il marche dans le sens contraire;

ce sont des crochets très-résistants, dont le sens d'action se change par un simple retournement), et on exerce alors par des

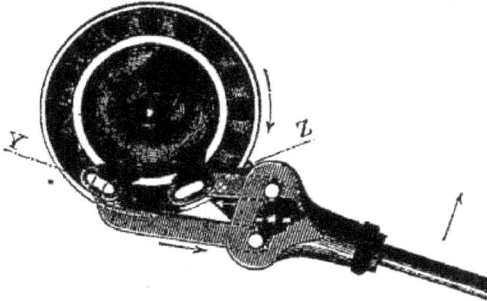

Fig. 779.

mouvements alternatifs des bras une pression croissante. Elle est de suite assez grande pour que le frottement du métal sur le bois empêche la pièce qui porte l'axe de l'encliquetage de tourner avec l'écrou.

5° *Presse à toc.* — Au lieu d'agir seulement sur l'écrou, on peut choquer celui-ci par un volant tournant autour de l'axe de la vis, au moyen d'un système d'oreilles convenablement disposées, de faces planes verticales pratiquées sur le cylindre de l'écrou, qui, après avoir servi à tourner l'écrou, peut s'en séparer quand on détourne et venir choquer des plans diamétraux correspondants pratiqués près de l'axe du volant; ce qui constitue un très-bon système d'embrayage agissant à la fin d'une course. On joint ainsi les effets du choc à ceux de la pression directe, mais avec les inconvénients du choc, les vibrations et ébranlements destructeurs qui en résultent. Ce choc augmente beaucoup les effets de la presse, quand on l'emploie à la fin du travail, par suite du chemin peu considérable de la résistance qui consomme la force vive du volant.

6° *Presse à coin.* — C'est surtout dans les huileries qu'on se sert de la presse à coin agissant avec choc, formée essentiellement d'un coin qui glisse entre deux blocs dont l'un est fixe et dont l'autre mobile transmet l'action à la matière que l'on veut presser.

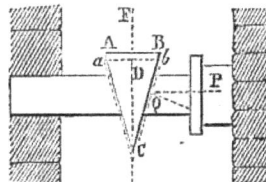

Fig. 780.

Soit F (fig. 780) la force qui agit perpendiculairement sur la tête du coin, P la résistance de la matière à presser et Q la pression suivant la normale à chaque côté, qui donne lieu au frottement fQ. Si par l'action de la force F le coin A B C prend la position abc, on trouve aisément, en désignant par e la compression de la matière, pour le travail de F,

ou
$$F \times e \times \frac{CD}{AB} = Pe + 2fP\frac{CD}{AB}e.$$

Supposons que le bloc de bois qui tombe sur la tête du coin ABC pèse 40 kilog., et qu'il tombe moyennement de $0^m,36$ de haut; en supposant qu'il fasse descendre perpendiculairement le coin de $0^m,02$, en tombant de cette hauteur, le travail moteur sera

$$(0,36 + 0,02) \times 40 = 15^{km},20;$$

le poids qui par sa pression pour la même résistance, ferait descendre le coin aussi de $0^m,02$ dans un temps plus ou moins long, serait donné par $x \times 0,02 = 15,20$, d'où $x = 760$kil.; il faudrait donc que le corps qui par sa pression devrait produire le même effet que celui de 40 kilog., en tombant de la hauteur de $0^m,36$, pesât dix-neuf fois plus que l'autre.

Si la réaction P du corps à presser était de 2,000 kilog., et que la tête du coin AB fût le dixième de CD, ou CD $= 10$ AB, l'équation ci-dessus nous donnerait, en prenant $f = 0,075$,

$$F \times 10 = 2000 + 2 \times 0,075 \times 2000 \times 10 = 5000,$$

en divisant tout par e, d'où F $= 500$, force qui n'est que le quart de la résistance, ce qui prouve encore que l'opération industrielle peut s'effectuer avec une faible force dans la presse à coin. Cependant les frottements absorbent beaucoup de travail mécanique, car la même formule donne

$$10 Fe = 2000 e + 3000 e = 5000 e;$$

2000 e exprime le travail utile et 3000 e exprime le travail absorbé par les frottements; ainsi, dans un cas où le rapport f du frottement à la pression est très-petit, le travail absorbé par les frottements est encore une fois et demie celui du travail utile.

7° *Presse hydraulique.* Cette presse est fondée sur la propriété que possèdent les liquides incompressibles de transmettre également, et dans tous les sens, les pressions qu'ils reçoivent;

le plateau mobile de la presse est porté par un gros·piston plein et cylindrique qui passe dans une boîte à étoupes, ou plutôt dans un cuir embouti, pressé par l'eau même contre le corps de pompe. Ce premier corps de pompe communique avec un second corps de pompe d'un diamètre beaucoup plus faible, dans lequel se meut une pompe aspirante et foulante qui refoule de l'eau dans le premier corps de pompe (fig. 781). Si, par exemple, le diamètre du grand piston est dix

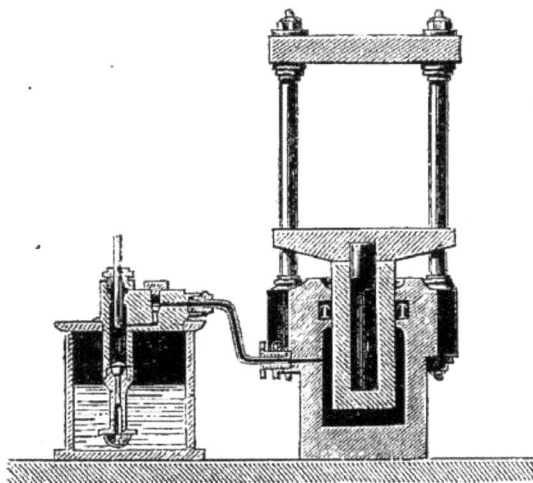

Fig. 781.

fois celui de la pompe foulante, la surface sera cent fois plus considérable; si, en outre, le levier qui sert à manœuvrer la pompe foulante a son point d'appui disposé de manière à décupler l'effort, ce qui a ordinairement lieu; comme un homme peut exercer sur l'extrémité du levier un effort de 30 kilog., cet effort correspondra à $30 \times 10 = 300$ kilog. sur le piston de la pompe foulante et à $300 \times 100 = 30,000$ kilog. sur le piston qui porte le plateau mobile de la presse. Cet exemple indique suffisamment le parti avantageux que l'on peut tirer de la presse hydraulique dans une foule de circonstances.

C'est à l'illustre Pascal que l'industrie est redevable de la première idée d'appliquer la puissance de l'eau à l'établissement de presses très-puissantes. On lit, en effet, dans son *Traité de l'équilibre des liqueurs et de la pesanteur de la masse de l'air*, dont la deuxième édition a été publiée en 1684, le passage suivant :

« Si un vaisseau d'eau, clos de toutes parts, a deux ouvertures, l'une centuple de l'autre, en mettant à chacune un piston
qui lui soit juste, un homme, en poussant le petit piston, éga-
lera la force de cent hommes qui pousseront celui qui est cent
fois plus large.

« Et quelque proportion qu'aient ces ouvertures, si les forces
qu'on mettra sur les pistons sont comme les ouvertures, elles
seront en équilibre... »

Le grand homme montra qu'il y avait là un moyen précieux
d'exercer d'énormes effets avec une très-petite force, et il inventa la *presse hydraulique* qui est devenue pratique le jour où
Bramah vint (en 1796) empêcher les fuites d'eau le ·long du
corps de pompe par l'emploi d'un cuir embouti, c'est-à-dire
continu et appliqué contre le corps de pompe par la pression
même de l'eau.

La presse hydraulique sert journellement dans l'industrie à
produire des pressions énormes, avec des frottements relativement peu considérables.

Dans la presse hydraulique industrielle (fig. 781), le piston
de la pompe étant sollicité par le moteur dans le sens de la
verticale produit déjà une pression énergique, et l'on a :
$nP = x$ (n étant le rapport des pistons, P la puissance) pour
valeur de la pression exercée sur le grand piston, l'eau étant
sensiblement incompressible, ne changeant pas de volume.
Bien entendu que ces effets étant dus à l'incompressibilité de
l'eau, les volumes ne changent pas et que les espaces parcourus
par les pistons sont en raison inverse de leurs surfaces.

Accumulateur. — L'accumulateur est un appareil intermédiaire entre les pompes et les presses hydrauliques, en si grand
nombre que l'on voudra, d'une usine, dont sir William Arms-
trong, le constructeur anglais, a multiplié les applications. Il
se compose d'un poids considérable, toujours supporté par
l'eau, terminé par un piston cylindrique, permettant d'employer
en tout instant l'eau sous pression comme moteur puissant, en
un point quelconque de la conduite.

8° *Presse à losange*, — *à genou*. — La plupart des systèmes
énoncés ci-dessus donnent lieu à de grandes résistances passives, et surtout ceux qui agissent par chocs, à des destructions
de travail considérables. Un des plus avantageux et celui sur
lequel nous nous arrêterons encore, est la combinaison de le-

viers, le système de losange, qui, ne comportant que des articulations, ne consomme par suite qu'un faible travail de frottement.

On voit en décomposant les forces suivant les côtés que (fig. 782), à l'état d'é-
quilibre dynamique, les rapports des
deux forces égales agissant en b, b' avec
deux autres égales aussi, agissant en
a, a', seront inverses des diagonales $b\,b'$,

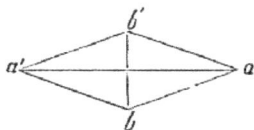

Fig. 782.

$a'\,a$, et par suite pour une forme convenable du losange on peut
produire avec une puissance motrice limitée, une compression
très-énergique.

Il est facile d'analyser comment les longueurs des diagonales
varient (ou leurs moitiés, quand on considère le triangle moitié
de losange, pour les systèmes dits à genou), comment les mouvements de a pour un même mouvement de b vont en décroissant, et par suite les efforts croissent rapidement quand $b\,b'$
diminue, quand les deux côtés du losange se rapprochent
d'être en ligne droite.

En effet, soit A la moitié de la grande diagonale, B la moitié
de la petite, C le côté du losange, ces trois lignes forment un
triangle rectangle, et on a : $A^2 + B^2 = C^2$. Si on appelle a la progression du sommet de la grande diagonale, b celle de la petite,
le raccourcissement de la moitié de celle-ci, on aura :

$$(A + a)^2 + (B - b)^2 = C^2 \text{ ou } A + a = \sqrt{C^2 - (B - b)^2},$$

et d'après la formule ci-dessus :

$$a = \sqrt{C^2 - (B - b)^2} - \sqrt{C^2 - B^2}.$$

Il est facile de voir que, pour une même valeur de b, C étant
invariable, la valeur de a est d'autant plus petite que B est plus
petit, $(B - b)^2$ étant toujours positif et tendant vers zéro, à mesure que B se rapproche de b. Il suffirait de calculer un cas
particulier pour reconnaître combien la diminution s'opère
rapidement.

9° *Pressoir à losange.* — Il se compose de quatre paires de bielles
b, b', d, d', (fig. 783) articulées d'une part à deux sommiers S, S',
d'autre part à deux écrous e, e', et reliées par une colonne supportant le sommet supérieur et passant librement dans le sommet inférieur. A ce dernier est fixé le plateau presseur; le tout
est fixé sur un plateau à rigole BB'. Dans les écrous $e\,e'$ est

taraudée une vis V à filets opposés qu'on manœuvre à l'aide
d'un volant v. On voit tout de suite que si l'on desserre cette vis,
le sommier inférieur s'élève et la figure s'élargit en se raccour-

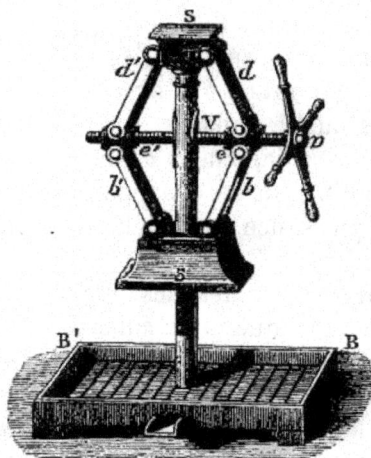

Fig. 783.

cissant. Si, au contraire, on serre la vis, la figure se rétrécit
latéralement et s'allonge verticalement; le plateau presseur se
rapproche alors de B B′ et comprime l'objet placé entre l'un et
l'autre. Mais, et c'est là ce qui constitue l'avantage de cet appareil, l'allongement vertical va en se ralentissant à mesure
que l'on serre la vis, et que le parallélogramme articulé se rétrécit; or, à ce ralentissement correspond un accroissement de
force qui est très-favorable à l'objet qu'on se propose d'obtenir;
car, à mesure que la substance est plus comprimée, son volume doit moins diminuer, mais il faut développer un effort
plus énergique pour rapprocher davantage les molécules solides, et expulser le liquide qui y demeure interposé.

10° *Presse monétaire*. — Un second exemple de l'emploi de
cette disposition est la presse monétaire d'Ulhorn (fig. 784),
employée avec succès malgré la grandeur des compressions
qu'exige le monnayage, parce qu'elle se prête parfaitement à
l'emploi d'un moteur à action circulaire continue. Un arbre
de rotation, mû par une **machine** à vapeur, entraîne par l'intermédiaire d'une manivelle, une bielle qui agit sur un long
levier redressant l'articulation qui par suite abaisse le coin.
L'écrouissage est alors produit par compression, mais rien ne

s'oppose à la production de pressions suffisantes, les leviers recevant des dimensions en rapport avec celle-ci.

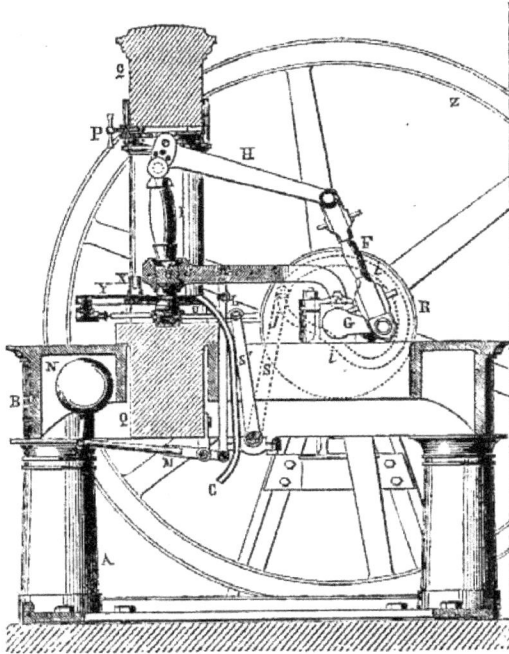

Fig. 784.

816. *Moulage et fonte.* — Bien que le point de vue mécanique, celui de l'étude des forces en jeu dans le moulage des corps versés à l'état liquide dans des moules où ils viennent se solidifier par le refroidissement, soit de médiocre importance, et presque entièrement d'ordre physique et chimique, eu égard à la fusion et à la composition des alliages, cependant il ne sera pas sans intérêt de nous y arrêter un instant.

Les moules qui reçoivent les corps à l'état fluide sont formés de sable, de matières terreuses ou de métaux. La netteté du creux, et, par suite, celle qu'il est possible d'obtenir pour le relief, n'est entière que dans ce dernier cas; mais on ne peut employer les moules métalliques que pour les alliages fusibles à une température assez basse pour ne pas attaquer le métal. Aussi, dans la pratique, si l'on dresse un tableau comprenant les divers procédés de moulage, on voit qu'à mesure que la résistance des matières fondues augmente des alliages de plomb à la fonte de fer, l'imperfection de la fonte, qui va du moule en acier au moule en sable, suit le même ordre.

Dans les moulages en général, la netteté des empreintes est obtenue par le seul effet de la pression hydrostatique due au poids de la matière fondue, qui est reçue dans un jet qui dépasse le moule. C'est le poids de la colonne liquide qui foule le métal dans les parties les plus délicates.

Lorsque le moule est métallique, sa conductibilité pour la chaleur causant le refroidissement et la solidification du métal, il faut, pour le moulage, une pression plus grande que celle résultant d'une colonne de métal liquide. On peut l'obtenir par action mécanique, en produisant un choc, soit en projetant vivement le métal sur la surface du moule, soit, mieux, en refoulant le métal fondu par l'action d'un piston poussé brusquement dans une cavité fermée qui n'a d'issue que vers le moule à reproduire; en un mot, par une espèce de monnayage à l'état liquide.

On trouvera plus de détails à ce sujet dans le *Dictionnaire des arts et manufactures* (art. FONDERIE EN CARACTÈRES).

817. *Filière.* — Il est un outil qui reste fixe pendant que l'on donne au corps qu'il sert à comprimer un mouvement rectiligne, c'est la *filière* du banc à tirer (figure 785) qui sert à obtenir des fils, des bandes d'un profil déterminé.

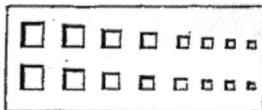

Fig. 785.

Elle consiste généralement en une plaque composée d'une étoffe d'acier, soudée entre deux plaques de fer pour qu'elle ne s'égrène pas, et dans laquelle sont percés des trous ayant la section du fil que l'on veut obtenir.

Quelquefois, au lieu d'une plaque, on emploie des coussinets en acier maintenus dans un châssis : telle est la filière mécanique. Le corps, contraint à la traverser par un effort de traction, se trouve prendre une forme prismatique dont la section extérieure est celle de la filière. En disposant un mandrin plus petit, et de forme semblable, à l'intérieur du corps étiré, on obtient des tuyaux creux.

Il faut avoir soin de faire avancer lentement et sans à-coups le corps à étirer pour qu'il ne se rompe pas, et ne se désagrége pas en petits cônes emboîtés. Il faut pour cela le faire

passer par des trous successivement décroissants et de le faire
recuire fréquemment pour restituer aux molécules leur adhérence.

2° MOUVEMENT CIRCULAIRE.

818. Les outils agissant avec choc sont les *marteaux* à main
ordinaires (fig. 786), se mouvant par un mouvement circulaire
alternatif et qui sont le moyen d'action par excellence pour
agir à bras sur les corps malléables à froid ou à chaud, pour que
leurs formes soient modifiées sans qu'ils se désagrégent, pour
qu'ils se moulent dans les creux des corps qui les supportent.
On les construit d'un poids considérable dans quelques cas,
dans les forges notamment, où les marteaux à soulèvement sont
portés à l'extrémité d'une pièce susceptible d'osciller autour
d'un axe horizontal.

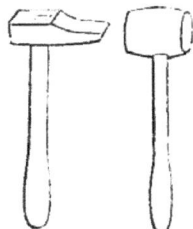

Fig. 786.

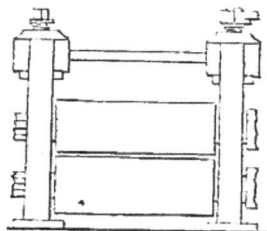

Fig. 787.

819. *Laminoir.*—Le *laminoir* (fig. 787) est le principal outil de
cette section agissant par action circulaire continue et sans
choc; son emploi est extrêmement avantageux au point de
vue de l'économie du travail moteur. Le corps, entrant entre
les deux cylindres qui se meuvent avec une vitesse de 60 à
80 tours par minute, pour le travail du fer, est entraîné par
la rotation de ces cylindres qui tournent en sens contraire
l'un de l'autre, s'écrase et s'allonge en augmentant de densité. L'emploi d'un volant d'une masse considérable permet
de disposer sans choc de la grande quantité de travail nécessaire pour opérer cette transformation. Si les deux cylindres
sont à génératrice rectiligne, on étire ainsi le métal en plan-
ches. S'ils sont cannelés, on produit des prismes, des cylin-

dres dont la section correspond à celle des cannelures; si l'un
des cylindres porte un relief et l'autre un creux correspondant, le corps laminé reproduira la forme du corps engendré
par l'intervalle des deux cylindres à la ligne de contact.

820. *Presses d'imprimerie.* — La presse mécanique à cylindre
(fig. 788) fonctionne par une combinaison de mouvement rec-

Fig. 788.

tiligne et de mouvement circulaire, à l'aide de cylindres tournants sur lesquels s'enroule la feuille de papier, saisie par des
pinces adhérentes aux cylindres; elle est fortement pressée au
contact de l'arête de ce cylindre et de la forme d'imprimerie,
reposant sur un long marbre, qui reçoit d'un moteur un mouvement rectiligne alternatif. La forme est encrée par sa rencontre antérieure avec des rouleaux chargés d'encre grasse en
roulant sur la table, formée par le prolongement du marbre,
et portés par le bâti de la machine.

Le mouvement simultané de rotation des cylindres et rectiligne alternatif des marbres, au moyen d'un arbre moteur, est
facile à obtenir par des roues d'engrenage pour les premiers,
une bielle ou une double crémaillère pour les seconds. La figure 788 montre la disposition de la presse en blanc, servant
pour l'impression de la lithographie.

Le mouvement de la feuille sur les presses mécaniques compliquées, notamment sur celles à deux cylindres, qui impri-

ment la feuille des deux côtés, a donné lieu à des combinaisons de mouvement curieuses, à des inventions exposées en détail dans l'ouvrage de technologie auquel nous devons souvent renvoyer le lecteur. Nous lui empruntons ce qui suit[1] :

Le papier humide étant empilé sur une table, le margeur présente les feuilles l'une après l'autre au rouleau preneur. Ce rouleau s'abaissant à intervalles réguliers par l'effet d'un excentrique, saisit la feuille qui se trouve engagée, et avance entre deux séries de cordons sans fin qui passent autour d'un rouleau de tension. Ces cordons sont placés de manière à tomber dans les marges. Ils restent en contact avec les deux côtés de la feuille de papier pendant que celle-ci avance à travers la machine. Le papier est ainsi conduit du premier cylindre d'impression F au second cylindre G, par un mouvement régulier et continu, sans glissement, afin que rien ne dérange la coïncidence de l'impression des deux côtés.

Les tambours H et I (fig. 789) en bois, servent à retourner et

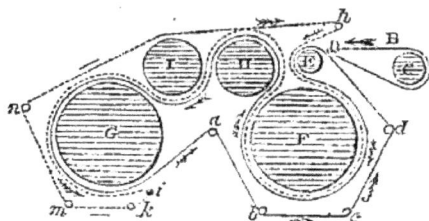

Fig. 789.

à conduire la feuille de papier d'un cylindre à l'autre, dans le temps convenable. Suivons le mouvement des cordons, qui guident celui de la feuille de papier.

Le *cordon intérieur*, tournant autour d'un cylindre d'introduction E, reste en contact avec le côté droit et la surface inférieure du cylindre à impression F, passe ensuite par-dessus le tambour H, et au-dessous du tambour I; alors, entourant le côté gauche et la partie inférieure du tambour à impression G (d'où résulte le retournement de la feuille elle-même; elle est imprimée d'un côté différent sur chaque cylindre), il passe sur de petites poulies de tension *a*, *b*, *c*, *d*, et enfin revient sur le rouleau E.

Le *cordon extérieur* vient passer sur les poulies qui se

1. *Dictionnaire des Arts et Manufactures*, article IMPRIMERIE.

mettent en contact avec le rouleau d'introduction E, pour entraîner la feuille. A ce moment, les deux séries de cordons
coïncident, puis ils avancent ensemble sous le cylindre à impression F, puis sur H, sous I, et autour de G, jusqu'à ce
qu'ils arrivent au rouleau *i*, où ils se séparent après être
restés en contact, excepté dans l'intervalle où la feuille de
papier s'est engagée entre eux. La feuille se trouve alors aban-
donnée. Les rubans descendent du rouleau *i*, à un autre
rouleau placé en *k*, et, après avoir passé en contact avec les
rouleaux en *l*, *m*, *n*, ils arrivent finalement au rouleau *h*, où
ils sont censés commencer. Par là, les deux séries de rubans
agissent continuellement en contact, sans se croiser.

Pour les journaux on a inventé des presses à réaction qui
par une rotation alternative des cylindres et le placement entre
eux d'un rouleau encreur, enfin un mouvement particulier du
papier, doublent encore la rapidité du tirage.

Nous décrirons ici l'ingénieux retournement de feuille imaginé
par M. Normand et que l'on voit sur la fig. 790 qui représente

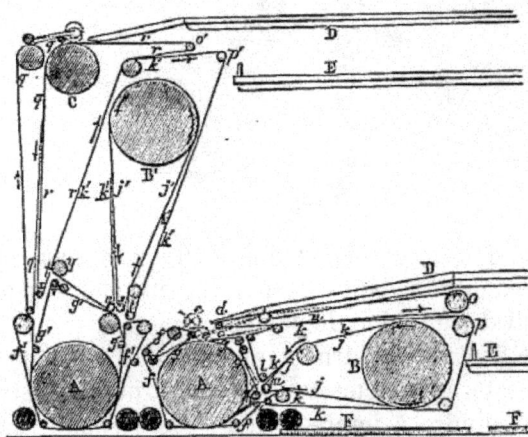

Fig. 790.

la moitié gauche d'une machine à quatre cylindres, et montre
la partie capitale de la disposition spéciale de ces machines.

Considérons d'abord le mouvement du cylindre de droite A.
Lorsque la feuille est margée en *d*, elle est saisie par la boule *e* ;
au moment où celle-ci s'abaisse sur le cylindre A, la feuille s'engage dans le jeu des cordons *f*, *g*, passe entre la tringle mobile *h*,
et la tringle fixe *i*, après la première impression, et entre dans le

deuxième jeu de cordons *j k,* conduit par le cylindre B de registre, qui tourne toujours dans le même sens et suivant les flèches indiquées sur la figure. Quand la feuille est arrivée entre les deux tringles fixes *l m,* la tringle mobile *h* s'est soulevée, les formes F F et le jeu de cordons *f g* ont réagi, c'est-à-dire qu'ils possèdent le mouvement de retour; la feuille repasse en deuxième impression en s'enroulant autour du cylindre A, en tournant en sens contraire; elle s'engage alors entre les cordons *n k,* et sort entre les deux rouleaux *op;* le receveur la saisit et la dépose sur la table E.

L'effet est semblable pour le cylindre de pression de gauche A', mais le passage de la feuille entre les cordons s'effectue différemment en raison de la position élevée des cylindres de marge et de registre et du chemin plus long à parcourir.

La feuille est margée sur le cylindre C; elle s'engage entre les deux cordons *q r* et s'introduit entre le jeu *f' g'* qui la conduit en première impression; en quittant le cylindre A', elle passe entre les tringles *s t* qui portent les cordons *j' k',* puis elle vient se retourner sur le registre B' et redescend en passant entre les tringles *u s* pour s'introduire entre les cordons *f' g'* qui ont réagi; elle passe en deuxième impression sous le cylindre A', s'introduit alors entre les tringles *x v* et de là sur le rouleau *y,* entre les cordons *r k',* pour sortir entre les deux rouleaux *o' p'.*

Sauf l'imperfection de l'encrage fourni par les rouleaux en trop petit nombre, et qui au milieu ne prennent de l'encre que sur une moitié de la table-encrier; sauf aussi la nécessité d'employer de l'encre faible pour amoindrir la résistance de l'encrage et ne pas déchirer, à une aussi grande vitesse, le papier, l'impression est suffisante et la vitesse plus que double des autres presses.

824. *Presses cylindriques.* — C'est la nature rectangulaire des caractères d'imprimerie qui fait que les formes sont nécessairement planes et que les machines à imprimer sont établies avec un marbre qui en est la pièce essentielle. Mais le problème a été tourné grâce aux progrès du clichage au papier, dont les matrices prennent facilement la forme concave, et aujourd'hui, pour les journaux, des presses rotatives avec clichés cylindriques, imprimant du papier continu, donnent le maximum de vitesse possible. La presse typographique à jour-

naux, amenée à ce point de continuité absolue, est semblable à celle employée par les papiers peints, les toiles peintes, en principe au moins.

822. *Molette.* — Un petit cylindre en acier trempé, dit *molette*, gravé en creux ou en relief, permet, par une action circulaire analogue à celle du laminoir, de graver, par action mécanique des corps moins durs que lui, le cuivre, l'acier non trempé, etc. C'est ainsi que l'on obtient les rouleaux pour imprimer les étoffes. La circonférence de la molette gravée en relief est une partie aliquote de celle du cylindre à graver et est pressée contre lui avec une force suffisante pour pénétrer dans sa surface, en rentrant dans les mêmes places, pendant les rotations répétées du système[1].

823. *Meules.* — Le laminoir à cylindres unis ou cannelés, agissant sur des corps non malléables, produit l'écrasement. On emploie encore les meules verticales (fig, 791) agissant à la fois par leur poids et par le mouvement de friction qu'occasionne le transport des meules autour d'un axe excentrique. Ce mouvement de friction disparaît si la roue cylindrique est remplacée par un cône dont le sommet est situé sur l'axe vertical.

824. *Moulins.* — Les roues plates sont généralement employées pour le broiement des substances végétales et surtout dans les moulins à farine. Une seule meule, la meule supérieure, est mise en mouvement par son centre ; elle concasse le grain

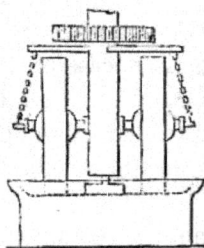

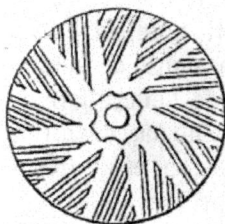

Fig. 791.   Fig. 792.

par les pressions qui résultent de ses oscillations, mais elle agit aussi comme outil coupant, au moyen de rainures à angle vif pratiquées dans la surface de la meule supérieure dans des directions contraires à celles pratiquées dans la meule inférieure qui est fixe, comme le montre la figure 792.

1. Voyez l'article GRAVURE DES ROULEAUX (*Dictionnaire des Arts et Manufactures*).

La vitesse des meules à farine doit être d'environ 120 tours par minute.

825. Dans la pratique, la nature de l'appareil servant à broyer les substances n'est nullement indifférente, les agglomérations de molécules variant de forme en raison du système employé. C'est surtout pour la préparation des couleurs, pour l'incorporation des substances colorantes avec l'huile que cette observation est importante. Ainsi le passage entre les cylindres dispose les agglomérations de molécules en lamelles adhérentes, et des couleurs ainsi broyées ne jouissent pas de la faculté de s'étendre en couche très-mince sur de grandes surfaces, comme si elles avaient été longtemps agitées avec une molette sur une surface plane, de manière à diviser à l'infini les agglomérations moléculaires en les faisant en quelque sorte rouler les unes sur les autres. C'est pour ce motif que dans les ateliers de teinture on conserve des appareils qui, au point de vue mécanique, paraissent fort imparfaits, des boulets, par exemple, tournant dans des rainures circulaires.

DEUXIÈME CLASSE.

Outils agissant par râpage et polissage.

MOUVEMENT RECTILIGNE.

826. Les *limes* (fig. 793) de toute espèce constituent l'organe par excellence de ce mode de travail, qui, n'enlevant à la fois

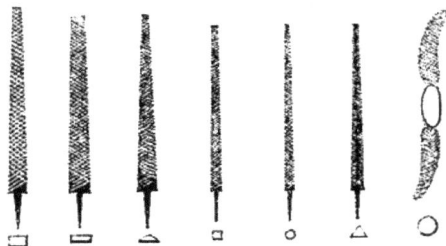

Fig. 793.

que de petites quantités de matière par l'action de petits tranchants, de grand nombre de petits coins formés par les dents dont leur surface est garnie, permet d'obtenir les formes cherchées, par une direction convenable de leur action; la main dirigeant la lime pour la faire agir à l'endroit voulu.

Leurs formes extérieures, leurs tailles varient avec la forme qu'il s'agit d'obtenir, et avec le degré de précision à atteindre dans le dressage.

Le grand défaut de la lime est d'être un outil coûteux dans son emploi, tant parce que, d'après son mode d'action, son travail est lent, que parce que c'est un outil qui ne peut se repasser, s'affûter, que par suite la moindre usure le met hors de service.

La taille des limes, qui forme les de dents qui déchirent la surface travaillée, doit être en rapport avec la dureté du corps sur lequel on opère, et la rapidité du travail à effectuer suivant l'état plus ou moins avancé du travail de dressage. L'écartement des dents doit être en rapport avec la *sécheresse du corps*, pour que la lime ne s'empâte pas. C'est d'après ces considérations qu'on emploie la râpe pour le bois; pour l'ivoire l'écouenne, qui n'est taillée que dans un sens, est formée de tranchants parallèles; les grosses limes dites d'Allemagne, pesantes, et à taille résistante pour débiter; des limes à tailles de plus en plus fines pour terminer et polir les pièces.

Les parties saillantes de la lime peuvent être remplacées quelquefois par des grains d'un corps dur. Ainsi le grès, composé de grains très-durs agglomérés dans une masse moins résistante, forme une espèce de lime et remplit le même effet dans certaines opérations.

Le grès en poudre, l'émeri, servent à roder les surfaces. Si on place du grès entre deux surfaces de marbre et qu'on les promène l'une sur l'autre sous une certaine pression, les parties saillantes des surfaces se roderont sous l'effet du mouvement horizontal imprimé à une des surfaces. C'est encore ainsi que le grès pressé par une lame d'acier sert pour scier les pierres.

L'émeri sert de même à polir l'acier trempé; la surface qui le reçoit doit être assez tendre, en étain, par exemple, pour que l'émeri s'incruste et ne soit pas chassé par l'impulsion de la pièce que l'on promène sur la surface.

MOUVEMENT CIRCULAIRE.

827. Un cylindre portant des saillies très-dures est la dispo-

sition généralement employée pour effectuer circulairement un
travail analogue à celui de la lime. Telles sont les meules
d'acier taillées comme les limes sur leur circonférence, qui servent à former les pointes des aiguilles.

Les piles à papier, qui lacèrent le papier au moyen de lames
placées sur les circonférences d'un cylindre et qui le déchirent
en le comprimant entre leur circonférence et un plan immobile, constituent un outil de ce genre.

Le grès constitue naturellement un appareil analogue extrêmement précieux, parce qu'il permet de repasser les tranchants
en acier trempé en usant la surface de l'acier. On l'emploie
sous forme de meules que l'on fait mouvoir autour d'un axe et
contre la circonférence desquelles on applique l'objet en acier,
par la partie que l'on veut user.

Le mouvement de rotation est très-favorable à l'intensité
d'action de l'intermédiaire qui agit sur le corps dur, par la
facilité que l'on éprouve à l'obtenir avec une grande vitesse,
d'où résulte l'accroissement d'effet. C'est
ainsi qu'il est employé pour tailler les
cristaux à l'aide de sable fin (fig. 794).

En disposant de l'émeri en poudre sur
une meule en étain, on agit très-bien sur
l'acier trempé, et en s'en servant sur le
plat, on dresse ainsi des pièces plates avec
précision.

Enfin, en employant de l'égrisée, du
diamant en poudre, on attaque le diamant
et on met à nu les plans du clivage. Ce
moyen est même le seul qui puisse servir
à tailler le diamant, le corps le plus

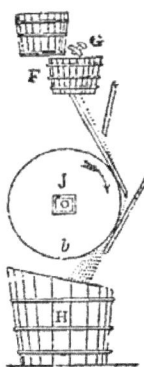

Fig. 794.

dur de ceux sur lesquels on opère, et qui par suite ne peut
être attaqué par aucune substance moins dure que lui, et
ne peut être attaqué par lui-même, par un corps d'égale dureté, qu'autant que la vitesse et la répétition de l'action viennent accroître l'usure infiniment petite qui a lieu à chaque
instant.

Tout le travail du lapidaire repose sur l'emploi de la roue
dite touret et d'une poudre très-dure. C'est par des procédés
semblables qu'on perce des pierres fines pour en faire des
filières, en leur donnant une vitesse de rotation de 5 à 6,000 tours

par minute, et pressant un petit foret qui vient appliquer contre
elles successivement de petites parcelles de diamant en suspension dans une goutte d'huile déposée à leur surface. (V. FILIÈRES
en pierres fines, *Dictionnaire des arts et manufactures.*)

828. *Meulage.* — L'emploi des meules en pâte d'émeri est venu
fournir aux ateliers un moyen de travail précieux. Ces petites
meules d'émeri, formées d'émeri empâté à chaud dans une pâte
de caoutchouc durci, ou d'oxychlorure de magnésium, fournissant le moyen d'user rapidement l'acier, de travailler le métal
dans des conditions avantageuses dans nombre de cas, et avec
une toute autre précision qu'avec les grosses meules en grès,
de dureté très-variable. La figure 795 montre une excellente
construction de ce genre. La grande vitesse de rotation et la
dureté de l'outil, font que la meule use le métal avec une éton-

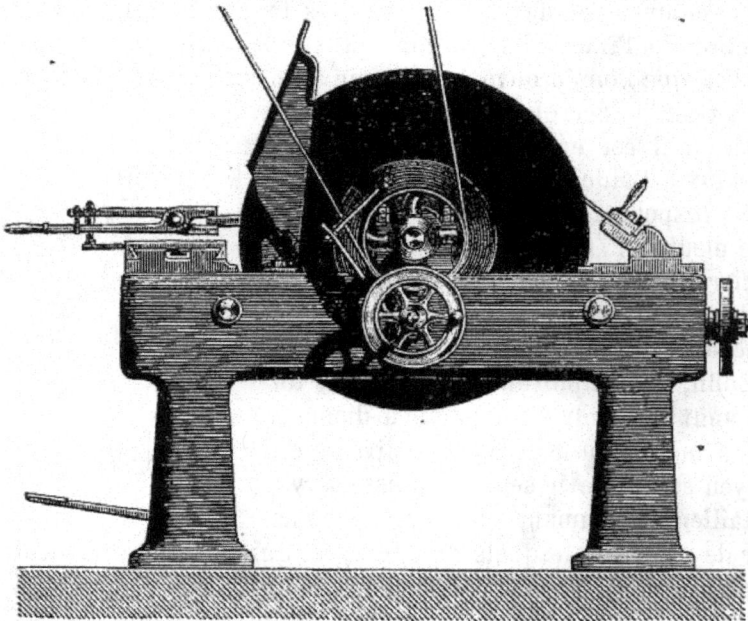

Fig. 795.

nante rapidité et avec une planimétrie assez satisfaisante quand
l'ouvrier est habile. Son travail est facilité par des supports
convenablement disposés, sur lesquels il peut appuyer les
pièces à travailler sous diverses inclinaisons.

829. Il est un genre de polissage qui, sans enlever de matière d'une manière sensible, est destiné à donner à un corps

de l'éclat, du poli. Cet effet résulte du frottement, sous une certaine pression, d'un corps dur, extrêmement fin, exempt de toute arête qui puisse produire une rayure sur le corps à polir.

C'est surtout par un mouvement rectiligne alternatif qu'on produit cet effet, qui a pour but de boucher tous les pores, de replier toutes les facettes qui ne réfléchiraient pas la lumière. L'instrument en os, en corne pour les substances molles, en agate, en acier trempé pour les substances dures, prend divers noms et différentes formes en raison de celles du corps à travailler : tels sont les *polissoirs*, les *brunissoirs*, etc.

Toutes les poudres dures et très-fines, l'émeri, le verre pilé, la ponce, etc., polissent les corps durs contre lesquels on les fait frotter. Pour les corps de faibles dimensions, on emploie souvent des tonneaux que l'on fait tourner autour de leur axe après les avoir remplis de ces poudres et du corps à polir.

TROISIÈME CLASSE.

Outils agissant par division.

830. DES TRANCHANTS. — Les opérateurs qui agissent par division sont formés de substances dures et doivent leurs propriétés à leurs tranchants ou arêtes en coin, formées par la rencontre de deux plans. Étudions d'abord comment agit le coin, base de tous les tranchants, pour en déduire les principes applicables aux divers cas de la pratique.

Le coin est un prisme triangulaire qui, introduit par l'une de ses arêtes entre deux obstacles, exerce latéralement des efforts qui tendent à les écarter. L'arête par laquelle le coin tend à s'enfoncer se nomme le *tranchant* du coin, les deux faces adjacentes se nomment les côtés, et la face opposée la tête.

C'est sur cette face qu'on exerce l'effort nécessaire pour déterminer l'enfoncement du coin. Soit P une force perpendiculaire à la tête du coin, cherchons les efforts qui en résultent contre les deux obstacles perpendiculairement aux côtés.

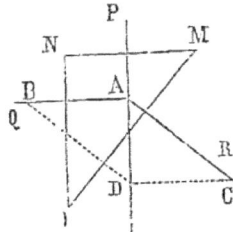

Fig. 796.

Par la direction de la puissance P (fig. 796) et perpendiculairement aux arêtes du coin, faisons passer une section MNO .

la ligne MN représente la tête du coin, et les lignes MO et NO les deux côtés. D'un point A pris sur la direction de la puissance, abaissons deux perpendiculaires AB, AC sur les côtés MO, NO; prenons AD qui représente en grandeur et en direction la force P, et achevons le parallélogramme ABCD.

La puissance P, représentée par AD, se décomposera en deux autres Q et R, représentées par AB et AC, qui exprimeront les efforts exercés perpendiculairement aux côtés MO, NO. On aura donc : P : B : R comme AD : AB : AC ou BD, c'est-à-dire comme les trois côtés du triangle ABD.

Mais ce triangle est semblable au triangle MNO, aux côtés duquel ses trois côtés sont perpendiculaires,

$$\text{donc } P : Q : R :: MN : MO : NO,$$

c'est-à-dire que, *la puissance étant représentée par la tête du coin, les deux forces qui en résultent perpendiculairement aux côtés seront représentées par ces côtés eux-mêmes.*

Si le triangle MNO est isocèle, les deux forces R et Q sont égales, et la puissance P est à l'une d'elles comme la longueur de la tête du coin est à un des côtés, qu'on peut nommer dans ce cas la longueur du coin.

Donc, l'avantage du coin est qu'en diminuant sa tête on peut avec des efforts ordinaires vaincre des résistances considérables, ou dix fois, cent fois plus grandes, selon que la tête est le dixième ou le centième du côté.

Mais le frottement augmente aussi rapidement avec l'acuité de l'angle du coin. Son travail vient diminuer celui que peut faire le coin en détruisant la cohésion qui réunit les parties du corps qu'il s'agit d'écarter, et arrête bientôt son mouvement pour une petite force motrice. Ceci explique comment le choc joue un grand rôle dans l'emploi des outils coupants lorsqu'ils sont mus à la main, tandis qu'il est bien moindre lorsqu'ils sont mus mécaniquement, et que par suite on peut leur appliquer des pressions considérables, eu égard à la résistance à surmonter, sans les destructions de travail produites par le choc, les déformations, les vibrations qu'il engendre.

831. On emploie en général deux coins, deux systèmes d'affûtage pour les outils tranchants : le premier est le fermoir

formé par la réunion de deux biseaux courts formant un angle
obtus servant en général pour débiter rapidement de grandes
quantités de matière par un travail grossier, et, à cet effet,
ayant besoin d'offrir une grande résistance; c'est l'affût des
haches, des burins à buriner, etc.; le second est celui du
ciseau affûté avec un seul biseau, sous un angle plus aigu,
pour agir avec de moindres efforts et obtenir des surfaces plus
régulières. Mais avant de passer aux divers cas de leur emploi,
il importe de parler de la nature physique de l'outil que nous
avons considéré jusqu'ici comme un coin mathématique ayant
une résistance indéfinie.

832. C'est toujours en acier que l'on fabrique les tranchants
de tous les outils destinés à entailler les corps. Chacun sait
que l'acier possède la propriété d'être durci par la trempe,
c'est-à-dire par un refroidissement brusque. L'acier trempé
devient extrêmement dur par la trempe, plus dur que presque
toutes les matières à travailler et que lui-même avant la trempe :
aussi peut-on employer l'acier trempé à faire des outils d'acier
non trempés, qui, lorsqu'ils auront subi la même opération
que les premiers, deviendront propres à travailler presque tous
les autres corps. L'opération de la trempe rend l'acier cassant;
mais on parvient, au moyen du recuit, à diminuer sa fragibi-
lité bien moins que sa dureté, celle-ci restant suffisante pour
le travail à effectuer.

On ne rend dur, dans un outil, que la portion qui doit
attaquer la matière à travailler; le reste n'étant pas trempé
présente une plus grande résistance, et ne risque pas de se
casser. La partie trempée, quoique plus dure que le corps
attaqué, s'use toujours : aussi doit-on pouvoir la réparer avec
facilité. Un outil n'est parfait qu'à cette condition, et toute disposition tendant à atteindre plus complétement ce but pour un
outil sera un perfectionnement réel.

Les outils dont les tranchants ne forment pas des surfaces
planes d'une certaine étendue sont des outils imparfaits; quand
elles sont usées, il faut les rejeter ou les fabriquer de nouveau,
c'est-à-dire détremper d'abord l'acier, et l'on sait que l'acier
est décarburé, et sa nature moléculaire, sa résistance modifiée
d'une manière très-fâcheuse par la répétition de semblables
opérations.

Quand les outils sont d'assez grande dimension, il est avantageux de faire le corps en fer, et d'ajuster des tranchants en acier fondu, là où la dureté est nécessaire. Ce cas se présente dans les cisailles; il est alors facile d'affûter les parties qui travaillent, et de les remplacer quand elles viennent à se briser. Dans beaucoup de petits outils, on soude l'outil à l'extrémité d'un corps de fer.

833. *Angles des tranchants.* — L'angle du tranchant d'un ciseau est limité surtout par la résistance du corps sur lequel on opère l'incision. La pénétration a lieu d'autant plus facilement que le tranchant est plus aigu et par suite le dos plus étroit pour une même hauteur; la force qui pousse le burin n'est plus employée en aussi grande quantité à refouler de chaque côté le corps sur lequel on opère, mais un tranchant trop aigu se recourbe ou s'égrène, suivant la dureté de la trempe, en agissant sur un corps dur. Pour une matière très-dure, par exemple pour travailler du fer à froid, l'angle sera voisin de 90°, quand on doit agir par choc, comme avec les emporte-pièces.

834. *Épaisseur de l'outil.* — L'outil doit avoir une épaisseur largement suffisante, dans le sens du chemin qu'il a à parcourir. Trop mince, s'il peut obéir aux pressions exercées, il *broute*, il écorche le métal en vibrant. Cette condition essentielle est trop souvent négligée.

835. *Inclinaison des tranchants.* — Il y aussi à tenir compte de la manière dont les tranchants doivent se présenter à la matière à travailler, sur les dispositions que les ouvriers savent trouver et se transmettent par apprentissage, mais qu'il a fallu analyser en détail pour appliquer les outils à demeure sur les machines qui les mettent en action.

Soit le ciseau ABCD (fig. 797), employé par le menuisier pour faire des mortaises; il est terminé par le plan incliné CD, et chassé perpendiculairement à la surface LM par une force F. Si le tranchant C se trouve à l'extrémité de la face BC parallèle à la force F, il est évident que la résistance Q contre cette face est d'abord moindre que la résistance R exercée contre la face inclinée CD; car, d'après ce que nous avons vu pour le coin, l'une est proportionnelle à l'enfoncement de C au-dessous de ML, et l'autre à CD. Il résulte de là que le ciseau tendra à marcher vers la gauche plutôt que vers la droite, et qu'après un petit enfoncement il cessera d'avancer.

Mais alors l'ouvrier ne manque pas de retourner l'instrument, la face BC en arrière, puis il enlève la partie refoulée en inclinant légèrement et en faisant mordre le tranchant de façon que la nouvelle face inférieure éprouve à son tour une résistance moindre. Ces deux opérations sont continuées alternativement jusqu'au fond du trou ou de la mortaise qu'il s'agit de pratiquer.

Pour le travail des métaux, le principe fondamental posé par le constructeur anglais Nasmyth c'est que l'outil doit être disposé de façon que son extrémité voisine de la surface attaquée forme avec celle-ci l'angle le plus petit possible. C'est d'après ce principe que sont façonnés les outils en forme de crochet que l'on voit dans nombre de machines-outils.

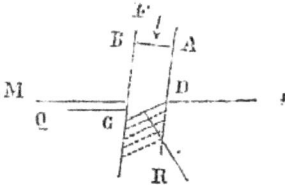

Fig. 797.

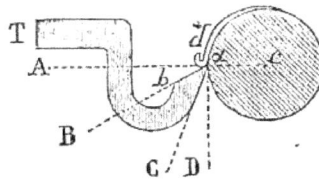

Fig. 798.

La position de la face extrême de l'outil étant déterminée d'après le principe précédent, le tranchant doit avoir l'angle convenable en raison de la résistance de la matière à travailler, ce qui conduit souvent à pratiquer un évidement sur la face antérieure, comme on le voit sur la figure 798. Il est clair que, si la face antérieure de l'outil était à angle droit avec la surface à attaquer, il ne ferait qu'écraser des molécules de métal, que gratter et enlever les molécules en poussière ; il ne couperait pas. D'un autre côté, si son angle était trop aigu relativement à la résistance à surmonter la pointe serait bientôt rompue et l'outil hors de service. La détermination de cet angle C α B est importante. Pour l'acier, 27° est une valeur convenable.

La figure montre comment peut se construire un outil ayant toutes les qualités requises, c'est-à-dire tel que l'angle C α D soit très-petit, et l'angle B α C en rapport avec la résistance de la substance à travailler. (La figure représente un outil disposé pour le tour, mais tout ce que nous disons ici serait également vrai s'il parcourait une surface plate.)

Ce dernier angle doit résulter de l'expérience, car il est déterminé par plusieurs conditions ; l'outil ayant deux fonctions à remplir : il doit séparer le copeau puis l'enrouler après qu'il a été détaché.

836. *Épaisseur des copeaux.* — Si t est la largeur du tranchant, e l'épaisseur du copeau, la résistance au mouvement de l'outil pourra être représentée par une expression de la forme $At + Bte^2$, le second terme se rapportant à l'enroulement du copeau, l'inclinaison successive des éléments de la petite épaisseur e est proportionnelle au carré de l'épaisseur, comme toute résistance à la flexion ; elle devient considérable quand le copeau est épais et la ténacité de la matière notable.

Cette relation indique, en raison des coefficients A et B, proportionnels l'un à la cohésion, l'autre à la malléabilité du métal à travailler, qu'il existe dans chaque cas une certaine épaisseur de copeau plus convenable que toutes les autres pour l'économie de la force motrice.

En effet, soit à enlever une épaisseur $2e$, si l'on enlève successivement deux épaisseurs égales à e, la force employée est égale à $2At + 2Bte^2$, et si l'on opère en une seule fois à $At + 4Bte^2$.

La force nécessaire pour enlever la même épaisseur de métal en deux fois est donc moindre que celle nécessaire pour l'enlever en une fois, si l'on a : $2At + 2Bte^2 < At + 4Bte^2$, ou $A < 2Be^2$, ou $e^2 > \dfrac{A}{2B}$ (1). Posons $e^2 = \dfrac{A}{2B} + v$; la force nécessaire pour deux opérations devient $2At + 2Bt\left(\dfrac{A}{2B} + v\right) = 3At + 2Btv$, et pour une seule $At + 4Bt\left(\dfrac{A}{2B} + v\right) = 3At + 4Btv$, et la différence est $2Btv$.

Si au lieu de la relation (1) on avait une relation inverse, la différence serait de signe différent, d'où la conclusion indiquée ci-dessus qu'il existe pour chaque substance une valeur de e plus avantageuse que toute autre au point de vue de la force motrice consommée par la machine-outil.

837. La quantité de travail absorbée par les frottements augmente rapidement relativement à celle qui est utilisée à mesure que l'angle du coin devient plus aigu (puisque la pression sur les faces augmente, étant à la puissance dans le rapport de la longueur des faces à la largeur de la tête du coin).

On la diminue en rendant minime le coefficient du frottement f, c'est-à-dire en donnant un grand poli aux outils et en
frottant les tranchants avec des substances grasses, comme le
font fréquemment le menuisier, le scieur de bois.

Étudions les formes des principaux outils tranchants mus
à la main, suivant un petit élément linéaire.

838. L'outil agissant en forçant, par son mouvement, le corps
moins dur que lui sur lequel on opère à se déplacer, si le tranchant de l'outil est aigu et poussé en avant avec une force suffisante, tel que le *burin* du graveur ou le *burin* à buriner
(fig. 799) du mécanicien, il enlèvera des copeaux à la surface
du corps. Dans le cas de corps fibreux, de bois, par exemple,
il est utile de donner aux tranchants un double mouvement
rectiligne en les faisant mouvoir dans le sens de la longueur
en même temps que l'on presse sur le tranchant. Celui-ci,
formé d'une série de dents extrêmement fines, coupe les fibres
en pénétrant les pores du bois, le travail avance beaucoup,
bien qu'on n'ait besoin que de développer de faibles efforts.
C'est ainsi que s'emploient le *couteau*, le *rasoir*, etc. (fig. 800).

Fig. 800.

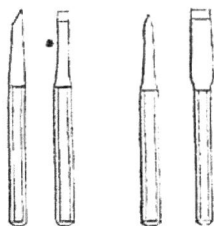

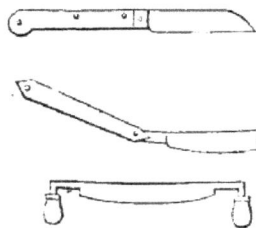

Fig. 799.   Fig. 801.

Pour que le tranchant agisse, comme on vient de le voir, par
l'effet d'un seul mouvement rectiligne, on courbe la lame, ainsi
qu'on le fait pour les sabres, d'où résulte le double effet décrit
ci-dessus. On construit ainsi la *plane* (fig. 801), outil tranchant
qui se manie à deux mains, et qui, destiné à obtenir des surfaces courbes, est également concave dans le sens transversal,
comme doivent être les lames qui doivent recevoir un mouvement de rotation en coupant.

839. Du mode d'opérer des tranchants sur les corps fibreux
perpendiculairement aux fibres, il résulte que leur action peut
être augmentée pour débiter plus vite, en rendant plus sen-

sibles les petites dents dont ils sont formés, en les rendant
discontinues; on les forme alors d'une succession de petits
coins dont le tranchant est dirigé
successivement vers la droite ou vers
la gauche. Telle est la *scie* (fig. 802),
composée généralement de dents de
forme triangulaire, de coins dont la
face inférieure est inclinée vers le
tranchant, quelquefois en forme de
crochet, taillés dans une lame d'acier
tendue dans une monture.

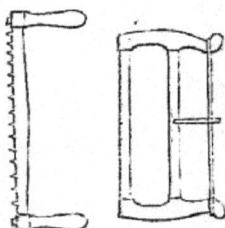

Fig. 802.

Pour que cette lame n'éprouve pas
trop de résistance par le frottement des parties latérales préalablement entaillées, on écarte les dents alternativement à droite
et à gauche pour qu'elles produisent une fente plus épaisse
que la lame. Cet écartement est la *voie* de la scie.

C'est surtout sur les corps fibreux que la scie opère avec avantage. Les petits chocs successifs des dents divisent les fibres en
faisant dépasser à chacune d'elles la limite d'élasticité.

840. Nous ne nous sommes occupé jusqu'ici que des tranchants en eux-mêmes, sans tenir compte des mouvements
nécessaires pour les faire agir, en ne considérant que des mouvements élémentaires que nous rencontrons dans quelques
outils simples. Nous avons maintenant à étudier l'action des
tranchants lorsqu'on leur donne les divers mouvements possibles, systèmes qui constituent les machines-outils lorsque les
mouvements sont imprimés mécaniquement; car celles-ci ne
sont autre chose que des systèmes dans lesquels les outils sont
mus mécaniquement dans les conditions que sait remplir l'ouvrier qui les emploie, qui fournissent des résultats que ne pourrait souvent pas atteindre, même à grands frais, l'habileté ma-
nuelle la plus grande.

Les mouvements élémentaires qui peuvent être imprimés mécaniquement à un tranchant résultant toujours de systèmes de
l'ordre du levier, du tour ou du plan, nous allons les passer
en revue successivement dans cet ordre, qui comprendra tous
les moyens d'obtenir les formes nécessaires à la pratique, ces
formes étant nécessairement simples, des surfaces planes, cylindriques. Nous nous occuperons d'abord des systèmes mus
généralement à bras.

841. *Système levier*. — Les *ciseaux* et *cisailles* (fig. 803) constituent le genre principal d'outil de cette division, et se composent de deux tranchants se mouvant par un mouvement circulaire alternatif. La partie essentielle de leur disposition, c'est que la partie opérant le travail soit formée de deux pièces d'acier à biseau extérieur ou à angle droit pour les substances très-dures, qui se meuvent en contact l'une avec l'autre, de telle

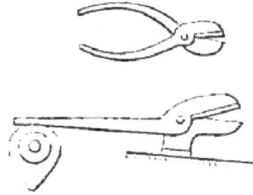

Fig. 803.

sorte qu'un corps placé entre les deux lames, appuyé sur un tranchant et pressé par l'autre, se trouve coupé par leur mouvement.

L'effort de la résistance étant généralement très-grand relativement à celui de la puissance, la longueur du bras de levier de celle-ci, ou plus généralement le chemin parcouru par le point d'application du système qui donne le mouvement, devra être considérable relativement à celui des mâchoires des cisailles quand il s'agit de très-grands efforts. Il en est ainsi pour la cisaille à métaux (fig. 803), dont un des tranchants est mû à l'aide d'un système mécanique, un excentrique par exemple.

842. *Système tour*. — Les outils tranchants dont nous avons parlé plus haut peuvent, la plupart, être transformés et disposés de telle sorte que leur travail puisse s'opérer au moyen d'un mouvement circulaire continu.

Des lames tranchantes disposées sur une inclinaison convenable, dans le sens des génératrices d'un cylindre, forment un outil tranchant qui agit par un mouvement de rotation. Tels sont la *râpe*, au moyen de laquelle on réduit la betterave en pulpe très-fine (fig. 804), le *rabot circulaire* qui sert à dresser les bois dans certaines machines.

Si on juxtapose deux cylindres d'acier par leurs arêtes tranchantes ou rectangulaires, on obtient une cisaille (fig. 804)

agissant par un mouvement circulaire continu. Les taillants
des trousses de fenderie de fer sont des cisailles continues
de ce genre.

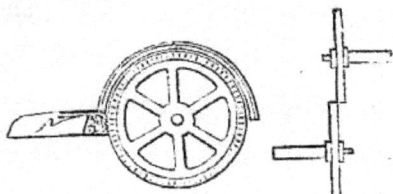

Fig. 804.   Fig. 805.

En taillant en forme de dents la circonférence d'une plaque
circulaire de tôle d'acier trempé, on obtient la *scie circulaire*,
outil extrêmement avantageux à cause de la continuité de son
action, surtout quand on la fait tourner à très-grande vitesse.

843. *Action intérieure.* — *Forets, tarières, vrilles.* — Pour
percer des trous dans les pièces, on emploie des outils auxquels
on donne en même temps qu'un mouvement circulaire une
pression suffisante suivant leur longueur, et dont l'extrémité
est formé de plans inclinés qui enlèvent le corps en le coupant
et font ainsi place pour pénétrer plus avant. La figure 806 représente les dispositions du *foret*, destiné dans la disposition
de la figure à être mû par un archet, et qui l'est souvent par
un vilebrequin.

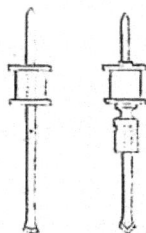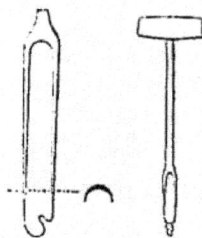

Fig. 806.   Fig. 807.

Pour le bois, on emploie les *mèches* (fig. 806) qui, ayant un
tranchant fin, une cuiller creuse, enlèvent la matière avec rapidité. Enfin les *vrilles* et quelques *tarières* pénètrent par une
pointe formant le sommet d'une vis conique ou mieux d'une

surface héliçoïdale, forme qui convient essentiellement pour produire le double effet caractéristique de ces outils. Le mouvement de pénétration à travers les fibres du bois est ainsi très-facile, et les rebords de la cavité qui portent à l'extérieur les parties coupées, agrandissent et régularisent le trou par l'action de leur bord tranchant.

Dans la petite machine à percer des serruriers, le mouvement circulaire est imprimé à l'aide d'un vilebrequin, et la descente de la mèche, à mesure que le trou se perce, obtenue à l'aide d'une vis que l'ouvrier fait tourner avec la main gauche. Elle est d'un emploi de chaque instant dans les ateliers de serrurerie.

La perfection du travail de ces outils est de produire un trou cylindrique dont les génératrices soient parfaitement rectilignes, sans aucune déviation. Nous citerons une disposition de foret employée à cet effet (fig. 808). Ce foret, formé par une petite tige cylindrique et comprenant un peu plus de la moitié du cylindre, est percé d'un petit trou au centre. Les tranchants produits par les faces rectilignes enlevant du métal, tandis que le centre n'est pas attaqué, il se produit en cette partie une petite aiguille de métal qui guide le foret et s'oppose à sa déviation.

Fig. 808.

Souvent un effet analogue est produit en adaptant au foret diamétral, à double taillant, un centre, qui est guidé par un trou de petite dimension, préalablement percé. La pression exercée sur le foret détermine l'action du tranchant, l'opération de percer résultant toujours d'un double mouvement circulaire et rectiligne ; par suite toute machine-outil qui peut servir pour cette opération doit posséder ce double mouvement, comme nous le verrons bientôt.

844. En entaillant la surface d'un solide de révolution qui se meut autour d'un axe, de manière que les arêtes forment des tranchants qui agissent successivement, on obtient les outils désignés sous le nom générique de *fraises* (fig. 805), dont l'emploi est très-fréquent aujourd'hui. Coniques et agissant dans le sens de leur axe, elles servent à produire des cavités de cette forme ; cylindriques et coupant latéralement, elles servent à former des rainures dont la section a la même forme que la

génératrice droite ou courbe du cylindre; enfin planes elles
servent à entailler et dresser des fonds.

845. *Action extérieure.* — Quelques systèmes spéciaux
peuvent agir dans quelques cas rares sur l'extérieur des corps,
mais il n'est de général pour façonner celui-ci que l'emploi
du tour, du mouvement circulaire du corps que nous allons
examiner.

846. Tour. *Travail du corps mû circulairement.* — Les *tours*
constituent un mode d'opérer particulier, obtenu avec des outils fixes agissant sur le corps à travailler auquel on imprime
un mouvement circulaire. Tandis qu'en général c'est l'outil
qui avance et la pièce qui reste fixe, dans le tour c'est la pièce
en mouvement qui, rencontrant l'outil fixe, enlève sur celui-ci
les parties qui excèdent le cercle compris entre l'axe autour duquel la rotation a lieu et l'outil. Le corps à travailler mû avec
une grande vitesse, dont la masse fait volant, et cela sans résistances passives notables, est placé sur le tour dans des conditions qui rendent le travail facile, l'action de l'outil très-
efficace, et qui font de cette machine la base essentielle du
moindre atelier de mécanicien.

Les moyens de communiquer à la pièce un mouvement circulaire continu ou alternatif, sont ceux décrits dans les sections précédentes pour produire un semblable mouvement.

Presque tous les tours sont horizontaux, quelques-uns sont
verticaux, ceux employés par le potier, par exemple.

On distingue dans les tours deux grandes divisions : les
tours à pointes et les tours en l'air. Dans les premiers la pièce
à tourner se trouve placée entre deux pointes fixes et on la met
en mouvement en fixant sur elle une poulie qui reçoit, au
moyen d'une corde, un mouvement circulaire. Dans les seconds,
il n'existe plus qu'une pointe formant l'extrémité d'un arbre
auquel on donne un mouvement de rotation, mouvement qui
se communique à la pièce assemblée avec cet arbre.

847. Tour a pointes. — Le tour à pointes est simple à
établir : deux jumelles en bois parallèles sont supportées à
leurs extrémités par deux pieds formant le banc du tour. Les
pièces qui supportent les pointes sont appelées *poupées*, ce
sont, dans les tours en bois, des billes de bois carrées, terminées par un tenon à double arrasement qui pénètre entre
les deux jumelles, les dépasse en dessous et porte à sa partie

inférieure une mortaise transversale dans laquelle on passe une clef en bois qu'on chasse à coups de masse pour faire appuyer fortement la poupée sur les jumelles. Les pointes sont fixées à 3 décimètres au-dessus du banc, pour un tour de moyenne grandeur, et à 1 décimètre environ du sommet de la poupée. D'ordinaire, la pointe de gauche est immobile ainsi que la poupée, et la pointe de droite de la poupée mobile est une vis pointue vissée dans cette poupée qu'elle peut dépasser de 1 décimètre du côté de la première pointe (fig. 809).

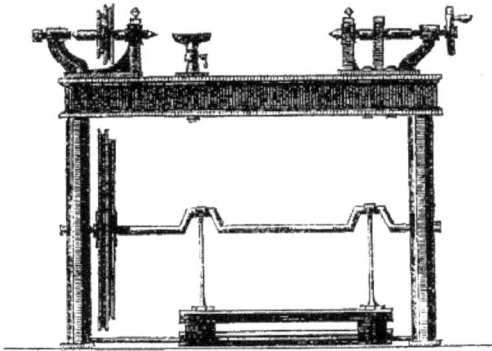

Fig. 809.

Il faut maintenant donner au tourneur un appui solide sur lequel il puisse poser son outil afin d'attaquer la pièce fixée entre les pointes. Cet appui s'appelle support à chaise et se compose de trois parties : la *semelle*, la *chaise* et la *cale*.

La semelle est une planche de 3 à 4 centimètres d'épaisseur sur 14 de largeur et de longueur variable suivant la force du tour. Elle porte dans une partie de sa longueur une ouverture longitudinale large de 3 centimètres, destinée à recevoir le collet d'un boulon dont la tête carrée sera noyée dans deux feuillures pratiquées le long des côtés de l'ouverture et en dessus; le boulon passe entre les jumelles, traverse une forte barre en bois, au-dessous de laquelle est un écrou à oreille avec lequel on opère la pression et la fixation de la semelle sur l'établi. On comprend facilement qu'en desserrant le boulon on peut faire glisser la semelle dans un sens perpendiculaire à la ligne des pointes et même l'incliner par rapport à cette ligne; on peut aussi la faire marcher le long des jumelles et la

placer par conséquent dans la position convenable par rapport
à la pièce à tourner.

La chaise est un morceau de bois en forme d'équerre, appuyant par la branche horizontale sur la semelle à laquelle
elle est fixée par un boulon. Ce boulon, taraudé à sa partie
inférieure, s'engage dans un écrou noyé au-dessous de la semelle ; il se termine à sa partie supérieure par une forte tête
percée de deux trous en croix dans lesquels on introduit la
queue d'une clef pour serrer la chaise sur la semelle quand on
a fait tourner de la quantité convenable cette chaise autour du
boulon.

La cale est une planche épaisse de métal ou de bois dur
qu'on attache devant la branche verticale ou le dossier de la
chaise au moyen d'un écrou en T. Cette cale n'a par le bas que
la largeur du dos de la chaise, dans le haut elle s'élargit et est
terminée par deux pointes ; c'est sur la partie supérieure de
cette cale qu'on appuie l'outil. Pour que la cale puisse être
haussée ou baissée à volonté, le trou qu'on y pratique pour
laisser passer le T n'est pas rond, mais allongé dans le sens
vertical.

On communique à la pièce à tourner un mouvement, soit circulaire alternatif, soit circulaire continu ; dans le premier cas
c'est au moyen d'une corde qui fait plusieurs fois le tour de la
pièce et que deux hommes tournent alternativement ; d'autres
fois, et c'est même le cas le plus fréquent, la corde s'attache à
l'extrémité d'une perche élastique fixée par l'autre bout au pla-
fond de l'atelier, descend verticalement en faisant plusieurs
fois le tour de la pièce à tourner, continue ensuite à descendre
et s'attache à un levier nommé *pédale*. Ce levier peut osciller
autour d'un point fixe. Le tourneur place le pied sur la pédale,
et pendant qu'elle descend il attaque sa pièce avec l'outil ;
quand il relève le pied l'élasticité de la perche fait remonter la
pédale et tourner la pièce en sens contraire.

Ce système est simple, mais entraîne une perte de temps considérable, puisque le travail est discontinu, en occasionnant en
outre de fortes vibrations dues à l'action intermittente de l'outil.
Il est de beaucoup préférable, comme on le fait à peu près
exclusivement aujourd'hui, d'enrouler la corde sur une poulie
fixée à la pièce à tourner, et sur une seconde poulie plus grande
mise en mouvement, soit par le pied du tourneur, au moyen

d'une pédale, soit par un manœuvre quand l'effort à produire est un peu considérable.

848. TOUR EN L'AIR. — Le tour en l'air diffère du tour à pointes en ce que la pièce n'est plus reçue entre deux pointes, mais est fixée à l'extrémité d'un arbre en fer, supporté d'ordinaire par un collet et une pointe (fig. 840).

Fig. 810.

L'arbre est un morceau de fer tourné, conique dans la partie de sa longueur qui doit être placée dans le collet ; à droite de cette partie conique, on tourne une partie cylindrique qu'on filète avec une filière et qu'on égalise au peigne ; on y place un écrou qu'on tourne sur l'arbre même en ayant soin de le dresser parfaitement par devant ; on fait dépasser la partie filetée de 3 centimètres en avant de l'écrou qui sert alors d'embase. On tourne l'arbre à gauche de la partie conique, on le coupe à la longueur voulue, et on y fait le trou où doit s'engager la pointe. Pour mettre en place, on dévisse l'écrou qui prendra désormais le nom d'embase puisqu'il en remplit la fonction, on fait entrer la partie conique de l'arbre dans le collet conique de la poupée, on fait entrer la pointe de gauche dans le pointage de l'arbre, on remet l'écrou à embase sur la vis qui saille en avant de la poupée, on met de l'huile aux endroits qui frottent et le tour est prêt à fonctionner, après qu'on a fixé et calé sur son arbre la bobine à laquelle une corde doit communiquer le mouvement de rotation.

On a divers moyens de fixer sur l'arbre les objets à tourner :

s'agit-il, par exemple, d'une pièce de bois qu'on doit tourner
extérieurement et creuser intérieurement en forme de vase ; on
pratique vers le fond, avec une mèche, un trou de la grosseur
de la vis du nez de l'arbre ; on présente ce trou à la vis, et en
faisant tourner soit la pièce, soit l'arbre, on taraude le trou et
on réunit l'arbre au morceau de bois. Le support à chaise, décrit
à l'occasion du tour à pointes, est très-commode dans cette
occasion, pouvant prendre une infinité de positions, tant par
le mouvement de la semelle sur les jumelles, que par le mouvement de rotation de la chaise sur le boulon qui la réunit à
cette semelle, et par les différentes hauteurs auxquelles on peut
placer la cale.

Mais c'est, en général, à l'aide de mandrins spéciaux montés
sur le nez du tour, pour des pièces qui doivent être reproduites
fréquemment, fonctionnant à vis pour serrer des pièces de tout
genre, que l'on travaille les pièces sur le tour en l'air. Comme
exemple de ce dernier genre nous décrirons le *mandrin universel*,
représenté figure 811. Tout le plateau se fait d'une seule pièce

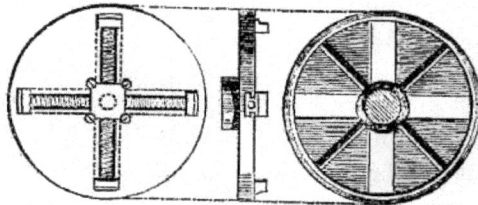

Fig. 811.

de fonte, cuivre ou fer ; on l'évide en dedans par derrière, afin
de le rendre moins pesant ; les traverses en croix, ainsi que
les nervures, sont en saillie sur le fond, qui peut avoir 5 ou
7 millimètres d'épaisseur ; le manchon est fileté intérieurement, et reçoit le nez de l'arbre dans l'écrou qu'il forme.

On ajuste dans les coulisses des mâchoires en acier, taillées
en lime par devant, un peu arrondies par derrière, et percées
d'un trou taraudé dans lequel passe la vis de rappel.

Les quatre vis de rappel qui font mouvoir les mâchoires ont
une tête carrée entrant dans une clef qui sert à les tourner.
Vers le bout opposé sont trois filets non inclinés, mais simplement circulaires, qui servent à tenir la vis en place et à faire
le rappel. Ces trois filets droits entrent dans trois rainures cir-

culaires pratiquées d'une part dans le plateau circulaire, et de l'autre dans la pièce carrée rapportée.

849. *Outils du tour*. — Les outils du tour consistent en burins aigus, droits ou recourbés, qui prennent le nom de crochets, de burins, de planes, etc., et qui, tenus fixes, enlèvent circulairement les quantités de matière qui excèdent le diamètre du cercle dont le rayon est déterminé par la distance de la pointe du burin à l'axe de rotation.

Vitesses. — La vitesse du tour doit être en rapport avec la résistance du métal. Voici les vitesses que l'on donne généralement :

Pour la fonte douce, 0^m,075 par seconde;

Pour la fonte dure, 0^m,020 par seconde;

Pour le fer, 0^m,120 à 0^m,150 par seconde;

Pour le cuivre jaune et le bronze, une vitesse beaucoup plus grande.

MOUVEMENT RECTILIGNE ET SUIVANT UNE COURBE.

850. *Système plan*. — *Mouvement rectiligne*. — Pour dresser le bois dans le sens des fibres et obtenir des surfaces plates, on emploie le *rabot* (fig. 812), qui est formé d'un fer de ciseau incliné pour couper et diviser les fibres du bois, guidé par un prisme de bois dans une ouverture duquel il est monté, qu'il dépasse d'une petite quantité, et avec lequel il est assemblé

Fig. 812.

par la pression d'un coin. La face de ce prisme, s'appliquant sur la surface à dresser, empêche le ciseau de pénétrer à des profondeurs irrégulières et plus grandes que la saillie de fer, qui ne peut attaquer ainsi que les parties qui s'élèvent au-dessus de la surface à obtenir.

L'inclinaison du fer est d'autant moindre que le rabot doit débiter davantage : elle est de 43 à 50 degrés pour les varlopes et demi-varlopes (rabots longs), qui servent à commencer le travail, et de 50 à 55 degrés pour les rabots qui servent pour les bois noueux.

Le fer du rabot prend deux positions distinctes, est affûté de deux manières différentes suivant qu'on veut enlever de minces copeaux ou faire des rainures dans le bois. Pour le premier objet, le tranchant c' est en avant (fig. 813), et la face $c'd'$ cou-

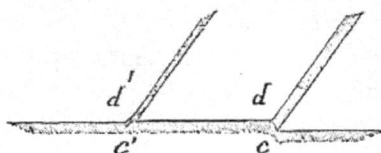

Fig. 813.

chée en arrière. Dans le second cas, pour faire une rainure profonde et étroite, l'outil est retourné et la face ed occupe une position antérieure et presque verticale. Dans ce dernier cas le fer ne tend plus à s'engager comme dans le premier; la face cd, par la grande résistance qu'elle rencontre, tend à relever l'outil.

Le fer du rabot aussi bien que sa semelle (la surface inférieure du prisme) peuvent prendre des formes diverses pour produire des surfaces cylindriques, des moulures de tout genre, dont la section sera la même que celle du fer du rabot; il prend alors le nom de *bouvet*, etc.

Pour dresser des surfaces plates de fer, de fonte, etc., on peut employer le *burin* pour faire disparaître les saillies en frappant la tête avec le marteau, et la main servant de guide-plan pour obtenir des surfaces planes. Mais, quelle que soit l'habileté de l'ouvrier, l'action du burin chassé à coups de marteau est nécessairement variable, et la surface qui sera ainsi dressée ne saurait être plate, condition qui, étant le point de départ de tous les assemblages, doit presque toujours être remplie avec une grande précision. Aussi faut-il reprendre avec la lime les surfaces dressées au burin, ce qui exige un travail long et coûteux, et encore ne peut-on être certain d'obtenir ainsi que des surfaces de peu d'étendue.

851. *Mouvement suivant une courbe.* — Pour fabriquer les pas hélicoïdaux de vis, sur l'emploi desquelles reposent presque tous les assemblages des pièces métalliques, on emploie la *filière* et le *taraud*. Ces outils sont composés de tranchants qui attaquent la matière suivant une ligne hélicoïdale, qui creusent la substance à tranformer en vis et en écrou. Plusieurs dispositions sont employées pour réunir les tranchants au corps de l'outil.

852. *Filière.* — La figure 814 représente la *filière simple* formée d'une plaque d'acier dans laquelle on a pratiqué des trous. Après les avoir filetés au moyen d'un taraud, on leur a donné des arêtes en pratiquant des sillons à travers les filets, qui rendent tranchantes leurs arêtes et ce qui fait qu'ils peuvent creuser la tige cylindrique qu'on y fait entrer, et à laquelle on donne un mouvement de rotation.

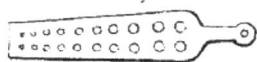

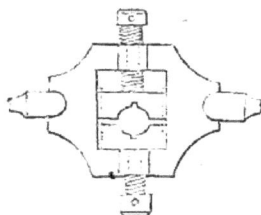

Fig. 814.   Fig. 815.

Dans les *filières doubles* (fig. 815), ces arêtes font partie d'une fraction d'écrou (ce qui permet d'en repasser les surfaces extérieures par un affûtage) qui se monte dans un châssis. Des vis de pression permettent de les serrer. Le pas de la tige se forme par le double mouvement de rotation, et de haut en bas de la filière, celle-ci étant guidée par le filet déjà commencé.

La construction de cette filière (fig. 816) présente quelques difficultés; les rainures ne peuvent se faire qu'avec un outil particulier, une fraise montée sur le tour, le fût étant placé sur

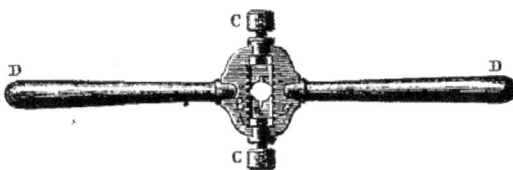

Fig. 816.

le support (voir ci-après). Cependant son bon usage, la facilité de pouvoir changer promptement les coussinets, ont généralisé son emploi parmi les artisans, et surtout dans les ateliers de mécanique.

La *filière à plaque*, représentée dans la figure 817, remplit le même but que celle que nous venons de décrire, tout en étant plus facile à construire. Peu de mots suffiront pour la faire bien comprendre : A, A, sont les bras du leviers ; C, C, les vis de pression ; B, B, leurs écrous ; E, sont les plaques main-

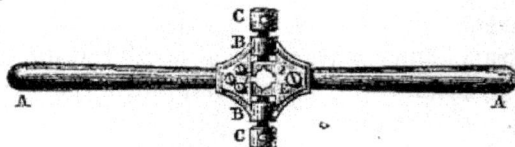

Fig. 817.

tenant les coussinets, et maintenues elles-mêmes après le corps de la filière soit par trois vis fraisées, si la plaque est simplement percée à plat, soit par une seule vis, si la plaque ne peut tourner.

Dans le milieu de la filière est pratiqué un cadre contenant les coussinets, qui sont limés carrément sur toutes leurs faces, et sont maintenus au-dessus et au-dessous par le débordement des plaques sur les côtés intérieurs du cadre, qui sont indiqués sur la figure par les lignes ponctuées. Quoique plus simple à construire que la précédente, cette filière exige beaucoup de temps pour le changement des coussinets, parce qu'il faut, pour effectuer cette opération, enlever les plaques E, et détourner, par conséquent, les vis qui les fixent au corps de la filière. Leur usure, surtout quand elles sont mal rentrées, est un inconvénient assez notable.

853. *Filières à trois coussinets.* — Dans ces filières, le coussinet est divisé en trois parties ayant très-peu d'étendue dans le sens de la circonférence. La plus parfaite de ce genre est la filière de Withworth dont les trois coussinets affûtés facilement sur la meule, découpent les filets dans le métal sans jamais le refouler. Les filières de Withworth, comme la série de pas de vis établie par ce constructeur, sont en Angleterre d'un usage absolument général, ce qui introduit dans toutes les constructions une uniformité précieuse qui mériterait d'être imitée.

La filière Withworth se compose d'un tourne-à-gauche s'élargissant en son milieu en forme de plateau circulaire. Dans ce plateau, on perce de part en part une lunette dans laquelle les coussinets pourront fonctionner; trois rainures sont pratiquées à la machine, suivant trois rayons inclinés les uns par rapport aux autres; c'est dans ces rainures que l'on place les coussinets. Deux d'entre eux, plus étroits que le troisième, sont placés d'un même côté (fig. 817), et ils peuvent glisser dans

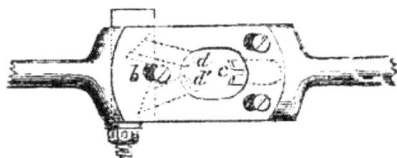

Fig. 818.

leurs rainures de manière à se rapprocher du centre de la lunette, lorsqu'on repousse leurs talons, par les bords inclinés d'une même clavette mobile dans l'épaisseur du plateau, au moyen d'un écrou par lequel celle-ci se termine. Le troisième coussinet est plus large que les autres, et on a pratiqué un évidement dans son milieu, qui détermine une nouvelle arête tranchante. Cet ensemble de trois coussinets ou peignes est recouvert par une plaque maintenue à l'aide de boutons à mentonnets; cet assemblage suffit pour maintenir les coussinets en place, vu la perfection du travail, et le changement des coussinets peut s'effectuer plus rapidement que si la plaque était fixée avec des vis.

854. *Machine à fileter et à tarauder.* — Dans les ateliers de construction et de serrurerie, où l'on filète une grande quantité de boulons, on a renoncé au filetage à la main, et on emploie une machine spéciale, très-expéditive, que l'on applique aussi au taraudage des écrous, et que l'on nomme machine à tarauder.

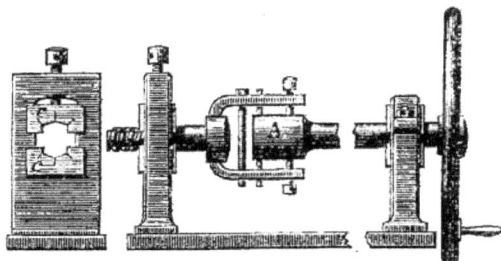

Fig. 819.

Elle ne change pas le moyen employé pour tailler des filets de vis dans le fer ou le cuivre, elle agit avec le même outil pour creuser un sillon; mais elle offre l'immense avantage

de faire travailler cet outil avec beaucoup de rapidité et
d'exactitude.

La figure 819 représente la disposition la plus simple d'une
machine de ce genre, employée pour le filetage d'un boulon,
une des applications les plus fréquentes.

Le boulon à fileter est placé à l'extrémité d'un arbre, auquel
on peut donner par une manivelle un mouvement de rotation,
et qui peut se mouvoir dans le sens de sa longueur. Les coussinets en acier sont fixés sur un porte-outil convenablement disposé et situé dans le prolongement de l'arbre; leurs formes
sont analogues à celles que nous avons décrites, et on peut les
rapprocher l'un de l'autre. Au commencement de l'opération,
on ouvre les coussinets et on y fait pénétrer le boulon d'une
longueur égale à deux ou trois pas de vis; on resserre les
coussinets et on fait marcher l'arbre; le boulon ne peut alors
plus tourner sans avancer; il entraîne l'arbre et se filète à une
certaine profondeur en passant dans les coussinets.

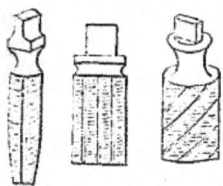

Fig. 820.

855. *Taraud* (fig. 820). — Le taraud
qui sert à fileter les écrous n'est autre
chose qu'une vis en acier trempé sur laquelle on a abattu des pans ou creusé
des rainures qui rendent coupants les
angles des filets. On commence le
travail par des tarauds toujours du
même pas, mais rendus coniques en
enlevant extérieurement partie du métal et entrant dans le trou
percé au centre de l'écrou, de diamètre moindre que celui
qu'il doit avoir finalement; on termine le travail à l'aide de tarauds cylindriques.

La grande régularité des tarauds, qui servent à fabriquer les
coussinets des filières, et auxquels on donne le nom de *mères*,
importe beaucoup pour la perfection de la fabrication. On
l'obtient très-grande en les plaçant sur le tour avant la trempe
et en approfondissant les creux avec un peigne, outil portant
les entailles de deux ou trois filets, et que l'on promène sur
toute la longueur du taraud pour les rendre identiques.

COMBINAISON DU SYSTÈME TOUR ET DU SYSTÈME PLAN.

856. Sur le tour, le corps à travailler étant en mouvement, l'outil travaille au repos, et par suite il importe de le fixer au point voulu, de ne pas le laisser s'engager au delà d'un point dont le mouvement décrit la surface qu'il s'agit d'obtenir. On comprend les avantages qu'il y a à réaliser cette condition en des points successifs, c'est-à-dire à mouvoir l'outil en même temps que le corps à tourner, ce qui conduit au *support à chariot* (figure 821), qui consiste en un train formé de deux systèmes superposés, consistant

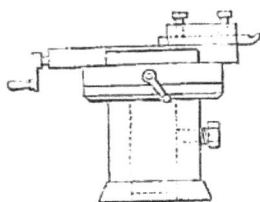

Fig. 821.

chacun en un guide rectiligne, une vis et une manivelle, ensemble permettant de communiquer un double mouvement rectiligne à angles droits à un burin fixé à la partie supérieure, et de l'amener ainsi en un point quelconque.

Si donc on fait mouvoir le tranchant parallèlement à l'axe, le cylindre formé sera parfaitement régulier (sauf l'usure de l'outil, sensible en proportion de la résistance qu'on lui fait surmonter), puis faisant engager l'outil par l'effet de la disposition qui permet de lui donner un mouvement de progression vers l'axe central, l'opération recommence jusqu'à ce que le cylindre soit amené au diamètre voulu.

Le support à chariot, a été le point de départ de toutes les machines-outils qui ont transformé l'art de la construction des machines, en montrant la possibilité d'assembler un outil coupant sur un plateau glissant, la valeur du *sliding-principe*, comme disent les Anglais, ce qui conduit à donner mécaniquement des mouvements rectilignes au ciseau dans toutes les conditions convenables pour un excellent travail.

Nous donnons (fig. 822) la première disposition employée par Maudslay auquel les Anglais attribuent l'invention du support à chariot, qui se retrouve toutefois dans d'anciennes gravures d'outils d'horlogerie, seule construction mécanique où la précision fut autrefois recherchée. Elle suffit pour rendre le support un outil automatique et faire avancer le burin d'une petite

quantité par chaque tour, à l'aide d'une étoile montée sur la
vis qui fait avancer le chariot et d'un crochet qui vient faire

Fig. 822.

tourner cette étoile d'une dent à chaque révolution et par suite
avancer le burin automatiquement.

I. MACHINES-OUTILS. — TOUR.

857. Muni du support à chariot, le tour est devenu une admirable machine-outil qui permet d'obtenir des cylindres (ou des
cônes, si la direction du mouvement rectiligne est inclinée sur
l'axe du cylindre; des sphères, si l'outil décrit une demi-circonférence à l'aide de guides convenables; toute surface de révolution en général), par une succession d'hélices très-rapprochées, avec plus de facilité même que des surfaces planes.
Celles-ci, pour des dimensions restreintes, peuvent être également obtenues sur le tour en les engendrant par une succession
de spirales d'Archimède, si le mouvement de progression est
régulier, en rapport fixe avec le mouvement de rotation. Pour
obtenir ces surfaces, il suffit de monter la pièce sur une seule
des deux pointes du tour, sur un tour en l'air, et de placer le
support perpendiculairement à cet axe.

La fig. 823 représente un grand tour à engrenages de Withworth, tel qu'il se rencontre dans les grands ateliers de cons-

truction, pour exécuter automatiquement et dans les meilleures conditions de rapidité, les pièces de grande dimension. Le caractère essentiel de ces tours mus à l'aide de courroies agissant sur l'une des poulies montées sur l'arbre, d'un diamètre convenable en raison de la vitesse voulue pour le travail à effectuer, est l'adaptation le long du banc d'une vis actionnant le chariot,

Fig. 823.

vis qui tourne dans un rapport de vitesse constant avec celui du corps placé entre les pointes du tour, rapport qui peut lui-même changer en raison des engrenages qui mettent en rapport les deux axes de rotation.

Le nez du tour est fileté pour recevoir soit une pointe, soit un plateau-mandrin. La seconde pointe montée sur une poupée solidement serrée sur le banc peut avancer au moyen d'un petit volant à main, pour maintenir la pièce à tourner.

L'écrou par lequel est conduit le chariot, composé de deux parties que l'on peut rapprocher ou éloigner à volonté, est fermé lorsque l'outil travaille, et embrasse la vis qui le conduit;

dans le cas contraire on écarte ces deux parties: alors l'écrou
n'est plus en contact avec la vis, et l'on peut faire avancer
rapidement le chariot à la main, pour le mettre en place, au
moyen d'une manivelle dont l'arbre porte un pignon qui engrène
avec une crémaillère fixée au banc.

On a souvent besoin de faire varier les vitesses relatives du
burin et corps à travailler, en raison du diamètre de celui-ci
(nous parlerons ci-après du cas du FILETAGE, pour lequel cela
est indispensable), ce qui exige un assortiment varié de couples
de roues d'engrenages. Comme moyen très-simple de varier à
volonté les vitesses, nous devons citer les plateaux à friction de
Sellers, de Philadelphie, espèces de roues à coin à rainure et
enfoncement variable.

Tour en l'air. En montant sur le nez du tour un mandrin,
un plateau à rainures servant à maintenir des griffes propres à
fixer les pièces, on les dressera avec le support à chariot auquel
on aura fait faire un quart de tour. Il faut que la vis de chariot puisse tourner de même et reçoive son mouvement d'une
roue d'angle. C'est un mode d'emploi fréquent de cette machine-outil.

II. TOUR A FILETER.

858. A l'aide du support à chariot glissant, on convertit facilement en vis une tige cylindrique placée entre les pointes du
tour. Il suffit d'établir un rapport convenable entre la marche
de la vis de rappel du support portant le burin de largeur convenable, et le mouvement du cylindre. Si donc on suppose une
roue d'engrenage montée sur ce cylindre, et sur le rappel du
support une roue semblable, d'un même nombre de dents, et
que ces deux roues engrènent ensemble, le mouvement du
cylindre se communiquant à la vis, celle-ci n'aura fait qu'un
tour sur elle-même lorsque le cylindre aura fait également sa
révolution entière, l'outil aura avancé de l'épaisseur du pas de
la vis et la pointe de l'outil aura tracé une hélice ayant ce
même pas sur le cylindre. Si l'on engage successivement l'outil
et qu'on donne plusieurs passes, en allant ou en revenant, il travaillera toujours en approfondissant les vides de la vis à fileter.

Pour obtenir un pas moitié plus fin, il faudrait que la roue
remplaçant la manivelle de la vis du support fût d'un diamètre

double de celui de la roue placée sur le cylindre. L'inverse aurait lieu en les plaçant inversement.

La nécessité d'avoir un couple de roues pour chaque pas différent, a fait chercher les moyens d'obtenir un grand nombre de pas avec un petit nombre de roues convenablement choisies et disposées de la manière la plus favorable. Tel est l'excellent système de quatre roues, représenté art. 570, les deux roues mobiles étant portées sur une pièce dite *tête de cheval* (fig. 824), qui se place sur la tête du tour, et peut s'incliner en tournant autour de la poupée ; dans sa coulisse se fixe l'axe portant un pignon et une roue qui servent d'intermédiaires pour la commande du pignon. Nous avons montré comment ce système

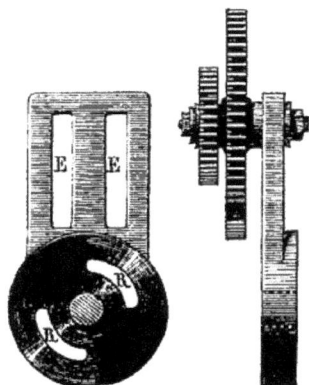

Fig. 824.

était le plus simple pour obtenir un grand nombre de pas différents avec un nombre de roues limité.

Nous donnerons ici un tableau de paires de roues calculées par M. Poulot, habile constructeur à Paris.

Il permet, par une simple lecture, de connaître les roues convenables pour un filetage très-varié (P roue du tour, Q première roue intermédiaire, R seconde, engrenant avec la roue de la vis du tour S), en n'employant au maximum qu'une série de vingt roues d'engrenage, dont le nombre des dents suit :

20	45	70	95
25	50	75	100
30	55	80	110
35	60	85	120
40	65	90	

TABLEAU DES PAS OBTENUS PAR QUATRE ROUES D'ENGRENAGES.

Vis de 0^m,010.

PAS.	ROUES.				PAS	ROUES.			
	P	Q	R	S		P	Q	R	S
millim.					millim.				
1,00	20	100	25	50	4,90	45	85	60	65
1,10	35	85	20	75	5,00	35	40	80	110
1,20	120	100	50	40	5,25	45	100	35	30
1,25	50	80	20	100	5,50	35	100	110	70
1,30	20	70	50	110	5,75	55	90	80	85
1,40	30	100	35	75	6,00	30	20	40	100
1,50	30	40	20	100	6,25	25	50	75	60
1,60	40	50	20	100	6,50	20	45	95	65
1,70	20	85	65	90	6,75	45	100	90	60
1,75	35	40	20	100	7,00	70	60	30	50
1,80	45	50	20	100	7,25	55	90	95	80
1,90	20	100	90	95	7,50	75	60	30	50
2,00	20	50	30	60	7.75	45	85	95	65
2,10	45	75	35	100	8,00	80	60	30	50
2,20	55	50	20	100	8,50	85	60	30	50
2,25	45	40	20	100	9,00	90	60	30	50
2,30	70	80	25	95	9.50	95	60	30	50
2,40	60	50	20	100	10,00	100	60	30	50
2,50	50	40	20	100	11,00	110	60	30	50
2,60	30	100	65	75	12.00	120	60	30	50
2,70	45	50	30	100	13,00	65	40	80	100
2,75	20	50	55	80	14,00	70	40	80	100
2,80	30	100	70	75	15,00	75	40	80	100
2,90	30	80	85	110	16,00	40	20	80	100
3,00	45	90	30	50	17,00	85	40	80	100
3,10	55	100	45	80	18,00	90	40	80	100
3,20	20	50	60	75	19,00	95	40	80	100
3,25	20	50	65	80	20,00	50	20	80	100
3,30	20	50	70	85	30,00	60	30	120	80
3,40	30	100	85	75	40,00	80	30	60	40
3,50	20	50	35	40	50,00	100	30	60	40
3,60	45	100	60	75	60.00	120	30	60	20
3,70	35	100	95	90	70,00	35	30	120	20
3,75	20	50	75	80	80,00	40	30	120	20
3,80	30	100	95	75	90,00	45	30	120	20
3,90	45	100	65	75	100,00	50	30	120	20
4,00	45	100	50	40	110,00	55	30	120	20
4,10	65	95	30	50	120,00	60	30	120	20
4,20	45	100	70	75	130,00	65	30	120	20
4,25	45	100	85	90	140,00	70	30	120	20
4,30	45	85	65	80	150,00	75	30	120	20
4,40	30	50	55	75	160,00	80	30	120	20
4,50	20	50	40	50	170,00	85	30	120	20
4,60	45	85	65	75	180,00	90	30	120	20
4,70	20	40	80	85	190,00	95	30	120	20
4,75	30	100	95	60	200,00	100	30	120	20
4,80	30	100	40	25					

III. MACHINES A PERCER.

859. Les deux mouvements de descente rectiligne du foret et de rotation de celui-ci sont facilement groupés dans les machines à percer, dont on a beaucoup varié les systèmes. Nous ne donnerons que l'exemple suivant d'une machine radiale,

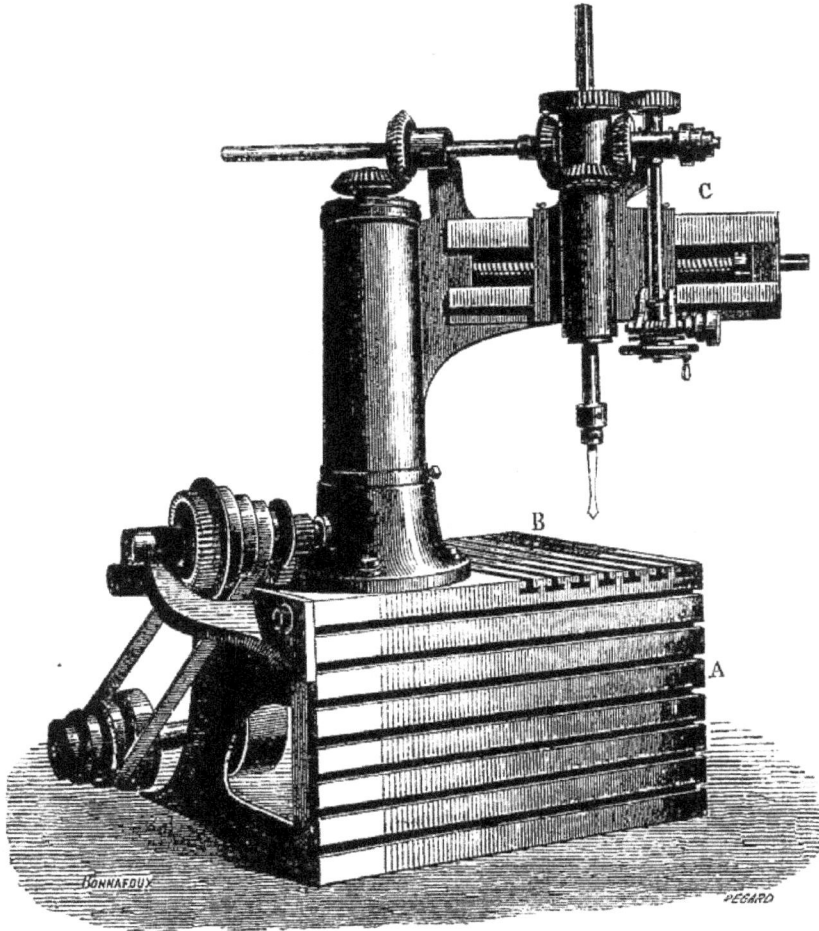

Fig. 825.

c'est-à-dire pouvant servir à percer des trous placés sur des circonférences de divers rayons dont le centre est sur l'axe de l'arbre vertical. On doit remarquer la disposition du tablier à rainures, qui se compose de deux faces A et B bien rec-

tangulaires entre elles, et disposées de manière que, suivant
la forme des pièces, leur mise en place se fait avec la même
facilité, sur la face horizontale ou sur la face verticale de ce
tablier. La poulie motrice est cachée derrière la face verticale,
de manière à ne jamais gêner la manœuvre ; la transmission
a lieu au moyen de deux poulies étagées et d'une double paire
de roues de manière à accélérer convenablement la vitesse de
l'arbre vertical, caché dans l'intérieur de la colonne, et qui,
par son pignon supérieur, commande à la fois le mouvement de
rotation de l'outil et son mouvement de descente ; le premier de
ces effets s'obtient directement au moyen de deux autres engrenages coniques, dont l'un est solidaire avec un arbre horizontal intermédiaire, l'autre avec le porte-outil. Ce dernier
pignon sert aussi à déterminer l'avance de l'outil de la manière
suivante : un troisième pignon conique, symétrique par rapport au premier, fait tourner un petit arbre horizontal et, avec
lui, une poulie à étages, fixée à son extrémité ; cette poulie
correspond à une poulie inverse, placée sur un arbre parallèle,
au bas du chariot C ; cet arbre agit, par vis sans fin, sur un
pignon horizontal, faisant mouvoir, à l'extrémité supérieure
de son arbre vertical, un autre pignon commandant une roue
centrale, qui forme écrou, et qui agit sur la tige filetée du porte-
outil pour faire descendre le foret.

Lorsque le chariot qui porte l'outil se déplace dans ses
glissières, l'arbre horizontal, qui est au sommet de la colonne,
glisse également dans ses portées ; mais, le pignon qui lui
donne le mouvement restant en place, la transmission du mouvement continue à s'opérer de la même façon.

Quant au déplacement autour du bas de la colonne, car la
partie supérieure peut tourner, il s'effectue facilement à la main,
et rien n'est changé dans la disposition générale, le premier
pignon de l'arbre horizontal tournant alors autour du premier
pignon d'angle, sans cesser de rester en prise avec lui.

IV. ALÉSOIR.

860. La machine à percer, employant un foret, ne peut servir
que pour des trous cylindriques de petites dimensions. Lorsqu'il s'agit de régulariser l'intérieur de cylindres de grands
diamètres, il faut avoir recours à une machine spéciale. Elle est

surtout nécessaire pour la construction des machines à vapeur, pour dresser parfaitement l'intérieur des cylindres métalliques dans lesquels se meut le piston. On y est parvenu en renversant en quelque sorte le tour, en rendant fixe la pièce à travailler et rendant mobile l'axe portant le support à chariot et l'outil, en permettant au ciseau de glisser en ligne droite tout en prenant le mouvement circulaire. Et comme ce mouvement rectiligne doit être excessivement lent pour obtenir un travail très-précis, pour obtenir une surface bien unie pour le cylindre fixe, il faut employer un mouvement différentiel. On admet que la vitesse de l'alésage doit être au plus moitié de celle du tour.

Nous donnons (fig. 826) l'élévation d'un grand alésoir vertical (plus convenable qu'un alésoir horizontal pour les très-gros cylindres, qui tendent à s'ovaliser par leur poids), construit par MM. Stéhelin et Cie.

Tout le système est placé près d'un mur à la partie supérieure duquel se trouve un support B portant un coussinet maintenant le haut de l'arbre. Cet arbre, à la partie inférieure, porte un pivot e qui repose dans une crapaudine a située au-dessous d'une grande plaque en fonte A placée au niveau du sol de l'atelier ; l'arbre est encore soutenu par un support boulonné sur cette plaque. Cet arbre dont le diamètre est de 30 centimètres, est ainsi fixé d'une manière très-solide, condition fort importante, car il est nécessaire, si on veut aléser le cylindre en une seule passe, que les outils n'éprouvent aucune vibration. Au-dessous de la plaque A est une roue d'engrenage G à laquelle une vis sans fin I communique le mouvement de rotation. Comme l'arbre doit marcher très-lentement et sans à-coups, cette disposition est préférable comme simplicité à tout autre système d'engrenage que l'on pourrait employer pour diminuer la vitesse du moteur.

L'arbre tournant porte les axes de deux roues dentées : la roue supérieure a ses dents engagées dans la couronne fixe P Q, taillée en hélice à l'intérieur, agissant comme une vis sans fin, faisant avancer d'une dent par tour seulement. Cette faible vitesse réduite encore par un pignon, est transmise à la roue dentée O, qui engrène par un pignon avec une crémaillère qui élève les deux tringles m M, qui font corps avec elle, et à l'aide de ces tringles le plateau porte-outil N, sur le contour duquel sont montés les ciseaux, qui produisent l'alésage.

Le mouvement de rotation qui produit le travail des ciseaux suivant une section circulaire, combiné avec le mouvement rec-

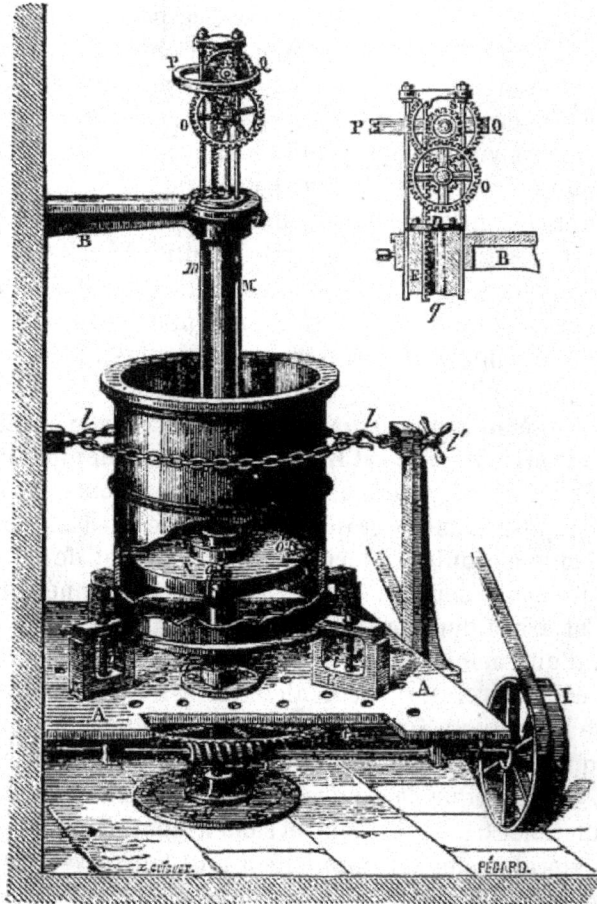

Fig. 826.

tiligne très-lent qui détermine la succession de cette opération sur toutes les sections de la hauteur du cylindre, permet d'en dresser parfaitement l'intérieur.

V. MACHINES A RABOTER, A PLANER.

861. Le principe du mouvement automatique de l'outil coupant, maintenu par un chariot bien guidé, une fois inventé pour le tour, ce fut un grand progrès d'abandonner en quelque

sorte le tour, pour l'appliquer à des machines-outils d'un
autre ordre. Pour obtenir non des surfaces cylindriques, mais
des surfaces planes, le problème n'était plus le même ; toutefois, la droite étant un cercle d'un rayon infini, on voit qu'en
donnant à la pièce à travailler un mouvement rectiligne,
alternatif nécessairement, le ciseau du support à chariot placé
au-dessus la planera. Tel est, en effet, la disposition de la machine à planer, qui rentre, en principe, dans les précédentes, et
qui a ouvert la voie à toute une famille de machines-outils à
mouvement rectiligne.

La figure 827 représente une petite machine à raboter très-

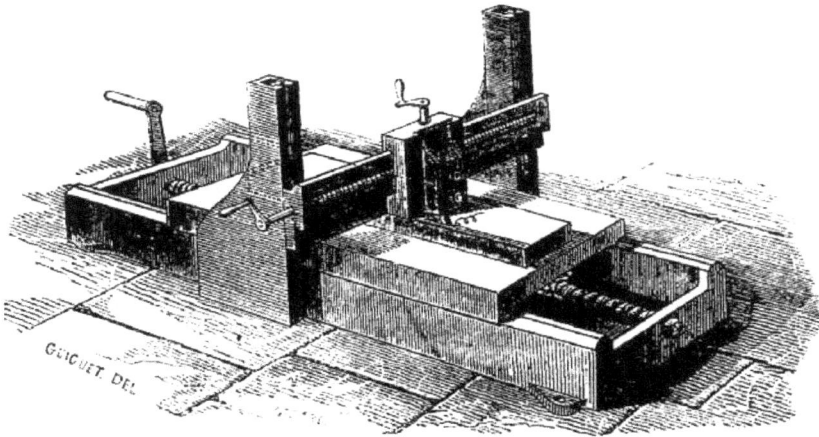

Fig. 827.

solide, mue habituellement à bras, où le mouvement du plateau porte-pièce est imprimé à l'aide d'une manivelle qui fait
tourner une longue vis fixée au bâti et traversant un écrou fixé
au porte-pièce. C'est aussi à l'aide de petites manivelles et de
vis que l'on donne au ciseau, placé sur un support, les mouvements intermittents, soit de déplacement latéral, soit de descente après chaque passe.

Whitworth a combiné pour les petites machines un système
qui réduit beaucoup le temps perdu par le retour, quand l'outil
ne travaille pas, le mouvement étant imprimé par une bielle.
il consiste en une ingénieuse combinaison de manivelle à coulisse, donnée art. 298 et représentée fig. 293 et 294.

Le ciseau travaille pendant le mouvement de f à e, pendant
que la table se meut lentement, et la goupille placée près de

l'extrémité du levier et très-bien placée pour surmonter la résistance. Pendant le retour, le ciseau ne travaille pas, la goupille agit à la partie inférieure de la coulisse, et la table revient rapidement à sa première position.

Ainsi, au lieu de la disposition ordinaire, où l'on emploie 1/2 du temps pour l'aller, 1/2 pour le retour, on emploie 2/3 pour l'aller et 1/3 pour le retour, ou plutôt grâce à l'économie du retour, le temps de l'aller restant le même, on fait le même travail en économisant 1/4 du temps de l'opération.

Grandes machines à raboter. — Les points qui différencient le plus les machines des divers constructeurs se rapportent au mouvement du plateau et aux dispositions du porte-outil.

La figure 828 représente une des puissantes machines employées pour raboter les pièces de grandes dimensions telle qu'elle est construite dans un grand atelier.

On emploie pour conduire le plateau, soit une vis, soit une crémaillère. La vis, fournissant un mouvement continu et régulier, ne laisserait rien à désirer si le frottement dans l'écrou n'était pas considérable.

La crémaillère absorbe moins de travail par frottement, mais donne lieu à des chocs et des vibrations à la rencontre des dents, ce qu'évitent assez bien les constructeurs qui préfèrent la crémaillère, en adaptant de larges pignons et crémaillères formés de deux ou trois rangées de dents placées à côté et en arrière les unes des autres.

La double vis à filet carré a été conservée par Whitworth pour ses plus grandes machines, et il a cherché à faire disparaître le grand inconvénient de ce système, le frottement considérable de la vis dans son écrou. A cet effet, il supprime ce dernier et fait agir les vis sur deux petites roues verticales établies sous une entre-toise, et que le constructeur nomme *roues antifriction*, parce que leurs dents obliques, en s'engageant dans les intervalles des filets de la vis dont elles reçoivent la pression longitudinale, parallèle et motrice du chariot, sont tracées et disposées de telle sorte, que, par l'action tangentielle, ces roues peuvent tourner autour de leurs axes respectifs. En même temps, à cause de l'obliquité des surfaces héliçoïdales, le chariot est poussé, le long de ses glissières latérales, par la composante longitudinale de la pression transmise par les deux roues, les composantes transversales s'annulant. Par cette disposition, le constructeur est parvenu à réduire, dans une grande proportion, la dépense de travail qu'entraînerait le frottement direct et tangentiel des filets sur un écrou.

Fig. 828.

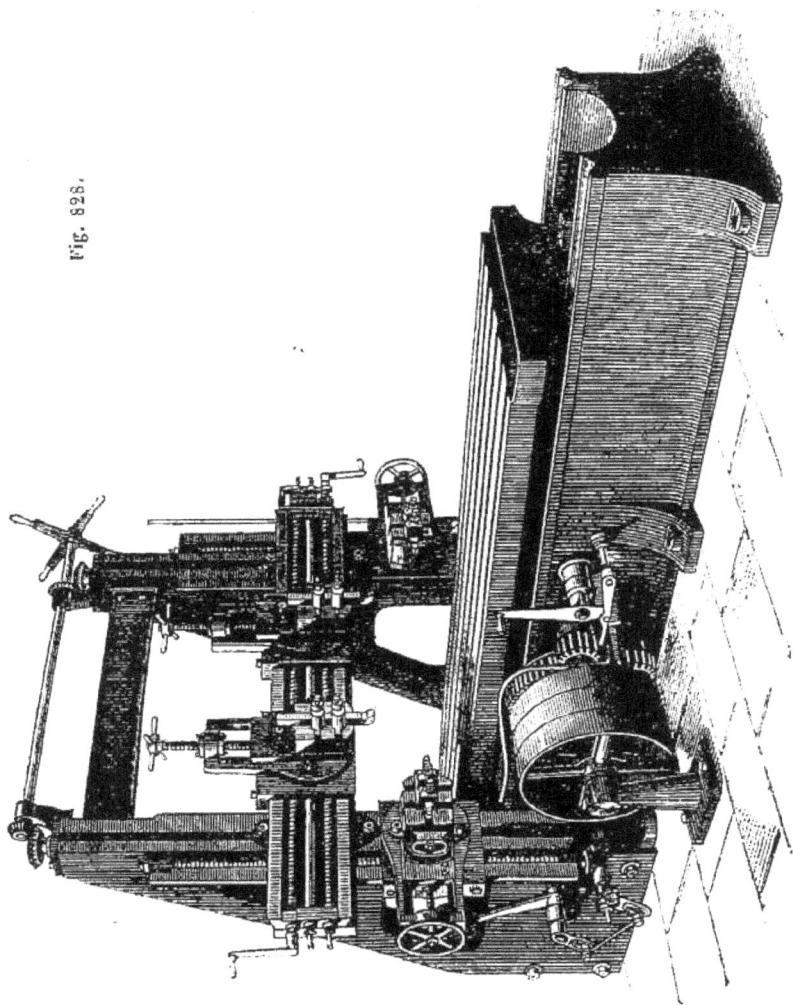

La grande machine à planer de Whitworth possède deux outils à retournement automatique dans un fourreau très-solide, dont nous avons déjà décrit la disposition (art. 367). Le burin est assujetti à l'aide de vis dans un cylindre qui lui-même est ajusté à frottement doux dans un fourreau cylindrique, faisant partie du porte-outil de la machine. Le cylindre porte

une rainure héliçoïdale qui coupe toutes les génératrices
situées d'un même côté d'un plan diamétral. Dans le porte-
outil est pratiquée une rainure verticale, et une barre repliée
en équerre traverse cette rainure et entre dans la rainure héliçoïdale du cylindre. Le mouvement rectiligne alternatif de cette
barre fait, à chaque oscillation, tourner le cylindre porte-outil
exactement d'un demi-tour ramène toujours le tranchant en
avant.

Plus simplement, on dispose deux crochets de sens opposé
mobiles autour d'articulations à axe horizontal, ne résistant que
dans un sens, pour faire travailler l'un à l'aller, l'autre, au
retour.

Le mouvement est donné au commencement et à la fin de
chaque course du chariot par un embrayage à double effet mis
en jeu par des taquets adaptés aux parties glissantes, qui mettent en mouvement des embrayages, notamment déplacent les
courroies sur des poulies, tournant en sens opposés, placées
des deux côtés de la poulie folle, sur laquelle repose la courroie motrice à l'état de repos, comme dans la machine représentée sur le dessin.

L'automatisme de l'outil est obtenu par un encliquetage agissant, à chaque retour, sur une roue dentée montée sur la vis
du support.

VI. MACHINES A MORTAISER.

862. Les mortaises proprement dites étant faites aujourd'hui
par des machines à fraiser (voir plus loin), les machines dites
à mortaiser sont en réalité des machines à raboter verticalement; leur caractère spécial consistant en ce que le chariot
porte-outil se meut dans un plan vertical guidé par des coulisseaux venus de fonte avec le bâti. Le mouvement de va-et-vient
du chariot est déterminé le plus ordinairement par bielle et manivelle, quelquefois par un simple excentrique.

La figure 829 est une coupe de machine à mortaiser. L'arbre
moteur est disposé suivant la longueur du banc et déplace dans
ce sens, automatiquement, par la rotation d'une vis la poupée
porte-outil portant un écrou le long des coulisseaux qui la maintiennent. Celle-ci porte un arbre horizontal sur lequel est fixé
le plateau-manivelle actionné par une roue d'engrenage; cette

roue reçoit son mouvement d'un pignon sur l'axe duquel agit
un pignon d'angle monté à l'extrémité de l'arbre moteur. Le

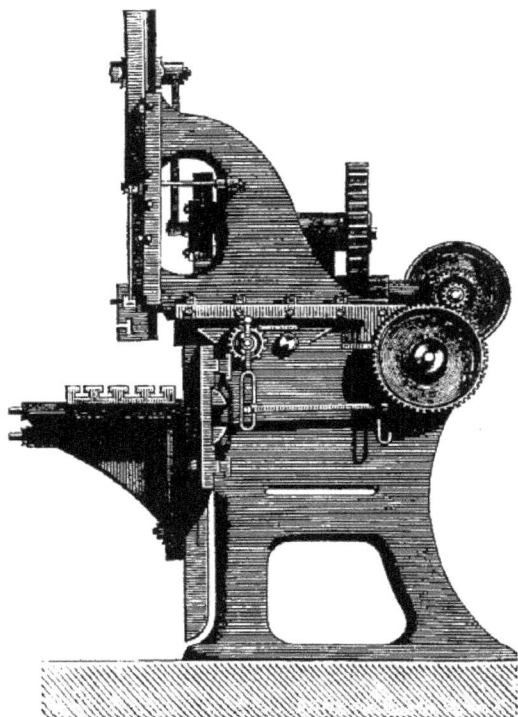

Fig. 829.

porte-outil se meut dans une glissière verticale, et reçoit un
mouvement alternatif d'une bielle articulée à son extrémité
supérieure, et au plateau-manivelle.

La variation de la longueur de la course s'obtient en rapprochant plus ou moins du centre du plateau le bouton d'articulation de la bielle; lorsque cette course a été réglée, on place
l'outil sur le chariot, de manière que la course s'accomplisse
entre les points extrêmes de la pièce à raboter.

L'outil de la machine à mortaiser, travaillant verticalement,
ne sera plus un crochet, comme celui qui réussit le mieux pour
la machine à raboter, mais un ciseau plat sur la face verticale, le biseau en arrière ayant un angle plus ou moins aigu,
en raison de la matière à travailler.

VII. ÉTAUX LIMEURS UNIVERSELS.

863. On désigne sous le nom d'étaux limeurs, de petites machines à raboter à outil mobile, qui constituent les machines essentielles pour l'exécution des pièces de petite et de moyenne dimension. Dans ces machines l'outil se meut horizontalement, par l'action d'une bielle et d'une manivelle, et enlève des copeaux parallèles sur une pièce maintenue fixe; le chariot qui porte l'outil se meut automatiquement, au moyen d'un arbre fileté, et le plateau du support peut lui-même tourner autour d'un axe horizontal, de manière à obtenir une forme cylindrique, concave ou convexe. Quand l'inclinaison de l'outil est réglée, si l'on se borne à donner automatiquement du fer, on peut former

Fig. 830.

des biseaux de toute inclinaison, de la même manière qu'un plan horizontal.

L'amplitude du mouvement de va-et-vient de l'outil est

rendue variable par le déplacement du bouton de la manivelle, sur lequel est articulée l'une des extrémités de la bielle qui fait glisser le chariot dans ses coulisses.

La figure 830 représente une machine anglaise de ce genre ayant 0,30 de course. Sur le bâti principal de la machine se meut longitudinalement, guidé dans des coulisses, le chariot porte-outil, et sa partie antérieure est disposée pour recevoir des tables qui peuvent se mouvoir latéralement et verticalement ; elles portent sur leurs faces verticales et horizontales des rainures en T pour maintenir les boulons servant à y fixer la pièce à travailler. On emploie aussi un étau qui peut serrer directement la pièce dans ses mâchoires.

La manivelle, qui détermine le déplacement latéral de l'outil à chaque passe, est conduite par un petit pignon porté par l'extrémité de l'arbre conducteur. Elle met en mouvement une vis réunie par un long écrou avec le porte-outil, qui est placé, au début, dans une position convenable, au moyen d'une poignée qui n'est pas représentée sur le dessin.

Au moyen d'une vis sans fin et d'une roue tangente, on peut faire tourner, plus ou moins, à volonté, la pièce ; ce qui permet d'obtenir par rabotage rectiligne des surfaces qu'on ne pourrait produire sur le tour, dont on a tracé préalablement le contour sur les faces latérales de la pièce à façonner.

La roue à main, placée au-dessus du porte-outil, sert à mouvoir latéralement la tête mobile, à amener rapidement l'outil en place, avant de commencer à mettre la machine en mouvement.

VIII. MACHINES A FRAISER.

864. Dans toutes les machines-outils qui viennent d'être décrites, un ciseau effectue le travail.

Nous avons vu qu'on employait quelquefois, pour le travail des métaux, des tranchants multiples mus d'un mouvement circulaire continu, des fraises. Ces outils sont tout particulièrement précieux pour pratiquer des mortaises partielles, qui ne s'étendent pas à travers toute la pièce, et leur emploi s'est beaucoup développé. Nous ne donnerons ici qu'un exemple de machine travaillant par fraise.

Machine à fendre les roues d'engrenage. — Dans la ma-

chine à fendre la plus employée, l'outil possède le mouvement
circulaire, la roue à tailler n'étant elle-même montée sur l'axe
d'un tour que pour qu'on puisse après chaque opération la faire
tourner de l'intervalle qui sépare deux dents (fig. 831). L'outil
consiste en une fraise mue d'un mouvement rapide de rotation,
ayant, en coupe, la forme du vide qui existe entre deux dents.
En faisant avancer cette fraise (montée sur un support à cha-

Fig. 831.

riot), réduite souvent à une seule dent à cause de la difficulté
de tremper la fraise sans qu'elle se voile, si sa section est celle
de l'entaille, on enlève la matière de l'intervalle de deux
dents.

Si ensuite on fait tourner la roue d'une certaine fraction de
circonférence par le mouvement de la plate-forme sur laquelle
elle repose et sur laquelle les divisions convenables sont tracées
à l'avance, on taillera successivement toutes les dents de la
roue.

Nous avons donné, livre I (art. 194), le système diviseur qui
permet d'obtenir toute division à l'aide de la vis tangente, e
par suite pour le cas des roues d'engrenage qui n'exigent qu'un
nombre limité de divisions, d'exécuter le plateau, la plate-forme
pointée qui est nécessaire pour les tailler, ainsi que nous venons de le voir.

MACHINES-OUTILS POUR LE TRAVAIL DES BOIS.

865. Les machines-outils ci-dessus décrites sont combinées pour le travail des matières dures, du fer, de l'acier; elles ne conviennent pas pour le travail du bois, des matières fibreuses. Nous avons déjà vu, en parlant du rabot, comment pour empêcher le tranchant de s'engager, on monte le fer dans un fût qu'il ne dépasse que d'une petite quantité, un ciseau libre ne pouvant être directement poussé par une machine contre les fibres du bois, sans s'engager, les faire éclater. Voyons comment les principales machines-outils se transforment pour satisfaire cette condition et travailler rapidement les bois que la dureté relative de l'acier permet d'attaquer avec grande vitesse.

866. SCIE. — Parlons d'abord de la scie, l'outil par excellence pour couper les fibres du bois. Disons comment on la fait mouvoir mécaniquement.

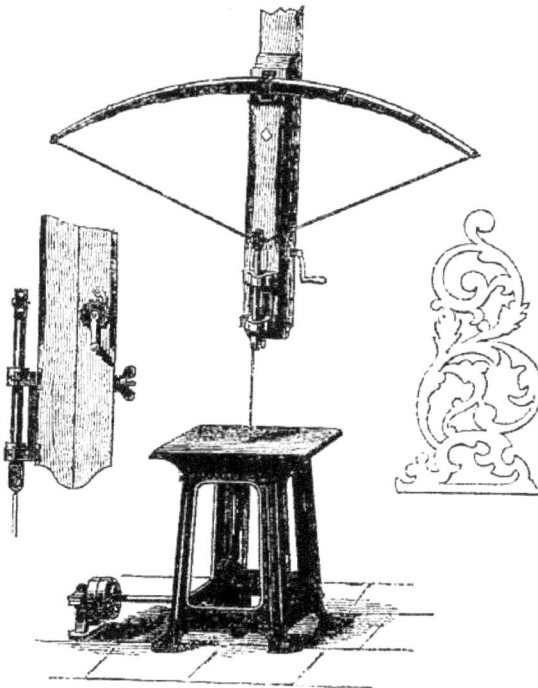

Fig. 832.

867. *Scie circulaire.* — Un disque mince d'acier, denté sur son contour, monté sur un axe tournant avec une grande vitesse,

tranche rapidement les fibres d'une pièce de bois pressée contre
lui. Rien de plus simple que le mécanisme de la scie circulaire,
à laquelle il suffit de donner un mouvement de rotation; elle
produit beaucoup, mais avec un déchet notable, le disque ne
pouvant jamais être parfaitement plat, en faisant un passage
bien plus large qu'une lame de scie mince et étroite.

868. *Scie à ruban.* — Les avantages de continuité d'action de
la scie circulaire ont été obtenus par la scie à lame étroite, en
donnant à celle-ci la forme d'un ruban continu. Il suffit de
la faire passer sur deux poulies pour lui donner un mouvement
rectiligne continu.

869. *Scie alternative.* — La figure 832 représente une excellente disposition de la scie alternative pour exécuter des dé-
coupures délicates. La lame est attachée d'une extrémité au
rayon au bras d'un petit plateau, dont l'arbre tourne par l'action d'un moteur, et de l'autre à un ressort.

870. *Scieries mécaniques.* — Nous avons supposé dans ce qui
précède que la scie est mue mécaniquement et le bois mû à la
main. Les deux fonctions sont produites automatiquement dans
les scieries qui débitent le bois dans les forêts, en utilisant
des chutes d'eau, et qui comptent parmi les usines mécaniques
les plus communes et les plus utiles. La figure 833 est un diagramme de leur disposition générale.

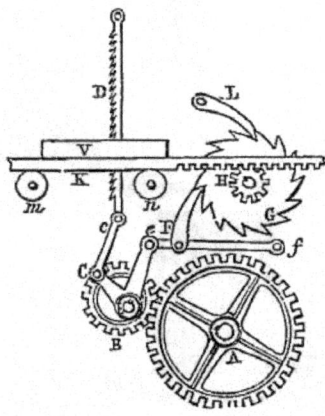

Fig. 833.

L'axe A, mû par la roue hydraulique, porte une roue dentée
qui engrène avec la roue B, dont l'axe porte la manivelle BC,

qui imprime à la scie D un mouvement alternatif. Une bielle B e fait osciller le levier e f, portant le cliquet P, la *dent de chien* qui fait tourner d une dent le rochet, par chaque oscillation de la scie, et, par l'effet de la roue concentrique H et de la crémaillère K, avancer de la quantité convenable la pièce de bois V.

871. MACHINE A RABOTER LE BOIS. — L'outil des machines à planer les bois le plus répandu, le plus léger, le plus facile à mouvoir et à entretenir, travaille par rotation rapide et imite le travail de l'herminette du charpentier et non celui du rabot du menuisier. Il se compose d'un massif en fonte, calé sur l'arbre moteur et portant des lames, plus ou moins espacées, et diversement disposées suivant la nature du bois à travailler. Ces lames sont fixées au porte-outil au moyen de vis.

Le défaut de ce système est d'opérer par chocs, par suite en produisant des trépidations nuisibles; il s'atténue en multipliant les lames de faible largeur comme on le voit sur la figure 834, ou encore, comme on le voit sur la droite, en rendant grande l'inclinaison de la lame, en lui donnant la forme d'une fraction d'hélice.

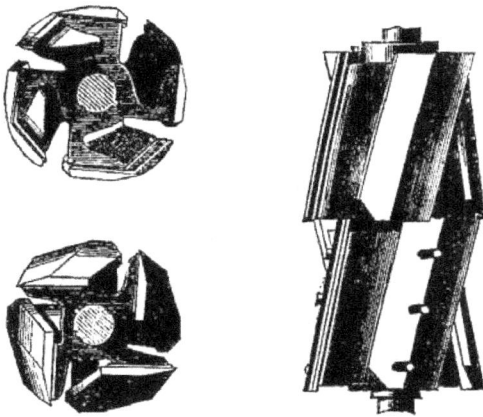

Fig. 834.

Les autres parties de la machine, le bâti, les organes de déplacement du bois ou de l'outil, diffèrent peu de celles des machines à raboter les métaux.

872. *Tour*. — Le travail du tour, exécuté rapidement à la main par des outils tranchants, des gouges, puis des planes, gagnerait peu à être effectué automatiquement, à cause du changement fréquent des outils, quant au mouvement de ceux-ci.

873. *Machine à percer.* — La machine à percer le bois se distingue surtout de celle qui sert pour le fer, par la forme de l'outil (fig. 835) de forme héliçoïdale pour bien couper le bois et dégager les copeaux.

Fig. 835.

874. *Machine à mortaiser.* — *Toupie.* — La figure 836 montre les dispositions de l'outil rotatif, de la toupie employée avec

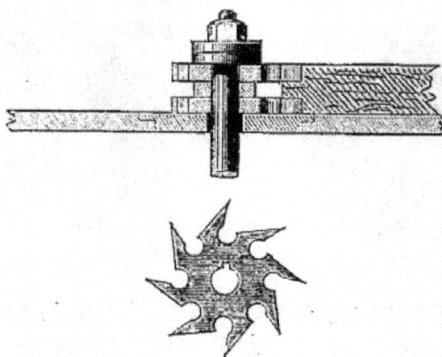

Fig. 836.

succès pour pratiquer dans le bois des mortaises et languettes correspondantes. Elle produit vite et bien, par l'effet de la multiplicité des tranchants et de la rapidité de la rotation.

Combinaison de vitesse
des mouvements rectiligne et circulaire.
Tours composés à équipages mobiles.

875. TOUR A GUILLOCHER. — Le tour à guillocher diffère du tour ordinaire en ce que le centre du cercle que décrit, en chaque instant, chaque point de la surface sur laquelle on opère, ne décrit plus un cercle fixe, mais éprouve un petit mouvement d'oscillation qui engendre des courbes d'autant plus différentes de la circonférence d'un cercle que, pour une même rotation, les oscillations sont plus fréquentes et ont plus d'amplitude par rapport à la distance au centre.

La pièce étant montée à l'aide d'un mandrin sur l'extrémité de l'arbre T (fig. 837), il s'agit de donner à cet arbre le mou-

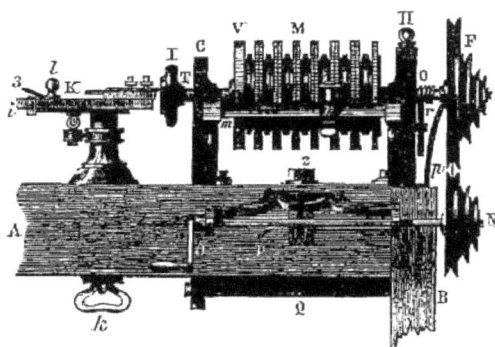

Fig. 837.

vement voulu pour que l'outil coupant, fixé sur le support à chariot K, produise le contour cherché. A cet effet, les deux poupées C et H, au lieu d'être fixées directement au banc comme dans les autres tours, descendent entre les deux jumelles d'une sorte de banc, jusqu'au-dessous de l'établi A ; elles sont réunies par l'axe P parallèle à celui du tour et qui est supporté sur des pivots vers ses extrémités, pivots portés par des pièces de fonte garnissant les jumelles, consolidées par la barre de fer Q qui les réunit. Les deux poupées C, H, ne forment plus ainsi qu'une seule pièce.

L'extrémité de l'axe portant donc la pièce à travailler, l'outil étant monté sur le support à chariot et amené à une distance de l'axe convenable pour la courbe à tracer, un mouvement d'oscillation est communiqué à l'axe par les rosettes de métal M qui lui sont adaptées, comme on le voit dans la fig. 838.

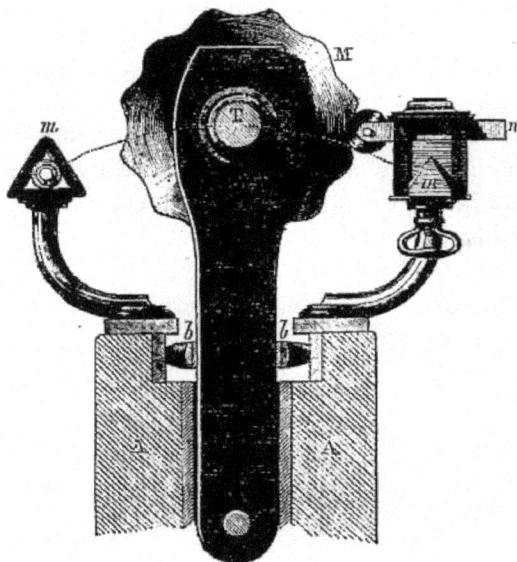

Fig. 838.

Ces rosettes sont poussées par un petit rouleau porté par l'extrémité de la touche n glissant dans une coulisse portée par une barre triangulaire m parallèle à l'axe et montée à l'extrémité d'un support courbe. Quand l'axe tourne, les saillies et les creux de la rosette en prise s'appliquant sur le rouleau, c'est l'axe du tour et du bâti C H qui prend un mouvement d'oscillation. Cet effet est assuré par l'action d'un fort ressort b, b, caché dans l'intérieur de l'établi A, qui fait toujours presser la rosette sur la roue n. La touche peut glisser le long de la barre de manière à venir se mettre en contact avec une quelconque des rosettes différentes au nombre de 15 ou 20 en général, montées sur l'arbre du tour.

Dans quelques cas, lorsque les creux ont peu de largeur, on ne peut se servir du rouleau qui garnit une extrémité de la barre n; on emploie alors l'autre extrémité qui est arrondie et polie avec soin pour diminuer le frottement.

Un moyen de varier les dessins que l'on peut obtenir avec les mêmes rosettes consiste à les faire tourner un peu sur leur

axe pendant le travail. La fig. 839 est un exemple des résultats
obtenus par ce mode d'opérer à l'aide d'une rosette à 24 saillies.
Après avoir tracé la ligne extérieure, et le ciseau ayant été amené

Fig. 839.

par le support à la position convenable pour tracer la seconde
ligne, on a fait tourner la rosette autour de l'axe de 1/4 d'une
saillie ou 1/96ᵉ de la circonférence du cercle; les extrémités des
saillies de cette seconde ligne ne tombent plus alors sur les
rayons correspondants de la première, mais sont un peu en
avance. On a opéré de la même manière pour les lignes successives et on a eu des résultats semblables. Les cercles concentriques sont tracés équidistants au moyen de divisions tracées sur le chariot K ou sur la tête de la vis qui fait mouvoir
l'outil.

C'est une chose surprenante que la multitude d'effets différents qui peuvent être obtenus d'un certain nombre de rosettes
en variant les positions. Par exemple, si, après avoir tracé une
ligne ondulée, la rosette est avancée d'une demi-division, sans
changer la position de l'outil, les deux lignes s'entrelacent et
forment une chaîne, une série de boucles.

Pour orner la surface d'un cylindre, le mouvement doit être
produit suivant l'axe, et l'outil n'est plus placé comme sur la
figure, mais bien monté sur le mandrin. Dans ce cas, l'axe se
meut suivant sa longueur sous l'action de rosettes qui portent
des ondes sur leur plat, pendant que la rotation du cylindre à
travailler est seule produite. Par cette disposition, des lignes
ondulées peuvent être gravées sur la surface d'un cylindre dans
le sens de sa longueur; c'est ainsi que l'on grave beaucoup de
rouleaux pour l'impression sur étoffes.

Le guillochage en ligne droite est obtenu de même par rabotage, au moyen d'un double mouvement du ciseau, par l'action d'une barre-rosette qui lui sert de guide.

876. Les courbes tracées par l'outil sur le mandrin du tour à
guillocher sont des conchoïdes de celles décrites par le point de
contact de la touche et de la rosette, dont les rayons vecteurs
(en les rapportant à un système de coordonnées polaires) sont
augmentés ou diminuées d'une quantité constante. En effet,
l'outil étant fixé, pour une courbe donnée, à une distance d de
l'axe de rotation, la touche n à une distance R du centre correspondant de ce même axe, enfin $l = \varphi(\omega)$ étant l'équation polaire de la rosette dont le rayon vecteur est l, $l - R = \varphi(\omega) - R$,
sera le déplacement de l'axe et du mandrin produit en chaque
instant par l'effet de la convexité de la courbe. On aura donc,
ρ étant le rayon vecteur de la courbe de guillochage produite
par le déplacement du mandrin égal à $l - R$:

$$\rho = d + l - R = \varphi(\omega) - (R - d) \text{ et } \rho + (R - d) = \varphi(\omega),$$

c'est-à-dire la même équation que la courbe de la rosette, sauf
que les rayons vecteurs en sont diminués d'une quantité constante.

La détermination d'une rosette convenable pour une courbe
déterminée s'obtient en général facilement, ainsi qu'il a été
dit (art 357). Nous avons vu, dans ce même article, comment
pour obtenir une courbe à nœuds, il fallait employer une
touche double, ayant une partie oblique sur la tige principale
et avons analysé les résultats curieux que peut fournir l'obliquité de la touche. Tout ce qui a été dit art. 353 à 357, est
le complément de la théorie du tour à guillocher.

877. Tour ovale. — Ce tour, dont l'invention est due, suivant
les Anglais, à Abraham Sharp, malgré la fixité de son axe de
rotation, agit néanmoins comme tour à guillocher, par suite
de la mobilité d'une rosette spéciale qui est un cercle excentré,
d'où résulte la composition d'un mouvement rectiligne produit
sur le mandrin en même temps que s'effectue le mouvement
de rotation de celui-ci. La simplicité et la solidité du mécanisme ont fait de cet appareil un instrument indispensable des
ateliers où il y a à produire des objets de forme elliptique.

Le *tour ovale* ou elliptique est donc constitué surtout par son
mandrin porte-objet. Ce mandrin consiste en trois parties : le

plateau, le chariot glissant, enfin l'excentrique. Le plateau est
monté sur le nez du tour (fig. 840 et 841). Sa face porte deux
guides i, i, maintenant le chariot glissant g, qui porte en son
centre la vis saillante h sur laquelle se monte la pièce à façonner.
Le mouvement de glissement qui apparaît en même temps que
le mouvement de rotation est produit par le moyen d'un cercle

Fig. 842.　　　　Fig. 841.

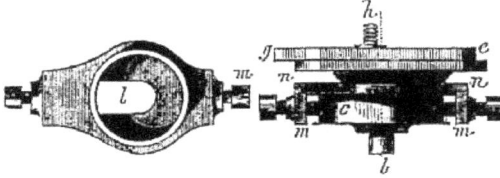

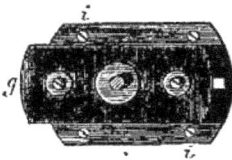

Fig. 840.　　　Fig. 843.

excentrique (fig. 842) fixe, attaché à la poupée du tour et à travers lequel passe librement la vis d'assemblage du mandrin,
par l'ouverture l; le châssis m, qui porte le cercle dont il vient
d'être parlé, est fixé par deux vis placées en face l'une de
l'autre, dont la pointe entre dans deux petits trous pratiqués
sur la partie antérieure c de la poupée. Ces deux vis sont horizontales et leur direction commune rencontre l'axe. En faisant
avancer une des vis et reculer l'autre, on peut obtenir des
excentricités variables. Le plateau porte deux rainures parallèles à la longueur du chariot, destinées à laisser passer librement deux vis qui assemblent les deux pièces d'acier parallèles
entre elles, et placées en dessous (fig. 843), dont l'écartement
est égal au diamètre du cercle qu'elles pressent, forçant ainsi
le chariot à suivre ses mouvements, à se déplacer en raison de
son excentricité.

La grandeur d'excentricité, la différence entre le grand et
le petit axe, résultent donc clairement de la position du châssis mn, qui est un véritable excentrique circulaire, et c'est la
combinaison du mouvement de va-et-vient provenant de son
excentricité avec le mouvement circulaire qui engendre la

forme ovale, fort utile pour les arts : ce qui rend ce tour très-
précieux pour nombre d'industries qui en font grand usage.

La théorie du tour ovale a été donnée complétement, pour
la première fois, par Dreyfus dans un intéressant Mémoire inséré
dans le Bulletin de la Société d'encouragement (juin 1873).
Nous lui emprunterons ce qui suit.

878. Le tour ovale qui a servi de base à son étude a une disposition très-peu différente de celle décrite ci-dessus, équivalente.

Un anneau A A est monté sur un tour. Soit O son centre qui se
trouve sur l'axe du tour. La flèche α indique le sens de la rotation
de cet anneau, qui se fait dans le sens habituel de la rotation
dans un tour. Au même niveau que le point O se trouve le
centre O' d'une circonférence B B excentrique par rapport à la
première, qui ne peut avoir d'autre mouvement qu'un mouvement de rotation autour de O', ou plutôt autour d'un axe parallèle à l'axe du tour et passant par O'. Sur ce disque est
pratiquée une coulisse dans laquelle peut se mouvoir un coulisseau C C (fig. 844), guidé par B B ; ses extrémités sont en

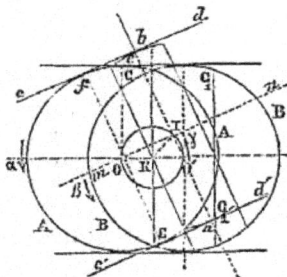

Fig. 844.

saillie et constamment comprises entre les règles c d, c' d', lesquelles sont tangentes et adhérentes à l'anneau A A. La ligne
médiane de ce coulisseau passe toujours par le centre O'. Dans
une de ses positions, $C_1 C_1$, le coulisseau remplit exactement la
coulisse : sa longueur a b, comptée suivant son axe, est donc
égale au diamètre du plateau A A. C'est sur le centre I du coulisseau qu'est fixée la pièce à tourner.

Le mouvement de rotation du tour détermine celui des règles
c d, c' d' ; celles-ci entraînent le coulisseau, comme le montre la
figure. Le coulisseau à son tour force le disque B à tourner
dans le sens de la flèche β, c'est-à-dire dans le même sens que

l'arbre du tour, et avec la même vitesse. Dans ce mouvement, l'axe ab du coulisseau ne cesse pas de passer par le point O', mais son milieu I se déplace; comme d'ailleurs la parallèle menée par le point O aux deux règles passe toujours par ce milieu I, et que cette parallèle est perpendiculaire à ab, on voit que le point I se déplace en suivant la circonférence décrite sur OO' comme diamètre. L'axe de la pièce qu'on tourne se déplace donc en engendrant un cylindre droit à base circulaire, dont l'axe K est situé dans le plan des axes O et O', parallèle à ces deux axes, et à égale distance de chacun d'eux.

L'angle dont a tourné le tour étant représenté par $eOf = IO O'$, l'angle dont aura tourné l'axe I sera $IKO' = 2IO O'$: le mouvement de rotation de l'axe I est donc uniforme comme celui du tour, mais sa vitesse angulaire est le double de celle du tour. Il résulte de là que, à chaque révolution de l'anneau AA ou du tour, l'axe I accomplira deux révolutions.

Ainsi, l'action sur le coulisseau produit, sur la pièce à tourner, le même effet qu'une rotation de cette pièce autour de son axe, dans le même sens que les rotations précédentes, avec une vitesse angulaire égale à celle du tour.

Ce qui précède permet de se faire une idée très-claire du mouvement de la pièce à tourner dans l'espace. Elle tourne d'un mouvement uniforme autour de son axe I, pendant que cet axe tourne lui-même d'un mouvement uniforme autour d'un axe fixe K qui lui est parallèle. Les deux rotations se font dans le même sens, mais avec des vitesses angulaires différentes : pendant que la pièce fait une révolution autour de son axe I, cet axe en fait deux autour de l'axe K.

879. Je vais chercher maintenant la courbe décrite par un point quelconque de la pièce à tourner. Pour cela, je considère une section droite de cette pièce. J'ai déjà montré que le point I décrit la circonférence ayant OO' pour diamètre. Il est facile de voir que tous les autres points décriront des conchoïdes de ce même cercle. Considérons, en effet, d'abord un point M (fig. 845) situé sur l'axe du coulisseau. La longueur MI est constante, la ligne MI passe toujours par le point O' : le lieu des points M est donc une conchoïde du cercle OO'. L'axe de symétrie est le diamètre OO', le nœud est en O'. La courbe entière est décrite dans une révolution de l'arbre du tour; la partie extérieure et la partie intérieure correspondent cha-

cune à l'une des deux révolutions que fait le point I pendant que l'arbre du tour en fait une. Lorsque le point M se confond avec le point I, la conchoïde se réduit au cercle O O' répété deux fois.

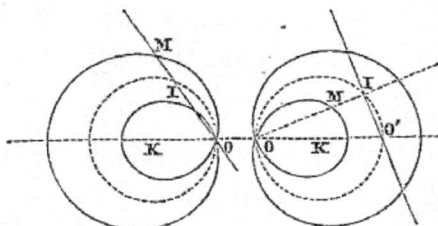

Fig. 845.　　　　Fig. 846.

Supposons maintenant le point sur la perpendiculaire menée par I à l'axe du coulisseau. On voit facilement (fig. 846) que la courbe décrite est encore une conchoïde du même cercle, mais disposé en sens inverse ; le nœud est en O.

Soit, enfin, M un point quelconque, déterminé par l'angle θ et la distance MI (fig. 847). Le point P où la ligne MI rencontre le cercle O O' est un point fixe, car l'angle constant θ a pour mesure la moitié de l'arc O'P. Le lieu des points M est donc une conchoïde du cercle OO, dont le nœud est en P. On voit que le nœud est le même pour tous les points d'une même ligne droite passant par I ; lorsque cette droite tourne autour du point I, le nœud se déplace sur le cercle O O' d'un angle double, car

$$O'KP = 2\theta$$

Il résulte de ce qui précède que tous les points situés à une même distance du point I décrivent des courbes égales, mais diversement orientées ; le lieu des nœuds de ces courbes est le

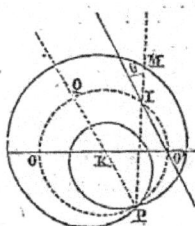

Fig. 847.

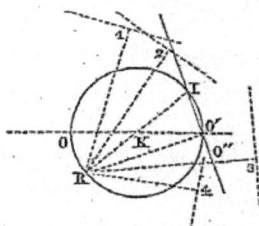

Fig. 848.

cercle O O' ; chacun de ces nœuds correspond à deux points symétriques par rapport au point I.

La normale au cercle décrit par le point I est le diamètre IR (fig. 848). Si on considère un point O″ de l'axe du coulisseau, infiniment voisin du point O′, ce point O″ décrit l'élément O′O″, c'est-à-dire qu'il se meut suivant l'axe du coulisseau, pendant un temps infiniment petit ; la normale à cette trajectoire rectiligne est la ligne O′R, qui rencontre la première normale en R, sur le cercle O O′. Ce point R est le centre instantané de rotation du mouvement du coulisseau. Les lignes R1, R2, R3, R4, etc., qui joignent le point R aux différents points du coulisseau (ou de la section droite de la pièce à tourner), sont les normales aux trajectoires de ces points. On voit que, dans le mouvement du coulisseau, le centre instantané de rotation décrit dans l'espace la circonférence O O′ avec une vitesse égale à celle du point I, puisque $OKR = O′KI$, et en tournant dans le même sens.

La longueur IR étant constante et égale à O O′ le centre instantané de rotation décrira sur le coulisseau (ou sur la section droite de la pièce) un cercle TT′ ayant pour centre le centre I de la section, et dont le rayon IR est égal au diamètre O O′ du cercle O O′.

Ceci va nous permettre de définir d'une nouvelle manière le mouvement du coulisseau et de la pièce qu'il emporte. Étant donnée une figure plane qui se meut d'une manière quelconque dans son plan, si on détermine la trajectoire A du centre instantané de rotation sur la figure, et sa trajectoire B sur le plan, on sait que le mouvement de la figure pourra être obtenu en faisant rouler la courbe A, liée à la figure, sur la courbe fixe B. Dans le cas qui nous occupe, le cercle TT′ représente la courbe A, et le cercle O O′ la courbe B. Il suit de là que la pièce à tourner se meut comme si elle faisait partie d'un cylindre de même axe qu'elle, dont le rayon serait égal à la distance O O′, et qui roulerait sur un cylindre intérieur de diamètre O O′.

Il suit de là aussi, et de ce qui précède, que lorsqu'un cercle TT′ roule sur un cercle intérieur fixe O O′, de rayon moitié moindre, chaque point lié au cercle mobile décrit une conchoïde du cercle fixe. Cette propriété se démontre, d'ailleurs, directement d'une manière très-simple. Les points intérieurs au cercle mobile décrivent des conchoïdes à deux boucles, l'une intérieure, l'autre extérieure. Les points du cercle mobile décrivent des conchoïdes à une boucle ayant leur point anguleux sur le cercle fixe. Les points extérieurs au cercle mobile décrivent des conchoïdes à une boucle ayant leur point anguleux en dehors du cercle fixe.

Les développements qui précèdent rendent compte de la nature des courbes décrites dans l'espace par les différents points de la pièce à tourner. Rien n'est plus facile, d'ailleurs, que d'observer pratiquement la forme de ces courbes : il suffit de fixer un crayon en un point quelconque du coulisseau, et de déterminer sa trace sur une feuille de papier fixe, placée perpendiculairement à l'axe du tour.

880. Jusqu'à présent je n'ai considéré que le mouvement des points de la pièce à tourner. Je vais examiner maintenant la nature du profil déterminé par l'outil, ce qui importe surtout dans la pratique, et qui est autre que le mouvement même d'un point de la pièce.

Le tranchant de l'outil est un point fixe. Il s'agit donc, étant donnée une figure plane qui se meut dans son plan suivant la loi définie précédemment, de déterminer la courbe décrite sur cette figure mobile par un point fixe du plan. Pour cela, il faut chercher le mouvement relatif du plan par rapport à la figure, c'est-à-dire le mouvement du plan supposé mobile par rapport à la figure supposée fixe, et déterminer, dans ce mouvement, la trajectoire du point considéré dans le plan.

On peut y arriver de la manière suivante. La droite OO′ (fig. 849) appartient au plan fixe, et le mouvement relatif de ce plan, par rapport au coulisseau, est complétement défini par le

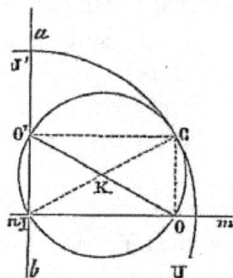
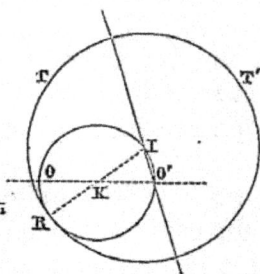

Fig. 849.   Fig. 850.

mouvement relatif de la droite OO′. Or le mouvement du coulisseau est défini par les axes rectangulaires ab, mn, lesquels se meuvent en passant constamment par les points fixes O et O'. Inversement, le mouvement relatif de la droite OO' s'obtiendra en faisant glisser ses extrémités sur les axes rectangulaires fixes *ab* et *mn* (fig. 849). Or on sait que tout point d'une pareille droite décrit une ellipse ayant I*m* et I*a* pour axes, et que tout point M lié à cette droite décrit également une ellipse ayant I pour centre, mais d'autres axes.

On y parvient encore en complétant ce qui a été dit précédemment au sujet des deux courbes A et B, lieux des centres instantanés de rotation sur la figure mobile (courbe A) et sur le plan fixe (courbe B). On sait que le mouvement relatif du plan par rapport à la figure peut s'obtenir en faisant rouler la courbe B sur la courbe A supposée fixe. Dans le cas actuel, la courbe A est le cercle T T' (fig. 850), et la courbe B est le cercle OO'. Or, quand un cercle roule à l'intérieur d'un cercle fixe de rayon double, on sait que chaque point de la circonférence mobile décrit un diamètre du cercle fixe ; en outre, tout point lié au cercle mobile décrit une ellipse.

Le profil déterminé par l'outil, quelle que soit la position de l'outil, est donc une ellipse.

881. Ainsi, en résumé : la vitesse angulaire de la pièce montée sur le mandrin ovale est double de celle du tour, le mouvement du coulisseau produisant l'effet d'imprimer une seconde rotation.

La courbe décrite par un point de la pièce à tourner est une conchoïde du cercle qui a pour diamètre la distance OO' des axes de rotation du tour et de l'excentrique circulaire.

Le centre du coulisseau parcourt cette circonférence OO'.

La pièce à tourner se meut comme si elle faisait partie d'un cylindre de même axe qu'elle, dont le rayon serait égal à la distance OO', et qui roulerait sur un cylindre intérieur de diamètre OO'.

La courbe, tracée par un outil fixe sur la face du mandrin, est une ellipse, et non pas une courbe ovale de forme analogue seulement.

Pour effectuer un bon travail, les directions de l'outil doivent varier en chaque instant, l'inclinaison et la vitesse de la pièce à travailler variant aussi. La détermination de ces derniers éléments peut permettre de construire un tour ovale self-acting, dans lequel le travail ne dépendrait pas de l'habileté de l'ouvrier, qui sait modifier en chaque instant la direction

et la pression de l'outil. Nous renvoyons sur ce point au mémoire de l'auteur.

882. Tours a équipages différentiels. L'établissement d'une
rosette spéciale pour toute courbe à obtenir, solution pratique
du problème industriel lorsqu'il s'agit de reproduire des courbes
déterminées, exige un travail préparatoire qui serait évité si des
combinaisons de roues circulaires pouvaient suffire pour produire toutes les courbes : c'est le problème entrevu par la plupart des inventeurs, qui ont plus ou moins espéré produire par
des entraînements d'axe, des combinaisons de vitesse, tous les
tracés possibles, engendrer mécaniquement une foule de décorations artistiques, sans dépenses spéciales.

Nous ne reviendrons pas ici sur la question théorique précédemment analysée, des limites du problème du tracé des
courbes à l'aide de la règle et du compas, c'est-à-dire de mouvements rectilignes et de mouvements circulaires.

Nous répéterons seulement qu'un système de roues dentées
à axe mobile, en nombre indéfini, peut servir à tracer un nombre infini de courbes, ayant un nombre indéfini de boucles ou
de saillies, mais appartenant toujours à une seule famille, celle
des *épicycloïdes circulaires*. Si leur variété fournit des ressources
suffisantes pour obtenir un grand nombre de tracés décoratifs,
des éléments de petite étendue à peu près quelconques, ces
courbes, ne comportent toutefois qu'une seule allure, appartiennent à une seule famille.

883. *Mandrin excentrique.* — Parlons d'abord d'un mode de
décoration des surfaces de médiocre valeur, d'un mandrin qui
sert à obtenir des successions de circonférences de cercle.

Sur un plateau de cuivre suffisamment épais sont fixées, au
moyen de vis, deux bandes d'acier (fig. 851 et 852) guidant les
mouvements de glissement d'un chariot portant une vis sucep-
tible de prendre un mouvement de rotation, et conduit par un
tenon que traverse une vis *k* dont l'écrou est monté dans le
bord du plateau et qui détermine l'excentricité ; *f* est une plaque
circulaire sur la circonférence de laquelle sont taillées des
dents, et qui pourrait tourner si elle n'était maintenue en place
par un cliquet et le ressort *h* ; en son centre est fixée la vis *g*,
dont les filets servent à maintenir en place la pièce à travailler.

Le rayon du cercle que produit sur la pièce ainsi montée,
l'outil situé sur le support du tour, est la distance de sa pointe

au centre *a*, ét la succession de semblables circonférences sur
la surface montée en *g* dépend du mouvement du mandrin,

 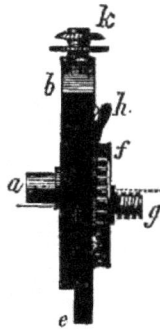

Fig. 851.   Fig. 852.

succession en ligne droite si on fait agir la vis *k*, circulaire si
on fait tourner *f*.

Si donc on établit ce mandrin de manière à pouvoir mesurer
le mouvement de progression de la vis, aussi bien que le nombre
de degrés de rotation, on pourra tracer des cercles disposés,
espacés à volonté, obtenir des figures variées par des successions, des intersections de cercles.

Les cercles ayant un diamètre constant tant que l'outil porté
sur le support à chariot reste fixe, on voit que cette disposition permettra de former des successions de parties circulaires
d'un même rayon, sur une plaque quelconque d'une même
pièce, amenée sous l'outil au moyen de la vis et du plateau à
cliquet (l'inventeur J.-H. Ibetson a adopté 96 dents), ou mieux
du plateau divisé, conduit par une vis sans fin, par lequel le
cliquet est remplacé.

Pour déterminer les cercles il suffit de fixer l'*excentricité*
et le *rayon;* l'excentricité qui répond au nombre de tours
de la vis du plateau excentrique, à partir du point où son
centre correspond à l'axe du tour; le rayon déterminé par la
vis qui fait avancer l'outil sur le support à coulisse monté sur
le banc du tour, qu'on fait, en général, identique à la précédente, et également à partir de la position qui correspond à
l'axe du tour.

Les aspects varient beaucoup avec les grandeurs de l'excentricité et du rayon, même quand leur rapport est constant.
Donnons-en quelques exemples.

Fig. 853. Excentricité = 4 1/2. Rayon = 2. 24 cercles.

Fig. 853.

4 divisions du plateau pour passer d'un cercle au suivant.

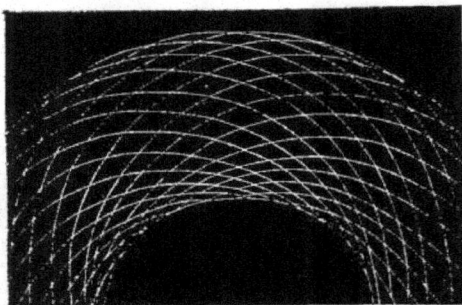

Fig. 854.

Fig. 854. Excentricité = 5 1/8. Rayon = 11 3/4. 24 cercles.

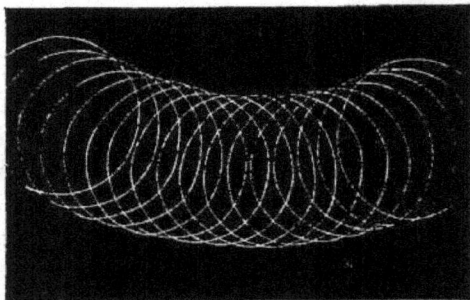

Fig. 855.

Fig. 855. Excentricité = 21 1/2. Rayon = 4 3/4. 96 cercles équidistants

Le mouvement rectiligne n'est guère employé que pour faire mouvoir le coulisseau verticalement, puis horizontalement, et produire l'effet représenté fig. 856.

Fig. 856.

En montant un plateau semblable sur le nez du tour ovale, on obtiendrait de même des successions d'ellipses.

884. Tours composés. — *Mandrin géométrique.* — **Nous dé-**crirons comme exemple de disposition de tours composés propres à tracer toutes les combinaisons épicycloïdales le tour très-complet construit par M. Plant, de Birmingham (fig. 857). Un amateur M. Savory a publié un album de décorations obtenues avec cette machine; nous en reproduirons quelques exemples.

Le mandrin géométrique est formé de une, deux ou trois parties; on n'en a pas employé plus, parce qu'il deviendrait trop lourd et trop embarrassant. Chaque partie consiste en un plateau à glissière semblable à celui du plateau du tour excentrique, portant en son centre une grande roue dentée mue par un train de roues dentées; le tout formant un plateau de tour excentrique *self-acting.*

La grande roue du premier plateau est mise en mouvement par une roue dentée montée sur une bande mobile saillante sur le plateau, et rendue solidaire avec celui-ci en restant toujours en prise avec une autre roue, à l'aide d'une pointe qui entre dans un trou, absolument comme celle qui agit sur le plateau d'une machine à diviser; cette roue est mue par une autre roue placée en arrière du plateau par le moyen d'une ou deux autres

roues, et est attachée à un pignon qui traverse le plateau porte-
chariot; à l'autre extrémité de ce pignon est adaptée une autre
roue dentée. Cette dernière roue peut être changée à volonté,

Fig. 857.

et a le nombre de dents que l'on veut ; elle est dite roue-pignon
de la première partie et donne le mouvement au train de roues
qui met en mouvement la grande roue de cette première partie,
par l'effet de l'engrènement du pignon avec une roue fixe, concentrique avec l'axe du tour.

Il est évident que quand on ne fait pas agir le système de
roues, chaque rotation de l'axe du tour produit un cercle, dont
le rayon est la distance de l'extrémité de l'outil au centre du
tour, et la position en est déterminée par la quantité dont on à
fait marcher, au moyen d'une vis saillante, le plateau mobile;
qu'on a le mandrin excentrique simple ; quand le système agit
complétement, on obtient des épicycloïdes, parce que, pendant
que le tour produit un mouvement circulaire, la roue centrale
du chariot tourne d'un mouvement propre et produit le nombre
de boucles pour lequel elle a été disposée. C'est la disposition

déjà analysée de la plume de Suardi, propre à tracer toutes les
courbes épicycloïdales simples, dont nous avons fait une étude
spéciale, des courbes ayant un nombre de nœuds ou de points
d'inflexion déterminés par les rapports des nombres de dents.

Les mouvements épicycloïdaux pouvant toujours se ramener,
en chaque instant, au roulement d'une circonférence sur une
autre immobile, ayant son centre sur l'axe de rotation du tour,
les centres instantanés de rotation se trouvant toujours aux
points de contact successifs des deux circonférences, le tracé
obtenu répond au mouvement d'un point d'un cercle mobile
traçant sur un plan fixe ; il est le même que celui qu'un point
fixe tracera sur le plan du tour, c'est-à-dire si le point traçant
devenant fixe, le plan devenait mobile, prenait un mouvement
angulaire inverse de celui du cercle roulant, n'ayant plus qu'un
mouvement de rotation autour de son axe. On peut donc placer
l'outil qui grave ou le crayon qui dessine les courbes, soit sur
le support à coulisse, soit sur le chariot du tour ; on emploie
en effet les deux dispositions.

885. Le second plateau permet de tracer des épicycloïdes
doubles, des épicycloïdes d'épicycloïdes ; il est mis en mouvement de la même manière ; c'est une roue intérieure montée sur
le premier plateau, qu'on ne peut voir sur la figure, qui engrène avec la roue qui conduit le pignon de cette seconde
partie. Le troisième est exactement semblable au second ;
chacun d'eux consistant en une pièce glissante et un mouvement planétaire différentiel ; il donne des épicycloïdes triples.

886. Nous ne reviendrons pas sur le nombre de boucles et de
points de rebroussement qui dépendent des rapports des rayons
des roues, comme il a été expliqué en traitant des épicycloïdes,
(art 464) ; nous dirons seulement qu'avec les roues toujours
dans un rapport constant, les seules qu'emploie le constructeur,
les courbes se fermeront toujours et par conséquent tout mouvement de rotation du tour donnera une courbe décorative, de
·nature variable avec les roues adoptées, et celles-ci étant constantes, avec le pignon primitif. Lorsque rien ne change que les
excentricités, le rapport ε, dont nous avons parlé dans l'article
précité, ne changeant pas, le nombre des boucles ou points de
rebroussement ne changera pas, bien que du reste la courbe
puisse se modifier considérablement dans son apparence.

Par suite de leur mode de formation, toutes les courbes

formées sur le tour ont un centre, qui est le centre même du
tour, et un axe de symétrie, ces courbes produites par des mouvements de révolution ne pouvant se former sans qu'une moitié
soit symétrique et semblable à l'autre.

Les nombres de boucles des courbes sont déterminés par les
rapports des rayons des roues, chacune d'elles ne pouvant être
engendrée que par un tour complet du mandrin du tour; ainsi,
si le premier plateau est monté pour produire une courbe à
72 boucles, son mandrin fera 72 tours pendant que la roue
maîtresse en fera un; si le second plateau est arrangé pour
36 boucles, le nombre de tours sera de 36×72; s'il en est de
même pour le troisième, on arrive à $36 \times 36 \times 72 = 93312$,
combinaison qui n'a certes jamais été réalisée, qui exigerait
beaucoup de temps et d'espace pour que les lignes d'une certaine
taine épaisseur ne se confondissent pas.

Dans le tour représenté figure 857, et qui a servi à produire
les dessins reproduits ci-après, les vis du chariot et du support
sont toutes de 20 pas dans un pouce anglais et portant un
index divisé en dixièmes et 1/2 de dixièmes; les excentricités
et les rayons s'expriment en unités semblables.

Le mandrin porte-objet est muni d'une roue à déclic, semblable à celle que l'on voit fig. 666 qui permet, quand une ligne
est terminée, de la répéter en la faisant tourner de 1/4, 1/3, etc.,
de circonférence, de multiplier les répétitions de lignes circulairement, de les disposer autour du centre.

887. Nous donnerons quelques exemples des courbes que l'on
peut obtenir pour décorer des surfaces, et qui feront apprécier
les ressources que peut fournir cette machine; nous n'entre-
rons pas toutefois dans les détails d'exécution pratique, mouvements de progression de l'outil, déplacements sur le mandrin, etc., qui offriraient peu d'intérêt. Il est évident que le
nombre des révolutions dépend des nombres des rouages et
l'allongement ou raccourcissement des courbes, de l'excentricité. Nous donnerons seulement les valeurs extrêmes ou moyennes du rayon et de l'excentricité qui interviennent ici, comme il
a été dit pour le tour excentrique; le fonctionnement des
divers organes du tour se comprenant aisément.

Le cliquet du mandrin permet de faire succéder les mêmes
lignes avec une rotation angulaire; les variations du rayon, au
moyen du chariot du tour, de faire varier les grandeurs en

partant du centre; les variations du chariot du mandrin et celles de l'excentricité permettent de modifier les rayons de courbure, le nombre des boucles; enfin, une roue supplémentaire peut transformer les convexités en concavités.

Premier plateau seul.

Fig. 858.

Fig. 858. 2 boucles. Excentricité = 10. Rayon = 9. Quatre déplacements par le cliquet.

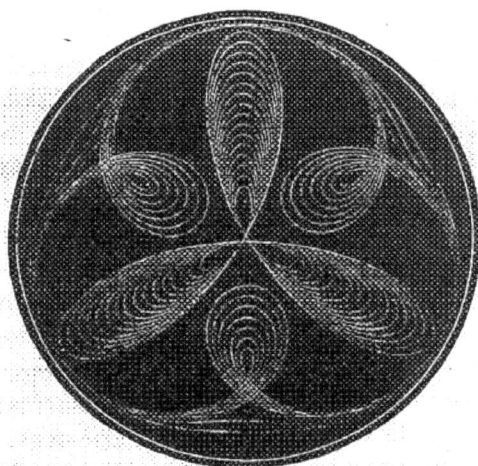

Fig. 859.

Fig. 859. 3 boucles. Extérieur : Excentr. = 12. Rayon = 8.

Intérieur : Excentricité = 10. Rayon = 10. Celui-ci diminue de 1/2 par tour pour chaque courbe.

Fig. 860.

Fig. 860. 3 boucles. Extérieur : Exc. = 2. Rayon = 1.
Intérieur : Exc. = 12. Rayon = 5, allant en diminuant successivement, avec roue de renversement.

Fig. 861.

Fig. 861. 5 boucles. Extérieur : Exc. = 17. Rayon = 3.
Intérieur : Roue de renversement. Exc. = 3. Rayon = 2.
Diminution du rayon : 1/4 par tour.

Fig. 862. 5 boucles. Excentricité = 18. Rayon = 2.

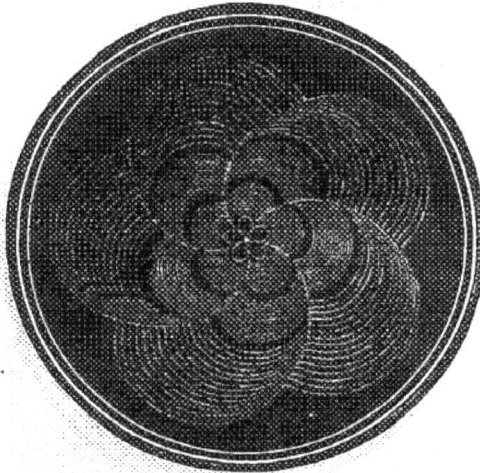

Fig. 862.

Ces exemples suffisent pour montrer les richesses du système à un seul plateau, qui fournit toutes les épycicloïdes simples et permet de varier singulièrement les effets obtenus par des courbes du même ordre, d'en reproduire des séries pour décorer une surface, comme le montrent les exemples reproduits ci-dessus.

Deux plateaux.

Avec deux plateaux, ce ne sont plus les épicycloïdes simples qui sont obtenues, comme avec la plume de Suardi, mais des courbes bien plus complexes engendrées par la superposition des épicycloïdes doubles obtenues par un point d'un cercle tournant autour d'un centre qui décrit une épicycloïde simple.

Il nous faudrait le tour lui-même pour graver ces courbes; avec son aide elle se produisent en quelque sorte d'elles-mêmes, tandis que leur reproduction à la main est difficile et eût été presque impossible même sans le secours de la photographie.

Nous renvoyons donc aux albums de courbes obtenues ainsi, l'exemple ci-après faisant apprécier la nature et la richesse des entrelacements de lignes que l'on peut produire avec cette machine et appliquer à bas prix sur les surfaces à décorer.

Fig. 863. Exc. 1 = 6. Exc. 2 = 12. Rayon = 3.

Fig. 863.

Trois plateaux.

Enfin donnons un dernier exemple se rapportant aux courbes obtenues avec trois plateaux. Elles sont curieuses par la complexité des enroulements qui se produisent et qui nous paraît même trop grande pour qu'elles soient souvent utilisables.

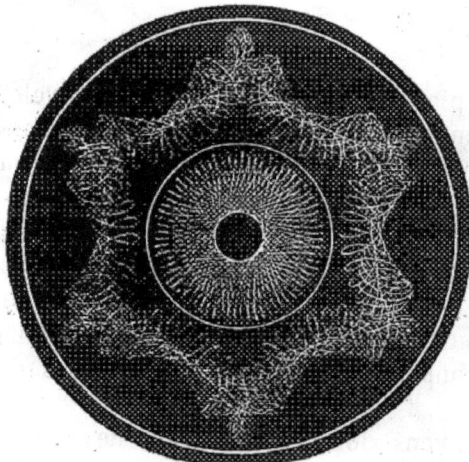

Fig. 864.

Fig. 864. Excentricité 1 = 2. Excentricité 2 = 3. Excentricité 3 = 20. Rayon = 2.

MACHINES A GRAVER.

888. La machine dont nous venons de parler est en réalité moins un tour qu'une machine à graver. En effet le caractère principal du tour est d'agir sur un corps auquel on imprime un mouvement de rotation, tandis qu'ici on est naturellement conduit à rendre celui-ci fixe sur le support, pour placer sur le système en mouvement l'outil traceur, ce qui est le caractère des machines à graver. On ne peut, en effet, que difficilement obtenir des tracés délicats avec des pièces d'un poids notable et de nombreux ajustements, des plateaux glissants. Au contraire, en redressant en quelque sorte le tour, en employant un axe vertical et des rouages légers de la nature de ceux de l'horlogerie, on pourra faire fonctionner rapidement l'outil traceur sur la surface horizontale placée sur un support, sur lequel elle peut être mue.

C'est dans ces conditions qu'a été établie une élégante machine à graver, due à M. Barrère, et dans laquelle le mouvement des roues produit des courbes épicycloïdales à boucles multiples, et la pierre lithographique mue à volonté, circulairement, elliptiquement, se déplace de manière à disposer ces lignes en raison des applications qu'on peut en faire dans le commerce. Cette curieuse machine approche beaucoup des limites de ce qu'il est possible d'obtenir des machines à graver, sans *rosette spéciale*, c'est-à-dire, non pas remplacer le travail du dessinateur, mais mettre à sa disposition une espèce de kaléidoscope fournissant des fonds teintés, des enroulements de courbes à boucles, etc., toutes sortes de combinaisons susceptibles d'une foule d'applications industrielles, mais ne s'écartant jamais de la famille des *épicycloïdes circulaires*.

Il importe d'insister sur la disposition du plateau qui, en permettant de répéter les courbes en ligne droite, circulairement ou elliptiquement, fait naître des cadres convenables pour cartes, billets à ordre, dessins, etc.

889. L'Américain Perkins, à qui l'on doit, après Gingembre, les moyens de reproduction indéfinie des matrices ou clichés en acier des billets de banque, devait se servir de quelque procédé analogue pour y graver des figures en lignes continues et recroisées, telles qu'on peut en obtenir sur le tour au guillochis; mais le caractère essentiellement géométrique de ces lignes plus ou moins déliées et d'une certaine étendue n'avaient pas semblé offrir une garantie absolue ou suffisante contre le talent d'imitation ou de reproduction de quelques dessinateurs exceptionnels, dont la main et le coup d'œil acquièrent, à la longue, un sentiment instinctif de la continuité et de la courbure des lignes. C'est précisément ce qui a donné à M. Grimpé et à d'autres artistes habiles l'idée des figures étoilées polygonales, à angles vifs et d'une petitesse microscopique, pour la fabrication des papiers de sûreté, ce qui entraîne l'emploi de rosettes correspondantes à chaque figure demandée. Ce sont aussi ces figures obtenues par des procédés et dans des degrés de précision divers, que M. Barrère, à l'époque où s'ouvrait le concours relatif à la fabrication des papiers de sûreté, a encore tenté de produire d'une manière plus parfaite encore, sur la pierre lithographique et sur l'acier, à l'aide d'une petite machine à graver dont les produits ont figuré à l'Exposition française de 1849.

Cette machine constitue un véritable tour automate, dont l'arbre vertical, à fourreaux ou manchons emboîtés les uns dans les autres à diverses fins, porte, vers le bas, une aiguille de centrage très-déliée, et, vers le milieu de sa hauteur, des roues d'angle motrices que conduit un mécanisme d'horlogerie, à roues d'échappement et mentonnets de rencontre, dont le but spécial est de mettre en action, par un renvoi de bascules et de tringles, les divers organes de la machine : tels sont, notemment, et les rosettes à fourreaux-enveloppes de l'arbre central, destinées à faire mouvoir extérieurement les touches, et les pantographes de réduction à ressorts-repoussoirs, qui font aller, à leur tour, les quatre aiguilles fixes à pointes diamantées et inclinées, traçant sur le vernis de la plaque d'acier ou cliché à graver autant d'étoiles microscopiques, groupées symétriquement autour de chacune des positions relatives et distinctes données à l'aiguille directrice ou centrale.

890. *Gravure numismatique.*— M. Collas a eu l'idée de prendre pour rosette l'objet même à représenter, et l'a appliquée avec succès à la reproduction des médailles.

Qu'on suppose une plate-forme horizontale, susceptible de marcher, de quantités quelconques, mais égales, au moyen d'une vis à tête graduée, et à l'extrémité de celle-ci une plate-forme douée des mêmes propriétés, mais perpendiculaire au plan de la première, les mouvements des deux plates-formes étant d'ailleurs liés par un cordon et une poulie de telle manière que le mouvement imprimé à l'une entraîne celui de l'autre. Plaçons maintenant entre les deux plates-formes un chariot pouvant se mouvoir parallèlement aux plans de ces deux plates-formes, et armé de deux branches, dont l'une, horizontale, sera perpendiculaire à la plate-forme verticale, et dont l'autre, verticale, sera perpendiculaire à la plate-forme hortzontale, la première portant une touche et la seconde un burin ou une pointe de diamant. Supposons enfin qu'outre son mouvement de translation parallèle aux deux plates-formes, le chariot puisse facilement se mouvoir dans une direction perpendiculaire à la plate-forme verticale, et nous aurons la matérialisation du principe constitutif de l'ingénieuse machine de M. Collas.

Fixons maintenant sur la plate-forme verticale le bas-relief à représenter; fixons aussi sur la plate-forme horizontale la planche de cuivre ou d'acier qui doit recevoir l'action du burin ou de la pointe du diamant, et amenons les plates-formes dans une position relative telle qu'en faisant marcher le chariot, la touche parcoure le bord extrême de l'un des côtés du bas-relief. Si ce côté est un plan, la touche et le burin se mouvront en ligne droite, et une ligne droite sera tracée sur la planche. Le déplacement des deux plates-formes, au moyen de la vis de rappel qui les commande, permettra de tracer sur la planche une seconde ligne droite parallèle et à une petite distance de la première, puis se succéderont autant de lignes droites que le comporteront l'écartement régulier donné aux lignes à tracer et la grandeur de la surface plane parcourue d'abord par la touche, qui, enfin, parviendra aux parties sculptées du bas-relief. Alors la touche sera repoussée par les saillies et pénétrera dans les cavités de la sculpture, circonstance qui fera tracer au burin une ligne ondulée pour les portions correspondantes aux saillies et aux dépressions du bas-relief, et droite pour les portions entièrement planes. Les lignes suivantes parcourues par la touche sur les portions voisines du bas-relief, déterminent d'autres ondulations dans les lignes correspondantes tracées par le burin, et comme ces ondulations ne seront autre chose que le rabattement géométrique sur un plan des

saillies et des dépressions du bas-relief, la juxtaposition d'une
série de coupes successives, il en résultera une image du bas-
relief dont les rapprochements de lignes représenteront très-
bien la médaille.

MACHINES A SCULPTER.

891. Les machines-outils servant à donner à la substance à travailler des formes déterminées, sont en réalité des machines à
sculpter. Mais c'est surtout le tour qui doit être considéré à ce
point de vue, puisqu'il permet d'obtenir facilement des cylindres, des cônes, des vis, etc.

Le tour simple est la machine à sculpter sans rosette spéciale;
mais on ne considère en général comme machines à sculpter
que celles qui servent à reproduire un modèle donné, modèle
qui devient naturellement la rosette spéciale sur le tour qui a
fourni la solution du problème. La machine utilement combinée
à cet effet est le tour à portrait.

892. *Tour à portrait.* Le tour à portrait, à peine connu en
France à l'époque de 1749, où parut la 2e édition de Plumier,
était déjà mentionné en 1733 dans le second mémoire de La Condamine; et ce fut, si je ne me trompe, dit Poncelet, seulement
dans la traduction allemande de ces ouvrages, que fit paraître,
en 1776, l'imprimeur Breitkopf à Leipsick (p. 45 à 49), que se
trouve reproduite, d'une manière, à la vérité imparfaite, la
description d'un tour à médailles (*contrefait-werks*), extraite
d'un autre livre publié en 1740, par Jean-Martin Teubers, de
Ratisbonne, dont la famille s'était, depuis plus d'un siècle déjà,
acquis une certaine célébrité dans l'art du tourneur au guillochis, art qui s'était singulièrement propagé à Nuremberg, la
patrie des jouets mécaniques, etc.

Je ne reviendrai pas sur l'ancien tour à portraits de La Condamine (voir plus haut), qui ne peut guère servir qu'à tracer isolément et linéairement des figures planes au moyen de platines,
de rosettes cylindriques, biaises ou droites, si ce n'est pour faire
remarquer que ce tour constitue véritablement par lui-même
une machine à outil automate, qui, d'après la combinaison de
ses rouages et la rotation distincte des deux figures dans un même
plan, a pu conduire au tour à portrait si employé pour réduire
les médailles, le même que Hamelin-Bergeron attribue, au fils

du célèbre P.-C. Hulot qui laissa inachevé l'*Art du tourneur mécanicien*, dont la première partie seulement fut publiée . en 1776 par l'Académie des sciences.

La figure 865 montre la disposition essentielle du tour à portrait. La touche et le burin, montés horizontalement sur des

Fig. 865.

poupées ou supports curseurs à vis de serrage et de centrage, sont fixés sur une barre mobile, comme les arbres mêmes du tour sur leurs traverses supérieures horizontales, dans des positions dépendantes de la grandeur des réductions à opérer, grandeur elle-même évidemment variable en raison des distances respectives de l'outil et de la touche par rapport à la charnière de rotation de la barre, articulée doublement, au moyen d'un joint universel, avec un arbre-support parallèle à ceux des mandrins et situé à l'extrémité gauche de la machine. D'un autre côté, cette barre, soumise à l'action d'un ressort d'acier qui tend à presser simultanément le burin et le porte-touche contre les reliefs respectifs des médailles animées d'un mouvement égal et uniforme de rotation, s'abaisse lentement et graduellement vers l'extrémité opposée à sa charnière, où elle est munie, parallèlement à sa direction, d'une couple de petits rouleaux d'acier entre lesquels passe une cheville horizontale qui leur sert de guide et de soutien pendant la descente de la barre seulement. Enfin, cette cheville elle-même est liée à un écrou, à coulisses latérales fixées au bâti, mobile le long d'une vis verticale dont l'arbre, de direction invariable, est conduit par un système de vis sans fin et d'engrenages extérieurs qui empruntent leur mouvement propre à l'arbre du mandrin porte-modèle, et, par suite, au système à volant, poulies et cordons sans fin, servant de moteur à toute la machine rendue ainsi parfaitement automatique.

Nous avons donné (art. 464) la description de la machine à réduire les statues de Collas, qui est un perfectionnement du tour à portrait.

892. *Tour pour tourner des formes irrégulières, par M. Blanchard* (de Boston) (fig. 866). Cette machine est encore une variation du tour à portrait, donnant de grandes facilités de tirer d'un bloc de bois une forme simple exactement semblable à celle d'un modèle donné. Le modèle et le bois sont montés sur un même axe mis en mouvement par une courroie (cachée

Fig. 866.

en partie sur la figure). Sur le banc du tour sont montés trois supports portant les coussinets qui guident l'axe des roues servant à couper et à *frotter*. La roue coupante, qui a environ 30 centimètres de diamètre, porte à sa circonférence une succession de taillants en forme de gouges. Cette roue est appliquée sur le bloc dégrossi. La roue de friction, qui a le même diamètre que la roue coupante, appuie contre le modèle. A l'axe de ces roues est fixée une poulie mue par un courroie qui passe sur un gros tambour. C'est ce tambour qui reçoit l'action du moteur, et c'est au moyen de roues dentées et d'une vis que l'on donne à l'axe porte-roues un mouvement continu de progression.

Le modèle et le bloc s'approchent ou s'éloignent des roues,

en raison des inégalités de la surface, grâce à la manière dont ils sont montés dans un châssis tournant autour de deux pivots, et après un temps suffisant on obtient un solide tout à fait semblable au modèle donné.

Les quelques machines à sculpter dans lesquelles on a abandonné le principe du tour, qui seul assure le bon travail de l'outil fixe sur le corps tournant, n'ont guère réussi à prendre place dans la pratique, même avec l'emploi de fraises tournant avec grande vitesse, qui travaillent d'une manière qui a quelque analogie avec le travail du tour.

DE LA

COMPOSITION DES MACHINES

OU DE LA SYNTHÈSE CINÉMATIQUE.

---

894. L'étude détaillée des organes des machines, l'analyse de celles-ci décomposées en leurs éléments, objet de cet ouvrage, met à la disposition de toute personne qui veut combiner une machine, les moyens d'y parvenir avec facilité dans le plus grand nombre de cas de la pratique. Comme toute science, la cinématique ne pose pas les problèmes, mais elle sert à résoudre les problèmes nettement posés ; c'est ainsi que l'algèbre sert à résoudre les équations auxquelles on a su ramener une question. Nous allons revenir sur ce point, mais auparavant nous dirons qu'il ne faut pas croire que toute la science des machines soit une application des principes de la cinématique. Ce que donne la cinématique, ce sont en quelque sorte les lignes géométriques des machines. Il reste à déterminer, par la théorie de la résistance des matériaux, les dimensions des pièces ; à combiner l'ajustage, les assemblages des pièces obtenues sous les formes voulues à l'aide du moulage, ou des outils ou machines-outils dont nous avons décrit les modes d'action, au moyen de vis, de clavettes, de rivets pour les assemblages fixes ; des guides de mouvement, coussinets, glissières pour les pièces mobiles.

Enfin, indépendamment de la combinaison nouvelle d'organes déjà connus, il y a dans l'établissement d'une machine, dans l'architecture des machines comme dans la construction des édifices, une question de goût, un sentiment des meilleures dispositions à employer entre plusieurs également possibles fournies par la science, qui est en quelque sorte inné et se développe par l'exercice de cette faculté.

Quoi qu'il en soit, la science qui indique les divers organes qu'il est possible d'employer dans chaque cas, et permet de les comparer entre eux pour déterminer ceux dont l'emploi sera le plus avantageux, est évidemment capitale, et on ne saurait trop recommander aux jeunes ingénieurs, pour bien en posséder les ressources, l'exercice qui consiste à composer des machines par synthèse, par un travail inverse de la décomposition, qui a permis l'analyse des organes élémentaires des machines. On développera ainsi la faculté de combiner des machines, ce qui est un art qui peut en partie s'acquérir, sans que cette observation diminue en rien le mérite des combinaisons de génie.

Disons quelques mots des éléments principaux sur lesquels portent et surtout doivent porter les recherches.

L'invention des machines se rapporte rarement à l'établissement de machines motrices, presque toujours à celui de machines opératrices qui se multiplient chaque jour dans chaque fabrication.

Nous avons peu de chose à dire du premier cas; ce sont les résultats de la mécanique physique qui montrent si le genre de machines usuellement employées, pour l'utilisation d'une puissance naturelle, transmet le maximum théorique de travail mécanique. Si cette condition est remplie, il n'y a plus de recherches importantes à faire, mais seulement des simplifications de construction, des accommodations à des besoins spéciaux. On voit que c'est du côté de la mécanique et de la physique que les recherches sont surtout à faire dans cette voie, la cinématique n'ayant à intervenir que pour satisfaire à des conditions fixées par les deux premières sciences. C'est ce qu'on a vu pour la machine à vapeur, pour obtenir de longues détentes, l'avance du tiroir, etc. Il en est de même des mécanismes par lesquels sont surmontées des résistances considérables, comme les treuils, les grues, les pompes, etc.

C'est surtout dans la combinaison des machines opératrices que le génie des inventeurs s'est manifesté de mille manières dans l'industrie moderne. En principe, toute opération mécanique souvent répétée doit pouvoir s'exécuter par machines.

L'outil qui, mû à la main, sert à l'effectuer, reçoit de celle-ci un nombre de mouvements plus ou moins grand, qui théoriquement peuvent toujours être exécutés par machines; seulement ils peuvent être assez compliqués pour que la machine susceptible de les réaliser soit d'un prix trop élevé, d'un entretien trop coûteux, d'une production trop faible pour qu'il y ait avantage à l'employer.

Presque toujours, dans ce cas, c'est une simplification de l'outil qui a conduit à la solution du problème, comme on l'a vu pour la machine à coudre, qui est née quand on a pensé à faire des aiguilles ayant l'œil près de la pointe, pouvant par suite faire naître une boucle en traversant l'étoffe, sans quitter le porte-aiguille. Telle est encore l'invention des cylindres étireurs, des doigts de fer, comme disent les Anglais, par lesquels on a remplacé le travail de la fileuse et sur lesquels repose toute la filature automatique.

L'outil compris, simplifié, le problème de lui donner les mouvements nécessaires à son bon fonctionnement est un problème déterminé de cinématique, toujours soluble par divers organes équivalents théoriquement au point de vue du mouvement à obtenir, mais non pratiquement au point de vue du maximum de simplicité et d'élégance de la machine.

C'est en dessinant, en construisant un grand nombre de machines diverses que se développe la faculté de trouver le meilleur groupement des organes propres à satisfaire simplement à diverses fonctions. Nous avons cité, en traitant de la Cinématique appliquée, nombre d'exemples qui montrent que la pratique conduit à des combinaisons complexes qui, bien que pouvant toujours être analysées à l'aide des principes généraux, n'en demandent pas moins, pour être élucidées complétement, beaucoup d'intelligence et de sagacité.

C'est surtout par un grand nombre d'embrayages, faisant succéder en quelque sorte des machines les unes aux autres, que se réalisent les automates capables de réaliser des opérations complexes, et qu'on arrive aux limites de complication au delà desquelles les machines cessent d'être avantageuses industriellement. Sous ce rapport, on doit signaler comme un progrès de l'industrie moderne, la séparation fréquente du travail entre plusieurs machines opérant successivement, lorsque le montage successif et régulier de la pièce à travailler, sur plusieurs machines, est facile ; moyen d'atteindre le but, lorsque cela était pratiquement impossible avec une machine unique qui eût exigé la réunion de ces diverses machines en une seule.

Cela est inutile lorsque la continuité du travail est facile, comme dans les machines à fabriquer les cardes, où le travail s'effectue à partir d'un fil de fer continu. L'établissement de la continuité, quand elle est rendue possible, est un élément assuré de succès.

C'est par l'une de ces voies que grand nombre d'industries sont arrivées à l'*automatisme complet*, c'est-à-dire que la matière première est transformée en un produit industriel par l'action des forces naturelles, sans intervention du travail humain, sauf, bien entendu, celui d'ordre supérieur consacré à la surveillance et la mise en action des mécanismes. La filature, le tissage mécanique, la fabrication du papier sont des exemples bien connus d'industries automatisées.

C'est depuis la fin du siècle dernier, alors que les travaux de Watt rendaient facile en tous lieux la production du travail moteur à bon marché, que la multiplication des machines opératrices, que le développement des manufactures où elles sont réunies et combinées, est devenu très-considérable, en même temps que progressait la science de leur construction.

La plupart des industries destinées à fournir à la satisfaction de nos besoins, celles qui se rapportent à nos vêtements, à l'habitation, etc., ont été déjà transformées, et sans poser des limites au génie de l'invention, on peut dire que les progrès déjà accomplis sont tels, que l'on rencontrera plus souvent à l'avenir, pour les principales industries, des perfectionnements de mécanismes existant déjà que de nouvelles substitutions, déjà presque toujours complètes, du travail mécanique au travail humain, dans le champ très-étendu mais non indéfini de l'industrie mécanique.

Si nous n'avons plus aussi souvent à nous poser le problème de trouver le moyen d'exécuter mécaniquement ces travaux qu'on ne savait faire qu'à la main, les progrès à accomplir dans l'industrie, déjà amenée à un haut degré de perfection, exigent les ressources de la science la plus élevée, les combinaisons les plus ingénieuses, pour dépasser les conceptions sou-

vent très-remarquables des premiers inventeurs, c'est-à-dire
qu'il faut redoubler d'efforts pour faire mieux et rendre l'industrie *scientifique*, c'est-à-dire amenée à la perfection dans
tous ses détails, par l'application complète de la science. C'est
la voie ouverte au travail des savants, des ingénieurs et des
fabricants qui peuvent par leurs efforts multiplier les conquêtes,
agrandir la partie la plus solide et la moins contestable de la
civilisation moderne.

NOTES

PREMIÈRE PARTIE

Applications de la cinématique à la géométrie.

Le présent ouvrage paraît être surtout une application de la géométrie à la mécanique, car, en effet, la théorie des mécanismes est intimement liée aux propriétés géométriques des lignes qui représentent les mouvements. Mais l'inverse doit être également vrai, et puisque la mécanique est une science rationnelle, ayant le même degré de certitude, la même valeur logique que la géométrie, il doit y avoir aussi une application de la cinématique à la géométrie, on doit trouver entre ces deux sciences des relations analogues aux relations mutuelles de la géométrie et de l'algèbre.

L'introduction de la notion du mouvement dans la géométrie moderne est, en effet, de chaque instant, et on peut dire que c'est l'élément capital qui la fait différente de la science d'Euclide et d'Archimède. La notion de continuité, qui repose évidemment sur celle du mouvement, doit être citée en premier lieu ; les théories des roulettes, les propriétés géométriques des centres instantanés de rotation exposées précédemment, ne sont que de la cinématique pure.

Sans entrer dans de plus grands détails sur ce point, un peu étranger en réalité au présent ouvrage, je me contenterai de rappeler ici quelques théorèmes, qui suffiront amplement pour confirmer un principe, qu'il me semble intéressant d'établir d'une manière incontestable.

Note première.

THÉORÈME DE GULDIN.

SURFACES ET VOLUMES DES CORPS DE RÉVOLUTION.

895. Nous rappellerons en premier lieu un des plus beaux théorèmes de la géométrie essentiellement fondé sur des considérations de cinématique, le célèbre théorème de Guldin sur l'aire et le volume des solides de révolution. Ce théorème frappe toujours vivement, et à juste titre, l'esprit des jeunes gens lorsqu'ils rencontrent pour la première fois une proposition de géométrie aussi générale, en étudiant les premiers éléments de la mécanique.

Soit une courbe plane quelconque ABC (fig. 867), qui tourne autour d'un axe PZ situé dans son plan, de manière que tous les points de la courbe demeurent toujours aux mêmes distances de cet axe : cette courbe engendre par suite une surface que l'on nomme *surface de révolution*.

Pour en déterminer l'aire, on peut remarquer que chaque élément de la courbe génératrice produit une surface de cône tronqué dont l'aire est égale au côté *ds* multiplié par la circonférence du cercle que décrit son milieu, ou son centre de gravité *i*, autour de l'axe PZ.

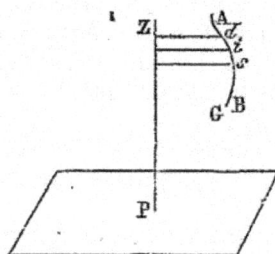   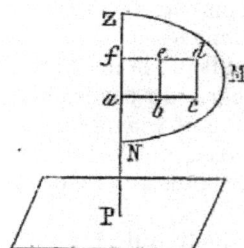

Fig. 867.   Fig. 868.

Donc, si l'on suppose tous ces éléments égaux, la surface entière sera égale à leur somme multipliée par la circonférence moyenne entre celles que décrivent tous leurs centres de gravité.

Mais cette moyenne circonférence a pour rayon la moyenne distance de tous ces points à l'axe de révolution ; ou bien la distance du centre de gravité de la courbe au même axe ; donc on peut dire :

Que l'aire d'une surface de révolution est égale à la longueur de la génératrice multipliée par la circonférence que décrit son centre de gravité autour de l'axe de révolution.

On voit de la même manière que si plusieurs courbes situées dans le même plan tournent autour d'un axe situé dans ce plan, la somme des surfaces engendrées est égale à la somme des génératrices, multipliée par la circonférence que décrit le centre de gravité de leur système.

Mais il faut observer que, lorsque la génératrice ou les génératrices ne sont pas situées en entier d'un même côté de l'axe, l'expression précédente ne donne plus que la somme des aires engendrées par les parties qui sont d'un côté de cet axe, moins la

somme des aires engendrées par les parties qui sont de l'autre
côté.

896. On peut appliquer aussi la théorie des centres de gravité à
la cubature des solides de révolution. Et il n'est pas difficile de
voir que *le volume d'un solide de révolution est égal à l'aire de la section génératrice multipliée par la circonférence que décrit son centre de
gravité autour de l'axe fixe.*

En effet, si l'on considère un rectangle *bcde* (fig. 868), qui
tourne autour de l'axe PZ parallèle à l'un de ses côtés *be*, il est
clair que le solide engendré par ce rectangle est égal à la différence
de deux cylindres de même hauteur *cd*, et dont l'un a pour rayon
la distance *ca*, du côté *cd* à l'axe fixe; et l'autre, la distance *ba*, du
côté *be* au même axe. Ce solide a pour mesure $\left(\pi \overline{a\,c}^{2} - \pi \overline{a\,b}^{2}\right) cd$.
Si l'on met $ca - cb$, à la place de ab, l'expression précédente
devient

$$\pi \left(2\,ac \times bc - \overline{b\,c}^{2}\right) cd, \text{ ou } bc \times cd \times 2\,\pi \left(ac - \frac{bc}{2}\right);$$

c'est-à-dire égale au rectangle *bcde*, multiplié par la circonférence décrite d'un rayon moyen entre les rayons *ca* et *ba*, ou bien
égal à la distance du centre de gravité du parallélogramme à l'axe
de révolution.

Donc, si l'on conçoit la section génératrice ZMN comme partagée
en une infinité de petits rectangles égaux, on pourra dire que le
solide total engendré est égal à la somme de tous ces rectangles,
ou à l'aire de la section ZMN, multipliée par la circonférence
moyenne entre toutes celles que décrivent leurs centres de gravité autour de l'axe. Mais cette moyenne circonférence a pour rayon
la moyenne distance de tous ces points au même axe, ou la distance du centre de gravité à cet axe; donc, etc.

On pourrait voir encore, par un raisonnement à peu près semblable au précédent, que, si une surface plane terminée par une
courbe quelconque se meut dans l'espace, de manière que son plan
soit toujours (au même point) perpendiculaire à une courbe quelconque à double courbure, le solide engendré est égal à l'aire de la
surface génératrice multipliée par la longueur de la courbe que
parcourt son centre de gravité.

Mais nous ne nous arrêterons pas à démontrer cette proposition
que l'on pourrait déduire, aussi bien que les précédentes, des formules connues pour les centres de gravité. Notre seul but, dit
Poinsot, auquel nous empruntons ce passage de son excellent
Traité de statique pour montrer comment cet esprit si éminent
arrive au même ordre d'idées que nous poursuivons ici, étant
de montrer ce rapprochement remarquable de considérations qui
paraissent d'abord étrangères entre elles, mais qui s'enchaînent
comme toutes les questions soumises aux mathématiques, et se

fondent, pour ainsi dire, les unes dans les autres, lorsqu'on écarte un instant les noms que l'objet particulier de chaque question nous rappelle.

Note deuxième.

MÉTHODE DE ROBERVAL POUR TRACER LES TANGENTES AUX COURBES.

897. Le principe de la composition des vitesses qui permet d'obtenir une vitesse résultante en grandeur et en direction à l'aide des vitesses composantes, fournit le moyen d'obtenir la tangente aux trajectoires, et par suite aux courbes qu'elles constituent. Cette méthode est applicable lorsque la loi du mouvement d'un point est connue suivant deux directions; elle est due à Roberval, et repose entièrement sur des considérations de cinématique. Nous donnerons quelques exemples de son emploi.

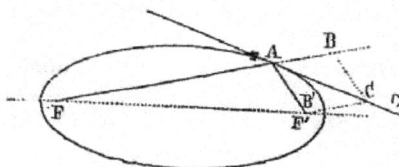

Fig. 869.

898. *Tangente à l'ellipse.* — L'ellipse s'engendre en fixant aux deux foyers un fil de longueur constante FAF'. Puisque dans les mouvements du point descripteur, la longueur du fil FA + F'A est toujours la même, il est évident que la portion FA s'allonge de la même quantité que celle dont se raccourcit l'autre portion correspondante F'A. La vitesse de glissement suivant FA est donc exactement égale et de sens contraire de celle suivant F'A, chacune fait décrire deux chemins simultanés égaux sur les rayons vecteurs FA et F'A, et par la proposition du parallélogramme des chemins ou des vitesses, on aura facilement la direction de la vitesse de glissement résultante, qui a lieu suivant la tangente. Ainsi, en prenant sur le prolongement de FA une partie quelconque AB, et sur F'A une partie AB' = AB, construisons le parallélogramme ABCB'; la diagonale AC sera la tangente à l'ellipse en A.

899. *Tangente à la conchoïde.* — Le point S par lequel passe constamment la droite qui porte le point qui trace la conchoïde, peut être considéré comme un pôle autour duquel tourne le rayon vecteur Sam, et les vitesses des points a et m résultent d'une rotation et d'un glissement simultanés. Les vitesses de glissement des deux

points sont égales puisque leur distance ne varie pas, et les vitesses de rotation sont proportionnelles aux distances Sa, Sm.

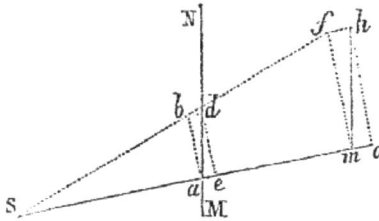

Fig. 870.

La vitesse absolue de a est dirigée suivant la directrice MN. Soit ad cette vitesse ; en construisant le parallélogramme $abde$, ab perpendiculaire à Sa sera la vitesse de rotation, bd égal et parallèle à la direction ae la vitesse de glissement. Si nous traçons mf, perpendiculaire sur Sm jusqu'à la rencontre de la ligne Sb prolongée, mf sera la vitesse de circulation et ae celle de glissement pour le point m. Prenant sur une parallèle à Sa, $fh = ae$, mh sera la vitesse réelle en grandeur et en direction, et par suite sera la tangente à la conchoïde au point m.

900. *Tangente à la spirale d'Archimède.* — La spirale d'Archimède étant engendrée par la combinaison du mouvement de glissement d'un point décrivant sur un rayon vecteur, dans un rapport constant avec la vitesse de rotation de ce rayon, la construction de la vitesse résultante et par suite de la tangente, se déduit directement de la règle du parallélogramme des vitesses. $\rho = a\omega$ étant l'équation de la spirale, pour mener la tangente en un point M,

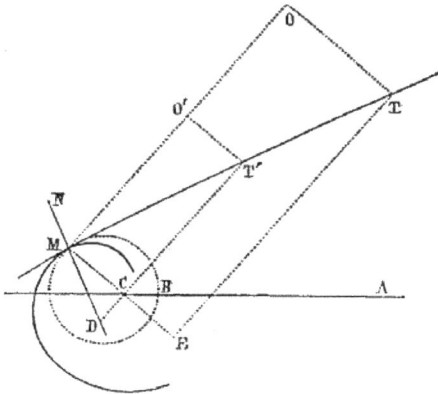

Fig. 871.

élevez en ce point une perpendiculaire, au rayon vecteur r, prenez une longueur MO égale à $2\pi r$; perpendiculairement à cette ligne

menez une ligne à angle droit OT égale à $2a\pi$, joignez le point T
au point M, et vous aurez la tangente cherchée. En effet, la vitesse
de rotation, si elle restait ce qu'elle est au point M, serait pour
une circonférence $2\pi r$; le glissement est bien, pour cette rotation,
$a\omega = 2a\pi$; donc, MT est bien la résultante dont la direction ne
change pas pour des valeurs quelconques de ω.

Note troisième.

TRACÉ DES NORMALES A L'AIDE DES CENTRES INSTANTANÉS DE ROTATION.

901. Les centres instantanés de rotation peuvent servir dans
plusieurs cas à déterminer la normale en un point donné, et par
suite la tangente en ce point.

En effet, on sait que la normale en un point passe toujours par
le centre instantané de rotation. Lors donc qu'une courbe est décrite par un point d'une courbe roulant sur une ligne donnée ou
assujettie à se mouvoir sur deux directrices, le centre instantané
de rotation étant facilement déterminé au moyen des normales
aux deux directrices, on aura immédiatement la normale en un
point de la courbe en joignant celui-ci au centre de courbure, et
par suite la tangente en ce point.

Pour une cycloïde, une épicycloïde, il suffira de joindre le point
décrivant au point de roulement. Pour une ellipse engendrée par
un point d'une droite glissant sur deux directrices rectilignes, le
centre instantané de rotation étant à la rencontre des deux perpendiculaires aux directrices menées par les points directeurs, en
joignant ce centre au point décrivant on a la normale et, par suite,
la tangente perpendiculaire sur celle-ci au point décrivant. Nous
avons donné la tangente à la courbe à longue inflexion déterminée de la même manière.

Note quatrième.

EXTRAIT D'UN MÉMOIRE DE M. BRESSE SUR LE TRACÉ DES CENTRES
DE COURBURE PAR CONSIDÉRATIONS DE CINÉMATIQUE.

902. M. Bresse a publié dans le *Journal de l'École polytechnique*
(35me cahier) deux méthodes fort curieuses, basées sur des considérations empruntées à la cinématique, qui permettent d'obtenir
les rayons de courbure de diverses courbes. La première s'applique au cas où le centre instantané de rotation est facilement déterminé, ce qui est le cas des courbes tracées par des lignes assu-

jetties à se mouvoir sur des guides donnés, la courbe de Watt, par exemple, à l'aide d'un emploi des accélérations analogue à celui des vitesses dans la méthode Roberval. La seconde s'applique aux courbes dont la génération résulte de deux mouvements simples combinés.

Nous ne pouvons entrer ici dans tous les détails que donne le Mémoire précité ; nous devons cependant indiquer une ingénieuse méthode qui montre bien l'heureuse réaction de la cinématique sur la géométrie pure.

Définissons d'abord l'accélération, dont l'expression analytique a conduit à ces nouveaux théorèmes.

L'accélération d'un point est la quantité qui, multipliée par la masse, donne la valeur de la force, cause des changements dans l'intensité et la direction de la vitesse. La direction de l'accélération est d'ailleurs celle de la force ; enfin, ses projections sur la tangente et sur la normale s'expriment analytiquement par $\frac{dv}{dt}$ et $\frac{v^2}{\rho}$, en appelant v la vitesse, $\frac{dv}{dt}$ sa dérivée par rapport au temps, et ρ le rayon du cercle osculateur de la courbe décrite.

Le théorème fondamental est celui-ci :

Lorsqu'une figure plane invariable se déplace dans son plan, d'un mouvement continu quelconque, les accélérations totales de ses divers points, à un instant donné, sont les mêmes que si la figure avait un mouvement effectif de rotation autour d'un certain centre, avec la vitesse angulaire, constante ou variable, qu'elle possède autour de son premier centre instantané de rotation.

Ce théorème conduit à la détermination des centres de courbure des courbes engendrées par un point d'une figure qui se meut dans son plan. En effet, la connaissance des deux centres instantanés de rotation donnera à la fois la vitesse v et l'accélération centripète j du point en question. Comme on sait d'ailleurs que $j = \frac{v^2}{\rho}$, on en conclura l'inconnue ρ.

Renvoyant au Mémoire précité pour la théorie, nous n'en donnerons ici que les applications.

903. *Conchoïde.* — Une droite GF de longueur constante, assujettie à passer par un point fixe P, se meut de manière que son point G parcourt la droite GL ; un autre point F de la droite mobile engendre une conchoïde.

En menant GO et PO respectivement perpendiculaires à GL et PF, on aura en O le centre instantané de rotation. Prolongeant ensuite PO d'une longueur OC = PO, et menant la perpendiculaire CB à PC, le centre instantané des accélérations se trouvera sur CB ; or il doit se trouver aussi sur GL, il sera donc en B. Il ne reste donc plus qu'à projeter ce point sur OF en

D, et à prendre $FH = \dfrac{\overline{OF}^2}{FD}$, moyenne proportionnelle facile à obtenir géométriquement ; le point H sera le centre de courbure cherché.

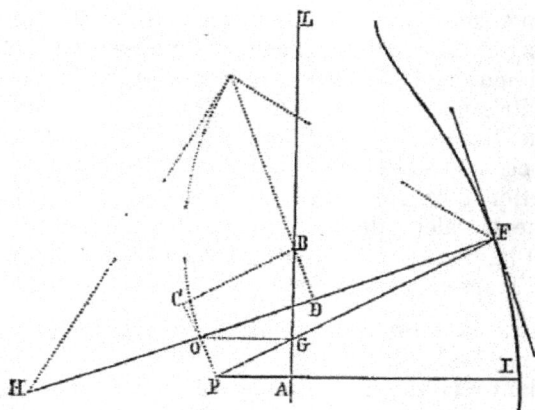

Fig. 872.

904. *Courbe à longue inflexion.* — Pour déterminer le cercle oscu" lateur de l'arc élémentaire décrit par le point F d'une droite FGG', dont les deux points G G' parcourent deux cercles donnés AG, A'G',

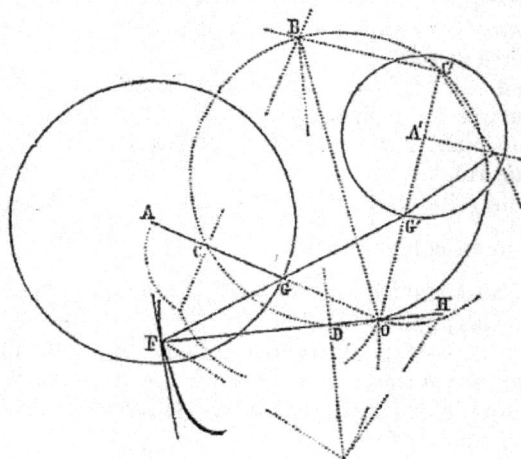

Fig. 873.

nous obtenons d'abord le centre instantané de rotation O en prolongeant les rayons AG, A'G' jusqu'à leur rencontre. Prenant ensuite les distances GC, G'C' respectivement égales à $\dfrac{\overline{OG}^2}{AG}$ et $\dfrac{\overline{OG'}^2}{A'G'}$, le centre instantané des accélérations B devant se projeter à la fois en C sur OA et en C' sur OA' sera le point de rencontre des perpendiculaires CB, C'B, menées en C et C' à ces deux droites. La construction s'achèvera en projetant B sur OF, direction de la normale, et portant dans le sens FD la longueur $FH = \dfrac{\overline{OF}^2}{FD}$, qui sera le rayon de courbure.

Comme les cinq points O, D, C, B, C' sont sur un même cercle, on pourrait, après avoir déterminé C et C', le décrire pour obtenir par son intersection avec OF le point D.

RAYONS DE COURBURE OBTENUS PAR LA DÉCOMPOSITION DES ACCÉLÉRATIONS.

904. M. Bresse a montré encore que la considération directe des accélérations et des propriétés de leurs projections pouvait conduire très-directement à la détermination de rayons de courbure, lorsqu'on connaît les accélérations composantes. Nous indiquerons comme exemple les calculs des rayons de courbure de l'hélice et de la spirale d'Archimède.

Hélice. — Un point parcourt avec une vitesse constante v la section droite d'un cylindre ; en même temps il se meut dans le sens parallèle aux génératrices, avec la vitesse v tang. i. Il est clair que sa trajectoire coupe toutes les génératrices sous l'angle $90° - i$; c'est donc une hélice, suivant laquelle le point mobile se déplace avec une vitesse uniforme $\dfrac{v}{\cos. i}$. Le mouvement parallèle aux génératrices étant aussi uniforme, et de plus rectiligne, l'accélération totale du mouvement absolu se réduit à celle du mouvement sur la section droite, soit à $\dfrac{v^2}{r}$, r étant le rayon de courbure de cette section, au point où se trouve le mobile, et le rayon de courbure de l'hélice coïncide en direction avec lui, car le mouvement absolu étant uniforme, suivant la courbe, l'accélération totale se confond avec son accélération centripète. ρ étant le rayon de courbure, $\dfrac{V^2}{\rho}$ est cette accélération.

Or, $V = \dfrac{v}{\cos. i}$, donc enfin $\rho = \dfrac{r}{\cos.^2 i}$.

Spirale d'Archimède. — Soit ω la vitesse angulaire, ωb la vitesse rectiligne, α l'angle AOP, r la distance OA. $r = b\alpha$ sera l'équation polaire de la spirale.

La vitesse de circulation du point A est $\omega \times OA$ perpendiculaire à OA ; si l'on fait AOB $= 90°$, OB $= b$, la vitesse de glissement sur le rayon vecteur (ou vitesse relative) sera $\omega \times OB$, perpendiculaire à

O B ; donc la ligne A B sera normale à la courbe, et la vitesse en A, résultante des deux premières, aura pour expression $\omega \times A B$.

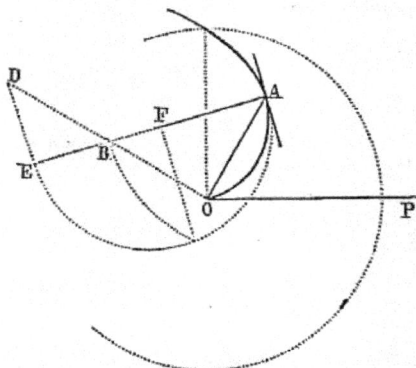

Fig. 874.

L'accélération totale du point mobile en A s'obtiendra en composant : 1° l'accélération relative sur le rayon vecteur, qui est nulle ; 2° l'accélération d'entraînement $\omega^2 A O$ dirigée de A vers O ; 3° l'accélération $2 \omega \times \omega b$ ou $2 \omega^2 b$, dirigée suivant O B. Ainsi, en prenant $O D = 2 O B$, $\omega^2 A D$ serait l'accélération totale ; donc $\omega^2 \times A E$ est sa composante centripète, et puisque la vitesse est $\omega \times A B$, $\dfrac{A B^2}{A E}$ ou AF sera le rayon du cercle osculateur de la spirale en A.

Note cinquième.

RECTIFICATION DE LA CYCLOÏDE.

905. $C_0 A_0 B_0$ est une droite verticale, diamètre $2r$ d'un cercle qu'on fait rouler sur une horizontale $C_0 M$; on demande la longueur s de la courbe décrite par l'extrémité supérieure B_0 de ce diamètre depuis l'origine jusqu'à une époque quelconque du mouvement du cercle.

Soit à cette époque quelconque $cT = r\theta$ la longueur de l'arc qui a déjà roulé sur $C_0 M$; le centre A du cercle décrivant une droite égale et parallèle à $C_0 M$, $r\,d\theta$ sera le chemin élémentaire de ce centre.

Et $(90° - \theta) = \alpha$ étant alors l'angle de ce chemin élémentaire avec la droite A B, la projection de ce chemin sur A B sera

$$r\,d\theta \cos. \alpha = r\,d\theta \sin. \theta.$$

D'ailleurs, le point de tangence T est le centre instantané de rotation du point B, qui décrit ainsi un petit arc ds de la courbe, perpendiculaire à la corde TB, c'est-à-dire dirigé suivant la corde GB, qui est la tangente à la courbe.

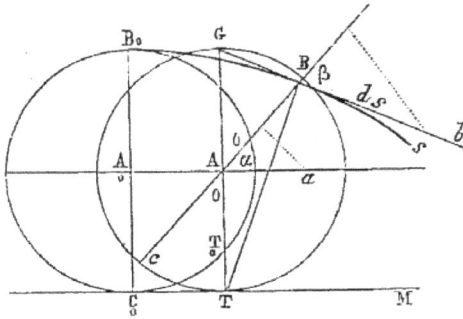

Fig. 875.

L'angle de la courbe avec la seconde extrémité de la ligne AB est donc :

$$\beta = 90° - \tfrac{1}{2}\theta, \text{ d'où cos. } \beta = \sin.\tfrac{1}{2}\theta,$$

et la projection de ds sur AB devient $ds \sin.\tfrac{1}{2}\theta$.

Les mouvements virtuels sur la même ligne AB étant nécessairement les mêmes, on a l'égalité $ds \sin.\tfrac{1}{2}\theta = rd\theta \sin.\theta$; d'où

$$ds = \frac{r\sin.\theta\, d\theta}{\sin.\tfrac{1}{2}\theta} = 2r\cos.\tfrac{1}{2}\theta\, d\theta, \text{ et } s = 2\times 2r\sin.\tfrac{1}{2}\theta = 2 \text{ (corde}$$

de TC).

Ainsi l'arc $B_0B = s$ *de la courbe décrite par l'extrémité supérieure du diamètre est égal à deux fois la corde de l'arc GB ou TC qui a roulé sur l'horizontale*. Résultat connu depuis longtemps, mais qu'il est curieux, dit Tom Richard, d'obtenir aussi directement et par une voie si différente de celle qu'on suit habituellement pour y parvenir.

Note sixième.

906. Nous devons à l'obligeance de M. Van der Mensbrugghe la note bibliographique suivante sur les ouvrages relatifs aux courbes résultant de l'intersection de deux mouvements de rotation.

Partie expérimentale.

1820. J. M. *An account of an optical deception* (Quaterly Review of Science, 1re série, t. X, p. 282) [Apparence de rais fixes et courbes sur les roues d'une voiture passant derrière une palissade].

1824. Roget. *Explanation of an optical deception in the appearance of the spokes of a wheel seen through vertical apertures* (Philos. Transactions, 1825, p. 131) [Explication de l'illusion produite dans l'article précédent].

1828. J. Plateau. *Sur les apparences que présentent deux lignes qui tournent autour d'un point avec un mouvement angulaire uniforme* (Correspond. math. et phys. de Quetelet, t. IV, p. 393) [Visibilité du lieu des points d'intersection]. Le titre de cet article n'a pas été rédigé par l'auteur, et il est mal exprimé.

1829. J. Plateau. *Lettre relative à différentes expériences d'optique* (*Ibid.*, t. VI, p. 121) [Première idée de l'anorthoscope, espèce d'anamorphoses].

1831. J. Plateau. *Lettre sur une illusion d'optique* (Ann. de chim. et de phys. de Paris, t. XLVIII, p. 281) [Réclamation de priorité; voir l'article précédent].

1836. J. Plateau. *Notice sur l'anorthoscope* (Bull. de l'Acad. Roy. de Belg., t. III, p. 7) [Genre d'anamorphoses].

1849. J. Plateau. *Deuxième Note sur des nouvelles applications curieuses de la persistance des impressions de la rétine* (*Ibid.*, t. XVI, 1re partie, p. 1) [Différents anorthoscopes].

PARTIE MATHÉMATIQUE.

1829. Le François. *Théorie mathématique des courbes d'intersection apparente de deux lignes qui tournent avec rapidité autour de deux points fixes* (Corresp. math. et phys. de Quetelet, t. V, p. 120) [L'auteur suppose que le rapport des deux vitesses est un nombre entier, et se sert des coordonnées rectangulaires, ce qui complique singulièrement les calculs].

De la courbe produite par les intersections successives de deux droites pivotant autour de deux points fixes, de manière que la vitesse angulaire de l'un soit double de celle de l'autre (*Ibid.*, *ibid.*, p. 379) [Propriété de la focale du cône].

1863. G. V. D. Mensbrugghe. *Note sur la théorie mathématique des courbes d'intersection de deux lignes tournant dans le même plan autour de deux points fixes* (Mém. couv. et Mém. des savants étrangers de l'Acad. Roy. de Belg. Collection in-8°, t. XVI) [Solution fondée sur l'emploi des coordonnées polaires, et dans l'hypothèse où le rapport des vitesses est une quantité commensurable quelconque; vérifications expérimentales avec l'appareil de M. Plateau].

SECONDE PARTIE [1]

DES REMONTOIRS.

907. La nécessité d'avoir une force motrice parfaitement constante est, ainsi que nous l'avons vu, le point de départ le plus essentiel pour construire des appareils d'horlogerie d'une très-grande précision. Pour s'affranchir des variations de force qui résultent tant du moteur même et de la manière dont il agit dans la machine, que des frottements variables qui prennent naissance dans les diverses parties de la machine, on emploie le *remontoir*, moteur dont l'action est invariable, et qui est placé entre le dernier mobile et le reste du rouage.

Dans les horloges, il consiste, en général, en un mécanisme qui a pour fonction de remonter à l'aide de la force motrice, agissant avec plus ou moins de régularité, un poids constant à une hauteur constante ; ce poids, en descendant, agit seul sur le dernier mobile, pour être relevé de nouveau à la fin de sa chute, à un moment déterminé par le régulateur. On subdivise ainsi le travail moteur en quantités égales qui agissent seules sur l'appareil destiné à la mesure du temps, en soustrayant les rouages à la variation du frottement, plus ou moins considérable en raison du travail moteur.

Nous donnerons une idée des recherches faites en vue d'obtenir une régularité absolue d'action dans les appareils d'horlogerie, en décrivant l'appareil de M. Vérité, qui a, à juste raison, attiré l'attention publique aux dernières expositions.

ÉCHAPPEMENT LIBRE A FORCE CONSTANTE.

908. L'échappement libre serait évidemment parfait si la force motrice communiquait à chaque oscillation au régulateur une même impulsion parfaitement égale : la résistance qui a lieu sur l'arrêt, la seule variable dans le cas ordinaire, serait elle-même parfaitement constante, la première condition ne pouvant être remplie qu'autant que la force motrice est elle-même constante.

La perfection théorique serait donc réalisée dans un système d'échappement dans lequel l'impulsion imprimée au régulateur serait absolument constante et égale au travail consommé par les résistances, et la résistance sur l'arrêt surmontée par une pièce indépendante du régulateur, dont celui-ci déterminerait seulement le moment d'agir en surmontant une résistance toujours constante.

---

1. Les notes ci-après ont pour but de compléter divers points étudiés dans l'ouvrage et ne traitent plus des rapports de la cinématique et de la géométrie.

Ce problème a été fort ingénieusement résolu par M. Vérité, horloger à Beauvais, à l'aide de poids et de fils qui ne permettent
la variation de distance que dans un sens. Cette disposition n'a
pas, nous croyons, une grande importance pratique, mais elle
mérite d'être étudiée à cause de la délicatesse des considérations
sur lesquelles elle repose. (Nous extrayons cette description du
compte rendu de l'Exposition de 1844 par M. Boquillon, bibliothé-
caire au Conservatoire.)

A est un excentrique monté sur l'axe du dernier mobile de l'horloge, qui porte également un levier ou volant C C' (fig. 876).

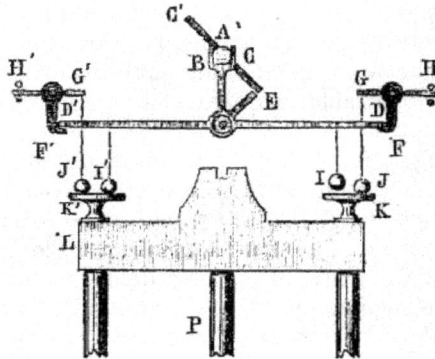

Fig. 876.

Un levier D D' porte, au-dessus de son centre de mouvement, une
fourchette B dont les branches verticales reçoivent l'excentrique A.
Une autre tige oblique E fait corps avec le levier D D', et reçoit
sur son prolongement recourbé à angle droit l'extrémité C ou C' du
levier fixé sur l'axe de l'excentrique A. C'est ce qui produit l'arrêt
du rouage; la direction de la branche E est telle, que la pression
du levier C ou C' soit perpendiculaire au rayon passant par le point
de contact et le centre du levier D D', qui en outre doit être parfaitement équilibré.

A ce levier sont suspendues deux boules J et J' qui doivent donner l'impulsion au pendule.

De chaque côté du levier D D' sont placés deux crochets mobiles
autour d'un axe, et dont l'extrémité inférieure porte deux petits
plans de repos sur lesquels viennent s'appuyer alternativement les
extrémités du levier D D'. Deux boules métalliques I, I', sont suspendues aux bras G G' des leviers G H, G' H' fixés sur les mêmes
axes que les repos F ou F', et dont le bras H ou H', plus lourd que
le bras G ou G', est logé entre deux goupilles qui limitent son
mouvement.

Enfin à l'extrémité supérieure du pendule est une traverse L L,
portant à ses extrémités le plans K, K' sur lesquels reposent alter-

nativement les boules impulsives. Une petite cheville fixée verticalement sur chaque plan pénètre dans les boules I et I' pour les empêcher de faire de trop grandes oscillations latérales.

Voici comment fonctionne cet échappement.

La figure représente la fin de l'oscillation de droite à gauche. Les boules I' et J' sont déjà soulevées par le plan K'; la boule J ne repose plus sur le plan K, et la boule I va cesser de peser sur lui. A ce moment elle entraînera le levier G (maintenu jusque-là par l'excédant du poids de la branche H sur la branche G), dont la descente fera glisser le repos F de dessous l'extrémité D du bras de levier qui porte la boule J. Le poids de cette boule (isolée du pendule à ce moment) abaissera ce bras D et séparera les contacts de la branche oblique E et du bras C. Le rouage n'étant plus arrêté fera tourner l'excentrique A, qui, entraînant la fourchette dans son mouvement de rotation, fera faire la bascule au levier DD', dont le bras D' viendra reposer sur l'arrêt F', au moment où le bras C', ayant fait une demi-révolution, viendra arrêter le rouage en se reposant sur la branche oblique E. Ce renversement du levier DD' aura déterminé la hauteur de la chute de la boule J' dans l'impulsion future de gauche à droite, puisqu'elle descendra plus bas que le point où elle avait été rencontrée, et relevé en même temps la boule J pour préparer l'impulsion future de droite à gauche.

L'oscillation de gauche à droite commençant, bientôt la boule J' cessera de peser sur le pendule, et il ne sera plus soumis à d'autre impulsion qu'à celle de la boule I', qui, à son tour, l'abandonnera pour rester suspendue au bras G'. Son poids fera alors basculer le repos F' qui supportait l'extrémité du bras D'. La boule J', n'étant plus retenue par la résistance de ce repos, fera faire au levier DD' un petit mouvement qui dégagera de nouveau les contacts de la branche oblique E et du bras C'; le rouage marchera, et avec lui l'excentrique A, dont le mouvement fera faire encore la bascule en sens contraire au levier DD', pour le remettre dans la position représentée par la figure, déterminer la hauteur de chute de la boule J pour l'impulsion suivante.

On voit par cette description que l'échappement de M. Vérité remplit complétement les conditions essentielles d'une *échappement à force constante*, et que le pendule est entièrement soustrait aux irrégularités de la force motrice. En effet, la force qui détermine ses impulsions, celle qui, à chaque oscillation, rétablit la vitesse qu'a pu lui faire perdre la résistance de l'air ou les autres résistances qui s'opposent à son mouvement, lui est uniquement appliquée par les boules J et J', qui, bien que chargées de dégager le rouage, ne remplissent cette fonction que quand elles n'ont plus sur le pendule aucune action possible.

Quant à l'action des boules I et I', on comprend que le pendule ayant à les relever de la quantité précise de leur chute, elles opposent exactement la même quantité d'action qu'elles appliquent à l'impulsion; leur action est donc nulle, la vitesse du pendule étant ralentie par elles dans son mouvement d'ascension, de toute celle qu'elles lui ont communiquée dans son mouvement de descente.

Le même raisonnement peut s'appliquer à partir seulement du relèvement des boules J et J' pendant le mouvement ascensionnel du pendule, une portion de la descente de ces boules compensant exactement la vitesse perdue par ce relèvement. La seule force impulsive *réelle* est donc celle due à la hauteur de chute des boules J et J', suspendues au levier D D', qui, changeant de position, fait abaisser les points d'attache, et la longueur du fil étant supposée invariable, ce qui malheureusement n'est pas exact dans la pratique, la force impulsive est rigoureusement constante.

La variation de la force motrice, d'où résultent des variations de pression entre la branche oblique E et le levier C C', ne peut altérer en rien le mouvement du régulateur, ni par suite celui de l'horloge. En effet, lorsque la boule J ou J' produit le dégagement du rouage, elle est assez éloignée du pendule, grâce à l'inertie, pour ne pas pouvoir le rattraper dans la petite chute qu'elles font pour opérer ce dégagement; et elles sont immédiatement remontées par le renversement du levier D D' que l'excentrique A fait aussitôt basculer.

On voit que par cet ingénieux système toutes les conditions de la question sont satisfaites au moins théoriquement par l'emploi de fils qui, ne permettant à l'*action de poids* de se produire qu'à partir d'une certaine limite, soustraient complétement le mouvement du pendule à l'action du moteur.

Note huitième.

SYSTÈMES EMPLOYÉS DANS LES HORLOGES ET LES MONTRES POUR QU'ELLES PUISSENT MARCHER PENDANT QU'ON LES REMONTE.

909. Le poids moteur d'une horloge est enroulé autour d'un cylindre portant une roue dentée qui fait tourner la première roue de l'horloge. Le cylindre porte un rochet qui agit seulement dans le sens de la descente du poids, et qui est libre de tourner quand on élève ce poids, quand on remonte l'horloge. Le mouvement de celle-ci est suspendu pendant cette opération, la force motrice n'agissant plus.

On évite cet inconvénient par la disposition représentée fig. 877. Indépendamment de la roue R que le poids fait tourner ainsi que nous venons de l'indiquer, on a une roue à rochet R' montée sur un autre axe. Une corde sans fin s'enroule sur deux cylindres respectivement, concentriques à ces roues, en passant sur les gorges de deux poulies mobiles. A la première est suspendu le poids moteur P, et à la deuxième un petit poids P′ destiné seulement à tendre les cordons n et $n′$ (qui font plusieurs tours sur chacun des cylindres).

Quand le poids P descend, il fait tourner la roue R, et l'horloge marche. Quand il arrive au bas de sa course, le poids P′ est au haut de la sienne. Pour remonter l'horloge, on fait tourner la roue à rochet R′ dans le sens indiqué par la flèche; le cordon m s'enroule et le poids P remonte tandis que P′ descend. Pendant cette opération, le poids P agit toujours sur le cylindre R pour le faire tourner, de sorte que la marche de l'horloge n'est pas suspendue.

910. *Montres.* — Pour remonter les montres, on tourne à l'aide d'une clef carrée la fusée afin d'enrouler la chaîne tendue par l'action du ressort enfermé dans le barillet. La fusée n'est assemblée avec la roue d'engrenage qui lui est concentrique que par une roue à rochet qui ne les rend solidaires que dans le sens du déroulement de la chaîne, mais non dans le sens de l'enroulement. Par suite, pendant le remontage, le mouvement est arrêté. On obvie à cet inconvénient par la disposition représentée sur la figure 878.

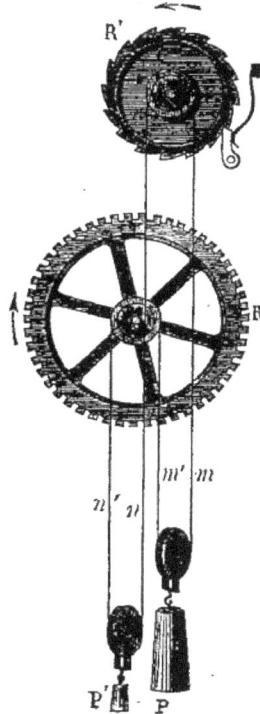

Fig. 877.

Fig. 878.

A la fusée est fixée une première roue à rochet R qui tourne avec elle dans l'un et l'autre sens. Cette roue, à l'aide d'un arrêt, entraîne une deuxième roue à rochet concentrique R′ (qui est sou-

mise à l'action d'un arrêt disposé inversement de celui de la
roue R), mais seulement quand la montre marche et non quand
on la remonte, auquel cas cette deuxième roue reste fixe. Cette
deuxième roue, quand elle tourne, fait tourner avec elle une troisième concentrique et dentée R'', laquelle est la première du
rouage. A cet effet, cette troisième roue, qui est superposée à la
deuxième, porte dans une rainure pratiquée dans son épaisseur
un ressort ab fixé à cette troisième roue par une de ses extrémités a, et dont l'autre extrémité b reste libre et porte une goupille saillante qui pénètre dans la deuxième roue. Quand cette
deuxième roue tourne par le mouvement régulier de la fusée, elle
tend le ressort et fait tourner la roue dentée; quand la seconde
roue à rochet ne tourne plus, ce qui a lieu quand on remonte la
montre, le ressort fait effort pour se détendre, et comme sa goupille b est engagée dans la roue R' qui ne peut tourner dans le
sens convenable, cet effort fait tourner la roue dentée R'', de sorte
que son mouvement n'est pas interrompu. Cette action de ressort
n'a lieu que pendant un temps assez court, mais suffisant pour le
remontage de la montre.

Note neuvième.

RECHERCHES DE M. TCHEBYCHEFF, SUR LES SYSTÈMES ARTICULÉS.

911. Les recherches de M. Tchebycheff, entreprises en vue d'étudier le parallélogramme de Watt, sont extrêmement remarquables,
non-seulement par leurs résultats, mais comme méthode générale
d'application pratique. Il a été conduit en effet par ses travaux à
ce résultat général, *qu'il est possible de faire décrire au point P,
avec une approximation déterminée et maxima, non-seulement une
portion de ligne droite, mais une portion
d'une courbe quelconque.* C'est ce qu'il a
réalisé, par exemple, en faisant décrire
au point B une courbe qui s'approche
le plus d'une cycloïde (pendule isochrone).

Le parallélogramme dont il a calculé
tous les éléments pour cette application
(fig. 879), est composé de deux manivelles CA et OB et d'une bielle AB dont
le point P est le point parallèle. On

Fig. 879.

peut calculer les longueurs c, r, r', a, et L (longueur de l'excursion
de ce point), de manière qu'il décrive une courbe qui, entre
des limites données, se rapproche le plus d'une ligne droite, et
même d'un arc de courbe quelconque.

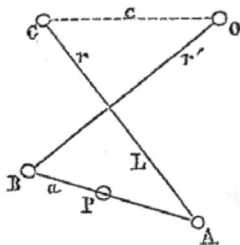

Nous reproduirons, pour donner une idée de cette méthode, un résumé fort bien fait que nous trouvons dans un intéressant ouvrage, publié en Belgique et ayant pour titre : *Programme d'un cours de mécanique appliquée*, par M. Dwelshauvers-Dery. (Mons, 1876.)

MÉTHODE DE TCHEBYCHEFF.

912. Le mécanisme complexe que nous considérons est composé de m barres rigides reliées deux à deux par n articulations pivotantes. Nous supposons qu'il y a N points fixes par rapport au bâti, points autour desquels N barres peuvent pivoter à l'une de leurs extrémités.

Ayant choisi les axes de coordonées dans le plan de la figure, la position de chaque barre sera déterminée par trois grandeurs, les deux coordonnées d'un de ses points extrêmes et l'inclinaison de la barre sur l'axe des abscisses. En tout $3\,m$ grandeurs variables.

Les extrémités des barres étant toutes articulées deux à deux, ont deux à deux, aux points d'articulation, les mêmes coordonnées ; d'où résultent, entre ces $3\,m$ grandeurs, $2\,(n+\mathrm{N})$ équations.

On en conclut que le nombre des variables indépendantes est

$$3\,m - 2\,(n+\mathrm{N}).$$

Si l'on veut que l'un des points de l'une de ces barres décrive une courbe déterminée, il ne reste qu'une seule variable indépendante, et par suite,

$$3\,m - 2\,(n+\mathrm{N}) = 1. \qquad (1)$$

Le système considéré ne peut pas se mouvoir en entier librement, dans le plan. Donc N est > 0.

Toutes les lignes qui le composent, devant être reliées entre elles, le nombre n des articulations doit être plus grand que $m-2$, attendu, que $m-2$ articulations ne peuvent suffire à relier deux à deux m barres. Donc

$$n \text{ est} > m - 2.$$

De cette inégalité combinée avec l'équation (1), on déduit :

$$3\,m - 2\,\mathrm{N} - 2\,(m-2) > 1,$$

d'où
$$\mathrm{N} < \frac{m+3}{2}. \qquad (2)$$

Considérons l'équation (1) comme indéterminée et ne pouvant se rapporter qu'à des valeurs entières et positives des variables m et $\mathrm{N}+n$; nous avons les solutions :

$$\begin{aligned}
m &= 1 \quad \text{avec} \quad n+\mathrm{N} = 1, \\
m &= 3 \quad - \quad n+\mathrm{N} = 4, \\
m &= 5 \quad - \quad n+\mathrm{N} = 7.
\end{aligned}$$

I. A cause des inégalités (2), la première solution $m = 1$, conduit à $N = 1$, et le système est réduit à une manivelle, tournant autour d'un point fixe et dont l'extrémité décrit un arc de cercle, qui peut remplacer une ligne droite avec une approximation du second degré.

II. La deuxième solution, $m = 3$ avec $m + N = 4$, doit se combiner avec $N < \dfrac{3+3}{2}$ ou $N < 3$, ce qui fournit deux solutions,

$$N = 1 \text{ et } N = 2,$$

auxquelles correspondent respectivement

$$n = 3 \text{ et } n = 2.$$

La solution $m = 3$, $n = 3$, $N = 1$, représente un triangle, tournant autour d'un point situé sur l'un de ses côtés. Chacun de ces points décrit donc un arc de cercle et l'approximation à la ligne droite est par conséquent du deuxième degré.

La solution $m = 3$, $n = 2$, $N = 2$, conduit au système de deux manivelles réunies par une bielle. C'est le plus simple de ceux qui donnent une approximation supérieure au second degré. Pour le parallélogramme simple de Watt et celui d'Evans, l'approximation est du cinquième degré ; pour celui de Tchebycheff, du sixième.

III. La troisième solution, $m = 5$ avec $n + N = 7$ et $N < \dfrac{5+3}{2} < 4$

fournit　　　　　$m = 5$　　$N = 1$　　$n = 6$,

$m = 5$　　$N = 2$　　$n = 5$,

$m = 5$　　$N = 3$　　$n = 4$.

Dans le premier cas, cinq barres reliées par six articulations, pivotent en formant un pentagone indéformable, autour d'un point d'un des côtés. Tous les points décrivent donc des arcs de cercle.

Dans le deuxième cas, il n'y a que deux manivelles tournant autour de points fixes, et trois barres qui y sont articulées. Tel est le parallélogramme de Watt, exact jusqu'au cinquième degré. Tels sont aussi les deux systèmes, imaginés par Tchebycheff et qui fournissent, le premier, appelé parallélogramme variable de Watt, une approximation du septième degré ; le second, du sixième degré (fig. 880). Pour obtenir ce degré d'approximation, il faut déterminer les dimensions des barres comme il suit :

Les points fixes étant C et O, soient $CB = 1$, $GF = f$, $BF = h$, ces trois longueurs étant arbitraires ; alors

$$ED = \frac{(1-f)f^2}{1-2f^2}, \quad CD = \frac{(1-f)(1-f^2)}{1-2f^2}.$$

$$OE = h\frac{(1-f)^2(1+f)}{1-f-f^2}, \quad OG = h\frac{f^3}{1-f-f^2}, \quad PB = h\frac{1-f-f^2}{f(1-f)}.$$

Le point O est choisi de telle façon, que dans la position

moyenne du parallélogramme, la droite D E se trouve sur la direction de C B et le pentagone G E D B F est réduit à un rectangle.

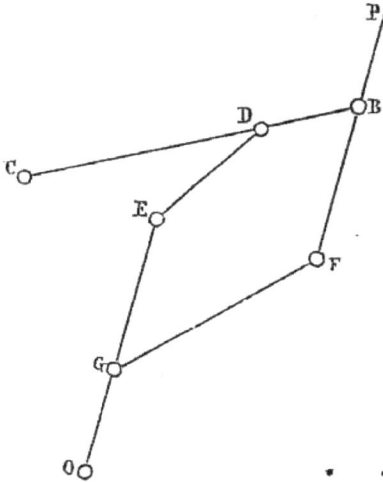

Fig 860.

Dans le troisième cas, on obtient des parallélogrammes remarquables surtout par leur précision. On a

$$m = 3,\ n = 4,\ N = 3.$$

Il y a donc trois manivelles, dont deux sont reliées directement
par une bielle. Ces trois dernières pièces formeront pour nous le
premier mécanisme du parallélogramme ; et nous appellerons *second
mécanisme*, l'ensemble des deux autres pièces, c'est-à-dire la troisième manivelle avec la bielle qui la relie au premier mécanisme.

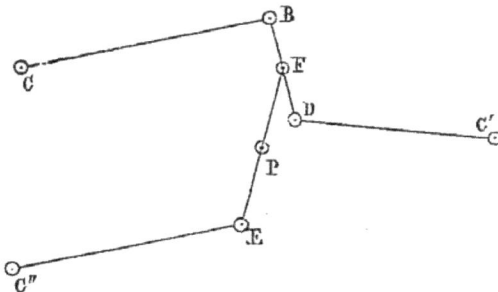

Fig. 881.

Le premier mécanisme du système, présenté par Tchebycheff en
1867, est un parallélogramme simple de Watt C B F D C' (fig. 881).

Le second mécanisme se compose de la manivelle C″E et de la bielle EF dont le point parallèle est P.

L'ensemble est composé de telle façon que, dans la position moyenne, les trois manivelles sont parallèles, et les deux bielles perpendiculaires aux manivelles, se projettent l'une sur l'autre. L'approximation est du huitième degré, si les trois manivelles sont égales et si l'on a choisi la position du point P, de manière que

$$\mathrm{P\,F} = \frac{\mathrm{BF}^2 - \mathrm{DF}^2}{4\,\mathrm{DF}} \quad \text{et} \quad \mathrm{PE} = \frac{(\mathrm{B\,F} - \mathrm{D\,F})^2}{4\,\mathrm{DF}}.$$

Suivant les dispositions que l'on adopte pour les deux mécanismes composants, on peut varier à l'infini la figure de ce parallélogramme et les difficultés de son étude. Tchebycheff a démontré que : 1° *si la manivelle du second mécanisme est égale à la moitié de la bielle et articulée au point milieu de celle-ci ; 2° si l'une des extrémités de cette bielle est reliée à la première partie et si l'autre est le point parallèle ; 3° enfin, si le point parallèle dans sa position moyenne coïncide avec le centre de rotation de la manivelle du second mécanisme; dans ces conditions, si l'approximation donnée par le premier mécanisme est du degré δ, celle de l'ensemble sera du degré 2δ + 1.*

EXEMPLE. Dans la figure 882, le premier mécanisme C′B′B″C″, est

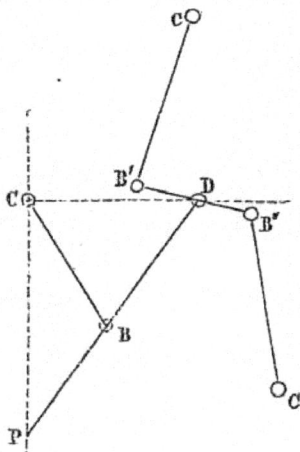

Fig. 882.

un simple parallélogramme de Watt, donnant pour le point D une approximation du cinquième degré. Le second mécanisme CB, DP, celui d'Evans, remplit les fonctions susdites. L'approximation est du onzième degré.

Dans la fig. 883, le premier mécanisme est celui de Tchebycheff, donnant une approximation du sixième degré. Le second est encore celui d'Evans. L'approximation est du treizième degré.

En ajoutant encore une manivelle et une bielle à ce dernier, aux conditions susdites, on obtiendrait le vingt-septième degré d'ap-

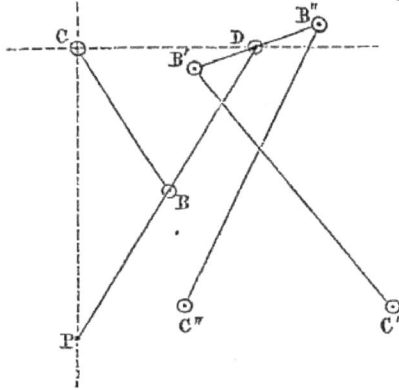

Fig. 883.

proximation. Poursuivant, on obtiendrait le cinquante-cinquième.

Il n'y a pas de limite, théoriquement, c'est-à-dire en ne tenant pas compte de la complication et de la multiplicité des pièces.

On peut disposer les pièces du mécanisme représenté fig. 883, de manière à faire décrire à la manivelle CB un TOUR ENTIER et

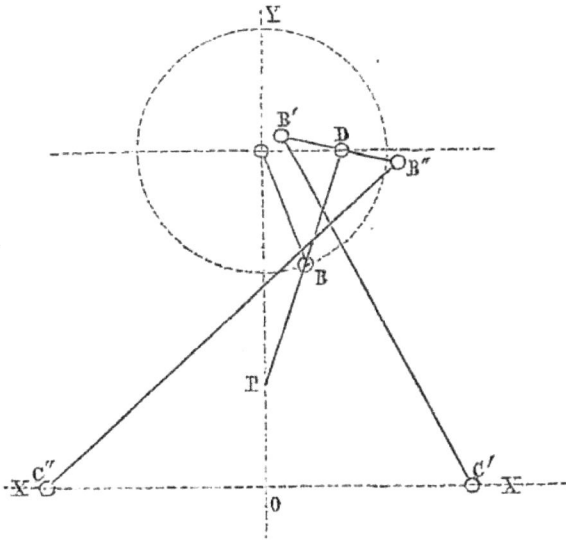

Fig. 884.

alors le point P décrira une portion de ligne assez grande; mais le treizième degré d'approximation pour une petite ligne, promet pour une grande, une approximation amplement suffisante pour les applications. Le système auquel on arrive, est représenté fig. 884 et il satisfait aux conditions suivantes :

Les centres c' et c'', sont placés symétriquement, par rapport à la droite décrite par le point parallèle P et passant par le centre de rotation C. Les manivelles $C'B'$, $C'B''$ sont égales.

Prenons leur longueur pour unité ; et soient $a = B'B''$; $b = c'c''$;

$$2\,PD = L = \text{course du point P} ; \quad CB = PB = BD = \frac{PD}{2} = \frac{L}{4}.$$

Dans la position moyenne, le point D, milieu de la bielle $B'B''$ coïncide avec le centre C. Lorsque le point parallèle P passe par la position moyenne C, la bielle PD est sur l'horizontale passant par le point C, à droite et à gauche de la verticale CO et alors le premier mécanisme se trouve dans l'une ses positions extrêmes et la bielle $B'B''$ fait avec l'axe horizontal des x un angle dont nous appelons s le sinus-verse. Les différentes dimensions seront données par les expressions suivantes :

$$a = \frac{1}{\sqrt{8 - 3\,s + \frac{15}{64}s^2 + (8 - s)\sqrt{1 - \frac{s}{2} + \frac{3}{64}s^2}}} \tag{3}$$

$$b = \frac{\sqrt{4 - 2\,s + \frac{3}{16}s^2}}{\sqrt{8 - 3\,s + \frac{15}{65}s^2 + (8 - s)\sqrt{1 - \frac{s}{2} + \frac{3}{64}s^2}}} \tag{4}$$

Faisant $\qquad p = \dfrac{b}{a} \qquad q = \dfrac{4 - (a + b)^2}{2\,a\,b} \tag{5}$

on a :

$$L = a\,\sqrt{\frac{(q + s)\,s\,(2 - s)}{\frac{(p + 1)^2}{2\,p} - s}}. \tag{6}$$

Avec ces dimensions, le pont P ne s'écarte de la droite verticale que d'une quantité inférieure à

$$\frac{a\,s^3}{128}\,\sqrt{M} \tag{7}$$

expression dans laquelle M a la valeur maxima que puissent prendre les fractions suivantes, lorsqu'on y fait varier x de zéro à s :

$$\frac{2\,p\,s + q + \frac{L^2}{a^2} - 2\,p\,x - x^2}{(p + 1 - x)^2\,(q + x)^2\left[\frac{(p + 1)^2}{2\,p} - x\right](2 - x)}$$

$$\frac{2\,p\,s + q + \frac{L^2}{a^2} - 2\,p\,x - x^2}{2\,p\,q\,(q + x)\left[\frac{(p + 1)^2}{2\,p} - x\right](2 - x)}.$$

Comme application de ces formules, prenons le cas où $s = 1$, nous aurons :

$$a = 0,30992,$$
$$b = 0,76831,$$
$$p = 2,47902,$$
$$q = 5,95804,$$
$$L = 0,68099,$$

$$PB = BD = BC = 0,17025$$

La plus grande valeur de M correspond à $x = 1$ et est

$$M = 0,0231.$$

Par suite, l'écart maximum

$$\frac{a\,s^2}{128}\sqrt{M} = 0,00038.$$

Ce qui ne fait pas 0,00051 de la course $L = 0,68099$, tandis que dans le parallélogramme de Watt, l'écart maximum dépasse 0,0006 L.

En réduisant la valeur de s, celle de l'écart maximum diminue également. Ainsi, $s = 0,8$ donne :

$$a = 0,29533 \,; b = 0,76415 \,; L = 0,59675 \,;$$

$$\text{écart} = 0,00014.$$

$s = \dfrac{2}{3}$, donne :

$$a = 0,28648 \,; b = 0,76175 \,; L = 0,53716 \,;$$

$$\text{écart} = 0,00007.$$

COURBES QUELCONQUES.

Quant à la question de déterminer les dimensions des paramètres, de manière à faire approcher le plus possible la trajectoire du point P d'un arc de courbe donnée, autre qu'une ligne droite, elle est complétement résolue dans le mémoire de Tchebycheff. C'est une question de mathématiques pures. M. J. Bertrand en a donné un résumé clair et précis dans son *Traité de calcul intégral*. Tome 2.

Note dixième.

DES MODES D'ENTRELACEMENT DES FILS USITÉS DANS LA FABRICATION DES ÉTOFFES.

913. Nous donnerons ici quelques détails sur les applications principales des principes de tissage que nous avons décrits dans le livre VIe et qui feront apprécier les difficultés surmontées dans la fabrication des étoffes et l'intérêt des questions de géométrie de position qui s'y rattachent.

Remettage et armures. — La chaîne étant enroulée et disposée convenablement sur un cylindre ensouple du métier à tisser, il s'agit d'établir la communication entre tous les fils et les leviers qui doivent les faire mouvoir, ce qui a lieu, comme nous l'avons vu, par l'entremise des *lisses* ou *lames*. L'opération qui a pour but de faire passer les fils dans celles-ci, et de leur faire occuper les places convenables pour pouvoir effectuer des croisements déterminés entre eux, se nomme *remettage*.

Il faut au moins deux lisses pour faire l'étoffe la plus simple, et ce nombre va en augmentant à mesure que l'on veut obtenir des dessins plus compliqués par l'entrelacement des fils.

La réunion de lisses nécessaires à produire un effet déterminé est désignée sous le nom de *remise*.

Le nombre des lisses est toujours infiniment moindre que celui des fils d'une chaîne : chacune d'elles en reçoit par conséquent une assez grande quantité de fils qui est généralement égale pour chaque lisse. Elle peut cependant varier dans certains cas, comme on le verra plus loin.

Après le remettage, il faut établir la communication entre les lisses et les leviers ou marches qui doivent leur transmettre le mouvement. Lorsqu'il y a plus de deux lisses, on peut les faire mouvoir dans autant d'ordres différents que l'on peut obtenir de permutations avec un nombre égal à celui des lisses, mais les effets de croisement différents qui en résultent sont assez limités et peuvent être déterminés *à priori*.

Les relations des lames avec les marches ont reçu le nom d'*armures*. Ce nom est également réservé aux entrelacements des fils qui en sont la conséquence.

914. *Armures fond de toile ou taffetas.* — De tous les tissus, les plus simples sont les toiles et la batiste pour le chanvre et le lin; la mousseline et les cotonnades en général pour le coton; le drap

Fig. 885.

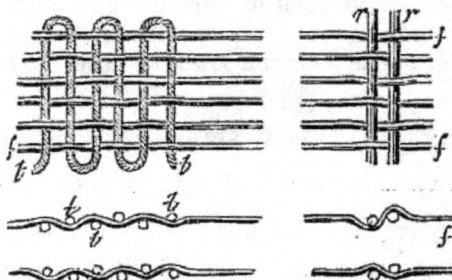

Fig. 886.

ordinaire pour la laine; le taffetas pour la soie. Le tissage de toutes ces étoffes est exécuté absolument de la même manière.

Il n'y a de différence entre elles que dans la nature et la finesse des fils, et par conséquent dans leur quantité. Si on examine ces tissus à la loupe, si on les défile, on s'apercevra facilement qu'ils présentent les croisements indiqués dans les fig. 885 et 886. La fig. 885 donne l'aspect de la surface de l'étoffe; on a représenté les fils ff de la chaîne, et les fils tt de la trame écartés entre eux pour les faire mieux distinguer. On voit (fig. 886) les deux positions relatives après deux coups de battant successifs; rr représentent les deux baguettes d'envergure qui divisent les fils de la chaîne en deux parties égales.

La fig. 887 donne la disposition du remettage et de l'armure qui doivent être adoptés dans ce cas.

Pour indiquer le premier, on trace autant de lignes horizontales ll qu'on doit employer de lisses, et autant de lignes verticales ff qu'il faut de fils pour le genre de croisements que l'on veut obtenir avant de revenir à la première lisse. Le nombre de

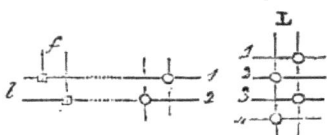

Fig. 887.   Fig. 888.

fils nécessaire pour exécuter le tracé d'un remettage est ce qu'on nomme un *cours* ou une *course;* pour le cas dont il s'agit, la course se réduit à deux fils; si donc on avait dans la chaîne un nombre considérable de fils ll, le tracé du remettage indiquerait que tous les fils pairs doivent être passés dans les mailles d'une lisse, et les fils impairs dans celles de l'autre.

Pour l'armure taffetas, ou fond de toile dont nous nous occupons, chaque lisse a par conséquent sa marche; il suffit donc d'appuyer sur l'une ou l'autre pour entraîner la lisse correspondante et les fils qu'elle porte.

Ordinairement on réunit les deux lisses par une corde, comme il a été dit art. 796.

Lorsqu'une chaîne contient une très-grande quantité de fils, comme par exemple, pour certains taffetas, au lieu d'employer deux lisses, on en emploie quatre, afin que chacune ne porte que le quart des fils et que le mouvement soit allégé. Cette division entre un plus grand nombre de lisses donne plus de facilité pour arriver à une tissure régulière. Le remettage, dans ce cas, s'exécute comme l'indique la fig. 888; 1, 2, 3, 4, sont les lisses, et L L les marches. La course de remettage est alors de quatre fils, et chaque marche L fait mouvoir deux lisses; 1 et 3 se meuvent ensemble dans un sens, pendant que 2 et 4 se meuvent dans le sens opposé, car les lisses sont attachées deux à deux à une même corde comme les précédentes, et leur mouvement a lieu de la même manière.

Il est évident que pour ce genre de tissus, deux passages successifs de la trame suffisent pour que tous les fils de la chaîne aient été couverts et découverts de la même manière sur la largeur qu'elle embrasse; il s'ensuit aussi que le tissu présente identiquement le même aspect des deux côtés, qu'il est par conséquent sans envers.

915. *Armure Batavia ou croisée.* — Avec deux lisses il est impossible d'obtenir une autre croisure que celle que nous venons d'indiquer. Lorsqu'on voudra produire des aspects plus compliqués, il faudra nécessairement en augmenter le nombre. Nous venons de démontrer qu'avec quatre lisses on pouvait produire l'armure fond de toile; nous allons voir qu'avec le même nombre de lisses, le même remettage et une modification dans le mouvement des lisses, on parvient à obtenir une croisure différente et un effet nouveau. Au lieu de faire mouvoir les deux paires de lisses alternativement, on fait mouvoir les quatre lisses de manière que chacune se meuve deux fois de suite : une fois avec la lisse qui la précède et une fois avec celle qui la suit. Cette combinaison du mouvement des lisses produit l'armure connue sous le nom d'armure *croisée* ou *Batavia*; toutes les étoffes croisées sont tissées avec celle-ci que nous allons expliquer en détail.

La fig. 889 indique la disposition des fils dans le tissu. On

Fig. 889.

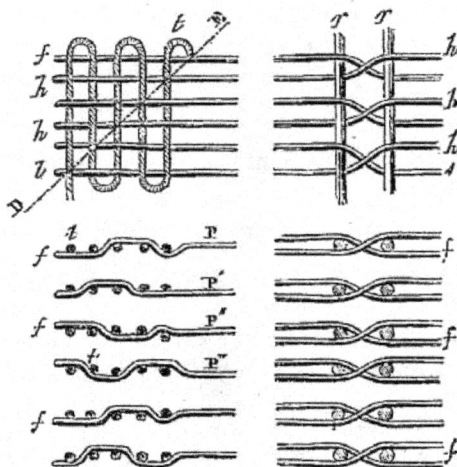

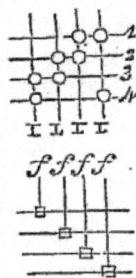

Fig. 891.

Fig. 892.

Fig. 890.

remarque que les baguettes d'envergure *rr* de la chaîne sont passées de manière à séparer par moitié les fils en les croisant. Les coupes de la fig. 890 montrent comment sont disposés les fils de la trame, par rapport à ceux de la chaîne, après chaque mouvement. La fig. 890 donne l'ordre du remettage, et la fig. 891 la disposition de l'armure, c'est-a-dire l'ordre dans lequel les marches doivent soulever les lisses. Quand le remettage a été exécuté comme l'indique la fig. 892, c'est-à-dire quand on a passé successivement chaque fil de la chaîne dans les lisses 1, 2, 3, 4, qu'on a répété cette opération un nombre de fois égal à celui des fils de la chaîne divisé par 4, chacune d'elles est chargée d'un même nombre de fils, et leur mouvement doit être exécuté d'après les indications de

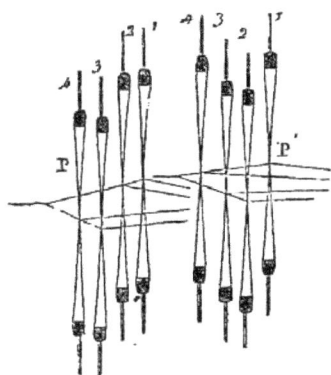 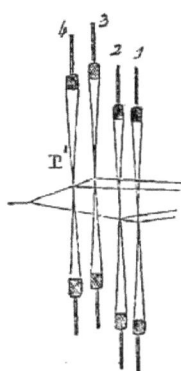 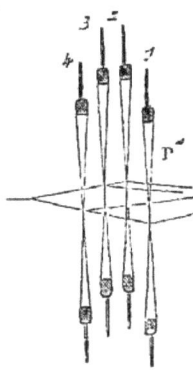

Fig. 893.   Fig. 894.   Fig. 895.   Fig. 896.

la figure 891, dans laquelle L, L, indiquent les quatre marches, et les chiffres 1, 2, 3, 4, les quatre lisses. Les fig. 893, 894, 895 et 896 montrent comment le mouvement des lisses s'opère, et donnent les coupes correspondantes aux croisements opérés par les quatre positions P P' P'' P''' de l'armure que nous venons d'indiquer, et fait voir facilement les quatre mouvements différents de l'armure. Nous allons les indiquer dans un tableau.

Positions des lisses :

Dans les mouvements.	Lisses levées.	Lisses baissées.
P	2 et 1	4 et 3
P'	1 » 4	3 » 2
P''	4 » 3	2 » 1
P'''	3 » 2	1 » 4

Il résulte de ces positions combinées du remettage que les croisements affectent une direction diagonale (fig. 889). C'est la succession de ces diagonales qui produit dans les tissus croisés les sillons parallèles qui les caractérisent. Ceux-ci peuvent être plus ou moins sensibles et diversifiés suivant que la grosseur des fils varie ou que les entrelacements s'exécutent en les reculant d'un ou de plusieurs à chaque mouvement, et suivant qu'on fait usage de fils ordinaires ou de fils ayant reçu une torsion spéciale.

916. *Armure sergée.* — Si au lieu de quatre lisses on n'en emploie que trois, correspondant chacune à une marche, pouvant se mouvoir isolément, on produira encore un tissu croisé; il suffira pour cela de faire prendre à ces marches successivement les positions représentées par la figure 898. Les effets des croisements à chaque

Fig. 897.

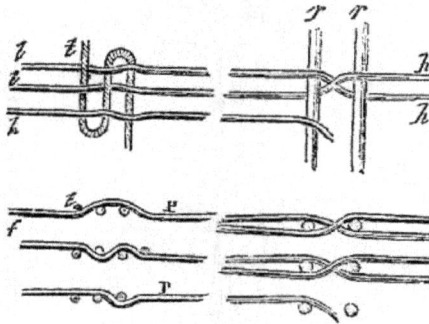

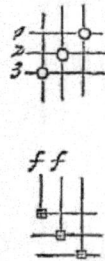

Fig. 899.

Fig. 898.

Fig. 900.

duite sont figurés en P P' P″ (fig. 901, 902 et 903), et la fig. 897 montre l'entrelacement que les fils offrent à la surface des tissus. Cette armure a reçu le nom d'*armure sergée*. Elle se reconnaît par des sillons plus petits et plus serrés que ceux de la précédente. Les étoffes sergées sont très-solides, puisque les liaisons ont lieu fil à fil; aussi les emploie-t-on surtout pour les tissus communs qui doivent offrir une grande résistance.

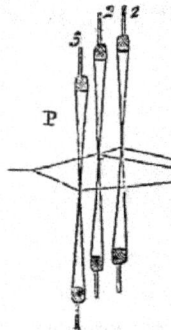

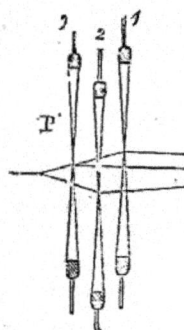

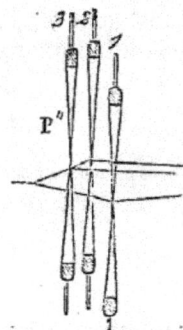

Fig. 901.   Fig. 902.   Fig. 903.

917. *Armure satin.* — En procédant comme précédemment, lorsque, au lieu d'opérer avec trois lisses, on agit avec un plus

grand nombre, on obtient l'*armure satin*. On ne fait guère de satin avec moins de cinq lisses, et cette quantité va en augmentant avec la richesse et le brillant que l'on veut donner aux tissus; on fait des satins de 5, de 7, de 8, de 12 et de 16 lisses; on dépasse rarement ce nombre. Nous donnons l'exemple d'un satin de cinq lames; la fig. 904 indique son remettage, qui est toujours suivi à la course; la fig. 905 représente le tracé de son armure. Les fig. 906

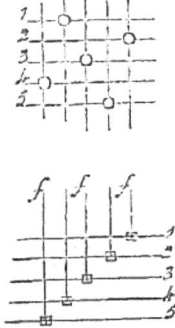

Fig. 904.

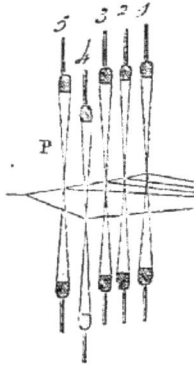

P

Fig. 905.

Fig. 906.

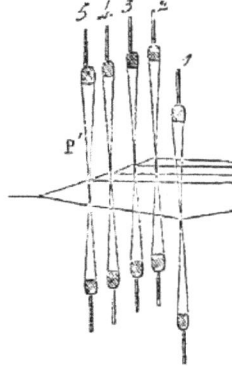

P'

Fig. 907.

à 910 donnent les différentes positions des lisses qui résultent de chaque mouvement de marche. La fig. 911 fait voir les croisements des fils de la trame et de la chaîne correspondant aux cinq positions

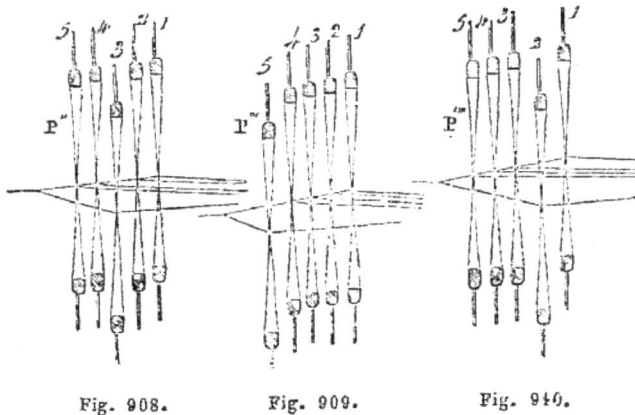

P''

Fig. 908.

P'''

Fig. 909.

P''''

Fig. 910.

P, P', P'', P''', P''''. Enfin, la fig. 911 indique l'aspect que présentent les fils à la surface du tissu. Une armure satin d'un plus grand nombre de lisses ne serait pas plus difficile à comprendre. L'inspection des coupes de la fig. 911 démontre que dans ce genre de tissu ce sont les fils *tt* de la trame qui sont le plus en évidence; or, ceux-ci sont toujours moins tordus que ceux de la chaîne. Les premiers réfléchissent par conséquent davantage la lumière, et sont plus brillants ; c'est ce qui explique la cause de l'apparence qu'offrent ces variétés en général. Ils sont en effet d'autant plus éclatants qu'ils ont été produits avec le concours d'un plus grand nombre de lisses, puisque alors la quantité de trame devient de

Fig. 911.

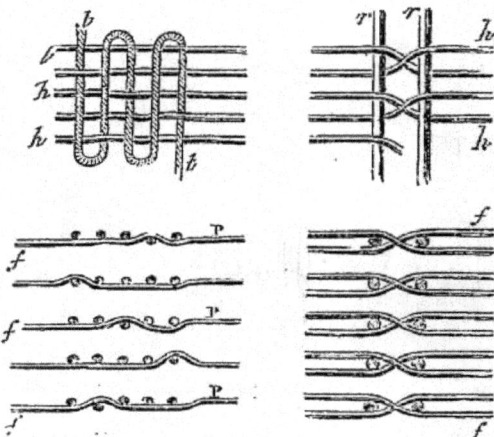

Fig. 912.

plus en plus dominante, et le nombre des contournements, des solutions de continuité des liaisons diminue. Les satins sont dits, dans ce cas, à *effet de trame* ; si, au contraire, les rôles sont renversés, c'est-à-dire si le mouvement des lisses était tel que celles qui levaient restassent baissées, et *vice versa*, on aurait un satin à effet de chaîne.

Toutes les variétés de croisements ou d'armures obtenues par des lisses seulement peuvent être ramenées aux quatre fondamentales que nous venons de décrire. Nous devons cependant dire quelques mots des effets divers qu'on parvient à réaliser en variant le remettage. Dans celui qui a été donné, on se borne à passer successivement les fils les uns après les autres dans les lisses, suivant l'ordre de leur position, en commençant à gauche de l'ouvrier, par celle qui s'en trouve le plus éloignée, et en finissant par celle qui est le plus rapprochée : c'est ce qui lui a fait donner le nom de *remettage suivi*. On sait qu'après une course on commence de nouveau par la première lisse, et on continue dans le même ordre que précédemment.

918. *Remèttage suivi à retour.* — Au lieu de suivre la marche que nous venons d'expliquer, on peut faire le remettage dans un ordre différent. Soient 1, 2, 3, 4, les lisses d'une armure ou d'une remise ;

fff les fils à remettre; après avoir passé ceux-ci successivement dans les lisses 1, 2, 3, 4, au lieu de recommencer la seconde course par celle 1, comme pour le précédent, on la recommence au contraire par celle 3, puis celle 2, pour revenir à la première. C'est de cette marche rétrograde régulière qu'est venu le nom de remettage *suivi à retour*; par cette modification on peut obtenir de petits dessins à *chevrons*. Le mode d'opérer varie surtout pour les fils destinés à former des tissus façonnés, lorsqu'on a des dessins compliqués à produire.

919. *Remettage interrompu.* — Souvent le passage des fils ne peut avoir lieu qu'irrégulièrement, de manière que les quantités pour chaque lisse ,varient. Tous les remettages de ce genre sont des *remettages interrompus.*

Dans les armures que nous venons de décrire, les lisses sont destinées à concourir à la production d'un même effet; elle se meuvent dans un ordre déterminé qui est constamment répété. Il n'en est pas toujours ainsi.

Remettage par deux ou plusieurs remises. — Il y a trois cas principaux dans lesquels les tissus exigent plusieurs remises : 1° lorsque la chaîne contient une quantité considérable de fils, on les partage en plusieurs remises pour faciliter leur mouvement; 2° lorsqu'on veut produire des étoffes doubles ou à poils, il est nécessaire d'employer deux chaînes, l'une servant à la manœuvre des fils de fond, et l'autre à celle des fils du poil; 3° lorsqu'un dessin présente certains effets compliqués, chaque remise en produit une partie. Ce remettage a été désigné sous le nom de *remettage* sur *deux* ou plusieurs *remises*. Lorsqu'il a lieu par parties avec des maillons, on l'appelle *remettage à plusieurs corps.*

Nous renverrons à l'ouvrage de M. Alcan, auquel tout ceci est emprunté pour la description des moyens employés pour produire les étoffes à poil, dont les velours offrent un si beau type par l'emploi d'une double chaîne, l'une d'elles étant coupée entre chaque couple de fils de trame.

CLASSIFICATION DES TISSUS.

920. M. Alcan s'est proposé de classer les tissus en raison des éléments divers du tissage. Bien que faite surtout au point de vue de la pratique industrielle, elle offre assez d'intérêt pour que nous devions en donner ici une idée.

Nous empruntons encore à cet auteur ce qui suit.

Les différences entre les tissus les plus simples et les plus compliqués d'un même type sont déterminées :

1° Par le nombre de séries ou systèmes de fils opposés, c'est-à-dire par le nombre de *chaînes* ou de *trames* superposées. Les tissus simples comme la toile n'en comportent que deux, une dans chaque direction; il en faut trois au moins pour le velours uni, et un plus grand nombre pour les velours façonnés, les châles façonnés, etc. La superposition des fils a lieu tantôt dans un sens, tantôt dans l'autre, et tantôt dans les deux simultanément;

2° Par le mode et le nombre des suspensions propres à la subdivision des fils du système longitudinal, autrement dit par le nombre des lisses et des maillons de la chaîne. Deux suspensions suffisent dans les cas simples; le tissage des grands dessins en exige souvent deux mille. Toutes choses égales d'ailleurs, les complications des effets et la finesse des contours sont en raison du nombre de ces subdivisions, que je nomme *faisceaux*;

3° Par le nombre d'abaissements et de soulèvements nécessaires pour produire un résultat déterminé. Deux de ces actions suffisent à l'exécution de la plupart des étoffes unies; deux cent mille sont parfois nécessaires pour obtenir certains effets façonnés. Le nombre de ces actions est proportionnel à celui des marches dans les étoffes unies et à celui des cartons dans les étoffes façonnées. Je nomme *mouvements* ces abaissements et soulèvements des fils;

4° Certaines étoffes simples en apparence sont profondément modifiées par des apprêts particuliers qui leur donnent un caractère spécial et une solidité indépendante du tissage. Les draps lisses, tous les tissus lainés ou drapés sont dans ce cas. Pour d'autres spécialités, telles que certains tapis de laine et tissus chinés, les apprêts sont appliqués sur les fils avant le tissage : les *apprêts*; donnant à l'étoffe un caractère tranché et une valeur plus grande, puisqu'ils y ajoutent des qualités nouvelles, doivent être également considérés comme constitutifs et entrer comme tels dans la notation dont je vais dire quelques mots.

921. *Notation spéciale embrassant l'ensemble des éléments qui déterminent chaque espèce d'étoffes.* — Cette notation doit comprendre :

1° Le nombre de chaînes et le nombre de trames continues ou partielles, c'est-à-dire courant d'une lisière à une autre ou employées seulement de place en place;

2° La quantité de lisses ou de maillons que j'ai nommés *faisceaux*;

3° Le nombre de mouvements imprimés à ces faisceaux pour réaliser un effet déterminé;

4° Elle doit contenir en outre un terme qui indique au besoin l'intervention des apprêts, en même temps qu'il fera connaître si cet apprêt a été appliqué aux fils antérieurement au tissage ou bien sur l'étoffe postérieurement à cette dernière opération;

Les données précédentes suffisent pour faire apprécier la valeur relative d'un tissu et lui assigner un rang dans l'échelle des produits de sa classe;

5° Un terme donnant la réduction ou nombre de fils par unité de surface en constatera la valeur absolue.

J'appellerai donc :

C la chaîne;

T la trame continue; '

t la trame partielle,

F Un faisceau;

M un mouvement;

A l'apprêt (sa place indiquera si c'est sur les fils avant le tissage ou sur l'étoffe après le tissage qu'il a été appliqué);

R la réduction par centimètre carré;

Ces éléments de notation s'appliquent à chacun des genres. Nous nous bornerons ici à deux exemples.

922. *Tissus de la première classe.*— Ce genre comprend les étoffes *à deux systèmes (une chaine et une trame) rectilignes continus, s'entrelaçant à angle droit, et dont les entrelacements ne peuvent former que des figures déterminées par des lignes droites d'une grandeur sensible.*

Les combinaisons pratiques connues sous la nom d'*armures fondamentales,* et qui sont au nombre de quatre, le *fond de toile* ou *taffetas,* le *sergé,* le *croisé* ou le *batavia,* et les *satinés,* sont comprises dans ce genre.

La première de ces combinaisons, le fond de toile, embrasse depuis la toile d'emballage jusqu'aux plus belles batistes, les cotonnades depuis le calicot le plus ordinaire jusqu'aux mousselines, les mousselines-laines, les flanelles unies, les barèges, les stoffs, les popelines, les taffetas, les florences, etc.

Leur notation est donnée par C T, 2 F, 2 M, R; celle de la seconde armure ou sergé, par C T, 3 F, 3 M, R.

L'armure batavia, qui comprend toute espèce de croisés, tels que coutils, une variété de toiles à voiles, les mérinos en général, etc., est représentée par la notation C T, 4 F, 4 M, R.

Avec cette combinaison, toutes les espèces de satins peuvent être exécutées. Ils sont caractérisés en ce que les points d'entrelacement n'ont lieu que de cinq en cinq fils au moins. Ce nombre de fils embrassé entre chaque entrecroisement va souvent plus loin; il est, en général, proportionnel à l'intensité du brillant que l'on veut obtenir, car moins ces entre-croisements sont nombreux et plus la surface est lisse. Les variations pratiques sont communément comprises entre 5 et 16 : c'est ce qu'on désigne par des satins de 5, de 7..., de 16.

La formule devient, par conséquent :

C T, 5, 6..., 16 F, 5, 6.... 16 M, R.

. . . .

Nous donnerons encore l'exemple de l'application de la méthode à un tissu déterminé :

Velours de coton croisé, sa formule sera : C T, 6 F, 9 M, R.

C'est-à-dire :

1 chaîne unique.	C
1 trame unique.	T
6 faisceaux ou pas de laine. . . .	6 F
9 mouvements..	9 M

Savoir : 6 coups de velours, 3 coups de croisés.

Ainsi la formule du velours croisé indique qu'il faut pour sa fabrication : 1° une simple chaîne dont la réduction est indiquée par R ; 2° une simple trame ; 3° 6 faisceaux de laine, et 4° 9 mouvements.

Note onzième.

THÉORIE DE L'EMPLOI DU CHOC
POUR MOUVOIR LES OPÉRATEURS.

923. On ne considère bien souvent, dans les premières études des machines, les forces qu'au point de vue de la statique (qui peut, comme la Cinématique, être complétement traitée avec les seules ressources de la géométrie); et la seule introduction de la considération de l'équilibre dynamique qui s'établit dans toute machine arrivée à un état définitif, du principe de la transmission du travail suffit dans le plus grand nombre de cas pour formuler la théorie des organes d'une manière très-suffisante pour en bien faire comprendre le jeu.

Il est un cas, toutefois, où l'insuffisance de la théorie ainsi limitée est notoire, c'est lorsqu'il se produit des chocs. Ainsi, notamment, le coin opérant par choc est d'un emploi fréquent dans les arts, et il est de toute évidence que la théorie statique du coin, que la décomposition des forces suivant les faces du coin ne peut alors rendre complétement compte des effets produits.

Or, la théorie du choc des corps, telle qu'elle a été longtemps présentée, paraît souvent obscure aux jeunes gens qui la rencontrent pour la première fois. Établie en mécanique rationnelle comme s'appliquant à des corps définis uniquement par leur masse ou constitués théoriquement d'une manière fictive, on ne doit pas la considérer comme applicable, sans restriction, à des corps doués de leur propriétés physiques, et non plus réduits à une simple abstraction; composés de particules réunies par des forces moléculaires, et pour lesquels la communication des pressions n'est jamais ni instantanée ni dénuée de réactions. C'est par une semblable confusion que le théorème de Carnot, fournissant la mesure de la destruction des forces vives dans le choc, a pu paraître in-

firmer le grand principe de la *Conservation des forces vives*, loi fondamentale qui paraît la plus générale de celles qui règlent l'ensemble des phénomènes naturels, tant qu'on n'a pas bien établi
que la partie apparente des forces vives n'étant qu'une transformation de forces vives des masses en forces vives moléculaires.

Il m'a semblé intéressant de reprendre l'étude de cette théorie,
en même temps que j'essayais de la compléter au point de vue physique par quelques expériences; j'y ai été surtout décidé en rencontrant dans l'excellent ouvrage du savant Moseley (*Mechani-
cal principles of Engineering and Architecture*) une exposition de
la théorie analytique du choc qu'il m'a paru intéressant de faire
connaître, car elle est différente dans la forme de celle adoptée en
général dans les ouvrages français, et conduit directement à des
observations précieuses pour la pratique, quand on l'applique aux
principaux emplois du choc dans l'industrie.

I. Théorie du choc.

924. *Choc entre molécules de masse différente.* — Considérons d'abord
le phénomène du choc entre des molécules simples, entre de petites
sphères géométriques extrêmement petites, il sera naturel d'admettre dans ce cas que le mouvement se propage instantanément
dans ces corps, que toutes les parties sont animées d'une même
vitesse à l'instant du choc, qu'il n'y a d'autres effets produits que
ceux dus à l'inertie des masses. Les résultats obtenus s'appliqueront à des corps réels, dans les limites d'erreur qui résulteront de
cette hypothèse.

925. *Choc de deux corps dont les centres de gravité se meuvent sur la
même ligne droite, et dont le point de contact est sur cette ligne.*

Durant la période pendant laquelle le premiers corps est choqué
par le second, limitée par le moment où les deux corps se meuvent
au moins un instant avec la même vitesse, il est évident que la
pression qui se produit au point de contact, par l'effet de la résistance due à l'inertie du corps choqué, va en croissant, et que le
moment où ils commencent à se mouvoir ensemble est celui de la
pression maximum.

926. *Un corps dont le poids est P_1 et qui se meut dans une direction
horizontale avec une vitesse uniforme représentée par V_1, est frappé
par un second corps dont le poids est P_2, et qui se meut dans la direction de la même ligne droite avec la vitesse V_2, on demande de déterminer la vitesse commune au moment de la plus grande compression.*

Soit f_1 le décroissement par seconde de la vitesse de P_1 à chaque
instant du choc, ou mieux la diminution par seconde qui serait
produite par une pression constante $\frac{P_1}{g} f_1$, par cette force effective
agissant sur P_1; et f_2 représentant dans les mêmes circonstances

l'accroissement de vitesse reçu par P_2, $\dfrac{P_2}{g} f_2$ sera la force effective agissant sur P_2. D'après le principe de d'Alembert, ces forces effectives étant considérées comme appliquées aux corps dans une direction opposée à celle dans laquelle se produisent les accélérations et retards correspondants, sont en équilibre avec les forces qui viennent à agir en même temps sur les corps. Aucune autre force ne leur étant par hypothèse appliquée, il y a donc égalité entre ces forces, ou

$$\frac{P_1}{g} f_1 = \frac{P_2}{g} f_2 \tag{1}$$

Pour un petit accroissement de temps, à partir du moment considéré du choc représenté par Δt, soient Δv_1 et Δv_2 les variations des vitesses des deux corps respectivement durant le même temps, on a :

$$f_1 \Delta t = \Delta v_1, \; f_2 \Delta t = \Delta v_2,$$

et, d'après l'équation ci-dessus, en en multipliant les deux termes par Δt,

$$P_1 \Delta v_1 = P_2 \Delta v_2.$$

Cette égalité étant appliquée à la succession des variations de vitesse jusqu'au moment de la plus grande compression, il s'ensuit que les deux corps se mouvant dans la même direction, on a, en faisant la somme de termes semblables,

$$P_1 (V_1 - V) = P_2 (V - V_2) \tag{2}$$

et comme $V_1 - V$ représente la vitesse perdue pendant la période entière et $V - V_2$ la vitesse gagnée par P_2, la quantité de mouvement est donc la même après et avant le choc, comme on l'établit ordinairement à priori.

Si les corps se meuvent dans des directions opposées, et si leur mouvement commun est dans la direction suivie par P_1 supposé posséder la plus grande quantité de mouvement, la diminution de vitesse P_1 est représentée par $V_1 - V$; mais la somme des diminutions et accroissements de vitesse communiquée à P_2, afin que la vitesse V_2 existante soit détruite et la vitesse V communiquée dans une direction opposée est représentée par $(V_2 + V)$, et l'on a

$$P_1 (V_1 - V) = P_2 (V_2 + V) \tag{3}$$

ou la même que la précédente en donnant à V_2 un signe contraire à celui de V_1 et V pour un mouvement de direction opposée.

Résolvant ces équations par rapport à V, on obtient l'équation générale :

$$V = \frac{P_1 V_1 \pm P_2 V_2}{P_1 + P_2} \tag{4}$$

Les signes $\pm$ étant pris suivant que les corps, avant le choc, se meuvent dans la même direction ou dans des directions opposées.

Si le second corps était immobile avant le choc, $V_2 = 0$ et

$$V = \frac{P_1 V_1}{P_1 + P_2} \qquad (5)$$

Si les deux corps ont le même poids :

$$V = \tfrac{1}{2}(V_1 \pm V_2). \qquad (6)$$

927. *Déterminer le travail dépensé pour produire l'état de plus grande compression au point commun de la surface des corps.*

Adoptant la notation précédente, tout le travail accumulé dans les corps, avant le choc, est représenté par $\tfrac{1}{2}\frac{P_1}{g}V_1{}^2 + \tfrac{1}{2}\frac{P_2}{g}V_2{}^2$, et le travail accumulé en eux au moment de la plus grande compression, quand ils se meuvent avec la vitesse commune V, est représenté par $\tfrac{1}{2}\frac{P_1 + P_2}{g}V^2$.

La différence entre les quantités totales de travail accumulées dans les corps dans ces deux états, celle qui a été dépensée à produire une action intérieure est, en représentant cette quantité par u :

$$u = \tfrac{1}{2}\frac{P_1}{g}V_1{}^2 + \tfrac{1}{2}\frac{P_2}{g}V_2{}^3 - \tfrac{1}{2}\frac{P_1 + P_2}{g}V^2$$

et en substituant à V sa valeur déduite de l'équation (4), et réduisant :

$$u = \frac{1}{2g}\left[\frac{P_1 P_2}{P_1 + P_2}\right](V_1 \pm V_2)^2 \qquad (7)$$

928. *Théorème de Carnot.* —On peut déduire des valeurs ci-dessus de u, et de l'équation (2), la relation :

$$\frac{1}{2g}\frac{P_1 P_2}{P_1 + P_2}(V_1 \pm V_2)^2 = \tfrac{1}{2}\frac{P_1}{g}(V_1 - V)^2 + \tfrac{1}{2}\frac{P_2}{g}(V_2 \pm V)^2 \qquad (8)$$

qui montre que la perte de forces vives au moment du maximum de pression, est égale à la force vive que posséderaient les corps $P_1 \, P_2$ animés des vitesses qu'ils ont perdues ou gagnées. C'est là le théorème de Carnot, qui doit être complété pour être appliqué au choc de corps réels, par l'analyse des effets des forces en jeu, quand on passe de l'hypothèse toute théorique d'une molécule mathématique, en quelque sorte, à un corps réel.

Le résultat n'en est pas moins très-précieux en ce qu'il fournit les lois du choc lorsque les choses se passent comme si les corps ne réagissaient pas, lorsqu'ils cheminent nécessairement ensemble après le choc, comme une masse de bois et la balle qui le pénètre; s'ils ne forment plus qu'un système unique dont les actions intérieures ne modifient pas le mouvement du centre de gravité. C'est ce que va montrer l'étude pour des corps considérés avec leurs propriétés physiques.

929. *Du choc en tenant compte de la constitution physique des corps.*

La détermination du mouvement d'un corps qui se meut par l'effet d'un choc, en éprouvant un changement de forme assez grand pour qu'on ne puisse se dispenser d'en tenir compte, est très-complexe ; elle ne pourrait être complète qu'autant qu'on connaîtrait les lois suivant lesquelles varient les actions que les diverses parties du corps exercent les unes sur les autres, à mesure que leurs positions respectives viennent à changer. Alors la question rentrerait dans le cas général du mouvement d'un système de points matériels soumis à la fois à leurs actions mutuelles et à des forces extérieures.

Dans l'impossibilité d'attaquer le problème à la fois pour toutes les molécules d'un corps, on parvient simplement à des résultats importants pour deux cas, limites extrêmes de la constitution des corps solides, celui où ils sont complétement dénués d'élasticité, ne réagissent pas, et celui où leur élasticité est parfaite.

930. *Corps qui ne réagissent pas, sont complétement dénués d'élasticité.*

Lorsque des corps sont tels qu'après le choc ils se meuvent simultanément, nécessairement par suite avec les vitesses indiquées ci-dessus, il faut que le travail perdu ait été consommé à désagréger les corps, à déterminer des mouvement orbitaires, dans le cas des fluides, actions intérieures différentes de celles considérées dans l'étude du déplacement de la masse totale du corps et qui par suite, complétement négligées, répondent à une perte apparente de travail.

La valeur de u indiquée plus haut donne alors la mesure de ce travail perdu.

Si P_2 est très-grand par rapport à P_1, elle se réduit à très-peu près à

$$u = \frac{P_1}{2g} (V_1 \pm V_2)^2. \qquad (9)$$

Si dans ces mêmes conditions $V_2 = 0$, ce qui est le cas de nombre d'applications dans la pratique

$$u = \frac{P_1}{2g} V_1^2, \qquad (10)$$

c'est-à-dire que tout le travail moteur est consommé intérieurement à déformer le corps choqué, comme on le voit dans le forgeage du fer rougi au feu, de l'argile appliquée avec force contre un mur.

Nous reviendrons plus spécialement, à la fin de ce travail, sur l'étude de ces phénomènes de déformation.

931. *Corps parfaitement élastiques. Déterminer les vitesses après le choc.*

Si les deux corps sont d'une élasticité parfaite (pour les forces en jeu, nous verrons plus loin comment cette limite varie avec la nature de chaque corps), il est évident qu'après que la période de plus grande compression est passée, ceux-ci, par l'expansion de leurs surfaces, exercent des pressions mutuelles l'un sur l'autre, qui sont, pour des positions correspondantes des surfaces, précisément celles qui ont été supportées pendant la compression; d'où il suit que les diminutions de vitesse du corps dont le mouvement est retardé par l'expansion des surfaces, et les accroissements acquis par celui dont la vitesse est augmentée, doivent être égaux à ceux antérieurement reçus en passant par les positions relatives correspondantes, et par suite tous les accroissements et diminutions reçus pendant l'expansion sont les mêmes que ceux produits pendant la compression. Tout se passe comme si un ressort parfait était interposé entre les deux corps théoriques. La vitesse, perdue par P_1 pendant la compression, est représentée par $(V_1 - V)$; celle, perdue par l'effet de l'expansion depuis le maximum de compression jusqu'à ce que les corps se séparent l'un de l'autre, est donc représentée par la même quantité. Mais, au moment du maximum de compression, les deux corps ont la vitesse V; la vitesse v_1 de P_1, au moment de la séparation, est donc $V - (V_1 - V) = 2V - V_1$. De même la vitesse, gagnée par P_2 pendant la compression et par suite pendant l'expansion, peut être représentée par $(V \mp V_2)$, et la vitesse lors du maximum de compression étant V, la vitesse v_2, au moment de la séparation, est représentée par $V + (V \mp V_2)$ ou $2V \mp V_2$, le signe $\mp$ étant pris selon que le mouvement des corps avant le choc a lieu dans le même sens ou dans des sens opposés.

Substituant dans ces expressions des vitesses des deux corps au moment où ils vont se séparer la valeur de V (4), et réduisant, on a :

$$v_1 = \frac{(P_1 - P_2) V_1 \pm 2 P_2 V_2}{P_1 + P_2} \qquad (11)$$

$$v_2 = \frac{\mp (P_1 - P_2) V_2 + 2 P_1 V_1}{P_1 + P_2} \qquad (12)$$

Si les deux corps sont égaux en poids, d'après ces équations $v_1 = V_2$, $v_2 = V_1$, il y a donc dans ce cas échange des vitesses par le choc; et si l'un est en repos avant le choc, c'est l'autre qui reste immobile après le choc. L'expérience des billes d'ivoire, qui se fait avec l'appareil bien connu qui se trouve dans tous les cabinets de physique, vérifie bien la théorie ci-dessus. D'après celle-ci, le choc de la première bille sur la seconde ferait passer dans celle-ci toute la vitesse de la première. Dès lors, la seconde bille, que ce ce premier choc fait passer brusquement de l'état de repos à l'état de mouvement, va choquer la troisième et lui transmettre la totalité de sa vitesse. A la suite de ce second choc, la seconde bille se retrouvera donc en repos ; elle n'aura été en mouvement que pendant l'intervalle de temps excessivement court qui sépare le premier choc du second. On verrait de même que la vitesse passera de la troisième bille à la quatrième, et ainsi de suite jusqu'à la dernière qui, ne rencontrant pas d'obstacle à son mouvement, se mouvra en tournant autour de son point de suspension. C'est en effet ce qu'on observe : en laissant tomber la première bille d'une certaine hauteur, on la voit s'arrêter dès que le choc a eu lieu, et aussitôt la dernière part pour s'élever à la hauteur dont on avait laissé tomber la première.

Si P_2 est très-grand par rapport à P_1, $v_1 = -V_1 \pm 2V_2$, $v_2 = \pm V_2$, Dans ce cas, v_1 est négatif, et le mouvement du plus petit corps change de direction après le choc, quand les mouvements avant le choc sont de direction opposée et aussi quand ils sont de même direction, pourvu que $2V_2$ ne soit pas plus grand que V_1. Si $V_2 = 0$, $v_1 = -V_1$, c'est-à-dire qu'un corps parfaitement élastique, tombant sur une masse inébranlable, revient après le choc à son point de départ, sans aucune perte de forces vives. Il en est de même dans tous les cas d'élasticité parfaite, ainsi qu'on le voit en faisant la somme des forces vives après le choc, c'est-à-dire que l'on a :

$$\tfrac{1}{2}\frac{P_1}{g}v_1^2 + \tfrac{1}{2}\frac{P_2}{g}v_2 = \tfrac{1}{2}\frac{P_1}{g}V_1^2 + \tfrac{1}{2}\frac{P_2}{g}V_2^2$$

ce qui se vérifie en introduisant dans cette équation les valeurs ci-dessus de v_1 et v_2 (11) et (12) et réduisant.

932. L'examen des deux cas extrêmes qui indique que dans les corps tels que nous offre la nature, la perte de forces vives résulte du défaut d'élasticité, fait bien comprendre comment les phénomènes se produisent. La perte de forces vives, dit avec une parfaite netteté M. Delaunay (*Traité de mécanique rationnelle*), dans le choc de deux corps supposés dépourvus d'élasticité, est une conséquence nécessaire du travail négatif développé par les forces moléculaires de ces deux corps, pendant qu'ils se déforment par l'effet du choc. Lorsque les deux corps sont parfaitement élastiques, les forces moléculaires développent un travail positif pendant tout le temps que ces corps emploient à revenir de leur plus grande déformation à leur forme primitive ; d'ailleurs, d'après la nature des corps parfaitement élastiques, la somme des travaux positifs produits pendant la seconde partie du choc, doit avoir la même valeur absolue que la somme des travaux négatifs correspondant à la première partie : donc la force vive du système doit s'accroître pendant cette seconde partie du choc de toute la quantité dont elle avait diminué d'abord, et par conséquent à la fin du choc elle doit avoir précisément la même valeur qu'au commencement.

Tous les solides naturels étant compris entre les deux limites
d'une élasticité parfaite et d'un défaut complet d'élasticité, il
s'ensuit que le choc des corps doit présenter des circonstances
intermédiaires entre celles qui se rapportent à ces deux limites.
Ainsi, on peut dire que dans le choc direct de deux corps sphériques et homogènes, il y a toujours une perte de force vive, due à
ce que le travail positif, développé par les forces moléculaires pendant la seconde partie du choc, est inférieur à la valeur absolue
du travail négatif que ces forces moléculaires développent pendant la première partie. Cette perte de force vive est plus ou moins
petite, suivant que les deux solides se rapprochent plus ou moins
de remplir les conditions de l'élasticité parfaite.

La différence entre les valeurs absolues des sommes de travaux
dus aux forces moléculaires pendant les deux parties du choc tient
à deux causes que nous devons indiquer : 1° les molécules des deux
corps, écartées de leurs positions primitives pendant la première
partie du choc, peuvent ne pas reprendre complétement ces positions lorsque le choc est terminé, en sorte que ces corps conservent une portion de la déformation totale que le choc leur avait
fait éprouver ; 2° les molécules peuvent n'être pas revenues complétement à leurs positions définitives, à l'instant où les deux corps
se séparent, de sorte que ces molécules, en continuant à se mouvoir après cette séparation, en vertu de la vitesse qu'elles possèdent
encore, prennent un mouvement vibratoire qui se transmet à
toutes les molécules voisines, sans avoir aucune influence sur le mouvement d'ensemble de chacun des deux solides dans l'espace, sans
réagir complétement par suite de la communication de ces vibrations. (C'est ce qu'on voit dans les pianos où le marteau qui frappe
les cordes est rapidement relevé pour permettre la libre production
des vibrations.) La différence entre la force vive du système avant
le choc et la force vive du même système après le choc ne comprenant pas seulement le travail consommé par la déformation des
corps et le mouvement vibratoire de la masse des molécules des deux
solides, mais encore aux mouvements propres de celles-ci, (comme
je le montrerai plus loin) peut donc être regardée comme une
perte de force vive qui est due à la fois aux déplacements moléculaires persistants et aux vibrations occasionnées par le choc. Une
portion de cette différence des forces vives du système, prises avant
et après le choc, est bien absorbée par le travail résistant qui
correspond aux déplacements persistants des molécules. L'autre
portion, au contraire, n'est pas réellement perdue par l'effet du
choc, puisqu'elle se retrouve dans le mouvement vibratoire des
molécules, mouvement dont nous ne tenons pas compte en évaluant la force vive finale du système; mais, au point de vue de l'application de la mécanique aux machines, on peut regarder cette
seconde portion comme tout aussi bien perdue que la première.

Donc, toutes les fois qu'il se produit un choc entre deux solides naturels, ce choc est accompagné de perte de force vive plus ou moins grande.

933. On peut essayer de tenir compte de l'imparfaite élasticité des deux solides par la méthode suivante. Puisque l'élasticité est imparfaite, la force avec laquelle les corps tendent à séparer, pour tout point donné de l'expansion, est différente de celle du point de compression correspondant; les accroissements et décroissements de vitesse produits pour des points correspondants de compression et d'expansion sont donc différentes; d'où il suit que les vitesses totales perdues ou gagnées sont différents. Soit le rapport de l'une à l'autre de ces forces, celui de 1 à e. La vitesse perdue pendant la compression par P_1 est dans tous les cas représentée par $(V_1 - V)$; celle, perdue pendant l'expansion, est donc représentée dans le cas actuel par $e(V_1 - V)$; par suite, $v_1 = V - e(V_1 - V) = (1 + e) V - eV_1$. De même, la vitesse gagnée par P_2 durant la compression étant dans tous les cas représentée par $(V \mp V_2)$, celle gagnée pendant l'expansion est $e(V \mp V_2)$; par suite $v_2 = V + e(V \mp V_2) = (1 + e) V \mp e V_2$. Introduisant dans ces expressions la valeur de V (4) et réduisant, il vient:

$$v_1 = \frac{(P_1 - e P_2) V_1 \pm (1 + e) P_2 V_2}{P_1 + P_2} \qquad (13)$$

$$v_2 = \frac{\pm (P_2 - e P_1) V_2 + (1 + e) P_1 V_1}{P_1 + P_2} \qquad (14)$$

La quantité e varie avec la grandeur des forces en jeu, la déformation qu'elles peuvent produire, et aussi avec la forme des corps, suivant qu'elle permet ou ne permet pas pas la propagation des vibrations.

934. *Dans le choc entre deux corps imparfaitement élastiques, déterminer le travail ou la demi-force vive perdue par l'un et gagnée par l'autre.*

La force vive perdue par P_1 pendant le choc est évidemment représentée par

$$\frac{P_1}{g} V_1^2 - \frac{P_1}{g} v_1^2 = \frac{P_1}{g} (V_1^2 - v_1^2) =$$

$$\frac{P_1}{g} \Big\{ V_1^2 - \{ (1 + e) V - e V_1 \}^2 = \frac{P_1}{g} (1 - e^2) V_1^2 + 2e(1 + e) VV_1 (1 + e) V^2 \Big\}$$

$$= \frac{P}{g} (1 + e) (V_1 - V) \{ V_1 (1 - e) + V (1 + e) \}$$

Substituant dans cette expression la valeur de V (4), réduisant et représentant par u_1 la moitié de la force vive perdue par P_1 dans le choc, on a pour la valeur de u_1.

$$\frac{(1+e)\,P_1\,P_2\,(V_1 \mp V_2)}{2\,g\,(P_1+P_2)^2} \left\{ 2\,P_1\,V_1 + (1-e)\,P_2\,V_1 \pm (1+e)\,P_2\,V_2 \right\} \tag{15}$$

De même u_2, représentant la moitié de la force vive gagnée par P_2 lors du choc, a pour valeur :

$$\frac{(1+e)\,P_1\,P_1\,(V_1 \mp V_2)}{2\,g\,(P_1+P_2)^2} \left\{ 2\,P_2\,V_2 + (1-e)\,P_1\,V_2 \pm (1+e)\,P_1,V_1 \right\} \tag{16}$$

Si on représente par u le travail perdu pendant le choc, celui-ci est évidemment égal à la quantité perdue par l'un des corps, moins celle gagnée par l'autre, ou $u = u_1 - u_2$. Substituant les valeurs précédentes et réduisant, on a :

$$u = \frac{(1-e^2)\,P_1\,P_2\,(V_1 \mp V_2)^2}{2\,g\,(P_1+P_2)} \tag{17}$$

Si les corps sont parfaitement élastiques (pour le choc considéré), $e = 1$ et $u = o$. Dans ce cas, comme nous l'avons déjà vu, il n'y a pas perte de force vive pendant le choc, celle dépensée par l'un des corps est gagnée par l'autre.

935. Dans ce qui précède, on suppose que les mouvements du corps choquant et du corps choqué ne rencontrent pas de résistances pendant la durée du choc. Il n'en est pas ainsi dans la pratique. Toutefois, en général, la résistance opposée au mouvement de chaque corps est petite, comparée à la pression exercée entre eux dans toute période du choc. Il s'ensuit que le mouvement de chaque corps jusqu'à l'instant où il cesse, est sensiblement le même que si aucune résistance ne s'opposait à leur mouvement.

Représentons par F_1 et F_2 les résistances rencontrées par les corps choquants, dont les poids sont P_1 et P_2, $\frac{P_1}{g} f_1$ et $\frac{P_2}{g}$ étant les forces effectives agissant sur les deux corps à toute période du choc ; d'après le principe de d'Alembert on aura :

$$\frac{P_1}{g} f_1 - F_1 - \frac{P_2}{g} f_2 - F_2 = 0.$$

Représentant par t la durée du choc jusqu'au moment de la plus grande compression, par V la vitesse commune à cette période, et par v_1 et v_2 leurs vitesses à toute période du choc ; en substituant à f_1 et f_2 leurs valeurs, on a :

$$\frac{P_1}{g} \frac{dv_1}{dt} - F_1 - \frac{P_2}{g} \frac{dv_2}{dt} - F_2 = 0.$$

Transposant et intégrant entré les limites O et t

$$\frac{P_1}{g}(V_1 - V) = \frac{P_2}{g}(V - V_1) + \int_0^t (F_1 + F_2)\, dt.$$

Or, si F_1 et F_2 ne sont pas excessivement grands, l'intégrale du second membre est extrêmement petite, comparée avec les autres termes, et peut être négligée, t étant très-petit; alors l'équation ci-dessus devient identique avec l'équation (2).

936. Comme application du principe établi dans ce dernier article, cherchons à déterminer l'espace parcouru par un clou qui reçoit un coup de marteau, et supposons que la résistance qui s'oppose au mouvement du clou soit en partie la résistance constante rencontrée en ce point, en partie la résistance opposée par le frotement de la masse dans laquelle il est serré, variant directement avec sa longueur x. Cette résistance étant alors représentée par $\alpha + \beta x$, le travail consommé pour l'enfoncer d'une longueur D sera donné par une quadrature ou :

$$\int_0^D (\alpha + \beta x)\, dx, \text{ ou enfin } \alpha D + \tfrac{1}{2}\beta D^2.$$

Si P_2 représente le poids du clou et V la vitesse que le marteau, dont le poids est P_1, doit prendre pour l'enfoncer de la longueur D, enfin, si l'on suppose les surfaces du clou et du marteau dénuées d'élasticité, le travail accumulé dans le marteau avant le choc est $\tfrac{1}{2}\frac{P_1}{g}V^2$, et le travail perdu pendant le choc, par la compression des surfaces de contact, peut être représenté (7) par

$$\frac{1}{2g}\left(\frac{P_1 P_2}{P_1 + P_2}\right)V_1^2.$$

Le reste du travail, qui effectue l'enfoncement du clou, est la différence de ces deux quantités, ou :

$$\frac{1}{2g}P_1 V^2 - \frac{1}{2g}\left(\frac{P_1 P_2}{H_1 + P_2}\right)V^2 = \alpha D + \tfrac{1}{2}\beta D^2$$

ou $\qquad \dfrac{1}{g}\dfrac{V^2 P_1^2}{P_1 + P_2} = 2\alpha D + \beta D^2$ ou $\dfrac{1}{g}P_1 V_2 \qquad\qquad$ (18)

en négligeant P_2 vis-à-vis de P_1 comme on peut le faire, en général, dans la pratique. La résolution de cette équation du second degré donnera la valeur de D. On suppose ici que la masse dans laquelle on enfonce le clou est résistante, ne participe pas au mouvement du clou; la masse cesserait autrement d'être négligeable vis-à-vis de P_1. On sait qu'on a soin, quand l'enfoncement doit avoir lieu dans un corps élastique, d'appliquer une masse en arrière du point où l'on veut produire l'enfoncement pour obtenir plus d'effet utile.

937. *De la durée des chocs.*

Nous avons fait entrer plus haut dans le calcul la durée *t* du choc, du temps pendant lequel les deux corps peuvent réagir l'un sur l'autre, et nous avons admis qu'elle est très-petite. Il en est tellement ainsi dans la plupart des cas, que plusieurs auteurs se sont crus autorisés à la regarder comme entièrement nulle; ce qui les conduit à supposer infinies les forces de réaction qui se développent pendant la compression réciproque des corps, et qui, n'agissant que pendant un court instant, produisent des variations finies de vitesse. Mais, dit Poncelet (Introduction à la *Mécanique industrielle*), puisqu'il n'y a pas de corps infiniment durs, on ne peut pas dire non plus, en termes absolus, qu'il y ait changement brusque ou *instantané* de leur vitesse; la communication du mouvement par le choc ne diffère en réalité de celle qui a lieu par les forces motrices ordinaires, telles que la pesanteur, etc., que parce que cette communication s'opère généralement en un temps très-court, et que la force de réaction acquiert une très-grande valeur.

M. Morin, cherchant à vérifier par l'expérience les formules du choc des corps, a pu mesurer directement la durée du choc. Ce résultat précieux a été obtenu à l'aide d'une disposition dont nous empruntons la description au premier volume de ses *Leçons de mécanique pratique :*

« Une caisse en bois, dans laquelle on a placé successivement de la terre glaise plus ou moins molle, des pièces de bois, etc., était suspendue à un dynanomètre à style et à plateau tournant. Le plateau était animé d'un mouvement uniforme qui-lui était transmis par un poids, et régularisé par un volant à ailettes. Lorsque la caisse était immobile, la résistance du dynamomètre faisait équilibre à son poids, et la courbe de flexions tracée par le style sur le plateau était un cercle.

« Le corps choquant était un boulet suspendu à une espèce de tenaille qui s'ouvrait à volonté, et lorsqu'il atteignait les matières placées dans la caisse, il en résultait des compressions à la suite desquelles les deux corps marchaient ensemble d'une vitesse commune. Les amplitudes de ce mouvement étaient mesurées et indiquées par les flexions des ressorts, et il en résultait sur le plateau une courbe dont les distances à l'axe ou les rayons vecteurs allaient en croissant pendant toute la période de la compression où le mouvement s'accélérait, d'où résultait que la courbe était d'abord convexe vers le cercle du repos. Puis, à partir de l'instant où la compression avait atteint son maximum, les corps étant mous ou à peu près (cheminant ensemble), il en résultait que, la caisse cessant d'être sollicitée par un effort croissant, la réaction du ressort commençait à ralentir son mouvement de descente, l'arrêtait, le relevait ensuite au-dessus de sa position initiale, et lui faisait alors continuer une suite d'oscillations verticales qui ne s'éteignaient que par l'effet des résistances passives de l'appareil. »

Ces expériences permettaient de mesurer la durée du choc. On a ainsi trouvé approximativement $0'',012$ à $0,007$ pour un boulet tombant dans la terre glaise de résistance différente à la pénétration, et de $0'',007$ à $0,008$ pour le choc de ce même boulet tombant sur du bois, le poids de ce boulet variant de 12 à 20 kilog.

Cette durée est d'autant moindre que le corps choqué est plus roide; ce que Poncelet avait déjà établi en cherchant à analyser les effets du choc des corps. Nous donnerons une idée de la méthode adoptée par l'illustre savant en lui empruntant ce qui suit.

938. *Calcul de la durée de l'enfoncement produit par le choc d'un corps qui tombe d'une certaine hauteur sur une substance plus ou moins molle.*

Supposons que le corps P soit un cube de fer pesant 300 kilog., et qu'il s'enfonce de $0^m,02$ pendant le temps cherché, en tombant d'une hauteur de $1^m,30$. Supposons enfin que la résistance soit uniforme, elle retardera uniformément le mouvement du cube [1].

Le travail de la résistance pendant la durée du choc est égal à $300 \times (1,30 + 0,02) = 396$ kilogrammètres, donc elle a pour valeur moyenne $\dfrac{396}{0,02} = 19800$ kil., poids qui produirait à peu près le même effet. Cette résistance étant directement opposée à l'action du poids de 300 kil. du cube, ce dernier sera en réalité sollicité, pendant l'enfoncement, par une force motrice constamment égale à $19800^k - 300^k = 19500^k$, et agissant de *bas en haut*, pour retarder son mouvement primitivement acquis ou pour détruire la vitesse de $5^m,05$, due à sa chute, qu'il possédait.

Avec ces données, il est facile de trouver le temps que la résistance mettrait à éteindre la vitesse en question, puisque la force constante serait $F = M \dfrac{v}{t}$, d'où

$$t = \frac{M \times 5,05}{F} = \frac{30,58 + 5,05}{19500} = 0'',008.$$

Si la substance était plus résistante, la durée du choc serait moindre. En effet, supposons que dans les conditions précédentes, l'accroissement de la résistance réduise l'enfoncement à $0,001$; on trouverait, en raisonnant comme ci-dessus, que le poids R, sus-

---

1. Cette hypothèse est conforme aux résultats des expériences de M. Morin, qui a trouvé exacte, pour les petites vitesses, la loi de G. Juan, que la consommation des forces vives était proportionnelle aux volumes des pénétrations. C'est la force vive qui va en diminuant à mesure qu'elle est consommée et non la résistance qui augmente, comme pourrait le faire croire la loi retardée du mouvement.

ceptible de produire le même enfoncement que le choc, serait de
$\frac{390,3}{0,001} = 3903000$ kil., et la durée de l'enfoncement $0'',00039$.

939. *Utililé du choc.*

Le mode de raisonner employé ci-dessus fait bien concevoir comment il est possible de comparer les effets des chocs, sur les corps, à celui des pressions ordinaires ; comment il peut remplacer des pressions très-considérables, et que, par suite, toutes les fois que la pression ou l'effort direct, dont on pourra disposer pour produire un travail mécanique, sera au-dessous de la résistance à vaincre, il faudra recourir au choc qui développe des pressions considérables.

Nous allons passer en revue les organes les plus employés dans l'industrie pour utiliser les ressources que fournit le choc. Auparavant nous ferons remarquer que la division des corps en corps qui ne réagissent pas et en corps élastiques ne se rapporte pas seulement à la nature des corps, qu'on ne saurait ranger d'une manière absolue dans la première classe les corps mous, comme l'argile, la cire, etc., et dans la seconde les corps dont l'élasticité est bien connue, comme le bois, les métaux. Il faut, pour ces derniers, tenir compte si l'effet produit par le choc n'est pas supérieur à la limite d'élasticité, auquel cas ces corps subissent des déformations permanentes, des ruptures qui empêchent le mouvement d'être transmis aux molécules voisines. C'est ainsi qu'une balle de plomb, lancée légèrement ccntre un carreau de fenêtre, est renvoyée par le carreau sans qu'il y ait rupture. Si on la lance plus fortement avec la main, elle traversera le carreau, en déterminant un grand nombre de fissures qui rayonneront autour du trou par lequel elle aura passé. Mais si la balle est lancée par une arme à feu, elle ne fera dans le carreau qu'un trou rond par lequel elle passera ; le reste du carreau restera intact. Il n'aura nullement réagi, et se sera comporté, à cette vitesse, comme un corps dénué d'élasticité.

II. DU COIN MU PAR CHOC.

940. On peut en général, dit Poncelet, nommer *coin* tout corps solide posé entre deux ou plusieurs autres, et sollicité par des forces quelconques, qui sont mises en équilibre par les forces de réaction que le corps éprouve de la part de ceux-ci, normalement à sa surface de contact. Remplaçant, en effet, cette surface par le plan tangent correspondant, ce plan et tous ses semblables formeront, par leur rencontre mutuelle, un angle solide ou espèce de coin, qu'on pourra substituer à la considération du premier corps, et qui se trouvera placé absolument dans les mêmes circonstances quant aux effets physiques.

On voit, par cette généralisation, quelle place importante tient la théorie du coin dans la mécanique physique, combien les simplifications et perfectionnements qu'on peut y apporter ont d'intérêt. C'est ce que nous paraît avoir réussi à faire Moseley, en y introduisant, comme il suit, la considération des effets du choc, qui, dans la pratique, est le moyen presque toujours employé pour effectuer un travail industriel.

941. *Coin poussé par pression.*

Soit ACB un coin isocèle (fig. 913) dont l'angle au sommet est 2ι, et qui s'enfonce en écartant les deux surfaces DE, DF par l'effet de

la pression P; soient R_1 et R_2 les résistances que ces surfaces opposent aux faces CA, CB quand le coin est sur le point de se mouvoir en avant et que le frottement intervient. Les directions de ces résistances seront inclinées sur les normales s et t des faces CA, CB du coin, et feront avec celle-ci des angles égaux à l'angle de résistance ou de frottement φ. La pression normale ρ engendre le frottement

$$f = \rho \, \tan{g}. \, \varphi = \rho \, \frac{\sin. \, \varphi}{\cos. \, \varphi},$$

et la force effective est une résistance

oblique $R_1 = \dfrac{\rho}{\cos. \, \varphi}$ pour l'état d'équi-

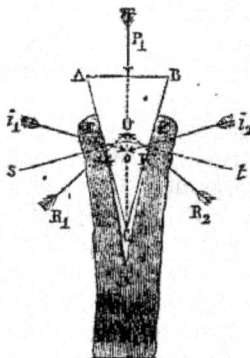

Fig. 913.

libre dynamique. Comme d'ailleurs nous étudions le cas d'un coin isocèle, on a donc : $R_1 = R_2$, et Q_1 (égal à la résultante des deux réactions), $Q_1 = 2R_1 \cos. \frac{1}{2}$ GOR. D'ailleurs CGOR, la somme des angles étant égale à 4 droits,

$$GOR = 2\pi - GCR - OGC - ORC.$$

Or, $\qquad$ $GCR = 2i$, $OGC = ORC = \dfrac{\pi}{2} + \varphi$,

donc $\qquad$ $GOR = 2\pi - 2i - \pi - 2\varphi =$

$\pi - (2i + 2\varphi)$, et $\frac{1}{2}$ GOR $= \dfrac{\pi}{2} - (\iota + \varphi)$, et $Q_1 = 2R_1 \sin. (\iota + \varphi).$ (19)

Le rapport de cette quantité à celle nécessaire pour parcourir un même chemin s'il n'y avait pas de frottement, le *module* suivant la définition de Moseley est :

$$\frac{U_1}{U_2} = \frac{\sin. (\iota + \varphi)}{\sin. \iota} \qquad (20)$$

relation que l'on peut mettre sous la forme :

$$U_1 = U_2 \ (\text{cot. } \varphi + \text{cot. } \iota) \sin. \varphi.$$

Le travail consommé par le frottement est très-grand, si l'angle du coin est très-petit ; il devient infini pour une valeur finie de φ et une valeur infiniment petite de ι.

942. De l'angle du coin.

Supposons que la pression Q_1, au lieu d'être suffisante pour entraîner le coin, soit seulement suffisante pour le maintenir en place après un mouvement de progression. Au moment où le mouvement en arrière pourrait se produire, l'action du frottement changeant de sens, on a :

$$Q_1 = 2\,R_1 \ (\sin. \ \iota - \varphi). \tag{21}$$

Toutes les fois que ι sera plus grand que φ, ou l'angle C du coin plus grand que deux fois l'angle de résistance, Q_1 est positif ; d'où il suit qu'une certaine pression agissant dans le sens du mouvement du coin, et dont la valeur est indiquée par cette expression, est nécessaire pour maintenir le coin dans la position où il a été amené. Dans ce cas, la pression étant supprimée ou moindre que la valeur ci-dessus, le coin remonte et peut être lancé en l'air.

Si ι est plus petit que φ, ou l'angle C du coin plus petit que deux fois l'angle de résistance, Q_1 reste négatif ; dans ce cas, une pression en sens inverse du mouvement qui a entraîné le coin est nécessaire pour le ramener du point où il a été amené. D'où suit qu'il reste en repos, même si une certaine force lui est appliquée, pourvu qu'elle n'excède pas celle donnée par la formule. — Enfin $i = \varphi$ correspond à un état d'instabilité.

La propriété du coin, de rester ainsi en place après que la force qui l'a enfoncé n'agit plus, caractérise le coin, et le rend supérieur à tout autre outil mû par un choc pour une foule d'applications.

943. Coin poussé par choc.

Le coin est habituellement poussé par un **corps pesant qui** vient, avec plus ou moins de vitesse, choquer sa partie postérieure dans la direction de son axe. P étant le poids de ce corps et V sa vitesse, le travail accumulé dans ce corps est $\frac{1}{2} \dfrac{P}{g} V^2$. Ce travail agissant sur le coin, et, par celui-ci, sur les résistances qui s'opposent à son mouvement, les deux corps étant supposés marcher et s'arrêter ensemble après le choc, et l'influence de l'élasticité du corps choquant et du coin étant négligée, sera, s'il ne se produit pas de déformation permanente des surfaces au contact,

$$U_1 = \tfrac{1}{2} \frac{P\,V^2}{g}$$

Substituant cette valeur de U_1 dans l'équation 20, et résolvant par rapport à U_2, on a :

$$U_2 = \tfrac{1}{2}\frac{\overset{\bullet}{P}V^2}{g}\frac{\sin \iota}{\sin(\iota+\varphi)} \qquad (22)$$

équation qui détermine U_2, c'est-à-dire le travail consommé par les résistances qui s'opposent au mouvement du coin qui a reçu le choc du corps P animé de la vitesse V.

944. L'influence de l'élasticité, dont il n'est pas tenu compte ci-dessus, peut, en partie au moins, être appréciée. La surface du corps choquant et celle de la tête du coin étant en général extrêmement dures, comparativement à celle des surfaces que le coin doit pénétrer, leur pression mutuelle doit être très-grande, comparativement à la résistance opposée à l'action du coin. Cette dernière étant négligée comparativement à la première, le travail reçu ou gagné par l'effet du choc du marteau, la vitesse V_2 du coin étant nulle à l'origine, peut être représenté (16) par $\frac{(1+e)^2 P_1^2 P_2 V^2}{2g(P_1+P_2)^2}$, où P_1 représente le poids du marteau, P_2 le poids du coin et e la mesure l'élasticité, celle absolue étant représentée par 1. Égalant cette expression avec la valeur de U_1 (20), et négligeant les effets d'élasticité et de compression des surfaces G et R, entre lesquelles le coin avance, on a approximativement :

$$U_2 = \frac{(1+e)^2 P_1^2 P_2 V^2}{2g(P_1+P_2)^2}\frac{\sin \iota}{\sin(\iota+\varphi)} \qquad (23)$$

Il résulte de cette expression que pour une même valeur de P_2 le travail utile est d'autant plus grand que P_1 est plus grand par rapport à P_2, comme on le voit en divisant les deux termes par P_1^2, et que la valeur de e approche le plus possible de l'unité.

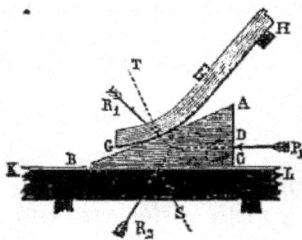

Fig. 914.

24. Si, au lieu d'être isocèle, le coin a un angle droit, comme sur la fig. 914, le rapport entre le travail moteur appliqué sur sa tête à celui produit sur les résistances appliquées à ses deux faces est, dans le cas où, KL étant fixe, la pression s'exerce suivant GH, $U_1 = U_2 \dfrac{\sin.(\iota+\varphi_1+\varphi_2)}{\sin.\iota\cos.\varphi}$, et dans celui où c'est KL qui presse, et GH qui reste fixe,

$$U_1 = U_2\frac{\sin(\iota+\varphi_1+\varphi_2)}{\cos(\iota+\varphi)\tang.\iota} \qquad (24)$$

(On le voit en posant pour l'état d'équilibre $\dfrac{Q_1}{R_1} = \dfrac{\sin. \, R_1 \, O \, R_2}{\sin. \, D \, O \, R_2}$ et $\dfrac{Q_1}{R_2} = \dfrac{\sin. \, R_1 \, O \, R_2}{\sin. \, D \, O \, R_1}$ et évaluant les angles en fonction de ceux ι du coin, φ_1, φ_2 du frottement des surfaces de contact.)

Le coin étant mis en mouvement par un choc, si on substitue pour U_1 sa valeur $\frac{1}{2} \dfrac{P}{g} V^2$, et qu'on résolve par rapport à U_2, on a, dans le cas où la surface A B de coin est la surface conduisante,

$$U_2 = \tfrac{1}{2} \, \frac{P \, V^2}{g} \, \frac{\sin \iota \cos \varphi_2}{\sin (\iota + \varphi_1 + \varphi_2)} \qquad (25)$$

et si c'est la base B C qui conduit,

$$U_2 = \tfrac{1}{2} \, \frac{P \, V_2}{g} \, \frac{\tang \iota \cos (\iota + \varphi_1)}{\sin (\iota + \varphi_1 + \varphi_2)} \qquad (26)$$

945. *Pression moyenne du choc.*

Il résulte des équations 22, 24, 26 que, quel que soit le poids du corps et la vitesse du choc, une certaine quantité du travail U_2 est consommée par les résistances opposées au mouvement du coin. Elles peuvent se représenter par une résistance moyenne R le long d'un espace S, ainsi qu'il a été dit plus haut, et on peut poser : $R S = U_2$, ou $R = \dfrac{U_2}{S}$.

Si le chemin S est extrêmement petit par rapport à U_2, une grande résistance R peut être surmontée le long d'un très-petit chemin, malgré la médiocrité du choc.

De là résulte la possibilité de surmonter par un coup de marteau d'énormes résistances. Cette propriété n'est pas particulière au coin, au ciseau qui le porte, elle appartient au choc, comme il a déjà été dit ; mais cet effet est rendu permanent dans cet outil par sa propriété de demeurer immobile entre deux surfaces résistantes entre lesquelles il a été poussé, ce qui empêche les surfaces de reprendre leur première position par suite de l'élasticité du corps. C'est ce qui rend son emploi si précieux dans l'industrie où il fait la partie essentielle de tous les outils tranchants.

III. CHOC ENTRE CORPS DE FORME PRISMATIQUE, MARTEAUX-PILONS, SONNETTES, ETC.

946. *Deux prismes solides ont un axe commun ; l'extrémité de l'un d'eux repose sur une surface fixe, et son autre extrémité opposée reçoit le choc horizontalement de l'autre prisme : ou demande de déterminer*

la compression de chaque prisme, les limites de parfaite élasticité n'étant pas dépassées dans le choc.

Soient P le poids du prisme choquant et V sa vitesse avant le choc ; L_1 et L_2 les longueurs des prismes avant la compression ; E_1 et E_2 leurs coefficients d'élasticité, A_1 et A_2 leurs sections, l_1 et l_2 les plus grandes compressions produites dans chacun d'eux par le choc ; le travail qui produit les compressions peut être déterminé ainsi qu'il suit :

E étant le coefficient d'élasticité d'un corps de longueur L et de section A, on sait que l'on a pour l'action d'un poids Π produisant un allongement l, la relation : $A E \dfrac{l}{L} = \Pi$ \hfill (30)

ou posant $l = x$, $\dfrac{A E}{L} x = \Pi$.

Cette résistance étant surmontée le long du chemin dx, le travail élémentaire qui sera consommé sera :

$$\Pi\,dx \text{ et } \int \Pi\,dx = \frac{A E}{L} \int_0^l x\,dx = \frac{A E}{2 L} l^2. \tag{31}$$

On a donc les expressions suivantes des deux quantités de travail consommées par les compressions :

$$\tfrac{1}{2}\frac{A_1 E_1 l_1^2}{L_1}, \quad \text{et} \quad \tfrac{1}{2}\frac{A_2 E_2 l_2^2}{L_2}.$$

Ce travail est engendré par celui accumulé dans le corps choquant et égal à $\tfrac{1}{2}\dfrac{P}{g} V^2$, qui a été épuisé à le produire, c'est-à-dire que :

$$\tfrac{1}{2}\frac{A_1 E_1 l_1^2}{L_1} + \tfrac{1}{2}\frac{A_2 E_2 l_2^2}{L_2} = \tfrac{1}{2}\frac{P}{g} V^2.$$

De plus, les pressions mutuelles sur les surfaces de contact sont égales pour les deux prismes dans toutes les périodes du choc, et à l'instant de la plus grande compression sont représentées respectivement

par $\dfrac{A_1 E_1 l_1}{L_1} = \dfrac{A_2 E_2 l_2}{L_2}$, puisque $\dfrac{A_1 E_1 l_1}{L_1} = \dfrac{A_2 E_2 l_2}{L_2} = \Pi$.

Éliminant l_2 entre cette équation et la précédente, et réduisant :

$$l_1 = \frac{L_1 V}{A_1 E_1} \left\{ \left(\frac{L_1}{A_1 E_1} + \frac{L_2}{A_2 E_2} \right) g \right\}^{-\frac{1}{2}} \sqrt{P} \tag{32}$$

$$\Pi = V \left\{ \left(\frac{L_1}{K_1 E_1} + \frac{L_2}{K_3 E_2} \right) g \right\}^{-\frac{1}{2}} \sqrt{P} \tag{33}$$

expressions dans lesquelles l_1 représente la plus grande compression du prisme dont la section est A_1 et Π la pression supportée au moment de la plus grande compression.

947. *Pressions mutuelles* Π *de la surface de contact pour chaque période du choc.*

Si l représente l'espace décrit par l'extrémité du prisme choquant qui ne produit pas le choc, il est évident qu'il comprend les espaces des deux compressions l_1, l_2 des surfaces qui se rencontrent lors du choc; que l'on a :

$$l = l_1 + l_2, \quad \text{or} \quad l_1 = \frac{\Pi\, L_1}{A_1\, E}, \quad l_2 = \frac{\Pi\, L_2}{A_2\, E}$$

donc

$$l = \Pi \left(\frac{L_1}{A_1\, E_1} + \frac{L_2}{A_2\, E_2} \right) \qquad (34)$$

et

$$\Pi = l \left(\frac{L_1}{A_1\, E_1} + \frac{L_2}{A_2\, E_2} \right)^{-1} \qquad (35)$$

948. *Mesure de la compressibilité des prismes.*

Appelons λ l'espace parcouru par la surface extérieure du corps choquant lorsque, sans choc, la pression mutuelle des surfaces de contact est de 1 kil., ou en d'autres termes, soit λ la somme des étendues des compressions dues à la pression d'un kilog. D'après l'équation précédente,

$$\lambda = \frac{L_1}{A_1\, E_1} + \frac{L_2}{A_2\, E_2}$$

λ peut être pris pour mesure de la somme des compressibilités des prismes, étant l'espace dont les extrémités opposées se rapprochent l'une de l'autre par la pression d'un kilogr. agissant dans le sens de leur longueur.

Si $\lambda_1\, \lambda_2$ sont les compressions des prismes soumis *séparément* à la compression d'un kilog, appliqué sur chacun d'eux, $\lambda_1 = \frac{L_1}{A_1\, E_1}$, $\lambda_2 = \frac{L_2}{A_2\, E_2}$; par conséquent la compressibilité des deux prismes est égale à la somme des compressibilités des prismes séparés.

949. *Travail* u *dépensé pour les compressions des prismes pendant le choc.*

Le travail dépensé pour la compression l_1 est représenté par $\frac{1}{2} \frac{A_1\, E_1}{L_1} l_1^2$, et en substituant la valeur de l_1 (30) par $\frac{1}{2} \frac{L_1}{A_1\, E_1} \Pi^2$.

Semblablement le travail dépensé pour la compression l_2 est $\frac{1}{2} \frac{L_2}{A_2\, E_1} \Pi^2$, donc $u = \frac{1}{2}\left(\dfrac{L_1}{A_1\,E_1} + \dfrac{L_2}{A_2\,E_2}\right)\Pi^2$ et substituant pour Π sa valeur (35),

$$u = \tfrac{1}{2}\,l^2\left(\frac{L_1}{A_1\,E_1} + \frac{L_2}{A_2\,E_2}\right)^{-1} = \tfrac{1}{2}\,\frac{l^2}{\lambda} \qquad (36)$$

950. *Calculer la vitesse du corps choquant, le choc étant produit suivant la verticale.*

Il est évident que, dans toute période, la vitesse du corps choquant étant v, il a été dépensé pour la compression des deux corps une somme de travail égale à celle accumulée dans le corps en mouvement avant le choc, augmentée du travail produit par la gravité pendant le choc et diminuée de la quantité qui reste dans le corps, c'est-à-dire :

$$\tfrac{1}{2}\,\frac{P}{g}\,V^2 + P\,l - \tfrac{1}{2}\,\frac{P}{g}\,v^2 = u$$

c'est la quantité consommée par la compression.

Égalant à la valeur de u trouvée précédemment (36), on a :

$$\tfrac{1}{2}\,\frac{P}{g}\,V^2 + P\,l - \tfrac{1}{2}\,\frac{P}{g}\,v^2 = \tfrac{1}{2}\,l^2\left(\frac{L_1}{A_1\,E_1} + \frac{L_2}{A_2\,E_2}\right)^{-1}$$

ou

$$v^2 = V^2 + 2\,l\,g - \frac{l^2 g}{P}\left(\frac{L_1}{A_1\,E_1} + \frac{L_2}{A_2\,E_2}\right)^{-1} \qquad (37)$$

ou en substituant à la place de l sa valeur en fonction de Π trouvée plus haut (35),

$$v^2 = V^2 + g\left(\frac{L_1}{A_1\,E_1} + \frac{L_2}{A_2\,E_2}\right)\left(2\,\Pi^2 - \frac{\Pi^2}{P}\right) \,(38)$$

951. *Sonnette à battre les pieux.*

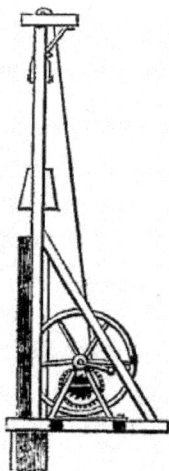

Fig. 915.

La sonnette qui sert à battre les pieux (fig. 915) réalise sensiblement le système dont on vient de parler, le mouton et le pieu étant deux prismes assujettis à se mouvoir suivant la verticale par la chute du premier.

Avant la période du choc et de la pression exercée par le mouton sur la tête du pieu, il est évident que, si son poids excède la résistance opposée par la cohésion et le frottement de la masse dans laquelle il doit s'enfoncer, il y entrera jusqu'à ce que la résistance devienne trop grande. Soit F cette résistance, V la vitesse du mouton à l'instant du choc et v cette vitesse au moment où le pieu se meut avec lui; enfin, P_1 et P_2 les poids du mouton et du pieu. Comme celui-ci reste immobile dans les temps qui séparent les chocs, les pressions mutuelles Q des surfaces en contact ont été lors du mouvement F — P$_2$, et l'on a l'équation (38)

$$v^2 = V^2 - g \left(\frac{L_1}{A_1\,E_1} + \frac{L_2}{A_2\,E_2} \right) \left\{ \frac{(F-P_2)^2}{P_1} - 2(F-P_2) \right\} \quad (39)$$

La valeur de v déterminée par cette équation peut être une quantité imaginaire, c'est-à-dire qu'il est possible qu'aucun mouvement ne soit communiqué par le choc du mouton. L'inégalité suivante est une condition nécessaire de l'enfoncement du pieu :

$$V^2 > g \left(\frac{L_1}{A_1\,E_1} + \frac{L_2}{A_2\,E_1} \right) \left\{ \frac{(F-P_2)^2}{P_1} - 2(F-P_2) \right\} \quad (40)$$

Quand le pieu est enfoncé d'une quantité quelconque, une partie du travail accumulé dans le mouton avant le choc a été dépensée à surmonter le long du chemin parcouru la résistance qui s'oppose au mouvement du pieu ; une autre portion a été dépensée par la compression des surfaces du mouton et de la tête du pieu (qu'on a soin de cercler en fer pour rendre cette consommation un minimum), enfin le reste est accumulé dans les masses en mouvement formées du mouton et du pieu. Bientôt, par la consommation de partie du travail moteur, le mouvement du pieu cesse arpès une période de maximum de compression du mouton et du pieu, la réaction de la surface de la tête du pieu, et, par suite, la pression qui peut l'enfoncer croissant jusque-là.

Si la surface est dénuée d'élasticité, n'a pas de tendance à recouvrer les formes qu'elle possédait avant le maximum de compression, le mouton et le pieu se meuvent avec une vitesse commune, et s'arrêtent ensemble ; le seul travail dépensé inutilement pendant le choc a été employé à déformer des parties du mouton et du pieu voisines du contact. Si, au contraire, les deux surfaces sont élastiques, celle du mouton revient de la position occupée lors du maximum de compression, et celui-ci prend une vitesse, relativement au pieu, de sens inverse du mouvement de celui-ci. Jusqu'à ce qu'il ait repris la position, par rapport au pieu, pour laquelle le mouvement de celui-ci commençait, où leur réaction mutuelle Q surpasse la résistance F, le pieu continue à s'enfoncer. Quand le mouton a, dans son mouvement rétrograde, dépassé ce point, le pieu peut encore continuer à s'enfoncer d'une petite quantité, par suite du travail emmagasiné pendant la période où Q était plus grand que F. Le mouton, se relevant, passe par le point pour lequel son poids est équilibré exactement par la réaction élastique des surfaces, et jusqu'à ce point continue à acquérir une certaine vitesse ; une certaine quantité de travail peut y être accumulée et le mouton rebondit. Ce travail, comme celui employé à produire la compression des surfaces de contact, n'a pas servi à produire l'enfoncement du pieu, a été dépensé inutilement. Si le mouton, dans son mouvement relativement rétrograde, atteint à l'instant où le mouvement du pieu cesse, le point pour lequel son poids est en équilibre avec la force élastique des surfaces en contact, sa vitesse, relativement au pieu, va en diminuant, et son mouvement cesse en même temps que celui du pieu. Dans ce dernier cas, en chaque instant, le mouton et le pieu se meuvent et s'arrêtent ensemble ; tout le travail accumulé dans la chute du mouton est utilement employé à enfoncer le pieu, excepté celui qui produit la déformation permanente des surfaces. On peut établir, par suite, que c'est le cas du maximum d'effet.

Nous renverrons à l'ouvrage de Moseley pour la solution analytique complète qui permet de fixer toutes les conditions du mouvement sous une forme très-générale.

IV. Théorie du balancier.

952. La déformation permanente produite par le choc, que l'on cherche à éviter dans plusieurs des cas qui précèdent, et que l'on n'étudie alors que pour trouver l'explication des phénomènes d'enfoncement, pour retrouver la totalité du travail dépensé, est, au contraire, le but principal que l'on se propose d'atteindre au moyen d'une nombreuse famille d'outils ou de machines-outils : les marteaux, les pilons, les balanciers. C'est surtout de ces derniers que nous nous occuperons ici ; mais tous les principes généraux que nous établirons sont applicables également à ces divers outils. Ils sont directement employés à comprimer le corps sur lequel on opère pour modifier sa forme ou le pulvériser ; c'est là l'opération industrielle proposée.

La première condition à remplir est de faire en sorte que le corps sur lequel on agit ne puisse se déplacer, condition évidemment nécessaire pour que la force vive de la masse en mouvement puisse être convertie en travail de déformation. Cela revient à dire qu'il faut que le poids de l'enclume et du bâti sur lequel elle repose soit très-grand, relativement à celui du marteau ; à rendre comme nous l'avons vu (10) très-considérable la masse qui supporte le corps qui reçoit le choc. Comme le fait observer Poncelet, si une enclume est assise sur un terrain mou, la force vive qu'acquiert cette enclume est alors en partie consommée à produire l'enfoncement du sol ; aussi, les maîtres de forge entendus ont-ils soin de placer de gros blocs de bois sous leurs enclumes... ; celles-ci ne prenant qu'un mouvement insensible et n'acquérant qu'une force vive très-faible, les pertes de travail consommé à déformer ou comprimer le sol sont tout à fait négligeables. C'est ainsi que les choses se passent dans la pratique industrielle pour des opé-

rations qui ne dépassent pas les limites pour lesquelles l'appareil
a été établi, et surtout lorsque toute l'action se passe dans l'intérieur d'une même masse de métal, comme cela a lieu pour le
balancier.

Le fait de la transformation de la force vive d'un corps en travail de déformation se rencontre à chaque instant, puisque de
nombreuses opérations industrielles sont fondées sur cette propriété; le travail de la forge, le monnayage, peuvent être cités
parmi les plus importants. C'est dans ce dernier cas, dans cet emploi
du balancier, que nous l'étudierons ici.

953. Le balancier se compose essentiellement d'une cage très-
résistante, portant un écrou dans lequel se meut une vis de forte
dimension qui porte la pièce destinée à effectuer la percussion, vis
mise en mouvement rapide à l'aide d'une barre qui traverse sa
tête et dont les extrémités sont munies de masses pesantes, ou qui
porte un volant comme dans l'appareil représenté fig. 916, et sur
lequel je donnerai plus loin quelques détails.

Fig. 916.

Cherchons l'équation comprenant les divers termes qui se rapportent aux divers effets qui se passent dans le balancier, analyse
qui me paraît clairement vérifiée par l'étude expérimentale des
faits.

Le travail moteur qu'il s'agit d'utiliser dans le but d'effectuer une opération industrielle est la force vive des masses en mouvement et surtout celle qui a été communiquée aux boules ou au volant qui garnit la tête de la vis, bien plus grande que celle de leur mouvement vertical et de celui de la vis. Cette quantité $\frac{1}{2}\frac{P_1}{g}V^2$ comprendra les deux effets si elle est prise pour le point où le choc va avoir lieu, et lorsqu'il est encore possible de déterminer expérimentalement la vitesse. Si on la mesurait lorsque l'impulsion vient d'être communiquée, il y aurait à ajouter à la force vive observée le travail dû à la pesanteur pendant la descente du système, et à retrancher le travail du frottement sur le plan incliné formé par le filet de la vis, et que l'on sait calculer.

C'est par l'effet du travail emmagasiné par l'inertie de masses mises en mouvement, qu'un corps dur, le coin en acier trempé ajusté dans la boîte coulante poussée par l'extrémité de la vis du balancier, et guidée dans deux glissières portées par la cage de celui-ci, vient choquer le corps à façonner par le choc. La force vive motrice se trouve alors consommée sous trois formes que nous allons successivement calculer.

1º La pénétration dans le corps sur lequel on opère, son écrasement, l'effet mécanique auquel ses molécules obéissent. Si a est la surface du coin, e la profondeur de l'impression à un instant donné, on peut admettre (ce que l'expérience confirme dans le cas examiné plus loin) que la résistance est constante pour un même métal et proportionnelle à la superficie a, de telle sorte que K représentant la résistance par mètre carré à la compression, on a pour la résistance $F = Ka$, et pour le travail élémentaire consomme à surmonter cette résistance $Fdl = Kade$, et, enfin, pour le travail total Kae, e étant alors l'enfoncement total.

2º La résistance élastique du balancier qui consomme la force vive du choc quand le corps ne change plus d'épaisseur, quantité dont il n'a pas été tenu compte, à notre connaissance, dans les essais de calcul des effets du balancier déjà tentés, ce qui est d'autant moins admissible dans le plus grand nombre de cas de la pratique que les enfoncements sont, le plus souvent, excessivement petits, et, par suite, la quantité de travail consommé par la première cause n'est le plus souvent que dans une proportion minime avec le travail total dépensé. Nous avons vu que Π étant le poids produisant un allongement élastique l, était égal à $\Pi = \frac{AEl}{L}$ et son travail $\int \Pi dl = \frac{AE}{L}\int l dl = \frac{1}{2}\frac{AE}{L}l^2$: A étant ici la somme de sections des deux côtés de la cage du balancier, étant supposé qu'ils résistent également, que l'obliquité que prend la vis par son usure n'est pas sensible, cas dans lequel la résistance à la rupture serait considérablement diminuée; E étant le coefficient d'élasticité du métal qui forme la cage du balancier ou de l'écrou, L, sa hauteur.

3° Les frottements qui se produisent lors du choc, qui, s'ils ont lieu le long d'un très-petit chemin, sont produits par des pressions considérables qui prennent naissance lors de la pénétration dans le métal et de l'allongement élastique des montants du balancier qui vient souvent consommer la plus grande partie de la force vive sous forme de *résistance vive*.

La pression pendant l'enfoncement est Ka; elle se produit verticalement le long du chemin e qui mesure la pénétration. On sait que la force horizontale p, qui peut surmonter la résistance verticale Q, est dans la vis à filet carré, en y comprenant le frottement, $p = Q$ tang. $(\alpha + \varphi)$, α étant l'inclinaison du filet, φ l'angle de frottement.

Le travail total pour surmonter la résistance sera donc, pendant la pénétration dans le métal, pendant laquelle $Q = K a$, pour un chemin horizontal parcouru $r\omega$,

$$p r\omega = r\omega\, Ka \text{ tang. } (\alpha + \varphi).$$

Or, le travail utile est $Ka r\omega$ tang. α, donc le travail du frottement est $K a\, r\omega$ (tang. $(\alpha + \varphi)$ — tang. α).

D'ailleurs, $r\omega$ tang. $\alpha = e$ ou $r\omega = \dfrac{e}{\text{tang. } a}$, donc, enfin, on a pour l'expression du travail du frottement sur les filets de la vis:

$$K a e \left(\frac{\text{tang. } (\alpha + \varphi) - \text{tang. } \alpha}{\text{tang. } \alpha} \right)$$

Le travail du frottement sur l'extrémité de la vis de rayon ρ est, comme pour un pivot $\frac{2}{3} f N\rho\omega$, or, ici, $f = $ tang. φ, $N = Ka$ et $\omega = \dfrac{e}{r \text{ tang. } \alpha}$, donc ce travail est égal à $K a e \frac{2}{3} \dfrac{\rho \text{ tang. } \varphi}{r \text{ tang. } \alpha}$.

Le travail total du frottement pendant la pénétration est donc:

$$K a e \left\{ \left(\frac{\text{tang. } (\alpha + \varphi) - \text{tang. } \alpha}{\text{tang. } \alpha} \right) + \frac{2}{3} \frac{\rho \text{ tang. } \varphi}{r \text{ tang. } \alpha} \right\} = K a e\, T, \quad (54)$$

en représentant par T la valeur de la quantité entre parenthèses, qui peut être déterminée, une fois pour toutes, pour un outil déterminé.

La résistance élastique indiquée 2°, prend naissance lorsque la pénétration cesse d'être possible, et que le maximum de compression a lieu; lorsque l'épaisseur à laquelle le métal est réduit lui fait transmettre une pression considérable sans qu'il subisse de déformation. Elle a pour valeur $A E \dfrac{l}{L}$, et se produit le long d'un petit chemin vertical l dont l'écrou se relève, ce qui occasionne un frottement, pour le chemin l, exactement semblable au précédent. Le frottement produit dans cette période est donc $AE\dfrac{l^2}{L}T$.

On a donc pour l'équation générale du balancier en faisant la somme des divers éléments qui consomment la force vitale :

$$\tfrac{1}{2}\frac{P}{g}V^2 = (1+T)\,K\,a\,e + (\tfrac{1}{2}+T)\,AE\frac{l^2}{L} \qquad (55)$$

dans laquelle

$$T = \frac{\text{tang.}\,(\alpha+\varphi) - \text{tang.}\,\alpha}{\text{tang.}\,\alpha} + \tfrac{2}{3}\frac{\rho}{r}\frac{\text{tang.}\,\varphi}{\text{tang.}\,\alpha}. \qquad (56)$$

954. La mesure des divers éléments d'un balancier donné, et la connaissance de la valeur du coefficient K pour les divers métaux sur lesquels on peut opérer, permet de considérer cette équation comme ne renfermant pas d'autres variables que V, e et l. Les deux premières étant susceptibles d'une détermination directe, on aura par l'équation la valeur de l, c'est-à-dire de l'allongement élastique des montants de la cage du balancier, cause des vibrations, forme sous laquelle s'anéantit en se propageant partie du travail moteur.

La connaissance de la limite d'élasticité de la substance (bronze ou fonte), qui forme le corps du balancier, permettra, étant introduite dans l'équation, de déterminer la limite supérieure de la force vive que l'on peut imprimer à un balancier donné, sans danger de rupture. A cet effet, on doit négliger l'action d'écrasement d'un corps malléable, ce qui, au reste, est un cas fréquent dans la pratique. On doit supposer aussi, comme je l'ai dit au début, que tout le travail moteur est consommé en actions intérieures, qu'une fraction notable de la force vive n'est pas employée à mouvoir le bâti et la construction qui le supporte.

Il faut aussi observer que, si un jeu trop grand de la vis dans son écrou permet à celle-ci de prendre une obliquité sensible lorsque le choc a lieu, l'action cesse d'être la même sur les deux côtés de la cage, et la rupture peut se produire pour une quantité de travail moindre que celle qui serait déterminée ainsi qu'il vient d'être dit, à l'aide de la limite d'élasticité, du point où l'allongement de la substance qui forme la cage du balancier commence à être permanent, point qui ne saurait être atteint sans danger.

955. *Expérimentation.* — J'ai fait quelques observations expérimentales sur un balancier, dont je dirai ici quelques mots. Je les ai tentées à propos d'une très-heureuse invention de M. Cheret, mécanicien à Paris, pour imprimer le mouvement aux balanciers à l'aide d'une machine à vapeur, problème qui n'avait pas encore été résolu d'une manière simple; aussi tous les balanciers des ateliers étaient-ils, il y encore peu de temps, mus à bras. Je suis entré

dans des détails étendus sur cette invention dans un rapport que j'ai fait à la Société d'encouragement pour l'industrie, dans sa séance du 20 avril 1861. Je me contenterai de dire ici en quelques mots en quoi elle consiste (Fig. 916).

Deux plateaux montés sur un axe horizontal mis en mouvement par la machine à vapeur sont susceptibles, par l'effet de leviers mus par une pédale, de venir en contact d'un lourd volant monté sur la tête d'un balancier, dont le contour est garni de cuir, ce qui donne une adhérence considérable, le frottement étant alors 0.30 de la pression. Le plateau de gauche servant à faire descendre la vis, celui de droite la relève et la maintient en l'air, son jeu étant assuré par l'effet d'un contre-poids qui le fait agir aussitôt que l'on cesse de presser sur la pédale. Cette espèce d'engrenage par frottement agit parfaitement pour lancer le volant, de telle sorte que l'arrêt instantané du balancier n'entraîne aucune rupture, et que rien ne s'oppose au mouvement continu de descente et d'ascension de la vis, c'est-à-dire que les deux conditions spéciales qui s'opposent à l'emploi des transmissions ordinaires sont parfaitement satisfaites par cette heureuse disposition.

Voulant étudier la loi de l'accélération ainsi obtenue, j'ai monté un crayon sur la boîte coulante qui est supportée par l'extrémité de la vis au moyen d'un collet et que des guides contraignent à se mouvoir en ligne droite, et je lui ai fait tracer une courbe sur une petit cylindre en bois garni de papier, et mis en mouvement par un fort barillet dont le déroulement est régularisé par un volant à ailettes. Le temps total du mouvement était facilement déterminé en suivant le mouvement du volant du balancier avec un compteur à pointage.

Ces courbes ont bien démontré la nécessité d'exercer de faibles pressions avec la pédale au commencement du mouvement du volant, puisque alors le travail de frottement de glissement est considérable; mais de plus elles ont indiqué quelques faits relatifs au choc, avec pénétration dans le métal, qui me paraissent fort intéressants.

Je reproduis ici, fig. 917, la moitié la plus curieuse d'un diagramme (réduit à l'échelle $\frac{1}{2}$ dans la longueur et $\frac{2}{3}$ dans la hauteur) obtenu en frappant entre deux coins d'acier un morceau de cuivre de 6^{mm}.1 d'épaisseur réduit à 2^{mm}.70 par le choc; sa surface était de 42 millimètres carrés.

L'instant où commence et finit la pénétration est bien indiqué par les parties horizontales qui résultent du temps perdu de la vis à filet carré. Lorsque le coin vient poser sur la plaque de cuivre, la courbe de descente est remplacée par cette cause par une partie horizontale *efac*, puis la courbe de pénétration *b a* est tracée, enfin la ligne horizontale *d b* se continue jusqu'au mouvement inverse. La courbe *b a* sous-entend un arc de $\frac{1}{4}$ de circonférence, et comme

une révolution complète se produisait en 0.6 de seconde, le temps
de cette pénétration était donc de 0.15 de seconde.

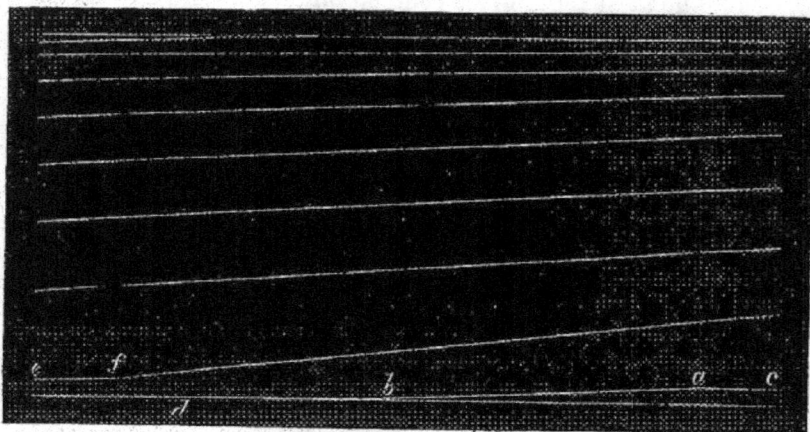

Fig. 917.

Au moment où celle-ci commence, l'observation donne $\frac{\Delta e}{\Delta t}$, la
vitesse verticale, la distance Δe étant relevée sur la courbe est
0,0167 et Δt égale 0.6 de seconde, ce qui donne la vitesse $0^m,027$
eu $1''$; par suite celle du volant est d'après le rapport des diamètres
de la vis à celui du volant $\frac{2,25}{0,105} \times 0,027 = 1,71$, ce qui répond à
une force vive de 76 kilogrammètres; le volant pesant 434 kil. et
étant porté par une verge assemblée à la tête de la vis d'un poids
de 131 kilog.

A la fin de la pénétration, lorsque la réaction du métal cesse, le
mouvement tendrait à se continuer avec la vitesse mesurée par
l'inclinaison de la tangente à la courbe de pénétration. Celle-ci,
comparée à celle de la courbe de vitesse initiale, montre que la
vitesse verticale est diminuée de 0,56, ou celle du volant n'est plus
que de $1^m,15$, et la force vive de 36 kilogrammètres. La pénétration a donc coûté 40 kilogrammètres. L'observation permet donc
de séparer ici les deux effets, et l'on a : $(1 + T)\,K\,ae = 40$ kil.

956. La forme de la courbe de pénétration nous paraît très-
importante à signaler; elle justifie complétement l'expression $K\,ae$
que nous avons adoptée, car elle est rectiligne, c'est-à-dire qu'en
présence d'une force de compression considérable, l'enfoncement
reste le même pour chaque instant, le métal malléable s'écoule
en quelque sorte en offrant toujours la même résistance, comme
j'avais déjà cru le reconnaître sur le plomb. C'est une erreur d'admettre que la résistance croît comme le degré d'écrouissage des

métaux; celui-ci a bientôt atteint un maximum qui n'est pas dépassé lorsqu'il est libre de s'écarter latéralement.

957. Si on calcule T, on trouve dans le cas du balancier examiné, tang. $(\alpha + \varphi) = 0,35$, tang. $\alpha = 0,25$, φ étant égal à 5° (cuivre sur acier), ce qui conduit à T = 0,53. — D'ailleurs, $a = 429^{\text{mmc}}$. $e = 0,0034$, d'où l'on tire $K = \dfrac{40}{1,53 \times 429 \times 0,0034} = 18$ kil. par millimètre carré.

Cette valeur comparée avec celle de rupture du même métal est plus faible; celle-ci est de 22 kil. à 100° suivant Wertheim, pour le cuivre écroui, par action lente et non plus par choc brusque.

958. J'appliquerai au balancier dont il vient d'être parlé le mode de calcul indiqué précédemmment, propre à déterminer la limite de puissance d'un balancier, lorsque l'on frappe un corps trèsmince.

Supposant la pénétration nulle, on a :

$$\tfrac{1}{2}\frac{P}{g}V^2 = (\tfrac{1}{2}+T)\, A E \frac{l^2}{L}$$

la limite des allongements élastiques, au delà desquels il y a déformation permanente et par suite bientôt rupture est $l = 0,0008$ ou $0,001$, suivant qu'il s'agit de fonte ou de bronze; de là se déduit aisément la limite de la valeur de V et de la force vive que l'on peut faire agir sans danger de rupture au moyen d'un balancier donné. Ainsi, pour un balancier en fonte, semblable à celui étudié précédemment pour lequel L = 0,40 et la section de chaque côté de la cage est de $0^{\text{mc}},06$ et $A = 0,06 \times 2 = 0,12$, on aura pour limite :

$$\tfrac{1}{2}\frac{P}{g}V^2 = (\tfrac{1}{2}+0,40)\,0,12 \times 9,000,000,000 \times \frac{(0,0008)^2}{0,40} = 890 \text{ k. m.}$$

Limite supérieure dont il ne serait certes pas prudent de se rapprocher, et la limite pratique ne devra pas beaucoup s'éloigner de 5 à 600 kilogrammètres.

959. *Des phénomènes calorifiques qui accompagnent les déformations.*

Je terminerai cette étude par une observation relative à un ordre de phénomènes laissés trop souvent de côté dans les recherches d'ordre mécanique.

Citons d'abord quelques faits de cet ordre déjà constatés. C'est une expérience que tout le monde a faite, qu'en battant avec un marteau sur une enclume un morceau de métal malléable, de plomb par exemple, il s'échauffe considérablement. On finit par le voir s'éparpiller en gouttelettes sous le marteau. En battant à

coups redoublés une baguette de fer, on parvient à la faire rougir.
Cette production de chaleur n'a pas lieu pour les corps durs, qui
se réduisent en fragments par l'effet des chocs.

On rapporte dans beaucoup d'ouvrages de physique une expérience de Berthollet qui démontre clairement que l'effet calorifique est intimement lié à l'écrasement du métal, aux déplacements
ou à la grandeur de la force vive communiquée aux molécules. Je
rapporterai ici le passage de la *Physique* de M. Daguin, qui a trait
à ces expériences :

« Ces habiles physiciens (Berthollet, Pictet et Biot) comprimèrent
brusquement, sous un balancier à frapper les monnaies, des flans
d'or, d'argent ou de cuivre, disposés de manière à ne pouvoir
s'étendre latéralement. La compression fut accompagnée d'une
élévation de température qui fut la plus élevée pour le cuivre et la
plus faible pour l'or. Pour l'évaluer, on jetait promptement dans
l'eau le disque frappé et l'on appliquait ensuite la méthode des
mélanges. Ce qu'il y a de remarquable, c'est que l'échauffement
allait en diminuant, à mesure que les coups de balancier se mul-
tipliaient. Ainsi, dans une expérience, un disque de cuivre éprouva
un échauffement de $11°,5$ au premier choc, $2°,5$ au second et de
$0°,8$ seulement au troisième, après lequel il n'y eut plus d'élévation
de température. Les trois premiers chocs avaient écroui le disque
et augmenté sa densité..., et l'échauffement total des disques de
diverses substances s'est toujours trouvé proportionnel à la diminution de volume qu'ils avaient éprouvée. »

960. La production de la chaleur lors du choc des corps est donc
un fait bien constaté, et au reste d'une réalisation facile. Il suffit
pour cela que le métal soumis au balancier soit assez épais pour
que la valeur de Kae soit suffisamment grande, car pour un métal
très-dur ou déjà écroui par des coups de balancier, ou pour une
lame mince, pour laquelle e sera extrêmement petit, il n'y a aucun
dégagement perceptible, tandis qu'il est très-notable dans le premier cas. De cette proportionnalité au moins approchée entre l'effet
calorique et la déformation, il résulte que l'équation (56) ne laisse
rien à désirer pour la pratique, si le coefficient K du terme Kae
est déterminé par expérience.

Ce n'est évidemment que par la production directe de mouvements
moléculaires que l'apparition de la chaleur peut s'expliquer dans
ce genre d'effets, et l'explication indiquée dans le passage rapporté
ci-dessus est insuffisante. S'il est admissible que le cuivre, étant
écroui, dégage de la chaleur à mesure qu'il augmente de densité,
il faut aussi expliquer la production de chaleur par le martelage
du plomb libre de s'étendre, dont la densité ne change pas, comme
Bisson l'a constaté depuis longtemps. Il faut bien alors admettre
la production de la chaleur par le seul fait de la communication

du mouvement aux molécules élémentaires. Or ce fait capital de la théorie mécanique de la chaleur n'est pas moins important pour la théorie du choc.

En effet, par la déformation et les vibrations dues au choc, il se produit des vibrations moléculaires qui constituent un effet calorifique facile à constater, et qui est une forme de forces vives moléculaires. L'équivalence du travail mécanique et de la chaleur force à reconnaître que cette chaleur est due à partie du travail mécanique consommé par le choc; c'est une forme que prend la force vive dont il importe de suivre les manifestations.

TABLE DES MATIÈRES.

Articles   Pages

PRÉFACE... I

INTRODUCTION. — But et objet de la Cinématique. — Son
importance....................................... III

Observations sur les critiques faites de notre ouvrage..... XVII

PRINCIPES FONDAMENTAUX.

1	Définition de la Cinématique......................	1
2	Du mouvement d'un point.........................	1
5	Du mouvement uniforme. — Du mouvement varié......	4
14	Composition des mouvements et des vitesses...........	10
17	Mouvement d'une figure plane.....................	13
22	Du roulement....................................	17
23	Mouvements relatifs. — De l'épicycloïde. — Sa normale.	19
25	Des courbes enveloppes...........................	22
27	Relations entre les centres de courbure de l'enveloppe et de l'enveloppée.................................	26
33	Mouvement d'un solide............................	33

DES MACHINES SIMPLES.

45	*Levier.* Guides du levier.........................	39
46	*Tour.* Guides du tour............................	41
48	*Plan.* Guides dans le système plan................	43
51	Guides à rotation................................	45
53	DES RÉSISTANCES PASSIVES. — Du frottement..........	48
58	Frottement dans le système plan. — Cône de frottement.	51
61	Frottement dans le système tour...................	55
67	Frottement sur des galets.........................	58
69	Frottement dans le système levier..................	59
71	Roideur des cordes...............................	62

LIVRE PREMIER.

ORGANES DE TRANSFORMATION DE MOUVEMENTS.

71	Classification des mouvements.....................	65
76	Relations de direction. — Rapport des vitesses........	69
79	Rapport des vitesses de deux organes réciproquement dépendants......................................	70

I. — Mouvement circulaire continu en circulaire continu.

I. — AXES PARALLÈLES.

Articles		Pages
85	Rouleaux.	75
86	Engrenages à coin.	76
88	Courroies.	78
92	Longueur des courroies.	81
98	Chaînes — de Vaucanson, — plates.	85
	Engrenages.	
101	Généralités sur les engrenages.	87
102	Forme des dents.	88
112	Divisions sur les deux roues.	96
118	Engrenages à lanterne.	101
120	Engrenages à flancs.	104
122	Engrenages épicycloïdaux.	107
123	Engrenages à développantes.	110
125	Tracé Willis. — Odontographe.	113
132	Crémaillères.	120
137	Saillie des dents.	124
144	Nombre des dents.	132
150	Du frottement dans les engrenages.	137
151	Engrenages héligoïdaux.	139

RAPPORT DE VITESSE VARIABLE.

154	Courbes de roulement.	143
155	Spirale logarithmique. — Ellipses.	145
164	Courroies.	158
166	Roues dentées elliptiques.	160
170	Roues de Roëmer.	163
171	Secteurs dentés.	164

II. — AXES QUI SE RENCONTRENT.

174	Cônes de friction.	167
177	Mouvements relatifs.	169

ENGRENAGES CONIQUES.

178	Engrenages à flancs.	171
179	Engrenages à développantes.	173
181	Construction pratique.	175
182	Engrenages à lanterne.	176
184	Frottement dans les engrenages coniques.	178

III. — AXES NON SITUÉS DANS LE MÊME PLAN.

187	Engrenages hyperboloïdiques.	182
190	Frottement dans ces engrenages.	185
191	Vis sans fin.	185
192	Réciproque généralement impossible.	187
193	Frottement dans la vis sans fin.	187
194	Vis tangente.	188

Articles		Pages
195	Spirale.	190
196	Emploi de la vis sans fin et de la spirale.	192
198	Engrenages taillés par une vis et son écrou.	193
206	Courroies.	202

RAPPORT DE VITESSE VARIABLE.

| 212 | Roue dentée et long pignon. | 205 |
| 213 | Vis sans fin à double courbure | 206 |

II. — Mouvement circulaire continu en rectiligne continu.

217	Mouvements relatifs. — Vitesse. — Courbe décrite	208
218	Du treuil	209
221	Vis et écrou	211
223	Frottement de la vis	213
225	Emploi de la vis pour diviser	216
228	Fusée	218

III. — Mouvement circulaire continu en circulaire alternatif.

IV. — Mouvement circulaire continu en rectiligne alternatif.

1° AXES PARALLÈLES.

BIELLE ET MANIVELLE.

231	Rapport des vitesses	220
232	Trajectoires polaires	221
233	Proportions relatives des éléments	223

CIRCULAIRE CONTINU EN CIRCULAIRE CONTINU.

240	Roues couplées	229
243	Manivelles anti-rotatives	231
244	Pendule de White	233

CIRCULAIRE CONTINU EN CIRCULAIRE ALTERNATIF.

247	Points morts	236
250	Bielle courte	239
251	Manivelle à rainure	240
252	Bielle pesante	242
253	Mouvement rectiligne	242
255	Rapport des vitesses	246
256	Frottement de la bielle	247
257	Excentrique circulaire	248
259	Encliquetages à dents	250
261	Encliquetages muets	252
262	Encliquetages de Saladin	253
263	Encliquetages à mouvement rectiligne	253

Articles		Pages
	2° AXES NON PARALLÈLES.	
265	Encliquetages...................................	255

BIELLE ET MANIVELLE.

268	Bielle angulaire...............................	257
270	Joint universel................................	261
272	Rapport des vitesses...........................	265
274	Joints multiples...............................	267
279	Articulations des crustacés....................	270
280	Double système pour axes qui ne se rencontrent pas.....	273
281	Du mouvement du levier.........................	274

EXCENTRIQUES POUR MOUVEMENT RECTILIGNE.

283	Tracé des excentriques. — Courbes en cœur...........	277
284	Vitesses......................................	280
285	Autres courbes préférables à la spirale d'Archimède.....	281
286	Rainures au système conduit....................	283
287	Glissière à coulisse oblique....................	285
288	Action intermittente...........................	286
289	Excentrique à cadre circonscrit.................	288
291	Frottement des excentriques....................	293
292	Cames...	295

EXCENTRIQUES

POUR MOUVEMENT CIRCULAIRE.

294	Tracé pour mouvement uniforme..................	296
296	Rainures au levier. — Système Whitworth...........	298
299	Manivelle à coulisse...........................	300
300	Cames...	302
302	Cône à rainures................................	304
303	Cylindres à rainures hélicoïdales...............	305
304	Plan incliné sur l'axe de rotation.............	307

SYSTÈMES DÉRIVÉS DES ENGRENAGES.

308	Roues coupées.................................	310
312	Crémaillères doubles...........................	312
316	Réciproque des systèmes précédents.............	315

V. — Mouvement rectiligne continu
en rectiligne continu.

318	Rapport des vitesses...........................	317
319	Coin..	318
322	Rainures obliques..............................	320
325	Frottement dans le coin........................	323
326	Bielle..	323
330	Poulies fixes..................................	325
331	Directions dans des plans différents...........	325

VI. — Mouvement rectiligne continu
en circulaire alternatif.

335	Rainures......................................	328
337	Crémaillère double............................	329
338	Encliquetages.................................	330

VII. — Mouvement rectiligne continu en rectiligne alternatif.

Articles		Pages
342	Rainures..	332
344	Directions quelconques.............................	333
345	Rapport de vitesses variable.......................	333

MOUVEMENTS ALTERNATIFS EN MOUVEMENTS ALTERNATIFS.

VIII. — Mouvement circulaire alternatif en circulaire alternatif.

348	Levier droit et coudé..............................	335
351	Mouvement de sonnette.............................	337
352	Rapport des vitesses.	338
355	Extrémités de leviers qui se poussent..............	340
357	Roues dentées.....................................	341

IX. — Mouvement circulaire alternatif en rectiligne alternatif.

359	Rainures..	342
362	Cordes. — Trépan. — Archet........................	344
365	Articulations.....................................	346
367	Système de Whitworth..............................	347

X. — Mouvement rectiligne alternatif en rectiligne alternatif.

370	Cordes.	348
371	Articulations.....................................	349
372	Losange.......	349

LIVRE DEUXIÈME.

COMBINAISON DE MOUVEMENTS.

375	Systèmes de roues dentées.........................	352

ROUAGES D'HORLOGERIE.

378	Rouage d'une horloge..............................	355
385	Horloge devant marcher un mois....................	360
387	Problème général. — Établir un rapport de vitesses voulu entre deux axes..................................	362
390	Emploi des fractions continues........	364
397	Méthode Brocot...................................	369

MACHINES A CALCULER.

399	Planimètres.......................................	374
401	Machines à calculer...............................	382

Articles		Pages

COMBINAISON DE LEVIERS ET DE BIELLES.

405	Combinaison de leviers............................	391
406	Manivelles multiples..............................	392
409	Balancier de Cartwright...........................	396
410	Vitesse de l'axe pour que le mouvement produit à l'extrémité de la bielle soit uniforme.....................	397
412	Mouvement dont la vitesse décroît rapidement..........	400
413	Multiplier les oscillations en multipliant les leviers et les bielles..	401
414	Mouvement alternatif intermittent................	403

Mouvement suivant une courbe par deux mouvements.

418	Combinaison de deux mouvements rectilignes..........	405
419	Courbes sinusoïdales..............................	408
424	Combinaison de deux mouvements circulaires.........	417
427	Combinaison d'un mouvement rectiligne et d'un mouvement circulaire.......................................	423
430	Du tracé des courbes..............................	427

MOUVEMENT SUIVANT UNE COURBE EN MOUVEMENT SUIVANT UNE AUTRE COURBE.

433	Pantographe......................................	430
434	Procédé Collas...................................	431

LIVRE TROISIÈME.

COMBINAISON DE VITESSES.

435	De la nature des mouvements différentiels............	433

I. — Mouvement rectiligne en mouvement rectiligne.

436	Poulies mobiles..................................	435
438	Moufles...	436

II. — Mouvement circulaire et mouvement rectiligne.

445	Crémaillère......................................	442
446	Vis différentielle.................................	443
447	Écrou à mouvement différentiel.....................	443
448	Treuil différentiel................................	445
450	Poulie différentielle..............................	446
452	Conchoïdes......................................	448
456	Des rosettes.....................................	452
457	Tour à portrait de La Condamine...................	453

III. — Mouvement circulaire en mouvement circulaire.

I. — AXES PARALLÈLES.

458	Plume géométrique de Suardi......................	454
461	Rapports de vitesses. — Épicycloïdes...............	458

Articles   Pages

473   Roulement cycloïdal.............................. 471

474   Paradoxe de Fergusson........................... 473

475   Roue planétaire de Watt ou Mouche................. 474

477   Tracé des courbes épicycloïdales. — Mouvements directs
et inverses.................................... 475

478   Établissement d'un rapport de vitesses rigoureusement
exact entre deux axes. — Haute horlogerie.......... 475

479   Transmission à deux vitesses...................... 478

480   Équation du temps.............................. 479

II. — AXES CONCOURANTS.

482   Formule générale............................... 482

487   Rapport voulu de vitesse entre deux axes.............. 486

492   Addition de vitesse............................. 492

495   Compteurs.................................... 494

496   Machine à équations............................ 496

515   Forme des équations des courbes qui peuvent être tracées
avec la règle et le compas...................... 515

IV. — Mouvements alternatifs et alternatifs.

516   Bielle s'appuyant sur deux droites................... 516

520   Zigzag....................................... 519

521   Équation de la courbe à longue inflexion.............. 521

524   Parallélogramme de Watt. — Déviation.... 523

531   Système Sarrut................................ 529

533   Parallélogramme de Peaucellier..................... 530

V. — Tracé des courbes à l'aide de parallélogrammes articulés.

537   Pantographe.................................. 535

538   Droite directrice............................... 536

539   Cercle directeur................................ 538

542   Multiplication des barres égales.................... 539

544   Conicographe. 542

548   Addition aux conclusions de l'article 515............. 549

LIVRE QUATRIÈME.

ORGANES DE MODIFICATION DE MOUVEMENT.

ORGANES DE MISE EN MOUVEMENT.

549   Poulie folle................................... 550

551   Embrayages. — Cônes de friction................... 551

558   Détentes. 558

559   Organes pour le mouvement rectiligne................ 559

ORGANES DE VARIATION DE VITESSE.

563   Système de roues dentées......................... 562

570   Roues dentées montées sur canons.................. 570

573   Cônes et courroies.............................. 574

Articles   Pages

ORGANES DE RÉGULARISATION DE MOUVEMENT.

580	Volants	580
581	Masses pesantes	581
582	Cloches pesantes pour les gaz	584
584	Pendule conique	588
587	Régulateur à bras croisés	589
590	Régulateurs isochrones	594
595	Régulateurs Molinié. — Larivière	599
598	Régulateur à ressorts	601
601	Tambours coniques	604
608	Volant à ailettes	608
611	Emploi de l'écoulement de l'eau	612
614	Pendule	614
619	Ressort spiral	619

ORGANES D'ARRÊT.

624	Échappement à ancre	626
630	Échappement à chevilles	631
635	Échappement à cylindre	635
637	Échappement à palettes	638
638	Échappement Duplex	639
640	Échappement libre	642
642	Échappement libre pour horloges	645
645	Roue à rochet	648
648	Arrêt de Genève	652
650	Principe de la Jacquart	653
652	Freins à frottement	654
655	*Emploi des échappements.* — Horloge astronomique	657
656	Montre à cylindre	658
658	Sonnerie à chaperon	661
659	Sonnerie à râteau	663

SECONDE PARTIE

APPLICATIONS DE LA CINÉMATIQUE AUX RÉCEPTEURS ET AUX OPÉRATEURS

LIVRE CINQUIÈME.

RÉCEPTEURS.

662	Classification des moteurs	670

MOTEURS ANIMÉS.

664	FORCE DE L'HOMME	672

Articles		Pages

Action produite avec la force des bras.

665	Système levier.	673
666	Système tour.	674
667	Système plan.	676

Action produite par le poids du corps.

671	Système tour.	679
672	Système plan.	679
673	FORCE DES ANIMAUX. — Manége.	680

PESANTEUR.

676	Système levier. — Balance d'eau. — Balancier hydraulique.	682
677	Système tour. — Roues à augets	683
678	Roues de côté	684
680	Roues Poncelet. — Tracé des aubes	686
682	Système plan. — Machine à colonne d'eau.	690

INERTIE.

| 686 | Roues à palettes plates. — Turbines Fourneyron | 693 |
| 691 | *Air.* — Moulins à vent. | 696 |

CHALEUR.

694	Solides.	698
696	*Vapeurs et gaz.*	699
698	Système levier.	700
699	Système plan. — Corps de pompe et piston.	701
700	Mécanisme de la machine à vapeur.	702
705	Courbes pour la réglementation des tiroirs.	711
710	Cercles de Zeuner.	717
711	Coulisse Stéphenson.	720
715	Système tour. — Machines à vapeur rotatives.	728
721	Actions chimiques.	736
722	Actions électro-magnétiques.	737

MOTEURS SECONDAIRES.

727	Pesanteur.	739
728	Ressorts.	740
731	*Résumé.*	742

LIVRE SIXIÈME.

OPÉRATEURS.

TRANSPORT VERTICAL DES CORPS PESANTS.

734	Système levier.	746
737	Système tour. — Treuil, grue, etc.	750
739	Système plan. — Cric.	753

Articles		Pages
741	*Liquides.* — Système levier. — Écopes	754
743	Système tour. — Noria. — Chapelet. — Roues. — Tympan.	755
748	Système plan. — Vis d'Archimède	760
753	Pompes	767

TRANSPORT HORIZONTAL DES CORPS PESANTS.

758	Système levier. — Mécanisme de la marche	773
759	Système tour. — Roues	775
765	Corps flottants. — Roues à palettes, — hélices	778
770	Gaz. — Ventilateurs	780
772	Système plan. — Machines soufflantes	781
775	Machines aspirantes. — Roue Fabry	783

ORGANES DE DISPOSITION.

ORGANES DE DISPOSITION EN LIGNES DROITES.

780	Cardage	789
781	Peignage	791
782	Peigneuse Heilmann	792
783	Étirage	794

ORGANES DE DISPOSITION EN LIGNES COURBES.

785	Broches et banc à broches	796
788	Métier à filer manuel et automate	801

ORGANES SERVANT A PRODUIRE L'ENTRELACEMENT.

794	Tissus à un seul fil. — Tricots	812
795	Tulle	813
796	Tissage proprement dit	815
802	Tissus façonnés. — Métier à la Jacquart	820
804	Machine à coudre	824

MACHINES-OUTILS.

OUTILS AGISSANT PAR PRESSION.

809	*Mouvement rectiligne.* — Opérateurs agissant avec choc	832
811	Balancier	834
815	Opérateurs agissant sans choc. — Presses	838
818	*Mouvement circulaire.* — Laminoirs	849
820	Presse d'imprimerie	850

OUTILS AGISSANT PAR RAPAGE.

826	*Mouvement rectiligne.* — Limes	855
827	*Mouvement circulaire.* — Meules	856

OUTILS AGISSANT PAR DIVISION.

830	Du coin	859

Articles		Pages
830	Des tranchants..................................	859
838	Mode d'action des tranchants......................	865
842	*Mouvement circulaire.*.............................	867
843	Action intérieure..............................	868
845	Action extérieure. — Tour......................	870
850	*Mouvement rectiligne — Rabot.*	875
851	*Mouvement suivant une courbe*....................	876
852	Filière..	877
854	Machine à fileter et à tarauder....................	879
856	*Combinaison du système tour et du système plan. —* Support à chariot	881
857	*Machines-outils proprement dites*.................	882
858	Tour à fileter.	884
859	Machines à percer..............................	887
860	Alésoir...	888
861	Machines à raboter, à planer......................	890
862	Machines à mortaiser.	894
863	Étaux limeurs universels.	896
864	Machines à fraiser..............................	897
864	Machine à fendre les roues d'engrenages.	897
865	Machines-outils pour le travail des bois.............	899
867	Scies circulaire, à ruban et alternative.............	900
871	Machine à raboter le bois........................	901

TOURS COMPOSÉS.

875	Tour à guillocher.	903
877	Tour ovale.....................................	906
882	Tours à équipages différentiels....................	914
883	Mandrin excentrique............................	914
884	Mandrin géométrique. — Épicycloïdes doubles et triples..	917
888	Machines à graver..............................	925
890	Machines à sculpter.............................	928
891	Tour à portrait.................................	928

SYNTHÈSE CINÉMATIQUE.

893	DE LA COMPOSITION DES MACHINES...................	932

NOTES.

NOTE I.	— Théorème de Guldin. — Surfaces et volumes des corps de révolution................................	937
NOTE II.	— Méthode de Roberval pour tracer les tangentes aux courbes......................................	940
NOTE III.	— Tracé des normales à l'aide des centres instantanés de rotation.....................................	942

Articles		Pages
NOTE IV.	— Extrait d'un Mémoire de M. Bresse sur le tracé des centres de courbure par considérations de Cinématique.	942
	Rayons de courbure obtenus par la composition des mouvements.	945
NOTE V.	— Rectification de la cycloïde.	946
NOTE VI.	— Courbes résultant de l'intersection de deux mouvements de rotation (Note bibliographique).	947
NOTE VII.	— Des remontoirs.	949
	Échappement libre à force constante.	949
NOTE VIII.	— Systèmes employés dans les horloges et les montres pour qu'elles puissent marcher pendant qu'on les remonte.	952
NOTE IX.	— Recherches de M. Tchebycheff, sur les systèmes articulés.	954
NOTE X.	— Des modes d'entrelacement des fils usités dans la fabrication des étoffes.	961
NOTE XI.	— Théorie de l'emploi du choc pour mouvoir les opérateurs. — Coin. — Sonnette à battre les pieux. — Balancier.	972

FIN DE LA TABLE DES MATIÈRES.

Paris. — Imp. E. CAPIOMONT et V. RENAULT, rue des Poitevins, 6.